化妆品科学与技术手册

第 5 版

Handbook of Cosmetic Science and Technology
5th Edition

主 编

[美]弗兰克·德雷尔（Frank Dreher）

[美]艾尔莎·荣格曼（Elsa Jungman）

[日]坂本龙一（Kazutami Sakamoto）

[美]霍华德一世·梅巴克（Howard I. Maibach）

主 译   田艳丽   廖 勇

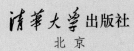

清華大学出版社

北 京

北京市版权局著作权合同登记号 图字：01-2023-2111

Handbook of Cosmetic Science and Technology (5th Edition) by Frank Dreher ,Elsa Jungman,Kazutami Sakamoto and Howard I. Maibach.
ISNB: 9780367469979
© 2023 Taylor & Francis Group, LLC

图书在版编目（CIP）数据

化妆品科学与技术手册：第 5 版 / (美) 弗兰克·德雷尔 (Frank Dreher) 等主编；田艳丽，廖勇主译 .—北京：清华大学出版社，2023.6（2023.10重印）
书名原文：Handbook of Cosmetic Science and Technology（5th Edition）
ISBN 978-7-302-63865-0

Ⅰ.①化… Ⅱ.①弗…②田…③廖… Ⅲ.①化妆品—技术手册 Ⅳ.① TQ658-62

中国国家版本馆 CIP 数据核字（2023）第 103701 号

责任编辑：孙　宇
封面设计：吴　晋
责任校对：李建庄
责任印制：刘海龙

出版发行：清华大学出版社
　　网　　　址：http://www.tup.com.cn，http://www.wqbook.com
　　地　　　址：北京清华大学学研大厦 A 座　　　邮　　编：100084
　　社 总 机：010-83470000　　　邮　　购：010-62786544
　　投稿与读者服务：010-62776969，c-service@tup.tsinghua.edu.cn
　　质量反馈：010-62772015，zhiliang@tup.tsinghua.edu.cn
印 装 者：北京博海升彩色印刷有限公司
经　　　销：全国新华书店
开　　　本：210mm×285mm　　　印　张：30.5　　　字　数：703 千字
版　　　次：2023 年 6 月第 1 版　　　印　次：2023 年 10 月第 2 次印刷
定　　　价：298.00 元

产品编号：100311-01

译者名单

主　译

田艳丽　廖　勇

副主译

赵良森　何笛瑜　黎京雄

译　者

廖　勇　华熙生物药械线医学中心

何笛瑜　北京国贸安加医疗美容诊所

黄小凤　北京海淀安加医疗美容诊所

黎京雄　深圳香蜜丽格医疗美容诊所

田艳丽　北京国贸安加医疗美容诊所

施安宇　北京国贸安加医疗美容诊所

万彬华　北京国贸安加医疗美容诊所

吴丝茹　北京国贸安加医疗美容诊所

杨冬倩　北京国贸安加医疗美容诊所

殷丽楠　北京海淀安加医疗美容诊所

赵良森　华熙生物药械线医学中心

译 者 序

近年来，中国化妆品市场蓬勃发展，成为全球最大的消费市场之一。消费者对高质量、安全、有效化妆品的需求不断增长。中国的化妆品行业在技术研发、创新和市场推广方面取得了重要进展。然而，随着对产品质量和安全性要求的提高，该行业也面临着更严格的监管和法规要求。

为了满足读者对化妆品科学与技术方面最新创新和知识的需求，《化妆品科学与技术手册（第5版）》中译本应运而生。本书的目标是为化妆品科学家、美容皮肤科医生、研究人员、工程师、生产商以及相关领域的专业人士提供一本全面而深入的参考书。本书共收录了43章内容，涵盖了化妆品科学与技术领域的重要主题。从皮肤的生物物理特性、保湿与pH值控制，到敏感性皮肤、神经介质的作用，再到接触性皮炎、皮肤老化等问题，本书对各方面的内容进行了深入探讨。此外，本书还关注皮肤屏障、皮肤摩擦学、化妆品成膜及性能等方面，介绍了敏感性皮肤测试、化妆品标准化和质量控制等重要领域的最新研究成果。

与其他相关图书相比，《化妆品科学与技术手册（第5版）》的特点在于其专注于化妆品科学与技术的深入分析和国际前沿研究的介绍。本书由在化妆品研究、工业和临床实践中经验丰富、国际知名的撰稿人撰写。它不仅为读者提供了最新的创新和技术指南，也为化妆品领域的从业人员提供了深入的知识和理解。

本书旨在帮助读者深入了解化妆品科学与技术的各个方面，并在实际工作中应用和发展相关知识，并期望成为化妆品科学家、美容皮肤科医生、研究人员、工程师、生产商以及其他相关专业人士的宝贵资源和信息，推动中国化妆品行业的发展。

最后，诚挚感谢原著作者的辛勤努力和专业贡献，清华大学出版方的支持与合作以及所有对本书做出贡献的人员，使得《化妆品科学与技术手册（第5版）》的中译本能够顺利问世。他们的努力对中国化妆品行业的发展做出了宝贵的贡献。水平有限，但我们将竭尽所能，力求准确地传达原著作者的观点和内容。如果有翻译不当之处，恳请广大读者和同行批评指正。

田艳丽　廖　勇

原 著 序

美容学是一门独立的科学。如今的美容科学家不仅是配方化学家，还正在变身为生命科学家，需要理解产品与其靶点之间的相互作用，以便在保证安全、良好耐受性的同时，最佳地提供宣称的效果，让消费者喜爱，并且在环保维度匹配与日俱增且复杂的州与地区的美容和贸易法规。此外，源于网络平台、社交媒体和社区组织的压力越来越大，要求美容科学家将产品开发引导远离可能引起争议的成分和原材料，无论这些争议是否有事实依据或有时证据不太充分。

《化妆品科学与技术手册（第5版）》试图涵盖当今美容科学家所面临的许多不同维度。为了更加专注于皮肤，我们省略了上一版中关于头发和指甲的内容。由于美容科学的广泛性，我们限制了章节的数量，只选取了对美容产品改进有所贡献的新课题和发展中的课题。我们相信，这些课题是当今美容科学家所需的最新且不断发展的知识的重要组成部分。本版的新章节专注于敏感性皮肤和神经介质的最新知识，空气污染、防晒霜和抗氧化剂的作用、表观遗传学和皮肤衰老、皮肤清洁和卸妆的创新，化妆品在水环境中的环境影响作为对化妆品生态毒性重要性和认识提高的一个方面，以及欧洲和亚洲部分地区的法规趋势等。

本书的新版离不开众多作者的辛勤付出。我们特别荣幸地邀请到了来自世界各地的美容学专家为本版进行撰稿。对于他们付出的时间和专业知识，我们深表感谢！同时，我们也要感谢CRC出版社的Robert Peden和他的同事们，使得这本书成为我们一项引人入胜的项目。

由于COVID-19流行病的大暴发，本项目面临着特殊的挑战。正是在我们开始组织本书新版时，这场流行病刚刚开始。不幸的是在成千上万的人中，这场大规模的流行病也夺去了本版作者之一——来自巴西的Marcio Lorencini博士的生命。我们向Marcio的家人致以最深切的慰问。

Elsa, Frank, Kazu, and Howard

目　录

第 1 章

皮肤生物物理特性与肤色、年龄、性别和解剖部位的关系

介绍

皮肤除了其他功能外，还能够防止物理或化学物质的外部侵害以及内部损失。这种复杂的"屏障系统"是通过一种称为角质层的最外层结构来实现，而角质层表面则覆盖着水脂膜。当由死细胞堆积而成的角质层得到适当的滋润时，这种屏障系统的功能就得到保证，因为水分子是角质的增塑剂。通过提供表皮状态（角质形成）和皮肤色素沉着（黑素形成）的持续性和功能性再生，表皮基底层进一步增强了皮肤的防御能力。

真皮是一种具有营养结构的皮肤组织，其功能对整个皮肤结构和功能至关重要。

皮肤表层的脂质参与保水，缺乏这种脂质会导致水分蒸发，从而导致皮肤干燥，而脂质成分过多则可能导致油性皮肤。众多皮肤类型中，常见的分类包括正常、油性、干性和混合性皮肤。这些分类通常是基于临床观察而非皮肤生物参数测量来进行的（例如，干性皮肤对应于表皮成分的结构和功能的改变，而油性皮肤则是皮脂分泌过度的结果）。由于独立的过程，油性和干性皮肤对应着两种可能共存的状态。皮肤的生物物理特征因性别和年龄而异，即使在同一个受试者的不同解剖部位也可能存在差异。皮肤类型的分布因种族而异，仅仅基于视觉标准的皮肤类型分类标准化并不准确，需要依赖于定量的生化和生物物理数据来进行识别。

本章节将回顾传统皮肤分类所依据的参数，并概述肤色、年龄、性别和解剖部位对皮肤生物物理特征测量的影响，同时介绍不同分类的局限性。

术语

虽然"种族"和"民族"这两个词在医学文献中经常被使用，但最近多样性遗传学的研究进展表明，这些术语并不准确，无法描述人类个体的多样性。我们现在使用"有色皮肤"一词来描述肤色较深的个体，以及试图描述人类表型谱的一部分。考虑到本章的目的，当使用"种族"和"民族"这两个术语时，请试图描述那些认为自己属于白种人和有色人种之间的皮肤差异。

同样，我们对"性别"这个词的理解也发生了变化。虽然曾经认为性别与生理性别是同义词，但现在我们认为性别是一种社会结构——一个人的性别并不仅取决于其生理性别或先天属性。在医学写作中，性别通常用于指男性或女性。本章中的性别仅指生理层面的性别。

皮肤结构

人体最大的器官是皮肤，它的重量约为 4 kg，表面积约为 1.8 m^2。皮肤的基本功能包括保护、新陈代谢和体温调节，并有助于实现感官功能。个体的种族、年龄、心理和病理状态等内在因素以及干燥程度、日照、温度和刮风等外部因素都会影响皮肤的结构和功能的多样性。

皮肤作为最外层的器官，提供了一个永久性的防御系统来抵御外部侵袭。它的结构适应于承担这种生理和屏障功能。皮肤的外层是一个薄的保护性上皮结构，称为表皮层，最表浅的一层是角质层。表皮层是皮肤的主要保护层，主要通过上皮细胞（角质形成细胞）黏附形成。这些细胞从表皮基部（基底层）迁移至表面时会经历一个特定的分化过程。这种细胞间的黏附性基于细胞间的连接（即桥粒）。

角化是上皮细胞所经历的一种重要的结构和生化变化，在此过程中合成角蛋白（一种复杂纤维蛋白，其结构在细胞分化过程中不断演变）。这一过程从基底层开始，终止于角质形成细胞向角质细胞的过渡，角质细胞是充满纤维物质的细胞。角质细胞及其细胞间脂质形成鳞状层（即角质层），这是经皮渗透的主要皮肤屏障。

除了保护功能外，表皮层还通过黑素形成细胞来着色。此外，表皮层中还存在着朗格汉斯细胞（抗原提呈细胞），它们可以保护皮肤免受外部侵袭。表皮层的参数受到个体化差异和外部因素的显著影响。

真皮层是一种致密结缔组织，比连接真表皮的表皮层要厚得多。真皮层由嵌入成纤维细胞的无定形细胞外基质组成，其中细胞外基质由胶原纤维、弹性纤维、透明质酸以及其他成分组成。许多微小血管、神经纤维和附属器（如汗腺、皮脂腺和毛囊）都是真皮层的重要组成部分。

真皮层包含两个区域：乳头层和网状层。乳头层位于真表皮交界处的下方，具有多种功能。它通过血管和淋巴网络实现真皮和表皮之间的营养交换；通过纤维结构提供支持；通过免疫过程提供保护；在损伤情况下进行皮肤组织重塑。网状层主要由胶原纤维的交错网络组成，通过其形变能力（延展性和致密性），主要发挥机械功能。

皮下组织主要包括脂肪细胞（一种特化的细胞，主要以脂肪的形式储存能量，主要成分是甘油三酯）、组织细胞（一种免疫细胞类型）和肥大细胞。其血管化程度和神经支配因解剖部位而异。

皮下组织主要具有保护作用，是一种脂肪储备。其力学特性尚不完全清楚，但在皮肤底层的整体运动中发挥关键作用，以应对外部形变力的破坏。事实上，由于活动性丧失，瘢痕皮下脂肪层的缺失导致皮肤伸展或摩擦的限制显著增加。

解剖部位差异

这个部分对于研究皮肤屏障功能的影响具有重要的意义。研究结果表明，不同解剖部位拥有不同的形态和功能特征。例如，角质细胞的大小与组织以及屏障功能之间存在关联，不同部位的皮肤在经皮水分丢失（transepidermal water loss，TEWL）方面也会有所不同，解剖部位还会影响角质层含水量以及不同身体部位的定量成分。所有这些都突显出在评价皮肤屏障特性时需要采用多参数方法。

年龄差异

虽然有大量文献和证据表明年龄与皮肤结构和功能的变化相关，但现有数据却相互矛盾且难以解释。例如，一些专家认为在青春期皮肤整体厚度增加，在成年期保持不变，而在老年期则减少；另一些专家则认为，光暴露随着年龄增长而变厚，或者与皮肤区域相关。由于所涉及的参数不同且重叠，这些方面的综述仍未得出结论，需要进一步研究来提供明确答案。

Peer等分析了关于皮肤年龄的多项研究结果，发现大多数研究表明，随着年龄的增长，皮肤水分丢失速率会减少，特别是当受试者年龄达到60～70岁时。他们指出那些未能观察到TEWL随年龄增长而变化的研究，可能是由于统计学分析效力不足或未纳入老年受试者。

性别差异

当前关于皮肤生理性别差异的研究还很有限，且研究结果存在互相矛盾之处。目前只有少数研究表明存在与生物学性别相关的差异。例如，Jacobi在研究中发现男性和女性皮肤的角质层蛋白含量没有显著差异，但是氨基酸的组成和含量却有所不同。大多数报告的男女皮肤生理差异可能与激素的影响有关。据报道，TEWL和皮肤血流量会因月经周期的变化而有显著变化。

Tur和Maibach对男性和女性的生物物理参数差异进行了全面的文献综述，分析了皮脂生成、pH值、TEWL、角质层含水量、弹性和面部皱纹的差异，并解释了可能的混杂因素影响。与本章相关的结果中，皮脂生成在男女两性中存在个体差异，研究结果一致认为50岁后皮脂生成存在差异，其中绝经后女性的皮脂生成率低于50岁以上男性。

皮肤的pH值同样显示出个体和解剖部位之间的差异。与男性相比，女性皮肤的pH值呈上升趋势，但性别间的差异也有重叠概率，表明与一般人群的差异相比，性别间差异很小。

皮肤类型分类

已经提出多种皮肤分类方法，并且都有具体的标准。参考标准是个体自我评价——皮肤表面状态，即外观美学判定，同时也具有对健康状态的延展意义。使用选择性标准通常会将皮肤分为4种主要类型，但仍有待明确——正常、干性、油性和混合性。

这些标准更多地基于感觉而非底层机制，因此并不是非常精确或错误，这也导致了生物学家和消费者之间的理解差异。对相关机制的认识可以导致一种渐进认知的能力，以区分和特定且固定的皮肤类型学所产生的迭代过程相对应的标准。例如，如果干性皮肤通常具有遗传因素，那么基于气候条件、环境变化等原因，大多数人在某个时期也都经历过这种情况。同样，在激素和性发育的特定阶段，大多数人都面对过与油性或混合性皮肤相关的问题。

正常皮肤

关于正常皮肤，并没有严格的定义，与其他皮肤类型相比，其健康特征表现：不干燥、非油性、非混合、非病理性。为了更精确地定义正常皮肤，需要对其结构和功能进行简要分析。

根据其结构和功能，正常皮肤应该具有以下特征：表面光滑、触感舒适，这是由于浅层细胞之间的黏附性；皮肤坚韧而柔软，因为有致密的支持组织和大量高质量的弹性纤维；光泽通过平衡的皮脂分泌，皮肤呈现干净、透亮的粉红色，这是微循环网络完美功能的体现。这些是正常肤色的特征要求。

然而，符合所有这些特征的皮肤仅存在于青春期前的健康儿童中。在美容层面，我们可以放宽对正常皮肤的定义，并认为它是年轻皮肤的代表，具有结构和功能的平衡性，除了基本的清洁外，不需要其他护理。

干性皮肤

干性皮肤的概念仍不十分清晰，该术语可

能涵盖互补或相反的观点，并根据所采取的方法而保持不同。人们通常将干性皮肤与其表现和感觉维度相关联。因此，首先出现的是干燥感，以及粗糙（通常与脱屑有关）和柔软度/弹性的缺失，这导致人们打算使用保湿产品以改善这种不适。对于生物学家而言，干燥是角质层细胞一致性和功能性改变的结果，它是角质层表面缺水这种变化的结果。

尽管干燥症的病理生理机制尚未完全清楚，但是从这些异常结果中找到原因仍然是一个难题。角质层由规则的角质细胞组成，形成了具有独特物理特性和不同厚度的结构。每个角质细胞都含有天然保湿因子（natural moisturizing factor，NMF）的水结合特性，它是由丝聚蛋白的酶解产生的，可以结合一定数量的角质细胞间的水分。因此，角质细胞在向表层迁移的过程中，会降低渗透压。

丝聚蛋白主要通过影响角蛋白丝组织来促进皮肤屏障功能所必需的结构完整性，角蛋白丝通过其代谢产物的吸水化合物维持角质层的水合作用，并促进酸性pH值，以使脱屑和脂质合成所需的蛋白酶具有适当的酶促功能。任何酶促功能的降低都会对NMF含量产生重要影响，因此，在渗透压和角化小体的释放中扮演着重要角色，从而缓解干燥症所观察到的无序脱屑。

这种功能障碍是由于酶的质量和数量变化，以及角质层pH值的不足引起的。黏附在一起的角质细胞的结构依赖于构成它们的复杂脂质混合物，该混合物由来自角化小体的脂肪酸、胆固醇和神经酰胺组成。

大多数研究都集中于角质层功能变化及其构成的研究，并提出了水分平衡理论，很少有研究探讨参与皮肤干燥的表皮细胞成分，而这些成分对于更好地理解导致皮肤干燥的机制非常有帮助。

既往的研究表明，干性皮肤的四大诱因包括：角质细胞缺水直接取决于NMF的存在；表皮增生是由于角质形成细胞更新过程的缺乏所致；细胞水平上脂质合成的变化；细胞间黏附性下降后皮肤屏障功能退化。

这些因素相互依赖，因此，干燥皮肤的特征应体现在其粗糙的外观，而不是水合水平的考虑。

研究对某些既定观点提出了挑战，特别是对于炎症过程或上皮细胞钙离子含量对皮肤干燥的影响。试验表明，使用非甾体抗炎药或钙调节剂并未显著改变皮肤状态。相反，使用胰蛋白酶的特异性抑制剂和"纤溶酶原激活系统"能够恢复皮肤正常状态，同时抑制与皮肤干燥相关的变化，特别是对于细胞调节和分化、TEWL增加、加速细胞更替和表皮厚度增加的机制。

因此，干性皮肤并非不可逆，而是由传统的"水分平衡理论"和"蛋白酶调节理论"功能失调的结果，干性皮肤取决于许多生物因素。其修复意味着需要恢复因脂质流失和角质层脱水而受损的表皮屏障。这种变化在非裔受试者身上更容易客观化，其皮肤呈现出显著的灰白色外观。建议不要将干性皮肤与皮肤老化关联起来，即使在老年受试者中，角质层吸水性降低、角质细胞脱落和角蛋白蓄积也会导致外观更干燥、更粗糙。

油性皮肤

干性皮肤的表现是皮肤成分的功能变化，而油性皮肤则是由于皮脂腺过度活动，导致皮肤表面产生过多的皮脂，使其具有油性和光泽的特征。

皮脂含有角鲨烯、蜡酯、甘油三酯和固醇类。常驻菌群分解部分甘油三酯，使得胆固醇主要部分被酯化。皮脂分泌还含有一些游离脂肪酸，它们有助于调节皮肤表面的酸碱度。皮脂和角质细胞破裂后混合形成表皮脂质膜（皮脂膜），覆盖在角质层上。

人体大部分部位都有皮脂腺，但皮脂腺活性因解剖部位而异：头部、面部、颈部、肩部和胸部的皮脂合成较多，这些部位的皮脂分泌水平高，且存在较多的皮脂腺，可能导致高脂溢症。

皮脂是一种天然的皮肤清洁剂，含有游离脂肪酸和一些蜡酯，具有双亲性和润湿性，对维持毛发的功能和质量发挥作用，提供抗真菌活性和对有益菌群的营养作用。通过对表皮屏障功能的作用，皮脂起到防止过度脱水的保护作用——即使皮脂无已知保湿活性，也不影响皮肤的水合作用。皮脂生成率的变化受到遗传、内分泌和环境因素的影响。

干性皮肤并不是油性皮肤的相反，因为它们可以同时存在于面部。这种认知目前得到许多研究者的支持。在7岁之前，儿童很少患脂溢性皮炎，因为这时候雄激素前体刚刚开始分泌。这种分泌过程在青春期达到高峰，然后随着年龄的增长而减少。

在关注皮肤问题时，还需要考虑肤色和性别的差异。全球范围内，男性的皮肤比女性更油。对于油性皮肤，需要特别注意红肿、敏感和脆弱等美容问题。

混合性皮肤

本文所述即为复杂皮肤，即不同类型的皮肤共存于身体或面部的不同区域。典型的表现为面部皮肤持续油性，中面部毛孔粗大，同时面颊易受损，皮肤粗糙。这种皮肤需要综合考虑正常皮肤、干性皮肤和油性皮肤的特点和敏感性。

肤色相关

白种人、西班牙裔、亚裔和非裔的皮肤外观因肤色独特而不同。黑素小体的大小和胞质分散度在白种人皮肤和有色人种皮肤中有所不同。此外，黑素小体在深肤色和浅肤色个体之间也存在差异。深肤色受试者的黑素小体酸性较低，而酪氨酸酶活性高于浅肤色个体。褐黑素和真黑素的比例变化也可能导致肤色的多样性。即使每种皮肤单位面积内的黑素细胞数量基本相同，它们在结构和功能上也有所不同。白种人的黑素小体小且集中于角质形成细胞，然后在表皮浅层降解；然而，有色皮肤的黑素小体更大，广泛分布于各层的角质形成细胞，当它们到达表皮浅层时不被降解，形成特征性肤色。比色法和分光光度法的研究证实肤色在个体和性别之间存在差异：白种人受试者与血液中血红蛋白浓度相关，亚裔受试者与血红蛋白和黑素含量相关，而有色人种受试者与黑素浓度相关。

全基因组关联研究揭示了一系列与皮肤色素沉着相关的基因，以应对环境因素的影响。不同种族和民族之间存在着重要的功能差异，这些差异可能与这些人群对生活环境的适应有关。在阳光光照不足的北纬地区，浅色皮肤面临着自然选择压力，因为合成维生素D的能力变得尤为重要。相反，在紫外线辐射水平较高的赤道地区，人们会自然选择肤色较深的皮肤类型，因为这些皮肤能够抵抗叶酸的光降解。

因此，即使各个种族和民族的角质层厚度相似，有色皮肤的角质层细胞层数可能高于白种人或亚裔人种。有色皮肤的角质层更致密，细胞间黏附性更强。然而，所有种族类型的角质细胞表层相同，但在性别和解剖部位上却有差异。与深色皮肤中更强的细胞黏附性相反，有色皮肤中自发的表层脱屑明显高于白种人皮肤。

此外，皮肤的附属器功能也存在差异。汗腺数量在各个种族和民族之间无差异，但生理差异更多地取决于外源性因素而非遗传因素，适应热带或温带环境导致了种群之间的生理差异。

至于皮脂腺分泌的差异，有研究报道"有色皮肤"的皮脂腺分泌更活跃，但也有研究表明无实质差异。Berardesca和Maibach研究发现，白种人受试者的背部皮脂生成比有色人种受试者更明显。对皮脂与角质细胞残留物、汗液和NMF的混合物进行量化比较，发现亚裔、非裔或白种人受试者之间无显著性差异。

总的来说，这项研究表明，遗传因素和种族间的内在差异实际不如皮肤对环境的适应能力重要。事实上，许多文献也都强调了这一概念。

皮肤纹理

尽管有关皮肤纹理在不同族群间存在差异的信息相对较少，但似乎白种人的皱纹数量最多，其次是西班牙裔和非裔；而亚裔在同年龄段中数量最少。

一项比较研究表明，与欧洲女性相比，亚洲女性眼部鱼尾纹的皱纹数量更多，但不如欧洲女性那么深。同样的分析表明，有色人种女性上唇以上和眼睑以下的皱纹并不明显。鱼尾纹的增加与年龄或种族因素（欧洲女性）成正比，但对中国女性而言，似乎呈非线性和阶梯式增长：在50多岁前缓慢增加，之后加速，2组人群在60岁以后开始出现相似的皱纹。另一项对比分析显示，年龄相当的有色皮肤和白种人皮肤受试者10个解剖部位的皱纹数量仅在眶周区域存在差异。

皮肤水分

有研究表明，皮肤表层的电导率可以用来评估皮肤水合程度。其中，非裔皮肤的电导率最高，而西班牙裔和亚裔皮肤的电导率较低，白种人皮肤的电导率最低。这些研究还发现，非裔皮肤的电阻可能是白种人皮肤的两倍。然而，Kiatti等的研究结果则与此相反，他们发现白种人和非裔受试者的皮肤导电性无明显差异。此外，该研究还测定了皮肤电容，这也是评估皮肤水合程度的一项指标。

皮肤屏障

大多数试验表明，TEWL的基线水平在种族之间没有差异。少数试验表明，有色皮肤受试者的TEWL明显高于白种人受试者（详见表1.1）。在血管舒张剂的作用下，不同种族的皮肤渗透性和屏障效应也存在差异。

表 1.1　角质层水合程度的肤色差异 - 经皮水分丢失（TEWL）

研究	技术	受试者	部位	结果
De Luca 等（1983）	在体	索马里人29名； 欧洲白种人未说明； 年龄未说明	未记录	无显著差异
Goh 等（1988）	在体	中国人：15名 （男性10名，年龄18 ~ 38岁，平均30.8岁； 女性5名，年龄20 ~ 34岁，平均25.6岁） 马来西亚人：12名 （男性7名，年龄19 ~ 37岁，平均25.7岁； 女性5名，年龄18 ~ 39岁，平均27.8岁） 印度人：11名 （男性6名，年龄18 ~ 35岁，平均26.5岁； 女性5名，年龄24 ~ 34岁，平均30.2岁）	右肩胛区	无显著差异
Berardesca 等（1988）	在体	西班牙裔男性：7名（年龄27.8±4.5岁） 白种人男性：9人（年龄30.6±8.8岁）	上背部	无显著差异

续表

研究	技术	受试者	部位	结果
Berardesca 等（1988）	在体	非裔男性：10 名（年龄 29.9±7.2 岁） 白种人男性：9 名（年龄 30.6±8.8 岁）	背部	无显著差异
Wilson 等（1988）	在体	非裔：12 名（平均年龄：38.6 岁） 白种人：12 名（平均年龄 41.1 岁） （2 组年龄范围 5～72 岁）	大腿内侧	非裔的 TEWL 高于白种人 （$P < 0.01$）
Berardesca 等（1991）	在体	非裔：15 名（平均年龄 46.7±2.4 岁） 白种人：12 名（平均年龄 49.8±2 岁） 西班牙裔：12 名（平均年龄 48.8±2 岁）	前臂掌侧和背侧	非裔、白种人和西班牙裔之间的 TEWL 无显著差异
Kompaore 等（1993）	在体	非裔：7 名（均为男性） 法国白种人：8 名（6 名男性和 2 名女性） 亚裔：6 名（均为男性） （所有组年龄 23～32 岁）	前臂掌侧	基线 TEWL 非裔和亚裔＞白种人（$P < 0.01$）；非裔和亚裔之间无显著差异
Sugino 等（1993）	在体	非裔，白种人，西班牙裔和亚裔 （受试者人数及年龄未列明）	未记录	基线 TEWL：非裔＞白种人＞西班牙裔＞亚裔
Reed 等（1995）	在体	皮肤类型 V / Ⅵ：非裔美国人：4 名，菲律宾裔：2 名，西班牙裔：1 名 皮肤类型 Ⅱ / Ⅲ：亚裔：6 名，白种人：8 名 （所有组年龄 22～38 岁）	前臂屈侧	亚裔和白种人之间无显著性差异；V / Ⅵ 型皮肤的基线 TEWL 高于 Ⅱ / Ⅲ 型，差异无统计学意义
Warrier 等（1996）	在体	非裔女性：30 名 白种人女性：30 名 （所有组年龄 18～45 岁）	左右侧面颊，前臂屈侧中部，小腿外侧中部	基线 TEWL：面颊和腿部，非裔＜白种人（$P < 0.05$）；两者前臂相同，但无统计学意义
Berardesca 等（1998）	在体	非裔美国女性：8 名 欧洲白种人女性：10 名 （所有组平均年龄 42.3±5 岁）	前臂屈侧中部	基线 TEWL 无差异
Singh 等（2000）	在体	非裔：10 名 白种人：10 名 西班牙裔：10 名 亚裔：10 人 （所有组年龄 18～80 岁）	前臂屈侧	基线 TEWL：白种人＞亚裔＞西班牙裔＞非裔（$P < 0.01$）
Aramaki 等（2002）	在体	日裔女性：22 名（平均年龄 25.8 岁） 德裔女性：22 名（平均年龄 26.9 岁）	前臂	基线 TEWL：日裔女性＜德裔女性（$P < 0.05$）
Yosipovitch 等（2002）	在体	中国人：13 名 马来西亚裔：7 名 印第安裔：10 名 白种人：9 人名（所有组平均年龄 34±8 岁）	前臂屈侧	无显著差异
Grimes 等（2004）	在体	非裔美国女性：18 名 白种女性：19 名 （所有组年龄 35～65 岁） ＊面部中度光损伤者	前臂内侧	无显著差异

研究	技术	受试者	部位	结果
Fotoh 等（2008）	在体	撒哈拉以南非裔或加勒比非裔女性：25 名（平均年龄：24.04 岁），注：非裔或加勒比混血，由非裔或加勒比非裔通婚组成。欧洲白种人：25 名（平均年龄 24.7 岁）欧洲白种人女性：25 名（平均年龄 23.12 岁）（注：非裔或加勒比非裔和欧洲白种人年龄 20 ~ 30 岁，非裔或加勒比混血年龄 20 ~ 32 岁）	前臂和前臂屈侧	无显著差异
Muizzuddin 等（2010）	在体	非裔美国女性：73 名（平均年龄 35.1 ± 7.5 岁）白种人女性：119 名（平均年龄 36.0 ± 6.0 岁）东亚女性（第一代从中国、日本和韩国移民至纽约）：149 名（平均年龄 30.2 ± 5.8 岁）	左右侧面颊	基线 TEWL：东亚人和白种人＞非裔美国人（$P < 0.001$）；白种人＞东亚人（$P < 0.001$）
Yamashita 等（2012）	在体	日本亚裔：92 名（平均年龄 41.1 ± 12.8 岁）法国白种人：104 名（平均年龄 40.4 ± 14.4 岁）	面颊，手背侧，上臂内侧	基线 TEWL：手背侧和上臂内侧，法国白种人＞日本亚裔（$P < 0.01$）；面颊无显著差异，但发现相同关系
Lee 等（2013）	在体	印尼女性：200 名（雅加达 100 名，万隆 100 名）（平均年龄 27.4 ± 4.6 岁）越南女性：100 名（平均年龄 26.5 ± 4.8 岁）新加坡女性（华裔）：97 名（平均年龄 27.0 ± 4.1 岁）	前额和面颊前部（左）	面颊：新加坡＞印尼（$P < 0.05$）；前额：越南＞印尼（$P < 0.001$）；前额：越南＞新加坡（$P < 0.01$）；其他无显著差异
Pappas 等（2013）	在体	非裔美国人白种人北亚人（总人数 = 17 ~ 21 名）（年龄 20 ~ 45 岁）	面部皮肤	基线 TEWL：白种人＞非裔美国人（$P < 0.05$）；趋势上，白种人＞北亚＞非裔美国人
Galzote 等（2014）	在体	中国哈尔滨女性：106 名中国上海女性：100 名印度新德里女性：100 名韩国首尔女性：116 名日本仙台女性：108 名（均在各自国家出生并目前居住）（年龄 14 ~ 75 岁）	面颊和前额的中间部位	中国哈尔滨受试者的 TEWL 平均值最大（无显著性差异）
Voegeli 等（2015）	在体	非裔女性：4 名印度裔女性：4 名中国女性：4 名白种人女性：4 名（平均年龄：21.8 ± 1.1 岁）	面部左侧的 30 个区域（前额、面颊、下颌和眶周）	TEWL 的总体总趋势：印度裔＞中国人＞非裔＞白种人；然而，仅在印度人＞白种人（$P < 0.001$）；中国人＞白种人（$P < 0.001$）；非裔＞白种人（$P < 0.01$）中有显著意义
Voegeli 等（2015）	在体	总数 = 60 名3 个同龄群体：非洲白化病女性（平均年龄：40.3 ± 2.9 岁）非裔女性（平均年龄：38.2 ± 2.3 岁）白种人女性（平均年龄：44.6 ± 3.1 岁）	右侧面颊和耳后区域	基线 TEWL：非洲白化病女性＞非裔和白种人女性（$P < 0.0001$）；非裔和白种人女性无显著差异

续表

研究	技术	受试者	部位	结果
Mack 等（2016）	在体	中国北京（华裔）：儿童 120 名，成年女性 40 名 新泽西州斯基尔曼：白种人儿童 84 名，成年女性 84 名 非裔美国人：儿童 88 名，成年女性 19 名 印度孟买（南亚人）：儿童 105 名，成年女性 40 名（儿童为 3 ~ 49 月龄；成年女性平均年龄 31 岁）	前臂伸侧和手臂上内侧	基线 TEWL：在两部位，北京儿童＞孟买和斯基尔曼的儿童，但均未提供 P 值；在成人间，白种人和非裔美国人无显著差异
Fujimura 等（2018）	在体	泰国人：30 名 中国人：30 名 （所有组为 6 ~ 24 个月龄）	大腿内侧，臀部，上臂内侧	基线 TEWL：所有部位，中国人＞泰国人（$P < 0.001$）
Young 等（2019）	在体	非裔美国女性：19 名 白种人女性：31 名 （年龄 18 ~ 40 岁）	手掌和手背以及前臂屈侧	无显著差异

肤色对 TEWL 的潜在影响尚无明确结论。资料来源：经许可摘自参考文献。

生物力学特性

螺旋测量仪测量受试者前臂皮肤的即时延展性（Ue）、粘弹形变（Uv）和即时恢复能力（Ur），并显示出亚裔、白种人和非裔之间的显著差异，特别是在白种人和非裔之间。对于这 3 组受试者而言，暴露于阳光下的皮肤延展性低于未暴露部位，而在白种人受试者中这种差异比在非裔受试者中更为明显。

在非裔受试者中，黏弹性反应的变化在光保护皮肤和光暴露皮肤之间没有显著差异，但在白种人和西班牙裔受试者中存在显著差异，即使在没有观察到种族间差异的情况下。

被强行延展后，有色皮肤的恢复能力高于白种人。考虑到测量部位皮肤厚度的影响，3 组受试者间存在显著的种族差异，其中非裔受试者的弹性最高，而只有在白种人受试者中，光暴露部位与光保护部位之间存在显著差异。

弹性指数评价皮肤恢复与延展的比率，结果显示无种族间差异。这些结果在其他皮肤部位和不同类型的测量设备上得到证实。据推测，与白色皮肤相比，黑色皮肤具有更高的弹性，可能是由于其单位表面积弹性纤维含量更高。

皮脂分泌

有研究指出，非裔皮肤的皮脂分泌量最高，其次是白种人和西班牙裔，而亚洲裔的皮脂分泌量相对较少。然而，其他学者对此存在质疑，他们的研究发现白种人和非裔受试者之间的皮脂分泌没有显著差异。这种差异的潜在解释可能是季节变化。有研究表明，有色皮肤在夏季的皮脂分泌量比冬季更高，特别是在面部。

光老化

据报道，白种人和有色人种在光线透射至皮肤中时存在差异。虽然白种人和非裔人种的光反射率相似（在 4% ~ 7%），但白种人的表皮层光透射率明显更高，尤其是在紫外线辐射下。这导致该种族皮肤的天然光老化保护能力显著下降。但是，在西班牙裔皮肤受试者中，这种情况并不明显。

非裔人种的皮肤对阳光的保护能力是白种人皮肤的 3 ~ 4 倍，这种差异直接与非裔人种皮肤表皮层中黑素含量较高有关。现有的数据表明，有关皮肤种族差异的影响因素有限，观察到的差异可能与皮肤学相关性有限，并且不同的研究结果经常相互矛盾。因此，对于跨种族的皮肤生物物理特性研究结果应该谨慎解读。进一步的研究应该采用已经建立的方案，并使用数量充足、筛选得当的受试者。

性别相关

尽管生理性别被认为在影响生物物理皮肤参数方面有所不同，但在皮肤科文献中经常被引用的数据往往并不一致。例如，有些研究表明男性的表皮层很厚，而女性的真皮层更厚。另外，一些研究指出前臂皮肤厚度和角质细胞层数之间无显著差异。有一项研究表明，随着年龄的增长，女性的皮肤厚度可能比男性的下降速度更快。

皮肤纹理

目前尚未发现有关生理性别对皮肤纹理状态和进化影响的相关数据。摩擦系数与性别无关。

肤色

色素沉着在男性比女性更为显著，这是通过比色学和光谱学研究得出的结论。一项对白种人人群进行的比色研究表明，参数A通常具有最高值，尽管参数L、a和b在性别和年龄之间存在相互作用。

PH

根据不同皮肤部位的测量结果显示，性别对皮肤pH值没有影响。然而，一些研究表明，男性的皮肤pH值稍微偏低，即更为酸性。

水合作用

皮肤的电性特征可用于描述其表层水分含量。用于测定性别影响的不同参数包括皮肤电容、阻抗和电阻。性别间未表现出电导率或阻抗的差异。然而，关于电容方面，一些研究者报告称性别之间没有差异，而另一些学者则基于对多个解剖部位的测量结果报道称，女性对电流的阻抗比男性更为显著。

皮肤屏障（TEWL）

尽管有些研究表明男女在TEWL方面没有差异，但其他研究则报告了男性比女性表现出更高的TEWL。其中一项研究认为这种差异可能与女性表皮基底层代谢率较低有关。

生物力学特性

在测量皮肤生物力学特性维度时，性别在作用上取决于使用的参数。据报道，女性的皮肤膨胀性（即R0）更高，这与所选择的解剖部位无关。针对不同部位的测量结果显示，女性的额头初始皮肤张力高于男性。

此外，女性的非弹性指数比男性大，而该指数的值因皮肤部位而异。研究报告表明这些差异无论在哪个解剖部位，都不会影响杨氏模量和滞后曲线，而这些参数在不同部位之间存在着很大的差异。

皮脂合成

有关皮脂分泌在不同性别中的差异，现有文献报道较为有限。仅有少数文献指出，在不同研究部位，男性的皮脂分泌率通常高于女性。随着年龄增长，皮脂分泌会减少，尤其是女性。这种减少似乎与激素分泌有关，因为在绝经后，皮脂分泌显著下降。Sugawara等采用了一种新方法，通过高频超声揭示面部皮脂腺的结构差异，发现男性皮脂腺呈菜花状，而女性皮脂腺呈圆柱形且较小。此外，与年轻女性受试者相比，老年女性的皮脂腺单位面积减少和所在深度变浅。

年龄相关

鉴于皮肤持续老化对结构和功能的影响，研究对象的年龄通常是获得相关结果的最重要因素。年龄直接影响皮肤大多数生物物理参数的变化。Visscher等研究表明，皮肤生物物理参数的变化始于出生时。新生儿表现出导致皮肤表面酸化过程的上调，增加NMF和抗菌性能，并通过抑制蛋白酶防止脱屑。这些皮肤的早期适应特征是表达一系列不同的蛋白质生物标记物，而这些标记物在新生儿期和婴儿期早期与成年期的表达不同。保持皮肤健康可以影响并减少生物物理参数的变化，而良好的皮肤水合则可延缓皱纹的出现。

皮肤纹理

无论种族如何，大量文献都证实衰老会增加皮肤的粗糙度、微地形图网络和皱纹的形成。

简单来说，皮肤的粗糙度受到内部和外部因素的影响，如环境、阳光照射、使用化妆品以及皮肤表层含水量。皮肤纹理的变化表现为细纹、皱纹和褶皱，这是由于皮肤成分和结构发生更深层次的变化所致；即使采用保守治疗也无法完全逆转这种特征。

测定皮肤粗糙度的方法包括使用微传感器、图像分析仪、光度分析仪或回声分析仪。不论使用哪种方法，微地形图网络的长度都已被证实会随年龄增长而减少，而褶皱的深度会随着首个皱纹的发展而加深。通过对皱纹进行回声分析，可以建立每个种族视觉缩放系统，以反映年龄和皮肤部位的差异，这种缩放系统最适合与眼周区域皱纹数量相关性研究。

研究表明，微地形图网络的变化在40岁之后尤其敏感，主线开始逐渐变淡。在50～80岁，二次定向线会逐渐消失。此外，还观察到了朝向皮肤变形方向的单形线以及在显微镜下皱褶不可见的较大区域的倍增。

肤色

各种族的皮肤色素沉着程度均与年龄相关。日本人和白种人的皮肤亮度（L*A*b*CIE系统的L*）会随着年龄增长而下降。此外，比色参数a*、b*和参数C的变化不大，对应皮肤饱和度：C=a+b。个体类型角（individual type angle，ITA°）表示整体皮肤色素沉着或亮度，与黑素成反比，已被发现以非线性方式随年龄

下降，表明皮肤随年龄变深。这些变化的程度会因观察部位和日照水平的不同而有所差异。

就唇部而言，Gomi和Imamura的研究发现，随着年龄增长，上唇的红色程度会下降；真皮中的组织学变化可解释这一观察结果。研究还表明，随着年龄的增长，真皮血管面积和数量会减少，网状脊变平与血管数量减少相关，但上皮厚度没有明显变化。这些结果表明，皮肤血管变化导致氧合血减少可能是导致红唇随着年龄增长而消失的原因。

综上所述，皮肤亮度会随着年龄增长而下降。

pH

目前相关文献数量有限，而且其结论相互矛盾，表明皮肤pH值在不同年龄段间并未发生显著变化。

水合作用

不同族群中的电导随着年龄增长普遍会增加，而老年受试者测得的电容则明显低于相对年轻的受试者。实际上，这种变化是非线性的，因为电容在50岁之前会随年龄增长而增加，之后则会下降。

然而，电导和电容的年龄变化似乎更加复杂，这取决于皮肤部位。随着年龄的增长，电阻的幅度指数（MIX）、实部指数（RIX）和虚部指数（IMIX）都会增加，而相位指数（PIX）则会朝相反方向移动。MIX和IMIX指数被认为是最能反映老化的指标。

皮肤屏障（TEWL）

TEWL与年龄的关系存在争议。有学者认为这两个参数之间没有关联，而另一些学者则认为这种关系虽然存在，但非常微弱，或者这种关系根据不同解剖部位而异。有文献表明，额部TEWL会随年龄的增长而增加。然而，研究显示，在大多数其他研究部位，TEWL会随着年龄的增长而减少。

一项涉及442名23～63岁白种人女性的大规

模研究发现，随着受试者年龄的增长，面颊、颞部和前额的TEWL显著下降。这些矛盾的数据表明，在测量TEWL时需要格外小心，每次测量都应该有一个客观的参考标准。

皮肤电容测量与TEWL的相关性也受到了质疑。最近1篇关于TEWL测量、年龄和混杂变量的文章强调了需要加深对这一主题的认识，并进行更多的研究。

生物力学特性

据报道，一般情况下皮肤弹性会随着年龄的增长而下降，同时皮肤适应力和延展性也会随着年龄增长而下降。已经有多项研究试图更好地认识这一观察结果的原因。例如，共聚焦拉曼光谱已经证实真皮中胶原水合的年龄相关变化，这种变化与年龄相关老化和胶原水合作用的增加有关。

此外，差示扫描量热法结合傅里叶变换红外光谱法证明光老化皮肤中可结合（未水合）水分子显著减少，同时可结合（未水合）水分子与未水合的比例有更大的下降，纤维型胶原蛋白也有所减少。这与内源性老化和年龄相关老化皮肤中更多热稳定性交联的存在相关，原因可能是与年龄相关晚期糖基化最终产物的形成有关。

此外，随着年龄的增长，真表皮连接处蛋白c的分布发生显著变化，如数种胶原类型（Ⅳ，Ⅶ，ⅩⅦ）、整合素β4和层合蛋白-332的减少。这些变化可能会影响皮肤的弹性，以及弹性蛋白和其他因素的变化。

解剖部位相关

尽管种族、年龄和性别对大多数皮肤参数的影响似乎有限，但是不同身体部位之间的差异更加显著。首先，皮肤的厚度因为不同的解剖部位而有所不同。前臂的皮肤相较于额头更加薄。面部不同区域之间，前臂的伸侧和屈侧区域之间，以及前臂不同部位之间也存在着显著的差异。

皮肤纹理

皮肤的纹理因为所在部位不同而有所差异，可以通过简单的视觉检查观察面部、颈部、四肢和手部的结构和外观。除了不同部位的解剖结构不同外，粗糙度也会存在差异。

肤色

在没有阳光照射的情况下，皮肤颜色因解剖部位而异。研究发现，光型Ⅰ型和Ⅱ型的受试者在18个不同的部位进行比色测量，参数a*有显著变化。研究采用了一种皮肤发红的测量方法。

通过对面颊、前额和前臂屈侧进行对比分析，发现前臂肤色比面部浅，而前额的a和b最高，分别为132和153。同一解剖区域不同部位之间也有差异，例如前臂远端和近端之间的a和b值的差异为156，背部上下部分为111。对于特定种族来说，亮度参数L*似乎轻度依赖于解剖部位，分别为132、153和156。

因此，在对皮肤进行比色分析时，检测部位是一个重要因素。此外，日光照射下色素变化的影响也非常重要，甚至可能比解剖部位间的影响更大。

pH

目前研究很少报道皮肤不同解剖部位之间的pH值差异。一项针对574名不同年龄的白种人男女的研究表明，面颊的pH值（4.2~6.0）明显高于前额的pH值（4.0~5.6），这一结果印证了以往的观察结果。另有学者报道，面颊、手臂和小腿的pH值没有显著差异。

水合作用

额部是电容和阻抗最高的区域，而面部其他区域似乎呈现出极其相似的结果。此外，还发现前臂在伸侧和屈侧时的传导存在差异。然而，这些差异也因种族而异。

皮肤屏障（TEWL）

TEWL是基于解剖部位的变化而广泛被证实的。比较研究表明，手掌的TEWL最高，其次是足底和手背，最后是不同的面部部位。然而，在同一解剖区域的近端和远端部位之间似乎没有明显差异。对16名受试者的前臂5个部位（对称和双侧）进行比较测量，发现对称部位之间存在显著差异，这反驳了对侧部位TEWL相等的结论。这一事实表明，在进行前臂的TEWL试验时，需要考虑这种差异的随机性。

生物力学特性

基于不同的解剖部位，皮肤的厚度和结构对生物力学特性有明显影响。例如，前额的杨氏模量明显高于前臂。相反，前臂皮肤的初始张力较高。在对22个皮肤部位进行测量后发现，前额的延展性最大，足部的延展性最低，且滞后效应也是如此。

随着年龄的增长，皮肤的张力、可塑性和弹性均有不同程度的下降。在时间的推移中，前臂的测量结果最为稳定，而不是考虑试验中所使用探针的尺寸。对于同一解剖区域的不同部位，延展性、弹性恢复、弹性和黏弹性的变化不像种族相关影响那样有系统性变化。在测量白种人、西班牙裔和非裔受试者的前臂伸侧和屈侧时，也发现了这些情况。

皮脂合成

不同部位的皮脂合成率因皮脂腺数量而异，头皮皮脂腺密度最高，其次是前额、下颌、上胸和背部。然而，不同部位皮肤表面的皮脂含量则似乎无差异。

这些差异可能是因为不同部位存在不同数量的皮脂，这些皮脂可能具有相同或不同的成分。这些观察结果存在明显矛盾，这可能是因为研究时间点在不同季节进行，而季节因素可能会影响脂肪成分含量，特别是在白种人种群。

总结

运用生物物理学方法，对皮肤内在状态或其暴露环境下的演变进行量化，或在产品应用影响下进行研究，当这些方法能够充分考虑皮肤独特的结构和功能多样性时，是非常合理的。

皮肤的保护、保湿、体温调节和营养作用，以及其致角化、促黑素和再生功能，通常受人种和族群、年龄和性别的影响。而不同解剖部位的这些功能可能存在显著差异。

作为生物体与环境相互作用的主要器官之一，皮肤具有适应能力。在进行生物物理评价时，需要考虑到随着时间推移可能会影响试验条件，因此，在解释数据时应该考虑对结果的潜在影响。

因此，我们相信，随着越来越多和更为复杂的生物物理方法的使用，可以促进：①数据的一致性；②更深入地认识健康与病理状态的皮肤。

如果您想了解更多与本章相关的皮肤生物工程的其他细节，可以参考文献。

原书参考文献

Darlenski R, Fluhr J. Influence of skin type, race, sex, and anatomic location on epidermal barrier function. Clin Dermatol 30:269-273, 2012.

Agache P, Vachon D. Fonction de protection mécanique (Function of mechanical protection). In: Agache P et al., eds., *Physiologie de la peau et explorations fonctionnelles cutanées.* Inter EM, Cachan, France, 408-422, 2000.

Hadgraft J, Lane ME. Transepidermal water loss and skin site: A hypothesis. Int J Pharm 373:1-3, 2009.

Pinnagoda J, Tupker RA, Agner T, Serup J. Guidelines for transepidermal water loss (TEWL) measurement. A report from the Standardization Group of the European Society of Contact Dermatitis. Contact Derm 22:164-178, 1990.

Berardesca E. EEMCO guidance for the assessment of stratum corneum hydration: Electrical methods. Skin Res Technol 3:126-132, 1995.

Lampe MA, Burlingame AL, Whitney J et al. Human stratum corneum lipids: Characterization and regional variations. J

Lipid Res 24:120-130, 1983.

Agache P. Metrology of stratum corneum. In: Agache P, Humbert P, eds. Measuring the Skin. Springer-Verlag, Berlin, 101-111, 2004.

Shuster S, Black M, McVitie E. The influence of age and sex on skin thickness, skin collagen, and density. Br J Dermatol 93:639, 1975.

Gniadecka M, Jemec GBE. Quantitative evaluation of chronological aging and photoaging *in vivo*: Studies on skin echogenicity and thickness. Br J Dermatol 139:815-821, 1998.

Waller JM, Maibach H. Age and skin structure and function, a quantitative approach (I): Blood flow, pH, thickness, and ultrasound echogenicity. Skin Res Technol 11:221-235, 2005.

PeerRP, Burli A, Maibach HI. Unbearable transepidermal water loss (TEWL) experimental variability: Why? [published online ahead of print, 2021 Feb 26], *Arch Dermatol Res*.2021:10.1007/s00403-021-02198-y. doi:10.1007/s00403-021-02198-y.

Jacobi U, Gautier J, Sterry W, Lademann J. Gender-related differences in the physiology of the stratum corneum. Dermatology 211:312-317, 2005.

Tur E. Physiology of the skin differences between women and men. Clin Dermatol 15:5-16, 1997.

Fluhr JW, Pelosi A, Lazzerini S, Dikstein S, Berardesca E. Differences in corneocyte surface area in pre- and postmenopausal women. Assessment with the noninvasive videomicroscopic imaging of corneocytes method (VIC) under basal conditions. Skin Pharmacol Appl Skin Physiol 14(Suppl 1):10-16, 2001.

Tur E, Maibach H, eds. *Gender and Dermatology*, 1st ed. Cham: Springer International Publishing; 2018.

Flynn TC, Petros J, Clark JE, Viehman GE. Dry skin and moisturizers. Clin Dermatol 19(4):387-392, 2001.

Aron-Brunetiere R. Les therapeutiques endocrinologiques du vieillissement cutane (Endocrinologic therapeutics of skin ageing). Med Esth Chir Dermatol 18(32):185-188, 1981.

Pierard GE. What do you mean by dry skin? Dermatologica 179:1-2, 1989.

Pierard GE. Caracterisation des peaux seches: La biometrologie complete la clinique (Characterisation of dry skins: Biometrology completes clinic). Cosmetology 14:48-51, 1997.

Thyssen JP, Maibach HI. eds. *Filaggrin: Basic Science, Epidemiology, Clinical Aspects and Management.* Berlin Heidelberg: Springer-Verlag; 2014.

Pierard G. EEMCO guidance for the assessment of dry skin (xerosis) and ichthyosis: Evaluation by stratum corneum stripping. Skin Res Technol 2:3-11, 1996.

Horii I, Akiu S, Okasaki K, Nakajima K, Ohta S. Biochemical and histological studies on the stratum corneum of hyperkeratotic epidermis. J Soc Cosmet Chem Jpn 14:174-178, 1980.

Koyama J, Kawasaki K, Horii I, Nakayama Y, Morikawa Y. Relation between dry skin and water soluble components in the stratum corneum. J Soc Cosmet Chem Jpn 16:119-124, 1983.

Koyama J, Kawasaki K, Horii I, Nakayama Y, Morikawa Y, Mitsui T. Free amino acids of stratum corneum as a biochemical marker to evaluate dry skin. J Soc Cosmet Chem 35: 183-195, 1984.

Akasaki S, Minematsu Y, Yoshizuka N, Imokawa G. The role of intercellular lipids in the water-holding properties of the stratum corneum. (Recovery effect on experimentally induced dry skin.). Jpn J Dermatol 98:41-51, 1988.

Denda M, Hori J, Koyama J et al. Stratum corneum sphingolipids and free amino acids in experimentally induced scaly skin. Arch Dermatol Res 284:363-367, 1992.

Ozawa T, Nishiyama S, Horii I, Kawasaki K, Kumano Y, Nakayama Y. Humectants and their effects on the moisturizationof skin. Hifu 27:276-288, 1985.

Pierard-Franchimont C, Pierard GE, Keratinisation, xerose et peau seche. In: Robert P.ed., Dermatophannacologie clinique. Maloine, Paris, France, 215-221, 1985.

Kitamura K, Ito A, Yamada K, Fukuda M. Research on the mechanism by which dry skin occurs and the development of an effective compound for its treatment. J Cosmet Chem Jpn 29:133-145, 1995.

Hennings H, Michael D, Cheng C, Steinert P, Holbrook K, Yupsa SH. Calcium regulation of growth and differentiation of mouse epidermal cells in culture. Cell 19:245-254, 1980.

Kitamura K. Potential medication for skin care new effective compound for dry skin. In: Tagami H, Parrish JA, Ozawa T, eds. *Skin Interface of a Living System.* International Congress Series 1159, Excerpta Medica, Elsevier, New York, NY, 1998.

Fulmer AW, Kramer GJ. Stratum corneum lipid abnormalities in surfactant-induced dry scaly skin. J Invest Dermatol 86:598-602, 1986.

Schmidt JB, Hobisch G, Lindmaier A. Epidermal moisture and skin surface lipids throughout life as parameters for cosmetic care. J Appl Cosmetol 8:17-22, 1990.

Tabata N, Tagami H, Kligman AM. A 24 hr occlusive exposure to 1% SLS induces a unique histopathologic inflammatory response in the xerotic skin of atopic dermatitis patients. Acta Derm Venerol (Stockh) 78:244-247, 1998.

Loden M. Maibach H, eds. *Dry Skin and Moisturizers: Chemistry and Function,* 2nd ed. Boca Raton. FL: CRC Press; 2005.

Pierard GE. Rate and topography of follicular heterogeneity of sebum secretion. Dermatologica 15:280-283, 1987.

Mavon A. Energie libre de surface de la peau humaine *in vivo*: Une nouvelle approche de la seborrhee (Free surface energy of human skin *in vivo*: A new approach of seborrhoea). Thèse Sciences de la Vie et de la Sante N° 259706 F-Besan§on, 1997.

Fisher LB. Exploring the relationship between facial sebum level and moisture content. Int J Cosmet Sci 49:53, 1998.

Rizer RL. Oily skin: Claim support strategies. In: Eisner P, Merk HF, Maibach HI, eds. *Cosmetics, Controlled Efficacy Studies and Regulation.* Springer, New York, NY, 81-91, 1999.

Pochi PE, Strauss JS. Endocrinologic control of the development and activity of the human sebaceous gland. J Invest Dermatol 62:91, 1974.

Clarys P, Barrel A. Quantitative evaluation of skin lipids. Clin Dermatol 13:307-321, 1995.

Kan C, Kimura S. Psychoneuroimmunological benefits. Cosmetics Proceedings of the 18th IFSCC Meeting 1-Venezia, B304:769-784, 1994.

Fellner MJ, Chen AS, Mont M, McCabe J, Baden M. Patterns and intensity of autofluorescence and its relation to melanin in human epidermis and hair. Int J Dermatol 18:722-730, 1979.

Kollias N, Sayre RM, Zeise L, Chedekel MR. Photoprotection by melanin. J Photochem Photobiol B Biol 9:135-160, 1991.

Szabo G, Gerald AB, Pathak MA, Fitzpatrick TB. Racial differences in the fate of melanosomes in human epidermis. Nature 222:1081-1082, 1969.

Pavan WJ. Sturm RA. The genetics of human skin and hair pigmentation. Annu Rev Genomics Hum Genet 20:41-72, 2019. doi:10.1146/annurev-genom-083118-015230. Epub 2019 May 17. PMID: 31100995.

McDonald CJ. Structure and function of the skin. Are there differences between black and white skin? Dermatol Clin 6:343-347, 1988.

Corcuff P, Lotte C, Rougier A, Maibach HI. Racial differences in corneocytes. A comparison between black, white and oriental skin. Stockh Acta Derm Venereol 71:146-148, 1991.

MachadoM, Hadgraft J, Lane ME. Assessment of the variation of skin barrier function with anatomic site, age, gender and ethnicity. Int J Cosmet Sci 32:397-409, 2010.

Wiechers JW. Is Asian skin really different from Black or Caucasian skin? Cosmet Toil 125(2):66-73, 2010.

Weigand DA, Haygood C, Gaylor GR. Cell layers and density of Negro and Caucasian stratum corneum. J Invest Dermatol 62:563-568, 1974.

Thomson ML. Relative efficiency of pigment and horny layer thickness in protecting the skin of Europeans and Africans against solar ultraviolet radiation. J Physiol 127:236-246, 1955.

La Ruche G, Cesarini JP. Histologie et physiologie de la peau noire (Histology and physiology of black skin). Ann Dermatol Venereol 119:567-574, 1992.

Kelly AP, Keloids. Dermatol Clin 6:413-424, 1988.

Vasilevskii VK, Zherebtsov LD, Spichak SD, Feoktistov SM. Color and morphological features in people of different racial groups. Engl Tr Bull Exp Biol Med 106:1501-1504, 1988.

Knip AS. Ethnic studies of sweat gland counts in physiological variation and its genetic basis. In: Weiner JS, ed. *Physiological Variation and Its Genetic Basis.* Taylor & Francis, London, 113-123, 1977.

McDonald CJ. Some thoughts on differences in black and white skin. Int J Dermatol 15:427-430, 1976.

Lee J, Shin Y. Comparison of density and output of sweat gland in tropical Africans and temperate Koreans. Auton Neurosci 205:67-71, 2017. doi:10.1016/j.autneu.2017.05.004. Epub 2017 May 8. PMID: 28506659.

Kligman AM, Shelley WB. An investigation of the biology of the human sebaceous gland. J Invest Dermatol 30:99-125, 1958.

Pochi PE, Strauss JS. Sebaceous gland activity in black skin. Dermatol Clin 6:349-351, 1988.

Nicolaides N, Rothman S. Studies on the chemical composition of human hair fat. Ⅱ. The overall composition with regard to age, sex and race. J Invest Dermatol 21:9-14, 1953.

Berardesca E, Maibach HI. Racial differences in sodium lauryl sulfate induced cutaneous irritation: Black and white. Contact Derm 18:65-70, 1988.

Shetage SS, Traynor MJ, Brown MB, Raji M, Graham-Kalio D. Chilcott RP, Effect of ethnicity, gender and age on the amount and composition of residual skin surface components derived from sebum, sweat and epidermal lipids. Skin Res Technol 20(1):97-107, 2014. doi:10.1111/srt.12091. Epub 2013 Jul 19. PMID: 23865719; PMCID: PMC4285158.

Lindelof B, Forslind B, Hedblad MA, Kaveus U, Human hair form. Morphology revealed by light and scanning electron microscopy and computer aided three-dimensional reconstruction. Arch Dermatol 85:62s-66s, 1985.

McLaurin Cl, Cosmetics for blacks: A medical perspective. Cosmest Toil 98:47-53, 1983.

Rook A, Racial and other genetic variations in hair form. Br J Dermatol 92:559-560, 1975.

Andersen KE, Maibach HI. Black and white human skin differences. J Am Acad Dermatol 1:276-282, 1979.

Baker PT. Racial differences in heat tolerance. Am J Phys Anthropol 16:287-305, 1958.

Yousef MK, Dill DB, Vitez TS, Hillyard SD, Goldman AS. Thermoregulatory responses to desert heat: Age, race and sex. J Gerontol 39:406-414, 1984.

Peer RP, Burli A, Maibach HI. Did human evolution in skin of color enhance the TEWL barrier? [published online ahead of print, 2021 Feb 26], Arch Dermatol Res. 2021;10.1007/s00403-021-02197-z. doi:10.1007/s00403-021-02197-z

Hillebrand GG, Levine MJ, Miyamoto K. The age-dependent changes in skin condition in African Americans, Asian Indians, Caucasians, East Asians and Latinos. IFSCC Mag 4:259-266, 2001.

Fujimura T, Sugata K, Haketa K, Hotta M. Roughness analysis of the skin as a secondary evaluation criterion in addition to visual scoring is sufficient to evaluate ethnic differences in wrinkles. Int J Cosmet Sci 31:361-367, 2009.

Bazin R, Doublet E, Flament F, Giron F. *Skin aging atlas, vol 1: Caucasian type 2007, vol 2: Asian type 2010*, vol 3: African American type 2012, Ed MED'COM, Paris, France.

Nouveau-Richard S, Yang Z, Mac-Mary S, Li L, Bastien P, Tardy I, Bouillon C, Humbert P, de Lacharriere O, Skin ageing: A comparison between Chinese and European populations. A pilot study. J Dermatol Sci 40:187-193, 2005.

Manuskiatti W, Schwindt DA, Maibach HI. Influence of age, anatomic site and race on skin roughness and scaliness. Dermatology 196:401-407, 1998.

Diridollou S, De Rigal J, Querleux B, Leroy F, Holloway Barbosa V. Etude comparative de Fhydratation de la couche cornée entra quatre groupes ethniques. Influence de Page, Nouv Dermatol 26(Suppl 9):1-56, 2007.

Norlén L, Nicander I, Rozell BL, Ollmar S, Forslind B. Inter- and intra-individual differences in human stratum corneum lipid content related to physical parameters of skin barrier function *in vivo*. J Invest Dermatol 112:72-77, 1999.

Tranggono RI, Purwoho H, Setiawan R. The studies of the values of sebum, moisture and pH of the skin in Indonesians. J Appl Cosmetol 8:51-61, 1990.

Saurel V. Peaux noires et metissees: Des besoins speciques (Black and crossed skins: Specific needs). Cosmetology 14:8-11, 1997.

Jimbow M, Jimbow K. Pigmentary disorders in oriental skin. Clin Dermatol 7:11-27, 1989.

Grimes PE, Stockton T. Pigmentary disorders in blacks. Dermatol Clin 6:271-281, 1988.

Haider RM, Grimes PE, McLaurin Cl, Kress MA, Kenney JA, Incidence of common dermatoses in a predominantly black dermatological practice. Cutis 32:388-390, 1983.

Warrier AG, Kligman AM, Harper RA. Bowman J, Wickett RR, A comparison of black and white skin using non-invasive methods. J Soc Cosmet Chem 47:229-240, 1996.

Johnson LC, Corah NL, Racial differences in skin resistance. Science 139:766-767, 1963.

Takahashi M, Watanabe H, Kumagai H, Nakayama Y, Physiological and morphological changes in facial skin with aging (Ⅱ): A study on racial differences. J Soc Cosmet Chem Jpn 23:22-30, 1989.

Berardesca E, De Rigal J, Leveque JL, Maibach HI. In vivo biophysical characterization of skin physiological differences in races. Dermatologica 182:89-93, 1991.

Berardesca E, Maibach HI, Sodium lauryl sulfate induced cutaneous irritation. Comparison of white and Hispanic subjects. Contact Derm 19:136-140, 1988.

Wilson D. Berardesca E, Maibach HI, In vitro transepidermal water loss: Difference between black and white human skin. Br J Dermatol 119:647-652, 1988.

Sugino K, Imokawa G, Maibach H, Ethic difference of stratum corneum lipid in relation to stratum corneum function. J Invest Dermatol 100:597, 1993.

Kompaore F, Marty JP, Dupont CH, *In vivo* evaluation of the stratum corneum barrier function in Blacks, Caucasians and Asians with two noninvasive methods. Skin Pharmacol 6:200-207, 1993.

Reed JT, Ghadially R, Elias PM, Effect of race, gender and skin type on epidermal permeability barrier function. J Invest Dermatol 102:537, 1995.

Kligman AM, Unpublished Observations. Philadelphia, PA: University of Pennsylvania, Department of Dermatology; 1994.

Rienertson RP, Wheatley VR, Studies on the chemical composition of human epidermal lipids. J Invest Dermatol 32:49-59, 1959.

Montagna W, Carlisle K, The architecture of black and white skin. J Am Acad Dermatol 24:929-937, 1991.

Anderson R, Parrish J, The optics of human skin. J Invest Dermatol 77:13-17, 1981.

Pathak MA, Fitzpatrick TB, The role of natural protective agents in human skin. In: Fitzpatrick TB, Pathak MA, Harber RC et al., eds. *Sunlight and Man.* University of Tokyo Press, Tokyo, 725-750, 1974.

Everett MA, Yeagers E, Sayre RM et al., Penetration of epidermis by ultraviolet rays. Photochem Photobiol 5:553, 1966.

Kaidbey KH, Poh Agin P, Sayre RM et al,, Photoprotection by

melanin-a comparison of black and Caucasian skin. Am Acad Dermatol 1:249, 1979.

Goh SH, The treatment of visible signs of senescence: The Asian experience. Br J Dermatol 122:105-109, 1990.

Marks R, Aging and photodamage. In: Sun Damaged Skin. Martin Dunitz, London, 5-7, 1992.

Diridollou S, Black D, Lagarde M, Gall Y, Sex- and sitedependent variations in the thickness and mechanical properties of human skin *in vivo*. Int J Cosmet Sci 22:421-435, 2000.

Denda M, Takashi M, Measurement of facial skin thickness by ultrasound method. J Soc Chem Jpn 23:316-319, 1990.

Seidenari S, Pagoni A, Di Nardo A, Giannetti A, Echographic evaluation with image analysis of normal skin: Variations according to age and sex. Br J Dermatol 131:641-648, 1994.

Overgaard Olsen L, Takiwaki H, Serup J, High-frequency ultrasound characterization of normal skin. Skin thickness and echographic density of 22 anatomical sites. Skin Res Technol 1:74-80, 1995.

Conti A, Schiavi ME, Seidenari S, Capacitance, transepidermal water loss and causal level of sebum in healthy subjects in relation to site, sex and age. Int J Cosmet Sci 17:77-85, 1995.

Greene RS, Downing DT, Pochi PE, Strauss JS, Anatomical variation in the amount and composition of human skin surface lipid. J Invest Dermatol 54:240-147, 1970.

Sugihara T, Ohura T, Homma K, Igawa HH. The extensibility in human skin: Variation according to age and site. Br J Plast Surg 44:418-422, 1991.

Ya-Xian Z, Suetake T, Tagami H. Number of cell layers in normal skin—Relationship to the anatomical location on the body, age, sex and physical parameters. Arch Dermatol Res 291:555-559, 1999.

Lasagni C, Seidenari S, Echographic assessment of agedependent variations of skin thickness. Skin Res Technol 1: 81-85, 1995.

Cua AB, Wilhelm KP, Maibach HI, Frictional properties of human skin: Relation to age, sex and anatomical region, stratum corneum hydration and transepidermal water loss. Br J Dermatol 123:473-479, 1990.

Fullerton A, Serup J, Site, gender and age variation in normal skin colour on the back and the forearm: Tristimulus colorimetric measurements. Skin Res Technol 3:49-52, 1997.

Zlotogorski A, Distribution of skin surface pH on the forehead and cheek of adults. Arch Dermatol Res 279:398-401. 1987.

Man MQ, Xin SJ, Song SP, Cho SY, Zhang XJ, Tu CX, Feingold KR, Elias PM, Variation of skin surface pH, sebum content and Stratum Corneum hydration with age and gender in a large Chinese population. Skin Pharmacol Physiol 22: 190-199, 2009.

Mussi A, Carducci M, D'Agosto G. Bonifati C, Fazio M. Ameglio F. Influence of skin area, age and sex on corneometric determinations. Skin Res Technol 4:83-87, 1998.

Lammintausta K, Maibach HI, Wilson D, Irritant reactivity and males and females. Contact Derm 14:276-280, 1987.

Tupker RA. Coenrads PJ. Pinnagoda J, Nater JP, Baseline transepidermal water loss (TEWL) as a prediction of susceptibility to sodium lauryl sulphate. Contact Derm 20:265-269. 1989.

Nicander I, Nyrén M, Emtestam L, Ollmar S, Baseline electrical impedance measurements at various skin sites—Related to age and sex. Skin Res Technol 3:252-258, 1997.

Gho CL, Chia SE, Skin irritability to sodium lauryl sulphate, as measured by skin water vapour loss, by sex and race. Clin Exp Dermatol 13:16-19, 1988.

Malm M, Šamman M, Serup J, *In vivo* skin elasticity of 22 anatomical sites—The vertical gradient of skin extensibility and implications in gravitational aging. Skin Res Technol 1:61-67, 1995.

Machková L, Svadlák D, Dolečková I. A comprehensive *in vivo* study of Caucasian facial skin parameters on 442 women. Arch Dermatol Res 310(9):691-699, 2018. doi:10.1007/S00403-018-1860-6.

Sugawara T, Nakagawa N, Shimizu N, Hirai N, Saijo Y, Sakai S, Gender- and age-related differences in facial sebaceous glands in Asian skin, as observed by non-invasive analysis using three-dimensional ultrasound microscopy. Skin Res Technol 25(3):347-354, 2019. doi:10.1111/srt.12657. Epub 2019 Jan 4. PMID: 30609153.

Woo Choi J, Hyo Kwon S, Hun Huh C, Chan Park K, Woong Youn S, The influence of skin visco-elasticity, hydration level and aging on the formation of wrinkles: A comprehensive and objective approach. Skin Res Technol 19:e349-e355, 2013.

Couturaud V, Coutable J, Khaiat A, Skin biomechanical properties: In vivo evaluation of influence of age and body site by a non-invasive method. Skin Res Technol 1:68-73, 1995.

Corcuff P, Leveque JL, Skin surface replica image analysis of furrow and wrinkles. In: Serup J, Jemec GBE, eds. *Handbook of Non Invasive Methods and the Skin*. CRC Press, Boca Raton, FL, 89-95, 1995.

Hoppe U, Sauermann G, Quantitative analysis of the skin's surface by means of digital signal processing. J Cosmet Chem 36:105-123, 1985.

Corcuff P, De Rigal J, Leveque JL, Skin relief and aging. J Soc

Cosmet Chem 34:177-190, 1983.

Corcuff P, François AM, Leveque JL, Porte G, Microrelief changes in chronically sun-exposed human skin. Photodermatology 5:92-95, 1988.

Bazin R, Levèque JL, Longitudinal study of skin aging: From microrelief to wrinkles. Skin Res Technol 17:135-140, 2011.

Takema Y, Yorimoto Y, Kawai M, The relationship between age-related changes in the physical properties and development of wrinkles in human facial skin. J Soc Cosmet Chem 46: 163-173, 1995.

Takema Y, Tsukahara K, Fujimura T, Hattori M, Age-related changes in the three-dimensional morphological structure of human facial skin. Skin Res Technol 3:95-100, 1997.

Leveque JL, Corcuff P, De Rigal J, Agache P, *In vivo* studies of the evolution of physical properties of the human skin with age. Int J Dermatol 5:322-329, 1984.

Le Fur I, Numagami K, Guinot C, Lopez S, Morizot F, Lambert V, Kobayashi H, Tagami H, Tschaechler E, Skin colour in Caucasian and Japanese healthy women: Age-related difference ranges according to skin site. Proceedings of the IFSCC (Poster), Berlin, 2000.

Le Fur I, GuinotC, Lopez S, Morizot F, Tschaechler E, Couleur de la peau chez les femmes caucasiennes en fonction de l'âge: Recherché des valeurs de reference (Skin colour in Caucasian women according to age: Search for the reference values). In: Humbert P, Zahouani H, eds., Actualites en Ingenierie Cutanee 1:189-196, 2001.

Gomi T, Imamura T, Age-related changes in the vasculature of the dermis of the upper lip vermilion. Aging (Albany NY) 11(11):3551-3560, 2019. doi:10.18632/aging,101996. PMID: 31170092; PMCID: PMC6594803.

Saijo S, Hashimoto-Kumasaka K, Takahashi M, Tagami H, Functional changes on the stratum corneum associated with aging and photoaging. J Soc Cosmet Chem 42:379-383, 1991.

Hildebrandt D, Ziegler K, Wollina U, Electrical impedance and transepidermal water loss of healthy human skin under different conditions. Skin Res Technol 4:130-134, 1998.

Rougier A, Lotte C, Corcuff P, Maibach HI, Relationship between skin permeability and corneocyte size according to anatomic site, age, and sex in man. J Soc Cosmet Chem 39: 15-26, 1988.

Le Furl, Guinot C, Lopez S, MorizotF, Lambert V, Tschaechler E, Age-related reference ranges for skin biophysical parameters in healthy Caucasian women. Proceedings of the IFSCC (Poster), Berlin, 2000.

Loden M, Olsson H, Axell T, Werner Linde Y, Friction, capacitance and transepidermal water loss (TEWL) in dry atopic and normal skin. Br J Dermatol 126:137-141, 1992.

Tagami H, Impedance measurement for the evaluation of the hydration state of the skin surface. In: Leveque JL, ed. *Cutaneous Investigation in Health and Disease.* Marcel Dekker, New York, NY, 79-112, 1989.

Triebskorn A, Gloor M, Greiner F, Comparative investigations on the water content of the stratum corneum using different methods of measurement. Dermatologica 167:64-69, 1983.

Escofer C, De Rigal J, Rochefort A, Vasselet R, Leveque JL, Agache P, Age-related mechanical properties of human skin: An in vivo study. J Invest Dermatol 93:353-357, 1989.

de Vasconcelos Nasser Caetano L, de Oliveira Mendes T, Bagatin E, Amante Miot H, Marques Soares JL, Simoes E Silva Enokihara MM, Abrahao Martin A, *In vivo* confocal Raman spectroscopy for intrinsic aging and photoaging assessment. J Dermatol Sci 88(2):199-206, 2017. doi:10.1016/j.jdermsci.2017.07.011. Epub 2017 Jul 19. PMID: 28855068.

Tang R, Samouillan V, Dandurand J, Lacabanne C, Lacoste-Ferre MH, Bogdanowicz P, Bianchi P, Villaret A, Nadal-Wollbold F, Identification of ageing biomarkers in human dermis biopsies by thermal analysis (DSC) combined with Fourier transform infrared spectroscopy (FTIR/ATR). Skin Res Technol 23(4):573-580, 2017. doi:10.1111/srt,12373. Epub 2017 May 17. PMID: 28516572.

Langton AK, Halai P, Griffiths CE, Sherratt MJ, Watson RE, The impact of intrinsic ageing on the protein composition of the dermal-epidermal junction. Mech Ageing Dev 156:14-16, 2016. doi:10.1016/j.mad.2016.03.006. Epub 2016 Mar 21. PMID: 27013376.

De Rigal J. Leveque JL, *In vivo* measurement of the stratum corneum elasticity. Bioeng Skin 1:13-23, 1985.

Hoffmann K, DirschkaTP, StuckerM, el-GammalS.Altemeyer P, Assessment of actinic skin damage by 20-MHz sonography. Phodermatol Photoimmunol Photomed 10:97-101, 1994.

Takema Y, Yorimoto Y, Kawai M. lmokawa G, Age-related changes in the elastic properties and thickness of human facial skin. Br J Dermatol 131:641-648, 1994.

Rogiers V, Derde MP, Verleye G, Rosseuw D, Standardized conditions needed for skin surface hydration measurement. Cosmet Toilet 105:73-82, 1990.

Caisey L, Gubanova E, Camus C, Lapatina N, Smetnik V, Leveque JL, Influence of age and hormone replacement therapy on the functional properties of the lips. Skin Res Technol 14:220-225, 2008.

Panisset F, Varchon D, Pirot F, Humbert Ph, Agache P, Evaluation du module de Young au stratum corneum *in vivo* (Evaluation of the Young's standard on the stratum corneum in vivo). Congrès Annu Res Dermat F-Nimes, 1993.

Mignot J, Zahouani H, Rondot D, Nardin Ph, Morphological study of human skin topography. Int J Bioeng Skin 3:177-196, 1987.

Le Fur I, Lopez S, Morizot F, Guinot C, Tschachler E, Comparison of cheek and forehead regions by bioengineering methods in women with different self-reported "cosmetic skin types." Skin Res Technol 5:182-188, 1999.

Kligman AM, The classification and treatment of wrinkles. In: Kligman AM, Takase Y, eds., Cutaneous Aging. University of Tokyo Press, Tokyo, 99-109, 1985.

El Gammal C, Kligman AM, El Gamma S, Anatomy of the skin surface. In: Wilhelm KP, Eisner P, Berardesca E, Maibach HI, eds. *Bioengineering of the Skin: Skin Surface Imaging and Analysis*. RC Press, Boca Raton, FL, 3-19, 1997.

Ale SI, Laugier JPK, Maibach HI, Spatial variability of basal skin chromametry on the ventral forearm of healthy volunteer. Arch Dermatol Res 288:774-777, 1996.

Dikstein S, Hartzshtark A, Bercovici P, The dependence of low pressure indentation, slackness and surface pH on age in forehead skin of women. J Soc Cosm Chem 35:221-228, 1984.

Schwindt D, Wilhem KP, Maibach HI, Water diffusion characteristics of human stratum corneum at different anatomical sites *in vivo*. J Invest Dermatol 111:385-389, 1998.

Wilhelm KP, Cua AB, Maibach HI, Skin aging. Effect on transepidermal water loss, stratum corneum hydration, skin surface pH, and casual sebum content. Arch Dermatol 127:1806-1809, 1991.

Cua AB, Wilhelm KP, Maibach HI, Cutaneous sodium lauryl sulphate irritation potential: Age and regional variability. Br J Dermatol 123:607-613, 1990.

Agache P, Laurent R, Lardans L, Blanc D, Epiderme, poil, glandes sebacees et sudoripares (Epidermis, hair and sebaceous and sweat glands). In: Prunieras M, *Précis de Cosmétologie Dermatologique*. Masson Ed, 21-29, 1990.

Bajor JS. Becker WD, Hillmer S, Knaggs H, Measurement and analysis of human surface sebum levels using the sebumeter. Unilever Res 110:4, 1287, 1998.

Rogers J, Harding C, Mayo A, Banks J, Stratum corneum lipids: The effect of ageing and the seasons. Arch Dermatol Res 288:765-770, 1996.

Yoshikawa N, Imokawa G, Akimoto K, Jin K, Higaki Y, Kawashima M, Regional analysis of ceramides within the stratum corneum in relation to seasonal changes. Dermatology 188:207-214, 1994.

Fluhr J, Eisner, P, Berardesca, E, Maibach, H, eds. *Bioengineering of the Skin, Vol I: Water and the Stratum Corneum*, 2nd ed. Boca Raton, FL: CRC Press; 2004.

Berardesca, E, Eisner, P, Maibach, H, eds. *Bioengineering of the Skin, Vol II : Cutaneous Blood Flow and Erythema*. Boca Raton, FL: CRC Press; 1994.

Berardesca, E, Eisner, P, Wilhelm, K, Maibach, H, eds. *Bioengineering of the Skin, Vol III : Methods and Instrumentation*. Boca Raton, FL: CRC Press; 2007.

Wilhelm KP, Eisner P, Berardesca E, Maibach HI. *Bioengineering of the Skin, Vo! IV: Skin Surface Imaging and Analysis*. Boca Raton, FL: CRC Press; 1996.

Eisner, P, Berardesca, E, Wilhelm, KP, Maibach, H, eds. *Bioengineering of the Skin, Vol V: Skin Biomechanics*. Boca Raton, FL: CRC Press; 2001.

第2章

皮肤保湿

介绍

保湿是护肤化妆品的重要功能之一，可以预防干性皮肤，并在各种类型皮肤干燥症的临床治疗中发挥非常有效的作用。皮肤最外层是角质层（SC），它具有屏障作用并保持水分，从美容角度来看，它也是外观的一个重要决定因素。SC由死亡的角质细胞和各种重要成分组成，不断动态更新。当SC的动态和稳态组织受到干扰时，其屏障功能和保湿能力会降低。因此，了解SC功能紊乱的机制以及保湿剂的特性对于选择和应用合适的保湿剂至关重要。本章将介绍SC的结构和功能，以及各种保湿剂的特性。

SC结构和功能

皮肤最外层被称为SC，其厚度只有10～20 μm，这种薄层结构在皮肤屏障和保湿功能中扮演关键角色，并使皮肤保持弹性。SC由从表皮角质形成细胞分化而来的扁平死亡角质细胞和填充角质细胞间隙的细胞间脂质组成。SC通常被描述为砖块和砂浆（图2.1），其中砖块代表角质细胞，这些细胞富含纤维蛋白（即角蛋白）。角蛋白决定SC的理化性质，如其可塑性和弹性，尽管其性质主要受含水量影响。SC含有天然保湿因子（natural moisturizing factor，NMFs），这些低分子量的水溶性分子对皮肤保湿功能至关重要。NMFs主要由氨基酸（及其衍生物）、有机酸（如乳酸和柠檬酸）和无机盐组成，这些小分子具有亲水性，滋润角蛋白。角蛋白本质上属于疏水性，但NMFs可以保留水分子。该氨基酸是由一种称为丝聚蛋白的前体蛋白降解产生，丝聚蛋白在表皮角质形成细胞的颗粒层合成，并被特异性蛋白酶降解为具有NMFs功能的氨基酸。NMFs是水溶性分子，容易在清洗或沐浴过程中丢失，导致NMFs减少和SC保湿程度降低。

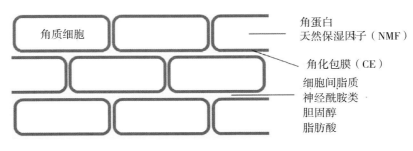

图2.1　角质层结构

每个角质细胞都被角化包膜（cornified envelope，CE）包围，这是一种膜状不溶性结构，由转谷氨酰胺酶介导的各种前体蛋白交联形成。CE的外部成分被CO-羟基神经酰胺和

CO-羟基脂肪酸包裹，通过酯键结合。因此，角质细胞被脂质包裹，其疏水结构被认为是细胞间脂质基质的支架。相对而言，图2.1所示的砖墙结构中，砂浆所对应的主要成分是由神经酰胺、胆固醇和游离脂肪酸组成的细胞间脂质。这些脂类具有疏水的脂肪烃链和亲水的极性端，而极性端基团与等摩尔神经酰胺、胆固醇和游离脂肪酸的对齐和定位对于晶体结构的正确排列十分必要。这种晶体结构具有分为多层，形成了细胞间脂质的层状结构，在角质屏障的功能中发挥着重要的作用。因此，角质层是由表皮角质细胞在终末分化过程中合成的多种成分组成的，其中一些成分在角质层内进一步代谢成为功能结构或分子（见图2.2）。

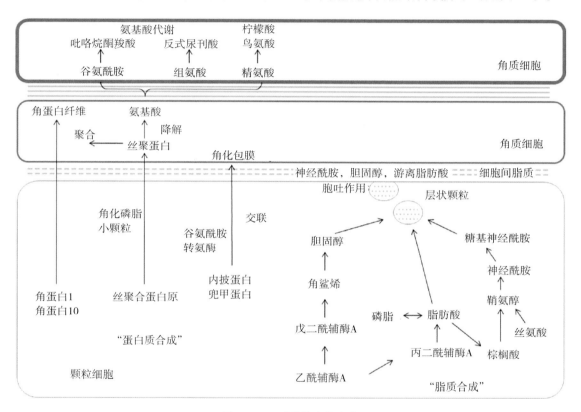

图 2.2　SC 成分的生物合成

在表皮更新过程中，角质层不断更新。角质细胞被排列成10～20层，并通过一种称为角化桥粒的黏附结构紧密连接在一起。这种黏附结构由一个由桥粒芯糖蛋白、桥粒胶蛋白和角化桥粒蛋白组成的蛋白复合物构成。因此，角质细胞之间很少分离。相反，最外层的角质细胞很容易脱落，因为它们的角化桥粒成分被某些蛋白酶所降解。在健康皮肤中，表皮生长和角质细胞脱落的速度保持平衡，从而表皮层的更新在不经意间持续进行。然而，在某些个体中，由于角质层含水量的减少，角化桥粒分解的速度减缓，导致粗糙的皮肤表面上有鳞状聚集物。

皮脂和汗液

皮脂是由皮脂腺分泌到皮肤表面的一种物质，其主要成分包括甘油三酯、蜡酯、其他酯类、角鲨烯和胆固醇，这些成分并不形成晶体结构。与表皮细胞间脂质相比，皮脂对皮肤屏障功能的影响较小，但皮脂分泌不足可能导致皮肤干燥和干性湿疹。另外，汗液是由汗腺分泌通过汗管到达皮肤表面的一种液体，其成分包括水分子、微量元素、无机矿物质以及柠檬酸、乳酸等有机酸。这些有机酸和表皮角质细胞中的天然保湿因子（NMFs）成分相同，其中的矿物质和有机酸来自汗液，有助于皮肤保湿。

干性皮肤

人体含水量为60%～70%，而皮肤最外层SC的含水量约为30%。SC内部的含水量梯度由两个因素维持：细胞间脂质韧性晶体结构组装提供屏障功能，调节水分蒸发；NMF则起到水潴留作用。

干燥症的症状各异，但常常伴随SC含水量的降低。银屑病、特应性皮炎等皮肤疾病与免疫改变引起的炎症、表皮更替加速、角化异常和屏障功能受损有关。相反，老年性干燥症并非总是伴随炎症。特应性皮炎的屏障功能受损是由于细胞间脂质结构紊乱所致。NMF水平的降低与老年性干燥和各种皮肤疾病相关。编码丝聚蛋白的基因突变参与特应性皮炎的发病，导致SC中NMF含量降低。

增湿剂

保湿是护肤化妆品基本功能之一，可为皮肤补水并保持滋润。增湿剂可分为润肤剂和保湿剂，根据作用机制不同而定。图2.3中列出了一些典型的增湿剂，并与皮肤内源性成分进行了比较。

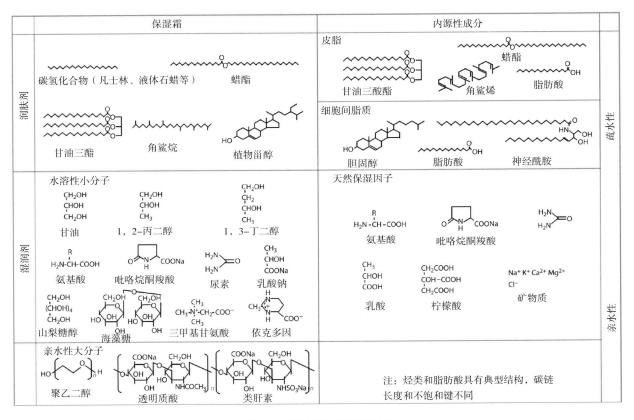

图2.3 保湿剂和内源性因子

润肤剂

护肤霜中常添加脂类润肤剂，例如脂肪或油。这些润肤剂能够很好地封闭肌肤，但锁水能力却较差。使用润肤剂时，能有效防止肌肤失水，从而具有出色的补水功效。局部润肤剂包括烃类和酯类油。烃类油包括液体石蜡和固体凡士林，其性质（如熔点、黏度和封闭性）

取决于其分子量、链长、分支程度和不饱和度等因素。而酯类油则可以从自然资源中提取，自古以来就被广泛应用于化妆品，其中包括蜡（由高级脂肪酸和高级醇组成）和脂肪（由甘油三酯或脂肪酸甘油酯组成）。它们的物理化学性质因脂肪酸和醇的结构不同而异，包括链长、不饱和程度以及在碳氢化合物中的分支程度等因素。

化妆品中常用胆固醇及相关类固醇，以及天然脂肪和油，但它们通常含有不饱和烃类，容易氧化变性。为了防止氧化变性，人们广泛使用氢化脂肪和油脂，或添加抗氧化剂。此外，化学合成的硅油也被开发用于改善黏稠感，但由于其封闭性不足，不算是真正意义上的润肤剂。

然而，大多数润肤剂都具有良好的封闭性（基本上属于疏水性），并具有良好的水合性能。一些润肤剂中含有与水分子相互作用极性基团，这些被称为锁水脂类，例如植物甾醇。这些润肤剂能够独具特性，可以用作各种化妆品的保湿剂。

神经酰胺是SC细胞间脂质的重要组成部分，其中包括胆固醇和脂肪酸。近年来，由于工业化生产的发展，神经酰胺开始被应用于护肤化妆品中。神经酰胺是一种双亲性物质，其结构由疏水部分（长链脂肪酸）和亲水部分（鞘氨醇碱基）组成。当以1:1:1的摩尔比存在时，SC细胞间脂质中的神经酰胺、脂肪酸和胆固醇会堆积成片状的晶体结构，从而提供出色的屏障功能。虽然关于神经酰胺的作用机制有多种理论，但普遍认为其通过封闭性提供保湿作用，类似于润肤剂的作用。

保湿剂

保湿剂是一种低分子量的水溶性物质，通常用作化妆品中的增湿剂。其中，甘油、丙二醇和丁二醇被广泛应用，这些被称为多元醇，因为它们含有多个羟基。此外，糖类如山梨醇也属于多元醇，而含氮物质如氨基酸和尿素也可用作保湿剂。吡咯烷酮羧酸是谷氨酰胺的衍生物，具有优越的保湿性能，因此在各种化妆品中广泛使用。此外，它还被发现在天然SC中作为一种NMF。尿素也是一种很好的保湿剂，可以有效软化SC。

有些保湿剂具有吸湿性能，但重要的是要区分它们的保湿功能和吸湿性能。保湿剂的增湿效果主要来自与疏水性和非水溶性角蛋白纤维的相互作用。而角蛋白纤维是SC的主要蛋白质成分。保湿剂可以作为介质促进疏水性角蛋白和水分子之间的作用，从而促进SC的水合作用。

陆生生物面临着干燥的环境是不可避免的，某些特殊的保湿剂来源于生活在这种环境中的生物。海藻糖是一个典型的例子，它是一种双糖结构，由两个葡萄糖组成，被某些植物用于防止冷冻或干燥。现在，通过淀粉经工业生产，海藻糖被用于食品防腐剂和化妆品的保湿剂。甜菜碱是从植物中分离出来的氨基酸，而依克多因是从沙漠微生物中分离出来的独特化合物。这两种物质均包含甜菜碱结构的阳离子和阴离子，它们可促进各种蛋白质稳定，并提供保护免受干燥环境威胁的功能，因此可用于化妆品成分。

NMFs包括有机酸，如乳酸和柠檬酸及其盐，通常被用作化妆品中的保湿剂。乳酸和乙醇酸被用作化学剥脱剂，因此它们具有成为特殊的年轻化保湿剂的潜力。然而，无机盐在护肤品中的使用受限，因为其有时会干扰乳剂的稳定性。

亲水性大分子

亲水聚合物容易与水分子相互作用并用作化妆品中的保湿剂。透明质酸、硫酸软骨素和类肝素等多糖类是典型的例子。这些大分子是黏多糖，能够形成包含大量水分的水凝胶。然而，因为它们是大分子物质（通常超过10 kda），不能透过皮肤。因此，它们保湿的作用机制与传统保湿剂有显著区别。

乳剂

前文已提到，增湿剂主要分为疏水润肤剂和亲水保湿剂。实际使用时，润肤剂和保湿剂通常不会直接涂抹于皮肤上，而是以均匀的乳剂形式使用，其中包括水相（含保湿剂）和油相（含润肤剂）。乳剂一般分为油包水（W/O）和水包油（O/W）两种类型，前者是将水粒子分散于连续的油相中，后者是将油粒子分散于连续的水相中。虽然水和油本质上是不相容的，但在表面活性剂的帮助下，它们可以形成相对稳定的悬浮液。表面活性剂是一种双亲性物质，由同一分子中的亲水部分和疏水部分组成。洗涤剂是最常见的表面活性剂之一，但并不代表所有表面活性剂都是有害的。一般来说，各种表面活性剂都可以安全地用于乳化化妆品中。

乳剂是一种理化上不稳定的悬浮液，容易分离成水相和油相。为了开发出实用的化妆品，人们已经采用各种方法来稳定这种悬浮液。除了乳剂配方的稳定性外，化妆品中还有其他因素需要考虑，例如涂抹性、皮肤相容性、无黏性和质地等。当乳液涂抹在皮肤上后，可能会分解成油和水，一些组分可能会透过角质层，挥发性成分会蒸发，而一些残留组分则可能形成膜状结构。在这种情况下，润肤剂、保湿剂和其他成分会协同作用，以增加皮肤的湿润度，尽管这种协同作用的效果取决于配方和使用时间。至于乳化配方在应用于皮肤后的确切转化情况，目前还不得而知。但基于经验规律，人们已经开发出了各种高效的保湿配方。

生物保湿剂

如上所述，润肤剂和保湿剂的有效性取决于它们与角质层的理化学相互作用。保湿剂可以立即增加角质层的含水量。还有其他一些护肤化妆品成分，可以促进皮肤自我保湿的生物过程，这些成分将在下文中介绍。

首先，活性成分可以通过多种机制促进合成内源性保湿因子。这些机制包括通过编码透明质酸合成酶和丝聚蛋白基因的上调来加工成氨基酸类NMFs，以及通过生物合成神经酰胺作为细胞间脂质的重要组成部分来上调。这些活性成分的来源各不相同，包括从化学合成的材料到天然提取物。这些途径的有效性证据来源也不同，包括体外细胞试验和体内临床应用试验。通常，这些生物活性成分并不是单独使用的，而是应用于包括润肤剂和（或）保湿剂的配方中。

角质层持续暴露于氧化应激环境，如紫外线（UV）。最近的研究表明，皮肤表面脂质氧化产生的反应性醛攻击，导致角质层的羰基化，降低其锁水性能。事实上，角质层中蛋白质羰基的含量越高，其含水量和弹性就越低。因此，保护角质层免受羰基化可以间接帮助它保持滋润。

增湿益处

众所周知，保湿是护肤化妆品的基本功效，可有效改善受损的SC功能。尽管SC由生物学上死亡的角质细胞组成，但它仍具备代谢活性。SC中的各种酶类负责其功能和稳态。它们需要适当的水合作用，因为其活性在干燥条件下通常会下降。例如，干燥条件下，激肽释放酶相关蛋白酶对角化桥粒的降解受阻，导致皮肤干燥和鳞屑。干燥条件阻碍转谷氨酰胺酶诱导的CEs成熟，导致SC的屏障功能受损。因此，适当的SC保湿可改善皮肤的健康状况，并保证各种酶的活性。除了在护肤化妆品中的重要性外，增湿剂在干燥症的医学治疗中也有益处，这被称为"角质层疗法"。事实上，连续使用增湿剂可改善SC的屏障功能，这与CEs的成熟有关。保湿对于特应性皮炎的缓解阶段和预防炎症也有帮助，正如日本皮肤学会制定的特应性皮炎临床实践指南所述。有趣的是，最近有报道称，新生儿使用增湿剂可预防特应性皮炎的发生。

通过增湿调理皮肤屏障

皮肤的正常屏障功能非常重要，它能够防止水分和体内必需成分的流失，同时也能够防止外源性因素的侵袭。如果屏障功能受损，外源性危险因素，包括各种化学物质、病毒和其他病原体，就会很容易侵入皮肤并引起炎症反应，从而导致皮肤变得粗糙。炎症反应是一种内稳态反应，可以排除外源性危险因素，但常常伴随疼痛、瘙痒和外观异常等负面症状。因此，维持皮肤健康必须保持正常的屏障功能。然而，角质层（SC）可能暴露于各种外源性刺激，例如干燥环境、紫外线、氧化应激和危险化学品，从而损害其功能。这些危险因素会破坏SC的屏障功能，导致对外源性刺激的易感性增加，从而形成恶性循环。特别是在特应性皮炎等瘙痒性皮肤病中，搔抓会破坏屏障，促进外源性过敏原的入侵，并加重令人不适的症状。因此，使用增湿类护肤品改善屏障功能是有效阻断此恶性循环的方法。

研究人员已经探究了SC含水量增加对皮肤状态的影响。Bouwstra等进行了一项有趣的研究，发现SC含水量增加会导致层状SC中部的膨胀，而层状SC中部含有大量的NMFs。SC进一步水合会导致整层角质细胞肿胀，过量的水分会破坏细胞间脂质的板层结构，形成所谓的"水池"，即板层之间的间隙。在这种情况下，SC的屏障功能可能会受到破坏，即使是水溶性物质也容易穿透SC。尿布皮炎的高水合作用会降低SC的屏障功能，来自尿液和粪便的各种刺激会容易引起皮肤疾病。因此，过度的水

合作用对于维持健康皮肤并不利。

SC屏障功能有可能会限制化妆品中活性成分的渗透以及药物的经皮吸收。因此，人们广泛采用通过降低SC屏障功能来提高经皮吸收的治疗方法。封闭性敷料和黏附性贴剂则通过适当的SC水合作用来提高药物的渗透。此外，还开发了各种物理化学促渗方法，如所谓的渗透增强剂，可以使细胞间脂质的晶体结构变得松散。另外，离子导入是一种通过人工电场作用于SC来增强物质递送的技术。在设计和选择治疗技术时，应考虑靶向药物的性质和皮肤特性，同时需要注意特异性，以保持皮肤健康，确保药物适当渗透，并避免损伤。

从另一个角度来看，最近的含水SC干燥研究表明，皮肤增湿有益。快速干燥会导致SC组织变得粗糙，而缓慢干燥有助于SC结构正常化，从而具有更好的屏障功能和透光度。需要注意的是，即使在干燥环境下，增湿剂也能有效地维持SC的良好组织结构。经验表明，适当的增湿有助于有效改善SC功能。

结语

本章对化妆品增湿剂的作用机制进行了综述。皮肤在陆地环境中难免会出现干燥现象。表皮层分化是为了应对这种干燥情况，但其功能常常受损，导致皮肤变得粗糙和干燥。增湿是护肤化妆品的基本功能之一，如今有许多产品可改善全球各地人群的生活质量。

原文参考文献

Akiyama M. Corneocyte lipid envelope (CLE), the key structure for skin barrier function and ichthyosis pathogenesis. J Dermatol Sci. 2017, 88(1):3-9.

Rawlings AV and Voegeli R. Stratum corneum proteases and dry skin conditions. Cell Tissue Res. 2019, 351:217-235.

Watabe A. Sugawara T, Kikuchi K. Yamasaki K, Sakai S, Aiba S. Sweat constitutes several natural moisturizing factors, lactate, urea, sodium, and potassium. J Dermatol Sci. 2013,

72(2):177-182.

Caspers PJ, Lucassen GW, Carter EA, et al. *In vivo* confocal Raman microspectroscopy of the skin: noninvasive determination of molecular concentration profiles. J Invest Dermatol. 2001, 116(3):434-442.

Watanabe M, Tagami H, Horii I, et al. Functional analyses of the superficial stratum corneum in atopic xerosis. Arch Dermatol. 1991, 127(11):1689-1692.

McLean WH. Filaggrin failure - from ichthyosis vulgaris to atopic eczema and beyond. Br J Dermatol. 2016, 175(Suppl 2):4-7.

Nomura T, Akiyama M, Sandilands A, et al. Specific filaggrin mutations cause ichthyosis vulgaris and are significantly associated with atopic dermatitis in Japan. J Invest Dermatol. 2008, 128(6):1436-1441.

Higashiyama T. Novel functions and applications of trehalose. Pure Appl Chem. 2002, 74(7):1263-1269.

Chen TH, Murata N. Glycinebetaine protects plants against abiotic stress: mechanisms and biotechnological applications. Plant Cell Environ. 2011, 34(1):1-20.

Galinski EA. Pfeiffer HP. Trtiper HG. 1 ,4,5,6-Tetrahydro-2-methy 1-4-pyrimidinecarboxylic acid. A novel cyclic amino acid from halophilic phototrophic bacteria of the genus Ectothiorhodospira. Eur J Biochem. 1985, 149(1):135-139.

Iwai I, Hirao T. Protein carbonyls damage the water-holding capacity of the stratum corneum. Skin Pharmacol Physiol. 2008, 21(5):269-273.

Kobayashi Y, Iwai I, Akutsu N, et al. Increased carbonyl protein levels in the stratum corneum of the face during winter. Int J Cosmet Sci. 2008, 30(1):35-40.

Hirao T. Involvement of transglutaminase in *ex vivo* maturation of cornified envelopes in the stratum corneum. Int J Cosmet Sci. 2003, 25(5):245-257.

Kligman AM. Corneobiology and corneotherapy-a final chapter. Int J Cosmet Sci. 2011, 33(3):197-209.

Kikuchi K, Kobayashi H, Hirao T, et al. Improvement of mild inflammatory changes of the facial skin induced by winter environment with daily applications of a moisturizing cream. A half-side test of biophysical skin parameters, cytokine expression pattern and the formation of cornified envelope. Dermatology. 2003, 207(3):269-275.

Kikuchi K, Tagami H, et al. Noninvasive biophysical assessments of the efficacy of a moisturizing cosmetic cream base for patients with atopic dermatitis during different seasons. Br J Dermatol. 2008, 158(5):969-978.

Katoh N, Ohya Y, Ikeda M, et al. Clinical practice guidelines for the management of atopic dermatitis 2018. J Dermatol 2019, 46(12):1053-1101.

Horimukai K, Morita K, Narita M, et al. Application of moisturizer to neonates prevents development of atopic dermatitis. J Allergy Clin Immunol. 2014, 134(4):824-830.

Bouwstra JA, de Graaff A, Gooris GS, et al. Water distribution and related morphology in human stratum corneum at different hydration levels. J Invest Dermatol 2003, 120:750-758.

Kapoor MS, GuhaSarkar S, Banerjee R. Stratum corneum modulation by chemical enhancers and lipid nanostructures: implications for transdermal drug delivery. Ther Deliv. 2017, 8(8):701-718.

Iwai I, Egawa M, Hara Y, et al. Skin care process drives the rearrangement of stratum corneum constituents via wet and dry hysteresis—new insight for the development of skin care products. Proceedings of 27th IFSCC Congress, 2012.

第 3 章

皮肤 pH 值与缓冲体系

简介

Heuss最先提出了皮肤酸性特征，随后Schade和Marchionini研究提出了"酸性外膜"一词，用于描述皮肤表面的酸性pH值。在许多皮肤病学文献中，"酸性外膜"已经成为一个比喻，以说明酸性对皮肤的保护作用。保持皮肤的酸性环境对于皮肤的正常功能至关重要。皮肤的酸性特征在维持渗透屏障稳定性、皮肤完整性和黏附性、免疫功能、皮肤的耐受性以及预防和治疗皮肤疾病方面发挥着关键作用。因此，皮肤必须能够在一定程度上抵抗酸性/碱性的侵袭，并且具有适当的机制来维持皮肤的酸性环境。

迄今为止，皮肤酸化和缓冲容量已经成为一个独立的主题进行讨论。本章将探讨皮肤酸化和缓冲容量的机制，并简要介绍目前已知的皮肤pH值、皮肤酸化的内源性机制以及皮肤pH值对皮肤健康和皮肤疾病的影响。然后，更详细地回顾从基础科学到临床试验中皮肤缓冲容量的相关知识。这些回顾还揭示SC的哪些成分可能与皮肤缓冲容量相关，并关注到这些机制在皮肤酸化中发挥作用。

通过这些分析，文章将揭示人们在皮肤酸化和缓冲容量以及皮肤pH值在维护皮肤健康和预防皮肤疾病方面的知识空白。文章还将阐明促进皮肤酸化和缓冲容量对于治疗和改善皮肤疾病的潜力。

皮肤pH值与缓冲容量基础

pH值是氢离子（H^+）浓度的负对数，被用来衡量溶液酸性或碱性的程度。酸能失去氢离子，而碱则可接受H^+。随着酸性越强，H^+浓度就会越大，pH值也会相应降低。pH值为7.0表示中性，小于7表示酸性，大于7表示碱性。通过测量pH值来衡量机体是否保持正常的酸碱平衡是很重要的，因为适宜的pH值对于酶及其他生化系统的功能至关重要。

一项关于皮肤pH值的多中心研究发现，皮肤表面的平均pH为4.9，95%置信区间为4.1～5.8。腋窝、生殖器和肛门pH值不在此范围内，它们的pH值在6.1～7.4，因此被称为机体的"酸间隙"。

根据定义，缓冲液是一种化学系统，当加入酸或碱时，可以抵抗pH值的变化。缓冲液由弱或中等强度的酸及其共轭碱组成。当约50%的缓冲液解离时，也就是说，当pH值接近其pKa值时，系统具有最佳的缓冲容量。pKa是酸解离常数（Ka）以10为底数的负对数，用于衡量酸的强度。保持pH值恒定对于所有器官，包括皮肤在内，都至关重要，因为机体依赖于缓冲系统的功能来维持所有系统的理想pH值。

缓冲容量是指改变溶液pH值一个单位所需的H^+或OH^-的量。当稀释的酸性或碱性水溶液接触皮肤时，pH值的变化通常是短暂的。但皮肤原有的pH值（定义为［H^+］的测量值）很快就会恢复，这表明皮肤具有显著的内在缓冲容量。缓冲液表明，对于皮肤来说，SC表面pH值范围内的pKa是最重要的。

检测皮肤缓冲容量的方法之一是进行酸/碱攻击试验来测试皮肤的耐酸/碱性。这个试验是通过将皮肤暴露在酸性或碱性物质中，并监测皮肤pH值随时间的变化来完成的。耐酸/碱试验在20世纪60年代被广泛用于检测在某些化学工作环境中可能会患职业病的工人。酸/碱中和滴定是耐酸/碱试验的温和变化，它可以评价皮肤缓冲所施酸/碱而不腐蚀皮肤的速度。重复施用酸或碱表明，皮肤的缓冲容量是有限的，并且可以被克服，如中和所需的较长时间所示。

pH值对皮肤的影响

皮肤pH值的维持对皮肤健康和正常功能极其重要。当皮肤pH值升高时，会导致不良后果，例如，皮肤的渗透性屏障稳态受损，皮肤完整性和黏附性降低，微生物感染的风险增加。这些皮肤功能改变已知在皮肤疾病的发病机制和临床表现中扮演重要角色。

渗透性屏障稳态受损

皮肤表皮细胞的pH值（尤其是角质层内的pH值）在很大程度上影响皮肤的物理、化学和微生物保护功能。此外，酸性pH值对渗透屏障内稳态具有至关重要的作用，部分原因在于2种关键的脂质酶：β-葡糖脑苷脂酶和酸性鞘磷脂酶。这些蛋白质从糖基神经酰胺和鞘磷脂前体中合成一系列神经酰胺，并表现出较低的最佳pH值。皮肤pH值升高导致脂质修饰缺陷和角质层板层膜成熟延迟。这些脂质在角质层细胞内部形成多层薄片，对角质层的机械性和黏附性至关重要，因此使得角质层能够充当有效的水脂屏障。

已有证据表明，pH值环境的变化不仅会影响角质层脂质含量，还会影响脂质的组织和细胞间板层结构（intercellular lipid lamellae，ICLL），导致皮肤屏障受损。屏障功能受损会使局部使用的产品更容易渗透，同时延迟皮肤屏障的恢复，这种现象通常发生在皮肤受损或创伤后，并且可能导致炎症性皮肤病的发生。

皮肤完整性和黏附性下降

实验结果显示，在中性pH值环境下，胶带剥离能够更有效地去除SC，这表明皮肤的完整性受到了损害。同时，当pH值发生变化时，SC的完整性和黏附性也会下降，这可能部分归因于表现出最适中性pH值的丝氨酸蛋白酶的pH值依赖性激活。文献支持在pH值升高的环境中，丝氨酸蛋白酶会被激活，这种情况在炎症性皮肤、新生儿、老年人以及Ⅰ～Ⅱ型皮肤中尤其常见。这种激活会导致角化桥粒过早降解，增加脱屑的风险，最终导致SC的完整性和内聚力受到影响。

皮肤易感性增加

SC的酸性pH值可以抑制病原菌的定植并促进正常微生物菌群的存活。研究表明，新生儿和老年人的皮肤、擦伤糜烂区域和慢性炎症部位的皮肤pH值升高，降低了对病原体的抵抗力，pH值升高（酸度降低）和缓冲容量受损易导致感染和皮肤疾病。

简而言之，皮肤pH值升高会引发SC完整性/黏附性、渗透性屏障稳态、病原体抗力和免疫功能的异常。这些异常与pH值介导的丝氨酸蛋白酶导致的角桥粒降解增加、脂质修饰缺陷和抗菌活性降低相关。

目前，人们更好地认识到了严格调节皮肤pH值的重要性，因此，现在可以开始揭示皮肤酸化和缓冲容量背后的机制。

皮肤pH值和缓冲容量的变化

新生儿、老年人和特应性皮炎患者的皮肤

pH值基线会发生改变，从而缓冲容量降低。与成人皮肤相比，新生儿皮肤的pH值较高，因此缓冲容量降低，脱屑增加，皮肤含水量增加，皮肤微生物组也存在显著差异。在出生后的最初几天内，皮肤表面的pH值范围为6.3～7.5，具体数值取决于解剖部位。然而，新生儿皮肤pH值会在数周内恢复正常，达到健康成人的水平。

在新生儿期之后，皮肤pH值会保持相对一致，直至生命的第60年。然而，随着皮肤的老化，60～90岁皮肤pH值再次上升并且缓冲容量下降。老年皮肤的超微结构变化分析表明，游离氨基酸（free amino acid，FAA）和胶原蛋白构象的改变，以及其他皮肤蛋白质的变化，也可解释老化皮肤的基线皮肤pH值和缓冲容量的变化。

皮肤的基线pH值改变也可见于炎症性皮肤病患者。在表3.1中列出了已知皮肤疾病引起皮肤pH值改变的疾病。然而，只有特应性皮炎和刺激性接触性皮炎的缓冲容量有相关研究，其他疾病的缓冲容量尚未查询到相关研究。大多数学者推测，任何引起皮肤pH值改变的皮肤疾病都会相应改变缓冲容量。考虑到皮肤酸化和缓冲容量的机制重叠，本章认为这一假设有可能成立。然而，需要进一步的研究来证实。

表 3.1　皮肤 pH 值改变的炎症性疾病一览表

特应性皮炎
脂溢性皮炎
尿布皮炎
寻常痤疮
寻常型鱼鳞病
接触性皮炎
放射性皮炎
银屑病

皮肤酸化机制

维持基线皮肤pH值的机制已经得到了充分的研究。目前已知5种内源性机制，负责调节细胞外和（或）胞质区表皮层的pH值，以使其维持稳定。接下来，我们将讨论这些机制。

游离脂肪酸

在角质形成细胞终末分化过程中，磷脂会被分泌型磷脂酶（sPLA2）水解为由其组成的FFA。一些研究表明，药物抑制剂和sPLA2的PLA2g2f亚型缺失转基因小鼠都能导致磷脂衍生的FFA出现，从而使得SC整体pH值下降约1个单位。此外，这些FFA还成为介导渗透性屏障SC板层脂质双分子层的必要成分。

NHE-1转运体

钠氢反向转运体/泵（NHE）是一种跨膜蛋白，它的主要功能是将钠离子转运入细胞，将氢离子转运出细胞，以维持细胞体积和pH值的稳态。尽管NHE有许多不同的亚型，但在人类中，NHE-1是一种广泛存在的膜结合蛋白。它被发现在各种细胞的细胞膜上，其作用是维持细胞外环境的pH值和钠离子浓度。虽然NHE-1的重要性被广泛认可，但当敲除NHE-1的转基因小鼠被用于研究时，整体pH值仅增加了1/4个单位。

丝聚蛋白降解产物

丝聚蛋白（Filaggrin，FLG）会被分解代谢成为由AAs组成的成分，并随后将这些AAs脱氨为羧酸，即反式尿胆酸（UCA）。这种反式尿胆酸约占SC整体pH值的1/2单位。研究表明，寻常型鱼鳞病中FLG的失活突变会导致pH值变化。试验结果显示，单等位基因FLG突变后，pH值会增加1/4个单位，而双等位基因突变后，则会增加1/2个单位。

真黑素降解

黑素细胞将皮肤黑素颗粒转移至角质形成细胞，然后这些颗粒会通过酸性吞噬溶酶体停留在表皮层。一旦黑素小体分散，便会释放大量质子。深色皮肤中黑素含量较高，因此更多的黑素会转移到酸性吞噬溶酶体中，同时也会释放更多的质子，这是深色皮肤外层SC的pH值较低的原因。这也说明了为什么深色皮肤比浅色皮肤具有更强的屏障功能和黏附性。相反，浅色皮肤的渗透性屏障较差，这可能与较高的pH值有关。

虽然目前还没有试验证据支持这一理论，Elias提出，胆固醇硫酸盐（CSO_4）电离和（或）水解可能是"缺失"质子的解释。Elias的假说是基于X-连锁鱼鳞病患者中SC的pH值较低，且CSO_4水平约为前者的10倍。作者认为，类固醇硫酸酯酶介导的CSO_4降解为胆固醇和硫酸根离子，也可以在正常SC的亲水性胞外结构域内原位产生H_2SO_4。因此，这两种相关的CSO_4机制（电离和水解）可以进一步使正常SC变得更加酸性。

FLG降解产物和真黑素降解产物也可能在提供皮肤缓冲容量方面发挥重要作用，这将在下文进一步讨论。

皮肤缓冲容量机制

本部分的重点在于识别哪些表皮层成分负责维持皮肤缓冲容量。

皮脂

皮脂是由皮脂腺分泌的黄色粘性液体，其中含有甘油三酯、FFA、角鲨烯、蜡酯、固醇酯和游离固醇。

早期试验假设皮脂对皮肤缓冲容量有两个作用。第一，它通过缓冲皮肤表面酸性或碱性的影响，保护表皮层免受伤害。第二，皮脂中的脂肪酸可能对缓冲系统有作用。

然而，Lincke后来证明皮脂pH约为9时不存在相关的酸性缓冲容量和几乎可以忽略的碱性缓冲容量，从而否定了第二个假设。此外，皮脂腺密度较高的皮肤区域pH值较高。去脂化皮肤的中和作用比未处理皮肤更快，这进一步挑战了这个假设。

Vermeer在比较去除和未去除皮脂的足底和前臂的中和效果时得出类似的结论。然而，皮肤不同区域的皮脂含量差异可能会导致观察到的效果不同。最近，Elias在动物模型中指出，SC酸化不依赖于分泌皮脂产物，也可能不会影响皮肤表面的pH值。

脂质双分子层

脂肪酸是存在于皮脂和脂质双分子层中的化合物，它们对于板层膜形成和SC酸化是必不可少的。研究表明，改善细胞内ICLL（如链长、脂质含量和层状组织的增加）对于维护皮肤屏障功能至关重要，并且与缓冲容量的改善有关。然而，脂肪酸本身是否有助于提高皮肤的缓冲容量仍未得出定论。在水中，大多数脂肪酸的pKa约为4.5，但在单细胞层环境中，硬脂酸、反油酸、油酸、亚油酸和亚麻酸的表观pKa值分别为10.15、9.95、9.85、9.24和8.28。

表皮水溶性成分

Vermeer首次证明了水溶性成分对皮肤缓冲容量的重要性。皮肤水浸时，水溶性提取物表现出明显的中和能力降低，这说明水溶性物质是皮肤缓冲容量的主要成分。

汗液

汗腺中的大汗腺分泌的汗液被认为是碱性的，对皮肤的缓冲能力没有贡献。相反，小汗腺分泌的汗液通常是酸性的（pH值在4.0～4.5变化），可以中和碱性成分。小汗腺汗液中的酸性代谢产物被输送到血液中，经代谢排泄。如果没有缓冲机制，排泄许多酸性分解代谢产物会对皮肤的固有基础造成很大的压力。乳酸可能存在于缓冲液中，因为在汗液pH值下，乳酸的电离率约为50%。虽然乳酸在汗液中作为缓冲剂是合理的，但它在SC缓冲容量中的作用尚不确定。在SC中已经检测到乳酸，但是由于其相对较低的pKa（3.9），它对于在皮肤表面的pH值中发挥重要作用可能不利。

AAs在小汗腺汗液中的作用，存在争议。汗液中含有0.05%的AAs，即使汗液蒸发后，AA成分也会留在皮肤表面。AA成分主要由丝氨酸、组氨酸、鸟氨酸、甘氨酸、丙氨酸、天冬氨酸和赖氨酸组成。观察这些AA的pKa值，并将其与皮肤的平均pH值（约4.9）进行比较，发现只有组氨酸的pKa值接近皮肤pH值的正常范围（pKa=1.82，9.16，6.0）。如表3.2所示，汗液中大多数AAs的碱性或酸性高于平均皮肤pH值4.9。下一节将讨论其他来源的FAA是否对SC缓冲容量产生影响。

表 3.2　氨基酸 pKa 值

氨基酸	pK1	pK2	R 组
丙氨酸	2.34	9.69	—
精氨酸	2.17	9.04	12.48
天冬酰胺	2.02	8.8	—
天冬氨酸	1.88	9.6	**3.65**
瓜氨酸	2.5	11.49	—
半胱氨酸	1.96	10.128	12.48
谷氨酸	2.19	9.67	**4.25**
谷氨酰胺	2.17	9.13	—
甘氨酸	2.34	9.6	—
组氨酸	1.82	9.17	**6**
异亮氨酸	2.36	9.6	—
亮氨酸	2.36	9.6	—
赖氨酸	2.18	8.95	10.35
甲硫氨酸	2.28	9.21	—
苯丙氨酸	1.83	9.13	—
脯氨酸	1.99	10.6	—
丝氨酸	2.21	9.15	—
苏氨酸	2.09	9.1	—
色氨酸	2.83	9.39	—
酪氨酸	2.2	9.11	10.07
缬氨酸	2.32	9.62	—

注：少数 pKa R 组值在或接近皮肤 pH 值的正常范围内并加粗，但大多数比平均皮肤 pH 值 4.9 更高。

随着年龄的增长，皮肤缓冲容量的丧失可能导致小汗腺汗液的某些功能受到影响。已知活跃的小汗腺数量随着年龄的增长而减少，每个汗腺的排汗率和量也在减少。此外，分泌细胞的形态学也发生变化，变得更加扁平并萎缩。需要进一步的实验来更好地阐明小汗腺汗液成分对皮肤缓冲容量的潜在作用。

丝聚蛋白降解产物

"丝聚蛋白"是一种水溶性的纤维相关蛋白，是表皮的主要成分，也是一种多功能蛋白，在表皮渗透性屏障的形成中发挥关键作用。

在表皮分化的后期，FLG降解为FAA及其衍生物；总体SC中大比例的FAA（70%~100%）来自FLG。FLG重复序列中最丰富的AA残基是碱性组氨酸（413/4061残基；10.17%）和精氨酸（440/4061残基；10.83%）以及极性残基谷氨酰胺（367/4061残基；9.04%）。FLG蛋白在其甘氨酸/丝氨酸环结构中也大量富含甘氨酸（12.76%）和丝氨酸（24.06%）。环状结构也见于SC中结构相似的蛋白质，如兜甲蛋白和角蛋白可变结构域，FLG中含有的酪氨酸残基比平均水平低（1.28%）。然而，proFLG的连接片段和羧基末端结构域包含密集且高度保守的富含TRY基序。

肽基精氨酸脱亚胺酶1和（或）3（PAD1和PAD3）通过将FLG中的精氨酸残基转化为瓜氨酸，对较薄SC中的FLG进行了翻译后修饰。这种修饰降低了FLG的正电荷，促使其与角蛋白丝分离并被水解成FAA。FLG的降解由蛋白质博来霉素水解酶、半胱氨酸天冬氨酸蛋白酶14、钙蛋白酶1和其他蛋白酶完成。部分产生的AAs进一步被修饰，如谷氨酰胺转化为吸湿性强的吡咯烷酮-5-羧酸（PCA）分子，组氨酸被组氨酸酶修饰形成吸收中波紫外线的主要发色团反式尿刊酸，精氨酸则被修饰成瓜氨酸。

这个过程解释了为什么SC中组氨酸和精氨酸的含量较低，而UCA和瓜氨酸的含量较高。据实验验证，大量的UCA和瓜氨酸表明存在大量的FLG。以往的研究认为，FLG降解产生的FAA衍生物及其副产物参与SC酸化并形成缓冲容量。

哺乳动物SC中的UCA主要或全部来源于角

质透明蛋白颗粒中富含组氨酸的FLG蛋白。虽然目前仅属于理论推测，但由于已知UCA对皮肤pH值的重要性，其对缓冲容量的重要性也就不言而喻。Elias发现，FLG的降解代谢为AAs，然后这些AAs又被降解为羧酸（即反式UCA），约占SC大部分pH值的1/2个单位。在缓冲容量方面，UCA的pKa为3.85和6.13，表明在正常皮肤pH值的极端值下具有理想的缓冲容量。

游离氨基酸

在早期关于缓冲容量的试验中，对于FAA在皮肤缓冲容量中的作用已经形成了普遍共识。这主要是因为在试验的最初几分钟内，表皮层的水溶性部分在中和碱方面发挥了重要作用。

SC中存在许多潜在的FAA来源，包括小汗腺汗液和皮肤蛋白质的降解，如桥粒、角质细胞、毛囊和FLG。定量研究表明，70%~100% SC的FAA来源于FLG。FAA的出现和FLG分解的时间过程相似，FAA和富含组氨酸的FLG的分析结果也相似。这些结果强烈提示，SC的FAA和（或）其代谢产物可能是FLG降解的最终产物。

然而，其他皮肤蛋白质降解（包括构成桥粒的蛋白质）也可能是FAA的来源。例如丝氨酸、甘氨酸和丙氨酸。瓜氨酸除了来源于FLG的分解产物外，还是毛囊内根鞘和髓质细胞合成蛋白质的一种成分。已知存在特异性蛋白酶可以从毛囊释放瓜氨酸，瓜氨酸也存在于角质细胞膜和小汗腺。

Spier和Pascher报道了浅层SC的FAA组成，他们发现在从SC提取的水溶性物质中，FAA占比40%。AAs的组成如下：20%~32%的丝氨酸，9%~16%的瓜氨酸，6%~10%的天冬氨酸、甘氨酸、苏氨酸和丙氨酸，3%~5%的组氨酸以及0.5%~2%的谷氨酸。

表3.3概述了皮肤中发现的氨基酸和表皮层组成的百分比、pKa值以及它们的潜在来源。根据表3.2中的pKa和表3.3中皮肤游离氨

基酸（FAA）的pK1值，可以得到以下结果：丝氨酸（pKa=2.21，9.1；pK1=5.58），瓜氨酸（pKa=2.50，11.49；pK1=6.99），天冬氨酸（pKa=1.88，9.9，3.65；pK1=2.77），甘氨酸（pKa=2.34，9.6；pK1=5.97），苏氨酸（pKa=2.09，9.1；pK1=5.60），丙氨酸（pKa=2.34，9.69；pK1=6.0）和谷氨酸（pKa=2.19，9.67；pK1=3.22）。除了组氨酸外，这些氨基酸的大多数pK1值比pKa更接近于皮肤的pH值范围（pH=4.0~6.0）。由于pK1与最低中和能力相关，这些氨基酸在皮肤缓冲容量中的作用尚不确定。组氨酸是唯一一个pKa值接近正常皮肤pH值碱性极限的氨基酸（pKa=1.82，9.17，6.0；pK1=7.59）。组氨酸的重要性可通过其独特的结构来解释；其侧链由一个含氮原子的咪唑环组成，在1（pi）和3（tau）的位置含有氮原子。组氨酸可电离，在人体内以中性和质子化的形式存在，这使得组氨酸比中性低一个pH单位，使其在生理皮肤pH值时既是酸又是碱。组氨酸的咪唑环属于芳香环性质，使其具有稳定性，并在生理pH值下表现为非极性。

表3.3　皮肤中氨基酸及其SC组成百分比、pK1值及潜在来源

氨基酸	百分比	pK1	潜在来源
丝氨酸	20~32	5.58	桥粒、小汗腺汗液
瓜氨酸	9~16	6.99	丝聚蛋白、毛囊
天冬氨酸	6~10	2.77	
甘氨酸	6~10	5.97	桥粒、小汗腺汗液
苏氨酸	6~10	5.60	
丙氨酸	6~10	6.00	桥粒、小汗腺汗液
组氨酸	3~5	7.59	丝聚蛋白、小汗腺汗液
谷氨酸	0.5~2	3.22	

FAA在皮肤缓冲容量方面具有许多潜在作用，然而这些作用还需要进一步研究。但是，FAA在缓冲容量方面的潜在作用得到了老化皮肤作为缓冲容量下降模型的支持。老化皮肤中AA

和FAA的组成与年轻皮肤有显著差异。老年人的AAs总体疏水性增加。如果认为FAA在SC缓冲容量中扮演关键角色，那么这种成分的变化加上老化皮肤中蛋白质三级结构的改变，可能为老年人群缓冲容量下降提供一些证据。

真黑素降解

如前所述，深皮肤的pH值低于浅色皮肤。深色皮肤表面的黑素颗粒有助于降低深层表皮的pH值，这可能是由于黑素颗粒可以吞噬酸性环境下的溶酶体释放质子。就缓冲容量而言，真正的黑素合成产物是吲哚-5，6-醌羧酸，该分子的pKa值在3.6～6.3。这导致在1∶1比例下，pH值约为4.9，也有助于表皮的缓冲容量。

CO_2

CO_2已被描述在多项研究中，通过其与水、碳酸以及pH值的反应产物来参与皮肤缓冲容量。虽然碳酸（H_2CO_4）的pKa值相对较高（6.4），但H_2CO_3/HCO_3^-缓冲体系在维持正常皮肤pH值方面的作用存在矛盾。据推测，在某些极端情况下（如皮肤长时间或重复暴露于碱性物质后），该系统可能在缓冲容量方面发挥作用。然而，它在日常维持皮肤pH值方面的作用尚未完全阐明。

角蛋白

角蛋白对皮肤缓冲容量的作用存在争议。角蛋白是一种两性蛋白，在体外能够中和酸碱，因此可能参与皮肤的缓冲容量。已有研究表明，从健康皮肤上刮下的鳞屑能够在体外结合少量的碱。然而，Vermeer等发现，表皮层的水溶性成分比皮肤的非水溶性成分（如角蛋白）更能够发挥皮肤的缓冲作用。

尽管皮肤非水溶性角蛋白丝可能具有有限的缓冲容量，但角蛋白水解物和FAA可能有助于表皮层的水溶性部分。然而，角蛋白的AA成分与SC的水溶性部分的AA成分不一致。这意味着角蛋白不是FAA的主要来源。

虽然没有充分的证据表明角蛋白在缓冲容量中扮演着重要角色，但有人认为角蛋白具有保护作用。没有完整的角蛋白结构，无论是生理表层pH值还是正常的中和能力都无法维持。因此，需要进一步的研究来确定角蛋白在表皮层缓冲容量中的确切作用方式。

最新皮肤缓冲容量试验

大多数有关缓冲容量的文献已有半个多世纪的历史。接下来，本文将介绍具体年份对人类皮肤缓冲容量的最新研究。

体外皮肤模型

2008年和2009年，Ayer和Maibach以及Zhai和Chan利用体外尸体模型评估了强酸和强碱对皮肤的缓冲能力。Ayer和Maibach的研究结果显示，没有证据表明NaOH的3种浓度之间存在差异，这提示应该检测更低浓度的NaOH。相反，Zhai和Chan的研究结果显示，皮肤表面pH值的变化与所使用的强酸或强碱溶液的浓度增加相关，即最高的酸或碱浓度引起最大的pH值变化。然而，Ayer和Maibach的研究结果与之相反，他们发现在应用对照溶液［磷酸盐缓冲液（pH=7.46）和水pH=7.41］后，皮肤的pH值显著提高。此外，其他研究也观察到了在应用普通自来水后皮肤pH值的增加。使用普通自来水可使皮肤pH值长达6 h增加，然后才恢复其"自然"值。目前还不清楚为什么Ayer和Maibach没有观察到同样的增加。

在2012年，Zheng和Sotoodian使用尸体皮肤研究了SC层、活性表皮层和真皮层这3层皮肤的缓冲容量。试验表明，在短时间内（即数分钟）暴露后，真皮层在所有3层中表现出最强的缓冲容量。在基础给药30 min后，完整皮肤的缓冲容量最强，真皮层的缓冲容量最弱（$P<0.01$）。换句话说，使用0.1 mol NaOH冲洗后30 min，完整皮肤的pH值下降得更快。然

而，此时各层的pH值与对照组的pH值读数相比并无明显差异。Zheng等的研究结果表明，不同层次的皮肤缓冲容量可能存在显著差异，未来的试验可能有助于揭示具体的推理和（或）相关机制，并有助于建立临床相关性。

在比较去除溶液后酸和碱的pH模式时，Zhai发现了显著的差异。他们将1份正常（N）的强碱（NaOH）和强酸（HCl）溶液分别用高效液相色谱级水溶液稀释后，制成了浓度分别为0.025、0.05、0.1 N的模型溶液。这里使用的单位"N"表示正态性，定义为溶质的克当量除以溶剂的体积（升）。Zhai等发现，相较于使用NaOH，应用HCl后皮肤pH值恢复正常的速度相对较快；这与其他研究结果一致。例如，使用酸碱后，真皮层（相对于其他被去除的皮肤层次）可能显示出最强的缓冲容量，在清洗30 min后，完整的皮肤显示出最强的缓冲容量。

通过对前文讨论的试验进行比对，使用类似的体外模型来研究皮肤缓冲容量，结果表明尸体皮肤保持了其缓冲容量和恢复皮肤pH值的机制。试验间的差异可能是由于缺乏可重复性、不同的方法学或其他尚未完全认识的原因引起的。

临床研究

2019年，Kilic对20名老年受试者进行了数项随机双盲临床研究，研究比较了2种不同pH值（分别为4.0和5.8）的乳膏和未干预皮肤治疗4周后的皮肤变化，评估变量包括皮肤pH值、缓冲容量、脂质含量、组织和ICLL长度。

研究发现，4个试验区皮肤的基线平均pH值均大于5（5.02～5.12），且试验区皮肤pH值相对均一。使用pH值为4的乳膏治疗4周后，平均皮肤pH值显著下降（基线与第29 d相比，5.08 ± 0.51 *vs.* 4.62 ± 0.50），而使用pH值为5.8的乳膏治疗对皮肤pH值没有任何显著影响（基线与第29 d相比，5.12 ± 0.52 *vs.* 5.13 ± 0.60）。

第29 d，使用pH值为4的乳膏与阴性对照和pH值为5.8的乳膏相比，差异均有统计学意义。但是，使用pH值为5.8的乳膏与未干预对照区相比，差异无统计学意义。

随后，Kilic等测试了上述2种乳膏的4周应用期后皮肤的缓冲容量（他们将其称为十二烷基硫酸钠激发，Sodium dodecyl sulfate，SDS）。结果显示，使用碱性SDS后，与pH值为5.8的乳膏相比，使用pH值为4的乳膏后皮肤的pH值变化最小。这表明，基线皮肤pH值与皮肤缓冲容量之间存在相关性。研究结果显示，基线pH值较酸性的皮肤比pH值为碱性的皮肤更能抵抗pH值的变化。因此，酸性乳液治疗碱性皮肤具有显著的疗效。

根据2个干预组的对比分析结果显示，应用pH值为4的乳膏（与pH值为5.8的乳膏相比）4周后皮肤脂质含量增加，脂质层结构得到改善。透射电子显微镜（transmission electron microscopy，TEM）图像分析表明，2种乳膏干预4周后，ICLL的平均长度显著增加。但是，pH值为4的乳膏的增加显著高于pH值为5.8的乳剂。此外，TEM图像显示，与pH值为5.8的乳膏相比，pH值为4的乳膏干预可显著改善SC中的ICLL组织。这与皮肤更好的屏障功能和ICLL长度的增加以及脂质双分子层结构的改善有关。通过高效薄层色谱法（high-performance thin-layer chromatography，HPTLC）检测发现，2种试验乳膏的脂质层状结构变化与脂质含量的变化伴随而来。pH 4.0和5.8的乳膏干预后，总脂质含量均显著高于基线水平。脂质含量的增加主要是由于神经酰胺EOS和NP含量的增加。与pH 5.8乳膏相比，pH 4.0乳剂导致神经酰胺EOS和NP的数量显著增加（分别为$P=0.023$和0.004），且显著提高了总脂质含量（$P=0.003$）。神经酰胺EOS与角质细胞的角化包膜部分相关。已发表的研究表明，神经酰胺生物合成的增强可能与pH 4.0或较低的pH有关。这部分是由于脂质合成酶6-葡萄糖脑苷脂酶和酸性鞘磷脂酶催化pH依赖性神经酰胺合成的最后一步。经试验证实，pH值为4.0的乳膏能够改善老化皮肤，提高ICLL长度、脂质含量和板层结构等指标，这些因素对于皮肤屏障功能、pH值和缓冲容量具有极其重要的作用。

总结

新生儿、老年人、浅色皮肤以及炎症性皮肤表面pH值较高，导致缓冲容量降低。皮肤pH值的变化不仅婴幼儿皮肤和成年/晚年皮肤耐受性下降相关，而且与多种皮肤疾病有关。研究表明，皮肤pH值的变化会影响屏障稳态、皮肤完整性/黏附性、对感染的易感性以及对外部刺激物（如化学物质）的敏感性。这说明皮肤pH值对于维护健康皮肤以及预防和治疗皮肤疾病具有重要意义。

皮肤微妙的酸化机制已经得到了广泛的体外和体内研究，并且已经被很好地认识。然而，缓冲容量方面仍有许多未知之处。

本章回顾了皮肤酸化和缓冲容量的基础科学和机制。此外，本章旨在阐述皮肤酸化机制和缓冲容量之间的相关性和潜在相互依赖性，但仍需要进一步研究以建立更强的关联并解释其中的机制。皮肤酸化的生理过程已经得到了充分研究，可能涉及NHE-1转运体、FLG和黑素降解产物以及水解磷脂生成FFA。然而，目前仅存在理论上负责皮肤缓冲容量的系统。基于目前所知，FLG的生理降解产物（特别是UCAs和组氨酸）以及黑素可能在皮肤的中和能力和皮肤酸化中发挥作用。

在较早的综述中，据推测FAA在表皮层的缓冲容量中扮演重要角色。更深入的研究发现角质层FAA的pKa值比平均皮肤pH值4.9更碱性。相反，一些研究表明FLG分解产物组氨酸和

UCA（脱氨基FAA）可能负责皮肤缓冲容量。需要进一步的研究来探索SC的其他FAA是否在皮肤的缓冲能力中扮演作用。未来的试验将更好地理解负责皮肤缓冲容量的确切机制，并且将验证本章提出的假设。

虽然皮脂和CO_2等表皮层成分不太可能明显参与表皮层的缓冲体系，但它们可以通过减缓物质的渗透来保护皮肤免受酸碱伤害。角蛋白对于维持皮肤物理屏障非常重要，可能有助于合成SC的FAA。

有趣的是，虽然缓冲容量和皮肤酸化的内源性机制分别受到了研究，但两者的共性似乎受到了很少的关注。正如本文所述，维持皮肤pH值的酸化和缓冲途径是相互关联的，这一原理得到了实践的支持。这个原理可能有助于解释特应性皮炎患者、新生儿和老年人皮肤表面pH值升高和缓冲容量下降的相关性。因此，可以合理地推测，在其他皮肤表面pH值改变的皮肤疾病（如痤疮和银屑病）中，缓冲容量也会出现类似的受损情况。

Kilic等最近的实验表明，局部使用酸性pH值润肤剂有益于恢复皮肤pH值、改善脂质板层的结构、含量和长度，这一理念被称为"直接酸化"，并被认为对皮肤屏障受损的人群具有潜在的治疗意义。虽然仍需进一步研究直接酸化对皮肤缓冲容量的益处，但根据Kilic等的试验结果，其潜在益处非常有前景。

在未来研究皮肤缓冲容量时，采用离体人体皮肤作为模型也非常重要。虽然该模型具有局限性，不能完全替代人体研究，但对于药理学和毒理学研究以及机制的确定，该模型可能是有益的。

因此，对皮肤pH值的更好理解将可能促进对皮肤生理与疾病的更好认识。这有助于更好地调节潜在有害的外源性化学物质，包括对皮肤的强酸到中强酸和碱，并有助于确定皮肤护

理和化妆品配方中的最佳pH值。

原文参考文献

Heuss, E., *Die reaktion des schweisses beim gesunden menschen.* Vol. 14. 1892: Voss, Hordaland, Norway.

Schade, H. and A. Marchionini, Zur physikalischen chemie der hautoberfläche. Archiv fur Dermatologie und Syphilis, 1928. 154(3): p. 690-716.

Surber, C., et al., The acid mantle: a myth or an essential part of skin health? pH of the Skin: Issues and Challenges, 2018. 54: p. 1-10.

Greener, B., et al., Proteases and pH in chronic wounds. Journal of Wound Care, 2005. 14(2): p. 59-61.

Hachem, J.-P., et al., pH directly regulates epidermal permeability barrier homeostasis, and stratum corneum integrity/cohesion. Journal of Investigative Dermatology, 2003. 121(2): p. 345-353.

Kim, M.-K., et al., Evaluation of gender difference in skin type and pH. Journal of Dermatological Science, 2006. 41(2): p. 153-156.

Raab, W., Skin cleansing in health and disease. Wiener Medizinische Wochenschrift, 1990. 108(Supplement): p. 4-10.

Agache, P., Measurement of skin surface acidity. *Measuring the Skin.* 2004: Springer-Verlag: Berlin Heidelberg, p. 84-86.

Acid. Available from: https://www.merriam-webster.com/dictionary/acid. [Cited 2021].

Base. Available from: https://www.merriam-webster.com/dictionary/base. [Cited 2021].

Segger, D., et al., Multicenter study on measurement of the natural pH of the skin surface. International Journal of Cosmetic Science, 2008.30(1): p. 75.

Proksch, E., Buffering capacity. pH of the Skin: Issues and Challenges, 2018. 54: p. 11-18.

Burckhardt, W., Beiträge zur Ekzemfrage. Ⅱ. Mitteilung. Die Rolle des Alkali in der Pathogenese des Ekzems speziell des Gewerbeekzems. Archiv für Dermatologie und Syphilis, 1935. 173(2): p. 155-167.

Burckhardt, W., Die Rolle der Alkalischadigung der Haut bei der experimentellen Sensibilisierung gegen Nickel. Archiv für Dermatologie und Syphilis (Berlin), 1935. 173: p. 262-266.

Burckhardt, W., Neuere Untersuchungen über die Alkaliempfindlichkeit der Haut. Dermatology, 1947. 94(2): p. 73-96.

Burckhardt, W. and W. Bäumle, Die Beziehung der Säureempfindlichkeit zur Alkaliempfindlichkeit der Haut. Dermatology, 1951. 102(4-6): p. 294-301.

Elias, P.M., The how, why and clinical importance of stratum corneum acidification. Experimental Dermatology, 2017. 26(11): p. 999-1003.

Wohlrab J., Gebert A. pH and Buffer Capacity of Topical Formulations In: pH of the Skin: Issues and Challenges. Surber C, Abels C, Maibach H (eds) Basel, Karger, 2018, vol 54, pp 123-131.

Bhattacharya, N., et al, Epidermal lipids: key mediators of atopic dermatitis pathogenesis. Trends in Molecular Medicine, 2019. 25(6): p. 551-562.

Choi, E.-H., et al, Stratum corneum acidification is impaired in moderately aged human and murine skin. Journal of Investigative Dermatology, 2007. 127(12): p. 2847-2856.

Kilic, A., et al, Skin acidification with a water-in-oil emulsion (pH 4) restores disrupted epidermal barrier and improves structure of lipid lamellae in the elderly. The Journal of Dermatology, 2019. 46(6): p. 457-465.

Fluhr, J.W., et al, Generation of free fatty acids from phospholipids regulates stratum corneum acidification and integrity. Journal of Investigative Dermatology, 2001. 117(1): p. 44-51.

Ekholm, E. and T. Egelrud, Expression of stratum corneum chymotryptic enzyme in relation to other markers of epidermal differentiation in a skin explant model. Experimental Dermatology, 2000. 9(1): p. 65-70.

Leveque, J., et al.. In vivo studies of the evolution of physical properties of the human skin with age. International Journal of Dermatology, 1984. 23(5): p. 322-329.

Mackintosh, J.A., The antimicrobial properties of melanocytes, melanosomes and melanin and the evolution of black skin. Journal of Theoretical Biology, 2001. 211(2): p. 101-113.

Fore-Pfliger, J., The epidermal skin barrier: implications for the wound care practitioner.Part I. Advances in Skin & Wound Care, 2004. 17(8): p. 417-425.

Waller, J.M. and H.I. Maibach, Age and skin structure and function, a quantitative approach (II): protein, glycosaminoglycan. water, and lipid content and structure. Skin Research and Technology, 2006. 12(3): p. 145-154.

Behne, M.J., et al., Neonatal development of the stratum corneum pH gradient: localization and mechanisms leading to emergence of optimal barrier function. Journal of Investigative Dermatology, 2003. 120(6): p. 998-1006.

Behrendt, H. and M. Green, Skin pH pattern in the newborn infant. AMA Journal of Diseases of Children, 1958. 95(1): p. 35-41.

Oranges, T., V. Dini, and M. Romanelli, Skin physiology of the neonate and infant: clinical implications. Advances in Wound

Care, 2015. 4(10): p. 587-595.

Blank, I.H., Patterns of skin pH from birth through adolescence: With a synopsis on skin growth. Archives of Dermatology. 1971 Aug 1:104(2): p. 224-5.

Laufer, A. and S. Dikstein, Objective measurement and selfassessment of skin care treatments. Cosmetics and Toiletries, 1996. 111(6): p. 91-98.

Thune, P., et al, The water barrier function of the skin in relation to the water content of stratum corneum, pH and skin lipids. The effect of alkaline soap and syndet on dry skin in elderly, non-atopic patients. Acta Dermato-Venereologica, 1988. 68(4): p. 277-283.

Zlotogorski, A., Distribution of skin surface pH on the forehead and cheek of adults. Archives of Dermatological Research, 1987. 279(6): p. 398-401.

Ghadially, R., et al. The aged epidermal permeability barrier. Structural, functional, and lipid biochemical abnormalities in humans and a senescent murine model. The Journal of Clinical Investigation, 1995. 95(5): p. 2281-2290.

Liao, S.-M., et al. The multiple roles of histidine in protein interactions. Chemistry Central Journal, 2013. 7(1): p. 1-12.

Dunstan, R.H., et al, Sweat facilitated amino acid losses in male athletes during exercise at 32-34 C. PLoS One, 2016. 11(12): p. e0167844.

Honari, G. and H. Maibach, *Applied Dermatotoxicology.* 2014: Academic Press: Amsterdam.

Dunner, M., Effect of the sebaceous secretion upon alkali resistance of the skin. Dermatologica, 1950. 101(1): p. 17-28.

Fishberg, E.H. and W. Bierman, Acid-base balance in sweat. Journal of Biological Chemistry, 1932. 97(2): p. 433-441.

Vermeer, D., Effect of sebum on the neutralization of alcali. Nederlands tijdschrift voor geneeskunde, 1950. 94(21): p. 1530-1531.

Mackenna, R.B., V. Wheatley, and A. Wormall, The composition of the surface skin fat ('sebum') from the human forearm. Journal of Investigative Dermatology, 1950. 15(1): p. 33-47.

Vermeer, D., J. de Jong, and J. Lenstra, The significance of amino-acids for the neutralization by the skin. Dermatology, 1951. 103(1): p. 1-18.

Lincke, H., Beitrage zur Chemie und Biologie des Hautoberflächenfetts. Archiv fur Dermatologie und Syphilis, 1949. 188(4-5): p. 453-481.

Vermeer, D., Method for determining neutralization of alkali by skin, Dederl Tijdschr V Geneesk 1950. 94: p. 1530-1531.

Spier, H.W. and G. Pascher, Quantitative Untersuchungen über die freien Aminosäuren der Hautoberfläche.—Zur Frage ihrer Genese. Klinische Wochenschrift, 1953. 31(41): p. 997-1000.

Wohnlich, H., Zur Kohlehydratsynthese der Haut. Archiv für Dermatologie und Syphilis, 1948. 187(1): p. 53-60.

Finch, C.E. and E.L. Schneider. Handbook of the Biology of Aging. 1985. Van Nostrand Reinhold, New York, NY.

Maibach, J.L.H.I., Buffering capacity considerations in the elderly. Textbook of Aging Skin, 2009. 23: p. 26.

Ayer, J. and H.I. Maibach, Human skin buffering capacity against a reference base sodium hydroxide: in vitro model. Cutaneous and Ocular Toxicology, 2008. 27(4): p. 271-281.

Piper, H.G., *Das Neutralisationsvermögen der Haut gegeniiber Laugen und seine Beziehung zur Kohlensaureabgabe.* Springer, Berlin, Heidelberg 1943: p. 591-647.

Steinhardt, J. and E.M. Zaiser, Combination of wool protein with cations and hydroxyl ions. Journal of Biological Chemistry, 1950. 183(2): p. 789-802.

Peterson, L.L. and K.D. Wuepper, Epidermal and hair follicle transglutaminases and cross-linking in skin. *Transglutaminase, Developments in Molecular and Cellular Biochemistry*, vol 4, Springer, Boston, MA.1984: p. 99-111.

Cox, M.M. and D.L. Nelson, *Lehninger Principles of Biochemistry.* 2008: W.H. Freeman, New York, NY.

Salcido, R.S., What is filaggrin? Advances in Skin & Wound Care, 2013. 26(5): p. 199.

Kezic, S., et al., Levels of filaggrin degradation products are influenced by both filaggrin genotype and atopic dermatitis severity. Allergy, 2011. 66(7): p. 934-940.

Korge, B.P., et al., Extensive size polymorphism of the human keratin 10 chain resides in the C-terminal V2 subdomain due to variable numbers and sizes of glycine loops. Proceedings of the National Academy of Sciences of the United States of America, 1992. 89(3): p. 910-914.

Presland. R.B., et al., Characterization of the human epidermal profilaggrin gene. Genomic organization and identification of an S-100-like calcium binding domain at the amino terminus. Journal of Biological Chemistry, 1992. 267(33): p. 23772-23781.

Gan, S.Q., et al., Organization, structure, and polymorphisms of the human profilaggrin gene. Biochemistry, 1990. 29(40): p. 9432-9440.

Resing, K., et al., Identification of proteolytic cleavage sites in the conversion of profilaggrin to filaggrin in mammalian epidermis. Journal of Biological Chemistry, 1989. 264(3): p. 1837-1845.

Cau, L., et al., Lowering relative humidity level increases epidermal protein deimination and drives human filaggrin breakdown. Journal of Dermatological Science, 2017. 86(2): p. 106-113.

Girbal-Neuhauser, E., et al., Normal human epidermal keratinocytes express *in vitro* specific molecular forms of (pro) filaggrin recognized by rheumatoid arthritis-associated antifilaggrin autoantibodies. Molecular Medicine, 1997. 3(2): p. 145-156.

Masson-Bessiere, C., et al., The major synovial targets of the rheumatoid arthritis-specific antifilaggrin autoantibodies are deiminated forms of the a- and P-chains of fibrin. The Journal of Immunology, 2001. 166(6): p. 4177-4184.

Takahashi, M. and T. Tezuka, The content of free amino acids in the stratum corneum is increased in senile xerosis. Archives of Dermatological Research, 2004. 295(10): p. 448-452.

Horii, I., et al., Histidine-rich protein as a possible origin of free amino acids of stratum corneum. Journal of Dermatology, 1983 Feb, 10(1):25-33

Scott, I.R., C.R. Harding, and J.G. Barrett, Histidine-rich protein of the keratohyalin granules: source of the free amino acids, urocanic acid and pyrrolidone carboxylic acid in the stratum corneum. Biochimica et Biophysica Acta (BBA)-General Subjects, 1982. 719(1): p. 110-117.

Kessler, A.T. and A. Raja, *Biochemistry, Histidine*. StatPearls, 2019, Treasure Island, FL.

Jacobson, T.M., et al., Effects of aging and xerosis on the amino acid composition of human skin. Journal of Investigative Dermatology, 1990. 95(3): p. 296-300.

Rinnerthaler, M., et al., Age-related changes in the composition of the cornified envelope in human skin. Experimental Dermatology, 2013. 22(5): p. 329-335.

Gniadecka, M., et al., Structure of water, proteins, and lipids in intact human skin, hair, and nail. Journal of Investigative Dermatology, 1998. 110(4): p. 393-398.

Kurabayashi, H., et al., Inhibiting bacteria and skin pH in hemiplegia: effects of washing hands with acidic mineral water. American Journal of Physical Medicine & Rehabilitation, 2002. 81(1): p. 40-46.

Meigel, W. and M. Sepehrmanesh, Untersuchung der pflegenden Wirkung und der Vertraglichkeit einer Creme/Lotio bei älteren Patienten mit trockenem Hautzustand. Dtsch Derm Journal der Deutschen Dermatologischen Gesellschaft, 1994. 42: p. 1235-1241.

Levin, J,, et al., *Textbook of Aging Skin*. 2017: Springer Berlin Heidelberg: Berlin Heidelberg.

Zhai, H., et al., Measuring human skin buffering capacity: an in vitro model. Skin Research and Technology, 2009. 15(4): p. 470-475.

Jacobi, O., Über die Reaktionsfahigkeit und das Neutralisationsvermögen der lebenden menschlichen Haut. Derm. Wschr, 1942. 115: p. 733-741.

Szakall, A., Über die Physiologie der obersten Hautschichten und ihre Bedeutung fur die Alkaliresistenz. Arbeitsphysiologie, 1941.11(5): p. 436-452.

Zheng, Y., et al., Buffering capacity of human skin layers: in vitro. Skin Research and Technology, 2012. 18(1): p. 114-119.

Harvey, D. *Normality*. DePauw University, 2020 [cited 2021, last updated 2020]. Available from: https://chem.libretexts. org/@go/page/220798.

Kanicky, J.R. and D.O. Shah, Effect of degree, type, and position of unsaturation on the p*Ka* of long-chain fatty acids. Journal of Colloid and Interface Science, 2002. 256(1): p. 201-207.

Szakáll, A., Die Veranderungen der obersten Hautschichten durch den Dauergebrauch einiger Handwaschmittel. Arbeitsphysiologie, 1943. 13(1): p. 49-56.

第4章

皮肤神经酰胺

介绍

19世纪80年代，德国科学家Johann Ludwig Wilhelm Thudichum在脑组织中发现了多种脂质。他分离出的这些脂质具有双亲性，以前从未记录过，具有未知的生物学作用和结构。Thudichum是一位多才多艺、敏锐聪明的科学家，他不仅发表了科学论文，还撰写了关于烹饪和葡萄栽培的书籍，包括《烹饪的精神》和《酒的起源、性质与品种论：葡萄栽培和酿酒完整手册》。据传说，希腊狮身人面像曾守卫着希腊城市底比斯的入口，要求所有旅行者在进入底比斯之前回答一个谜语。因此，面对这些存在于大脑中的神秘脂类，他将它们命名为"鞘脂"。

鞘脂是一类含有长链（C16-20）氨基醇（鞘醇或鞘醇碱）的脂类。然后，鞘氨醇碱基的氨基残基被酰基化成为神经酰胺，而神经酰胺是所有鞘脂类和磷脂类的骨架结构。鞘脂在真核生物中广泛表达，但在原核生物中表达有限。鞘脂碱基种类因不同生物而异。

由于糖基残基结构的复杂性以及其与肿瘤发生相关癌细胞糖链中糖类的变化，早期的大多数科学研究都集中在鞘脂而非神经酰胺。然而，在20世纪80年代末和90年代初，神经酰胺介导的细胞功能调节（如细胞周期、分化，特别是细胞凋亡）的发现，开启了对神经酰胺生物学作用更复杂研究的大门。癌症、代谢综合征和炎症等疾病中神经酰胺代谢变化的特征进一步加速了对神经酰胺的研究，从而开发出调节神经酰胺代谢的药物。有趣的是，在神经酰胺作为脂质调节剂之前，神经酰胺已在皮肤科领域取得了不少进展。在20世纪70年代末和80年代，神经酰胺分子异质性的表征以及神经酰胺物质独特结构的鉴定吸引了皮肤鞘脂研究领域的科学家。此外，神经酰胺在银屑病、特应性皮炎（atopic dermatitis，AD）和干燥症中的特征改变推动了药物和护肤品的开发。神经酰胺及其结构模拟化合物类神经酰胺被用作许多皮肤和毛发护理产品的活性物质。此外，鞘脂和鞘磷脂被用作口服保健品。

神经酰胺在皮肤的分布

皮肤由表皮层、真皮层和附属器（如皮脂腺、汗腺和毛囊）组成（详见第1章）。神经酰胺分布广泛，不仅存在于皮肤中的基质和细胞器膜中，还在表皮最外层的角质层中独具特色。角质层的细胞外间隙包含着神经酰胺、胆固醇、脂肪酸和其他少量的脂质成分。这些脂质成分形成板层结构，构成陆生哺乳动物所需的渗透性屏障。

皮肤中神经酰胺的分子种类

所有细胞膜上的神经酰胺，包括皮肤中的

组织细胞膜，都是由有限种类的分子组成。在细胞膜上，N-非羟基酰基鞘氨醇（N-non-hydroxy acylsphingosine，NS）是主要的种类，而角质层中则包含异质性分子类型的神经酰胺（图4.1）。这些异质性神经酰胺对于形成有效的表皮屏障结构是必不可少的。

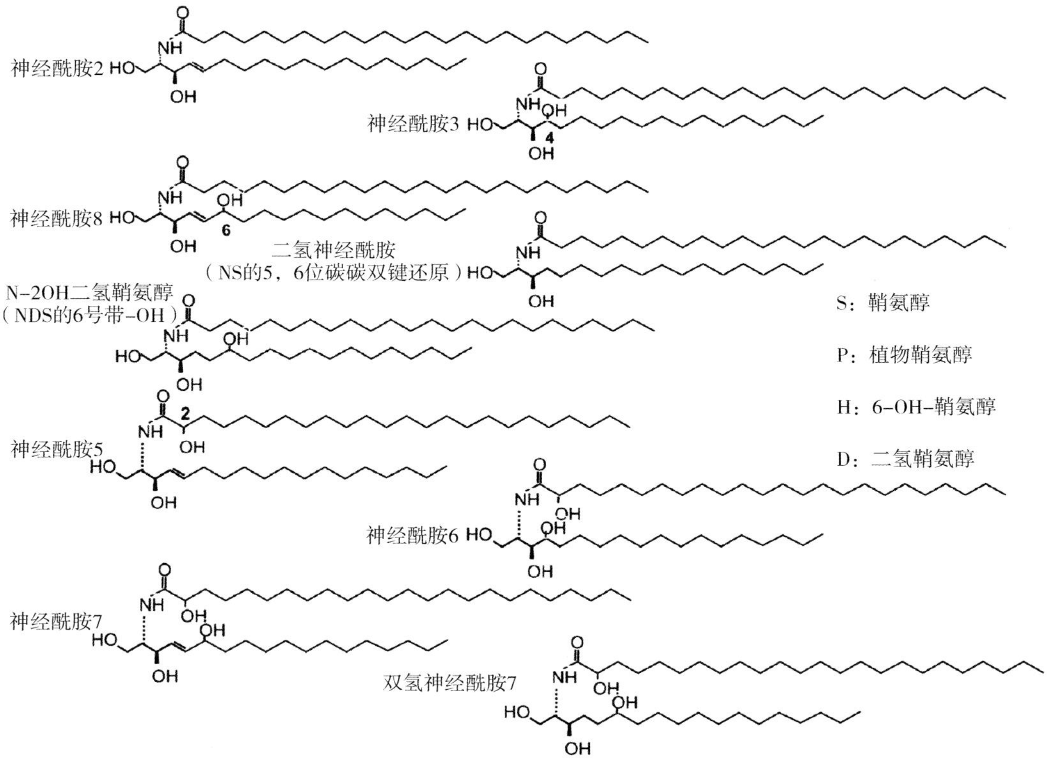

图 4.1　表皮神经酰胺

神经酰胺的合成

神经酰胺从头合成

丝氨酸棕榈酰转移酶（SPT）是神经酰胺合成的第一步，通过催化L-丝氨酸和棕榈酰辅酶A（palmitoyl-CoA）合成3-酮二氢鞘氨醇（3-ketodihydrosphingosine）。SPT蛋白包括3个亚单位（SPTLC1、SPTLC2和SPTLC3），它们形成异二聚体，从而引起催化活性。此外，SPT亚基（SPTSS）A或B均可与SPTLC形成异源二聚体，以增强其催化活性。SPTLC异源二聚体与SPTSSA结合优先利用棕榈酰辅酶A（C16）作为底物合成3-酮二氢鞘氨醇（C18）。而SPTLC异源二聚体与SPTSSB结合不仅利用棕榈酰辅酶A，还可利用硬脂酰辅酶A（C18）作为

底物，合成C18和C20的3-酮二氢鞘氨醇。3-酮二氢鞘氨醇的合成是一个限速步骤，然后被3-酮二氢鞘氨醇还原酶还原为二氢神经鞘氨醇（二氢鞘氨醇）。哺乳动物细胞中奇数的鞘脂含量相对较低，因此C17鞘脂常被用作大多数哺乳动物鞘脂分析的内标。但需要注意的是，小鼠表皮层神经酰胺中C17鞘氨醇的含量与人体相比可忽略不计，因此C20鞘氨醇可作为小鼠表皮层鞘脂分析的内标。

神经酰胺合成

二氢鞘氨醇的N-酰基化是通过神经酰胺合成酶（CerS）催化的。在哺乳动物细胞中，已经确定了6种CerS亚型（CerS1、2、3、4、5和6），每种CerS都有其底物特异性。这些N-酰基化反应可以得到不同的产物：①二氢神经酰胺

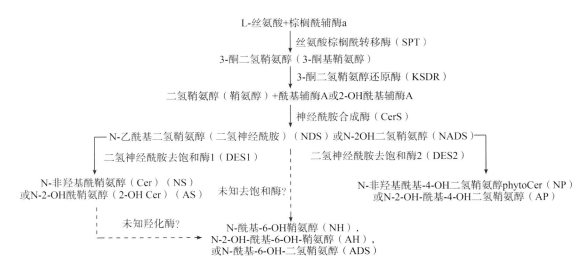

图 4.2 鞘氨醇基合成

神经酰胺从头合成途径：S. 鞘氨醇；DS. 二氢鞘氨醇（鞘氨苷）；P.4- 羟基二氢鞘氨醇（植物鞘氨醇）；H.6- 羟基鞘氨醇；N. 非羟基脂肪酸；A.2- 羟基脂肪酸。

去饱和酶（DES）-1可以使二氢鞘氨醇去饱和为鞘氨醇（也称神经鞘氨醇）；②DES-2可以使其羟基化为4-羟基二氢鞘氨醇（也称植物鞘氨醇）；③也可以羟基化为6-羟基鞘氨醇。在分化成角质形成细胞的终末期，含有6-羟基鞘氨醇的神经酰胺类开始表达，但是尚未鉴定出其合成酶（6-羟基化）。与鞘氨醇基结合的脂肪酸共产生了13种神经酰胺。除了这些神经酰胺外，还有4种含有极长链酰胺连接的脂肪酸（C28-34）和末端羟基脂肪酸的ω-O-酰基神经酰胺被进一步酯化。ω-O-酰基神经酰胺是表皮层所特有的（见表4.1）。一些合成的神经酰胺可以通过UDP葡糖基转移酶（葡萄糖神经酰胺合成酶）和鞘磷脂合成酶（Sphingomyelin synthase，SMS）代谢为葡糖神经酰胺和鞘磷脂（见图4.2）。

表 4.1 表皮神经酰胺分子种类

	鞘氨醇碱基				酰胺联 FA		酰基神经酰胺
	羟基化作用		饱和度（4）		羟基化作用		
	4	6	饱和	未饱和	2	ω	ω-O- 酰基
NS	–	–	–	+	–	–	–
AS	–	–	–	+	+	–	–
NP	+	–	+	–	–	–	–
AP	+	–	+	–	+	–	–
NDS	–	–	+	–	–	–	–
ADS	+	–	+	–	+	–	–
NH	–	+	–	+	–	–	–
AH	–	+	–	+	+	–	–
EOS	–	–	–	+	–	+	+
EOP	+	–	+	–	–	+	+
EOH	–	+	–	–	–	+	+
EODS	–	–	+	–	–	+	+

NH，EOS，EOP，EOH 和 EODS：仅在陆生哺乳动物中发现。

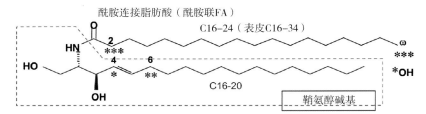

N：非羟基FA；A：2-羟基FA；EO：酰基神经酰胺；S：鞘氨醇；D：二氢鞘氨醇（鞘氨醇）；P：植物鞘氨醇（4-羟基二氢鞘氨醇）；H：6-羟基鞘氨醇。

ω-O-酰基神经酰胺合成（图4.3）

神经酰胺1　　S：鞘氨醇　　　　　　　　　　亚油酸

神经酰胺4　　H：6-OH-鞘氨醇

神经酰胺7　　P：植物鞘氨醇

双氢神经酰胺1　　D：双氢鞘氨醇

图4.3　ω-羟基酰基神经酰胺

在一些脑组织（包括人类、牛和鲸鱼）中发现了酰基半乳糖神经酰胺。该神经酰胺含有半乳糖的2、3、4或6-羟基被酰基化。表皮酰基葡糖神经酰胺中含有ω-羟基FA，例如酰胺连接的FA及其羟基被酰基化。此外，已经在猪、小鼠、豚鼠和人类的表皮中鉴定出表皮酰基葡糖神经酰胺和酰基神经酰胺结构。在表皮中，亚油酸是酰基葡糖神经酰胺（角质层中酰基神经酰胺的直接前体）的主要酰基FA。然而，在小鼠（C57BL/6B株，47%）、猪（73%）、豚鼠和人类（100%）中，亚油酸占总ω-O-酰基FA的比例存在差异。研究发现，小鼠的亚油酸比例

在新生期中会增加，但在其他动物的发育过程中尚无亚油酸比例变化的报道。

酰基神经酰胺的合成涉及5个步骤：①超长链FA（UVLFA）的合成；②UVLFA的ω-O-羟化；③神经酰胺的合成；④FA合成协同ω-O-酰基化；⑤ω-O-酰基化。通过对鱼鳞病患者中基因及其编码蛋白的研究，确定了酰基神经酰胺合成每一步的限速酶（见图4.4）。尽管仍未完全阐明酰基化是在神经酰胺合成前还是后发生，但以下描述表明，ω-O-酰基化发生在ω-O-羟基神经酰胺合成后，因为尚未报道游离ω-O-酰基FA。遗传疾病基因突变的记录可用于鉴定

酰基神经酰胺合成酶。

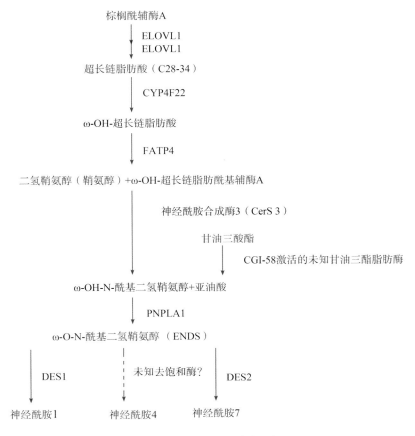

棕榈酰辅酶A

ELOVL1
ELOVL1

超长链脂肪酸（C28-34）

CYP4F22

ω-OH-超长链脂肪酸

FATP4

二氢鞘氨醇（鞘氨醇）+ω-OH-超长链脂肪酰基辅酶A

神经酰胺合成酶3（CerS 3）

甘油三酸酯

CGI-58激活的未知甘油三酯脂肪酶

ω-OH-N-酰基二氢鞘氨醇+亚油酸

PNPLA1

ω-O-N-酰基二氢鞘氨醇（ENDS）

DES1　　未知去饱和酶?　　DES2

神经酰胺1　　神经酰胺4　　神经酰胺7

图 4.4　酰基神经酰胺的合成途径

超长链脂肪酸（UVLFA）的合成

在FA合成中，通过FA合成酶合成可达C16碳链长度的脂肪酸（棕榈酸）。FA合成酶包括多种酶，例如酮酰合成酶、丙二酰/乙酰基转移酶、脱氢酶、烯酰还原酶、酮酰还原酶、酰基载体蛋白以及硫酯酶等。对于较长的FA（>C16），则通过由3-酮酰基CoA合成酶（缩合）、3-酮酰基CoA还原酶（还原）、3-羟酰基CoA水解酶（脱水）和2，3-烯酰基CoA还原酶（还原）组成的FA延伸系统进行合成。其中，第一个缩合步骤由限速酶ELOVL（极长链FA蛋白的延伸）催化，哺乳动物中已确定7种亚型的ELOVL。不同亚型的ELOVL合成不同类型的FAs，包括碳链长度和饱和程度，并且具有一定的底物特异性重叠。例如，ELOVL1合成C24

FAs，这些FAs成为ELOVL4的底物，产生超过26个碳链长度的FA分子（UVLFA）。

Stargardt黄斑营养不良症是一种罕见的常染色体显性遗传疾病，由于ELOVL4的功能缺失突变而引起。STGD3的突变基因嵌入纯合子转基因小鼠模型表明，屏障缺陷介导的脱水会导致新生儿死亡。患者的基因状态为杂合子，表现为眼部症状，而非皮肤症状。然而，纯合ELOVL4突变会导致更严重的疾病，例如以神经元障碍和鱼鳞病为特征的婴儿期发病。这些研究提示，具有约50%正常ELOVL4水平的患者可能可以维持足够的表皮屏障功能，或者这些患者正在通过一种未知的代偿机制适应陆地环境。超长链FA用于UVLFA的合成，是由ELOVL1合成。此外，ELOVL1的杂合突变会引起鱼鳞病的神经酰胺紊乱。

ω-羟基 UVLFA 合成

UVLFA的ω-羟基化是由CYP4F22催化的。CYP4F22是细胞色素P450家族4亚家族F成员22。先天性鱼鳞病是一种常染色体隐性遗传疾病，可由CYP4F22纯合和杂合突变引起。

ω-羟基神经酰胺合成

ω-羟基UVLFA-CoA是通过FA转运蛋白4（FATP4）合成的，然后被CerS3合并到鞘氨醇碱的氨基上。FATP4的突变会导致新生儿鱼鳞病，而CerS3的异常则可能引发常染色体隐性遗传的先天性鱼鳞病。这两种疾病都表现为患者表皮内缺乏酰基神经酰胺。

亚油酸生成协同 ω-O-酰基化

三酰甘油（甘油三酯）是通过DGAT2催化反应合成的，它由二酰甘油转化而来。表皮中的三酰甘油酯主要由亚油酸和2-酰基FA组成。一种未知的脂肪酶水解三酰甘油2-O-酰化残基，这个脂肪酶会被CGI-58激活，CGI-58也被称为含α/β-水解酶域蛋白5（ABHD5）。

如果ABHD5编码的三酰甘油脂肪酶激活剂突变，就会导致一种称为Chanarin-Dorfman综合征（中性脂质沉积病伴鱼鳞病）的ARCI。至今为止，还没有明确从表皮三酰甘油中提供亚油酸的三酰甘油脂肪酶。这种突变还会导致酰基神经酰胺缺乏。

ω-O-酰基化

经过PNPLA-1结构域，生成的亚油酸被并入ω-羟基神经酰胺的羟基基团中。PNPLA1的错义突变会导致先天性鱼鳞病并且酰基神经酰胺缺乏。

回收合成（再利用）途径（图4.5）

一些合成的鞘脂，例如糖基神经酰胺和鞘磷脂，经过水解后生成神经酰胺。其中部分神经酰胺会进一步水解为鞘氨醇碱基和脂肪酸，用于合成神经酰胺。

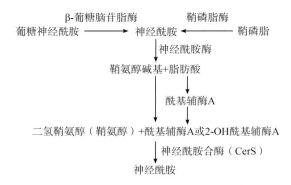

图4.5 神经酰胺回收合成（再利用）途径

聚积屏障神经酰胺前体的系统

在角质形成细胞分化的后期，会大量产生神经酰胺，并且神经酰胺向葡糖神经酰胺和鞘磷脂的转化增加。随后，葡糖神经酰胺和鞘磷脂会被β-葡糖脑苷脂酶和鞘磷脂酶水解，成为神经酰胺的直接前体，在角质层形成表皮渗透性屏障。部分的葡糖神经酰胺和鞘磷脂会被隔离在表皮板层小体中，这些板层小体也是在角质形成细胞分化的后期形成的。小鼠缺少葡糖神经酰胺合酶会导致致命的后果，因为它会导致表皮渗透性屏障功能不全。板层小体的形成可能需要短暂形成葡糖神经酰胺，而糖基神经酰胺向神经酰胺的转化可能是角质层的板层层膜结构形成的必要条件。

板层小体和隔离系统能够积聚屏障神经酰胺的2种直接前体：葡糖神经酰胺和鞘磷脂。此外，神经酰胺合成回收途径能够重塑神经酰胺分子类型。板层小体的隔离和回收系统都能够产生足够数量的异质屏障神经酰胺。葡糖神经酰胺能够通过ABCA12［ATP结合盒（ABC）转运子亚家族］从细胞质转移至板层小体。ABCA12的缺失突变会导致丑角样鱼鳞病的发病，表现为表皮渗透性屏障缺陷。

屏障神经酰胺合成

在从颗粒层（SG）到角质层（SC）的过程中，板层小体分泌的鞘磷脂和葡糖神经酰胺被鞘磷脂酶和β-葡糖脑苷脂酶水解为神经酰胺，磷酸甘油脂被磷脂酶水解产生FA。产生的神经酰胺、FA和胆固醇一起聚集在角质层细胞外间隙的板层膜结构中。此外，鞘氨醇也是角质层中的次要成分，与神经酰胺、胆固醇和FA共同形成板层膜结构。

合成的神经酰胺还需要形成有效的渗透屏障。在从颗粒层到角质层的过程中，角质形成细胞质膜（包含脂质双层结构）被蛋白交联的角化包膜所取代。与此同时，去核细胞平行出现（SC中细胞没有细胞核，其从SG降解至SC）。ω-O-羟基神经酰胺的FA部分酰胺连接的ω-位置与角质细胞外表面的角化包膜蛋白（主要是内披蛋白）羧基端共价结合，形成角质细胞角化包膜（CLE）（即ω-羟基神经酰胺的结合形式）。CLE的形成包括以下步骤：①释放ω-O-酰基葡糖神经酰胺的ω-O-酰基残基；②ω-羟基葡糖神经酰胺的ω-羟基残基与角化包膜蛋白共价结合；③角化包膜-ω-羟基葡糖神经酰胺被β-葡糖脑苷酶脱糖，成为角化包膜-ω-羟基神经酰胺；④一些角化包膜-ω-羟基神经酰胺被神经酰胺酶水解为ω-羟基FA。在表皮中，12R-LOX和脂氧合酶3会产生过氧化氢-亚油酸，这需要从亚油酸残基中释放出ω-O-亚油基葡糖神经酰胺。这种氧化形式会被酶催化，结合到角化包膜蛋白上。如果神经酰胺合成过程中存在异常，可能会严重削弱表皮的渗透性屏障功能。

皮肤病中神经酰胺合成异常

除了酰基神经酰胺合成遗传性异常外，在与屏障受损相关的皮肤病中也有报道神经酰胺缺乏和神经酰胺分子类型的分子组成变化，其中包括AD、Netherton综合征（又称竹节状毛发综合征）以及银屑病。已发表的研究表明，AD是最常见的皮肤疾病之一，神经酰胺在AD的研究综述如下。

特应性皮炎

第一阶段研究：评估神经酰胺含量和分子类型的变化

1986年，B. Melnik在穿刺活检AD皮肤中发现大量神经酰胺水平的下降，这促使对AD神经酰胺进行了研究。1991年，Yamamoto A等和Imokawa G等报道了AD皮肤神经酰胺谱的变化。Yamamoto和Imokawa实验室均显示AD皮损皮肤中EOS减少。Yamamoto的研究小组发现整体神经酰胺水平没有变化，而Imokawa的研究小组发现皮损和非皮损角质层中总神经酰胺水平均降低。这两组使用了不同的实验方法，因此方法学上的差异（样本收集和受试者数量）可以证实不同的结果。另一项研究表明：（i）酰基神经酰胺和α-羟基酰基鞘氨醇（AS）的减少；（ii）AD角质层脂质中神经酰胺与胆固醇含量比例的变化；（iii）AS水平的降低和TEWL增加间的相关性。然而，这些早期的研究没有分别定量AS和NP，而后来的研究区分了NP和AS，并描述了AD角质层中NP的显著性减少。此外，高效液相色谱质谱分析显示神经酰胺酰胺联FA组成的变化，并证实AD角质层中酰基神经酰胺、NP和N-非羟基酰基6-羟基鞘氨醇（NH）的减少。相反，AD患者角质层NS和AS增加。

进一步分析表明，在受损皮肤中，极长碳链的饱和游离FA（>C24）含量显著降低，而含有短链游离FA（C16：0和C18：0）水平的神经酰胺种类含量增加。

第二阶段研究：将神经酰胺谱的变化与板层膜结构联系起来

1∶1∶1的胆固醇、游离脂肪酸和神经酰胺在形成有效的表皮渗透性屏障方面至关重要。透射电镜分析表明，还原锇和钌固定后，板层小体中的板层膜结构和角质层都可以清晰地观察到。此外，利用X射线衍射、中子衍射、傅里叶变换红外光谱（Fourier-transform infrared spectroscopy，FT-IR）和差示扫描量热法（differential scanning calorimetry，DSC）对板层膜结构进行了表征。

神经酰胺的短碳链长度增加也发生在AD患者的角质层。这种变化导致了脂质结构的改变和表皮屏障的异常。除了3种主要脂质（胆固醇、游离脂肪酸和神经酰胺），还有一些次要的脂质成分（如鞘氨醇基）也有助于形成稳定的板层膜结构。研究发现：①AD小鼠模型中角质层鞘氨醇和二氢鞘氨醇（鞘氨醇）比例发生变化；②一定比例的鞘氨醇和二氢鞘氨醇对体外形成稳定的板层结构（脂质体重建板层膜结构）也很重要。

角质层中的板层相分别由大约6 nm（短更新周期）和13 nm（长更新周期）的相组成。除板层膜结构为二维结构外，板层堆积结构为三维结构（即烃类堆积）。此外，角质层还存在六边形结构和紧密排列的正交晶系结构。另外，低通量电子衍射分析表明，在板层膜结构中存在一种不同类型的正交结构，其填充空间距离不同。

X线分析和FT-IR证实，AD患者致密板层膜结构的形成发生了变化。具体来说，较非致密的六边形结构的侧向致密性增强，而正交结构的侧向致密性降低。此外，莱顿大学J. Bouwstra实验室和查尔斯大学K. Vavrova实验室的体外研究以及神经酰胺谱的变化都已经证实可以影响板层膜结构。

第三阶段研究：神经酰胺谱改变的机制

在人角质形成细胞中，培养实验表明炎性细胞因子（包括白细胞介素［interleukin，IL］-4，干扰素［interferon，IFN］-γ和肿瘤坏死因子［tumor necrosis factor，TNF］-α）可下调酸性鞘磷脂酶和6-葡萄糖脑苷脂酶的mRNA水平，反之，上调酸性神经酰胺酶。另一项研究显示，IFN-γ能够下调长链脂肪酸合成酶（ELOVLs）和鞘磷脂酰胺合成酶（CerSs）中延长酶mRNA

的表达，这一结果在人角质形成细胞和表皮组织中得到了验证。此外，Th2细胞因子IL-4和IL-6也可下调神经酰胺合成，丝氨酸棕榈酰转移酶-2、酸性鞘磷脂酶和β-葡萄糖脑苷脂酶的mRNA表达在重建人表皮等效模型中也被观察到降低。此外，鞘磷脂脱酰基酶活性在病变和非病变皮肤中也降低。

然而，仍然存在以下关键问题：目前尚不清楚神经酰胺谱改变是否仅在AD中出现。因为：①神经酰胺的增加不仅出现在AD中，银屑病皮肤也会发生，而且在未分化和分化的角质形成细胞中均占主导地位；②角质形成细胞分化后期合成异质神经酰胺和含有神经酰胺的ULVFA；③角质形成细胞分化后期，神经酰胺的合成大量增加。在AD、银屑病和其他炎症性表皮中异常增殖和分化可能会改变神经酰胺谱。

尽管神经酰胺谱的改变并非AD、银屑病和其他皮肤病所独有，但使用多种皮肤病联合应用的特异性药物可以改善表皮渗透性屏障的完整性，减少水分过度蒸发以及外来物质刺激皮肤的渗透。这种药物的作用是使神经酰胺谱正常化。

神经酰胺及其代谢物在调节皮肤功能中的作用

神经酰胺及其代谢产物（包括鞘氨醇、4-羟基二氢鞘氨醇［植物鞘氨醇］、鞘氨醇-1-磷酸［S1P］、植物鞘氨醇-1-磷酸以及神经酰胺-1-磷酸［C1P］）属于调节细胞功能的脂质介质。

神经酰胺

质膜上的鞘磷脂会对细胞外刺激做出反应，例如炎性细胞因子，它们会通过激活酸性或中性鞘磷脂酶合成神经酰胺。神经酰胺的增加可构建诱导细胞死亡的信号复合物。生成在质膜上的神经酰胺可以通过质膜上的SMS2（一种SMS亚型）转变回鞘磷脂。SMS2在细胞增殖、分化和死亡的维持或调节中也发挥一定的作用。

细胞内神经酰胺的增加可以诱导细胞凋亡和有丝分裂。这种增加还可以通过与特定蛋白质（神经酰胺结合蛋白）结合来调节胰岛素信号，例如神经酰胺激活的蛋白磷酸酶（PP1和PP2A，蛋白激酶C zeta和组织蛋白酶D）。神经酰胺还会影响膜流动性，从而改变线粒体功能，包括通过抑制呼吸链的电子传递和通过与LC3BII相互作用的线粒体自噬。

角质形成细胞可以通过特异性碱性神经酰胺酶抑制剂DMAP抑制神经酰胺水解，以及通过特异性葡糖神经酰胺合成酶抑制剂抑制神经酰胺向葡糖神经酰胺转化，来增加半胱氨酸蛋白酶14在转录水平的表达。

鞘氨醇碱基

鞘氨醇碱基可调节细胞功能。先前的研究表明：①植物鞘氨醇可增加过氧化物酶体增殖物激活受体（PPARs）的转激活；②局部应用植物鞘氨醇可抑制鞘醇酯介导的炎症（未检测其他鞘氨醇碱基）；③脂质组学和转录组学分析表明，鞘氨醇碱基中的二氢鞘氨醇能有效促进角质形成细胞的分化和神经酰胺的合成。

鞘氨醇-1-磷酸（S1P）

鞘氨醇可由鞘氨醇激酶（SPHK1和SPHK2）合成SIP，进而通过SIP受体的依赖和非依赖途径来调节细胞功能。目前已鉴定出5种SIP受体（均为G蛋白耦联受体），这些受体在角质形成细胞中均有表达。SIP的分泌依靠ABC转运蛋白（即鞘氨醇-1-磷酸转运体2，SPNS2），SPNS2是非ATP依赖性有机离子转运蛋白家族成员之一，也是超家族蛋白2A（major facilitator superfamily domain containing 2A，Mfsd2a）的家族成员。在SIP受体依赖途径中，SIP通过自分泌和旁分泌途径发挥生物活性。不同细胞类型中的SIP表现出促有丝分裂或抗有丝分裂

的特征，即SIP可以刺激角质形成细胞分化。

SIP在血液和淋巴液中的浓度水平较高，在细胞内和间质液中的浓度水平较低，因此形成SIP梯度浓度。SIP具有趋化特性，这使得SIP梯度介导淋巴细胞在淋巴组织和循环之间的交换。半抗原可以干预皮肤中SIP与FTY720的作用，从而通过激活S1P1受体抑制朗格汉斯细胞从皮肤迁移至耳郭引流淋巴结。此外，SIP和FTY720还可以降低树突状细胞的迁移，SIP还能够减弱表皮树突状细胞的抗原摄取。因此，修饰SIP代谢是治疗炎症性疾病的一种策略。

SIP还能通过非受体依赖途径调节细胞功能，但与SIP受体依赖机制相比，其特征不如后者。SPHK2在细胞核中生成的SIP能够抑制组蛋白去乙酰化酶1和2的活性。此外，由SPHK1（而非SPHK2）合成的SIP能够激活细胞内抗菌肽（CAMP/LL-37），包括在其中的人角质形成细胞（详见"神经酰胺及其代谢产物在皮肤功能调节中的作用"章节）。SIP还能与两种热休克蛋白（heat shock proteins，HSP）90和HSP90a以及内质网中的GRP94结合，形成与TRAF2、TRADD和RIP1的信号复合物，随后激活NF-κB和C/EBPα。

神经酰胺-1-磷酸

C1P与SIP类似，利用抗微生物肽（包括人β-防御素2和人β-防御素3）来应对外部应激，如紫外线照射和其他类型的氧化应激，以及控制表皮渗透性屏障的波动，进而刺激固有免疫。C1P的直接作用是激活胞质磷脂酶A2，从甘油磷脂中释放出花生四烯酸，促进花生酸类化合物（包括PGE2和PGJ2）的合成。以前的研究表明，C1P介导的PGE2水平升高会增加细胞炎症反应。CIP介导的PGJ2增加则可以激活PPARα和PPAR β/δ。接下来，PPARα和PPAR β/δ通过激活酪氨酸Src激酶，激活STAT1和STAT3，导致hBD2和hBD3的产生（见图4.6）。

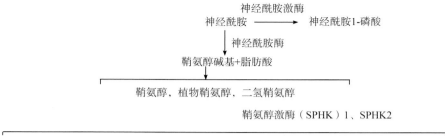

图 4.6　神经酰胺代谢物的合成

神经酰胺在皮肤护理中的应用

　　神经酰胺和类神经酰胺已被用于治疗干燥症、银屑病和阿尔茨海默病，并被广泛地配制于护肤品和药物中。适当的化学配方可使局部应用的神经酰胺形成稳定的晶体和双层结构，进而提高皮肤表面渗透性屏障的完整性。神经酰胺可被整合到板层双层结构中，以增强角质层屏障的完整性。需要注意的是，在 AD 和银屑病中，神经酰胺种类发生变化，因此必须仔细考虑用于外用药物的神经酰胺种类。酰基神经酰胺是形成功能屏障所必需的神经酰胺，而最新研究表明，定量的酰基神经酰胺可形成更稳定的双层结构。因此，制备有效的局部配方需要选择适当的神经酰胺种类和数量。局部应用神经酰胺可渗透至表皮有核层，特别是在屏障受损的皮肤中。吸收的神经酰胺可水解为鞘氨醇碱基和 FA，用于内源性神经酰胺的合成。

　　口服来源于植物和牛奶的葡糖神经酰胺和鞘磷脂作为营养物质，可以改善皮肤水分和表皮渗透性屏障，详见综述文章。一些口服鞘脂被消化酶和肠道微生物的酶水解，经肠道粘膜吸收，影响肠道免疫。吸收的鞘脂随后转移至肝脏，被进一步代谢并循环至外周组织，包括皮肤。循环过程中鞘脂应结合脂蛋白。然而，口服鞘脂改善屏障功能的确切机制仍不完全清楚。

原文参考文献

Thudicum JLW. A Treatise on the Chemical Constitution of Brain. London: Bailllilre, Tindall, and Cox; 1884.

Hakomori S. Glycosylation defining cancer malignancy: new wine in an old bottle. Proceedings of the National Academy of Sciences of the United States of America. 2002, 99(16):10231-10233.

Gray GM, Yardley HJ. Lipid compositions of cells isolated from pig, human, and rat epidermis. Journal of Lipid Research. 1975, 16(6):434-440.

Gray GM, White RJ, Williams RH, Yardley HJ. Lipid composition of the superficial stratum corneum cells of pig epidermis. British Journal of Dermatology. 1982, 106(1):59-63.

Abraham W, Wertz PW. Downing DT. Effect of epidermal acylglucosylceramides and acylceramides on the morphology of liposomes prepared from stratum corneum lipids. Biochimica et Biophysica Acta. 1988, 939(2):403-408.

Hamanaka S, Asagami C, Suzuki M, Inagaki F, Suzuki A. Structure determination of glucosyl beta l-N-comega-O-linoleoyl)-acylsphingosines of human epidermis. Journal of Biochemistry. 1989, 105(5):684-690.

Uchida Y, Iwamori M, Nagai Y. Distinct differences in lipid composition between epidermis and dermis from footpad and dorsal skin of guinea pigs. The Japanese Journal of Experimental Medicine. 1988, 58(3):153-161.

Bowser PA, Nugteren DH, White RJ, Houtsmuller UM, Prottey C. Identification, isolation and characterization of epidermal lipids containing linoleic acid. Biochimica et Biophysica Acta. 1985, 834(3):419-428.

Lowther J, Naismith JH, DunnTM, Campopiano DJ.Structural, mechanistic and regulatory studies of serine palmitoyltransferase. Biochemical Society Transactions. 2012, 40(3):547-554.

Han S, Lone MA, Schneiter R, Chang A. Orml and Orm2

are conserved endoplasmic reticulum membrane proteins regulating lipid homeostasis and protein quality control. Proceedings of the National Academy of Sciences of the United States of America. 2010, 107(13):5851-5856.

Mizutani Y, Mitsutake S, Tsuji K, Kihara A, Igarashi Y. Ceramide biosynthesis in keratinocyte and its role in skin function. Biochimie. 2009, 91(6):784-790.

Pruett ST, Bushnev A, Hagedorn K, Adiga M, Haynes CA, Sullards MC, et al. Biodiversity of sphingoid bases ("sphingosines") and related amino alcohols. Journal of Lipid Research. 2008, 49(8):1621-1639.

Yasugi E, Saito E, Kasama T, Kojima H, Yamakawa T. Occurrence of 2-O-acyl galactosyl ceramide in whale brain. Journal of Biochemistry. 1982, 91(4):1121-1127.

Yasugi E, Kasama T, Kojima H, Yamakawa T. Occurrence of 2-O-acyl galactosyl ceramide in human and bovine brains. Journal of Biochemistry. 1983, 93(6):1595-1599.

Wertz PW, Downing DT. Linoleate content of epidermal acylglucosylceramide in newborn, growing and mature mice. Biochimica et Biophysica Acta. 1986, 876(3):469-473.

Wertz PW, Downing DT. Acylglucosylceramides of pig epidermis: structure determination. Journal of Lipid Research. 1983, 24(6):753-758.

Zhang K, Kniazeva M. Han M, Li W, Yu Z, Yang Z, et al. A 5-bp deletion in ELOVL4 is associated with two related forms of autosomal dominant macular dystrophy. Nature Genetics. 2001, 27(1):89-93.

Vasireddy V, Uchida Y, Salem N, Jr., Kim SY, Mandal MN, Reddy GB, et al. Loss of functional ELOVL4 depletes very long-chain fatty acids (≥C28) and the unique {omega}-O-acylceramides in skin leading to neonatal death. Human Molecular Genetics. 2007, 16(5):471-482.

Mir H, Raza SI, Touseef M, Memon MM, Khan MN, Jaffar S, et al. A novel recessive mutation in the gene ELOVL4 causes a neuro-ichthyotic disorder with variable expressivity. BMC Medical Genetics. 2014, 15:25.

Ohno Y, Suto S, Yamanaka M, Mizutani Y, Mitsutake S, Igarashi Y, et al. ELOVL1 production of C24 acyl-CoAs is linked to C24 sphingolipid synthesis. Proceedings of the National Academy of Sciences of the United States of America. 2010, 107(43):18439-18444.

Mueller N, SassaT, Morales-Gonzalez S, Schneider J, Salchow DJ, Seelow D, et al. De novo mutation in ELOVL1 causes ichthyosis, acanthosis nigricans, hypomyelination, spastic paraplegia, high frequency deafness and optic atrophy. Journal of Medical Genetics. 2019, 56(3):164-175.

Ohno Y, Nakamichi S, Ohkuni A, Kamiyama N, Naoe A, TsujimuraH, et al. Essential role of thecytochrome

P450CYP4F22 in the production of acylceramide, the key lipid for skin permeability barrier formation. Proceedings of the National Academy of Sciences of the United States of America. 2015, 112(25):7707-7712.

Lin MH, Hsu FF, Crumrine D. Meyer J, Elias PM, Miner JH. Fatty acid transport protein 4 is required for incorporation of saturated ultralong-chain fatty acids into epidermal ceramides and monoacylglycerols. Scientific Reports. 2019:9(1):13254.

Yamamoto H, Hattori M, Chamulitrat W, Ohno Y, Kihara A. Skin permeability barrier formation by the ichthyosis-causative gene FATP4 through formation of the barrier lipid omega-O-acylceramide. Proceedings of the National Academy of Sciences of the United States of America. 2020, 117(6):2914-2922.

Jennemann R, Rabionet M, Gorgas K, Epstein S, Dalpke A, Rothermel U, et al. Loss of ceramide synthase 3 causes lethal skin barrier disruption. Human Molecular Genetics. 2012, 21(3):586-608.

Klar J, Schweiger M. Zimmerman R. Zechner R, Li H, Torma H, et al. Mutations in the fatty acid transport protein 4 gene cause the ichthyosis prematurity syndrome. American Journal of Human Genetics. 2009, 85(2):248-253.

Radner FP, Marrakchi S, Kirchmeier P, Kim GJ, Ribierre F, Kamoun B, et al. Mutations in CERS3 cause autosomal recessive congenital ichthyosis in humans. PLoS Genetics. 2013, 9(6):el003536.

Uchida Y, Cho Y, Moradian S, Kim J, Nakajima K, Crumrine D, et al. Neutral lipid storage leads to acylceramide deficiency, likely contributing to the pathogenesis of Dorfman- Chanarin syndrome. Journal of Investigative Dermatology. 2010, 130(10):2497-2499.

Hirabayashi T, AnjoT, Kaneko A, Senoo Y, Shibata A, Takama H. et al. PNPLA1 has a crucial role in skin barrier function by directing acylceramide biosynthesis. Nature Communications. 2017, 8:14609.

Ohno Y, Kamiyama N, Nakamichi S. Kihara A. PNPLA1 is a transacylase essential for the generation of the skin barrier lipid omega-O-acylceramide. Nature Communications. 2017, 8:14610.

Ahmad F, Ansar M, Mehmood S, Izoduwa A, Lee K, Nasir A, et al. A novel missense variant in the PNPLA1 gene underlies congenital ichthyosis in three consanguineous families. Journal of the European Academy of Dermatology and Venereology: JEADV. 2016, 30(12):e210-213.

Jennemann R, Sandhoff R, Langbein L, Kaden S, Rothermel U, Gallala H, et al. Integrity and barrier function of the epidermis critically depend on glucosylceramide synthesis. The Journal of Biological Chemistry. 2007, 282(5):3083-

3094.

Hamanaka S, Nakazawa S, Yamanaka M, Uchida Y, Otsuka F. Glucosylceramide accumulates preferentially in lamellar bodies in differentiated keratinocytes. British Journal of Dermatology. 2005, 152(3):426-434.

Akiyama M. Sugiyama-Nakagiri Y, Sakai K, McMillan JR, Goto M, Arita K, et al. Mutations in lipid transporter ABCA12 in harlequin ichthyosis and functional recovery by corrective gene transfer. Journal of Clinical Investigation. 2005, 115(7):1777-1784.

Loiseau N, Obata Y, Moradian S, Sano H, Yoshino S. Aburai K, et al. Altered sphingoid base profiles predict compromised membrane structure and permeability in atopic dermatitis. Journal of Dermatological Science. 2013, 72(3):296-303.

Elias PM, Gruber R, Crumrine D, Menon G, Williams ML, Wakefield JS, et al. Formation and functions of the corneocyte lipid envelope (CLE). Biochimica et Biophysica Acta. 2014, 1841(3):314-318.

Doering T, Holleran WM, Potratz A, Vielhaber G, Elias PM, Suzuki K, et al. Sphingolipid activator proteins are required for epidermal permeability barrier formation. Journal of Biological Chemistry. 1999, 274(16):11038-11045.

Uchida Y, Holleran WM. Omega-O-acylceramide, a lipid essential for mammalian survival. Journal of Dermatological Science. 2008, 51(2):77-87.

Zheng Y, Yin H, Boeglin WE, Elias PM, Crumrine D, Beier DR, et al. Lipoxygenases mediate the effect of essential fatty acid in skin barrier formation: a proposed role in releasing omega-hydroxyceramide for construction of the corneocyte lipid envelope. The Journal of Biological Chemistry. 2011, 286(27):24046-24056.

van Smeden J, Al-Khakany H, Wang Y, Visscher D, Stephens N, Absalah S, et al. Skin barrier lipid enzyme activity in Netherton patients is associated with protease activity and ceramide abnormalities. Journal of Lipid Research. 2020, 61(6):859-869.

Motta S, Monti M, Sesana S, Caputo R, Carelli S, Ghidoni R. Ceramide composition of the psoriatic scale. Biochimica et Biophysica Acta. 1993:1182(2):147-151.

Tawada C, Kanoh H, Nakamura M, Mizutani Y, Fujisawa T, Banno Y, et al. Interferon-gamma decreases ceramides with long-chain fatty acids: possible involvement in atopic dermatitis and psoriasis. The Journal of Investigative Dermatology. 2014, 134(3):712-718.

Cho Y, Lew BL, Seong K, Kim NI. An inverse relationship between ceramide synthesis and clinical severity in patients with psoriasis. Journal of Korean Medical Science. 2004, 19(6):859-863.

Melnik B. Hollmann J, Plewig G. Decreased stratum corneum ceramides in atopic individuals - a pathobiochemical factor in xerosis? [Letter], British Journal of Dermatology. 1988, 119(4):547-549.

Yamamoto A, Serizawa S, Ito M, Sato Y. Stratum corneum lipid abnormalities in atopic dermatitis. Archives for Dermatological Research Archiv fur Dermatologische Forschung. 1991, 283(4):219-223.

Imokawa G, Abe A, Jin K, Higaki Y, Kawashima M, Hidano A. Decreased level of ceramides in stratum corneum of atopic dermatitis: an etiologic factor in atopic dry skin? Journal of Investigative Dermatology. 1991, 96(4):523-526.

Di Nardo A, Wertz P, Giannetti A, Seidenari S. Ceramide and cholesterol composition of the skin of patients with atopic dermatitis. Acta Dermato-Venereologica. 1998, 78(1):27-30.

Bleck O. Abeck D, Ring J, Hoppe U, Vietzke JP, Wolber R, et al. Two ceramide subfractions detectable in Cer(AS) position by HPTLC in skin surface lipids of non-lesional skin of atopic eczema. The Journal of Investigative Dermatology. 1999:113(6):894-900.

Boer DEC, van Smeden J, Al-Khakany H, Melnik E, van Dijk R, Absalah S, et al. Skin of atopic dermatitis patients shows disturbed beta-glucocerebrosidase and acid sphingomyelinase activity that relates to changes in stratum corneum lipid composition. Biochimica et Biophysica Acta (BBA) - Molecular and Cell Biology of Lipids. 2020, 1865(6):158673.

Janssens M, van Smeden J, Gooris GS, Bras W, Portale G, Caspers PJ, et al. Increase in short-chain ceramides correlates with an altered lipid organization and decreased barrier function in atopic eczema patients. Journal of Lipid Research. 2012, 53(12):2755-2766.

van Smeden J, Janssens M, Kaye EC, Caspers PJ, Lavrijsen AP, Vreeken RJ, et al. The importance of free fatty acid chain length for the skin barrier function in atopic eczema patients. Experimental Dermatology. 2014, 23(1):45-52.

Ishikawa J, Narita H, Kondo N, Hotta M, Takagi Y, Masukawa Y, et al. Changes in the ceramide profile of atopic dermatitis patients. The Journal of Investigative Dermatology. 2010, 130(10):2511-2514.

Man MM, Feingold KR, Thornfeldt CR, Elias PM. Optimization of physiological lipid mixtures for barrier repair. Journal of Investigative Dermatology. 1996, 106(5):1096-1101.

Bouwstra JA. Gooris GS, Cheng K, Weerheim A, Bras W, Ponec M. Phase behavior of isolated skin lipids. Journal of Lipid Research. 1996, 37(5):999-1011.

Bouwstra JA, Honeywell-Nguyen PL, Gooris GS, Ponec M. Structure of the skin barrier and its modulation by vesicular formulations. Progress in Lipid Research. 2003, 42(1):1-36.

Nakazawa H, Imai T, Hatta I, Sakai S, Inoue S, Kato S. Lowflux electron diffraction study for the intercellular lipid organization on a human corneocyte. Biochimica et Biophysica Acta. 2013, 1828(6):1424-1431.

Pilgram GS, Vissers DC. van der Meulen H. Pavel S, Lavrijsen SP, Bouwstra JA. et al. Aberrant lipid organization in stratum corneum of patients with atopic dermatitis and lamellar ichthyosis. Journal of Investigative Dermatology. 2001, 117(3):710-717.

Mojumdar EH, Gooris GS, Groen D, Barlow DJ, Lawrence MJ, Deme B, et al. Stratum corneum lipid matrix: location of acyl ceramide and cholesterol in the unit cell of the long periodicity phase. Biochimica et Biophysica Acta. 2016:1858(8):1926-1934.

Uche LE, Gooris GS, Bouwstra JA, BeddoesCM. High concentration of the ester-linked omega-hydroxy ceramide increases the permeability in skin lipid model membranes. Biochimica et Biophysica Acta - Biomembranes. 2021, 1863(1):183487.

Mojumdar EH, Kariman Z, van Kerckhove L, Gooris GS, Bouwstra JA. The role of ceramide chain length distribution on the barrier properties of the skin lipid membranes. Biochimica et Biophysica Acta. 2014, 1838(10):2473-2483.

Opalka L, Kovacik A, Pullmannova P, Maixner J, Vavrova K. Effects of omega-O-acylceramide structures and concentrations in healthy and diseased skin barrier lipid membrane models. Journal of Lipid Research. 2020, 61(2):219-228.

Engberg O, Kovacik A, Pullmannova P, Juhascik M, Opalka L, Huster D, et al. The sphingosine and acyl chains of ceramide [NS] show very different structure and dynamics that challenge our understanding of the skin barrier. Angewandte Chemie International Edition. 2020:59:17383-17387.

Hatano Y, Terashi H, Arakawa S, Katagiri K. Interleukin-4 suppresses the enhancement of ceramide synthesis and cutaneous permeability barrier functions induced by tumor necrosis factor-alpha and interferon-gamma in human epidermis. Journal of Investigative Dermatology. 2005, 124(4):786-792.

Sawada E, Yoshida N, Sugiura A, Imokawa G. Thl cytokines accentuate but Th2 cytokines attenuate ceramide production in the stratum corneum of human epidermal equivalents: an implication for the disrupted barrier mechanism in atopic dermatitis. Journal of Dermatological Science. 2012, 68(1):25-35.

Hara J, Higuchi K, Okamoto R, Kawashima M, Imokawa G. High-expression of sphingomyelin deacylase is an important determinant of ceramide deficiency leading to barrier disruption in atopic dermatitis. Journal of Investigative Dermatology. 2000:115(3):406-413.

Clarke CJ, Snook CF, Tani M, Matmati N, Marchesini N, Hannun YA. The extended family of neutral sphingomyelinases. Biochemistry. 2006, 45(38):11247-11256.

Clarke CJ, Hannun YA. Neutral sphingomyelinases and nSMase2: bridging the gaps. Biochimica et Biophysica Acta. 2006, 1758(12):1893-1901

Gulbins E, Kolesnick R. Raft ceramide in molecular medicine. Oncogene. 2003, 22(45):7070-7077.

Raichur S, Wang ST, Chan PW, Li Y, Ching J, Chaurasia B, et al. CerS2 haploinsufficiency inhibits beta-oxidation and confers susceptibility to diet-induced steatohepatitis and insulin resistance. Cell Metabolism. 2014, 20(4):687-695.

Sentelle RD, Senkal CE, Jiang W, Ponnusamy S, Gencer S, Selvam SP, et al. Ceramide targets autophagosomes to mitochondria and induces lethal mitophagy. Nature Chemical Biology. 2012, 8(10):831-838.

Jiang YJ, Kim P, Uchida Y. Elias PM, Bikle DD, Grunfeld C, et al. Ceramides stimulate caspase-14 expression in human keratinocytes. Experimental Dermatology. 2013, 22(2):113-118.

Kim S, Hong I, Hwang JS, Choi JK, Rho HS, Kim DH, et al. Phytosphingosine stimulates the differentiation of human keratinocytes and inhibits TPA-induced inflammatory epidermal hyperplasia in hairless mouse skin. Molecular Medicine. 2006, 12(1-3):17-24.

Sigruener A, Tarabin V, Paragh G, Liebisch G, Koehler T, Farwick M, et al. Effects of sphingoid bases on the sphingolipidome in early keratinocyte differentiation. Experimental Dermatology. 2013, 22(10):677-679.

Kohama T, Olivera A, Edsall L, Nagiec MM, Dickson R, Spiegel S. Molecular cloning and functional characterization of murine sphingosine kinase. Journal of Biological Chemistry. 1998, 273(37):23722-23728.

Liu H, Sugiura M, Nava VE, Edsall LC, Kono K, Poulton S, et al. Molecular cloning and functional characterization of a novel mammalian sphingosine kinase type 2 isoform. The Journal of Biological Chemistry. 2000, 275(26):19513-19520.

Blaho VA, Hla T. An update on the biology of sphingosine 1-phosphate receptors. Journal of Lipid Research. 2014, 55(8):1596-1608.

Wang Z, Zheng Y, Wang F, Zhong J, Zhao T, Xie Q, et al. Mfsd2a and Spns2 are essential for sphingosine-1-phosphate transport in the formation and maintenance of the blood-brain barrier. Science Advances. 2020, 6(22):eaay8627.

Manggau M, Kim DS, Ruwisch L, Vogler R, Korting HC, Schafer-Korting M, et al. lAlpha,25-dihydroxyvitamin D3 protects human keratinocytes from apoptosis by the formation of sphingosine- l-phosphate. The Journal of Investigative Dermatology. 2001, 117(5):1241-1249.

Reines I, Kietzmann M, Mischke R, Tschernig T, Luth A, Kleuser B, et al. Topical application of sphingosine-1-phosphate and FTY720 attenuate allergic contact dermatitis reaction through inhibition of dendritic cell migration. The Journal of Investigative Dermatology. 2009, 129(8):1954-1962.

Japtok L. Schaper K, Baumer W, Radeke HH, Jeong SK, Kleuser B. Sphingosine 1-phosphate modulates antigen capture by murine Langerhans cells via the S1P2 receptor subtype. PLoS One. 2012, 7(11):e49427.

Hait NC, Allegood J, Maceyka M, Strub GM, Harikumar KB. Singh SK, et al. Regulation of histone acetylation in the nucleus by sphingosine-l-phosphate. Science. 2009:325(5945):1254-1257.

Park K, Ikushiro H, Seo HS, Shin KO, Kim YI, Kim JY, et al. ER stress stimulates production of the key antimicrobial peptide, cathelicidin, by forming a previously unidentified intracellular SIP signaling complex. Proceedings of the National Academy of Sciences of the United States of America. 2016, 113(10):E1334-1342.

Shin KO, Kim KP, Cho Y, Kang MK, Kang YH, Lee YM, et al. Both sphingosine kinase 1 and 2 coordinately regulate cathelicidin antimicrobial peptide production during keratinocyte differentiation. The Journal of Investigative Dermatology. 2018:139:492-494.

Kim YI, Park K, Kim JY, Seo HS, Shin KO, Lee YM, et al. An endoplasmic reticulum stress-initiated sphingolipid metabolite, ceramide-1-phosphate, regulates epithelial innate immunity by stimulating beta-defensin production. Molecular and Cellular Biology. 2014, 34(24):4368-4378.

Park K, Elias PM, Oda Y, Mackenzie D, Mauro T, Holleran WM, et al. Regulation of cathelicidin antimicrobial peptide expression by an endoplasmic reticulum (ER) stress signaling, vitamin D receptor-independent pathway. Journal of Biological Chemistry. 2011, 286(39):34121-34130.

Sugarman JL, Parish LC. Efficacy of a lipid-based barrier repair formulation in moderate-to-severe pediatric atopic dermatitis. Journal of Drugs in Dermatology. 2009, 8(12):1106-1111.

Novotny J, Hrabalek A, Vavrova K. Synthesis and structureactivity relationships of skin ceramides. Current Medicinal Chemistry. 2010, 17(21):2301-2324.

Kaneko T, Tanaka T, Nagase M. Agent for protecting skin and hair moisture. US Patent 6355232. 2002.

Berkers T, Visscher D, Gooris GS, Bouwstra JA. Topically applied ceramides interact with *the stratum corneum lipid* matrix in compromised *ex vivo* skin. Pharmaceutical Research. 2018, 35(3):48.

Sahle FF, Metz FI, Wohlrab J, Neubert RH. Polyglycerol fatty acid ester surfactant-based microemulsions for targeted delivery of ceramide AP into the stratum corneum: formulation, characterisation, in vitro release and penetration investigation. European Journal of Pharmaceutics and Biopharmaceutics. 2012, 82(1):139-150.

Tessema EN, Gebre-Mariam T, Frolov A, Wohlrab J. Neubert RFIFI. Development and validation of LC/APCI-MS method for the quantification of oat ceramides in skin permeation studies. Analytical and Bioanalytical Chemistry. 2018, 410(20):4775-4785.

Tessema EN, Gebre-Mariam T, Neubert RF1H, Wohlrab J. Potential applications of phyto-derived ceramides in improving epidermal barrier function. Skin Pharmacology and Physiology. 2017, 30(3):115-138.

Morifuji M. The beneficial role of functional food components in mitigating ultraviolet-induced skin damage. Experimental Dermatology. 2019, 28(Suppl 1):28-31.

Vollmer DL, West VA, Lephart ED. Enhancing skin health: by oral administration of natural compounds and minerals with implications to the dermal microbiome. International Journal of Molecular Sciences. 2018, 19(10):3059.

第 5 章

敏感性皮肤：感觉、临床和生理因素

介绍

在美容、保健和家居产品的开发过程中，通常需要进行大量的上市前产品试验，以确保上市的产品不会对消费者产生任何潜在的刺激性反应。然而，即使采用最稳健的开发方法，监管人员在上市后仍然会收到一些消费者报告称对此类产品产生了不愉快的感官反应。据报道，在声称皮肤异常敏感的消费者中，有78%的人会避免使用某些产品，因为他们曾经使用过这些产品时出现了不良反应。尽管这些反应通常是短暂的，且并没有明显的刺激症状。研究显示，这些不良感觉的潜在机制既不是免疫系统引起的，也不是过敏反应。

敏感性皮肤的定义

2017年，国际瘙痒研究论坛（International Forum for the Study of Itch，IFSI）的敏感性皮肤特别兴趣小组对敏感性皮肤进行了定义：一种综合征，其特点是在接受常规刺激（正常状态下不会产生异常感觉）时，出现不适感觉，包括刺痛、烧灼、疼痛、瘙痒和麻刺感。该综合征的不适感觉无法通过任何皮肤病相关皮损来解释，皮肤的外观可能正常或伴有红斑。敏感性皮肤可影响全身任何部位，尤其是面部。

敏感性皮肤的定义经历了数十年的发展。敏感性皮肤的概念最早出现于20世纪70年代，当时人们观察到：尽管既往的安全性评价未发现毒性证据，但部分患者在使用一种含有对氨基苯甲酸衍生物的特定防晒霜时报告有刺痛感。

敏感性皮肤综合征的诊断已被证明极具挑战，通常缺乏可见的临床体征。诊断基于患者暴露于各种环境刺激和（或）对健康皮肤不会引起不适感觉的产品或化学品而产生的主观不愉快感觉。通常通过排除性诊断来确定，即通过排除其他可能引起不适感觉的原因（例如变应性接触性皮炎、刺激性皮炎或特应性皮炎）。

在表5.1中列出了多种鉴别敏感性皮肤个体的方法，然而这些方法都存在明显的局限性。测试结果显示，个体对特定刺激物的反应与自我感觉的敏感性皮肤之间几乎没有相关性；此外，对一种刺激物的敏感性并不能预示对其他刺激物的敏感性。在旨在评价特定物理效应的测试中，如血管扩张或水疱，这些反应可能与敏感性皮肤的感觉反应无关。

有证据表明，敏感性皮肤测试方法用于鉴别个体时，其结果受到环境和其他外部因素的影响。其中，乳酸刺激试验是常用的方法之一。在一项研究中，Ye等评估了乳酸刺激试验结果的季节性变化。研究者在4月、7月、10月和1月分别测试了相同受试者在鼻唇沟和颊部应用乳酸时的反应。所有测试均在受试者适应环境15 min分钟后，在同一控制室进行。记录了感觉反应的强度以及生物物理学评价指标，包括皮脂分泌、表面pH值、皮肤表面水合和屏障功能。结果显示，所有指标的季节性差异均有统计学意义。作者得出结论：温度、湿度和日照的季节性变化，以及不同生活习惯和与季节相关的不同刺激的暴露会影响皮肤对刺激的感知和生物物理测量。

表5.1　鉴别敏感性皮肤的一些方法示例

方法学	效应（S）
感觉效应评价	
乳酸	刺痛感
辣椒素	刺痛感
十二烷基硫酸钠	烧灼感 / 红斑
氯仿：薄荷醇	烧灼感
组胺测试	瘙痒感
物理效应评价	
二甲基亚砜试验	水疱
烟碱（尼古丁）试验	血管扩张
正交偏振光	亚临床红斑
红外热成像检测扫描仪	温度升高
	成因
	炎症过程
	皮肤损伤相关
皮脂胶带	细胞因子测量
	受损皮肤产生

刺激试验的应用更加复杂，因为观察到个体对特定刺激的反应存在显著的个体差异，即使在具有相似作用模式的化学物质之间也是如此。在同一个体的不同解剖部位，甚至在对称肢体的相同解剖部位都存在较大差异。此外，许多自称敏感性皮肤的个体并未预料到会经历刺激反应，而一些自称非敏感性皮肤的个体对客观刺激试验反应强烈。因此，鉴别敏感性皮肤时需要考虑这些因素的影响。

敏感性皮肤的流行病学

传统的刺激试验方法并不能很好地预测不良感觉反应。因此，为了调查敏感性皮肤现象，人们采用了流行病学调查和对普通人群的调查。这些调查依赖于受访者对各种产品、化学品和其他潜在刺激的自我感知不良反应。尽管最初敏感性皮肤被认为是非正常反应，只在少数个体中得到证实，但在过去20年中，五大洲超过24个不同的国家都进行了敏感性皮肤调查，这项研究表明敏感性皮肤的人群占总人口的一半以上。

评估这些结果时，要特别注意自我报告数据可能存在的局限性。一些患者可能会有与基础皮肤病（如玫瑰痤疮或脂溢性皮炎）相关的不良感觉。这些情况也会产生刺痛感，而被解释为敏感性皮肤。此外，还有类似症状的心理障碍，如美容不耐受综合征。另外，调查问题的具体措辞会显著影响受访者的回答。例如，在一些调查中所使用的许多问卷仅仅询问了定性"是/否"敏感性皮肤的问题，而没有强调特定的解剖部位。其他调查工具则更具体，将受访者的注意力吸引到特定的身体部位。研究已经证明，皮肤敏感性的感觉因解剖部位而异。在一项针对美国中部1039名受访者的研究中，77.3%的人声称面部存在一定程度的敏感性。然而，当被问及具体身体和生殖器部位的皮肤时，只有60.7%和56.3%的人回答存在一定程度的敏感。

表5.2提供了自1999年以来发表的关于全身敏感性皮肤情况的调查概述。这些调查询问了受访者的相关情况。表5.3呈现了调查结果，其中受访者的注意力被吸引到特定的解剖部位。尽管面部是这些调查中最典型的部位，但头皮、生殖器和躯干也在一些研究中得到了纳入。Chen等对表5.2和表5.3中的许多调查进行了综述和Meta分析。这些研究者纳入了原始、非重复性的研究，其中发表的研究给出了绝对数字或百分比，从而可以准确地估计发病率。基于上述分析，研究者确定了任何程度（即轻、中或重度）敏感性皮肤的总体发病率为71%

（95%置信指数或*CI*：62%～81%）。如果仅考虑对自称皮肤重度或中度敏感的个体，那么发病率为40%（95% *CI*：32%～47%）。采用相同的Meta分析方法确定女性和男性的发病率；

Chen和同事们确定，重度或中度敏感性皮肤的女性发病率为45%（95% *CI*：36%～55%），男性则为33%（95% *CI*：24%～42%）。

表 5.2　各地区自述敏感性皮肤的发病率

国家	年份 [a]	受试者数量 [b]	自述皮肤性敏感的受试者		
			程度问题（%）[c]		是 / 否问题 [d]
			敏感性程度（%）[c1]	前两类（%）[c2]	"是"的回答（%）
北美洲					
美国	2007 年	总计 994 人	Na	44.6	Na
		499 名女性	Na	50.9	Na
		495 名男性	Na	38.2	Na
美国	2009 年	总计 1032 人	68.4	27.9	Na
		869 名女性	69	28.9	Na
		163 名男性	64.4	23.3	Na
美国（密西西比州）	2013 年	89 名女性	77.5	42.7	Na
南美洲					
巴西	2014 年	总计 1022 人	80.4	45.89	Na
		女性	53.06	22.49	Na
		男性	Na	Na	36
墨西哥	2011—	总计 246 人	Na	Na	42.2
	2012 年	168 名女性	Na	Na	23
		78 名男性			
欧洲					
英格兰	2001 年	总计 2316 人	Na	Na	49.95
		2058 名女性	Na	Na	51.4
		258 名男性	Na	Na	38.2
法国	2004 年 3 月	总计 1006 人	80.8	52.1	Na
		女性	85.5	59.3	Na
		男性	74.8	43.7	Na
法国	2004 年 7 月	总计 1001 人	86.7	59.3	Na
		女性	91.2	69.3	Na
		男性	77.9	45.8	Na
法国	2017 年	总计 5000 人	Na	59	Na
		2557 名女性	Na	66	Na
		2443 名男性	Na	51.9	Na
德国	1999 年	总计 420 人	75.2	62.3	Na
		258 名女性	82.6	53.9	Na
		162 名男性	63.5	36.4	Na
希腊	2005 年	25 名特应性体质女性	100	80	Na
		25 名无相关主诉的女性	64	16	Na
意大利	2004 年	总 计 2101 人（88.5% 为女性）	Na	Na	59.9
荷兰	2013—	总计 442 人	Na	Na	40.8
	2014 年	258 名女性	Na	Na	75.9
		184 名男性	Na	Na	24.1

续表

国家	年份 [a]	受试者数量 [b]	自述皮肤性敏感的受试者		是 / 否问题 [d]
			程度问题（%）[c]		
			敏感性程度（%）[c1]	前两类（%）[c2]	"是"的回答（%）
荷兰	2014 年	278 名女性	Na	Na	45.7
		121 名绝经前	Na	Na	41.9
		55 名围绝经期	Na	Na	51
		102 名绝经后	Na	Na	47.3
欧洲（总）	2009 年	总计 4506 人	74.7	38.1	Na
比利时	2009 年	总计 500 人	60	26	Na
法国	2009 年	总计 1006 人	82	52	Na
德国	2009 年	总计 500 人	59	35.8	Na
希腊	2009 年	总计 500 人	70	31	Na
意大利	2009 年	总计 500 人	90.6	54.6	Na
葡萄牙	2009 年	总计 500 人	86	29.6	Na
西班牙	2009 年	总计 500 人	88	33	Na
瑞士	2009 年	总计 500 人	59	31	Na
中欧和东欧					
俄罗斯	2014 年	总计 1500 人			
		女性	85.84	50.06	Na
		男性	66.9	25.39	Na
亚洲					
中国	2009 年	408 名女性	23	7	Na
中国（城市居民）	2009 年	总计 9154 人	39.53	12.79	Na
		5223 名女性	Na	15.93	Na
		3931 男性	Na	8.62	Na
日本	2011 年	总计 1500 人	Na	54.5	Na
		777 女性	95.6	56	Na
		723 男性	93.5	52.8	Na

　　Na. 未知。a.如未注明研究年份，则日期与发表年份对应。b.受访者来自一般人群，除非另有说明。c.大多数研究要求受访者对敏感性皮肤的严重程度进行评分，如重度、中度、轻度或无。c1：所有严重程度的平均值（重度、中度和轻度）；c2：重度和中度的平均值。d.一些研究要求受访者同意或不同意这一说法，例如，我是敏感性皮肤。

表 5.3　特定解剖部位自述敏感性皮肤的患病率

国家	年份 [a]	受访者数量	敏感性皮肤				
			任何程度（%）[b]				
			整体	面部	头皮	生殖器区域	躯干
美国	2009	总计 1032 人	68.4	77.3		56.3	60.7
		869 名女性	69	78.6		58.1	60.2
		163 名男性	64.4	68.1		44.2	62
美国（密西西比州）	2013	89 名女性	77.5	79.8		57.3	74.2
美国	2006	29 名尿失禁女性（≥ 50 岁）	82.8	86.2		86.2	69
		42 名年龄匹配对照	76.2	82.9		68.3	65.9
中国	2009	408 名女性	23	20		6	9
中国	2020	总计 904 人（10 ~ 30 岁）	25				
		475 名女性	30				
		429 名男性	20				

续表

国家	年份 [a]	受访者数量	敏感性皮肤 任何程度（%）[b]				
			整体	面部	头皮	生殖器区域	躯干
英格兰	2001	总计 2316 人	50c	34c	23.5c		
		2058 名女性	51.4	34.6	23.3		
		258 名男性	38.2	29.1	25.4		
法国	2009	总计 2117 人			32.2		
		女性			35.6		
		男性			29.1		
法国	2004—2005	400 名女性		85	36		
荷兰	2014	278 名女性	45.7	53.6		10.8	
		121 名绝经前	41.9	62		8.3	
		55 名围绝经期	51	54.5		12.7	
		102 名绝经后	47.3	43.1		12.7	
韩国	2013	总计 1000 人		89.4			
		507 名女性		91.71			
		493 名男性		87.02			
印度	2019	总计 3012 人		74			
		女性（未指定）		64			
		男性（未指定）					
美国	2012	310 名男性		54.5			
德国	2012	301 名男性		57.1			
意大利	2012	300 名男性		81.7			
西班牙	2012	300 名男性		72.3			
英国	2012	302 名男性		59.3			
波兰	2012	300 名男性		74.3			
俄罗斯	2012	304 名男性		74.7			
土耳其	2012	300 名男性		82.3			
日本	2012	304 名男性		50.3			
韩国	2012	304 名男性		65.8			
澳大利亚	2012	301 名男性		51.2			

解剖部位	敏感性皮肤，任何程度（%）[b]				
	法国	荷兰			
	400 名女性	278 名女性	121 名绝经前	55 名围绝经期	102 名绝经后
手部	58	27.3	23.1	29.1	31.4
足部	34	17.7	11.6	25.5	20.6
颈部	27	6.9	8.3	7.3	4.9
背部	21	9.7	9.9	10.9	8.8
躯干	23				
胸部		16.9	13.2	25.5	16.7
双腿		27.7	23.1	27.3	33.3

注：a. 如果未给出数据收集年份，则日期对应于出版年份；b. 包括任何程度的敏感性，例如：重度、中度或轻度；c. 未报告的百分比，但根据发表的其他数据进行解读；d. 来自宝洁公司未公布的市场调查数据。

中国敏感性皮肤高患病率是一个例外。据2009年在中国针对408名女性的调查显示，只有23%的女性报告出现过敏感性皮肤症状，其中仅有7%将其皮肤归类为"中度"或"重度"敏感。需要注意的是，这项调查使用了与其他地区调查相同的问卷，因此措辞的差异和对问题的回答不是导致这种差异的原因。另一项研究于2009年在中国一线城市地区进行，共有9154名受访者参与，徐教授及其同事发现，39.5%的受访者（男女都有）存在不同程度的敏感性皮肤。在接受调查的女性中，仅有15.9%认为自己的皮肤"中度"或"重度"敏感。这些作者强调，他们研究人群的大多数是皮肤光型Ⅳ（超过86%）；这种深色皮肤有望在一定程度上降低敏感性皮肤的患病率。表5.3显示了王教授及其同事在年轻男性和女性（10~30岁）中进行的一项研究结果，重点是询问面部敏感性皮肤。其中，30%的女性回答称其面部皮肤敏感，而男性的这一比例为20%。

不同地区的人们对于敏感性皮肤的感知存在明显的差异，而其中一部分原因可能是由文化因素造成的。一项在欧洲进行的流行病学研究支持了文化因素的重要性（详见表5.2）。该研究比较了来自8个欧洲国家的各500名受试者自我报告的敏感性皮肤情况，发现即便是基因非常相似的国家之间也存在巨大的差异。例如，在葡萄牙、意大利和西班牙的调查中，80%~90%的人群报告至少有一定程度的皮肤敏感性；相比之下，在比利时、德国和瑞士的调查中，报告皮肤敏感性的受访者仅占50%~60%。作者指出，这种差异可能与特定欧洲国家更多的时尚和美容广告有关。

敏感性皮肤的诱发因素

解剖部位

对许多人来说，敏感性皮肤与面部敏感性皮肤是同义词。根据表5.3的数据，面部皮肤被证实是最常见的敏感部位。面部皮肤神经高度活跃，因此可能更容易感受到不良感觉。与身体的其他部位相比，面部接触的产品种类更广泛，如洗面奶、保湿霜、化妆品和剃须产品。由于面部通常裸露，因此更容易受到极端天气、气候变化和其他环境因素的影响。此外，个体可能更关注面部刺激的外观和视觉迹象，因此可能认为其面部皮肤更敏感。据报道，鼻唇沟是面部最敏感的区域，其次是颧突、下颌、前额和上唇。

相比之下，生殖器区域不受周围环境条件的影响，但是这个半封闭的区域暴露于更高的温度和湿度条件下，同时也受到不同的习惯和美学干预的影响。例如，尿失禁或女性使用卫生产品等情况可能给个体的生殖器区域带来更多挑战。根据表5.3的数据，对29名患有尿失禁的女性进行的一项调查发现，86.2%认为其生殖器区域皮肤敏感，而与年龄相匹配的对照组（n=42）则为63.8%，两者之间存在显著差异（P=0.05）。

在数项流行病学研究中，专门探讨了面部以外的解剖部位的敏感性皮肤受访者（表5.3）。总的来说，研究人员发现，面部敏感性皮肤的患病率往往高于其他部位，但是其他部位的敏感性皮肤也不能忽视。在一项针对1039名男性和女性的研究中，有56.2%报告生殖器部位皮肤敏感。生殖器是一个特殊区域，因为它部分由胚胎内胚层形成，所以不同于身体其他部位的皮肤。非裔美国人报告该区域敏感性的比例显著高于白种人（66.4%，P<0.0001）。研究发现，粗纤维布料是导致生殖器部位皮肤敏感的最常见诱因。

个体特征

根据表5.4，一些特征与敏感性皮肤的发生率增加有关。研究表明，女性自我报告的敏感性皮肤发生率高于男性。Chen等Meta分析结果表明，45%的女性（95%置信区间：36%～55%）和33%的男性（95%置信区间：24%～42%）自称皮肤严重或中度敏感。男性的表皮层比女性厚，这或许为女性更敏感提供了生物学解释。然而，在大多数情况下，刺激性试验并未发现反应性存在差异。女性倾向于使用更多产品（尤其是面部产品），从而增加了接触可能引起不适的物质的风险。

表 5.4　导致敏感性皮肤的一些因素

因　素
性别
年龄
月经周期
压力
皮肤白皙，易晒伤
易泛红和（或）潮红
皮肤色素沉着
皮肤疾病
特应性体质
尿失禁
肠易激综合征
环境和外部因素
科技发达国家的文化期望

男女间的皮肤敏感差距似乎在缩小。随着男性专用的皮肤护理和个人护理产品越来越受欢迎，男性消费者对皮肤健康的关注也可能增加。一项全球范围的对皮肤科医生的调查显示，大多数医生同意或强烈同意，在过去的5年里，他们注意到报告男性面部敏感性皮肤的患者数量有所增加。一项未公开的针对11个不同国家男性的营销调查表明，超过50%的受访者声称他们的面部皮肤敏感（见表5.3）。

随着年龄的增长，身体的生理变化会使皮肤更容易受到刺激。皮肤会变得更薄、更干，皮下脂肪也逐渐减少。表皮细胞类型会发生形态学变化，而老化皮肤的生理变化则包括生化、神经感觉、渗透性和血管反应。随着年龄的增长，皮肤会变得更敏感。但是，针对敏感性皮肤的研究结果并不一致。一项2011年的研究发现，人们对敏感性皮肤的总体看法以及对面部和躯干的看法与年龄无关。女性对敏感性皮肤的感知与年龄有关，而男性对敏感性皮肤的感知则与年龄无关。Hernandez-Bianco等报道称，不同年龄人群自我报告的敏感性皮肤没有显著差异。一项2017年的研究对5000名法国受访者进行了调查，得出结论：35岁以下人群的敏感性皮肤发生率高于35岁及以上人群。

激素差异也可能导致女性的炎症敏感性增加。据报道，敏感性皮肤相关的症状和体征与月经周期以及一系列可能的诱因相关，例如天气状况、空调、清洁产品、个人护理产品和服装。Falcone研究报道显示，约50%的绝经前受访者认为其月经周期影响自身皮肤状态。此外，超过70%自述敏感性皮肤的绝经后女性认为其皮肤敏感性在绝经后增加。

已知皮肤类型和种族包括皮肤结构和对特定试验刺激物敏感性的显著差异。一项大规模流行病学研究确定了自我报告敏感性皮肤的发生率，结果表明在患病率方面未观察到种族差异。相反，一项随后的研究发现，非裔美国人敏感性皮肤的发生率高于欧美人（$P=0.0096$）。

流行病学研究报道了少数种族间一些具体差异。与其他种族相比，欧美人对风吹的敏感性更高。亚裔对辛辣食物的敏感性较高，西班牙语裔对酒精的反应相对较低，而非裔美国人更倾向于报告对刺激的感觉反应，白种人则更多地报告视觉反应。非美国人无论性别都比其他群体更容易报告生殖器区域的敏感性（$P=0.0008$）。

环境因素

局部保健和美容产品以及天气状况与敏感性皮肤的自我报告有关。据报道，敏感性皮肤还受到环境条件的影响，如阳光照射、炎热天气、寒冷天气、干燥空气、湿度、风吹和空调，以及保健和美容产品，如肥皂、洗发水、染发剂、其他护发产品、眼部化妆品、面部化妆品、面部保湿霜、面部收敛剂、面部清洁剂、香水、香精、身体保湿霜、抗衰霜、防晒霜、除臭剂、止汗剂和滑石粉、家庭用品，如清洁产品、洗洁精、洗衣液和织物柔软剂，个人卫生用品，如月经垫、尿垫、失禁垫、卫生棉条、女性湿巾、冲洗产品和卫生纸，以及服装，如内衣、其他衣物和粗织物。中国人群中自我报告敏感性皮肤患病率相对较低，采用了一份全面的问卷，由至少部分受访者提出了每个可能的触发因素。敏感性皮肤的患病率已被证明与时间（据报道，法国女性在夏季皮肤敏感明显多于冬季）和地理位置（据报道，中国女性对炎热天气更敏感，而美国女性对寒冷天气更敏感）有关。

文化影响

地理差异是导致患病率差异的另一原因。2009年Misery等在欧洲进行的一系列研究发现，尽管欧洲人群非常复杂，但不同国家的敏感性皮肤患病情况存在差异。在法国、意大利、葡萄牙和西班牙，有80%～90%的受访者表示他们存在一定程度的皮肤敏感性。而在比利时、德国、希腊和瑞士，患病率报告为60%～70%。这些差异可能与季节性天气因素有关。

文化因素对生活方式的影响不容忽视，它无疑会对敏感性皮肤的感知产生影响。文化习俗导致了对潜在刺激物的暴露存在显著差异，例如，卫生习惯（如使用冲洗液、香水、药物、抗真菌药物、剃须和避孕药具）是导致外阴刺激的最常见原因。一项研究发现，老年女性比年轻女性更有可能报告因尿失禁产品引起的刺激，而年轻女性更有可能报告因卫生棉条引起的刺激。这一发现很可能基于文化因素驱动的暴露水平。一项研究在旧金山进行，发现

亚裔对辛辣食物的皮肤反应比白种人更强，这很可能与亚裔饮食文化中较高的辛辣食物摄入量有关。

敏感性皮肤相关的生理学表现

近年来，许多研究者发现，敏感性皮肤似乎包括一系列不同的生理特征，如表5.5所示。这些观察结果为敏感性皮肤的潜在病因提供了线索，包括表皮屏障功能的改变和神经感觉功能的障碍。

表5.5　敏感性皮肤相关的一些生理特征

屏障功能改变
TEWL 的变化表明皮肤屏障受损
角质层变薄
角质层水合减少
脂质减少
神经酰胺减少
中性脂质增加和鞘脂减少
皮脂分泌减少
汗腺增多
神经感觉功能
表皮神经支配增加
表皮内神经纤维密度降低（肽能 C 纤维）
神经感觉输入增强
TRPV1 表达上调
TRPV1 基因变异与辣椒素易感性相关
其他
血管高反应
遗传特征

屏障功能改变

早期研究表明敏感性皮肤与屏障功能受损有关。但是，检测经TEWL的屏障功能来确定敏感性皮肤与对照组之间的显著且可重复性差异十分困难。Pinto等使用由塑性内应力试验产生TEWL解吸曲线的数学模型。他们发现，在蒸发半衰期（$P=0.005$）和动态水质量（$P=0.0001$）这两个维度的动力学参数上，敏感性皮肤受试者和非敏感性皮肤受试者之间存在统计学上显著的差异。此外，每天使用保湿霜（持续4个月，预计可以改善屏障功能）可以有效降低皮

肤敏感性。Buhe等报道的一项研究表明，敏感性皮肤个体的表皮厚度并没有发生改变。

数十年来，人们一直在研究观察敏感性皮肤人群脂质含量的变化。Roussaki-Schulze等发现敏感性皮肤个体的皮肤非常干燥，脂肪含量低，导致皮肤保护屏障功能紊乱。角质层的渗透性屏障高度依赖于脂质成分，它比角质层厚度或细胞数量更能准确预测皮肤的渗透性。细胞间脂质紊乱与敏感性皮肤屏障功能下降相关；具体而言，神经酰胺和鞘脂的减少与屏障完整性降低相关。屏障的薄弱使得潜在的刺激因素得以穿透，进而导致神经末梢保护不足并容易接近抗原呈递细胞，这种机制与特应性疾病的发生存在相关性。敏感性皮肤的角质层屏障易受损，而且其正常修复功能也会受到影响。Berardesca综述了敏感性皮肤的潜在配方。此外，皮肤微生物群与敏感性皮肤之间的真正关系尚未明确，需要进一步研究。

相较于敏感性皮肤受试者皮肤角质层脂质含量的变化，研究人员未能证实这些发现。Richters等运用显微拉曼光谱技术研究了敏感性皮肤受试者和非敏感性皮肤受试者之间皮肤屏障的分子组成。研究结果显示，角质层的厚度或含水量没有差异，且NMF或神经酰胺/脂肪酸平均含量也没有差异。

心理应激可以影响皮肤的渗透性屏障功能。Jiang等分析了一组由心理压力引起的敏感性皮肤受试者（20～30岁的女性）的脂质类型和相对含量。与之相对的对照组则是由非敏感性皮肤个体组成。研究人员使用油脂贴片采集面颊部的脂质，并通过超高效液相色谱-质谱（Ultra-high performance liquid chromatography-mass spectrometry，UPLC-MS）和支持向量机（support vector machine，SVM）判别模型进行脂质鉴别。研究结果表明，与对照组相比，试验组中的7种三酰甘油（TG）和1种特定的单不饱和脂肪酸（monounsaturated fatty acid，MUFA）（C20：ln-5，C21：ln-14）水平有所升高。以往的研究表明，在某些疾病状态下，皮肤TG升高会降低皮肤的渗透性屏障功能。此外，在与皮肤渗透性增加相关的疾病患者中，也观察到MUFA水平的升高。

神经感觉功能障碍

敏感性皮肤的特征在于其对于通常不会引起刺痛、烧灼、疼痛、瘙痒和麻刺感等感觉反应的异常敏感反应。这些反应可能因人而异，表明了神经感觉功能的障碍，尤其是在表皮内神经纤维（intraepidermal nerve fibers，IENF）充当温度、疼痛和瘙痒传感器的瞬时受体电位（transient receptor potential，TRP）离子通道的作用下。辣椒素受体TRPV1（TRP vanilloid 1，TRPV1）被认为是敏感性皮肤症状中的主要感受器，对热和瘙痒反应产生作用。

TRPV1是一种非选择性阳离子通道，其对热和低pH值产生反应，与伤害性感受、神经源性炎症和瘙痒有关。TRPV1表达于成纤维细胞、肥大细胞和内皮细胞，其激活会导致伴有烧灼感的疼痛或瘙痒。炎症介质也显著上调了TRPV1。Ehnis-Perez等对31名自述敏感性皮肤的受试者进行了皮肤活检，以分析TRPV1。通过免疫组化染色对TRPV1进行分析，发现乳酸刺痛试验阳性的受试者TRPV1 mRNA表达水平更高，而且其mRNA表达的增加与症状的严重程度相关。研究结果表明TRPV1在敏感性皮肤受试者中表达上调。孙教授等对敏感性皮肤个体进行乳酸刺痛试验并采集其血液样本，对样本进行了4个TRPV1基因单核苷酸多态性的遗传分析。研究发现，敏感组中两种特定的TRPV1基因型频率高于非敏感组，提示TRPV1在敏感性皮肤的发病中可能起着重要作用。

Talagas和Misery在一篇综述中研究了角质形成细胞在敏感性皮肤中的作用可能性。研究发现这些细胞表达多种感觉受体，如TRP离子通道（包括TRPV1，TRPV3和TRPV4），并能传导有害化学刺激和机械刺激。

　　一些研究者评价反-4-叔丁基环己醇具有生物活性，可能在缓解敏感性皮肤症状方面有潜在价值。Kueper等进行了一项调查，将含有31.6 ppm辣椒素的外用乳剂涂抹在30名受试者的鼻唇沟上，其中添加或不添加0.4%反式-4-叔丁基环己醇。这项双盲研究中，27名受试者能够感觉到辣椒素引起的烧灼感，其中在0.4%反式-4-叔丁基环己醇存在时，26名受试者感到烧灼感降低；反式-4-叔丁基环己醇的缓解效果非常显著（$P<0.0001$）。另一项对20名受试者应用浓度为1%的反式-4-叔丁基环己醇的研究得到类似的结果（$P<0.001$）。

　　Sulzberger等筛选了数种既能减少炎症介质释放又能抑制TRPV1激活的物质。体外研究中，这些研究者使用了数种特殊的细胞类型，证明4-叔丁基环己醇可抑制炎症介质PGE2和免疫应答调节因子NFKB的释放。所述物质还能抑制选择性表达人类His-tagged（末端组氨酸修饰）TRPV1基因的HT1080细胞系中TRPV1的活化。体内研究使用4-叔丁基环己醇预处理24名受试者的鼻唇沟，发现明显降低辣椒素的烧灼/刺痛感。另一项体内研究中，38名受试者的前臂在连续3 d每天剃毛，机械性造成屏障破坏和红斑。与对照部位相比，用含有4-叔丁基环己醇溶液处理的试验部位红肿显著减少。

　　苯氧乙醇是个人护理产品中常见的防腐剂，然而这种物质可引起部分个体的皮肤不适。Li等筛选了243名中国女性受试者，发现其中60人对1%苯氧乙醇有灼热感和瘙痒感。采用双盲、随机对照的研究方法，将含有苯氧乙醇的制剂涂于一侧面部的鼻唇沟，将同时含有苯氧乙醇和反式4-叔丁基环己醇的制剂涂于另一侧面部的鼻唇沟。结果证实，苯氧乙醇在这些受

试者中引起皮肤烧灼感和瘙痒感。反式4-叔丁基环己醇能够明显抑制皮肤不适感。

其他相关因素

脉管系统

Chen等在一篇论文中对自述敏感性皮肤的受试者进行了一系列试验，包括评价感觉反应的乳酸刺激试验、评价屏障功能的十二烷基硫酸钠皮肤刺激试验，以及评价皮肤血管反应性的二甲基亚砜试验。作者认为，部分敏感性皮肤受试者表现出血管高反应性而屏障功能未受损。

Roussaki-Schulze等进行了回顾性研究，研究了敏感性皮肤受试者的血管反应，并报道称敏感性皮肤个体对甲基烟酸盐的强烈血管反应风险是非敏感性皮肤个体的75倍。此外，1/3的敏感性皮肤受试者在应用氯化乙酰甲基胆碱后出现异常血管反应，即皮肤泛白。

遗传学

转录组学揭示了基因表达的普遍特征。两项研究结果表明，敏感性皮肤与非敏感性皮肤样本之间存在大量基因差异表达。需要进一步研究这些基因与具体功能之间的联系。

总结

　　敏感性皮肤一直是一个医学谜题，因为主观感觉的症状与客观的临床体征之间没有相关性，也没有可靠的诊断试验。尽管一些人明显对不同种类的感觉和物理刺激有较高的敏感性，但观察到的反应并不能预测广义的敏感性，而敏感性之间的关系也尚不清晰。在不同地域和文化中，敏感性皮肤的患病率存在差异，但人们普遍认为上述因素影响相当一部分人群。个体的皮肤类型、性别、激素水平以及外部因素，如气候、接触产品和化学品以及文化影响，均会导致敏感性皮肤的自我报告。研究表明，敏感性皮肤的屏障功能受损，细胞间脂质紊乱，神经酰胺和鞘脂减少，导致屏障完

整性降低。此外，感觉输入增强和非选择性阳离子通道TRPV1的上调也会导致神经感觉的变化。至于皮肤微生物群与敏感性皮肤之间的真正关系，仍需要更多的研究来探讨。

原文参考文献

Farage MA. Are we reaching the limits or our ability to detect skin effects with our current testing and measuring methods for consumer products? Contact Dermatitis. 2005:52:297-303.

Jourdain R, de Lacharriere O, Bastien P et al. Ethnic variations in self-perceived sensitive skin: epidemiological survey. Contact Dermatitis. 2002:46:162-169.

Misery L, Loser K, Stander S. Sensitive skin. Journal of the European Academy of Dermatology and Venereology. 2016, 30(Suppl l):2-8.

Buhe V, Vie K, Guere C et al. Pathophysiological study of sensitive skin. Acta Dermato-Venereologica. 2016:96:314-318.

Misery L, Stander S, Szepietowski JC et al. Definition of sensitive skin: an expert position paper from the special interest group on sensitive skin of the International Forum for the Study of Itch. Acta Dermato-Venereologica. 2017, 97:4-6.

Morizot F. Guinot C, Lopez S et al. Sensitive skin: analysis of symptoms, perceived causes and possible mechanisms. Cosmetics and Toiletries. 2000:115:83-89.

Do LHD, Azizi N, Maibach H. Sensitive skin syndrome: an update. American Journal of Clinical Dermatology. 2020 Jun, 21(3):401-409.

Stander S, Schneider SW, Weishaupt C et al. Putative neuronal mechanisms of sensitive skin. Experimental Dermatology. 2009, 18:417-423.

Marriott M, Holmes J, Peters L et al. The complex problem of sensitive skin. Contact Dermatitis. 2005, 53:93-99.

Ye C, Chen J, Yang S et al. Skin sensitivity evaluation: what could impact the assessment results. Journal of Cosmetic Dermatology. 2020, 19:1231-1238.

Basketter DA, Wilhelm KP. Studies on non-immune immediate contact reactions in an unselected population. Contact Dermatitis. 1996, 35:237-240.

Cua AB. Wilhelm KP, Maibach HI. Cutaneous sodium lauryl sulphate irritation potential: age and regional variability. British Journal of Dermatology. 1990, 123:607-613.

Lee CH. Maibach HI. The sodium lauryl sulfate model: an overview. Contact Dermatitis. 1995, 33:1-7.

Farage MA, Maibach HI. The vulvar epithelium differs from the skin: implications for cutaneous testing to address topical vulvar exposures. Contact Dermatitis. 2004, 51:201-209.

Kligman A. Human models for characterizing "sensitive skin". Cosmetic Dermatology. 2001, 14:15-19.

Culp B. Scheinfeld N. Rosacea: a review. Pharmacy and Therapeutics. 2009, 34:38-45.

Chew A, Maibach H. Sensitive skin. In: Loden M, Miabach H, eds. Dry Skin and Moisturizers: Chemistry and Function. Boca Raton, FL: CRC Press; 2000; p. 429-440.

Farage MA, Mandl CP, Berardesca E et al. Sensitive skin in China. Journal of Cosmetics, Dermatological Sciences and Applications. 2012, 2:184-195.

Chen W, Dai R. Li L. The prevalence of self-declared sensitive skin: a systematic review and meta-analysis. Journal of the European Academy of Dermatology and Venereology. 2020 Aug, 34(8):1779-1788.

Xu F, Yan S, Wu M et al. Self-declared sensitive skin in China: a community-based study in three top metropolises. Journal of the European Academy of Dermatology and Venereology. 2013, 27:370-375.

Wang X, Su Y, Zheng B et al. Gender-related characterization of sensitive skin in normal young Chinese. Journal of Cosmetic Dermatology. 2020, 19:1137-1142.

Misery L, Boussetta S, Nocera T et al. Sensitive skin in Europe. Journal of the European Academy of Dermatology and Venereology. 2009, 23:376-381.

Taieb C, Auges M, Georgescu V et al. Sensitive skin in Brazil and Russia: an epidemiological and comparative approach. European Journal of Dermatology. 2014, 24:372-376.

Saint-Martory C, Roguedas-Contios AM, Sibaud V et al. Sensitive skin is not limited to the face. British Journal of Dermatology. 2008, 158:130-133.

Farage MA. Sensitive skin in the genital area. Frontiers in Medicine. 2019, V6:96.

Farage MA. Perceptions of sensitive skin: women with urinary incontinence. Archives of Gynecology and Obstetrics. 2009, 280:49-57.

Farage MA. How do perceptions of sensitive skin differ at different anatomical sites? An epidemiological study. Clinical and Experimental Dermatology. 2009, 34:e521-e530.

Farage MA. Perceptions of sensitive skin of the genital area. In: Surber C, Eisner P, Farage MA, eds, Topical Applications and the Mucosa. Basel: Karger; 2011; p. 142-154.

Sandby-Moller J, Poulsen T, Wulf HC. Epidermal thickness at different body sites: relationship to age, gender, pigmentation, blood content, skin type and smoking habits. Acta Dermato- Venereologica. 2003, 83:410-413.

Vanoosthuyze K, Zupkosky PJ. Buckley K. Survey of practicing dermatologists on the prevalence of sensitive skin in men. International Journal of Cosmetic Science. 2013, 35:388-393.

Farage MA. Perceptions of sensitive skin with age. In: Farage MA, Miller KW, Maibach HI, eds, Textbook of Aging Skin. Berlin Heidelberg: Springer-Verlag; 2010; p. 1027-1046.

Farage MA, Miller KW, Maibach HI. Degenerative changes in aging skin. In: Farage MA, Miller KW, Maibach HI, eds, Textbook of Aging Skin. Berlin Heidelberg: Springer-Verlag; 2010; p. 25-35.

Hernandez-Bianco D, Castanedo-Cazares JP, Ehnis-Perez A et al. Prevalence of sensitive skin and its biophysical response in a Mexican population. World Journal of Dermatology. 2013, 2:1-7.

Misery L, Jourdan E, Huet F et al. Sensitive skin in France: a study on prevalence, relationship with age and skin type and impact on quality of life. Journal of the European Academy of Dermatology and Venereology. 2018, 32:791-795.

Farage MA. Vulvar susceptibility to contact irritants and allergens: a review. Archives of Gynecology and Obstetrics. 2005, 272:167-172.

Falcone D, Richters RJ, Uzunbajakava NE et al. Sensitive skin and the influence of female hormone fluctuations: results from a cross-sectional digital survey in the Dutch population. European Journal of Dermatology. 2017, 27:42-48.

Robinson MK. Racial differences in acute and cumulative skin irritation responses between Caucasian and Asian populations. Contact Dermatitis. 2000, 42:134-143.

Aramaki J, Kawana S, Effendy I et al. Differences of skin irritation between Japanese and European women. British Journal of Dermatology. 2002, 146:1052-1056.

Farage MA. Does sensitive skin differ between men and women? Cutaneous and Ocular Toxicology. 2010, 29:153-163.

Farage MA. Perceptions of sensitive skin: changes in perceived severity and associations with environmental causes. Contact Dermatitis. 2008, 59:226-232.

Pons-Guiraud A. Sensitive skin: a complex and multifactorial syndrome. Journal of Cosmetic Dermatology. 2004, 3:145-148.

Misery L, Myon E, Martin N et al. [Sensitive skin in France: an epidemiological approach], Annales de Dermatologie et de Venereologie. 2005, 132:425-429.

Muizzuddin N, Marenus KD, Maes DH. Factors defining sensitive skin and its treatment. American Journal of Contact Dermatitis. 1998, 9:170-175.

Seidenari S, Francomano M, Mantovani L. Baseline biophysical parameters in subjects with sensitive skin. Contact Dermatitis. 1998, 38:311-315.

Draelos ZD. Sensitive skin: perceptions, evaluation, and treatment. American Journal of Contact Dermatitis. 1997, 8:67-78.

Effendy I, Loeffler H, Maibach HI. Baseline transepidermal water loss in patients with acute and healed irritant contact dermatitis. Contact Dermatitis. 1995, 33:371-374.

Yatagai T, Shimauchi T, Yamaguchi H et al. Sensitive skin is highly frequent in extrinsic atopic dermatitis and correlates with disease severity markers but not necessarily with skin barrier impairment. Journal of Dermatological Science. 2018, 89:33-39.

Cho HJ, Chung BY, Lee HB et al. Quantitative study of stratum corneum ceramides contents in patients with sensitive skin. Journal of Dermatology. 2012, 39:295-300.

Pinto P, Rosado C, Parreirao C et al. Is there any barrier impairment in sensitive skin?: a quantitative analysis of sensitive skin by mathematical modeling of transepidermal water loss desorption curves. Skin Research and Technology. 2011, 17:181-185.

Roussaki-Schulze AV, Zafiriou E, Nikoulis D et al. Objective biophysical findings in patients with sensitive skin. Drugs under Experimental and Clinical Research. 2005, 31(Suppl):17-24.

Lampe MA, Burlingame AL, Whitney J et al. Human stratum corneum lipids: characterization and regional variations. Journal of Lipid Research. 1983, 24:120-130.

Ohta M, Hikima R, Ogawa T. Physiological characteristics of sensitive skin classified by stinging test. Journal of Japanese Cosmetic Science Society. 2000, 24:163-167.

Gueniche A, Bastien P, Ovigne JM et al. Bifidobacterium longum lysate, a new ingredient for reactive skin. Experimental Dermatology. 2010, 19:e1-e8.

Richters RJ. Falcone D, Uzunbajakava NE et al. Sensitive skin: assessment of the skin barrier using confocal Raman microspectroscopy. Skin Pharmacology and Physiology. 2017, 30:1-12.

Jiang B. Cui L, Zi Y et al. Skin surface lipid differences in sensitive skin caused by psychological stress and distinguished by support vector machine. Journal of Cosmetic Dermatology. 2018.

Talagas M, Misery L. Role of keratinocytes in sensitive skin. Frontiers in Medicine (Lausanne). 2019, 6:108.

Kueper T, Krohn M. Haustedt LO et al. Inhibition of TRPV1 for the treatment of sensitive skin. Experimental Dermatology. 2010:19:980-986.

Ehnis-Perez A, Torres-Alvarez B, Cortes-Garcfa D et al.

Relationship between transient receptor potential vanilloid-1 expression and the intensity of sensitive skin symptoms. Journal of Cosmetic Dermatology. 2016, 15:231-237.

Sun L, Wang X, Zhang Y et al. The evaluation of neural and vascular hyper-reactivity for sensitive skin. Skin Research and Technology. 2016, 22:381-387.

Sulzberger M, Worthmann AC, Holtzmann U et al. Effective treatment for sensitive skin: 4-r-butylcyclohexanol and licochalcone A. Journal of the European Academy of Dermatology and Venereology. 2016, 30(Suppl 1):9-17.

Li DG, Du HY, Gerhard S et al. Inhibition of TRPV1 prevented skin irritancy induced by phenoxyethanol. A preliminary in vitro and in vivo study. International Journal of Cosmetic Science. 2017, 39:11-16.

Chen SY, Yin J, Wang XM et al. A new discussion of the cutaneous vascular reactivity in sensitive skin: a sub-group of SS. Skin Research and Technology. 2018:24:432-439.

Bataille A, Le Gall-Ianotto C, Genin E et al. Sensitive skin: lessons from transcriptomic studies. Frontiers in Medicine(Lausanne). 2019, 6:115.

Farage MA, Santana MV, Henley E. Correlating sensory effects with irritation. Cutaneous and Ocular Toxicology. 2005, 24:45-52.

Guinot C, Malvy D, Mauger E et al. Self-reported skin sensitivity in a general adult population in France: data of the SU.VI.MAX cohort. Journal of the European Academy of Dermatology and Venereology. 2006, 20:380-390.

Primavera G, Berardesca E. Sensitive skin: mechanisms and diagnosis. International Journal of Cosmetic Science. 2005, 27:1-10.

Agner T, Serup J. Quantification of the DMSO-response - a test for assessment of sensitive skin. Clinical and Experimental Dermatology. 1989, 14:214-217.

Berardesca E, Cespa M, Farinelli N et al. In vivo transcutaneous penetration of nicotinates and sensitive skin. Contact Dermatitis. 1991, 25:35-38.

Farage MA. Enhancement of visual scoring of skin irritant reactions using cross-polarized light and parallel-polarized light. Contact Dermatitis. 2008, 58:147-155.

Farage MA, Maibach HI. Sensitive skin: closing in on a physiological cause. Contact Dermatitis. 2010, 62:137-149.

Perkins MA, Osterhues MA, Farage MA et al. A noninvasive method to assess skin irritation and compromised skin conditions using simple tape adsorption of molecular markers of inflammation. Skin Research and Technology. 2001, 7:227-237.

Misery L, Sibaud V, Merial-Kieny C et al. Sensitive skin in the American population: prevalence, clinical data, and role of the dermatologist. International Journal of Dermatology. 2011, 50:961-967.

Farage MA, Miller KW, Wippel AM et al. Sensitive skin in the United States: survey of regional differences. Family Medicine and Medical Science Research. 2013, 2:1-8.

Willis CM, Shaw S, De Lacharriere O et al. Sensitive skin: an epidemiological study. British Journal of Dermatology. 2001, 145:258-263.

Misery L, Myon E, Martin N et al. Sensitive skin: psychological effects and seasonal changes. Journal of the European Academy of Dermatology and Venereology. 2007, 21:620-628.

Loffler H, Dickel H, Kuss O et al. Characteristics of selfestimated enhanced skin susceptibility. Acta Dermato-Venereologica. 2001, 81:343-346.

Farage MA, Bowtell P, Katsarou A. Self-diagnosed sensitive skin in women with clinically diagnosed atopic dermatitis. Clinical Medicine: Dermatology. 2008, 2:21-28.

Sparavigna A, Di Pietro A, Setaro M. 'Healthy skin': significance and results of an Italian study on healthy population with particular regard to 'sensitive' skin. International Journal of Cosmetic Science. 2005, 27:327-331.

Richters RJ, Uzunbajakava NE, Hendriks JC et al. A model for perception-based identification of sensitive skin. Journal of the European Academy of Dermatology and Venereology. 2016.

Kamide R, Misery L, Perez-Cullell N et al. Sensitive skin evaluation in the Japanese population. Journal of Dermatology. 2013, 40:177-181.

Misery L, Rahhali N, Ambonati M et al. Evaluation of sensitive scalp severity and symptomatology by using a new score. Journal of the European Academy of Dermatology and Venereology. 2011, 25:1295-1298.

Kim YR, Cheon HI, Misery L et al. Sensitive skin in Korean population: an epidemiological approach. Skin Research and Technology. 2018, 24:229-234.

Brenaut E, Misery L, Taieb C. Sensitive skin in the Indian population: an epidemiological approach. Frontiers in Medicine (Lausanne). 2019, 6:29.

VerhoevenEW,de KlerkS, Kraaimaat FW et al.Biopsychosocial mechanisms of chronic itch in patients with skin diseases: a review. Acta Dermato-Venereologica. 2008, 88:211-218.

Berardesca E, Maibach HI. Racial differences in sodium lauryl sulphate induced cutaneous irritation: black and white. Contact Dermatitis. 1988, 18:65-70.

Huet F, Misery L. Sensitive skin is a neuropathic disorder. Experimental Dermatology. 2019, 28:1470-1473.

Warren R, Ertel KD, Bartolo RG et al. The influence of hard water (calcium) and surfactants on irritant contact dermatitis. Contact Dermatitis. 1996, 35:337-343.

Freeman RG, Cockerell EG, Armstrong J et al. Sunlight as a factor influencing the thickness of epidermis. Journal of Investigative Dermatology. 1962, 39:295-298.

Thomson ML. Relative efficiency of pigment and horny layer thickness in protecting the skin of Europeans and Africans against solar ultraviolet radiation. Journal of Physiology. 1955, 127:236-246.

Corcuff P, Lotte C, Rougier A et al. Racial differences in corneocytes. A comparison between black, white and oriental skin. Acta Dermato-Venereologica. 1991, 71:146-148.

Brod J. Characterization and physiological role of epidermal lipids. International Journal of Dermatology. 1991, 30:84-90.

Elias PM, Menon GK. Structural and lipid biochemical correlates of the epidermal permeability barrier. Advances in Lipid Research. 1991, 24:1-26.

Swartzendruber DC, Wertz PW, Kitko DJ et al. Molecular models of the intercellular lipid lamellae in mammalian stratum corneum. Journal of Investigative Dermatology. 1989, 92:251-257.

Reinertson RP. Wheatley VR. Studies on the chemical composition of human epidermal lipids. Journal of Investigative Dermatology. 1959, 32:49-59.

Fan L, Jia Y, Cui L et al. Analysis of sensitive skin barrier function: basic indicators and sebum composition. International Journal of Cosmetic Science. 2018, 40:117-126.

Sugiura H. Omoto M, Hirota Y et al. Density and fine structure of peripheral nerves in various skin lesions of atopic dermatitis. Archives of Dermatological Research. 1997, 289:125-131.

Urashima R. Mihara M. Cutaneous nerves in atopic dermatitis. A histological, immunohistochemical and electron microscopic study. Virchows Archiv. 1998, 432:363-370.

Berardesca E. Sensitive Skin, Skin Care Products and Cosmetics. Boca Raton, FL: CRC Press; 2017; p. 157. Chapter 21 in Sensitive Skin Syndrome, 2nd edition.

Farage MA, Jiang Y, Tiesman JP. Fontanillas P and Osborne R. Genome-Wide Association Study Identifies Loci Associated with Sensitive Skin. Cosmetics 2020, 7, 49.

第6章

敏感性皮肤研究的新进展

敏感性皮肤是指皮肤对环境因素的高反应性状态，具有主观性。在使用化妆品、肥皂和防晒霜时，患者通常会报告皮肤过度反应，而在干燥、寒冷的气候中，他们往往会感到皮肤反应更为严重。根据Delphi法，敏感性皮肤被最近定义为一种综合征，其特征是在接受正常刺激时出现不适感觉（如刺痛、烧灼、疼痛、瘙痒和麻刺感），而这种不适感觉无法通过任何皮肤病相关皮损来解释，皮肤外观可以正常或伴有红斑，敏感性皮肤可以影响身体的任何部位，尤其是面部。

尽管最初被认为只在少数消费者中出现对普通产品的非常规反应，但流行病学调查令人惊讶地发现，自我报告的敏感性皮肤在工业化国家中非常普遍。事实上，大多数美国、欧洲和日本的女性都认为自己有敏感性皮肤。此外，据报道，自我报告的敏感性皮肤患病率随着时间的推移而稳步增加，尤其是男性。流行病学研究评价了敏感性皮肤是否与性别、年龄、皮肤类型或种族有关。从以往经验看，女性比男性更容易自述皮肤敏感。

学者针对皮肤敏感性提出了多种假说，但这些假说与免疫或过敏机制无直接关系。首个假说认为敏感性皮肤可能与表皮屏障受损有关。另有一种假说认为该现象与特应性体质或血管因素有关。实际上，特应性体质人群中敏感性皮肤的发病率较高。另一种假说则涉及感觉神经感受器，如瞬时受体电位通道（transient receptor potential channels，TRPV）。此外，患者出现的刺痛感、热感、瘙痒或疼痛等症状强烈提示许多研究报道的一种与表皮神经末梢相关的神经元假说。最近的研究表明，敏感性皮肤患者的热痛阈较对照组降低，提示存在痛觉过敏，可能是由于C型纤维的损伤。这些发现加强了皮肤敏感性的神经元假说，并考虑到敏感性皮肤可能是小纤维神经病的重要阶段。如果小纤维神经病被确定为敏感性皮肤的危险因素，这项研究也可能对治疗的某些方面产生重大影响。

一项使用拉曼共聚焦光谱的研究讨论了角质层和屏障功能在敏感性皮肤发育中的重要性：研究发现，皮肤屏障在SC厚度、水分、NMF和神经酰胺/脂肪酸含量方面未受损。然而，生物物理学技术未能追踪皮肤屏障分子组成的改变，因此需要开发对体内皮肤屏障分析更为敏感和特异的工具。此外，研究还证实其他机制可能是敏感性皮肤发病的辅助因素。

最近的研究结果表明，皮肤微生物群与敏感性皮肤之间存在联系。事实上，有一种假说认为，皮肤中神经末梢释放的神经肽P物质（substance P，SP）和降钙素基因相关肽（calcitonin gene-related peptide，CGRP）直接影响皮肤微生物群，并调节细菌的毒力。神经肽在汗液和表皮中广泛存在，从而使皮肤细菌群暴露于这些宿主因素。细菌可以感知多种神经肽。SP能够激活芽孢杆菌和葡萄球菌的毒力。SP的作用具有高度特异性，其阈值低于纳摩尔水平；不同的细菌对SP的反应机制也不同，尽管它们都导致黏附和（或）毒力的增加。皮肤神经末梢释放的SP与CGRP共同作用，而CGRP则调节表皮葡萄球菌的毒力。此外，许多其他神经肽也在皮肤中表达，它们对皮肤细菌的潜在作用仍有待研究。这些宿主信号通过皮肤微生物群的整合现在被认为是维持皮肤稳态的关键参数。

最近一项研究发现，与非敏感性皮肤相比，敏感性皮肤的真菌组具有更明显的系统发育多样性。敏感性皮肤中乳杆菌属和总状毛霉菌属的丰富度高于非敏感性皮肤，而限制性马拉色菌属的丰富度低于非敏感性皮肤。有趣的是，皮肤微生物组和真菌组会随着受试者感知的皮肤敏感性而变化。这项研究提示了皮肤微生物组和真菌组与皮肤敏感性的相关性。另一项研究发现，在敏感性皮肤的受试者中，表皮葡萄球菌显著减少。然而，一项针对中国人群的研究显示，敏感性皮肤和非敏感性皮肤的微生物群没有显著差异，尽管不敏感组的香农-威纳（Shannon）多样性指数显著增加。

表皮葡萄球菌在2009年就被发现具有抗炎特性。它产生的酸可以抑制上皮损伤后细胞释放的小双链非编码RNA触发的信号传导。相比无菌皮肤，表皮葡萄球菌的无菌皮肤定植对病原体感染具有更强的保护作用。这些证实了特应性/敏感性皮肤与屏障损伤和（或）高反应性之间的联系。敏感性皮肤不仅局限于面部，头皮也是一个经常受累的区域：敏感性头皮屏障功能紊乱、皮脂数量和成分异常以及微生物群紊乱可能是导致敏感的直接原因。因此，微生物组和真菌组在敏感性皮肤中的作用需要进一步研究，包括可能的神经源性改变。全面了解这种特殊综合征可能会为新的和更有效的药物

和美容治疗的开发提供帮助。

原文参考文献

Berardesca E, Farage M. Maibach H. Sensitive skin: an overview. Int J Cosmet Sci 2013, 35(1):2-8.

Misery L, Stander S, Szepietowski JC, Reich A, Wallengren J, Evers AWM, ... Weisshaar E. Definition of sensitive skin: an expert position paper from the special interest group on sensitive skin of the International Forum for the Study of Itch. Acta Derm Venereol 2017, 97(1):4-6.

Kligman A. Human models for characterizing "sensitive skin". Cosmet Derm 2001, 14:15-19.

Farage MA. How do perceptions of sensitive skin differ at different anatomical sites? An epidemiological study. Clin Exp Dermatol 2009, 38:e521-e530.

Robinson MK. Population differences in acute skin irritation responses. Contact Dermatitis 2002, 46:86-93.

Misery L. Sensitive skin. Expert Rev Dermatol 2013, 8:631-637.

Richters R, Falcone D, Uzunbajakava N, et al. What is sensitive skin? A systematic literature review of objective measurements. Skin Pharmacol Physiol 2015, 28:75-83.

Willis CM, Shaw S, Lacharriere OD, Baverel M, Reiche L, Jourdain R, et al. Sensitive skin: an epidemiological study. Br J Dermatol 2001, 145:258-263.

Denda M, Nakatani M, Ikeyama K, Tsutsumi M, Denda S. Epidermal keratinocytes as the forefront of the sensory system. Exp Dermatol 2007, 16:157-161.

Stander S, Schneider SW, Weishaupt C, Luger TA, Misery L. Putative neural mechanisms of sensitive skin. Exp Dermatol 2009, 18:417-423.

Misery L, Bodere C, Genestet S, et al. Small-fibre neuropathies and skin: news and perspectives for dermatologists. Eur J Dermatol 2014, 24:147-153.

Misery L. Neuropsychiatric factors in sensitive skin. Clin Dermatol 2017, 35:281-284.

Huet F, Dion A, Batardiere A, Nedelec AS, Le Caer F, Bourgeois P, ... Misery L. Sensitive skin can be small fiber neuropathy: results from a case-control quantitative sensory testing study. Br J Dermatol 2018, 179:1157-1162.

Richters RJH, Falcone D. Uzunbajakava NE, Varghese B, Caspers PJ, Puppels GJ, ... van de Kerkhof PCM. Sensitive skin: assessment of the skin barrier using confocal Raman microspectroscopy. Skin Pharmacol Physiol 2017, 30(1):1-12.

Mijouin L, Hillion M, Ramdani Y, Jaouen T, Duclairoir-Poc C, Follet-Gueye ML, Lati E, Yvergnaux F, Driouich A, Lefeuvre L, Farmer C, Misery L, Feuilloley MG, Effects of a skin neuropeptide (substance P) on cutaneous microflora. PLoS One 2013, 8:e78773.

N'Diaye A, Gannesen A, Borrel V, Maillot O, Enault J, Racine PJ, Plakunov V, Chevalier S, Lesouhaitier O, Feuilloley MG. Substance P and calcitonin gene-related peptide: key regulators of cutaneous microbiota homeostasis. Front Endocrinol 2017, 8:15.

Keum HL, Kim H, Kim HJ, Park T, Kim S, An S, Sul WJ. Structures of the skin microbiome and mycobiome depending on skin sensitivity. Microorganisms 2020, 8(7):1-12.

Zheng Y, Liang FI, Li Z, Tang M, Song L. Skin microbiome in sensitive skin: the decrease of *Staphylococcus epidermidis* seems to be related to female lactic acid sting test sensitive skin. J Dermatol Sci 2020, 97(3):225-228.

Bai Y, Wang Y, Zheng H, Tan F, Yuan C. Correlation between facial skin microbiota and skin barriers in a Chinese female population with sensitive skin. Infect Drug Resist 2021, 14:219-226.

Nakatsuji T, Gallo RL. The role of the skin microbiome in atopic dermatitis. Annals of Allergy, Asthma and Immunology. 2019, 122(3):263-269.

Lai Y, DiNardo A, Nakatsuji T, et al. Commensal bacteria regulate Toll-like receptor 3-dependent inflammation after skin injury. Nat Med 2009, 15:1377-1382.

Naik S, Bouladoux N, Linehan JL, et al. Commensal-dendriticcell interaction specifies a unique protective skin immune signature. Nature 2015, 520:104-108.

Ma L, Guichard A, Cheng Y, Li J, Qin O, Wang X, ... Tan Y. Sensitive scalp is associated with excessive sebum and perturbed microbiome. J Cosmet Dermatol 2019, 18(3):922-928.

第7章

神经介质在皮肤疾病中的作用

皮肤作为神经-免疫-内分泌系统

皮肤通过其复杂的应激反应系统，保护身体免受环境应激源的影响（如太阳辐射、污染和机械损伤），并与中枢神经和内分泌系统进行通信（见图7.1）。该保护主要依靠物理屏障来实现，包括皮肤的3个主要层：表皮、真皮和皮下组织，其中皮下组织主要由皮下脂肪构成。这些层之间的完整性和功能由皮肤细胞和其他共存体之间的解剖连接和相互信号传递维持。皮肤还包含神经、免疫和内分泌系统的要素，并作为一个友好的生态系统，对多种微生物（微生态）也有助于以多种方式维持皮肤的稳态和健康。多样性和平衡的皮肤微生态有助于维持免疫系统的平衡，并且某些细菌代谢活性的产物（如尿石素A）具有多功能的皮肤益处。只有这些元素之间平衡、多向和持续的相互作用，才能确保皮肤的稳态，反映出健康的外观。此外，由于皮肤具有丰富的神经和血管系统，因此它也连接到身体的其他器官，包括大脑。因此，保持皮肤的（局部）平衡有助于维持整个人体系统的健康。

皮肤具备保护功能是因为它能够产生大量具有多种活性的生物活性物质。这些物质会对表皮屏障的完整性、色素沉着和真皮的三维结构等方面产生影响。此外，这些生物活性物质也可以担任信号分子的角色，它们能够激活位于神经末梢、免疫或内分泌细胞上的特异性受体，从而调节神经、免疫或内分泌系统的活动。同时，皮肤神经纤维、巨噬细胞和梅克尔细胞（Merkel cells）也能够通过旁分泌的方式释放神经递质、细胞因子和激素来调节皮肤细胞的功能［图7.1（a）］。皮肤神经内分泌系统的概念最早是在20年前被定义的，其主要功能是通过不同的介质和途径调节局部和全身（系统）的稳态（图7.1）。

皮肤稳态-下丘脑-垂体-肾上腺轴的作用

下丘脑-垂体-肾上腺（HPA）轴是最为重要的中枢水平调节机体应激反应的神经内分泌机制之一。简单来说，当身体遭受不同类型的应激刺激时，下丘脑会产生促肾上腺皮质激素释放激素（CRH），并将其释放至垂体门静脉循环。接着CRH会到达垂体前叶并激活CRH 1型受体（CRHR1），导致阿片促黑激素皮质素原（POMC）的表达和加工增加，产生促肾上腺皮质激素（ACTH），最终释放到血液中。ACTH到达肾上腺后，激活黑皮质素2型受体（MC2R），导致类固醇的生成和合成增加，最终释放皮质醇（COR）。COR在负反馈回路中抑制应激反应，具有强大的抗炎作用，减少CRH和ACTH的合成（见图7.2，右侧）。一些学者提出，中央HPA轴是从原始HPA轴进化而来，原始HPA轴首先在被膜中分化，用于抵御环

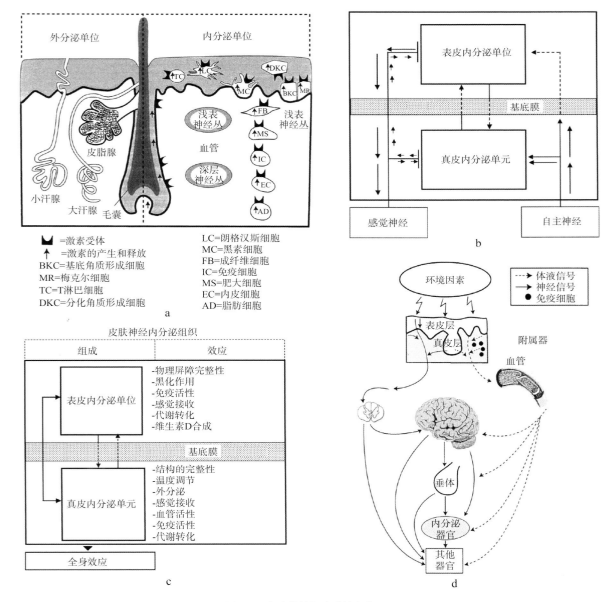

图 7.1　皮肤的神经内分泌组织

　　a. 外分泌和内分泌皮肤单位的细胞成分能够产生激素、神经介质和细胞因子，并表达促进自分泌和旁分泌作用机制的相应受体；b. 表皮和真皮神经内分泌单位与全身水平之间的信息传递；c. 调节作用由体液信号（虚箭头）和神经网络（实箭头）协调；d. 皮肤神经内分泌系统通过体液或神经途径介导的全身效应，到达中枢神经系统、免疫系统和其他器官。

境应激源和病原体（见图7.2，左侧）。

　　皮肤内部存在一种类似调节系统，早在20多年前就被提出，用于协调其对压力的反应和调节皮肤下丘脑-垂体-肾上腺轴。这个系统由局部产生的CRH、尿皮质素和POMC-衍生肽等元素组成，其中包括ACTH、β-内啡肽（β-END）、α-/β-/γ-黑素细胞刺激激素

（MSH）、促脂素（LPH）、糖皮质激素及其相应的受体。类似的调节机制也在免疫系统中发挥作用。皮肤HPA轴的组成元件根据经典的HPA轴结构层次（中央）排列，按照CRH→CRHRI→POMC-ACTH→COR的顺序组织。还有一些免疫源性细胞因子，如白细胞介素1（IL-1）、6（IL-6）和TNF-α，可以调节

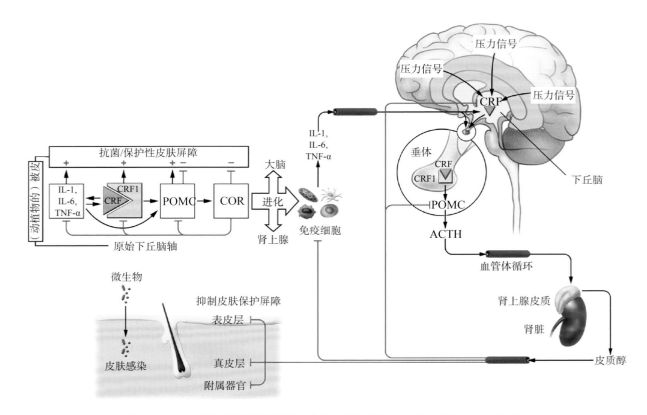

图 7.2 HPA 轴的组织和进化起源。左侧 - 原始皮肤 HPA 轴，右侧 -HPA 中央轴

CRH和POMC的表达和加工，这些因子与皮肤HPA轴的调节机制相互作用（见图7.3）。在这个经典的调节模式中，CRHR1起到了关键作用。当它被CRH或尿皮质素激活时，就会诱导环磷酸腺苷（cAMP）信号转导，从而促进ACTH的产生和释放，以及其下游效应。与中枢HPA轴不同，皮肤HPA轴的各组成部分也可以旁分泌、自分泌和内分泌的方式独立运作，导致各种表型效应（见图7.3）。不过，这些替代的调节通路都与一个共同的触发因素——应激——联系在一起，无论其性质如何，最终的结果都旨在抵消其负面效应。虽然CRH在皮肤中是局部作用且具有强烈的促炎活性，但其在中枢/脑水平（包括POMC-衍生肽和糖皮质激素）发挥抗炎和促色素作用（见图7.4）。HPA轴的其他成分（包括内啡肽、MSH和ACTH）也可调节表皮屏障功能、附属器结构和黑素水平，并防止皮肤过早老化［见图7.3（c）］。

因此，平衡的下丘脑-垂体-肾上腺轴活动在局部和中枢水平对于皮肤的健康有着积极的促进作用。现代美容的趋势是追求靶向HPA轴的元素，这看起来是一种既有趣又有益的方法。

皮肤神经系统

皮肤神经支配是由躯体神经和自主神经纤维组成的密集网络，它们终止于皮肤不同层。这些神经基于它们的空间分布、解剖结构和递质类型，影响皮肤的生理功能，同时也会导致皮肤外观变差，反映一些病理状态。这些神经纤维来源于背根神经节（身体）、三叉神经节（面和上颈部）或自主神经中枢的神经元（胞体-核周）。这些神经元基于其生理特性，合成一组具有生物活性的化合物，如神经递质、神经肽、神经营养因子、生物活性脂质和气体。这些化合物通过突触促进神经信号传递，并在释放时对效应细胞产生特定的作用。神经递质

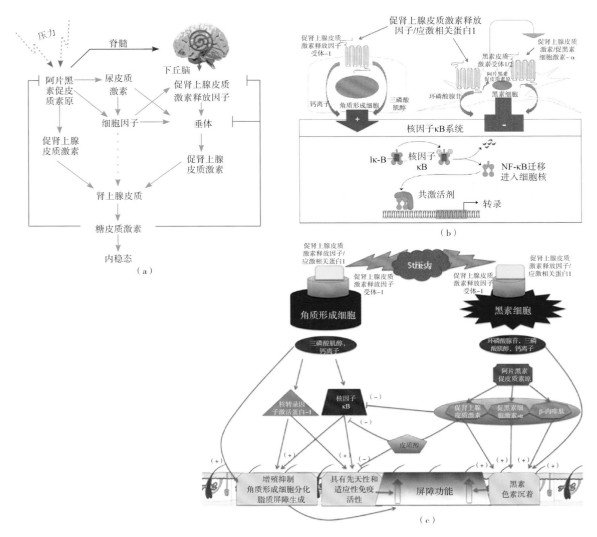

图 7.3　皮肤 HPA 轴与 CRH 信号在皮肤应激反应中发挥核心作用的组织

（a）皮肤和中央 HPA 轴之间的连接。（b）细胞和环境特异性的 CRH 激活（＋）或抑制（－）NF-κB 信号。（c）应激诱导的 CRH 和相关的尿皮质素激活角质形成细胞和黑素细胞中的信号通路。

和神经肽之间的主要区别是，前者以靶点特异性方式迅速发挥作用，如过量在释放后立即被中和。神经肽的分子量较大，它与经典的神经递质平行释放，从而调节其效力。神经肽还可以远距离扩散并影响不同细胞的生化机制。神经营养素具有营养特性，影响神经元的生长、发育和功能，与上述类似，调节其他靶细胞的功能。皮肤神经纤维能够利用多种信号传递物质，包括经典的神经递质如去甲肾上腺素、乙酰胆碱、γ-氨基丁酸、谷氨酸、多巴胺和血清素，以及神经肽如 CRH、P 物质、降钙素基因相关肽、甘丙肽、生长抑素、血管活性肠肽、α-/β-/γ-MSH、β-END 和强啡肽，还有大麻素等生物活性脂质，气体如 NO 和 CO，以及神经营养因子如神经生长因子（NGF）和神经营养因子-1。越来越多的证据表明，这些分子可能同时由神经、免疫和内分泌系统合成，并作为神经递质、激素或细胞因子在靶细胞上发挥作用。例如，CRH 是一种由下丘脑神经元产生和分泌的肽类激素，皮肤神经纤维也会释放 CRH，同时角质形成细胞、黑素细胞和皮肤免疫细胞也能产生 CRH。为了方便起见，本章将这些生物

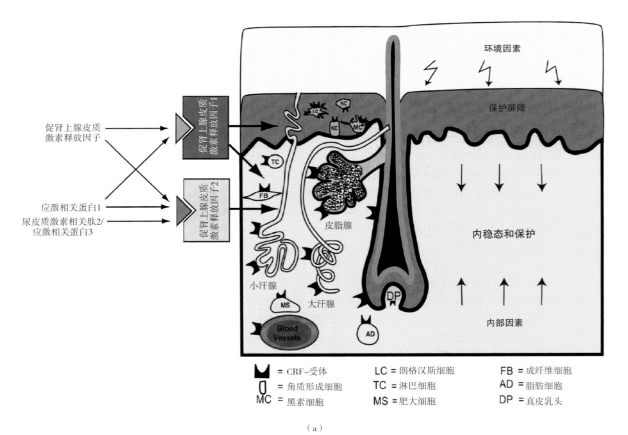

促肾上腺皮质激素释放因子

促肾上腺皮质激素释放因子1

促肾上腺皮质激素释放因子2

应激相关蛋白1

尿皮质激素相关肽2/应激相关蛋白3

环境因素

保护屏障

皮脂腺

内稳态和保护

内部因素

小汗腺

大汗腺

Blood Vessels

= CRF–受体
= 角质形成细胞
MC = 黑素细胞

LC = 朗格汉斯细胞
TC = 淋巴细胞
MS = 肥大细胞

FB = 成纤维细胞
AD = 脂肪细胞
DP = 真皮乳头

（a）

黑素合成

阿片黑素促皮质素原

B 和 F

促肾上腺皮质激素释放因子
尿皮质激素

促肾上腺皮质激素释放因子1

核因子κB

促炎分子

炎症

自身免疫性

疾病

刺激

抑制

未知影响

可能刺激

（b）

图 7.4　皮肤中的 CRH 信号组织

（a）具有复杂的通路。（b）参与炎症反应的调节。

活性化合物统称为神经介质。

皮肤神经释放的神经介质可通过旁分泌、近分泌、内分泌或自分泌等方式，基于与靶细胞的距离来发挥作用。此外，神经介质可根据其化学结构的不同，激活特定的受体，进而激活次级下游信号系统［如cAMP、环磷酸鸟苷（cGMP）、三磷酸肌醇（inositol trisphosphate，IP3）或二酰甘油（diacylglycerol，DAG）］，从而引起各种生物学现象（如红斑、水肿、发热、皮脂合成、瘙痒或立毛反应）。

纤细的感觉神经纤维穿过真皮层，延伸到表皮层并终止于角质层。感觉神经具有正向传递（即传入脊髓和大脑）和逆向传递（即传出，将神经递质释放到效应细胞）的独特特性（见图7.1）。感觉神经利用多种神经介质作为信使，包括SP、CGRP、NGF、5-羟色胺和阿片类物质。感觉受体具有目标特异性，可检测物理［如紫外线（UV）、温度］、机械（如触摸、创伤）和化学（如pH值、毒素、变应原）刺激的变化。例如，局部应用辣椒素会激活特定的TRPV1受体，然后逆行释放促炎介质SP和CGRP，导致红肿和烧灼感觉。

自主神经主要终止于皮下组织和真皮（直至乳头层），并为血管、血管球体、立毛肌、大汗腺和小汗腺供应神经支配。自主神经系统主要由交感神经末梢代表，副交感神经末梢释放的主要神经介质为NA和ACh，另外还有一些辅助介质，例如神经肽Y（NPY）、AL、VIP和β-END。

皮肤中的神经介质并非只由神经纤维提供。所有类型的皮肤细胞，包括角质形成细胞、黑素细胞、成纤维细胞、固有免疫和内分泌细胞，甚至皮肤微生物组中的一些细菌，都可以自主合成神经介质。相反，这些细胞也会表达一些能够影响其功能的神经介质受体。

皮肤神经-免疫-内分泌系统的相互作用非常复杂，目前还没有被完全认识，并且远远超出本章的范围。因此，本章将着重讨论某些神经介质在特定皮肤疾病的发病机制中所扮演的角色。

寻常痤疮

寻常痤疮（acne vulgaris，AV）是一种全球性的皮肤炎症疾病，通常表现为粉刺、丘疹和脓疱，并出现在人类皮肤的毛囊皮脂腺单位。这种疾病不仅对自信心和工作效率产生负面影响，而且其发病机制极为复杂，受多种因素的影响，目前尚未完全了解。然而，已知痤疮丙酸杆菌感染、角化异常和皮脂过度分泌是该病的主要机制。数十年来，人们普遍认为痤疮丙酸杆菌在炎性丘疹中定植较高，是AV的主要致病因素。痤疮丙酸杆菌通常在正常有氧条件下与皮肤共生，在缺氧环境中会导致其毒力转变为致病行为。在封闭的厌氧粉刺环境中，痤疮丙酸杆菌会释放具有强促炎和趋化活性的脂肪酶，从而激活局部免疫系统并导致炎症。然而，单一的抗菌治疗的治愈率相对较低，最新的实验性皮肤病学联合治疗也明确证实了其他因素与痤疮的病因和疾病严重程度相关。

毛囊皮脂腺单位被称为"皮肤大脑"，因为其皮肤附属器中具有丰富的神经支配，并且能够由皮脂腺细胞和其他滤泡结构合成大量神经介质。这些神经介质可以通过头部合成和（或）从神经纤维释放，以调节皮肤类固醇合成、雄激素合成和免疫功能。AV的皮脂腺（sebaceous gland，SG）中，皮脂腺细胞的过度增殖和活跃导致皮脂分泌过多，从而引发粉刺的形成。因此，控制皮肤脂质水平的毛囊皮脂腺单位是至关重要的。研究表明，神经介质CRH和SP高度调节皮脂腺细胞的增殖及其分泌活性。另外，痤疮丙酸杆菌提取物能在体外刺激角质形成细胞产生CRH，这进一步证明了痤疮丙酸杆菌在炎症性皮损中的关键作用。相关研究还表明，CRH可能作为局部自分泌介质，放大角质形成细胞对细菌抗原的炎症反应。因此，针对CRH介导的信号传导提供了靶向抗炎治疗方案的新机会，这对于化妆品和制药行业来说具有重要意义（见图7.3和图7.4）。

在人体皮肤组织修复和再生中，NGF扮演着至关重要的角色，它能够促进神经再生以及细胞迁移和增殖。炎症性痤疮皮损中NGF的表达显著高于健康对照组，这说明NGF可能参与受损的角质形成细胞增殖、神经源性炎症和疼痛等所有这些痤疮标志。

皮肤内源性大麻素系统（ECS）能够调节细胞生长和分化、皮脂合成以及免疫功能。人皮脂腺细胞合成的两种主要ECS代表，花生四烯酸胺（anandamide，AEA）和2-花生四烯酸甘油（2-arachidonoylglycerol，2-AG），可以通过受体类型依赖的方式调节皮脂合成。ECS和植物大麻素（植物源性）都具有强大的抗痤疮活性，包括正常化受损的角质形成细胞增殖、减弱炎症反应以及稳定SG脂肪合成的稳态。有趣的是，大麻素可以减少花生四烯酸所引发的"痤疮样"皮脂合成，并且可以促进合成具有抗炎和微生态正常化特性的"有益"甘油三酯。

AV患者的自主神经释放的ACh或皮肤细胞通过烟碱受体合成的ACh，会促进漏斗上皮增生和毛囊堵塞，导致粉刺的形成。

皮肤老化和功能丧失

皮肤老化是自然的生物过程，受内在和外在因素的影响，包括遗传因素、环境应激因素以及皮肤神经内分泌系统活动的复杂作用。这种老化表现为皮肤松弛变薄、皱纹、肤色不均、暗沉和粗糙等症状。然而，在老化的首个形态学特征出现之前，神经内分泌信号就已经出现了分子和细胞水平的中断。虽然有多种可能的理论解释皮肤老化过程，但只有少数理论

得到了足够可信的科学证据的支持。这些理论包括角质形成细胞更替缓慢导致的表皮屏障功能障碍、线粒体功能障碍导致的无效降解和代谢物积累以及由于缺乏胶原和弹性蛋白等功能完整的细胞外基质（ECMs）导致的皮肤密度和紧致度丧失。神经介质对上述每个过程都起着有效的调控作用。

表皮屏障由不同分化阶段紧密连接的角质形成细胞组成。表皮最外层（SC）是由终末分化的去核角质形成细胞（角化细胞）构成。这些细胞充满结构蛋白（如角蛋白），有助于防止皮肤水分的丢失（TEWL）。表皮每层细胞的数量、角质形成细胞之间紧密连接的强度以及它们的代谢活性共同决定了屏障的质量，从而保持皮肤的水合作用和对有害因素的有效保护能力。皮肤每天都会暴露于过多的环境压力下，对其健康和外观产生负面影响。其中，紫外线辐射和污染的影响已被广泛研究。一般而言，紫外线对皮肤的负面影响与波长相关。UVB波长范围为280～320 nm，虽然仅占达到地球表面太阳辐射UV光谱的5%，但具有强烈的直接致突变、致癌和促色素活性。较长的UVA波长范围为320～400 nm，携带较少的能量，但能穿透更深的真皮层。通过形成活性氧簇（reactive oxygen species，ROS），UVA波长能引起氧化应激，导致过早衰老。虽然UVA和UVB都能激活局部HPA轴，但作用不同。UVB光还能激活全身HPA轴和大脑活动，因此会产生成瘾性。由于广泛的阳光照射，局部HPA轴信号会过度表达，导致皮肤中神经介质（CRH、β-END和α-MSH）和皮质醇的水平升高。CRH的激活会导致免疫细胞激活，随后细胞因子和趋化因子释放，进一步激活参与胶原和弹性蛋白降解的基质金属蛋白酶（matrix metalloproteinases，MMPs），从而导致皮肤密度和紧致度丧失。与年轻皮肤相比，衰老皮

肤中CRH水平升高。角质形成细胞、黑素细胞和成纤维细胞暴露于UVB后合成并释放信号肽α-MSH。通过激活黑素细胞的特异性黑素皮质素受体1（melanocortin receptor 1，MC1R），α-MSH能启动黑素新生（黑素合成）。黑素细胞反复暴露于α-MSH会导致多种皮肤色素障碍，如日光性黑子、黄褐斑和老年斑。最终由HPA轴活性产生的激素COR会对皮肤状态和外观产生显著影响。其短暂的作用方式带来有益的抗炎特性，如减少红肿、瘙痒和水肿。但若其长期或过度存在，则会对皮肤产生负面影响，如减缓表皮增殖，导致表皮变薄并加速TEWL，最终产生失水相关的细纹和暗沉——这是过早衰老的标志。

相反，一些神经介质可以加速表皮屏障的恢复，从而可能延缓衰老过程。例如，褪黑素、血清素、DA和其他儿茶酚胺、GABA、甘氨酸等对表皮屏障功能具有保护作用。然而，其他神经介质如N-甲基-D-天冬氨酸、尼古丁和ATP则会减慢表皮的更替，导致缺水皮肤变薄，进而降低光反射能力，导致肤色暗沉。

ROS主要在暴露于UVA后产生，直接激活MMP（胶原酶和弹性蛋白酶），引起3D皮肤结构的降解，导致紧致度和弹性的丧失。褪黑素是松果体产生的一种神经介质，可调节昼夜节律，而皮肤也可合成褪黑素。褪黑素对皮肤具有多效作用，如抑制活性氧，其功效远高于经典抗氧化剂如维生素C和E等。此外，局部应用褪黑素可预防UVB引起的皮肤损伤。值得一提的是，人体内褪黑素水平会随着年龄增长而下降。因此，补充褪黑素可能会对皮肤和全身产生抗衰老的好处。

因为机体内在老化，天然的代谢和修复系统会随着年龄的增长而减弱。缺乏维持生理信号所需的线粒体能量会导致细胞不稳定，不能以相同的速度增殖。线粒体是细胞的"能量电池"，提供重要的能量并维持氧化还原平衡。其中，谷胱甘肽（glutathione，GSH）是皮肤细胞线粒体中含量最丰富和最重要的抗氧化剂，它的水平下降是在可见的衰老特征前观察到过早衰老的首个迹象。因此，目前化妆品行业的抗衰老策略集中于维持最佳的谷胱甘肽水平。研究表明，GABA信号可能正性参与GSH介导的皮肤细胞线粒体稳定性，从而可能具有抗衰老作用。

神经介质可带来即时抗衰老的益处，以肉毒毒素（botulinum toxin，BTX）为例，BTX可逆性地阻断突触前ACh的释放，ACh是负责面部肌肉收缩的神经介质。因为BTX的作用暂时"麻痹"肌肉，从而阻止表情纹和皱纹的出现，使皮肤瞬间变得更年轻。

糖基化是结构蛋白（如胶原）的胺基与还原糖羰基之间的一种非酶反应。糖基化导致晚期糖基化终末产物（advanced glycation end products，AGEs）的产生并在皮肤中蓄积。年轻皮肤的AGEs很容易通过有效的代谢过程被清除。随着年龄的增长，代谢过程会自然减缓，而不健康的生活方式（如食用快餐、缺乏体力活动和吸烟）会进一步减缓代谢过程。一旦胶原纤维被困在糖交联（糖化过程）中，它们就无法有效地与核心蛋白聚糖和腱糖蛋白聚糖结合，从而影响3D胶原结构的组装，而这对于维持皮肤的密度和紧致度至关重要。AGEs会导致胶原蛋白和组装蛋白之间缺乏功能连接，从而导致皮肤过早老化，表现为皮肤下垂、松弛、细纹和皱纹的出现。目前还没有足够的证据表明任何特定的神经介质与其在皮肤AGEs过程中的作用之间存在明确的联系。

催产素（oxytocin，OT）是一种神经介质，主要负责分娩和哺乳期间的平滑肌收缩以及情感调节。令人惊讶的是，催产素还可能通过数种机制对皮肤具有抗衰老特性。已经证明OT可以防止成纤维细胞衰老，通过增加细胞内GSH水平来改善屏障功能，并且还具有抗炎活性。此外，OT被认为可通过降低局部HPA轴的活性来对抗局部应激反应。

随着年龄的增长，真皮成纤维细胞逐渐衰老，停止合成功能性胶原蛋白。神经介质NPY可以增强自噬，从而减少衰老成纤维细胞的数量。

神经介质会对皮肤衰老的多个过程产生影响，包括表皮更替速度、角质形成细胞分化、水结合糖胺聚糖生成以及ECM的合成和降解。通过厚而强大的表皮屏障，皮肤能够维持适宜的水分。水分充足的角质形成细胞会变得"饱满"，形状更均一，表面更光滑，能够更好地反射光线，从而使皮肤看起来更年轻。神经介质可以抵抗外源性老化的负面影响，延缓内源性老化的发生，同时还能使肤质即时改善。

肤色与肤色改变

人们对肤色的感知是由黑素和血红蛋白这2种主要发色团的数量和分布所调节的光反射所决定，这些发色团决定了个体的肤色。黑素水平由遗传决定，但环境因素（主要是太阳辐射和污染）也能对其进行调节。太阳辐射对肤色的影响取决于其波长。长波紫外线（UVA）能够穿透真皮更深的层次，导致活性氧（ROS）形成和氧化应激。因此，黑素会加速从黑素细胞运输到角质形成细胞，并在表皮内蓄积。此外，UVA诱导的氧化应激也会参与现有黑素的氧化，导致其聚合并且可见度更高，最终皮肤变黑。太阳照射后不久，长波紫外线会导致皮肤立即变黑。一些神经介质具有抗氧化特性，可以防止皮肤变黑，例如褪黑素。值得注意的是，黑素细胞也可以作为感觉细胞和调控细胞来调节表皮功能，以应对包括紫外线辐射在内的环境应激源（图7.5）。

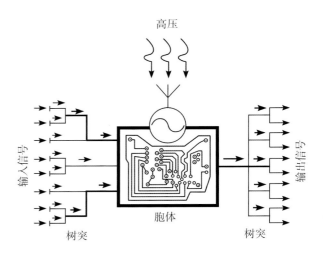

图7.5 黑素细胞作为表皮的感觉和调节细胞，具有调控功能

UVA和UVB可以延缓晒黑，当暴露在阳光下12～24 h后，黑素新生过程（即黑素合成）会开始启动。活化的角质形成细胞或黑素细胞通过激活cAMP-依赖性途径的应激反应系统产生的α-MSH是黑素合成的主要启动分子。cAMP水平的升高可以触发酪氨酸酶激活的信号级联通路，而酪氨酸酶是限速酶之一，其与其他酶和转录因子一起协调皮肤黑素合成的复杂过程。因此，曲酸、熊果苷或对苯二酚针对酪氨酸酶是目前最有效的提亮肤色的化妆品。此外，神经介质CGRP可以以cAMP依赖的方式增加黑素细胞的增殖和黑素合成。同时，肤色与皮肤血管中血红蛋白的可见性相关。NA和神经肽Y可以增强和延长肾上腺素能系统的血管收缩作用，有可能使皮肤外观更亮。有趣的是，维生素C对皮肤有益的作用是由儿茶酚胺介导的，维生素C可以上调儿茶酚胺的生物合成，导致血管收缩并使肤色更均匀。

敏感性皮肤

敏感性皮肤是一种疾病，可由恶劣气候、美容治疗、使用化妆品、心理-社会应激、药物、酒精和辛辣食物等多种因素引起。其症状包括可感知的刺痛感、烧灼感和瘙痒，影响所有性别、族裔和年龄的个体，对生活质量和工作状态造成重大影响。负面感知和负担的程度因人而异。大多数病例的不适感并非反应于临床体征，如在特应性皮炎等其他超敏性皮肤病中观察到的红斑、鳞屑和水肿。Maibach描述了一种特定的高反应状态的皮肤，称为敏感性皮肤综合征（sensitivity skin syndrome，SSS）。敏感性皮肤的诊断可以通过局部应用乳酸或辣椒素，并记录随着药物浓度增加的不适感阈值。但目前对首选方法尚缺乏共识。敏感性皮肤被定义为对多种因素产生异常感觉的主观症状，最佳的诊断方法是使用患者报告的量表。综上所述，敏感性皮肤是一个复杂而不易解决的问题。在这里，我们将讨论特定的神经介质对整体皮肤敏感性的影响，包括有或无炎症的形式。至今，敏感性皮肤的发病机理仍然十分复杂，目前最常见的理论是表皮屏障的结构和功能改变、皮肤感觉神经系统功能障碍和微生态失衡。

　　SC在表皮屏障功能中扮演着重要角色，其具体作用已在皮肤衰老分章中进行了详细描述。简单来说，SC是一个实体模型，由角质层细胞和脂质组成。在敏感性皮肤中，该模型的2个组成部分均存在异常。角质形成细胞无法最终分化为角质细胞，因此它们缺乏正确水平的结构蛋白——角蛋白。此外，负责细胞间紧密连接的角化桥粒的功能也受损。同时，在表皮屏障破坏和敏感性皮肤患者中，主要的皮肤脂质、胆固醇、神经酰胺和脂肪酸的数量和比例也发生改变。因此，功能不全的屏障不能有效地抵御环境刺激源。此外，伴随而来的TEWL加速导致皮肤失水，从而出现细纹和暗沉。最后，屏障受损、皮脂异常和pH值变化导致皮肤微生态失衡，这有利于致病性和共生菌株的过度增殖，从而可能激活固有免疫细胞，引发炎症反应。

　　在皮肤敏感问题中，神经的作用是定性而非定量的，涉及其活性的改变而非感觉神经纤维的密度和（或）分布。具体来说，这种差异更可能与特异性受体与其配体间的关系改变有关，如辣椒素和TRPV1。这可以解释敏感性皮肤人群对同一触发因素易感性不同的差异。尽管神经系统在皮肤敏感性中的作用已经广泛研究数十年，但我们对其了解仍然不足。不论诱发因素的性质如何，涉及刺痛感/烧灼感的神经通路在皮肤敏感性中都发挥着重要作用。简而言之，当皮肤神经上的特异性感觉受体被激活时，神经介质（主要是SP和CGRP）逆向释放，进而影响周围组织（参见图7.1）。SP和CGRP对皮肤细胞功能的负面影响已被深入研究，它们直接激活伤害性和致痒通路，导致烧灼感、刺痛感和瘙痒感。此外，这些神经介质能够激活固有免疫细胞，引发促炎细胞因子和趋化因子的释放，从而进一步加剧炎症反应。同时，这些神经介质还能够引起血管扩张，导致皮肤红斑和水肿。此外，其他神经介质如NGF和CRH，也可能引发或加重皮肤敏感性。不过，其他神经介质如α-MSH和NA则可能通过减少炎症反应发挥有益作用。需要注意的是，由于研究的局限性，敏感性皮肤现象主要发生于炎症性皮肤，因此将结果直接推广到无炎症表现的人群时需要谨慎。

结论与展望

　　皮肤在众多方面都独具特色。作为身体最大的器官，它包括皮下脂肪组织，保护身体免受环境压力，维持身体完整性和稳态。皮肤的状态可能通过庞大的血管和神经纤维网络，例如皮肤-脑轴或皮肤-肠轴连接反映其他器官的状态。皮肤的神经内分泌系统和平衡的微生态在维持调节功能方面扮演着核心角色。这些系统使用神经介质作为跨功能的信使，影响皮肤的功能和外观。最后，通过视觉和触觉感知皮肤并立即对其进行分析，从而确定自我感知和他人感知的方式。目前越来越清晰的是，皮肤的功能和作用比过去想象的要复杂和深奥得多。

现代美容科学的发展趋势集中在个体化，即采用因果方式解决个体皮肤问题。举例来说，观察到HPA轴失调元素（神经介质）在过早衰老皮肤中的存在，这是一种由于压力和昼夜节律受损而在空乘人员中普遍存在的现象，可以很好地说明神经介质对个体化的重要性。另一个有前景的领域是皮肤微生态，神经介质可以通过促进微生态多样性的最佳条件来促进皮肤健康。

随着互联网资源的不断增加，消费者对美容技术的了解越来越多。因此，一个重要但尚未满足的需求是提供有关产品的公正信息，特别是特色技术，例如独特的配方/活性成分。消费者应该能够以清晰易懂的方式获得科学可靠的数据。理想情况下，将特色技术（配方/活性成分）转化为最终的效益（功效宣称）应该遵循以下逻辑步骤：WHAT-WHY-HOW-BENEFIT。例如，产品的新技术（WHAT）通过体外试验证明可以抑制黑素的合成（WHY），并且通过光谱（HOW）测量皮肤中黑素水平的降低。最终，标准化摄影（BENEFIT）能够捕捉到更光泽、更均匀的肤色。这种模型流畅地阐述了功效宣称的因果逻辑关系，而一个设计合理且有效的"转化平台"可以帮助消费者更好地理解产品的特色技术如何有助于达到预期的皮肤功效。

原文参考文献

Slominski AT, Zmijewski MA, Skobowiat C, Zbytek B, Slominski RM, Steketee JD. Sensing the environment: regulation of local and global homeostasis by the skin's neuroendocrine system. Adv Anat Embryol Cell Biol. 2012, 2l 2:v, vii, 1-115.

Slominski AT, Zmijewski MA, Plonka PM, Szaflarski JP, Paus R. How UV light touches the brain and endocrine system through skin, and why. Endocrinology. 2018, 159(5): 1992-2007.

Elias PM. Structure and function of the stratum corneum extracellular matrix. J Invest Dermatol. 2012, 132(9): 2131-2133.

Fuchs E. Epithelial skin biology: three decades of developmental biology, a hundred questions answered and a thousand new ones to address. Curr Top Dev Biol. 2016, 116: 357-374.

Bernard JJ, Gallo RL, Krutmann J. Photoimmunology: how ultraviolet radiation affects the immune system. Nat Rev Immunol. 2019, 19(11): 688-701.

Nguyen AV, Soulika AM. The dynamics of the skin's immune system. Int J Mol Sci. 2019, 20(8).

Slominski A. Wortsman J. Neuroendocrinology of the skin. Endocr Rev. 2000, 21(5): 457-487.

Slominski A, Wortsman J, Luger T, Paus R. Solomon S. Corticotropin releasing hormone and proopiomelanocortin involvement in the cutaneous response to stress. Physiol Rev. 2000, 80(3): 979-1020.

Roosterman D, Goerge T, Schneider SW, Bunnett NW, Steinhoff M. Neuronal control of skin function: the skin as a neuroimmunoendocrine organ. Physiol Rev. 2006, 86(4): 1309-1379.

Gallo RL, Hooper LV. Epithelial antimicrobial defence of the skin and intestine. Nat Rev Immunol. 2012, 12(7): 503-516.

Racine P-J, Janvier X, ClabautM, Catovic C, Souak D, Boukerb AM, et al. Dialog between skin and its microbiota: emergence of "Cutaneous Bacterial Endocrinology". Exp Dermatol. 2020; doi.org/10.111/exd.14158 (n/a).

Liu CF, Li XL, Zhang ZL, Qiu L, Ding SX, Xue JX, et al. Antiaging effects of urolithin A on replicative senescent human skin fibroblasts. Rejuvenation Res. 2019, 22(3): 191-200.

Ramot Y, Bohm M, Paus R. Translational neuroendocrinology of human skin: concepts and perspectives. Trends Mol Med. 2021 Jan, 27(1):60-74. doi: 10.1016/j.molmed.2020.09.002. Epub 2020 Sep 24.

Chrousos GP. Stress and disorders of the stress system. Nat Rev Endocrinol. 2009, 5(7): 374-381.

Cawley NX, Li Z, Loh YP. 60 years of POMC: biosynthesis, trafficking, and secretion of pro-opiomelanocortin-derived peptides. J Mol Endocrinol. 2016, 56(4): T77-T97.

Turnbull AV, Rivier CL. Regulation of the hypothalamic-pituitary-adrenal axis by cytokines: actions and mechanisms of action. Physiol Rev. 1999, 79(1): 1-71.

Slominski AT, Zmijewski MA, Zbytek B, Tobin DJ, Theoharides TC, Rivier J. Key role of CRF in the skin stress response system. Endocr Rev. 2013, 34(6): 827-884.

Miller WL, Auchus RJ. The molecular biology, biochemistry, and physiology of human steroidogenesis and its disorders. Endocr Rev. 2011, 32(1):81-151.

Dallman MF, Akana SF, Levin N, Walker CD, Bradbury MJ, Suemaru S, et al. Corticosteroids and the control of function in the hypothalamo-pituitary-adrenal (HPA) axis. Ann N Y Acad Sci. 1994, 746: 22-31; discussion-2, 64-7.

Slominski A. A nervous breakdown in the skin: stress and the epidermal barrier. J Clin Invest. 2007, 117(11): 3166-3169.

Slominski A, Mihm MC. Potential mechanism of skin response to stress. Int J Dermatol. 1996, 35(12): 849-851.

Slominski A, Wortsman J, Tuckey RC, Paus R. Differential expression of HPA axis homolog in the skin. Mol Cell Endocrinol. 2007, 265-266: 143-149.

Slominski A, Wortsman J, Paus R, Elias PM, Tobin DJ, Feingold KR. Skin as an endocrine organ: implications for its function. Drug Discov Today Dis Mech. 2008, 5(2): 137-144.

Slominski RM, Raman C, Elmets C, Jetten AM, Slominski AT, Tuckey RC. The significance of CYP11A1 expression in skin physiology and pathology. Mol Cell Endocrinol. 2021, doi. org/10.1016/j.mce.2021.111238:111238.

Slominski RM, Tuckey RC, Manna PR, Jetten AM, Postlethwaite A, Raman C, et al. Extra-adrenal glucocorticoid biosynthesis: implications for autoimmune and inflammatory disorders. Genes Immun. 2020, 21(3): 150-168.

Slominski A, Zbytek B, Semak I, Sweatman T, Wortsman J. CRH stimulates POMC activity and corticosterone production in dermal fibroblasts. J Neuroimmunol. 2005, 162(1-2): 97-102.

Slominski A, Zbytek B, Szczesniewski A, Semak I, Kaminski J, Sweatman T, et al. CRH stimulation of corticosteroids production in melanocytes is mediated by ACTH. Am J Physiol Endocrinol Metab. 2005, 288(4): E701-E706.

Ito N, Ito T, Kromminga A, Bettermann A, Takigawa M, Kees F, et al. Human hair follicles display a functional equivalent of the hypothalamic-pituitary-adrenal axis and synthesize cortisol. FASEB J. 2005, 19(10): 1332-1334.

Fischer TW, Bergmann A, Kruse N, Kleszczynski K, Skobowiat C, Slominski AT, et al. New effects of caffeine on corticotropin-releasing hormone (CRH)-induced stress along the intrafollicular classical hypothalamic-pituitary-adrenal (HPA) axis (CRH-R1/2, IP3-R, ACTH, MC-R2) and the neurogenic non-HPA axis (substance P, p75(NTR) and TrkA) in ex vivo human male androgenetic scalp hair follicles. Br J Dermatol. 2021, 184(1): 96-110.

Slominski A. On the role of the corticotropin-releasing hormone signalling system in the aetiology of inflammatory skin disorders. Br J Dermatol. 2009, 160(2): 229-232.

Slominski A, Wortsman J, Pisarchik A, Zbytek B, Linton EA, Mazurkiewicz JE, et al. Cutaneous expression of corticotropinreleasing hormone (CRH), urocortin, and CRH receptors. FASEB J. 2001, 15(10): 1678-1693.

Slominski AT, Botchkarev V, Choudhry M, Fazal N, Fechner K, Furkert J, et al. Cutaneous expression of CRH and CRH-R. Is there a "skin stress response system?" Ann N Y Acad Sci. 1999, 885: 287-311.

McGlone F, Reilly D. The cutaneous sensory system. Neurosci Biobehav Rev. 2010, 34(2): 148-159.

Slominski AT, Zmijewski MA, Zbytek B, Brozyna AA, Granese J, Pisarchik A, et al. Regulated proenkephalin expression in human skin and cultured skin cells. J Invest Dermatol. 2011, 131(3): 613-622.

Choi JE, Di Nardo A. Skin neurogenic inflammation. Semin Immunopathol. 2018, 40(3): 249-259.

Glatte P. Buchmann SJ, Hijazi MM, Illigens BM, Siepmann T. Architecture of the cutaneous autonomic nervous system. Front Neurol. 2019, 10: 970.

Racine PJ, Janvier X, Clabaut M, Catovic C, Souak D, Boukerb AM, et al. Dialog between skin and its microbiota: emergence of "Cutaneous Bacterial Endocrinology". Exp Dermatol. 2020, 29(9): 790-800.

Peters EM, Ericson ME, Hosoi J, Seiffert K, Hordinsky MK, Ansel JC, et al. Neuropeptide control mechanisms in cutaneous biology: physiological and clinical significance. J Invest Dermatol. 2006, 126(9): 1937-1947.

Isard O, Knol AC, Castex-Rizzi N, Khammari A, Charveron M, Dreno B. Cutaneous induction of corticotropin releasing hormone by Propionibacterium acnes extracts. Dermatoendocrinology. 2009, 1(2): 96-99.

Kurokawa I, Danby FW, Ju Q, Wang X, Xiang LF, Xia L, et al. New developments in our understanding of acne pathogenesis and treatment. Exp Dermatol. 2009, 18(10): 821-832.

Kim JE, Cho BK, Cho DH, Park HJ. Expression of hypothalamic- pituitary-adrenal axis in common skin diseases: evidence of its association with stress-related disease activity. Acta Derm Venereol. 2013, 93(4): 387-393.

Clayton RW, Gobel K, Niessen CM, Paus R, van Steensel MAM, Lim X. Homeostasis of the sebaceous gland and mechanisms of acne pathogenesis. Br J Dermatol. 2019, 181(4): 677-690.

Clayton RW, Langan EA, Ansell DM, de Vos I, Gobel K, Schneider MR, et al. Neuroendocrinology and neurobiology of sebaceous glands. Biol Rev Camb Philos Soc. 2020, 95(3): 592-624.

Zouboulis CC. Is acne vulgaris a genuine inflammatory disease?

Dermatology. 2001, 203(4): 277-279.

Zbytek B, Slominski AT. CRH mediates inflammation induced by lipopolysaccharide in human adult epidermal keratinocytes. J Invest Dermatol. 2007, 127(3): 730-732.

Toyoda M, Morohashi M. Pathogenesis of acne. Med Electron Microsc. 2001, 34(1): 29-40.

Bohm M. Neuroendocrine regulators: novel trends in sebaceous gland research with future perspectives for the treatment of acne and related disorders. Dermatoendocrinology. 2009, 1(3): 136-140.

Toyoda M, Nakamura M, Morohashi M. Neuropeptides and sebaceous glands. Eur J Dermatol. 2002, 12(5): 422-427.

Biro T, Toth BI, Hasko G, Paus R, Pacher P. The endocannabinoid system of the skin in health and disease: novel perspectives and therapeutic opportunities. Trends Pharmacol Sci. 2009, 30(8): 411-420.

Szöllösi AG, Oláh A, Biró T, Tóth BI. Recent advances in the endocrinology of the sebaceous gland. Dermatoendocrinol. 2018, 9(1):el361576. Published 2018 Jan 23. doi:10.1080/193819 80.2017.1361576.

Olah A, Toth BI, Borbiro I, Sugawara K, Szollosi AG, Czifra G, et al. Cannabidiol exerts sebostatic and antiinflammatory effects on human sebocytes. J Clin Invest. 2014, 124(9): 3713-3724.

Olah A, Markovics A, Szabo-Papp J, Szabo PT, Stott C, Zouboulis CC, et al. Differential effectiveness of selected nonpsychotropic phytocannabinoids on human sebocyte functions implicates their introduction in dry/seborrhoeic skin and acne treatment. Exp Dermatol. 2016, 25(9): 701-707.

Toth KF, Adam D, Biro T, Olah A. Cannabinoid signaling in the skin: therapeutic potential of the "C(ut)annabinoid" system. Molecules. 2019, 24(5): 918. Published 2019 Mar 6. doi:10.3390/molecules24050918

Hana A, Booken D, HenrichC, Gratchev A, Maas-Szabowski N, Goerdt S, et al. Functional significance of non-neuronal acetylcholine in skin epithelia. Life Sci. 2007, 80(24-25): 2214-2220.

Grando SA, Pittelkow MR, Schallreuter KU. Adrenergic and cholinergic control in the biology of epidermis: physiological and clinical significance. J Invest Dermatol. 2006, 126(9): 1948-1965.

Grando SA. Cholinergic control of epidermal cohesion. Exp Dermatol. 2006, 15(4): 265-282.

Bocheva G, Slominski RM, Slominski AT. Neuroendocrine aspects of skin aging. Int J Mol Sci. 2019 Jun 7, 20(11): 2798. doi: 10.3390/ijms20112798.

Zouboulis CC, Ganceviciene R, Liakou Al, Theodoridis A,

Elewa R, Makrantonaki E. Aesthetic aspects of skin aging, prevention, and local treatment. Clin Dermatol. 2019, 37(4): 365-372.

Skobowiat C, Dowdy JC, Sayre RM, Tuckey RC, Slominski A. Cutaneous hypothalamic-pituitary-adrenal axis homolog: regulation by ultraviolet radiation. Am J Physiol Endocrinol Metab. 2011, 301(3): E484-E493.

Skobowiat C, Sayre RM, Dowdy JC, Slominski AT. Ultraviolet radiation regulates cortisol activity in a wavebanddependent manner in human skin ex vivo. Br J Dermatol. 2013, 168(3): 595-601.

Skobowiat C, Slominski AT. UVB activates hypothalamicpituitary- adrenal axis in C57BL/6 mice. J Invest Dermatol. 2015, 135(6): 1638-1648.

Skobowiat C, Postlethwaite AE, Slominski AT. Skin exposure to ultraviolet B rapidly activates systemic neuroendocrine and immunosuppressive responses. Photochem Photobiol. 2017, 93(4): 1008-1015.

Skobowiat C, Slominski AT. Ultraviolet B stimulates proopiomelanocortin signalling in the arcuate nucleus of the hypothalamus in mice. Exp Dermatol. 2016, 25 (2): 120-123.

Slominski AT, Slominski RM, Raman C. UVB stimulates production of enkephalins and other neuropeptides by skinresident cells. Proc Natl Acad Sci USA. 2021, 118(3): 10.1073/pnas.2020425118.

Elewa RM, Abdallah M, Youssef N, Zouboulis CC. Agingrelated changes in cutaneous corticotropin-releasing hormone system reflect a defective neuroendocrine-stress response in aging. Rejuvenation Res. 2012, 15(4): 366-373.

Luger TA, Scholzen T, Brzoska T, Becher E, Slominski A, Paus R. Cutaneous immunomodulation and coordination of skin stress responses by alpha-melanocyte-stimulating hormone. Ann N Y Acad Sci. 1998, 840: 381-394.

Bohm M, Wolff I, Scholzen TE, Robinson SJ, Healy E, Luger TA, et al. alpha-Melanocyte-stimulating hormone protects from ultraviolet radiation-induced apoptosis and DNA damage. J Biol Chem. 2005, 280(7): 5795-5802.

Slominski A, Tobin DJ, Shibahara S, Wortsman J. Melanin pigmentation in mammalian skin and its hormonal regulation. Physiol Rev. 2004, 84(4): 1155-1228.

Slominski AT, Hardeland R, Zmijewski MA, Slominski RM, Reiter RJ, Paus R. Melatonin: a cutaneous perspective on its production, metabolism, and functions. J Invest Dermatol. 2018, 138(3): 490-499.

Slominski AT, Kim TK, Kleszczynski K, Semak I, Janjetovic Z, Sweatman T, et al. Characterization of serotonin and N-acetylserotonin systems in the human epidermis and skin cells. J Pineal Res. 2020, 68(2): el2626.

Slominski A, Wortsman J, Tobin DJ. The cutaneous serotoninergic/melatoninergic system: securing a place under the sun. FASEB J. 2005, 19(2): 176-194.

Fuziwara S, Suzuki A, Inoue K, Denda M. Dopamine D2-like receptor agonists accelerate barrier repair and inhibit the epidermal hyperplasia induced by barrier disruption. J Investig Dermatol. 2005, 125(4): 783-789.

Schallreuter KU. Epidermal adrenergic signal transduction as part of the neuronal network in the human epidermis. J Investig Dermatol Symp Proc. 1997, 2(1): 37-40.

Schallreuter KU, Lemke KR, Pittelkow MR, Wood JM, Korner C, Malik R. Catecholamines in human keratinocyte differentiation. J Invest Dermatol. 1995, 104(6): 953-957.

Denda M, Fuziwara S, Inoue K. Influx of calcium and chloride ions into epidermal keratinocytes regulates exocytosis of epidermal lamellar bodies and skin permeability barrier homeostasis. J Invest Dermatol. 2003, 121(2): 362-367.

Fuziwara S, Inoue K, Denda M. NMDA-type glutamate receptor is associated with cutaneous barrier homeostasis. J Invest Dermatol. 2003, 120(6): 1023-1029.

Zouboulis CC, Makrantonaki E. Clinical aspects and molecular diagnostics of skin aging. Clin Dermatol. 2011, 29(1): 3-14.

Slominski AT, Semak I, Fischer TW, Kim TK, Kleszczynski K, Hardeland R, et al. Metabolism of melatonin in the skin: why is it important? Exp Dermatol. 2017, 26(7): 563-568.

Korkmaz A, Reiter RJ, Topal T, Manchester LC, Oter S, Tan DX. Melatonin: an established antioxidant worthy of use in clinical trials. Mol Med. 2009, 15(l-2): 43-50.

Skobowiat C, Brozyna AA, Janjetovic Z, Jeayeng S, Oak ASW, Kim TK, et al. Melatonin and its derivatives counteract the ultraviolet B radiation-induced damage in human and porcine skin *ex vivo*. J Pineal Res. 2018, 65(2): el 2501.

Uehara E, Hokazono H, Sasaki T, Yoshioka H, Matsuo N. Effects of GABA on the expression of type I collagen gene in normal human dermal fibroblasts. Biosci Biotechnol Biochem. 2017, 81(2): 376-379.

Freitas HR, Reis RA. Glutathione induces GABA release through P2X7R activation on Muller glia. Neurogenesis (Austin). 2017, 4(1): el283188.

Sepehr A, Chauhan N, Alexander AJ, Adamson PA. Botulinum toxin type a for facial rejuvenation: treatment evolution and patient satisfaction. Aesthetic Plast Surg. 2010, 34(5): 583-586.

Solway J, McBride M, Haq F, Abdul W, Miller R. Diet and dermatology: the role of a whole-food, plant-based diet in preventing and reversing skin aging - a review. J Clin Aesthet Dermatol. 2020, 13(5): 38-43.

Zweers MC, van Vlijmen-Willems IM, van Kuppevelt TH, Mecham RP, Steijlen PM, Bristow J, et al. Deficiency of tenascin- X causes abnormalities in dermal elastic fiber morphology. J Invest Dermatol. 2004, 122(4): 885-891.

Cho SY, Kim AY, Kim J, Choi DH, Son ED, Shin DW. Oxytocin alleviates cellular senescence through oxytocin receptormediated extracellular signal-regulated kinase/Nrf2 signalling. Br J Dermatol. 2019, 181(6): 1216-1225.

Deing V, Roggenkamp D, Kiihnl J, Gruschka A, Stab F, Wenck H, et al. A new role of the oxytocin system in human skin stress responses and implications for atopic dermatitis. Brain Behav Immun. 2013, 29: S11.

Neumann ID, Wigger A, Torner L, Holsboer F, Landgraf R. Brain oxytocin inhibits basal and stress-induced activity of the hypothalamo-pituitary-adrenal axis in male and female rats: partial action within the paraventricular nucleus. J Neuroendocrinol. 2000, 12(3): 235-243.

Cavadas C, Ferreira-Marques M, Cortes L, Valero J, Pereira D, Pereira De Almeida L, et al. Neuropeptide y rescues aging phenotype of human Hutchinson-Gilford progeria syndrome fibroblasts.日本药理学会年会要旨集. 2018, WCP2018: OR11-1.

Maddodi N, Jayanthy A, Setaluri V. Shining light on skin pigmentation: the darker and the brighter side of effects of UV radiation. Photochem Photobiol. 2012, 88(5): 1075-1082.

Slominski AT, Kleszczynski K, Semak I, Janjetovic Z, Zmijewski MA, Kim TK, et al. Local melatoninergic system as the protector of skin integrity. Int J Mol Sci. 2014, 15(10): 17705-17732.

Kleszczynski K, Bilska B, Stegemann A, Flis DJ, Ziolkowski W, Pyza E, et al. Melatonin and its metabolites ameliorate UVR-induced mitochondrial oxidative stress in human MNT-1 melanoma cells. Int J Mol Sci. 2018 Nov 28, 19(12): 3786. doi: 10.3390/ijmsl9123786.

Slominski A, Paus R, Schadendorf D. Melanocytes as "sensory" and regulatory cells in the epidermis. J Theor Biol. 1993, 164(1): 103-120.

Slominski A. Neuroendocrine activity of the melanocyte. Exp Dermatol. 2009, 18(9): 760-763.

Pullar JM, Carr AC, Vissers MCM. The roles of vitamin C in skin health. Nutrients. 2017, 9(8): 866.

Lev-Tov H, Maibach HI. The sensitive skin syndrome. Indian J Dermatol. 2012, 57(6): 419-423.

Misery L. Sensitive skin. Expert Rev Dermatol. 2013, 8(6): 631-637.

Misery L, Loser K, Stander S. Sensitive skin. J Eur Acad Dermatol Venereol. 2016, 30(Suppl l): 2-8.

Misery L. Sensitive skin, reactive skin. Ann Dermatol Venereol.

2019, 146(8-9): 585-591.

Lee SH, Jeong SK, Ahn SK. An update of the defensive barrier function of skin. Yonsei Med J. 2006, 47(3): 293-306.

Pondeljak N, Lugovic-Mihic L. Stress-induced interaction of skin immune cells, hormones, and neurotransmitters. Clin Ther. 2020, 42(5): 757-770.

Raap U, Goltz C, Deneka N, Bruder M, Renz H, Kapp A, et al. Brain-derived neurotrophic factor is increased in atopic dermatitis and modulates eosinophil functions compared with that seen in nonatopic subjects. J Allergy Clin Immunol. 2005, 115(6): 1268-1275.

O'Kane M. Murphy EP, Kirby B. The role of corticotro-pinreleasing hormone in immune-mediated cutaneous inflammatory disease. Exp Dermatol. 2006, 15(3): 143-153.

Komiya E, Tominaga M, Kamata Y, Suga Y, Takamori K. Molecular and cellular mechanisms of itch in psoriasis. Int J Mol Sci. 2020, 21(21): 8406.

第 8 章

化妆品相关接触性皮炎的
原理、机制和过敏反应

介绍

接触性皮炎是由于皮肤直接接触到有害化学物质而引起的一种皮肤炎症反应。其临床表现为湿疹，即一种炎症性皮肤反应，最初呈现丘疹和水疱，其组织学特征为表皮细胞间水肿，即海绵水肿。

接触性皮炎通常分为变应性接触性皮炎（allergic contact dermatitis，ACD）、刺激性接触性皮炎（irritant contact dermatitis，ICD）和光接触性皮炎，后者需要暴露于紫外线（ultraviolet，UV）中才会发生。光接触性皮炎又分为光变应性接触性皮炎和光毒性接触性皮炎。此外，接触性荨麻疹表现为荨麻疹而非湿疹反应，分为IgE依赖性或非IgE依赖性接触性荨麻疹。

除湿疹反应外，ACD偶尔可出现其他皮肤表现，例如紫癜性ACD、苔藓样ACD、色素型ACD、淋巴瘤样ACD和多形红斑样ACD。

Lachapelle等提出了ACD综合征（ACDS）的概念，该综合征定义为3个阶段：第一阶段，局限于与接触性变应原相互作用的部位并表现出各种形态学特征的皮肤体征和症状；第二阶段，体征和症状（通过淋巴管）从过敏原接触部位向外扩散；第三阶段，ACD血行播散至远端部位（3A期）或ACD全身再激活（3B期）。

接触性皮炎的病理生理学研究

ACD

ACD 的敏化（诱导）阶段

ACD可分为致敏阶段和诱发阶段2个阶段。在致敏阶段，半抗原与皮肤中某些生物分子发生化学反应，刺激皮肤中的朗格汉斯细胞和其他树突状细胞。半抗原是一种低分子量的亲电子化学物质，可以与蛋白质中的亲核中心形成共价键，例如半胱氨酸或赖氨酸残基。这种化学反应引起多种生物反应，包括：第一种是通过修饰主要组织相容性复合体 I 型分子肽结合槽中的自身肽来形成T细胞表位；第二种是通过产生的活性氧（ROS）刺激细胞内的信号通路，如丝裂原活化蛋白激酶、NF-κB、蛋白酪氨酸磷酸酶和Keap1（Kelch Like ECH相关蛋白1）；第三种是细胞通过产生ROS传递危险信号，如ATP、IL-1或TNF-1（见图8.1）。半抗原可分为3类：可与氨基酸的亲核侧链直接反应的半抗原、需要酶促转化才能成为反应性半抗原的前半抗原，以及需要非酶促化学转化（如空气氧化）才能成为反应性的前半抗原。

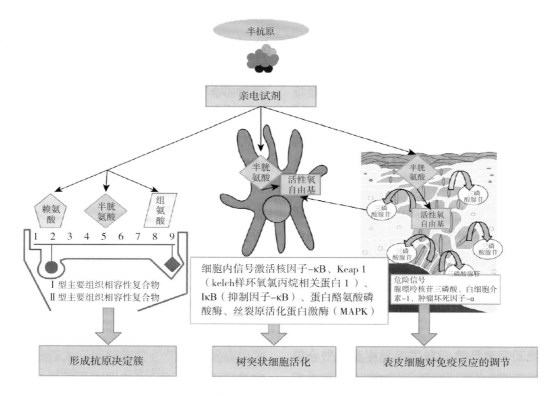

图 8.1　半抗原在免疫系统中的作用机制

目前，有 2 种关于半抗原激活树突状细胞的机制得到报道。第一种机制表明，半抗原与皮肤中的生物分子相互作用，产生 ROS，进而分解透明质酸成低分子量透明质酸。低分子量透明质酸能够刺激 Toll 样受体 2 或 4 的活化，进而导致 p38 MAP 激酶和 NF-κB 的激活，从而刺激树突状细胞活化。第二种机制则表明，半抗原刺激一些磷酸化 Syk 的免疫受体酪氨酸活化基序（immunoreceptor tyrosine-based activation motif，ITAM）分子，通过激活 CARD9 和 BCL10 导致 NF-κB 活化，同时产生 ROS 激活炎症小体。NF-κB 和炎症小体的激活诱导树突状细胞的活化。

树突状细胞被活化后，会增加其各种共刺激分子和主要组织相容性抗原的表达，产生促炎细胞因子和趋化因子，并最终迁移至引流淋巴结。树突状细胞的迁移是由其表达的 CCR7 和 CXCR4 与淋巴管和淋巴结表达的 SCL/CCL12、ELC/CCL19 和 CXCL12 相互作用介导。

在引流淋巴结中，树突状细胞会刺激初始 T 细胞。此时，树突状细胞会调节共刺激分子的表达和细胞因子的合成，决定免疫应答的"开/关"状态和 Th1/Th2/Th17 等辅助性 T 细胞应答的模式。事实上，现已知半抗原和（或）溶剂可决定 1 型免疫反应（如二硝基氯苯和二硝基氟苯等）、2 型免疫反应（如偏苯三酸酐、甲苯-2，4-二异氰酸酯、邻苯二甲酸酐等）或它们的组合。此外，由于 IL-17 缺陷小鼠对接触性皮炎的反应减弱，因此人们认为 IL-17 在诱导接触性皮炎的反应中发挥重要作用。

树突状细胞使 T 细胞对半抗原敏感，进而导致它们进行克隆扩增并分化为特定的辅助性 T 细胞亚群。在诱导阶段，致敏 T 细胞被引导回皮肤，进而引起海绵水肿。

ACD的诱发（效应器）阶段

淋巴结树突状细胞致敏的T细胞可以通过趋化因子的作用和皮肤血管内皮细胞表达的E-选择素与T细胞表达的E-选择素配体之间的相互作用，向皮肤迁移。尤其值得注意的是，皮肤血管内皮细胞表达的CCL17与T细胞表面的CCR4反应，在T细胞浸润皮肤中发挥了重要作用。

在ACD过程中，由表皮细胞产生的趋化因子CXCL9和CXCL10在通过IFN-γ刺激诱导T细胞炎症反应中扮演着重要角色。

在诱导阶段，CD8+T细胞被认为是效应细胞，而CD4+T细胞被认为是抑制反应的调节细胞。因此，在效应期间，T细胞（尤其是CD8+T细胞）并不一定需要表达Ⅱ类主要组织相容性复合体（major histocompatibility complex，MHC）分子的树突状细胞（dendritic cell，DC）作为抗原提呈细胞。角质形成细胞可以替代树突状细胞的作用。此外，自然杀伤（natural killer，NK）细胞和NK T细胞也参与接触性皮炎的发生和发展。近年来的研究表明，NK T细胞和NK细胞浸润皮损区域，诱导表皮细胞凋亡，从而促进ACD的病理状态。另外，在ACD中已确定存在调节性T细胞（regulatory T cells，Tregs），既往的研究表明，清除ACD中的Tregs会增强反应。

人类ACD的皮肤病变表现为表皮细胞间的水肿，即海绵层水肿。当表皮细胞受到浸润的T细胞刺激产生的IL-4、IL-13或IFN-γ时，它们会表达透明质酸合成酶3（hyaluronan synthase 3，HAS3），从而解释了表皮层海绵水肿形成的机制。膜结合的HAS3参与表皮细胞间隙中透明质酸的合成和积累。另外，IL-4、IL-13或IFN-γ会减少表皮细胞产生E-cadherin（上皮细胞钙粘蛋白），导致表皮细胞的黏附性降低。透明质酸因吸水而肿胀，细胞间的黏附减少，从而打开了表皮细胞间隙。图8.2总结了该过程。

刺激性接触性皮炎

ICD的发病机制主要包括角质层屏障功能的破坏、表皮细胞的损伤以及皮肤释放各种介质3个方面，其中表皮层主要细胞是主要介质的来源。当角质层受到刺激物的刺激时，会导致脂质双分子层受损。十二烷基硫酸钠（Sodium lauryl sulfate，SLS）是一种常见的刺激物，它可以破坏表皮层的脂质代谢，导致脂质从板层小体中释放出来并受损。此外，刺激物还会释放出危险信号，这些信号由ATP、IL-1a、IL-1b和TNF-γ组成，这些危险信号会刺激固有免疫，从而触发炎症反应（详见图8.3）。

光接触性皮炎

光变应性接触性皮炎是一种过敏反应，它是由于前半抗原在紫外线（尤其是长波紫外线）照射下变成半抗原所致。而光毒性接触性皮炎则是指当紫外光修饰的化学物质损伤皮肤时引发的毒性反应，该反应不需要刺激获得性免疫反应。

接触性荨麻疹

化学物质与皮肤接触后产生荨麻疹（风团）的反应，被称为接触性荨麻疹。这种反应不同于通常与接触部位范围一致的湿疹型反应。根据涉及IgE抗体产生的情况，接触性荨麻疹分为免疫性接触性荨麻疹（ICU）和非免疫性接触性荨麻疹（NICU）2种类型。ICU可能导致全身症状，包括严重的过敏反应。ICU的病理生理学包括：①低分子化学物质作用于树突状细胞和固有免疫细胞，诱导Th2型免疫应答；②由于角质层和表皮屏障完整性的破坏，抗原蛋白穿透表皮层。在少数情况下，朗格汉斯细胞受到胸腺基质淋巴细胞生成素的刺激，这些细胞作为抗原提呈细胞产生淋巴细胞生成素，诱导Th2型免疫应答。NICU的发病机制目前尚不清楚，但人们认为这种化学物质本身可能直接作用于血管内皮细胞和其他皮肤组成细胞。

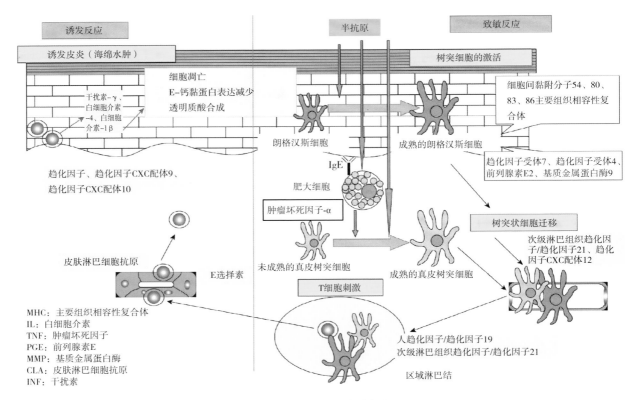

图 8.2　变应性接触性皮炎的发病机制

（ 转 载 许 可 下 ， 引 自 "Translated from Aiba S. Definition， classification， and pathophysiology of contact dermatitis. In Matsunaga K， Ito A， Kanto H， Suzuki K， eds， Contact Dermatitis and Patch Test. Tokyo ： Gakken Medical Shujunsha ； 2019 ： 12-16.Japanese"）

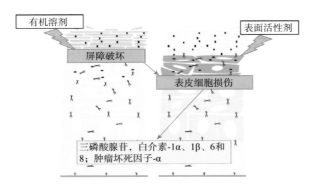

图 8.3　刺激性接触性皮炎的发病机制

（ 转载许可下，引自 "Translated from Aiba S. Definition， classification， and pathophysiology of contact dermatitis. In Matsunaga K， Ito A， Kanto H， Suzuki K， eds， Contact Dermatitis and Patch Test. Tokyo ： Gakken Medical Shujunsha ； 2019 ： 12-16.Japanese"）

过敏相关化妆品

近年来，接触性过敏反应在皮肤科临床中越来越常见。化妆品过敏原的鉴定并非易事，需要皮肤科医生特殊的技能和兴趣。尽管所有化妆品成分均标注于标签上，但仍然需要考虑许多因素来确定特定化妆品的致敏原。因此，确定过敏原时必须综合考虑上述因素。

皮损位置的相关性

化妆品与许多其他接触性过敏原一样，可通过多种方式进入皮肤：直接涂抹；通过蒸汽、液滴或颗粒释放到空气中并沉积于皮肤表面；与传播过敏原导致"夫妻"或"配偶"皮炎的患者（伴侣、朋友及同事）接触；从身体其他部位（通常是手部）转移到更敏感的部位，如口腔或眼睑（"异位"皮炎）；或者是暴露于光过敏原。在严重过敏反应时，湿疹样病变可扩散至应用部位以外的其他部位，甚至发展为全身反应，如ACDS的3B期。表8.1则列出了化妆品过敏原的最常见来源，这些过敏原直接作用于身体。

化妆品中引起过敏的化学物质及其概述

最近de Groot出版了2本专著，涵盖了化妆品过敏原的相关内容。第一本书名为《化妆品中的非芳香过敏原》（第1部分和第2部分），其中详细介绍了522种化学物质，它们可能引起

ACD（497）、ICU（19）和光敏性接触性皮炎（6）。第2本书名为《芳香成分和精油》，其中介绍了165种芳香成分和79种精油，它们可能引起接触性过敏/ACD。此外，还介绍了16种化学物质，它们在用作芳香成分的植物产品中也可能成为过敏原。这些专著对于从事化妆品和成分斑贴试验的皮肤科医生，以及从事化妆品安全性评价和开发的化妆品公司人员都非常有用。

表 8.1　直接应用过敏原引起的化妆品及化妆品相关皮炎

通常面部	面部护肤产品（面霜、乳液、面膜）；防晒产品；化妆品（粉底、腮红、粉饼）；清洁剂（乳液、乳剂）；化妆品（海绵）；芳香产品（剃须后洗剂）；护发产品（染发剂、洗发水）
额部	护发产品（染色剂、洗发水）
眉毛	眉笔；脱毛镊子
上眼睑	眼妆（眼影、眼线笔、睫毛膏）；睫毛夹；指甲化妆品（凝胶指甲、美甲）
下眼睑	眼妆
鼻孔	芳香手帕
嘴唇、嘴和口周区域	口红、唇笔、牙科产品（牙膏、漱口水）；脱毛剂
颈和耳后区域	香水；花露水；护发产品
头部	护发产品（染发剂、烫发液、漂白剂、洗发水成分）；美容用具（金属梳、发夹）
耳朵	护发产品（染发剂、烫发液、漂白剂、洗发水成分）；香水
躯干/上胸部、手臂和手腕	躯干/上胸部、手臂和手腕
腋窝	除臭剂；止汗剂；脱毛剂
肛门生殖区	除臭剂、湿卫生纸（湿巾）、香垫、脱毛剂
手部	手部护理产品；隔离霜；所有与手接触的化妆品；指甲化妆品（凝胶指甲、美甲）
足部	足部护理产品；止汗剂；指甲化妆品（凝胶指甲、美甲）

化妆品过敏原

变应性接触性皮炎

芳香成分

在花露水、剃须后洗剂和除臭剂中，芳香成分最容易引起过敏反应。但是，皮肤护理和其他化妆品也可能是引起过敏的原因之一。过敏反应主要发生在面部、颈部、腋窝和手部等皮肤部位。

在基线系列中进行检测试验的芳香混合物Ⅰ（包含8种成分）和芳香混合物Ⅱ（包含6种成分）（表8.2），肯定比既往所述的70%～80%检测到更少的香精过敏。实际上，自2005年3月

以来，有26种芳香成分（列于化妆品指令2003/15/EC的附件3中）在包装上被标注为化妆品成分，这些成分都可以用于斑贴试验。因此，皮肤科医生可以识别其他常见的过敏原，例如柠檬烯和芳樟醇。现在，阳性斑贴试验与标记芳香成分之间的相关性很容易确定。提高检测灵敏度的方法除了标记其他混合物和单个成分以及复杂的自然混合物之外，目前尚未有其他额外的标记方法。

对于大多数对芳香成分敏感的人而言，他们在进行多种斑贴试验时往往会出现阳性反应。这表明天然产物中存在一些常见的或交叉反应的成分。其中，芳香化学物质之间的交叉

表 8.2　国际接触性皮炎研究组（International Contact Dermatitis Research Group，ICDRG）最低基线系列和欧洲基线系列的化妆品相关过敏原和浓度（%）/ 载体

化妆品过敏原	ICDRG 基线（2019）	欧洲基线（2019）
芳香混合物 I		
◆ α- 肉桂戊基醛（α- 肉桂戊基醛）	1	1
◆ 肉桂醛	1	1
◆ 肉桂醇（肉桂醇）	1	1
◆ 丁香酚（丁香酚）	1	1
◆ 香叶醇（香叶醇）	1	1
◆ 羟基香予醛（羟基香予醛）	1	1
◆ 异丁子香酚（异丁子香酚）	1	1
◆ 夏枯草（纯香橡树苔）	1	1
◆ 乳化剂：山梨醇倍半油酸酯	5	5
芳香混合物 II	**14.00**	**14.00**
◆ 羟基异己基 3- 环己烯羧基醛	2.50	2.50
◆ 柠檬醛	1.00	1.00
◆ 金合欢醇	2.50	2.50
◆ 香茅醇	0.50	0.50
◆ α- 己基肉桂醛	5.00	5.00
◆ 香豆素	2.50	2.50
南美槐属 - 秘鲁香树（秘鲁香脂）	25.00	25.00
松香（树脂）	20.00	20.00
对苯二胺	1.00	1.00
羊毛脂（羊毛醇）	30.00	30.00
甲醛	2.00	2.00
苯甲酸酯混合物	**16.00**	**16.00**
◆ 对羟基苯酸甲酯	4.00	4.00
◆ 对羟基苯酸乙酯	4.00	4.00
◆ 对羟基苯酸丙酯	4.00	4.00
◆ 对羟基苯酸丁酯	4.00	4.00
季铵盐 -15	2.00	1.00
甲基氯异噻唑啉酮 / 甲基异噻唑啉酮	0.215 aq	0.02 aq
甲基异噻唑啉酮	—	0.02 aq
甲基丙烯酸 -2- 羟基乙酯	—	2.00
双咪唑烷基脲	2.00	—
咪唑烷基脲	2.00	—
甲基二溴戊二腈	0.30	0.50
羟基异己基 3- 环己烯醛	5.00	—

反应是比较普遍的现象，并且常常伴随着致敏作用。此外，芳香成分可能会被致敏杂质污染，自身也可能具有致敏性，或者含有一些强致敏性的氧化产物，比如萜类成分柠檬烯和芳樟醇。在树脂酸及其氧化产物中已经证明了这一点。松香则是主要的过敏原，而以前也曾在橡苔提取物（扁支衣属）中检测到。另外，由于更便宜的树苔提取物（树苔）的污染或替代，树苔和松香属一样，也是松树的衍生物。

防腐剂

防腐剂作为芳香成分已成为化妆品过敏原的重要组成部分。然而，这些分类多年来发生了明显的变化。

甲基二溴戊二腈是与苯氧乙醇混合使用的一种化学物质，通常被称为 Euxyl K400，已成为一种重要的化妆品过敏原。自 2007 年 3 月起，欧盟禁止其在未来的化妆品生产中使用。

甲基氯异噻唑啉酮和甲基异噻唑啉酮的混合物（MCI/MI）自 20 世纪 80 年代以来广泛使用，导致接触性过敏流行。最终制造商建议仅在冲洗产品中使用（最高可达 15 ppm）。然而，市场上一些免洗产品，例如润肤霜和婴儿湿巾，后者经常导致 ACD，甚至影响护理人员的健康。在化妆品中，MCI/MI 主要被 MI 所取代。MI 不仅是一种比其氯化衍生物更弱的致敏剂，而且作为防腐剂的效能也较低。因此，需要使用更高的浓度（高达 100 ppm）。大多数病例最初由用于私密卫生的湿巾（湿厕纸）引起。然而，后来许多其他化妆品也被卷入其中，包括冲洗产品（洗发水，洗面奶）。据报道，大量的病例和流行病学研究表明，MI 接触性过敏在欧洲出现了新的流行趋势，这导致监管措施被采取。欧洲化妆品协会（Cosmetics Europe）于 2013 年 12 月 13 日发布意见，要求停止在免洗化妆品（包括湿巾）中使用 MI。欧盟委员会于 2016 年 7 月 15 日禁止在免洗产品中使用 MCI/MI 混合物，并将其在冲洗产品中的浓度限制在 15 ppm 或以下。幸运的是，欧洲当局也于 2018 年开始监管化妆品中 MI 的使用，并仅允许在冲洗类化妆品中使用MCI/MI混合物，其浓度不得超过15 ppm。自此以后，异噻唑酮阳性反应的发生率急剧下降。

虽然甲醛接触性过敏在过去10年有所减少，但仍然很常见。研究表明，在没有标注的化妆品中存在游离甲醛，因此需要制定更严格的规定，以控制其存在，即使是在最低的相关浓度下。然而，一些甲醛释放剂可能会形成除甲醛以外的致敏降解产物。

对羟基苯甲酸甲酯是化妆品皮炎的罕见病因。当过敏发生时，致敏源通常是局部外用药。然而，其在化妆品中的使用被禁止（但不包括药品或食品），这只是一个消费者、宣传和政治问题。

抗氧化剂

化妆品过敏原中只包括一小部分抗氧化剂。举例来说，其中包括没食子酸丙酯和没食子酸辛酯，它们有可能会与被用作食品添加剂的其他没食子酸酯发生交叉反应。还有一些抗氧化剂，例如生育酚（维生素E）醋酸酯和视黄醇棕榈酸，以及抗坏血酸（维生素C）和替苯酮或羟癸基泛素酮（辅酶Q10的合成类似物［CoQ10］），这些抗氧化剂更加具体地用于防晒产品和保湿产品，以达到预防衰老的效果。但是，这些产品属于罕见的ACD病因。此外，亚硫酸氢盐是化妆品面霜和染发剂中的潜在过敏原。因为亚硫酸氢盐存在于护肤品中，已经报道了对螯合化合物四羟丙基乙二胺的接触过敏，但是没有观察到对乙二胺或依地特酯的交叉反应。

特定类别的成分

针对特定类别的成分而言，对苯二胺（PPD）及相关化合物是氧化型染发剂，在某些地区其反应次数增加，而在其他地区则减少。染发剂是过敏源，容易引起消费者和理发师的严重反应。

除了甲苯磺酰胺/甲醛（甲苯磺酰胺甲醛）树脂之外，指甲油中的其他树脂现在被认为是过敏原，可能是"异位"皮炎的原因，它们经常混淆临床特征，甚至模拟职业性皮炎。甲基丙烯酸酯是导致消费者和美甲师对人工指甲粘合剂、凝胶配方和光固化指甲油产生反应的重要原因。

防晒剂可能导致过敏和光过敏反应，以及接触性荨麻疹。曾经报道过氰双苯丙烯酸辛酯是儿童高频接触的过敏原，但目前更常见的是光接触过敏的原因。尽管防晒霜的使用增加，但其对化妆品过敏的"贡献"一直被认为相对较小；然而，观察到的低致敏反应率可能是由于对防晒霜产品的接触过敏或光过敏，通常不被识别，因为原发性日光不耐受的鉴别诊断并不总是明显。

皮肤美白剂成分

在亚洲国家，肤色较浅的人们非常喜欢使用美白化妆品。已经有报告显示，美白剂如苯乙基间苯二酚、熊果苷、5, 5'-二丙基联苯-2, 2'-二醇和3-0-乙基抗坏血酸-1-酸是一些可能导致接触过敏的成分。含有杜鹃花醇的化妆品曾经导致了2.5%的用户患上白斑病，并于2013年被自愿召回。此外，研究表明，杜鹃花醇会在13.5%的白癜风患者中引起接触性过敏。

赋形剂、乳化剂和保湿剂

赋形剂、乳化剂和保湿剂是局部用药和化妆品常用的成分，其中赋形剂可能会引起致敏反应。常见的成分包括羊毛醇、脂肪醇（如十六烷基醇）和丙二醇，不过在化妆品中，这些成分通常不会成为过敏原。尤其是乳化剂长期以来被认为具有刺激性，但其增敏效果也不容忽视。当然，必须正确地进行斑贴试验，以避免刺激性反应，并确定阳性反应的相关性。最近，一些乳化剂、润肤剂或辅料，如硬脂酰乳酸钠、月桂酸聚甘油酯、马来酸二戊酯、异壬酯异壬酯和磷酸三油酯以及抗坏血酸四异棕榈酸酯被报道为化妆品过敏原。不过，低刺激性并不一定意味着不存在ACD的风险，尽管这种情况很少见。例如，丁二醇和戊二醇是一些具有类似用途（如溶剂、保湿剂和抗菌剂）的脂肪族醇，被认为具有更高的刺激性和致敏性，而乙基己基甘油（辛氧基甘油，一种皮肤调节剂）也是另一个过敏原。其他偶尔接触的过敏原是烷基糖苷，例如可可糖苷和月桂基糖苷，它们在"生物"化妆品中用作温和的表面活性剂和清洁剂，而癸基糖苷在防晒产品中可能成为潜在的过敏原。

共聚物也是一种潜在的过敏原，比如甲氧基聚乙二醇（PEG）-17、PEG-22/十二烷基乙二醇共聚物、聚乙烯吡咯烷酮/十六烯共聚物，以及防晒霜和保湿剂中的C30-38烯烃/马来酸异丙酯/Ma共聚物。鉴于共聚物的分子量较高，因此涉及的过敏原的确切性质尚不清楚。正如已经证明的那样，杂质或降解产物很可能是真正的过敏原，例如丙烯酸羟乙酯/丙烯酸酰二甲基牛磺酸钠共聚物中的丙烯酸羟乙酯。

天然成分

近年来，植物提取物和草本疗法已经变得非常流行。但是使用这些方法可能会对香薰治疗师、美容师和客户造成接触性皮炎并发症。对于芳香成分过敏的患者来说，应该避免使用含有植物提取物的化妆品（在包装上应该标明）。因为这些化妆品可能会产生交叉反应。

光变应性接触性皮炎

20世纪60年代，除臭肥皂中含有卤代酰基苯胺和相关化合物，是大多数光过敏反应的主要诱因；到了20世纪80年代，最常见的原因是葵子麝香和6-甲基香豆素（如存在于剃须后洗剂），因此男性受影响较多。这偶尔会导致持续光反应的加重。二苯甲酮（其存在需要标注于包装）和二苯甲酰甲烷衍生物是重要的光致

敏原，特别是防晒霜；而甲基苄基樟脑、肉桂酸盐、苯基苯并咪唑磺酸和辛基三氮酮仅在此背景下偶尔被报道。大多数情况下对二苯甲酮的反应，特别是对氰双苯丙烯酸辛酯的反应，与酮洛芬的光接触过敏相关，酮洛芬是一种非甾体抗炎药，广泛用于治疗肌肉疼痛。氰双苯丙烯酸辛酯烯的合成使用二苯甲酮作为中间体，未被取代基取代的二苯甲酮是酮洛芬的光降解产物，也是氰双苯丙烯酸辛酯的污染物。

光斑贴试验在皮肤科工作中并不是常规，这也许是光过敏反应报道较少的一个原因。

免疫接触性荨麻疹

低分子化学物质和大分子化学物质（如蛋白质及衍生物）可以引起IgE介导或直接型过敏反应。有报道显示，在化妆品中引起严重反应（甚至过敏反应）的物质包括永久性染发剂（如PPD）、直接染发剂（如碱性蓝99/Basic Blue 99）、头发漂白产品中的过硫酸盐、防晒剂（如二苯甲酮）以及皮肤和头发护理产品中使用的蛋白质衍生（即水解）产品。

蛋白质和蛋白质衍生成分（如水解物）经常用于治疗特应性过敏症患者（通常是儿童）干燥皮肤的护肤品，但是可能会引起ICU。蛋白质来源于小麦、燕麦和大豆等食物，因此在使用化妆品时，由于其中含有蛋白质或水解物可能会经皮致敏，进而立即引起食物过敏，诱发严重的食物过敏。2011年，由于洗面奶导致的速发型小麦水解蛋白过敏在日本引起了社会关注，并对小麦水解蛋白以及化妆品中其他小麦水解蛋白抗原的交叉反应性进行了评估。

化妆品接触性过敏反应的因素

成分组成

制造低致敏性的化妆品和香水的原则之一是简单配方，因为成分越少，当出现致敏性反应时就越容易识别出有害物质，并且潜在的协

同作用危险也越小。一些研究人员建议设定成分浓度的上限，而不是建议完全不使用特定成分。然而，成分越多，诱导敏化的概率就越大。

水性或易受污染的产品需要添加防腐剂，这已经成为重要的化妆品过敏原（如香水）。强大的抗菌和抗真菌性能似乎与低致敏性很难兼得。事实上，将一种物质的生物活性限制于单一领域是很困难的。因此，一些化妆品制造商正在开发新的包装设备，以防止在使用过程中空气和微生物进入容器，从而避免在配方中添加防腐剂。

成分浓度

使用低浓度的过敏原并不能完全确保安全，低浓度过敏原仍然能在一定程度上促进致敏的发生。一旦个体对该过敏原产生过敏，即使是低浓度，也会引起过敏反应。

成分纯度

在现代化妆品制造中，对原料和成品进行严格的质控已成为普遍的方式，但要达到绝对纯度却是不可能的。即使如此，我们也不能排除这些材料中杂质的致敏性。例如，两性表面活性剂椰油酰胺丙基甜菜碱（烷基酰胺类）已被确定为致敏的重要原因。

药品中常用的化妆品成分

与化妆品不同，病患对局部药物产品过敏的情况比较普遍。这些产品通常只用于治疗受影响的皮肤部位。然而，一旦发生过敏反应，他们可能会对含有相同成分的化妆品产生反应。

交叉反应

化学物质可能引起交叉反应，从而维持接触性湿疹性病变。芳香成分尤其常常会相互交叉反应，而且也会与天然成分如植物提取物发生交叉反应。此外，其他许多化妆品成分也可能相互交叉反应。

渗透增强剂

化学环境对个别化学品的致敏潜力具有很大影响。比如，乳化剂和溶剂可增强皮肤的渗透性，进而提高接触致敏性。此外，化妆品中的渗透增强剂本身可能易导致过敏反应。但从产品体系中提取并单独检测的单个成分，则不一定会导致过敏反应。

应用部位

有些皮肤区域（如眼睑）特别容易引发接触性皮炎反应。护肤霜或头发护理产品（如染发剂）涂抹在整个面部时，可能偶尔会引起明显的眼睑过敏反应。此外，异位皮炎（由手接触过敏原引起，常发生于涂指甲油时）、空气传播的接触性皮炎（由于香水中挥发性成分）以及配偶或伴侣皮炎（由伴侣或他人近距离使用的产品引起）通常仅发生在"敏感"皮肤区域，如眼睑、嘴唇和颈部。

此外，化妆品在某些"封闭"区域的渗透性会增强，例如身体褶皱（如腋窝）和肛门生殖器区域，这会增加接触致敏的风险。初次接触过敏原后，反应通常会持续数周。这可能部分归因于衣物残留的污染，如果辅以遮盖和摩擦，过敏原的渗透增加可能会导致形成储存库，随后过敏原被释放。

皮肤状态

当皮肤屏障受损时，应用于受损的皮肤会增加物质渗透的风险，进而提高过敏反应的概率。这种情况常出现在缓解干燥、过敏性皮肤或保护手部的屏障修护霜的使用场景中，因为手部经常遭受干燥和皲裂等刺激问题。此外，皮肤反应可能仅发生在之前受影响的某些区域，因为这些区域更容易对后续使用的相同过敏原产生反应。有时，已存在的皮炎或其他湿疹性皮肤病（如特应性或脂溢性皮炎）可能会加重或类似，同时，非湿疹性临床表现有时也可能提示化妆品过敏。

接触时间

在化妆品领域，有2种不同类型的产品：前

者是留置在皮肤数小时的免洗产品（如面部和身体护理产品以及化妆品），后者是用后即除的冲洗产品，一般仅留置几分钟。区分免洗和冲洗产品并不总是与过敏有关，因为这些产品在皮肤表面可以形成一层薄膜，足以允许成分渗透。需要特别注意的是湿巾，其中的防腐剂和芳香剂是重要的致敏原因。

使用频率与累积效应

不良反应的风险可能会增加，如果每天或一天多次使用化妆品，因为这可能会导致成分在皮肤中积累。实际上，即使一种成分的浓度过低，无法在单次使用中引起过敏反应，但是，如果使用多种含有相同成分的产品，这些成分在皮肤中的累积量可能会达到临界水平。对于那些忠于同一品牌的日夜霜、粉底和洁面产品的个体来说，这种情况可能会发生，因为制造商通常会在所有产品中使用相同的防腐体系，这是商业化的结果。因此，使用生物活性成分（如防腐剂、乳化剂、抗氧化剂和香料）的公司应该考虑到累积效应。另外，根据经验，频繁使用化妆品的个体比其他人更容易出现化妆品皮炎。

化妆品过敏的诊断

为确保准确诊断化妆品过敏，需要仔细记录个体病史并关注临床症状和皮损的部位。对于可能接触化妆品过敏的个体，建议进行过敏原鉴定，包括使用基线（标准）系列、特定化妆品检测系列、使用过的产品本身及其所有成分的斑贴试验。建议在进行斑贴试验后延迟读数达 7 d。若怀疑患有化妆品皮炎，且斑贴试验的结果令人怀疑或给出假阴性结果时，可考虑使用用法用量试验和（或）重复开放应用试验（ROATs）进行辅助检测。此外，若怀疑患接触性皮炎（ICU），则需要进行点刺试验，并随后进行即时检测。

降低化妆品过敏风险的措施

为了将化妆品过敏的风险降到最低，必须在上市前进行安全性研究。由于经济合作与发展组织（Organisation for Economic Co-operation and Development，OECD）在 2013 年的指导方针禁止进行动物试验，因此化妆品成分的致敏性是通过结合既往安全数据和替代方法来评价的。已经报道了一些用于识别水解小麦蛋白抗原性的替代方法，这些方法在速发型超敏反应案例中得到了应用。

对于市场上化妆品引起的过敏，基于可靠诊断的病例信息是最有用的。

总结

接触性皮炎包括过敏性接触性皮炎（ACD）、光过敏性接触性皮炎、接触性荨麻疹、非过敏性刺激性接触性皮炎和光毒性接触性皮炎等。由于其极度复杂的性质，识别化妆品过敏原是一项具有挑战性的任务，这不仅适用于皮肤科医生试图找出过敏原并为患者提供建议，也适用于那些非常关注产品安全性的化妆品制造商。对于化妆品不良反应的准确、最新和快速的信息对于产品设计至关重要。很明显，上市前的研究无法识别所有的风险。因此，皮肤科医生和化妆品制造商之间需要更多积极有效的交流。尽管对于化妆品的敏感性是无法完全避免的，但是发病率可以显著降低。

原文参考文献

Johansen JD, Aalto-Korte K, Agner T, et al. European Society of Contact Dermatitis guideline for diagnostic patch testing-recommendations on best practice. Contact Dermatitis. 2015, 73(4):195-221.

Aiba S. Definition, classification and pathophysiology of contact dermatitis. In Matsunaga K, Ito A, Kanto H, Suzuki K, eds, Contact Dermatitis and PatchTest. Tokyo: Gakken Medical

Shujunsha. 2019, 12-16. (Japanese).

Grosshans E, Lachapelle J-M. Signs, symptoms or syndromes? Ann Dermatol Venereol. 2008, 135(4):257-258.

Lachapelle JM. Diseases for which patch testing is recommended: patients who should be investigated. In Lachapelle JM. Maibach HI, eds.Patch Testing and Prick Testing, 4th edn. Gewerbestrasse: Springer; 2020, 11-37.

Gerberick GF, Vassallo JD, Foertsch LM, et al. Quantification of chemical peptide reactivity for screening contact allergens: a classification tree model approach. Toxicol Sci. 2007, 97(2):417-427.

Lepoittevin JP. Molecular aspects in allergic and irritant contact dermatitis. In: Johansen JD, Frosch PJ, Lepoittevin JP, eds, Contact Dermatitis, 5th edn. Berlin, Heidelberg: Springer-Verlag; 2011, e622-e722.

Yasukawa S, Miyazaki Y, Yoshii C, et al. An ITAMSyk-CARD9 signalling axis triggers contact hypersensitivity by stimulating IL-1 production in dendritic cells. Nat Commun. 2014, 5:3755. doi: 10.1038/ncomms4755.

Martin SF, Dudda JC, Bachtanian E, et al. Toll-like receptor and IL-12 signaling control susceptibility to contact hypersensitivity. J Exp Med. 2008, 205(9):2151-2162.

Esser PR, Wolfle U, Durr C, et al. Contact sensitizers induce skin inflammation via ROS production and hyaluronic acid degradation. PLoS One. 2012, 7(7):e41340.

Forster R, Schubel A, Breitfeld D, et al. CCR7 coordinates the primary immune response by establishing functional microenvironments in secondary lymphoid organs. Cell. 1999, 99(1):23-33.

Boislève F, Kerdine-Romer S, Rougier-Larzat N, et al. Nickel and DNCB induce CCR7 expression on human dendritic cells through different signalling pathways: role of TNF-alpha and MAPK. J Invest Dermatol. 2004, 123(3):494-502.

Kabashima K, Shiraishi N, Sugita K, et al. CXCL12-CXCR4 engagement is required for migration of cutaneous dendritic cells. Am J Pathol. 2007, 171(4):1249-1257.

Guo TL, Zhang XL, Leffel EK, et al. Differential stimulation of IgE production, STAT activation and cytokine and CD86 expression by 2,4-dinitrochlorobenzene and trimellitic anhydride. J Appl Toxicol. 2002, 22(6):397-403.

Hopkins JE, Naisbitt DJ, Kitteringham NR, et al. Selective haptenation of cellular or extracellular protein by chemical allergens: association with cytokine polarization. Chem Res Toxicol. 2005, 18(2):375-381.

Schuepbach-Mallepell S, Philippe V, Briiggen M-C, et al. Antagonistic effect of the inflammasome on thymic stromal lymphopoietin expression in the skin. J Allergy Clin Immunol. 2013, 132(6):1348-1357.

Liu B. Tai Y, Liu B. Caceres AI et al. Transcriptome profiling reveals Th2 bias and identifies endogenous itch mediators in poison ivy contact dermatitis. JCI Insight. 2019, 4(14):el24497.

Larsen JM, Bonefeld CM, Poulsen SS, et al. IL-23 and T(H)17-mediated inflammation in human allergic contact dermatitis. J Allergy Clin Immunol. 2009, 123(2):486-492.

Takahashi R, Mizukawa Y, Yamazaki Y, et al. *In vitro* differentiation from naive to mature E-selectin binding CD4 T cells: acquisition of skin-homing properties occurs independently of cutaneous lymphocyte antigen expression. J Immunol. 2003, 171(11):5769-5777.

Meller S, Lauerma AI, Kopp FM, et al. Chemokine responses distinguish chemical-induced allergic from irritant skin inflammation: memory T cells make the difference. J Allergy Clin Immunol. 2007, 119(6):1470-1480.

O'Leary JG, Goodarzi M, Drayton DL, et al. T cell- and B cell-independent adaptive immunity mediated by natural killer cells. Nat Immunol. 2006:7(5):507-516.

Shimizuhira C, Otsuka A, Honda T, et al. Natural killer Tcells are essential for the development of contact hypersensitivity in BALB/c mice. J Invest Dermatol. 2014, 134(11):2709-2718.

Tomura M, Honda T, Tanizaki H, et al. Activated regulatory T cells are the major T cell type emigrating from the skin during a cutaneous immune response in mice. J Clin Invest. 2010, 120(3):883-893.

Trautmann A, Akdis M, Kleemann D, et al. T cell-mediated Fas-induced keratinocyte apoptosis plays a key pathogenetic role in eczematous dermatitis. J Clin Invest. 2000, 106(1):25-35.

Trautmann A, Altznauer F, Akdis M, et al. The differential fate of cadherins during T-cell-induced keratinocyte apoptosis leads to spongiosis in eczematous dermatitis. J Invest Dermatol. 2001, 117(4):927-934.

Ohtani T, Memezawa A, Okuyama R, et al. Increased hyaluronan production and decreased E-cadherin expression by cytokine- stimulated keratinocytes lead to spongiosis formation. J Invest Dermatol 2009, 129(6):1412-1420.

Fartasch M, Schnetz E, Diepgen TL. Characterization of detergent-induced barrier alterations effect of barrier cream on irritation. J Investig Dermatol Symp Proc. 1998, 3(2):121-127.

Bains SN, Nash P, Fonacier L. Irritant contact dermatitis. Clin Rev Allergy Immunol. 2019, 56(1):99-109.

De Groot AC. Monographs in Contact Allergy Vol 1. Non-Fragrance Allergens in Cosmetics. London: CRC Press;2018.

De Groot AC. Monographs in Contact Allergy: Vol 2: Fragrances and Essential Oils. London: CRC Press; 2019.

Johansen JD, Menné T. The fragrance mix and its constituents: a 14-year material. Contact Dermatitis. 1995, 32(1):18-23.

Frosch PJ, Johansen JD, Menné T, et al. Further important sensitizers in patients sensitive to fragrances. I. Reactivity to 14 frequently used chemicals. Contact Dermatitis. 2002, 47(2):78-85.

Frosch PJ, Johansen JD, Menne T, et al. Lyral is an important sensitizer in patients sensitive to fragrances. Br J Dermatol 1999, 141:1076-1083.

Frosch PJ, Johansen JD, Menne T, et al. Further important sensitizers in patients sensitive to fragrances. Ⅱ. Reactivity to essential oils. Contact Dermatitis. 2002, 47:279-287.

Bruze M, Andersen KE, Goossens A. Recommendation to include fragrance mix 2 and hydroxyisohexyl 3-cyclohexene carboxaldehyde (Lyral®) in the European Baseline patch test series. Contact Dermatitis. 2008, 58(3):129-133.

Karlberg AT, Dooms-Goossens A. Contact allergy to oxidized d-limonene among dermatitis patients. Contact Dermatitis. 1997, 36(4):201-206.

Christensson JB, Andersen KE, Bruze M, et al. Air-oxidized linalool: a frequent cause of fragrance contact allergy. Contact Dermatitis. 2012, 67(5):247-259.

Lepoittevin JP, Meschkat E, Huygens S, et al. Presence of resin acids in "oakmoss" patch test material: a source of misdiagnosis? Letter to the Editor. J Invest Dermatol. 2000, 115(1):129-130.

Wilkinson JD, Shaw S, Andersen KE, et al. Monitoring levels of preservative sensitivity in Europe: a 10-year overview (1991-2000). Contact Dermatitis. 2002, 46(4):207-210.

Svedman C, Andersen KE, Brandao FM, et al. Follow-up of the monitored levels of preservative sensitivity in Europe: overview of the years 2001-2008. Contact Dermatitis. 2012, 67(5):312-314.

Timmermans A, Hertog SD, Gladys K, et al. Dermatologically tested baby toilet tissues: a cause of contact dermatitis in adults. Contact Dermatitis. 2007, 57(2):97-99.

Gruvberger B. Lecoz C, Gongalo M, et al. Repeated open application testing with methylisothiazolinone: multicentre study within the EECDRG. Dermatitis. 2007, 18(2):111.

Garcia-GavínJ, Vansina S, Kerre S,et al.Methylisothiazolinone: an emerging allergen in cosmetics? Contact Dermatitis. 2010, 63(2):96-101.

Lundov MD, Krongaard T, Menné TL, et al. Methylisothiazolinone contact allergy: a review. Br J Dermatol. 2011, 165(6):1178-1182.

Uter W, Aalto-Korte K, Agner T, et al. The epidemic of methylisothiazolinone in Europe: follow-up on changing exposures. J Eur Acad Dermatol Venereol. 2020, 34:333-339.

Fasth IM, Ulrich NH, Johansen JD. Ten-year trends in contact allergy to formaldehyde and formaldehyde-releasers. Contact Dermatitis. 2018, 79:263-269.

Doi T, Kajimura K, Taguchi S. The different decomposition properties of diazolidinyl urea in cosmetics and patch test materials. Contact Dermatitis. 2011, 65(2):81-91.

Doi T, Takeda A, Asada A, et al. Characterization of the decomposition of compounds derived from imidazolidinylurea in cosmetics and patch test materials. Contact Dermatitis. 2012, 67(5):284-292.

Revuz J. Vivent les parabenes. Long live parabens. Ann Dermatol Venereol. 2009, 136(5):403-404.

Giordano-Labadie F, Schwarze HP, Bazex J. Allergic contact dermatitis from octyl gallate in lipstick. Contact Dermatitis. 2000, 42(1):51.

Manzano D, Aguirre A, Gardeazabal J, et al. Allergic contact dermatitis from tocopheryl acetate (vitamin E) and retinol palmitate (vitamin A) in a moisturizing cream. Contact Dermatitis. 1994, 31(5):324.

Belhadjali H, Giordano-Labadie F, Bazex J. Contact dermatitis from vitamin C in a cosmetic antiaging cream. Contact Dermatitis. 2001, 45(5):317.

Sasseville D, Moreau L, Al-Sowaidi M. Allergic contact dermatitis to idebenone used as an antioxidant in an anti-wrinkle cream. Contact Dermatitis. 2007, 56(2):117-118.

Garcia-Gavín J, Parente J, Goossens A. Allergic contact dermatitis caused by sodium metabisulfite, a challenging allergen. A case series and literature review. Contact Dermatitis. 2012, 67(5):260-269.

Goossens A, Baret I, Swevers A. Allergic contact dermatitis caused by tetrahydroxypropyl ethylenediamine in cosmetic products. Contact Dermatitis. 2011, 64(3):161-164.

Thyssen JP, Andersen KE, Bruze M, et al. Paraphenylenediamine sensitization is more prevalent in central and southern European patch test centres than in Scandinavian: results from a multicentre study. Contact Dermatitis. 2009, 60(6):314-319.

Constandt L, Hecke EV, Naeyaert J-M, et al. Screening for contact allergy to artificial nails. Contact Dermatitis. 2005, 52(2):73-77.

Goossens A. Photoallergic contact dermatitis. Photodermatol Photoimmunol Photomed. 2004, 20(3):121-125.

Avenel-Audran M, Dutartre H, Goossens A, et al. Octocrylene, an emerging photoallergen. Arch Dermatol. 2010, 146(7):753-757.

Gohara M, Yagami A, Suzuki K, Morita Y, Sano A, Iwata Y, Hashimoto T, Matsunaga K. Allergic contact dermatitis caused by phenylethyl resorcinol [4-(1-phenylethyl)-1,3-

benzenediol], a skin-lightening agent in cosmetics. Contact Dermatitis. 2013, 69(5):319-320.

Masuo U, Ito A, Masui Y, et al. A case of allergic contact dermatitis caused by arbutin. Contact Dermatitis. 2015, 72(6):404-405.

Suzuki K, Yagami A, Matsunaga K. Allergic contact dermatitis caused by a skin-lightening agent, 5,5'-dipropylbiphenyl-2,2'-diol. Contact Dermatitis. 2012, 66(1):51-52.

Yagami A, Suzuki K, Morita Y, Iwata Y, Sano A, Matsunaga K. Allergic contact dermatitis caused by 3-o-ethyl-L-ascorbic acid (vitamin C ethyl). Contact Dermatitis. 2014:70(6): 376-377. doi: 10.1111/cod.12161. PMID: 24846587.

Victoria-Martínez AM, Mercader-García P. Allergic contact dermatitis to 3-o-ethyl-L-ascorbic acid in skin-lightening cosmetics. Dermatitis. 2017, 28(1):89.

Matsunaga K, Suzuki K. Ito A. et al. Rhododendrol-induced leukoderma update I: clinical findings and treatment. J Dermatol. 2021, 48(7):961-968.

Inoue S, Katayama I, Suzuki T, Tanemura A, et al. Rhododendrol-induced leukoderma update Ⅱ: pathophysiology, mechanisms, risk evaluation, and possible mechanismbased treatments in comparison with vitiligo. J Dermatol. 2021, 48(7):969-978.

Jensen CD, Charlotte D, Andersen, KE. Allergic contact dermatitis from sodium stearoyl lactylate, an emulsifier commonly used in food products. Contact Dermatitis. 2005, 53(2):116.

Washizaki K, Kanto H. Yazaki S, et al. A case of allergic contact dermatitis to polyglyceryl laurate. Contact Dermatitis. 2008:58(3):187-188.

Lotery H, Kirk S, Beck M, et al. Dicaprylyl maleate— an emerging cosmetic allergen. Contact Dermatitis. 2007, 57(3):169-172.

Goossens A, Verbruggen K, Cattaert N, et al. New cosmetic allergens: isononyl isononanoate and trioleyl phosphate. Contact Dermatitis. 2008, 59(5):320-321 .

Swinnen I, Goossens A. Allergic contact dermatitis from ascorbyl tetraisopalmitate. Contact Dermatitis. 2011, 64(4):241-242.

Sugiura M, Hayakawa R, Kato Y, et al. Results of patch testing with 1,3-butylene glycol from 1994 to 1999. Environ Dermatol (Japan). 2001, 8:1-5.

Gallo R, Viglizzo G, Vecchio F, et al. Allergic contact dermatitis from pentylene glycol in an emollient cream, with possible co-sensitization to resveratrol. Contact Dermatitis. 2003, 48(3):176-177.

Linsen G, Goossens A. Allergic contact dermatitis from ethylhexylglycerin. Contact Dermatitis. 2002, 47(3):169.

Goossens A, Decraene T, Platteaux N, et al. Glucosides as unexpected allergens in cosmetics? Contact Dermatitis. 2003, 48(3):164-166.

Blondeel A. Contact allergy to the mild surfactant decylglucoside. Contact Dermatitis. 2003, 49(6):304-305.

Quartier S, Garmyn M, Becart S, et al. Allergic contact dermatitis to copolymers in cosmetics—case report and review of the literature. Contact Dermatitis. 2006, 55(5):257-267.

Kai AC, White JML, White I, et al. Contact dermatitis caused by C30-38 olefin/isopropyl maleate/MA copolymer in a sunscreen. Contact Dermatitis. 2011, 64(6):353-354.

Swinnen I, Goossens A, Rustemeyer T. Allergic contact dermatitis caused by C30-38 olefin/isopropyl maleate/MA copolymer in cosmetics. Contact Dermatitis. 2012, 67(5):318-320.

Lucidarme N, Aerts O, Roelandts R, et al. Hydroxyethyl acrylate: a potential allergen in cosmetic creams? Contact Dermatitis. 2008, 59(5):321-322.

Kiken DA, Cohen DE. Contact dermatitis to botanical extracts. Am J Contact Dermatitis. 2002, 13:148-152.

Thomson KF, Wilkinson SM. Allergic contact dermatitis to plant extracts in patients with cosmetic dermatitis. Br J Derm. 2003, 142:84-88.

Foubert K, Dendooven E, Theunis M, et al. The presence of benzophenone in sunscreens and cosmetics containing the organic UV filter octocrylene: a laboratory study. Contact Dermatitis. 2021, 85(1):69-77.

Sahoo B, Handa S, Penchallaiah K, et al. Contact anaphylaxis due to hair dye. Contact Dermatitis. 2000, 43(4):244.

Wong GAE, King CM. Immediate-type hypersensitivity and allergic contact dermatitis due to para-phenylenediamine in hair dye. Contact Dermatitis. 2003, 48(3):166.

Sosted H, Agner T, Andersen KE, et al. 55 Cases of allergic reactions to hair dye: a descriptive, consumer complaint-based study. Contact Dermatitis. 2002, 47(5):299-303.

Wigger-Alberti W, Eisner P, Wuthrich B. Immediate-type allergy to the hair dye basic blue 99 in a hairdresser. Allergy. 1996, 51(1):64-65.

Alto-Korte K, Makinen-Kiljunen S. Specific immunoglobulin E in patients with immediate persulfate hypersensitivity. Contact Dermatitis. 2003, 49(1):22-25.

Bourrain JL, Amblard P, Beani JC. Contact urticaria photoinduced by benzophenones. Contact Dermatitis. 2003, 48(1):45-46.

Emonet S, Pasche-Koo F, Perin-Minisini MJ, et al. Anaphylaxis to oxybenzone, a frequent constituent of sunscreens. J Allergy Clin Immunol. 2001, 107(3):556-557.

Yésudian PD, King CM. Severe contact urticaria and anaphylaxis from benzophenone-3 (2-hydroxy 4-methoxy benzophenone). Contact Dermatitis. 2002, 46(1):55-56.

Varjonen E, Petman L, Makinen-Kiljunen S. Immediate contact allergy from hydrolyzed wheat in a cosmetic cream. Allergy. 2000, 55(3):294-296.

Pecquet C, Lauriere M, Huet S, et al. Is the application of cosmetics containing protein-derived products safe? Contact Dermatitis. 2002, 46(2):123.

Yagami A, Aihara M, Ikezawa Z, et al. Outbreak of immediate-type hydrolyzed wheat protein allergy due to a facial soap in Japan. J Allergy Clin Immunol. 2017, 140(3):879-881.

Nakamura M, Yagami A, Hara K, Sano-Nagai A, Kobayashi T, Matsunaga K. Evaluation of the cross-reactivity of antigens in Glupearl9S and other hydrolysed wheat proteins in cosmetics. Contact Dermatitis. 2016, 74(6):346-352.

Borba JC, Braga RC, Alves VM, et al. Pred-skin: a web portal for accurate prediction of human skin sensitizers. Chem Res Toxicol. 2021, 34(2):258-267.

Kuroda Y, Yuki T, Takahashi Y, et al. Long form of thymic stromal lymphopoietin of keratinocytes is induced by protein allergens. J Immunotoxicol. 2017, 14(1):178-187.

Tranquet O, Gaudin JC, Patil S, et al. A chimeric IgE that mimics IgE from patients allergic to acid-hydrolyzed wheat proteins is a novel tool for in vitro allergenicity assessment of functionalized glutens. PLoS One. 2017, 12:e0187415.

第9章

种族可能是刺激性接触性皮炎的内源性因素：比较白种人、非裔和亚裔的刺激性反应

介绍

刺激性接触性皮炎（Irritant contact dermatitis，ICD）是一种常见的潜在严重的皮肤疾病，也是第二大常见职业病，占所有报告职业病的15%~20%。由于接触性皮炎可发展为慢性皮肤病，了解其病因的潜在因素在临床上十分重要。

这种情况分为几种形式，具体取决于接触的性质和由此产生的临床表现。2种常见的类型是急性和慢性皮炎。急性接触性皮炎表现为典型的刺激症状，如局部性和浅表性红斑、水肿和球结膜水肿；它是单次接触急性刺激物的结果。慢性刺激性皮炎表现出类似的症状，但当反复接触较弱的刺激物时，症状和体征持续数周、数年或数十年。

侵袭性刺激物引起皮炎的效力取决于刺激物的性质和最初的皮肤状态。症状的严重程度取决于外源性和内源性因素。外源性因素包括刺激物的化学和物理性质，以及刺激物应用的载体和频率。内源性因素可能包括年龄、性别、既往皮肤疾病、皮肤敏感性、遗传背景和本章节的主题——种族。

皮肤生理和病理生理在不同种族个体中存在差异。因此，了解种族对ICD内源性因素的影响成为了皮肤毒理学中的一个重要问题。我们将比较非裔、亚裔和白种人个体在刺激反应方面的差异，以研究ICD的种族倾向。通过回顾这些研究，我们将评估ICD易感性在种族间是否存在差异。

种族是否是ICD因素的答案对临床实践和研究具有重要意义。在外用产品（如肥皂、洗涤剂、香水和化妆品）上市前试验、职业危害的风险评估以及产品安全性研究的受试者入选标准中，了解刺激性在种族间的差异是必要的。

非裔与白种人的刺激反应对比

以红斑作为量化刺激的参数，早期研究表明，相同标准下，非裔人群比白种人群表现出更少的红肿。Marshal等发现，只有15%的非裔个体表现出1%二氯乙基硫化物（dichloroethyl sulfide，DCES）引起的急性刺激性皮炎所定义的红斑，而白种人个体则有59%的人出现这种症状。随后，Weigand和Mershon进行了为期24 h的斑贴试验，使用正氯苯二甲酸丙二硝基作为刺激物，结果证实非裔个体对ICD量化的红斑比白种人个体更不敏感（详见表9.1的项目A）。进一步的研究同样以红斑作为刺激物的衡量标准，发现非裔个体对刺激物的反应更弱。

表 9.1 非裔与白种人的刺激反应

干预	终点	备注	参考
A. 研究结果显示，非裔和白种人个体之间的刺激反应有统计学意义上的显著差异			
1% 二氯乙基硫化物	红斑	未经处理	Marshal et al.
正氯苯二甲酸丙二硝基	红斑	未经处理	Weigand et al.
100 mM 的烟酸甲酯	PPG	未经处理	Guy et al.
0.05% 氯倍他索	LDV	预先遮蔽处理	Berardesca and Maibach
0.5% ~ 2.0% SLS	TEWL	预先遮蔽处理	Berardesca and Maibach
B. 研究结果显示，非裔和白种人个体之间的刺激反应无统计学意义上的显著差异			
0.5% ~ 2.0% SLS	LDV 和 WC	未处理、预遮蔽和预脱脂	Berardesca and Maibach
100 mM 的烟酸甲酯	LDV	未经处理	Guy et al.
0.1，0.3 和 1.0 M 的烟酸甲酯	LDV 和 WC	未经处理	Gean et al.

缩写词：LDV：激光多普勒测速仪；PPG：电容积描记法；SLS：十二烷基硫酸钠；TEWL：经表皮水丢失；WC：含水量

Weigand 和 Gaylor 的研究表明，去除非裔和白种人受试者的角质层（SC）后，2 组的红斑量化刺激并没有显著差异。他们得出的结论是，SC 可能存在结构上的差异，使非裔个体的皮肤更受保护，从而免受化学刺激。Muizzuddin 等证实了 SC 结构的这些差异。与白种人相比，非裔个体在 SC 最表层表现出较低的神经酰胺水平和较高的蛋白质凝聚力，导致干燥和刺激保护的发生率最高。事实上，尽管两个种族的 SC 厚度相同，但非裔皮肤的 SC 有更多更强的细胞层，更多的整体脂质和甾醇，脱屑增加，神经酰胺减少，电阻高于白种人皮肤。此外，Wesley 和 Maibach 发现，非裔和白种人的皮肤属性存在先天差异的重要证据。他们发现，非裔个体有较高的经皮水丢失（TEWL）值，皮肤表面 pH 值降低，血管反应性变化，肥大细胞颗粒较大。他们得出的结论是，这些变量可能在这些群体之间观察到皮肤疾病差异的发生中起到作用。

然而，仅根据视觉评分的研究很难得出结论：非裔皮肤不易产生红斑。深色皮肤的红斑较难测量，因此两个试验组之间皮肤刺激的差异可能仅是由于难以评价非裔受试者的红斑而导致的。在一篇论文中，Peters 等探讨了这个猜想。他们研究了肤色较浅的旁遮普人和肤色较深的泰米尔人之间的跨种族受试者，并控制了混杂变量，如皮肤评价设备、时间和环境等。他们将浓度为 1.0%、2.0% 和 3.0% 的十二烷基硫酸钠（SLS）应用于封闭的小室 24 h，并对各种视觉参数进行了评价，包括红斑、皱纹和光滑度。结果表明，如果仅将红斑作为刺激的唯一衡量标准，肤色较深的泰米尔人对 SLS 的敏感度低于旁遮普人。然而，如果同时考虑皱纹和光滑度，则泰米尔人比旁遮普人更敏感。更重要的是，在水肿和结痂反应方面，观察到了类似的剂量反应，表明两个群体对 SLS 的反应相当。作者得出结论，仅仅凭借红斑并不足以衡量刺激程度，特别是在深色皮肤的情况下，必须考虑其他视觉参数。

为更好地探讨该问题，有必要分析使用替代的精确检测方法来评估诱导皮肤刺激水平的研究。Berardesca 和 Maibach 进行了这样的研究，以确定年轻白种人和年轻非裔皮肤之间的刺激差异。他们在未处理、预遮蔽和预脱脂的皮肤上分别应用了 0.5% 和 2.0% 的 SLS，并使用客观技术——激光多普勒测速仪（laser Doppler velocimetry，LDV）、TEWL 和 SC 的含水量（WC）来量化由此产生的刺激水平。结果显示，用 LDV 和 WC 测量 2 组间的刺激没有统计学差异，但在 0.5% SLS 预遮蔽试验中，他们发现了统计学差异，表明非裔个体的 TEWL 水平高于白种人个体。Wesley和Maibach的后续研究发现，8项研究中有6项显示，非裔皮肤的TEWL值更高（表9.1，项目B）。有趣的是，最近测量皮肤水分蒸发性的研究报告了相互矛盾的结果，Aster等在2006年的研究证明，通过反射式共聚焦显微镜（reflectance confocal microscopy，RCM）测量，白种人个体在暴露于一种常见的家庭刺激物——象牙牌香皂时，皮肤水分蒸发水平更高。Hicks等在2003年报道了类似发现，白种人受试者的TEWL比非裔受试者在4.0%SLS的反应中有所增加（由RCM测量）。考虑到不同种族之间客观TEWL测量的这种明显变化，必须考虑TEWL量化和刺激暴露的方法。Berardesca等报告的TEWL是用蒸发器测量的，而Aster和Hicks则使用了一种较新的方法——RCM。此外，Hicks对非裔个体TEWL的测定是基于较高浓度的SLS（4.0%），而Berardesca为2.0%，这可能导致在较高浓度的常见化学刺激物下，非裔皮肤的屏障完整性是否比白种人皮肤更强需要进一步考虑。

虽然如此，Wu等已经证明了高TEWL值对于反映接受乳酸刺痛试验的患者皮肤敏感性增加具有重要意义。他们的研究结果表明，在TEWL值较高且电容值较低的患者中，刺痛发生的时间显著减少，临床评分（刺痛程度）也有所增加。An等后来的研究比较了与乳酸刺痛试验相关的一些皮肤因素，得出了类似的结论：被刺痛者的TEWL水平高于非刺痛者的水平。需要注意的是，该研究还发现电容或pH值与皮肤敏感性增加之间没有相关性。

在TEWL测量方面，Reed等进行了另一项有趣的分层研究，不仅考虑了种族群体之间的参数差异，还考虑了不同程度色素沉着之间的参数差异。他们证明，与Ⅱ型和Ⅲ型皮肤相比，在测量胶带剥离时，Fitzpatrick Ⅴ型和Ⅵ型皮肤需要更多的胶带剥离才能达到相同水平的

TEWL。这些观察结果表明，肤色较深的皮肤可能具有更好的屏障完整性，比浅色皮肤更不易受化学刺激物的影响。

根据Gean等的研究结果，无论是非裔还是白种人受试者，使用不同浓度的局部尼古丁甲酯（0.1 M、0.3 M和1.0 M）刺激皮肤后，最大LDV反应在2组之间没有显著差异。此外，两组受试者的血流和红斑反应也没有差异。Guy等的研究也支持使用100 mM甲基烟酸盐后测量的LDV结果，显示非裔和白种人受试者之间没有显著差异。然而，使用光电容积描记法（photoplethysmography，PPG）测量血流时发现了差异。具体来说，白种人受试者的PPG值高于非裔受试者，这表明白种人受试者可能更容易受到刺激。作者没有解释为什么使用PPG测量血流时在两组受试者之间存在显著差异，而LDV没有。

与表9.1中早期研究的结果相反，Berardesca和Maibach的研究发现，非裔试验组的血管反应性低于白种人试验组。他们在应用强效皮质激素后，通过测量LDV血管收缩来检测遮蔽后皮肤的反应性充血（血管闭塞后短暂的血流增加），并对非裔和白种人受试者进行比较。结果显示，非裔受试者组有数个显著不同的充血反应参数。具体来说，LDV曲线响应下面积减小，LDV峰值响应减小，峰值血流量后衰减斜率降低，这些结果表明非裔受试者的刺激诱导血管反应水平降低。这些结果与他们既往工作一致。

早期的研究表明，红斑是一个指标，它表明非裔皮肤比白种人更容易受到刺激。然而，最近的数据表明这种测量方法具有误导性。现在，随着最新的生物工程技术的发展，已经出现了更客观的推断皮肤过敏的方法。尽管有相互矛盾的证据表明对非裔和白种人个体相对于皮肤敏感性下的结论还为时尚早，但最近的

多项研究，包括北美接触性皮炎小组（North American Contact Dermatitis Group，NACDG）在2016年发表的一篇论文，报道了某些外源性刺激物质，例如对苯二胺、杆菌肽、巯基苯并噻唑、秋兰姆和巯基嘧啶，在非裔个体中通常会引起ICD反应。因此，尽管现在关于种族间相对皮肤敏感性的结论还为时尚早，但对于上述药物的相对敏感性的了解可以指导未来职业和治疗危害注意事项的发展。

亚裔与白种人的刺激反应对比

Rapaport曾进行一项早期研究，比较了白种人和日裔女性对皮肤刺激敏感性的差异。该研究在洛杉矶地区进行，历时21 d，使用标准斑贴试验法检测了15种刺激物（包括不同类型或浓度的清洁剂、防晒霜和SLS）。该研究根据每个种族组中所有受试者对每种刺激物的累积数据得分报告结果。在15种刺激物中，日裔女性对13种刺激物的累积刺激得分较高。作者解释说，这些发现表明日裔相对于白种人更敏感于刺激物，这与日本人总体上比白种人更敏感的印象相符。值得注意的是，这种敏感性与所测物质的浓度或化学配方无关。

尽管这些发现很重要，但解释数据却十分困难。首先，正如Robinson所指出的，Rapaport提供的实验细节和数据很少。例如，虽然该研究历时21 d，但只报告了最终累积刺激评分，而没有提供每天的刺激读数，这导致无法观察到反应的时间模式。其次，没有进行统计检验以确定日裔和白种人受试者之间的差异是否具有统计学意义。最后，累积刺激试验分数并不能区分受试者反应的强度和受试者的数量。因此，有可能出现极度敏感的日裔受试者夸大整体的刺激得分。因此，提供标准差至少有助于排除这类问题。

Basketter等的研究结果令人惊讶，他们发现在暴露于不同浓度（0.1%～20%）的十二烷基硫酸钠（SDS）4 h后，德国受试者比中国受试者更为敏感。他们在德国、中国和英国的受试者上臂外侧施用SDS，并根据红斑程度测量剂量-反应刺激，最终得出结论：德国受试者相比中国受试者更易感受到SDS，而中国人则比英国受试者略为敏感。这一结论与Rapaport的研究相反，后者的研究表明亚裔受试者比白种人受试者更容易发生ICD。

然而，部分作者承认这项研究存在先天缺陷。首先，本研究未能控制时间和环境的变量。德国和中国的研究在冬季的3～6周内进行，而英国的研究则持续了15个月。此外，德国的冬天比中国的冬天更为寒冷和干燥，而中国的冬天又比英国的冬天更为寒冷。如果我们假设寒冷和干燥的气候条件下对ICD更加敏感，那么这些变量将以可预测的方式影响结果。根据气候条件，可以预期德国受试者比中国人更易刺激反应，而中国人比英国人更易刺激反应。由于这些是实际结果，不能必然地将刺激反应的差异归因于种族或民族，因为这种差异很可能是由气候条件所造成。此外，研究中提到15%的英国志愿者是非裔。虽然作者解释说，非裔的刺激反应与整个英国群体的反应相似，但在研究种族差异的过程中混合种族存在科学问题。此外，研究未提供任何统计检验来证明结论，即德国人比其他种族或民族更敏感。

为了更好地解释结果，对受试者组反应百分比的差异进行了简单的二项检验。基于获得的统计数据，发现2个占主导地位的白种人群体之间的差异在统计学上显著大于白种人和华裔群体之间的差异（见表9.2）。这些结果表明，本研究中种族或民族可能不是影响ICD易感性的主要因素；其他未被控制的变量可能主导结果。

Goh和Chia的研究排除了时间和环境等变

量，该研究测试了中国、马来西亚和印度受试者对急性刺激性皮炎的敏感性。这些受试者右侧肩胛区暴露于2%的SLS，并使用TEWL测量由此产生的刺激。该技术是一种间接量化刺激的客观方法，TEWL值越高，隐性刺激越大。刺激性皮肤的TEWL水平在三个种族的三项统计检验中无显著差异。然而，中国和马来西亚受试者的皮肤TEWL值有显著差异，中国受试者更易罹患接触性皮炎。虽然这项试验并未有助于讨论白种人皮肤和亚裔皮肤刺激倾向的差异，但它确实引发了一个整体问题，即种族是否可能是刺激性皮炎的易感因素。

表 9.2　Basketter 等研究的统计分析

	0.1% SDS	0.25% SDS	0.50% SDS	1.0% SDS	2.5% SDS	5.0% SDS	10% SDS	20% SDS
德国	0.03	0.09	0.23	0.5	0.65	0.72	0.76	ND
中国	0	0	0.01	0.21	0.45	0.61	0.79	0.9
英国	0.01	0.07	0.06	0.15	0.33	0.41	0.49	0.76
N	100	100	100	100	100	100	100	100
Z（德国 – 中国）	1.75	3.07*	4.79*	4.29*	2.84*	1.65	−0.51	NA
Z（英国 – 中国）	1	1	1.92	−1.1	−1.74	−2.83*	−4.42*	−2.64*
Z（英国 – 德国）	−1.01	−2.60*	−3.41*	−5.28*	−4.53*	−4.42*	−3.94*	NA

* 比率在 5% 水平显著

缩写：SDS. 十二烷基硫酸钠；Z. Z值；ND. 未完成；NA. 不可用。前 3 行的数字是在特定 SDS 浓度下产生阳性刺激反应组百分比的小数。最后 3 行的数字是 Z 值。应用二项检验来确定各组反应百分比的差异：

$$Z=r_1-r_2\left[2r\left(1-r\right)/100\right]^{50}$$

其中 r_1 和 r_2 为 2 个民族的比值，r 为加权平均值。由于不同组的样本量相等，r 成为简单平均。需要注意的是，除一项差异之外，所有的英德差异都有显著的统计意义；然而，超过 50% 的英中差异以及几乎 50% 的德中差异在统计学上并不显著。这表明 2 个白种人组之间比白种人组和亚洲组之间有更大的统计学显著性差异

资料来源：参考文献

Foy等的研究增加了我们对日裔女性和白种人女性皮肤急性和慢性刺激反应差异的认识。他们减少了一些影响其他研究的变量；两个研究人群的环境、时间、季节和得分都一样。急性试验测试了11种不同的物质；应用于上臂24 h，并根据红斑情况测量刺激程度。慢性试验包括使用4 d暴露累积斑贴试验检测5种刺激物。急性试验中，虽然日裔受试者对刺激敏感性有轻微的上升趋势，但11种刺激物中仅有4种在2组间引起显著的反应差异——这些是使用浓度最高的刺激物。这表明，也许对于更集中的刺激物，急性接触性皮炎的反应确实有统计学差异；当然，这项研究需要在其他研究的背景下进行解释。慢性试验研究中，两个试验组的皮肤刺激得分接近，但日裔受试者的得分往往略高。

然而，只有在2种情况下，这种差异才具有统计显著性。正如作者所指出的那样，很难解释这两个例子的重要性，因为在时间轴后期节点，统计上显著差异并未持续存在。因此，可以明确得出结论：尽管日裔和白种人受试者在面对高浓度刺激物的急性刺激反应方面存在显著差异，但在慢性刺激反应方面却很少达到统计显著性。

与单一试验相比，包括急性和慢性刺激试验的研究能够更全面地展示不同组间的皮肤刺激差异，因此信息量更为丰富。Robinson进行了一系列研究，测试了白种人和亚裔人群在急性和慢性皮肤刺激反应方面的种族差异。在首次急性试验中，白种人受试者组和日本人受试者组在遮蔽状态下将上臂暴露于五种刺激物中长达4 h，由此产生的红斑用任意的视觉标尺进行评分，结果表示为对不同刺激物阳性试验反应

的累积百分比发生率。

需要注意的是，尽管日裔受试者再次比白种人受试者更易受急性刺激，但在两组之间，一种刺激物或一次试验时间并未引起显著的反应差异。此外，还需关注的是，对于5种刺激物中的3种，只有白种人受试者在试验早期有反应，这与日裔对刺激物反应更强烈的假设相矛盾。但即使是这种趋势性的差异也不被认为具有统计学意义。

接着，重新分析急性刺激反应数据，以考虑时间反应的可能差异。分析结果表明，日裔受试者的反应速度通常比白种人受试者更快，这可以从他们较短的TR50值（即累积刺激评分达到50%所需的时间）评价得出。虽然这一结果十分有趣，为两组间反应性时间差异增加了新的维度，但并没有提供确切的数据，并且也没有进行统计分析来确定这种时间模式差异是否确实具有统计学意义。在累积刺激试验中，同一日裔和白种人受试者分别涂抹了4种浓度的SDS（0.025%、0.05%、0.1%和0.3%），持续24 h，共14 d。获得的皮肤评分是所有试验天数所有受试者的总和。对于两种较低的SDS浓度，日裔受试者的反应略高于白种人受试者，但只有0.025% SDS的皮肤评分差异达到了统计学意义。当这些数据从时间反应的角度进行分析时，对于两种最低浓度，日裔的反应速度只比白种人对照组略快。但反应时间的差异是否具有统计学意义尚不清楚。

表9.2显示，在同一研究中，Robinson使用急性和慢性刺激研究来比较三个新的受试者组——华裔、日裔和白种人。累积刺激研究发现不同组间没有统计学意义的显著差异。在急性试验中，华裔受试者在大多数情况下对刺激物的反应比白种人受试者更强烈，但这种差异仅在一个情况下显著。Robinson认为这很可能是异常现象。日裔组和华裔组之间没有明显差异。令人惊讶的是，在日裔受试者再次与白种人受试者进行比较时，就像研究开始时一样，结果显示两组之间没有显著差异。

虽然Robinson的研究发现在日裔和白种人受试者之间的双向刺激反应对比检测中存在一定的统计差异，但这些差异并没有在研究后半部分的数据中得到验证，这进一步强调了在这种类型的研究中获得可重复结果的难度。首先从统计意义上讲，Robinson的样本量（约20人）很小；同时，由于不同种族或民族之间的皮肤差异，很难得出具体的结论。然而，Robinson的研究表明，在亚裔和白种人群体之间基本上没有显著差异，至少没有可重复的差异。

在随后的一项研究中，Robinson等得到了类似的结果。他们使用了4 h遮蔽斑贴试验，比较了亚裔和白种人受试者在相对急性皮肤反应性方面的差异，并用刺激时间反应来测量两组之间的差异。该研究测试了5种化学物质，包括20% SDS和100%癸醇。与既往的描述不同，即使在第4 h标记时，也未发现2组之间对多种刺激物反应的统计差异。然后，Robinson等尝试了一种新的方法：将种族亚人群分为"敏感"和"正常"2组，以测试这些新组中跨种族的累积分数百分比和时间反应的差异（即比较敏感的亚裔受试者和敏感的白种人受试者）。结果表明，在不同种族但相同皮肤类型的受试者之间并没有统计学意义的显著差异。这进一步反驳了早期的假设，即亚裔受试者对刺激物的反应比白种人受试者更强烈。

Robinson收集了过去5年的数据，使用了4 h人体斑贴试验来比较白种人和亚裔（包括日本和中国）两组之间的急性反应性差异。数据基于受试者对刺激性化学物质产生积极反应所需的时间来表示。研究表明，大多数试验中，亚裔表现出比白种人更高的刺激反应分数，但仅在使用SDS和癸醇作为刺激物的试验中，2组之间的差异在4 h达到了统计学上的显著性。需要注意的是，本研究的结果虽然可能更能代表整个人群，因为样本量相对较大（>200），但数据来源于3个不同的检测中心，历时5年，这可能会导致一些未受控制和未解释的变量的潜在增加。

为了确认Rapaport的发现是否客观可靠，Aramaki等对日裔和德裔女性分别进行了0.25%和0.5% SLS贴片皮肤反应的比较。为了控制混杂因素，作者控制了时间、温度和湿度等因素。结果显示，TEWL、LDV、皮脂和水合指数均无显著差异，这表明在客观层面上，2组女性的皮肤屏障没有差异。在同一研究中，作者还探究了主观偏见是否会影响Rapaport的结果。他们通过乳酸刺痛试验评估了皮肤紧致、刺痛、烧灼和瘙痒等感觉。令人惊讶的是，研究发现日裔女性对乳酸更敏感，相对于德裔女性，在疼痛严重程度量表上的得分更高。在2组女性对10%乳酸溶液均有反应的情况下，日裔女性在2 min时得分最高，而德裔女性则在4 min时得分最高。需要注意的是，过去的研究表明，白种人和日裔受试者在表皮神经支配方面并无差异，因此排除了结构性因素的影响。作者提出了另一种可能的解释，即日裔女性的皮肤吸收乳酸的能力更强，从而导致更快的刺激反应。然而，Lotte等的研究结果显示，亚裔、白种人和非裔受试者对苯甲酸、咖啡因或乙酰水杨酸的吸收并没有显著差异。基于作者的客观结果表明两组女性之间没有显著差异，但在主观评价中，日裔女性表现出更高的敏感性，作者得出结论认为文化差异可能是影响结果的因素。有趣的是，Lee等最新的研究表明，尽管白种人女性和亚裔女性的皮肤总体敏感性相似，但亚裔女性对于5%乳酸、0.001辣椒素和0.5% SLS的皮肤刺痛试验和贴斑试验中的主观和客观刺激反应都比白种人女性更强烈。至于10%乙醇或0.15%视黄醇，则未观察到任何差异。虽然主观

反应可能受到文化因素的影响，但亚裔女性可能更容易受到某些特定刺激物的影响，这与北美接触性皮炎小组关于非裔皮肤的报告类似。

需要注意的是，大多数关于亚洲皮肤ICD的参考文献都是指东亚或东南亚后代。由于在一个较大的族群中存在人口学差异，因此认识到包括印度次大陆在内的较小亚群体内存在特定模式非常重要。Suman等描述了印度次大陆连续100名不同职业角色的ICD模型，注意到最常见的刺激物包括硫酸镍、重铬酸钾和各种有机蔬菜提取物。尽管研究结果更为定性，但Suman等在研究设计中强调了外源性刺激反应在种族差异方面的重要作用。当应用于集中人口的职业指南时，这些结果可能会有更多的实际应用。

综上所述，一些研究支持了长期以来的观点，即亚裔受试者更容易出现ICD。然而，这种趋势很少具有统计学意义，而在另一项研究中，这种统计学意义则更少重复出现。此外，最近的研究表明，亚裔女性对刺激反应的增加在一定程度上是由于文化行为而不是测量到皮肤敏感性的客观差异。在局部产品安全性、职业危害风险评估和全球产品营销方面，假定亚裔和白种人之间存在有限的根本差异是可以接受的。

总结

表9.3总结了一些可能影响未来研究中细化解读的潜在因素。最新的生物工程技术进展表明不同种族之间在间接测量刺激方面存在差异。尽管这些研究已经阐明了新的且更为可信的关于刺激反应差异的证据，但仍然没有确凿的证据表明在白种人、非裔或亚裔群体之间存在显著的统计学意义上的差异。我们直觉上怀疑种族之间存在皮肤功能差异，并且这些差异可能已经像头发和其他差异一样已经发生了进化。

实际上，研究表明皮肤的差异是自然的应激反应。除此之外，情绪和心理变化也会影响

个体的反应差异。据推测，对生理学、药理学和毒理学的新见解可能会解释这种情况。

表 9.3 未来研究中可能影响细化解读的潜在因素

实验设计
基线与"应激"测试差异
解剖部位
开放性与封闭性刺激性应激
同一地区的族群与不同地区的族群
可比气候条件
确切数据和统计分析的呈现

此外，众所周知，刺激物引起的反应可能因个体的皮肤敏感度而异。这是一个相对新的概念，因此需要在这个领域进行更多的研究，以明确个体差异与刺激反应强度和种族差异之间的联系。

考虑到全球存在各种种族和族裔群体，前面的讨论显然范围有限。虽然拉丁裔人群未被讨论，但越来越多的文献开始关注这一群体。在充分认识种族在ICD中的作用之前，仍需要做大量的工作。最终，Fluhr等描述了一个基本事实，即"生物（种族差异）、社会、经济和心理（种族差异）因素对皮肤敏感的作用反映在'种族敏感性皮肤'的概念中"。ICD和皮肤反应是一个多因素过程，它不仅仅是一个简单的生化反应。了解影响暴露和对各种刺激物反应的特定文化和社会经济力量，有助于更全面地认识这些过程。

原文参考文献

Hjorth N, Fregert S. Contact dermatitis, Ch. 4. In: Rook A, Wilkinson DS, Ebling FJG, eds. Textbook of Dermatology. Oxford: Blackwell; 1968.

Malten KE.Thoughts on irritant dermatitis. Contact Dermatitis. 1981, 7:238-247.

Wesley N, Maibach HI. Racial (ethnic) differences in skin properties: The objective data. Am J Clin Dermatol. 2003, 4(12):843-860.

NORA. Allergic and irritant dermatitis, June 11, 1999. Center for Disease Control, April 9, 2002. Available at http://www.cdc.goc/niosh/nrderm.html.

Wilkison JD, Rycroft RJG. Contact dermatitis. In: Rook A, Wilkinson DS, Ebling FJG, eds. Textbook of Dermatology, 4th ed., vol. 1. Oxford: Blackwell; 1986, 435-532.

Lammintausta K, Maibach HI. Exogenous and endogenous factors in skin irritation. Int J Dermatol. 1988, 27:213-222.

Mathias CGT, Maibach HI. Dermatoxicology monographs I. Cutaneous irritation: Factors influencing the response to irritants. Clin Toxicol. 1978, 13:333-346.

Wilheim KP, Maibach H. Factors predisposing cutaneous irritation. Dermatol Clin. 1990, 8:17-22.

Berardesca E, Maibach H. Racial differences in skin pathophysiology. J Am Acad Dermatol. 1996, 34:667-672.

Berardesca E, de Rigal J, Leveque JL et al. *In vivo* biophysical characterization of skin physiological differences in races. Dermatologica. 1991, 182:89-93.

Berardesca E, Maibach HI. Contact dermatitis in Blacks. Dermatol Clin. 1988, 6(3):363-368.

Wu Y, Wangari-Olivero J, Zhen Y. Compromised skin barrier and sensitive in diverse population. J Drugs in Derm. 2021, 20:17-22.

Robinson MK. Population differences in skin structure and physiology and the susceptibility to irritant and allergic contact dermatitis: Implications for skin safety and risk assessment. Contact Dermatitis. 1999, 41:65-79.

Marshal EK, Lynch V, Smith HW. On dichlorethylsulphide (mustard gas) Ⅱ. Variations in susceptibility of the skin to dichlorethylsulphide. J Pharm Exp Therap. 1919, 12:291-301.

Weigand DA, Mershon MM. The cutaneous irritant reaction to agent O-chlorobenzylidene (2). Edgewood Arsenal Technical Report 4332, February 1970.

Guy RH, Tur E, Bjerke S et al. Are there age and racial differences to methyl nicotinate—Induced vasodilation in human skin? J Am Acad Dermatol. 1985, 12:1001-1006.

Berardesca E, Maibach HI. Cutaneous reactive hyperaemia: Racial differences induced by corticoid application. Br J Dermatol. 1989, 120:787-794.

Berardesca E, Maibach HI. Racial difference in sodium lauryl sulphate induced cutaneous irritation: Black and white. Contact Dermatitis. 1988, 18:65-70.

Gean CJ, Tur E, Maibach HI et al. Cutaneous responses to topical methyl nicotinate in black, oriental, and Caucasian subjects. Arch Dermatol Res. 1989, 281:95-98.

Anderson KE, Maibach HI. Black and white human skin differences. J Am Acad Dermatol. 1976, 1:276-282.

Buckley CE III, Lee KL, Burdick DS. Methacholine induced cutaneous flare response: Bivariate analysis of responsiveness and sensitivity. J Allergy Clin Immunol. 1982, 69:25-34.

Weigand DA, Gaylor JR. Irritant reaction in Negro and Caucasian skin. South Med J. 1974, 67:548-551.

Muizzuddin N, Hellemans L, Van Overloop L, Corstjens H, Declercq L, Maes D. Structural and functional differences in barrier properities of African American, Caucasian and East Asian skin. J Dermatol Sci. 2010, 59:123-128.

Thomson ML. Relative efficiency of pigment and horny layer thickness in protecting the skin of Europeans and Africans against solar ultraviolet radiation. J Physiol (Lond). 1955, 127:236-238.

Rienerston RP, Wheatley VR. Studies on the chemical composition of human epidermal lipids. J Invest Dermatol. 1959, 32:49-51.

Corcuff P, Lotte C, Rougier A et al. Racial differences in corneocytes. Acta Derm Venereol (Stockholm). 1991, 71: 146-148.

Sugino K, Imokawa G, Maibach H. Ethnic difference of stratum corneum lipid in relation to stratum corneum function [Abstract]. J Invest Dermatol. 1993, 100:597.

Hellemans L, Muizzuddin N, Declercq L, Maes D. Characterization of stratum corneum properties in human subjects from a different ethnic background. J Invest Dermatol. 2005; 124.

Johnson LC, Corah NL. Racial differences in skin resistance. Science. 1963, 139:766-769.

Peters L, Marriott M, Mukerji B et al. The effect of population diversity on skin irritation. Contact Dermatitis. 2006, 55(6):357-363.

Flusher JW, Kuss O, Diepgen T et al. Testing for irritation with a multifactorial approach: Comparison of eight non-invasive measuring techniques on five different irritation types. Br J Dermatol. 2001, 145:696-703.

Astner, S., et al. Irritant contact dermatitis induced by a common household irritant: A noninvasive evaluation of ethnic variability in skin response. J Am Acad Dermatol. 2006, 54: 458-46.

Astner, S., et al. Noninvasive evaluation of allergic and irritant contact dermatitis by in vivo reflectance confocal microscopy. Dermatitis. 2006, 4:182-191.

Hicks, S. P., et al. Confocal histopathology of irritant contact dermatitis in vivo and the impact of skin color (black vs white). J Am Acad Dermatol. 2003, 5:727-734.

Wu Y, Wang X, Zhou Y, et al. Correlation between stinging. TEWL and capacitance. Skin Res Technol. 2003, 9(2):90-93.

An S, Lee E, Kim S, et al. Comparison and correlation between stinging responses to lactic acid and bioengineering

parameters. Contact Derm. 2007, 57(3):158-162.

Reed J, Ghadially R. Elias P. Skin type, but neither race nor gender, influence epidermal permeability barrier function. Arch Dermatol. 1995, 131:1143-1138.

Deleo, V. A., et al. The effect of race and ethnicity on patch test results. J Am Acad Dermatol. 2002, 2:S107-S112.

Dickel. H., et al. Comparison of patch test results with a standard series among white and black racial groups. Am J Contact Dermat. 2001, 2:77-82.

Rapaport, M. Patch testing in Japanese subjects. Contact Dermatitis. 1984, 11:93-97.

Basketter DA, Grifth HA, Wang XA, et al. Individual, ethnic and seasonal variability in irritant susceptibility of skin: The implications for a predictive human patch test. Contact Dermatitis. 1996, 35:208-213.

Goh CL, Chia SE. Skin irritability to sodium lauryl sulphate— As measured by skin water loss—By sex and race. Clin Exp Dermatol. 1988, 13:16-19.

Foy V, Weinkauf R, Whittle E, et al. Ethnic variation in the skin irritation response. Contact Dermatitis. 2001, 45(6):346-349.

Robinson MK. Racial differences in acute and cumulative skin irritation responses between Caucasian and Asian populations. Contact Dermatitis. 2000, 42:134-143.

Robinson MK, Perkins MA, Basketter DA. Application of a 4-h human test patch method for comparative and investigative assessment of skin irritation. Contact Dermatitis. 1998, 38:194-202.

Robinson MK. Population differences in acute skin irritation responses. Contact Dermatitis. 2002, 46(2):86-92.

Aramaki J, Kawana S, Effendy I, Happle R, Lofer H. Differences of skin irritation between Japanese and European women. Br J Dermatol. 2002, 146(6):1052-1056.

Reilly DM, Ferdinando D, Johnston C, Shaw C, Buchanan KD, Green MR. The epidermal nerve fibre network: Characterization of nerve fibres in human skin by confocal microscopy and assessment of racial variations. Br J Dermatol. 1997, 137(2):163-170.

Lotte C, Wester RC, Rougier A, Maibach HI. Racial differences in the in vivo percutaneous absorption of some organic compounds: A comparison between black, Caucasian and Asian subjects. Arch Dermatol Res. 1993, 284(8):456-459.

Lee, E., et al. Ethnic differences in objective and subjective skin irritation response: an international study. Skin Res Technol. 2014, 3:265-269.

Suman, M, Reddy B. Pattern of contact sensitivity in Indian patients with hand eczema. J Dermatol. 2003, 9:649-654.

Robinson MK. Intra-individual variations in acute and cumulative skin irritation responses. Contact Dermatitis.

2001, 45:75-83.

Judge MR, Griffith HA, Basketter DA, et al. Variations in response of human skin to irritant challenge. Contact Dermatitis. 1996, 34:115-117.

McFadden JP, Wakelin SH, Basketter DA. Acute irritation thresholds in subjects with type I-type skin. Contact Dermatitis. 1998, 38:147-149.

Fluhr J, Darlenski R, Berardesca E. Ethnic groups and sensitive skin: two examples of special populations in dermatology. Drug Discov Today Dis Mech. 2008, 5: e248-e263.

第 10 章

皮肤老化：物理和生理变化

皮肤老化表征

皮肤作为身体表面的一部分，其物理和生理变化是明显可见的。皮肤状态的恶化与多种临床问题有关，如瘙痒、特应性皮炎、溃疡以及伤口愈合障碍等。与皮肤衰老相关的主要表现是皱纹和下垂，这些是化妆品研发的重要靶点。皱纹是皮肤的沟槽状变化（见图10.1c），可分为2种类型。动态皱纹是由身体运动和面部表情的变化引起的，当身体姿势或面部表情恢复到初始状态时会立即消失。然而，随着年龄的增长，皮肤的物理特性（如弹性）下降，导致皮肤难以恢复，从而形成静态皱纹。静态皱纹通常出现在皮肤移动较多的区域，如关节周围和面部（由于面部表情）。另外，皮肤松弛是一种皮肤下垂的表现（即皮肤因重力而变形）（见图10.1d）。下垂可以发生在身体的多个部位（特别是面部），并导致多种形态学改变，如鼻唇沟、木偶纹和面部轮廓不清晰，即面部老化的特征。

光老化和自然老化

皮肤受环境因素的影响十分显著，包括阳光、湿度和污染物等。其中，阳光中的紫外线（ultraviolet，UV）是最为重要的影响因素之一，会引起各种损伤，这些损伤被统称为"光老化"。光老化主要在暴露于阳光的身体部位如面部、颈部、手臂和手部等处观察到。阳光包括UVA（320 ~ 400 nm）和UVB（290 ~ 320 nn）2种不同波长的紫外线。其中，波长较长的UVA可以穿透表皮层，到达真皮层浅层，破坏细胞外基质（ECM）和真皮层细胞（见图10.2）。这些细胞也称作成纤维细胞，或更准确地说是纤维细胞。在过去，成纤维细胞一词被用来描述活跃的纤维细胞，但现在已被用来描述所有这些细胞。当成纤维细胞暴露于长波紫外线下时，会引起炎症和真皮层中胶原蛋白（构成真皮层的组成部分）和基底膜的降解，而胶原蛋白和基底膜构成表皮层和真皮层之间的边界。相比之下，UVB则散布于表皮层，并引起皮肤炎症和基底膜降解。具体而言，UVB会诱导表皮细胞分泌炎症因子，这些因子会扩散至真皮层并引起炎症反应。此外，这些因子还可诱导成纤维细胞分泌基底膜降解酶。因此，与被衣物遮盖的皮肤区域经历的自然老化（内源性老化）不同，暴露于阳光下的皮肤会因光老化而加速内源性老化。接下来，将介绍光老化和内源性老化的具体特征。

皮肤物理特性的年龄依赖性变化

在描述皮肤的物理特性时，通常会使用诸如紧致性、延展性、柔韧性、暗沉等词汇。这些特性与化妆品密切相关，其定义基于不同的参数，并通常通过使用皮肤变形仪器来分析。

皱纹

线性皱纹

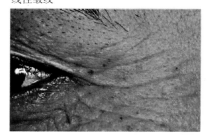

- 长而深的直沟壑
- 主要在面部
- 鱼尾纹（从外眦呈放射状）
- 额部皱纹（抬头纹）

a

深在皱纹

- 形成几何图案的凹槽明显加重
- 暴露于阳光下的皮肤

b

细褶皱

- 松弛皮肤上的细褶皱
- 老化的光保护皮肤

c

下垂

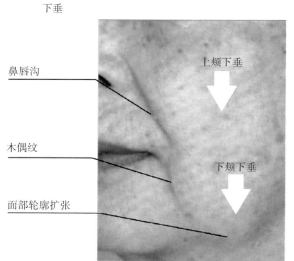

鼻唇沟

木偶纹

面部轮廓扩张

上颊下垂

下颊下垂

d

图 10.1　皮肤老化表征

（a～c）Kligman 皱纹分类法。（d）面部下垂。下垂伴有多种形态变化，如鼻唇沟、木偶纹和面部轮廓扩张。图片为展示每种情况的典型案例。

当皮肤受到应力变形，应力（o）逐渐增大时，变形量（应变，$£$）最初与应力呈线性相关。在该领域中，杨氏模量E（又称纵向弹性模量或"弹性"）由胡克定律计算，$E = £/o$。但如果应力的增加停止，皮肤在静态应力下继续逐渐变形，表现得像一种黏性物质。因此，皮肤表现出弹性和黏性，这种特性称为黏弹性。最近，也可以在非变形的静态条件下通过扫描声学显微镜（scanning acoustic microscopy，SAM）来分析皮肤的物理特性。SAM基于超声反射分析

皮肤成分的硬度，这取决于目标材料的硬度。

皮肤的弹性主要来自真皮层，而非表皮层，因为真皮层中充满了丰富的基质（ECM）。随着年龄的增长，皮肤的弹性下降，其中基质的退化起着关键作用。皮肤弹性下降导致皮肤松弛和皱纹的形成，同时也会引起一系列的临床问题。

随着年龄的增长，皮肤的物理特性会发生变化，不同的测量方法会得出不同的结果，但一般认为皮肤的弹性会随着年龄增长而下降。通过体内超声检测皮肤位移，发现光保护皮肤

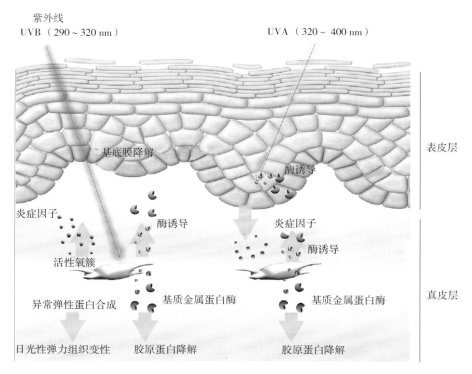

图 10.2　光老化过程（UVA 和 UVB 引起光老化的机制示意图）

的老化会导致皮肤的杨氏模量增加，表明皮肤变硬、弹性变差。通过体扭仪分析发现，基于皮肤表面的变形并监测皮肤运动，皮肤的延展性不会随着年龄的增长而改变，但弹性会下降。皮肤测量仪是一种能够通过吸力提升皮肤并监测其位移的体内检测方法，它是评价皮肤生理特性应用最广泛的系统之一。结果表明，在非暴露和暴露部位皮肤的延展性会增加，但弹性会随着年龄增长而下降。随着年龄的增长，面部皮肤的弹性下降始于20余岁的受试者，这与外貌变化始于20余岁的事实相一致。在面部皮下组织方面，通过超声测量显示，皮下脂肪和肌肉的弹性与真皮层的弹性相似。在硬度方面，SAM分析的光老化皮肤中，老化会导致表皮层变硬、真皮层变软。为了解其中的机制，下文将总结随着衰老而发生的皮肤生理变化。

皮肤生理特性的年龄依赖性变化

　　后续章节将分别讨论表皮层和真皮层的结构和组成成分随年龄变化所呈现的依赖性。

表皮层

　　表皮层是皮肤的最外层，由4层构成，自外向内分别为角质层、颗粒层、棘层和基底层（参见图10.3a）。表皮层由紧密相连的角质形成细胞充填。这些细胞在基底层分裂，然后向外迁移，随着成熟逐渐失去细胞核和细胞器，充满角蛋白纤维，并形成角化包膜（参见图10.3b），这些细胞被称为角质细胞。细胞间隙充满脂质和天然保湿因子（NMF）（参见图10.3c）。角质层形成一种物理上坚硬的细胞结构，具有屏障功能，有助于保护皮肤内层免受物理刺激和防止水分流失。角质细胞最终从角质层的最外层脱落，这个过程被称为脱屑。整个循环被称为表皮更替。

　　表皮层随年龄变化的本质仍存在争议。一般认为表皮层会变薄，但其他研究人员未发现年龄和表皮厚度之间的相关性。角质细胞的更替时间与角质细胞的大小相关，随着年龄的增长，角质细胞的大小会增大，提示角质细胞的更替时间会缩短。紫外光会诱导基底膜周围角质形成细胞分泌降解酶（胶原酶和肝素酶），导致基底膜的降解。由于基底膜控制着基底层角质形成细胞和干细胞的细胞状态，并为这些细胞提供一个生态位，因此基底膜受损会导致这些细胞随着年龄的增长而消失。此外，基底膜还控制着细胞因子在表皮层和真皮层之间的分布。因此，基底膜受损会改变细胞因子的平衡，进而导致表皮层和真皮层的退化。

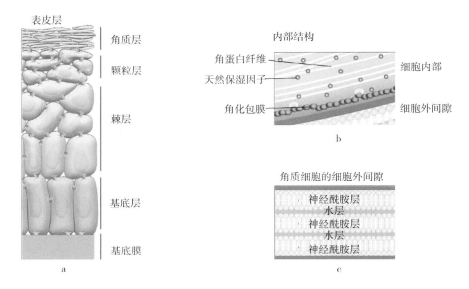

图10.3　表皮层结构示意图

（a）表皮层组成；（b）角质层中角质细胞的内部结构；（c）角质细胞周围的细胞外间隙，充满保持水分的脂质

关于表皮层的功能，年龄依赖性的屏障功能变化也存在争议。屏障功能通常通过测量经皮水丢失（TEWL）来评估，即测量从皮肤表面流失到空气中的水分量。然而，TEWL受身体部位、性别和种族的影响，这可能解释了明显的矛盾结果。一些研究报告表明，随着年龄的增加，TEWL会降低，但另一些研究则发现TEWL与年龄无相关性。虽然屏障功能在受损后可以恢复，但老化皮肤的恢复速度会变慢。

皮肤的成分变化可以反映在表皮功能上。随着年龄的增长，丝聚蛋白和兜甲蛋白的含量会减少。这可能是由于颗粒层钙浓度下降导致的，因为这些成分是由颗粒层合成的。角化包膜成分在维持表皮屏障功能中起着关键作用，并且随着年龄的增长而发生变化。细胞间脂质通常认为会随着老化而减少，尽管一些研究结果存在相互矛盾的情况。NMF的年龄依赖性变化似乎也很复杂。表皮层中含有几种类型的糖胺聚糖（glycosaminoglycans，GAGs），这些糖胺聚糖有助于保持水分，而这些GAGs的总量随着女性内源性老化而减少。具有保水功能的透明质酸（HA）在表皮层中也会随着内源性老化而减少。硫酸乙酰肝素（Heparan sulfate，HS）主要存在于基底膜，而非表皮层和真皮层。基底膜中的HS含量会随着老化而减少。

皮肤表面的pH值维持在酸性水平（pH值约为5），这有助于保护皮肤免受微生物的影响，并维持脱屑，从而有利于屏障功能。酸性pH值对于作用于皮肤表面的酶最为有利（如组织蛋白酶用于脱屑，鞘磷脂酶和磷脂酶A2用于脂质双分子层的成熟）。虽然有报道表明pH值不随着老化而改变，但是也有报道称皮肤表面的pH值会随着老化而增加。

真皮层

真皮层是表皮层下的一层组织，主要由细胞外基质（ECM）构成。其中，胶原纤维是主要成分之一，同时伴有弹性纤维、透明质酸和硫酸化醛基聚糖。这些ECM成分的合成和降解由成纤维细胞调节，成纤维细胞是真皮层的主要细胞类型。

真皮层结构的年龄依赖性变化

真皮层的上部区域称为乳头层，下部区域则称为网状层。这些层具有不同的特性，比如网状层由较厚的胶原纤维组成。表皮和真皮层共同形成了凸出的乳头状结构，随着年龄的增长而逐渐变平。这种变化在阳光暴露的区域尤为显著，在光老化的皮肤中形成了所谓的临界带（Grenz区）。

虽然真皮层随着年龄的增长被普遍认为会变薄，但是这种观点仍存在争议，可能是因为测量真皮层厚度的方法和所测量的身体部位存在差异。

皮下脂肪层位于真皮层之下，而真皮层底部包含了一些凸起的结构，这些结构被称为皮肤支撑层（参见图10.4）。在面部皮肤中，这些结构特别厚。皮肤支撑层是由胶原蛋白等ECM（细胞外基质）和弹性纤维（如真皮层）构成的。这些结构是垂直于真皮层排列的，尽管在真皮网状层中，纤维是平行于皮肤表面排列的。皮肤支撑层将真皮层与皮下层连接起来，并有助于保持真皮层的垂直位置，从而提高其弹性，有助于恢复变形后的形态。这个系统与真表皮连接类似；表皮通过锚定纤维（Ⅶ型胶原）连接在真皮层上。因此，皮肤支撑层作为真皮层的锚定结构，可以在物理上将真皮层保持在皮下层的上方。随着年龄的增长，锚定结构的数量逐渐减少，导致真皮层的弹性丧失，从而导致面部的下垂和老化。

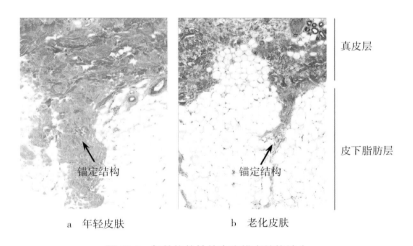

真皮层

皮下脂肪层

锚定结构　　　　锚定结构

a　年轻皮肤　　　　b　老化皮肤

图 10.4　年龄依赖性的真皮锚定结构缺失

（a）年轻和（b）老化面部皮肤。箭头表示锚定结构（皮肤支撑带）。

真皮层成分的年龄依赖性变化

随着年龄的增长，真皮层的成分和状态也会发生变化，不仅仅是结构上的变化。

胶原蛋白

真皮层的主要成分是胶原蛋白，它占据了真皮层干重的70%。胶原蛋白共有约20种，其中真皮层主要包含Ⅰ型、Ⅲ型和Ⅴ型，而Ⅳ型和Ⅶ型则位于基底膜。Ⅰ型胶原是真皮层胶原中的主要成分，约占80%，分布于全真皮层。它由两条α1链和一条α2链组成，形成了三螺旋结构。初始时，Ⅰ型胶原以前体胶原的形式在细胞中产生，然后通过裂解形成原胶原。后者再进一步组装形成胶原纤维（图10.5）。乳头层的胶原纤维相对较细，而网状层的胶原纤维则较厚。乳头层还富含Ⅲ型和Ⅴ型胶原。

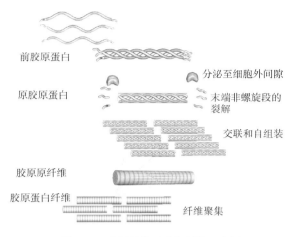

图10.5　胶原纤维形成机制的示意图

前胶原蛋白

分泌至细胞外间隙

原胶原蛋白

末端非螺旋段的裂解

交联和自组装

胶原原纤维

胶原蛋白纤维

纤维聚集

　　胶原蛋白在皮肤中更新速度缓慢，需经过机械刺激才能合成，但在正常条件下，降解需要约15年时间。然而，光老化会明显降解皮肤中的胶原蛋白。这种降解是由紫外线照射产生的活性氧（ROS，如超氧化物O_2和过氧化氢H_2O_2）介导的。ROS可诱导生理反应，导致胶原降解酶即基质金属蛋白酶（MMPs）的合成（如MMP1、MMP3和MMP9），同时也抑制胶原的合成。此外，紫外线还可诱导CCN1/CYR61和肿瘤坏死因子α（TNF-α）等细胞因子的合成，这些细胞因子可通过自分泌方式诱导成纤维细胞合成MMP1。此外，受损细胞产生的MMPs可降解其周围的胶原纤维。胶原降解会影响成纤维细胞的状态。在正常情况下，成纤维细胞附着在胶原纤维上，并受到机械刺激刺激增殖，但纤维降解降低了机械刺激，导致成纤维细胞功能和胶原合成下降。可通过增加对细胞的机械刺激来改善成纤维细胞的状态，如注射透明质酸（HA）作为填充剂。紫外线照射还可通过产生ROS诱导DNA损伤，导致细胞衰老和活性（如胶原合成）降低。最新研究表明，衰老细胞产生炎性细胞因子和MMPs，导致衰老

相关分泌表型（SASP），SASP还对周围成纤维细胞产生负面影响，导致MMP合成增加。因此，紫外线通过直接和间接的负面作用减少真皮层的胶原纤维。

　　红外光（Infrared，IR）可以改变胶原蛋白和弹性蛋白的表达，同时也可以通过诱导MMPs（MMP1、MMP9和MMP12）来降解这些蛋白，从而损伤真皮层。日光由5%紫外线、50%可见光和45%红外组成。红外光谱被分为IRA（740～1400 nm）、IRB（1400～3000 nm）和IRC（3000～1 mm）。IRB和IRC不能穿透皮肤，而IRA可以穿透皮肤。因此，IRA可以引起皮肤损伤，部分原因是热效应，另一部分是由于ROS的诱导作用。

　　吸烟是导致皮肤过早老化和皱纹的危险因素。吸烟者的皮肤中表达诱导胶原降解酶MMP1。此外，皮肤内注射烟草提取物会降低胶原蛋白的表达。烟草提取物还可以增加MMPs（MMP1和MMP3），并增加转化生长因子-β（TGF-β）的前体形态，从而抑制TGF-β诱导胶原蛋白合成的作用。这些多重作用导致吸烟者的皮肤胶原蛋白流失。

弹性纤维

　　弹性纤维具有高拉伸性和弹性，但硬度较低。尽管只占真皮层的一小部分，但它对皮肤的弹性至关重要。弹性蛋白纤维的形成始于可溶性原弹性蛋白的细胞分泌，后者会自组装成团（见图10.6a）。组装物沉积于微纤维（由原纤维蛋白-1、原纤维蛋白-2和纤维连接蛋白组成），与纤蛋白（纤蛋白-4、纤蛋白-5）一起形成成熟的弹性蛋白纤维。在此过程中，赖氨酰氧化酶（lysyl oxidase，LOX）作用于弹性蛋白的赖氨酸残基，诱导弹性蛋白分子交联。真皮乳头层的微纤维（耐酸纤维）与皮肤表面垂直排列，而在乳头下层和乳头层弹性蛋白纤维则水平排列。它们位于真皮层胶原纤维周围，且

在皮肤深处的部位更厚。正常情况下，弹性蛋白的更替速度非常缓慢。在胎儿发育过程中，弹性蛋白纤维形成后，至少可以维持70年的功能状态。

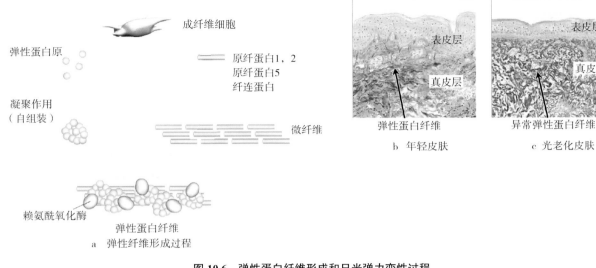

图 10.6　弹性蛋白纤维形成和日光弹力变性过程

（a）弹性蛋白纤维形成过程示意图，即弹性生成。（b）年轻皮肤的图像和（c）老化皮肤的图像。箭头表示弹性纤维 Van Gieson 氏染色检测到的弹性纤维

光老化会减少皮肤真皮乳头层中耐酸纤维，同时真皮层乳头结构也会变平。紫外线通过诱导蛋白酶选择性降解原纤维蛋白和纤维连接蛋白来损伤这些纤维，从而直接引发损伤。此外，紫外线照射下弹力纤维也会变得紊乱，形成碎片状和球状，异常弹力纤维在真皮层积聚。这种情况被称为日光性弹力组织变性（见图 10.6b和c）。这些弹性蛋白纤维仍含有正常纤维成分，包括结合分子，如多功能蛋白聚糖和核心蛋白聚糖，但组分比例会发生变化。此外，受日光弹力变性影响的皮肤区域中，LOX活性增加，导致弹性蛋白交联，从而增加对酶降解的抵抗力。此外，弹性蛋白酶抑制剂Elfin在紫外线照射下增加并交联，阻断弹性蛋白降解。

在糖基化过程中，糖链的羰基可以与蛋白质的氨基结合。产物发生化学重排，最终形成晚期糖基化终末产物（advanced glycation end products，AGEs）。AGEs会导致产生ROS，从而损伤皮肤。此外，AGEs与晚期糖基化终末产物受体（receptor for advance glycation end products，RAGE）结合，通过产生炎性细胞因子和ROS诱发炎症反应。弹性蛋白的糖基化也会起到作用，由于弹性蛋白在体内更替缓慢，损伤会逐渐累积。糖基化的弹性蛋白会对中性粒细胞衍生的弹性蛋白酶产生抗性。随着年龄的增长，异常弹性蛋白的积累导致皮肤失去弹性。

吸烟会对弹性蛋白纤维造成损伤，因为烟草中含有大量有毒化学物质，这些物质可以诱导出活性氧（ROS），进而导致皮肤过早老化。因此，弹性蛋白纤维的密度会增加，包括受损纤维。此外，吸烟会增加LOX的活性，影响弹性蛋白的交联，使其对降解酶的抵抗力增加，并且会引起富含原纤维蛋白的微纤维重塑，进而改变真皮的机械性强度。

糖胺聚糖

GAGs是一种多糖，由重复的两个糖单位（双糖）、氨基糖和糖醛酸或半乳糖组成。GAGs包括肝素/HS、硫酸软骨素、硫酸皮肤

素、硫酸角质素以及透明质酸（HA）。除了HA以外，GAGs通常都高度硫酸化，因此带有负电荷，有助于保持皮肤中的水分子。除了与HA结合外，GAGs还能够与蛋白质分子（核心蛋白）结合形成蛋白聚糖（proteoglycans，PGs）。这个话题将在后文中进一步讨论。

透明质酸（HA）是一种巨大的聚合物，其分子量可达到1000万道尔顿（Daltons，Da）。在真皮层中，HA含量非常丰富。虽然HA的浓度小于皮肤干重的0.1%，但是在真皮层中，它形成了一个水合凝胶，占据了相当大的体积。由于可以结合1000倍重量的水分子，因此HA有利于保持真皮层的体积，增加皮肤柔软性和抗变形性。此外，HA还可以与多种分子结合，被称为透明质酸粘素（hyaladherins），从而改变其物理特性（包括HA受体，详见后文）。基于上述特性，HA被用作皮肤填充物。在真皮层中，HA的含量较高（0.5 mg/kg），但在表皮中含量较低（0.1 mg/kg）。表皮层角质形成细胞可以合成HA，但主要由真皮层成纤维细胞合成，尤其是在乳头层。

透明质酸（HA）在细胞内扮演多种调节功能，包括调控细胞的黏附、增殖和分化。这些作用可由HA分子自身的化学性质或细胞表面的HA受体介导。当HA作为细胞膜（或称糖萼）的一部分存在时，由多糖和糖蛋白组成的缓冲作用，可调节细胞与细胞因子或炎症细胞之间的相互作用。HA的细胞受体包括CD44、透明质酸相关HA受体RHAMM/CD168、稳定素-2（STAB2）/透明质酸内吞受体和淋巴管内皮受体1（LYVE1）。HA与这些受体的结合，影响多种生理反应，包括细胞增殖、炎症和肿瘤转移。其作用方式取决于其分子量，HA可分为高分子量HA（HMW HA；>1000 kDa）、中分子量HA（MMW HA；250～1000 kDa）、低分子量HA（LMW HA；10～250 kDa）和寡聚HA

（O-HA；<10kDa）。通常情况下，HA以高分子量HA的形式产生，但在炎症、癌症、氧化应激和再生条件下，它会被HA降解酶（见后文）或ROS降解为低分子量形式。高分子量HA具有抗炎作用，促进皮肤伤口愈合，而低分子量HA则具有促炎作用，可诱导炎症细胞（如巨噬细胞和树突状细胞）增加，增加炎症因子（如IL-1β、TNF-α和MMPs）。

透明质酸（Hyaluronic Acid，HA）是由透明质酸合成酶（Hyaluronan synthase，HAS）合成的，HAS包括HAS1、HAS2和HAS3 3种类型，其中HAS2在真皮层表达最为显著。合成的HA半衰期约为1 d，在真皮层中快速周转，这是其独特特征。HA首先被位于细胞表面的透明质酸酶2（Hyaluronidase 2，HYAL2）降解，然后通过内吞作用进入细胞，进一步被位于溶酶体的HYAL1降解。

HA随年龄变化的性质存在争议。根据组织学观察，通常认为真皮层的HA会随内源性老化而减少，而真皮层合成酶HAS2随着年龄的增长而降低。然而，定量检测并未发现HA随内源性老化而减少。据报道，光老化皮肤真皮层的HA增加，但最近的定量检测发现，光老化皮肤中HA减少，组织学观察也证实了这一点。皮肤透明质酸的数量减少可能是由于透明质酸合成（HAS1和HAS2）和降解（HABP：透明质酸结合蛋白参与透明质酸解聚）系统的改变。

蛋白聚糖

PGs是由与核心蛋白结合的GAGs组成，核心蛋白与GAGs存在多种组合，包括多功能蛋白聚糖、核心蛋白聚糖、双糖聚糖、串珠聚糖和聚蛋白多糖等。由于PGs中GAGs的高硫酸化，因此具有高度亲水性，有助于维持皮肤的物理性质和容积。此外，PGs还与细胞因子相互作用，调节皮肤的生理反应。随着内源性老化的进行，皮肤中GAGs的总量会减少，但随着光老化的进展，GAGs的含量则会增加。接下来我们将详细介绍皮肤中PGs的年龄相关变化。

多功能蛋白聚糖（Versican，PG-M）是一种硫酸软骨素PG，能够在多种组织中以大分子形式存在。多功能蛋白聚糖是一种高度相互作用的分子，可与多种ECMs（如透明质酸、原纤维蛋白、腓骨蛋白和纤连蛋白）以及细胞因子和细胞表面结合，因此被称为多功能蛋白聚糖。它能够与其他ECMs形成复合物，改变组织微环境，在炎症的早期发展和创面愈合中发挥重要作用。多功能蛋白聚糖位于表皮的基底层，并与真皮的弹性纤维共定位。在光老化的皮肤中，多功能蛋白聚糖会在日光弹性变性区域增加并积累。然而，这种积累的多功能蛋白聚糖会被降解，失去与透明质酸的结合能力。

核心蛋白聚糖（Decorin）是一种硫酸皮肤素PG，由一条聚糖硫酸盐链组成。相比其他PG（如多功能蛋白聚糖＞100 kD），核心蛋白相对较小（36 kD），并含有富含亮氨酸的结构域（约70%）。核心蛋白聚糖属于小的富含亮氨酸的PGs（SLRPs）成员，在皮肤中表达量最高，主要位于真皮层，表皮层也有少量表达。核心蛋白聚糖直接与胶原蛋白结合，尤其是Ⅰ型胶原蛋白，调节其合成并阻止其被MMP1降解。局限性硬皮病和系统性硬化症的成纤维细胞表达核心蛋白聚糖增加，而核心蛋白聚糖基因的破坏会导致皮肤松弛和脆弱。在早老型Ehlers-Danlos综合征（又称皮肤弹性过度综合征）患者中，核心蛋白聚糖的GAG发生改变，该综合征与皮肤弹性过度相关。核心蛋白聚糖的表达没有改变光保护皮肤，但其分子大小随年龄的增长而减小，这是由于GAG链的大小减小，而非核心蛋白。在创面愈合过程中，核心蛋白聚糖的GAG链会变得比正常更长，以调节胶原的合成修饰，这对皮肤的物理状况非常重要。在光老化中，核心蛋白聚糖在日光弹力变性区域的

真皮层中减少，且被中性粒细胞衍生的弹性蛋白酶降解。核心蛋白聚糖的损失会导致胶原蛋白易受MMP1降解，从而导致光老化皮肤中胶原蛋白的流失。

双糖聚糖是SLRPs之一，与Ⅰ型胶原类似，直接结合在一起。它由硫酸软骨素和硫酸皮肤素两种GAGs组成，并由成纤维细胞和角质形成细胞分泌，分布在真皮层和表皮层。随着内源性老化的发生，双糖聚糖在真皮层的含量逐渐降低。真皮成纤维细胞来源于系统性硬化症患者中，发现双糖聚糖表达量下降。双糖聚糖基因断裂会导致双糖聚糖合成缺陷，进而改变胶原的结构，使真皮层厚度降低，但不影响皮肤的脆性。在光老化皮肤真皮层中，双糖链蛋白聚糖的含量也会减少。

皮下脂肪层

皮下脂肪层位于真皮层之下，充满脂肪细胞。过去认为脂肪组织只是脂肪的贮存场所，但最近的研究发现，它实际上是一个受到严格调控的内分泌器官。通过分泌多种因子，即脂肪因子（也称为脂肪细胞激素或脂肪细胞因子），它可以调节全身或邻近器官的功能，如脂联素、瘦素和趋化素。不同于控制这些因子扩散的基底膜，真皮和皮下脂肪层之间没有隔膜，因此皮下脂肪层分泌的因子很容易扩散到真皮层。当肥胖人群皮下脂肪组织增多时，脂肪细胞增大以储存多余的脂肪。增大的脂肪细胞分泌棕榈酸，它可以负性调节真皮成纤维细胞，减少胶原和弹性蛋白的合成，同时增加MMP1（图10.7）降解胶原的能力。这也会导致肥胖人群真皮层的弹性纤维发生降解。

相对而言，正常情况下皮下脂肪层中的脂肪细胞体积较小，能够分泌脂联素，这是一种已知可阻止代谢综合征进展的细胞因子。脂联素作用于皮肤成纤维细胞，能够诱导胶原和HA的合成，这表明皮下脂肪层对真皮层的状态有

正向和负向的调控作用。皮下组织增加会实际上降低皮肤弹性。

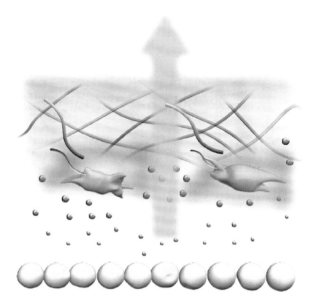

图 10.7　皮下脂肪层作为真皮状态的控制器

图示显示皮下脂肪如何在皮下脂肪增加的情况下通过分泌因子调节皮肤弹性。

随着年龄的增长和女性绝经期的到来，肥胖通常也会增加，使得皮下脂肪层对真皮层的作用变为负向作用，导致真皮层弹性丧失，最终导致外观上的老化。

皮下脂肪组织含有 ECM、隔膜等胶原结构，这些结构既影响皮下组织的力学性能，也影响皮肤的物理特性。这些胶原成分会随着年龄的增长而减少，导致皮肤的力学性能退化。

附属器官

皮肤包含多种附属器官，例如汗腺、皮脂腺、毛囊和立毛肌，它们在维持皮肤整体稳定状态方面发挥着重要的作用。

汗腺

汗腺的主要功能是将汗液分泌到皮肤表面，通过蒸发来调节体温。汗液含有尿素、乳酸等天然保湿剂和水，有助于防止皮肤干燥，从而维护皮肤屏障功能。此外，汗液的酸性 pH 值和抗微生物肽（如乳铁蛋白、皮离蛋白和抗菌肽）也能调节皮肤的共生微生物。因此，汗腺功能的丧失会导致皮肤疾病，如特应性皮炎。目前，已知汗腺分为小汗腺、顶泌小汗腺和大汗腺（顶泌汗腺）。大汗腺主要分布于限制区域，如腋窝和肛门生殖器区域，而顶泌小汗腺则主要分布于腋窝。小汗腺是主要的汗腺类型，广泛分布于人体皮肤（每个人体内有 2 ~ 4 百万个小汗腺）。小汗腺由分泌蟠管和分泌导管组成，其中分泌蟠管位于真皮层和产生汗液的皮下脂肪层的交界处。汗液沿着分泌导管流向皮肤表面，同时重新吸收 Na 和 Cl。

随着年龄增长，汗腺功能会逐渐退化。老年人在受到热刺激时出汗较少，这与中暑死亡率增加有关。尽管汗液成分随年龄变化的本质尚不清楚，但汗腺功能的丧失通常从下半身开始，然后向上半身扩散。其中涉及的机制尚不完全清楚，可能是由于汗腺结构复杂难以观察。分泌蟠管具有复杂、紧密卷曲的结构，而分泌导管则具有长而曲折的结构。最新的三维（3D）观察技术发现，汗腺的数量并不随年龄增长而改变，但由于形态的改变，汗腺会向皮肤表面移动（详见图 10.8）。

皮脂腺

皮脂腺会分泌皮脂，并将其附着于身体大部分的毛囊。面部的皮脂腺密度较高，特别是在前额、眉间和鼻翼等脂溢性区域。皮脂的成分包括甘油三酯、蜡酯、角鲨烯和胆固醇等物质。皮脂腺由几个小叶组成，其中包括皮脂腺细胞和皮脂腺导管。储存的皮脂成熟后，皮脂腺最外层的细胞会增殖并向导管区域移动，然后分解释放皮脂到导管，称为全浆分泌。皮脂会通过毛囊输送至皮肤表面，并与来自表皮细胞的脂质结合，形成被皮肤水分乳化的"皮脂膜"。这一酸性区域的 pH 值为 4 ~ 6，有助于避免皮肤干燥，同时还具有屏障功能，可以防止有害物质或微生物的侵入。因此，皮脂腺的异常会导致皮肤疾病，如特应性皮炎、痤疮和皮炎。皮脂的分泌受到雄激素、雌激素、糖皮质激素和催乳素的调控。

在新生儿期，雄激素诱导的皮脂分泌较多，儿童期时逐渐减少。随着青春期的到来，

皮脂分泌再次增加，青年期时达到高峰。之后随着年龄的增长，皮脂分泌会逐渐减少，尤其是在绝经后的女性。皮脂腺的数量在老年之前相对稳定，但之后由于皮脂腺细胞更新减缓而减少。

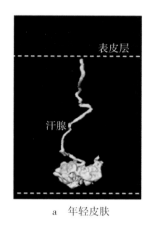 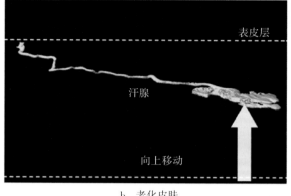

a 年轻皮肤   b 老化皮肤

图 10.8　汗腺三维结构随年龄的变化

与（a）年轻皮肤相比，（b）老化皮肤的汗腺向皮肤表面移动，其形态发生变化。这些图像显示在离体完整皮肤中获得的真实数据，使用最近开发的三维成像技术。

原文参考文献

Yosipovitch G, Misery L, Proksch E, Metz M, Stander S, Schmelz M. Skin barrier damage and itch: review of mechanisms, topical management and future directions. Acta Derm Venereol. 2019, 99(13):1201-1209.

Vashi NA, de Castro Maymone MB, Kundu RV. Aging differences in ethnic skin. J Clin Aesthet Dermatol. 2016, 9(1):31-38.

Ezure T, Amano S. The severity of wrinkling at the forehead is related to the degree of ptosis of the upper eyelid. Skin Res Technol. 2010, 16(2):202-209.

Ezure T, Hosoi J, Amano S, Tsuchiya T. Sagging of the cheek is related to skin elasticity, fat mass and mimetic muscle function. Skin Res Technol. 2009, 15(3):299-305.

Ezure T, Yagi E, Kunizawa N, Hirao T, Amano S. Comparison of sagging at the cheek and lower eyelid between male and female faces. Skin Res Technol. 2011, 17(4):510-515.

Rittie L, Fisher GJ. Natural and sun-induced aging of human skin. Cold Spring Harb Perspect Med. 2015, 5(1):a015370.

Gilchrest BA. Photoaging. J Invest Dermatol. 2013, 133 (El):E2-6.

Pawlaczyk M, Lelonkiewicz M, Wieczorowski M. Agedependent biomechanical properties of the skin. Postepy Dermatol Alergol. 2013, 30(5):302-306.

Yu H. Scanning acoustic microscopy for material evaluation. Appl Microsc. 2020, 50(1):25.

Ogawa R. Hsu CK. Mechanobiological dysregulation of the epidermis and dermis in skin disorders and in degeneration. J Cell Mol Med. 2013, 17(7):817-822.

Diridollou S, Vabre V, Berson M, Vaillant L, Black D, Lagarde JM, et al. Skin ageing: changes of physical properties of human skin in vivo. Int J Cosmet Sci. 2001, 23(6):353-362.

Escoffier C, de Rigal J, Rochefort A, Vasselet R, Leveque JL, Agache PG. Age-related mechanical properties of human skin: an in vivo study. J Invest Dermatol. 1989, 93(3):353-357.

Pierard GE, Kort R, Letawe C, Olemans C, Pierard-Franchimont C. Biomechanical assessment of photodamage: derivation of a cutaneous extrinsic ageing score. Skin Res Technol. 1995, l(1):17-20.

Cua AB, Wilhelm KP, Maibach HI. Elastic properties of human skin: relation to age, sex, and anatomical region. Arch Dermatol Res. 1990, 282(5):283-288.

Osanai O, Ohtsuka M, Hotta M, Kitaharai T, Takema Y. A new method for the visualization and quantification of internal skin elasticity by ultrasound imaging. Skin Res Technol. 2011, 17(3):270-277.

Miura K, Yamashita K. Evaluation of aging, diabetes mellitus, and skin wounds by scanning acoustic microscopy with protease digestion. Pathobiol Aging Age Relat Dis. 2018, 8(1):1516072.

Lee AY. Molecular mechanism of epidermal barrier dysfunction as primary abnormalities. Int J Mol Sci. 2020, 21(4). 1194.

Firooz A, Rajabi-Estarabadi A, Zartab H, Pazhohi N, Fanian F, Janani L. The influence of gender and age on the thickness and echo-density of skin. Skin Res Technol. 2017, 23(1):13-20.

Whitton JT, Everall JD. The thickness of the epidermis. Br J Dermatol. 1973, 89(5):467-476.

Sandby-Moller J, Poulsen T, Wulf HC. Epidermal thickness at different body sites: relationship to age, gender, pigmentation, blood content, skin type and smoking habits. Acta Derm Venereol. 2003, 83(6):410-3.

Leveque JL, Corcuff P, de Rigal J. Agache P. *In vivo* studies of the evolution of physical properties of the human skin with age. Int J Dermatol. 1984, 23(5):322-9.

Amano S. Possible involvement of basement membrane damage in skin photoaging. J Investig Dermatol Symp Proc. 2009, 14(1):2-7.

Pozzi A, Yurchenco PD, Iozzo RV. The nature and biology of basement membranes. Matrix Biol. 2017, 57-58:1-11.

Alexander H, Brown S, Danby S, Flohr C. Research techniques made simple: transepidermal water loss measurement as a research tool. J Invest Dermatol. 2018, 138(11):2295-2300.el.

Diridollou S, de Rigal J, Querleux B. Leroy F, Holloway Barbosa V. Comparative study of the hydration of the stratum corneum between four ethnic groups: influence of age. Int J Dermatol. 2007, 46(Suppl 1):11-14.

Firooz A, Sadr B, Babakoohi S, Sarraf-Yazdy M, Fanian F, Kazerouni-Timsar A, et al. Variation of biophysical parameters of the skin with age, gender, and body region. ScientificWorldJournal. 2012, 2012: 386936.

Boireau-Adamezyk E, Baillet-Guffroy A, Stamatas GN. Agedependent changes in stratum corneum barrier function. Skin Res Technol. 2014, 20(4):409-415.

Luebberding S, Krueger N, Kerscher M. Age-related changes in skin barrier function -quantitative evaluation of 150 female subjects. Int J Cosmet Sci. 2013, 35(2):183-190.

Ghadially R, Brown BE, Sequeira-Martin SM, Feingold KR, Elias PM. The aged epidermal permeability barrier. Structural, functional, and lipid biochemical abnormalities in humans and a senescent murine model. J Clin Invest. 1995, 95(5):2281-2290.

Rinnerthaler M, Duschl J, Steinbacher P, Salzmann M, Bischof J, Schuller M, et al. Age-related changes in the composition of the cornified envelope in human skin. Exp Dermatol. 2013, 22(5):329-335.

Rogers J, Harding C, Mayo A, Banks J, Rawlings A. Stratum corneum lipids: the effect of ageing and the seasons. Arch Dermatol Res. 1996, 288(12):765-770.

Cua AB, Wilhelm KP, Maibach HI. Skin surface lipid and skin friction: relation to age, sex and anatomical region. Skin Pharmacol. 1995, 8(5):246-251.

Boireau-Adamezyk E, Baillet-Guffroy A, Stamatas GN. The stratum corneum water content and natural moisturization factor composition evolve with age and depend on body site. Int J Dermatol. 2021, 60(7):834-839.

Choe C, Schleusener J, Lademann J, Darvin ME. Age related depth profiles of human Stratum Corneum barrier-related molecular parameters by confocal Raman microscopy *in vivo*. Mech Ageing Dev. 2018, 172: 6-12.

Oh JH, Kim YK, Jung JY, Shin JE, Chung JH. Changes in glycosaminoglycans and related proteoglycans in intrinsically aged human skin *in vivo*. Exp Dermatol. 2011, 20(5):454-456.

Oh JH, Kim YK, Jung JY, Shin JE, Kim KH, Cho KH, et al. Intrinsic aging- and photoaging-dependent level changes of glycosaminoglycans and their correlation with water content in human skin. J Dermatol Sci. 2011, 62(3):192-201.

Rippke F, Schreiner V, Doering T, Maibach HI. Stratum corneum pH in atopic dermatitis: impact on skin barrier function and colonization with *Staphylococcus aureus*. Am J Clin Dermatol. 2004, 5(4):217-223.

Waller JM, Maibach HI. Age and skin structure and function, a quantitative approach (I): blood flow, pH, thickness, and ultrasound echogenicity. Skin Res Technol. 2005, 11(4):221-235.

Man MQ, Xin SJ, Song SP, Cho SY, Zhang XJ, Tu CX, et al. Variation of skin surface pH, sebum content and stratum corneum hydration with age and gender in a large Chinese population. Skin Pharmacol Physiol. 2009, 22(4):190-199.

Abbas O.Mahalingam M.The grenz zone. Am J Dermatopathol. 2013, 35(1):83-91.

Ezure T, Yagi E, Amano S, Matsuzaki K. Dermal anchoring structures: convex matrix structures at the bottom of the dermal layer that contribute to the maintenance of facial skin morphology. Skin Res Technol. 2016, 22(2):152-157.

Burgeson RE. Type VII collagen, anchoring fibrils, and epidermolysis bullosa. J Invest Dermatol. 1993, 101(3):252-255.

Kruglikov IL, Scherer PE. General theory of skin reinforcement. PLoS One. 2017, 12(8):e0182865.

Mouw JK, Ou G. Weaver VM. Extracellular matrix assembly:

a multiscale deconstruction. Nat Rev Mol Cell Biol. 2014, 15(12):771-785.

Cole MA, Quan T, Voorhees JJ, Fisher GJ. Extracellular matrix regulation of fibroblast function: redefining our perspective on skin aging. J Cell Commun Signal. 2018, 12(1):35-43.

Verzijl N, DeGroot J, Thorpe SR, Bank RA, Shaw JN, Lyons TJ, et al. Effect of collagen turnover on the accumulation of advanced glycation end products. J Biol Chem. 2000, 275(50):39027-39031.

Kim C, Ryu HC, Kim JH. Low-dose UVB irradiation stimulates matrix metalloproteinase-1 expression via a BLT2-linked pathway in HaCaT cells. Exp Mol Med. 2010, 42(12):833-841.

Quan T, Qin Z, Xu Y, He T, Kang S, Voorhees JJ, et al. Ultraviolet irradiation induces CYR61/CCN1, a mediator of collagen homeostasis, through activation of transcription factor AP-1 in human skin fibroblasts. J Invest Dermatol. 2010, 130(6):1697-1706.

Quan T, Little E, Quan H, Qin Z, Voorhees JJ, Fisher GJ. Elevated matrix metalloproteinases and collagen fragmentation in photodamaged human skin: impact of altered extracellular matrix microenvironment on dermal fibroblast function. J Invest Dermatol. 2013, 133(5):1362-1366.

Varani J, Dame MK, Rittie L, Fligiel SE, Kang S, Fisher GJ, et al. Decreased collagen production in chronologically aged skin: roles of age-dependent alteration in fibroblast function and defective mechanical stimulation. Am J Pathol. 2006, 168(6):1861-8.

Quan T, Wang F, Shao Y, Rittie L, Xia W, Orringer JS, et al. Enhancing structural support of the dermal microenvironment activates fibroblasts, endothelial cells, and keratinocytes in aged human skin in vivo. J Invest Dermatol. 2013, 133(3):658-667.

Fujita K. p53 isoforms in cellular senescence- and ageing-associated biological and physiological functions. Int J Mol Sci. 2019, 20(23):6023-6041.

Ezure T, Sugahara M, Amano S. Senescent dermal fibroblasts negatively influence fibroblast extracellular matrix-related gene expression partly via secretion of complement factor D. Biofactors. 2019, 45(4):556-562.

Chen Z, Seo JY, Kim YK, Lee SR, Kim KH, Cho KH, et al. Heat modulation of tropoelastin, fibrillin-1, and matrix metalloproteinase- 12 in human skin in vivo. J Invest Dermatol. 2005, 124(1):70-78.

Krutmann J, Bouloc A, Sore G, Bernard BA, Passeron T. The skin aging exposome. J Dermatol Sci. 2017, 85(3):152-161.

Robert C, Bonnet M, Marques S, Numa M. Doucet O. Low to moderate doses of infrared A irradiation impair extracellular matrix homeostasis of the skin and contribute to skin photodamage. Skin Pharmacol Physiol. 2015, 28(4):196-204.

Kadunce DP, Burr R, Gress R, Kanner R, Lyon JL, Zone JJ. Cigarette smoking: risk factor for premature facial wrinkling. Ann Intern Med. 1991, 114(10):840-844.

Lahmann C, Bergemann J. Harrison G, Young AR. Matrix metalloproteinase-1 and skin ageing in smokers. Lancet. 2001, 357(9260):935-936.

Tanaka H, Ono Y, Nakata S, Shintani Y, Sakakibara N, Morita A. Tobacco smoke extract induces premature skin aging in mouse. J Dermatol Sci. 2007, 46(1):69-71.

Yin L, Morita A, Tsuji T. Tobacco smoke extract induces agerelated changes due to modulation of TGF-beta. Exp Dermatol. 2003, 12(Suppl 2):51-56.

Gosline J, Lillie M, Carrington E, Guerette P, Ortlepp C, Savage K. Elastic proteins: biological roles and mechanical properties. Philos Trans R Soc Lond B Biol Sci. 2002, 357(1418):121-132.

Shin SJ, Yanagisawa H. Recent updates on the molecular network of elastic fiber formation. Essays Biochem. 2019, 63(3):365-376.

Shapiro SD, Endicott SK, Province MA, Pierce JA, Campbell EJ. Marked longevity of human lung parenchymal elastic fibers deduced from prevalence of D-aspartate and nuclear weaponsrelated radiocarbon. J Clin Invest. 1991, 87(5):1828-1834.

Watson RE, Griffiths CE, Craven NM, Shuttleworth CA, Kielty CM. Fibrillin-rich microfibrils are reduced in photoaged skin. Distribution at the dermal-epidermal junction. J Invest Dermatol. 1999, 112(5):782-787.

Hibbert SA, Watson REB, Griffiths CEM, Gibbs NK, Sherratt MJ. Selective proteolysis by matrix metalloproteinases of photo-oxidised dermal extracellular matrix proteins. Cell Signal. 2019, 54:191-199.

Heinz A. Elastic fibers during aging and disease. Ageing Res Rev. 2021, 66:101255.

Bernstein EF, Fisher LW, Li K, LeBaron RG, Tan EM, Uitto J. Differential expression of the versican and decorin genes in photoaged and sun-protected skin. Comparison by immunohistochemical and northern analyses. Lab Invest. 1995, 72(6):662-669.

Langton AK, Tsoureli-Nikita E, Griffiths CEM, Katsambas A, Antoniou C, Stratigos A, et al. Lysyl oxidase activity in human skin is increased by chronic ultraviolet radiation exposure and smoking. Br J Dermatol. 2017, 176(5):1376-1378.

Schalkwijk J. Cross-linking of Elafin/SKALP to elastic fibers in photodamaged skin: too much of a good thing? J Invest Dermatol. 2007, 127(6):1286-1287.

Umbayev B, Askarova S, Almabayeva A, Saliev T, Masoud AR, Bulanin D. Galactose-induced skin aging: the role of oxidative stress. Oxid Med Cell Longev. 2020, 2020:7145656.

Shen CY, Lu CH, Wu CH, Li KJ, Kuo YM, Hsieh SC, et al. The development of maillard reaction, and advanced glycation end product (AGE)-receptor for AGE (RAGE) signaling inhibitors as novel therapeutic strategies for patients with AGE-related diseases. Molecules. 2020, 25(23):5591-5620.

Yoshinaga E, Kawada A, Ono K, Fujimoto E, Wachi H, Harumiya S, et al. N(varepsilon)-(carboxymethyl)lysine modification of elastin alters its biological properties: implications for the accumulation of abnormal elastic fibers in actinic elastosis. J Invest Dermatol. 2012, 132(2):315-323.

Stephen EA, Venkatasubramaniam A, Good TA, Topoleski LD. The effect of oxidation on the mechanical response and microstructure of porcine aortas. J Biomed Mater Res A. 2014, 102(9):3255-3262.

Morita A. Tobacco smoke causes premature skin aging. J Dermatol Sci. 2007, 48(3):169-175.

Just M, Ribera M, Monso E, Lorenzo JC, Ferrandiz C. Effect of smoking on skin elastic fibres: morphometric and immunohistochemical analysis. Br J Dermatol. 2007, 156(1):85-91.

Langton AK, Tsoureli-Nikita E, Merrick H, Zhao X, Antoniou C, Stratigos A, et al. The systemic influence of chronic smoking on skin structure and mechanical function. J Pathol. 2020, 251(4):420-428.

Sodhi H, Panitch A. Glycosaminoglycans in tissue engineering: a review. Biomolecules. 2020, 11(1):22-51.

Abatangelo G. Vindigni V, Avruscio G, Pandis L, Brun P. Hyaluronic acid: redefining its role. Cells. 2020, 9(7):1743-1761.

Garantziotis S, Savani RC. Hyaluronan biology: a complex balancing act of structure, function, location and context. Matrix Biol. 2019, 78-79:1-10.

Rauso R, Nicoletti GF, Zerbinati N, Lo Giudice G, Fragola R, Tartaro G. Complications following self-administration of hyaluronic acid fillers: literature review. Clin Cosmet Investig Dermatol. 2020, 13:767-771.

Anderegg U, Simon JC, Averbeck M. More than just a filler - the role of hyaluronan for skin homeostasis. Exp Dermatol. 2014, 23(5):295-303.

Tammi R, Pasonen-Seppanen S, Kolehmainen E, Tammi M. Hyaluronan synthase induction and hyaluronan accumulation in mouse epidermis following skin injury. J Invest Dermatol.

2005, 124(5):898-905.

Stern R, Maibach HI. Hyaluronan in skin: aspects of aging and its pharmacologic modulation. Clin Dermatol. 2008, 26(2):106-122.

Barkovskaya A, Buffone A, Jr., Zidek M, Weaver VM. Proteoglycans as mediators of cancer tissue mechanics. Front Cell Dev Biol. 2020, 8:569377.

Tavianatou AG. Caon I, Franchi M, Piperigkou Z, Galesso D, Karamanos NK. Hyaluronan: molecular size-dependent signaling and biological functions in inflammation and cancer. FEBS J. 2019, 286(15):2883-2908.

Liu M, Tolg C, Turley E. Dissecting the dual nature of hyaluronan in the tumor microenvironment. Front Immunol. 2019, 10: 947.

Meyer LJ. Stern R. Age-dependent changes of hyaluronan in human skin. J Invest Dermatol. 1994, 102(3):385-389.

Yoshida H, Nagaoka A, Komiya A, Aoki M, Nakamura S, Morikawa T, et al. Reduction of hyaluronan and increased expression of HYBID (alias CEMIP and K1AA1199) correlate with clinical symptoms in photoaged skin. Br J Dermatol. 2018, 179(1):136-144.

Lee DH, Oh JH, Chung JH. Glycosaminoglycan and proteoglycan in skin aging. J Dermatol Sci. 2016, 83(3):174-181.

Bishop JR, Schuksz M, Esko JD. Heparan sulphate proteoglycans fine-tune mammalian physiology. Nature. 2007, 446(7139):1030-1037.

Bernstein EF, Underhill CB, Hahn PJ, Brown DB, Uitto J. Chronic sun exposure alters both the content and distribution of dermal glycosaminoglycans. Br J Dermatol. 1996, 135(2): 255-262.

Wight TN, Kang I, Evanko SP, Harten IA, Chang MY, Pearce OMT, et al. Versican -a critical extracellular matrix regulator of immunity and inflammation. Front Immunol. 2020, 11:512.

Wight TN, Kang I, Merrilees MJ. Versican and the control of inflammation. Matrix Biol. 2014, 35:152-161.

Zimmermann DR, Dours-Zimmermann MT, Schubert M, Bruckner-Tuderman L. Versican is expressed in the proliferating zone in the epidermis and in association with the elastic network of the dermis. J Cell Biol. 1994, 124(5):817-825.

Saarialho-Kere U, Kerkela E, Jeskanen L. Hasan T, Pierce R, Starcher B, et al. Accumulation of matrilysin (MMP-7) and macrophage metalloelastase (MMP-12) in actinic damage. J Invest Dermatol. 1999:113(4):664-672.

Hasegawa K, Yoneda M, Kuwabara H. Miyaishi O, Itano N, Ohno A, et al. Versican, a major hyaluronan-binding component in the dermis, loses its hyaluronan-binding ability in solar elastosis. J Invest Dermatol. 2007, 127(7):1657-

1663.

Pang X, Dong N, Zheng Z. Small leucine-rich proteoglycans in skin wound healing. Front Pharmacol. 2019, 10:1649.

Li Y, Liu Y, Xia W, Lei D, Voorhees JJ, Fisher GJ. Agedependent alterations of decorin glycosaminoglycans in human skin. Sci Rep. 2013, 3:2422.

Geng Y, McQuillan D, Roughley PJ. SLRP interaction can protect collagen fibrils from cleavage by collagenases. Matrix Biol. 2006, 25(8):484-491.

Westergren-Thorsson G, Coster L, Akesson A, Wollheim FA. Altered dermatan sulfate proteoglycan synthesis in fibroblast cultures established from skin of patients with systemic sclerosis. J Rheumatol. 1996, 23(8):1398-1406.

Izumi T, Tajima S, Nishikawa T. Stimulated expression of decorin and the decorin gene in fibroblasts cultured from patients with localized scleroderma. Arch Dermatol Res. 1995, 287(5):417-420.

Danielson KG, Baribault H. Holmes DF, Graham H, Kadler KE, Iozzo RV. Targeted disruption of decorin leads to abnormal collagen fibril morphology and skin fragility. J Cell Biol. 1997, 136(3):729-743.

Kosho T, Mizumoto S, Watanabe T, Yoshizawa T, Miyake N, Yamada S. Recent advances in the pathophysiology of musculocontractural Ehlers-Danlos syndrome. Genes (Basel). 2019, 1l(1):43-56.

Gotte M. Kresse H. Defective glycosaminoglycan substitution of decorin in a patient with progeroid syndrome is a direct consequence of two point mutations in the galactosyltransferase I (beta4GalT-7) gene. Biochem Genet. 2005, 43(l-2): 65-77.

Carrino DA, Calabro A, Darr AB, Dours-Zimmermann MT, Sandy JD, Zimmermann DR, et al. Age-related differences in human skin proteoglycans. Glycobiology. 2011, 21(2): 257-268.

Nomura Y. Structural change in decorin with skin aging. Connect Tissue Res. 2006, 47(5): 249-255.

Li Y, Xia W, Liu Y, Remmer HA, Voorhees J, Fisher GJ. Solar ultraviolet irradiation induces decorin degradation in human skin likely via neutrophil elastase. PLoS One. 2013, 8(8):e72563.

Hunzelmann N, Schonherr E, Bonnekoh B, Hartmann C, Kresse H, Krieg T. Altered immunohistochemical expression of small proteoglycans in the tumor tissue and stroma of basal cell carcinoma. J Invest Dermatol. 1995, 104(4): 509-513.

Corsi A, Xu T, Chen XD, Boyde A, Liang J, Mankani M, et al. Phenotypic effects of biglycan deficiency are linked to collagen fibril abnormalities, are synergized by decorin deficiency, and mimic Ehlers-Danlos-like changes in bone and other connective tissues. J Bone Miner Res. 2002,

17(7):1180-1189.

Feijoo-Bandin S, Aragon-Herrera A, Morana-Fernandez S, Anido-Varela L, Tarazon E, Rosello-Lleti E, et al. Adipokines and inflammation: focus on cardiovascular diseases. Int J Mol Sci. 2020, 21(20):7711-7744.

Ezure T, Amano S. Negative regulation of dermal fibroblasts by enlarged adipocytes through release of free fatty acids. J Invest Dermatol. 2011, 131(10):2004-2009.

Ezure T, Amano S. Increment of subcutaneous adipose tissue is associated with decrease of elastic fibres in the dermal layer. Exp Dermatol. 2015, 24(12):924-929.

Ezure T, Amano S. Adiponectin and leptin up-regulate extracellular matrix production by dermal fibroblasts. Biofactors. 2007, 31(3-4):229-236.

Ezure T, Amano S. Influence of subcutaneous adipose tissue mass on dermal elasticity and sagging severity in lower cheek. Skin Res Technol. 2010, 16(3):332-338.

Kruglikov I, Trujillo O, Kristen Q, Isac K, Zorko J, Fam M, et al. The facial adipose tissue: a revision. Facial Plast Surg. 2016, 32(6):671-682.

Wollina U, Wetzker R, Abdel-Naser MB, Kruglikov IL. Role of adipose tissue in facial aging. Clin Interv Aging. 2017, 12:2069-2076.

Lackey DE, Burk DH, Ali MR, Mostaedi R. Smith WH, Park J, et al. Contributions of adipose tissue architectural and tensile properties toward defining healthy and unhealthy obesity. Am J Physiol Endocrinol Metab. 2014, 306(3):E233-246.

Baker LB. Physiology of sweat gland function: the roles of sweating and sweat composition in human health. Temperature (Austin). 2019, 6(3):211-259.

Shiohara T, Mizukawa Y, Shimoda-Komatsu Y, Aoyama Y. Sweat is a most efficient natural moisturizer providing protective immunity at points of allergen entry. Allergol Int. 2018, 67(4):442-447.

Schmid-Wendtner MH. Korting HC. The pH of the skin surface and its impact on the barrier function. Skin Pharmacol Physiol. 2006, 19(6):296-302.

Park JH. Park GT, Cho IH. Sim SM. Yang JM. Lee DY. An antimicrobial protein, lactoferrin exists in the sweat: proteomic analysis of sweat. Exp Dermatol. 2011, 20(4):369-371.

Murota H, Yamaga K, Ono E, Murayama N, Yokozeki H, Katayama I. Why does sweat lead to the development of itch in atopic dermatitis? Exp Dermatol. 2019, 28(12):1416-1421.

Wilke K, Martin A. Terstegen L, Biel SS. A short history of sweat gland biology. Int J Cosmet Sci. 2007;29(3):169-179.

Sato K, Leidal R, Sato F. Morphology and development of an apoeccrine sweat gland in human axillae. Am J Physiol. 1987;252(1 Pt 2):R166-180.

Cui CY, Schlessinger D. Eccrine sweat gland development and sweat secretion. Exp Dermatol. 2015, 24(9):644-650.

Larose J, Boulay P, Sigal RJ, Wright HE, Kenny GP. Agerelated decrements in heat dissipation during physical activity occur as early as the age of 40. PLoS One. 2013, 8(12):e83148.

Ellis FP, Exton-Smith AN, Foster KG, Weiner JS. Eccrine sweating and mortality during heat waves in very young and very old persons. Isr J Med Sci. 1976, 12(8):815-817.

Inoue Y, Shibasaki M. Regional differences in age-related decrements of the cutaneous vascular and sweating responses to passive heating. Eur J Appl Physiol Occup Physiol. 1996, 74(1-2):78-84.

Ezure T. Arnano S. Matsuzaki K. Aging-related shift of eccrine sweat glands toward the skin surface due to tangling and rotation of the secretory ducts revealed by digital 3D skin reconstruction. Skin Res Technol. 2021.

Niemann C. Horsley V. Development and homeostasis of the sebaceous gland. Semin Cell Dev Biol. 2012, 23(8):928-936.

Surber C, Humbert P, Abels C, Maibach H. The acid mantle: a myth or an essential part of skin health? Curr Probl Dermatol. 2018, 54:1-10.

Feingold KR. Elias PM. Role of lipids in the formation and maintenance of the cutaneous permeability barrier. Biochim Biophys Acta. 2014, 1841(3):280-294.

Zouboulis CC. Acne and sebaceous gland function. Clin Dermatol. 2004, 22(5):360-366.

Zouboulis CC, Boschnakow A. Chronological ageing and photoageing of the human sebaceous gland. Clin Exp Dermatol. 2001, 26(7):600-607.

Yamamoto A, Serizawa S, Ito M, Sato Y. Effect of aging on sebaceous gland activity and on the fatty acid composition of wax esters. J Invest Dermatol. 1987, 89(5):507-512.

Plewig G, Kligman AM. Proliferative activity of the sebaceous glands of the aged. J Invest Dermatol. 1978, 70(6):314-317.

Kligman AM, Zheng P, Lavker RM. The anatomy and pathogenesis of wrinkles. Br J Dermatol. 1985, 113(1):37-42.

第11章

吸烟和空气污染对皮肤老化的影响

烟草（吸烟）是皮肤老化的环境因素

吸烟对皮肤有着特殊的危害，可能导致伤口不易愈合、出现鳞状细胞癌、黑素瘤、口腔癌、痤疮、银屑病、湿疹、脱发以及皮肤过早老化。早在1971年，Daniel就报告了吸烟对皮肤的不良影响，吸烟者皮肤上的皱纹是其典型的临床特征。吸烟的主要影响是导致皮肤老化，尤其是在口周、上眼睑和眼周的皱纹。一些流行病学研究表明，吸烟是导致皮肤过早老化的因素之一，其他因素包括年龄、性别、色素沉着、日晒史和饮酒。众所周知，皮肤长期暴露于紫外线辐射会显著改变表皮层和真皮层的结构和成分，即光老化。同样，吸烟是另一个重要的环境因素，也可能导致"烟草皱纹"。因此，单独吸烟以及与紫外线暴露联合作用是导致皮肤老化的一个有力预测因子。

吸烟会引起表皮层和真皮层的结构和成分变化，这与慢性紫外线暴露引起的变化相似。吸烟成分的刺激作用可以直接对表皮层产生有害影响，也可能通过血液循环间接对皮肤产生有害影响。有毒烟雾会降低面部角质层的水分，从而导致面部皱纹的形成。此外，吸烟时噘嘴、因烟雾刺激眼睛而收缩面部肌肉、眯眼等动作也会加剧口角和眼周皱纹的形成。

研究人员使用63名受试者的硅橡胶模型结合计算机图像处理来研究皱纹形成与吸烟之间的关系。模型分析显示，有吸烟史的受试者（吸烟史＞35包/年）的皱纹深度（Rz）和方差（Rv）显著高于不吸烟的受试者（$P<0.05$）（见图11.1）。有吸烟史的受试者的皱纹线（PI）也显著低于不吸烟的受试者（$P<0.05$）。

在一项日本横断面研究中，通过对受试者进行一份调查问卷，以评价其日晒暴露、包/年吸烟史和潜在的混杂变量，从而使用Daniel评分对面部皱纹进行量化。通过对Daniel评分进行逐步回归分析，得到以下公式：Daniel评分=−1.24+0.05×年龄+0.015×（包/年）+0.158×日晒。在进行Logistic回归分析后，得出结论：年龄（$OR=7.5$，95% $CI=1.8730.16$）、包/年（$OR=5.8$，95% $CI=1.7219.87$）和日晒（$OR=2.65$，95% $CI=1.0 \sim 7.0$）是面部皱纹形成的独立影响因素。

烟草对体外皮肤模型的影响

真皮层大分子代谢的改变是导致皮肤老化的主要因素。在皮肤老化的过程中，MMPs介导的弹性组织物质累积伴随着基质蛋白降解，这是一个具体的过程。真皮层分子改变的具体表现包括胶原合成减少、MMPs的诱导，以及弹性纤维和蛋白聚糖的异常积聚。烟草提取物的应用显著降低了培养的皮肤成纤维细胞的胶原新生。对烟草提取物处理培养成纤维细胞的上清液研究显示，胶原前体Ⅰ型和Ⅲ型原胶原的生成显著减少（见图11.2）。此外，根据3H-脯氨酸掺入的评价结果，无论细胞内的胶原合成速率如何，分泌到培养基中的胶原最终合成均减少（见图11.2）。

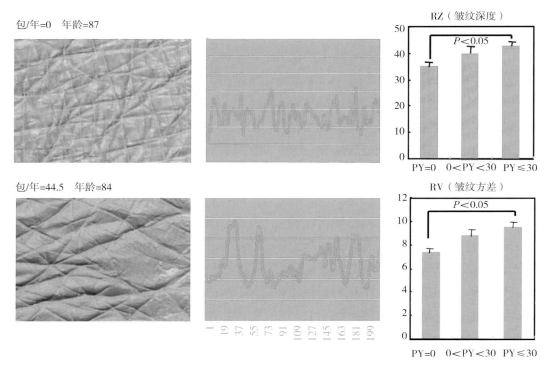

图 11.1　典型皮肤硅橡胶模型分析：包 / 年效应

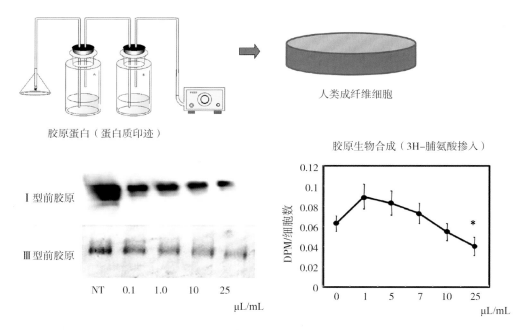

图 11.2　烟草提取物减少人成纤维细胞的胶原蛋白合成分泌

尽管弹性纤维只占细胞外基质的2%～4%，但它们对于维持正常皮肤的弹性和回弹性非常重要。研究表明，烟草提取物可以诱导培养的皮肤成纤维细胞中原弹性蛋白mRNA的显著增加，这可能导致异常弹性物质积聚（即日光弹力组织变性），是光老化皮肤的一个显著组织病理学改变。Boyd等的研究结果显示，在平均吸烟42包/年的受试者中，吸烟可以增加弹性组织变性。同时，一项使用烟草提取物处理的皮肤成纤维细胞体外研究发现，烟草提取物可以使原弹性蛋白水平升高，从而导致皮肤过早老化。

烟草提取物可以刺激皮肤成纤维细胞，使得MMP基因家族中细胞外基质相关成员MMP-1和MMP-3 mRNA的表达呈现出剂量依赖性。这些研究结果支持MMPs是暴露于烟草提取物的皮肤结缔组织损伤和皮肤过早老化的主要介质。值得注意的是，组织金属蛋白酶抑制因子-1和组织金属蛋白酶抑制因子-3的表达并未发生变化。研究还发现，烟草提取物通过诱导MMP-1和MMP-3的表达而非MMPs的组织抑制剂，可以改变MMP的比例，有利于MMP的诱导，导致皮肤胶原蛋白更多降解和流失。MMPs是一系列降解酶组成的复合体，它们会导致细胞外基质成分的减少，如天然胶原蛋白、弹性蛋白纤维和各种蛋白聚糖。MMP-3和MMP-7可能在弹性蛋白和蛋白多糖的降解中发挥关键作用，烟草提取物暴露的成纤维细胞中MMP-7表达增加。

烟草对人类和小鼠模型的影响

基于实时定量聚合酶链反应分析的临床研究表明，吸烟者臀部皮肤中的MMP-1 mRNA水平显著高于非吸烟者。高水平的MMP-1 mRNA导致胶原纤维、弹性纤维和蛋白聚糖的降解。因此，在烟草处理的真皮结缔组织中，胶原生物合成和降解之间的平衡失调，面对持续的降解，修复能力较低导致胶原和弹性纤维的流失，从而在临床上表现为皮肤的老化外观。

皮肤标本的组织学染色和光损伤皮肤的生化分析均显示高糖胺聚糖含量，但目前尚不清楚其潜在的分子发病机制。一种大分子蛋白

聚糖硫酸软骨素（chondroitin sulfate，CS）与真皮层弹性纤维相关，其中包含一个透明质酸结合域。核心蛋白被认为促进这些大分子与其他基质成分或细胞因子如转化生长因子（transforming growth factor，TGF）结合。核心蛋白聚糖是一种小的CS蛋白聚糖，与胶原纤维共分布，可能通过连接细胞外基质成分和细胞表面糖蛋白发挥细胞识别功能。靶向破坏小鼠核心蛋白聚糖合成显著降低皮肤的抗拉强度。根据Carrino等的报道，随着年龄的增长，大分子CS蛋白聚糖（多功能蛋白聚糖）的比例会下降，而小分子硫酸皮素蛋白聚糖（核心蛋白聚糖）的比例则会增加。Ito等的研究发现，在年轻的大鼠中，多功能蛋白聚糖的免疫染色比较强烈，而在老年大鼠中则相对较弱；相反，核心蛋白聚糖在年轻大鼠中免疫染色较弱，而在老年大鼠中则染色较强。蛋白聚糖会因光老化而发生变化，特别是在UVB照射下。对新生蛋白聚糖的分析表明，UVB照射后小鼠的蛋白聚糖明显增加。多功能蛋白聚糖和核心蛋白聚糖的免疫染色在光老化组织样本中增加，并伴随类似基因表达的改变。烟草提取物可降低多功能蛋白聚糖和mRNA水平，而显著增加培养的皮肤成纤维细胞的核心蛋白聚糖水平。因此，有关烟草影响的研究结果与光老化后的观察结果相似，提示可能涉及相同的机制。

烟草通过活性氧生成和细胞因子诱导皮肤老化的分子机制

基于实验证据，本文提出一种关于UVA损伤皮肤的作用模型。该模型指出，通过激活转录因子AP-2，会产生单线态氧，从而介导UVA损伤皮肤的基因表达。为了确定活性氧（ROS）是否参与烟草诱导的MMPs上调，本研究评估了单线态氧和其他活性氧的有效猝灭剂，例如氮化钠（NaN$_3$）、L-抗坏血酸和维生

素E的影响。研究结果表明，这些猝灭剂可以阻止暴露于烟草提取物中的成纤维细胞中MMPs的诱导。特别是，抗氧化试剂L-抗坏血酸在降低烟草提取物暴露的成纤维细胞中MMP-1表达方面表现最显著。因此，这些结果表明，ROS是烟草提取物增强MMPs诱导的原因。

转化生长因子-β1（TGF-β1）是一种多功能细胞因子，具有调节细胞增殖分化、组织重塑和修复的作用。在维持表皮组织稳态方面，TGF-β1作为一种有效的生长抑制因子发挥着重要作用。相比之下，在真皮层，TGF-β1则具有正性生长因子的作用，能够诱导细胞外基质蛋白的合成。TGF-β信号传导的启动是通过Ⅰ/Ⅱ型TGF-β受体的异聚复合体完成的。紫外线照射能够下调人皮肤中TGF-βⅡ型受体mRNA和蛋白的表达，并诱导Smad7 mRNA和蛋白的表达。通过对培养皮肤成纤维细胞上清液的酶联免疫吸附试验的研究发现，烟草提取物能够诱导TGF-β的前体形式，而非活性形式。烟草暴露能够诱导细胞内源性TGF-β1的产生，从而提高细胞内防御能力。成纤维细胞对TGF-β1的反应是通过其活性形式结合细胞表面受体而介导的。而烟草提取物则通过诱导无活性前体形式并下调TGF-β1受体来阻断细胞对TGF-β1的反应。外源性添加TGF-β1有可能有助于促进胶原合成或保护免受烟草的有害影响。

烟草通过芳香烃受体诱导皮肤老化的分子机制

烟草含有超过3800种成分，其中包括许多不溶于水的多环芳烃。这些物质可以刺激芳香烃受体（aryl hydrocarbon receptor，AhR）信号通路。为了研究烟草烟雾诱导皮肤衰老的分子机制，研究人员可以将原代人成纤维细胞和角质形成细胞置于烟草提取物中进行实验。实验结果显示，正己烷和水溶性烟草提取物可以显著地诱导人皮肤成纤维细胞和角质形成细胞中MMP-1 mRNA的表达，并呈现出剂量依赖性。为了阐明AhR通路的作用，研究人员可以使用稳定的AhR敲除HaCaT细胞系。实验结果表明，AhR敲除可以消除正己烷或水溶性烟草提取物引起的AhR依赖基因CYP1A1/CYP1B1和MMP-1的转录增加。此外，烟草提取物还可以诱导7-乙氧基间苯二酚-O-脱乙基酶的活性，而AhR敲除几乎完全抑制这一活性。同样地，使用AhR通路抑制剂3-甲氧基-4-硝基黄酮和α-萘黄酮可以干预成纤维细胞，从而阻断CYP1B1和MMP-1的表达。这些结果表明，烟草提取物可以通过激活AhR通路诱导人成纤维细胞和角质形成细胞中MMP-1的表达。因此，AhR通路可能参与外源性皮肤老化的病理过程。

烟草被广泛认为会导致皮肤色素沉着，但吸烟对皮肤色素沉着的影响机制尚未得到直接评价。在与烟草提取物培养时，人表皮黑素细胞会生长到较大体积，并产生更高水平的黑素（参见图11.3）。通过实时聚合酶链式反应可以量化小眼相关转录因子表达来分析黑素细胞的活化程度。在接受烟草提取物暴露后，小眼畸形相关转录因子的表达显著增加，且呈剂量依赖性。Wnt/β-catenin（Wnt/β-连环蛋白）信号通路可能介导烟草提取物诱导的黑素细胞活化。免疫细胞化学研究表明，活化的黑素细胞在核膜周围高度表达AhR。受到烟草提取物诱导的小眼相关转录因子激活被AhR的RNA沉默所抑制。这些发现表明，烟草可以在体外增强色素沉着，并暗示着色素沉着的增加可能至少部分归因于人黑素细胞内β-连环蛋白和AhR介导的机制（图11.4）。

皮肤老化的种族差异

在亚洲和白种人女性中，外源性皮肤老化的临床表现存在差异。亚洲女性出现色斑的时间比白种人女性早得多，而出现粗纹的时间则晚得多。这些不同的临床表型可能是由于Fitzpatrick皮肤类型、皮肤结构、生活方式和（或）遗传背景的差异所致。但目前还没有确凿的证据支

持这些假设，因此这些种族差异的基础仍然难以捉摸。对于已知会影响皮肤老化的因素，例如日晒、吸烟和（或）血浆抗氧化水平的差异，已在亚裔和白种人女性中进行了研究。

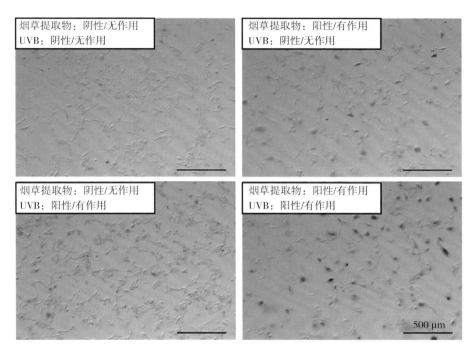

图 11.3　烟草提取物可使正常人类黑素细胞生长得更大并促进合成更多黑素

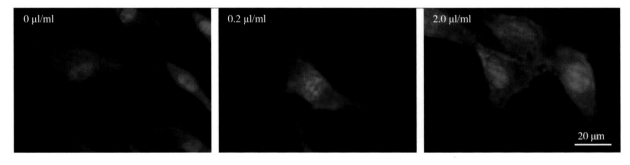

图 11.4　暴露于烟草提取物诱导 AhR 激活

- 用 0.2 和 2 μl/ml 烟草提取物培养的黑素细胞进行芳香烃受体的免疫细胞化学染色
- 在核膜周围观察到活化的芳香烃受体

一项研究对39名德裔女性和48名日裔女性进行了调查。根据经过验证的临床评分［SCINEXA：皮肤内源性和外源性老化评分（score for INtrinsic and EXtrinsic skin Ageing）］，研究人员研究了色素沉着斑和皱纹的形成，并通过高压液相色谱法测定了空腹

血液样本中的抗氧化剂。此外，研究人员还通过问卷调查评估了受试者的日晒、吸烟和饮食习惯。结果显示，日裔女性较少暴露于阳光下，也较少吸烟。德裔女性和日裔女性的眼部皱纹、上唇皱纹和面颊小雀斑等皮肤老化表征明显不同。德裔女性的皱纹更明显，而日裔女

性更容易出现小雀斑。最大的差异在于血液中α-和β-胡萝卜素的含量，日裔女性的含量是德裔女性的3倍。此外，通过年龄校正的线性回归分析发现，日晒会诱发粗纹形成，而血浆抗氧化剂对粗纹形成具有减缓作用。吸烟也可能导致上唇出现更明显的皱纹，但这种关联并不显著。

烟草对皮肤老化以外的有害影响

环境因素可以通过激活Th17细胞促进自身免疫性疾病的患病率增加。烟草含有低水平的AhR激动剂，这可能是增加银屑病风险和严重程度的潜在机制。AhR是一种配体依赖的转录因子，介导细胞对卤代芳烃和非卤代多环芳烃的反应。人体的Th17细胞中也表达着AhR，它的激活可以导致Th17细胞显著增加。$CD4^+T$细胞向Th17细胞的分化需要存在白细胞介素（IL）-6和TGF-β，而IL-1β和IL-21可以进一步促进这个过程。另外，IL-1β和IL-6可以诱导中央记忆性T细胞（Tcm）过度分泌IL-17A。记忆T细胞分为2个亚群，其中一个是效应记忆T细胞，类似于效应细胞，可以快速产生细胞因子并靶向组织。另一个亚群是Tcm，作为抗原特异性T细胞的储存库，在再次受到刺激时可以扩增并分化为效应T细胞。Tcm表达CD62L，这有助于它们与抗原递呈树突状细胞进行相互作用。

综上所述，IL-1β、IL-1β/IL-6以及TGF-β/IL-21可诱导IL-17的表达。在存在这些细胞因子的情况下，烟草提取物显著增加了IL-17的表达。即使在无细胞因子存在的情况下，烟草提取物也能诱导IL-22的表达，尤其是在存在IL-1β/IL-6的情况下。这表明烟草提取物可能通过AhR刺激促进Th17细胞分化，并诱导Th17细胞表达IL-17和IL-22。同一类型的Th17细胞会产生IL-17和IL-22，但在分子水平上有不同的机制来调节这些细胞因子的产生。烟草提取物能够诱导Th17细胞的表达。根据细胞因子类型，Tcm可以分化为多种辅助性T细胞。吸烟状态下，AhR激动剂会促使Tcm向Th17分化，导致吸烟银屑病患者外周血单个核细胞中Th17比例高于不吸烟银屑病患者。

空气污染和皮肤老化

空气污染会通过多种机制损害皮肤屏障完整性，例如改变经表皮失水、炎症信号、角质层pH值和皮肤微生态等。短期污染物暴露可能会加重特应性皮炎症状。另外，越来越多的证据表明，空气污染会导致皮肤老化。EPA将污染物分为六类：来自金属和工业加工厂的铅、汽车尾气中的氮氧化物、工业发电厂的硫氧化物、烟尘/废气和工业产生的颗粒物（PM）、地平面臭氧以及一氧化碳。

空气污染对健康的影响与皮肤色素沉着、相关皮肤老化特征以及皮肤皱纹形成有关。皮肤色素沉着主要与PM有关，包括柴油尾气颗粒、PM2.5和可能的超细（直径<100 nm）颗粒（UFP）。例如，交通产生的烟尘和颗粒物（PM）增加会导致额部和面颊的色斑增加20%。相比之下，地面臭氧的增加似乎与皮肤皱纹相关。空气污染对外源性皮肤老化的贡献不仅包括交通相关的PM2.5和烟尘，还包括二氧化氮（NO_2）和地面臭氧等气体。与皮肤老化特征相关的空气污染物与吸入PM和随后的肺部炎症反应等系统性效应无关，这表明通过皮肤表面接触是最相关的途径。NO_2的增加总是与UFP的增加相关，目前的流行病学研究并未区分NO_2和UFP对皮肤老化的影响。虽然与皮肤老化相关的空气污染物多种多样，但车辆交通是所有空气污染物的主要来源。因此，对于生活在人口密集的城市地区的人而言，空气污染与皮肤老化尤其相关。然而，发展中国家的农村地区燃烧矿物质燃料也会导致室内空气污染，从而与皮肤老化有关。

空气污染对皮肤老化影响的体内和体外证据

空气中的污染物中，臭氧因其结构不稳定且能启动氧化反应和激活炎症反应的能力而具有高度毒性，导致多种皮肤疾病。体内外的研究表明，短期急性暴露于臭氧可产生ROS，氧化生物分子（如脂质过氧化和蛋白质羰基化），消耗细胞抗氧化防御，引发细胞应激和细胞毒性对皮肤防御造成影响。小鼠模型的试验表明，臭氧以氧化还原依赖的方式激活炎症小体，因此可能在污染诱导的炎症性皮肤状态中发挥作用。人体皮肤暴露于臭氧会引起角质层改变，其特征是角质层相关抗氧化剂消耗和产生应激反应级联到更深的皮肤层次（包括真皮层），从而可影响与皱纹形成相关的真皮层胶原代谢。然而，目前尚无证据表明这些臭氧引起的变化与皮肤色素沉着变化有关。PM对皮肤的损害机制可能涉及氧化应激和炎症反应，这两者都是导致皮肤老化的重要因素。PM应用于完整屏障的皮肤中可诱导真皮层炎症。离体皮肤模型表明，柴油废气颗粒增加皮肤色素沉着和色素沉着相关基因的表达，并诱导MMP和促炎细胞因子的表达。然而，应用抗氧化剂混合物可降低这些色素沉着和内扩效应。另外，激活AhR也被认为会引发PM对皮肤的有害影响。因为AhR的激活会增加MMPs，而MMPs会导致胶原蛋白和弹性蛋白的降解，进而导致皮肤老化和皱纹的形成。

结论

皮肤暴露于特定的外源性因素（主要包括紫外线、烟草和空气污染）后，会发生外源性老化。烟草含有至少3800种成分，但导致皮肤老化的具体成分仍不清楚，它们对结缔组织造成了损伤。除了ROS和细胞因子，烟草还通过AhR通路参与皮肤老化的潜在分子机制（详见图11.5）。空气污染（尤其是柴油废气颗粒和地面臭氧）也是导致皮肤色素沉着和皱纹的重要因素。越来越多的流行病学和分子研究证据表明，外源性老化是由长期暴露于这些因素所致。具体的损伤机制以及如何进行保护仍需要进一步研究。

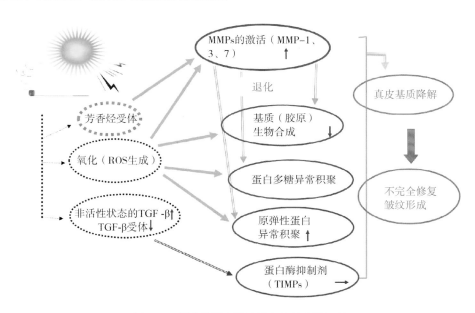

图 11.5　烟草诱导皮肤过早老化的分子机制

原文参考文献

Freiman A, Bird G, Metelitsa AI, et al. Cutaneous effects of smoking. J Cutan Med Surg. 2004, 8:415-423.

Daniell HW. Smoker's wrinkles: a study in the epidemiology of "crow's feet". Ann Intern Med. 1971, 75:873-880.

Aizen E, Gilhar A. Smoking effect on skin wrinkling in the aged population. Int J Dermatol. 2001, 40(7):431-433.

Doshi DN, Hanneman KK,Cooper KD.Smoking and skin aging in identical twins. Arch Dermatol. 2007, 143(12):1543-1546.

Koh JS, Kang H, Choi SW, et al. Cigarette smoking associated with premature facial wrinkling: image analysis of facial skin replicas. Int J Dermatol. 2002, 41(1):21-27.

Ernster VL, Grady D, Miike R, et al. Facial wrinkling in men and women, by smoking status. Am J Public Health. 1995, 85:78-82.

Frances C. Smoker's wrinkles: epidemiological and pathogenic considerations. Clin Dermatol. 1998, 16:565-570.

Grady D, Ernster V. Does cigarette smoking make you ugly and old? Am J Epidemiol. 1992, 135:839-842.

Kadunce DP, Burr R, Gress R, et al. Cigarette smoking: risk factor for premature facial wrinkling. Ann Intern Med. 1991, 114:840-844.

Fisher GJ, Talwar HS, Lin J, et al. Molecular mechanisms of photoaging in human skin in vivo and their prevention by all-trans-retinoic acid. Photochem Photobiol. 1999, 69:154-157.

Grether-Beck S, Buettner R, Krutmann J. Ultraviolet A radiation- induced expression of human genes: molecular and photobiological mechanisms. Biol Chem. 1997, 378:1231-1236.

Wenk J, Brenneisen P, Meewes C, et al. UV-induced oxidative stress and photoaging. Curr Probl Dermatol. 2001, 29:83-94.

Leung W-C, Harvey I. Is skin ageing in the elderly caused by sun exposure or smoking? Br J Dermatol. 2002, 147:1187-1191.

Lofroth G. Environmental tobacco smoke: overview of chemical composition and genotoxic components. Mutat Res. 1989, 222:73-80.

Smith JB, Fenske NA. Cutaneous manifestations and consequences of smoking. J Am Acad Dermatol. 1996, 34:717-732.

Yin L, Morita A, Tsuji T. Skin premature aging induced by tobacco smoking: the objective evidence of skin replica analysis. J Dermatol Sci. 2001, 27(Suppl 1):S26-S31.

Yin L, Morita A, Tsuji T. Tobacco smoking: a role of premature skin aging. Nagoya Med J. 2000, 43:165-171.

Yin L, Morita A, Tsuji T. Skin aging induced by ultraviolet exposure and tobacco smoking: evidence from epidemiological and molecular studies. Photodermatol Photoimmunol Photomed. 2001, 17:178-183.

Morita A. Tobacco smoke causes premature skin aging. J Dermatol Sci. 2007, 48:169-175.

Uitto J, Fazio MJ, Olsen DR. Molecular mechanisms of cutaneous aging: age-associated connective tissue alterations in the dermis. J Am Acad Dermatol. 1989, 21:614-622.

Fisher GJ, Voorhees JJ. Molecular mechanisms of photoaging and its prevention by retinoic acid: ultraviolet irradiation induces MAP kinase signal transduction cascades that induce Ap-1-regulated matrix metalloproteinases that degrade human skin in vivo. J Investig Dermatol Symp Proc. 1998, 3:61-68.

Shuster S. Smoking and wrinkling of the skin. Lancet. 2001, 358:330.

Yin L, Morita A, Tsuji T. Alterations of extracellular matrix induced by tobacco smoke extract. Arch Dermatol Res. 2006, 292:188-194.

Montagna W, Kirchner S, Carlisle K. Histology of sundamaged human skin. J Am Acad Dermatol. 1989, 21:907-918.

Tsuji T. Ultrastructure of deep wrinkles in the elderly. J Cutan Pathol. 1987, 14:158-164.

Boyd AS, Stasko T, King LE Jr., et al. Cigarette smokingassociated elastotic changes in the skin. J Am Acad Dermatol. 1999, 41:23-26.

Saarialho-Kere U, Kerkela E, Jeskanen L, et al. Accumulation of matrilysin (MMP-7) and macrophage metalloelastase (MMP-12) in actinic damage. J Invest Dermatol. 1999, 113:664-672.

Lahmann C, Bergemann J, Harrison G, et al. Matrix metalloprotease- 1 and skin ageing in smokers. Lancet. 2001, 357:935-936.

Fisher LW, Termine JD, Young MF. Deduced protein sequence of bone small proteoglycan 1 (biglycan) shows homology with proteoglycan II (decorin) and several nonconnective tissue proteins in a variety of species. J Biol Chem. 1989, 264:4571-4576.

Zimmermann DR, Ruoslahti E. Multiple domains of the large fibroblast proteoglycan, versican. EMBO J. 1989, 8:2975-2981.

Danielson KG. Baribault H, Homes DF, et al. Targeted disruption of decorin leads to abnormal collagen fibril morphology and skin fragility. J Cell Biol. 1997, 136:729-743.

Carrino DA, Sorrell JM, Caplan Al. Age-related changes in the proteoglycans of human skin. Arch Biochem Biophys. 2000, 373:91-101.

Ito Y, Takeuchi J, Yamamoto K, et al. Age differences in immunohistochemical localizations of large proteoglycan, PG-M/versican, and small proteoglycan, decorin, in the dermis of rats. Exp Anim. 2001, 50:159-166.

Bernstein EF, Fisher LW, Li K, et al. Differential expression of the versican and decorin genes in photoaged and sun-protected skin: comparison by immunohistochemical and northern analyses. Lab Invest. 1995, 72:662-669.

Margelin D, Fourtanier A, Thevenin T, et al. Alterations of proteoglycans in ultraviolet-irradiated skin. Photochem Photobiol. 1993, 58:211-218.

Massague J. TGF-beta signal transduction. Annu Rev Biochem. 1998, 67:753-791.

Kadin ME, Cavaille-Coll MW, Gertz R, et al. Loss of receptors for transforming growth factor beta in human T-cell malignancies. Proc Natl Acad Sci USA. 1994, 91:6002-6006.

Piek E, Heldin CH, Ten Dijke P. Specificity, diversity, and regulation in TGF-beta superfamily signaling. FASEB J. 1999, 13:2105-2124.

Quan T, He T, Voorhees JJ, et al. Ultraviolet irradiation blocks cellular responses to transforming growth factor-beta by downregulating its type-II receptor and inducing Smad. J Biol Chem. 2001, 276:26349-26356.

Yin L, Morita A, Tsuji T. Tobacco smoke extract induces age-related changes due to the modulation of TGF-β. Exp Dermatol. 2003, 12:51-56.

Ono Y, Torii K, Fritsche E, et al. Role of the aryl hydrocarbon receptor in tobacco smoke extract induced-matrix metalloproteinase- 1 expression. Exp Dermatol. 2013, 22:349-353.

Nakamura M, Ueda Y, Hayashi M, et al. Tobacco smokeinduced skin pigmentation is mediated by the aryl hydrocarbon receptor. Exp Dermatol. 2013, 22:556-558.

Goh SH. The treatment of visible signs of senescence: the Asian experience. Br J Dermatol. 1990, 122(Suppl 35):105-109.

Nouveau-Richard S, Yang Z, Mac-Mary S, et al. Skin ageing: a comparison between Chinese and European populations. A pilot study. J Dermatol Sci. 2005, 40:187-193.

Rawlings AV. Ethnic skin types: are there differences in skin structure and function? Int J Cosmet Sci. 2006, 28:79-93.

Tschachler E, Morizot F. Ethnic differences in skin ageing. In Gilchrest B, Krutmann J, eds. Skin Ageing. New York, NY: Springer-Verlag;2006, 23-33.

Knaggs H. Skin ageing in the Asian population. In Dayan N, ed. Skin Ageing Handbook. Norwich, NY: William Andrew Verlag;2008, 177-201.

Perner D, Vierkoetter A, Sugiri D, et al. Association between sun-exposure, smoking behaviour and plasma antioxidant levels with the different manifestation of skin ageing signs between Japanese and German women. J Dermatol Sci. 2011, 62:138-140.

Torii K, Saito C, Furuhashi T, et al. Tobacco smoke is related to Thl7 generation with clinical implications for psoriasis patients. Exp Dermatol. 2011, 20:371-373.

Hendricks AJ, Eichenfield LF, Shi VY. The impact of airborne pollution on atopic dermatitis: a literature review. Br J Dermatol. 2020, 183(1):16-23.

Vierkotter A, Schikowski T, Ranft U, et al. Airborne particle exposure and extrinsic skin aging. J Invest Dermatol. 2010, 130(12):2719-2726.

Flament F, Bourokba N, Nouveau S, et al. A severe chronic outdoor urban pollution alters some facial aging signs in Chinese women. A tale of two cities. Int J Cosmet Sci. 2018, 40(5):467-481.

Hills A, Vierkotter A, Gao W, et al. Traffic-related air pollution contributes to development of facial lentigines: further epidemiological evidence from Caucasians and Asians. J Invest Dermatol. 2016, 136(5):1053-1056.

Peng F, Xue CH, Hwang SK, et al. Exposure to fine particulate matter associated with senile lentigo in Chinese women: a cross-sectional study. J Eur Acad Dermatol Venereol. 2017, 31(2):355-360.

Fuks KB, Huls A, Sugiri D. et al. Tropospheric ozone and skin aging: results from two German cohort studies. Environ Int. 2019, 124:139-144.

Ding A, Yang Y, Zhao Z, et al. Indoor PM2.5 exposure affects skin aging manifestation in a Chinese population. Sci Rep. 2017, 7(1):15329.

Lefebvre MA, Pham DM, Boussouira B, et al. Evaluation of the impact of urban pollution on the quality of skin: a multicentre study in Mexico. Int J Cosmet Sci. 2015, 37(3):329-338.

Vierkötter A, Hüls A, Sugiri D, et al. Air pollution and skin aging: is there a mediator role for air pollution-induced lung inflammation? J Invest Dermatol. 2017, 137(5):S27

Li M, Vierkötter A, Schikowski T, et al. Epidemiological evidence that indoor air pollution from cooking with solid fuels accelerates skin aging in Chinese women. J Dermatol Sci. 2015, 79(2):148-154.

Ferrara F, Pambianchi E, Woodby B, et al. Evaluating the effect of ozone in UV induced skin damage. Toxicol Lett. 2021, 338:40-50.

Valacchi G, Pecorelli A, Belmonte G, et al. Protective effects of topical vitamin C compound mixtures against ozone-induced damage in human skin. J Invest Dermatol. 2017, 137(6):1373-1375.

Valacchi G, van der Vliet A, Schock BC, et al. Ozone exposure activates oxidative stress responses in murine skin. Toxicology. 2002, 179(1-2):163-170.

Fussell JC, Kelly FJ. Oxidative contribution of air pollution to extrinsic skin ageing. Free Radic Biol Med. 2020, 151:111-122.

Ferrara F, Pambianchi E, Pecorelli A, et al. Redox regulation of cutaneous inflammasome by ozone exposure. Free Radic Biol Med. 2020, 152:561-570.

Ferrara F, Woodby B, Pecorelli A, et al. Additive effect of combined pollutants to UV induced skin OxInflammation damage. Evaluating the protective topical application of a cosmeceutical mixture formulation. Redox Biol. 2020, 34:101481.

Fuks KB, Woodby B, Valacchi G. Skin damage by tropospheric ozone. Hautarzt 2019, 70(3):163-168.

Valacchi G, Fortino V, Bocci V. The dual action of ozone on the skin. Br J Dermatol. 2005, 153(6):1096-1100.

Magnani ND, Muresan XM, Belmonte G, et al. Skin damage mechanisms related to airborne particulate matter exposure. Toxicol Sci. 2016, 149:227-236.

Rembiesa J, Ruzgas T, Engblom J, et al. The impact of pollutants on skin and proper efficacy testing for anti-pollution claims. Cosmetics. 2018, 5(1):4.

Jin SP, Li Z, Choi EK, et al. Urban particulate matter in air pollution penetrates into the barrier-disrupted skin and produces ROS-dependent cutaneous inflammatory response *in vivo*. J Dermatol Sci. 2018, 91(2):175-183.

Grether-Beck S, Marini A, Jaenicke T, et al. 1209 Ambient relevant diesel exhaust particles cause skin hyperpigmentation *ex vivo* and *in vivo* in human skin: the Düsseldorf Pollution Patch Test. J Invest Dermatol. 2018, 138:S205.

Krutmann J, Bouloc A, Sore G, et al. The skin aging exposome. J Dermatol Sci. 2017, 85:152-161.

Bartsch H, Malaveille C, Friesen M, et al. Black (air-cured) and blond (flue-cured) tobacco cancer risk IV: molecular dosimetry studies implicate aromatic amines as bladder carcinogens. Eur J Cancer. 1993, 29A:1199-1207.

第12章

皮肤屏障与 TEWL：核心概述

介绍

对在人类和陆生动物身上，皮肤最外层的角质层（SC）是活性表皮（VE）和环境空气之间的交界处。SC内的死亡细胞形成一个保护屏障，以防止脱水、中毒和微生物侵袭。然而，SC并非完全不透水的屏障。VE中的水分可以持续地通过SC扩散，从皮肤表面蒸发到环境空气中，这就是TEWL。TEWL通常被用来评估屏障的渗透性，部分原因是水的运输本身就具有基本意义，另一部分原因则是可以在不侵入体内的情况下测量TEWL。当然，其他化学物质也具有不同的渗透性质，但TEWL被广泛接受作为屏障性能的通用指标。

什么是TEWL？

为了准确测量TEWL并避免可能遇到的问题，首先需要明确其定义。

TEWL指的是水分子从VE通过SC扩散至皮肤表面的通量。

如图12.1（a）所示，VE的含水量较高是TEWL的主要来源。当水分子扩散至皮肤表面并蒸发到空气中时，皮肤表面的干燥程度会影响TEWL的测量结果，因此蒸发通量应该与TEWL相等。因此，TEWL测量的基本假设是SC内部TEWL与邻近空气的蒸发通量等效。

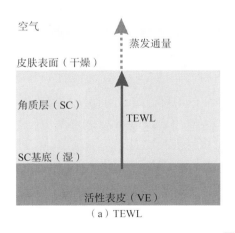
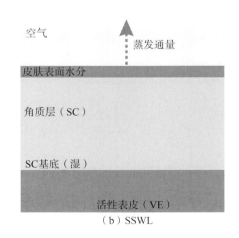

图 12.1

（a）TEWL 的蒸发通量；（b）皮肤表面水分蒸发通量（skin surface water loss，SSWL）。

如何测量TEWL？

因为水分子是通过SC层扩散的，所以无法直接测量TEWL。相反，目前所有用于测量TEWL的仪器都是测量皮肤表面附近空气中的蒸发通量。当然，只有在特定皮肤部位没有其他蒸发通量来源的情况下才是有效的，而情况并非总是如此。非TEWL蒸发通量的一个常见来源是皮表水分，如图12.1（b）所示。皮表水分可能来自出汗、无意识出汗和局部使用的产品。这些来源的蒸发通量会干扰TEWL的测量。

TEWL测量方法

目前常用的TEWL仪器采用Nilsson提出的稳态扩散梯度测量原理，或Wallihan提出的非稳态不通风室测量原理，以测量特定部位皮肤邻近空气的水分蒸发通量。

开放室法和冷凝室法

由于开放室法和冷凝室法都使用了Nilsson扩散梯度测量原理，因此它们可以一起介绍。实际使用的腔室是一个顶针大小的空心圆柱体，里面装有许多传感器，具体如图12.2所示。

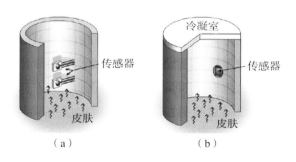

图 12.2

开放室（a）和冷凝器室的测量头（b）

开腔的形状如图12.2（a）所示，圆筒的两端都有开口。一个开口放置于特定的皮肤部位，以便捕获其表面的水蒸气。另一个开口作为排气口，允许捕获的水蒸气逸入环境空气中。当水分从皮肤表面蒸发时，皮肤表面附近

空气的湿度高于环境湿度，从而导致捕获的水蒸气从皮肤表面迁移至排气口，在那里湿度保持接近环境空气。在稳态条件下，静止空气中会出现平行于室轴方向的线性湿度梯度，该梯度随着蒸发通量密度的增加而增加。根据Nilsson的扩散梯度测量原理，可以利用Fick（菲克）扩散第一定律，从该湿度梯度计算出蒸发通量密度。相对湿度（RH）和温度传感器通常位于靠近皮肤表面的两个位置，用于测量这种湿度梯度。

冷凝器腔体如图12.2（b）所示，仅有一端开口放置于皮肤上以捕获皮肤表面的水蒸气。腔室的另一端装有金属冷凝器，通过电子Peltier热泵将其冷却到水的冰点以下。冷凝器的温度受到空气湿度的控制，而不受环境湿度的影响。其主要目的是将捕获的水蒸气从腔室内的空气中除去，通过将其冻结成冰的方式实现。当水分从皮肤表面蒸发时，皮肤附近空气湿度增加，导致水蒸气从皮肤表面迁移至冷凝器，其中湿度保持恒定且通常低于环境湿度。在静止空气的稳态条件下，室内会出现平行于室轴方向的线性湿度梯度，该梯度随蒸发通量密度的增加而增大。根据Nilsson的扩散梯度测量原理，利用Fick扩散第一定律，可从该湿度梯度计算出蒸发通量密度。在这种情况下，只需一个传感器来测量这个湿度梯度，因为冷凝器附近空气的湿度恒定，可以从它的温度计算出来。

使用扩散梯度仪测量蒸发通量密度时，需要等待稳态水蒸气扩散条件建立，因此通量读数不能立即等同于TEWL。因此，通量-时间曲线显示一个与TEWL无关的初始瞬态，随后趋于稳定的TEWL通量。

密闭室法

密闭室法如图12.3所示。测量腔的形状为一个顶针大小的圆柱体，其中一端为封闭状态，而另一端为可与皮肤接触的测量孔。腔室

内装有RH和温度（T）传感器，能够防止皮肤表面的水蒸气逸出，而是聚集在腔室内。因此，随着时间的增加，腔室内的湿度也会不断上升，TEWL的计算基于湿度增加速率。在图12.3（b）中，我们可以看到湿度随时间增加的情况，它用ARF1和At的间隔表示。在预设的时间间隔后，测量会自动结束。此时需要将腔室从皮肤上移开，让积聚的水蒸气逸出，实线曲线表示水蒸气的逸出过程，否则湿度会继续上升，达到饱和水平，虚线曲线表示此情况。

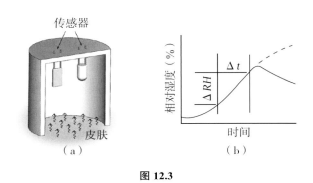

图 12.3

（a）密闭室测量头和（b）典型测量期间的响应（通量－时间曲线）

商业密闭室仪器有两种类型，分别为VapoMeter®（Delfin Technologies Ltd.芬兰）和gpskin（GPower Inc.，韩国）。VapoMeter是一种独立电池供电的仪器，具有一个按钮、一个小型LCD显示屏和一个寻呼机。它还能够通过Wi-Fi连接至计算机进行数据传输。而gpskin是一种电池供电的仪器，配有一个按钮，需要与带蓝牙连接的智能手机一起使用，用于显示、测量和存储数据。

仪器性能

上述TEWL仪器性能不同维度的概述。

有效性

评价测量的有效性可以通过将其读数与特定部位的已知标准值相比较来衡量。Nilsson使用了一种重量测定法来验证开放室仪器的可靠

性，该方法使用湿吸杯作为水蒸气源。他们使用多种盐溶液和一定的温度范围进行测试，发现湿吸杯失水率在接近$0 \sim 200 \ \mathrm{g \cdot m^{-2}h^{-1}}$，与已知标准值的皮尔森相关系数为$r=0.997$，两者呈线性相关。Nuutinen等报道了湿吸杯失水率和密闭室VapoMeter仪器读数之间的线性相关性，相关系数为$r=0.99$，通量密度高达$220 \ \mathrm{g \cdot m^{-2}h^{-1}}$。此外，Nuutinen等还报道了与开放室DermaLab仪器读数相似的相关系数，其通量密度高达$120 \ \mathrm{g \cdot m^{-2}h^{-1}}$。在较高的通量密度下，开放室读数趋于稳定。Imhof等使用耦合至Franz电池供体室的冷凝器室AquaFlux仪器测量Sil-Tec（Technical Products Inc，美国）膜厚度和扩散电阻之间的相关性，相关系数为$r=0.999$。Imhof等使用与Franz细胞供体室耦合的冷凝室AquaFlux仪器测量Sil-Tec（Technical Products Inc，美国）膜厚度和扩散阻力之间的相关性，相关系数为$r=0.999$。

仪器比较

虽然这些仪器之间的比较并没有上述严格的验证，但它们仍然可以快速评价仪器性能。这种比较试验通常会将两种仪器在同一活体皮肤部位的读数进行相关联。

Tagami等的研究结果表明，在开放室的DermaLab和密闭室原型仪器之间，体内TEWL读数呈线性相关，相关系数为$r=0.96$。De Paepe等报道了各种测试中开放室水分计和密闭室水分计读数之间的相关性（范围从$P=0.503$到$P=0.966$），其中P为Spearman秩相关系数。Jones等的研究发现，使用冷凝器室AquaFlux和开放室Tewameter进行的大范围体内测量，相关系数为$r=0.51$。Fluhr等报告开放室水分计和密闭室水分计之间相关性为$r=0.47$，$r=0.93$。Ye等的研究表明，在3个身体部位（面颊、手背和前臂屈侧）进行的开放室测量仪和密闭室gpskin之间的相关性范围为$r=0.80$，$r=0.84$。Grinich等的

研究结果显示，在冷凝器室AquaFlux和密闭室gpskin 2项试验中，相关系数在P=0.34～0.48。Logger等的研究发现，在胶带剥离干扰皮肤屏障前后，使用冷凝器室AquaFlux和密闭室gpskin测量前臂屈侧TEWL的相关系数为P=0.926。

　　一种比相关图更敏感的比较方法是非参数Bland Altman图。该图示中，展示了两种仪器等效读数对应的平均值在x轴上，它们之间的差异在y轴上。这种方法的优越之处在于，它能够显示等效读数（差值）与所测数量的假定最佳估计值（平均值）之间的偏差。图12.4所示的冷凝器室数据来源于章后第12条文献，而密闭室数据则来源于章后第13条文献。

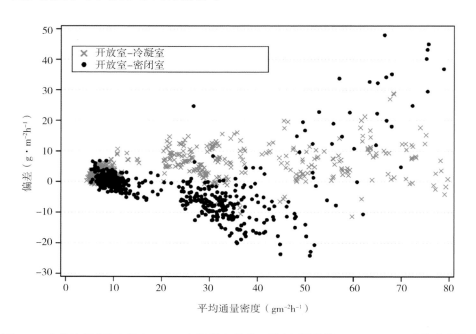

图 12.4　在体冷凝室和密闭室 TEWL 测量值与等效开放室测量值的 Bland-Altman 均值差比较

　　为了保持试验中3种仪器的测量范围，图12.4中显示的平均通量密度限制在0～80 g·m⁻²·h⁻¹的范围内。开放室仪器的读数与两种密闭室仪器的读数存在显著的系统偏差。对于冷凝室而言，约有4.0 g·m⁻²·h⁻¹的通量偏移是无关的，这表明存在校准差异。而在密闭室中，通量存在依赖的变化趋势，0～4 g·m⁻²·h⁻¹范围内差异呈负增加趋势，在～50 g·m⁻²·h⁻¹以上呈相反趋势。

　　图12.4中还显示了体内TEWL测量的可重复性存在显著差异。然而，这些读数的离散不能完全归咎于被测仪器，因为它们包括两方面因素：①开放室参考读数离散和②皮肤异质性，其中探头重新定位的误差和不同腔室直径（开放室为10 mm，冷凝器室为7 mm，密闭室为11 mm）导致读数离散。不过，冷凝器室差异的散点（标准差～4.6 g·m⁻²·h⁻¹）大约是等效密闭室差异（标准差～9.2 g·m⁻²·h⁻¹）的1/2。

仪器可重复性

　　可重复性是指在短时间内，使用同一仪器和方法对同一检测部分进行独立测量，其结果高度一致。可重复性的表现为读数散点，其中标准差或变异系数（CV）是其特征之一。在本文中，我们选择使用CV作为可重复性的度量，因为它不受仪器校准影响。

　　众所周知，TEWL研究结果通常存在较大的离散性，这主要归因于皮肤在异质性、部位、个体、环境条件和时间等方面的差异。然而，正如本章其他部分所述，我们可以采用TEWL指南中描述的方案和程序来减少读数的离散性。

不太为人所知的是，TEWL读数的部分离散性与仪器相关，而与皮肤无关。理想的仪器在重复测量相同量时，应该给出相同的读数。但是，实际仪器由于随机噪声、传感器滞后和其他因素而产生离散读数。这种仪器读数的离散性可以通过使用稳定的水汽通量源来测量，例如倒置的湿吸杯代替活体皮肤。图12.5展示了用3台密闭室仪器进行一系列试验的结果，每台仪器重复测量50次，每台仪器有3个湿吸杯膜厚度。

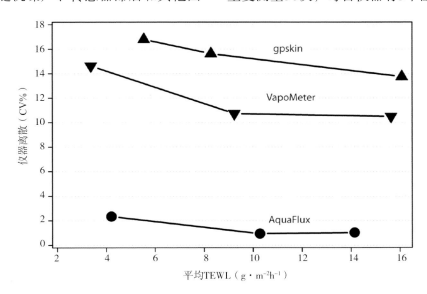

图 12.5　3 种商业 TEWL 仪器（即密闭室 gpskin 和 VapoMeter，以及冷凝器室 AquaFlux）仪器的可重复性

根据图12.5所示的TEWL值范围，我们发现由于仪器的可重复性，3台仪器的读数平均离散值结果存在一定差异。具体来说，对于密闭室gpskin和VapoMeter，CV分别为15%和12%，而对于冷凝器室AquaFlux，CV为1.4%。由于难以控制来自环境空气运动的干扰，研究未包括开放室仪器。

TEWL研究发现，读数离散是皮肤异质性和仪器离散的综合结果。根据图12.6，这2种独立的可变性源于高斯统计中的结合方式。如果仪器离散度小于皮肤异质性，则观测到的离散主要反映皮肤内在变异性；反之，如果大于皮肤异质性，则观测到的离散主要反映仪器的可重复性。因此，在设计TEWL研究方案或解释测量结果时，了解仪器的可重复性非常重要。高离散度的仪器可能会降低研究结果的统计学意义，需要进行更多的重复测量和（或）扩大受试者队列进行试验。

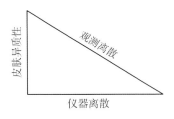

图 12.6　说明皮肤异质性和仪器离散如何在高斯统计中结合，产生比单独任何一个都大的观测离散

校准

如下所示，校准一直是TEWL测量的一个问题。Pinnagoda等报道，5个新校准的开放室探针间的差异为2.0（体外）和2.75（体内）倍。Barel和Clarys报道的开放室和密闭室读数通常相差约2倍。Tagami等发现，在开放室DermaLab仪器和密闭室仪器原型间，差异高达1.42倍。De Paepe等报道一系列平行体内测量，比较开放室水分计和密闭室水分计。在校准方面，主要相关的数据是16名22～31岁的健康女性受试者前臂内侧的基线TEWL测量数据。所有受试者所有部位（即128次测量）的平均TEWL为13.6 g·m^{-2}h^{-1}，几乎是密闭室VapoMeter仪器同时测量值（7.3 g·m^{-2}h^{-1}）的2倍；这表明校准差异系数为1.86。Ye等报道3个身体部位（面颊部、手背和前臂屈侧）的TEWL测量值，密闭室的gpskin读数范围为11～15 g·m^{-2}h^{-1}，等效开放室的Tewameter读数范围为18～22 g·m^{-2}h^{-1}，校准差异为1.54倍。

温度对校准的影响

在一些仪器中，存在温度依赖性影响，因此需要采取特殊处理预防措施，以最大限度地减少测量误差。根据Barel和Clarys的研究，采用开放室Tewameter测量的TEWL值会连续增加，其温度系数为～0.7 g·m^{-2}h^{-1}/℃。针对这个问题，探头头部的预热设备声称可以改善一些与温度相关的问题。相比之下，De Paepe等观察到，使用密闭室VapoMeter测量的温度系数为～1.3±1.1 g·m^{-2}h^{-1}/℃。针对这两种仪器，建议使用绝缘手套或其他间接方法进行处理。而冷凝器室AquaFlux的温度依赖性通常为～0.05±0.06 g·m^{-2}h^{-1}/℃，因此不需要采取特殊处理措施。

海拔高度对校准的影响

多地点临床试验需要重点关注使用能够针对试验地点进行精确校准的仪器，因为它们的读数可能会受到当地大气压的影响。针对大气压力对开放室TEWL测量的影响进行的Nilsson的研究发现，在给定的地区，与天气相关的大气压力变化可能会对TEWL读数产生±6%的影响。尽管Nilsson的研究未考虑与高度相关的大气压力变化，但是这种变化可能会对读数产生更大的影响。例如，基于Nilsson的分析，纽约（约海平面）和丹佛（约海拔1600 m）的开放室TEWL读数相差约20%。

此外，Kramer等的研究表明，冷凝室仪器的校准同样受大气压力的影响，这与开放室仪器类似。这可以预期，因为开放室和冷凝室仪器使用相同的扩散梯度测量原理。由于这些读数的离散度较大，研究未能在密闭室的VapoMeter仪器中发现类似的趋势。然而，在多地点临床试验中，海拔高度是一个重要的变量，需要纳入试验方案中。

表面倾斜度对校准的影响

众所周知，开放室仪器在测量过程中会受到自然空气对流运动的干扰，因此需要将测量操作限制在水平面上进行。相比之下，密闭室仪器不受外部空气运动的干扰，但室内的自然对流可能会导致测量值随表面倾角的变化而改变。

针对密闭不通气室的VapoMeter，研究表明，测量值会随着表面倾角的变化而改变。尽管制造商私下交流的未公开数据显示倾斜度对测量结果没有统计学上的显著影响，Imhof等的研究指出，在所有表面倾斜情况下，冷凝室AquaFlux可以使用，并且对灵敏度（±1%）的影响很小，前提是探头保持正确的位置。

接触力对校准的影响

在传统的开放室内仪器中，接触力会对测量结果产生影响。因此，保持一致的接触力对于确保测量精度非常重要。一种新颖的开放式腔体测量头设计（Tewameter TM Hex，Courage+Khazaka electronic GmbH，德国）已经被开发出来，可以解决上述影响。相比之下，密闭室仪器对接触力的敏感性最小。因此，在使用足够的力来确保测量室和皮肤之间没有泄漏的情况下，无须进一步控制接触力这一变量。

测定范围

测量范围包括仪器可测量的通量密度的最小值和最大值。最小值通常为零。最大值是指均匀湿润表面的蒸发通量密度，因为湿润表面紧邻的相对湿度不能超过100%的饱和值。对于开放室，这个最大值取决于测量室所处的海拔高度、温度和环境湿度。环境湿度不会影响冷凝室，因为室内湿度由冷凝器的温度控制。对于密闭室，最大蒸发通量密度随着滞留空气湿度的增加而逐渐降低。据报道，在测量过程中，最大蒸发通量密度高达220 $g \cdot m^{-2}h^{-1}$。为了减弱进入测量室的通量，可以通过减小测量孔的直径来增加最大通量密度。另外，最大通量密度随着皮肤与测量室间距离的增加而降低。这在离体测量时经常发生。

在体TEWL测量

如您所知，TEWL在人体内的测量存在可变性和不一致性，即使在大型研究中也难以获取明确的趋势。造成这种情况的原因一方面是仪器本身的可重复性特点，另一方面则是考虑到个体差异因素。

TEWL测量指南

在新一代密闭室仪器推出之前，已有TEWL测量指南被建立，但只适用于开放室仪器。最近，一份关于非临床环境（如工作场所）中体内TEWL测量的国际指南已经发布，其中包括使用密闭室仪器进行测量的内容。这些指南对于建立研究设计中的最佳实践方案非常重要，特别是对于所有仪器类型都有影响的个体相关因素。

个体相关因素

根据已知，皮肤屏障特性取决于解剖部位以及皮肤生理特性，如厚度、含水量、附属器和组分。这些特性通常是TEWL研究的关注点。为了解决与个体相关的因素对研究结果的影响，例如皮肤健康、生活方式因素（如吸烟、饮酒、咖啡、饮食和职业）以及激素影响，可以在研究方案中采用纳入/排除标准。此外，还需具体说明受试者在测量前如何准备，包括酒精、咖啡、烟草和药物的摄入、体育锻炼、清洗和使用外用产品等。

对于热出汗和情绪出汗的个体相关因素，需要在测量前通过适应环境来缓解。受试者到达检测中心后，应在20～22±1℃的环境中休息和放松15～30 min，以使汗腺活动处于静止状态。环境相对湿度应接近40%，不得＞60%。被测量的皮肤部位应暴露在流动空气中，以加速皮肤表面水分的蒸发。

TEWL测量值的质量控制

进行准确的TEWL测量需要充分准备和适应，但这并不能完全消除可能出现的测量误差。在实践中，TEWL测量值可能会受到汗腺活动和皮表水分过多等因素的影响，或者由于操作错误（如腔室未与皮肤密封或在皮肤上滑动）而产生误差。这种误差可能会对TEWL研究结果的离散性产生显著影响。常见的纠正方法是进行足够数量的重复测量，以在研究结果中达到所需的统计显著性，而不是简单地考虑散点的来源。更好的方法是在某些仪器测量过程中，查看显示的通量-时间曲线，以确定影响测量值的表现。操作人员可以立即放弃并重复受影响的测量值，这就是质量控制的一部分。质量控制还可以通过回顾性检查已记录的通量-时间曲线，在研究结束时进行。质量控制的前提是要有可用的通量-时间曲线，这种情况通常适用于开放室和冷凝室仪器，但不适用于密闭室仪器。

开放室仪器的特别注意事项

为了使用扩散梯度法进行测量，腔室内的空气必须完全静止。因此，在使用开放室仪器进行测量时，需要避免周围空气的流动，以避免扰乱开放室内的静止空气，导致读数波动。本指南建议在空气流通有限的房间内进行测量。如果对测量结果是否受到影响存在疑问，可以使用屏蔽盒。即使是由皮肤和环境空气间温差驱动的自然对流引起的空气运动，也会对开放室的测量结果造成干扰。因此，建议测量表面水平放置，探头垂直于该表面。

体外膜屏障完整性检测

在体外经皮吸收研究中，膜屏障特性具有至关重要的意义。根据OECD指南的规定，在进行渗透试验前应检测屏障的完整性。常见的检测方法包括氚水法、电阻法和TEWL法。尽管氚水法被认为是金标准，但它有两个缺点：①处理放射性物质需要昂贵的基础设施；②像电阻法一样，被测试的膜不能模拟体内皮肤，因为它们两面都潮湿。相比之下，TEWL法在测试膜时具有独特的优势，因为它可以在类似于体内皮肤的条件下进行测试。具体来说，TEWL法使得膜的受体侧潮湿，以模拟与VE的界面，而供体侧干燥，则可以模拟正常皮肤表面。最近的研究表明，在评价全层皮肤屏障功能时，冷凝室TEWL测量可以作为氚水通量测量的一个很好的替代方法。

体外培养的皮肤屏障功能检测

进行膜完整性测试前，需要让膜适应环境的温度和湿度条件。虽然在体外没有汗腺活动，但是储存细胞膜的条件通常与体内皮肤正常状态（上干下湿）有很大差异。此外，即使在供体室中的任何位置，微量水分也会产生大量和持续的蒸发通量，与膜屏障功能无关。使用扩散梯度仪时，若供体侧水分和膜适应不良，则会产生较大的初始通量密度（TEWL+SSWL）读数。当供体侧水分蒸发并建立稳态跨膜扩散条件时，该读数随时间衰减，但这可能需要很长时间。更有效的程序是在测量前让膜适应，但如果供体室中的空气停滞，这也可能缓慢。因此，重要的是在供气室开口附近产生足够的空气运动，以确保通过与移动环境空气的湍流混合来快速适应。

为了保持体外膜屏障的完整性，最好将膜安装在Franz细胞中，使其接触受体液体。测试时，可以使用TEWL仪器耦合供体室来测试膜的性能，如图12.7（a）所示。该方法的优点是：①可以在随后用于渗透测量的同一装置中进行原位测试；②可以暴露整个膜进行测试；③不需要与膜本身接触。此外，由于测量几何结构的一致性，校准探针、耦合和供体腔系统也变得容易，因此在体外Franz细胞中测得的TEWL读数可以与体内的相应读数进行比较。

另一种方法是使用开放室测量头来代替供体室，如图12.7（b）所示。然而，这种方法的缺点是，当后续渗透测量时需要使用供体室替换开放室测量头时，可能会损坏膜。

培养的皮肤屏障功能测定

培养皮肤可以替代体内毒性试验，同时也能筛选新的活性物质。TEWL可以用于表征培养皮肤屏障特性，特别是当它们用作Franz细胞的膜时。此外，组织培养板也可用于原位测试。图12.8介绍了几种可能的方法。

图12.8（a）展示了使用可灭菌不锈钢管与培养皮肤表面接触的测试方法。图12.8（b）中，TEWL仪器使用橡胶O形圈连接插件。这种接触法的优点在于可以控制被试区位置和直径。另外，插入物与样品耦合，避免了直接接触，但是测量可能会受到周边暴露培养基的影响，与屏障功能无关。在任何情况下，最重要的是控制接触力，以最大限度地减少干扰，并确保无泄漏密封。这可以通过使用精确控制探头高度的齿条和小齿轮探头固定器以及培养板下方的泡沫橡胶垫来软化接触并适应小角度的错位，如图12.8（c）所示。

图12.8（d）展示了另一种方法，它可以通过开放室法同时测量6×4组织培养板上多达24孔的TEWL。将不锈钢管插入培养板中作为测量室，然后将配备有24个湿度梯度传感器阵列

的Tewitro TW24（由德国的Courage + Khazaka electronic GmbH生产）设备放置在其顶部。

无论使用哪种方法，TEWL测量只能在样品上干下湿的状态下提供有关屏障性能的信息，以模拟体内的适应皮肤。因此，对于在Franz细胞中安装膜的培养皮肤样本，使用与上述类似的适应方法十分重要。

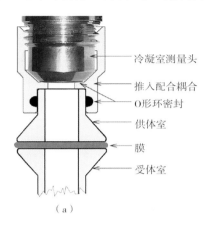

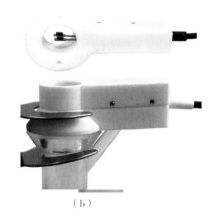

图 12.7

（a）供体室和冷凝室 AquaFlux 测量头之间的耦合 ;（b）使用开放室体外测温仪代替供体室 ;（由 Courage+Khazaka electronic GmbH 提供，德国）。

图 12.8　通过 TEWL 方法进行培养皮肤的屏障测试

（a）接触不锈钢管 ;（b）连接至插件上部 ;（c）齿条和齿轮探头支架和用于控制接触的泡沫橡胶垫 ;（d）Tewitro®TW 24 开放室装置，通过开放室方法同时测试多达 24 个样本（由 Courage +Khazaka electronic GmbH 提供，德国）

结论

皮肤屏障性能指标中，TEWL的重要性已经得到了广泛认可。目前，有许多仪器可以快速测量TEWL，这些仪器所测量的是邻近皮肤表面空气中的蒸发通量，而不是TEWL本身。然而，由于TEWL是蒸发通量的唯一来源，这种测量方法是有效的。常用的测量方法包括开放室、冷凝室和密闭室，它们的设计有所不同。本文详细介绍了这些方法在体内TEWL测量、体外屏障完整性测试和体外培养皮肤屏障功能测量中的主要特征，以及它们对准确性和性能的影响。

原文参考文献

Nilsson GE. Measurement of water exchange through skin. Med Biol Comput 1977, 15:209-218.

Wallihan EF. Modification and use of an electric hygrometer for estimating relative stomatal apertures. Plant Physiol 1964, 39:86-90.

Nuutinen J, Alanen E, Autio P, Lahtinen M, Harvima I, Lahtinen T. A closed unventilated chamber for the measurement of transepidermal water loss. Ski Res Tech 2003, 9:85-89.

Imhof RE, Xiao P, Berg EP, Ciortea LI. Franz cell barrier integrity assessment using a condenser-chamber TEWL instrument. In: US Symposium of the International Society for Biophysics and Skin Imaging. Atlanta; 2006.

Tagami H, Kobayashi H, Kikuchi K. A portable device using a closed chamber system for measuring transepidermal water loss: comparison with the conventional method. Ski Res Tech 2002, 8:7-12.

De Paepe K, Houben E, Adam R, Wiesemann F. Rogiers V. Validation of the VapoMeter, a closed unventilated chamber system to assess transepidermal water loss vs. the open chamber Tewameter. Ski Res Tech 2005, 11:61-69.

Jones C, Bennett S, Matheson JR. Closed chamber and open chamberTEWL measurement: a comparison of DermaLab and AquaFlux AF102 instruments. Ski Res Tech 2005, 11(4): 296. Abstracts.

Fluhr JW, Feingold KR, Elias PM. Transepidermal water loss reflects permeability barrier status: validation in human and rodent *in vivo* and *ex vivo* models. Exp Dermatol 2006, 15:483-492.

Ye L, Wang Z, Li Z, Lv C, Man MQ. Validation of GPSkin Barrier® for assessing epidermal permeability barrier function and stratum corneum hydration in humans. Ski Res Technol 2019, 25(1):25-29.

Grinich EE, Shah AV,, Simpson EL. Validation of a novel smartphone application-enabled, patient-operated skin barrier device. Ski Res Technol 2021, 25(5):612-617.

Logger JGM, Driessen RJB, Jong EMGJ, Erp PEJ. Value of GPSkin for the measurement of skin barrier impairment and for monitoring of rosacea treatment in daily practice. Ski Res Technol 2020. Available from: https://onlinelibrary.wiley.com/doi/abs/10.1111/srt.12900.

Angelova-Fischer I, Fischer TW, Zillikens D. Die Kondensator-Kammer-Methode zur nicht-invasiven Beurteilung von irritativen Hautschäden und deren Regeneration: eine Pilotstudie. Dermatologie Beruf und Umwelt 2009, 57(3):125.

Steiner M, Aikman-Green S, Prescott GJ, Dick FD. Sideby- side comparison of an open-chamber (TM 300) and a closed-chamber (VapoMeter) transepidermal water loss meter. Ski Res Technol 2011 Apr, 17:366-372.

Pinnagoda J, Tupker RA, J. A, Serup J. Guidelines for transepidermal water loss (TEWL) measurement. A report from the Standardization Group of the European Society of Contact Dermatitis. Contact Dermatitis 1990, 22:164-178.

Rogiers V. EEMCO guidance for the assessment of transepidermal water loss in cosmetic sciences. Ski Pharmacol Appl Ski Physiol 2001, 14:117-128.

Du Plessis J, Stefaniak A, Eloff F, John S, Agner T, Chou T-C, et al. International guidelines for the *in vivo* assessment of skin properties in non-clinical settings: Part 2. Transepidermal water loss and skin hydration. Ski Res Technol 2013, 19(3):265-278.

Imhof RE, Xiao P, De Jesus MEP, Ciortea LI, Berg EP. New developments in skin barrier measurements. In: Rawlings A V, Leyden JJ, editors. Skin Moisturization. New York, NY: Informa Healthcare USA; 2009. p. 463-479.

Pinnagoda J, TupkerRA, Coenraads PJ, Nater JP. Comparability and reproducibility of the results of water loss measurements: a study of 4 evaporimeters. Contact Dermatitis 1989, 20:241-246.

Barel AO, Clarys P. Comparison of methods for measurement of transepidermal water loss. In: Serup J, Jemec GBE, editors. Handbook of Non-Invasive Methods and the Skin. Boca Raton, FL: CRC Press Inc; 1995. p. 179-184.

Rosado C, Pinto C, Rodrigues LM. Comparative assessment of the performance of two generations of Tewameter: TM210 and TM300. Int J Cosmet Sci 2005, 27:237-241.

Kramer G, Xiao P. Crowther J, Imhof RE. Multi-location clinical trials: do TEWL readings change with altitude? 2015. Available from: https://www.bioxsystems.com/library/conference-presentations/conf-contrib-41/.

Raynor B. Ashbrenner E, Garofalo MJ, Cohen JC, Akin FJ. The practical dynamics of transepidermal water loss (TEWL): pharmacokinetic modeling and the limitations of closed-chamber evaporimetry. Ski Res Tech 2004, 10(4):3. Abstracts.

Cohen JC. Hartman DG, Garofalo MJ. Basehoar A, Raynor B. Ashbrenner E et al. Comparison of closed chamber and open chamber evaporimetry. Ski Res Technol 2009, 15:51-54.

Imhof RE, De Jesus MEP, Xiao P, Ciortea LI. Berg EP. Closedchamber transepidermal water loss measurement: microclimate, calibration and performance. Int J Cosmet Sci 2009, 31:97-118.

Marrakchi S. Maibach HI. Biophysical parameters of skin: map of human face, regional, and age-related differences. Contact Dermatitis 2007, 57(1):28-34.

Darlenski R, Sassning S, Tsankov N, Fluhr JW. Non-invasive *in vivo* methods for investigation of the skin barrier physical properties. Eur J Pharm Biopharm 2009, 72(2):295-303.

Barel AO, Clarys P. Study of the stratum corneum barrier function by transepidermal water loss measurements: comparison between two commercial instruments: evaporimeter and Tewameter. Ski Pharmacol 1995, 8(4):186-195.

Kleesz P, Darlenski R, Fluhr JW. Full-body skin mapping for six biophysical parameters: baseline values at 16 anatomical sites in 125 human subjects. Ski Pharmacol Physiol 2012, 25(1):25-33.

Mohammed D. Matts PJ, Hadgraft J, Lane ME. Variation of stratum corneum biophysical and molecular properties with anatomic site. AAPS J 2012, 14(4):806-812.

Loden M. The clinical benefit of moisturizers. J Eur Acad Dermatol Venereol 2005, 19(6):672-688.

Proksch E, Brandner JM, Jensen JM. The skin: an indispensable barrier. Exp Dermatol 2008, 17(12):1063-1072.

Muizzuddin N, Marenus K, Vallon P, Maes D. Effect of cigarette smoke on skin. J Soc Cosmet Chem 1997, 48:235-242.

Brandner JM, Behne MJ, Huesing B, Moll I. Caffeine improves barrier function in male skin. Int J Cosmet Sci 2006, 28(5):343-347.

Chou TC, Shih TS, Tsai JC, Wu JD, Sheu HM, Chang HY. Effect of occupational exposure to rayon manufacturing chemicals on skin barrier to evaporative water loss. J Occup Heal 2004, 46(5):410-417.

Agner T, Damm P, Skouby SO. Menstrual cycle and skin reactivity. J Am Acad Dermatol 1991, 24(4):566-570.

Pinnagoda J, Tupker RA, Coenraads PJ, Nater JP. Transepidermal water loss with and without sweat gland inactivation. Contact Dermatitis 1989, 21(1):16-22.

Tupker RA, Pinnagoda J. Measurement of transepidermal water loss by semi open systems. In: Serup J, Jemec GBE, Groves GL, editors. Handbook of Non-invasive Methods and the Skin. 2nd ed. Boca Raton, FL: CRC Press Inc; 2006. p. 383-392.

Imhof RE. TEWL studies. TRI course: principles and practice of skin measurement science, princeton. 2018. Available from: http://www.bioxsystems.com/wp-content/uploads/TRI-2018-Imhof-TEWL-Studies01b.pdf.

OECD Series on Testing and Assessment, no. 28: Guidance Document for the Conduct of Skin Absorption Studies. 2004.

OECD Test Guideline 428: Skin Absorption: In-vitro Method. 2004.

Elkeeb R, Hui X, Chan H, Tian L, Maibach HI. Correlation of transepidermal water loss with skin barrier properties in vitro: comparison of three evaporimeters. Ski Res Technol 2010 Feb; 16(1):9-15.

Elmahjoubi E, Frum Y, Eccleston GM, Wilkinson SC, Meidan VM. Transepidermal water loss for probing full-thickness skin barrier function: correlation with tritiated water flux, sensitivity to punctures and diverse surfactant exposures. Toxicol Vitr 2009, 23(7):1429-1435.

Imhof RE, Ciortea LI, Xiao P. Calibration of Franz cell membrane integrity test by the TEWL method. In: 13th International PPP Conference. La Grande Motte, France; 2012. Available from: https://www.bioxsystems.com/library/conference-presentations/conf-contrib-36/.

第13章

电子顺磁共振研究皮肤脂肪组织

缩略语列表

△Hpp	峰对峰线宽度
2DEPRI	二维EPRI
DPPH	1，1-二苯基-2-苦基肼
EPR	电子顺磁共振
EPRI	电子顺磁共振成像
MM	恶性黑素瘤
NLLS	非线性最小二乘拟合
NP	色素痣
SC	角质层
TEMPO	2，2，6，6-四甲基哌啶氧化物
TEMPOL	4-羟基-2，2，6，6-四甲基哌啶氧化物

介绍

角质层（SC）是皮肤最外层，发挥抵御化学物质、表面活性剂、紫外线照射和环境压力的屏障作用。它由嵌入在细胞间脂质板中的角质细胞组成，如图13.1所示。角质层的异质结构与主要的表皮屏障密切相关。了解脂质结构对于理解刺激性皮炎和其他角质层疾病的机制非常重要。通过电子顺磁共振（electron paramagnetic resonance，EPR）分析嵌入细胞间层脂质的脂肪类族自旋探针，可以获取有关角质层脂质结构的信息。EPR结合自旋探针法可用于测定角质层脂质双分子层的排列顺序。

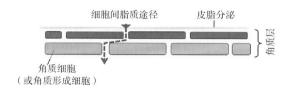

图13.1 修饰后的SC"砖墙结构"

利用光谱技术，EPR（或ESR：电子自旋共振）可测量原子或分子中未配对电子的自由度。尽管EPR的原理与核磁共振（nuclear magnetic resonance，NMR）和磁共振相同，但所涉及的磁场相互作用的幅度和征象有所不同。EPR探测非配对电子自旋，而NMR则探测核自旋。由于EPR能够探测10^{-9}M（摩尔每升）的探针浓度，因此它是最灵敏的光谱工具之一。EPR技术能够阐明皮肤脂质结构和动力学。

了解SC脂质的组成及其与深度相关的结构对于皮肤科学至关重要。使用薄层色谱法（thin-layer chromatography，TLC）已研究了SC脂质中的各种成分，例如神经酰胺、胆固醇和游离脂肪酸。研究还发现，一组年龄在41~50岁的女性SC脂质水平显著下降。了解SC的具体功能，成分组织的结构信息至关重要。通过IR（红外）光谱和X射线衍射等方法，已研究细胞间SC脂质双分子层在屏障功能中的作用。通过检查脂酰链亚甲基的C—H拉伸吸光度，IR技术显示外层内聚性较差，细胞间脂质更无序。一方面，尽管X射线技术在一定程度上可以模拟含水的脂质膜或体外SC标本，但它难以获得与深度相关的SC变化信息。另一方面，EPR探针技术能够深入了解SC的脂质组织及其动力学。有许多研究探索不同表面活性剂、含水量、各种自旋探针以及SC脂质的有序度（或流动性）变化对SC细胞间脂质理化性质的影响。因此，EPR探针技术是一种在环境温度下测量皮肤脂质灵敏且无干扰的技术。

本章将介绍EPR波谱技术，并探讨如何结合慢翻转模拟来定量评估SC脂质结构。该技术能够提供有关分子水平下结构和理化性质的确切和补充信息。使用自旋探针技术的优势在于，它不仅可以测定SC脂质结构，还可以测定脂质酰基链的运动。这些研究利用EPR信号强度和超精细耦合值的测量结果，提供了关于不同条件下SC流动性相关行为的信息。结合模拟分析的EPR测量结果有可能为皮肤脂质结构提供进一步的定量评价。此外，无创性的二维（2D）EPR成像（EPRI）和EPR波谱技术的应用，有可能提供有关顺磁性物质在各种皮肤脂质结构中位置和浓度的详细信息。

EPR/ESR仪器

磁共振的原理和EPR/ESR以及NMR相同，但所涉及的磁相互作用的幅度和现象有所不同。EPR探测的是非配对电子自旋，而NMR探测的是核自旋。EPR测量的探针浓度为10^{-9}M（摩尔每升），是最敏感的光谱工具之一。因此，EPR可用于阐明自由基的结构和动力学。

能量的吸收会导致从低能态到高能态的转变。在常规光谱中，频率（γ）的变化或瞬移，吸收发生的频率对应于能量态的能量差。

磁场中电子自旋的动量仅指向2个量子态：$m_s=+1/2$ 和 $-1/2$。当垂直于稳态磁场（H）的振荡场施加时，会引起两种状态之间的跃迁，前提是振荡场v满足共振条件：

$$\Delta E=h\gamma=g\beta H \qquad (13.1)$$

其中ΔE为能级分离，h为普朗克常数，g是一个无量纲的常数，叫作g值（ge为自由电子的光谱g因子，等于2.002 319〔≈2.002〕），β是电子玻尔磁子，H是外加磁场。

在EPR光谱研究中，样品中未配对电子与实验室中磁铁产生的磁场相互作用，导致了能量差的形成。这种效应被称为塞曼效应（书本称之为电子塞曼）。塞曼能级与±（1/2）电子自旋相关，并且进一步受到与其他核相互作用的影响，如图13.2所示。由于对这些能量差的了解，人们可以深入了解所研究样品的特性、结构和动力学。

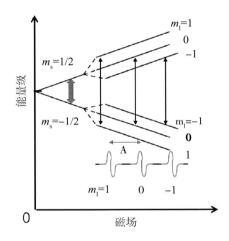

图13.2 I（碘元素）=1 具有正耦合常数氮氧化物氮核（^{14}N）的超精细能级和跃迁。给出一个可观测的 EPR 光谱

EPR/ESR装置

为了测量SC样品，我们使用了一台市售的X波段（9.4 GHz）EPR光谱仪，如图13.3所示。EPR装置主要由速调管、电磁铁、谐振腔、微波探测器、放大器、梯度线圈、A/D转换器和PC组成。速调管发射恒定频率的微波，而谐振腔则将微波反射回来，随后微波被探测并转换成电子信号，最后被放大并记录下来。与NMR不同，EPR可用于检测具有非配对自旋的物质。顺磁性物质包括过渡金属配合物、自由基、大分子和光化学中间体。只需使用10^{-13}摩尔的物质量，就可以发出可检测的信号，因此EPR具有很高的灵敏度。

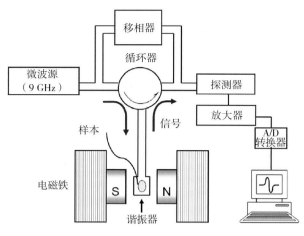

图 13.3　EPR 波谱仪示意图

分子运动和EPR光谱图

在一定的自旋探针环境下，样品的线形和线宽会发生变化。当线增宽是由于g值的不完全平均与介质中快速翻转极限内的超精细耦合作用引起时，EPR线形会从三态模式开始改变。表13.1列出了不同翻转时间和不同阶数参数氮氧自由基的EPR光谱。脂质双层结构的示意图和相应的EPR光谱可在表13.1中看到。如果自旋探针定向于脂膜中（即固定），EPR谱呈各向异性，明显显示平行（$2A_{//}$）和垂直（$2A_{\perp}$）超精细耦合结构（表13.1的上谱）；序参量约为0.7或更高。如果自旋探针在脂膜中相对快速地翻转（即弱固定），EPR谱呈现强度不等的三重态模式；序参量通常非常小（约为0.1）（见图13.4）。

定性序参量（脂质结构定性评价）

氮氧化物自由基的主轴相对于长链探针分子的旋转轴的倾斜程度，反映了膜分子组装的有序程度。序参量则表征了自旋探针所处介质的膜链动力学和微环境。常规的阶参数（S）可通过EPR信号的超精细耦合确定，其计算公式为：

$$S = \frac{A_{//} - A_{\perp}}{A_{ZZ} - \dfrac{1}{2}(A_{XX} + A_{YY})} \cdot \frac{a}{a'} \quad (13.2)$$

$$a' = \frac{A_{//} - 2A_{\perp}}{3} \quad (13.3)$$

式中：a为各向同性超精细值，（A_{XX}+ A_{YY}+ A_{ZZ}）/3；A_{XX}、A_{YY}和A_{ZZ}是自旋探针的主值。5-羟硬脂酸（5-DSA）采用以下主要成分：

$$A_{XX}, A_{YY}, A_{ZZ} = (0.66, 0.55, 3.45)\text{mT} \quad (13.4)$$

在实验光谱中，观察到$2A_{//}$和$2A_{\perp}$的实验超细耦合，具体数据详见表13.1。序参量表明，S值随膜中探针位置各向异性的增加而增加。然而，当氮氧化物自由基的运动是各向同性的时，S值为零。

表 13.1　氮氧化物 EPR 线形随翻转时间和序参量的变化

	光谱描述	近似翻转时间（纳秒）	近似序参量（S_0）
	固定	0.5	0.4
	适度固定	2.5	0.3
	弱固定	5.0	< 0.1

平行和垂直的超细耦合，$2A_{//}$ 和 $2A_{\perp}$，也表明各向异性（固定）EPR 谱。

自旋探针与正常皮肤中高度定向的细胞间脂质结构结合在一起。由于脂质结构的韧性，探针不能自由移动，因此其EPR谱代表微观定向谱，具体数据详见表13.1。当正常结构被化学和（或）物理应力完全破坏时，探针的迁移不再受限制，EPR光谱剖面会改变为3条尖锐的线条。因此，EPR光谱剖面反映探针部分环境的韧性。但从检测到的光谱中测量$2A_{//}$和$2A_{\perp}$的常规分析给出关于膜中探针部分的信息有限，可能无法揭示与膜链排序相关整体光谱的细微差异。因此，对EPR光谱进行定量分析是必要的。

定量序参量（脂质结构模拟分析）

利用非线性最小二乘（NLLS）拟合程序，

计算基于随机Liouville方程的EPR光谱，以评价膜中脂肪类自旋探针在10^{-7} s的缓慢翻滚运动。采用Meirovitch等提出的微观有序但宏观无序（MOMD）模型，在多层脂质双分子层中计算自旋探针的EPR光谱。该模型表明，脂质分子优先在双分子层的局部结构中定向，但整个双分子层的片段分布是随机的。因此，一个样品的光谱可以看作是所有碎片光谱的叠加。

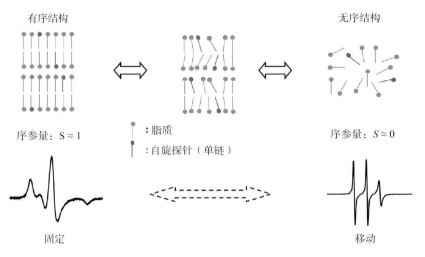

图 13.4　脂质双分子层结构作为脂质排序功能的示意图表示。并给出相应的 EPR 谱图

脂质双分子层中的脂质和5-DSA分子经历有序电位，这种电位可以限制它们的旋转运动范围。脂质双分子层的有序电位会决定分子相对于双分子层局部有序轴的方向分布。探针的整体方向可以通过序参量（S_0）来表示，它的定义如下：

$$S_0 = \left\langle D_{00}^2 \right\rangle = \left\langle \frac{1}{2}(3\cos^2\gamma - 1) \right\rangle$$
$$= \frac{\int d\Omega \exp(-U/kT) D_{00}^2}{\int d\Omega \exp(-U/kT)} \quad （13.5）$$

测量氮氧化物探针部分旋转扩散的角度范围。

如图13.5所示，Gamma（γ）为旋转扩散对称轴与氮氧化物轴系z轴之间的角度。除S_0，模拟还计算探针在双分子层中的缓慢翻转运动，提供旋转扩散系数，详见章后文献。5-DSA的模拟采用式（13.4）中的A和主成分的g。

$A_{XX}, A_{YY}, A_{ZZ} = (2.0086, 2.0063, 2.0025)$ （13.6）

在多层脂质双分子层中，氮氧化物探针的局部或微观顺序可以通过S_0值来表征。S_0值越大，结构越有序；反之，S_0值越小，则结构越无序。现代模拟考虑EPR强度、线宽和超精细耦合值，从而提供关于探针环境的定量信息。因此，S_0值能够反映膜内脂质结构的局部有序性。

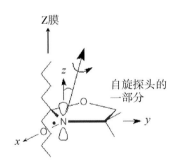

图 13.5　SC 膜中 DSA 自旋探针部分的构象示意图，其中酰基链的 z 轴与氮 2pz 轨道的 z 轴平行

SC脂质结构相关的定量序参量（S_0）

图13.5展示了DSA自旋探针部分构象相关角度（γ）与膜双分子层的关系。该角度可用于计算膜轴（SC中的脂质）与氮氧化物轴系统z轴之间的夹角。模拟得出的S_0值为0.96，对应的角度为9.4。这意味着SC脂质几乎垂直于双分子层表面排列。S_0值越大，脂质双分子层之间的距离越

大。研究分析表明，脂质双分子层的距离较长可能与定向良好的SC结构相关。

样品（试测品）

弘前大学内部审查委员会已批准了本研究中使用的所有方案。研究选取的恶性黑素瘤（MM）和色素痣（NP）病例均来自最近就诊于弘前大学附属医院皮肤科的患者。

我们从日本京都Nacalai Tesque公司购买了自旋探针试剂4-羟基-2，2，6，6-四甲基哌啶氧化物（TEMPOL，GC＞98%）和1，1-二苯基-2-苦基肼（DPPH，HPLC＞97%），并在收到后立即使用。所有化学品均为分析级别，并已上市。整个研究过程中，我们使用相同的DPPH样本作为标准品，并以已知浓度计算检测样本中黑素自由基的数量。

SC胶剥离（SC样品）

取样法最早由Marks和Dawber使用，获得SC片状取材。最近，Yagi、Nakagawa和Sakamoto开发了一种研究SC性质的方法。在获得知情同意的情况下，我们依次从志愿者的前臂屈掌侧中部和小腿收集了SC标本。所有受试者的皮肤都正常。如图13.6所示，在一块尺寸为7 mm×37 mm的玻璃板上（供应商：Matsunami Glass Ind.，Ltd.，位于东京，日本），均匀涂抹了约1.2毫克的市售氰基丙烯酸酯树脂，用于剥离SC片状取材，如图13.6所示。进行自旋探针研究只需要大约1 mg的SC样品。

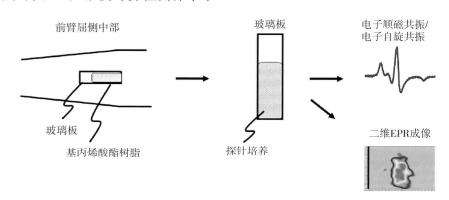

图 13.6　SC 取样过程和 EPR 谱示意图

一旦胶水固化，树脂中固化或溶解的自旋探针将不会发出明显的信号，仅可以通过附着在SC片中的自旋探针来进行检测。这种方法的优点在于避免了SC预先暴露于酶的危险。虽然EPR强度会受到样品厚度的影响，但可以通过调整在玻璃板上涂胶的数量和面积来加以控制。

自旋探针的EPR

含有氮氧基的有机自由基被称为自旋探针或自旋标记。最常用的方法是通过DSA测定脂质双分子层的排列方式或流动性。图13.7中展示了5-DSA和3β-羟基-5α-胆甾烷（3β-doxyl-5occholestane，CHL）的化学结构。使用不同的探针可以监测到脂质链顺序的变化。自旋探针的方向反映局部分子环境，因此应作为脂质双分子层构象变化的指标，如图13.8所示。

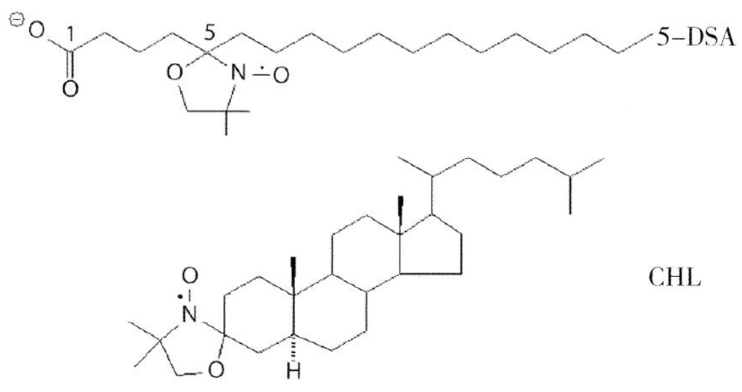

图 13.7　5- 羟基硬脂酸（5-DSA）和 3β- 羟基 -5α- 胆甾烷（CHL）自旋探针的化学结构

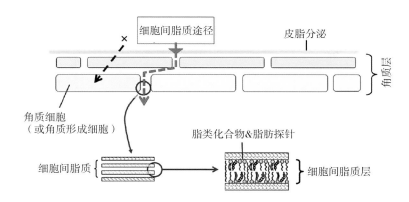

图 13.8　角质层（SC）修饰后"砖墙结构"模型示意图

图中显示在脂质双分子层中最可能的探针位置和药物（或自旋探针）通过完整角质层的渗透途径

EPR成像（EPRI）

图像通过在室温下使用改进的JEOL x波段EPRI系统（JEOL Co. Ltd，位于日本东京）或Bruker E500 ELESYS系统（Bruker BioSpin GmbH，位于德国卡尔斯鲁厄）进行获取。这些系统配备了直径为10毫米的高灵敏度TM谐振器（Bruker），并在 ~ 9.6 GHz的频率以及100 kHz的调制频率下在x波段模式工作。为了实现成像功能，该系统还配备了水冷梯度，使得沿X轴和Y轴的磁场梯度可以高达33 mT/cm。EPRI装置的原理图如图13.9所示。

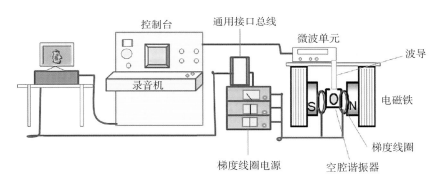

图 13.9　EPR 成像装置示意图说明

在本手册中，提到了3个正交的梯度线圈以及成像方向或取向。在这种情况下使用的坐标系为右手坐标系，其中Z轴指向静磁场H_0的方向。由于大多数EPR磁铁在水平面上都具有该方向，第2种惯例是Y轴沿着垂直方向。坐标轴的结构如图13.10所示。

利用商业软件包提供的反投影算法，可以从16个投影中重建二维图像（见图13.11），这些投影是作为磁场梯度的函数收集的。在进行重建之前，需要利用测量到的零梯度谱进行快速傅里叶变换，对每个投影进行反卷积，以

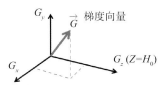

图 13.10　轴的梯度线圈框架，在这个框架中显示任意方向的极角

H_0 表示静磁场

提高图像的分辨率。为了减少噪声放大并避免在高频时出现除零的情况，需要使用低通滤波器。在观察所有投影的形状后，可以确定反卷积参数，包括傅里叶空间的最大截止频率和窗

口宽度。

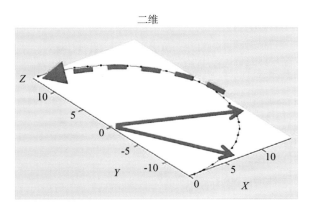

图13.11　在最大梯度为～10 mT/cm的情况下获得等角间距投影

分析和讨论

角质层的EPR

在图13.12（a）中展示的是5-DSA水溶液，其呈现出清晰的三线信号。5-DSA在溶液中的运动呈线状，表明其分子运动速度较快。而在图13.12（b）中，展示了寻常型银屑病（PV）-SC中5-DSA的典型EPR谱，其中可以观察到一个小而宽的三线模式。值得注意的是，这种光谱模式与其他SCs的报道有很大的不同。频谱模式提示5-DSA在SC内具有较强的流动性或较弱的韧性，红色虚线则是模拟频谱。实验光谱与模拟光谱相符合，说明图13.12（b）所示的光谱模式比较可靠。SC中5-DSA的S_0值约为0.20。需要注意的是，S_0值越低，说明PV-SC的韧性（异常）结构越弱。在虚线和星号（*）中，表示光谱的韧性分量。

图13.12（c）展示了前臂屈侧中部的EPR频谱（对照组）。该频谱的EPR模式与先前报道的前臂SC非常相似。红色虚线为模拟频谱，实验光谱与模拟光谱具有很好的一致性。获得的模拟S_0值为0.40。SC脂质的定量结构排序（0.40）也表明探针部分相对韧性。此外，控制信号强度较弱，没有表现出强三线模式，这可能是由于SC的韧性结构。由于SC的韧性结构，5-DSA

对SC的渗透量较低。

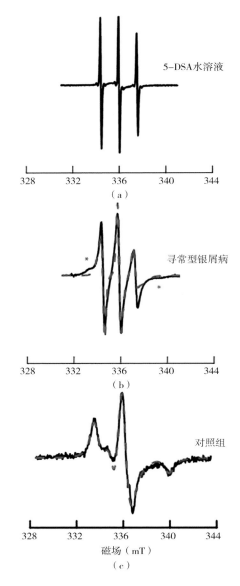

图13.12

（a）5-DSA水溶液的EPR光谱；（b）寻常型银屑病（PV）-SC的EPR光谱；（c）典型前臂屈侧中部SC（对照）的5-DSA的EPR光谱。实验（实线）和模拟（虚线）5-DSA探头的EPR光谱。所有EPR光谱均为单次扫描获得。虚线和星号表示光谱的韧性（固定）成分

如图13.13所示，对照组和PV-SC对应的S_0值柱状图。PV-SC的低S_0值与SC脂质结构异常相关。平均数差异显著性T检验（Student's t-test）显示，PV-SC值显著小于对照组（$P<0.01$）。因此，SC结构异常可能是PV-SC。

接下来尝试重现PV-SC谱［图13.12（b）］。

图13.14展示了PV-SC和对照SC的极端状态。图13.14（a）和（b）分别展示了PV-SC-1和对照SC-1的EPR谱。每个光谱的峰面积（二重积分）均被标准化为1，以执行光谱相加。如果5-DSA的EPR谱呈三线分布，则5-DSA探针具有移动能力。相反，5-DSA的EPR谱是固定的。频谱与图13.12（b）相似，但线宽较宽。图13.14（a）所示的线宽尖锐，因为5-DSA在样本中原本是可移动的。相反，5-DSA被固定，EPR谱显示宽的不对称模式。这些光谱差异反映了SC样品的结构差异。因此，图13.14（c）中增加的光谱表明，样品中约有30%的5-DSA处于韧性状态。

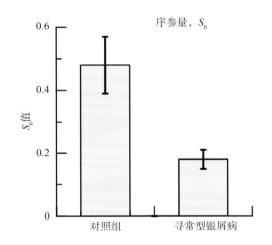

图13.13　对照组和PV-SC组的模拟序参量（S_0）图

　　对照SC和PV-SC的统计结果分别为0.49±0.076和0.20±0.035。每个值代表5个测量值的平均值±标准差。对照组SC的S_0值极显著高于PV-SC（$P < 0.01$）

　　PV属于角化性疾病，虽然其发病机制仍未完全阐明。通常在银屑病皮损中，可观察到厚实的鳞屑，并在组织学上发现角化过度和角化不全。银屑病患者表皮中的角质形成细胞更替时间约为正常人的7倍，增殖细胞成分增加则可能导致角质形成细胞分化异常。实际上，许多分化异常的结果在银屑病表皮层中可见，包括表皮细胞主要角蛋白增加和丝聚蛋白原表达减少。EPR研究显示，PV-SC的结构比对照组SC的秩序更差，表明PV-SC的结构异常。该结果与既

往观察结果相一致。因此，EPR技术在评估SC功能方面具有重要的应用价值。

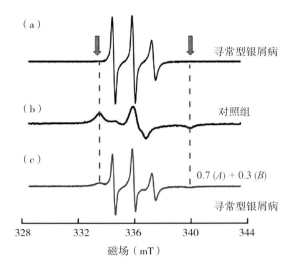

图13.14

　　（a）给出PV-SC的EPR光谱；（b）给出对照SC的EPR光谱；（c）提供［0.7（A）+0.3（B）］的附加EPR光谱。虚线表示光谱的固定组分。虚线的距离等于2AB(平行)。该光谱是图13.12（b）光谱的再现

PV角质层的EPR成像

　　为进一步比较SC和PV-SC的结构，进行EPRI研究。图13.15展示了PV（顶部）和对照组（底部）样本的三个EPR图像。EPRI的空间分辨率约为0.11 cm，基于5-DSA线宽。皮肤图像的颜色和大小取决于探针孵化的区域，因为通常情况下，皮肤排斥水溶液。对PV和对照样本进行测量，以清楚地比较SC状态的差异。每个PV样本中均观察到红色病灶区域，某些情况下还观察到一个相对较大的红色区域。

　　PV-SC样品中单位皮肤面积的探针数量较多。此外，由探针分子迁移率增加引起的EPR线宽变窄（5-DSA）也会影响EPR的图像强度。值得注意的是，在图13.15（b）的情况下，检测到两个红色区域。红色强信号是由于探针穿透PV皮肤。尽管EPR光谱与对照组相似，但PV皮肤的小病变区域在结构上可能不均匀。

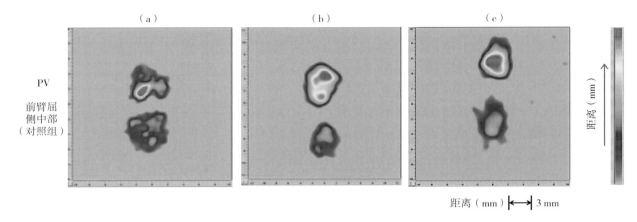

（a）　（b）　（c）

PV
前臂屈
侧中部
（对照组）

距离（mm）

距离（mm） ←→ 3 mm

图13.15　三组成像设备

每张图像显示PV-SC（上）和对照SC（下）样本。轴单位也被标明

对照组未见红色病灶区，而出现蓝色和部分绿色区域。结果表明，探针分子均匀分布于皮肤中且探针质韧。检查普通的EPR测量值；结果表明，PV-SC的EPR光谱与既往前臂SC的EPR光谱相似。这种光谱模式表明探针的运动属于韧性。尽管普通的EPR光谱显示探针的运动受到限制，但目前的EPRI显示探针在皮肤中的分布可能相当均匀。PV患者的EPR波谱与对照组不相似，但PV-SC的极限状态与对照组更相似。然而，患者较厚的SC可能引入探针穿透。因此，目前的EPR图像表明，对照组的SC状态比PV-SC状态更均匀。EPR图像显示SC中无序态的大小和数量分布。

图13.16显示了基于本次研究结果的PV-SC模型示意图。SC（左侧）由嵌入于细胞间板层脂质双层的角质层细胞组成，形成异质结构。SC是表皮的主要屏障，能够抵御氧化应激和其他侵入性环境因素，并通过调节TEWL防止SC下的活细胞脱水。

当由于各种原因导致SC结构硬度下降时，SC的结构变得紊乱（右侧）。SC的无序结构中存在易于渗透分子的区域，例如局部应用的化学物质。经过5-DSA穿透后，EPR强度增强。相对移动的5-DSA提供EPR 3条线。此外，与对照组相比，PV-SC呈现出强烈的红色。这些观察结果与SC结构的示意图一致。SC结构的紊乱可能直接导致皮肤病的发生。

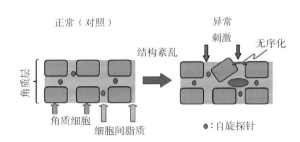

正常（对照）　　结构紊乱　　　异常
　　　　　　　　　　　刺激　无序化
角质层
角质细胞　　细胞间脂质　　　　●：自旋探针

图13.16　角质层（SC）可能的结构紊乱机制示意图

总结

使用慢速翻转模拟得出SC脂质结构的定量值。9 GHz EPRI可用于检测和识别SC异常状态的位置。除此之外，EPRI技术还可用于检测其他SC疾病。因此，X波段EPRI和EPR光谱是非常有用的技术，可以用于定量评估SC。

应用

软膏对SC的影响

对照组和外涂软膏对SC强度和光谱模式的比较将为SC的结构差异提供线索。准备两种不同类型的SC样品：软膏应用于SC和对照组。然后，在两种不同的SCs上施加一定浓度的自旋探针（如5-DSA）。然后，可测量两个不同的SCs。基于根据EPR光谱的分析，可区分SC结构

（图13.17）。如果有韧性光谱（非对称模式），提示韧性SC结构（例如，图13.6和图13.12）。

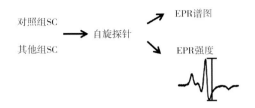

对照组SC　　　　→　　　自旋探针　　　→　　　EPR谱图

其他组SC　　　　　　　　　　　　　　　　→　　　EPR强度

图13.17　EPR/ESR 光谱图案和（或）强度的比较

化学增强剂对SC的影响

使用EPR结合慢翻转模拟技术，研究了渗透增强剂（萜烯）对SC脂质结构的影响。通过在无毛小鼠（HOS：HR-1）背部涂抹涂有氰基丙烯酸酯树脂的玻璃板进行连续1至3次或4次的剥离，然后采用5-DSA和CHL脂肪自旋探针评价SC排序。EPR谱显示了纳入SC的5-DSA的第一条带的特征峰。对于5-DSA的慢翻转模拟结果，对照组和萜烯干预组的EPR强度和排序值（S_0）之间存在显著差异。相比于对照组，A-萜烯醇使得单链5-DSA的渗透性增强了约3倍。

MM和NP的EPR成像

样本（MM，NP）

使用商用的JEOL RE-3X 9 GHz EPR光谱仪（JEOL Ltd，现在是JEOL resonance Inc，总部位于东京，日本）进行了石蜡包埋的MM和NP的测量。为了获得样本，需要从石蜡包埋的MM和NP中切出大约3 mm×4 mm×3 mm的强色斑样本，并将其装入直径为5 mm的EPR棒中，具体步骤如图13.18所示。虽然使用石蜡包埋样本进行测量，但每个患者的样本量略有不同。通过将MM和（或）NP样品粘贴至EPR棒（如图13.18所示），并使用9 GHz EPR光谱仪进行测量。

在测量MM样本时，EPR光谱显示出额外的信号重叠，这是由于MM样本中检测到真黑素和褐黑素相关的自由基。EPR结果表明，石蜡包埋的MM和NP样本的峰-峰线宽（AHpp）分别为0.65 ± 0.01 mT和0.69 ± 0.01 mT，而两样本的g值

均为2.005。线宽的统计分析表明，NP的值倾向于较宽。此外，EPR谱为单线，信号来源于黑素自由基（褐黑素相关自由基），而两个样本的g值均约为2.005。

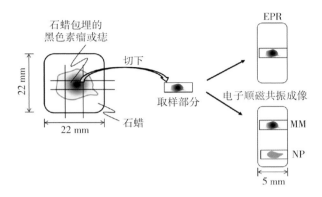

图13.18　X 波段 EPR 和 EPR 成像实验过程示意图

黑素自由基可分为真黑素相关自由基和褐黑素相关自由基两种。前者信号由单一线组成，后者则呈现不相等的三线模式。在本研究中，我们观察到了褐黑素相关自由基的不相等三线模式（见图13.19），其光谱模式与之前报道的相似。高场和低场信号的强度明显不同（不对称模式），这表明自由基被固定（见图13.4和图13.20）。高、低场峰距约为3.2 mT。此外，褐黑素相关自由基的增加略微改变了整体光谱模式。因此，我们可以推断出多发性骨

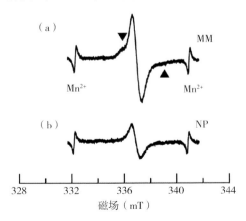

图13.19　石蜡包埋黑素瘤（a）和色素痣（b）的典型EPR 光谱

填充的三角形表示额外的信号（褐黑素相关自由基）。光谱是在一次扫描中获得

髓瘤中褐黑素相关自由基呈现不等三线模式，并且随着多发性骨髓瘤分期的增加，褐黑素相关自由基的强度也随之增加。

EPR 成像

本文研究了采用EPRI对石蜡包埋标本进行非破坏性研究，以探讨MM和NP黑素自由基的鉴别方法。使用线宽、谱型和X波段EPRI分析两种样品的EPR光谱。此外，与NP不同，MM的2D EPRI在不同的肿瘤分期表现出不同的信号强度，而NP的信号强度变化较小。

图13.20展示了具有DPPH和不具有DPPH的MM和NP的2D EPR图像。这是一个EPR图像示例，显示自由基在MM样本中的分布。基于线宽，EPRI在3个样本中的空间分辨率约为1.3 mm。值得注意的是，大多数情况下如黑素瘤，更复杂的自由基分布表明自由基的位置，但图像的颜色分辨可能无法与其他样本相比较。

MM和NP的色素区域含有稳定的黑素自由基，与这些区域的大小相关。因此，目前的结果表明，EPR和2D EPRI可用于表征MM中的两种黑素自由基，并用于测定它们的大小和浓度。此外，图13.20中使用DPPH自由基作为前3次成像测量的标准。DPPH的EPR信号呈单线，与黑素自由基类似。

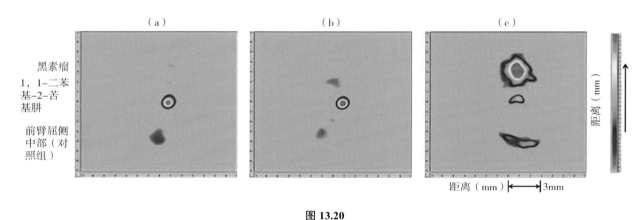

图 13.20

（上面板）黑素瘤的 EPR 图像集，ⅠA 期（a），ⅡC 期（b），Ⅳ 期（c）和 NP，其中 DPPH 为已知自由基。（下面板）无DPPH 的 EPR 图像集。图像（c）的 MM 和 NP 分别对应图 13.20 中（a）黑素瘤和（b）色素痣的 EPR 谱。以 NP 标本为对照

结论

本章介绍如何使用EPR评估与皮肤色素和SC相关的产品。利用EPR光谱和EPR图像对MM和NP的SC结构及黑素相关自由基进行表征。此外，我们还探索了使用DPPH对EPR图像进行标准化的方法，并估算了每个样本中的黑素自由基浓度。

原文参考文献

Kawasaki Y, Quan D, Sakamoto K, Cooke R. Maibach HI. Influence of surfactant mixtures on intercellular lipid fluidity and skin barrier function. Skin Res Technol. 1999, 5:96-101.

Mizushima J, Kawasaki Y, Tabohashi T, Maibach HI. Effect of surfactants on human stratum corneum: electron paramagnetic resonance. Int J Pharm. 2000, 197:193-202.

Alonso A, Meirelles NC, Yushmanov VE, et al. Water increases the fluidity of intercellar membranes of stratum corneum: correlation with water permeability, elastic and electrical resistance properties. J Invest Dermatol. 1996, 106:1058-1063.

Kitagawa S, Ikarashi A. Analysis of electron spin resonance spectra of alkyl spin labels in excised guinea pig dorsal skin, its stratum corneum, delipidized skin and stratum corneum model lipid liposomes. Chem Pharm Bull. 2001, 49:165-168.

NakagawaK, Mizushima J, Takino Y, KawashimaT, Sakamoto K, Maibach HI. Chain ordering of stratum corneum lipids investigated by EPR slow-tumbling simulation. Spectrochim Acta Part A. 2006, 63:816-820.

Yagi E. Sakamoto K. Nakagawa K. Depth dependence of stratum corneum lipid ordering: a slow-tumbling simulation for electron paramagnetic resonance. J Invest Dermatol. 2007, 127:895-899.

Bonte F, Saunois A, Pinguet P, Meybeck A. Existence of a lipid gradient in the upper stratum corneum and its possible biological significance. Arch Dermatol Res. 1997, 289:78-82.

Weerheim A, Ponec M. Determination of stratum corneum lipid profile by tape stripping in combination with highperformance thin-layer chromatography. Arch Dermatol Res. 2001, 293:191-199.

Rogers J, Harding C, Mayo A, Banks J. Rawlings A. Stratum corneum lipids: the effect of ageing and the seasons. Arch Dermatol Res. 1996, 288:765-770.

Bommannan D. Potts RO, Guy RH. Examination of stratum corneum barrier function in vivo by infrared spectroscopy. J Invest Dermatol. 1990, 95:403-408.

Zhang G, Moore DJ, Mendelsohn R, Flach CR. Vibrational microspectroscopy and imaging of molecular composition and structure during human corneocytes maturation. J Invest Dermatol. 2006, 126:1088-1094.

Bouwstra JA, Gooris GS, van der Spek JA, Bras W. Structural investigations of human stratum corneum as determined by small angle X-ray scattering. J Invest Dermatol. 1991, 97:1005-1012.

Pilgram GSK, Engelsma-Van Pelt AM. Bouwstra JA. Koerten HK. Electron diffraction provides new information on human stratum corneum lipid organization studied in relation to depth and temperature. J Invest Dermatol. 1999, 113:403-409.

EPR Instrument

Hubbell WL, McConnell HM. Molecular motion in spinlabeled phospholipids and membrane. J Am Chem Soc. 1971, 93:314-326.

Ge M, Rananavare SB, Freed JH. ESR studies of stearic acid binding to bovine serum albumin. Biochim Biophys Acta. 1990, 1036:228-326.

Schneider DJ, Freed JH. Calculating slow motional magnetic resonance spectra. In Berliner LJ, Reuben J, eds, Biological Magnetic Resonance, Vol. 8. New York. NY: Plenum Press;1989:1-76.

Budil DE, Lee S, Saxena S, Freed JH. Nonlinear-least-squares analysis of slow-motion EPR spectra in one and two dimensions using a modified Levenberg-Marquardt algorithm. J Magn Reson Ser A. 1996:120:155-189.

Meirovitch E, Igner D, Igner E, Moro G, Freed JH. Electronspin relaxation and ordering in smectic and supercooled nematic liquid crystals. J Chem Phys. 1982, 77:3915-3938.

Ge M, Freed JH. Polarity profiles in oriented and dispersed phosphatidylcholine bilayers are different. An ESR study. Biophys J. 1998, 74:910-917.

Marks R. Dawber RP. Skin surface biopsy: an improved technique for the examination of the horny layer. Br J Dermatol. 1999:84:117-123.

Elias PM. Epidermal lipids, barrier function and desquamation. J Invest Dermatol. 1983, 80(suppl):44-49.

Nakagawa K. Elucidated lipid structures of various human stratum corneum investigated by EPR spectroscopy. Skin Res Technol. 2011, 17:245-250.

Nakagawa K, Minakawa S, Sawamura D. Spectroscopic evidence of abnormal structure of psoriasis vulgaris stratum corneum. J Dermatol Sci. 2012, 65:222-224.

Nakagawa K. Minakawa S, Sawamura D. Hara H. Skin surface imaging of psoriasis vulgaris by using an electron paramagnetic resonance spin probe. J Dermatol Sci. 2016, 81:71-73.

Nakagawa K, Minakawa S, Sawamura D. Stratum corneum structure of psoriasis vulgaris investigated by EPR spin-probe method. Appl Magn Reson. 2013, 44:941-948.

Iizuka H. Takahashi H, Ishida-Yamamoto A. Psoriatic architecture constructed by epidermal remodeling. J Dermatol Sci. 2004, 35:93-99.

Takemoto H, Tamai K, Akasaka E, et al. Relation between the expression levels of the POU transcription factors Skn-1a and Skn-1n and keratinocyte differentiation. J Dermatol Sci. 2010, 60:203-205.

Kim BE. Howell MD. Guttman-Yassky E, et al. TNF-α downregulates filaggrin and loricrin through c-Jun N-terminal kinase: role for TNF-α antagonists to improve skin barrier. J Invest Dermatol. 2011, 131:1272-1279.

Oyama R.Jinnin M, Kakimoto A, et al. Circulating microRNA associated with TNF-α signaling pathway in patients with plaque psoriasis. J Dermatol Sci. 2011, 61:209-211.

Applications

Nakagawa K. Development of an innovative 9 GHz EPR surface detection method and its application to non-invasive human fingers and nails investigation. Spectrochim Acta Part A. 2015, 150:461-464.

Nakagawa K, Anzai K. Stratum corneum lipid structure investigated by EPR spin-probe method: application of terpenes. Lipids. 2010, 45:1081-1087.

Slominski A, Plonka PM, Pisarchik A, et al. Preservation of eumelanin hair pigmentation in proopiomelanocortin-deficient mice on a nonagouti (a/a) genetic background. Endocrinology. 2005:14:1245.

Nakagawa K, Minakawa S, Sawamura D, Hara H. Characterization of melanin radicals in paraffin-embedded malignant melanoma and nevus pigmentosus using X-band EPR and EPR imaging. Ana Sci. 2017, 33(12):1357-1361.

第14章

种族、性别、年龄、部位和环境因素与肤色相关性的测定

介绍

个体之间初次接触通常是面对面的，这一瞬间对他人的印象会长期留在心中。

在人际交往中，面部扮演着重要的角色。人的面容能够传递出身份和出生背景信息，帮助我们判断对方的年龄、健康状况和情绪状态。有许多研究关注脸型在评价年龄、吸引力或健康状况中的重要性。最近，一些研究还强调了肤色如何影响人们在社交互动中感知这些重要元素的方式。因此，肌肤外观也长期作为评价生理病理现象的主要工具之一。

肤色在医学或社会层面的重要性与人类物种多样性有关。不同种族的肤色差异显著，从非洲大陆的少数地区或澳大利亚原住民的黑色或棕色肤色，到斯堪的纳维亚人的非常白皙或几乎白色肤色。肤色的多样性是人类表型变异中最多样的之一。Relethford的研究估计，主要大陆族群之间的色素沉着差异可以解释约90%的皮肤色素沉着变化。不同遗传学研究中主要类群间的遗传变异仅占总多样性的10%~15%。即使该值与用于定义该多样性的多态性数量相关联，也能看到皮肤色素沉着多样性呈非典型分布。本章将介绍肤色与种族、性别、年龄、部位和环境因素的关系。

肤色的发色团

人体的肤色取决于光线照射到皮肤表面时的吸收、反射和散射。照射皮肤后，返回给观察者的主要是镜面反射和漫反射两种类型的光。根据Anderson与Parrish和Takiwaki的研究，镜面反射光主要由表面性质决定，只代表不到10%的从表面反射的光线，而漫反射光则取决于皮肤的散射和吸收特性，称为漫反射。不同皮肤的反射光谱因其独特的发色团组成而异。人类皮肤中主要有3种发色团：黑素是由黑素细胞合成的棕色/黑色或红色/黄色聚合物，然后生物组装成黑素小体，分布于整个表皮层；血红蛋白在红色血管网中；类胡萝卜素是外源性脂质，可在真皮层中沉积。

黑素在皮肤着色中起主导作用。黑素有2种类型：真黑素（一种黑色/棕色色素）和褐黑素（一种黄色/红色色素）。Del Bino指出，真黑素对紫外线穿透表皮层有光保护作用，而褐黑素对紫外线的光保护作用较弱。褐黑素与真黑素不同，因为它会因紫外线而产生活性氧，进而损害皮肤细胞。在这2种色素中，真黑素是感知颜色的主导发色团，它在皮肤表面提供不同程度的棕色，决定基本外观。血红蛋白更确切地说是氧合血红蛋白，占动脉血红蛋白的

大部分（约90%），导致皮肤呈现红色，其余10%由还原型血红蛋白组成，呈蓝红色。类胡萝卜素是一种黄色/红色的有机色素，水果和蔬菜中富含其含量。这些植物化学物质是有效的单线态氧猝灭剂，对氧化应激保护有益。氧化应激可能会加速蛋白质、脂质和DNA的损伤，并诱发多种疾病，例如心血管疾病、糖尿病和癌症。皮肤直接暴露于内源性或环境的氧化剂，因此作为抗氧化剂，类胡萝卜素对皮肤健康非常重要。黑素合成发生在黑素细胞中，因此细胞的其余部分需要避免黑素中间产物的毒性作用。皮肤色素沉着分化受黑素小体pH值和酪氨酸酶（tyrosinase，TYR）的影响。来自浅肤色黑素细胞的黑素小体具有较低的酪氨酸酶活性和pH值，而来自深肤色黑素细胞的黑素小体具有较高的酪氨酸酶活性和pH值。酪氨酸酶活性由黑素皮质素1受体（melanocortin 1 receptor，MC1R）调节。MC1R是一种G蛋白耦联受体，与激动剂α-黑素细胞刺激素（α-melanocytes-stimulating hormone，α-MSH）结合后被激活。cAMP激活蛋白激酶A（protein kinase A，PKA），导致小眼畸形相关转录因子（microphthalmia-associated transcription factor，MITF）的转录和酪氨酸酶的转录增加。细胞中活性较高的酪氨酸酶会促进黑素合成。

除皮肤中发色团的含量重要外，它们在真皮层和表皮层中的分布以及这些层次的厚度对反射光谱也有重要作用。因此，人类肤色的多样性与许多生理参数相关，而这些参数本身又取决于大量的外部和内部因素。

测定肤色的无创技术

尽管人眼能够区分颜色，但在没有工具的情况下，对颜色感知的量化是非常困难的。因此，量化色素沉着需要使用可重复、客观、无创的工具。自20世纪20年代和30年代以来，

已经开发并应用了大量的评估量表和仪器设备。读者可参考文献，以全面了解肤色分析的主要技术。本章节重点介绍了皮肤色素研究中常用的两种系统，即"三色刺激"系统（tristimulus）和漫反射光谱（diffuse reflectance spectroscopy，DRS）。

国际照明委员会（Commission Internationale de l'Eclairage，CIE）于1976年制定了一种基于心理光度法的"三刺激"系统，以系统化地再现和测量色彩。由于人眼包含3种不同类型的颜色感知锥体，在红、绿和蓝光谱区域具有宽带灵敏度，对特定颜色的感知需要3个参数（三刺激系统）来准确定义。因此，三刺激分析将光谱信息转换为3个数字，以表明物体的颜色如何呈现给人类观察者。开发了一个特殊的三维空间系统，即CIE Lab系统，它与人眼的反应密切线性相关。该系统使用以下参数表示颜色：L*表示光强度，取值范围从0（黑色）到100（白色），a*表示物体的颜色范围从绿色（负值）到红色（正值），b*表示物体的颜色范围从蓝色（负值）到黄色（正值）。该系统已广泛应用于肤色研究，部分原因是其易于使用和计算L*a*b*值仪器的商业可行性。

Chardon等提出了使用向量在L*a*b*空间中表示紫外线（UV）诱导的晒黑反应。皮肤色素沉着的增加可以用L*-b*平面的位移来表示。为了评价皮肤色素沉着，有人提出了"个体类型角（individual typology angle，ITA）"，其定义为L*-b*平面的向量方向。

此外，参数还与皮肤对紫外线暴露的敏感性相关。基于计算，皮肤色素可以分为6组，从非常浅到深色皮肤分别是：非常浅>55°>浅色>41°>中级>28°>棕褐色>10°>棕色>30°>深色。

尽管CIE L*a*b*系统可能是一种感知皮肤色素沉着的测量方法，但它仍缺乏有关肤色分子

起源的信息。

为了更好地理解肤色的分子起源，研究者可通过执行DRS来探究可见区域的整个发色团吸收光谱，以及它如何影响皮肤吸收光谱。DRS中，光线被传送至皮肤，释放的光线被收集起来并用光谱仪分析。除了L*a*b*值之外，现代分光光度计还允许在可见光区域（400～700 nm）通过使用积分球和8 mm孔径每10 nm进行一次典型的测量来获取反射光谱。反射光谱在生物组织尤其是人体皮肤的无创监测中有许多应用。由于全光谱的高信息含量，DRS是一种多用途和特异的方法，它可描述生物组织的相关参数，如黑素含量、血氧和血液淤滞，但也可用于研究相对较少的发色团，如胆红素、高铁血红蛋白和碳氧血红蛋白。

皮肤色素沉着差异的研究可以使用多种方法，其中包括Fitzpatrick分类法、专门的窄带反射法、Fontana-Masson染色法、高效液相色谱（HPLC）和电子顺磁共振（EPR）技术。Fitzpatrick分类法是一种自我报告问卷，将皮肤分为4种类型，其中Ⅴ型适用于亚洲和拉丁美洲血统的棕色皮肤，Ⅵ型适用于非洲血统的深色皮肤。该分类法常用于皮肤疾病的流行病学研究，但其受到自我报告错误的限制，范围也有限。由于种族人口的混合，本研究的种族起源分类并不具有代表性。Del Bino等除了三刺激比色法和漫反射光谱法，还研究了一种特殊窄带光谱反射法，可以测量皮肤中的血红蛋白和黑素含量。与红色区域相比，光谱显示绿-黄色处的大多数血红蛋白吸收峰，反射率将显示黑素含量和黑素指数（MI）可计算。计算红斑指数（EI）只需将表示黑素的红色吸光度从表示红斑的绿色反射光度中剔除。Fontana-Masson染色法可用于皮肤样本，该样本溶于Soluene-350中，然后通过分光光度法测量A500吸光度值，以计算表皮中的总黑素含量。

高效液相色谱法（HPLC）可用于估算真黑素和褐黑素的含量。真黑素含量可通过测定DHICA黑素的降解产物吡咯-2，3，5-三羧酸（pyrrole-2，3，5-tricarboxylicacid，PTCA）来估算，褐黑素含量则可通过测定苯并噻嗪型褐黑素的降解产物4-氨基-3-羟基苯丙氨酸（4-amino-3-hydroxyphenylalanine，4-AHP）来估算。电子顺磁共振（EPR）光谱则可通过检测结构内稳定的游离半醌型自由基来检测黑素含量。EPR检测电子自旋，由于真黑素和褐黑素的信号略有不同，因此EPR可区分这2种类型的黑素。

这些仪器系统使得人们能够精确而可重复地研究人类皮肤的多样性。从白种人到非裔皮肤，这些皮肤类型中所有微小的变化都使得皮肤成为一个连续的色域。

人类"种族"间肤色的种族差异

正如前文所述，色素沉着是人类表型中变化最多的之一。大约90%的皮肤色素变化可以解释为主要大陆人种的色素变化。这些主要地理群体之间的差异十分明显，以至于人们广泛使用肤色来定义"种族"。黑素细胞密度在不同种族/民族之间没有差异，而皮肤色素沉着的种族间差异主要取决于黑素的数量和类型，以及黑素小体的大小和分布。在深色皮肤、中等肤色皮肤和浅色皮肤中，黑素小体的大小和数量存在梯度：深色皮肤的黑素小体比白皙皮肤的黑素小体更大、数量更多、色素浓度更高。

此外，黑素小体在深色皮肤中分布更广泛，可以更好地保护细胞核。根据Alaluf等的研究，色素较多的皮肤（非裔和印度裔）表皮内的黑素小体是色素较少的皮肤（欧洲裔、亚洲裔和墨西哥裔）的2倍。Shriver等也在比较非裔美国人和欧洲裔美国人的皮肤时得到了类似的结果。黑素小体转移到角质形成细胞，并在此处给予ITA程度，该参数已被证明与皮肤色素沉着有关。当黑素小体从黑素细胞输送至角质形成细胞时，角质形成细胞才会正式成熟。此外，角质形成细胞的吞噬作用因肤色而异。深色皮肤细胞表面有高水平的蛋白酶激活受体（PAR-2），而浅色皮肤细胞则表面有角质细胞生长因子受体（KGFR）用于吞噬。黑素小体可以孤立或成簇地存在于角质形成细胞中，以提供光保护。这也可以区分不同肤色类型。较深肤色的皮肤中有单一的黑素核，而较浅肤色的皮肤中则有簇状黑素核。此外，皮肤分类及其在表皮中的分布对可见的色素沉着也有重要作用。MC1R基因的变异体与浅肤色人群相关，特别是在欧洲地区，而在肤色较深的撒哈拉以南非洲地区不存在，但这是由于该地区更靠近赤道。

Basu的研究发现，东南亚人，尤其是印度人携带一种SLC24A5基因，而欧洲人群中也发现了这种基因。这是因为随着时间的推移，阳性基因在两个远离的地方逐渐占据主导地位。Deng估计，在约3万年前"离开非洲"的人类迁徙中，基因发生了进化上的分化，例如欧洲和亚洲人的OCA2基因相似，但由于不同迁徙地和紫外线暴露的压力，不同等位基因占主导地位。这就是为什么两个区域的基因虽然相似，但却有不同等位基因占据主导地位的原因。

皮肤色素的沉着与纬度强相关，而人类色素的这种特殊地理分布受到强烈紫外线辐射（UVR）的影响。黑素实际上是一种有效的防晒霜，可以抵御300 nm以上电磁辐射的有害影响。紫外线吸收以及黑素对皮肤的保护作用在波长较短的地方最大，这些波长会对核酸和蛋白质造成更严重的损伤。紫外线暴露对皮肤的影响很多，例如晒伤、体温调节失调，甚至可能导致皮肤癌，同时还可能破坏身体必需的营养物质，特别是叶酸。叶酸缺乏会导致孕期并发症，成为流产和产后夭折的原因，并在精子合成中发挥重要作用。这些都可以解释为什么赤道和热带地区的人们，经常暴露于高强度紫外线下，进化出具有高度色素的皮肤。

尽管紫外线对皮肤的损伤最大，但仍有一个重要的例外：维生素D的合成。维生素D在骨代谢中发挥关键作用，缺乏维生素D会导致儿童佝偻病和成人骨软化症。

深色皮肤的个体需要比浅色皮肤的个体多10倍的阳光照射才能产生相同数量的维生素D。一些高纬度地区的深色皮肤由于紫外线辐射不足，无法合成足够的维生素D。因此，人类色素的分布是自然选择在赤道周围发展出深色皮肤（有利于保护皮肤免受强紫外线的暴露），而在远离赤道的地区发展出浅色皮肤（有利于维生素D的合成），以实现平衡。

Sawicki的研究表明，皮肤色差和紫外线暴露会影响儿童的血清25-羟维生素D浓度（血清25（OH）D浓度）。尽管维生素D的主要来源是日光，但儿童的地理位置和肤色均可影响血清25（OH）D浓度。一般而言，居住在同一地理区域，肤色较浅的人群比肤色较深的人群具有更高的25（OH）D浓度。

仅在夏季，日晒就能帮助提高维生素D水平，但这种效果在冬季无法持续，尤其是在美国东北部。由于深色皮肤更能抵御紫外线，这意味着他们合成和吸收维生素D的能力较低。冬季在室内使用电脑和电子游戏的时间增加，可能导致儿童血清25（OH）D浓度不足。建议每周晒太阳两次，每次5~30 min，以获得充足的维生素D。

听力缺失与肤色及黑素含量有关，这对于UR的保护至关重要。Lin的研究表明，肤色较深的人群相较于肤色较浅的人群，患上听力缺失的可能性更小。黑素细胞存在于皮肤和耳蜗中。内耳色素沉着增加有助于保护耳蜗免受年龄相关性听力缺失。内耳中的黑素细胞扮演着自由基清除剂、金属螯合剂或调节剂的角色，从而维持听觉健康。

Murase对热休克蛋白（Hsp70-1A）的作用及其与肤色的关系进行了研究。与白种人来源的黑素细胞相比，非裔美国人来源的黑素细胞中含有更多的Hsp70-1A蛋白。通过监测LC3-Ⅱ水平，可以检测出自噬体的形成；在非裔美国人的角质形成细胞中，Hsp70-1A的作用使得LC3-Ⅱ水平升高。因此，Hsp70-1A的参与不仅可以增强皮肤色素沉着和黑素合成活性，还可以抑制角质形成细胞中黑素小体的自噬。

因此，基于人群划分的肤色是公共卫生领域的一项基本任务。随着现代移民的增加，越来越多的人群生活在不适宜他们肤色的紫外线辐射下（例如，19世纪定居澳大利亚的英国人）。在公共卫生方面，这可能会造成灾难性后果：皮肤白皙的人群罹患数种癌症的风险更高，特别是在紫外线辐射强的地区；而皮肤黝黑的人群在紫外线辐射弱的地区，因维生素D水平不足而导致疾病的风险更高。

人类肤色的性别差异

在大多数人群中，女性的肤色往往比男性浅。Fullerton等的客观测量结果表明，女性的基线a*水平低于男性，而背部的L值高于男性。这些差异可以解释为，与男性相比，女性的黑素和血红蛋白含量更低。在相对非暴露部位，深肤色到浅肤色人群构成性别的差异似乎逐渐减小。日光性色素沉着（也就是晒黑）在两性之间也有所不同。在相同的暴露时间或衣着量下，男性比女性更容易晒黑。对于相同的日光辐射，男性反射率的下降幅度大于女性反射率。这种性别差异似乎出现在青春期。青春期后出现的这种性别分化表明，性激素可能起主导作用。雄激素和雌激素都可以通过促进黑素合成和皮肤血流来增加皮肤色素沉着；然而，雄激素的作用更为强劲。这种更强的影响力可

能解释了为什么青春期时性别会出现肤色差异，尽管这种差异是由女孩的肤色变浅而非男孩的肤色变深所引起的。

可能的解释之一是，青春期女孩皮下脂肪增厚。然而，很少有人从进化的角度探讨这种差异。一些人认为性选择可能解释这种性别差异，因为男性似乎更喜欢浅色皮肤，这可被视为生育力的标志。另一种假设是，女性更容易受维生素D缺乏的影响，因为在妊娠期和哺乳期需要钙和维生素D。现代社会需要评估这种性别差异是否与过去一样重要。在多种族环境中，肤色差异可能超过男性和女性之间的肤色差异。饮食和日晒也有助于降低女性维度的实际意义。

Stephen等的研究表明，增加CIE L*、a*和b*参数可以增强人的健康外观。他们发现女性的面容比男性的面容更有光泽，而男性的面容则更红、更黄，从而增大了受试者肤色的性别差异。

性激素调节人类黑素细胞的皮肤色素沉着，尤其是雌激素和孕激素。雌激素和孕激素之间存在相互作用，试验结果表明雌激素水平可以使黑素含量增加3倍，而孕激素则会使黑素含量减少。虽然黑素含量的变化是由于雌激素或孕激素导致的cAMP增加或减少，但Natale发现，性激素使用的特异性G蛋白是G蛋白耦联雌激素受体（G protein-coupled estrogen receptor，GPER），而G蛋白耦联孕激素受体是孕激素和脂肪Q受体7（progestin and adipo Q receptor 7，PAQR7）。合成雌激素可以增加表皮黑素浓度。

综上所述，尽管肤色的性别差异在某种程度上是潜意识的，但它在性别关系中发挥着重要作用，尤其是在择偶方面。

年龄对肤色的影响

内源性老化和光老化都可以导致肤色改

变。虽然这两种过程在特定个体中难以区分，但它们仍然存在差异。构成性肤色指在没有紫外线直接影响的情况下的肤色。构成性肤色在减少紫外线辐射对DNA的损伤和降低皮肤癌风险等方面发挥着关键作用。通常，我们会在受到日光保护的身体部位（如手臂内侧或臀部）来测量构成性肤色。兼性（可变性）肤色是指在日光照射下，即刻或延迟晒黑的反应。

在构成性肤色维度中，臀部皮肤的色素沉着在最初的几年达到最高水平，然后随着年龄的增长而逐渐减少。色素沉着减少的原因是随着年龄的增长，活跃的黑素细胞数量也会减少。30岁以上的人群中，活性黑素细胞的数量每10年就会减少10%～20%。同时，随着老化的进行，光保护部位的CIE a*参数也会增加。这可能是因为随着年龄的增长，表皮层变薄，皮肤透明度增加，更容易观察到乳头下的血管丛，从而导致血流量和红度的增加。

光老化对肤色有着显著的影响，但这种影响因种族而异。非裔美国人会出现色素沉着和肤色不均，亚裔则可能出现色素沉着斑和皮肤发黄，而白种人则会出现皮肤发红。不论种族，所有人的非光保护部位的皮肤都会变黑。紫外线对肤色的长期影响可能会持续数年，这也是所有人的皮肤在阳光下晒黑的原因。衰老过程中，色素减退或色素沉着斑的增加是直接暴露于日光辐射的结果，因为黑素或血红蛋白会在局部积累。

研究表明，皮肤的异质性对女性吸引力的感知或年龄的判定有影响。研究还表明，皮肤在这些评价中扮演着重要的角色，人们更喜欢均匀和光滑的面容。光老化的主要特征之一是皮肤粗糙的皱纹，以及真皮弹性的改变和真皮结构的重建。相较于浅色皮肤，深色皮肤的光老化发生较晚。肤色越深，皮肤的紫外线防护能力越强，真皮层越厚，耐受紫外线的能力也

越强。临床研究表明，深色皮肤人群的光老化延迟了10～20年。亚裔人群的光老化表现为色素沉着，同时也会出现皱纹。光老化是皮肤过早老化的一种类型，可能是紫外线照射和环境压力的结果。

身体部位差异

选择测量部位是开展研究的一个重要因素。受试者与身体部位相关的测量差异可能会影响试验结果的有效性。科学家想要证明研究目标，因此需要选择代表性的测量部位，不依赖于与生理或激素变化相关的自发变化，这是研究成功的关键因素。这一困难不应被低估；在同一测量部位观察到的差异可能与在不同解剖部位观察到的差异具有相同的量级。1996年，Ale等发现CIE L*、a*、b*参数在前臂屈侧不同区域间存在统计学差异。这项针对白种人受试者的研究中，观察到a参数中最重要的变化，表明血管化程度在解剖部位的颜色变化中发挥显著作用。

尽管难以区分内源性老化和光老化，但解剖部位间确实存在天然肤色差异，如前所述。例如，在日光照射维度均匀的区域，颊部和额部间存在显著差异。额部比颊部的肤色深，红色少，黄色多。这些观察已经在不同的种族群体中被发现，包括白种人、非裔美国人、华裔、墨西哥裔和印度裔。在对定期暴露于日光下的2个不同部位进行比较后，发现前臂比面部皮肤老化更轻。

在另一项研究中，上背部区域的a*基础水平高于下背部区域，而L*基础水平则低于下背部区域，而基础b*水平则与身体部位无关。当然，身体的光保护区域和非光保护区域之间的肤色差异要更为明显，受保护区域的肤色要比未受保护区域浅。紫外线直接损伤皮肤细胞的位置（如头颈部）与低海拔地区较少的紫外线

暴露有关，也与较冷月份较高的紫外线暴露相关。学者认为，光适应会使不适应紫外线的身体部位易于受损。然而，Newtown-Bishop认为罕见的身体部位如肢端雀斑样痣和生殖器黑素瘤在暴露过程中能够形成保护作用。这表明，紫外线暴露的身体部位会产生保护作用，但这并非由于光适应。

在皮肤比色学研究中，考虑日光照射的影响是极为重要的，因为它对于客观解释研究结果至关重要，正如前文所述。

外部因素对肤色的影响

正如前文所述，调节皮肤色素沉着以改善肤色的最重要的外部因素是紫外线。当皮肤暴露于紫外线下时，色素沉着会增加，导致晒黑。这种防御反应可以分为数个阶段。有趣的临床研究已经展开，读者可以查阅相关参考文献及其引用的文献了解更多细节。总之，这些研究揭示了日光紫外线后色素沉着反应的4个清晰而不同的阶段：第一个阶段是速发色素沉着（immediate pigment darkening，IPD），它在数分钟内发生且可持续数小时，这是由于紫外线对现有黑素或黑素小体的直接作用，氧化它们形成深色色素。第二阶段是持续性黑素沉着（persistent pigment darkening，PPD），这种情况发生在数小时内且持续数天，是由新合成的黑素引起。第三阶段是迟发性色素沉着（delayed pigmentation，DP），它会在数天内形成并持续数周，这是由于黑素含量长期增加所致。第四阶段是持久性色素沉着（long-lasting pigmentation，LLP），在首次紫外线暴露后持续9个月以上，是色素系统长期激活的结果。即使在没有进一步紫外线暴露的情况下，紫外线对人体皮肤的长期影响可持续数年。所有这些阶段都与个体的构成性肤色有关，且在深色皮肤中更为明显。

环丁烷嘧啶（cyclobutane pyrimidine，CPD）是紫外线诱导的DNA损伤，与多种类型的皮肤癌有关。CPD除了引起皮肤癌外，还会引起红斑、免疫抑制和光老化，最终增加皮肤癌的发生风险。CPD是衡量表皮损伤的指标之一，因为它属于DNA损伤。

深色皮肤的紫外线防护系数为13.4，而浅色皮肤的防晒系数为3.4。在紫外线暴露期间，黑素的数量会增加，两种形式（真黑素和褐黑素）会略微增加。由于深色皮肤人群的黑素含量高于浅色皮肤人群，所以与非裔美国人相比，紫外线暴露可增加浅色皮肤人群和白种人罹患癌症（基底细胞癌和鳞状细胞癌）、恶性黑素瘤、黄褐斑、炎症后色素沉着（post-inflammatory hyperpigmentation，PIH）、脂溢性角化病（seborrheic keratosis，SK）和日光性雀斑样痣（solar lentigo，SL）的风险，尽管深色或浅色皮肤人群也可能会晒伤。日晒的治疗方法包括能加速表皮脱屑和黑素代谢的防晒剂，如维A酸、水杨酸和羟基酸。其他药物则有抗炎剂和（或）抗血管剂或抗氧化剂，例如维生素C、白藜芦醇、维生素E、阿魏酸，以及天然药剂如葡萄籽提取物和银杏。外部因素也有助于保护皮肤。

最近的研究聚焦于膳食类胡萝卜素对肤色的影响。Alaluf研究显示，类胡萝卜素对正常肤色有明显的影响，尤其是在皮肤泛黄的外观方面，可通过b*参数进行定义。类胡萝卜素对肤色的影响在白种人中更加明显，黑素的数量也会对b*值产生影响。长期摄入β-胡萝卜素后，观察到皮肤中类胡萝卜素的积累已被证明与较低的紫外线诱导的皮肤损伤有关。

Whitehead等的研究表明，增加水果和蔬菜的摄入可以显著改善皮肤外观。此外，Stephen等的研究结果证实了类胡萝卜素水平越高（即b*参数值越高），个体对健康的感知也越高。

据估计，全球每年约有260万人死于因摄入水果和蔬菜不足引发的疾病。因此，探究更好的饮食习惯与皮肤外观改善之间的关系，可能是推动更健康饮食行为的有趣和有效方式。

类胡萝卜素可以增加皮肤黄度，有研究者认为，健康和较低的体脂百分比可以增强类胡萝卜素的效应。由于减少体脂可以降低氧化应激，自我报告的变化可以减轻压力，而更好的睡眠也可以提高皮肤黄度，使人看起来更加健康。此外，研究还发现，类胡萝卜素可以促进身体健康，增强对疾病的抵抗力，特别是对于经常进行有氧和力量训练的个体。尽管运动会增加机体的氧化负担，但适应性诱导的运动可以增强身体内部的抗氧化能力，最终减少氧化应激。另外，高适应性和低体脂水平可以增强皮肤的类胡萝卜素效应。

此外，社会经济地位也会影响皮肤健康和肤色。Perrett指出，社会经济地位较低的个体更有可能暴露于对身体有害的压力源，从而导致缺乏运动和不良饮食习惯。这也会导致类胡萝卜素水平和皮肤黄度降低。

结论

肤色是体现个体特征的重要元素之一。构成性肤色可以提供种族信息，更确切地说是个体祖先居住地的信息。而兼性（可变性）肤色则揭示个体的生活方式、日晒习惯，甚至职业类型。皱纹或斑点引起的肤色不均可能会暗示年龄。此外，一些肤色色调还可以反映当前的压力水平和健康状况。所有这些变化也表明了皮肤适应环境的惊人能力，因为皮肤作为特殊的生物学屏障，将机体与外部环境隔离以保护个体免受外部攻击。

肤色不论是内源性还是外源性，都能反映个体的身份，展示过去和现在的生活方式。在某种程度上，这些变化是对个体的小总结。

原文参考文献

Perrett, D.I. et al., Symmetry and human facial attractiveness. Evol Hum Behav, 1999. 20(5): 295-307.

Rhodes, G., A. Sumich, and G. Byatt, Are average facial configurations attractive only because of their symmetry? Psych Sci, 1999. 10(1): 52-8.

Fink, B., K. Grammer, and R. Thornhill, Human (Homo sapiens) facial attractiveness in relation to skin texture and color. J Comp Psychol, 2001. 115(1): 92-9.

Fink, B. and P.J. Matts, The effects of skin colour distribution and topography cues on the perception of female facial age and health. J Eur Acad Dermatol Venereol, 2008. 22(4): 493-8.

Jones, B.C. et al., When facial attractiveness is only skin deep. Perception, 2004. 33(5): 569-76.

Matts, P.J. et al., Color homogeneity and visual perception of age, health, and attractiveness of female facial skin. J Am Acad Dermatol, 2007. 57(6): 977-84.

Samson, N., B. Fink, and P. Matts, Interaction of skin color distribution and skin surface topography cues in the perception of female facial age and health. J Cosmet Dermatol, 2011. 10(1): 78-84.

Stephen, I.D. et al., Facial skin coloration affects perceived health of human faces. Int J Primatol, 2009. 30(6): 845-57.

9. Andreassi, L. et al., Measurement of cutaneous colour and assessment of skin type. Photodermatol Photoimmunol Photomed, 1990. 7(1): 20-4.

Chen, H.Y. et al., Skin color is associated with insulin resistance in nondiabetic peritoneal dialysis patients. Perit Dial Int, 2009. 29(4): 458-64.

Deleixhe-Mauhin, F. et al., Quanti cation of skin color in patients undergoing maintenance hemodialysis. J Am Acad Dermatol. 1992. 27(6 Pt 1): 950-3.

Weatherall, I.L. and B.D. Coombs, Skin color measurements in terms of CIELAB color space values. J Invest Dermatol, 1992. 99(4): 468-73.

Takiwaki, H., Y. Miyaoka, and S. Arase, Analysis of the absorbance spectra of skin lesions as a helpful tool for detection of major pathophysiological changes. Skin Res Technol, 2004. 10(2): 130-5.

Relethford, J.H., Apportionment of global human genetic diversity based on craniometries and skin color. Am J Phys Anthropol, 2002. 118(4): 393-8.

Jorde, L.B. and S.P. Wooding, Genetic variation, classification and "race." Nat Genet, 2004. 36(11 Suppl): S28-S33.

Rosenberg, N.A. et al., Clines, clusters, and the effect of study design on the inference of human population structure. PLoS Genet, 2005.1(6): 70.

Witherspoon, D.J. et al., Genetic similarities within and between human populations. Genetics, 2007. 176(1): 351-9.

Angelopoulou, E., Understanding the color of human skin. Proc SPIE, 2001. 4299(1): 243-51.

Dawson, J.B. et al., A theoretical and experimental study of light absorption and scattering by *in vivo* skin. Phys Med Biol, 1980. 25(4): 695-709.

van Gemert, M.J. et al., Skin optics. IEEE Trans Biomed Eng, 1989. 36(12): 1146-54.

Anderson, R.R. and J.A. Parrish, The optics of human skin. J Invest Dermatol, 1981. 77(1): 13-9.

Takiwaki, H., Measurement of skin color: Practical application and theoretical considerations. J Med Invest, 1998. 44(3-4): 121-6.

Kollias, N. and G.N. Stamatas, Optical non-invasive approaches to diagnosis of skin diseases. J Invest Dermatol Symp Proc, 2002.7(1): 64-75.

Alaluf, S. et al., Dietary carotenoids contribute to normal human skin color and UV photosensitivity. J Nutr, 2002. 132(3): 399-403.

Stephen, I.D., V. Coetzee, and D.I. Perrett, Carotenoid and melanin pigment coloration affect perceived human health. Evol Hum Behav, 2011. 32(3): 216-27.

Zonios, G., J. Bykowski, and N. Kollias, Skin melanin, hemoglobin, and light scattering properties can be quantitatively assessed *in vivo* using diffuse reflectance spectroscopy. J Invest Dermatol, 2001. 117(6): 1452-7.

Alaluf, S. et al., The impact of epidermal melanin on objective measurements of human skin colour. Pigment Cell Res, 2002. 15(2): 119-26.

Matts, P.J., P.J. Dykes, and R. Marks, The distribution of melanin in skin determined *in vivo*. Br J Dermatol, 2007. 156(4): 620-8.

Sarna,T. and H.M.Swartz, The physical properties of melanins. In: The Pigmentary System: Physiology and Pathophysiology, JJ. Nordland, Editor. Oxford University Press: Oxford, pp. 333-57, 1998.

Zijlstra, W.G., A. Buursma, and W.P. Meeuwsen-van der Roest, Absorption spectra of human fetal and adult oxyhemoglobin, de-oxyhemoglobin, carboxyhemoglobin, and methemoglobin. Clin Chem, 1991. 37(9): 1633-8.

Sies, H., Strategies of antioxidant defense. Eur J Biochem, 1993. 215(2): 213-9.

Diet, Nutrition and the prevention of chronic diseases. In: Technical Report Series. World Health Organization, Editor. Geneva: Switzerland, 1990.

Sies, H., W. Stahl, and A. Sevanian, Nutritional, dietary and postprandial oxidative stress. J Nutr, 2005. 135(5): 969-72.

Ceriello, A.. Postprandial hyperglycemia and diabetes complications: Is it time to treat? Diabetes. 2005. 54(1): 1-7.

Dierckx. N. et al., Oxidative stress status in patients with diabetes mellitus: Relationship to diet. Eur J Clin Nutr, 2003. 57(8): 999-1008.

Martinez-Outschoorn, U.E. et al., Oxidative stress in cancer associated fibroblasts drives tumor-stroma co-evolution: A new paradigm for understanding tumor metabolism, the field effect and genomic instability in cancer cells. Cell Cycle, 2010. 9(16): 3256-76.

Cross, C.E. et al., Oxidative stress and antioxidants at biosurfaces: Plants, skin, and respiratory tract surfaces. Environ Health Perspect, 1998.5: 1241-51.

Valko,M. et al., Free radicals and antioxidants in normal physiological functions and human disease. Int J Biochem Cell Biol. 2007. 39(1): 44-84.

Brunsting, L.A. and C. Sheard, The color of the skin as analyzed by spectro-photometric methods: Ⅱ. The role of pigmentation. J Clin Invest, 1929. 7(4): 575-92.

Edwards, E.A. and S.Q. Duntley, An analysis of skin pigment changes after exposure to sunlight. Science, 1939. 90(2332): 235-7.

Hunter. R.S., Photoelectric tristimulus colorimetry with three Iters. J Opt Soc Am, 1942. 32(9): 509-38.

Pierard, G.E. and E. Uhoda, Skin photophysics and colors. Rev Med Liege, 2005. 60(Suppl 1): 48-52.

Taylor, S. et al., Noninvasive techniques for the evaluation of skin color. J Am Acad Dermatol, 2006. 54(5 Suppl 2):S282-90.

Stamatas, G.N. et al., Non-invasive measurements of skin pigmentation in situ. Pigment Cell Res, 2004. 17(6): 618-26.

Robertson, A., The CIE 1976 color-difference formula. Color ResAppl 1977. 2(1): 7-11.

Wei, L. et al., Skin color measurement in Chinese female population: Analysis of 407 cases from 4 major cities of China. Int J Dermatol, 2007. 46(8): 835-9.

Ambroisine, L. et al., Relationships between visual and tactile features and biophysical parameters in human facial skin. Skin Res Technol, 2007. 13(2): 176-83.

Clarys, P. et al., Skin color measurements: Comparison between three instruments: The Chromameter(R), the DermaSpectrometer(R) and the Mexameter(R). Skin Res Technol, 2000. 6(4): 230-8.

Seitz, J.C. and C.G. Whitmore, Measurement of erythema and tanning responses in human skin using a tri-stimulus colorimeter. Dermatologica, 1988. 177(2): 70-5.

Shriver, M.D. and E.J. Parra, Comparison of narrow-band reflectance spectroscopy and tristimulus colorimetry for measurements of skin and hair color in persons of different biological ancestry. Am J Phys Anthropol, 2000. 112(1): 17-27.

Chardon, A., I. Cretois, and C. Hourseau, Skin colour typology and suntanning pathways. Int J Cosmet Sci, 1991. 13(4): 191-208.

Del Bino, S. et al., Relationship between skin response to ultraviolet exposure and skin color type. Pigment Cell Res, 2006. 19(6): 606-14.

Andersen, PH. and P. Bjerring, Noninvasive computerized analysis of skin chromophores in vivo by reflectance spectroscopy. Photodermatol Photoimmunol Photomed, 1990. 7(6): 249-57.

Kollias, N. and A. Baqer, On the assessment of melanin in human skin in vivo. Photochem Photobiol, 1986. 43(1): 49-54.

Kollias, N. and A. Baqer, Quantitative assessment of UV-induced pigmentation and erythema. Photodermatol, 1988. 5(1): 53-60.

Tsumura, N., H. Haneishi, and Y. Miyake, Independentcomponent analysis of skin color image. J Opt Soc Am A, 1999. 16(9): 2169-76.

Zonios, G. et al., Melanin absorption spectroscopy: New method for noninvasive skin investigation and melanoma detection. J Biomed Opt, 2008. 13(1): 14-7.

Stamatas, G.N. and N. Kollias, Blood stasis contributions to the perception of skin pigmentation. J Biomed Opt, 2004. 9(2): 315-22.

Kollias, N., A. Baqer, and I. Sadiq, Minimum erythema dose determination in individuals of skin type Ⅴ and Ⅵ with diffuse reflectance spectroscopy. Photodermatol Photoimmunol Photomed, 1994. 10(6): 249-54.

Latreille, J. et al., MC1R gene polymorphism affects skin color and phenotypic features related to sun sensitivity in a population of French adult women. Photochem Photobiol, 2009. 85(6): 1451-8.

Alla, S.K., J.F. Clark, and F.R. Beyette, Signal processing system to extract serum bilirubin concentration from diffuse reflectance spectrum of human skin. Conf Proc IEEE Eng Med Biol Soc, 2009. 1290-3.

Alla, S.K. et al., Point-of-care device for quantification of bilirubin in skin tissue. IEEE Trans Biomed Eng, 2011. 58(3): 777-80.

Taylor, S., Understanding skin of colour. Suppl Am Acad Dermatol, 2002. 46: S41-S42.

Szabo, G. et al., Racial differences in the fate of melanosomes in human epidermis. Nature, 1969. 222(5198): 1081-2.

Alaluf, S. et al., Ethnic variation in tyrosinase and TYRP1 expression in photoexposed and photoprotected human skin. Pigment Cell Res, 2003. 16(1): 35-42.

Tadokoro, T. et al., UV-induced DNA damage and melanin content in human skin differing in racial/ethnic origin. FASEBJ, 2003. 17(9): 1177-9.

Alaluf, S. et al., Variation in melanin content and composition in type Ⅴ and Ⅵ photoexposed and photoprotected human skin: The dominant role of DHI. Pigment Cell Res, 2001. 14(5): 337-47.

Coelho, S.G. et al., Quanti cation of UV-induced erythema and pigmentation using computer-assisted digital image evaluation. Photochem Photobiol, 2006. 82(3): 651-5.

Miller,S.A. et al., Reduction of the UV burden to indoor tanners through new exposure schedules: A pilot study. Photodermatol Photoimmunol Photomed, 2006. 22(2): 59-66.

Wakamatsu, K. et al., Diversity of pigmentation in cultured human melanocytes is due to differences in the type as well as quantity of melanin. Pigment Cell Res, 2006. 19(2): 154-62.

Toda, K. et al., Alteration of racial differences in melanosome distribution in human epidermis after exposure to ultraviolet light. Nat New Biol, 1972. 236(66): 143-5.

Konrad, K. and K. Wolff, Hyperpigmentation, melanosome size, and distribution patterns of melanosomes. Arch Dermatol, 1973. 107(6): 853-60.

Kollias, N., The physical basis of skin color and its evaluation. Clin Dermatol, 1995. 13(4): 361-7.

Tschachler, E. and F. Morizot, Ethnic differences in skin aging. In: Skin Aging, J. Krutmann and B. Gilchrest, Editors. Springer: Berlin, pp. 3-31, 2006.

Thong, H.Y. et al., The patterns of melanosome distribution in keratinocytes of human skin as one determining factor of skin colour. Br J Dermatol, 2003. 149(3): 498-505.

Ito, S. and K. Wakamatsu, Quantitative analysis of eumelanin and pheomelanin in humans, mice, and other animals: A comparative review. Pigment Cell Res, 2003. 16(5): 523-31.

Alaluf, S. et al., Ethnic variation in melanin content and composition in photoexposed and photoprotected human skin. Pigment Cell Res, 2002. 15(2): 112-8.

Shriver, M.D. et al., Skin pigmentation, biogeographical ancestry and admixture mapping. Hum Genet, 2003.112(4): 387-99.

McDonald, C.J., Structure and function of the skin. Are there differences between black and white skin? Dermatol Clin, 1988. 6(3): 343-7.

Saurel, V., Peaux noires et metissees: Des besoins speci ques (Black and crossed skins: Specific needs). Cosmetology, 1997. 14: 8-11.

Relethford, J.H., Hemispheric difference in human skin color. Am J Phys Anthropol, 1997. 104(4): 449-57.

Jablonski, N.G. and G. Chaplin, The evolution of human skin coloration. J Hum Evol, 2000. 39(1): 57-106.

Hancock, A.M. et al., Adaptations to climate-mediated selective pressures in humans. PLoS Genet, 2011. 7(4): el001375.

Ortonne, J.P., Photoprotective properties of skin melanin. Br J Dermatol, 2002. 146(Suppl 61): 7-10.

Meredith, P. and T. Sarna, The physical and chemical properties of eumelanin. Pigment Cell Res, 2006. 19(6): 572-94.

Rees, J.L., Genetics of hair and skin color. Annu Rev Genet, 2003. 37: 67-90.

Halliday, G.M., Inflammation, gene mutation and photoimmunosuppression in response to UVR-induced oxidative damage contributes to photocarcinogenesis. Mutat Res, 2005. 571(1-2): 107-20.

Rees, J.L., The genetics of sun sensitivity in humans. Am J Hum Genet, 2004. 75(5): 739-51.

Ullrich, S.E., Mechanisms underlying UV-induced immune suppression. Mutat Res, 2005. 571(1-2): 185-205.

Ebisch, I.M. et al., The importance of folate, zinc and antioxidants in the pathogenesis and prevention of subfertility. Hum Reprod Update, 2007. 13(2): 163-74.

Off, M.K. et al., Ultraviolet photodegradation of folic acid. J Photochem Photobiol B, 2005. 80(1): 47-55.

Wong, W.Y. et al., Effects of folic acid and zinc sulfate on male factor subfertility: A double-blind, randomized, placebocontrolled trial. Fertil Steril, 2002. 77(3): 491-8.

Holick, M.F., Evolution and function of vitamin D. Recent Results Cancer Res, 2003. 164: 3-28.

Holick, M.F., Vitamin D: Important for prevention of osteoporosis, cardiovascular heart disease, type 1 diabetes, autoimmune diseases, and some cancers. South Med J, 2005. 98(10): 1024-7.

Holick, M.F., The vitamin D epidemic and its health consequences. J Nutr, 2005. 135(11): 2739S-48S.

Holick, M.F., Deficiency of sunlight and vitamin D. BMJ, 2008. 336(7657): 1318-9.

Holick, M.F., Vitamin D: A millennium perspective. J Cell Biochem, 2003. 88(2): 296-307.

Calvo, M.S. and S.J. Whiting, Prevalence of vitamin D insufficiency in Canada and the United States: Importance to health status and efficacy of current food fortification and dietary supplement use. Nutr Rev, 2003. 61(3): 107-13.

Jablonski, N.G., The evolution of human skin and skin color. Annu Rev Anthropol, 2004. 33(1): 585-623.

Loomis, W.F., Skin-pigment regulation of vitamin-D biosynthesis in man. Science, 1967. 157(3788): 501-6.

Edwards, E.A. and S.Q. Duntley, The pigments and color of living human skin. Am J Anat, 1939. 65(1): 1-33.

Kalla, A.K., Ageing and sex differences in human skin pigmentation. Z Morphol Anthropol, 1973. 65(1): 29-33.

Vasilevskii, V.K. et al., Color and morphological characteristics of the skin in people of different racial groups. Biull Eksp Biol Med, 1988. 106(10): 495-8.

Guinot, C. et al., Sun-reactive skin type in 4912 French adults participating in the SU.VI.MAX study. Photochem Photobiol, 2005. 81(4): 934-40.

Little, A.C., B.C. Jones, and L.M. DeBruine, Facial attractiveness: Evolutionary based research. Philos Trans R Soc Lond B Biol Sci, 2011. 366(1571): 1638-59.

van den Berghe, P.L. and P. Frost, Skin color preference, sexual dimorphism and sexual selection: A case of gene culture coevolution? Ethnic Racial Stud, 1986. 9(1): 87-113.

Harvey. R.G., Ecological factors in skin color variation among Papua New Guineans. Am J Phys Anthropol, 1985. 66(4): 407-16.

Hulse, F.S., Selection for skin color among the Japanese. Am J Phys Anthropol, 1967. 27: 143-56.

Mesa, M.S., Analyse de la variability de la pigmentation de la peau durant la croissance. B Mem Soc Anthro Par 1983.10(13): 49-60.

Miyamura, Y. et al., Regulation of human skin pigmentation and responses to ultraviolet radiation. Pigment Cell Res, 2007. 20(1): 2-13.

Nordlund, J.J. and J.-P. Ortonne, The normal color of human skin. In: The Pigmentary System: Physiology and Pathophysiology, J.J. Nordland, Editor. Oxford University Press: Oxford, pp. 475-86, 1998.

Edwards, E.A. and S.Q. Duntley, Cutaneous vascular changes in women in reference to the menstrual cycle and ovariectomy. Am J Obstet Gynecol, 1949. 57(3): 501-9.

Mazess, R.B., Skin color in Bahamian Negroes. Hum Biol, 1967. 39(2): 145-54.

Frost, P, Geographic distribution of human skin colour: A selective compromise between natural selection and sexual selection? Hum Evol, 1994. 9: 141-53.

Aoki, K., Sexual selection as a cause of human skin colour variation: Darwin's hypothesis revisited. Ann Hum Biol, 2002. 29(6): 589-608.

Perez-Lopez, F.R., Vitamin D: The secosteroid hormone and human reproduction. Gynecol Endocrinol, 2007. 23(1): 13-24.

Castanet, J. and J.P. Ortonne, Pigmentary changes in aged and photoaged skin. Arch Dermatol, 1997. 133(10): 1296-9.

Yamaguchi, Y. et al., Cyclobutane pyrimidine dimer formation and p53 production in human skin after repeated UV irradiation. Exp Dermatol, 2008. 17(11): 916-24.

Gilchrest, B.A. et al., The pathogenesis of melanoma induced by ultraviolet radiation. N Engl J Med, 1999. 340(17): 1341-8.

Quevedo, W.C. Jr., T.B. Fitzpatrick, and K. Jimbow, Human skin color: Origin, variation and significance. J Hum Evol, 1985. 14(1): 43-56.

Lock-Andersen, J., N.D. Knudstorp, and H.C. Wulf, Facultative skin pigmentation in Caucasians: An objective biological indicator of lifetime exposure to ultraviolet radiation? Br J Dermatol, 1998. 138(5): 826-32.

Roh, K. et al., Pigmentation in Koreans: Study of the differences from Caucasians in age, gender and seasonal variations. Br J Dermatol, 2001. 144(1): 94-9.

Gilchrest, B.A., F.B. Blog, and G. Szabo, Effects of aging and chronic sun exposure on melanocytes in human skin. J Invest Dermatol, 1979. 73(2): 141-3.

Quevedo, W.C., G. Szabo, and J. Virks, Influence of age and UV on the populations of dopa-positive melanocytes in human skin. J Invest Dermatol, 1969. 52(3): 287-90.

Kelly. R.I. et al., The effects of aging on the cutaneous microvasculature. J Am Acad Dermatol, 1995. 33(5 Pt 1): 749-56.

Li.L. et al., Age-related changes in skin topography and microcirculation. Arch Dermatol Res, 2006. 297(9): 412-6.

Li, L. et al., Age-related changes of the cutaneous microcirculation in vivo. Gerontology, 2006. 52(3): 142-53.

Grimes, P. et al., Evaluation of inherent differences between African American and white skin surface properties using subjective and objective measures. Cutis, 2004. 73(6): 392-6.

Hillebrand, G.G. et al., Quantitative evaluation of skin condition in an epidemiological survey of females living in northern versus southern Japan. J Dermatol Sci, 2001. 27(Suppl 1): S42-S52.

Le Fur, I., K. Numagami, and C. Guinot, Skin colour in Caucasian and Japanese healthy women: Age-related difference ranges according to skin site. XXIth Congress of the International Federation of the Society of Cosmetic Chemists (IFSCC), Berlin, September 11-14, 2000. Abstract: Proceedings of the 21st IFSCC Congress, P09.

Haider, R. and G. Richards, Photoaging in patients of skin colour. In: Photoaging, D. Rigel et al., Editors. CRC Press: New York, pp. 55-63, 2004.

De Rigal, J. et al., The effect of age on skin color and color heterogeneity in four ethnic groups. Skin Res Technol, 2010. 16(2): 168-78.

Coelho, S.G. et al., Short- and long-term effects of UV radiation on the pigmentation of human skin. J Invest Dermatol Symp Proc, 2009. 14(1): 32-5.

Ale, S.I., J.P. Laugier, and H.I. Maibach, Spacial variability of basal skin chromametry on the ventral forearm of healthy volunteers. Arch Dermatol Res, 1996. 288(12): 774-7.

Le Fur. I. et al., Comparison of cheek and forehead regions by bioengineering methods in women with different self-reported "cosmetic skin types." Skin Res Technol, 1999. 5(3): 182-8.

Mauger, E., Variation of skin colour in Indian women. 41st Annual Meeting of the European Society for Dermatological Research (ESDR), Barcelona, Spain, 2011. Abstract: J Invest Dermatol, 2011. 131(S50): 300.

Leveque, J.L. et al., In vivo studies of the evolution of physical properties of the human skin with age. Int J Dermatol, 1984. 23(5): 322-9.

Fullerton, A. and J. Serup, Site, gender and age variation in normal skin colour on the back and the forearm: Tristimulus colorimeter measurements. Skin Res Technol, 1997. 3(1): 49-52.

van Oort, R.P., J.J. Ten Bosch, and P.C.F. Borsboom, The variation of skin color in different areas of the human body in a Caucasian population in CIE 1976, L*, u*, v* color space. J Soc Cosmet Chem, 1981.32(1): 1-14.

Tadokoro, T. et al., Mechanisms of skin tanning in different racial/ethnic groups in response to ultraviolet radiation. J Invest Dermatol, 2005. 124(6): 1326-32.

Gilchrest, B.A. et al., Mechanisms of ultraviolet light-induced pigmentation. Photochem Photobiol, 1996.63(1): 1-10.

Whitehead, R.D. et al., You are what you eat: Within-subject increases in fruit and vegetable consumption confer beneficial skin-color changes. PLoS One, 2012. 7(3): e32988.

Stahl, W. et al., Increased dermal carotenoid levels assessed by noninvasive reflection spectrophotometry correlate with serum levels in women ingesting Betatene. J Nutr, 1998. 128(5): 903-7.

Bouilly-Gauthier, D. et al., Clinical evidence of benefits of a dietary supplement containing probiotic and carotenoids on ultraviolet-induced skin damage. Br J Dermatol, 2010. 163(3): 536-43.

Rizwan, M. et al., Tomato paste rich in lycopene protects against cutaneous photodamage in humans in vivo: A randomized controlled trial. Br J Dermatol, 2011. 164(1): 154-62.

Lock, K. et al., The global burden of disease attributable to low consumption of fruit and vegetables: Implications for the global strategy on diet. Bull World Health Organ, 2005. 83(2): 100-8.

Whitehead, R.D. et al., Appealing to vanity: Could potential appearance improvement motivate fruit and vegetable consumption? Am J Public Health, 2012. 102(2): 207-11.

Del Bino, S. et al. Clinical and biological characterization of skin pigmentation diversity and its consequences on

UV impact. Int J Mol Sci 2018. 19(9): 2668. doi:10.3390/ijmsl9092668 [Pubmed]

Perrett,D.I. et al. Skin color cues to human health: Carotenoids, aerobic fitness, and body fat. Front Psychol 2020. 11: 392. doi:10.3389/fpsyg.2020.00392 [Pubmed]

Deng, L., and S. Xu. Adaptation of human skin color in various populations. Hereditas 2017. 155: L, doi:10.1186/s41065-017-0036-2 [Pubmed]

Sawicki, C.M. et al. Sun-exposed skin color is associated with changes in serum 25-hydroxyvitamin D in racially/ethnically diverse children. J Nutr 2016. 146(4): 751-7. doi:10.3945/jn.115.222505 [Pubmed]

Lin, F.R. et al. Association of skin color, race/ethnicity, and hearing loss among adults in the USA. J Assoc Res Otolaryngol: JARO, 2012. 13(1): 109-17. doi:10.1007/sl0162-011-0298-8 [Pubmed]

Basu Mallick, C. et al. The light skin allele of SLC24A5 in South Asians and Europeans shares identity by descent. PLoS Genetics, 2013. 9(11): el003912. doi:10.1371/journal.pgen.1003912 [Pubmed]

Murase, D. et al. Variation in Hsp70-1A expression contributes to skin color diversity. J Invest Dermatol, 2016. 136(8): 1681-91. doi:10.1016/j.jid.2016.03.038 [Pubmed]

Natale, C.A. et al. Sex steroids regulate skin pigmentation through nonclassical membrane-bound receptors. eLife, 2016. 5: el5104. doi:10.7554/eLife.15104 [Pubmed]

Newton-Bishop, J.A. et al. Relationship between sun exposure and melanoma risk for tumours in different body sites in a large case-control study in a temperate climate. Eur J Cancer (Oxford, England: 1990), 2011. 47(5): 732-41. doi:10.1016/j.ejca.2010.10.008 [Pubmed]

第15章

化妆品和皮肤紫外线成像

介绍

世界是多姿多彩的，人们从中获取了大量关于它的信息。然而，不同的人对颜色的感知存在很大的差异。有些人只能看到黑色和白色（全色盲），而有些人则能够区分数百万种颜色（四色视者）。尽管人们的颜色识别方式存在显著差异，但是他们对光的敏感性却存在于一个相对狭窄的波长范围内（在390～720 nm）。除了可见光谱外，还有一些超出人类肉眼可见范围的光谱。比人类能够感知到的波长更短的是紫外线（UV），而波长更长的是红外线（IR）辐射。

当UV与皮肤相互作用时，它既可以被反射或吸收，也可以诱导荧光。由于紫外线的照射，波长较长的光被重新释放。因此，UV反射和UV诱导的荧光成像在皮肤科领域有着悠久的应用历史，因为它可以提供正常可见光摄影无法获得的信息。

然而，通常并未在文章中详细讨论用于UV反射和荧光成像所需的设备和方法及其局限性的全部细节，这使得完全解释图像非常困难，导致对观察到的究竟是什么产生潜在的混淆，也使得很难对既往结果进行复制。本章将讨论化妆品和皮肤UV反射和荧光成像的一些背景知识和实践维度，以及皮肤研究人员的注意事项。同时，本章还将展示它在观察皮肤和局部皮肤治疗方面的应用，这些方面无法用标准的视觉光摄影进行观察。

化妆品和皮肤UV反射成像

UV反射摄影指的是通过相机捕捉皮肤反射入射UV后的成像，本质上是普通可见光摄影的UV版本。在过去，它主要被用于皮肤成像，因为它可以增加黑素丰富区域的对比度。最近，它也被用于防晒区域和防晒霜的成像。波长较短的UV可以更突出皮肤表面的纹理，使皱纹更加明显。随着波长的缩短，黑素对光的吸收会稳步增加，使其在紫外线下看起来比可见光更暗。随着波长的减少，这种暗变化更加明显。在图15.1中，我们可以观察到这种效果。图中展示了一名Fitzpatrick Ⅱ型皮肤的白种人受试者的手部，使用10 nm附带通滤光片、氙气光源和改装的相机在可见光和390～310 nm不同UV波长下进行成像。在图15.1中，通过使用漫反射标准对不同波长范围的照片曝光进行校准，以针对相机响应、滤光片透射和光强度变化等因素。这些图像没有交叉极化，因此反映的是来自皮肤表面的镜面反射。在本章后续中，我们将讨论相机、镜头、图像校准、滤光片和光源选择等因素对成像结果的影响。

防晒霜UV反射成像

随着与UV相关的皮肤损伤不断增加，全球每年发生200万～300万例非黑素瘤皮肤癌和超过13万例黑素瘤皮肤癌。据认为，UV辐射是可预防的主要原因之一。因此，研发有效且具有保护性的防晒霜产品，并就其使用方法进行沟通，对于最大限度地保护消费者至关重要。

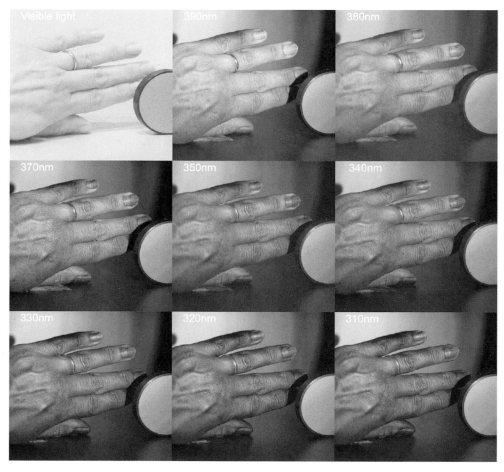

图 15.1　可见光和 390 ~ 310 nm 不同波长 UV 照射下的皮肤外观

尽管防晒霜成分的含量显然会影响产品涂抹于皮肤表面时的整体保护性，但这些成分的底物基质或配方的影响以及产品应用后如何在皮肤上扩散和转运，常常被忽视。SPF产品的扩散特性对最终保护膜提供的保护程度有显著影响，因为层薄的区域更容易让更高强度的紫外线穿透并损伤皮肤。可以通过使用UV反射摄影来帮助推广防晒霜的使用。

消费者在使用防晒霜时的依从性是一个很大问题，皮肤某些区域经常被完全忽略，或防晒霜的使用量不足。在紫外线反射照片中，防晒霜通常表现为皮肤的深色区域，因为它们有很强的UV吸收性，尽管其外观会受到用于成像的UV波长影响，照明和成像设备的选择将在本章后续进一步讨论。图15.2中表示将防晒霜应用于受试者侧面部的UV反射照片。在图15.2中，防晒霜涂抹于受试者左脸，并且比未涂抹防晒霜的皮肤区域颜色要深。防晒霜与皮肤间的高度对比提供一种涂抹防晒霜区域直接成像的方法，而不需要在产品中添加其他化学标记物。除UV成像摄影外，UV反射录像视频也被用于产品营销活动，向消费者展示涂抹防晒霜时皮肤防晒效果区域。

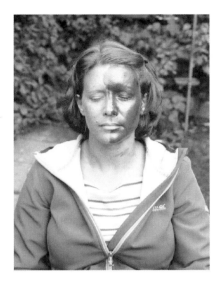

图 15.2　受试者左面部涂抹 SPF50 防晒霜后的 UV 反射照片

使用 UV 反射摄影时需要注意的一个关键问题是，当局部涂抹的面霜薄膜反射强烈的单向光时，会在深色皮肤和防晒霜上出现白色区域，从而产生明亮的镜面反射。为了尽量减少可见光照片中的闪光，可以采用交叉偏振技术。这种技术需要在光源和相机镜头彼此 90 度的位置上安装偏振器，以消除皮肤深层结构镜面光的高曝光。虽然这种技术在可见光摄影中已经被广泛应用，但最近才有报道将其用于外用配方和皮肤防晒霜的 UV 成像。图 15.3 展示了 SPF50 产品应用于受试者颊部的情况，其中图 15.3（a）使用正常 UV 反射成像捕获，而图 15.3（b）使用交叉偏振 UV 反射成像捕获。

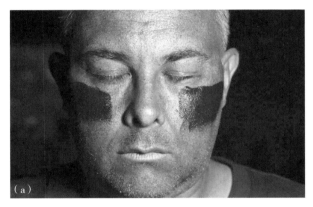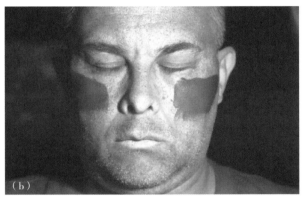

图 15.3　涂抹 SPF50 防晒霜后的面部 UV 反射照片

（a）非偏振；（b）交叉偏振

如前所述，防晒产品在使用过程中的平铺情况会影响其提供的保护程度，因为皮肤表面防晒霜形成的膜的均匀性和局部厚度会受到影响。交叉偏振 UV 反射摄影提供了一种可视化成膜形态的方法，通过去除镜面反射来显示"好"与"差"防晒产品之间的差异。详见图 15.4。差的防晒产品在涂抹和涂布过程中会出现明显的条纹，而好的涂布产品表面外观更均匀。浅色区域是成膜较薄的地方，对 UV 的吸收也较少。好的防晒产品的外观越均匀，产品成膜的厚度变化就越小，形成的膜结构也就更均匀。此外，产品的铺展性也会影响其有效 SPF

值——容易铺展的产品会形成更均匀的薄膜，从而获得更高的 SPF。将产品薄膜吸收的 UV 量与其形成的薄膜质量结合起来，可提供比仅考虑膜形态更准确的 SPF 行为模型。因此，在产品开发过程中，要考虑到 SPF 产品在使用过程中形成均匀涂层的能力以及其阻挡或吸收 UV 的能力，以优化其提供的保护。

UV 反射成像的光学协调和设备选择

选择正确的成像设备是获取 UV 反射照片的关键。在了解什么是捕获后，需要考虑以下因素：相机的光谱灵敏度、镜头和任何滤光片的传输以及光源的光谱分布。所有这些因素共同作用决定光学系统能够捕捉的波长范围。这种光学系统的协调过程被用于早期皮肤的UV反射

成像。最近在数字成像的趋势下被详细综述，这里将介绍其中一些关键信息。

图 15.4　交叉偏振 UV 反射照片

（a）"差"涂抹产品；（b）"好"涂抹产品

相机传感器对UV的灵敏度通常较低，并且由于在传感器前部存在拜耳滤波器而进一步降低。从相机传感器上去除拜耳滤光片后，对UV的敏感性提高大约8倍。如果不需要颜色信息，则使其成为UV成像的理想修饰。只需从传感器前移除UV/IR滤光片，但保留拜耳滤光片，就可以通过在镜头前放置合适的滤光片，使相机用于UV、可见光或IR成像，尽管对UV的灵敏度低于去拜耳转换。

镜头的选择很重要，因为大多数现代相机镜头都含有涂层和粘合剂等材料，可阻挡不同数量的UV（尤其是365 nm以下的UV），而旧的手动对焦镜头在这方面往往比新近自动对焦镜头更好。建议使用石英和氟化钙透镜元件而非玻璃制造的专用UV透镜，特别是在成像低于330 nm的UV短波长区域时，但这些透镜的成本比普通相机镜头高得多。理想情况下，任何用于UV反射成像的普通相机镜头都应该测量其透射光谱，或对其中一个更专门的UV镜头进行测

试，以确定其适用性。

UV反射摄影需要使用滤镜或滤镜组合，以消除不需要的可见光和红外波长的成像。相机对紫外线的感受性较低，因此需要有效地去除可见光和红外光才能观察紫外线。由于相机传感器对红外线高度敏感，即使使用少量红外线滤光片，也应避免使用或将其与额外的红外线阻挡滤光片结合使用。如果要进行偏振UV成像，则需要使用光源和相机镜头上的偏振滤光片。这会增加更多的复杂性，因为大多数用于可见光摄影的常规摄影偏光片具有很强的UV吸收能力。虽然专用的紫外线偏光滤光片可以使用，但价格昂贵且通常只有小尺寸，不适合用于大光源。一些早期的线性偏光镜可通过足够的UV光，在350 nm以上的较长波长UV区域中用于UV反射摄影。在使用之前，应该使用UV-vis光谱仪来检查理想的滤光片。此外，偏光镜本身也会吸收大量的光，这意味着交叉偏振UV反射成像需要强光源和灵敏相机。因此，选择光

源也非常重要。虽然日光可使用，但由于其强度变化远非理想的研究光源。相机闪光灯也能发出紫外线；但应该使用非涂层灯泡，因为涂层会阻挡紫外线。

结合所有这些因素（相机灵敏度、镜头和滤光片透射和光源），确定成像系统在波长范围内的灵敏度范围，这个过程被称为协调。如图15.5所示，用于捕获图15.2中图像的相机、镜头和滤光片透射和光源强度灵敏度中波长变化如何相互作用来定义正在成像的波长范围。从图中可以看出，主要捕获的是360～400 nm的区域。

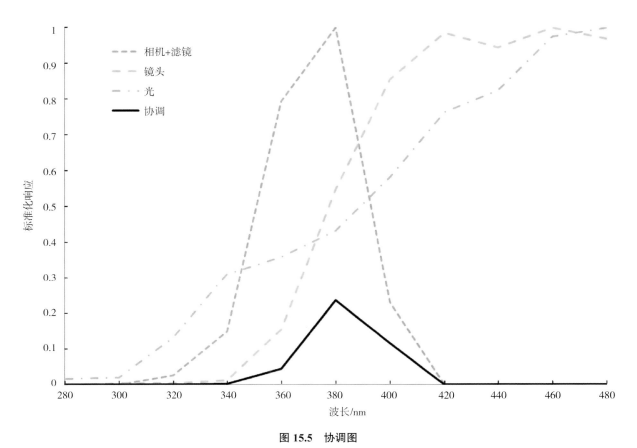

图 15.5　协调图

显示结合相机灵敏度、滤光片和镜头透射率及光源光谱来确定被成像波长范围的整体效果

在某些应用场合下，皮肤表面反射的UV量的校准可能非常重要，比如在试图了解防晒霜吸收的UV量时。标准相机校准图在UV反射摄影中不适用，因为其光学特性在UV区域有很大的差异。不过，可以使用Spectralon漫反射标准，或者使用炭黑、巴黎石膏和氧化镁的混合物来制定专门的标准，以确定成像期间从皮肤反射的UV量。另外，光谱漫反射标准或聚四氟乙烯（PTFE）板也可用于白平衡UV反射图像。

化妆品和皮肤UV荧光成像

当紫外线与皮肤相互作用时，它可被吸收或反射，而不改变其波长，也可以通过荧光的过程吸收并激发较长波长的光。皮肤在可见光下的荧光是由一系列发色团的存在所驱动，包括弹性蛋白、胶原蛋白、黑素、某些具有芳香功能的氨基酸以及烟酰胺腺嘌呤二核苷酸。就所需的拍照设备而言，皮肤的荧光成像可能更简单，因为荧光通常是可见光，这意味着只需要标准镜头和相机。本节末尾将更详细地讨论实现这种方法的设备要求和考虑因素。

干性皮肤荧光成像

在UVA照射下，处于干燥状态的角质层（SC）表面的角质细胞会发出强烈的荧光，进而产生可见光。这种UV诱导的可见光荧光的原理是干性皮肤成像的基础，采用的是Visioscan VC98相机（Courage and Khazaka，Koln，德国）。除了干性皮肤成像，还有报道称，该技术可用于银屑病和皮肤异色症模型，以及防晒霜残留皮肤的成像。该技术除了能够显示皮肤外观外，还能够通过图像分析判定干性皮肤的数量，因为干性皮肤会发出强烈的荧光，肉眼呈现白色。图15.6展示了来自正常、干性和极度干燥皮肤的活体Visioscan图像示例。通过Visioscan图像，我们可以了解干性皮肤的分布和局部特征，以及随时间变化的情况。最近，制造商推出了Visioscan的新版本，它使用不同光源照射皮肤，也可以用于干性皮肤的成像。

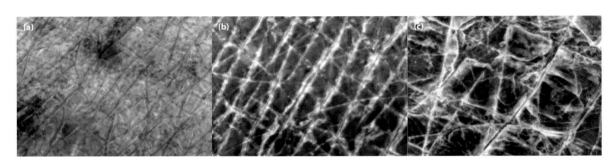

图15.6　Visioscan® 图像

（a）正常皮肤；（b）干性皮肤；（c）极度干燥皮肤

皮肤微生态的UV荧光成像

除源自角蛋白和胶原蛋白的背景荧光，皮肤紫外线诱导的部分荧光源自皮肤表面细菌中的卟啉。荧光颜色由卟啉的化学结构决定，由于某些细菌具有特异性的卟啉，因此可用于识别存在细菌的种类。紫外线诱导的可见光荧光皮肤图像如图15.7（a）所示，以及图15.7（b）面颊区的放大图像。

图15.7显示皮肤表面的亮点，这些亮点以各种颜色呈现。这些光点与皮肤表面的毛孔相关，其颜色由其中所含卟啉的荧光决定。例如，亲脂性痤疮丙酸杆菌（P. acnes）由于卟啉Coproporphyrin Ⅲ，Cp Ⅲ）在可见光谱的橘绿色部分（570~630 nm）有强烈荧光，而原卟啉Ⅸ（Pp Ⅸ）主要在光谱>630 nm的红色荧光部分。通过对皮肤荧光成像并观察不同颜色通道可确定痤疮P. acnes细菌水平较高的区域（图15.8）。通过将可见光信号分成红色和绿色通道，测量痤疮受试者全面部图像中的Cp Ⅲ和Pp Ⅸ荧光信号，已证明皮损特异性炎症（痤疮斑点）与丘疹脓疱皮损之间的关联性。还应注意在紫外线诱导荧光期间，面部皮肤观察到的红色可能是由于皮脂本身存在，而非仅是痤疮P. acnes。然而，直接比较时提出工作的现存问题，因为其使用的光源都有不同的光谱分布，可能会影响荧光过程中观察到的发射光谱，这将在后续进行讨论。

基于荧光颜色的技术可以获取皮肤表面微生态成分的信息，这为描绘皮肤细菌分布提供了可能性。例如，在特应性皮炎的进展过程中，或者在清洗和清洁皮肤期间，使用这种技术可能会对正常的细菌群落产生干扰。商用成像系统使用UV诱导的可见光荧光现象对皮肤表面的卟啉进行成像，这些系统包括Visia（Canfield Scientific Inc.，美国）和Visiopor PP 34 N（Courage and Khazaka electronic GmbH，德国）。

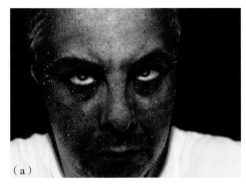

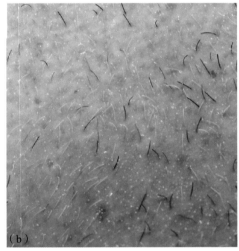

图 15.7　UV 诱导的可见荧光

（a）全面部；（b）面颊区域放大

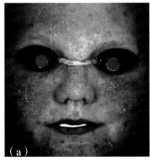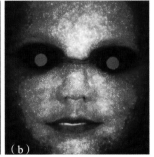

图 15.8　受试者（a）Cp Ⅲ 荧光和（b）Pp Ⅸ 荧光的面部卟啉分布

Pp Ⅸ 荧光斑主要位于 T 区和鼻周区域，而 Cp Ⅲ 荧光斑可位于受试者面部的任何区域

防晒霜和晒伤的UV荧光成像

皮肤在紫外线照射下会发出荧光，这种荧光与皮肤是否暴露于日光下有关。光老化皮肤的荧光光谱显示，色氨酸的存在显著增加，胶原蛋白–可降解胶原蛋白交联消失，并出现新的荧光团。

荧光摄影与UV反射成像类似，都可以用于观察皮肤中黑素的含量以及是否使用了防晒霜。然而，两者在具体操作方式上存在差异。如果进入皮肤的UV被黑素或防晒成分吸收，那么通过荧光成像就只会产生更少的UV荧光。因此，荧光会减弱，皮肤的颜色会变深。

UV诱导荧光可以用于可见光下肉眼观察皮肤内的黑素。Gamble等的研究表明，皮肤光型越高，儿童光损伤相关黑素瘤的风险就越大。这种基于照片确定儿童晒伤严重程度的方法可以使用黑素图谱来显示紫外线诱导的皮肤损伤。当向个体展示这些黑素图谱时，可能会引发恐惧反应，但这反过来又可以促使积极的防晒行为。

需要注意的是，Gamble等和Pokharel等将拍摄的图像称为"UV照片"，但这些图像与UV反射照片不同，因为它们捕捉的是皮肤在暴露于UV后可见光下的荧光。尽管这种描述有时缺乏清晰度，但这并不影响其实用性。这些类型的照片可以很好地作为适当的防晒咨询和行为建议的补充。

在涂抹防晒霜后，其能够留存于皮肤表面的时间是影响其保护能力的关键因素之一。由于防晒霜吸收UV光线，因此皮肤荧光的减少可用于监测其在皮肤表面停留的时间。然而，这种方法可能存在复杂的图像解释问题。除了防晒霜吸收UV光线产生的荧光之外，皮肤水合作用的变化也会导致诱导荧光的变化。此外，如果试图将所观察到的图像内容与当前的防晒水平联系起来，应当注意到，通过应用伽马曲线，大多数图像文件的亮度分布在创建时都会被修改。这种效果是反射和荧光图像都存在的问题，因为从相机传感器产生的原始数据创建图像文件时，亮度会发生变化。图15.9（a）展示了一组8个Spectralon漫反射校准磁盘图像，它们的反射率从2%到99%不等。这些磁盘使用单色相机的UV反射摄影成像，图像保存为RAW文件和JPG文件。图15.9（b）使用ImageJ对JPG文件中的磁盘反射率进行了灰度值的图像分析，图15.9（c）给出了使用RawDigger软件对磁盘进行的平均RAW文件通道响应。可以发现，从JPG图像导出的磁盘灰度分数与其反射率之间存在非线性关系，而RAW文件的通道响应则是线性的。

商用成像系统利用紫外线诱导的可见光荧光现象来成像皮肤中的黑素和防晒霜，其中包括Visia（Canfield Scientific Inc，美国）。

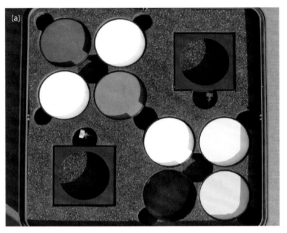

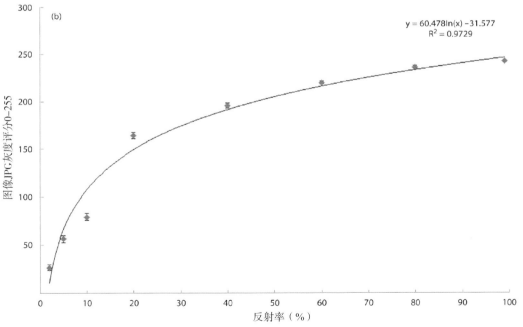

图15.9　JPG和RAW文件的图像亮度变化

（a）一组Spectralon漫反射磁盘；（b）源自JPG文件的灰度分数；（c）RAW文件的平均通道响应

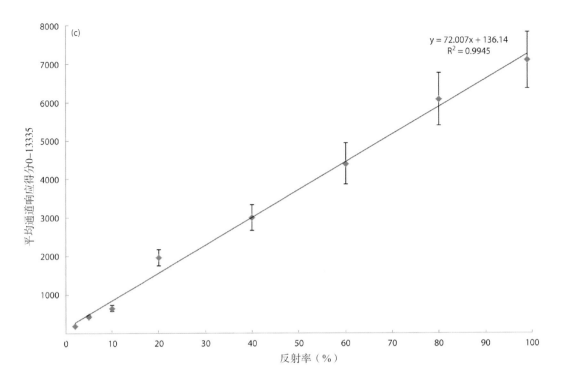

图 15.9 （续）

荧光成像的注意事项和设备选择

相比于UV反射，UV诱导的荧光成像在最初实施阶段似乎相对简单，因为正常未校准的相机可以与标准镜头一起使用。然而，要实现这项技术，有一些因素必须加以考虑。主要的复杂性源自在摄影过程中遮挡来自皮肤和相机以外的所有其他潜在光源。被成像的区域必须保持在远离光源的完全黑暗中，这对于较小的身体部位来说相对简单，但对于较大的部位来说可能会变得极其复杂。同时，必须防止暴露于紫外线引起周围环境的荧光，因为这些区域可能会发出可见光，从而照亮受试者。同样重要的是，确保正在成像的UV激发和可见发射波长之间无重叠，因为发射荧光信号的强度通常是激发信号强度的10~100倍。

尽管数码相机内部有滤光片以防止紫外线到达传感器，但这些滤光片并非总是完全有效。早期的数码相机（如尼康D70）实际上可用于紫外线反射成像而无须校准，因为内部滤光片不足以阻挡所有入射的紫外线。虽然随着时间的推移，内部阻挡滤光片技术已经得到改进，但一些相机仍会让大量紫外线通过传感器。因此，透镜安装阻挡滤光片是一个有效的做法，它可以阻挡所有的激发波长，同时让发射波长通过。但必须检查滤光片本身是否在紫外线下发出荧光。在透镜前使用一个阻挡滤光片也可防止源自透镜本身的任何荧光。

荧光期间，由于激发波长分布的不同，荧光发射的波长可能会发生变化。因此，在报告结果时，提供使用光源光谱分布的详细信息非常重要。同时，荧光效应也会因为时间推移、暴露于激发波长下而淬灭。标准化被试者暴露光线的时间是一个有效的方法。但是，如果使用闪光灯作为UV光源，则可以解决这个问题。

产品配方系统和皮肤成分会影响皮肤的荧光。如前所述，皮肤水分会影响在紫外线照射下的荧光强度。另外，外用制剂中使用的其他成分，例如酒精和色素，也会对产品的整体荧光度产生影响或产生荧光。

UV成像的常规安全考量

UV成像时，必须考虑受试者和研究人员都会暴露于光线辐射下，这也适用于UV反射和UV荧光摄影。任何暴露于UV下的个体都应该戴上防紫外线防护眼镜，因为紫外线就像可见光一样可以从表面反射出来，即使没有直接暴露于光源下。此外，没有被成像的皮肤部分应该被覆盖。在照射皮肤前，必须评估光源的波长分布和强度。通常，皮肤的紫外线摄影成像使用波长范围在315 ~ 400 nm的UVA光。波长较短的UVB（280 ~ 315 nm）对皮肤的损伤更大。UVC区域在UVB以下，但由于被大气层所阻挡，人体不会暴露于该区域。由于商用相机在315 nm以下的灵敏度非常低，即使去除拜耳滤光片后，标准摄影设备上也难以实现UVB反射成像。然而，在评估风险时仍需考虑到受试者和操作者暴露于光源的UVB。传统的闪光灯、连续氙灯、汞氙灯和荧光灯管已被用于UV成像，尽管目前发光二极管（light-emitting diode，LED）光源越来越流行，特别是365 nm的UVA成像。在使用之前，操作者应该使用光谱仪检查光源是否适合，并在需要的情况下在光源上安装适当的遮挡滤光片，以限制其仅暴露于所需的波长。

结论

皮肤的UV反射和荧光成像虽然增加了图像采集的复杂度，但是它们可以为皮肤和局部化妆品提供新的认知，这些认知是通过标准可见光摄影无法观察到的。为了确保捕捉到可靠且可复制的图像，正确的相机系统、镜头、灯光和滤镜的选择是至关重要的。这些方法的热门应用领域包括：干性皮肤成像和保湿剂的作用、微生态可视化和日光暴露领域，以及有关防晒剂的技术评价和消费者教育。

原文参考文献

Returner MH, Rastogi N, Ranka MP, et al. Achromatopsia: a review. Curr Opin Ophthalmol. 2015, 26(5):333-40. doi: 10.1097/ICU.0000000000000189.

Jordan G, Deeb SS, Bosten JM, et al. The dimensionality of color vision in carriers of anomalous trichromacy. J Vision. 2010, 10(12):12. doi:10.1167/10.8.12.

Palczewska G, Vinberg F, Stremplewski P, et al. Human infrared vision is triggered by two-photon chromophore isomerization. Proc Natl Acad Sci USA. 2014, 111(50):E5445-54. doi: 10.1073/pnas.1410162111.

Shanmugam P, Ahn YH. Reference solar irradiance spectra and consequences of their disparities in remote sensing of the ocean colour. Ann Geophys. 2007, 25:1235-52. doi: 10.5194/angeo-25-1235-2007.

Kollias N, Skin documentation with multimodal imaging and integrated image analysis. In: Wilhelm KP, Eisner P, Berardesca E, Maibach HI, eds. Bioengineering of the Skin: Skin Imaging and Analysis, 2nd edn. Boca Raton, FL: CRC Press; 2007, 221-46.

Mustakallio KK, Korhonen P. Monochromatic ultravioletphotography in dermatology. J Invest Dermatol. 1966, 47(4): 351-6.

Kikuchi I, Idemori M, Uchimura H, et al. Reflection ultraviolet photography in dermatology. Part 1: equipment. J Dermatol. 1979, 6(2):81-5. doi: 10.1111/j.1346-8138.1979.tb01884.x.

Kikuchi I, Idemori M, Uchimura H, et al. Reflection ultraviolet photography in dermatology. Part 2: photography of skin lesions. J Dermatol. 1979, 6(2):87-93. doi: 10.1111/j.1346-8138.1979.tb01885.x.

Arai S, Analysis of pigmentation of human skin (UV-light images). In: Wilhelm K-P. Eisner P, Berardesca E, Maibach HI, eds, Bioengineering of the Skin: Skin Surface Imaging and Analysis. Boca Raton, FL: CRC Press Inc.; 1997, 85-94.

Seabrook W. Doctor Wood, Modern Wizard of the Laboratory: The Story of an American Small Boy Who Became the Most Daring and Original Experimental Physicist of Our Day - but Never Grew Up, 1st edn. San Diego, CA: Harcourt, Brace and Company, 1941.

Margot J, Deveze P. Aspect de quelques dermatoes en lumiere ultra-paraviolette. Bull Soc Sci Med et Biol de Montpellier 1925, 6:375-8.

Crowther, JM. Understanding sunscreen SPF performance using

cross-polarized UVA reflectance photography. Int J Cosmet Sci. 2018, 40(2):127-33. doi: 10.111l/ics.12443.

Dykstra JL. Avoiding reactance: the utility of ultraviolet photography, persuasion, and parental protectiveness in improving the effectiveness of a UV exposure intervention. PhD thesis, Iowa State University, 2007.

Welch M, Chang P, Taylor MF. Photoaging photography: Mothers' attitudes toward adopting skin-protective measures pre- and post-viewing photoaged images of their and their child's facial sun damage. SAGE Open. 2016:Oct-Dec;1-11. https://doi.org/10.1177/2158244016672906

Draelos ZD, Klein G, BianconeG. A novel ultraviolet photography technique for assessing photodamage. J Cosmet Dermatol. 2008, 7(3):205-9. doi: 10.1111/j.1473-2165.2008.00390.x.

Prutchi D. Exploring ultraviolet photography. Buffalo, NY: Amherst Media, Inc.; 2017. p. 108.

Ruvolo Jr E, Kollias N, Cole C. New noninvasive approach assessing in vivo sun protection factor (SPF) using diffuse reflectance spectroscopy (DRS) and in vitro transmission. Photodermatol Photoimmunol Photomed. 2014, 30:202-11. doi:10.1111/phpp.12105.

https://www.who.int/news-room/q-a-detail/ultraviolet-(uv)-radiation-and-skin-cancer, accessed on 23rd February 2021.

Petersen B, Wulf HC. Application of sunscreen-theory and reality. Photodermatol Photoimmunol Photomed. 2014, 30 (2-3):96-101. doi: 10.1111/phpp.12099.

Haque T, Crowther JM, Lane ME, et al. Chemical ultraviolet absorbers topically applied in a skin barrier mimetic formulation remain in the outer stratum corneum of porcine skin. Int J Pharm. 2016, 510(1);250-4. doi:10.1016/j.ijpharm.2016.06.041.

Wulf HC, Stender I, Lock-Andersen J. Sunscreen used at the beach does not protect against erythema: a new definition of the SPF is proposed. Photodermatol Photoimmunol Photomed. 1997, 13: 129-32.

Azurdia RM, Pagliaro JA, Diffey BL, et al. Sunscreen application by photosensitive patients is inadequate for protection. Br J Dermatol. 1999, 140:255-8.

Stokes R, Diffey B. How well are sunscreen users protected? Photodermatol Photoimmunol Photomed. 1997, 13:186-8.

Jovanovic Z, Schornstein T, Sutor A, et al. Conventional sunscreen application does not lead to sufficient body coverage. Int J Cosmet Sci. 2017, 39(5):550-5. doi: 10.111l/ics.12413.

Pratt H, Hassanin K, Troughton LD, et al. UV imaging reveals facial areas that are prone to skin cancer are disproportionately missed during sunscreen application.

PLoS One. 2017, 12(10):e0185297. doi: 10.1371/journal.pone.0185297.

Stenbery C, Larkö O. Sunscreen application and its importance for the Sun Protection Factor. Factor Arch Dermatol. 1985, 121:1400-2.

Kim SM, Oh BH, Lee YW, et al. The relation between the amount of sunscreen applied and the sun protection factor in Asian skin. J Am Acad Dermatol. 2010, 62(2):218-22. doi: 10.1016/j.jaad.2009.06.047.

https://www.nivea.co.uk/highlights/uv-sun-camera, accessed on 23 February 2021.

Lake A, Jones B. Dermoscopy: to cross-polarize, or not to cross-polarize, that is the question. J Vis Commun Med. 2015, 38(1-2): 36-50. https://doi.org/10.3109/17453054.2015.1046371.

Marcum KK, Goldman ND, Sandoval LF. Comparison of photographic methods. J Drug Dermatol. 2015, 14(2): 134-139.

Crowther JM. Cross polarised UVA photography for the imaging of sunscreens. ISBS Conference San Diego 2018.

Nishino K, Haryu Y, Kinoshita A, et al. Development of the multispectral UV polarization reflectance imaging system (MUPRIS) for in situ monitoring of the UV protection efficacy of sunscreen on human skin. Skin Res Technol. 2019, 25(5):639-52. doi: 10.1111/srt.12697.

Pissavini M, Diffey B, Marguerie S, et al. Predicting the efficacy of sunscreens in vivo veritas. Int J Cosmet Sci. 2012, 34:44-8. doi:10.1111/j.1468-2494.2011.00679.x.

Crowther JM. UV reflectance photography of skin: what are you imaging? Int J Cosmet Sci. 2020, 42(2):136-45. doi: 10.1111/ics.12591.

Crowther JM. Understanding colour reproduction in multispectral imaging: measuring camera sensor response in the ultraviolet, visible and infrared, Imaging Sci J. 2019, 67(5): 268-76. https://doi.org/10.1080/13682199.2019.1638664.

Crowther JM. Calibrating UVA reflectance photographs - standardisation using a low cost method. J Vis Commun Med. 2018, 41(3):109-17. https://doi.org/10.1080/17453054.2018.1476819.

Fellner MJ, Chen AS, Mont M, et al. Patterns and intensity of autofluorescence and its relation to melanin in human epidermis and hair. Int J Dermatol. 1979, 18(9):722-30. doi: 10.1111/j.1365-4362.1979.tb05009.x.

Piérard-Franchimont C, Piérard GE. Beyond a glimpse at seasonal dry skin: a review. Exog Dermatol. 2002, 1:3-6. https://doi.org/10.1159/000047984.

Kim JH, Kim BY, Choi JW, et al. The objective evaluation of the severity of psoriatic scales with desquamation collecting tapes and image analysis. Skin Res Technol. 2012, 18:143-50. doi: 10.1111/j.1600-0846.2011.00545.x.

Pierard GE, Hermanns-Lé T, Piérard SL, et al. *In vivo* skin fluorescence imaging in young Caucasian adults with early malignant melanomas. Clin Cosmet Inv Dermatol. 2014, 7: 225-30. http://dx.doi.org/10.2147/CCID.S66929.

Piérard GE, Khazaka D, Khazaka G. Sunscreen remanence on the skin: a noninvasive real time *in vivo* spectral analysis assessing the quenching of specular ultraviolet A light reflectance. J Cosmet Dermatol. 2016, 5:3-9. doi:10.1111/joed.12169.

Crowther J. UV imaging uncovers skin protection, skin dryness and microbiome. Cosmetics Toiletries. 2019, 134(8):32-45.

Crowther JM, Davies A, Beyond the Visible: UV, IR and Fluorescence Imaging of the Skin. In: Pasquali P, ed, Photography in Clinical Medicine. Springer: Cham; 2020: 497-514. https://doi.org/10.1007/978-3-030-24544- 3_29.

Stettler H, Crowther J, Boxshall A, et al. Biophysical and Subject-Based Assessment of the Effects of Topical Moisturizer Usage on Xerotic Skin-Part Ⅱ: Visioscan® VC 20plus Imaging. Cosmetics. 2022, 9(1):5. https://doi.org/10.3390/cosmetics9010005

Borelli C, Merk K, Schaller M, et al. *In vivo* porphyrin production by *P. acnes* in untreated acne patients and its modulation by acne treatment. Acta Derm Venereol. 2006, 86(4): 316-9. doi: 10.2340/00015555-0088.

Patwardhan SV, Richter C, Vogt A, et al. Measuring acne using Coproporphyrin Ⅲ, Protoporphyrin Ⅸ, and lesion-specific inflammation: an exploratory study. Arch Dermatol Res. 2017, 309(3):159-67. doi: 10.1007/S00403-017-1718-3.

König K, Meyer H, Schneckenburger H, et al. The study of endogenous porphyrins in human skin and their potential for photodynamic therapy by laser induced fluorescence spectroscopy. Lasers Med Sci. 1993, 8:127-32.

Youn SW, Kim JH, Lee JE, et al. The facial red fluorescence of ultraviolet photography: is this color due to *Propionibacterium acnes* or the unknown content of secreted sebum? Skin Res Technol. 2009, 15(2):230-6. doi: 10.1111/j.1600-0846.2009.00360.x.

Williams MR, Gallo RL. The role of the skin microbiome in atopic dermatitis. Curr Allergy Asthma Rep. 2015, 15(11):65. doi: 10.1007/sl1882-015-0567-4.

Coughlin CC, Frieden IJ, Eichenfield LF. Clinical approaches to skin cleansing of the diaper area: practice and challenges. Pediatr Dermatol. 2014, 31(Suppl 1):1-4. doi: 10.1111/pde.12461.

Leffell DJ, Stetz ML, Milstone LM, et al. *In vivo* fluorescence of human skin: a potential marker of photoaging. Arch Dermatol 1988, 124:1514-8.

Kollias N, Gillies R, Moran M, et al. Endogenous skin fluorescence includes bands that may serve as quantitative markers of aging and photoaging. J Invest Dermatol. 1998, 111(5):776-80. doi: 10.1046/j.1523-1747.1998.00377.x.

Gamble RG, Asdigian NL, Aalborg J, et al. Sun damage in ultraviolet photographs correlates with phenotypic melanoma risk factors in 12-year-old children. J Am Acad Dermatol. 2012, 67(4):587-97. doi: 10.1016/j. jaad.2011.11.922.

Pokharel M, Christy KR, Jensen JD, et al. Do ultraviolet photos increase sun safe behavior expectations via fear? A randomized controlled trial in a sample of U.S. adults. J Behav Med. 2019, 42(3):401-22. doi: 10.1007/sl0865-018-9997-5.

Diffey BL, O'Connor C, Marlow I, et al. A theoretical and experimental study of the temporal reduction in UV protection provided by a facial day cream. Int J Cosmet Sci. 2018, 40(4):401-7. doi: 10.11ll /ics.12480.

Garcia JE, Dyer AG, Greentree AD, et al. Linearisation of RGB camera responses from quantitative image analysis of visible and UV photography: a comparison of two techniques. PLoS One. 2013, 8:e79534.

Pereira, LB. UV fluorescence photography of works of art: replacing the traditional UV cut filters with interference filters. Int J Conservation Sci. 2010, 1(3):161-6.

Chen J, Zhuo S, Luo T, et al. Spectral characteristics of autofluorescence and second harmonic generation from *ex vivo* human skin induced by femtosecond laser and visible lasers. Scanning. 2006, 28(6):319-26. doi: 10.1002/sca.4950280604.

Berezin MY, Achilefu S. Fluorescence lifetime measurements and biological imaging. Chem Rev. 2010, 110(5):2641-84. doi: 10.1021/cr900343z.

Williams RT, Bridges JW. Fluorescence of solutions: a review. J Clin Pathol. 1964, 17(4):371-94. doi: 10.1136/jcp.17.4.371.

https://aiccm.org.au/network-news/summary-ultra-violetfluorescent- materials-relevant-conservation/, accessed on February 23, 2021.

Revised guidelines for the use of flash guns emitting ultraviolet light for the photography of evidence - July 2001. PSDB, Crime Scene Investigation Sector, Sandridge, St Albans, AL4 9HQ.

Webb AR, Slaper H, Koepke P, et al. Know your standard: clarifying the CIE erythema action spectrum. Photochem Photobiol. 2011, 87(2):483-6. doi: 10.1111 /j.1751-1097.2010.00871.x.

第 16 章

皮肤摩擦学

介绍

摩擦学是研究摩擦的一门科学，主要探究表面间的摩擦性质和特性。人体的皮肤作为一个表面，也是摩擦学的研究对象之一。通过摩擦学的研究，可以了解皮肤的特征，并探讨这些特征随着年龄、健康状态和水分作用的变化而发生的变化。此外，摩擦学还可以追踪由外源性保湿剂和化学物质引起的变化。在人体皮肤的研究中，有两个摩擦学参数，分别是直接的摩擦系数和间接的电阻抗，通过无创性的方法可以对皮肤表面进行定量评价。

摩擦系数

在测量皮肤接触时，摩擦系数是通过沿切线移动一个表面来计算的。法向力（N）是两个表面之间的垂直力，摩擦力（F_f）则是两个表面之间相对运动的切向力。根据阿蒙顿定律（Amontons'law），摩擦系数（μ）被定义为摩擦力与法向力的比值：

$$\mu = F_f / N$$

摩擦系数分为两种形式：静态摩擦系数（μ_s）和动态摩擦系数（μ_d）。静态摩擦系数是指相对运动开始前所产生的摩擦，而动态摩擦系数则是指两种力相对运动时所存在的摩擦。虽然一些研究集中于静态摩擦系数，但大多数研究关注动态摩擦系数。

在经典的基于阿蒙顿定律的研究中，动态摩擦系数被认为保持不变，无论垂直力或相对运动的速度。然而，有研究评估了这一规律是否适用于人类皮肤。尽管Naylor认为阿蒙顿定律适用于皮肤，但其他研究则认为皮肤不符合该定律。例如，El-Shimi、Comaish和Bottoms推断，人类皮肤的黏弹性特性导致皮肤的非线性变形，从而降低正常负荷。此外，皮肤上的水合作用也会影响摩擦系数，使其随着速度的变化而改变。

总体而言，目前已设计出两种方法来测量皮肤表面的摩擦系数。一种方法是探头以线性方式在皮肤表面移动，另一种方法是旋转探头与皮肤表面接触。

因为摩擦测量取决于两个表面的相互作用，探头的形状、大小、材质和纹理都会对摩擦系数的测量产生影响。在表16.1中，列出了使用过的各种探测。在控制法向力和速度的情况下，可以获得更准确的结果。此外，还存在对法向力和速度进行反馈调节的重复弹簧或电动设备，可在测量期间进行更好的控制（表16.1）。

过去测量得到的摩擦系数值列于表16.2中。需要特别提到的是手指、手掌和足底的摩擦力测量，因为这些部位经常与其他表面接触。在这些部位测量静态摩擦系数可能更相关，因为常见的活动（如抓扶手、抓汽车方向盘或端杯）所涉及的静态摩擦系数比动态摩擦系数更多。已经有学者研究了手掌的动态摩擦系数，还有学者研究了手掌和手指的静态摩擦系数。

手足出汗增多和表皮嵴的存在导致的粗糙度增加可能会导致摩擦系数增加。

表 16.1 摩擦系数测量方法特点

作者	探头尺寸和形状	探头材质	试验装置运动	正常负荷维持
Asserin et al.	球	红宝石	线性	球体；静态重量
Comaish and Bottoms	环孔	聚四氟乙烯、尼龙、聚乙烯、羊毛	线性	静态重量
Cua et al.	圆盘	聚四氟乙烯	旋转	弹簧负载
Egawa et al.	正方形	钢琴丝	线性	计算机控制
El-Shimi	半球	不锈钢（粗糙），不锈钢（光滑）	旋转	静态重量
Elsner et al.	圆盘	聚四氟乙烯	旋转	弹簧负载
Highley et al.	圆盘	尼龙	旋转	弹簧负载
Johnson et al.	镜头	玻璃	线性的，往复	静态重量
Koudine et al.	半球镜头	玻璃	线性	静态重量；平衡杆
Li et al.	平面表面	砂岩、板岩、花岗岩	线性	参与者提供
Naylor	球形	聚乙烯	线性往复	静态重量
O'Meara and Smith	圆柱形"扶手杆"	铬合金、不锈钢、粉末涂层钢、纹理铝、滚花钢	线性	参与者提供
Prall	圆盘	玻璃	旋转	弹簧负载
Sivamani et al.	球形	不锈钢	线性	计算机控制
Sivamani et al.	圆筒	铜	线性	计算机控制
Zhang and Mak	环孔	聚四氟乙烯	旋转	均衡弹簧

表 16.2 摩擦系数测量值　　　　　　　　　　　　　　　　　　续表

作者	μ
Asserin et al.	0.7
Comaish and Bottoms	0.2（聚四氟乙烯） 0.45（尼龙） 0.3（聚乙烯） 0.4（羊毛）
Cua et al.	0.34（额部） 0.26（前臂屈侧） 0.21（手掌） 0.12（腹部） 0.25（上背部）
El-Shimi	0.2 ~ 0.4（粗糙不锈钢） 0.3 ~ 0.6（光滑不锈钢）
Elsner et al.	0.48（前臂） 0.66（外阴）
Egawa et al.	0.2 ~ 0.3
Gerhardt et al.	干燥：0.41 ± 0.04（男性）和 0.42 ± 0.03（女性） 潮湿：0.56 ± 0.06（男性）和 0.66 ± 0.11（女性）
Gerhardt et al.	动态系数 0.13 ± 0.01-0.33 ± 0.01（骨盆和股区织物）

作者	μ
	静态系数 0.15 ± 0.02 和 0.38 ± 0.01（骨盆和股区织物）
Highley et al.	0.2 ~ 0.3
ohnson et al.	0.3 ~ 0.4
Koudine et al.	0.24（前臂伸侧） 0.64（前臂屈侧）
Li et al.	2.48 ~ 3.25（岩石类型） 3.00（搓粉末的手） 2.47（无粉末的手）
Naylor	0.5 ~ 0.6
O'Meara and Smith	1.44 ~ 1.91（手掌干握） 1.10 ~ 1.92（手掌湿握） 0.34 ~ 0.64（肥皂手握）
O'Meara and Smith	0.78 ~ 1.39（干手掌 – 无握） 0.90 ~ 1.09（湿手掌 – 无握） 0.14 ~ 0.34（肥皂手掌 – 无握）
Prall	0.4
Sivamani et al.	0.33 ~ −0.55
Sivamani et al.	0.45 ~ −0.65
Zhang and Mak	0.40 ~ 0.62（解剖部位） 0.37 ~ 0.61（探头材质）

摩擦学测量的影响因素

正常负荷

Wolfram的理论分析指出，皮肤的动态摩擦力应与正常负荷相关，如：

$$\mu \propto N-(1/3)$$

N代表施加于皮肤的正常负荷。Koudine等在实验中发现了这种依赖性：

$$\mu \propto N-0.28$$

Sivamani等的分析也证实：

$$\mu \propto N-0.32$$

探头

皮肤摩擦系数的大小受探头材质和几何形状的影响。已有多项研究对探头的作用进行了评价，其中包括El-Shimi的探头粗糙度研究，Comaish和Bottoms的探头粗糙度和材质研究，Zhang和Mak的探头材质研究，Li等对不同岩石表面在静态摩擦系数条件下的研究，以及O'meara和Smith对各种材质扶手的静态摩擦系数条件的研究。

研究表明，更光滑的探头会导致更高的摩擦系数测量结果。这一结果已经在多种探头材质和设计中得到证明，包括不锈钢探头、片层尼龙探头和针织尼龙探头。相对于粗糙的探头，光滑的探头能够与皮肤形成更多的接触点，使得皮肤接触面积更大，从而产生更高的摩擦系数值。

Zhang和Mak测试了多种不同的探头材质，发现硅酮探头产生了最高的摩擦测量值。研究认为，与其他类似材质相比，具有更高黏附力的硅酮等探头材质将具有更高的摩擦系数。Li等发现，砂岩产生的静态摩擦系数高于花岗岩和板岩。此外，光滑表面对于干燥或潮湿（不含肥皂）的手掌皮肤产生更高的摩擦系数，而纹理表面（如滚花钢或纹理铝）则对含肥皂的手掌皮肤产生更高的摩擦系数。

湿度

皮肤的局部湿度是一个多维现象，受多种因素的影响，包括年龄、解剖部位、环境湿度和化学物质的暴露。水合研究表明，摩擦系数的变化会导致皮肤水合的增加或减少。研究结果表明，皮肤摩擦系数的减少会导致干燥的皮肤，而水合的皮肤则会增加摩擦系数。这种现象是由角质层的塑化和软化所导致的。然而，皮肤的反应更为复杂，因为在非常潮湿的皮肤中，观察到的摩擦系数却较低。目前，大多数研究都集中在一个水合区域，即皮肤被湿润，但皮肤表面缺乏"润滑"的水层。这种增加的摩擦系数只会持续数分钟，之后皮肤便会恢复至"正常"状态。

解剖部位、年龄、性别和种族

不同的性别和种族之间在摩擦系数上存在一定的差异，其中有一项研究发现女性因潮湿引起的摩擦系数增加比男性更高。此外，关于摩擦系数与年龄的关系一直存在争议，这可能取决于比较的解剖部位。

不同解剖部位的皮肤粗糙度有显著差异，因此摩擦系数也会因解剖部位而异。在研究皮肤粗糙度时，Manuskiatti等发现了这个规律。例如，Zhang和Mak发现腿部的摩擦系数为0.40，而手掌的摩擦系数为0.62。此外，Cua等发现腹部的摩擦系数为0.12，而额部的摩擦系数为0.34，他们推测这可能是因为不同部位皮肤的皮脂和水合水平不同。Eisner等测量的外阴摩擦系数为0.66，而前臂摩擦系数为0.48。环境影响（如日晒）和水合作用的差异可能是导致这种现象的原因。另外，Sivamani等发现，前臂近端的水合程度更高，因此比前臂远端有更高的摩擦系数。当肘关节屈曲时，前臂近端往往被手臂遮盖，这可能导致前臂近端屈侧比远端少流失水分并增加水合作用的情况。

就年龄而言，随着日积月累的日光照射，

胶原蛋白会增加交联，可能会改变皮肤的摩擦系数。据Cua等研究表明，包括暴露于日光的部位，身体各个部位没有明显的年龄相关变化。然而，Eisner等发现年轻受试者前臂屈侧的摩擦系数更高，但外阴摩擦系数无差异。他们认为受光保护的外阴皮肤不会发生光老化，也不会导致摩擦系数的变化。然而，Sivamani等和Egawa等则发现前臂屈侧不随年龄变化，这可能反映出不同研究群体的日光暴露情况以及测量灵敏度和方法的差异。

此外，触觉辨别力下降并非导致皮肤摩擦学变化的主要原因。Skedung等的研究发现，老年受试者的精细纹理辨别力显著降低，手指的摩擦系数、水分和弹性也显著降低。这表明皮肤摩擦学和触觉辨别力降低可能有关系。然而，尽管皮肤状态可能归因于指垫上较高密度的体感受器，但仍有一部分老年人保持触觉辨别力。因此，不能排除皮肤摩擦学对触觉辨别的影响，但它不是影响触觉辨别的主要因素。

性别和民族对于摩擦的影响一直备受关注。根据Cua等和Sivamani等的研究，两性之间的摩擦差异并不显著。但是，另一项研究发现在湿度的作用下，摩擦系数的增加存在维度上的差异，尽管这种差异的机制和原因尚不清楚。Manuskiatti等研究发现，黑白皮肤的粗糙度和鳞屑无差异，而Sivamani等则发现白种人、非裔美国人、亚裔和西班牙裔/拉丁裔的受试者间的摩擦系数也无差异，这些个体对治疗反应也无差异。总体而言，种族似乎不会影响摩擦系数。在存在水分的情况下可能存在性别差异，但需要进一步的研究来确定这种差异的机制和原因。

润肤剂

化妆品和润滑剂行业的热点问题在于如何应用局部化学物质以影响皮肤表面特性。以往的研究已经探讨了粉末的影响、油脂的作用、护肤霜/保湿霜的功效以及润肤剂使用后温度如何改变摩擦系数。

对皮肤表面特性的定性描述包括粗糙、油腻和湿润。以往的研究通过摩擦学测量来描述这些主观、定性的特性。Nacht等发现，感知到的油脂和摩擦系数之间存在线性相关性。Prall通过将摩擦系数、皮肤形貌和表面硬度纳入分析，发现皮肤平滑度具有定量相关性。Savary等的研究表明，涂抹凝胶和乳液至皮肤表面后，残留膜在数量和触觉摩擦特性方面显示出明显差异。Sivamani等描述了一种可区分不同润肤剂之间润滑性水平的幅度/平均测量参数。当这一标志物与电阻抗结合使用时，可以作为皮肤表面水合的指标，区分封闭剂和速效保湿剂。封闭剂（如凡士林）降低摩擦幅度/平均测量值，并增加电阻抗。另外，速效保湿剂（如甘油）增加幅度/平均摩擦并增加电阻抗。当这两个参数结合使用时，可以对润滑剂、润肤剂和保湿剂进行比较评价。

在应用粉末后，摩擦系数降低。然而，需要注意的是，探头材质可能会影响是否能检测到应用粉末后的摩擦系数变化。另外，湿滑石粉会导致摩擦增加。Li等的研究还探讨了碳酸镁或"白垩"在静态摩擦系数状态下的作用，并发现应用"白垩"可以降低静态摩擦系数。这与攀岩时常用的增加摩擦力的"白垩"相矛盾。Li等指出，"白垩"可以在攀爬前用来擦干登山者的手掌，但建议在实际攀爬前擦掉所有残留的白垩。还有其他研究表明，微粒会增加摩擦系数，但这些研究是在两个非皮肤表面进行的。考虑到传统上使用粉末来增加摩擦，例如攀岩时使用白垩，因此需要进一步研究和评价粉末、水分和粉末量的作用。

应用油类和油基润滑剂后，摩擦系数会降低。然而，人们发现，在最初降低摩擦之后，油脂最终会增加皮肤的摩擦系数。

随着使用润肤剂和面霜，皮肤摩擦系数会像水一样受到影响，并随之增加。但是，与水相比，面霜可以持续数小时，而水只能持续5~20 min。Hills等也研究了润肤剂，但他们主要探讨不同润肤剂之间的比较以及温度变化对摩擦系数的影响。与较高温度（45℃）下的润肤剂相比，大多数润肤剂在较低温度（18℃）下的摩擦系数都有所增加。

在接触润肤剂/保湿剂后，皮肤摩擦力通常会有3种方式的改变：

1.摩擦系数会迅速增加，然后逐渐降低。这些制剂会通过某些水性方式促进皮肤水合，从而导致摩擦力的即刻增加。

2.摩擦系数最初会减小，然后整体增加。这些制剂比较油腻，可以迅速降低摩擦系数。摩擦系数的最终增加可能是由于封闭效应的作用，阻止皮肤水分的流失，从而增加皮肤的水合作用。

3.摩擦系数会立即略微增加，然后持续增加。这些制剂通过前两种情况中的多种机制发挥作用。这些润滑剂/润肤霜的成分和制剂不仅可以通过水的机制保湿，还可以通过封闭效应防止水分流失。

肥皂

根据O'Meara和Smith的研究结果，手掌表面涂抹肥皂水后，其摩擦系数相对于干燥的手掌静态摩擦系数可降低2~9倍。此外，研究发现相较于光滑表面（例如铬），纹理表面（例如滚花钢）更易产生含肥皂皮肤的摩擦，因此适合作为淋浴区域扶手的材质应该具备纹理表面。

结论

摩擦系数是一个能够定量评价皮肤特性的摩擦学参数。该参数可以用于研究皮肤在不同解剖部位、不同临床条件、不同环境和化学暴露下的差异。测试设备的设计对于皮肤摩擦学的研究非常关键。皮肤摩擦学涉及多个重要领域，包括服装、润肤霜、润滑剂和抗衰老产品的设计。

原文参考文献

Sivamani RK, Goodman J, Gitis NV, Maibach HI (2003). Coefficient of friction: Tribological studies in man—An overview. Skin Res Technol 9: 227-234.

Naylor PFD (1955). The skin surface and friction. Br J Dermatol 67: 239-248.

Comaish S, Bottoms E (1971). The skin and friction: Deviations from Amonton's laws, and the effects of hydration and lubrication. Br J Dermatol 84: 37-43.

El-Shimi AF (1977). *In vivo* skin friction measurements. J Soc Cosmet Chem 28: 37-51.

Koudine AA, Barquins M, Anthoine P, Auberst L, Leveque J-L (2000). Frictional properties of skin: Proposal of a new approach. Int J Cosmet Sci 22: 11-20.

Sivamani RK, Goodman J, Gitis NV, Maibach HI (2003). Friction coefficient of skin in real-time. Skin Res Technol 9: 235-239.

Derler S, Gerhardt LC (2011). Tribology of skin: Review and analysis of experimental results for the friction coefficient of human skin. Tribol Lett 1: 1-27.

Highley DR. Coomey M. DenBeste M, Wolfram LJ (1977). Frictional properties of skin. J Invest Dermatol 69: 303-305.

Comaish JS, Harborow PR, Hofman DA (1973). A hand-held friction meter. Br J Dermatol 89: 33-35.

Cua AB, Wilhelm KP, Maibach HI (1990). Frictional properties of human skin: Relation to age, sex and anatomical region, stratum corneum hydration and transepidermal water loss. Br J Dermatol 123: 473-479.

Zhang M, Mak AF (1999). *In vivo* friction properties of human skin. Prosthet Orthot Int 23: 135-141.

Li F-X, Margetts S, Fowler I (2001). Use of "chalk" in rock climbing: Sine qua non or myth? J Sports Sci 19: 427-432.

O'Meara DM, Smith RM (2002). Functional handgrip test to determine the coefficient of static friction at the hand/handle interface. Ergonomics 45: 717-731.

O'Meara DM, Smith RM (2001). Static friction properties between human palmar skin and five grabrail materials. Ergonomics 44: 973-988.

Asserin J, Zahouani H, Humbert P, Couturaud V, Mougin D (2000). Measurement of the friction coefficient of the human skin *in vivo*. Quantification of the cutaneous smoothness. Coll Surf B: Biointerface 19: 1-12.

Egawa M. Oguri M, Hirao T, Takahashi M, Miyakawa M (2002). The evaluation of skin friction using a frictional feel analyzer. Skin Res Technol 8: 41-51.

Eisner P, Wilhelm D, Maibach HI (1990). Frictional properties of human forearm and vulvar skin: Influence of age and correlation with transepidermal water loss and capacitance. Dermatologica 181: 88-91.

Johnson SA, Gorman DM, Adams MJ, Briscoe BJ (1993). The friction and lubrication of human stratum corneum, thin films in tribology. Proceedings of the 19th Leeds-Lyon Symposium on Tribology, 663-672.

Prall JK (1973). Instrumental evaluation of the effects of cosmetic products on skin surfaces with particular reference to smoothness. J Soc Cosmet Chem 24: 693-707.

Sivamani RK, Wu GC, Gitis NV, Maibach HI (2003). Tribological testing of skin products: Gender, age, and ethnicity on the forearm. Skin Res Technol 9: 299-305.

Gerhardt LC, Strassle V, Lenz A, Spencer ND, Derler S (2008). Influence of epidermal hydration on the friction of human skin against textiles. J R Soc Interface 5: 1317-1328.

Wolfram LJ (1983). Friction of skin. J Soc Cosmet Chem 34: 465-476.

Cua AB, Wilhelm KP, Maibach HI (1995). Skin surface lipid and skin friction: Relation to age, sex and anatomical region. Skin Pharmacol 8: 246-251.

Loden M, Olsson H, Axell T, Linde YW (1992). Friction, capacitance and transepidermal water loss (TEWL) in dry atopic and normal skin. Br J Dermatol 126: 137-141.

Nacht S, Close J, Yeung D, Gans EH (1981). Skin friction coefficient: Changes induced by skin hydration and emollient application and correlation with perceived skin feel. J Soc Cosmet Chem 32: 55-65.

Buchholz B, Frederick LJ, Armstrong TJ (1988). An investigation of human palmar skin friction and the effects of materials, pinch force and moisture. Ergonomics 31: 317-325.

Dowson D (1997). Tribology and the skin surface. Bioengineering of the Skin: Skin Surface Imaging and Analysis, Wilhelm K-P, Eisner P, Berardesca E, Maibach H, editors. Boca Raton, FL: CRC Press, pp.159-179.

Gaikwad RM, Vasilyev SI, Datta S, Sokolov I (2010). Atomic force microscopy characterization of corneocytes: Effect of moisturizer on their topology, rigidity, and friction. Skin Res Technol 16: 275-282.

Denda M (2000). Experimentally induced dry skin. Dry Skin and Moisturizers: Chemistry and Function, Loden M, Maibach H, editors. Boca Raton, FL: CRC Press, pp.147-153.

Manuskiatti W, Schwindt DA, Maibach HI (1998). Influence of age, anatomic site and race on skin roughness and scaliness. Dermatology 196: 401-407.

Hills RJ, Unsworth A, Ive FA (1994). A comparative study of the frictional properties of emollient bath additives using porcine skin. Br J Dermatol 130: 37-41.

Wolfram LJ (1989). Cutaneous Investigation in Health and Disease: Noninvasive Methods and Instrumentation, Leveque J-L, editor. New York, NY: Marcel Dekker, Inc.

Timm K, Myant C, Spikes HA, Schneider M, Ladnorg T, et al. (2011). Cosmetic powder suspensions in compliant, fingerprintlike contacts. Biointerphases 6: 126.

Klaassen M, Vries EG, Masen MA (2020). Interpersonal differences in the friction response of skin relate to FTIR measures for skin lipids and hydration. Colloids Surf B Biointerfaces 189: 110883.

Adams MJ, Briscoe BJ, Johnson SA (2007). Friction and lubrication of human skin. Tribol Lett 26: 239-253.

Savary G, et al. (2019). Instrumental and sensory methodologies to characterize the residual film of topical products applied to skin. Skin Res Technol 25: 415-423.

Skedung L, et al. (2018). Mechanisms of tactile sensory deterioration amongst the elderly. Sci Rep 8: 5303.

Kovalev A, et al. (2014). Surface topography and contact mechanics of dry and wet human skin. Beilstein J Nanotechnol 5: 1341-1348.

Gerhardt L, et al. (2008). Study of skin-fabric interactions of relevance to decubitus friction and contact pressure measurements. Skin Res Technol 14: 1.

第17章

化妆品膜的形成和性能

介绍

头发、皮肤和指甲的表面是美容治疗的重点，为此一些产品被专门设计成一层薄膜或涂层。然而，基板的复杂性（就纹理和形貌而言）使得成膜成分的均匀性和黏附性面临挑战。当使用局部个人护理产品处理化妆品基板时，主要目标之一是修饰该表面，以保护它、产生特定的新功能效果或改善其整体外观。通常，这是通过精心选择的成分（通常是聚合物）在溶剂蒸发后或其他情况下，黏性配方扩散后形成一定厚度的薄膜来实现。

薄膜涂层修饰的一些性能包括：保护皮肤屏障、防止紫外线、改善光学性能（光泽、肤色）、掩盖缺陷、防止脱水、改善舒适度和触觉体验（柔软性、舒适性）等。皮肤（或头发）表面形成薄膜可受到绘画或纺织等其他行业技术的启发。然而，许多应用方法缺乏足够的生物相容性，基于石油为基础的化学物质含有非化妆品溶剂，或者不易融入化妆品基质。此外，化妆品要求成分不渗透皮肤过深，并保持在相对表层，以避免不良影响。薄膜必须与角质层表面相互作用并黏附，以防止其脱落并产生持久的美容效果。如果薄膜的附着力过强或不可逆，消费者可能难以在必要时去除（类似某些美甲情况）。因此，黏附和去除薄膜是在开发化妆品成膜配方时需要解决的一个特殊问题。

皮肤和头发是柔软、有弹性和动态的表面。为了支持基底的连续运动，薄膜必须具备足够的机械阻力和柔韧性。减少膜的磨损不仅需要考虑并减少外部侵蚀，还需要确保薄膜的弹性和顺应性得到优化。

化妆品薄膜中也可能含有功效性成分。在这种情况下，它作为载体允许缓慢释放特定的活性物质。典型的例子是贴片或面膜。

化妆品中使用不同形态和厚度的薄膜有极大的可变性。本章的目的是强调基于美容治疗时调整薄膜厚度的重要性。以洗发水和护发素为例，薄膜厚度通常在纳米范围内，过厚的薄膜会对这种特定应用产生负面影响。负面的粗化效应不仅会影响其性能方面的润滑特性，而且还会对舒适性和触感产生不良影响。

本章中提供了一些需要考虑的参数示例，以研究化妆品薄膜所提供的特性。更好地理解薄膜的物理化学性能（如强度、阻力等），对于设计新的生态友好型配方（基于天然、生物源或生物可降解成分）至关重要。这些配方能够满足不同化妆品应用所需的性能。本书旨在提供一个可实际操作的简明章节，帮助读者基于当前工业经验技术的成膜配方，尝试了解或优化皮肤和头发的特性时，提出正确的问题并找到正确的参考。

成膜在毛发护理中的应用

毛发表面特征

表面化学和化学亲和力

当产品在天然纤维表面，如毛发，形成薄膜时，必须考虑表面的面积、形状、微结构和化学特性等方面的特征。本书将向读者介绍有关处理毛发整体或其他天然纤维（如羊毛）结构和特性的相关出版物。本章的主要目的是集中讨论与成膜接触的最外层（角质层）的极性表面。换言之，构成表皮最外层的角质层的不同子（亚）层，也在本章讨论之内（见图17.1）。

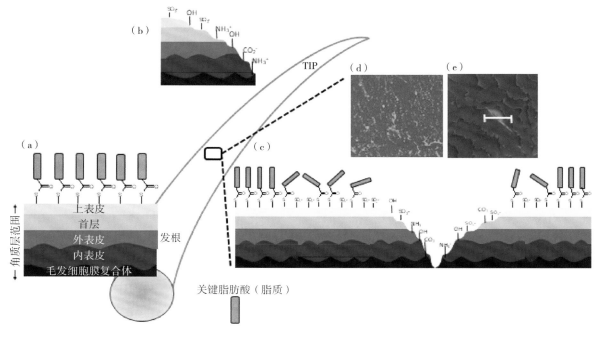

图 17.1　毛发表面的广义模型

18-MEA 共价连接至上表皮（a）。这些脂质在靠近尖端的区域被去除（b）。当毛发表面出现缺陷时，其他内层可能会暴露于外部环境中（c），因此蛋白质组成不同，影响护发膜黏附的性质。代表性的 AFM 图像显示脂质的不均匀再分配（d），扫描电子显微镜显示裂纹（e）

重要考虑方面之一是成膜处理的对象，即数量庞大（约100 000个）且直径为50～100 μm的圆柱形纤维。这意味着待涂层的重要等效表面积约为8 m²。此外，毛发表面也不是平坦的。存在屋顶状的倾斜尺度结构和约0.5 μm的角质层台阶，意味着有不对称的地形剖面。这些特征有助于认识到，如果我们期望沉积连续且无缺陷的薄膜，或者如果该薄膜必须用水冲洗或者如果它的尺寸是纳米级别，那么将面临更大的挑战。例如，比较在光滑的合成纤维上沉积的成膜效果时，会发现特殊的差异。

从化学结构上来看，头发最外层的角质层是导致薄膜与头发黏附的主要因素。有多种技术被用来研究毛发表面的化学成分。例如，X射线光电子显微镜（X-ray photoelectron microscopy，XPS）通过将毛发暴露于单色X射线源并分析发射的电子来探测毛发的表面；此外，飞行时间二次离子质谱（time-of-flight secondary ion mass spectroscopy，ToF-SIMS）分析用离子束溅射表面后发射的碎片。基于这些技术和其他技术的检测，人们普遍认为毛发的经典模型表面由共价连接的脂质（约3 nm深度）和下面的蛋白质层（角蛋白家族）组成。最丰富的脂质是1-甲基二十烷酸（18-MEA），这是一个21碳结构，负责头发的疏水性质。蛋白质的高硫含量（约9%）表明其下方有一层高度交联的半胱氨酸残基。

化学结构并非静态，毛发结构暴露于环境会导致从发根到发梢18-MEA的数量减少，从而降低其疏水性。此外，毛发通常会受到光或化学成分的氧化，产生磺酸基（SO_x）的存在。其他功能则以羟基、氨基和羧酸盐的形式存在，具体数量可参见表17.1。

表 17.1　基于所提供的 XPS 数据确定毛发表面化学基团的浓度

化学结合基团	微摩尔 /（G）	
	天然的白种人毛发	漂白的白种人毛发
C—C	3.80	3.50
C—OH	0.54	0.54
C—NH₂	0.19	0.10
S—S	0.28	0.07
SOₓ	0.07	2.17
SO₃H	0.00	0.48
O—C=O	0.29	0.29

资料来源：改编自参考文献

毛发表面的可变性也导致其被认为是一个异质的2D纹理表面。基于原子力显微镜（Atomic Force Microscopy，AFM）的研究，可以成像表面不同的亲水和疏水区，或用特定化学基团识别特定区域。某些情况下，还可以量化化学基团的密度（例如评估磺酸基团的密度为600 μg/m²）或表面能量（也可通过润湿实验获得）。其他研究则探讨表面静电电荷的异质性。在中性pH条件下，毛发已知带有负电荷，但这些研究显示这种电荷的再分布存在差异。通常情况下，在角质层鳞片边缘、化学损伤区域或毛发表面，电位和电荷会增加。

在毛发护理产品中，聚阳离子聚合物薄膜会优先吸附在亲水阴离子区域，从而减小这些区域的大小，并恢复更自然的特性。

润湿性

从更宏观的角度来看，毛发的润湿性是由其表面化学性质决定的。通常来说，润湿性是指水作为化妆品成分输送至头发表面的主要载体与之相互作用的能力。我们所熟知的大部分润湿性研究都是基于纺织工业中的经典方法。通过Wilhelmy平衡法测量弯月面形成的接触角度（contact angle，CA），以及在液-气界面浸泡和分离过程中施加在单个纤维上的力，是目前最常用的确定润湿性的方法。毛发的类型和化学处理方式会影响其润湿性。例如，化学损伤的毛发更加亲水，其接触角度更低，因此表现出比天然毛发更高的润湿性。但是，使用护发素后形成的聚合物膜则具有相反的效果。需要注意的是，良好的润湿性对于薄膜在头发上充分沉积、黏附牢固且持久性强非常重要。

毛发成膜的机制与物理特性

洗发水的作用不仅是清洁多余的油脂、皮脂和污垢，还要保证毛发不缠结、易于打理。但如果没有调理剂的薄膜聚合物存在，洗发后头发会表现出表面损伤，包括去除18-MEA层及本质上部分亲水/电离的表面。这时，水中的电离效应会让头发的纤维带上负电荷，更容易吸附带正电荷的物质形成薄膜，从而加剧损伤。为了解决这个问题，洗发水和护发素中都需要加入护发成分。但难点在于，这些成分需要能够保持在头发表面，即使在去除多余的清洁配方后也不会被清洗掉。目前常用的洗发调理成分包括阳离子表面活性剂、亲脂调理剂（例如油脂、脂肪醇和天然蜡）以及阳离子聚电解质和硅酮。其中，阳离子聚电解质和硅酮是应用最广泛的调理剂。与其他成分相比，它们能够吸附并停留在头发表面，即使在配方中的浓度相对较低（通常在0.1%～1.0%）。最后，由于社会和生态环境的变化，人们正致力于制定更加生态可持续的洗发配方。这也是开发新成分和配方技术的机会。

毛发表面聚合物膜的形成是一个复杂的过程，具体过程如图17.2所示。阳离子聚合物通常与阴离子表面活性剂共存，形成可溶性复合物（凝聚物）或沉淀，具体形式取决于其浓度。此外，还有其他因素影响这种沉积，如胶束大小、聚合物浓度和电荷以及溶液离子强度等。

至于富含聚合物的相吸附于毛发表面的机制，则尚不完全清楚。不过，聚集的净正电荷会产生静电吸引作用，从而促进其与带负电荷的毛发表面结合。此外，由于大分子的结构影响沉积，因此还存在与其他成分的竞争。值得一提的是，不同原料的选择可能会导致显著差异，因此感兴趣的读者可参阅现有文献。

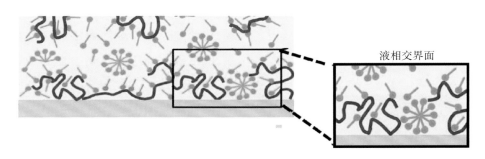

图17.2 带电荷的阳离子聚电解质（紫色）与阴离子表面活性剂（绿色）吸附至负性固体表面的过程

最后，目前配方的复杂性很高，通常需要经验方法提出稳定的解决方案，这些方案仍有优化空间，以产生表面上的良好消费者感知薄膜。加快该进程是一项重大挑战。工业研究领域正在数字化转型，要求在新配方的开发中使用数字化技术。最近，使用分子动力学（molecular dynamics，MD）的研究探讨了毛发表面的特异性，这与既往的研究有重要区别。尽管如此，仍需有一个共同的框架，将薄膜形成、成分和表面性能集成化。其中一个案例是自洽场（self-consistent field，SCF）数值方法，即使在不平衡的情况下也可与实验观测相联系。读者可参阅最近有关洗发水配方的综述，以获得更广阔的视野，了解这些数值方法的潜力。

洗发水、护发素和检测方法

洗发调理剂的可视化面临的首要挑战之一是在表面形成非常薄的薄膜。此外，如前所述，大分子构象或纳米级沉积物的结构也是关键因素之一，因为它们会影响润滑性能，尤其是纤维的润滑效果，而这是连接消费者感官体验的主要参数之一。许多体外方法都着眼于确定这些界面的性质，无论是在真实毛发（使用如AFM）上还是在其他模型表面上，从而拓宽了界面技术的适用范围。

AFM作为可视化工具的第一个应用是使用云母作为角蛋白模型表面（两者都带负电荷）。研究人员将云母表面浸泡在0.1%聚季铵-10溶液中，观察到完整的覆盖，这是扫描电子显微镜（SEM）难以检测到的。从那时起，AFM就成为了一种非常实用的工具，不仅可以可视化沉积物的存在与否，还可以利用机械传感力来表征纤维的摩擦和光滑特性。图17.3展示了毛发表面聚合物膜的一个典型案例，以及如何通过比较同一区域的连续扫描来检测膜结构的存在。

除了原子力显微镜外，还有许多其他方法可以基于模型表面沉积的配方成分来帮助确定毛发沉积膜的性质。本章将重点讨论石英晶体微天平（quartz crystal microbalance，QCM）和椭圆偏振的应用。同时使用这两种技术有利于确定沉积物的预期厚度以及水合水平。薄膜中存在的含水量对纤维润滑性有着重要的影响。

当然还有许多其他的方法可用于表征毛发护理膜的性质，其中一些通常用于表征如表17.2所列。如果读者对这些方法的实际应用更感兴趣，请参考所提供的参考资料。

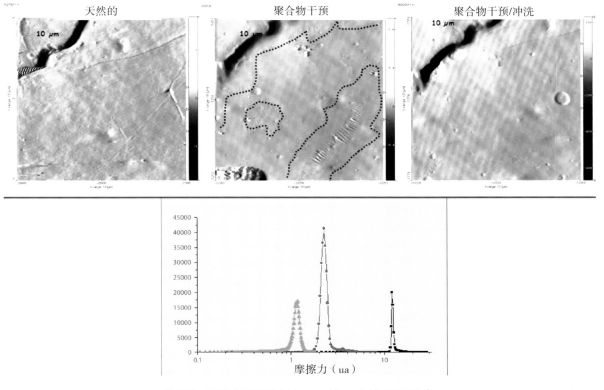

图 17.3　毛发表面形貌（10 μm × 10 pm）的 AFM 图像

其中原生毛发表示未经过处理，而聚合物干预是指在毛发上应用了经典单形配方的聚电解质溶液。最后的干预和冲洗过程使得毛发表面外观得到了明显改善。值得注意的是，毛发表面的细节被胶片所掩盖（虚线），而冲洗过程则让表面变得更加均匀。图的底部展示了摩擦力的分布情况（任意单位），其中黑色、红色和绿色分别代表未干预、聚合物干预和冲洗过程，这表明由于干预而导致了摩擦的减少。

表 17.2　研究护发成分薄膜性能的不同方法

方法	表面类型
电动电势	毛发 / 粉末 / 带电表面
DLS	N/A
张力测量学 / 接触角	玻璃 / 毛发 / 铂
石英晶体微天平	金 + 沉积物
表面测力仪	云母
针盘摩擦计	玻璃 / 毛发 / 模型表面（聚合物）
表面等离子体共振	带官能基的金
原子力显微镜	云母 / 二氧化硅 / 毛发

化妆品薄膜的性能评价通常使用真实毛发、发丝或假发进行测试，以筛选新分子或提出需求。这些测试的基础是与消费者的触觉、视觉和强烈的感官知觉相联系。例如，当考虑

润滑性时，一些测试将集中于头发本身或与化妆品、消费者的日常习惯、梳理方式。后者包括简单的概念，例如梳头、精梳或理顺。

单发测试的一个示例是Capstan方法［参见图17.4（a）］。在这种情况下，一根头发附着10 g重量，并被低速拉在覆盖纸的圆筒上，这种表面有助于获得可再现的信号并减少摩擦物的污染（转动情况下更新表面相对简单）。通过测量产生和维持运动所需的力，可得出毛发的摩擦系数。在"交叉圆柱体"方法中［见图17.4（b）］，滑块在头发上来回摩擦。通过控制法向力和速度，也可得到每个运动方

向的摩擦系数。低负荷（约0.2 mN）时主要用于表征薄膜，并可以通过增加循环次数来评价膜的保护性能。为模拟梳头动作，一个密切相关的测试（折曲）将头发摩擦结合弯曲，使其呈现相同的几何形状。最后，"样本对样本"滑动测试［图17.4（c）］测量夹在两根头发之间的样本所需的接触速度滑出力。这种测试对功效宣称具有较好的适应性，并且应用后与消费者的头发触感相关联。

在评估调节润滑剂效果以及测试抗断裂性能时，我们还需要考虑其他潜在的测试方法，这些测试试图模拟梳理或缠结等其他常见情况。然而，由于测试的多样性，很难做到全面覆盖。如果需要更详细的描述，可以参考其他文献。同时，测试方法也在不断发展，新的测试方法不断被研发，而有些测试则因消费趋势和配方复杂性而逐渐失去流行度。

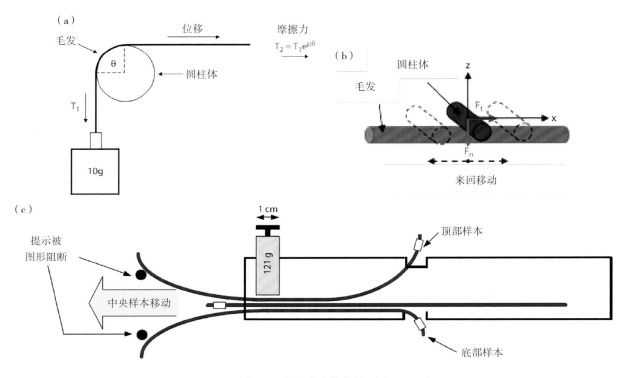

图17.4 评价方法的类型示例

（a）绞盘法；（b）交叉圆筒法；（c）试样滑动试验

发膜与消费者感知

最终，消费者在体内评价薄膜性能的动态变化。毛发表面的触觉对于洗发水和（或）相关护发素递送至头发的涂层膜效果是一个关键参数。毛发的类型（例如，直的或卷的、粗的或细的）决定了纤维是否共同方向或随机排列。毛发纤维在空间中的不同取向和护发素在毛发表面的覆盖是决定消费者对毛发感官感知的两个主要因素。

通常采用感官测试并使用初始面板进行盲法触觉评估（旨在模拟特定的消费者群体）。使用公认的方案可以将干预毛发或真实受试者的影响进行分类。在触觉评价维度，使用诸如光滑度、粗糙度、精细度和颗粒度等描述词，并通过类比标尺来表达，最终将分数相加并取平均值。主要工作是寻找这些描述词与体外测量值之间的相关性。例如，Galliano等最近在一系列类型的样本上测量这些描述词（见

图17.5），并得出毛发排列除护发素薄膜外对最

终消费者感知产品性能的重要性。

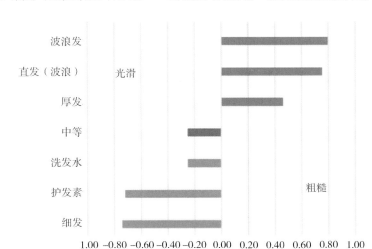

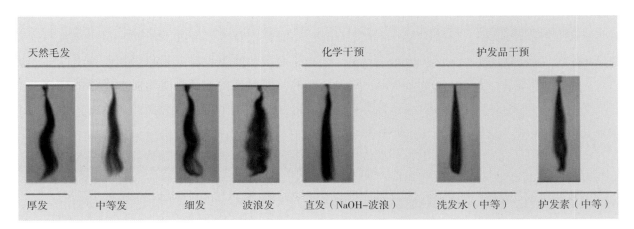

图 17.5　消费者对毛发样本（下）进行触觉感知后对描述词（上）进行评价

上述采用不同类型的毛发样本和干预方式

近年来，基于刺激检测的方法备受关注，特别是在心理物理学领域。这种技术提供了一种补充方法，依赖于客观测试，如是否可以检测到感知差异。总体而言，心理物理学方法被越来越广泛地应用于更详细地评价薄膜对化妆品基质的影响。这种方法可以提供定量数据，这些数据可以与单个物理量或其组合进行比较，并在理想情况下相互关联。

皮肤应用的薄膜形成

在彩妆应用方面（如长效口红、粉底和睫毛膏），这些产品在皮肤或睫毛上形成的膜层十分复杂。除了聚合物成膜剂外，化妆品组合物还包括彩色颜料、填充物、增稠剂和表面活性剂等多种成分。这些成分之间的相互作用会影响最终成膜后在皮肤上的附着性和柔韧性。此外，成膜的沉积物需要具备良好的颜色转移阻力和耐水性，避免在接触手指、服装、玻璃或杯子等物品时脱落。最终产品的持久性和不易脱落性也必须在潮湿和高温的条件下不受皮脂和汗液的影响。

考虑到人体皮肤基质的复杂性，消费者在使用过程中和使用后会感知到产品的粘性、干燥度、紧致感以及在皮肤上的可移除性。因

此，长效化妆品在人体皮肤上的附着性是化妆品行业面临的一大挑战。

皮肤上的膜黏附

皮肤基质

人体皮肤是一种生物结构复杂、活性强的基质。皮肤表层是角质层，由角质细胞（含角蛋白）构成，周围被脂质基质包围。角质层的结构复杂而独特，由神经酰胺、胆固醇和长链脂肪酸组成的角质层间脂质基质构成。其中一些脂质与角质层细胞共价结合，发挥皮肤的疏水性和屏障功能。

针对人类皮肤（如面部和唇部）的化学和物理特性已经有了深入的研究和详细的报道。对于长期使用的化妆品，皮肤类型（干性、油性和正常）、表面自由能（surface-free energy，SFE）、表面粗糙度（surface roughness，SR）和皮肤弹性是对薄膜与皮肤黏附有强烈影响的重要因素。此外，皮肤纹路、皮肤毛发、曲度、皮肤基质的运动、皮脂和汗液等其他因素也会影响产品在皮肤上的黏附性和持久性。这种结构的复杂性，使得化妆品膜的黏附性成为一个挑战。

成膜技术

长效化妆品可以采用无水或油包水（W/O）的乳液形式，具体形式取决于使用场景，可以是液态或固态。长期使用且不易脱落的口红或眼线笔通常是无水液体或固态棒，而长期使用且不易脱落的粉底多采用W/O乳液形式。这些长效产品通常含有至少一种成膜剂或树脂，例如丙烯酸硅酸硅酯或三甲基硅酸（MQ）树脂，这些硅基材料在化妆品产品中历史悠久，但预计不久将被天然成膜剂所取代。涂抹在皮肤上时，挥发性溶剂（如硅油、碳氢化合物油和水）会蒸发，这些成膜剂或与色素和其他成分相关的树脂会形成一层薄而柔软的膜层，很好地附着于皮肤基质，如唇部、面部和睫毛。

使用硅酮树脂或硅酮成膜剂，化妆品薄膜具有良好的耐油、耐水、耐汗和耐皮脂性。然而，最终薄膜的性能（如耐久性、黏附性和舒适度）取决于产品配方的组合。

化妆品和长效口红中使用硅酮化合物的历史已有研究综述。此外，含有这些硅酮树脂或硅酮成膜剂的长效口红或长效非转移型粉底在唇部或颊部的附着机制已经得到阐述。常用于皮肤成膜的材料归纳如表17.3所示，包括硅酮树脂、硅酮成膜剂、硅酮反应剂、水分散聚合物（乳胶）以及具有各种物理性能的油分散丙烯酸酯共聚物。在考虑长效化妆品的配方时，天然成膜剂并未被纳入考虑范围，因为它们的性能低于合成聚合物。然而，对于化妆品配方商而言，使用天然成膜剂仍然是一个巨大的挑战，因为这涉及最终成膜对水或油的敏感性，以及配方的稳定性和感官感知问题。

表 17.3　常用成膜技术和产品

成膜材料	性能	应用部位
Mq（三甲基硅烷氧基硅酸酯）	黏性、韧性、颗粒（Tg > 300℃）	唇部 / 面部 / 睫毛
硅酸盐	柔软或韧性（40℃ < Tg < 100℃）	唇部 / 面部 / 睫毛
聚丙基倍半硅氧烷（Tg < 25℃）	柔软	唇部 / 面部
反应性有机硅	柔软	额部和眼袋
水分散丙烯酸酯共聚物（乳胶）	柔软或韧性（-40℃ < Tg < 100℃）	睫毛 / 指甲
油分散丙烯酸酯共聚物	柔软或韧性（25℃ < Tg < 100℃）	唇部 / 面部 / 睫毛 / 眼袋

据报道，硅酮反应可以改善皮肤的交替力学特性（如紧致效果或收紧效果），并形成一层薄膜，以减少眼袋下垂和肿胀。这种薄膜具有类似于人体皮肤的机械特性，且非常透明，有可能被视为第二层皮肤。另外，一些研究表明，对于非反应性成膜剂，如硅酮树脂/成膜剂和高分子量聚合物，也显示出增强皮肤杨氏模量、减少皱纹和平滑皮肤或眼袋的有效性。

皮肤成膜

长效化妆品的配方含有成膜剂、挥发性溶剂、颜料、填充剂和其他添加剂。涂抹于皮肤（面部/唇部）后，溶剂逐渐挥发，固体浓度增加，导致皮肤出现黏腻感。当薄膜干燥时，黏滞性将被最小化或消失。若薄膜过厚，残留的溶剂会使膜变得更加柔软并延长其黏性，进而导致颜色的转移。一些薄膜含有高玻璃化相变温度（transition temperature，Tg），它们的蒸发速度较快，因此会收缩，产生内部应力，让消费者感受到皮肤的紧致效果。

彩妆产品的色素与皮肤表面的相互作用可以从聚合物膜成型剂/树脂和色素的角度来理解。依据成膜剂的类型、聚合物和颜料的浓度，沉积膜可以连续或离散。若想在皮肤表面形成一层有黏性的色素膜，该膜应覆盖总色素/填充物的表面以及皮肤表面。如果成膜前浓度不够高，那么膜的表面结构在运动下就会被破坏。色素与成膜前的比例对膜在皮肤表面的机械特性和性能的影响可以用半永久性睫毛膏中讨论的临界颜料体积浓度（critical pigment volume concentration，CPVC）原理来解释。

成膜性能的体外评价

评估长效产品的表面性能和成膜性能，可采用以下科学评价技术用于薄膜或产品，具体总结见表17.4。

CA测量是一种非常有用的技术，可用于表征表面特征，例如皮肤特征和薄膜或化妆品对皮肤表面的修饰。通过对薄膜基底上油、水或皮脂滴的CA测量，可以测试薄膜/产品在各种条件下的电阻，并提供关于这些液体在薄膜上的润湿、扩散和电阻的信息。例如，图17.6显示了人造皮脂滴在粉底膜上的润湿和铺展情况。薄膜基底皮脂CA的变化将表明薄膜的耐油水平。同样地，图17.7展示了通过CAs测量评价的含硅酮成膜剂口红产品的耐水和耐油性能。此外，

通过各种液体的CA测量，还可以确定化妆品薄膜或产品的SFE。

表 17.4　皮肤成膜的试验方法总结

试验方法	性能评价
接触角测量	皮脂、汗液和水在胶片上的润湿和扩散 薄膜对皮脂和水的抵抗力 沉积膜的表面自由能，皮肤上的残留膜
比色计（亮度［L*］，色度［a*］，色调［b*］）	染色膜暴露于皮脂或水前后的颜色转移
	摩擦后薄膜的耐磨性
胶带试验 / 剥离试验	薄膜在选定基材上的附着力
机械摩擦试验	薄膜的持久性 / 薄膜在各种条件下的磨损
拉伸试验 / 破碎试验	拉伸条件下薄膜的完整性和粘结性
激光冲击黏附试验	黏附强度是指薄膜从基材上的剥离程度
动态力学分析（DMA）	薄膜的杨氏模量、弹性模量和玻璃化转变温度（T）
Instron 拉伸试验	杨氏模量和弹性 / 持久性
差示扫描量热法（DSC）	薄膜的热性能：玻璃化转变温度（T）和熔融温度（T）
扫描电子显微镜（SEM）和透射电子显微镜（TEM）	薄膜在特定衬底上的沉积
原子力显微镜（AFM）	薄膜的纳米力学和纳米黏附性能
纹理分析器	干燥膜的黏性或黏性体外干燥应力

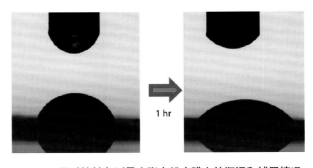

图 17.6　通过接触角测量皮脂在粉底膜上的润湿和铺展情况

为了测试产品与皮肤的黏附性，可以使用透明胶带直接在皮肤或生物皮肤等合成基材上进行剥离试验。这种试验的方法是将胶带压在干燥的产品表面上，然后对剥离后胶带上的颜

色/产品进行评价，或者使用Instron（拉伸强度试验机）来记录剥离力/黏合力。

另一个有趣的薄膜黏附试验是激光冲击黏附试验（LASAT）。在该试验中，激光冲击施加在薄膜表面，产生压力负荷，并使薄膜从基底上剥离，这一方法由Richard提出。

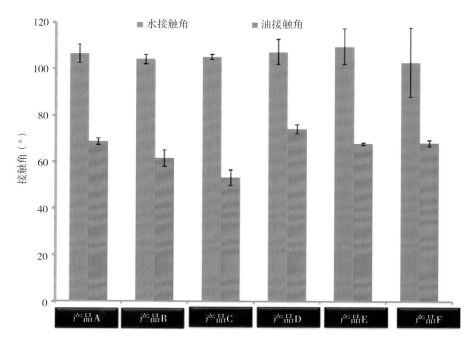

图 17.7　各种口红产品的水和橄榄油接触角

要模拟薄膜在湿热条件下的持久性，可以在薄膜基底上加入一滴人造皮脂或汗液进行摩擦试验。例如，图17.8展示了3种粉底配方在汗液和皮脂摩擦后，颜色从粉底膜转移至棉垫的情况。此外，色度计也可以用于评价样品摩擦前后L*值的差异。

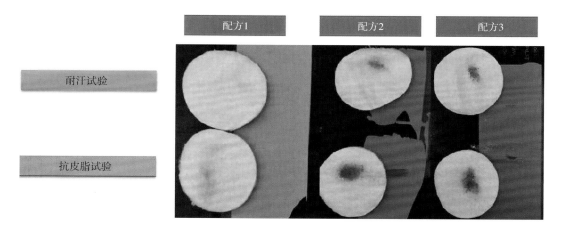

图 17.8　在汗液和皮脂条件下用棉垫摩擦，评价粉底膜的阻力

为了确定薄膜的黏附性或机械性能，可以使用动态力学分析（DMA）或Instron试验。另外一种快速评价黏附性的方法是进行拉伸试验，将样品沉积在橡皮筋或人造皮肤上并进行拉伸。对薄膜的黏附性进行视觉评价和分级也是一个有效的方法。

在研究薄膜的结构和纳米力学性能方面，AFM已被证明是一种有用的工具，可以用于测定化妆品薄膜的表面粗糙度、弹性模量和黏附力。

成膜性能的体内评价

口红磨损和颜色转移

在评价长效非转移型口红或防食口红时，可以将产品涂抹于嘴部，并在初次涂抹、午餐食用油腻食物后以及一天结束时拍摄照片，以可视化方式评价颜色的磨损情况，如图17.9所示。

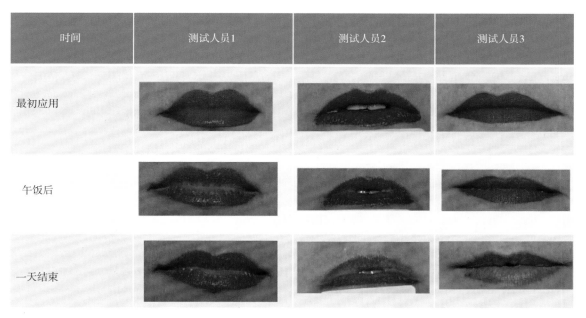

时间	测试人员1	测试人员2	测试人员3
最初应用			
午饭后			
一天结束			

图 17.9　口红涂抹效果的可视化评价

颜色转移阻力的评价可通过观察在饮用热水后是否会将口红颜色转移至杯子上来进行，这类似于口红的测试。此外，将口红颜色通过接吻转移至白纸上也可用于颜色转移测试评价。

感官测试则是由消费者/测试者在使用口红的整个过程中，从最初使用到最后使用，来评判口红的黏稠度。

粉底磨损和颜色转移

消费者对粉底产品的评价更多基于其在潮湿和炎热的条件下使用一天后的外观和感受，如持久性和耐磨性等。粉底磨损的定义是保持外观新鲜，光泽适中，完美无瑕且使皮肤舒适。和口红类似，可以通过照片来评价从最初应用到最后的外观差异。粉底的颜色转移测试是通过将一张纸巾压在涂抹粉底的面部进行评价。

当前，新冠肺炎疫情要求在公共场所长时间佩戴口罩，这可能会影响化妆品的使用。因此，消费者对具有高抗转移或防转移性能的长效产品的需求增加。为了评价彩妆产品的耐磨和耐转移性，可在高温条件下让消费者佩戴口罩数小时后，直接评估从面部到口罩的颜色转移。

结论

在本书中，我们提出了一个参考章节，其中包含一些例子，这些例子展示了在处理化妆品应用中的膜涂层时主要考虑的控制因素。黏附和持久性是由表面化学和机械特性控制的。除了特定的成分或应用之外，还列出了一些具体的方法和参考文献，有助于表征和评价涂层的厚度、物理化学性质以及其在体外的美容功能效果。最后，消费者的性能评价可以确定哪些测试更合适或更直接相关，从而有助于优化化妆品膜的成膜形态。

原文参考文献

Xu L, Zhou Y, Amin S. Chapter 13: Polymer colloids for cosmetics and personal care. In: Polymer Colloids: Formation, Characterization and Applications. The Royal Society of Chemistry; 2020: 399-417. https://doi. org/10.1039/9781788016476-00399.

Bui HS, Coleman-Nally D. Film-forming technology and skin adhesion in long-wear cosmetics. In: Adhesion in Pharmaceutical, Biomedical and Dental Fields. 2017: 141-66. https://doi.org/10.1002/9781119323716.ch7.

Goddard ED, Gruber JV. Principles of Polymer Science and Technology in Cosmetics and Personal Care. Taylor & Francis Group; 1999.

Bouillon C, Wilkinson J. The Science of Hair Care. CRC Press; 2005. https://doi.org/10.1201/bl4191.

Robbins CR. ed. Interactions of shampoo and creme rinse ingredients with human hair. In: Chemical and Physical Behavior of Human Hair. New York, NY: Springer-Verlag; 2002: 193-310. https://doi.org/10.1007/0-387-21695-2_5.

Plowman JE, Paton LN, Bryson WG. The differential expression of proteins in the cortical cells of wool and hair fibers. Exp Dermatol. 2007, 16:707-14.

Luengo GS, Fameau A-L. Leonforte F, Greaves AJ. Surface science of cosmetic substrates, cleansing actives and formulations. Adv Colloid Interface Sci. 2021, 290:102383. https://doi. org/10.1016/j.cis.2021.102383.

McMullen RL, Zhang G. Investigation of the internal structure of human hair with atomic force microscopy. J Cosmet Sci. 2020, 71:117-31.

Maddar FM, Perry D, Brooks R, Page A, Unwin PR. Nanoscale surface charge visualization of human hair. Anal Chem. 2019, 91:4632-9. https://doi.org/10.1021/acs.analchem.8b05977.

Korte M, Akari S, Kühn H, Baghdadli N, Mohwald H, Luengo GS. Distribution and localization of hydrophobic and ionic chemical groups at the surface of bleached human hair fibers. Langmuir. 2014, 30:12124-9. https://doi.org/10.1021/la500461y.

Lodge RA, Bhushan B. Effect of physical wear and triboelectric interaction on surface charge as measured by Kelvin probe microscopy. J Colloid Interface Sci. 2007, 310:321-30.

Dupres V, Camesano T, Langevin D. Checco A. Guenoun P. Atomic force microscopy imaging of hair: correlations between surface potential and wetting at the nanometer scale. J Colloid Interface Sci. 2004, 269:329-35. https://doi.org/10.1016/j. jcis.2003.08.018.

Longo VM, Monteiro VF, Pinheiro AS, Terci D, Vasconcelos JS, Paskocimas CA, et al. Charge density alterations in human hair fibers: an investigation using electrostatic force microscopy. Int J Cosmet Sci. 2006, 28:95-101. https://doi. org/10.1111/j,1467-2494.2006.00280.x.

Luengo GS, Galliano A, Dubief C. Aqueous lubrication in cosmetics. In: Aqueous Lubrication. Bangalore, India: Co-Published with Indian Institute of Science (IISc); 2014: 103-44. https://doi.org/10.1142/9789814313773_0004.

Lochhead RY. Shampoo and conditioner science. In: Evans T, Wickett RR, eds.Practical Modern Hair Science. Alluredbooks, Carol Stream, IL, USA; 2012: 75-116.

Campion JF, Barre R, Gilbert L. Environmental impacts of cosmetic products. In: Amarjit S, ed. Sustainability: How the Cosmetics Industry is Greening Up. 2013: 17-46. https://doi. org/doi: 1 0.1002/9781118676516.ch2.

Philippe M, L'Haridon J, Portal J, Chodorowski S, Luengo GS. Eco-friendly polymers for cosmetic formulations. Actual Chim. Issue 456-457-458, 2020:101-7.

Nylander T, Samoshina Y, Lindman B. Formation of polyelectrolyte- surfactant complexes on surfaces. Adv Colloid Interface Sci. 2006, 123-126:105-23.

Li D, Kelkar MS, Wagner NJ. Phase behavior and molecular thermodynamics of coacervation in oppositely charged polyelectrolyte/surfactant systems: a cationic polymer JR 400 and anionic surfactant SDS mixture. Langmuir. 2012:28: 10348-62. https://doi.org/10.1021/la301475s.

Savary G, Grisel M, Picard C. Cosmetics and personal care products. In: Natural Polymers. Cham: Springer International Publishing; 2016: 219-61. https://doi.org/10.1007/978-3-319-26414-1_8.

Llamas S, Fernández-Pena L, Akanno A, Guzman E, Ortega V, Ortega F, et al. Towards understanding the behavior of polyelectrolyte-surfactant mixtures at the water/vapor interface closer to technologically-relevant conditions. Phys Chem Chem Phys. 2018, 20. https://doi.org/10.1039/c7cp05528e.

Luengo GS, Leonforte F, Baghdadli N. From polymers at interfaces to shampoos in cosmetics. Actual Chim. 424, 2017:18-9.

Cornwell PA. A review of shampoo surfactant technology: consumer benefits, raw materials and recent developments. Int J Cosmet Sci. 2018, 40:16-30. https://doi.org/10.1111/ics.12439.

Guzmán E, Ortega F, Baghdadli N, Cazeneuve C, Luengo GS, Rubio RG. Adsorption of conditioning polymers on solid substrates with different charge density. ACS Appl Mater Interfaces. 2011, 3:3181-8. https://doi.org/10.1021/am200671m.

McMullen RL, Kelty SP. Molecular dynamic simulations of

eicosanoic acid and 18-methyleicosanoic acid langmuir monolayers. J Phys Chem B. 2007, 111:10849-52. https://doi. org/10.1021/jp073697k.

Cheong DW, Lim FCH, Zhang L. Insights into the structure of covalently bound fatty acid monolayers on a simplified model of the hair epicuticle from molecular dynamics simulations. Langmuir. 2012, 28:13008-17. https://doi. org/10.1021/la302161x.

Antunes E, Cruz CF, Azoia NG, Cavaco-Paulo A. Insights on the mechanical behavior of keratin fibrils. Int J Biol Macromol. 2016, 89:477-83. https://doi.org/10.1016/ j.ijbiomac.2016.05.018.

Schmid F. Self-consistent-field theories for complex fluids. J Phys Condens Matter. 1998, 10:8105-38. https://doi. org/10.1088/0953-8984/10/37/002.

Goddard ED, Schmitt RL. Atomic force microscopy investigation into the adsorption of cationic polymers. Cosmet Toilet. 1994:109:55.

Bhushan B, Wei GH, Haddad P. Friction and wear studies of human hair and skin. Wear. 2005, 259:1012-21.

Lee S, Ziircher S, Dorcier A, Luengo GS, Spencer ND. Adsorption and lubricating properties of poly (L-lysine)-graftpoly(ethylene glycol) on human-hair surfaces. ACS Appl Mater Interfaces. 2009, 1:1938-45. https://doi.org/10.1021/ am900337z.

Tanamachi H, Inoue S, Tanji N, Tsujimura H, Oguri M, Ishita SMS, et al. Deposition of 18-MEA onto alkaline-color-treated weathered hair to form a persistent hydrophobicity. J Cosmet Sci. 2009, 60:31-44.

Tokunaga S, Tanamachi H, Ishikawa K. Degradation of hair surface: importance of 18-MEA and epicuticle. Cosmetics. 2019, 6:3I . https://doi.org/10.3390/cosmetics6020031.

Baghdadli N, Leemarkers F, Luengo GS, Mazilier C, Cheneble J, Potter A, et al. Impact of anti-dandruff piroctone-olamine designed formulations on the formation of smart deposit for hair surface. IFSCC Mag. 2020, 23:189-98.

Kontturi KS, Tammelin T, Johansson LS, Stenius P. Adsorption of cationic starch on cellulose studied by QCM-D. Langmuir. 2008, 24:4743-9.

Naderi A, Claesson PM. Adsorption properties of polyelectrolyte- surfactant complexes on hydrophobic surfaces studied by QCM-D. Langmuir. 2006, 22:7639-45.

Guzmán E, Ortega F, Baghdadli N, Luengo GS, Rubio RG. Effect of the molecular structure on the adsorption of conditioning polyelectrolytes on solid substrates. Colloids Surf A Physicochem Eng Aspects. 2011, 375:209-18. https:// doi. org/10.1016/j.colsurfa.2010.12.012.

Hössel P, Dieing R, Norenberg R, Pfau A, Sander R. Conditioning polymers in today's shampoo formulations-efficacy, mechanism and test methods. Int J Cosmet Sci. 2000, 22:1-10. https://doi.org/10.1046/j.1467-2494.2000.00003.x.

Fernández-Pena L, Guzmán E, Ortega F, Bureau L, Leonforte F, Velasco D, et al. Physico-chemical study of polymer mixtures formed by a polycation and a zwitterionic copolymer in aqueous solution and upon adsorption onto negatively charged surfaces. Polymer (Guildf). 2021:217:123442. https://doi.org/10.1016/j.polymer.2021.123442.

Kamath YK, Dansizer CJ, Weigmann H-D. Surface wettability of human hair. II. Effect of temperature on the deposition of polymers and surfactants. J Appl Polym Sci. 1985, 30:925-36. https://doi.org/10.1002/app.1985.070300304.

Qian L, Chariot M, Perez E, Luengo G, Potter A, Cazeneuve C. Dynamic friction by polymer/surfactant mixtures adsorbed on surfaces. J Phys Chem B. 2004, 108:18608-14. https:// doi. org/10.1021/jp047605s.

Fahs A, Brogly M, Bistac S, Schmitt M. Hydroxypropyl methylcellulose (HPMC) formulated films: relevance to adhesion and friction surface properties. Carbohydr Polym. 2010, 80:105-14.

Hedin J, Lofroth JE, Nyden M. Adsorption behavior and crosslinking of EHEC and HM-EHEC at hydrophilic and hydrophobic modified surfaces monitored by SPR and QCM-D. Langmuir. 2007, 23:6148-55.

Bhushan B. Chen N. AFM studies of environmental effects on nanomechanical properties and cellular structure of human hair. Ultramicroscopy. 2006, 106:755-64. https://doi. org/10.1016/j.ultramic.2005.12.010.

Swift UA, Smith JR. Microscopical investigations on the epicuticle of mammalian keratin fibers. J Microsc. 2001, 204:203-11.

Mizuno H., Luengo GS, Rutland MW. Interactions between crossed hair fibers at the nanoscale. Langmuir. 2010, 26: 18909-15. https://doi.org/10.1021/1a103001s.

Tang W, Bhushan B. Adhesion, friction and wear characterization of skin and skin cream using atomic force microscope. Colloids Surf B Biointerfaces. 2010, 76:1-15. https://doi. org/10.1016/j.colsurfb.2009.09.039.

Velasco MVR, de Sá Dias TC, de Freitas AZ, Junior NDV, de Oliveira Pinto CAS. Kaneko TM, et al. Hair fiber characteristics and methods to evaluate hair physical and mechanical properties. Brazilian J Pharm Sci. 2009, 45:153-62. https://doi.org/10.1590/S1984-82502009000100019.

Galliano A, Kempf JY, Fougere M, Applebaum M, Wolfram LJ, Maibach H. Comparing touch senses of naive and expert panels through treated hair swatches: which associated wordings correlate with hair physical properties? Int J Cosmet Sci. 2017, 39:653-63. https://doi.org/10.1111/ics.12428.

Bouabbache S, Galliano A, Littaye P, Leportier M, Pouradier F, Gillot E. et al. What is a Caucasian 'fine' hair? Comparing instrumental measurements, self-perceptions and assessments from hair experts. Int J Cosmet Sci. 2016, 38:581-8. https://doi. org/10.1111/ics.12323.

Galliano A, Fougere M, Wolfram L, Maibach HI, Luengo GS. Tribology of an assembly of hairs: influence of multiscale surface chemistry and structure on sensorial tactile properties. Ski Res Technol. 2021:srt.12993. https://doi. org/10. 1111 /srt.12993.

Skedung L, Buraczewska-Norin I, Dawood N, Rutland MW. Ringstad L. Tactile friction of topical formulations. Ski Res Technol. 2016, 22:46-54. https://doi.org/10.1111/srt.12227.

Skedung L, Collier ES, Harris KL, Rutland MW, Applebaum M, Greaves AJ, et al. A curly Q: is frizz a matter of friction? Perception. 2021. https://doi. org/10.1177/03010066211024442.

Couturaud V. Biophysical characteristics of the skin in relation to race, sex, age, and site. In: Handbook of Cosmetic Science and Technology, CRC Press, Boca Raton, 4th edn. 2010.

Dąbrowska AK, Spano F, Derler S, Adlhart C, Spencer ND, Rossi RM. The relationship between skin function, barrier properties, and body-dependent factors. Skin Res Technol. 2018, 24(2):165-74. DOI: 10.1111/srt.12424.

Saidah S, Fuadah YN, Alia F, Ibrahim N, Magdalena R, Rizal S. Facial skin type classification based on microscopic images using convolutional neural network (CNN). In: Proceedings of the 1st International Conference on Electronics, Biomedical Engineering, and Health Informatics. Lecture Notes in Electrical Engineering, Vol. 746, 75-83. https://doi. org/10.1007/978-981-33-6926-9_7.

Choi CW, Choi JW, Youn SW. Subjective facial skin type, based on the sebum related symptoms, can reflect the objective casual sebum level in acne patients. Skin Res Technol. 2013, 19(2):176-82. DOI: 10.1111/srt.12030.

Youn SW, Kim SJ, Hwang IA, Park KC. Evaluation of facial skin type by sebum secretion: discrepancies between subjective descriptions and sebum secretion. Skin Res Technol. 2002, 8(3):168-72. DOI: 10.1034/j.1600-0846.2002.10320.x.

Mercurio DG, Segura JH, Demets MB, Maia Campos PM. Clinical scoring and instrumental analysis to evaluate skin types. Clin Exp Dermatol. 2013, 38(3):302-9. DOI: 10.1111/ced.12105.

de Melo MO, Maia Campos PMBG. Characterization of oily

mature skin by biophysical and skin imaging techniques. Skin Res Technol. 2018, 24(3):386-95. DOI: 10.1111/srt.12441.

Pissarenko A, Meyers MA. The materials science of skin: analysis, characterization, and modeling. Prog Mater Sci. 2020:110:100634. https://doi.org/10.1016/j.pmatsci.2019.100634.

Youn SW, Na JI, Choi SY, Huh CH, Park KC. Regional and seasonal variations in facial sebum secretions: a proposal for the definition of combination skin type. Skin Res Technol. 2005 Aug;11(3):189-95. DOI: 10.1111/j.1600-0846.2005.00119.x.

Mavon A, Zahouani H, Redoules D, Agache P, Gall Y, Humbert P. Sebum and stratum corneum lipids increase human skin surface free energy as determined from contact angle measurements: a study on two anatomical sites. Colloids Surf B Biointerfaces. 1997, 8(3):147-55. https://doi.org/10.1016/S0927-7765.

Krawczyk J. Surface free energy of the human skin and its critical surface tension of wetting in the skin/surfactant aqueous solution/air system. Skin Res Technol. 2015, 21(2):214-23. DOI: 10.1111/srt.12179.

Eudier F, Savary G, Grisel M, Picard C. Skin surface physicochemistry: characteristics, methods of measurement, influencing factors and future developments. Adv Colloid Interface Sci. 2019, 264:11-27. DOI: 10.1016/j.cis.2018.12.002.

Lerebour G, Cupferman S, Cohen C, Bellon-Fontaine MN. Comparison of surface free energy between reconstructed human epidermis and in situ human skin. Skin Res Technol. 2000, 6(4):245-9. DOI: 10.1034/j.1600-0846.2000.006004245.x.

Mavon A, Redoules D, Humbert P. Agache P, Gall Y. Changes in sebum levels and skin surface free energy components following skin surface washing, Colloids Surf B Biointerfaces. 1998, 10(5):243-50. https://doi.org/10.1016/S0927-7765(98)00007-l.

Schott H. Contact angles and wettability of human skin. J Pharm Sci. 1971, 60(12):1893-5. DOI: 10.1002/jps.2600601233.

Elkhyat A, Agache P, Zahouani H, Humbert P. A new method to measure in vivo human skin hydrophobia. Int J Cosmet Sci. 2001, 23(6):347-52. DOI: 10.1046/j.0412-5463.2001.00108.x.

Sanders R. Torsional elasticity of human skin in vivo. Pflugers Arch. 1973, 342(3):255-60. DOI: 10.1007/BF00591373.

IravanimaneshS, NazariMA, Jafarbeglou F,MahjoobM, Azadi M. Extracting the elasticity of the human skin in microscale and in vivo from atomic force microscopy experiments using viscoelastic models. Comput Methods Biomech Biomed Engin. 2021, 24(2):188-202. DOI: 10.1080/10255842.2020.1821000.

Hameed A, Akhtar N, Khan HMS, Asrar M. Skin sebum and skin elasticity: major influencing factors for facial pores. J Cosmet Dermatol. 2019, 18(6):1968-74. DOI: 10.1111/jocd.12933.

Zahouani H, Pailler-Mattei C, Sohm B, Vargiolu R, Cenizo V, Debret R. Characterization of the mechanical properties of a dermal equivalent compared with human skin *in vivo* by indentation and static friction tests. Skin Res Technol. 2009, 15(1):68-76. DOI: 10.1111/j.1600-0846.2008.00329.x.

Woo MS, Moon KJ, Jung HY, Park SR, Moon TK, Kim NS, Lee BC. Comparison of skin elasticity test results from the Ballistometer® and Cutometer®. Skin Res Technol. 2014, 20(4):422-8. DOI: 10.111l/srt.12134.

Ahn S, Kim S, Lee H, Moon S, Chang I. Correlation between a Cutometer and quantitative evaluation using Moire topography in age-related skin elasticity. Skin Res Technol. 2007, 13(3):280-4. DOI: 10.1111/j.1600-0846.2007.00224.x.

Myoung J, Jeong ET. Kim M, Lim JM, Kang NG. Park SG. Validation of the elastic angle for quantitative and visible evaluation of skin elasticity in vivo. Skin Res Technol. 2021, 00: 1-6. https://doi.org/10.1111/srt.13051.

Luboz V, Promayon E, Payan Y. Linear elastic properties of the facial soft tissues using an aspiration device: towards patient specific characterization. Ann Biomed Eng. 2014, 42(11): 2369-78. DOI: 10.1007/sl0439-014-1098-l.

Jung G, Lee MY, Kim S, Lee JB, Kim JG. Analysis of relation between skin elasticity and the entropy of skin image using near-infrared and visible light sources. J Biophotonics. 2020, 13(1):e201900213. DOI: 10.1002/jbio.201900213.

Kim SH. Lee SJ. Kim HJ, Lee JH, Jeong HS, Suh IS. Agingrelated changes in the mid-face skin elasticity in East Asian women. Arch Craniofac Surg. 2019, 20(3):158-63. DOI: 10.7181/acfs.2019.00213.

Kalra A, Lowe A, Jumaily AA1. An overview of factors affecting the skin's young's modulus. J Aging Sci. 2016, 4:156. DOI: 10.4172/2329-8847.1000156.

Ambroziak M, Noszczyk B, Pietruski P, Guz W, Paluch t. Elastography reference values of facial skin elasticity. Postepy Dermatol Alergol. 2019, 36(5):626-34. DOI: 10.5114/ada.2018.77502.

Takema Y, Yorimoto Y, Kawai M, Imokawa G. Age-related changes in the elastic properties and thickness of human facial skin. Br J Dermatol. 1994, 131(5):641-8. DOI: 10.1111/j.1365- 2133.1994.tb04975.x.

Ryu HS, Joo YH, Kim SO, Park KC, Youn SW. Influence of age

and regional differences on skin elasticity as measured by the Cutometer. Skin Res Technol. 2008, 14(3):354-8. DOI: 10.1111/j.1600-0846.2008.00302.x.

Boyer G, Pailler Mattei C, Molimard J, Pericoi M. Laquieze S, Zahouani H. Non contact method for *in vivo* assessment of skin mechanical properties for assessing effect of ageing. Med Eng Phys. 2012, 34(2):172-8. DOI: 10.1016/j.medengphy.2011.07.007.

Chirikhina E, Chirikhin A, Xiao P, Dewsbury-Ennis S, Bianconi F. *In vivo* assessment of water content, transepidermal water loss and thickness in human facial skin. Appl Sci. 2020, 10(17):6139. https://doi.org/10.3390/appl0176139.

Kalra A, Lowe A, Al-Jumaily AM. Mechanical behaviour of skin: a review. J Material Sci Eng. 2016, 5:254. DOI: 10.4172/2169-0022.

Ohtsuki R, Sakamaki T, Tominaga S. Analysis of skin surface roughness by visual assessment and surface measurement. Opt Rev. 2013, 20:94-101. https://doi.org/10.1007/S10043-013-0014-5.

Edwards C, Heggie R, Marks R. A study of differences in surface roughness between sun-exposed and unexposed skin with age. Photodermatol Photoimmunol Photomed. 2003:19(4): 169-74. DOI: 10.1034/j.1600-0781.2003.00042.x.

Korn V, Surber C, Imanidis G. Skin surface topography and texture analysis of sun-exposed body sites in view of sunscreen application. Skin Pharmacol Physiol. 2016, 29(6):291-9. DOI: 10.1159/000450760.

Trojahn C, Dobos G, SchcarioM, Ludriksone L, Blume-Peytavi U, Kottner J. Relation between skin micro-topography, roughness, and skin age. Skin Res Technol. 2015, 21(1):69-75. DOI: 10.111l/srt.12158.

Kobayashi H, Tagami H. Functional properties of the surface of the vermilion border of the lips are distinct from those of the facial skin. Br J Dermatol. 2004, 150(3):563-7. DOI: 10.1046/j.1365-2133.2003.05741.x.

Kim J, Yeo H, Kim T, Jeong ET, Lim JM, Park SG. Relationship between lip skin biophysical and biochemical characteristics with corneocyte unevenness ratio as a new parameter to assess the severity of lip scaling. Int J Cosmet Sci. 2021, 43(3):275-82. DOI: 10.111l/ics.12692.

Tamura E, Ishikawa J, Sugata K, Tsukahara K, Yasumori H, Yamamoto T. Age-related differences in the functional properties of lips compared with skin. Skin Res Technol. 2018, 24(3):472-8. DOI: 10.111l/srt.12456.

Kim H, Lee M, Park SY, Kim YM, Han J, Kim E. Age-related changes in lip morphological and physiological characteristics in Korean women. Skin Res Technol. 2019 May;25(3):277-82. DOI: 10.1111/srt.12644.

Barresi R, Liao IC. Lip biophysical properties and characterization methods for long-wear lipsticks. In: Surface Science and Adhesion in Cosmetics, WILEY, Hoboken, NJ. 2021:3-34. https://doi.org/10.1002/9781119654926.chl.

Li Z, Bui HS. Factors affecting cosmetics adhesion to facial skin. Surf Sci Adhes Cosmet. 2021:543-84. https://doi.org/10.1002/9781119654926.chl6.

Pawar AB, Falk B. Use of advanced silicone materials in long-lasting cosmetics. In: Surface Science and Adhesion in Cosmetics, WILEY, Hoboken, NJ. 2021:151-82 https://doi.org/10.1002/9781119654926.ch5.

Lochhead R, Lochhead M. Two Decades of Transferresistant Lipstick, https://www.cosmeticsandtoiletries.com/research/chemistry/Two-Decades-of-Transfer-resistant-Lipstick-290207561.html.

Li Z, Maxon B, Nguyen K, Lee M, Gu M, Pretzer P. A general formulation strategy toward long-wear color cosmetics with sebum resistance. J Cosmet Sci. 2017, 68(1):91-8.

Lam H. Factors enhancing adhesion of color cosmetic products to skin: the role of pigments and fillers. In: Surface Science and Adhesion in Cosmetics, WILEY, Hoboken, NJ. 2021:487-541. https://doi.org/10.1002/9781119654926.chl5.

Pang C, Bui HS. Adhesion aspect in semi-permanent mascara. In: Surface Science and Adhesion in Cosmetics, WILEY, Hoboken, NJ. 2021:585-634. https://doi.org/10.1002/9781119654926.chl7.

Portal J, Schultze X, Taupin S, Arnaud-Roux M. Bonnard J, Naudin G, Hely M, Bui H, Biderman N. Adhesion aspect and film-forming properties of hydrocarbon polymers-based lipsticks. In: Surface Science and Adhesion in Cosmetics, WILEY, Hoboken, NJ. 2021:451-48. https://doi.org/10.1002/9781119654926,chl4.

Yu B, Kang SY, Akthakul A, et al. An elastic second skin. Nat Mater. 2016, 15(8):911-8. DOI: 10.1038/nmat4635.

Jachowicz J, McMullen R. Prettypaul D. Alteration of skin mechanics by thin polymer films. Skin Res Technol. 2008, 14(3):312-9. DOI: 10.1111/j.1600-0846.2008. 00296.x.

de Mul MNG, Uddin T, Yan X, Hubschmitt A, Klotz B, Chan WKM. Reducing facial wrinkle size and increasing skin firmness using skin care polymers J Cosmet Sci. 2018, 69:131-43.

Maidhof R, Knapp E, Liebel F, FairM, RubinsonEH. Technical approaches to select high-performance instant skin smoothing formulations: correlation of in vitro and in vivo assessment methods. Skin Res Technol. 2019, 25:606-11. https://doi.org/10.1111/srt.12691.

Bui H, Hasebe M. Ebanks J. Evaluation of sebum resistance for long-wear face makeup products using contact angle measurements. In: Advances in Contact Angle, Wettability and Adhesion. 2019: 193-221. https://doi.org/10.1002/9781119593294.ch10.

Badami JV, Bui HS. Quantification of the color transfer from long-wear face foundation products: the relevance of wettability. In: Surface Science and Adhesion in Cosmetics. WILEY, Hoboken, NJ. 2021:379-400. https://doi.org/10.1002/9781119654926.ch12.

Rossi D, Realdon N. Surface tensiometry approach to characterize cosmetic products in the beauty sector. In: Surface Science and Adhesion in Cosmetics, WILEY, Hoboken. NJ. 2021:311-52. https://doi.org/10.1002/9781119654926.ch10.

Hagens R, Mann T, Schreiner V, Barlag HG, Wenck H, Wittern KP, Mei W. Contact angle measurement - a reliable supportive method for screening water-resistance of ultraviolet-protecting products in vivo. Int J Cosmet Sci. 2007 Aug;29(4):283-91. DOI: 10.1111/j.1467-2494.2007. 00380.x.

Eudier F, Hirel D, Grisel M, Picard C, Savary G. Prediction of residual film perception of cosmetic products using an instrumental method and non-biological surfaces: the example of stickiness after skin application. Colloids Surf B Biointerfaces. 2019, 174:181-8. DOI: 10.1016/j.colsurfb.2018.10.062.

Faucheux E, Picard C, Grisel M, Savary G. Residual film formation after emulsion application: understanding the role and fate of excipients on skin surface. Int J Pharm. 2020, 585:119453. DOI: 10.1016/j.ijpharm.2020.119453.

Messaraa C, Mangan M. Lasting Impression: A Consumercentric Approach to Measure Transfer-proof Lipstick, March 1, 2021. https://www.cosmeticsandtoiletries.com/testing/efficacyclaims/Lasting-Impression-A-Consumer-centric- Approach-to-Measure-Transfer-proof-Lipstick-573894481.html.

Richard C. Lipstick adhesion measurement. In: Surface Science and Adhesion in Cosmetics, WILEY, Hoboken, NJ. 2021:635-62 https://doi.org/10.1002/9781119654926.ch18.

Biderman N, Bui HS. Atomic force microscopy (AFM) as a surface characterization tool for hair, skin, and cosmetic deposition. In: Surface Science and Adhesion in Cosmetics, WILEY, Hoboken, NJ. 2021:245-78. https://doi.org/10.1002/9781119654926.ch8.

Sionkowska, A. et al. Preparation and characterization of collagen/chitosan/hyaluronic acid thin films for application in hair care cosmetics. Pure Appl Chem. 2017, 89:1829-39.

Jin R, Skedung L, Cazeneuve C, Chang JC, Rutland M, Ruths M, Luengo G. Bioinspired self-assembled 3D patterned polymer textures as skin coatings models: tribology and tactile behavior. Biotribology. 2020, 24:100151.

Peng X, Liu Y, Xin B, Guo H, Yu Y. Preparation and characterization of waterborne polyurethane nail enamel modified by silane coupling agent. J Coat Technol. 2020, 17:1377-87.

Messaraa, C. et al. A novel UV-fluorescence approach to assess the long wear efficacy of foundations. Skin Res Technol. 2021, 000:1-8.

Yokoyama E, Udodaira K, Nicolas A, et al. A preliminary study to understand the effects of mask on tinted face cosmetics. Skin Res Technol. 2021, 00:1-6. https://doi.org/10.1111/srt.13022.

Richard C, Tille-Salmon B, Mofid Y. Contribution to interplay between a delamination test and a sensory analysis of midrange lipsticks. Int J Cosmet Sci. 2016 Feb;38(1):100-8. DOI: 10.1111/ics.

The Best Transfer Proof Foundations for Face Masks {and the Ones to Avoid!} https://www.anniesnoms.com/2021/02/04/the-best-transfer-proof-foundations-for-face-masks/.

第 18 章

敏感性皮肤检测

敏感性皮肤是一种常见症状，但由于很多人对其定义和评价工具不熟悉，因此存在很多误解。对敏感性皮肤的评价对于评估某些产品的功效非常有帮助。因为从正常皮肤到敏感性皮肤似乎是一个连续体，很难确定患者是否患有敏感性皮肤。

定 义

大约在1947年，医学文献首次报道了关于敏感性皮肤的问题。但是，直到20世纪80年代，敏感性皮肤才成为研究的热门领域。直到2017年，敏感性皮肤才被描述为一种综合征并得到共识定义。国际瘙痒研究论坛（International Forum for the Study of Itch，IFSI）敏感性皮肤特别兴趣小组使用Delphi法（Delphi method）对敏感性皮肤进行了如下定义："一种综合征，即对通常不会引起这些感觉的刺激做出反应，出现不适感（刺痛、烧灼、疼痛、瘙痒和麻刺感）"。这些不适感无法用任何皮肤病引起的损伤来解释。皮肤可能表现为正常或伴有红斑。敏感性皮肤会影响身体的各个部位，尤其是面部。

一项Meta分析包含了13项研究，显示化妆品、物理因素（如温度、冷、热、风、日光、空调、干燥和潮湿空气的变化）、化学因素（如水和污染）或心理因素（如情绪）与敏感性皮肤相关。最重要的因素是化妆品（优势比［odds ratio，OR］=7.12［3.98~12.72］）、潮湿空气（OR=3.83［2.48~5.91］）、空调（OR=3.60［2.11~6.14］）、热（OR=3.5［2.69~4.63］）和水（OR=3.46［2.56~4.77］）。

2001年，英国进行了首个流行病学研究，之后全球许多国家也进行了大量的研究，包括比利时、法国、德国、希腊、意大利、葡萄牙、西班牙、瑞士、美国、巴西、日本、俄罗斯、韩国、中国和印度。全球"敏感性皮肤"的患病率约为50%，不同国家之间略有差异。美国的四项研究比较表明，过去数十年里敏感性皮肤的患病率可能从50%增加至85%，而对法国人群的研究比较显示患病率增幅较小。

IFSI敏感性皮肤特别兴趣小组发表了一份关于敏感性皮肤病理生理学与治疗的共识文件，在讨论多种推测机制后提出了多种因素的诱因。敏感性皮肤并非一种免疫性疾病，而是与皮肤神经系统的改变有关。尽管敏感性皮肤常伴有皮肤屏障异常，但并无直接关系。考虑到敏感性皮肤的高患病率，单一的病理生理机制仍存在争议。然而，越来越多的证据支持敏感性皮肤是一种神经性疾病的假说。

反应性试验

目前最常用的评价疼痛敏感度的技术仍然是刺痛试验。此外，还有很多其他客观化技术被提出，包括比色法、激光多普勒测定、热敏感性试验、辣椒素试验、十二烷基硫酸钠、二甲基亚砜、乙醇或其他化合物等。这些试验旨在评价皮肤对某些因素的感受和（或）红斑反应。

乳酸刺痛试验

Frosch和Kligman的著名乳酸刺痛试验（Lactic Acid Stinging Test，LAST）是第一个标准化的试验。该试验在一侧鼻唇沟涂抹0.5 mL 10%（或5%）乳酸，并评估主观症状的严重程度，有时还会评估红斑。对照组在另一侧鼻唇沟涂抹等量的盐水溶液。该测试广泛应用于定期检查。尽管如此，该测试在预测一般皮肤过敏反应方面的效果不佳。因此，Marriott等测试了4种常用的诱导不同感觉效应的化学物质（乳酸—刺痛；辣椒素—烧灼；薄荷醇—冷感；乙醇—烧灼和刺痛感的混合），发现这些测试物质的反应性有很大的差异，且缺乏不同材料间反应性增加的预测价值。在仅比较两种化学物质的反应时，还观察到重要的个体差异。相反，其他研究者也发现LAST可以预测敏感性皮肤。

另一个争议是对不适感反应强度的量化，通常采用半定量评估，但并不一致。功能性磁共振成像（Functional Magnetic Resonance Imaging，fMRI）测量大脑对LAST反应可能有助于更客观地评估，但在常规情况下难以获得该设备。无论如何，乳酸反应与敏感性皮肤的自我感知之间存在差异。因此，建议在进行LAST测试时联合使用附带的问卷。

辣椒素试验

为了评估敏感性皮肤，可以使用0.075%的辣椒素乳剂。但是，这种方法可能会存在争议，因为它需要使用个体主观疼痛量表，并且在重度敏感性皮肤受试者中可能会导致过于疼痛的感觉。为了解决这些问题，可以使用辣椒素检测阈值（capsaicin detection threshold，CDT）试验。这种试验结合了敏感性皮肤对辣椒素的特异性反应性、LAST的应用简易性及检测阈值的方法。它不再依赖于反应强度的定量，而是依赖于局部应用辣椒素的检测阈值。在10%的乙醇水溶液中使用5种浓度的辣椒素（分别为3.16×10^{-5}%、1×10^{-4}%、3.16×10^{-4}%、1×10^{-3}%和3.16×10^{-3}%）。达到检测阈值的方法是在鼻唇沟处逐级涂抹辣椒素（每次涂抹间隔3 min），同时对照物被应用于半侧面部，并采取单盲方式。一旦受试者报告辣椒素一侧有特定的感觉，试验即可停止。

神经生理学技术

这些方法被应用于研究神经系统疾病中躯体感觉功能的损害。它们基于不同类型的刺激，包括温度（冷或热）、电或机械，但只能在专业检测中心进行使用。

电流感知阈值（CPT）

电流感知阈值（Current Perception Threshold，CPT）方法用于敏感性评价，其基于神经纤维类型的区分。这一方法得益于Neurometer®CPT®设备（Neurotron Inc.，Aurora，CO，美国），该设备可以通过3种不同的电流频率激活神经纤维，其中经皮电刺激通过两个电极施加。使用Neurometer®CPT®，可以对3个神经纤维亚群提供选择性刺激：2000 Hz电流刺激可激活大髓鞘Aβ纤维（触觉和压觉），250 Hz电流刺激可激活小髓鞘Aδ纤维（温度、压力、快痛和刺痛感），5 Hz电流刺激可激活无髓鞘C纤维（温度、慢痛和灼痒感）。

Ham等进行了乳酸刺痛试验中各种感觉（刺痛、烧灼感和瘙痒）的反应频率与CPT值之间的关系分析。为了验证这一关系，他们分析了瘙痒反应组和无瘙痒反应组间CPT值（5 Hz）的差异。研究发现，瘙痒感与5 Hz的CPT值有显著相关性，瘙痒反应组的5 Hz感觉感知值明显低于无瘙痒反应组。因此，在化妆品或其成分可能引起瘙痒的情况下，CPT值（5 Hz）可以用于检测瘙痒感觉。

定量感觉检查（QST）

定量感觉检查（Quantitative Sensory Testing，QST）是一种心理物理学验证的方法，使用不同强度的刺激来测量体感知觉，以评价参与的大小神经纤维。目前，QST主要用于神经病理性疼痛或神经病理性瘙痒的诊断，以检测小纤维神经病。计算机辅助感觉检查（Computer-Assisted Sensory Examination，CASE）系统Ⅳ（WR Medical Electronics Co.，Maplewood，MN，美国）可用于测试热痛（Heat Pain，HP）、振动痛（Vibration Pain，VDT）和冷痛（Cold Pain，CDT）的检测阈值。测试时，将10 cm^2的热电极放置于受试者惯用手的背侧（图18.1）或其他部位。通过CASE Ⅳ软件程序中的二次回归方程自动计算HP0.5、HP5.0和HP5-0.5的疼痛等级。其中，HP0.5被定义为产生疼痛的最小刺激和最大无痛刺激之间的中点，HP5.0对应的刺激使受试者的评分为5，而HP5-0.5则表示这2个值的差值。研究结果显示，敏感性皮肤组的HPT（14.5±2.8）显著低于对照组（17.8±2.5）（$P < 0.001$），中度疼痛（HPT5.0）也显著降低。与对照组相比，受试者的HPT下降表明存在痛觉过敏，可能是由于C纤维的损伤，支持敏感性皮肤的神经元假说，为敏感性皮肤作为小纤维神经病的考虑提供有力论据。

皮肤热感觉

此处提及的是一种心理物理测试，该测试基于对热刺激的外周敏感性评价。测试使用的热检测仪器包括Medoc公司生产的热感觉分析仪（TSA 2001），以及Ramat Yishai（以色列）用于评价皮神经末梢的热功能成分。通过热模式提供的温度刺激，可以加热或冷却皮肤。

皮肤活检

经皮肤活检组织学分析显示，敏感性皮肤区域的表皮内神经密度降低，类似于小纤维神经病的表现。然而，这种有创技术难以普遍应用。

其他测试

其他测试的目的是评估可在敏感性皮肤受试者身上改变的皮肤特性，但与敏感性皮肤没有直接关系。因此，可以通过测量局部刺激后皮肤的结构性或生理性变化来进行评估，包括TEWL、皮肤pH值和表皮厚度。这些参数可以通过超声、光学显微镜或共聚焦显微镜来测量，同时还可以通过紫外线评价皮肤穿透性。学者们最近提出使用共聚焦拉曼显微光谱来分析角质层的分子组成，以此来分析敏感性皮肤中皮肤屏障的改变。所有这些测试通常用于敏感性皮肤的研究，但它们并不测试皮肤超敏反应。

调查问卷

客观鉴别敏感性皮肤的存在似乎具有困难。因为敏感性皮肤首先是一种主观感觉障碍，所以在进行反应性试验后，通常需要使用调查问卷来进行评估。据笔者所知，第一个使用的量表是2007年的全球局部刺激性评分（Score d'Irritabilite Global Local，SIGL），但仅被使用了一次。之后，其他量表得到了提出和更广泛的应用，因为它们是根据目前推荐

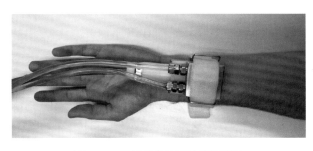

图18.1 定量感觉检查的实际应用

的方法创建、验证并翻译成多种语言的：包括针对敏感性头皮的"敏感性头皮严重程度"（sensitive scalp severity，3S）问卷和针对一般敏感性皮肤的"敏感量表"。最近，又提出了一种名为"敏感性皮肤负担"（burden of sensitive skin，BoSS）的量表。这些自评量表对于敏感性皮肤的自我诊断、严重程度和治疗效果的评估都非常有帮助。

目组成的量表（见图18.2），该量表在11个国家以不同的语言对2966名参与者进行了调查评估。该研究的目的是验证敏感性量表用于评估敏感性皮肤严重程度的相关性，并且结果表明该量表具有高度的内部一致性。研究还发现，敏感性皮肤与干性皮肤类型、高龄、女性、浅色光型以及皮肤病生活质量指数（Dermatology Quality of Life Index，DLQI）有关。DLQI是一种用于评估皮肤疾病患者生活质量的工具。

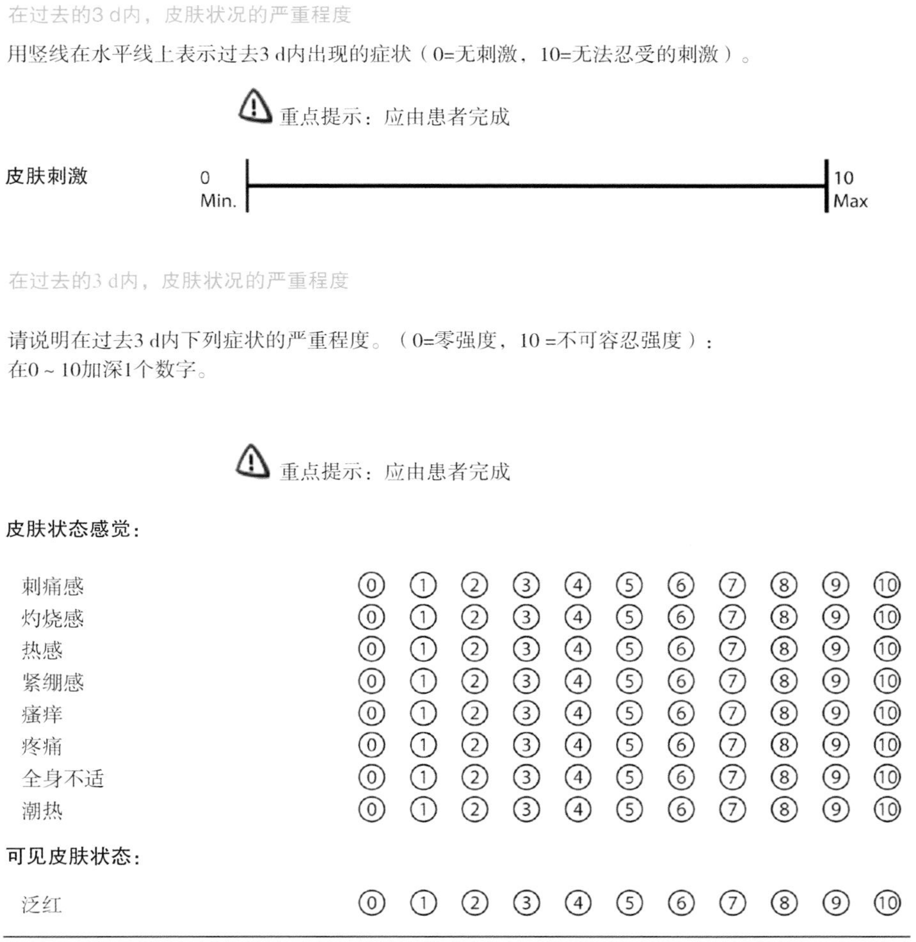

敏感性量表

《敏感性量表（SS-10）》是一份由10个项

在过去的3 d内，皮肤状况的严重程度

用竖线在水平线上表示过去3 d内出现的症状（0=无刺激，10=无法忍受的刺激）。

⚠ 重点提示：应由患者完成

皮肤刺激　　0　|————————————————|　10
　　　　　　Min.　　　　　　　　　　　　　　Max

在过去的3 d内，皮肤状况的严重程度

请说明在过去3 d内下列症状的严重程度。（0=零强度，10 =不可容忍强度）：
在0～10加深1个数字。

⚠ 重点提示：应由患者完成

皮肤状态感觉：

刺痛感　　⓪①②③④⑤⑥⑦⑧⑨⑩
灼烧感　　⓪①②③④⑤⑥⑦⑧⑨⑩
热感　　　⓪①②③④⑤⑥⑦⑧⑨⑩
紧绷感　　⓪①②③④⑤⑥⑦⑧⑨⑩
瘙痒　　　⓪①②③④⑤⑥⑦⑧⑨⑩
疼痛　　　⓪①②③④⑤⑥⑦⑧⑨⑩
全身不适　⓪①②③④⑤⑥⑦⑧⑨⑩
潮热　　　⓪①②③④⑤⑥⑦⑧⑨⑩

可见皮肤状态：

泛红　　　⓪①②③④⑤⑥⑦⑧⑨⑩

图 18.2　敏感性量表

使用10个项目的版本似乎更为合适，因为它更快、更易于完成，具有相同的内部一致性，被排除的4个项目很少在患者中被观察到。最初的平均分数约为37/100（最初的14个项目

版本的平均分数为44/140）。最近的一项研究表明，SS-10的临界值为12.7，可用于检测敏感性皮肤（敏感性为72.4%，特异性为90.3%）。为了实际应用的考虑，建议将SS-10评分＞13分作

为诊断敏感性皮肤的临界值，评分＞5分作为诊断轻度敏感性皮肤的临界值。

3S问卷

为了针对敏感性头皮进行研究，对代表法国人群的2117人进行了一项问卷调查，并验证了一份新的问卷——3S问卷（见图18.3）。这份问卷的总分由异常感觉严重程度评分乘以异常感觉数量计算而得。结果显示，约1/3的个体声称其患有敏感性头皮，而其发生率则随年龄的增长而逐渐增加。此外，根据3S问卷的结果，可以将头皮受试者分为轻度敏感、中度敏感和重度敏感3个级别，其中瘙痒和刺痛感是最常见的症状。总的来说，3S问卷是一种方便、有效的问卷，可用于研究敏感性头皮。

对于以下5种症状（是否感到头皮瘙痒、刺痛、紧绷感、疼痛或烧灼感？），下面哪一种最能说明它对你的影响
不，没有感觉
是的，但并不困扰
是的，有点困扰
是的，困扰已影响到个人生活
是的，令人难以忍受

图18.3　3S调查问卷

BoSS问卷

疾病所带来的负担不仅限于生理方面，还包括心理、社会和经济后果。为了对敏感性皮肤患者进行全面评价，设计了BoSS问卷。该问卷采用标准化方法创建和验证生活质量问卷，包括设计阶段、开发阶段和验证阶段，因此具有良好的心理测量学信度、内部一致性、条目效度、聚合效度和结构效度。与SF-12的2个组成部分和DLQI相关，证实其同时有效，与DLQI相关性更高，且在评价化妆品敏感性皮肤的疗效和（或）安全性方面显示出明确的可靠性。此外，SS-10评分与BoSS评分间存在显著正相关，具有统计学意义。

敏感性皮肤的体外模型

敏感性皮肤的机制可以归结为表皮神经末梢过度激活与过度活化的角质形成细胞密切相关。因此，皮肤、表皮和角质形成细胞与感觉神经元的共培养是一种完整的体外研究模型。

最初，研究人员设计了一个等效模型，包括皮肤、背根神经节（DRGs）和脊髓。利用DRG神经元和角质形成细胞的共培养，进一步开发了一个简化模型，基于P物质释放测量和电生理测量。该模型可用于证明一些产品能够抑制神经源性炎症。此外，该共培养模型可用于评价共培养中降钙素基因相关肽（dorsal root ganglia，CGRP）的释放。为避免动物牺牲，可以使用神经元细胞系F-11或ND7-23进行共培养，但细胞反应相当令人失望。皮肤替代物与神经元的共培养过于复杂，且缺乏真皮层。

DRG神经元对人皮肤体外培养物的神经再生为敏感性皮肤提供了一个非常令人满意的体外模型。因此，辣椒素涂抹于表皮层后，有可能激活感觉神经元，这可通过改变修复神经纤维的电流和释放神经递质来证明。使用角质形成细胞和神经元的共培养进行敏感性皮肤假定活性物质的筛选更加方便，它们也可以被辣椒素或乳酸激活。这是一种相当于体内刺痛试验的体外试验。

结论

大量的技术提示可用于敏感性皮肤测试，以寻找敏感性皮肤的诊断技术。尽管将正常皮肤与敏感性皮肤区分开可能永远无法实现，但提出一些敏感性皮肤的限制条件仍然非常有用。因为敏感性皮肤主要是一种主观状态，所以问卷调查是最合适的工具。其他技术则是为了获得更客观的结果而设计。无论何种情况下，所有用于敏感性皮肤测试的主观或客观工具都可以用于比较研究，特别是那些评价化妆品和药妆品的疗效和（或）安全性的研究。

原文参考文献

Honari G, Andersen RM, Maibach HI. Sensitive Skin Syndrome, 2nd edn. Boca Raton, FL: CRC Press; 2017: 222.

Misery L. Histoire des peaux sensibles. Ann Dermatol Venereol. 2019, 146:247-51.

Bernstein ET. Cleansing of sensitive skin; with determination of the pH of the skin following use of soap and a soap substitute. J Invest Dermatol. 1947, 9:5-9.

Frosch PJ, Kligman AM. A method of apraising the stinging capacity of topically applied substances. J Soc Cosmet Chem. 1977, 28:197-209.

Thiers H. Peau sensible. In: Thiers H, ed, Les Cosmetiques, 2eme edition. Paris: Masson; 1986: 266-8.

Maibach HI, Lammintausta K, Berardesca E, Freeman S. Tendency to irritation: sensitive skin. J Am Acad Dermatol. 1989, 21:833-5.

Berardesca E, Fluhr JW, Maibach HI. Sensitive Skin Syndrome. New York, NY: Taylor & Francis; 2006: 281.

Misery L, Stiinder S, Szepietowski JC, Reich A, Wallengren J, Evers AW, et al. Definition of sensitive skin: an expert position paper from the special interest group on sensitive skin of the International Forum for the Study of Itch. Acta Derm Venereol. 2017, 97:4-6.

Brenaut E, BarnetcheT, Le-Gall lanotto C, Roudot AC, Misery L, Ficheux AS. Role of the environment in sensitive skin from the worldwide patient's point of view: a literature review and meta-analysis. J Eur Acad Dermatol Venereol. 2020, 34:230-8.

Willis CM, Shaw S, de Lacharriere O, Baverel M. Reiche L, Jourdain R, et al. Sensitive skin: an epidemiological study. Br J Dermatol. 2001, 145:258-63.

Farage MA. The prevalence of sensitive skin. Front Med. 2019, 6:98.

Farage MA, Miller KW, Wippel AM, Berardesca E, Misery L, Maibach H. Sensitive skin in the United States: survey of regional differences. Fam Med Med Sci Res. 2013, 2:3.

Misery L, Ezzedine K, Corgibet F, Dupin N, Sei JF, Philippe C, et al. Sex- and age-adjusted prevalence estimates of skin types and unpleasant skin sensations and their consequences on the quality of life: results from a study of a large representative sample of the French population. Br J Dermatol. 2019, 180:1549-50.

Misery L, Weisshaar E, Brenaut E, Evers AWM, Huet F, Stander S, et al. Pathophysiology and management of sensitive skin: position paper from the special interest group on sensitive skin of the International Forum for the Study of Itch (IFSI). J Eur Acad Dermatol Venereol. 2020:34:222-9.

Schmelz M. Itch processing in the skin. Front Med (Lausanne). 2019, 6:167.

Huet F, Misery L. Sensitive skin is a neuropathic disorder. Exp Dermatol. 2019, 28:1470-3.

Misery L. Sensitive skins may be neuropathic disorders: lessons from studies on skin and other organs. Cosmetics. 2021:8:14.

Berardesca E, Fluhr JW, Maibach HI. What is sensitive skin? In: Berardesca E, Fluhr JW, Maibach HI, eds. Sensitive Skin Syndrome. New York, NY: Taylor & Francis; 2006: 1-6.

Farage MA, Katsarou A, Maibach HI. Sensory, clinical and physiological factors in sensitive skin: a review. Contact Dermatitis. 2006, 55(1):1-14.

Maroñas-Jiménez L, González-Guerra E, Guerra-Tapia A. Challenges of investigation. In: Honari G, Andersen RM, Maibach HI, eds. Sensitive Skin Syndrome, 2nd edn. Boca Raton, FL: CRC Press; 2017.

Marriott M, Holmes J, Peters L, Cooper K, Rowson M, Basketter DA. The complex problem of sensitive skin. Contact Dermatitis. 2005, 53:93-9.

Green BG, Shaffer GS. Psychophysical assessment of the chemical irritability of human skin. J Soc Cosmet Chem. 1992, 43:131-47.

Darlenski R, Kazandjieva J, Fluhr JW, Maurer M, Tsankov N. Lactic acid sting test does not differentiate between facial and generalized skin functional impairment in sensitive skin in atopic dermatitis and rosacea. J Dermatol Sci. 2014, 76:151-3.

Jourdain R. Neurosensory assessment. In: Honari G, Andersen RM, Maibach HI, eds. Sensitive Skin Syndrome, 2nd edn. Boca Raton, FL: CRC Press; 2017.

Slodownik D, Williams J, LeeA, Tate B, Nixon R. Controversies regarding the sensitive skin syndrome. Expert Rev Dermatol. 2007, 2:579-84.

Fauger A, Lhoste A, Chavagnac-Bonneville M, Sayag M, Jourdan E, Ardiet N, et al. Effects of a new topical combination on sensitive skin. J Cosmet Sci. 2015, 66: 79-86.

Querleux B, Dauchot K, Jourdain R, Bastien P, Bittoun J, Anton JL, et al. Neural basis of sensitive skin: an fMRI study. Skin Res Technol. 2008, 14(4):454-61.

Seidenari S, Francomano M, Mantavoni L. Baseline biophysical parameters in subjects with sensitive skin. Contact Dermatitis. 1998, 38:311-5.

Jourdain R, Bastien P, de Lacharriere O, Rubinstenn G. Detection thresholds of capsaicin: a new test to assess facial skin neurosensitivity. J Cosmet Sci. 2005, 56:153-66.

Ham H, An SM, Lee EJ, Lee E, Kim HO, Koh JS. Itching sensation and neuronal sensitivity of the skin. Skin Res Technol. 2016, 22(1):104-7.

Dyck PJ, Zimmerman I, Gillen DA, et al. Cool, warm, and heat-pain detection thresholds: testing methods and inferences about anatomic distribution of receptors. Neurology. 1993, 43:1500-8.

Misery L, Brenaut E, Le Garrec R, Abasq C, Genestet S, Marcorelles P, et al. Neuropathic pruritus. Nat Rev Neurol. 2014, 10(7):408-16.

Dyck PJ, Zimmerman IR, Johnson DM, et al. A standard test of heat-pain responses using CASE IV. J Neurol Sci. 1996, 136:54-63.

Huet F, Dion A, Batardiere A, Nedelec AS, Le Caër F, Bourgeois P, et al. Sensitive skin can be small fibre neuropathy: results from a case-control quantitative sensory testing study. Br J Dermatol. 2018, 179:1157-62.

Yosipovitch G, Maibach HI. Thermal sensory analyzer, boon to the study of C and A8 fibers. Curr Probl Dermatol. 1998, 26:84-9.

Buhé V, Vié K, Guéré C, Natalizio A, Lhéritier C, Le Gall-Ianotto C, et al. Pathophysiological study of sensitive skin. Acta Derm Venereol. 2016, 96:314-8.

Primavera G, Berardesca E. Sensitive skin: mechanisms and diagnosis. Int J Cosmet Sci. 2005, 27:1-10.

Inamadar AC, Palit A. Sensitive skin: an overview. Indian J Dermatol Venereol Leprol. 2013, 79:9-16.

Bornkessel A, Flach M, Arens-Corell M, Eisner P, Fluhr JW. Functional assessment of a washing emulsion for sensitive skin: mild impairment of stratum corneum hydration, pH, barrier function, lipid content, integrity and cohesion in a controlled washing test. Skin Res Technol 2005, 11: 53-60.

Falcone D, Uzunbajakava NE, van Erp PEJ, van de Kerkhof PCM. Confocal Raman microspectroscopy: a new paradigm in the diagnosis of sensitive skin? In: Honari G, Andersen RM, Maibach HI, eds. Sensitive Skin Syndrome, 2nd edn. Boca Raton, FL: CRC Press; 2017.

Diogo L, Papoila L. Is it possible to characterize objectively sensitive skin? Skin Res Technol. 2010, 16:30-7.

Gougerot A, Vigan M, Bourrain JL, Mathelier-Fusade P, Tennstedt D, Pons-Guiraud A, et al. Le SIGL: un outil d'évaluation clinique des peaux réactives? Nouv Dermatol. 2007, 26:13-5.

Misery L, Rahhali N, Ambonati M, Black D, Saint-Martory C, Schmitt AM, et al. Evaluation of sensitive scalp severity and symptomatology by using a new score. J Eur Acad Dermatol Venereol. 2011, 25(11):1295-8.

Misery L, Jean-Decoster C, Mery S, Georgescu V, Sibaud V. A new ten-item questionnaire for assessing sensitive skin: the sensitive scale-10. Acta Derm Venereol. 2014, 94:635-9.

Misery L, Jourdan E, Abadie S, Ezzedine K, Brenaut E, Huet F, et al. Development and validation of a new tool to assess the burden of sensitive skin (BoSS). J Eur Acad Dermatol Venereol. 2018, 32:2217-23.

Finlay AY, Khan GK. Dermatology life quality index (DLQI) - a simple practical measure for routine clinical use. Clin Exp Dermatol. 1994, 19:210-6.

Legeas C, Misery L, Fluhr JW, Roudot AC, Ficheux AS, Brenaut E. Proposal for cut-off scores for sensitive skin on sensitive scale-10 in a group of adult women. Acta Derm Venereol. 2021, 101:adv00373.

Chateau Y, Dorange G, Clement JF, Pennec JP, Gobin E, Griscom L, et al. In vitro reconstruction of neuro-epidermal connections. J Invest Dermatol. 2007, 127(4):979-81.

Pereira U, Boulais N, Lebonvallet N, Lefeuvre L, Gougerot A, Misery L. Development of an in vitro coculture of primary sensitive pig neurons and keratinocytes for the study of cutaneous neurogenic inflammation. Exp Dermatol. 2010, 19(10):931-5.

Pereira U, Boulais N, Lebonvallet N, Pennec JP, Dorange G, Misery L. Mechanisms of the sensory effects of tacrolimus on the skin. Br J Dermatol. 2010, 163(1):70-7.

Pereira U, Garcia-Le Gal C, Le Gal G, Boulais N, Lebonvallet N, Dorange G, et al. Effects of sangre de drago in an in vitro model of cutaneous neurogenic inflammation. Exp Dermatol. 2010, 19(9):796-9.

Le Garrec R, L'herondelle K, Le Gall-Ianotto C, Lebonvallet N, Leschiera R, Buhe V, et al. Release of neuropeptides from a neuro-cutaneous co-culture model: a novel in vitro model for studying sensory effects of ciguatoxins. Toxicon. 2016, 116:4-10.

Le Gall-Ianotto C, Andres E, Hurtado SP, Pereira U, Misery L. Characterization of the first coculture between human primary keratinocytes and the dorsal root ganglion-derived neuronal cell line F-ll. Neuroscience. 2012, 210:47-57.

Lebonvallet N, Pennec JP, Le Gall C, Pereira U, Boulais N, Cheret J, et al. Effect of human skin explants on the neurite growth of the PC12 cell line. Exp Dermatol. 2013, 22(3):224-5.

Martorina F, Casale C, Urciuolo F, Netti PA, Imparato G. In vitro activation of the neuro-transduction mechanism in sensitive organotypic human skin model. Biomaterials. 2017, 113:217-29.

Lebonvallet N, Boulais N, Le Gall C, Pereira U, Gauche D, Gobin E, et al. Effects of the re-innervation of organotypic skin explants on the epidermis. Exp Dermatol. 2012,

21(2):156-8.

Lebonvallet N, Jeanmaire C, Danoux L, Sibille P, Pauly G, Misery L. The evolution and use of skin explants: potential and limitations for dermatological research. Eur J Dermatol. 2010, 20(6):671-84.

Lebonvallet N, Pennec JP, Le Gall-Ianotto C, Cheret J, Jeanmaire C, Carre JL, et al. Activation of primary sensory neurons by the topical application of capsaicin on the epidermis of a re-innervated organotypic human skin model. Exp Dermatol. 2014, 23(1):73-5.

Sakka M, Leschiera R. LeGall-Ianotto C, Gouin O, L'herondelle K, Buscaglia P, et al. A new tool to test active ingredient using lactic acid in vitro, a help to understand cellular mechanism involved in stinging test: an example using a bacterial polysaccharide (Fucogel®). Exp Dermatol. 2018, 27:238-44.

第 19 章

神经生理学反应和化妆品皮肤评价

介绍

人体接触物体时会获取不同的数据，这在化妆品领域同样适用。当我们触摸到光滑柔软的毛发或皮肤时，会感到身体健康并引起向往之情。面霜和粉底的滋润度和厚重感也能给我们带来极大的满足感。皮肤表面接受的机械或热刺激所带来的触觉和热感受，让我们感知自身的健康和美丽，以及化妆品所呈现的生动色彩效果。本章将介绍人体使用触觉和热感受器识别物理刺激的神经生理机制。除了化妆品及其成分，还将探究人体皮肤触觉的心理物理学和神经生理学研究。

人体触觉识别机制

触觉和热感受器的结构和反应

人体皮肤中有4种类型的触觉和热感受器，它们分别是迈斯纳小体、梅克尔小盘、鲁菲尼小体和帕西尼小体。这些感受器使我们能够感知大量的触觉信息（详见图19.1）。每一种触觉感受器都具有独特的频率特性（详见表19.1）。这些感受器的协同作用可帮助我们识别高灵敏度和广泛机械刺激，其频率从一赫兹到几百赫兹不等。此外，我们还可以通过温和的冷感受器来感知温度的变化，这些感受器的发射（信号）率会随着皮肤温度的升降而增加或减少，从而区分出温暖和寒冷的温度。接下来，我们将详细阐述这些感受器的机制和反应特征。

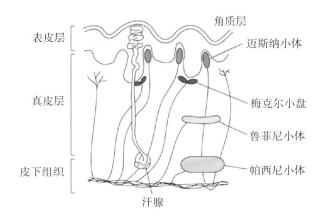

图 19.1　皮肤和触觉感受器的结构

表 19.1　触觉感受器特点

受体	响应	频率	感受域
迈斯纳小体	快适应	几到几十赫兹	小
梅克尔小盘	慢适应	几赫兹或更少	小
鲁菲尼小体	慢适应	—	大
帕西尼小体	快适应	几百赫兹	大

迈斯纳小体是一种位于真皮层与表皮层之间的椭圆形细胞，直径为30～100 μm。它们广泛分布于指腹、外阴和口唇等部位。该小体内核由细胞层组成的薄层板构成，轴突末端插于其中。针对周围神经的微神经造影技术显示，迈斯纳小体属于"快反应Ⅰ型"，对外部刺激强度的变化做出反应，具有直径约数毫米的小感受域。此外，根据正弦振动刺激得到的振动检测阈值曲线，迈斯纳小体主要对几到几十赫兹的刺激做出反应。

目前，研究人员正在对迈斯纳小体的结构和活性进行深入研究。免疫组化研究已经阐明了细胞骨架中间丝的复杂结构。最近，通过选择性缺失迈斯纳小体小鼠的制备，揭示这些触觉感受器的神经反应依赖于两种类型的机械感受器。这一点也通过显微镜检查得到了证实。此外，研究者还利用有限元分析建立了一个模型，以阐明衰老引起的皮肤结构变化如何影响触觉刺激。通过模拟皮肤随年龄增长的立体和物理变化，提出满足感受器振幅检测阈值的刺激百分比随年龄增长而降低的结论。

梅克尔小盘是一种直径约为 10 μm 的椭圆形细胞，与角质形成细胞一起存在于皮肤基底层。该受体由梅克尔细胞和盘状神经末梢组成，由梅克尔细胞棘突固定于表皮突起的底部。此外，该细胞内存在多个囊泡，并能通过机械刺激释放生理活性物质。基于采用显微神经造影术的研究，连续给予机械性刺激期间，梅克尔小盘的反应表现为有小感受域的"慢反应Ⅰ型"。振动检测阈值曲线还表明，迈斯纳小体主要对数赫兹或更低的慢刺激做出反应。

此外，对于利用梅克尔小盘识别机械性刺激的分子机制研究也取得了一定进展。在 2014 年的研究中，证明 piezo2 是一个由 2800 多个氨基酸残基组成的巨大离子通道，可在梅克尔细胞中发挥机械传输通路的作用。研究还表明，梅克尔细胞积极调节对机械性刺激的反应，以提供高时空分辨率，并在梅克尔细胞-神经突复合体的各个单元中分配特定角色。梅克尔细胞-神经突复合体是一种单一的感觉结构，由两个不同的感受器组成，专门用于区分不同的触觉形态。此外，关于形成梅克尔小盘的机制研究也取得了一些进展。据称毛囊内的 sox9 阳性（＋）细胞可以发育成梅克尔细胞。

鲁菲尼小体是一种圆柱形感受器，长度为 0.5～2 mm，直径约为 0.2 mm，位于真皮层深处。鲁菲尼小体分布于人类指腹，但未在其他哺乳动物（除人类）的无毛皮肤中发现。鲁菲尼小体的分布密度较低，其囊泡由神经束膜或成纤维细胞组成，充满液体。鲁菲尼小体属于"缓慢反应型Ⅱ"，对连续的机械性刺激有反应，其感受域较大，但界限不明确。目前对鲁菲尼小体的研究正在进行。有研究回顾了 186 名年龄在 19～92 岁的男性和女性受试者的 372 个切片，结果显示鲁菲尼小体的分布密度小于 0.3/mm²。

帕西尼小体是一种椭圆形感受器，长度较长，直径为 0.5～1.5 mm，分布于真皮层至皮下组织。小体的横切面呈同心圆状（类似洋葱），轴突末端位于中心，周围由层状板组成的内外鳞茎包围；此外，进一步被结缔组织包裹。帕西尼小体的大小明显不同，可肉眼观察到，这在 1741 年的文献中已有报道。基于显微神经学的测量结果，帕西尼小体对机械刺激的反应迅速，属于"快反应型Ⅱ"，具有宽泛的感受域。此外，这些小体对几百赫兹的快速刺激有广泛的反应，这一点可根据振动检测阈值曲线得知。

近年来，已经有人指出了帕西尼小体所构建网络的重要性。对手足部帕西尼小体网络的磁共振成像显示，这些小体以链状形式排列，集中于掌指关节/跖趾关节、近端指骨和指尖周围，除浅层皮下组织和肌腱及关节囊的深层软组织外。研究者们也已经建立了帕西尼小体对机械刺激反应的模型。Summers 等通过对板层曲率进行校正，发现帕西尼小体外带的板层会产生径向向内的刺激，产生聚焦效应。研究表明，这种效应需要较大的外表面积和薄层间距，并被认为是该感受器复杂结构背后的一个基本原理。此外，还有关于帕西尼小体形态与其对机械刺激反应间关系的研究，涉及各种动物。虽然不同动物帕西尼小体的大小和层数各不相同，但其响应频率的区域却几乎相同。值得注意的是，人类和鹅是明显的例外，它们的响应频率被调至更高的频率。

学者们认为，感觉温热/寒冷的热感受器是游离神经末梢。这些神经纤维末端没有专门的结构，也没有髓鞘。髓鞘只能探测到冷热以外的痛觉。分子水平的研究揭示了热感受器感知温热和寒冷的机制，并发现多种随温度而激活的离子通道。在被热激活的通道中，TRPV1/2会产生疼痛感，而TRPV3/4则不会。由降温触发的通道中，TRPM8的激活发生在较低的温度下而不会引起疼痛，而TRPA1的激活则会引起疼痛。

通过分子水平的研究，可以更好地认识这些离子通道的响应特性。例如，通过冷冻电子显微镜观察小鼠TRPV3的结构，发现该通道随着温度变化在开放、闭合和中间状态之间波动。此外，研究表明通道在致敏的第一阶段保持关闭，并揭示了通道开放过程中的稳定机制。Wang等发现多数小神经元属于多模态冷感，而热感则由单个神经元和神经元群体共同检测。这一发现通过对背根神经节中数千个神经元的活体成像完成，背根神经节利用脊髓背根神经节作为外周感觉来源信息中转站的神经元群。

此外，辣椒主要成分辣椒素和薄荷主要成分薄荷醇引起冷热感觉的机制也已得到阐明。辣椒素通过与TRPV1离子通道跨膜结构域形成的口袋结合，通过氢键和范德华相互作用稳定其开放状态。相反，薄荷醇通过选择性地激活TRPM8通道来诱导清凉感。有学者提出，薄荷醇通过与羟基和异丙基结合，诱导并激活跨膜结构域的广泛重组。

触感的心理物理学

人类的触觉和热感受器能够对外部物理刺激做出反应，从而让我们感受到触觉。然而，这种感觉因身体部位的不同而异（详见图19.2）。研究表明，年龄平均为23岁的年轻人的手指和口唇的触觉空间分辨率为2~3 mm，而上臂、背部和大腿的触觉空间分辨率则为15~30 mm，这是根据量化2点阈值实验的结果。显然，指尖和口唇的触觉最为敏感。另外，不同身体部位对热感觉的敏感性也有所不同，例如面部（主要是口唇）更为敏感，而四肢则相对不那么敏感。这些身体部位的触觉敏感性差异与大脑的触觉信息处理区域有关。在后中枢皮质中，处理手部信息的躯体感觉皮质区较大，而处理背部和大腿信息的区域较小。此外，触觉感受器的分布密度也因皮肤部位而异，其中指尖的密度最高，手指和手掌的密度较低。

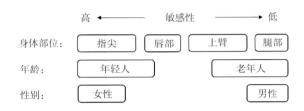

图19.2 触觉敏感性因素

触觉的敏感度随着年龄和性别的变化而发生改变。代表触觉空间分辨率的两点阈值和热感觉的辨别阈值随着年龄的增长而增加，特别是在足趾方面。然而，那些经常使用手和手指感知触觉的视障人士，则能够终身保持主动触觉所感知到的空间分辨率。此外，即使是触摸同一物体，男性和女性的感觉也有所不同。例如，女性的触觉空间分辨率比男性稍好，这被假设是因为平均而言女性的手指比男性小。根据一项关于头发模型纹理偏好的研究，所有女性受试者都认为受损的头发模型表面有大且随机蚀刻的凸起感觉令人不悦。然而，一些男性受试者则喜欢选择模仿毛小皮的具有均匀蚀刻凸起的漂亮头发模型。

皮肤摩擦和触感

人类的皮肤和毛发具有独特的触觉特性，因此它们可以通过触摸进行快速识别。Shirado

等对各种人造皮肤纹理进行了触觉感官评估，并发现人类皮肤的触觉特点是光滑、湿润和柔软。这些特性可以通过材料表面的形状、摩擦力、润湿性和弹性模量来调节。其中，皮肤表面的摩擦力对触觉影响最大。研究人员在20世纪50年代开始研究人体皮肤的摩擦性质，而在20世纪70年代，他们发现人体皮肤具有黏弹性，可以使用幂律而不是简单的阿蒙顿定律来解释。换句话说，当垂直载荷W作用于皮肤时，会产生摩擦力F：

$$F=kW^n$$

在球形探头与皮肤摩擦时，摩擦力F可以用界面分量F_{int}和变形分量F_{def}来解释。其中，F_{int}是指皮肤与探头间接触被破坏而耗散的能量，F_{def}是指探头前方发生黏弹性变形而产生的能量，其中k和n是常数。

众所周知，皮肤的摩擦特性会随着皮肤水分含量的变化而急剧变化。例如，湿润皮肤的摩擦系数会比干燥皮肤更大。尤其是在涂抹水之后，摩擦系数会上升数倍，但这种效应很快就会消失。通过直接测量接触面积，可以证实这是由于皮肤在涂抹水后变软，与探头接触面积扩大。

化妆品成分的触感

化妆品成分的使用会显著影响皮肤的触感。多位研究人员指出，这种触觉变化主要表现在皮肤的摩擦特性上。例如，Egawa等的研究表明，皮肤角质层的含水量增加会导致摩擦系数的增加，皮肤表面形态和黏度的差异也会影响摩擦系数的变化，这些变化与感官分析密切相关。

大量研究表明，液体的感觉可以传递各种触觉体验。在一项涉及20名受试者测试15种液体的实验中，研究者发现，"令人愉快"和"粗糙"分别与"丝滑"和"凹凸不平"感觉相关。此外，高含水量的流体通常具有更高的法向和切向振动，同时摩擦力更小。相比之下，较高的黏度评分与强摩擦相关，而较低的振动因子评分则与黏度高的流体相关。另外，研究还发现，甘油水溶液、矿物油和增稠剂溶液的触感与质地分析仪等设备评价的流变性能密切相关。

Calxto和Campos的研究则关注添加紫外线吸收剂对触觉的影响。他们对添加了紫外线吸收剂的化妆品配方进行了180天的触觉和流变学研究，发现紫外线吸收剂对配方的触感产生了强烈的影响，而铺展性和剪切力也与触感密切相关。

据报道，化妆品粉末的触感受到摩擦性能的强烈影响。Kikegawa等和Tsuchiya等已经系统地确定了盘状、球形或不规则形粉末的触感与物理性质之间的关系。观察到静态和动态摩擦系数之间存在较大差异时，物体的湿感会增加，而当动态摩擦系数和摩擦阻力的变化较小时，物体的光滑感会增加（参见图19.3）。这种特性与盘状粉末密切相关，例如月桂酰赖氨酸〔$C_{11}H_{23}CONHC_4H_8C（NH_2）COOH$〕和疏水绢云母。报道还指出，光滑感的成因与球状粉末相关，这种感觉会随着摩擦系数降低而增强。

已有多项研究探究了化妆品成分在皮肤和头发表面的触感。研究使用水、硅胶和O/W乳剂对湿发的触觉、表面温度和摩擦特性进行评价，以确定湿发的触觉特性及其物理来源（见图19.4）。研究结果显示，表面温度因汽化热而降低，湿润感因加水而增加。然而，硅油润湿的润滑作用可提高头发的光滑度和柔软度。相比之下，由于表面活性剂残留于头发表面，O/W乳剂增加了头发的黏性。

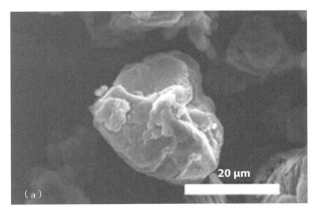

图19.3 具有湿润和光滑感觉的化妆品粉末：经烷基硅烷处理的绢云母（a）和N–月桂酰–L–赖氨酸（b）

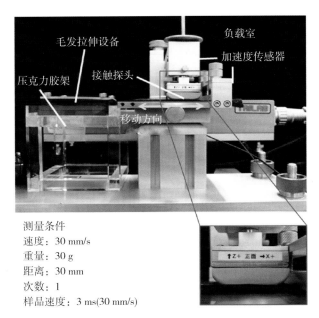

测量条件
速度：30 mm/s
重量：30 g
距离：30 mm
次数：1
样品速度：3 ms(30 mm/s)

图19.4 摩擦评价系统和接触探头手指模型的图像

化妆品的触感

许多研究已经聚焦于化妆品的触感特性，特别是护肤品的触感。在这些研究中，皮肤的摩擦特性被认为是最主要的触觉影响因素之一。例如，Shimizu等进行了研究，评估了使用护肤霜后皮肤的触觉感受，并报道了使用O/W或W/O霜剂后对皮肤的水润感、光滑度、柔软度和温热感的影响（参见图19.5）。这些性质与摩擦特性和皮肤表面形状及机械属性相关。原子力显微镜被用来评价霜剂处理皮肤的摩擦力，特别是纳米级摩擦现象。观察结果表明，

护肤霜可以减少皮肤表面的粗糙度，增加皮肤的亲水性和柔软度。此外，更高的黏度导致更大的摩擦力，从而提高皮肤的耐受性。使用人造手指来评估使用霜剂的皮肤模型的摩擦参数和触觉间的相关性。涂抹乳膏后，光谱矩心、黏附系数及摩擦系数增加，垂直偏差减小；此外，这些参数与细腻度、油腻度、黏性和光滑度相对应。涂抹于乳霜的皮肤摩擦力频谱也被评价。使用人造手指摩擦猪皮或人造皮革后，在这些表面涂抹乳液，振动振幅降低，感觉更平滑。当法向力和摩擦速度增加时，乳膏处理后皮肤的平滑度增加。此外，还研究了配方相行为对触觉感受的影响。通过测量食指与涂有液晶相结构模型配方的人造皮肤间的摩擦，可以检测出液晶相结构模型配方与普通保湿面霜间的差异和相变。此外，皮肤含水量与摩擦系数之间存在相关性，皮肤含水量越高，摩擦系数也越高。

触觉和摩擦之间的相关性不仅被用于评价护肤品，还可以用于评价化妆品，尤其是粉底的质量。研究者使用滑动测试仪模拟人手指间的相互摩擦，对粉底进行评价，并通过获得各种类型的摩擦信号进行特征提取和建模，其中傅里叶变换等方法被广泛采用。研究结果表明，在某些情况下，低摩擦并不一定能保证较高的舒适度。相反，更高的静态摩擦和更大的

振动有时会产生更舒适的触感。另外，已经证明，通过对粉底进行往复滑动摩擦试验，可以获得切向弹簧挠曲的时变信号轨迹轮廓，从而无需进行感觉评价就可以开展触觉相似性实验。

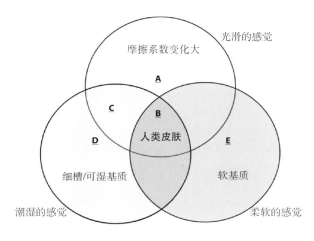

图 19.5　人体皮肤触感特征因素

在评价已上市的沐浴露对皮肤的摩擦性能时，研究者发现了8种不同沐浴露之间显著的差异。特别是，研究证实，摩擦性能会随着凝胶中油性成分的类型而变化，无论是否添加增稠剂。这表明，触觉性能可以通过高精度的摩擦评价来量化。

感官的触觉和摩擦对于彩妆的研究也有一席之地。在通过手指模型评估不同类型的化妆海绵时，受试者发现使用手指触摸比较坚硬的海绵会感到不适。此外，触觉的变化也与摩擦因素有关，例如摩擦系数、时间模式、机械和几何因素。Asanuma等研究表明，在使用化妆棉摩擦皮肤时，海绵孔壁的厚度、表面张力以及动态摩擦过程中摩擦系数的变化会影响其光滑度。

结论和展望

迄今为止，已经详细阐明了触觉感受器的结构以及感知触觉的基本特性。此外，在量化化妆品的特性和皮肤触觉方面，摩擦评价的研究也有了进展。然而，尚未建立一个综合模型，来涵盖皮肤表面发生的物理现象以及神经和大脑发生的生物和心理现象。皮肤触感的激发过程和化妆品可用性的整体图景仍然不够清晰。为了解决这一关键问题，研究者们通过在人工皮肤或基质（如玻璃）上涂抹水、表面活性剂、增稠剂、乙醇、电解质和油溶液等物质来决定皮肤的质地，然后让受试者触摸这些溶液。感官和摩擦评价的结果显示，水的质地质量在应用过程中会产生"吱吱"的感觉。当表面摩擦阻力快速变化时，会出现黏滑现象。使用有限元方法模拟施加在触觉感受器上的应变能时，发现迈斯纳小体和帕西尼小体在4种触觉感受器间具有特征模式。未来，这种跨学科的详尽研究预计将取得更多进展，揭示化妆品领域更完整的图景。

原文参考文献

Hertenstein M, Weiss S, (2011). The Handbook of Touch: Neuroscience, Behavioral, and Health Perspectives. New York, NY: Springer Publishing Company, Chapter 2.

Bolanowski SJ, Gescheider GA, Verrillo RT, Checkosky CM (1988). Four channels mediate the mechanical aspects of touch. J Acoust Soc Am 84(5):1680-1694.

Gescheider A, Bolanowski SJ, Hardick KR (2001). The frequency selectivity of information-processing channels in the tactile sensory system. Somat Motor Res 18(3): 191-201.

Patapoutian A, Peier AM, Story GM, Viswanath V (2003). ThermoTRP channels and beyond: mechanisms of temperature sensation. Nat Rev Neurosci 4(6):529-539.

Cauna N, Ross LL (1960) The fine structure of Meissner's touch corpuscles of human fingers. J Biophys Biochem Cytol 8(2):467-482.

Vallbo' AB, Johansson RS (1984). Properties of cutaneous mechanoreceptors in the human hand-related to touch sensation. Human Neurobiol 3(1):3-14.

Garcia-Piqueras J, Cobo R, Carcaba L, Garcia-Mesa Y, Feito J, Cobo J, Garcia-Suarez O, Vega JA (2020). The capsule of human Meissner corpuscles: immunohistochemical evidence, J Anat 236(5):854-861.

Neubarth NL, Emanuel AJ, Liu Y, Springel MW, Handler A, Zhang Q, Lehnert BP, Guo C, Orefice LL, Abdelaziz A, DeLisle MM, Iskols M, Rhyins J, Kim SJ, Cattel SJ, Regehr W, Harvey CD, Drugowitsch J, Ginty DD (2020). Meissner corpuscles and their spatially intermingled afferents underlie gentle touch perception. Science 368(6497): 2751.

Jobanputra RD, Boyle CJ, Dini D, Masen MA (2020). Modelling the effects of age-related morphological and mechanical skin changes on the stimulation of tactile mechanoreceptors. J Mech Behav Biomed Mater 112(1):104073.

Ebara S, Kumamoto K, Baumann KI, Halata Z (2008). Threedimensional analyses of touch domes in the hairy skin of the cat paw reveal morphological substrates for complex sensory processing. Neurosci Res 61(2):159-171.

Woo SH, Ranade S, Weyer AD, Dubin AE, Baba Y, Qiu Z, Petrus M, Miyamoto T, Reddy K, Lumpkin EA, Stucky CL, Patapoutian A (2014). Piezo2 is required for Merkel-cell mechanotransduction. Nature 509(7502):622-626.

Maksimovic S, Nakatani M, Baba Y, Nelson AM, Marshall KL, Wellnitz SA, Firozi P, Woo SH, Ranade S, Patapoutian A, Lumpkin EA (2014). Epidermal Merkel cells are mechanosensory cells that tune mammalian touch receptors. 509(7502):617-621.

Nguyen MB, Cohen I, Kumar V, Xu Z, Bar C, Dauber-Decker KL, Tsai PC, Marangoni P, Klein OD, Hsu YC, Chen T, Mikkola ML, Ezhkova E (2018). FGF signalling controls the specification of hair placode-derived SOX9 positive progenitors to Merkel cells. Nat Comm 9:2333.

Chambers MR, Andres KH, von Duering M, Iggo A (1972). The structure and function of the slowly adapting type II mechanoreceptor in hairy skin. Q J Exp Physiol Cogn Med Sci 57(4):417-445.

Cobo R, García-Mesa Y, Carcaba L, Martin-Cruces J, Feito J, García-Suárez O, Cobo J, Garcia-Piqueras J, Vega JA (2021). Verification and characterisation of human digital Ruffini's sensory corpuscles. J Anat 238(1):13-19.

Spencer PS. Schaumburg HH (1973). An ultrastructural study of the inner core of the Pacinian corpuscle. J Neurocytol 2(2):217-235.

Germann C, Sutter R, Nanz D (2020). Novel observations of Pacinian corpuscle distribution in the hands and feet based on high-resolution 7-T MRI in healthy volunteers. Skeletal Radiol 50(6): 1249-1255.

Pitts-Yushchenko S, Winlove CP (2018). Structure of the Pacinian corpuscle: insights provided by improved mechanical modeling. IEEE Trans Haptics 11(1):146-150.

Quindlen-Hotek JC, Bloom ET, Johnston OK, Barocas VH (2020) An inter-species computational analysis of vibrotactile sensitivity in Pacinian and Herbst corpuscles. R Soc Open Sci 7:191439.

Singh AK. McGoldrick LL, Demirkhanyan L. Leslie M. Zakharian E, Sobolevsky AI (2019). Structural basis of

temperature sensation by the TRP channel TRPV3. Nat Struct Mol Biol 26(11):994-998.

Wang F, Bélanger E, Côtá S, Desrosiers P, Prescott SA, Côté DC. Koninck YD (2018). Sensory afferents use different coding strategies for heat and cold. Cell Rep 23(7):2001-2013.

Yang F, Zheng J (2017) Protein understand spiciness: mechanism of TRPV1 channel activation by capsaicin. Cell 8(3):169-177.

Xu L, Han Y, Chen X, Aierken A, Wen H, Zheng W, Wang H, Lu X, Zhao Z, Ma C. Liang P. Yang W, Yang S, Yang F (2020) Molecular mechanisms underlying menthol binding and activation of TRPM8 ion channel. Nat Commun 11:3790.

Stevens JC, Choo KK (1996). Spatial acuity of the body surface over the life span. Somatosens Mot Res 13(2):153-166.

Stevens JC, Choo KK (1998). Temperature sensitivity of the body surface over the life span. Somatosens Mot Res 15(1):13-28.

Penlield W, Boldrey E (1937). Somatic motor and sensory representation in the cerebral cortex of man as studied by electrical stimulation. Brain 60(4):389-443.

Johansson RS, Vallbo ÅB (1983). Tactile sensory coding in the glabrous skin of the human hand. Trends Neurosci 6(1):27-32.

Legge GE, Madison C, Vaughn BN, Cheong AMY, Miller JC (2008). Retention of high tactile acuity throughout the life span in blindness. Percept Psychophys 70(8): 1471-1488.

Peters RM, Hackeman E, Goldreich D (2009). Diminutive digits discern delicate details: fingertip size and the sex difference in tactile spatial acuity. J Neurosci 29(50): 15756-15761.

Nakatani M, Kawasoe T, Denda M (2011). Sex difference in human fingertip recognition of micron-level randomness as unpleasant. Int J Cosmet Sci 33(4)346-350.

Shirado H, Maeno T, Nonomura Y (2007). Development of artificial skin having human skin-like texture (realization and evaluation of human skin-like texture by emulating surface shape pattern and elastic structure), Trans Jpn Soc Mech Eng Ser C 73(726):541-546.

Naylor PF (1955). The skin surface and friction, Br J Dermatol 67(7):239-246.

Comaish S. Bottoms E (1971). The skin and friction: deviations from Amonton's laws, and the effects of hydration and lubrication. Br J Dermatol 84(1):37-43.

Adams MJ. Briscoe BJ, Johnson SA (2007). Friction and lubrication of human skin. Tribol Lett 26(3):239-253.

Liu X, Lu Z, Lewis R, Carre MJ, Matcher SJ (2013). Feasibility of using optical coherence tomography to study the influence of skin structure on finger friction. Tribol Int 63(1):34-44.

Egawa M, Oguri M, Hirao T, Takahashi M. Miyakawa M

(2002). The evaluation of skin friction using a frictional feel analyzer. Skin Res Technol 8(1):41-51.

Guest S. Mehrbyan A, Essick G, Phillips N, Hopkinson A, McGlone F (2012). Physics and tactile perception of fluid-covered surfaces. J Texture Stud 43(1):77-93.

Tai A, Bianchini R. Jachowicz J (2014). Texture analysis of cosmetic/pharmaceutical raw materials and formulations. Int J Cosmet Sci 36(4):291-304.

Calixto LS, Maia Campos PMBG (2017). Mechanical characterization of cosmetic formulations and correlation between instrumental measurements and sensorial properties. Int J Cosmet Sci 39(5): 527-534.

Kikegawa K. Kuhara R. Kwon J. Sakamoto M. Tsuchiya R, Nagatani N, Nonomura Y (2019). Physical origin of a complicated tactile sensation: "Shittori feel". R Soc Open Sci 6(7):190039.

Tsuchiya R, Kuhara R, Kikegawa K. Nagatani N, Nonomura Y (2020). Tactile and physical properties of cosmetic powders with a shittori feel. Bull Chem Soc Jpn 93(3):399-405.

Kato Y. Kuhara R, Sakamoto M, Tsuchiya R. Nagatani N, Nonomura Y. Recognition mechanism of the "Sara-sara feel" of cosmetic powders. J Oleo Sci 70(2): 195-202.

Aita Y, Nonomura Y (2016). Friction and surface temperature of wet hair containing water, oil, or oil-water emulsion. J Oleo Sci 65(6):493-498.

Shimizu R. Nonomura Y (2018). Preparation of artificial skin that mimics human skin surface and mechanical properties. J Oleo Sci 67(1):47-54.

Bharat B (2012). Nanotribological and nanomechanical properties of skin with and without cream treatment using atomic force microscopy and nanoindentation. J Colloid Interface Sci 367(1):1-33.

Tang W, Zhang J, Chen S, Chen N, Zhu H, Ge S, Zhang S (2015). Tactile perception of skin and skin cream. Tribol Lett 59(1):24.

Ding S, Bhushan B (2016). Tactile perception of skin and skin cream by friction induced vibrations. J Colloid Interface Sci 481(1):131-143.

Skedung L, Buraczewska-Norin I, Dawood N, Rutland MW, Ringstad L (2016). Tactile friction of topical formulations. Skin Res Technol 22(1):46-54.

Horiuchi K, Kashimoto A, TsuchiyaR. YokoyamaM, Nakano K (2009). Relationship between tactile sensation and friction signals in cosmetic foundation. Tribol Lett 36(2):113-123.

Nakano K. Kobayashi K, Nakao K, Tsuchiya R, Nagai Y (2013). Tribological method to objectify similarity of vague tactile sensations experienced during application of liquid cosmetic foundations. Tribol Int 63(1):8-13.

Yardley R, Fan A, Masters J. Mascaro S (2016). Haptic characterization of human skin in vivo in response to shower gels using a magnetic levitation device. Skin Res Technol 22(2):115-127.

Takahashi A, Suzuki M, Imai Y, Nonomura Y (2015) Tactile texture and friction of soft sponge surfaces. Colloids Surf B Biointerfaces 130(1):10-15.

Asanuma N, Aita Y, Nonomura Y (2018). Tactile texture of cosmetic sponges and their friction behavior under accelerated movement. J Oleo Sci 67(9):1117-1122.

Guest S, McGlone F, Hopkinson A, Schendel ZA, Blot K, Essick G (2013). Perceptual and sensory-functional consequences of skin care products. J Cosmet Dermatol Sci Appl 3(1A):26937.

Nonomura Y, Fujii T, Arashi Y, Miura T, Maeno T, Tashiro K, Kamikawa Y, Monchi R (2009). Tactile impression and friction of water on human skin. Colloids Surf B Biointerfaces 69(2):264-267.

Nonomura Y, Arashi Y, Maeno T (2009). How do we recognize water and oil through our tactile sense? Colloids Surf B Biointerfaces 73(1):80-83.

Nonomura Y, Miura T, Miyashita T, Asao Y, Shirado H, Makino Y, Maeno T (2012). How to identify water from thickener aqueous solutions by touch. J R Soc Interface 9(71):1216-1223.

第20章

皮肤炎症的无创临床评价

炎症的临床定义最早由Galen（公元13—200年）提出，他在Aulus Cornelius Celsus（公元前25年—公元50年）的症状列表中添加了"功能丧失"。如今，我们已知炎症涉及特定的细胞，这些细胞以复杂的机制释放细胞因子级联，每个细胞都可能成为药物靶点。因此，对各种疾病中细胞因子模式的认知日益详细，这不仅有助于新型药物的研发，还有助于多种生物标志物的鉴定。

然而，炎症的评价是在生物学背景下进行的，即炎症现象是核心事件，而不是特定的细胞因子。由于其临床表现已被确定，因此可用多种方法进行评价，得到一个临床测量谱。许多方法（包括生物物理方法）只要符合方法学标准，就可以适用。

因此，炎症的基本临床评价仍然涉及Galen的概念，即灼热（热）、疼痛（痛）、泛红（红）、肿块（肿胀）和机能丧失（功能丧失）（见图20.1和图20.2）。本章将对这些经典参数的量化进行更新。

灼热

"Calor"一词源自拉丁语，意为热量或温暖。皮肤的热感是由于血液流入增多所引起的。血管扩张会导致该区域的血流量增加。

温度

一种最为直接的方法是对热量进行简单的测量。虽然该方法依赖于接触方式，在高度标准化的情况下可行，但仍存在问题，因为接触可能会无意中导致微血管受压。此外，测量区的遮挡也可能会影响其本身的温度。因此，对于皮肤测量而言，采用简单的接触测量方法（如玻璃内汞温度计）难以实现。

热色液晶

热色液晶（Thermochromic liquid crystals，TLCs）在特定温度下会呈现出特定的颜色。它是一种液晶胆甾相材料，其光学性质会随温度的变化而发生改变。当白光照射在TLC上时，它会反射不同波长的可见光谱，这意味着晶体在不同的温度下会呈现不同的颜色。

理论上来说，TLC可以直接涂抹于皮肤上。然而，在大多数情况下，TLC被应用于固定于皮肤上的设备中。这些设备可以被被动地附着于皮肤表面，以减少在后续测量中更换设备所引起的个体内和个体间差异。

非接触式温度测量：红外测量

分子运动在任何非绝对零度的材料中都会发生，会导致表面发射红外辐射。冷物体发射功率和频率都较低，而热物体则相反。这些温度计价格便宜，易于使用红外测量被用于大规模扫描测量（如飞机乘客），因为它能准确反映核心温度。此外，它们也可用来测量皮肤温度。只要遵循适当操作流程并尽量减少变异和产热因素，这些简单的工具在价格、准备时间

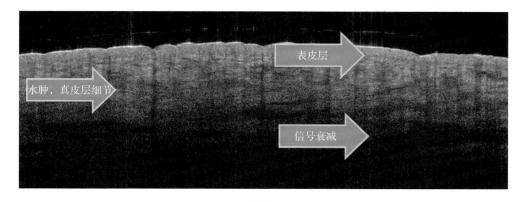

图 20.1

随着炎症变化可能发生的结构信息。以正常皮肤的 OCT 横切面图像为例，可以指出炎症可能改变的一些结构，例如表皮层厚度、结构清晰度、信号衰减以及图像清晰度的降低，这些变化在任何成像中都可能发生。

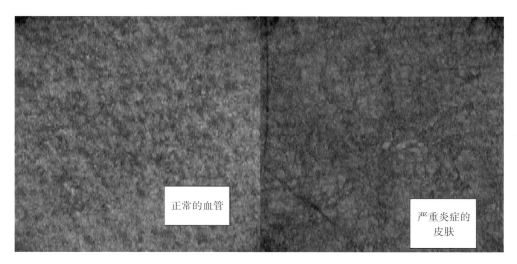

图 20.2

随着炎症变化的是血管信息。以正常皮肤的 OCT 面部图像为例，可以指出炎症皮肤的一些变化，例如血管直径、流量和密度等。

和功能方面都非常吸引人。

温度记录

热成像技术结合多种红外测量方法，通过呈现一个源于特定表面（如皮肤）红外发射变化的图像，展示一个原型热图。物体的红外能量发射、传输和反射是温度变化的指标，高温下，皮下组织也会表现出明显的变化。因此，热成像不仅能够测量平均温度数值，还能够显示空间变化，从而识别局部异常。这些异常主要由于皮肤炎症（如化脓性汗腺炎）所导致的皮损，这些皮损可能位于正常外观的皮肤上。

此外，热成像还能够提供实时皮肤表面图像，以便监测早期事件。

微循环系统

高频超声

高频超声是皮肤科中一个重要的诊断工具，其物理原理是依靠超声换能器发射的脉冲声波。声波的频率不同，有高频和低频之分，这既影响声波的穿透性，也影响图像的分辨率。高频超声探头的频率大于 10 MHz，波长较短，使得靠近皮肤表面的物体有更好的吸收和分辨率，因此在皮肤科应用越来越多。超声换能器在发射和记录组织声波之间切换，记录声波回声的时间延迟提供组织内在变化信息，如解剖性血管分布和密度。高频超声是一种安全、实用且方便的方法。

高频超声能够显示正常和病变皮肤血流量和水肿的结构，使得定性和定量更为方便，当皮肤处于炎症状态时，血流量和水肿均增加。此外，高频超声在银屑病和皮炎等疾病中也可观察皮肤厚度并评价慢性炎症性皮肤体征时进行测量。最后，高频超声还能测量皮肤肿瘤的边界和厚度。

动态光学相干断层扫描

光学相干断层扫描（Optical coherence tomography，OCT）是一种高分辨率的成像技术，它能够生成组织内部微结构的横断面图像、计算机生成的面部图像或微米级分辨率的三维（3D）图像。由于背向散射光强度的差异，组织形态得以被可视化。OCT使用单色高速相干光源，根据光源波长，光在软组织的穿透深度通常在毫米范围内。因此，OCT可提供皮肤浅层的成像，以及利用OCT扫描的性质所提供的横断面图像来创建3D视图。大多数OCT系统的实际穿透深度约为1 mm。这可以更详细地分析皮肤结构，提高诊断能力。

与传统OCT不同，动态OCT（D-OCT）是一种特殊的OCT，它能够实时在体评价血流/血管，包括血管直径、形状和位置。这在评价微血管过度活跃的皮肤病变时非常有用，通常见于炎症病变。使用D-OCT时的关键技术考虑包括手持式OCT探头的挑战。为避免压迫浅表血管，探头应置于与皮肤表面平行且无压力的稳定位置。对浅表微血管施加过多压力可导致血流速度降低。最后，D-OCT对即使微小的运动也非常敏感，因此应尽可能固定探头。

OCT不仅可以通过评价血管扩张和相对灌注来量化炎症，还可以通过评价水肿来量化炎症，详见本章"肿胀（肿）"部分。

皮肤血流（激光多普勒血流仪）

激光多普勒血流仪是一种广泛应用于医学领域的技术，可在皮肤科提供无创、非接触的微血管灌注定量方法。该技术可连续测量组织的血流灌注，通过将组织暴露于低能量氦-氖激光下以确定血液灌注情况。当激光与组织内移动的物体（主要是红细胞）相互作用时，频率就会发生变化。通过检测反射激光的变化，可以确定红细胞的数量，从而进一步确定组织的灌注情况。虽然激光多普勒血流测定法对运动产生的干扰较为敏感，但该技术具有高精度的灌注测量能力，对血流微小变化也很敏感。

疼痛

痛觉是指疼痛的感觉，是炎症的关键特征之一。痛觉的引发原因包括组织水肿和炎症介质（如缓激肽和前列腺素）。疼痛体验的产生是由大脑和身体间复杂的相互作用所介导的。疼痛是一种可以被感知的现象，因此常常被主观地描述和评价。近年来，患者自我报告结局评价工具（patient reported outcome measures，PROMs）已成为临床医生评估患者症状（如疼痛）与研究相关预后的重要工具。PROMs可使临床医生更深入地了解高度相关的患者视角。以疼痛为例，PROMs可以是简单的疼痛视觉模拟量表（VAS）或数字评定量表（Numeric Rating Scale，NRS），也可以是更复杂的McGill疼痛问卷。

脑活动影像学

在研究疼痛影响时，缺乏客观测量仪器（Objective measurement instruments，OMIs）。然而，近年来，功能磁共振成像（functional magnetic resonance imaging，fMRI）为客观评价疼痛提供了重要的手段。

客观测量仪器——功能磁共振成像

功能磁共振成像（fMRI）是一种安全、高灵敏度的工具，可提供大脑活动信息。当质子暴露于磁场中时，会产生电磁信号，fMRI扫描仪能够探测到这些信号，并确定其来源的性质。因此，通过将大脑暴露于多个磁场中，fMRI能够提供关于局部大脑活动的有价值信息，具有高空间分辨率。此外，fMRI扫描仪能够观察到大脑不同区域氧合和非氧合血液供应的差异，这种现象被称为血氧水平依赖（blood-oxygen-level-dependent，BOLD）对比。高水平氧合血与较高的神经元活动相关，因此BOLD对比现象进一步增加fMRI的空间分辨率。研究表明，当个体经历疼痛时，大脑的前扣带回皮质、次级躯体感觉皮质（S1和S2）和岛叶会持续激活。最后，这四个部位的激活与临床疼痛指标间的联系已被证实。因此，通过对活动中枢的研究，fMRI可成像疼痛的主观效应，从而成为疼痛的客观评价工具。

泛红

泛红是炎症过程中皮肤出现的一种发红现象。皮肤发红的原因是由于小血管扩张所致，因此在"灼热"部分提到的许多方法同样适用于此情况。

颜色

人类的眼睛可以观察到无数种颜色，这些颜色可以通过不同的方式被感知和描述，取决于观察者的视角。因此，对于皮肤颜色的评价很大程度上取决于观察者，通常相当主观。这种主观性造成了很大的异质性，也阻碍了科学环境中所需一致的颜色信息交流方式的机会。为了测量皮肤颜色的变化，色度计是一种独立于观察者的定量方法，主要用于测定皮肤的红斑和黑素沉着程度。

此外，要准确地交流观测到的颜色变化，需要对颜色进行客观定义、数值测量系统和通用通信协议的规范化。CIELAB（通常称为L*A*B*）色彩空间系统在1976年被国际照明委员会标准化，提出了一个被广泛接受和明确的参考系统，用于量化和交流颜色。LAB是一个三轴颜色系统，其中L*代表亮度或明度，从白色到黑色。A*轴从红色到绿色，B*轴从黄色到蓝色。这些3D LAB轴的组合创建了一个覆盖人类所有色彩感知范围的模型。真皮内的血管大小和流量会影响皮肤的微红外观，从而影响A*值，而皮肤色素沉着（黑素）与L*值相关。

广泛使用的比色装置包括色度计和分光光度法。

色度计

三刺激值色度计是一种可客观量化颜色外观的设备，通常被称为色度计。它的主要部分包括光源、一组彩色滤光片，以及测量透射光的探测器和分析器。

色度计的工作原理依赖于样品反射未被吸收的特定波长的光束，并通过一组模拟人眼视锥细胞的光谱敏感性的彩色滤光片。这些滤光片通常采用红、绿、蓝三色。随后，透镜将光线引导至探测器，在此处测量透射光。最后，分析仪将透射光与已有标准进行比较分析。

市场上有各种色度计设备。在使用前建议进行校准，并确保测量头垂直于皮肤表面。此外，为避免测量不准确，测量头不应过度用力压在皮肤上。

分光光度计

分光光度计是一种用来分析光波整个光谱特征的工具，其波长覆盖范围从360 nm到700 nm。与使用三刺激吸收滤光片的色度计不同，分光光度计采用干涉滤光片来隔离窄谱波长，因此它能够测量皮肤颜色的全光谱特征，并具有高度准确性，能够测量色度计可能遗漏的颜色。

图像分析

图像分析是一系列从图像中提取有意义信息的方法，可应用于多种记录方法下的图像，包括X射线。在皮肤科领域，图像分析有着许多优势，例如非接触式检查、更大的研究区域以及实施附加技术以控制细节并提高诊断水平。

对于红斑的评价，可以采用多种方法，包括数字彩色成像、偏振光成像、荧光成像、显微成像和光谱成像等。如果在严格标准化的条件下记录电子图像，并包括颜色参考，则可能在不同层次进行一些检测后进行分析。通常是对像素进行分析，分析可以直接在图像上进行，也可以修改图像。使用Matlab软件（Release 8.1，2013，MathWorks, Inc.），可以将每个像素从电子摄影中使用的RGB色空间转换为L*A*B*（CIELAB）色空间，并将平均L*A*B*值分配给感兴趣的区域，例如干预和控制图像。人工智能在图像分析领域的快速发展无疑将使这一临床指标的领域发生革命性变化。

肿块（肿胀）

肿块或肿胀是炎症的另一典型临床表现。起初，肿胀可能是散在的，与红斑相比似乎不那么引人注目，但若持续肿胀，则可能是慢性瘢痕的前兆，导致炎症性皮肤问题在急性期之后持续存在。肿胀可以通过多种方法进行量化，其中大多数仍然是实验方法。

肿胀的简单测量方法

在已知四肢或头部原始比例的情况下，可以测量其周长的绝对变化，从而反映肿胀的程度，单位为厘米（cm）。然而，在其他区域进行测量则比较困难。除了实际可触及的组织水肿之外，散在皱纹的消失也是水肿的一种临床表现，但很难准确列举。总体来说，这种粗略的方法看起来比实际应用更容易，但很难量化，也不能很好地定位水肿。

水肿成像

医疗成像技术如MRI或CT扫描等常规技术，可以用于识别可能或甚至可能不累及皮肤的深层水肿。然而，它们的穿透深度受到一定的限制，因此必须通过肉眼综合结果进行选择。

任何类型的高分辨率成像技术都能够提供皮肤组织肿胀的定量记录。这些限制主要源于方法学上的局限性。

水肿皮肤的功能变化

皮肤水肿除了引起各种其他功能障碍外，还可能导致一些可以通过物理检查发现的机械性变化。点蚀按压法是一种经典的方法，即在水肿的部位施加局部压力，然后在皮肤上产生持续性的压痕。这些压痕的深度和恢复时间可以反映水肿的程度。另外，水肿还会导致肿胀的肢体围度增大。

机能丧失

机能丧失是炎症的重要表现之一，其原因多种多样，包括疼痛、感觉功能障碍或水肿引起的机械功能障碍。所有这些因素均会导致机能丧失，并使病变扩散至炎症局部以外。

屏障功能障碍：经表皮失水（TEWL）

皮肤的水屏障功能可以通过表皮失水（TEWL）测量来客观研究。TEWL评价单位时间内经过皮肤角质层固定面积被动蒸发到外界环境而不被感知的水量。

表皮层的一个关键功能是渗透性屏障，它允许角质层细胞的细胞外脂质基质通过。脂质基质主要含有神经酰胺、游离脂肪酸和胆固醇，而细胞膜则主要含有磷脂。渗透屏障可以防止微生物和化学物质等环境影响因素渗透，从而调节TEWL，防止过多的水分流失。正常健康皮肤的水扩散梯度通量为$0.5 \sim 1.0 \text{ mg/cm}^2/\text{h}$，平均TEWL为$400 \sim 500 \text{ mL/d}$。因此，TEWL测量是皮肤屏障功能的间接反映，TEWL测量异常与皮肤屏障功能障碍相关。TEWL测量值的升高与特应性皮炎、鱼鳞病和银屑病等多种临床疾病相关。

　　TEWL是通过测量皮肤固定区域蒸发的水通量来推断的。已经有多种局部皮肤部位测量TEWL的装置，包括开放式、闭式/不通风和通风/冷凝室装置。其中一种广泛应用的技术是开放室装置。该装置使用一个开放的圆柱形探头垂直放置在与皮肤接触的位置，允许水蒸气通过开放的腔室扩散。垂直排列的传感器检测湿度和温度，由此可计算出水梯度。开放室装置系统可以连续测量TEWL，并且不封闭皮肤，因此几乎不会影响皮肤的微环境。然而，由于开放室系统容易受到外界因素的干扰，其局限性较大。另一种技术是通风/冷凝室装置。该装置使用干冰或潮湿的载气位于圆柱形探针的顶部。当水蒸气凝结成冰后，会从探头中移除水分，从而使其能够进行连续的TEWL测量。使用圆柱形探头的封闭/不通风室装置因其顶部封闭，不太可能受到外部因素（如气流）的影响。该设备不能进行连续测量，因为水蒸气需要从探头中逸出，通常在每次测量之间会抬起探头。各种环境和内源因素（如环境湿度、温度和气流）都会影响TEWL的测量值。在解释导出的TEWL值时，必须对内源因素（如种族、解剖部位和汗腺活动）进行谨慎描述。

机械性和感觉性功能障碍

　　机械性功能障碍的表现包括肿胀引起的炎症，使得关节无法活动（详见"肿胀"部分）。扩张的血管会增加血流量（详见"灼热"部分），也可能干扰周围感觉神经末梢，导致感觉功能障碍。其他表现包括因疼痛所致的感觉或机械性功能障碍（详见"疼痛"部分）。

皮肤炎症的无创临床评价

　　生物标志物有多种形式，它们基本反映了医学技术的演变。从最初的简单但有体系的临床观察开始，到现在使用分子生物学方法识别特定细胞因子模式（见图20.3）。因此，需要认识到，尽管这些OMIs的病理生理学准确性不同，但它们都有有效的原则。此外，行政环境也可能对药物研究产生影响，因为其受制于监管当局的要求。实用性和可用性也是需要考虑的重要因素。

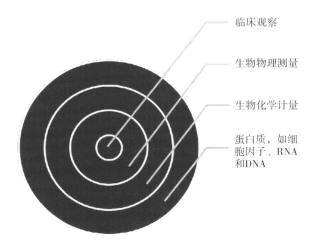

临床观察

生物物理测量

生物化学计量

蛋白质，如细胞因子、RNA和DNA

图 20.3　OMI 原理的时间排序

　　OMI的选择取决于测量目的。上述方法在临床效果方面可满足大多数研究的需要，原因有几点。首先，这些临床方法在关注的生物物理参数和测量技术之间存在概念上的一致性。生物物理参数的有效性可能比测量技术更值得探讨，例如，人们可以探讨炎症部位是否总是比周围皮肤更热，但很难说发热伴随着更多的红外辐射。其次，这些方法经过验证可用于跟踪记录。长期以来收集的大量证据都支持其有效性。

　　这些方法并非没有不足之处，一个主要的缺点是验证它们的金标准。这通常是对炎症的一种简单临床评价，因此受制于个体间和个体内对潜在生物学现象感知的变化。如果不能在临床上定义更高级别的红斑，例如体温升高引起的红斑，就无法进行验证。因此，这一不足与大多数临床OMI的检测直接相关。非临床环境中的技术测试通常与临床测试显著不同；与 PROM 相比，临床 OMI 的临床测试并不严格。技术测试通常在一个严格的实验中进行，即使没有数千次也有数百次重复测量，通常也是非生物模型。这与体内测试系统本质上不同，因为体内试验系统中个体间相当大的差异更常见而非例外。

　　一般而言，临床有效性的概念是通过长期应用而得到证实的，这也是为什么读者对本章所涵盖的大多数技术并不陌生的原因。临床效果的评价足以满足大多数临床研究的需求。

原文参考文献

Gao L, Zhang Y, Malyarchuk V, Jia L, Jang K-I, Chad Webb R, et al. Epidermal photonic devices for quantitative imaging of temperature and thermal transport characteristics of the skin. Nat Commun. 2014, 5(1):4938.

Sullivan SJL, Seay N, Zhu L, Rinaldi JE, Hariharan P, Vesnovsky O, et al. Performance characterization of non-contact infrared thermometers (NCITs) for forehead temperature measurement. Med Eng Phys. 2021, 93:93-9.

Zouboulis CC, Nogueira da Costa A, Jemec GBE, Trebing D. Long-wave medical infrared thermography: a clinical biomarker of inflammation in hidradenitis suppurativa/acne inversa. Dermatology. 2019, 235(2):144-9.

Kleinerman R. Whang TB, Bard RL, Marmur ES. Ultrasound in dermatology: principles and applications. J Am Acad Dermatol. 2012, 67(3):478-87.

Schmid-Wendtner MH, Burgdorf W. Ultrasound scanning in dermatology. Arch Dermatol. 2005, 141(2):217-24.

Bhatta AK, Keyal U, Liu Y. Application of high frequency ultrasound in dermatology. Discov Med. 2018, 26(145):237-42.

Dinnes J, Bamber J, Chuchu N, Bayliss SE, Takwoingi Y, Davenport C, et al. High-frequency ultrasound for diagnosing skin cancer in adults. Cochrane Database Syst Rev. 2018, 12(12):Cd013188.

Huang D, Swanson EA, Lin CP, Schuman JS, Stinson WG, Chang W, et al. Optical coherence tomography. Science. 1991, 254(5035):1178-81.

Ulrich M, Themstrup L, de Carvalho N, Ciardo S, Holmes J, Whitehead R, et al. Dynamic optical coherence tomography of skin blood vessels-proposed terminology and practical guidelines. J Eur Acad Dermatol Venereol. 2018, 32(1):152-5.

Rajabi-Estarabadi A, Tsang DC, Nouri K, Tosti A. Evaluation of positive patch test reactions using optical coherence tomography: a pilot study. Skin Res Technol. 2019, 25(5):625-30.

Boone MALM, Jemec GBE, Del Marmol V. Differentiating allergic and irritant contact dermatitis by high-definition optical coherence tomography: a pilot study. Arch Dermatol Res. 2015, 307(1):11-22.

Kvernebo K. Lunde OC. [Laser Doppler blood flowmetry], Tidsskr Nor Laegeforen. 1991, 111(24):2966-8.

Szulkowska E, Zygocki K. Sulek K. [Laser Doppler flowmetry -a new promising technique for assessment of the microcirculation], Pol Tyg Lek. 1996, 51(10-13):179-81.

Pogatzki-Zahn E, Schnabel K. Kaiser U. Patient-reported outcome measures for acute and chronic pain: current knowledge and future directions. Curr Opin Anesthesiol. 2019, 32(5):616-22.

Melzack R. The McGill Pain Questionnaire: major properties and scoring methods. Pain. 1975, 1(3):277-99.

Huskisson EC. Measurement of pain. Lancet. 1974, 2(7889): 1127-31.

Fomberstein K, Qadri S. Ramani R. Functional MRI and pain. Curr Opin Anaesthesiol. 2013, 26(5):588-93.

Available from: https://cdn-s3.sappi.com/s3fs-public/sappietc/Defining%20and%20Communicating%20Color.pdf.

Weatherall IL, Coombs BD. Skin color measurements in terms of CIELAB color space values. J Invest Dermatol. 1992, 99(4):468-73.

Andreassi L, Flori L. Practical applications of cutaneous colorimetry. Clin Dermatol. 1995, 13(4):369-73.

Alaluf S, Atkins D, Barrett K, Blount M, Carter N, Heath A. The impact of epidermal melanin on objective measurements of human skin colour. Pigment Cell Res. 2002, 15(2):119-26.

Ly BCK, Dyer EB, Feig JL, Chien AL, Del Bino S. Research techniques made simple: cutaneous colorimetry: a reliable technique for objective skin color measurement. J Invest Dermatol. 2020, 140(1):3-12.el.

Storey AP, Ray SJ, Hoffmann V, Voronov M, Engelhard C, Buscher W, et al. Wavelength scanning with a tilting interference filter for glow-discharge elemental imaging. Appl Spectrosc. 2017, 71(6):1280-8.

Paulsen R, Moeslund T. Introduction to Medical Image Analysis; 2020. DTU Compute. Kongens Lyngby, Denmark.

Abdlaty R, Hayward J, Farrell T, Fang Q. Skin erythema and pigmentation: a review of optical assessment techniques. Photodiagn Photodyn Ther. 2021, 33:102127.

Parti R. Lehner J, Winkler P. Kapp KS. Testing the feasibility of augmented digital skin imaging to objectively compare the efficacy of topical treatments for radiodermatitis. PLoS One. 2019, 14(6):e0218018.

Trayes KP. Studdiford JS, Pickle S, Tully AS. Edema: diagnosis and management. Am Fam Physician. 2013, 88(2):102-10.

Brodovicz KG, McNaughton K, Uemura N, Meininger G, Girman CJ, Yale SH. Reliability and feasibility of methods to quantitatively assess peripheral edema. Clin Med Res. 2009, 7(1-2):21-31.

Fluhr JW. Feingold KR, Elias PM. Transepidermal water loss reflects permeability barrier status: validation in human and rodent in vivo and ex vivo models. Exp Dermatol. 2006, 15(7):483-92.

Alexander H, Brown S, Danby S, Flohr C. Research techniques made simple: transepidermal water loss measurement as a research tool. J Invest Dermatol. 2018, 138(11):2295-300.el .

Jansen van RensburgS, Franken A, Du Plessis JL. Measurement of transepidermal water loss, stratum corneum hydration and skin surface pH in occupational settings: a review. Skin Res Technol. 2019, 25(5):595-605.

Sochorova M, Stankova K, Pullmannova P, Kovacik A, Zbytovska J, Vavrova K. Permeability barrier and microstructure of skin lipid membrane models of impaired glucosylceramide processing. Sci Rep. 2017, 7(1):6470.

Wickett RR, Visscher MO. Structure and function of the epidermal barrier. Am J Infect Control. 2006, 34(10): S98-S110.

Elias PM. Skin barrier function. Curr Allergy Asthma Rep. 2008, 8(4):299-305.

Flohr C, England K, Radulovic S, McLean WH, Campbel LE, Barker J, et al. Filaggrin loss-of-function mutations are associated with early-onset eczema, eczema severity and transepidermal water loss at 3 months of age. Br J Dermatol. 2010, 163(6):1333-6.

Nilsson GE. Measurement of water exchange through skin. Med Biol Eng Comput. 1977, 15(3):209-18.

Kottner J, Lichterfeld A, Blume-Peytavi U. Transepidermal water loss in young and aged healthy humans: a systematic review and meta-analysis. Arch Dermatol Res. 2013, 305(4): 315-23.

Chilcott RP, Dalton CH, Emmanuel AJ, Allen CE, Bradley ST. Transepidermal water loss does not correlate with skin barrier function in vitro.J Invest Dermatol. 2002, 118(5):871-5.

第 21 章

欧盟用于化妆品及其成分的人类健康和安全评价的有效替代方法

介绍：立法改革和挑战

近10年来，欧盟化妆品立法经历了许多重大变革。尤其是，自2013年7月起，理事会指令76/768/EEC被第1223/2009号条例所取代，这标志着一项重要的政策变革。虽然指令需要在不同成员国的立法中实施，但条例则不同。实际上，从欧盟委员会做出监管决定的那一刻起，条例就具有直接约束力。第1223/2009号条例面临的一个重要挑战是在2013年起完全适用的检测和营销禁令。对成品化妆品的检测禁令自2004年9月11日开始实施，而对成分的检测禁令最初是在替代方法得到验证和采用后逐步实施。不过，无论是否有替代的非动物试验，这项禁令的截止日期为2009年3月11日。同时还实施了一项营销禁令，自2009年3月11日起禁止对化妆品成分进行各种动物试验，并且（在该日期之后）进行了动物成分试验的产品不能再在欧盟市场上销售。但对于重复剂量毒性、生殖毒性和毒物动力学试验等产品，依然允许进行动物试验，不过必须在欧盟以外的国家进行。不过，这一例外于2013年3月11日结束。在编写将化妆品投放至欧盟市场的产品信息文件（Product Information File，PIF）时，需要遵守不同的截止日期。

第1223/2009号条例强调安全性，旨在使用经过验证的无动物替代方法，通常称为NAMs（新方法），以确保消费者的安全。要制造安全化妆品，需要遵循以下要点：①使用已考虑其化学结构、暴露和毒理特征的安全成分；②制作PIF证明安全性，该PIF不仅包含成分和成品的所有可用信息，而且还包含详细的化妆品安全报告（cosmetic product safety report，CPSR），其中包括由风险评估人员进行的安全性评价，其标准在法规中有描述；③为每种化妆品确定欧盟的负责人（responsible person，RP）；④必须通过化妆品通知门户（Cosmetic Products Notification Portal，CPNP）向当局提供信息，使欧洲的"化妆品警戒"成为可能，并向消费者提供那些已观察到对人类健康存在一定问题物质的信息。欧洲化妆品检测和营销禁令的直接后果是，只允许使用"替代"方法，而不允许使用"精制、减少和替换"（Refinement，Reduction and Replacement，3R）方法。因此，关键问题是是否有必要且经过验证的替代方法来对现有和新开发的化妆品成分进行充分的安全性评价。

欧洲化妆品的风险评价

化妆品的安全性评价常使用"风险评价"

一词，以指出化妆品及其成分的安全性。该评价基于危害识别、剂量–反应评价和暴露评价，以回答"危害发生的概率是多少？""其本质是什么？""存在哪些不确定性？"等问题，最终导致风险表征。化妆品成分的不确定系数称为"安全边际"（Margin of Safety，MoS），其计算公式为：$MoS=POD/SED \geq 100$。其中，分离点（Point of Departure，POD）通常是从动物口服研究（主要在啮齿类动物中进行90天重复剂量毒性研究）中获得未观察到不良反应的水平（No-Observed-Adverse-Effect Level，NOAEL）。全身暴露剂量（Systemic Exposure Dose，SED）通常计算如下：

$SED=$ 产品类型暴露剂量（mg/kgbw/d）× 成分浓度/100 × 皮肤吸收率/100，其中分散度（deconcentration）和皮肤吸收率均以%表示（参考来源：消费者安全科学委员会，报告编号：SCCS/1628/21）。

世界卫生组织（World Health Organization，WHO）通过定义10个种间和10个种内因素，提出了MoS值为100。欧盟化妆品及其成分的安全性评价遵循双重体系，其中一部分由欧盟委员会负责，另一部分由化妆品行业负责，两者都采用相同的方法（见图21.1）。对于那些存在潜在健康风险的物质，消费者安全科学委员会（Scientific Committee on Consumer Safety，SCCS）会进行安全性评价，这些物质通常被称为"附件限制物质"。其中，附件二列出禁止使用的物质，附件三列出在浓度和应用领域上有限制的物质，而附件四、五和六则分别列出允许使用的着色剂、防腐剂和紫外线吸收剂。当需要使用这些限制性物质时，只能使用清单中列出的物质。化妆品行业必须对进入欧盟市场的化妆品及其所有成分进行安全性评价。

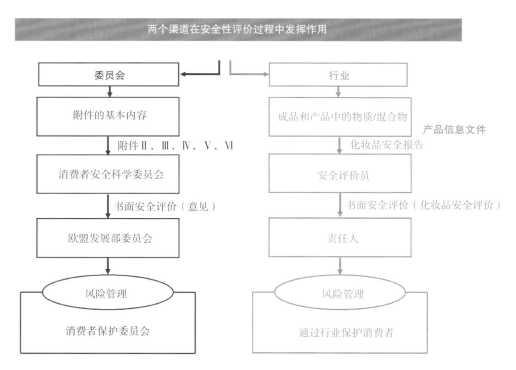

图 21.1　欧盟化妆品成分的人类健康和安全性评价过程

PIF 代表产品信息文件，SCCS 代表消费者安全科学委员会，DG 代表执行署管理（总局）。此图摘自化妆品成分检测及安全性评价的指南说明（Notes of Guidance，NoG），第 11 修订版（SCCS/1628/21），并得到了许可。

经过验证的3R替代方法

《NoG第11版》详细描述了化妆品成分的安全性评价，以及在安全性评价过程中经过验证可使用的不同3R替代方法。安全性评价的第一步是毒性识别，包括化学数据（物理化学性质）、计算机模拟方法（通常是定量的构效关系和交叉参照）和体外方法（细胞和组织培养，优选人源性）。可以使用过去的体内数据，但需要遵守禁令期限。安全性评价过程中，所有数据都被用于证据权重（weight of evidence，WoE）方法。毒性方法包括急性毒性、刺激和腐蚀性（皮肤及眼睛）、皮肤致敏、皮肤吸收、重复剂量毒性（亚急性28 d及亚慢性90 d）、诱变性/遗传毒性、发育/生殖毒性试验和较少的致癌性、慢性毒性（＞大于12个月）、毒物动力学研究、光诱导毒性试验和人体暴露信息。直到最近，这些数据大多来源于动物实验。目前，对于一些局部终点数据，存在经过验证的替代方法，但对于长期暴露和全身毒性还无经过验证的替代方法。

经过验证的方法是符合由欧盟替代动物试验参考实验室（European Union Reference Laboratory for Alternatives to Animal Testing，EURL-ECVAM）及其独立咨询委员会ECVAM科学咨询委员会（ECVAM Scientific Advisory Committee，ESAC）建立验证过程的方法。考虑到从验证过程开始就存在预测模型，这意味着其相关性和可靠性是为特定目的而构建。同时，通过引入模块化方法，验证过程变得更加灵活。在所有模块都符合特定的3R替代方法并经过独立专家的同行评审后，现行的欧盟化学品立法可能会采用新方法（法规440/2008/EC）。

哪些经过验证的3R替代方案可用于安全性评价？

急性毒性

目前唯一被验证的口服急性毒性的体外方法是3T3中性红（Neutral Red，NR）摄取试验。这个方法适用于未分类的化学品，并基于LD50＞2000 mg/kgbw的临界值。所有其他替代方法，包括细化和初始的动物实验方法，已经取代了原始的体内试验方法OECD 401。因此，这些方法不能用于化妆品及其成分的毒性/风险评价。以下是急性口服毒性的几种方法：

1.固定剂量法（OECD 420）：该方法放弃致死作为终点，实验设计不造成动物死亡、明显的疼痛或痛苦，以明显的毒性为终点。

2.急性毒性分级法（OECD 423）：该方法不旨在计算精确的LD50值，但允许确定预期具有致死率的暴露剂量范围。

3.上下浮动法（OECD 425）：该方法允许用置信区间估计LD50值，并观察毒性表现。

OECD 436和OECD 433分别采用吸入途径和固定浓度程序描述急性毒性分级法。对于经皮途径的急性毒性试验，只有OECD 434草案可用于固定剂量法。

皮肤腐蚀性和刺激性

皮肤腐蚀性试验：化妆品中的腐蚀性并不是人们所期望的特征，但在生产错误或消费者误用时，偶尔会出现。而一种具有体内腐蚀性的成分并不一定不能用于化妆品。这取决于该成分在化妆品中的最终浓度、是否有"中和"物质、所使用的赋形剂、暴露途径、使用条件和其他因素。对于皮肤腐蚀性检测，有数种经过验证的体外替代方法：①大鼠皮肤经皮电阻（Transcutaneous Electrical Resistance，TER）试验，使用切除的大鼠皮肤及其电阻作为终点（OECD 430）。②重建人体表皮层（Reconstructed Human

Epidermis RhE）试验，包括4种经过验证的商业化人体皮肤模型，即EPISKIN™、EpiDerm™ SCT（EPI-200）、SkinEthic™ RhE和EpiCS®（早期表皮–皮肤试验EST-1000）。它们都由重建的人体表皮模拟结构组成，并使用细胞活力作为终点。（OECD 431）。③体外膜屏障试验方法（OECD 435），包括未被欧洲法规采用的corsitex®检测方法。

皮肤刺激试验：有多种替代试验可供选择，包括重建人体表皮试验法（RhE）（OECD 439）。这种试验方法采用6种商品化体外检测方法，已经验证可以作为体内皮肤刺激试验的独立替代试验或部分替代试验，用于分级检测策略。这些产品包括：EPISKIN、EpiDerm SIT（EPI-200）、SkinEthic RHE、LabCyte EPI-MODEL24SIT、EpiCS和Skin+®。RhE试验法使用细胞介导的MTT［3–（4，5）–二甲基–2–噻唑–2，5–二甲基–2H–四溴化铵］还原反应作为终点。然而，由于染发剂和着色剂的还原会干扰甲醛的颜色测定，因此应在定量前进行HLPC分离来测试有色和非有色的试验化学品。为了提高灵敏度，同时保持相似的特异性，建议使用白细胞介素（IL–1α）的产生作为额外的检测终点。

此外，OECD还针对皮肤腐蚀和刺激问题制定了国际航空运输协会第203号指导文件。

眼刺激问题：目前尚无经过充分验证的替代试验可完全替代经典的在体Draize眼刺激试验。然而，多年来体内试验方法得到改进和精简，使用的兔子数量减少至最多3只，并且在进行任何体内研究前需采取一系列步骤。这些步骤包括：评价现有的人类和动物数据；进行构效关系分析；考虑物理化学性质和化学反应性。例如，对于pH值为2.0或11.5的物质将被视为腐蚀性物质，无须进一步检测；在进行眼部体内试验之前，需要先进行皮肤体外试验。目前，对于严重眼损伤检测和（或）未触发眼刺激或严重眼损伤分类的化学品鉴定，采用5项OECD体外试验指南，分为4组（1、2、3、4）。具体实施细节如下：

1. 利用自屠宰场获取的组织器官型试验方法（OECD 2011b）：

a.牛角膜混浊通透性（Bovine Cornea Opacity Permeability，BCOP）试验可评估待测化学品在牛角膜离体样本中诱导混浊和通透性的能力（OECD 437）。现在，可在标准的OP-KIT设备旁边，使用基于激光的浊度计。

b.离体鸡眼试验（Isolated Chicken Eye，ICE）可评估待测化学品在离体鸡眼角膜中诱导毒性的能力（OECD 438）。该试验使用组织病理学观察作为另一个检测终点。修订版化学品决策标准包括对眼睛危害的分类。BCOP和ICE测试方法均可识别：

i.可引起严重眼损伤的化学品（根据联合国全球化学品统一分类和标签系统（United Nations Globally Harmonised System of Classification and Labelling of Chemicals，UN GHS定义，第1类）。

ii.无需对眼刺激或严重眼损伤进行分类的化学品（根据联合国GHS的定义无分类）。

另外2种器官型试验，即离体兔眼和鸡胚绒毛尿囊膜（Hen's Egg Test-Chorio Allantoic Membrane，HET-CAM），尚未列入OECD指南，但可能有助于提供支持证据。

2. 基于细胞毒性和细胞功能的体外试验，包括2项OECD指南：

a.短时暴露试验（Short Time Exposure，STE）使用兔角膜细胞系来评估化学物质的眼刺激潜力和细胞毒性作用（OECD 491）。STE试验适用于识别引起严重眼损伤的化学物质（第1类）以及不需要对眼刺激或严重眼损伤进行分类的化学物质。但STE试验对于高挥发性化学品和除表面活性剂之外的固体化学品有局限性。

b.荧光素渗漏试验（Fluorescein Leakage，FL）通过增加MDCK肾细胞单层上皮细胞对荧光素钠的通透性来测量短时暴露试验物质后的毒性作用（OECD 460）。建议将FL检测作为重度眼刺激物（1类）监管分类和标签分级检测策略的一部分，但仅适用于有限类型的化学品（即水溶性物质和混合物；强酸和强碱、细胞固定剂和高度挥发性的化学物质必须排除在外）。

由于细胞传感器微生理计（cytosensor microphysiometer，CM）检测方法的优先级较低，监管验收程序已停止。

3. 基于重建人体组织（RhT）试验方法：

a.重建人角膜样上皮试验（Reconstructed Human Cornea-like Epithelium，RhCE）（OECD 492），通过MTT评价待测化学品诱导细胞毒性的能力。该方法采用HPLC/UPLC技术，通过直接减少MTT或颜色干扰的方式，对可能干扰MTT-formazan测定的化学物质进行评价。RhCE模型可用于体外方法，以识别无须对眼刺激或严重眼损伤进行分类和标记的化学品。但这些模型并不适用于确定眼刺激的效力。目前，可用于测试的商品化RhCE模型共有4种，分别为：EpiOcular™（表皮上皮细胞）EIT，skinEthic™（人角膜上皮细胞）EIT，LabCyte CORNEA-MODEL 24（LabCyte角膜模型24）EIT和MCTT HCE™（MCTT人角膜上皮细胞）EIT。

b.眼刺激性试验（Vitrigel-EIT）（OECD 494）是一种体外检测方法，采用玻璃体胶原膜（collagen vitrigel membrane，CVM）室中构建的hCE模型。通过测量跨上皮电阻随时间的相对变化，来分析化学物质对hCE模型屏障功能的损伤能力，从而预测待测化学品的眼部刺激潜能。Vitrigel-EIT法可用于识别无须对眼刺激或严重眼损伤进行分类和标记的化学品，在待测化学品的pH值＞5的范围内具有有限适用性。

4. 体外大分子试验：

眼刺激®（Ocular Irritection，OI）测定（OECD 496）是一种脱细胞生化检测方法，基于角膜蛋白扰动或变性评价待测化学物质对眼部危害作用。在特定的环境和特定的限制条件下，建议将OI检测作为固体和液体化学品分级检测策略的一部分。

所有可用于严重眼损伤和眼刺激测试的替代方案都无法识别任何潜在轻微眼刺激。

皮肤致敏

在过去的几年中，已经定期采纳了一些NAMs。它们阐述了不同关键事件（key events，KEs）的皮肤致敏不良结局途径（adverse outcome pathway，AOP）（OECD 2012）（见图21.2）。用于致敏的AOP已经建立，并由4个机制KEs组成。MIE（分子起始事件=KE1）是指化学物质与皮肤蛋白质的共价结合，从而在表皮中形成免疫原性半抗原–载体复合物。然后发生2个细胞事件：角质形成细胞活化（KE2）和树突状细胞活化（KE3）。树突状细胞会识别半抗原–载体复合物并成熟，然后迁移到局部淋巴结。在那里，它们向T细胞呈递半抗原–载体复合物，导致T细胞活化和增殖（KE4）。这最终会导致记忆T细胞池的产生，并导致皮肤致敏（不良结局）。

在OECD的单个检测指南中，有针对AOP相同KE的集群试验方法。这些方法涉及MIE（=K1）和皮肤蛋白共价结合方面的研究，其中包括：直接肽测定（direct peptide assay，DPRA）和氨基酸衍生物反应性测定法（amino acid derivative reactivity assay，ADRA），这2种方法均用于化学测定；K2角质形成细胞活化法（OECD 442D），其中包括ARE–Nrf2荧光素酶KeratinoSens™测试法和ARE–Nrf2荧光素酶LuSens测试法，均为体外方法；以及K3树突状细胞活化（OECD 442E），其中包括体外试验的人细胞系活化试验（human cell line activation test，h-CLAT）、U937细胞系活化试验（U937 cell line activation test，U-SENS）和白细胞介

素-8报告基因试验（interleukin-8 reporter gene assay，IL8-Luc试验）。

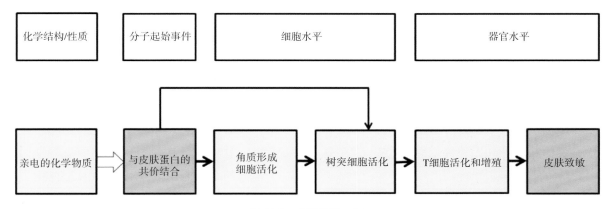

图 21.2　皮肤致敏 AOP

MIE：分子起始事件（根据知识共享许可从 https：//aopwiki.org/aops/40 获取）。

目前尚未出现针对KE4（T细胞活化和增殖）的NAMs。

对于一些用于皮肤致敏的NAMs，目前仍在开发或验证过程中。其中3种已在OECD进行分析，包括：标准DPRA的修订版kDPRA、使用毒性基因组学分析EPISKIN RhE测定皮肤致敏性的SENS-IS，以及使用MUTZ-3细胞的基因表达谱来测量KE3的体外模型GARDskin。

联合多种方法可以更好地覆盖多个KEs，并避免假阴性结果的出现。例如，DPRA和ADRA无代谢能力，因此无法识别需要代谢才能被激活的前半抗原。目前可用的体外检测具有代谢能力，能够检测前半抗原。因此，单一方法不能作为独立的检测方法。其他信息应以综合的方式添加。已经提出不同的定义方法（DAs），一些仅提供"是"/"否"的答案，而另一些则提供关于效能子类别的信息或提供替代EC3值。

皮肤吸收

OECD指南428提供了关于不同类型化合物的体外皮肤吸收的描述。SCCS采用了一项以OECD指南428为参考的方案来评估化妆品成分，并参考了NoG中描述的一套基本标准

（SCCS/1628/21）。体外皮肤吸收法是替代策略之一。

除了皮肤吸收外，吸入和口服物质的吸收能力对于某些化妆品成分（如喷雾、气雾剂、口红和牙膏）也很重要。然而，目前还没有针对这两种方法的经过验证的体外替代方法。

重复剂量毒性

为了进行若干体内重复剂量毒性试验，需要进行经口、皮肤和吸入暴露。这些试验包括亚急性（28 d）、亚慢性（90 d）和慢性（寿命的85%）毒性研究。然而，目前还没有被验证或广泛接受的替代体内重复剂量毒性试验的方法。化妆品行业正在努力开发所谓的下一代风险评估（next generation risk assessment，NGRA）策略，作为不再通过体内方法产生POD的替代方案。

致突变性/遗传毒性

"致突变性"是指能够永久地导致细胞或生物体遗传物质数量或结构发生可传播变化的因素。这个术语通常用于描述引起染色体结构异常的因素。而"非优生性"则是指那些能够引起细胞染色体数目发生改变（增加或丢失）

的因素，导致细胞不具备精确的单倍体倍数（2006/1907/EC）。

"遗传毒性"则是一个更广泛的术语，它涵盖了改变DNA结构、遗传信息或分裂过程的因素或条件，包括那些通过干扰正常DNA复制过程引起DNA损伤或以非生理方式（临时）改变其复制的因素或条件。

对于化妆品潜在致突变性的评价，应当包括以下试验方面：①基因水平的致突变性；②致染色体断裂；③无致突变性。因此，2个基本的测试方法如下：

①微生物回复突变试验（Bacterial Reverse Mutation Test，Amestest）（OECD 471，修订版）可以用作检测基因突变的方法。

②体外微核试验（OECD487）可以用来检测致染色体断裂和无致突变性。

在进行试验时，应当让细胞在有或无适当代谢激活系统的情况下暴露于试验物质。最常用的系统是辅因子补充的S9组分，这一组分从使用酶诱导性药物干预啮齿类动物的肝脏制备。选择代谢活化系统的类型和浓度可以根据所测试的化学品类别而定。在特定情况下，可能需要使用一种以上浓度的S9-mix。对于偶氮染料和重氮化合物，使用还原代谢激活系统可能更为合适。

一些新开发的体外试验为预防假阳性结果的风险提供了丰富的工具（SCCS/1628/21），如下所述：

·体外哺乳细胞诱变检测系统：通过二代测序和基于荧光的突变检测，对全基因组功能缺失进行筛查。

·3D组织遗传毒性试验：包括3D皮肤彗星试验和重建人皮肤微核试验。

·高通量分析：包括加合物组学、全局转录谱分析，以及减少单分子测序错误和多重表型分析。

·机制研究（如毒物基因组学）或内暴露（毒物代谢动力学）可能有助于WoE评价。基于人类、动物或细菌细胞的报告基因分析，如Green screen HC试验和ToxTracker，能够准确地将化合物分为遗传毒性和非遗传毒性，并能够区分DNA反应性化合物、非整倍体诱发剂和氧化应激引起的间接遗传毒性。与Vitotox联合使用时，其表现优于官方2-test池的表现。

·TK6细胞、HepG2细胞或HepaRG细胞的转录组学分析涉及大量提供机制信息的基因。在化学物质暴露后，磷酸化形式H2AX组蛋白（γH2AX）的水平可以表明其诱导DNA损伤的潜力。同时，正在开发分析不同生物标志物（如p53，γH2AX，磷酸化组蛋白H3或多倍体）的检测方法。

致癌性

OECD 451和OECD 453是目前最常用的体内试验。不幸的是，目前尚无经过验证的关于体外致癌性研究方法。但有一些新的体外方法可能有助于在整体WoE方法中指出潜在的遗传毒性（GC）和非遗传毒性（NGC）物质。

针对遗传毒性致癌物（DNA反应性）：体外遗传毒性试验已经相当成熟，因为突变与癌症之间存在联系，这些试验被视为致癌性的预筛查。阳性结果可能表明该物质具有致癌潜力，并且细胞转化试验（cell transformation assays，CTAs，参见指南文件No. 214和No. 231）的阳性结果可能进一步支持这一结论。

对于非遗传毒性致癌物（DNA无反应性），10%～20%的公认人类致癌物（IARC第1类）通过NGC机制发挥作用，但无法具体了解关于NGC致癌性机制的信息。这些物质尚未得到鉴定，因此难以控制其对人类健康的风险。

体外细胞转化试验（cell transformation assay，CTA）是体内致癌性试验的（有限的）替代方法。它同时检测GC和NGC，并能够突出从早期（启动）到晚期（催化）阶段的各个阶段，BALB/c 3T3 CTA、叙利亚仓鼠胚胎（Syrian Hamster Embryo，SHE）CTA和Bhas 42 CTA都是经过验证的CTA，可用于WoE方法。

生殖毒性

常见的体内生殖毒性研究方法包括两代生殖毒性试验（OECD 416）和致畸性试验（OECD 414）。

目前尚未验证的替代方法或策略无法全面涵盖生殖毒性的所有领域。虽然全胚胎培养（WEC）试验、微团（MM）试验和胚胎干细胞试验（EST）等替代方法限制于胚胎毒性，但它们可能对筛选胚胎毒性物质的CMR策略有所帮助。然而，它们无法用于定量风险评估，且这些方法无法覆盖复杂的生殖毒性检测终点。

毒代动力学研究

目前还没有经过验证的完全覆盖ADME领域的替代方法，尽管它们与将动物体内和体外数据外推至人类状态的相关性很高。皮肤吸收研究可以在体外进行（OECD 428）（详见"皮肤吸收"部分）。

光毒性

体外3T3中性红摄取光毒性测试（3T3 NRU PT）是一种经过验证的替代方法，用于比较在有和无暴露于非细胞毒性剂量UV/可见光下化学物质对细胞的毒性（OECD 432）。

该试验的可靠性和相关性已经在评价多种化学结构不同的物质时得到证实，包括那些用作化妆品成分的紫外线吸收剂。该试验可预测动物和人体内的急性光毒性作用。然而，该测试不适用于预测化学物质的光致死性/光致畸性、光致敏或光致癌性。

作为第二步，可以在具有一定屏障特性的重建人体皮肤模型上进一步评价生物效应；应始终包含阳性对照。对于那些在3T3 NRU PT试验中呈阴性结果的化合物，通常可以接受。

进一步考量

在验证替代方法时，未将纳米材料纳入参考化合物的考虑范畴。SCCS已汇编了关于安全关键性方面的信息（SCCS/1618/2020）。

以下是可用于内分泌干扰物活性检测的体外方法：

- 雌激素（OECD TG 493）或雄激素受体结合亲和力（美国EPA 890.1150）
- 雌激素受体反式激活（OECD TG 455）
- 酵母雌激素筛查（ISO 19040—1.2&3）
- 雄激素受体转录激活（OECD TG 458）
- 体外类固醇合成（OECD TG 456）
- 芳香化酶测定（美国EPA 890.1200）
- 甲状腺干扰试验
- 维A酸受体反式激活分析
- 其他激素受体检测
- 高通量筛选（OECD GD No. 211）

结语

尽管所有相关人员都已经付出了很多努力，但目前仍存在缺乏体外方法获取系统和长期毒性定量信息的问题，这为新的化妆品成分开发带来了困难。

原文参考文献

76/768/EEC. Council Directive of 27 July 1976 on the approximation of the laws of the Member States relating to cosmetic products. Off J Eur Union 1976, L262: 169-200.

2009/1223/EU. Regulation (EC) No 1223/2009 of the European Parliament and the Council of 30 November 2009 on cosmetic products (recast). Off J Eur Union 2009, L342:59-209.

SCCS (Scientific Committee on Consumer Safety). SCCS Notes of Guidance for the Testing of Cosmetic Ingredients and their Safety Evaluation 11th Revision. SCCS/1628/21 adopted in plenary meeting of 30-31 March 2021.

Balls M, Fentem JH. Progress toward the validation of alternative tests. ATLA - Altern Lab Anim 1997, 25:33-43. https://doi.org/10.1177/026119299702500106.

Worth AP, Balls M. The importance of the prediction model in the validation of alternative tests. ATLA-Altern Lab Anim 2001, 29:135-43. https://doi.org/10.1177/026119290102900210.

Hartung T, Bremer S, Casati S, Coecke S, Corvi R, Fortaner S, et al. A modular approach to the ECVAM principles on test validity. ATLA - Altern Lab Anim 2004, 32:467-72. https://doi.org/10.1177/026119290403200503.

440/2008/EC. Council Regulation (EC) No 440/2008 of 30 May 2008 laying down test methods pursuant to Regulation (EC) No 1907/2006 of the European Parliament and of the Council on the Registration, Evaluation, Authorisation and Restriction of Chemicals (REACH). Off J Eur Union 2008, L142:1-739.

JRC Scientific and Policy Reports. EURL ECVAM progress report on the development validation and regulatory acceptance of alternative methods (2010-2013). Prepared in the framework of Directive 76/768/EEC and Regulation (EC) No 1223/2009 on cosmetic products. Valerie Zuang, Michael Schäffer, Anita M. Tuomainen, Patric Amcoff, Camilla Bernasconi, Susanne Bremer, Silvia Casati, Paolo Castello, Sandra Coecke, Raffaella Corvi, Claudius Griesinger, Annett Janusch Roi, George Kirmizidis, Pilar Prieto, Andrew Worth, JRC 80506, EUR 25981 EN 2013.

OECD. Test No. 420: Acute Oral Toxicity-Fixed Dose Procedure, OECD Guidelines for the Testing of Chemicals, Section 4. OECD Publ Paris 2001. https://doi.org/10.1787/9789264070943-en.

OECD. OECD Guideline for Testing of Chemicals-Guideline 423: Acute Oral Toxicity - Acute Toxic Class Method, OECD Guidelines for the Testing of Chemicals, Section 4. OECD Publ Paris 2001. https://doi.org/10.1787/9789264071001-en.

OECD. Test No. 425: Acute Oral Toxicity: Up-and-Down Procedure, OECD Guidelines for the Testing of Chemicals, Section 4. OECD Publ Paris 2008. https://doi.org/10.1787/9789264071049-en.

OECD. Test No. 436: Acute Inhalation Toxicity - Acute Toxic Class Method, OECD Guidelines for the Testing of Chemicals, Section 4. OECD Publ Paris 2009. https://doi.org/10.1787/9789264076037-en.

OECD. Test No. 433: Acute Inhalation Toxicity: Fixed Concentration Procedure, OECD Guidelines for the Testing of Chemicals, Section 4. OECD Publ Paris 2018. https://doi.org/10.1787/9789264284166-en.

OECD. OECD Draft Guideline for Testing of Chemicals: Proposal for a New DRAFT GUIDELINE 434: Acute Dermal Toxicity-Fixed Dose Procedure. Paris 2004.

OECD. Test No. 430: In Vitro Skin Corrosion: Transcutaneous Electrical Resistance Test (TER). OECD Publ Paris 2004. https://doi.org/10.1787/9789264071124-en.

OECD. Test No. 431: In Vitro Skin Corrosion: Reconstructed Human Epidermis (RHE) Test Method, OECD Guidelines for the Testing of Chemicals, Section 4. OECD Publ Paris 2019. https://doi.org/10.1787/9789264264618-en.

OECD. Test No. 435: In Vitro Membrane Barrier Test Method for Skin Corrosion, OECD Guidelines for the Testing of Chemicals, Section 4. OECD Publ Paris 2015. https://doi.org/10.1787/9789264242791-en.

OECD. Test No. 439: In Vitro Skin Irritation: Reconstructed Human Epidermis Test Method, OECD Guidelines for the Testing of Chemicals, Section 4. OECD Publ Paris 2020. https://doi.org/10.1787/9789264242845-en.

Lelievre D, Justine P, Christiaens F, Bonaventure N, Coutet J, Marrot L, et al. The EPISKIN phototoxicity assay (EPA): development of an in vitro tiered strategy using 17 reference chemicals to predict phototoxic potency. Toxicol Vitr 2007, 21:977-95. https://doi.org/10.1016/j.tiv.2007.04.012.

SCCS (Scientific Committee on Consumer Safety). Memorandum (Addendum) on the In Vitro Test EPISKIN™ for Skin Irritation Testing. SCCS/1392/10 2010. https://doi.org/10.2772/25967.

Alépée N, Barroso J, De Smedt A, De Wever B, Hibatallah J, Klaric M, et al. Use of HPLC/UPLC-spectrophotometry for detection of formazan in in vitro Reconstructed human Tissue (RhT)-based test methods employing the MTT-reduction assay to expand their applicability to strongly coloured test chemicals. Toxicol Vitr 2015, 29:741-61. https://doi.org/10.1016/j.tiv.2015.02.005.

OECD. Guidance Document on an Integrated Approach on Testingand Assessment(IATA) for Skin Corrosionand Irritation, OECD Series on Testing and Assessment, No. 203.OECD Publ Paris 2017. https://doi.org/10.1787/9789264274693-en.

OECD. Revised Guidance Document on the Bovine Corneal Opacity and Permeability (BCOP) and the Isolated Chicken Eye (ICE) Test Methods: Collection of Tissues for Histological Evaluation and Collection of Data, Series on Testing and Assessment No. 160. OECD Publ Paris 2017.

OECD. Test No. 437: Bovine Corneal Opacity and Permeability Test Method for Identifying i) Chemicals Inducing Serious Eye Damage and ii) Chemicals Not Requiring Classification for Eye Irritation or Serious Eye Damage, OECD Guidelines for the Testing of Chemical. OECD Publ Paris 2020. https://doi.org/10.1787/9789264203846-en.

Zuang V, Dura A, et al. EURL ECVAM Status Report on the Development, Validation and Regulatory Acceptance of

Alternative Methods and Approaches (2019). Luxembourg 2020. https://doi.org/10.2760/25602.

OECD. Test No. 491: Short Time Exposure In Vitro Test Method for Identifying i) Chemicals Inducing Serious Eye Damage and ii) Chemicals Not Requiring Classification for Eye Irritation or Serious Eye Damage, OECD Guidelines for the Testing of Chemicals, Section. OECD Publ Paris 2020. https://doi.org/10.1787/9789264242432-en.

OECD. Test No. 460: Fluorescein Leakage Test Method for Identifying Ocular Corrosives and Severe Irritants, OECD Guidelines for the Testing of Chemicals, Section 4. OECD Publ Paris 2017. https://doi.org/10.1787/9789264185401-en.

OECD. Test No. 494: Vitrigel-Eye Irritancy Test Method for Identifying Chemicals Not Requiring Classification and Labelling for Eye Irritation or Serious Eye Damage, OECD Guidelines for the Testing of Chemicals, Section 4. OECD Publ Paris 2019. https://doi.org/10.1787/9f20068a-en.

OECD. Test No. 496: In Vitro Macromolecular Test Method for Identifying Chemicals Inducing Serious Eye Damage and Chemicals Not Requiring Classification for Eye Irritation or Serious Eye Damage, OECD Guidelines for the Testing of Chemicals, Section 4. OECD Publ Paris 2019. https://doi.org/10.1787/970e5cd9-en.

Ezendam J, Braakhuis HM, Vandebriel RJ. State of the art in non-animal approaches for skin sensitization testing: from individual test methods towards testing strategies. Arch Toxicol 2016, 90:2861-83. https://doi.org/10.1007/s00204-016-1842-4.

Hoffmann S, Kleinstreuer N, Alépée N, Allen D, Api AM, Ashikaga T, et al. Non-animal methods to predict skin sensitization (I): the Cosmetics Europe database. Crit Rev Toxicol 2018, 48:344-58. https://doi.org/10.1080/10408444.2018.142 9385.

OECD. Test No. 442C: In Chemico Skin Sensitisation: Assays Addressing the Adverse Outcome Pathway Key Event on Covalent Binding to Proteins,OECD Guidelines for the Testing of Chemicals, Section 4. OECD Publ Paris 2020. https://doi. org/10.1787/9789264229709-en.

OECD. Test No. 442D: In Vitro Skin Sensitisation: ARE-Nrf2 Luciferase Test Method, OECD Guidelines for the Testing of Chemicals, Section 4. OECD Publ Paris 2018. https://doi.org/10.1787/9789264229822-en.

OECD. Test No. 442E: In Vitro Skin Sensitisation: In Vitro Skin Sensitisation Assays Addressing the Key Event on Activation of Dendritic Cells on the Adverse Outcome Pathway for Skin Sensitisation, OECD Guidelines for the Testing of Chemicals, Section 4. OECD Publ Paris 2018. https://doi.org/10.1787/9789264264359-en.

Kleinstreuer NC, Hoffmann S, Alépée N, Allen D, Ashikaga T, Casey W, et al. Non-animal methods to predict skin sensitization (Ⅱ): an assessment of defined approaches. Crit Rev Toxicol 2018, 48:359-74. https://doi.org/10.1080/10408444.2 018.1429386.

Wareing B, Urbisch D, Kolle SN, Honarvar N, Sauer UG. Mehling A. et al. Prediction of skin sensitization potency sub-categories using peptide reactivity data. Toxicol Vitr 2017, 45:134-45. https://doi.org/10.1016/j.tiv.2017.08.015.

Wareing B, Kolle SN. Birk B. Alepee N, Haupt T, Kathawala R, et al. The kinetic direct peptide reactivity assay (kDPRA): intra- and inter-laboratory reproducibility in a seven-laboratory ring trial. ALTEX 2020, 37:639-51. https://doi.org/10.14573/altex.2004291.

Cottrez F, Boitel E, Auriault C, Aeby P, Groux H. Genes specifically modulated in sensitized skins allow the detection of sensitizers in a reconstructed human skin model. Development of the SENS-IS assay. Toxicol Vitr 2015, 29:787-802. https://doi.org/10.1016/j.tiv.2015.02.012.

Johansson H, Rydnert F, Kiihnl J, Schepky A, Borrebaeck C, Lindstedt M. Genomic allergen rapid detection in-house validation - a proof of concept. Toxicol Sci 2014, 139:362-70. https://doi.org/10.1093/toxsci/kfu046.

Johansson H, Lindstedt M, Albrekt AS, Borrebaeck CAK. A genomic biomarker signature can predict skin sensitizers using a cell-based in vitro alternative to animal tests. BMC Genomics 2011, 12:399. https://doi.org/10.1186/1471-2164-12-399.

Patlewicz G, Casati S, Basketter DA, Asturiol D, Roberts DW, Lepoittevin JP, et al. Can currently available non-animal methods detect pre and pro-haptens relevant for skin sensitization? Regul Toxicol Pharmacol 2016, 82:147-55. https://doi. org/10.1016/j.yrtph.2016.08.007.

Rogiers V, Benfenati E, Bernauer U, Bodin L, Carmichael P, Chaudhry Q, et al. The way forward for assessing the human health safety of cosmetics in the EU - workshop proceedings. Toxicology 2020, 436:152421. https://doi.org/10.1016/j.tox.2020.152421.

2006/1907/EC. Regulation (EC) No 1907/2006 of the European Parliament and of the Council of 18 December 2006 Concerning the Registration, Evaluation, Authorisation and Restriction of Chemicals (REACH), Establishing a European Chemicals Agency, Amending Directive 1999/4 2006.

OECD. Test No. 471: Bacterial Reverse Mutation Test, OECD Guidelines for the Testing of Chemicals, Section 4. OECD Publ Paris 2020. https://doi.org/10.1787/9789264071247-en.

OECD. Test No. 487: In Vitro Mammalian Cell Micronucleus Test, OECD Guidelines for the Testing of Chemicals,

Section 4. OECD Publ Paris 2016. https://doi.org/10.1787/9789264264861-en.

Matsushima T, Sugimura T, Nagao M. Yahagi T, Shirai A, Sawamura M. Factors modulating mutagenicity in microbial tests. Short-Term Test Systems for Detecting Carcinogens; 1980. https://doi.org/10.1007/978-3-642-67202-6_20.

Prival MJ, Bell SJ, Mitchell VD, Peiperl MD, Vaughan VL. Mutagenicity of benzidine and benzidine-congener dyes and selected monoazo dyes in a modified Salmonella assay. Mutat Res Toxicol 1984, 136:33-47. https://doi.org/10.1016/0165-1218(84)90132-0.

Evans SJ, Gollapudi B, Moore MM, Doak SH. Horizon scanning for novel and emerging in vitro mammalian cell mutagenicity test systems. Mutat Res-Genet Toxicol Environ Mutagen 2019, 847:403024. https://do.0rg/lO. lOl6/j. mrgentox.2019.02.005.

Pfuhler S, van Benthem J, Curren R, Doak SH, Dusinska M, Hayashi M, et al. Use of in vitro 3D tissue models in genotoxicity testing: strategic fit, validation status and way forward. Report of the working group from the 7th International Workshop on Genotoxicity Testing (IWGT). Mutat Res - Genet Toxicol Environ Mutagen 2020, 850-851:503135. https://doi.org/10.1016/j.mrgentox.2020.503135.

Dertinger SD, Totsuka Y, Bielas JH, Doherty AT, Kleinjans J, Honma M, et al. High information content assays for genetic toxicology testing: a report of the International Workshops on Genotoxicity Testing (IWGT). Mutat Res - Genet Toxicol Environ Mutagen 2019, 847:403022. https://doi.0rg/10.1016/j. mrgentox.2019.02.003.

Brandsma I, Moelijker N, Derr R, Hendriks G. Aneugen versus clastogen evaluation and oxidative stress-related mode-of-action assessment of genotoxic compounds using the ToxTracker reporter assay. Toxicol Sci 2020:177:202-13. https://doi.org/10.1093/toxsci/kfaal03.

Ates G, Steinmetz FP, Doktorova TY, Madden JC, Rogiers V. Linking existing in vitro dermal absorption data to physicochemical properties: contribution to the design of a weight-of-evidence approach for the safety evaluation of cosmetic ingredients with low dermal bioavailability. Regul Toxicol Pharmacol 2016, 76:74-8. https://doi.org/10.1016/j.yrtph.2016.01.015.

Li H-H, Hyduke DR, Chen R, Heard P, Yauk CL, Aubrecht J, et al. Development of a toxicogenomics signature for genotoxicity using a dose-optimization and informatics strategy in human cells. Environ Mol Mutagen 2015, 56:505-19. https://doi.org/10.1002/em.21941.

Magkoufopoulou C, Claessen SMH, Tsamou M, Jennen DGJ, Kleinjans JCS, van Delft JHM. A transcriptomics-based in vitro assay for predicting chemical genotoxicity in vivo. Carcinogenesis 2012, 33:1421-9. https://doi.org/10.1093/carcin/bgsl82.

Ates G, Mertens B, Heymans A, Verschaeve L, Milushev D, Vanparys P. et al. A novel genotoxin-specific qPCR array based on the metabolically competent human HepaRG™ cell line as a rapid and reliable tool for improved in vitro hazard assessment. Arch Toxicol 2018, 92:1593-1608. https://doi.org/10.1007/s00204-018-2172-5.

Kopp B, Khoury L, Audebert M. Validation of the γH2AX biomarker for genotoxicity assessment: a review. Arch Toxicol 2019, 93:2103-14. https://doi.org/10.1007/s00204-019-02511-9.

OECD. Test No. 451: Carcinogenicity Studies, OECD Guidelines for the Testing of Chemicals, Section 4. OECD Publ Paris 2018. https://doi.org/10.1787/9789264071186-en.

OECD. Test No. 453: Combined Chronic Toxicity/ Carcinogenicity Studies, OECD Guidelines for the Testing of Chemicals, Section 4. OECD Publ Paris 2018. https://doi.org/10.1787/9789264071223-en.

OECD. Guidance Document on the In Vitro Syrian Hamster Embryo (SHE) Cell Transformation Assay, Series on Testing & Assessement No. 214, JT03376959. OECD Publ Paris 2015.

OECD. Guidance Document on the BHAS 42 Cell Transformation Assay, Series on Testing & Assessment No. 231, JT03388750. OECD Publ Paris 2016.

Hernandez LG, van Steeg H, Luijten M, van Benthem J. Mechanisms of non-genotoxic carcinogens and importance of a weight of evidence approach. Mutat Res - Rev Mutat Res 2009, 682:94-109. https://doi.org/10.1016/j.mrrev.2009.07.002.

Sasaki K, Huk A, El Yamani N, Tanaka N, Dusinska M. Bhas 42 Cell Transformation Assay for Genotoxic and Non- Genotoxic Carcinogens, Humana Press, New York, NY; 2014, pp. 343-62. https://doi.org/10.1007/978-l-4939-1068-7_20.

Serra S, Vaccari M, Mascolo MG, Rotondo F, Zanzi C, Polacchini L, et al. Hazard assessment of air pollutants: the transforming ability of complex pollutant mixtures in the Bhas 42 cell model. ALTEX 2019, 36:623-33. https://doi.org/10.14573/altex.1812173.

Jacobs MN, Colacci A, Corvi R, Vaccari M, Aguila MC, Corvaro M. et al. Chemical carcinogen safety testing: OECD expert group international consensus on the development of an integrated approach for the testing and assessment of chemical non-genotoxic carcinogens. Arch Toxicol 2020,

94:2899-923. https://doi.org/10.1007/s00204-020-02784-5.

Sasaki K, Bohnenberger S, Hayashi K, Kunkelmann T, Muramatsu D, Phrakonkham P, et al. Recommended protocol for the BALB/c 3T3 cell transformation assay. Mutat Res - Genet Toxicol Environ Mutagen 2012, 744:30-5. https://doi.org/10.1016/j.mrgentox.2011.12.014.

OECD. Test No. 416: Two-Generation Reproduction Toxicity, OECD Guidelines for the Testing of Chemicals, Section 4, OECD. Publ Paris 2001. https://doi.org/10.1787/9789264070868-en.

OECD. Test No. 414: Prenatal Developmental Toxicity Study, OECD Guidelines for the Testing of Chemicals, Section 4, OECD. Publ Paris 2018. https://doi.org/10.1787/9789264070820-en.

Marx-Stoelting P. Adriaens E, Ahr HJ, Bremer S, Garthoff B, Gelbke HP. et al. A review of the implementation of the embryonic stem cell test (EST). ATLA - Altern Lab Anim 2009, 37:313-28. https://doi.org/10.1177/026119290903700314.

OECD. Test No. 428: Skin Absorption: In Vitro Method, OECD Guidelines for the Testing of Chemicals, Section 4. OECD Publ Paris 2004. https://doi.org/10.1787/9789264071087-en.

OECD. Test No. 432: In Vitro 3T3 NRU Phototoxicity Test, OECD Guidelines for the Testing of Chemicals, Section 4, OECD. Publ Paris 2019. https://doi.org/10.1787/9789264071162-en.

Spielmann H, Balls M, Dupuis J, Pape WJW, De Silva O, Holzhiitter HG, et al. A study on UV filter chemicals from annex VII of European Union Directive 76/768/EEC, in the in vitro 3T3 NRU phototoxicity test. ATLA - Altern Lab Anim 1998:26:679-708. https://doi.org/10.1177/026119299802600511.

Ceridono M, Tellner P, Bauer D, Barroso J, Alepee N, Corvi R, et al. The 3T3 neutral red uptake phototoxicity test: practical experience and implications for phototoxicity testing - the report of an ECVAM-EFPIA workshop. Regul Toxicol Pharmacol 2012, 63:480-88. https://doi.org/10.1016/j.yrtph.2012.06.001.

Kandarova H, Liebsch M. The EpiDerm phototoxicity test (EpiDerm™ H3D-PT). In Eskes C., van Vliet E., Maibech H. (Eds.), Altern Dermal Toxic Test, Springer, Cham; 2017.

https://doi.org/10.1007/978-3-319-50353-0_35.

SCCS (Scientific Committee on Consumer Safety). Scientific Advice on the Safety of Nanomaterials in Cosmetics, Preliminary Version of 6 October 2020, Final Version of 8 January 202. SCCS/1618/2020. 2020.

OECD. Test No. 493: Performance-Based Test Guideline for Human Recombinant Estrogen Receptor (hrER) In Vitro Assays to Detect Chemicals with ER Binding Affinity, OECD Guidelines for the Testing of Chemicals, Section 4. OECD Publ Paris 2015. https://doi.org/10.1787/9789264242623-en.

EPA (Environmental Protection Agency). Endocrine Disruptor Screening Program Test Guidelines OPPTS 890.1150: Androgen Receptor Binding (Rat Prostate Cytosol). 2009.

OECD. Test No. 455: Performance-Based Test Guideline for Stably Transfected Transactivation In Vitro Assays to Detect Estrogen Receptor Agonists and Antagonists, OECD Guidelines for the Testing of Chemicals, Section 4. OECD Publ Paris 2016. https://doi.org/10.1787/9789264265295-en.

ISO 19040-1. Water Quality - Determination of the Estrogenic Potential of Water and Waste Water - Part 1: Yeast Estrogen Screen (Saccharomyces cerevisiae); 2018.

ISO 19040-2. Water Quality-Determination of the Estrogenic Potential of Water and Waste Water - Part 2: Yeast Estrogen Screen (A-YES, Ar.xula adeninivorans); 2018.

ISO 19040-3. Water Quality -Determination of the Estrogenic Potential of Water and Waste Water - Part 3: In Vitro Human Cell-Based Reporter Gene Assay; 2018.

OECD. Test No. 458: Stably Transfected Human Androgen Receptor Transcriptional Activation Assay for Detection of Androgenic Agonist and Antagonist Activity of Chemicals, OECD Guidelines for the Testing of Chemicals, Section 4. OECD Publ Paris 2020. https://doi.org/10.1787/9789264264366-en.

OECD. Test No. 456: H295R Steroidogenesis Assay, OECD Guidelines for the Testing of Chemicals, Section 4. OECD Publ Paris 2011. https://doi.org/10.1787/9789264122642-en.

OECD. Guidance Document for Describing Non-Guideline In Vitro Test Methods, OECD Series on Testing and Assessment, No. 211. OECD Publ Paris 2017. https://doi.org/10.1787/9789264274730-en.

第22章

化妆品功效检测的临床前人体皮肤模型

介绍

2013年3月，欧盟理事会（Council of the European Union）通过一项规定，禁止在欧盟对成品、成分或成分组合进行动物试验。这意味着必须经过欧洲替代方法验证中心（European Centre for the Validation of Alternative Methods，ECVAM）的验证才能采用替代方法。目前，只有少量替代试验方法使用重建的人类皮肤（reconstructed human skin，RHS）模型通过毒理学测试的验证。然而，像重建人类表皮（RHE）、RHS和皮肤器官培养（skin organ culture，SOC）模型这样的活体皮肤等效物已成为化妆品行业和研究实验室中重要的模型。它们之所以备受青睐，首先是因为它们符合欧洲的规定；其次，即使在欧洲之外，它们也能满足消费者对化妆品无残忍性试验日益增长的需求；最后，它们已被证明在皮肤生物学、筛选预测工具、活性成分生物利用度和功效检测以及有价值的临床前模型方面提供信息。

本章旨在介绍各种皮肤模型的相关知识及其在化妆品研究中的可能应用。首先本章将简要回顾RHE、RHS和SOC模型，其次概述现有的商业化模型，最后重点讨论展示新特征或模拟特定皮肤状况模型的开发。

第二部分专注于这些模型在检测活性成分或模拟环境暴露中的各种应用。在这个简短的回顾后，我们提供两个例子：第一个例子描述了污染暴露和防护活性成分的评价；第二个例子则是报告了皮肤在暴露于活性益生菌后的炎症反应与后生元相比的评价。

尽管人类皮肤模型存在相当大的局限性，但它们符合法规和消费者对动物实验的期望。此外，这些模型为皮肤生物学和各种成分的功效检测提供真正的附加价值，并正在缩小体外细胞试验和人体临床评价之间的差距。

皮肤组织工程学

在欧洲禁止动物实验数年前，研究人员和公司就已开始探索利用组织工程技术建立体外皮肤模型，以研究皮肤生化和生理功能。皮肤器官的复杂性使得构建工程皮肤模型非常具有挑战性，这与其生理条件相当。皮肤由内而外分为3层：皮下组织、真皮层和表皮层。每一层都具有独特的结构、组成和协同作用。在设计皮肤模型时，考虑到不同的屏障功能及其在维持组织稳态中的作用非常重要。除了微生物屏障，还有物理、免疫和化学屏障。首个防御层是角质层（SC）和紧密连接，它们形成物理屏障。当首层防御失败时，由角质形成细胞、朗格汉斯细胞以及一系列细胞因子和趋化因子组成的免疫屏障将接管。角质形成细胞释放防御分子（如抗菌肽），有助于皮肤化学屏障功能。最后，由共生细菌、真菌和病毒组成的皮肤微生态构成微生物屏障。考虑到皮肤等体内器官的复杂性，设计3D皮肤模型时需要非常谨慎。

1979年，首个体外重建模型开发成功，该模型由胶原蛋白晶格中的成纤维细胞组成，形成了等效真皮模型。接下来的一个突破是在气液界面培养角质形成细胞，从而形成了具有多层分化的表皮结构，这是所有类型重构皮肤模型的共同特征。这个分化程序提供了关键的SC层，该层构成了重建模型的屏障功能。随着细胞培养的不断发展，不同的模型通过不同的策略和支持来区分角质形成细胞的培养：如惰性过滤器、真皮基质（如胶原基质、冻干胶原糖胺聚糖（GAG）膜）、去表皮真皮组织［de-epidermized dermis，DED］和成纤维细胞真皮基质。

近20年来，皮肤模型的研究已经取得了长足进步，这种进步在推动无创性皮肤病学研究以及毒理学和光损伤研究方面起到了积极的作用。目前，皮肤模型已经从简单的表皮结构发展到更高级的皮肤等效物，包括银屑病和微生态研究的模型，以及包含朗格汉斯细胞或T细胞的皮肤模型。然而，仍存在一些问题有待解决。其中，RHS模型的制备和展示具有一定局限性，尤其是在屏障功能受损的情况下。此外，其他局限包括缺乏具有功能的免疫系统、血供和神经细胞的模型。事实上，3D皮肤模型使用的是静态系统，这使得模拟免疫细胞在皮肤和淋巴系统之间的迁移成为一项挑战。另外，供体皮肤的成本和可用性存在限制，而且不同模型和批次间的再现性也是一个需要持续关注的问题。在选择研究模型时，供体选择会影响表皮结构和特定基因的表达模式，因此使用混合供体的模型比使用单一供体细胞的模型更具可重复性。尽管该领域已取得了巨大的进展，但目前市场上暂无一种皮肤等效物被证实可完全模拟正常的皮肤结构和生理功能。而来

源于整形外科的SOC在化妆品功效检测方面被广泛应用。这种人皮肤外植体制备简单，操作简单，具有良好的屏障功能。然而，其主要局限性仍然是来源问题，因为其涉及皮肤供体的知情同意，以及巨大的个体差异，这明显限制了其大规模使用。表22.1展示了现有皮肤模型的一些优势和局限性。

表 22.1　重建皮肤模型的优势与局限性

优势	3D 皮肤模型类似于自然皮肤的形态和功能
	研究信号通路时采用转基因细胞
	可用于进行毒理学筛选
	可用于研究光损伤和光保护
	可模拟银屑病等皮肤疾病
限制	成本问题需要考虑
	受限于人类皮肤捐赠者的数量
	不同模型之间存在着重现性问题，这受供体间差异和批次间一致性的影响
	具有可量测性
	目前微生态模型较少，因此对微生态效应的数据相对较少，但这些数据正在增加
	需要控制培养条件，特别是温度和 pH 值
	供体年龄会影响表皮结构和细胞衰老的表达模式
	模拟在静态体外系统中皮肤和淋巴系统之间免疫细胞的相互作用是极具挑战性的
	重建的模型缺乏血液供应，因此会对细胞营养和代谢产生负面影响
	缺乏神经元细胞

皮肤模型的改进和专业化

随着基础研究、皮肤美容和制药工业的蓬勃发展，重建皮肤的技术也日益发展和复杂化。如今，重建皮肤的模型越来越多地模拟人类皮肤的特征，这为研究人员阐明生理性皮肤机制，并更好地理解其衰老或各种病理状态提供了帮助。因此，这些模型在化妆品研究以及临床皮肤科治疗烧伤和慢性创面方面均有应用。接下来的部分将首先介绍适用于化妆品研究的模型选择，然后概述用于临床模拟病理皮肤状态的复杂RHS模型。最后，我们将重点介绍3D打印皮肤等效物的开发。

化妆品皮肤模型

皮肤老化是化妆品行业中一个重要的研究课题。表22.2a和表22.2b所列出的模型虽然能够提供一定程度上的可能性来探索皮肤老化过程，但是它们未模拟衰老的主要特征，如皮肤硬度增加、弹性丧失或变薄等。晚期糖基化终末产物（advanced glycosylation end products，AGEs）的产生是衰老的原因之一。为了研究糖基化的结果，可以建立一个重建系统，其中包括一个"糖化"的真皮区域，以显示真皮层和表皮层的质量。另一个研究真皮老化的方法是通过体外培养老年人乳头层成纤维细胞来模拟老年人皮肤中常见的网状层成纤维细胞。RHS模型显示出终末分化减少和基底角质形成细胞增殖减少，表现出更"衰老"的表型。针对与表皮分化有关的基因，利用siRNA可设计一个模拟常染色体隐性遗传先天性鱼鳞病的RHS模型，并可用于测试新开发的药物。

表 22.2a 商业化 RHE 和 RHS 模型

人体皮肤模型	RHE	RHS	特殊	微生物组	网站
EpiCS	×				www.cellsystems.de
EpiCS®-M- 黑素细胞模型					
EpiCS®-FT		×			
EpiDerm	×			×	www.mattek.com
Melanoderm™- 色素模型					
EpiDermFT™		×			
银屑病 - RHS 模型与银屑病成纤维细胞			×		
SkinEthicRHE	×			×	www.episkin.com
SkinEthic™ RHPE- 色素模型					
EPISKIN™ RHE 胶原基质					
T-Skin		×			
SkinEthic RHE-LC- 整合朗格汉斯细胞			×		
RHE EPI001	×				www.straticell.com
RHE MEL001 - 色素模型					
Phenion®FT		×		×	www.phenion.com
LabSkin FT		×		×	www.labskin.co.uk
RHE 模型	×				www.bio-ec.fr
RHS 模型		×			
ZenSkin	×				www.zen-bio.com
RHE 模型	×				www.creative-bioarray.com
着色 RHE 模型			×		
RHS 模型		×			
FTSK（HSE）FT 皮肤					
RHE- 感觉神经元 + 角质形成细胞共培养			×		
LabCyte EPI- 模型	×				www.jpte.co.jp/en/

各网站可找到有关皮肤模型的技术规格和订购信息，其中一些公司还提供重建的上皮模型（口腔、阴道、肺）。

表 22.2b 商品化 SOC 模型

皮肤器官培养（SOC）模型	SOC	特殊	微生态	网站
Natskin®	×			www.biopredic.com
全层皮肤				
NativeSkin	×		×	www.genoskin.com

续表

皮肤器官培养（SOC）模型	SOC	特殊	微生态	网站
InflammaSkin®-SOC 皮肤炎症模式，具有银屑病样表型		×		
离体皮肤移植体	×			www.straticell.com
根据要求定制皮肤模型		×		
全皮外植体	×		×	www.bio-ec.fr
全皮外植体	×			www.zen-bio.com
离体皮肤移植体	×			www.creative-bioarray.com

各网站上可找到有关皮肤模型的技术规格和订购信息。

皮肤是免疫器官之一，同时也展示了复杂的神经系统。约15年前，欧莱雅（L'Oreal）制备出了首批免疫反应阳性的重建表皮模型，其中包含朗格汉斯细胞，随后成为了商品化模型（SkinEthic RHE-LC）。该重建表皮模型的免疫反应表现为朗格汉斯细胞数量减少和树突形态改变，这种反应会在暴露于增敏剂或紫外线照射后发生。此外，还建立了其他的免疫活性模型，包括表皮朗格汉斯细胞、真皮树突状细胞和内皮细胞。这些细胞在活化后表达HLA-DR。该模型为研究真皮间质树突状细胞的分化提供了一个整合血管成分的复杂环境。同时，还可以利用一个"神经元"表皮模型来评价损伤皮肤上感觉神经元的再生，这种模型主要受到细胞外基质分子、基质结合生长因子和营养因子的影响。

皮肤模型与微生态定植

人类的皮肤是一个复杂的微生物生态系统，多种微生物在皮肤表面定植。人体皮肤微生态在皮肤健康和疾病中扮演着重要的角色，并且被广泛地研究。研究人员尝试创建具有微生物能力的SOC模型，以复制宿主—微生物的相互作用及其对人类皮肤健康的影响，并且已经取得了多项成功。本章节将介绍和讨论一些商品化的微生态定植模型，这些模型可能用于与皮肤健康相关的功效宣称。

Labskin™是一种人体皮肤等效物，用于进行微生物学实验。这个3D皮肤模型可以定植皮肤菌群，模拟真实人体皮肤的情况。由于其广泛的表面积，它可以用来计算物理量并进行蛋白质分析。在湿疹发病研究中，Labskin可以定植表皮葡萄球菌和金黄色葡萄球菌。我们利用Genoskin的HypoSkin®（基于native veskin®外植体技术的三层皮肤模型）在7 d内对皮肤不同层的微生态进行了表征。有趣的是，在体外培养7 d后，所有5个皮肤捐献者的皮肤都保持3层皮肤的菌群多样性。最近，Kristin H. Loomis及同事在表皮模型上研究了许多有影响的皮肤微生物类群，发现微生态代表改变皮肤组织基因表达，影响关键表皮蛋白的表达，并影响表皮厚度和细胞增殖。EPISKIN的重建组织通过在体外组织定植共生或致病菌，包括研究细菌黏附机制，为研究表皮和皮肤微生态提供了一种可选择的工具。与Phenion的3D Phenion FT皮肤模型相似，QIMA生命科学（qimalifesciences.com）开发了适合分析微生态与皮肤间相互作用的体外和离体研究模型，包括分离的金黄色葡萄球菌、表皮葡萄球菌、痤疮丙酸杆菌和干燥棒状杆菌的细菌培养物。这些模型可用于确定化合物或调配物对细菌生长的作用以及细菌对皮肤反应的影响。QIMA生命科学提供广泛的微生物体外试验，如细菌、病毒和酵母。

皮肤疾病模型

建立皮肤疾病模型，以评估局部给药对于

特应性皮炎、银屑病和皮肤癌等最常见皮肤疾病的治疗效果。目前有多种模型可用于研究这些皮肤疾病，包括内部开发系统以及已商品化的模型，如银屑病®（Psoriasis®）和"银屑病样"、黑素瘤®（MelanoDerm®）和黑素瘤®产品（Melanoma® products）。这些商品化模型可能是内部构建系统的合理替代品，具有更为可靠的性能。然而，这些方法存在两个主要缺点：价格高昂和保质期有限。尽管如此，这些替代方案有助于确定各种皮肤疾病的作用，评估一些皮肤疾病的新靶点和潜在治疗方法。

特应性皮炎模型

为了研究特应性皮炎患者中表皮丝聚蛋白的表达情况，研究人员建立了一个能够模拟特应性皮炎的RHE模型。除此之外，还报道了一种包括人包皮成纤维细胞、人角质形成细胞、记忆效应CD45（RO⁺）T细胞、Ⅰ型胶原蛋白和纤维连接蛋白在内的多细胞型特应性皮炎3D模型。另一项研究则利用全层皮肤模型模拟日光性皮炎疾病，并研究了紫外线照射对皱纹和色斑形成的影响。

银屑病模型

大部分模型的创作初衷是为了模拟皮肤炎症性疾病，如Bochenska等、Yun等和Chiricozzi等所详细介绍的模型。例如，该模型采用与人体表皮层结构非常相似的全层皮肤模型，以分类银屑病中的细胞因子敏感基因和细胞因子拮抗剂的作用。"银屑病样"系统则是由在特殊培养基中培养的正常人源表皮角质形成细胞所组成，主要通过表皮的不稳定性诱导银屑病表型。另一种经商业化的银屑病模型则由正常人类表皮角质形成细胞和银屑病真皮成纤维细胞构建，它们可产生银屑病特异性标志物并释放银屑病特异性促炎细胞因子。该模型可用于银屑病的生物学研究和抗银屑病药物的筛选。

皮肤癌模型

设计体外皮肤癌模型是一项复杂的工作，需要将各种肿瘤实体整合到3D皮肤系统中，以模拟细胞-细胞和细胞-ECM的相互作用。其中，RHS模型中包含了培养的黑素细胞，可用于模拟黑素瘤细胞（A375）、正常人表皮角质形成细胞、正常人真皮成纤维细胞和Ⅰ型胶原的相互作用，从而模拟转移性黑素瘤。另一种皮肤鳞状细胞癌模拟模型则由鳞状细胞癌细胞系（SCC12B2和SCC13细胞系）、正常表皮角质形成细胞、正常真皮成纤维细胞和Ⅰ型胶原构成。此外，一些研究使用原代角质形成细胞和成纤维细胞，以及多种癌细胞系（如SBCL2（RGP）、WM115（VGP）和451LU（MM）细胞）构建人类3D黑素瘤模型，以模拟体内肿瘤环境，并展示出类似于体内反应。

MelanoDerm是一种商品化模型，包含正常人类表皮角质形成细胞和正常人类黑素细胞，已被提出用于筛选UVB保护剂。SOC黑素瘤模型则由人类恶性黑素瘤细胞、正常表皮角质形成细胞和正常真皮成纤维细胞组成，可用于研究可能的抗黑素瘤药物。

生物打印皮肤模型

生物打印是一种组织工程领域的技术，通过逐层沉积的方法产生含有支架的细胞，以创建特定组织的3D模型。这种技术可以通过空间控制的方式精确地控制细胞的沉积，从而创造出生物复合系统。皮肤的分层组织相对简单，容易获取，因此在生物打印应用中具有吸引力的原理证明。例如，它可以用于改善临床创面愈合，并作为化妆品行业动物试验的伦理替代方案。最近一篇综述总结了过去几年中出现的生物打印技术。Pourchet等采用活塞驱动的挤压方法制作了生物打印的RHS，以及由表皮层、真皮层和皮下组织组成的血管化RHS，并表现出更好的组织成熟度。Derr等使用高通量生物打印验证了RHS模型的形态和屏障功能。尽管皮肤生物打印最具吸引力的应用是治疗领域和全层烧伤创面，但化妆品领域的研究也在不断进展，并推动技术的进步。2019年，巴斯夫（Badische Anilin- und Sodafabrik）与CTIBiotech合作开发出了首个包含免疫巨噬细胞的3D生物打印皮肤模型，用于开发和检测皮肤护理应用的生物活性物质。2021年3月，专注于生物打印的头部生物融合公司Cellink收购了RHE和RHS模型生产和商品化的领导者之一MatTek［见表22.2（a）］。随着皮肤生物打印领域的研究和商业动态的发展，先进的3D皮肤模型有可能被推向市场，用于化妆品功效检测。

皮肤模型在化妆品功效检测的应用

在药理学试验和化妆品功效检测中，使用3D皮肤模型都需要非常谨慎。这种模型必须包括适当的对照和可靠且可重复的终点分析，以确定化妆品的功效。多终点分析（multiple endpoint analysis，MEA）是一种包括组织活力、形态和促炎介质释放等多个因素的分析方法。其中一种常见的分析方法是MTT测定，用于测定外部压力或化妆品配方的应用是否会引起细胞毒性作用。表22.2（a）和表22.2（b）列出了用于药物毒理学试验的商品化工程皮肤模型。此外，已经有6种重建表皮模型被验证可用于调节性毒性试验。

接下来，我们将对使用皮肤模型来确定不同老化特征（例如UVB-UVA照射诱导的氧化应激和光老化）活性成分益处的数个试验进行综述。此外，还将介绍色素沉着和皮肤屏障模型以及微生态定植模型。最后，我们将讨论基于皮肤模型进行的研究，包括监测污染引起的影响以及后生元制剂的功效检测。

老化、氧化应激和光保护

皮肤模型是一个有用的工具，可以用来确定活性成分的潜在活性。在一项试验中，向RHE中加入茉莉酸衍生物，作者发现Ki67阳性角质形成细胞和表皮厚度增加，得出这种成分可对抗衰老症状的结论。另一项类似的研究证实，海洋复合营养素能够正向刺激RHS，在体内对抗人体皮肤老化。需要指出的是，这两项实验都没有测试这些成分的局部应用，因此对于强调潜在体内功效的有效性，结论存在限制。在一项研究中，探讨了香根草提取物抗衰老的益处，通过比较系统治疗的RHE和局部治疗的SOCs，以验证体外模型的结果。

日光辐射是人类健康的主要问题，因为它被认为是环境中的致癌物，同时也会促进光老化进程，这一点已经通过氧化应激得到证实。为了防止UVA和UVB辐射的有害影响，如今紫外线吸收剂提供了很好的保护。然而，化妆品行业禁止动物试验，要求使用替代皮肤模型，以发现新的皮肤光保护创新策略，并评估防晒霜配方的光保护能力。目前，体外RHEs已被用于评估臭氧或UVA诱导的脂质过氧化物，而体外SOC模型则被用于研究紫外线诱导的损伤和时间过程，以及紫外线效应空间分布的工具。类似试验表明，皮肤模型对紫外线敏感。染料木黄酮或褪黑素的局部应用已经在人体的紫外线诱导的SOC模型中进行了研究，而没食子儿茶素没食子酸酯和卡维地洛的局部应用则在RHS中得到了成功评价，这表明各种抗氧化剂可以通过减少凋亡反应和DNA损伤，有效地对抗紫外线诱导的氧化应激。但是，比较紫外线照射后的离体和体内反应时，活性氧（ROS）的形成和抗氧化潜力已经显示出明显差异，需要在进行离体实验时进行考虑。

虽然体内试验对于防晒霜的检测非常必要（例如，测定防晒系数SPF和UVA保护系数PFA），但基于皮肤特性的体外和离体技术已经证明对这些检测非常有价值。例如，RHE和RHS被用于评估在有和无光保护的情况下，紫外线照射后的凋亡反应。

色素沉着

除了一般的光损伤和活性氧产生外，紫外线还能刺激皮肤色素沉着。色素模型的发展为评价黑素生成因子对哺乳动物色素沉着的调节并阐明这些因子的作用机制提供了一种有趣的替代动物试验。色素皮肤模型是由角质形成细胞和黑素细胞共同培养而成的，来源于不同种族地区黑素细胞的整合形成了色素表皮或皮肤等效物，反映了白种人、亚裔和非裔美国人的皮肤表型。通过这些模型已证明，蛋白酶激活受体-2（PAR-2）通路通过黑素小体转移调节色素沉着，但只有在角质形成细胞和黑素细胞突触处发现。Gibbs等已发现，在UVB照射和给予3-异丁基-1-甲基黄嘌呤后，会诱导一个完整的黑素合成过程：黑素小体合成、黑素小体转运到角质形成细胞、角质形成细胞核的核上盖帽和表皮晒（变）黑。应用体外重建模型也可以评价色素沉着功能障碍。重建着色性干皮病（xeroderma pigmentosa）皮肤模型可用于研究遗传性光敏反应，以及可用正常或非节段型非皮损白癜风细胞构建的RHS模型。

此外，在局部应用和系统给药后，色素皮肤组织模型为评价黑素合成的抑制剂（如曲酸、熊果苷和氢醌）和激活剂（如α-黑素细胞刺激素（α-MSH）和二羟苯丙氨酸）提供了一个有价值的工具。对于评价防晒霜的抗色素沉着效果，色素沉着的皮肤组织也非常有价值。

皮肤屏障与异种生物代谢

形态学研究显示，RHS模型具备特征性的表皮结构，形成多层上皮，并表达表皮分化标志物。RHS模型的SC层是角化屏障（图22.1），由多个脂质板层、角质细胞脂化包膜和桥粒结构构成，位于角质细胞之间。在颗粒层（SG）和SC中存在透明角质颗粒、板层小体和充满表皮脂质的板层结构。与表皮钙梯度在原生人类皮肤中发现的情况类似，SG屏障也与表皮钙梯度有关。

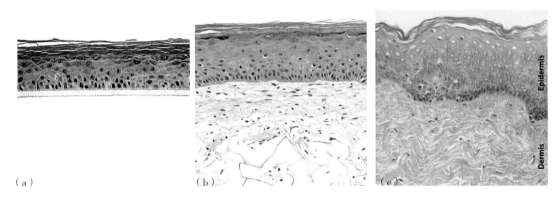

图 22.1 不同皮肤模型的组织学切片

（a）重建人类表皮（skinetic Laboratories，Lyon，法国*），聚碳酸酯膜支持复层表皮；（b）真皮上有复层表皮的全层皮肤模型（Phenion*）；（c）源自实验室的人类SOC模型。*其他供应商提供的皮肤模型，如表22.2（a）和表22.2（b）所示，将展现出相同的组织学特征。

虽然表皮已经完全分化且形态学研究已经确定，但SC的脂质组织在RHS和天然皮肤中存在差异。在RHS中，脂质组织为六边形脂质包膜，而在天然皮肤中则为正交结构。这种差异可能解释了为什么与人体皮肤相比，RHS模型的渗透性明显更高，测试结果表明，大多数测试物质的渗透性高出5~50倍。开发具有皮肤等效屏障功能的RHS仍然具有挑战性。但最近的研究指出，棕榈酸在表皮形态发生中扮演关键角色，并在RHS脂质屏障形成中发挥作用。然而，消费者安全科学委员会（SCCS）制定的化妆品成分真皮吸收指南规定，目前仍在开发使用培养或重建的人体皮肤模型，因为这些系统的屏障功能不足，尚未建议进行体外试验。因此，若需要测试具有完全功能屏障的活性成分和配方，最好使用具有有效皮肤屏障的SOC。此外，如果预期会发生生物转化，选择有活力的皮肤组织将使探索可能的外源性代谢物成为可能。在RHE、RHS和SOC等各种皮肤模型中进行的代谢研究证实，大多数3D皮肤模型在代谢维度都能代表人类皮肤，因此可作为很好的替代模型。一篇以Ⅰ相酶和Ⅱ相酶为重点的综述报道发现，与天然皮肤相比，RHS中的Ⅰ相酶比Ⅱ相酶更丰富。最近的一篇论文从总细胞蛋白中鉴定并定量了2000多种外源性代谢酶，表明体外模型在预测局部用药剂量方面可能与人类天然皮肤相似。

总之，由于RHE和RHS的屏障略微较弱，因此它们可用于确定活性成分的代谢和功效。与此相比，人类SOC表现出更有效的屏障功能，更适合作为临床前模型和（或）优化用于调配的活性成分的含量水平。

功效检测示例
体外污染

空气中的颗粒物（PM）会通过化学和生物过程产生过量的ROS和自由基，从而对皮肤细胞造成损伤。为了预防与空气污染相关的皮肤损伤，我们需要减轻或弱化这些初始过程。然而，从伦理学的角度来看，无法在体内进行受控污染研究，因此需要开发和验证可预测的污染诱导皮肤模型。

紫外线和空气污染都可以激活芳香烃受体AhR，从而激活多个下游基因（如MMP1和CYP1A1），导致ROS和IL-8的释放增加以及胶原分解。为了模拟污染对皮肤的损伤效应，我们采用柴油颗粒物（diesel particulate matter，

DPM）对局部的SOC进行处理，并使用ELISA法检测SOC分泌的MMP1，使用qPCR法检测CYP1A1基因的表达。根据读值，我们使用专利提取物/配方或对照化合物对SOC进行局部预处理1~24 h，然后与DPM一起重复应用活性物质。当与活性药或对照化合物联合使用时，我们观察到分泌型MMP1（图22.2）或CYP1A1基因表达（图22.3）与安慰剂相比都显著降低。这种模型可以验证提取物的体外抗污染效果，并指导最终产品中提取物含量的决策。

离体活性益生菌

在天然皮肤模型中，可以评价活性微生物对皮肤健康参数的影响，即使没有细菌定植。最近，利用离体皮肤模型（SOC），研究表明活性益生菌罗伊氏乳杆菌（L. reuteri DSM17938）在局部应用中具有抗炎和皮肤屏障增强作用。针对UVB辐射诱导的炎症模型的结果证实，活性罗伊氏乳杆菌DSM17938能够减少促炎因子IL-6和IL-8的表达，这在RHE（MatTek）（图22.4）和SOC模型中均得到了验证。此外，活性罗伊氏乳杆菌DSM17938还显著增加了水通道蛋白3（aquaporin 3，AQP3）的表达，并下调KLK5基因表达（图22.5），提示对皮肤屏障产生积极影响。有趣的是，临床前研究结果已经成功地应用于临床实践，罗伊氏乳杆菌DSM17938已被建议作为一种新型的局部化妆品成分，以及治疗成人特应性皮炎的标准局部产品的一种成分。

总结

尽管大多数皮肤等效物并未进行毒理学的全面验证，但它们广泛用于更好地了解皮肤生理和化妆品功效检测，因此代表化妆品行业的真正附加值。随着复杂重建模型日益可用，化妆品成分的功效评价也有了广泛的可能性，尽管存在一些限制，例如皮肤屏障功能较弱。相

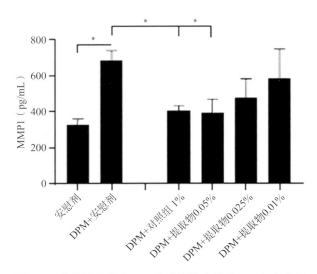

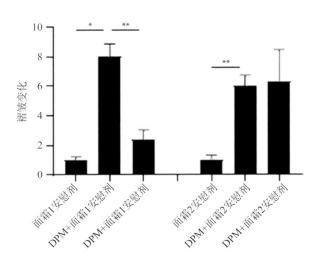

图 22.2　柴油颗粒物（DPM）在离体皮肤（SOC）上的局部应用后对 MMP1 的影响

使用 0.5% DPM 外用 5 d 后，通过 ELISA 法检测了 MMP1 的分泌量。在污染物激发前，局部皮肤活检经过 24 h 的安慰剂、对照化合物或提取物预处理，然后重复应用 5 d。误差条表示 ±SEM。统计学分析结果为：t 检验，其中 $P < 0.05$。

图 22.3　柴油颗粒物（DPM）在离体皮肤（SOC）上的局部应用后 CYP1A1 基因表达的变化

在使用 0.5% DPM 进行 5 h 局部处理后，使用 qPCR 技术分析了 CYP1A1 基因的表达情况。在进行 DPM 联合预处理 5 h 前，先对皮肤活检样本进行了 1 h 的安慰剂或活性乳膏预处理。误差条表示 ±SD。采用重复测量方差分析，后验采用 Tukey 多重比较，其中 $P^* < 0.05$ 和 $P^{**} < 0.01$。此外，将安慰剂设定为 1 倍变化。

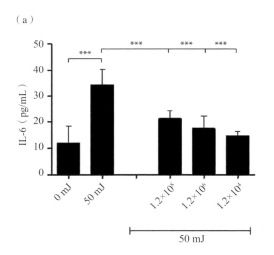

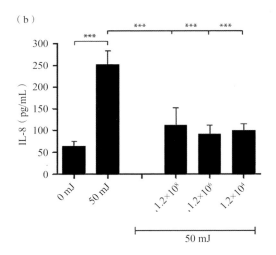

图 22.4　局部应用益生菌罗伊氏乳杆菌 DSM17938 对 RHE 在 UVB 激发后产生的 IL-6 和 IL-8 水平

在 UVB 照射后 24 h，采用细胞因子 ELISA 检测了 IL-6（a）和 IL-8（b）。在 UVB（50 mJ/cm²）照射前，使用活性益生菌罗伊氏乳杆菌局部预处理 RHE 24 h，将罗伊氏乳杆菌油滴稀释至 1.2×10^8、1.2×10^6、1.2×10^4 CFU/mL 应用于局部。误差条表示 ±SEM。统计分析采用了单向方差分析（one-way ANOVA），并使用了新复极差法检验（Dunnett's posttest）进行重复测量，其中 $P^{***} \leqslant 0.001$。该图和图释的内容改编自 Khmaladze 等的研究。

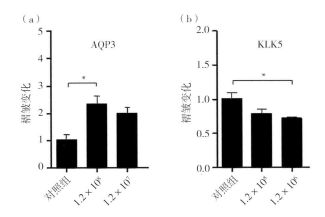

图 22.5　局部应用益生菌罗伊氏乳杆菌 DSM17938 对 AQP3（RHE）和 KLK5 基因表达的积极作用

治疗后 24 h，在 SOC 中通过局部应用活罗伊氏乳杆菌，AQP3（a）和 KLK5（b）基因的表达都有所增加。误差条显示为 ±SEM。统计分析采用了非配对学生 t 检验和单向方差分析，并使用了新复极差法检验（Dunnett's posttest）进行重复测量，其中 $P* \leqslant 0.05$。该图及其说明改编自 Khmaladze 等的研究。

比于体外重建模型，SOC 模型成本更低、更易获得，并且具有较好的屏障功能。因此，目前 RHE、RHS 和 SOC 模型的结合提供了一个非常有价值和互补性的测试系统，代表了化妆品开发所需药物毒理学试验的关键步骤，从细胞模型的筛选到最终的临床试验验证。

综合考虑本章讨论的各种因素，创建一个皮肤模型以及与体内模型的正常条件相似的培养条件是最理想的，因为这有助于了解细胞类型间相互作用的复杂性。这包括与生理更相关的免疫细胞交换、受控温度环境和增强的屏障功能。使用 SOC 模型可以实现这一目标，表皮处于室温下的空气相，不受培养箱中高湿度的影响，而真皮部分则保持在 37℃ 的循环液相中，与气体、营养物质和信号梯度的生理状态非常相似。我们相信这将是目前皮肤模型系统的一个迫在眉睫的改进，因为它解决了当前现有皮肤模型存在的许多问题。因此，我们认为这将是预测化妆品配方渗透和作用的最佳模型。

原文参考文献

Validated Test Methods I EU Science Hub. Available from: https://ec.europa.eu/jrc/en/eurl/ecvam/alternative-methodstoxicity- testing/validated-test-methods.

Niehues H, Bouwstra JA, El Ghalbzouri A. Brandner JM, Zeeuwen PLJM, van den Bogaard EH. 3D skin models for 3R research: The potential of 3D reconstructed skin models to study skin barrier function. Exp Dermatol. 2018, 27(5):501-511.

Randall MJ, Jüngel A, Rimann M, Wuertz-Kozak K. Advances in the biofabrication of 3D skin in vitro: Healthy and pathological models. Front Bioeng Biotechnol. 2018, 6 (154):1-184.

Bell E, Ivarsson B. Merrill C. Production of a tissue-like structure by contraction of collagen lattices by human fibroblasts of different proliferative potential in vitro. Cell Biol. 1979, 76: 1274-1278.

Regnier M, Prunieras M, Woodley D. Growth and differentiation of adult epidermal cells on dermal substrates. Front Matrix. 1981, 9: 4-35.

Rosdy M, Clauss LC. Terminal epidermal differentiation of human keratinocytes grown in chemically defined medium on inert filter substrates at the air-liquid interface. J Invest Dermatol. 1990, 95(4):409-414.

Cannon CL, Neal PJ, Southeet JA, KumluS J, Klausner M. New Epidermal Model for Dermal Irritancy Testing. Vol. 8. 1994.

Poumay Y, Dupont F, Marcoux S, Leclercq-Smekens M, Herin M, Coquette A. A simple reconstructed human epidermis: Preparation of the culture model and utilization in in vitro studies. Arch Dermatol Res. 2004, 296(5):203-211.

Wha Kim S, Lee IW, Cho HJ, Cho KH, Han Kim K, Chung JH, et al. Fibroblasts and ascorbate regulate epidermalization in reconstructed human epidermis. J Dermatol Sci. 2002, 30(3):215-223.

Tinois E, Tiollier J, Gaucherand M, Dumas H. Tardy M. Thivolet J. In vitro and post-transplantation differentiation of human keratinocytes grown on the human type IV collagen film of a bilayered dermal substitute. Exp Cell Res. 1991, 193(2):310-319.

Augustin C, Frei V, Perrier E. Hue A, Damour O. A skin equivalent model for cosmetological trials: An in vitro efficacy study of a new biopeptide. Skin Pharmacol. 1997, 10(2):63-70.

Ponec M, Weerheim A. Kempenaar J. Mulder A, Gooris GS, Bouwstra J, et al. The formation of competent barrier lipids in reconstructed human epidermis requires the presence of vitamin C. J Invest Dermatol. 1997, 109(3):348-355.

El Ghalbzouri A, Jonkman MF, Dijkman R. Ponec M. Basement membrane reconstruction in human skin equivalents is regulated by fibroblasts and/or exogenously activated keratinocytes. J Invest Dermatol. 2005, 124(1):79-86.

Guiraud B, Hernandez-Pigeon H, Ceruti I, Mas S, Palvadeau Y, Saint-Martory C, et al. Characterization of a human epidermis model reconstructed from hair follicle keratinocytes and comparison with two commercially models and native skin. Int J Cosmet Sci. 2014, 36(5):485-493.

Kojima H, Ando Y, Idehara K, Katoh M, Kosaka T, Miyaoka E, et al. Validation study of the in vitro skin irritation test with the LabCyte EPI-MODEL24. ATLA Altern to Lab Anim. 2012, 40(1):33-50.

Yu JR, Navarro J. Coburn JC, Mahadik B. Molnar J, Holmes JH, et al. Current and future perspectives on skin tissue engineering: Key features of biomedical research, translational assessment, and clinical application. Adv Healthc Mater. 2019, 8(5):1-19.

Pageon H. Reaction of glycation and human skin: The effects on the skin and its components, reconstructed skin as a model. Pathol Biol (Paris). 2010, 58(3):226-231.

Janson D, Saintigny G, Mahé C, El Ghalbzouri A. Papillary fibroblasts differentiate into reticular fibroblasts after prolonged in vitro culture. Exp Dermatol. 2013, 22(1):48-53.

Eckl K-M, Alef T, Torres S, Hennies HC. Full-thickness human skin models for congenital ichthyosis and related keratinization disorders. J Invest Dermatol. 2011, 131(9):1938-1942.

Facy V, Flouret V, Regnier M, Schmidt R. Langerhans cells integrated into human reconstructed epidermis respond to known sensitizers and ultraviolet exposure. J Invest Dermatol. 2004, 122(2):552-553.

Dezutter-Dambuyant C, Black A, Bechetoille N, Bouez C, Marechal S, Auxefans C, Cenizo V, Pascal P. Evolutive skin reconstructions: From the dermal collagen-glycosaminoglycan- chitosane substrate to an immunocompetent reconstructed skin. Biomed Mater Eng. 2006, 16(4):85-94.

Taherzadeh O, Otto WR, Anand U, Nanchahal J, Anand P. Influence of human skin injury on regeneration of sensory neurons. Cell Tissue Res. 2003, 312(3):275-280.

www.labskin.co.uk.

Loomis KH, Wu SK, Ernlund A, Zudock K, Reno A, Blount K. et al. A mixed community of skin microbiome representatives influences cutaneous processes more than individual members. Microbiome. 2021, 9(22):1-17

Amelian A, Wasilewska K.MegiasD, Winnicka K. Application of standard cell cultures and 3D in vitro tissue models as an effective tool in drug design and development. Pharmacol Rep. 2017, 69(5):861-870.

Huet F, Severino-Freire M, Cheret J, Gouin O, Praneuf J, Pierre O, et al. Reconstructed human epidermis for in vitro studies on atopic dermatitis: A review. J Dermatol Sci. 2018, 89(3):213-218.

Pendaries V, Malaisse J, Pellerin L, Le Lamer M, Nachat R, Kezic S, et al. Knockdown of filaggrin in a three-dimensional reconstructed human epidermis impairs keratinocyte differentiation. J Invest Dermatol. 2014, 134(12):2938-2946.

Engelhart K, El Hindi T, Biesalski HK, Pfitzner I. In vitro reproduction of clinical hallmarks of eczematous dermatitis in organotypic skin models. Arch Dermatol Res. 2005:297(1):1-9.

Küchler S, Henkes D, Eckl KM, Ackermann K, Plendl J, Korting HC, et al. Hallmarks of atopic skin mimicked in vitro by means of a skin disease model based on FLG knock-down. ATLA Altern to Lab Anim. 2011, 39(5):471-480.

Bochenska K, Smoliriska E, Moskot M, Jakobkiewicz-Banecka J. Gabig-Cimiriska M. Models in the research process of psoriasis. Int J Mol Sci. 2017, 18(2514):1-17.

Yun YE, Jung YJ, Choi YJ, Choi JS, Cho YW. Artificial skin models for animal-free testing. J Pharm Investig. 2018:48(1-8).

Chiricozzi A, Nograles KE, Johnson-Huang LM, Fuentes-Duculan J, Cardinale 1. Bonifacio KM, et al. IL-17 induces an expanded range of downstream genes in reconstituted human epidermis model. PLoS One. 2014, 9(2):e90284.

www.ateralabs.com.

www.mattek.com/products/psoriasis.

Marconi A, Quadri M. Saltari A, Pincelli C. Progress in melanoma modelling in vitro. Exp Dermatol. 2018, 27:578-586.

Li L, Fukunaga-Kalabis M, Herlyn M. The three-dimensional human skin reconstruct model: A tool to study normal skin and melanoma progression. J Vis Exp. 2011, (54):e2937.

Mohapatra S, Coppola D, Riker Al, Pledger WJ. Roscovitine inhibits differentiation and invasion in a three-dimensional skin reconstruction model of metastatic melanoma. Mol Cancer Res. 2007, 5(2):145-151.

Commandeur S, Van Drongelen V, De Gruijl FR. El Ghalbzouri A. Epidermal growth factor receptor activation and inhibition in 3D in vitro models of normal skin and human cutaneous squamous cell carcinoma. Cancer Sci. 2012, 103(12):2120-2126.

Vorsmann H, Groeber F, Walles H. Busch S, Beissert S, Walczak H, et al. Development of a human three-dimensional organotypic skin-melanoma spheroid model for in vitro drug testing. Cell Death Dis. 2013, 4(7):e719.

www.mattek.com/products/melanoderm.

Passeron T, Namiki T, Passeron HJ, Le Pape E, Hearing VJ. Forskolin protects keratinocytes from UVB-induced apoptosis and increases DNA repair independent of its effects on melanogenesis. J Invest Dermatol. 2009, 129(1):162-166. www.mattek.com/products/melanoma.

Mota C, Camarero-Espinosa S, Baker MB, Wieringa P, Moroni L. Bioprinting: From tissue and organ development to in vitro models. Chem Rev. 2020, 120(19):10547-10607.

Pourchet LJ, Thepot A, Albouy M, Courtial EJ, Boher A, Blum LJ, et al. Human skin 3D bioprinting using scaffoldfree approach. Adv Healthc Mater. 2017, 6(4). doi: 10.1002/adhm.201601101. Epub 2016 Dec 15.

Kim BS, Gao G, Kim JY, Cho DW. 3D cell printing of perfusable vascularized human skin equivalent composed of epidermis, dermis, and hypodermis for better structural recapitulation of native skin. Adv Healthc Mater. 2019, 8(7):el801019.

Derr K, Zou J, Luo K, Song MJ, Sittampalam GS, Zhou C, et al. Fully three-dimensional bioprinted skin equivalent constructs with validated morphology and barrier function. Tissue Eng - Part C Methods. 2019, 25(6):334-343.

DeBrugerolle De Fraissinette A, Picarles V, Chibout S, Kolopp M, Medina J, Burtin P, et al. Predictivity of an in vitro model for acute and chronic skin irritation (SkinEthic) applied to the testing of topical vehicles. Cell Biol Toxicol. 1999, 15(2):121-135.

Mosmann T. Rapid colorimetric assay for cellular growth and survival: Application to proliferation and cytotoxicity assays. J Immunol Methods. 1983, 65:55-63.

Alépée N, Tornier C, Robert C, Amsellem C, Roux MH, Doucet O, et al. A catch-up validation study on reconstructed human epidermis (SkinEthic™ RHE) for full replacement of the Draize skin irritation test. Toxicol Vitr. 2010, 24(1):257-266.

Kandárová H, Hayden P, Klausner M, Kubilus J, Sheasgreen J. An in vitro skin irritation test (SIT) using the EpiDerm reconstructed human epidermal (RHE) model. J Vis Exp. 2009, (29):el366.

Spielmann H. Hoffmann S, Liebsch M, Botham P, Fentem JH, Eskes C, et al. The ECVAM international validation study on in vitro tests for acute skin irritation: Report on the validity of the EPISKIN and EpiDerm assays and on the skin integrity function test. ATLA. 2007, 35:559-601.

OECD (2021), Test No. 439: In Vitro Skin Irritation: Reconstructed Human Epidermis Test Method, OECD Guidelines for the Testing of Chemicals, Section 4, OECD Publishing, Paris, https://doi.org/10.1787/9789264242845-en.

Michelet JF. Olive C, Rieux E, Fagot D. Simonetti L, Galey JB, et al. The anti-ageing potential of a new jasmonic acid derivative (LR2412): In vitro evaluation using reconstructed epidermis EPISKIN™ . Exp Dermatol. 2012, 21(5):398-400.

Rietveld M. Janson D. Siamari R. Vicanova J, Andersen MT. El Ghalbzouri A. Marine-derived nutrient improves epidermal and dermal structure and prolongs the life span of reconstructed human skin equivalents. J Cosmet Dermatol. 2012, 11(3):213-222.

De Tollenaere M, Chapuis E, Lapierre L, Bracq M. Hubert J. Lambert C, et al. Overall renewal of skin lipids with Vetiver extract for a complete anti-ageing strategy. Int J Cosmet Sci. 2021, 43(2):165-180

Matsumura Y, Ananthaswamy HN. Toxic effects of ultraviolet radiation on the skin. Toxicol Appl Pharmacol. 2004, 195(3):298-308.

Rabe JH, Mamelak AJ, McElgunn PJS, Morison WL. Sauder DN. Photoaging: Mechanisms and repair. J Am Acad Dermatol. 2006, 55(1):1-19.

Raj D. Brash DE. Grossman D. Keratinocyte apoptosis in epidermal development and disease. J Invest Dermatol. 2006, 126(2):243-257.

Cotovio J, Onno L, Justine P, Lamure S, Catroux P. Generation of oxidative stress in human cutaneous models following in vitro ozone exposure. Toxicol In Vitro. 2001, 15(4-5):357-362.

Seité S, Popovic E, Verdier MP, Roguet R, Portes P. Cohen C, et al. Iron chelation can modulate UVA-induced lipid peroxidation and ferritin expression in human reconstructed epidermis. Photodermatol Photoimmunol Photomed. 2004, 20(1):47-52.

Rijnkels JM, Moison RMW, Podda E, van Henegouwen GMJB. Photoprotection by antioxidants against UVBradiation-induced damage in pig skin organ culture. Radiat Res. 2003, 159(2):210-217.

Skobowiat C, Brozyna AA, Janjetovic Z, Jeayeng S, Oak ASW, Kim T-K, et al. Melatonin and its derivatives counteract the ultraviolet B radiation-induced damage in human and porcine skin ex vivo. J Pineal Res. 2018, 65(2):e12501.

Mori E, Takahashi A. Kitagawa K. Kakei S, Tsujinaka D, Unno M, et al. Time course and spacial distribution of UV effects on human skin in organ culture. J Radiat Res. 2008, 49(3):269-277.

Moore JO, Wang Y. Stebbins WG. Gao D, Zhou X, Phelps R. et al. Photoprotective effect of isoflavone genistein on ultraviolet B-induced pyrimidine dimer formation and PCNA expression in human reconstituted skin and its implications in dermatology and prevention of cutaneous carcinogenesis. Carcinogenesis. 2006, 27(8):1627-1635.

Kim S-Y, Kim D-S, Kwon S-B. Park E-S, Huh C-H, Youn S-W,

et al. Protective effects of EGCG on UVB-induced damage in living skin equivalents. Arch Pharm Res. 2005, 28(7):784-790.

Chen M, Liang S, Shahid A, Andresen BT, Huang Y. The β-blocker carvedilol prevented ultraviolet-mediated damage of murine epidermal cells and 3D human reconstructed skin. Int J Mol Sci. 2020, 21(3):798, 1-15.

Meinke MC, Muller R. Bechtel A. Haag SF. Darvin ME, Lohan SB, et al. Evaluation of carotenoids and reactive oxygen species in human skin after UV irradiation: A critical comparison between in vivo and ex vivo investigations. Exp Dermatol. 2015, 24(3):194-197.

Gelis C, Girard S, Mavon A, Delverdier M, Paillous N, Vicendo P. Assessment of the skin photoprotective capacities of an organo-mineral broad-spectrum sunblock on two ex vivo skin models. Photodermatol Photoimmunol Photomed. 2003, 19(5):242-253.

Fourtanier A, Bernerd F, Bouillon C, Marrot L, Moyal D, Seite S. Protection of skin biological targets by different types of sunscreens. Photodermatol Photoimmunol Photomed. 2006, 22(1).

Régnier M, Duval C, Galey JB, Philippe M, Lagrange A, Tuloup R. et al. Keratinocyte-melanocyte co-cultures and pigmented reconstructed human epidermis: Models to study modulation of melanogenesis. Cell Mol Biol (Noisy-le-grand). 1999, 45(7):969-980.

Yoon T-J, Lei TC, Yamaguchi Y, Batzer J, Wolber R, Hearing VJ. Reconstituted 3-dimensional human skin of various ethnic origins as an in vitro model for studies of pigmentation. Anal Biochem. 2003, 318(2):260-269.

SeibergM. Keratinocyte-melanocyte interactions during melanosome transfer. Pigment Cell Res. 2001, 14(4):236-242.

Gibbs S, Murli S, De Boer G, Mulder A, Mommaas AM, Ponec M. Melanosome capping of keratinocytes in pigmented reconstructed epidermis-effect of ultraviolet radiation and 3-isobutyl-l-methyl-xanthine on melanogenesis. Pigment Cell Res. 2000, 13(6):458-466.

Bernerd F, Asselineau D. Frechet M, Sarasin A, Magnaldo T. Reconstruction of DNA repair-deficient xeroderma pigmentosum skin in vitro: A model to study hypersensitivity to UV light. Photochem Photobiol. 2005, 81(1):19-24.

Cario-André M, Pain C, Gauthier Y, Taïeb A. The melanocytorrhagic hypothesis of vitiligo tested on pigmented, stressed, reconstructed epidermis. Pigment Cell Res. 2007, 20(5):385-393.

Poumay Y, Coquette A. Modelling the human epidermis in vitro: Tools for basic and applied research. Arch Dermatol Res. 2007, 298:361-369.

Thakoersing VS, Danso MO, Mulder A, Gooris G, El Ghalbzouri A, Bouwstra JA. Nature versus nurture: Does human skin maintain its stratum corneum lipid properties in vitrol Exp Dermatol. 2012, 21(11):865-870.

Ponec M. Skin constructs for replacement of skin tissues for in vitro testing. Adv Drug Deliv Rev. 2002, 54(Suppl 1): S19-30.

Ponec M, Gibbs S, Pilgram G, Boelsma E, Koerten H, Bouwstra J, et al. Barrier function in reconstructed epidermis and its resemblance to native human skin. Skin Pharmacol Appl Skin Physiol. 2001:14.

Garcia N, Doucet O, Bayer M, Fouchard D, Zastrow L, Marty JP. Characterization of the barrier function in a reconstituted human epidermis cultivated in chemically defined medium. Int J Cosmet Sci. 2002, 24(1):25-34.

Mieremet A, Helder R. Nadaban A, Gooris G, Boiten W, El Ghalbzouri A, et al. Contribution of palmitic acid to epidermal morphogenesis and lipid barrier formation in human skin equivalents. Int J Mol Sci. 2019, 20(23):e6069.

Basic Criteria for the In Vitro Assessment of Dermal Absorption of Cosmetic Ingredients, https://op.europa.eu/en/publication-detail/-/publication/91793089-8206-4975- a6c9-078770655851

Gibbs S, van de Sandt J, Merk H, Lockley D, Pendlington R, Pease C. Xenobiotic metabolism in human skin and 3D human skin reconstructs: A review. Curr Drug Metab. 2007, 8(8):758-772.

Eilstein J, Lereaux G, Budimir N, Hussler G, Wilkinson S, Duché D. Comparison of xenobiotic metabolizing enzyme activities in ex vivo human skin and reconstructed human skin models from SkinEthic. Arch Toxicol. 2014, 88(9):1681-1694.

Kazem S, Linssen EC, Gibbs S. Skin metabolism phase I and phase II enzymes in native and reconstructed human skin: A short review. Drug Discov Today. 2019:24:1899-1910.

Couto N, Newton JRA. Russo C, Karunakaran E, Achour B. Al-Majdoub ZM, et al. Label-free quantitative proteomics and substrate-based mass spectrometry imaging of xenobiotic metabolizing enzymes in ex vivo human skin and a human living skin equivalent model. Drug Metab Dispos. 2021, 49(1):39-52.

Mikrut M, Regiel-Futyra A. Samek L, Macyk W, Stochel G, van Eldik R. Generation of hydroxyl radicals and singlet oxygen by particulate matter and its inorganic components. Environ Pollut. 2018, 238:638-646.

Rajagopalan P. Jain AP, Nanjappa V, Patel K, Mangalaparthi KK, Babu N. et al. Proteome-wide changes in primary skin keratinocytes exposed to diesel particulate extract - A role for antioxidants in skin health. J Dermatol Sci. 2018, 91(3):239-249.

Nguyen LP, Bradfield CA. The search for endogenous activators of the aryl hydrocarbon receptor. Chem Res Toxicol. 2008(1):102-116.

Costa C, Catania S, De Pasquale R. Stancanelli R, Scribano GM, Melchini A. Exposure of human skin to benzo[a]pyrene: Role of CYP1A1 and aryl hydrocarbon receptor in oxidative stress generation. Toxicology. 2010, 271(3):83-86.

Ono Y, Torii K. Fritsche E, Shintani Y, Nishida E, Nakamura M, et al. Role of the aryl hydrocarbon receptor in tobacco smoke extract-induced matrix metalloproteinase-1 expression. Exp Dermatol. 2013, 22(5):349-353.

Tigges J, Haarmann-Stemmann T, Vogel CFA. Grindel A, Hiibenthal U, Brenden H. et al. The new aryl hydrocarbon receptor antagonist E/Z-2-benzylindene-5,6-dimethoxy-3,3-dimethylindan-l -one protects against UVB-induced signal transduction. J Investig Dermatol. 2014, 134(2): 556-559.

Khmaladze I. Butler É, Fabre S, Gillbro JM. Lactobacillus reuteri DSM 17938--A comparative study on the effect of probiotics and lysates on human skin. Exp Dermatol. 2019, 28(7):822-828.

Butler É, Lundqvist C, Axelsson J. Lactobacillus reuteri DSM 17938 as a novel topical cosmetic ingredient: A proof of concept clinical study in adults with atopic dermatitis. Microorganisms. 2020, 8(7):el026.

第23章

皮肤清洁新趋势

介绍

皮肤清洁是为了去除皮肤上不必要的杂质和细菌，以保持皮肤的清洁和健康。与清洗衣物不同，清洁皮肤的过程必须要温和。皮肤主要的杂质包括汗液、皮脂和角质层（脂质连接蛋白），这些物质会从人体脱落，需要使用肥皂、沐浴露或沐浴乳中的清洁剂，并通过手或毛巾"擦拭"清除。由于皮脂是一种油性物质，仅使用水是无法去除的。因此，使用含有表面活性剂的清洁剂被认为是去除皮脂最有效的方法。然而，表面活性剂会吸附至皮肤表面，引起刺激。因此，在开发皮肤清洁剂时，必须考虑清洁剂对皮肤的高去污性和温和性之间的权衡关系。对于皮肤清洁剂的研究，一般会考虑两种技术路线。首先是一项基本的技术路线，旨在实现对皮脂杂质的清洁能力，同时对皮肤温和。另一项则是产品（配方）设计技术，旨在为消费者提供舒适的使用感受，而非清洁力和温和特性。从消费者的角度来看，他们可能无法确认自己在家中清洗了多少皮脂。他们会根据自己的视觉、嗅觉、触觉等感官来评价产品的性能，并使用"温和清洁的感觉"的词语来描述产品的特点，如保湿、清爽、泡沫丰富等。这两个路线对于消费产品的开发都非常重要。然而，第一项基本技术被认为是研究人员无法回避的最重要内容。

本章重点关注皮肤清洁的本质属性，即如何满足皮脂清洁力和皮肤温和性，并介绍两种实现方法。其中，一种方法源自"表面活性剂"，另一种则源自清洗剂的"泡沫设计"。

理想的皮肤清洁

正如之前所述，通常使用表面活性剂的水溶液来去除皮脂污渍。皮脂是一种高度疏水的油，其水溶性很低。当表面活性剂在水中起作用时，它会吸附于皮脂表面，形成一个疏水界面，因此，油水界面张力会降低，使油和水更加相溶。这种提供较低界面张力的效应被称为"高表面活性"，与高去污性密切相关。通过使用这种表面活性剂，皮脂通常会被乳化，并可以用手或毛巾在水中摩擦去除。与污垢一样，皮肤最外层的角质层也是疏水性的。因此，当表面活性剂水溶液涂抹于皮肤表面时，表面活性剂基本上会吸附于皮肤表面并渗透进去。对于这些表面活性剂对皮肤的刺激作用已经有大量研究，已知它们会导致皮肤泛红，表皮含水量降低。众所周知，皮肤与表面活性剂水溶液接触后，角质层会肿胀，因此，细胞间脂质（如滋润皮肤的神经酰胺）和角质层成分（如天然保湿因子NMF）会被洗脱。此外，有报道称它会改变角质层细胞间脂质的堆积状态，引起蛋白质变性。这种趋势的程度取决于表面活性剂的种类和用量。然而，可以想象，具有高去污力的表面活性剂（即表面活性高的表面活性剂）会产生如此强的作用。

在皮肤清洁产品包装上标注的"皮肤温和性"术语，不仅说明表面活性剂本身具有潜在的"低皮肤刺激性"，而且表明产品不能去除太多对皮肤有污垢的物质。因此，皮肤清洗剂的历史发展中出现了一种配方设计，即尽可能使用对皮肤温和的表面活性剂，在适当的清洁力上增加"清洁感"。然而，如果使用的表面活性剂过于温和，皮脂污渍就不能被充分去除，不仅会引起皮脂本身的刺激，而且还会破坏具有商业价值的皮肤洁面产品的"丰富泡沫特性"。

此外，"皮肤温和性"还包括物理特性，例如不需要过度摩擦损伤皮肤。在不同国家，人们对"摩擦皮肤"的概念理解也不同（尤其是在日本），有一种普遍的观念认为，如果用力摩擦皮肤就会变得粗糙。据报道，一方面如果特应性皮炎患者过度摩擦皮肤，皮肤状态会恶化。另一方面，从清洁的原理来看，需要一些物理力量来去除污垢。因此，皮肤清洁产品需要具有适当的清洁力，但不需要过度摩擦皮肤。

考虑到不同环境因素的影响，如全球各地人们的偏好、水的硬度和温度等，对表面活性剂的水溶性有很大的影响，因此，在选择使用表面活性剂时也需要考虑其对全球各地环境的适应性。

理想的护肤品不仅能提供舒适的使用感受和满足皮肤需求，同时还能达到清洁力和温和性间的平衡关系。然而，要在高水平上实现基本的清洁力和皮肤温和性却是十分困难的。因此，通常采用控制起泡、香味和皮肤触感等手段来实现"皮肤温和性"配方开发。但随着表面活性剂研究的不断发展，出现了一些新技术，可以更好地解决这种平衡关系。

下面将介绍两个最新的技术示例，可以消除清洁力和皮肤温和性之间的平衡问题。其中一种是利用表面活性剂本身的特殊界面特性来产生新的皮肤清洁机制，另一种是采用构成软物质泡沫的方式来解决这个问题。需要注意的是，泡沫本身并不与清洁性能有直接关联。

烷基醚羧酸盐清洁皮肤

弱酸盐型阴离子表面活性剂

有一些皮肤温和的阴离子表面活性剂被广泛用于皮肤清洁产品中，例如酰基化氨基酸盐和单烷基磷酸酯。虽然它们主要是弱酸盐型表面活性剂，但与其他常见的阴离子型表面活性剂相比，它们对皮肤的温和性更优。然而，不同的表面活性剂都有各自的性价比、去污性和水溶性等缺点。烷基乙醚羧酸盐（ether carboxylate，EC）（图23.2）是一种弱酸盐型表面活性剂，被工业界广泛应用于皮肤温和表面活性剂，也被用于化妆品。最近的研究表明，EC在对皮肤温和的阴离子表面活性剂中表现出特别优异的皮肤温和性和更高的皮肤皮脂去污性，因此它是一种理想的表面活性剂，能够平衡皮肤温和性和高皮脂清洁能力之间的关系。如果将这种表面活性剂成功地应用于清洁剂配方中，就有可能创造出一种理想的护肤洁面产品，既能够清洁皮肤，又不会给皮肤造成负担。

EC的皮肤温和性

经实验证明，EC具有抑制角质层含水量降低的效果，而这种降低与接触表面活性剂水溶液引起的皮肤损伤有关。相比于其他皮肤清洁产品，EC对皮肤的刺激性较低。皮肤刺激的原因十分复杂，有多种因素造成；但从表面活性剂的角度来看，表面活性剂最初的作用是单体作用于皮肤表面。由于表面活性剂会吸附并渗透至皮肤，其单体浓度曾被认为是导致皮肤刺激的主要因素。近期的研究表明，表面活性剂在水中的聚集行为和聚集物的大小也与皮肤刺激存在较高的相关性。与其他常用的阴离子表面活性剂相比，EC 具有较低的临界胶束浓度（critical micelle concentration，CMC）或单体浓度。举例来说，月桂酸钠（肥皂）是全球广泛使用的一种阴离子型表面活性剂，其 CMC 为 2×10^{-2}（mol/dm^{-3}），而 POE 烷基醚硫酸盐（alkyl ether sulfate，AES）（图 23.2）的 CMC 为 3×10^{-3}（mol/dm^{-3}）。相比之下，EC（烷基为

十二烷基，POE4）的钠盐在 5×10^{-5}（mol/dm^{-3}）时即可形成囊泡聚集体。这表明 EC 的单体浓度要比其他常用于皮肤清洁剂的阴离子表面活性剂低得多（图 23.1）。此外，囊泡是直径比胶束大 10 ~ 100 倍的聚集体，这与聚集体的大小越大，对皮肤的渗透性越低的观点相符合。因此，EC 所呈现的物理特性被认为对皮肤的表面活性剂作用较小，从而使 EC 对皮肤的刺激性较低。

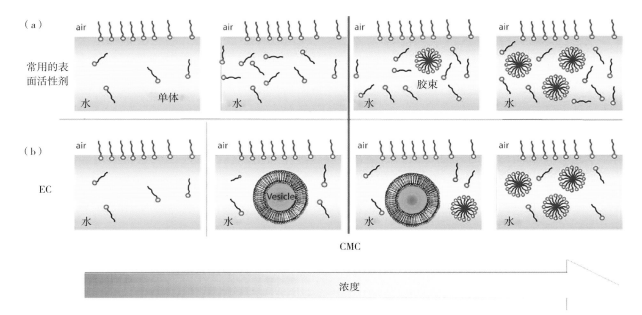

图 23.1　表面活性剂分子在水中的聚集行为与浓度之间的关系

在表面活性剂水溶液中，单体浓度几乎等于第一次形成聚集体的浓度。由于单体可以吸附到皮肤表面并直接渗透到皮肤中，因此低单体浓度可以抑制表面活性剂单体对皮肤的刺激作用。（a）普通表面活性剂的单体浓度等于临界胶束浓度（CMC），（b）而在低于 CMC 浓度下，EC 开始形成囊泡聚集体，因此单体浓度远低于普通表面活性剂。

EC 的皮脂清洁力

本研究使用混合炭黑的模型皮脂进行皮脂去污试验。试验过程中，将 3 wt.% 的各种表面活性剂水溶液涂抹至人前臂模型的皮脂污渍上，使用食指轻轻摩擦 20 次，然后用水冲洗。最终，通过用色差计测量清洗前后皮肤颜色的变化（L 值）来计算去污率（详见图 23.2）。

与普通的肥皂和 AES 等皮肤清洁产品相比，EC 展现出极高的去脂能力。事实上，EC 使用油酸作为皮脂中的主要模拟成分，并以相似的去污性评估模型液态脂肪酸时，表现出与皮脂污

垢同等的高去垢性。因此，可以认为 EC 的高去脂能力是由于它可以去除液态脂肪酸所形成的污垢。

在图 23.3 中展示了 EC 和肥皂水溶液在人前臂上的炭黑染色模型皮脂接触时的污渍变化。结果显示，使用肥皂时没有发现任何变化，然而使用 EC 时，即使轻轻地倒水溶液在模型皮脂上，污渍也能被有效去除。虽然使用肥皂溶液体系，可以用手指摩擦来清除皮脂污垢，但是 EC 的这种"无摩擦清洁"可以说是一种极具特色的清洁方式。

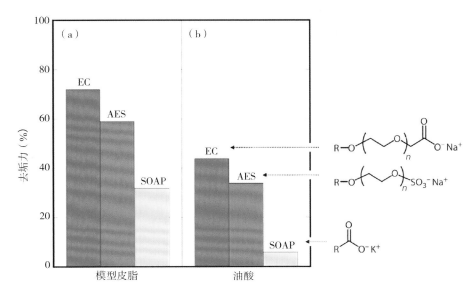

图 23.2　表面活性剂水溶液对模型皮脂污垢（a）和油酸（b）的去污效果

EC 表面活性剂的十二烷基链长度为 $n=2$，而 AES 表面活性剂的十二烷基链长度为 $n=1$，月桂酸钾则是一种肥皂。

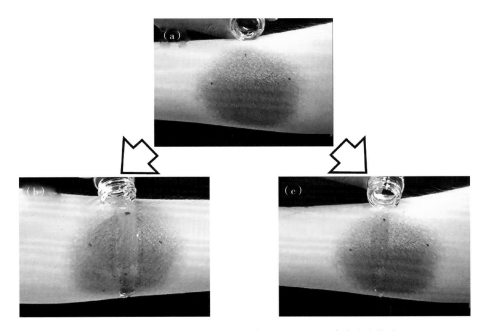

图 23.3　使用表面活性剂溶液对上臂模型皮脂进行清洁试验的过程

在上臂上涂抹预定量的炭黑染色的模型皮脂污垢，然后轻柔地从上方倒入表面活性剂水溶液，观察清洁效果。（a）为实验前状态，（b）为 EC 水溶液作用后状态，（c）为脂肪酸皂作用后状态

EC的皮脂清洁机制

一般来说，油酸和水之间的界面张力比较高，约为 $16\ mN\cdot m^{-1}$，因此二者不相溶。通过测定EC或AES水溶液与油酸之间的油水界面张力值，发现EC水溶液比AES水溶液（$3.8\ mN\cdot m^{-1}$）能更明显地降低油水界面张力（$<1.0\ m^{-1}$），说明EC水溶液能改善原本不相溶的油和水（油酸）之间的相溶性。通常情况下，即使降低了界面张力，也需要一定的机械力（如搅拌或摩擦）才能让油和水混合。但是

当EC水溶液的油水界面张力低于1 mN m⁻¹时，油和水可以自发地混合在一起。EC、油酸和水的三元相图如图23.4所示。尽管无论浓度如何，油和水都会分离出油酸过量区域（O+W和O+Wm），但在大多数其他区域，三种组分会形成均匀的板层液晶（liquid crystal，Lα）。在Lα中，表面活性剂和油酸（油）混合在分子水平上，形成具有特征结构的均匀液晶，与水一起形成均匀液晶（模型结构如图23.4所示）。这种液晶中的油酸被定位为表面活性剂而非油。因此，EC的存在使油酸在广泛的组成和浓度中发挥表面活性剂的作用。一般来说，清洗皮肤

的过程都是在虚线包围的Lα形成区或Wm区域进行。然而，在如此广泛的区域（特别是在低浓度区域），使用市售阴离子表面活性剂并不能与脂肪酸均匀混溶。使用偏光显微镜观察EC水溶液对模型皮脂的作用状态（图23.4）。皮脂模型被染上了油溶性黄色颜料，而偏光强的部分则显示出了固态油脂。由于水和皮脂（油）基本不相溶，因此在水与皮脂接触时通常不会产生任何活动。但是，在使用EC水溶液时，水溶液似乎自发地渗入皮脂中并形成了La，这一点可以在图23.4 B中观察到颜色的变化。

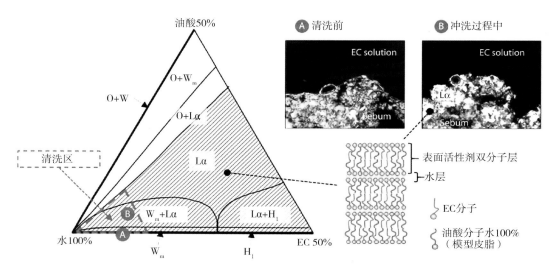

图 23.4　EC/ 油酸 / 水（25℃）三元相图和层状液晶模型结构

W 代表水相，Wm 代表胶束溶液相，O 代表油相，Lα 代表层状液晶相，H 代表六方液晶相。阴影区域表示油酸完全溶解在水中的范围。在一般情况下，清洗皮脂从 A 点开始，此时 EC 水溶液和皮脂分别存在于 A 点（如图 A 所示）。随着清洗过程的进行，状态会逐渐移动到 B 点。在图 B 中，可以看到 Lα 相呈现白色发光的状态。

图23.5（b）展示了EC水溶液对油酸和模型皮脂的总皮脂清洁机制。与一般表面活性剂水溶液的净化过程［图23.5（a）］完全不同，该净化系统表现出独特的性质。当EC水溶液与液体脂质和固体脂质混合的皮脂污渍相互作用时，EC会自发地与水一起渗透至皮脂中的液体脂肪酸中，从而在皮脂中形成Lα。这种Lα会出现在皮脂中的固体油周围。此外，由于Lα水溶液与外水溶液浓度差异大，渗透压发挥作用使

EC水溶液由外向皮脂流动。因此，几乎没有任何物理力，所有的皮脂都被液晶乳化分解分散于水中。进一步研究表明，这种自发的皮脂清洁机制是由EC分子和脂肪酸分子之间的特征性分子间相互作用驱动的。

EC兼具"高皮脂清洁力"和"皮肤温和性"

根据以上的清洁机制，我们认为EC的高去脂性是由于其对皮脂成分中液体脂肪酸的特异

性作用。因此，尽管EC本身是一种温和的皮肤表面活性剂，对皮肤刺激性较低，但它却表现出对皮脂的高度特异性去脂性。此外，由于皮肤表面存在液体脂肪酸，大部分的EC会吸附这些液体脂肪酸，导致EC到达皮肤的数量减少。这种对皮脂的选择性吸附结合EC本身低刺激性的特点，可以实现良好的皮肤清洁。

迄今为止，人们普遍认为既温和又清洁是很难做到的。这可能是因为传统的表面活性剂无法区分具有疏水界面的皮脂和皮肤。然而，通过使用表面活性剂和皮脂的某种成分之间相溶性的特性，即使是温和的表面活性剂也可以克服这些平衡性质，实现对皮肤的温和清洁。我们希望这项技术能够成为首个催化剂，不仅可以开发出"皮肤温和性和皮脂污渍去污力间的高度兼容性"，而且还可以开发出"使用污渍清洁"和"不完全摩擦清洁"等未来可持续的清洁技术。

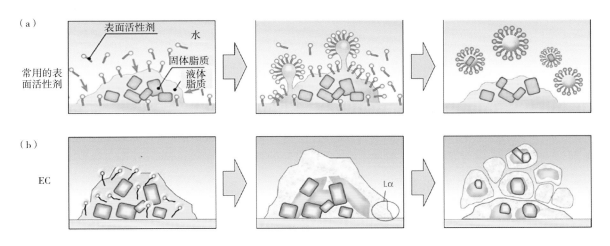

图 23.5　表面活性剂清洁皮脂的机制

在普通表面活性剂水溶液中（a），除了需要一定的机械力外，表面活性剂无法区分皮脂和皮肤。而EC水溶液（b）通过强烈的相互作用区分皮脂和皮肤，并通过选择性作用于液体脂肪酸，使得在非摩擦的情况下皮脂可以被完全清除至水中。

通过控制发泡清洁皮肤

沐浴露和泡沫

泡沫是我们日常生活中使用的各种清洗剂（或洗涤剂）不可或缺的组成部分。特别是在洗面奶和洗发水等身体清洁产品中，尽管在不同的地区（尤其是在亚洲，特别是日本）存在差异，但使用富含泡沫的产品肯定更受欢迎。丰富的泡沫可以让人产生高度的"洗得干净"的感觉，清洗后也可以体验到被"洗干净"的安全感；因此，泡沫成为生产者和用户之间吸引人的"沟通方式"。

一般认为，发泡与清洁产品的去污性密切相关。然而，泡沫从理论上讲只是一种传达清洁舒适感的工具，与去污力没有直接关系。油渍破坏气泡膜和泡沫，溶解清洁剂中的表面活性剂抑制发泡反应。通常情况下，只有在皮脂污渍从身体上去除后才会产生泡沫。因此，在日常清洁中看到丰富的泡沫，可以说是清洁产品舒适感的体现。

然而，通过对长期被认为理所当然的"泡沫"进行回顾和研究，近年来发现，即使使用相同的表面活性剂水溶液，借助泡沫形成方式实现更高的皮脂去脂性的同时，也有可能减轻表面活性剂对皮肤造成的负担。这可以看作是皮肤温和性和高清洁力的结合，是平衡问题的高级解决方案。

皮肤温和性泡沫

当使用清洁剂时，人们更喜欢精细、奶油状的泡沫，而不是较轻且大的泡沫。研究表明，即使在相同表面活性剂水溶液中，通过改变发泡方法形成较小尺寸的气泡可以改善表面活性剂对皮肤的作用。在以泡沫形式而非液体形式涂抹于皮肤时，表面活性剂对皮肤的作用应该是由泡沫内部流出引流物中的表面活性剂所引起，而非泡沫本身产生。因此，形成较小的气泡可能会影响引流量和引流物中所含表面活性剂的量。Sonoda 等使用具有不同长度烷基链的混合脂肪酸钾盐（肥皂）水溶液（C12、C14、C16 和 C18 中的每一种为 0.5 wt.%）制备了 3 种类型的泡沫，分别平均大小（直径）为 120、295、753 μm，并研究了泡沫的引流速率和引流量以及所包含的表面活性剂。引流量与平均泡沫大小成正比，即泡沫越小引流越慢，引流液中含有表面活性剂的浓度也越低。研究证实，形成较小泡沫的关键是使用较薄的水膜和更多的表面活性剂分子。结果显示，最细的 120 μm 泡沫对皮肤的渗透非常小；当使用 753 μm 泡沫时，只有约 50% 的量。这基本上意味着，由小气泡形成的泡沫通过在泡沫中保留大量表面活性剂来减少对皮肤的作用。

此外，虽然所制备皂液的烷基长度组成相同，但在 120 μm 泡沫的排液中，C12 链长的皂液比 C16 和 C18 更多。同时，随着泡沫气泡尺寸的增大，它们趋于所准备的皂液。因为 C12 肥皂比 C16 和 C18 肥皂更容易渗透到皮肤，所以使用细小泡沫不仅可以减少表面活性剂与皮肤接触的总量，还能抑制表面活性剂对皮肤的渗透。

迄今为止，人们认为皮肤清洁产品的温和性取决于表面活性剂的种类。然而，这些结果清楚地表明，在不改变表面活性剂使用的情况下，通过控制发泡模式也可以实现温和的皮肤清洁。

泡沫形状和皮脂清洁力

如前所述，这些小尺寸的泡沫在内部保留了更多的表面活性剂，然而在清洁过程中，表面活性剂很少既起到作用于皮肤，又作用于皮肤表面的皮脂污渍。因此，人们可能会担心去除皮脂的去污能力会降低。

为了解决这个问题，Sonoda 等制造了含水脂肪酸皂的泡沫，在气泡粒径可控的情况下（根据空气体积含量比进行标准化），并进行了与液态油的接触试验。结果发现，空气含量为 84% 或更高的泡沫出现了一个惊人的现象：即使与液态油接触，泡沫也不会破裂，而是自动将液态油吸入泡沫内部的水膜中（图 23.6）。尽管大量油被吸入，但每个气泡都未破裂。相反，这种现象不会发生在具有大气泡粒径且空气体积分数小于 84% 的泡沫中。进行实际去垢性测试时，证实空气相分数 ≥84% 的泡沫去污性随着空气相分数的增加而显著提高（泡沫粒径减小）（图 23.7）。

这一结果明确表明，通过改变搅拌方法，而不是改变表面活性剂种类，不仅可以提高对皮肤的温和性，还可以提高去污性。从图 23.6 中可以很容易地联想到毛细管现象，但研究表明，这种现象是由于动态油水界面张力降低了泡沫膜的能力，以及细泡沫本身的渗透压造成的。有趣的是，这两者都取决于泡沫的结构和泡沫的气泡大小（形状），而不是使用的表面活性剂的种类。

"清洁力"和"皮肤温和性"开启吸油泡沫和新价值。

通过这种方式，明显可同时改善"皮脂去污性"和"对皮肤的温和性"，无需使用特殊的表面活性剂，只需降低清洁剂泡沫的粒径。此外，这种技术可能吸引那些对"理想的皮肤清洁"部分中描述的摩擦和清洗皮肤持怀疑态度的消费者。清洁的基本原理是利用表面活性剂水溶液对油的乳化，通过机械力（搅拌和超声波）将通常不相混的油垢强行分散在水中。因此，人们认为用手或毛巾揉搓皮肤是清洁的必不可少过程。然而，仅通过水形成的细小泡沫吸油本身就是乳化，它提供了一个新颖的概念，即不再需要被认为必不可少的"摩擦"过程。

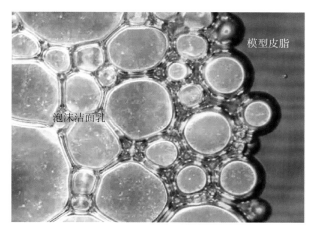

图 23.6

细密泡沫洁面乳与彩色模拟皮脂之间的接触状态。泡沫不会破裂，而是自动吸收其中的液态油脂。

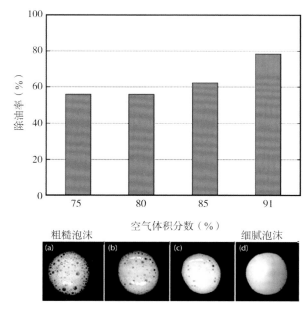

图 23.7

通过改变泡沫质量来改变皮脂去污效果。一方面，当含气泡沫的体积分数大于84%（泡沫的直径较小时），皮脂去污效果急剧增加。另一方面，当体积分数较小时，去污效果没有改变

总结

在当今需要清洁、安全与保障的时代，本文介绍了最近的两类研究，以实现日常皮肤清洁的高标准为目标，分别是改进版的传统表面活性剂清洁技术和重新考虑泡沫本身的技术。前者基于发现表面活性剂对皮脂分子具有极佳的亲和力，最初的表现为对皮肤刺激性低。后者则在泡沫形成方面寻求平衡，以满足清洁剂的两个属性。尽管许多皮肤清洁产品都含有表面活性剂和水，但由于全球范围内对安全的关注，使用新的化学材料来清洁皮肤将会越来越困难。此外，全球各地消费者的生活质量不断提高，需要更多多功能和高性能的清洗剂。因此，清洁剂制造商必须继续利用现有的表面活性剂来设计高性能产品。这里所介绍的技术对于设计我们未来的舒适生活至关重要。

原文参考文献

K.P. Wilhelm, C. Surber, H.I. Maiback, Arch. Dermatol. Res, 1989, 281, 293-295.

T. Agner. J. Serup, J. Invest. Dermatol, 1990, 95, 543-547.

K.P. Wilhelm, A.B. Cua, H.H. Wolff, H.I. Maiback, J. Invest. Dermatol, 1993, 101, 310-315.

I. Nicander, S. Ollmar, A. Eek, B.L. Rozell, L. Emtestam, Br. J. Dermatol, 1996, 134, 221-228.

C. Prottey, T. Ferguson, J. Soc. Cosmet. Chem, 1975, 26, 29-46.

M. Kawai, G. Imokawa, J. Soc. Cosmet. Chem, 1984, 35, 147-156.

K. Endo et al., J. Surfact. Deterg, 2018, 21, 777-788.

I. Katsuta, Vis. Dermatol, 2020, 19(6), 2-6.

G. Imokawa, S. Akasaki, Y. Minematsu, M. Kawai, Arch. Dermatol. Res, 1989, 281, 45-51.

R.M. Walters, G. Mao, E.T. Gunn, S. Hornby, Dermatol. Res. Pract, 2012, 2012, 495917.

Y. Nozaki, J.A. Reynolds, C. Tanford, J. Biol. Chem, 1974, 249, 4452-4459.

H. Tadenuma, K. Yamada, T. Tamura, J. Jpn. Oil Soc, 1999, 48, 207-213,

K. Hosokawa, H. Taima, M. Kikuchi, H. Tsuda, K. Numano, Y. Takagi, J. Cosmet. Dermatol. (2020 Oct 11. doi: 10.1111/

joed.13777. Online ahead of print.) Rubbing the skin when removing makeup cosmetics is a major factor that worsens skin conditions in atopic dermatitis patients

T. Fujimura, et al, Skin Res. Technol, 2017, 23, 97.

H Meijer, J.K. Smid, Anionic Surfactants: Organic Chemistry, Marcel Dekker: New York, 1996, 322-361.

H. Denzer, M. Michaelsen, R. Jansen, J. Benade, Cosmetic Science Technology,Caloline Johnson &Guy Loosmore, 2005.

Y. Yoneyama, K. Ogino, Physico-Chemical Property and Performance of Detergent Containing Sodium Poly(oxyethylene) Alkyl Ether Carboxylate. Yukagaku, 1982, 31, 1033-1036.

T. Sakai, R. Ikoshi, N. Toshida, M. Kagaya, J. Phys. Chem. B, 2013, 117, 5081.

M. Kagaya, T. Sakai, J. Jpn. Soc. Colour Mater, 2020, 93(5), 138.

J.A. Faucher, E.D. Goddard, J. Soc. Cosmet. Chem, 1978, 29, 323-337.

P.N. Moore, S. Puvvada, D. Blankschetein, J. Cosmet. Sci, 2003, 54, 29-46.

S. Ghosh, D. Blankschtein, J. Cosmet. Sci, 2007, 58, 109-133.

L.D. Rhein, J. Soc. Cosmet. Chem, 1997, 48, 253-274.

K. Isoda, Y. Takagi, et al., Skin Res. Technol, 2015, 21, 247.

T. Ozawa, K. Endo, T. Masui, M. Miyaki, K. Matsuo, S. Yamada, J. Surfact. Deterg. 2016, 19, 785-794.

Y. Zimmels, Colloid Polym. Sci, 1974, 252, 594.

K. Shinoda, J. Phys. Chem, 1977, 81, 1842.

S. Ghosh, D. Bankschtein, J. Cosmet. Sci, 2007, 58, 229-244.

H.M. Princen, E.D. Goddard, The Effect of Mineral Oil on the Surface Properties of Binary Surfactant Systems. J. Colloid Interface Sci, 1972, 38, 523-534.

R.D. Kulkarni, E.D. Goddard, B. Kanner, Mechanism of Antifoaming: Role of the Filler Particle. Ind. Eng. Chem. Fundam, 1977, 16, 472-474.

R.D. Kulkarni, E.D. Goddard, M.R. Rosen, J. Soc. Cosmet. Chem, 1979, 30, 105-125.

N.D. Denkov, Mechanisms of Foam Destruction by Oil-Based Antifoams. Langmuir, 2004, 20, 9463-9505.

J. Sonoda, T. Sakai, Y. Inoue, Y. Inomata, J. Surfact. Deterg, 2013, 17, 59-65.

J. Sonoda, T. Sakai, Y. Inomata, J. Phys. Chem. B, 2014, 118, 9438-9444.

A. Kusaka, J. Sonoda, H. Tajima, T. Sakai, J. Phys. Chem. B, 2018, 122, 9786-9791.

A. Kusaka, J. Sonoda, H. Tajilma, T. Sakai, Fragrance J, 2018, 46(8), 23-28.

H. M. Princen, Langmuir, 1986, 2, 519-524.

I. Cantat et al., Foams - Structure and Dynamics, Oxford University Press, 2013.

第24章

彩妆品的卸妆方法及评价

介绍

皮肤外观对自尊心有着重要影响，同时也有助于身体健康和社交关系的维护。因此，化妆品的使用（尤其是彩妆品）旨在提升积极的社交吸引力。

彩妆品是一种用于面部装饰的化妆品，其历史可以追溯到古埃及，当时它在宗教方面发挥着重要作用。然而，对于古代彩妆品的全面了解比对香水的了解要少得多。有关数据表明，彩妆品中可能含有油类和（或）树脂类以及粉状颜料。

如今，化妆已经成为一种与年轻人有关的话题。人们使用各种面部彩妆产品来改善自己的外貌，从而调整其吸引力。化妆可以增加个人偏好和积极的吸引力。例如，一些研究表明，使用面部化妆品的女服务员对客户的小费行为产生影响。涂抹红色口红的女服务员更容易得到更高的小费。此外，在比较男性和女性对面部彩妆的评分时，全面的面部彩妆对女性的吸引力贡献最大。男性最喜欢女性使用的粉底，而女性更喜欢使用眼妆产品。因此，面部彩妆显然包含了个人和他人的感知。

彩妆产品分类

彩妆品主要分为底妆和点妆两类。底妆主要应用于面部，包括散粉和粉底。散粉主要用于调节和提亮肤色，减少皮脂分泌，产生透亮感。通常会添加额外的紫外线保护剂。而粉底则用于均匀肤色或改变肤色，它由油/脂肪、蜡、脂肪酸和酯类、醇类、表面活性剂、碳氢化合物、增塑剂、增稠剂、水和无机粉末等多种基础材料组成。着色剂则可为具有珍珠色的有机和（或）无机材料。粉底是主要的彩妆产品，通常用于掩盖面部的瑕疵或缺陷。

在基础彩妆品中，粉底是在点妆品之前使用的多功能基础产品。它可以掩盖细纹，使皮肤表面光滑无瑕，肤色均匀。此外，通常还会添加防晒和保湿霜，以加强对粉底下皮肤的光保护和保湿。这些功能有助于后续点妆应用的持久性或寿命。粉底有多种形式，如液体、膏状、粉饼、棒状和粉状。非处方销售的商品化液体粉底中，除了硅基配方可以提高粉底效果外，还包含水、润肤剂和矿物质配方。

不同色调的粉底已经被开发出来，以满足不同种族和生活方式的肤色需求。欧莱雅进行了研究，了解了不同种族女性在化妆习惯方面对粉底的偏好，并通过色度计监测她们自行选择的化妆品。非裔美国女性使用液体粉底主要是为了遮盖瑕疵。粉底色调比肤色暗一些，以达到遮盖效果。因此，这些女性更喜欢使用与她们最暗的皮肤区域相近的粉底色。此外，混合使用几种产品是她们的常见做法，以更好地满足她们对红色调的化妆偏好。相比之下，拉丁裔美国女性则根据皮肤的亮度、暗沉度或红润度来选择粉底。这些偏好反映了她们不同的种族来源，并进一步影响了她们的化妆打扮。与此同时，美国和欧洲的白种人女性则一直在使用粉底来稍微淡化她们的肤色。通过对具有代表性的日本女性进行研究，确定了亚裔女性喜欢的粉底色调。这些女性使用粉底，通过选择使皮肤更亮、更黄的化妆品来改善皮肤的均匀度。

点妆与普通化妆的区别在于它是专门应用在口红、腮红和眼影。

口红

口红含有丰富的颜料，可为嘴唇提供额外的保湿、紫外线防护和抗衰老的色彩效果。有时，口红会与珠光或光泽剂混合使用，以营造出令人迷人的效果。这种光滑闪亮的唇部护理产品不同于哑光口红，后者呈平坦无光泽的质地。哑光口红采用浓稠的颜料制成，并声称具有长久的使用效果。口红在确保皮肤安全的情况下，应提供最持久的效果，包括无毒香味，以愉悦地掩盖口红的基本气味。此外，口红的光泽和持久性是目前流行的重要考虑因素。彩色口红可搭配唇彩使用，然后使用唇线笔勾勒或突出唇形，或根据需要重新塑造唇形。

胭脂

胭脂或腮红可以制成乳膏、粉剂或凝胶，这种高度着色的化妆品用于为面颊着色和凸显颧骨。胭脂通常呈粉末状。

眼妆

睫毛膏

睫毛膏中，块状睫毛膏是应用最广泛的一种，使用的刷子不会结块。液体睫毛膏虽然添加了防腐剂，但属于非防水产品，很容易被微生物污染。单独使用液体睫毛膏时，污染发生的速度相对较慢，而多人共用则会更快地发生。由于这种对消费者安全的缺点，目前很少生产和销售可供多人共用的睫毛膏。

眼影

这种点妆的配方和商品化形式多种多样，包括面霜、粉饼、凝胶、液体、画笔等多种形式。所有类型的眼影都已开发成防水产品，以提高产品的持久性。然而，液体眼影需要配合涂抹棒或刷子使用，容易变质，可能引起过敏反应，从而降低消费者的偏好。

眼线笔与眉笔

虽然眼线笔和眉笔有多种形式，但基于目前的应用实践，与眼影类似，笔式更为常见。若要了解更多关于彩妆品及其成分的细节和信息，可在本书的其他章节中查阅。

最新研究正在引领防水彩妆品的配方发展，这些产品具有出色的保湿能力，即使在锻炼或游泳时也具有良好的抗汗和抗皮脂性能。建议优先选择能够延长使用时间而无需补妆的彩妆品。值得注意的是，宣称防水的产品通常需要使用卸妆液来卸除。

这些面部着色产品的优越特性反过来使它们难以通过典型清洁产品（核心为表面活性剂）进行清洁。因此，专为彩妆使用而开发的清洁剂（通常被称为卸妆液）已经问世，其可呈奶油状或液体形式，也可被吸收在棉垫、湿巾或棉球中以进行常规清洁操作。双相卸妆液由植物、矿物或硅基的水和油相组成。

卸妆液

随着彩妆品的发展，使用时间逐渐延长。在日常使用中，卸妆变得越来越重要，特别是要解决防水问题以及清除油性皮肤堵塞的问题。然而，卸妆困难会留下化妆品残留，反过来又会对皮肤造成不利影响。正如本章所述，卸妆讨论主要集中在粉底和口红，因为它们在社会中普遍存在并产生影响。

常规卸妆方法可能是用纸巾擦掉化妆品，但是这种方法可能因为纸巾质地和擦洗动作而对皮肤造成损伤。此外，这种方法不能完全去除所有的化妆品，因此使用清洁产品非常重要，可以冲洗掉油性材料和颜料残留的面部修饰品。通常使用亲脂性清洁剂。然而，其他亲水化妆品成分仍然会留在皮肤表面。因此，应该考虑将脂溶和水溶性物质混合在卸妆产品中以提高清洁效果。此外，随着配方设计的进步，微乳液被证明是水溶性卸妆液成功的关键，它可以在使用时清洁皮肤并带来清爽感觉。

卸妆效果评价

接受性或感官评价

感官评价是一种广泛应用于清洁功效宣称中的问卷评价方式。可接受性测试是一种基于感官评定法的评分方法，根据在清洁前后的视觉评价和皮肤感觉，在与商品化基准产品比较的基础上进行印象评分。此外，清洁产品使用后皮肤表面几乎没有油脂残留，从而产生清爽的皮肤感觉，有助于卸妆者的偏好，并提高了可接受性评分。

鉴别性和（或）描述性评价可以通过几种方法来进行感官评价，包括自由分类法、Napping评价法或Mapping评价法、极性感官定位法（polarized sensory positioning，PSP）、时间优势感官评价法（temporal dominance of sensation，TDS）、快闪评价法（Flash Profile）、Pivot®评价法、勾选所有适用评价法（check all that apply，CATA）。此外，这类测试也有国际标准方法，包括美国材料试验协会标准（american society for testing material，ASTM）（E1490-11、E2049-12和E2082-12）、法国标准化协会标准（association francaise de normalisation，AFNOR）和国际标准化组织标准（international standardization organization，ISO）（8586-1、589、11136和13299）。

人类志愿者用于卸妆产品功效评价可能会遇到困难，尤其是在小组成员可靠性和不同化妆品公司的预算和差异方面。因此，在卸妆产品开发过程中进行体外评价更可行，而且不同实验室的结果比产品上市前的偏好试验更有可比性。仪器评价的可靠性因此受到挑战，需要进一步发展。

仪器评价

为了对卸妆液的功效进行评价，需要采用仪器评价方法。其中，色度计是最常用的评价方法。该方法主要依赖于对去除粉底或点妆产品的核心功能的颜色测量。本章以底妆和点妆化妆品为代表，对粉底、口红和睫毛膏的清洁效果进行主观讨论。

卸妆方法与评价

粉底卸妆液

目前已有多种配方可用于粉底卸妆。其中一种液晶粉底液通过溶解和分散油性物质的方式工作，声称可以有效擦拭和冲洗跟踪皮肤图像分析仪的效果。测试方法是将产品涂抹于前臂（1.25 mg/cm²），使用卸妆液（400 mg）擦拭25 s，然后用水冲洗。清洗前后考虑覆盖皮肤表面的残留物量，通过视觉评分可以更明显地观察到清洁能力的表现。

该实验可在人体前臂或面部皮肤进行。由于在产品开发过程中进行临床研究不现实，因此感官评价可在产品开发的同时进行。虽然使用脂质在皮肤表面更为常见，但这是卸妆配方中的一个重要关键因素。它可以在保证清洁能力的同时观察到皮肤水合作用。清洁能力可通过色度计评价。将粉底涂抹到皮肤区域（120 cm²），保存6 h，然后将其划分成小正方形（1 cm²）并在清洁剂（50 mL）中浸泡10 min，同时摇晃。清洁能力可通过化妆前后人工表面的亮度（L）及清洁工艺来计算，计算公式为：

$$S=\frac{(L-L_{FD})}{(L_0-L_{FD})}$$

S ＝清洁效果

L ＝清洗后的亮度

L_0 ＝裸皮革的亮度

L_{FD} ＝涂抹粉底后的亮度

比色法主要用于追踪粉底中的着色剂成分，通过比较去除粉底后的表面色差和光面的颜色来衡量清洁效果。然而，由于无色发色团成分的残留物未被确定，因此清洁效果的准确性受到怀疑。此外，该方案的准确性和精密度还未得到报道。因此，需要验证卸妆液的清洁能力，并将其作为开发卸妆液的准确方案。

紫外可见分光光度法是化妆品质量控制的常用方法，在化妆品行业得到广泛应用，是一种定量评价清洁能力的指定技术。该方法简便、快速、准确、精确、经济，可用于常规体外卸妆效果评价。在添加去除剂产品（2 滴）的情况下，将液体粉底（35 mg）涂抹至玻璃板（9 cm²），然后用 4 张棉片（6.25 in²）叠在一起擦拭玻璃板。结果表明：乙醇是一种特异性溶剂，可有效提取粉底液和去油液，粉底密度在 0.540 ~ 1.412 mg/mL 范围内，线性范围为 0.9977，回收率为 78.59% ~ 91.57%。该方法准确，精密度为 0.59% ~ 1.45%。因此，这种分光光度法可靠，并能够在去除粉底剂的开发过程中评价功效。实验室间评价表明，该方法可用于茶籽、南瓜籽和橡胶籽油的卸妆效果评价，有效卸妆率分别为 86.08% ~ 95.20%、79.85% ~ 79.99% 和 83.73% ~ 88.69%。得益于含有油脂的卸妆产品的设计，卸妆效果明显提高（分别为 91.11% ~ 97.85%、84.40% ~ 84.42%、94.29% ~ 96.23%），用户满意度较高。

眼线卸妆液

经过验证的紫外可见分光光度法被证明可用于眼线笔去除效果评估。液体和笔状眼线笔（0.376 ~ 1.416 mg/mL）的清洗和除净，就其在线性度、回收率% 和 RSD% 方面的准确性和精确度而言，这是经过验证的方案。

睫毛膏卸妆液

本项专利提出使用配制矿物油和（或）蜡（15% ~ 25%）与异石蜡（5% ~ 40%）混合的睫毛膏卸妆液，以 CIEL*A*B* 系统为基础进行颜色测量来证明其清洁功效。为了评估其卸妆效果，将 0.5g 睫毛膏均匀涂抹于志愿者前臂内侧（3.5 cm × 2.5 cm），测量并记录初始颜色（C）。接着，使用抹刀或刷子涂抹睫毛膏，待其干燥 12 min 后进行第二次颜色测量（M）。将已知的卸妆液涂抹于目标部位，进行圆周摩擦 20 s 后用纸巾擦拭，记录颜色（R），并计算效果如下：

去除效果（%）

$$=\frac{\sqrt{(L_M-L_R)^2+(a_M-a_R)^2+(b_M-b_R)^2}}{\sqrt{(L_M-L_C)^2+(a_M-a_C)^2+(b_M-b_C)^2}}\times100$$

尽管比色法主要用于检测清洗后的颜色残留，但是它可能会忽略一些发色团成分。此外，书中未提及该比色法的准确性。

口红卸妆液

使用色度计来追踪口红卸妆液的卸妆效果。因此，监测着色剂残留量是口红卸妆能力的重点。首先，测量并记录一个白色矩形（3 cm × 2 cm）塑料板的颜色作为基线（A）。然后，将已知重量的口红涂在板上，并记录颜色测量值（B）。接下来，将 0.2 mL 浓度为 10% 的卸妆液轻轻擦拭在板上 20 s，再以固定的水流速和温度冲洗 20 s。在进行最后的颜色测量之前（C），将平板晾干。清洁效果可按如下方式计算：

卸妆效果 $\dfrac{B-C}{B-A}\times100$

本研究与另一项基于色度计的研究相似，但未明确说明准确性，并且尚未确定其余无色化合物。近年来，紫外可见分光光度法已被用于评价口红卸妆产品。具体而言，将 30 mg 的口红涂在装有10 g卸妆液的烧杯底部的滤纸上，然后在500 nm波长下分析液体层，以监测口红卸妆能力。然而，该方案主要是基于分析波长对红色口红进行评价，并未讨论有效性参数。

卸妆液的展望

除了创新的配方技术外，卸妆液的清洁功效还需经过其他方面的验证。要想配制出高质量的卸妆液，满足消费者的偏好和期望，就必须满足一些要求。

彩妆成分的基本要求

在对两种形式的彩妆成分进行全面总结时，读者可以参考Schlossman的工作成果。在这些特性中，着色剂的安全性是最值得关注的特性之一，必须满足FD&C和D&C的要求。然而，目前也鼓励彩妆产品中使用新的成分，以产生额外的特性。

彩妆品可以使用有机和无机着色剂，例如天然和（或）合成来源的颜料、色淀或染料。然而，现在对新型的着色剂有着很大的需求，特别是对天然衍生的颜色和生态着色剂。因此，首先需要评估天然颜色的颜色稳定性，并评估其用于化妆品的其他功能，例如生物活性和化学活性。一般使用CIELAB系统来监测不同浓度、温度和pH值下的颜色稳定性，并使用基于A、max和吸收模式的紫外分光光度计来跟踪监测化学稳定性。

如前所述，有数种彩妆品是以粉状形式配制。因此，除了防晒系数（SPF）、UVA/UVB、临界波长和Boots星级评定的防晒功效，也需要考虑松密度和抽头密度、豪斯纳比和卡尔指数来确定流动性。此外，一些草药粉末也具有着色剂特性。

多功能卸妆液

使用光谱技术（如色度计或紫外分光光度计）可跟踪卸妆效果。卸妆后应进行皮肤评价，以确保产品的安全性，并评价清洁后产品对皮肤摩擦的抑制作用。以下是一些潜在的参数总结，可用来评估卸妆产品的适用性。

保湿效果

皮肤的水分含量是评估产品安全性的重要指标，因为如果皮肤受到刺激，皮肤水分的流失会更加明显。另外，皮肤的滋润度十分重要，因为它可以弥补洁面产品对皮肤水分的带走。因此，卸妆液中的成分通常会含有多种保湿剂，值得我们重视它们的保湿效果。皮肤的水分通量或者称作经表皮水分丢失（TEWL）可以通过蒸发仪进行测量，这些蒸发仪包括Tewameter（Courage & Khazaka）、VapoMeter（Delfin）以及AquaFlux（Biox）。皮肤的含水量可以通过电导（即Skicon®，IBS）、电容（即Corneometer®和moisture remap®，Courage & Khazaka）或者波传播（即Reviscometer®，Courage & Khazaka和MoistureMeter®Delfin）来确定。此外，与皮肤干燥相关的皮肤摩擦可以通过Frictiometer®和Indentometer®（Courage & Khazaka）进行评估。

皮肤表面脂质、pH值和温度

任何一种清洁产品，只要接触到皮肤表面，就会溶解表皮脂质，这些脂质在维护皮肤屏障和调节皮肤渗透性方面扮演着重要的角色。使用卸妆液后，油性皮肤对该产品的偏好会降低。使用表面活性剂洁面可以明显减少皮肤的油腻感。但是，过度去除皮肤表面的脂质会导致皮肤摩擦，损伤皮肤屏障。另一方面，使用油性清洁剂会让皮肤感觉油腻。因此，保持皮肤脂质平衡可以增加对清洁产品的偏好。皮肤的油腻度可以通过脂质涂层介质的透明度来确定。塑料条是一种常用的乳白色介质，包括Sebutape（CuDerm）、DualTape®（Cortex）、SebumScale®（Delfin）

和Sebumeter®（Courage & Khazaka）。此外，反射光谱也适用于油性皮肤监测，即SkinGlossMeter®（Delfin）和skin-glossymeter®（Courage & Khazaka）。除皮肤表面脂质外，皮肤的pH值和温度也是表明皮肤稳态的其他参数，它们会改变皮肤的水合作用和红斑程度。这些参数可以通过SkinpH-Meter®和skin-temperature®（Courage & Khazaka）进行追踪。

皮肤鳞屑

一旦皮肤的 pH 值和温度发生变化，皮肤的水分和脂质便会减少，导致皮肤出现鳞屑。皮肤干燥会导致皮肤产生皱纹。可以通过检测皮肤鳞屑追踪皮肤的干燥情况，而更严重的皮肤干燥可以通过皮肤薄片来监测。皮肤图像分析仪可以用于监测皮肤鳞屑和脱屑，例如 Visioscan（Courage & Khazaka）中的 SEsc参数。此外，还可以使用 VISIA®（Canfield）或 VisioFace®（Courage & Khazaka）根据皮肤纹理和毛孔来监测皮肤鳞屑。采用 D-squame®（CuDerm）的无创技术可轻松确定导致皮肤脱屑的严重干燥皮肤。

总结

彩妆品的应用目的在于提升个人自尊和积极社交吸引力，不仅涉及个人感受，也涉及他人对个人的感知。随着化妆品配方和技术的进步，粉底和点妆化妆品的效果和性能得以实现。但一旦彩妆品完成其日常任务，卸妆液的使用则变得至关重要。卸妆效果是产品功效宣传成功的关键，因此在卸妆液开发过程中对其进行评价尤为重要。而在产品上市前，使用光谱法（包括色度仪和紫外可见分光光度计）对其进行体外卸妆效果评估则更加可行和可靠。此外，消费者对于具备可持续、环保、天然或生物成分的多功能彩妆品和卸妆液的需求和偏好也日益显著。这种趋势不仅对于消费者了解

产品的科学循证功效具有重要意义，同时也值得被进一步挑战。

原文参考文献

Samson N, Fink B, Matts PJ (2010). Visible skin condition and perception of human facial appearance. Int J Cosmet Sci 32: 167-184.

Mulhern R, Fieldman G, Hussey T et al. (2003). Do cosmetic enhance female Caucasian facial attractiveness. Int J Cosmet Sci 25: 199-205.

Pérez-Arantegui J, Ribechini E, Ceprià G et al. (2009). Colorants and oils in Roman make-ups-an eye witness account. Trends Anal Chem 28: 1019-1028.

Westmore MG (2001). Camouflage and makeup preparations. Clin Dermatol 19: 406-412.

Jacob C, Gueguen N, Boulbry G, Ardiccioni R (2010). Waitresses' facial cosmetics and tipping: a field experiment. Int J Hosp Man 29: 188-190.

Gueguen N, Jacob C (2012). Lipstick and tipping behavior: when red lipstick enhance waitresses tips. Int J Hosp Man 31: 1333-1335.

Mitsui T (1997). New Cosmetic Science. Tokyo: Elsevier, pp.370-398.

Parnsamut N, Kanlayavattanakul M, Lourith N (2017). Development and efficacy assessments of tea seed oil makeup remover. Ann Pharm Fr 75: 189-195.

Setsiripakdee A, Lourith N, Kanlayavattanakul M (2019). In vitro and in vivo removal efficacies of a formulated pumpkin seed oil makeup remover. J Surfactants Deterg 22: 1461-1467.

Lourith N, Kanlayavattanakul M (2020). Development of para rubber seed oil as the efficient makeup remover. Braz J Pharm Sci 56: el8029.

Caisey L, Grangeat F, Lemasson A et al. (2006). Skin color and makeup strategies of women from different ethnic groups. Int J Cosmet Sci 28: 427-437.

Pack LD, Wickham MG, Enloe RA, Hill DN (2008). Microbial contamination associated with mascara use. Optometry 79: 587-593.

Dempsey JH, Fabula AM, Rabe TE et al. (2012). Development of a semi-permanent mascara technology. Int J Cosmet Sci 34: 29-35.

Watanabe K, Sakurai N, Meno T. Yasuda C, Takahasi S, Hori A. Tsuchiya K, Sakai H (2021). Novel spontaneous cleansing feature of foam - hybrid bicontinuous-microemulsion-type foam makeup remover. J Soc Cosmet Chem Jpn 55: 19-27.

Ito S, Matsumoto Y, Higuchi T, Yamashita Y, Sakamoto K (2021). Less is more for a water-based makeup cleansing lotion. IFSCC Mag 2: 1-8.

Suzuki T, Nakamura M, Sumida H, Shigeta A (1992). Liquid crystal makeup remover: conditions for formation and its cleansing mechanisms. J Soc Cosmet Chem 43: 21-36.

Watanabe K, Masuda M, Nakamura K et al. (2004). A new makeup remover prepared with a system comprising dual continuous channels (bicontinuous phase) of silicone oil and water. IFSCC Mag 4: 1-10.

Habif SS, Revilla-Lara JA, Ruiz HG et al. (2002). Non-greasy makeup remover. US patent 6 428 755 Bl. Unilever Inc., Connecticut.

MeilgaardMC,CarrBT, CivilleGV (2007). Sensory Evaluation Techniques, 4th ed. Florida, FL: CRC Press.

Pensé-Lheritier A-M (2015). Recent developments in the sensorial assessment of cosmetic products: a review. Int J Cosmet Sci 37: 465-473.

Charoennit P, Lourith N (2012). Validated UVspectrophotometric method for the evaluation of the efficacy of makeup remover. Int J Cosmet Sci 34: 190-192.

Hagan DB, Lyle IG (1993). Skin cleansing composition. EU patent 0 586 234 A2. Unilever Pic., London.

Schlossman ML (2001). Decorative products. In: Handbook of Cosmetic Science and Technology, Barel AO, Pay M, Maibach HI, editors. New York, NY: Marcel Dekker, pp.645-683.

Lourith N, Kanlayavattanakul M (2020). Improved stability of butterfly pea anthocyanins with biopolymeric walls. J Cosmet Sci 71: 1-10.

Lourith N, Kanlayavattanakul M (2011). Biological activity and stability of mangosteen as a potential natural color. Biosci Biotechnol Biochem 75: 2257-2259.

Lourith N, Kanlayavattanakul M (2012). Antioxidant color of purple glutinous rice (Orvza sativa) color and its stability for cosmetic application. Adv Sci Lett 17: 302-305.

Kanlayavattanakul M, Lourith N (2012). Thanaka loose powder and liquid foundation preparations. Household Pers Care Today 2: 30-32.

Kanlayavattanakul M, Lourith N (2012). Sunscreen liquid foundation containing Naringi crenulata powder. Adv Mat Res 506: 583-586.

Kanlayavattanakul M, Lourith N (2015). Biopolysaccharides for skin hydrating cosmetics. In: Polysaccharides, Ramawat KG, Merillon J-M, editors. Switzerland: Springer, pp.1867-1892.

Kanlayavattanakul M. Lourith N (2015). An update on cutaneous aging treatment using herbs. J Cosmet Laser Ther 17: 343-352.

第25章

保湿成分

介绍

保湿成分被广泛用于化妆品中，主要目的是防止水分流失并增加产品接触材料的水分含量。这种功能通常是通过吸湿成分或可从周围环境中吸收水分的保湿剂实现的。

几乎所有种类的化妆品都包含保湿剂。表25.1中列出了保湿剂在皮肤护理、洗发水、护发素以及发型定型产品中的主要用途。此外，私处卫生产品、牙膏和漱口水也含有保湿剂。

表 25.1　2019 年上市含有成分表中所选保湿剂的化妆品数量

类别	乳酸和乳酸盐	PCA 和盐	透明质酸衍生物	泛醇	山梨醇	甘油	尿素	丁二醇	丙二醇	总计
皮肤护理										
面部和颈部护理	322	229	1542	726	151	2949	314	1813	826	8872
身体护理	218	96	256	348	125	1938	329	408	406	4124
手 / 指甲护理	86	35	130	170	29	870	127	189	147	1783
眼部护理	56	24	249	100	20	397	45	243	144	1278
防晒	0	13	125	88	0	349	0	242	143	960
毛发护理										
洗发水	425	233	124	824	75	1509	128	383	753	4454
焗油	359	124	95	524	49	936	103	290	498	2978
护发素	391	129	66	532	42	954	70	185	436	2805
发型设计	42	15	0	212	29	284	37	0	236	855
其他										
沐浴产品	297	120	80	277	101	1745	75	208	368	3271
总计	2244	1030	2700	3872	632	12257	1250	4097	4073	

数据来源于 Mintel GNDP 新产品发布数据库，访问日期为 2021 年 1 月 13 日。每个配方都可能含有一个或多个保湿剂。数据范围涵盖主要市场，包括美国、欧洲、亚洲和拉丁美洲，以及各个产品子类别。

据欧洲委员会化妆品成分和成分信息数据库（Cosmetic substances and Ingredients，Cosing）显示，"保湿剂"一词在其词条中有2051个定义。Cosing数据库对一些功能进行了定义，其中包括：

保湿剂：使用时可维持产品中的水分，或保护产品不失水。

皮肤调理保湿剂：能够提高皮肤表层的含水量。它们通常是吸湿剂，可以从周围的空气中吸收水分。

润肤剂：能够增加皮肤的含水量，使皮肤保持柔软和光滑。

皮肤和黏膜从身体内部不断获得水分。通常，角质层得到适当水合的充分来源是经皮失水（TEWL），这是一种小而持续的过程。而出汗和环境湿度则是间歇性的来源。角质层的水分由一种特殊的内源保湿因子（NMF）混合而成，约占角质细胞干重的10%（表25.2）。头发若干问题，如干燥、易断、无光泽、打结等，主要取决于环境湿度和护发产品。

表 25.2　天然保湿因子组成

氨基酸	40.0
吡咯烷酮羧酸（PCA）	12.0
乳酸	12.0
尿素	7.0
钠、钙、钾、镁、磷酸盐、氯化物	18.5
氨、尿酸、氨基葡萄糖、肌酐	1.5
其他不明	

天然存在于健康皮肤中的保湿剂，也可以与其他来源的保湿剂一起用于化妆品。化妆品中通常也增加食品保湿剂。食品中的保湿剂通过控制水分来稳定产品并延长保质期。例如，它们可抑制冰淇淋形成结晶，并通过控制产品中的水活性来减少微生物存活。

每种保湿剂都有其独特的降低水活性的能力，这取决于其化学组成（表25.3和表25.4）。一般情况下，保湿剂的分子量越低，其水合能力越强（表25.5）。例如，像蔗糖这样的单糖比淀粉水合更显著，因为淀粉的连锁葡萄糖分子限制可用的水结合位点。然而，不同物质对皮肤补水的真正功效尚不清楚。体外吸湿性可能与体内保湿效果不同，因为皮肤的吸收和相互作用可能产生影响。此外，常用于测量皮肤含水量的方法可能会给出错误的读数，因为用于测量的电子设备不仅受到皮肤含水量的影响，还受到皮肤中其他物质的影响。因此，甘油甚至可能给出比水本身更高的数值。关于"仪器评分变化百分比"和"水分百分比"之间的关系，可能并非直接。

表 25.3　保湿剂的化学性质和特性

国际名称	CAS 号	分子量	其他名称	食物，电子码，来源
丁二醇	107-88-0	90.1	1，3-丁二醇，1，3-丁二醇	A
甘油	56-81-5	92.1	甘油，1，2，3-丙三醇	E422，油和脂肪水解
透明质酸	9004-61-9	$\times 10^4$-8$\times 10$	透明质酸	鸡冠，生物发酵
乳酸	50-21-5	90.1	乳酸	E270，酸奶和番茄汁
泛醇	81-13-0	205.3	葡聚糖醇、泛酰醇、泛醇、维生素 B5 原	植物、动物、细菌
PCA	98-79-3	129.1	L-焦谷氨酸、DL-吡咯烷酮羧酸、2-吡咯烷酮-5-羧酸	蔬菜、糖浆
丙二醇	57-55-6	76.1	1，2-丙二醇	E1520，石化衍生物
山梨醇	50-70-4	182.2	山梨醇	E420，浆果类、水果
尿素	57-13-6	60.1	碳酰胺、羰基二胺	E927b，玫红酸

适用于符合《21 CFR》的食品（https://ecfr.federalregister.gov/current/title-21，2021-01-11 访问）。CAS 是指化学文摘服务；MW 代表分子量；PCA 是指吡咯烷酮羧酸。

在产品开发过程中，我们需要考虑化妆品的性质，例如味道（如牙膏）、触感（如黏性）以及因渗透而在皮肤中产生更深层次作用的特性，同时还需要考虑与配方中其他成分的相容性（例如稳定性、pH值敏感性和溶解度），另外还需要关注安全性等因素（详见表25.6）。

除了保湿剂的功能特性外，对制备成分的环境影响以及可持续性和成分可追溯性问题的认识提高，将对新配方中保湿剂的选择产生越来越大的影响。

本章将介绍化妆品中一些常用的保湿剂，并提供其基本信息。

表 25.4　保湿剂的化学结构

丁二醇

甘油

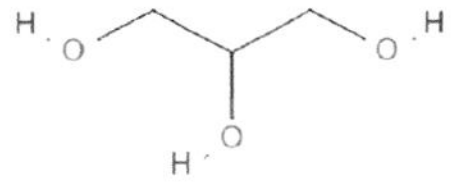

透明质酸（重复结构）

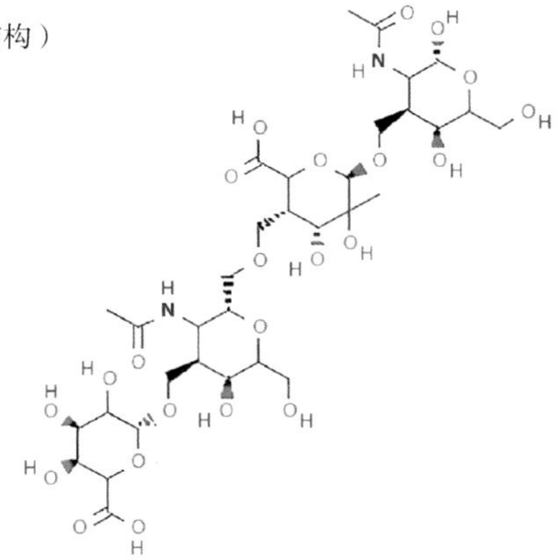

乳酸

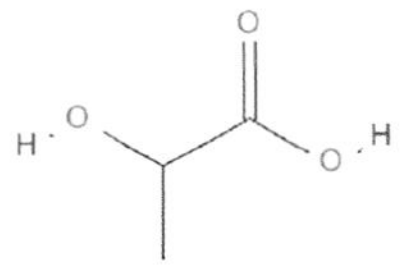

泛醇

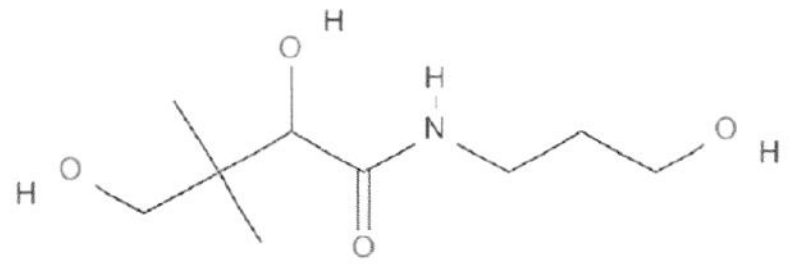

PCA

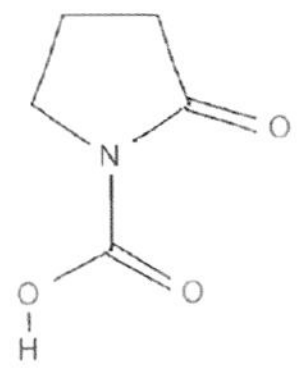

丙二醇

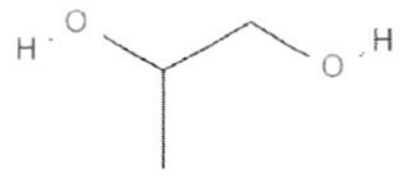

山梨醇

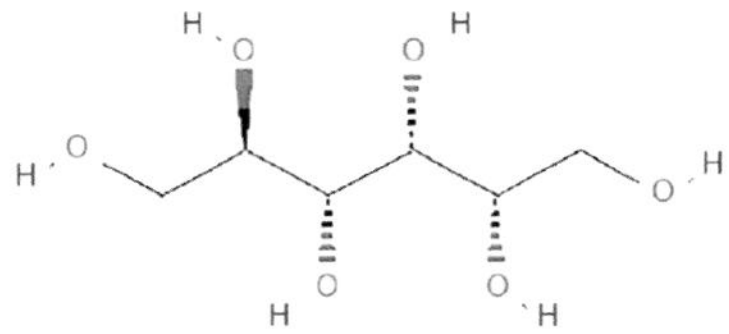

尿素

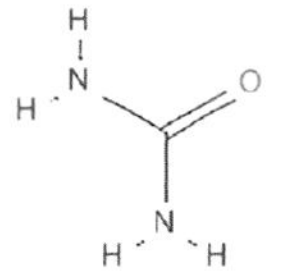

表 25.5　不同湿度下保湿剂的水合能力

保湿剂	31%	50%	52%	58% ~ 60%	76%	81%
丁二醇						38
胶原蛋白	12	18				30
甘油	13；11	25	26	35 ~ 38	67	
PCA 钠	20；17	44	45	61 ~ 63	210	
乳酸钠	19	56	40	66	104	
泛醇	3		11		33	
PCA	< 1				< 1	
丙二醇					32	
山梨醇			1		10	

注：PCA，吡咯烷酮羧酸。

表 25.6　产品开发过程中需要考虑的因素

配方相关	对目标区域的影响
价格和纯度？	产品宣称？
在生产和保质期的化学稳定性？	可冲洗产品的物质性？
对热敏感？紫外线？ pH 值？	渗透特性？
与其他成分不相容？	吸湿性？
对包装材料的吸附？	负面影响？
对保存体系的影响？	皮肤微生态的变化？

皮肤天然保湿成分

NMF是角质层内源性保湿剂的一种特殊混合物，其中包含了氨基酸、吡咯烷酮羧酸（PCA）、乳酸盐、尿素和无机离子（详见表25.2和25.5）。

大多数NMF都是由角质层中含水量调节、丝聚蛋白富含组氨酸分解得到的。随着角质细胞向更浅层角质层迁移，丝聚蛋白会转化为NMF。如果含水量高，丝聚蛋白则表现出稳定的特性，而如果含水量低，则水解酶会分解丝聚蛋白。在银屑病、鱼鳞病和全身干燥症等皮肤疾病中，NMF的水平会下降，而在某些情况下，这是由于中间丝聚合蛋白功能缺失的突变引起的。此外，汗液也可以向皮肤表面提供尿素和乳酸。甘油和透明质酸是角质层中发现的另一种天然保湿剂，尽管其含量水平低于乳酸等。

表25.5中列出了不同保湿剂的比较水分结合

活性。

吡咯烷酮羧酸（PCA）

性质

PCA是化妆品中的一种成分术语，用于描述循环有机化合物2-吡咯烷酮-5-羧酸。在角质层中，可以发现"L"型钠盐的含量大约是NMF含量的12%，相当于角质层重量的2%。PCA钠是最强大的保湿剂之一，可以吸收210%的水分子（详见表25.5）。

通常情况下，PCA在化妆品中以精氨酸、赖氨酸和三乙醇胺盐的形式使用。据环境工作组（Environmental Working Group，EWG）的数据库Skin Deep显示，超过160种化妆品中含有PCA，其中包括不同形式的PCA盐。

皮肤功效

经过溶剂损伤后，豚鼠脚垫的角质层经处理后表明乳酸钠盐的水合能力比甘油和山梨醇更强，如表25.5所示。同时，角质层的含水量也依次降低，顺序为PCA钠＞乳酸钠＞甘油＞山梨醇。研究还表明，角质层的水合能力与PCA含量之间存在着显著相关性。除此之外，相较于基础乳膏，含有5%PCA钠的乳膏能够增加离体角质层的持水能力。此外，相同的霜剂与含尿素的产品能够有效地减轻皮肤干燥和皲裂，相较于不含保湿剂的对照产品，前者效果更佳。

安全性

50%的PCA会产生轻微、短暂的眼部刺激，但没有证据表明其具有光毒性、致敏性或粉刺性。使用6.25%～50%的PCA钠水溶液后，背部皮肤也会出现即刻可见的接触反应。反应会在5 min内出现，并在30 min后消失。化妆品成分审查（cosmetic ingredient review，CIR）认为PCA是安全的，但不应用于可能会形成N-亚硝基化合物的化妆品。

乳酸

性质

乳酸是一种α-羟基酸（AHA），化学性质为无色至浅黄色的结晶或糖浆状液体，可以与水、醇、甘油混溶，但不溶于氯仿。在碳链的2-或α位上有一个羟基的有机羧酸。此外，乳酸也是角质层吸湿物质的重要成分之一，约占总吸湿物质的12%。工业生产中，乳酸通常是由碳水化合物通过发酵得到。

乳酸的pKa值为3.86，在没有任何无机或有机碱的情况下，配方中的pH值呈酸性。一般在配方中通过部分中和作用来调节pH值。根据EWG数据库的统计，有700种化妆品中含有乳酸，而乳酸钠则在300多种化妆品中被检测出。

常规用途

乳酸因其保湿性和低pH值，适用于作为食品中的抗菌剂。自几十年前起，乳酸就因其缓冲性能和水合能力而广泛用于局部制剂。乳酸及其盐类被用于冲洗和维持阴道的正常酸性环境。此外，乳酸还可用于纠正与角质层增生和（或）潴留相关的疾病，例如头皮屑、老茧、角化病和皮肤疣。乳酸也被认为是轻度痤疮的有效辅助治疗。

皮肤功效

在豚鼠足垫角质层中，乳酸和乳酸钠都能够提高皮肤的持水能力和延展性。乳酸钾比乳酸钠更有效地恢复角质层的水合作用，表明钾离子本身可能对维持角质层的物理性质发挥一定作用。随着pH值的增加，由于酸电离作用，乳酸吸附减少。在人腹部皮肤角质层条状组织的研究中，乳酸钠对水的摄取比乳酸更强，角质层是由乳酸塑化，而不是由乳酸钠塑化。此外，乳酸还能降低角质细胞间的黏附性，干扰细胞间连接，导致细胞更替增加，尤其是在pH值约为3时。当乳酸浓度固定时，脱屑效果高度依赖于pH值；而当pH值固定时，皮肤的更替率依赖于浓度。

乳酸浓度高达12%被用于治疗鱼鳞病和干燥皮肤。经过5%乳酸联合20%丙二醇治疗后，板层状鱼鳞病患者的TEWL增加。乳酸被认为可以刺激神经酰胺的合成，改善皮肤屏障功能。此外，研究者还报道乳酸可增加活性表皮厚度，改善光老化。当乳酸与其他剥脱剂联合使用时，可以对皮肤产生可控性部分层次损伤，这被认为可以改善皮肤的临床外观。

安全性

浓缩形式的乳酸具有腐蚀性，可对皮肤、眼睛和黏膜造成伤害。使用AHA后，可能会立即感觉到刺痛和疼痛，这与制剂和物质本身的pH值密切相关。据报道，乳剂类型会影响刺痛程度，其中油包水乳剂比普通的O/W乳剂引起的刺痛更少。

当这些酸在高浓度和低pH值时接触到正常皮肤，可能会引起刺激和鳞屑。同时，还会增加对紫外线（UV）的敏感度，这让人们对长期使用产生担忧。然而，CIR小组重申了1998年的结论，即乙醇酸和乳酸及其常见盐和简单酯，当设计为避免增加日光敏感性时，或当使用说明包括日常使用防晒时，在浓度不超过10%且最终配方pH＞3.5的情况下，可安全用于化妆品，并得到美国食品和药物监督管理局（FDA）的认可支持。欧盟科学委员会认为，乙醇酸在最高4%且pH＞3.8的水平下可安全使用，而乳酸的最大使用浓度为2.5%且pH＞5。此外，消费者应被适当警告避免与眼睛接触，并应提供紫外线保护，或建议消费者自行避免阳光暴晒。

尿素

性质

尿素是一种存在于人体组织、血液和尿液中的生理物质。工业上则通过氨和二氧化碳的反应制备。它呈无色、透明、微吸湿的棱柱状晶体，或者是白色的结晶粉末或颗粒。尿素在水中易溶，在醇中微溶，在醚中几乎不溶。当尿素溶液缓慢水解为氨和二氧化碳时，会增加溶液的pH值，可能导致包装的膨胀。

常规用途

10%尿素的乳膏可以用于治疗鱼鳞病和角化过度性皮肤病，而低浓度则适用于治疗皮肤干燥。在甲真菌病的治疗中，可以将尿素以40%的比例添加至药物配方中，作为角质层塑化剂，以提高药物的生物利用度。据EWG数据库显示，目前有超过200种化妆品含有尿素。

皮肤功效

干燥皮肤中的尿素含量会减少，但尿素很容易被皮肤吸收。使用含有尿素的乳膏治疗银屑病和鱼鳞病患者后，鳞屑的持水能力会增加，并且在较低的湿度下，尿素可以通过置换水分和保留液晶相来抵御渗透胁迫。据报道，尿素也是表皮渗透屏障功能的调节因子，但皮肤脂质基质似乎不受尿素的影响。局部应用尿素已被发现可以改善皮肤屏障功能，并增强抗菌肽的表达。研究还表明，使用含有5%～10%尿素的润肤剂治疗正常皮肤可以减少TEWL，并且减少表面活性剂十二烷基硫酸钠（SLS）的刺激反应。特应性体质患者的TEWL降低，同时SLS耐受性也提高。皮肤屏障功能的改善也在干性皮肤和鱼鳞病患者中得到证实。对于特应性体质患者和手部湿疹患者，使用5%的尿素乳膏也被证明可以延迟湿疹复发，并延长无湿疹期。一项多中心、双盲研究还证实尿素乳膏在降低风险方面优于参考乳膏。

安全性

尿素是一种人体内天然存在的物质，也是蛋白质代谢的主要含氮降解产物，每天有20～35 g的尿素通过人体的尿液排出。根据血液中的测量结果，尿素的药物浓度应保持在200～400 mg/L的范围内。此外，尿素被批准用作口香糖的添加剂

（最大限量为30 g/kg，仅限无糖添加）。

含有尿素的润肤霜研究表明，尚未发现有任何急性或慢性刺激的证据。但是有报道称，使用4%～10%的尿素乳膏来治疗干燥和受损皮肤后，可能会出现皮肤刺痛和灼伤感。

甘油

性质

从技术角度来说，甘油是三氢醇的一种溶液。甘油是一种透明、无色、无味、糖浆状且吸湿的液体，其甜度约为蔗糖的0.6倍。甘油可以与水和酒精混溶，微溶于丙酮，而几乎不溶于氯仿和乙醚。甘油是由植物或动物脂肪在蒸汽裂解工业过程中产生的，或是作为肥皂生产的副产品。

缺乏皮脂腺的小鼠表现出干燥症状，这与缺乏甘油三酯导致甘油水平降低有关。这种干燥症状在皮脂腺缺乏或退化的临床表现中很常见，例如，在青春期前的儿童中，可能会出现湿疹皮损，而这些皮损会随着皮脂腺活动的开始而消失。此外，由于皮脂腺活性降低，老年皮肤的远端肢体和接受全身异维A酸治疗痤疮的患者的皮肤干燥可能与甘油耗竭有关。

常规用途

甘油是一种多功能化合物，常被用作溶剂、增塑剂、甜味剂、润滑剂和抗菌剂。除此之外，由于其出色的渗透性和脱水特性，它也被用于口服和静脉注射治疗各种临床适应证，甚至可用于局部应用以短期降低眼内压和玻璃体体积。另外，甘油还有软化耳垢的效果，而甘油栓剂（每剂1～3 g）则可促进粪便排出。

甘油是最受欢迎的保湿剂之一，因为它能与水充分混合，且在产品的水活性发生变化时不会析出固体。据EWG数据库统计，目前已有超过11 500种化妆品中含有甘油成分。

皮肤功效

甘油在治疗皮肤干燥方面的应用范围从百分之几到25%不等。甘油不仅具有吸水作用，而且被认为能够调节角质层脂质的相行为，在低相对湿度条件下可以防止其板层结构结晶。加入甘油的角质层模型脂质混合物可以使脂质在低湿度条件下保持液晶状态。这些生化特性的结果之一是增加水解酶活性，对于角质层脱屑过程至关重要。因此，人类皮肤表面的角质细胞丢失率增加，可能是由于桥粒降解增强的影响。

在使用15%甘油乳膏处理皮肤表面并进行重复胶带剥离试验后发现，甘油会扩散至角质层形成一个储层。在动物皮肤上应用后的数个小时内，皮肤水分损失率会降低，然后在数个小时后又会逐渐增加。使用20%的甘油长期治疗正常和特应性皮肤后，未发现皮肤屏障功能恶化的证据。相反，甘油被发现可加速急性外部干预后的屏障恢复。在机械（胶带剥离）或化学（重复使用SLS、丙酮）性损伤后，甘油能更快地重建皮肤保护屏障。甘油吸水作用产生的水通量可能导致屏障修复的刺激。在无毛豚鼠模型和人类受试者中应用SLS或壬酸诱导的急性慢性积刺激后也注意到这一点。甘油的高吸湿性参与了这一过程，支持了TEWL和离子运动（尤其是钙）。甘油转运至表皮的速度非常缓慢，其转运速率对于基底层角质形成细胞固有的甘油通透性很敏感，这可能与水通道蛋白3通道有关。

另外，当人类的皮肤状态得到改善时，研究发现其表面轮廓、电阻抗和摩擦系数会增加。甘油还有可能诱导表层角质层收缩，与其渗透作用无关。这种收缩可能会使角质层更加紧密，从而降低刺激性接触性皮炎的风险。

安全性

大剂量口服或静脉给药甘油能够产生全身效应，因为血浆渗透压的升高导致水分子通过渗透从血管外间隙进入血浆。因此，口服药品应注明"可能引起头痛、胃部不适、腹泻"，而直肠给药则需注明"可能具有轻度通便作用"。用于口服和直肠给药的药品标签阈值分别为 10 g 和 1 g。甘油一旦滴入眼中，会引起强烈的刺痛和烧灼感，进而撕裂和扩张结膜血管。虽然没有明显的损伤，但研究表明甘油会对角膜内皮细胞造成损伤。不过，甘油被证明对皮肤具有良好的耐受性，20%甘油治疗可以在特应性干性皮肤中不出现任何不良反应。

透明质酸

性质

透明质酸是一种自然聚合物，存在于所有生物体中。它为眼睛的玻璃体提供膨胀剂。透明质酸的名称源于希腊语"hyalos"（有光泽、玻璃质的）和糖醛酸。术语"透明质酸"包括透明质酸和透明质酸钠。

一个正常体型的男性（70 kg）体内约有 15 g 透明质酸，其中 50% 在皮肤中。大部分皮肤透明质酸存在于真皮层，作为胶原蛋白和弹性纤维之间的润滑剂。但是，在小鼠的表皮和角质层中也存在透明质酸。

透明质酸的分子由葡萄糖胺和葡萄糖醛酸衍生物的重复单位组成。分子可能非常大，基于来源、制备方法和测定方法不同，分子量在 $50000 \sim 8 \times 10^6$ Da 范围内，可达 30 000 个重复单位。由于其分子组成和结构，它具有结合大量水分子的独特能力。2%的纯透明质酸水溶液将剩余 98%的水分子紧密地锁住，以至于其可像凝胶一样被拿起来。

透明质酸可以从鸡冠中提取或通过发酵获得。在制造过程中，大的、无支链、非交联、含水的分子很容易被剪切力破坏。碳水化合物链对自由基、紫外线辐射和氧化剂的分解也非常敏感。

常规用途

透明质酸钠是一种黏性溶液，可用于眼部手术和关节腔内注射治疗膝关节骨关节炎，同

时也可局部使用以促进创面愈合。如果患有干眼症，建议使用 0.1%的透明质酸溶液来缓解刺激和砂粒感症状。此外，透明质酸皮内注射也被用于抗皱治疗，这使其在化妆品中的应用范围得以拓展。根据 EWG 数据库的记录，透明质酸已被用于 4000 多种产品中，包括盐和水解产物等。

皮肤功效

高分子量的透明质酸溶液能在皮肤上形成一层水合黏弹性薄膜，并可沉积在脱落的角质细胞间隙中。目前对于透明质酸是否能够通过皮肤被吸收还没有正式共识。透明质酸的摄取应该非常有限，这主要是由于它的特别大分子量和亲水性。皮肤表面的微生物和酶（包括透明质酸酶）可以分解透明质酸。当透明质酸分解成小分子片段时，可以促进大分子碎片的扩散，但原始分子则不会被皮肤吸收。

安全性

透明质酸的基本无毒性已经被证实。当该物质被用于眼科手术时，会出现短暂的眼部炎症反应。CIR 专家组的结论是：透明质酸的摄取量非常低，而且皮肤中天然存在，因此即使缺乏数据，也无须额外收集关于皮肤刺激、致敏或光毒性方面的数据。

非皮肤天然保湿成分

食品和技术应用中的吸湿物质同样可以在化妆品中发现。泛醇、丁烯和丙二醇在面部和头发护理中被广泛使用，如表 25.1 所示。除此之外，山梨醇、其他糖类衍生物、蛋白质以及蛋白质水解物也是从食品工业转移到化妆品中使用的物质。

丁二醇

性质

丁二醇（1，3-丁二醇）是一种黏稠、无色的液体，具有甜味和苦涩余味。它可以溶于

水、丙酮和蓖麻油，但不溶于脂肪族烃。

常规用途

丁二醇被用于延缓香气的挥发以及保护产品不受微生物的侵害。在EWG的Skin Deep数据库中，有超过3500种化妆品含有丁二醇，例如面霜。

安全性

CIR专家组和FDA已经确认，丁二醇可以安全应用于化妆品和作为食品添加剂。其可接受的日摄入量（An acceptable daily intake，ADI）为0~4 mg/kg体重。

经试验表明，未稀释的丁二醇对人体皮肤的初级刺激程度较低，且重复实验未发现皮肤过敏的证据。根据报道，该物质的刺激性低于丙二醇。虽然有极少数的接触性过敏病例报道，但该物质似乎与丙二醇不会产生交叉反应。

泛醇

性质

D-泛醇是一种透明凝胶状的吸湿液体，几乎无色、无臭并长期储存后可能会结晶。它是一种醇类化合物，在生物体内会被转化为D-泛酸，进而成为体内辅酶A的重要组成部分。这种物质可以从各种生物中分离出来，而它的命名来源于希腊语中"无处不在"的意思（表25.3）。泛醇易溶于水，并可以自由地溶于乙醇和甘油，但不溶于脂肪和油脂。如果不受湿度的影响，该物质在空气和光线的作用下具有相当的稳定性，但是对于酸、碱和热则十分敏感。在pH值为4~6的情况下，水解速率最低。

常规用途

泛醇因其保湿和舒缓的特性而被广泛应用于制药和化妆品行业，同时也被用于治疗局部鼻炎、结膜炎、晒伤和创面愈合，如溃疡、烧伤、褥疮和表皮剥脱。此外，这种吸湿醇还被用于防止气溶胶喷嘴处的结晶。据EWG数据库显示，目前有近2900种含有泛醇或D-泛醇的化妆品。

皮肤与毛发功效

据报道，泛醇可通过局部应用渗透皮肤和头发，并转化为泛酸。泛醇治疗SLS引起的刺激皮肤时，可促进皮肤屏障修复和角质层补水，加快皮肤发红的减轻。此外，已经在正常头发中发现了泛酸。据报道，使用泛醇水溶液浸泡头发可以增加头发的直径。

安全性

泛醇毒性极低，因此可被认为是安全的化妆品成分。家兔注射泛醇或使用含泛醇配方的产品，可能会引起轻微到中度的红肿和水肿反应，但也可能完全没有任何皮肤刺激反应。人体上的低浓度试验结果表明，这些配方没有出现致敏或明显的皮肤刺激反应。过敏性接触皮炎的病例也曾有所报道。

丙二醇

性质

丙二醇是一种透明无色、黏稠且几乎无臭的液体，味道甜而微酸（类似于甘油）。通常情况下，丙二醇在密闭容器中非常稳定。即使与甘油、水或酒精混合，其化学性质也能保持稳定。丙二醇是一种由环氧丙烷水合反应产生的石油化学衍生保湿剂。

常规用途

在化妆品和医药制造业中，丙二醇被广泛用作溶剂和媒剂，尤其是用于那些不稳定或非水溶性的物质。此外，它也被广泛用于食品中，作为防冻剂、乳化剂，以及抑制发酵和霉菌生长的保鲜剂。丙二醇还能增强某些防腐剂的活性。

皮肤功效

鉴于丙二醇具备保湿、角质溶解、抗菌以及抗真菌等特性，它已被广泛用于治疗各种皮肤疾病，如鱼鳞病、花斑癣和脂溢性皮炎。据EWG数据库显示，目前已有超过2300种化妆品含有丙二醇。

安全性

丙二醇的每日摄入量（ADI）为25 mg/kg。儿童口服剂量为100～200 mg/kg，但对于烧伤患者接受高浓度局部治疗后，有中毒的情况被发现。不过，人们认为在化妆品中使用丙二醇是安全的。药品需要在包装说明书中注明信息。对于皮肤用产品，标签阈值为每天50 mg/kg。包装说明书上应注明："丙二醇可能引起皮肤刺激。在未与医生或药剂师沟通的情况下，切勿将此药用于四岁以下的有开放性创面或大面积皮肤破损（如烧伤）的婴儿"。

根据临床数据，将丙二醇浓度控制在10%以及皮炎患者低至2%时，能够减少正常受试者出现皮肤刺激和致敏反应的发生率。然而，目前仍不清楚皮肤反应的性质。因此，皮肤反应被分为4种机制：①刺激性接触性皮炎；②变应性接触性皮炎；③非免疫性接触性荨麻疹；④主观或感觉刺激。这一概念可部分解释不同作者观察到的效应。

蛋白质：胶原蛋白，小麦蛋白、大豆蛋白

性质

使用蛋白质修复皮肤表层和增加含水量可以吸引消费者。蛋白质和氨基酸可以从多种天然来源中获取。中等分子量水解蛋白是蛋白质类型中应用最广泛的一种，因其具有较高的溶解度。胶原蛋白是传统化妆品中常用的蛋白质之一，其复杂的三螺旋结构使其具有出色的保湿性能。根据EWG数据库，超过300种化妆品中含有胶原蛋白或水解胶原蛋白。植物蛋白包括小麦、水稻、大豆和燕麦。据EWG数据库显示，近200种化妆品中含有水解小麦蛋白，而约有300种中含有水解甘氨酸大豆蛋白。

功效与安全性

蛋白质是一种非常大的分子，因此对皮肤和头发具有很大的影响。为了增加其特性，可以将脂肪烷基季基与蛋白质结合。此外，也可以将蛋白质与聚乙烯基吡咯烷酮等物质结合成共聚物，以改善其成膜特性。这种改性可以增加蛋白质的吸湿性，相较于母体化合物而言。

蛋白质存在潜在问题，比如其气味和颜色会随时间发生变化。此外，作为化妆品中的营养素，蛋白质可能需要更严格的保存条件。

蛋白质接触性皮炎的最常见临床表现是慢性或复发性皮炎。特应性体质似乎是蛋白质接触性皮炎易感因素之一。

一些护发素含有季胺化水解蛋白或水解牛胶原蛋白，可诱发接触性荨麻疹和呼吸道症状。欧盟消费者安全科学委员会（SCCS）的研究结果表明，将分子量较高的水解小麦蛋白应用于皮肤时，致敏风险较高，尤其是作为具有强大表面活性剂性质的产品（如肥皂和液体肥皂）的成分。SCCS和欧盟法规发现，在化妆品中使用水解小麦蛋白是安全的前提是水解产物中肽的最大分子量平均为3500Da。

山梨醇

性质

山梨醇是一种六氢醇，呈白色无臭的结晶粉末，具有清新甜味，可参见表25.3、25.5和25.6。山梨醇天然存在于水果和蔬菜中，也可通过还原葡萄糖商业化生产。山梨醇易溶于水，但难以溶于酒精和有机溶剂。

山梨醇在化学上相对惰性，与大多数赋形剂相容。但有可能与氧化铁反应并发生变色。

常规用途

在药物片剂和糖果中需要非致龋特性时，山梨醇是一种常用的成分。此外，它还可以被用作糖尿病食品和牙膏中的甜味剂。有研究表明，相比甘油，山梨醇在直肠内泻药中产生的不良副作用更少。然而需要注意的是，山梨醇的吸湿性能不如甘油（见表25.3）。据EWG数据库显示，目前市场上有超过600种化妆品中含

有山梨醇。

安全性

当山梨醇的摄入量超过20 g/d时，通常会起到导泻的作用。针对每日摄入50 g山梨醇的合理预测，应注明："过量摄入山梨醇可能导致导泻"。口服药品应注明含有的山梨醇量，并且超过阈值140 mg/kg/d的药品应在产品说明书中注明："山梨醇可能引起胃肠道不适和轻微腹泻作用"。

结语

化妆品中常使用大量保湿剂作为成分，其中大部分具有长期的安全使用历史。有些保湿剂天然存在于体内或者被用作食品添加剂。这些低分子量物质容易被皮肤吸收，因此使用时可能会出现短暂的刺痛感。相反，高分子量物质则通常不能渗透皮肤。但是，一些报道指出修饰蛋白后的暴露会引起荨麻疹反应。

虽然大量的化学改性材料能够实质性增加目标区域的效果，但是很明显只有极少量的低分子量吸湿物质对冲洗产品中的毛发和角质层含水量产生影响，这一点被一些人质疑（表25.3）。

另外一个值得考虑的问题是，保湿剂获得的湿度是否是与观察到的积极功效相关的唯一作用方式。有些保湿剂能够改善角质层的表面性质，增加角质层的延展性，而不影响角质层的含水量。此外，保湿剂还可能改变皮肤屏障功能，并影响皮肤的特定代谢过程。此外，需要注意的是，保湿剂能够改善配方的化妆品属性，其中一些还能增加配方的肤感，因为人们可以感知到其益处。

原文参考文献

EC. Cosing Is the European Commission Database for Information on Cosmetic Substances and Ingredients. https://ec.europa.eu/growth/tools-databases/cosing/index. cfm?fuseaction=ref_data.functions accessed 2021-01-11. 2021.

Sakamoto K. Lessons from nature for development of amino acids and related functional materials for cosmetic applications. IFSCC Mag. 2013, 16(2):79-85.

Jacobi OK. Moisture regulation in the skin. Drug Cosmet Ind. 1959:84:732-812.

Sagiv AE, Marcus Y. The connection between in vitro water uptake and in vivo skin moisturization. Skin Res Technol. 2003, 9(4):306-311.

Lodén M, Hagforsen E, Lindberg M. The presence of body hair influences the measurement of skin hydration with the Corneometer. Acta Derm Venereol. 1995, 75(6):449-450.

Crowther JM. Understanding effects of topical ingredients on electrical measurement of skin hydration. Int J Cosmet Sci. 2016, 38(6):589-598.

Rawlings AV, Matts PJ. Stratum corneum moisturization at the molecular level: An update in relation to the dry skin cycle. J Invest Dermatol. 2005, 124(6):1099-1110.

Marstein S. Jellum E, Eldjarn L. The concentration of pyroglutamic acid (2-pyrrolidone-5-carboxylic acid) in normal and psoriatic epidermis, determined on a microgram scale by gas chromatography. Clinica Chimica Acta. 1973, 43:389-395.

Horii I, Nakayama Y, Obata M, Tagami H. Stratum corneum hydration and amino acid content in xerotic skin. BrJ Dermatol. 1989, 121:587-592.

Sybert VP, Dale BA, Holbrook KA. Ichthyosis vulgaris: Identification of a defect in filaggrin synthesis correlated with an absence of keratohyaline granules. J Invest Dermatol. 1985, 84:191-194.

Palmer CN, Irvine AD, Terron-Kwiatkowski A, Zhao Y, Liao H, Lee SP, et al. Common loss-of-function variants of the epidermal barrier protein filaggrin are a major predisposing factor for atopic dermatitis. Nat Genet. 2006, 38(4):441-446.

Weidinger S, Illig T, Baurecht H, Irvine AD, Rodriguez E, Diaz-Lacava A, et al. Loss-of-function variations within the filaggrin gene predispose for atopic dermatitis with allergic sensitizations. J Allergy Clin Immunol. 2006:118(1):214-219.

Sakai S, Yasuda R, Sayo T, Ishikawa O, Inoue S. Hyaluronan exists in the normal stratum corneum. J Invest Dermatol. 2000, 114(6):1184-1187.

Yoneya T, Nishijima Y. Determination of free glycerol on human skin surface. Biomed Mass Spectrom. 1979, 6(5):191-193.

Laden K, Spitzer R. Identification of a natural moisturizing agent in skin. J Soc Cosm Chem. 1967, 18:351-360.

EWG. EWG's Skin Deep. The US Organization Environmental

Working Group, https://www.ewg.org/skindeep/browse/ category/ingredients/accessed 2021-01-12, 2021.

Takahashi M, Yamada M, Machida Y. A new method to evaluate the softening effect of cosmetic ingredients on the skin. J Soc Cosm Chem. 1984, 35:171-181.

Rieger MM, Deem DE. Skin moisturizers. Ⅱ. The effects of cosmetic ingredients on human stratum corneum. J Soc Cosm Chem. 1974, 25:253-262.

Middleton J. Development of a skin cream designed to reduce dry and flaky skin. J Soc Cosmet Chem. 1974, 25:519-534.

Middleton JD. Roberts ME. Effect of a skin cream containing the sodium salt of pyrrolidone carboxylic acid on dry and flaky skin. J Soc Cosmet Chem. 1978, 29:201-205.

Fiume MM, Bergfeld WF, Belsito DV, Hill RA, Klaassen CD, Liebler DC, et al. Safety assessment of PCA (2-pyrrolidone-5-carboxylic acid) and its salts as used in cosmetics. Int J Toxicol. 2019, 38(2_suppl):5s-l Is.

Larmi E, Lahti A, Hannuksela M. Immediate contact reactions to benzoic acid and the sodium salt of pyrrolidone carboxylic acid. Comparison of various skin sites. Contact Derm. 1989, 20(1):38-40.

Sweetman SC, ed, Martindale: The Complete Drug Reference. London: Pharmaceutical Press; 2005.

Berson DS, Shalita AR. The treatment of acne: The role of combination therapies. J Am Acad Dermatol. 1995:32(5 Pt 3):S31-41.

Nakagawa N, Sakai S, Matsumoto M, Yamada K, Nagano M, Yuki T, et al. Relationship between NMF(lactate and potassium) content and the physical properties of the stratum corneum in healthy subjects. J Invest Dermatol. 2004, 122(3):755-763.

Van Scott EJ, Yu RJ. Hyperkeratinization, corneocyte cohesion, and alpha hydroxy acids. J Am Acad Dermatol. 1984, 11:867-879.

Smith WP. Comparative effectiveness of alfa-hydroxy acids on skin properties. Int J Cosm Sci. 1996:18:75-83.

Thueson DO, Chan EK, Oechsli LM, Hahn GS. The roles of pH and concentration in lactic acid-induced stimulation of epidermal turnover. Dermatol Surg. 1998, 24(6):641-645.

Wehr R, Krochmal L, Bagatell F, Ragsdale W. A controlled two-center study of lactate 12% lotion and a petrolatum-based creme in patients with xerosis. Cutis. 1986, 37:205-209.

Gánemo A, Virtanen M, Vahlquist A. Improved topical treatment of lamellar ichthyosis: A double blind study of four different cream formulations. Br J Dermatol. 1999, 141:1027-1032.

Rawlings AV, Davies A, Carlomusto M, Pillai S, Zhang AR, Kosturko R, et al. Effect of lactic acid isomers on keratinocyte ceramide synthesis, stratum corneum lipid levels and stratum corneum barrier function. Arch Dermatol

Res. 1996, 288:383-390.

Berardesca E, Distante F, Vignoli GP, Oresajo C, Green B. Alpha hydroxy acids modulate stratum corneum barrier function. Br J Dermatol. 1997, 137(6):934-938.

Ditre CM, Griffin TD, Murphy GF, Sueki H, Telegan B. Johnson WC, et al. Effects of alpha-hydroxy acids on photoaged skin: A pilot clinical, histologic, and ultrastructural study. J Am Acad Dermatol. 1996, 34(2 Pt l):187-195.

Lavker RM, Kaidbey K, Leyden JJ. Effects of topical ammonium lactate on cutaneous atrophy from a potent topical corticosteroid. J Am Acad Dermatol. 1992, 26(4):535-544.

Stiller MJ, Bartolone J, Stern R, Smith S, Kollias N, Gillies R, et al. Topical 8% glycolic acid and 8% L-lactic acid creams for the treatment of photodamaged skin. A double-blind vehiclecontrolled clinical trial. Arch Dermatol. 1996, 132(6):631-636.

Glogau RG, Matarasso SL. Chemical face peeling: Patient and peeling agent selection. Facial Plast Surg. 1995:11(1):1-8.

Grant WM. Toxicology of the Eye, 3rd edn. Springfield, MO: Charles C Thomas; 1986.

Frosch PJ, Kligman AM. A method for appraising the stinging capacity of topically applied substances. J Soc Cosmet Chem. 1977, 28(28):197-209.

Sahlin A, Edlund F, Loden M. A double-blind and controlled study on the influence of the vehicle on the skin susceptibility to stinging from lactic acid. Int J Cosm Sci. 2007, 29: 385-390.

Effendy I, Kwangsukstith C, Lee JY, Maibach HI. Functional changes in human stratum corneum induced by topical glycolic acid: Comparison with all-trans retinoic acid. Acta Derm Venereol. 1995, 75(6):455-458.

Fiume MM. Alpha hydroxy acids. Int J Toxicol. 2017, 36(5_suppl 2):15s-21s.

FDA. Alpha Hydroxy Acids, https://www.fda.gov/cosmetics/ cosmetic-ingredients/alpha-hydroxy-acids accessed 2021-01-14. 2021.

SCCNFP. The Scientific Committee on Cosmetic Products and Non-Food Products Intended for Consumers. Position Paper Concerning the Safety of Alpha-Hydroxy Acids. Adopted by the SCCNFP during the 13th Plenary Meeting of 28 June 2000. https://ec.europa.eu/health/ph_risk/committees/sccp/ documents/outl 21_en.pdf accessed 2019-09-10. 2000.

SCCNFP. The Scientific Committee on Cosmetic Products and Non-Food Products Intended for Consumers Updated Position Paper Concerning Consumer Safety of Alpha-Hydroxy Acids. SCCNFP/0799/04. http://ec.europa.eu/ health/ph_risk/committees/sccp/documents/out284_en.pdf. accessed 2017-05-10. 2004:1-10.

Rosten M. The treatment of ichthyosis and hyperkeratotic conditions with urea. Aust J Derm. 1970, 11:142-144.

Grice K, Sattar H, Baker H. Urea and retinoic acid in ichthyosis and their effect on transepidermal water loss and water holding capacity of stratum corneum. Acta Derm Venereol (Stockh). 1973, 54:114-118.

Fritsch H, Stettendorf S, Hegemann L. Ultrastructural changes in onychomycosis during the treatment with bifonazole/urea ointment. Dermatology. 1992, 185(1):32-36.

Wellner K, Fiedler G, Wohlrab W. Investigations in urea content of the horny layer in atopic dermatitis. Zeitschrift fur Hautkrankheiten. 1992, 67:648-650.

Lodén M, Bostrom P, Kneczke M. Distribution and keratolytic effect of salicylic acid and urea in human skin. Skin Pharmacol. 1995, 8(4):173-178.

Wellner K, Wohlrab W. Quantitative evaluation of urea in stratum corneum of human skin. Arch Dermatol Res. 1993, 285:239-240.

Final report of the safety assessment of urea. Int J Toxicol. 2005, 24(Suppl 3):1-56.

Swanbeck G. A new treatment of ichthyosis and other hyperkeratotic conditions. Acta Derm Venereol (Stockh). 1968, 48:123-127.

Costa-Balogh FO, Wennerstrom H, Wadso L, Sparr E. How small polar molecules protect membrane systems against osmotic stress: The urea-water-phospholipid system. J Phys Chem B. 2006, 110(47):23845-23852.

Grether-Beck S, Felsner I, Brenden H, Kohne Z, Majora M, Marini A, et al. Urea uptake enhances barrier function and antimicrobial defense in humans by regulating epidermal gene expression. J Invest Dermatol. 2012, 132(6):1561-1572.

Bentley MVLB, Kedor ERM, Vianna RF, Collett JH. The influence of lecithin and urea on the *in vitro* permeation of hydrocortisone acetate through skin from hairless mouse. Int J Pharm. 1997, 146:255-262.

Lodén M. Urea-containing moisturizers influence barrier properties of normal skin. Arch Dermatol Res. 1996, 288(2):103-107.

Lodén M. Barrier recovery and influence of irritant stimuli in skin treated with a moisturizing cream. Contact Derm. 1997:36(5):256-260.

Andersson A-C, Lindberg M, Loden M. The effect of two ureacontaining creams on dry, eczematous skin in atopic patients. I. Expert, patient and instrumental evaluation. J Dermatol Treat. 1999, 10:165-169.

Lodén M, Andersson AC, Andersson C, Frodin T, Oman H, Lindberg M. Instrumental and dermatologist evaluation of the effect of glycerine and urea on dry skin in atopic dermatitis. Skin Res Technol. 2001, 7(4):209-213.

Lodén M, Andersson A-C, Lindberg M. Improvement in skin barrier function in patients with atopic dermatitis after treatment with a moisturizing cream (Canoderm®). Br J Dermatol. 1999, 140: 264-267.

Serup J. A double-blind comparison of two creams containing urea as the active ingredient. Assessment of efficacy and side-effects by non-invasive techniques and a clinical scoring scheme. Acta Derm Venereol Suppl. 1992, 177:34-43.

Wirén K, Nohlgard C, Nyberg F, Flolm L, Svensson M, Johannesson A, et al. Treatment with a barrier-strengthening moisturizing cream delays relapse of atopic dermatitis: A prospective and randomized controlled clinical trial. J Eur Acad Dermatol Venereol. 2009, 23(11):1267-1272.

Lodén M, Wiren K, Smerud K, Meland N, Honnas FI, Mork G, et al. Treatment with a barrier-strengthening moisturizer prevents relapse of hand-eczema. An open, randomized, prospective, parallel group study. Acta Derm Venereol. 2010, 90(6):602-606.

Akerstrom U, Reitamo S, Langeland T. Berg M, Rustad L, Korhonen L, et al. Comparison of moisturizing creams for the prevention of atopic dermatitis relapse: A randomized doubleblind controlled multicentre clinical trial. Acta Derm Venereol. 2015, 95:587-592.

OECD. Urea Case N°: 57-13-6, OECD-Generated Profile Screening Information Dataset (SIDS). OECD SIDS UNEP Publications. https://hpvchemicalsoecdorg/UI/handleraxd?id=89564308-0887-4614-8a20-e542ce76221a accessed 2018- 04-12, 2008.

EC. Regulation (EC) No 1333/2008 of the European Parliament and of the Council of 16 December 2008 on Food Additives, https://webgate.ec.europa.eu/foods_system/main/?sector=FAD&auth=SANCAS accessed 2021-01-11, 2021.

Lodén M, Andersson A-C, Lindberg M. The effect of two ureacontaining creams on dry, eczematous skin in atopic patients. II. Adverse effects. J Dermatol Treat. 1999, 10:171-175.

Gabard B, Nook T, Muller KH. Tolerance of the lesioned skin to dermatological formulations. J Appl Cosmetol. 1991, 9:25-30.

Fluhr JW, Mao-Qiang M, Brown BE, Wertz PW, Crumrine D, Sundberg JP, et al. Glycerol regulates stratum corneum hydration in sebaceous gland deficient (asebia) mice. J Invest Dermatol. 2003, 120(5):728-737.

Lodén M, Andersson AC, Anderson C, Bergbrant IM, Frodin T, Ohman H, et al. A double-blind study comparing the effect of glycerin and urea on dry, eczematous skin in atopic patients. Acta Derm Venereol. 2002, 82(1):45-47.

Froebe CL, Simion FA, Ohlmeyer H, Rhein LD, Mattai J, Cagan RH, et al. Prevention of stratum corneum lipid phase transitions in vitro by glycerol - An alternative mechanism for skin moisturization. J Soc Cosmet Chem. 1990, 41:51-65.

Rawlings AV, Harding C, Watkinson A, Banks J, Ackerman C, Sabin R. The effect of glycerol and humidity on desmosome degradation in stratum corneum. Arch Dermatol Res. 1995, 287:457-464.

Batt MD, Fairhurst E. Hydration of the stratum corneum. Int J Cosm Sci. 1986, 8:253-264.

Batt MD, Davis WB. Fairhurst E, Gerreard WA, Ridge BD. Changes in the physical properties of the stratum corneum following treatment with glycerol. J Soc Cosmet Chem. 1988, 39:367-381.

Wilson DR, Berardesca E. Maibach H. In vivo transepidermal water loss and skin surface hydration in assessment of moisturization and soap effects. Int J Cosmet Sci. 1988, 10:201-211.

Lieb LM, Nash RA, Matias JR, Orentreich N. A new in vitro method for transepidermal water loss: A possible method for moisturizer evaluation. J Soc Cosmet Chem. 1988, 39:107-119.

Lodén M, Wessman C. The influence of a cream containing 20% glycerin and its vehicle on skin barrier properties. Int J Cosm Sci. 2001, 23:115-120.

Fluhr JW, Gloor M, Lehmann L, Lazzerini S, Distante F, Berardesca E. Glycerol accelerates recovery of barrier function in vivo. Acta Derm Venereol. 1999, 79(6):418-421.

Andersen F, Hedegaard K, Fullerton A, Petersen TK, Bindslev-Jensen C, Andersen KE. The hairless guinea-pig as a model for treatment of acute irritation in humans. Skin Res Technol. 2006, 12(3):183-189.

Andersen F, Hedegaard K, Petersen TK. Bindslev-Jensen C, Fullerton A, Andersen KE. Anti-irritants I: Dose-response in acute irritation. Contact Derm. 2006, 55(3):148-154.

Andersen F, Hedegaard K, Petersen TK, Bindslev-Jensen C, Fullerton A, Andersen KE. Anti-irritants II: Efficacy against cumulative irritation. Contact Derm. 2006:55(3):155-159.

Bettinger J, Gloor M, Peter C, Kleesz P, Fluhr J, Gehring W. Opposing effects of glycerol on the protective function of the horny layer against irritants and on the penetration of hexyl nicotinate. Dermatology. 1998, 197:18-24.

Brandner JM. Pores in the epidermis: Aquaporins and tight junctions. Int J Cosm Sci. 2007, 29:413-422.

Fluhr J, Bornkessel A, Berardesca E. Glycerol-Just a moisturizer? Biological and biophysical effects. In: Lodén M, Maibach HI. eds. Dry Skin and Moisturizers Chemistry and Function, 2nd edn. Boca Raton, FL: Taylor & Francis Group; 2005, 227-243.

EMA/CHMP. Annex to the European Commission Guideline on 'Excipients in the Labelling and Package Leaflet of Medicinal Products for Human Use' (SANTE-2017-11668) EMA/CHMP/302620/2017 corr. 1*.

Budavari S. The Merck Index. Rahway, NJ: Merck & Co; 1989.

Balazs EA, Band P. Hyaluronic acid: Its structure and use. Cosmet Toilet. 1984, 99:65-72.

Becker LC, Bergfeld WF, Belsito DV, Klaassen CD, Marks JG, Jr., Shank RC, et al. Final report of the safety assessment of hyaluronic acid, potassium hyaluronate, and sodium hyaluronate. Int J Toxicol. 2009, 28(4 Suppl):5-67.

Rietschel RL, Fowler JF. Fisher's Contact Dermatitis, 4th edn. Baltimore, MD: Williams & Wilkins; 1995.

CIR. 8 Final report on the safety assessment of butylene glycol, hexylene glycol, ethoxydiglycol, and dipropylene glycol. J Am Coll Toxicol. 1985, 4(5):223-248.

EFSA. Scientific opinion on the evaluation of the substances currently on the list in the Annex to Commission Directive 96/3/EC as acceptable previous cargoes for edible fats and oils - Part I of III 1 EFSA Panel on Contaminants in the Food Chain (CONTAM). EFSA J. 2011, 9(12):2482. https://efsa. onlinelibrary.wiley.com/doi/pdf/10.2903/j.efsa.2011.2482 accessed 2021-01-11.

Sugiura M, Hayakawa R. Contact dermatitis due to 1,3-butylene glycol. Contact Derm. 1997, 37(2):90.

Fan W, Kinnunen T, Niinimake A, Hannuksela M. Skin reactions to glycols used in dermatological and cosmetic vehicles. Am J Contact Derm. 1991, 2:181-183.

Schmid-Grendelmeier P, Wyss M, Eisner P. Contact allergy to dexpanthenol. A report of seven cases and review of the literature. Dermatosen. 1995, 43:175-178.

Huni JES. Panthenol. Basel: Roche; 1981.

Proksch E, Nissen HP. Dexpanthenol enhances skin barrier repair and reduces inflammation after sodium lauryl sulphateinduced irritation. J Dermatol Treat. 2002, 13:173-178.

CIR. Final report on the safety assessment of panthenol and pantothenic acid. Int J Toxicol. 1987, 6:139-163.

Stables GI, Wilkinson SM. Allergic contact dermatitis due to panthenol. Contact Derm. 1998, 38(4):236-237.

Rowe RC, Sheskey PJ, Weller PJ. Handbook of Pharmaceutical Excipients, 4th edn. London: Pharmaceutical Press; 2003.

EMA/CHMP. Propylene Glycol Used as an Excipient. Report Published in Support of the 'Questions and Answers on Propylene Glycol Used as an Excipient in Medicinal Products for Human Use' EMA/CHMP/334655/2013. https://www.ema. europa.eu/en/documents/report/propylene-glycol-used-excipient- report-published-support-questions-answerspropyleneglycol- used_en.pdf accessed 2020-01-20, 2017.

Gånemo A, Vahlquist A. Lamellar ichthyosis is markedly improved by a noval combination of emollients. Br J Dermatol. 1997, 137:1011-1031.

Goldsmith LA, Baden HP. Propylene glycol with occlusion for treatment of ichthyosis. JAMA. 1972, 220(4):579-580.

Faergemann J, Fredriksson T. Propylene glycol in the treatment of tinea versicolor. Acta Derm Venereol. 1980, 60(1):92-93.

Faergemann J. Propylene glycol in the treatment of seborrheic dermatitis of the scalp: A double-blind study. Cutis. 1988, 42(1):69-71.

Catanzaro JM, Smith JG, Jr. Propylene glycol dermatitis. J Am Acad Dermatol. 1991, 24(1):90-95.

EFSA. Re-evaluation of propane-1,2-diol (E 1520) as a food additive. EFSA J. 2018, 16(4):5235. doi: 102903/ jefsa20185235.2018.

Glover ML, Reed MD. Propylene glycol: The safe diluent that continues to cause harm. Pharmacotherapy. 1996, 16:690-693.

LaKind JS, McKenna EA, Hubner RP, Tardiff RG. A review of the comparative mammalian toxicity of ethylene glycol and propylene glycol. Crit Rev Toxicol. 1999, 29:331-365.

Mortensen B. Propylene glycol. Nord. 1993, 29:181-208.

Drugs AAoP-Co. "Inactive" ingredients in pharmaceutical products: Update (subject review). Pediatrics. 1997, 99:268-278.

Fiume MM, Bergfeld WF, Belsito DV, Hill RA, Klaassen CD, Liebler D, et al. Safety assessment of propylene glycol, tripropylene glycol, and PPGs as used in cosmetics. Int J Toxicol. 2012, 31(5_suppl):245S-260S.

Funk JO, Maibach HI. Propylene glycol dermatitis: Re-evaluation of an old problem. Contact Derm. 1994, 31: 236-241.

Janssens V, Morren M, Dooms-Goossens A, Degreef H. Protein contact dermatitis: Myth or reality? Br J Dermatol. 1995, 132(1):1-6.

Freeman S, Lee MS. Contact urticaria to hair conditioner. Contact Derm. 1996, 35(3):195-196.

SCCS. SCCS (Scientific Committee on Consumer Safety), Opinion on the Safety of Hydrolysed Wheat Proteins in Cosmetic Products, Submission I, 18 June 2014, SCCS/1534/14, Revision of 22 October 2014. https:// ec.europa.eu/health/scientific_committees/consumer_safety/ docs/sccs_o_160.pdf accessed 2021-01-12. 2014.

Regulation (EC) no 1223/2009 of the European Parliament and of the Council on Cosmetic Products. J Eur Union. 2009;L342: 59-209. https://eur-lex.europa.eu/eli/ reg/2009/1223/2019- 08-13 accessed 2019-12-01.

Rovesti P, Ricciardi DP. New experiments on the use of sorbitol in the field of cosmetics. P&EOR. 1959:771-774.

FDA. Code of Federal Regulations. A Point in Time eCFR System. Title 21 Food and Drugs. https://ecfr.federalregister. gov/accessed 2021-01-11. 2021.

Bull HB. Adsorption of water vapor by proteins. J Am Chem Soc. 1944, 66(9):1499-1507.

Huttinger R. Restoring hydrophilic properties to the stratum corneum - A new humectant. Cosmet Toilet. 1978, 93:61-62.

第26章

护肤品封包性成分应用
分配系数预测封包效果

介绍

封包是指使用胶带、手套、不透水敷料或透皮装置等手段，直接或间接将皮肤覆盖起来，使其不透水。一些局部剂（例如凡士林或石蜡）含有脂肪和（或）聚合物油，可以通过减少失水来起到封包的作用。健康皮肤的表皮层提供了有效的屏障，可以防止外源性和潜在的有害物质渗入。角质层（SC）的含水量通常占其重量的10%~20%。皮肤封包可以将SC的含水量增加到50%，即使仅进行短时间（30 min）的封包也会显著增加含水量。通过增加SC的水合作用，封包可以改变化学渗透剂与皮肤之间的分配、使角质细胞肿胀，并可能改变细胞间脂质组织、增加皮肤表面温度和血流量，从而影响经皮吸收。

在临床实践中，封包被广泛应用于增强药物的渗透性。然而，并非所有化学物质都可以通过封包增加经皮吸收。事实上，有证据表明，皮肤封包比过去所认为的更为复杂，因为它可以引起表皮脂质含量、DNA合成、表皮更替、皮肤pH值、表皮形态、汗腺和朗格汉斯细胞应激的变化。本章重点是探讨封包对不同亲脂性/亲水性化合物的体内和体外经皮吸收的影响。由于对化妆品成分的研究很少，因此这里

提到的其他化学类别可为配方提供指导。

方法

使用 "occlusive" "occluded" "occlusion" "in vitro" "skin" 和 "percutaneous absorption/penetration" 等术语，在MEDLINE、PubMed、Embase和科学文献索引（Science Citation Index）数据库中广泛检索2012年7月23日—2012年8月10日期间有关封包对不同亲脂性/亲水性渗透剂的体外和体内经皮渗透影响的研究和综述。根据所得结果，审阅摘要以确定主要涉及封包皮肤体外模型的文章。同时，检查相关文章的参考文献以获取额外的信息来源。

体外试验结果

经过对搜索结果生成的研究文章的筛选，获得了5篇使用体外封包模型的原始研究文章。这些研究提供了有关分配系数在预测封包对经皮渗透影响方面作用的见解。排除了涉及封包和经皮渗透但未阐明化合物的亲脂性/亲水性如何影响封包效果的文章。本章报道的正辛醇/水分配系数（log Kow）取自被引用的出版物或从PubChem Project （http://pubchem.ncbi.nlm.nih.gov/）和LOGKOW（评价辛醇–水分配系数的数据库）中获取的值。

Gummer和Maibach的研究在不同体积和不同封包条件下，探讨了甲醇和乙醇通过全层豚鼠皮肤的体外经皮渗透。虽然2种化合物都没有表现出随着剂量体积的增加而渗透增加，但他们发现封包显著增强了渗透效果（$P<0.01$）

（表26.1）。此外，材料的性质对化合物的渗透量和每小时渗透量产生了极大的影响。尽管这两种醇的正辛醇-水系数相似，但甲醇的渗透速率和总渗透速率均大于乙醇。较大分子的大小可能解释了为什么它穿透切除豚鼠皮肤的速度更慢。

表 26.1　^{14}C 标记的甲醇和乙醇在豚鼠皮肤中的体外渗透

酒精量（μl）	封包设备	渗透率：应用剂量 ±SD 的 %		乙醇
		甲醇		
50	无	0.48 ± 0.09		0.94 ± 0.14
100	无	1.33 ± 0.30		0.38 ± 0.04
200	无	1.40 ± 0.07		0.29 ± 0.01
100	保鲜膜	13.2 ± 2.7（ER=9.9 ± 3.0）		8.10 ± 0.43（ER=21 ± 2.5）
100	聚胶膜	34.8 ± 1.8（ER=26 ± 6.1）		23.5 ± 1.6（ER=62 ± 7.8）
100	封包室（Hill Top Chamber）	44.2 ± 3.0（ER=33 ± 7.8）		27.10 ± 2.54（ER=71 ± 10）

缩写 ER 代表增强比，指的是化学物质在封包与非封包条件下的渗透性差异，其中分子经过封包后的渗透性相较未封包的分子更强。SD 缩写则代表标准差。来源为 Gummer 和 Maibach 所著的《食品化学》一书，摘自 1986 年的毒物学期刊。此外，需要注意的是，在封包与非封包条件下，2 种化学物质的渗透性会存在差异

Treffel等使用人体腹部皮肤体外模型，比较了封包和非封包条件下，2种具有不同理化性质的化合物：柠檬油素（亲脂性）和咖啡因（两亲性）在24 h内的体外渗透特征。研究数据显示，封包可使柠檬油素（分配系数=2.17）的渗透性增加1.6倍（$P<0.05$），但封包并未增强咖啡因的渗透（分配系数=0.02）。这些结果表明，封包并不能增强所有化合物的经皮渗透，特别是对于亲水性化合物。

Roper等测定了2-苯氧乙醇（亲脂性化合物，log Know=1.16）在2种体外扩散细胞系统中通过未封包的大鼠和人体皮肤在24 h内的经皮吸收。在非封包条件下，2-苯氧乙醇因蒸发而大量流失，但一旦封包，则蒸发减少，总吸收增加。

在这项研究中，Taylor等探究了封包对模型渗透剂亚油酸（log Kow=7.05）在乙醇和环甲硅油这2种不同挥发性溶剂中的体外经皮渗透影响。与使用猪皮相比，非封包的使用导致皮肤中溶解于乙醇溶剂中的亚油酸浓度更高（$P<0.05$）。当亚油酸溶解于挥发性较低的有机溶剂环甲基硅氧烷中时，观察到类似的统计

学显著趋势，即非封包导致环甲基硅氧烷中亚油酸的经皮吸收大于封包。此外，作者还将这些研究与溶于水溶液的亲水分子甘油经皮渗透进行了比较。在比较封包和非封包条件时，并未发现皮肤和受体细胞中甘油的浓度有统计学的显著性差异。这项研究表明，封包并未增强亲脂性化合物亚油酸的经皮渗透。作者认为这是由于非封包增加了亚油酸的浓度梯度，使得挥发性溶剂可以不受阻碍地蒸发，从而为经皮渗透提供了比封包更大的驱动力，并且阻止了蒸发。这些发现与Stinchomb等所做的试验结果一致，该试验表明，通过增加溶剂的挥发性可以增加渗透剂在供体相中的浓度，并增强渗透剂进入皮肤的沉积和递送。

Brooks和Riviere进行了一项局部试验，使用离体灌注猪皮瓣（IPPSF）研究^{14}C标记的苯酚（log Kow=1.50）和对硝基苯酚（PNP，log Kow=1.91）在不同浓度（4 μg/cm^{2}和40 μg/cm^2）下经皮吸收8 h的影响。研究中使用了2种溶剂（丙酮和乙醇）和封包和非封包条件来确定剂量、溶剂和封包是否对经皮渗透有显著影响

（详见表26.2和表26.3）。与非封包条件相比，封包条件提高了苯酚的吸收，渗透至组织并提高了总回收率。在非封包条件下，苯酚在乙醇溶剂中的吸收和渗透大于丙酮溶剂，但在封包条件下，苯酚在丙酮溶剂中的吸收和渗透大于乙醇溶剂。在苯酚低剂量时，丙酮中的苯酚渗透至组织的百分率高于高剂量，这提示渗透剂的吸收率是固定的（在PNP中也观察到这种情况，但仅在封包时观察到）。PNP的剂量、溶剂和封包剂对标记PNP的总回收率均没有显著影响。根据这些发现，作者得出结论，苯酚和PNP的吸收受溶媒、封包剂和渗透剂的影响。

表 26.2　剂量、溶媒和封包剂对苯酚经皮渗透的影响

	剂量（μg/cm²）	渗透量（% 剂量）
无封包苯酚丙酮 40 μg/cm²		
均值 ± SD	40.0 ± 0.00	2.60 ± 0.03
无封包苯酚乙醇 40 μg/cm²		
均值 ± SD	40.0 ± 0.00	8.49 ± 3.80
封包苯酚丙酮 40 μg/cm²		
均值 ± SD	39.50 ± 0.35	12.21 ± 2.06（ER=4.70 ± 0.794）
封包苯酚乙醇 40 μg/cm²		
均值 ± SD	40.20 ± 0.35	8.42 ± 3.23（ER=0.99 ± 0.584）
无封包苯酚丙酮 4.0 μg/cm²		
均值 ± SD	4.0 ± 0.00	3.88 ± 1.25
未封包苯酚乙醇 4.0 μg/cm²		
均值 ± SD	4.0 ± 0.00	6.24 ± 1.42
封包苯酚丙酮 4.0 μg/cm²		
均值 ± SD	5.17 ± 0.53	17.06 ± 2.04（ER=4.40 ± 1.51）
封包苯酚乙醇 4.0 μg/cm²		
均值 ± SD	5.01 ± 0.62	10.09 ± 1.91（ER=1.62 ± 0.479）

　　缩写 SD 代表标准偏差。该句来源于 Brooks, J.D. 和 Riviere, J.E 在 1996 年发表于 Fundam. Appl. 毒物学期刊 32 的文章。注解中的 ER 指的是增强比，即封装化学物质渗透除以在其他相同条件下（包括剂量）未封装化学物质的渗透。

表 26.3　剂量、溶媒和封包剂对 PNP 经皮渗透影响

	剂量（μg/cm²）	渗透量（% 剂量）
无封包 PNP 丙酮 40 μg/cm²		
均值 ± SD	43.43 ± 1.25	33.41 ± 3.82
无封包 PNP 乙醇 40 μg/cm²		
均值 ± SD	40.93 ± 1.65	31.67 ± 4.19
封包 PNP 丙酮 40 μg/cm²		
均值 ± SD	45.13 ± 3.53	24.47 ± 5.08（ER=0.732 ± 0.174）
封包 PNP 乙醇 40 μg/cm²		
均值 ± SD	43.28 ± 1.94	7.20 ± 1.58（ER=0.23 ± 0.058）
无封包 PNP 丙酮 4.0 μg/cm²		
均值 ± SD	3.28 ± 0.11	14.19 ± 0.94
未封包 PNP 乙醇 4.0 μg/cm²		
均值 ± SD	4.38 ± 0.21	13.32 ± 3.10
封包 PNP 丙酮 4.0 μg/cm²		
均值 ± SD	2 4.433 ± 0.232	28.845 ± 5.171（ER=2.033 ± 0.388）

续表

	剂量（μg/cm²）	渗透量（% 剂量）
封包 PNP 乙醇 4.0 μg/cm²		
均值 ± SD	3.95 ± 0.05	9.04 ± 2.59（ER=0.68 ± 0.25）

缩写 SD 指标准偏差，本文改编自 Brooks 和 Riviere 于 1996 年发表在 Fundam. Appl. 毒物学期刊上的研究结果。注解中的 ER 则表示增强比，即封装化学物质在一定剂量下的渗透性除以未封装化学物质在相同条件下的渗透性）。

Pham等在研究中探究了不同分配系数的渗透增强剂对正常（水含量20%）和封包（水含量40%）条件下猪皮SC脂质和蛋白质流动性的影响。研究人员采用来源于NMR和其他光谱的共振信号定性关联的方法，评估了4种SC成分（脂肪酸、神经酰胺、胆固醇和角蛋白丝）的流动性。有趣的是，单萜类通常在水含量较低的情况下更好地调动SC脂肪酸，而脂肪酸渗透增强剂在封包条件下也有此作用。此外，在表面活性剂的存在下，只有在被封包时，才能调动SC胆固醇和神经酰胺。氮酮在水含量较低的情况下促进SC胆固醇迁移，而在封包条件下则更选择性地调动神经酰胺。而渗透剂则可以调动角蛋白丝。总的来说，作者确定了疏水性和两亲性渗透增强剂（单萜类、脂肪酸、氮酮和表面活性剂）主要调动脂质SC成分（脂肪酸、神经酰胺和胆固醇），而亲水性渗透增强剂（渗透剂）增加SC脂质和蛋白质（角蛋白）的流动性。这些发现强调了分配系数和疏水性在决定封包条件下SC流动性中的作用。因此，销售渗透促进剂时，不仅应该考虑辛醇-水分配系数和疏水性，还必须考虑渗透剂进入SC后可能发生的相变化。

体外试验结果

Feldmann和Maibach首次将封包条件下氢化可的松药理学作用增强与[14]C氢化可的松通过正常皮肤的药代动力学相联系。研究在人类受试者前臂腹侧局部应用[14]C氢化可的松后进行，测定[14]C标记的排泄率和程度。应用部位分为封包和非封包两种情况。对于未被封包的受试者，在涂抹后24 h冲洗皮肤部位；对于被封包的受试者，在涂抹后保鲜膜保留96 h，然后冲洗皮肤部位。在10 d内，收集这2种情况下的尿液。对于非封包条件和封包条件，10 d后排入尿液的应用剂量百分比分别为0.46 ± 0.2（均值 ± 标准差）和4.48 ± 2.7（表26.4）。封包条件显著增加（10倍）氢化可的松的累积吸收率（P=0.01）。作者指出，应用时间的差异（非封包部位暴露于24 h，封包部位暴露于96 h）可能会影响吸收（通过排泄入尿的药物累积量测量），但在12 h和24 h观察到的封包和非封包条件下吸收剂量百分比的显著差异不能用应用时间的差异来解释。

表 26.4 人类受试者前臂腹侧局部应用[14]C 氢化可的松的总排泄数据汇总

主题管理方法	总排泄量（剂量 %）	与处理皮肤的比值
未处理	0.46	1 倍
封包	4.48	10 倍
剥落	0.91	2 倍
剥落和封包	14.91	32 倍

摘自 1965 年《皮肤病学杂志》（Arch. Dermatol.）上 Feldmann 和 Maibach 的研究成果。其中，总排泄量指的是在 10 d 后，通过尿液排泄的[14]C 氢化可的松的总量，并用应用剂量的百分比来表示。

Maibach和Feldmann之后进行了一项关于封包对农药经皮渗透影响的研究。他们在受试者的前臂上涂抹[14]C标记的农药，并使用敏感的方法测定尿液中[14]C标记的排泄率和程度。该方法的检测剂量以μg为单位，远低于任何农药的毒性范围。他们的实验发现，封包对渗透有不同的影响；氮唑酮的渗透增加约3倍，而马拉硫磷的渗透则增加近10倍（参见表26.5和图26.1）。总体而言，随着辛醇–水分配系数的增加，封包对渗透的促进作用更加显著，但马拉硫磷的封

包促进作用会达到峰值，之后会随着辛醇–水分配系数的进一步增加而降低。为了了解封包时间如何影响渗透性，研究作者记录了不同封包时间对马拉硫磷的效果（请参见表26.6）。

表 26.5   封包对农药渗透的影响

化合物	LOG Kow	对照（非封包）（%）	封包（24 小时）（%）	ER
敌草快	−3.05	0.4	1.4	3.5
残杀威	0.14	19.6	68.8	3.5
久效磷	1.03	14.7	33.6	2.3
谷硫磷	2.75	15.9	56.1	3.5
马拉松	2.89	6.8	62.8	9.2
林丹	3.55	9.3	82.1	8.8
对硫磷	3.9	8.6	54.8	6.4
狄氏剂	5.4	7.7	65.5	8.5

资料来源为《农药职业暴露》杂志，其中的一篇名为《人体皮肤对农药的全身吸收》的文章是根据 Maibach 和 Feldmann 的著作改编而来。该文章是由联邦有害生物管理工作组职业接触农药工作组提交给联邦有害生物管理工作组的报告，于1974年在华盛顿特区发表。此外，本书中涉及的 ER 指的是增强比，即封包化学物质在其他相同条件下（包括剂量）的渗透与未封包化学物质的渗透之比；而 Kow 则指正辛醇 – 水分配系数。

表 26.6   封包时间对马拉硫磷渗透的影响

持续时间（小时）	渗透率（%）
0	9.6
0.5	7.3
1	12.7
2	16.6
4	24.2
8	38.8
24	62.8

资料来源于1974年华盛顿特区联邦有害生物管理工作组职业接触农药工作组提交的报告，其原文为 Maibach 和 Feldmann 所著《人体皮肤对农药的全身吸收》（收录于《农药职业暴露》编辑）。

随着封包时间的延长，马拉硫磷的渗透性也随之增加。在封包2 h时，渗透几乎增加了一倍，而在封包8 h时，渗透几乎增加了4倍。除了本试验外，很少有其他试验记录封包时间对经皮渗透的影响。

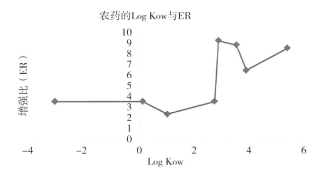

图 26.1   农药增强比（enhancement ratio，ER）的 Log Kow

以各种农药的 log Kow 值作为自变量，绘制了它们的 ER。其中，Kow 指的是正辛醇 - 水分配系数。该图摘自 Maibach，H.I. 和 Feldmann，R.J. 的著作《人体皮肤对农药的全身吸收》。该著作作为农药职业暴露工作组编辑，收录于《农药职业暴露》一书中，是联邦有害生物管理工作组职业接触农药工作组向联邦有害生物管理工作组提交的报告。该报告出版于1974年，地点为华盛顿特区。

Guy等的研究探讨了封包对体内多种类固醇（孕酮、睾酮、雌二醇和氢化可的松）的经皮吸收的影响。研究中将溶解于丙酮中的 ^{14}C 放射性标记的类固醇应用于志愿者的前臂屈侧，然后追踪化合物在尿液中的排出情况。

在封包性研究中，丙酮溶剂蒸发后，应用部位被一个名为"Hill Top"的塑料腔覆盖。所有病例在24 h后按照标准程序冲洗给药部位。所有研究中，作者在冲洗后再次使用新的腔室覆盖给药部位。这些研究表明，封包显著增加了雌二醇、睾酮和孕酮的经皮吸收，但并没有增加氢化可的松的经皮吸收。使用类固醇中氢化可的松的辛醇-水分配系数最低（见表26.7和图26.2）。此外，在封包和非封包条件下，睾酮的经皮吸收随着辛醇–水分配系数的增加而增加，而孕酮的经皮吸收则下降。

表 26.7　封包效应对人体类固醇经皮吸收的影响，诸如渗透剂正辛醇－水分配系数复合物作用

化合物	LOG Kow	应用剂量吸收百分比（均值 ± SD）		ER
		非封包	封包	
氢化可的松	1.61	2 ± 2	4 ± 2	2 ± 2
雌二醇	3.15	11 ± 5	27 ± 6	2.5 ± 1
睾酮	3.32	13 ± 3	46 ± 15	3.5 ± 1
孕酮	3.87	11 ± 6	33 ± 9	3 ± 2

Kow，即正辛醇－水分配系数；SD 表示标准差。这些信息摘自 Guy, R.H. 等于 1987 年在 Karger, Basel 出版的《体内人体皮肤药物吸收动力学》一书，由 Shroot, B. 和 Schaefer, H. 编辑。此外，还摘自 Bucks, D. 和 Maibach, H.I 于 1999 年在 Dekker, 纽约出版的《经皮吸收：药物，化妆品，机制，方法学》第 3 版，由 Bronaugh, R.L. 和 Maibach, H.I 编辑。

请注意，在使用肥皂和水清洗之前，需要暴露 24 h（4 μg/cm²）。ER 表示增强比，即封包化学物质的渗透除以在其他相同条件下（包括剂量）未封包化学物质的渗透。

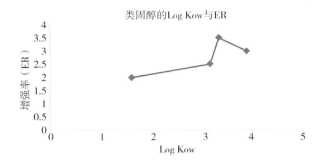

类固醇的 Log Kow 与 ER

图 26.2　激素增强比（ER）与 Log Kow 之间的关系

以各种类固醇的 ER 值为纵坐标，以它们的 log Kow 值为横坐标。其中，Kow 指的是正辛醇－水分配系数。（引自 Guy, R.H. 等所著的《人体皮肤在体内的药物吸收动力学》，Shroot, B. 和 Schaefer, H. 主编的《皮肤药代动力学》，Bucks, D. 和 Maibach, H.I 所著的《封包不均匀地增强体内渗透》，以及 Bronaugh, R.L 和 Maibach, H.I 主编的《经皮吸收：药物、化妆品、机制、方法》第 3 版。这些书籍分别由 Karger（出版社）于 1987 年在瑞士巴塞尔地区出版，以及由戴克（出版社）于 1999 年在纽约出版。

Buck 等的研究测定了 4 种类固醇（氢化可的松、雌二醇、睾酮和孕酮）在封包和"保护"（即覆盖但非封包）条件下的经皮吸收情况。他们使用了与 Guy 等相同的方法，将含有 ¹⁴C 标记的化学物质的丙酮应用于受试者前臂的屈侧处。然后，在溶剂蒸发后，用半刚性聚丙烯箱覆盖了应用部位，并将完整的腔室作为封包条件，而"保护"条件则是在腔室上钻了数个小孔。研究者收集了用药后 7 d 的尿液。结果表明，类固醇的吸收随着其亲脂性的增加而增加至一定程度，但孕酮（类固醇中疏水性最强）的渗透并未呈现这一趋势。除氢化可的松外，24 h 的封包显著增加了（P＜0.01）类固醇的经皮吸收。从这些研究来看，封包剂似乎增强了更亲脂性类固醇的经皮吸收，但水溶性最强的类固醇氢化可的松并无促进作用。

Buck 等还研究了封包剂对酚类物质的经皮吸收影响。他们选取了 9 种 ¹⁴C 环标记的对取代酚（4-氨基酚、4-乙酰胺酚、4-丙基胺酚、苯酚、4-氰酚、4-硝基酚、4-碘酚、4-庚氧基酚和 4-戊氧基酚）加入乙醇中，涂抹于男性受试者前臂的屈侧处。在溶剂蒸发后，应用部位被封包或保护室覆盖。24 h 后，取下小室，清洗试验部位。然后使用相同类型的新腔室覆盖应用部位，连续 7 d 收集尿液。第 7 d，取下第二腔室，清洗给药部位，剥离给药部位浅层 SC 的胶带。

这些研究结果表明，封装明显增强了苯酚、庚氧基酚和戊氧基酚的吸收（P＜0.05），但并未显著增加氨基酚、对乙酰氨基酚、丙酰氨基酚、氰酚、硝基酚和碘酚的吸收（详见表 26.8 和图 26.3）。在封装条件下，具有最低辛醇–水分配系数的 2 种化合物的吸收增加最少。

接下来，Bronaugh 等进行了研究，使用塑料薄膜和玻璃腔 2 种封装方法，在恒河猴和人体内研究了封装对另外 6 种挥发性化合物（乙酸苄酯、苯甲酰胺、安息香、二苯甲酮、苯甲酸苄酯和苯甲醇）经皮吸收的影响。总的来说，封装增强了这些化合物的吸收（见表 26.9）。同时，还观察了保鲜膜和玻璃腔封装条件下吸收的差异。在保鲜膜包裹条件下，安息香和乙酸苄酯的吸收低于非封装条件。作者推测，这种差异可能是由于塑料的复合隔离效应。除了苯

表 26.8　封包和保护条件下人体酚类化合物的经皮吸收

化合物	LOG Kow	应用剂量吸收百分比（均值 ± SD）		ER
		保护[a]	封包[b]	
氨基酚	0.04	6 ± 3	8 ± 3	1.3 ± 0.8
对乙酰氨基酚	0.32	4 ± 3	3 ± 2	0.75 ± 0.8
丙酰氨胺基苯酚	0.86	11 ± 7	19 ± 9	1.7 ± 1.4
苯酚	1.46	24 ± 6	34 ± 4	1.4 ± 0.4c
对氰基酚	1.6	31 ± 16	46 ± 6	1.5 ± 0.8
硝基酚	1.91	38 ± 11	37 ± 18	0.97 ± 0.6
碘苯酚	2.91	24 ± 6	28 ± 6	1.2 ± 0.4
庚氧基苯酚	3.16	23 ± 10	36 ± 9	1.6 ± 0.8[d]
戊氧基苯酚	3.51	13 ± 4	29 ± 8	2.2 ± 0.9[c]

来源：Bucks 等（1987 年）和 D.A 等（1988 年）在其研究中使用了 95% 乙醇单剂量（2-4 μg/cm²）将化合物局部涂抹于前臂腹部 24 h。24 h 后，用肥皂和水清洗部位。

a：使用通风塑料室覆盖试验部位。

b：使用封包室覆盖试验部位。

c：P 值小于 0.01，差异具有统计学意义。

d：P 值小于 0.05，差异具有统计学意义。

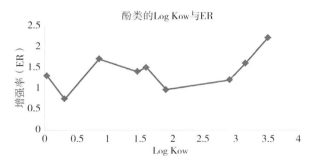

图 26.3　酚类增强比（ER）与 Log Kow 之间的关系

以各种酚的 ER 作为其 log Kow 值的函数。这里的 Kow 是指正辛醇 - 水分配系数。（参考文献：Bucks, D.A. 等，J. Invest. Dermatol., 91, 1988；Bucks, D.A. 等，Clin. Res, 35, 1987）。

甲酸苄酯和二苯甲酮外，玻璃腔封装法对所有化合物的吸收率均高于无封装法和保鲜膜封装法。在保鲜膜封装下，苯甲酸苄酯的吸收率高于玻璃腔封装，而二苯甲酮在2种封装条件下的吸收率百分比增加幅度相同。作者试图将化合物的辛醇–水分配系数与其封装增强的皮肤渗透性联系起来，但令人惊讶的是未发现明显的趋势。缺乏相关性的解释可能是挥发性化学物质在应用封装装置前就已蒸发，这可能会影响后续的渗透测量。

Pellanda等进行了研究，探究了封包前后对曲安奈德（TACA，log Kow=2.53）进入皮肤角质层的影响。这2个试验都涉及10名健康受试者的前臂。在试验1中，每个受试者的每只手臂都涂抹了含有TACA的丙酮，并且在一侧手臂上进行了16 h的预封包。而在试验2中，每个受试者的每只手臂都涂抹了相同剂量含有TACA的丙酮，然后在一侧手臂上进行了封包直至取样。在试验1中，取样时间分别为0.5、4、24 h，而在试验2中则为4和24 h，都采用了胶带剥离法去除角质层。研究者还采用了分光光度计直接定量测量贴附于胶带上的角质细胞数量，以及使用高效液相色谱法（HPLC）定量测量贴附于胶带上的TACA数量。研究结果表明，预封包对TACA穿透皮肤角质层没有显著影响，而应用后封包使TACA的穿透率显著提高了2倍。

表 26.9　猴子体表吸收苯甲基衍生物时的封闭效应

化合物	对数分配系数	吸收剂量（%）		
		非封闭	塑料薄膜封闭	玻璃室封闭
苯甲酰胺	0.64	47 ± 14	85 ± 8（ER=1.8 ± 0.6）	73 ± 20（ER=1.6 ± 0.6）
苯甲醇	0.87	32 ± 9	56 ± 29（ER=1.8+1）	80 ± 15（ER=2.5 ± 0.8）
苯并酮	1.35	49 ± 6	43 ± 12（ER=0.9 ± 0.3）	77 ± 4（ER=1.6 ± 0.2）
苯乙酸苄酯	1.96	35 ± 19	17 ± 5（ER=0.5 ± 0.3）	79 ± 15（ER=2.3 ± 1.3）
苯基苯酮	3.18	44 ± 15	69 ± 12（ER=1.6 ± 0.6）	69 ± 10（ER=1.6 ± 0.6）
苯基苯甲酸酯	3.97	57 ± 21	71 ± 9（ER=1.2 ± 0.5）	65 ± 20（ER=1.1 ± 0.5）

缩写：Kow，正辛醇 - 水分配系数。

资料来源：改编自 Bronaugh, R.L. et al., Food. Chem. Toxicol., 28, 1990.

注：ER 指的是增强比，即封包化学物质在其他相同条件下（包括剂量）的渗透与未封包化学物质的渗透之比。

在Fuse等的研究中，他们探究了封包对皮肤角质层（SC）形态的影响，以及烟酸甲酯（MN）对SC渗透性的影响。研究采用了在10名受试者前臂上放置4个不同含水量的小室（共8个采样点和含水量）来完成。在短暂应用MN（一种常见的亲水渗透促进剂和局部镇痛药）后，通过拉曼光谱法测量SC含水量来测量其渗透性。含水量高于0.04 mL/cm^{2}阈值的部位呈现剂量依赖性增加MN的皮肤渗透性。同时，应用MN引起的红斑增加也与屏障稳定性的改变有关。这些发现表明MN的皮肤渗透与SC中更大的含水量相关。此外，使用多光子显微镜观察试验点的SC形态。当含水量为0.20 mL/cm^{2}时，角质细胞肿胀，SC厚度增加2倍。为了进一步确认这些无创性的体内发现，研究人员将猪耳皮肤浸泡在过量的水中，然后进行冷冻扫描电子显微镜（cryo-scanning electron microscopy，Cryo-SEM）检测，因为这需要活检样本。Cryo-SEM数据支持了体内的发现，并显示除角质细胞中存在水之外，细胞间也存在水分子。基于上述发现，作者提出如果使用与MN相似结构的化学刺激物并暴露于这种封包条件，可能会诱发炎症反应并导致接触性皮炎。

结论

皮肤封包可以使SC的水合作用增加50%，这是通过改变化学渗透剂与皮肤间的分配来实现的，从而使角质细胞肿胀，促进水分子进入细胞间脂质结构域，对渗透剂的经皮吸收产生实质性影响。虽然封包法在临床实践中被广泛用于增强应用药物的渗透性，但并非所有药物的经皮吸收都能通过封包来增加，目前还不清楚哪种化学物质的封包能增强皮肤渗透。在此，我们重点关注封包对不同亲脂性/亲水性化合物经皮吸收的影响。

首先，封包可以增强许多（但并非所有）化合物的经皮吸收。例如，Guy等和Bucks等发现，当测量封包对类固醇渗透的影响时，被测试的最亲水类固醇——氢化可的松，并没有显示出统计学显著意义的渗透增强。此外，Bucks等也证明封包不能显著提高许多酚类物质的渗透性。

其次，封包似乎比亲水性强的化合物更能增强亲脂性强的化合物的渗透。Bucks和Maibach等、Bucks等和Guy等表明，与亲脂性差的类固醇相比，封包剂更能增强亲脂性强的类固醇的渗透（通过辛醇-水分配系数测量）。此外，Bucks和Maibach及Bucks等表明，在封包条件下，辛醇-水分配系数最低的酚类物质在渗透维度上的增强最少。

再次强调，虽然封包剂可以增强亲脂性强的化合物在皮肤上的渗透，但对于亲脂性较差的类固醇而言，并不能确定其渗透率是否会随之增强，因为化合物的辛醇-水分配系数与封包效应之间的关系尚不明确。

根据以上研究表明，虽然渗透剂的辛醇-水分配系数与封包剂增强的皮肤渗透率呈正相关，但这种关系并非线性。而对于酚类物质的渗透而言，渗透剂的辛醇-水分配系数与封包作用下的渗透程度无关。

在Bronaugh等研究封包剂对猕猴体内挥发性化合物渗透的影响时，他们并未发现渗透剂的辛醇-水分配系数与封包剂增强的皮肤渗透之间存在联系。

最后，从增强比（封包增强渗透比非封包渗透）和辛醇-水分配系数对数函数图的大致形状可知，随着分配系数的增加，封包所提供的渗透增强会达到一定程度。然而，这种增强会随着分配系数的进一步增加而下降（见图26.1～图26.3）。由于SC含有丰富的脂质成分，因此封包可能比亲水性化合物更能促进亲脂性化合物的渗透。然而，随着分配系数的进一步增加，非常亲脂性化合物的渗透可能会受到阻碍。因为封包只会增加表皮中的含水量，在限制亲脂性化合物的渗透维度上会发挥更大的作用。此外，虽然关于时间影响封包对穿透性的作用的数据有限，但渗透性似乎随着封包持续时间的增加而增加。然而，本文的研究仅记录了封包时间对一种化学物质（亲脂性化合物马拉硫磷）的影响。因此，后续还需要进行更多试验来研究封包时间对一系列化学物质（亲脂性和亲水性）的影响。

总之，封包并不是一种通用的提高经皮渗透的方法。封包可以增强最亲脂性化合物的渗透，但通常不能增加相对亲水化合物的渗透。体内研究证实了体外研究得出的结论，即分配系数不能可靠地预测封包对经皮渗透的影响。封包提供的渗透增强程度似乎是复合材料的特异性，可能受媒介选择、温度、湿度和封包方法的影响。皮肤生物学的许多领域中存在看似简单实则很复杂的问题，其中就包括分配系数和封包对渗透的影响。综上所述，这些数据为封包性媒介工具的配方人员提供了一些见解，并指导进行试验，以提供可能不完全封包的石油脂、油类等成分的数据。

原文参考文献

Kligman AM. Hydration injury to human skin. In Van der Valk PGM. Maibach HI, eds, The Irritant Contact Dermatitis Syndrome. Boca Raton, FL: CRC Press. 1996:187-194.

Berardesca E, Maibach HI. Skin occlusion: Treatment or druglike device? Skin Pharmacol. 1988, 1:207.

BucksD, Guy R, Maibach HI. Effects of occlusion. In Bronaugh RL. Maibach HI, eds. In Vitro Percutaneous Absorption: Principles, Fundamentals, and Applications. Boca Raton, FL: CRC Press, 1991:85-114.

Gunnarsson M, Mojumar EH, Topgaard D. Sparr E. Extraction of natural moisturizing factor from the stratum corneum and its implication on skin molecular mobility. J Colloid Interface Sci. 2021, 604:480-491.

Ryatt KS, Stevenson JM, Maibach HI, Guy RH.

Pharmacodynamic measurement of percutaneous penetration enhancement in vivo.J Pharm Sci. 1986, 75:374-377.

Haftek M, Teillon MH, Schmitt D. Stratum corneum. corneodesmosomes and ex vivo percutaneous penetration. Microsc Res Tech. 1998, 43:242-249.

Aly R. Shirley C. Cunico B. Maibach HI. Effect of prolonged occlusion on the microbial flora, pH, carbon dioxide and transepidermal water loss on human skin. J Invest Dermatol. 1978, 71:378-381.

Kansal NK. Upadhyaya A. Occlusion therapy in inflammatory cutaneous diseases. Dermatol Ther. 2018, 31(6):el2712.

Faergemann J, Aly R, Wilson DR, Maibach HI. Skin occlusion: Effect on Pityrosporum orbiculare, skin PCO,, pH, transepidermal water loss, and water content. Arch Dermatol Res. 1983, 275:383-387.

Alvarez OM, Mertz PM, Eaglstein WH. The effect of occlusive dressings on collagen synthesis and re-epithelialization in superficial wounds. J Surg Res. 1983, 35:142-148.

Eaglstein WH. Effect of occlusive dressings on wound healing. Clin Dermatol. 1984, 2:107-111.

Law RM, Ngo MA, Maibach HI. Twenty clinically pertinent factors/observations for percutaneous absorption in humans. Am J Clin Dermatol. 2020, 21(1):85-95.

Silverman RA, Lender J, Elmets CA. Effects of occlusive and semiocclusive dressings on the return of barrier function to transepidermal water loss in standardized human wounds. J Am Acad Dermatol. 1989, 20:755-760.

Plum F, Yiiksel YT, Agner T, Nprreslet LB. Skin barrier function after repeated short- term application of alcohol- based hand rub following intervention with water immersion or occlusion. Contact Dermatitis. 2020, 83(3):215-219.

Matsumura H, Oka K, Umekage K, Akita H, Kawai J, Kitazawa Y, Suda S et al. Effect of occlusion on human skin. Contact Dermatitis. 1995, 33:231-235.

Berardesca E, Maibach HI. The plastic occlusion stress test (POST) as a model to investigate skin barrier function. In Maibach HI, ed, Dermatologic Research Techniques. Boca Raton, FL: CRC Press, 1996:179-186.

Leow YH, Maibach HI. Effect of occlusion on skin. J Dermatol Treat. 1997, 8:139-142.

Denda M, Sato J, Tsuchiya T, Elias PM, Feingold KR. Low humidity stimulates epidermal DNA synthesis and amplifies the hyperproliferative response to barrier disruption: Implication for seasonal exacerbations of inflammatory dermatoses. J Invest Dermatol. 1998, 111:873-878.

Komiives LG, Hanley K, Jiang Y, Katagiri C, Elias PM, Williams ML, Feingold KR. Induction of selected lipid metabolic enzymes and differentiation-linked structural proteins by air exposure in fetal rat skin explants. J Invest Dermatol. 1999, 112:303-309.

Fluhr JW, Lazzerini S. Distante F, Gloor M. Berardesca E. Effects of prolonged occlusion on stratum corneum barrier function and water holding capacity. Skin Pharmacol Appl Skin Physiol. 1999, 12:193-198.

Warner RR. Boissy YL, Lilly NA, Spears MJ. McKillop K, Marshall JL, Stone KJ. Water disrupts stratum corneum lipid lamellae: Damage is similar to surfactants. J Invest Dermatol. 1999, 113:960-966.

Gummer CL, Maibach HI. The penetration of [^{14}C] ethanol and [^{14}C] methanol through excised guinea pig skin in vitro. Food Chem Toxicol. 1986:24:305-309.

Treffel P, Muret P, Muret-D'Aniello P, Coumes-Marquet S, Agache P. Effect of occlusion on in vitro percutaneous absorption of two compounds with different physicochemical properties. Skin Pharmacol. 1992, 5:108-113.

Roper CS, Howes D, Blain PG, Williams FM. Percutaneous penetration of 2-phenoxyethanol through rat and human skin. Food Chem Toxicol. 1997, 35:1009-1016.

Hansch C. Leo A. Pomona College Medicinal Chemistry Project, Claremont, CA 91711, Log P Database, July 1987 ed.

Taylor LJ. Robert SL. Long M, Rawlings AV, Tubek J, Whitehead L, Moss GP. Effect of occlusion on the percutaneous penetration of linoleic acid and glycerol. Int J Pharm. 2002, 249:157-164.

D'Amboise M, Hanai T. Hydrophobicity and retention in reversed-phase liquid chromatography. J Liq Chromatogr. 1982, 5(2):229-244.

Stinchomb AL, Pirot F, Touraille GD. Bunge AL, Guy RH. Chemical uptake into human stratum corneum *in vivo* from volatile and non-volatile solvents. Pharm Res. 1999, 16:1288-1293.

Brooks JD. Riviere JE. Quantitative percutaneous absorption and cutaneous distribution of binary mixtures of phenol and paranitrophenol in isolated perfused porcine skin. Fundam Appl Toxicol. 1996, 32:233-243.

Korenman YI, Gorokhov AA. Distribution of diphenylolpropane between certain organic solvents and water. J Appl Chem. 1973, 46(11):2751-2753.

Brecken-Folse JA, Mayer FL, Pedigo LE, Marking LL. Acute toxicity of 4-nitrophenol, 2,4-dinitrophenol, terbufos and trichlorfon to grass shrimp (Palaemonetes spp.) and sheepshead minnows (Cyprinodon variegatus) as affected by salinity and temperature. Environ Toxicol Chem. 1994, 13(1):67-77.

Pham QD. Bjorklund S, Engblom J, Topgaard D. Sparr E. Chemical penetration enhancers in stratum corneum-Relation between molecular effects and barrier function. J Control Release. 2016, 232:175-187.

Feldmann RJ, Maibach HI. Penetration of 14-C hydrocortisone through normal skin: The effect of stripping and occlusion. Arch Dermatol. 1965, 91:661-666.

Maibach HI, Feldmann RJ. Systemic absorption of pesticides through the skin of man. In Task Group on Occupational Exposure to Pesticides, ed. Occupational Exposure to Pesticides, Report to the Federal Working Group on Pest Management from the Task Group on Occupational Exposure to Pesticides. Washington, DC: Federal Working Group on Pest Management, 1974:120-127.

Guy RH, Bucks DAW, McMaster JR, Villafior DA, Roskos KV, Hinz RS, Maibach HI. Kinetics of drug absorption across human skin in vivo. In Shroot B, Schaefer H, eds, Skin Pharmacokinetics. Basel: Karger, 1987:70-76.

Bucks DAW, Maibach HI, Guy RH. Percutaneous absorption of steroids: Effect of repeated application. J Pharm Sci. 1985, 74:1337-1339.

BucksDA, McMaster JR, Maibach HI, Guy RH. Bioavailability of topically administered steroids: A "mass balance" technique. J Invest Dermatol. 1988, 91:29-33.

Bucks DA, McMaster JR, Maibach HI, Guy RH. Percutaneous absorption of phenols in vivo. Clin Res. 1987, 35:672A.

Bronaugh RL, Wester RC, Bucks D, Maibach HI, Sarason R. In vivo percutaneous absorption of fragrance ingredients in rhesus monkeys and humans. Food Chem Toxicol. 1990, 28:369-373.

Gilpin SJ, Hui X, Maibach HI. Volatility of fragrance chemicals: Patch testing implications. Dermatitis. 2009, 20:200-207.

Pellanda C, Strub B, Figuiredo V, Rui T, Imanidis G, Surber C. Topical bioavailability of triamcinolone acetonide: Effect of occlusion. Skin Pharmacol Physiol. 2007, 20:50-56.

Ogawa-Fuse C, Morisaki N, Shima K. et al. Impact of water exposure on skin barrier permeability and ultrastructure. Contact Dermatitis. 2019, 80(4):228-233.

Bucks D, Maibach HI. Occlusion does not uniformly enhance penetration in vivo. In Bronaugh RL, Maibach HI, eds. Percutaneous Absorption: Drugs, Cosmetics, Mechanisms, Methodology, 3. New York, NY: Dekker, 1999:81-105.

第27章

护肤品中的抗氧化技术

介绍

暴露于日光辐射、其他环境危害和炎症都可能在皮肤中产生活性氧簇（ROS）和自由基。这种氧化还原状态的失衡是许多病理疾病的根本原因，包括皮肤癌在内。抗氧化剂已被证明是对抗ROS诱导皮肤损伤的一种临床有效方法。早期研究利用常见抗氧化剂（如维生素E和维生素C）来预防皮肤光老化、光免疫抑制和光致癌。因此，当时市场上大多数护肤品含有上述和其他小分子抗氧化剂，例如丁基羟基甲苯（BHT）和丁基羟基茴香醚（BHA）。近年来，对植物成分保护作用的研究揭示了这类化合物在对抗皮肤自由基损伤方面的优势。本章简要回顾了暴露于电磁辐射和污染皮肤所经历的损伤，并概述了皮肤内源性抗氧化系统，总结了检测抗氧化功效的方法。最后，本章讨论了局部应用抗氧化剂的相关内容。

日光辐射和其他环境危害对皮肤的影响

如果没有太阳的存在，人们所知的世界就无法存在。太阳赋予了我们日常生活中所能想象到的一切事物以生命。然而，太阳也会对人体造成伤害。在地球表面接收到的日光辐射量取决于纬度、海拔、时间、季节和大气条件。此外，人们越来越关注皮肤暴露于大气污染可能引起的ROS损害。

日光辐射对皮肤的损伤

作为人体抵御各种不利因素的第一道防线，皮肤经常暴露于太阳发射的电磁辐射之下。因此，皮肤内可能出现几种情况，包括光老化、光免疫抑制和光致癌。光老化会导致真皮中的结缔组织降解和变形，从而改变皮肤的整体力学性能和外观。

暴露于紫外线（UV）辐射下也可能导致免疫系统受损，表现为光免疫抑制（也称为紫外线诱导的免疫抑制）。光免疫抑制与光癌变密切相关，光癌变是皮肤最严重的疾病状态。这一发现最初是在观察到在免疫抑制的受试者中移植肿瘤生长，而在正常受试者中不能生长。

所有这些过程都是从分子水平上对光的色度吸收开始。在某些情况下，DNA直接吸收中波紫外线会导致基因突变。在其他情况下，ROS和相关机制是导致皮肤许多其他疾病状态的原因。

过去10年来，有大量工作致力于认识可见光和红外光对皮肤的影响。这种反应通过光敏反应进行，最终导致ROS的产生，从而损害真皮结缔组织，并可能产生其他影响。

皮肤发色团

皮肤内含有丰富的发色团，它们可以吸收中波紫外线、长波紫外线和可见光谱中的电磁辐射。常见的发色团包括核苷酸（DNA和RNA）、氨基酸（蛋白质）、色素分子（如真黑素、褐黑素、脂褐素和β-胡萝卜素）、卟啉相关化合物（血红蛋白和氧血红蛋白）、辅酶因子（NADH、NADPH和黄素）以及交联氨基酸（如吡啶衍生物、醌类、蝶呤类、7-脱氢胆固醇和反式尿刊酸）。这些分子吸收日光辐射的程度受许多因素影响，包括它们在皮肤中的位置、吸收截面和摩尔消光系数等。

在某些情况下，这些分子吸收会导致交联的形成。在DNA中，这会导致诱变前损伤的形成（如环丁烷嘧啶二聚体和6-4光产物）。如果这些损伤未被正确修复（例如通过核苷酸切除修复或光解酶激活），可能会导致转录或复制期间的误读。这些产物的形成是UVB辐射暴露的结果，并且直接导致恶性黑素瘤的发展。皮肤中的其他发色团可以作为光敏剂。例如，一些发色团吸收UVA光后可以进入激发态，并与氧分子相互作用，可能会形成单线态氧（$^1O_2$）。这会导致一系列事件，从而导致其他ROS的形成（如羟自由基，$HO^·$），后者可能会损伤DNA、蛋白质和脂质。

皮肤暴露于空气污染

随着人口数量的增加以及人们对燃烧化石燃料用于能源和交通对环境的影响认识加深，空气污染对皮肤的影响已经成为皮肤科和美容科学领域一个重要的研究课题。众所周知，暴露于空气污染物下可能引起或促发各种皮肤不良反应，包括炎症和过敏性皮肤疾病，例如痤疮、特应性皮炎、湿疹、雀斑样痣、银屑病和荨麻疹。

与自然内源性老化过程不同，外源性皮肤老化是由于空气污染引起的。人们对与污染有关外源性衰老的认知仅局限于其临床表现。例如，色斑发展和明显皱纹之间存在正相关。目前，人们对暴露于空气污染导致的皮肤弹性组织变化的认知还不够充分，还需要进一步的研究来比较紫外线和空气污染暴露引起的外源性老化。

尽管寻求在污染和疾病间建立因果关系的研究数量非常有限，但空气污染物可能引起的最严重疾病是皮肤癌。近年来，在主要污染中心城市（墨西哥城和上海）进行的2项大规模临床研究表明，空气污染对皮肤屏障功能的影响以及反映皮肤氧化状态的几个重要生化标志物，例如角鲨烯、维生素E和乳酸的调节改变。

空气污染的主要成分包括氧化物（氮氧化物和硫氧化物）、臭氧（O_3）、颗粒物、多环芳烃和挥发性有机化合物。

皮肤内源性抗氧化系统

皮肤抗氧化网络是由复杂的防御系统组成，旨在对抗氧化应激。这个网络中的抗氧化剂功能互补，经常会相互补充或再生。这些重要的抗氧化剂包括降解酶和小分子抗氧化剂，并且可以进一步分为水溶性和脂溶性抗氧化剂。就酶而言，每种酶都含有一个辅酶因子，它通常通过中和活性氧的电子转移反应来实现抗氧化活性。小分子抗氧化剂的作用部分取决于它们的溶解度（脂溶性或水溶性）。脂溶性抗氧化剂存在于细胞膜和其他富含脂质区域，例如角质层中的脂质板层结构。尽管人们预计在细胞质中会发现大多数水溶性的小分子抗氧化剂，但要谨记，许多自由基反应也发生在这个界面。小分子抗氧化剂通常可以作为预防性抗氧化剂或清除自由基的抗氧化剂。预防性抗氧化剂可以从一开始就阻止自由基的形成，而自由基清除性抗氧化剂则可以阻止自由基链式反应的启动或阻止自由基链式反应的传导。然而，当抗氧化剂无法防止自由基损伤时，机体或皮肤就会处于氧化应激状态，从而导致疾病、癌症或衰老。

酶促抗氧化剂

表27.1中列举了皮肤内主要的内源性酶促抗

氧化剂及其在细胞内的功能和位置。这些酶催化分解或消耗氧化反应化合物。超氧化物歧化酶（Superoxide dismutases，SODs）是一种金属酶，能够催化超氧阴离子（$O_2^{\cdot-}$）的分解，从而生成过氧化氢（H_2O_2）和分子氧（O_2）。在哺乳动物组织中，SOD存在三种不同形式，根据其生理位置可以确定其特征。这种酶以二聚体形式存在，其活性位点含有Cu^{2+}和Zn^{2+}，在细胞质和细胞核中均可发现（Cu，Zn-SOD）。

表 27.1　皮肤内源性酶促抗氧化剂

酶促抗氧化剂	活性部位	功能
超氧化物歧化酶	Cu^{2+} 和 Zn^{2+}/Mn^{3+}	将 $O_2^{\cdot-}$ 转化为 H_2O_2 和 O_2
过氧化氢酶	亚铁血红素	分解 H_2O_2
谷胱甘肽过氧化物酶	硒代半胱氨酸	分解 H_2O_2
NAD（P）H：醌还原酶	FAD	将醌和醌亚胺转化为更稳定的对苯二酚
硫氧还蛋白系统	FAD	分解脂质氢过氧化物和 H_2O_2。将氧化的抗氧化剂转化为还原形式

过氧化氢酶是一种4亚单位蛋白，重约240 kda，存在于大多数真核细胞中，并由其调控H_2O_2的分解。实际上，过氧化氢酶位于过氧化物酶体中，这是所有真核生物都具备的细胞器，其主要功能是清除细胞内毒素。过氧化氢酶的结构基序包括血红蛋白活性位点和NADH，具体见图27.1。

除了过氧化氢酶以外，H_2O_2还能够通过谷胱甘肽过氧化物酶来进行代谢。谷胱甘肽过氧化物酶是一种硒依赖性酶，通常存在于大多数哺乳动物细胞的细胞质中。硒代半胱氨酸基团可以被并入蛋白质结构中，并存在于蛋白质的4个亚单位的活性位点上。谷胱甘肽过氧化物酶的催化活性依赖于辅助因子谷胱甘肽，谷胱甘肽为酶提供还原当量。谷胱甘肽过氧化物酶可以催化H_2O_2和脂肪酸氢过氧化物的分解，同时

在两个谷胱甘肽分子间形成胱氨酸键。谷胱甘肽是由谷氨酸、半胱氨酸和甘氨酸组成的三肽。

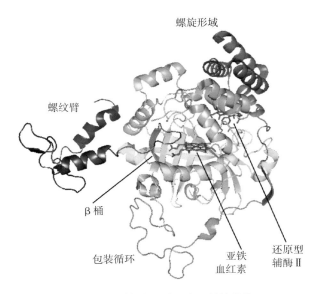

图 27.1　过氧化氢酶一个亚基的结构

其三维坐标源自蛋白质数据库（1DGB-人红细胞过氧化氢酶）。蛋白质结构使用了 PyMol 分子图形系统，版本 2.50，由薛定谔公司绘制

醌类通常通过黄素蛋白催化的单电子还原反应来进行还原，利用来自NADH或NADPH的电子。如果不进一步还原为对苯二酚，自由基半醌类就可能自由参与损伤反应。半醌自由基中的自由电子与氧化反应会生成$O_2^{\cdot-}$。细胞内$O_2^{\cdot-}$的积累本身并不危险，在有过渡金属存在的情况下，$O_2^{\cdot-}$可以与H_2O_2反应，产生高反应性的$HO^{\cdot}$。NAD（P）H：醌还原酶可以将自由基半醌化合物转化为稳定的氢醌。

内源性抗氧化系统的另一个重要组成部分是硫氧还蛋白系统。它由2种蛋白质结构组成：硫氧还蛋白和硫氧还蛋白还原酶，这两种结构协同工作，导致抗氧化活性以及对其他细胞功能的影响。

小分子抗氧化剂

皮肤中的水溶性抗氧化剂包括抗坏血酸、尿酸和谷胱甘肽，而脂溶性抗氧化剂包括α-生育酚、辅酶Q和β-胡萝卜素。这些抗氧化剂通过多

种机制发挥作用。另外，黑素作为皮肤和毛发的主要色素，其抗氧化作用对于清除自由基并在内源性抗氧化网络中发挥作用至关重要。

抗坏血酸

尽管许多哺乳动物可以合成抗坏血酸，但人类却是缺乏合成该维生素所需酶的小物种之一。因此，抗坏血酸是一种必需维生素，也是必须从食物中获取的成分。图27.2展示了L-抗坏血酸（$AscH_2$）及其氧化产物的结构。在生理pH值（约为7.4），该分子的阴离子形式被称为抗坏血酸（$AscH^-$），它是目前发现的最主要的抗氧化剂形式。除了抗氧化特性之外，$AscH^-$也是许多酶的重要辅酶因子。

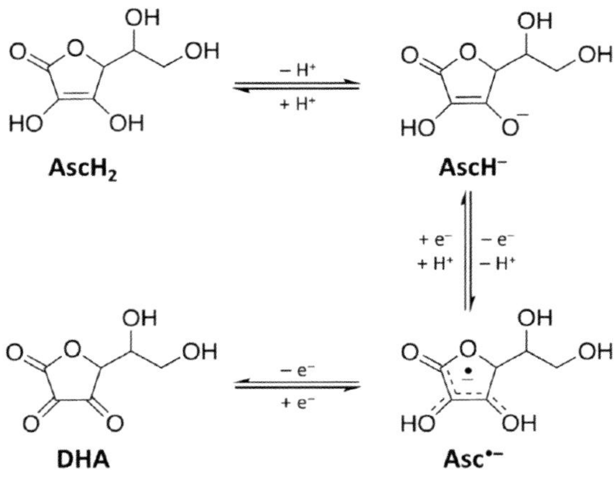

图 27.2　L- 抗坏血酸及其相关结构

包括 $AscH_2$（抗坏血酸）、$AscH^-$（抗坏血酸盐）、Asc^-（半氢抗坏血酸）和 DHA（脱氢抗坏血酸）

$AscH^-$是一种极为强大的水溶性抗氧化剂，其本质为还原剂。AscH-能够有效清除氧自由基、羟自由基、脂质过氧基（ROO^-）、$^1O_2$以及巯基（RS^-）。此外，AscH-还以众所周知的能力清除污染物，如O_3和二氧化氮（NO_2）。除此之外，AscH-在α-生育酚自由基再生过程中也扮演了不可或缺的角色。

尿酸

由于尿酸的pKa值分别为5.4和10.3，在生理pH值下会以去质子形式存在，通常被称为尿酸盐。尿酸分子能够在烯醇和酮醇之间互变异构。尿酸的烯醇形式含有一个羟基，可以解离成尿酸盐的离子形式。作为一种抗氧化剂，尿酸盐能够与HO^-、$^1O_2$和ROO.等物质发生反应。此外，研究已经发现尿酸盐能够与NO_2、O_3以及非自由基物质次氯酸（HOCl）反应。此外，尿酸盐还是已知的铜和铁的螯合剂，因此可能能够阻止这些金属参与损伤反应。

谷胱甘肽

在谷胱甘肽过氧化物酶部分已经探讨了谷胱甘肽（Glutathione，GSH）的活性。作为一种辅酶因子，谷胱甘肽在向GPX的底物提供电子的能力方面发挥作用。谷胱甘肽的结构由三肽序列γ-谷氨酰-半胱氨酰-甘氨酸组成。如前所述，谷胱甘肽的两个分子参与GPX催化反应，并通过还原反应的二硫键交联。生成的氧化谷胱甘肽可通过谷胱甘肽还原酶的作用，消耗NADPH，将其还原回原始形式。除了具有辅酶因子作用外，谷胱甘肽还可以直接与自由基如$HO^{\cdot}$、烷氧基（$RO^{\cdot}$）和$ROO^{\cdot}$等发生反应。谷胱甘肽的其他活性还包括抗氧化，通过其氧化形式再生α-生育酚和抗坏血酸。

维生素 E

维生素E是一种重要的脂溶性维生素，在与人类健康和疾病相关的学术文献中备受瞩目。它通常存在于脂质双分子膜和脂蛋白中。正常情况下，低密度脂蛋白和高密度脂蛋白作为血浆中胆固醇的转运体，如果发生氧化，会导致危及生命的疾病，例如动脉粥样硬化。在生物学上，维生素E主要存在于线粒体和内质网中。它是已知的$^1O_2$、$O_2^{\cdot-}$和$HO^{\cdot}$的清除剂，但其最显著的作用是清除$ROO^{\cdot}$自由基。在此作用下，维生素E能够抑制脂质过氧化级联反应的起始和放大阶段的自由基损伤。

维生素E这个名字已经成为最著名和最丰富的立体异构体α-生育酚的同义词。事实上，维生素E代表了一个由生育酚和生育三烯醇不同异构形式组成的化合物家族。生育酚和生育三烯醇的结构如图27.3所示，每个结构都包含一个含有长烷基侧链（植醇尾）的色醇环，使其具有脂溶性。这两种化合物的主要区别在于它们的脂肪链结构。生育三烯醇与只含有一个植基尾的生育酚不同，它在烷基链的3个不同位点的悬垂甲基旁边含有一个双键。

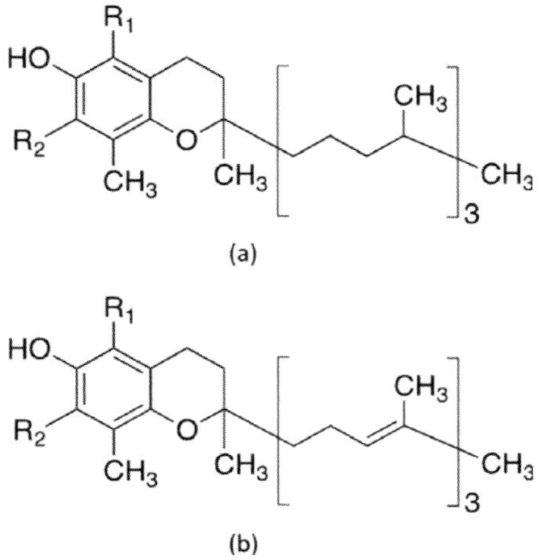

同分异构体	R_1	R_2
α -	CH_3	CH_3
β -	CH_3	H
γ -	H	CH_3
δ -	H	H

图 27.3 维生素 E 不同异构体的结构

（a）生育酚；（b）生育三烯醇

辅酶 Q

辅酶Q最广为人知的功能是在线粒体电子传递链中充当电子载体；作为一种脂溶性抗氧化剂，辅酶Q存在于质膜、细胞器膜以及低密度脂蛋白中。辅酶Q属于泛醌类分子，具有类异戊二烯长链的特征，使其能够固定在膜表面。该分子的氧化形式被称为泛醌-10，其中数字10代表分子结构中异戊二烯基团的数量。辅酶Q的还原形式（也称为泛素）是分子发挥抗氧化保护作用的最强形式。与维生素E类似，辅酶Q作为ROO˙自由基的清除剂，可防止脂质过氧化。此外，辅酶Q能够与生育酚自由基反应，从而再生α-生育酚的活性形式。

类胡萝卜素

这类化合物无法在人体内自行合成，通常需要从植物和水果中获得。自然界已鉴定出600多种胡萝卜素类化合物，其中最广为人知的是β-胡萝卜素。它们通常在电磁波谱的可见区域有很强的吸收，因此表现出各种颜色的天然颜料。例如，向日葵中的黄色和橙色就是由于β-胡萝卜素的存在，其最大吸收波长为约450 nm。这导致光谱中的大部分蓝光被吸收，而黄色、橙色和红色波段的光被反射。一些最常见的胡萝卜素类化合物以含有广泛的共轭系统长链为特征。人体皮肤中也含有多种胡萝卜素类化合物，易于通过拉曼光谱检测，并提供整体状态的抗氧化能力。大多数胡萝卜素类化合物能够发挥抗氧化作用，其机制包括淬灭三态敏化剂、淬灭单线态氧以及清除过氧自由基（ROO˙）等。

胆红素

血红蛋白负责将氧气从肺传递至肌红蛋白，进而转移到组织中。它是一种由4个亚基组成的蛋白质，每个亚基均包含一个以铁为核心的血红蛋白基团，与氧气协同作用。血红蛋白被代谢分解（血细胞破坏）时，会形成胆绿素，该过程受血红蛋白氧化酶催化。随后，胆绿素经过胆绿素还原酶进一步分解为胆红素。胆红素呈现特征性的淡黄色，类似于陈旧性瘀斑的表现。许多年前，人们认为胆红素是一种脂溶性代谢产物。这一观点源于胆红素及其降解产物的排泄，并与尿液呈黄色、粪便呈棕色以及黄疸引起的皮肤发黄相关。然而，近几十年的研究表明，胆红素具有抗氧化特性。研究表明，胆红素在清除过氧自由基方面发挥着重要作用。不幸的是，在皮肤中，胆红素的活性尚未完全被理解或重视。

褪黑素

褪黑素是一种调节昼夜节律的激素，其血液浓度水平为机体提供一个内部时钟。它是色氨酸的代谢产物，也是进食富含色氨酸物质后嗜睡的原因。褪黑素具有抗氧化剂的功能，可参与自由基清除，促进抗氧化酶的活性，防止线粒体内源性自由基产生，并有助于增强其他抗氧化剂的作用。在皮肤中，褪黑素在毛发生长周期、毛发色素沉着和黑素瘤的调节中扮演着重要角色。此外，它还作为皮肤中的抗氧化剂，有助于抑制紫外线引起的损伤。褪黑素不仅作为皮肤合成的内源性抗氧化剂，还可以为外源性局部应用提供治疗方案。

黑素

黑素分子被包裹在细胞器称为黑素小体中。在皮肤表皮层中，黑素小体从黑素细胞转移至角质形成细胞，保护这些细胞的细胞核（即DNA）。皮肤和头发中存在2种生物黑素：真黑素和褐黑素。真黑素是深色沉着的原因，导致棕色和黑色。而褐黑素是一种红色和黄色的色素，更常见于皮肤白皙的人群。例如，红头发的人比真黑素含有更多的褐黑素。这两种黑素合成都始于芳香族氨基酸酪氨酸在酪氨酸酶催化下的反应，形成3,4-二羟基苯丙氨酸（DOPA），并进一步转化为多巴醌。真黑素和褐黑素的合成分别经过两个独立的反应途径。

黑素由于其高度共轭的结构，是一种非常有效的紫外线和可见光吸收剂。其吸收曲线在短波长的紫外线区域非常高，并随着波长增加逐渐减少至电磁波谱的可见区域。黑素的聚合结构中存在能够参与自由基反应的自由电子位点。科学认识表明，这些自由基位点可作为其他自由基的反应中心，因此黑素常被称为自由基汇。此外，人们认为黑素小体通过这一过程能够在其细胞器结构内捕获自由基，阻止其在细胞内进一步扩散。

皮肤抗氧化功效检测

抗氧化系统的功效通常需要通过一系列试验来检测。这些试验从最基本的模型系统开始，最终发展到体内试验方案。最基本的试验是抗氧化测定，它能确定选定的抗氧化剂和化学探针间的反应效率。脂质过氧化测定也常被用来监测ROS对脂质造成的损伤。与脂质过氧化试验不同，抗氧化试验本质上是测量反应动力学，而非研究脂质的降解产物。脂质过氧化测定通常使用模型脂质系统、细胞培养和离体系统进行。电子顺磁共振波谱（Electron paramagnetic resonance，EPR）是一种测量自由基性质的技术。EPR可在离体或体内皮肤进行，除检查体外系统。其他检测可能包括ROS引起蛋白质损伤的研究，如蛋白质羰基化。在检测抗氧化剂功效时，有无数的体外和体内试验可完成，包括光老化、皮肤癌和光免疫抑制的测定。然而，为继续关注当前主题，下文简要地总结抗氧化和脂质过氧化测定。

抗氧化剂测定

自然界中存在众多不同种类的植物和其他生物物种，它们含有丰富的抗氧化剂。这些物种的提取物经常被用于皮肤护理产品中。为了确定这些提取物和其他抗氧化剂在皮肤护理产品和生物系统中的抗氧化潜力，抗氧化测定通常被用于确定选定的抗氧化剂和化学探针的反应效率。在过去二十年中，由于如此高的需求，许多测定抗氧化功效的方法已经被研究和应用。一般来说，这些方法易于使用，同时提供有关抗氧化系统的有用信息，特别是在比较一系列抗氧化剂时。当然，对这种检测也存在批评声音。例如，有人认为用测定探针观察到的动力学反应本质上不同于实际的体内状态。此外，分子在体内的迁移率与在只含有少量试剂的溶液中不同。对于复杂的配方（如化妆品中的配方），也可以提出类似的论点。无论如何，这些工具（检测）提供了关于抗氧化剂在皮肤护理应用中可行性的见解。

在表27.2中，列出了最常用的检测方法。其中之一是2，2-二苯基-1-苦酰基肼（DPPH）自由基测定法，这是目前应用最广泛的抗氧化剂检测方法之一。抗氧化剂与DPPH自由基（DPPH·）反应后，会将其转化为DPPH，这种反应可以通过EPR或UV-visible分光光度法进行监测。由于成本较低，后者更常用，而DPPH·的最大吸收波长约为515 nm。DPPH技术非常简单且重复性好，且无须在实验过程中生成自由基。DPPH·是一种内在稳定的自由基，可以从大多数专业化学品经销商处购买。在试验过程中，抗氧化剂（A-H）为DPPH·提供一个质子，因此，紫外-可见光吸收的减少对应于自由基浓度的减少。有关各种测定方法的更深入讨论，请参阅文献。

表 27.2　抗氧化试验

分析	描述
DPPH 自由基测定	本实验是基于 DPPH* 自由基清除剂的消耗
2，2'- 联氮 - 双（3- 乙基苯并噻唑 -6- 磺酸）（ATBS）测定	ATBS*+ 吸收光谱中可见光区域。它与提供质子的抗氧化剂（A-H）反应形成 ATBS，只吸收光谱的紫外光区域
总自由基捕获参数（Total radical trapping parameter，TRAP）测定	最初用于监测生物体液（如血液）的抗氧化状态。在 1L 血浆中加入 2，2'- 偶氮 - 双（2- 氨基丙烷）二盐酸盐后测定耗氧量
血浆铁还原能力（Ferric-reducing ability of plasma，FRAP）测定	2，4，6- 三吡啶基 -S- 三嗪（TPTZ）配合物与铁的还原态（Fe^{3+}）

脂质过氧化及其测定

在皮肤护理技术中，脂质具有多种功能，其中包括作为皮肤的生物结构成分和化妆品配方的功能成分。所有与皮肤和皮肤护理技术有关的脂类，都必须考虑它们被氧化的可能性，因为皮肤是人体最外层的保护器官，需要不断应对外界攻击。当脂质受到ROS攻击时，就会发生氧化反应，改变其结构，使其无法再执行正常的生物学功能。这会导致细胞膜的流动性丧失，并可能破坏允许离子和分子进出细胞的膜通道。图27.4是脂质过氧化作用的示意图。预防脂质过氧化不仅在体内很重要，对于化妆品的稳定性也起着至关重要的作用。因为化妆品制剂中可能含有长链多不饱和脂肪酸，它们是脂质氧化的理想靶点。

就皮肤生物学而言，角质形成细胞的质膜和活性表皮层以及真皮层细胞的质膜主要由含有少量游离脂肪酸和胆固醇的磷脂构成。与此同时，角质层主要包含神经酰胺、脂肪酸和胆固醇。图27.5展示了易受脂质过氧化作用影响的表皮层内和表面皮肤脂质的结构。

脂质过氧化作用可分为脂质转化和随后分解的几个不同阶段。第一种方法是监测样本中不饱和脂肪酸的损失。第二种更常见的方法是监测初级脂质过氧化产物的形成，包括氧化初始阶段的共轭二烯或脂质氢过氧化物的测量。第三种方法是筛选二级脂质过氧化产物，如丙二醛（malondialdehyde，MDA）和4-羟基-反式-2-壬烯醛（4-hydroxy-trans-nonenal，HNE）。

此外，电子顺磁共振技术（EPR）可与自旋捕捉结合使用，用于监测所有中间步骤产生的自由基。图27.6概述了脂质过氧化的各个阶段和可能的定量分析技术。通过紫外光谱法、碘计量滴定法、FOX法和化学发光法，可定量分析主要的脂质过氧化产物，如共轭二烯和过氧化氢脂质。一旦形成脂氧自由基（LOOH），有两种可能途径导致脂质进一步分解和二级脂质过氧化产物的形成。形成烷氧基的过程中进一步的产物包括烯烃和各种醛。

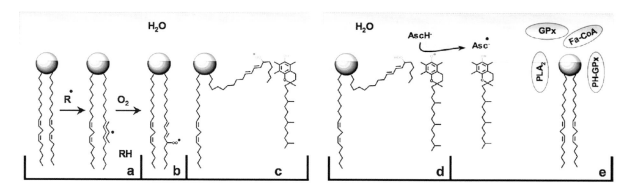

图 27.4　膜脂过氧化作用

脂质双分子层通过磷脂极性端与水层相接触。膜脂相中含有不饱和烷基链。（a）自由基（R*）从不饱和链中夺取一个氢原子，形成脂质自由基；（b）脂质自由基随后与 O_2 反应产生具有共轭双烯结构的脂质过氧基；（c）脂质过氧基的一部分迁移到脂质-水界面，在那里它与 α-生育酚发生相互作用；（d）脂质过氧基转化为脂质过氧化氢，产生 α-生育氧基，可以与水中的抗坏血酸反应；（e）α-生育酚基被抗坏血酸再生为其原始形式（α-生育酚）。各种酶有助于修复脂质过氧化氢：磷脂酶 A_2（PLA_2）、磷脂过氧化氢谷胱甘肽过氧化物酶（PH-GPx）、脂肪酰基辅酶 A（FA-CoA）和谷胱甘肽过氧化物酶（GPx）。（以上方案改编自 Buettner 的原始方案）

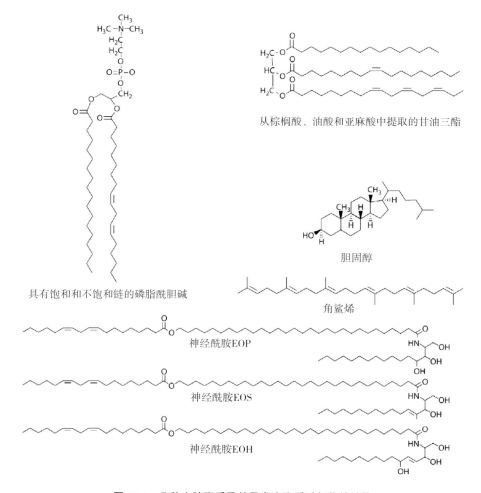

从棕榈酸、油酸和亚麻酸中提取的甘油三酯

胆固醇

具有饱和和不饱和链的磷脂酰胆碱

角鲨烯

神经酰胺EOP

神经酰胺EOS

神经酰胺EOH

图 27.5　几种皮肤脂质及其易发生脂质过氧化的结构

这些脂质在文本中有明确的位置，其中甘油三酯被示意为含有饱和链和不饱和链分子的物质。

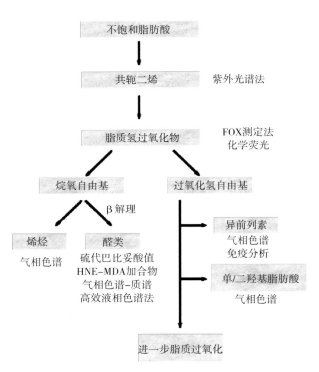

图 27.6 脂质过氧化过程中形成产物的途径以及用于进行测量的各种方法

文献综述表明，醛类是户外工作者最常监测的物质之一，这种情况可能是由于醛类物质不仅可以提示脂质过氧化，而且一些醛类物质（如FINE）对哺乳动物细胞有细胞毒性。在图27.6所示的所有检测方法中，硫代巴比妥酸反应性物质（thiobarbituric acid reactive species，TBARS）检测仍然是世界各地实验室最常使用的方法之一。通过这些试验，可以监测体外细胞培养物、离体皮肤样本和体外模型系统（包括脂质悬液和更复杂的制剂）中MDA形成的情况。尽管TBARS检测方法得到广泛应用，但其准确性仍存在相当大的争议。

抗氧化剂局部治疗皮肤

在过去的20年里，皮肤护理中抗氧化剂的作用发生了重大的变化。21世纪初，含有BHT或BHA的成品配方通常被添加在货架上，主要是为了延长产品的保质期。随着时间的推移，含有维生素C和维生素E（α-生育酚）的配方变得越来越普遍。这是因为进行的许多研究表明，这些抗氧化剂对皮肤具有非常重要的益处。因此，抗氧化剂在皮肤护理中的作用从提高保质期的稳定性转变为提供抗氧化作用，以对抗ROS诱导损伤。

随着个人护理行业进入新世纪的第一个十年的末期，天然成分变得越来越普遍。这些成分主要基于植物，其中包含多酚和其他具有抗氧化特性的分子。抗氧化剂还成为防晒霜配方中不可或缺的关键成分，这并不是因为它们吸收紫外线，而是因为它们介导ROS的能力。此外，还对抗氧化剂的递送系统进行了大量的研究，为抗氧化剂的靶向递送和稳定性提供了基础。如今，市场上几乎所有类型的护肤品中都含有抗氧化剂。

天然抗氧化剂保护皮肤

在护肤领域，局部和口服抗氧化剂治疗仍然是一个备受关注的研究方向。对于局部治疗而言，抗氧化剂的研究已经得到了广泛的关注和探索，许多分子已经被证实具有保护皮肤的功效。一些被广泛研究的局部皮肤治疗抗氧化剂包括维生素C（抗坏血酸）、维生素E（α-生育酚）以及绿茶中的儿茶素。此外，番茄红素、胡萝卜素、染料木黄酮、芦丁和咖啡因等其他成分也备受青睐。

最近，新型抗氧化产品的研发主要集中在植物学领域。植物化学物质是植物所产生的分子，对于其在皮肤护理方面的抗氧化、抗炎和抗癌潜力已经得到了广泛的研究。文献中也有一些最新的研究表明，将植物成分应用于皮肤或细胞培养中，可以发现其具有生物活性（抗氧化特性），具体请见表27.3。

在某些情况下，天然成分的保质期有限或在不同的配方底物中不稳定。因此，合成成分往往是以大自然为启发。最近个人护理行业中的一个案例是乙酰姜酮，其结构类似于生姜植物（Zingiber officinale）中发现的姜酮。Aguirre-Cruz等最近证明了多肽的抗氧化潜力，特别是水解的胶原蛋白，可以保护皮肤免受环境应激的影响。尽管肽作为抗氧化剂的确切机制尚不清楚，但质子（或电子）逸出被怀疑发挥了主要作用。

表 27.3　植物成分治疗皮肤的研究实例

来源	关键组分	功效检测
辣木籽油	α-生育酚、植物甾醇类、脂肪酸	DPPH-自由基清除试验；皮肤水合作用，红斑黑素值和弹性
褐藻	海带多糖（多糖）	UVB暴露小鼠皮肤中的胶原纤维密度、超氧化物生成和抗氧化酶表达
木槿（金葵科）	花色素苷-丰富的茶多酚	UVB诱导的HaCaT角质形成细胞凋亡、内质网应激和线粒体活性氧
发酵的Yak-Kong（一种小黑豆）	酚酸、异黄酮和原花青素	紫外线照射对体内皱纹形成的影响；HaCaT角质形成细胞中MMP-1、AP-1、ERK1/2和JNK1/2的活性；以及3D皮肤模型中的胶原蛋白降解

过去十年人们进行了大量研究，以确定大麻（一种大麻科植物）分子的益处。许多植物大麻素已从大麻植物中鉴定出来，而大麻二酚（cannabidiol，CBD）是最受研究的分子之一。Baswan等对与CDB皮肤局部治疗的相关作用进行了全面综述。有人认为CBD具有治疗湿疹、银屑病、瘙痒和炎症的潜力。

除局部应用外，通过饮食（口服）获得的抗氧化剂和其他必需营养素在维持皮肤健康状态方面起着至关重要的作用，特别是在保湿、修护老化皮肤和防止紫外线辐射方面。这些重要的膳食成分包括：ω-3和ω-6脂肪酸、维生素A/C/E、类胡萝卜素、多酚、硒、锌和铜。

抗氧化剂递送系统

抗氧化剂的传统递送面临的一些挑战，其中包括它们的溶解性差、保质期稳定性有限、光稳定性差以及皮肤渗透性低等问题。递送系统的引入可以增强抗氧化剂的生物学功能效力。近年来，各种类型的乳液、囊泡、脂质颗粒、纳米颗粒和纳米载体系统被研究和开发，以帮助稳定和递送抗氧化剂至皮肤。

乳剂是油和水的分散剂，可分为微乳剂、纳米乳剂和皮克林（Pickering）乳剂。囊泡系统由脂质体、植物体、转移体、乙醇体和微粒体等组成。其中，脂质体是个人护理应用中最常用的囊泡系统，由具有中空中心活性成分的同心圆磷脂双层结构组成。Barba和同事开发了一种含有维生素D_3、维生素K_2、维生素E和姜黄素的纳米脂质体，用于局部递送。这些成分本身不稳定，不能很好地渗透至皮肤内。

脂质颗粒系统包括脂质微粒和脂质纳米颗粒。最近的研究表明咖啡酸脂质纳米颗粒系统可以在皮肤中得到应用。纳米粒子和纳米载体一直是皮肤护理研究的前沿，因为它们具有稳定且向皮肤输送抗氧化剂的潜力。例如，金纳米颗粒以其在皮肤护理中的抗炎、抗衰老和创面愈合特性而闻名。纳米胶囊化是有望将脂溶性抗氧化剂输送至皮肤的领域。

基于抗氧化剂的防晒技术

暴露在紫外线辐射下的皮肤会遭受直接损伤，其中一种方式是通过UVB对细胞DNA进行交联，另一种方式是通过光敏反应（UVB）对DNA造成间接损伤。由于皮肤内/表面存在内源性物质（如蛋白质中的发色团）或外源性物质（如UVA防晒霜），光敏反应也可能会发生。Hanson和Clegg二十年前的研究表明，防晒霜中添加抗氧化剂可以增强其光保护作用。光敏反应已成为一个重要的研究领域，近期Journal of Photochemistry and Photobiology宣布将专门出版一期专刊，讨论内源性光敏剂及其在皮肤光损伤和光保护中的作用。

现今，大多数商业防晒配方都含有抗氧化剂。这在一定程度上是由于护肤品中加入植物成分的流行。然而，抗氧化物质的存在可以改善日光照射期间和之后由ROS引起的损伤。Giacomoni最近一篇综述介绍了这种情况，指出抗氧化剂与阻止$^1O_2$和$O_2^{\cdot-}$破坏作用的分子活性相关。

结论

近年来，皮肤抗氧化治疗的科学认知有了重大进展。文献中不断涌现出越来越多新的成分研究。期待在未来几年，研究机构和行业能够达成某种共识，以更一致地描述大量植物成分中的抗氧化剂。然而，许多抗氧化剂在治疗过程中存在不稳定性或难以被生物利用的问题。为了应对这些挑战，已经开发出了抗氧化剂递送系统，并表现出了极大的前景。最后，抗氧化剂在防晒中扮演着不可或缺的角色。它们被添加到防晒霜的配方中，因为能够改善因暴露于紫外线辐射而产生的ROS诱导损伤。

原文参考文献

McMullen, R,, Antioxidants and the Skin. 2nd ed. 2019, CRC Press: Boca Raton, FL.

Polefka, T.G., T.A. Meyer, P.P. Agin, and R.J. Bianchini, Effects of solar radiation on the skin. J Cosmet Dermatol, 2012. 11: p. 134-143.

Fischer, M. and M. Kripke, Systemic alteration induced in mice by ultraviolet light irradiation and its relationship to ultraviolet carcinogenesis. Proc Natl Acad Sci USA, 1977. 74: p. 1688-1692.

Fischer, M. and M. Kripke, Further studies on the tumorspecific suppressor cells induced by ultraviolet radiation. J Immunol, 1978. 121: p. 1139-1144.

McMullen, R., UV-induced immunosuppression of skin, in Innate Immune System of Skin and Oral Mucosa: Properties and Impact in Pharmaceutics, Cosmetics, and Personal Care Products, N. Dayan and P. Wertz, Editors. 2011. Hoboken, NJ: John Wiley & Sons. p. 281-304.

Krutmann, J., W. Liu, L. Li, X. Pan, M. Crawford, G. Sore, and S. Seite, Pollution and skin: from epidemiological and mechanistic studies to clinical implications. J Dermatol Sci, 2014. 76: p. 163-168.

Ahn, K., The role of air pollutants in atopic dermatitis. J Allergy Clin Immunol, 2014. 134: p. 993-999.

Drakaki, E., C. Dessinioti, and C. Antoniou, Air pollution and the skin. Front Environ Sci, 2014. 2: p. Article 11, 1-6.

Hiils, A., A. Vierkotter, W. Gao, U. Kramer, Y. Yang, A. Ding, S. Stolz, M. Matsui, H. Kan, S. Wang. L. Jin, J. Krutmann, and T. Schikowski, Traffic-related air pollution contributes to development of facial lentigines: further epidemiological evidence from Caucasians and Asians. J Invest Dermatol, 2016. 136: p. 1053-1156.

Kim, Y., J. Kim, Y. Han, B. Jeon. H. Cheong, and K. Ahn, Short-term effects of weather and air pollution on atopic dermatitis symptoms in children: a panel study in Korea. PLoS One, 2017. 12(4): p. e0175229.

Kousha, T. and G. Valacchi, The air quality health index and emergency department visits for urticaria in Windsor, Canada. J Toxicol Environ Health A, 2015. 78: p. 524-533.

Lanuti, E. and R. Kirsner, Effects of pollution on skin aging. J Invest Dermatol, 2010. 130: p. 2696.

Vierkotter, A. and J. Krutmann, Environmental influences on skin aging and ethnic-specific manifestations. Dermatoendocrinology, 2012. 4: p. 227-231.

Vierkotter, A., T. Schikowski, U. Ranft, D. Sugiri, M. Matsui, U. Kramer, and J. Krutmann, Airborne particle exposure and extrinsic skin aging. J Invest Dermatol, 2010.130: p. 2719-2726.

Baudouin, C., M. Charveron, R. Tarroux, and Y. Gall, Environmental pollutants and skin cancer. Cell Biol Toxicol, 2002. 18: p. 341-348.

Lefebvre, M., D. Pham, B. Boussouira, D. Bernard, C. Camus, and Q. Nguyen, Evaluation of the impact of urban pollution on the quality of skin: a multicentre study in Mexico. Int J Cosmet Sci, 2015. 37: p. 329-338.

Lefebvre,M., D. Pham, B. Boussouira, H. Qiu, C. Ye, X. Long, R. Chen, W. Gu, A. Laurent, and Q. Nguyen, Consequences of urban pollution upon skin status. A controlled study in Shanghai area. Int J Cosmet Sci, 2016. 38: p. 217-223.

Pham, D., B. Boussouira, D. Moyal, and Q. Nguyen, Oxidization of squalene, a human skin lipid: a new and reliable marker of environmental pollution studies. Int J Cosmet Sci, 2015. 37: p. 357-365.

Putnam, C.D., A.S. Arvai, Y. Bourne, and J.A. Tainer, Active and inhibited human catalase structures: ligand and NADPH binding and catalytic mechanism. J Mol Biol, 2000. 296: p. 295-309.

Halliwell, B. and J. Gutteridge, Free Radicals in Biology and Medicine. 5th ed. 2015, Oxford University Press: Oxford, UK.

Li, R., M.A. Bianchet, P. Talalay, and L. Mario Amzel, The three-dimensional structure of NAD(P)H:quinone reductase, a flavoprotein involved in cancer chemoprotection and chemotherapy: mechanism of the two-electron reduction. Proc Natl Acad Sci USA, 1995. 92: p. 8846-8850.

Olson, J.A. and N.I. Krinsky, Introduction: the colorful, fascinating world of the carotenoids: important physiologic modulators. FASEB, 1995. 9: p. 1547-1550.

Stahl, W. and H. Sies, Antioxidant activity of carotenoids. Mol Aspects Med, 2003. 24: p. 345-351.

Darvin, M., W. Sterry, J. Lademann, and T. Vergou, The role of carotenoids in human skin. Molecules, 2011. 16: p. 10491-10506.

Abraham, N. and A. Kappas, Pharmacological and clinical aspects of heme oxygenase. Pharmacol Rev, 2008. 60: p. 79-127.

Stocker, R., Y. Yamamoto, A. McDonagh, A. Glazer, and B. Ames, Bilirubin is an antioxidant of possible physiological importance. Science, 1987. 235: p. 1043-1046.

Reiter, R., T. Dun-xian, J. Mayo, R. Sainz, J. Leon, and Z. Czarnocki. Melatonin as an antioxidant: biochemical mechanisms and pathophysiological implications in humans. Acta Biochim Pol, 2003. 50: p. 1129-1146.

Slominski, A., T. Fischer, M. Zmijewski, J. Wortsman, I. Semak, B. Zbytek, R. Slominski, and D. Tobin, On the role of melatonin in skin physiology and pathology. Endocrine, 2005. 27: p. 137-148.

Fischer, T. and P. Eisner, The antioxidative potential of melatonin in the skin. Curr Probl Dermatol, 2001. 29: p. 165-174.

Slominski, A., J. Wortsman, and D. Dobin, The cutaneous serotoninergic/melatoninergic system: securing a place under the sun. FASEB J, 2005. 19: p. 176-194.

Buettner, G., The pecking order of free radicals and antioxidants: lipid peroxidation, alpha-tocopherol, and ascorbate. Arch Biochem Biophys, 1993. 300(2): p. 535-543.

Moore, K. and L.J.I. Roberts, Measurement of lipid peroxidation. Free Rad Res, 1998. 28: p. 659-671.

Azevedo Martins, T.E., C.A. Sales de Oliveira Pinto, A. Costa de Oliveira, M.V. Robles Velasco, A.R. Gorriti Guitierrez, M.F. Cosquillo Rafael, J.P.H. Tarazona, and M.G. Retuerto-Figueroa, Contribution of topical antioxidants to maintain healthy skin-A review. Sci Pharm, 2020. 88(2): p. 27.

Herranz-Lopez,M. and E. Barrajon-Catalan, Antioxidants and skin protection. Antioxidants, 2020. 9: p. 704.

Petruk, G., R. Del Giudice, M.M. Rigano, and D.M. Monti, Antioxidants from plants protect against skin photoaging. Oxid Med Cell Longev, 2018. 2018: p. 1454936.

Athikomkulchai, S., P. Tunit, S. Tadtong, P. Jantrawut, S. Sommano, and C. Chittasupho, *Moringa oleifera* seed oil formulation physical stability and chemical constituents for enhancing skin hydration and antioxidant activity. Antioxidants, 2021. 8(1): p. 2.

Ahn, J., D. Kim, C. Park, B. Kim, H. Sim, H. Kim, T.-K. Lee, J.-C. Lee, G. Yang, Y. Her, J. Park, T. Sim, H. Lee, and M.-H. Won, Laminarin attenuates ultraviolet-induced skin damage by reducing superoxide anion levels and increasing endogenous antioxidants in the dorsal skin of mice. Mar Drugs, 2020. 18: p. 345.

Karunarathne, W., I. Molagoda, K. Lee, Y. Choi, S.-M. Yu, C.-H. Kang, and G.-Y. Kim, Protective effect of anthocyaninenriched polyphenols from Hibiscus syriacus L. (Malvaceae) against ultraviolet B-induced damage. Antioxidants, 2021. 10: p. 584.

Park, H,, J. Seo, T. Lee, J. Kim, J. Kim, T. Lim, J. Park, C. Huh, H. Yang, and K. Lee, Ethanol extract of Yak-Kong fermented by lactic acid bacteria from a Korean infant markedly reduces matrix metalloproteinase-1 expression induced by solar ultraviolet irradiation in human keratinocytes and a 3D skin model. Antioxidants, 2021. 10(2): p. 291.

Chaudhuri, R., T. Meyer, S. Premi, and D. Brash, Omni antioxidant: acetyl zingerone scavenges/quenches reactive species, selectively chelates iron. Int J Cosmet Sci, 2020. 42: p. 36-45.

Aguirre-Cruz, G., A. Leon-Lopez, V. Cruz-Gomez, R. Jimenez-Alvarado, and G. Aguirre-Alvarez, Collagen hydrolysates for skin protection: oral administration and topical formulation. Antioxidants, 2020. 9(2): p. 181.

Baswan, S., A. Klosner, K. Glynn, A. Rajgopal, K. Malik, S. Yim, and N. Stern, Therapeutic potential of cannabidiol (CBD) for skin health and disorders. Clin Cosmet Investig Dermatol, 2020. 13: p. 927-942.

Michalak, M., M. Pierzak, B. Krqcisz, and E. Suliga, Bioactive compounds for skin health: a review. Nutrients, 2021. 13: p. 203.

Bochicchio, S., A. Dalmoro, V. De Simone, P. Bertoncin, G. Lamberti, and A.A. Barba, Simil-microfluidic nanotechnology in manufacturing of liposomes as hydrophobic antioxidants skin release systems. Cosmetics, 2020. 7(2): p. 22.

Hallan, S., M. Sguizzato,M. Drechsler, P. Mariani, L. Montesi, R. Cortesi, S. Bjorklund, T. Ruzgas, and E. Esposito, The potential of caffeic acid lipid nanoparticulate systems for skin application: in vitro assays to assess delivery and antioxidant effect. Nanomaterials, 2021. 11(1): p. 171.

Ben Haddada, M., E. Gerometta, R. Chawech, J. Sorres, A. Bialecki, S. Pesnel, J. Spadavecchia, and A.-L. Morel, Assessment of antioxidant and dermoprotective activities of gold nanoparticles as safe cosmetic ingredient. Colloid Surface B, 2020. 189: p. 110855.

Gubitosa, J., V. Rizzi, P. Fini, R. Del Sole, A. Lopedota, V. Laquintana, N. Denora, A. Agostiano, and P. Cosma, Multifunctional green synthetized gold nanoparticles/chitosan/ellagic acid self-assembly: antioxidant, sun filter and tyrosinase-inhibitor properties. Mater Sci Eng C, 2020. 106: p. 110170.

Davies, S.,. R.V. Contri, S.S. Guterres, A.R. Pohlmann, and I.C.K. Guerreiro, Simultaneous nanoencapsulation of lipoic acid and resveratrol with improved antioxidant properties for the skin. Colloid Surface B, 2020. 192: p. 111023.

Hanson, K. and R. Clegg, Bioconvertible vitamin antioxidants improve sunscreen photoprotection against UV-induced reactive oxygen species. J Cosmet Sci, 2003. 54(6): p. 589-598.

Giacomoni, P., Appropriate technologies to accompany sunscreens in the battle against ultraviolet, superoxide, and singlet oxygen. Antioxidants, 2020. 9: p. 1091.

第28章

防晒霜和防晒

介绍

"防晒霜"常被视为防晒的代名词，然而它只是一种保护措施之一，通过多种方法保护皮肤免受过度暴露于日光的有害影响，如限制在阳光下的时间，寻找阴凉处和穿戴防护服。防晒霜之所以广受欢迎，是因为防晒和护肤是皮肤保健行业的重要创新和补充部分。但防紫外线服装只是纺织品行业的一个小市场，遮阳装备则是缓慢发展的商品，或被视为个人难以承担的投资。尽管如此，防晒霜的开发者可以从防紫外线纺织品中学习，因为它们可以在一定程度上阻挡紫外线（290～400 nm）和可见光光谱（400～700 nm），有助于预防皮肤癌。从防晒的角度来看，问题非常简单，这种织物要么覆盖皮肤的某一部分，要么不覆盖。因此，最理想的防晒方式是适当的遮盖，因为它提供对紫外线B、紫外线A和可见光的保护。因此，理想的防晒霜应该提供对紫外线B、紫外线A和可见光的保护，同时不会对用户或环境造成任何负面影响。此外，理想的防晒霜应该方便人们尽可能地使用。

长波紫外线（UVA）在导致皮肤癌，特别是皮肤恶性黑素瘤（cutaneous malignant melanoma，CMM）的发生中扮演着至关重要的角色。这种认识在过去三十年中逐渐发展。然而，防晒霜很难达到纺织品提供的同等水平

的防护，因为其在UVA和UVB范围内都很难达到同等水平的防护。此外，由于希望防晒霜保持透明，所以可见光部分通常不包括在内。此外，消费者通常涂抹的防晒霜太少、太晚或根本不涂，缺乏依从性也起到一定作用。

在过去的20年里，防晒霜的使用增加和经皮吸收，引发了对防晒霜安全性的质疑。此外，人们也开始关注它们是否存在潜在环境影响的问题。这些发展导致消费者之间存在困惑和缺乏信任的状态。似乎这些问题并不容易解决。

在这种背景下，本章将展示防晒技术的现状，探讨如何克服这些挑战，以及全球监管格局可能会如何演变。最终，需要行业和监管机构的协助，帮助人们重新获得对防晒霜有效性和安全性的信任。值得注意的是，防晒霜技术以及人们对使用防晒霜的需求和要求，在过去几十年里得到了显著发展。虽然防晒霜最初是一种预防晒伤的方法，始于50多年前，但现在人们的期望更高，希望它们能够预防皮肤癌、减缓皮肤衰老并防止晒伤。防晒霜已经对公众健康做出了积极贡献，新的挑战将进一步促使防晒霜变得更好、更可靠和更值得信赖。

防晒霜性能

防晒霜的性能评价主要是以防晒系数（SPF）为主。SPF是一种实验室人工日光引起的红斑测量指标，用于比较使用和不使用防

晒霜的效果。然而，这能够告诉我们多少关于在真实的日光下进行防护呢？（图28.1）事实证明，并非完全如此。防晒霜虽然可以在保护红斑方面有效，但在预防其他皮肤问题的方面（如黄褐斑或CMM），可能还不够"理想"，因为这些问题需要良好的UVA和VIS防护。

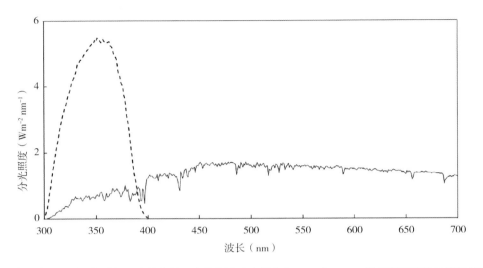

图28.1　中纬度地区夏季正午晴朗天空的自然日光辐照度（实线）和 *Oriel*®Sol-UV 模拟器模拟的日光辐照度（虚线）（引自参考文献，已获得许可）

理想防晒霜

大部分防晒霜可以抵御UVB和UVA辐射，但它们的效果不尽相同。只有当SPF达到15及以上时，防晒霜才需要一些实质性的UVA防护才能达到SPF值。因此，并非所有SPF相同的防晒霜都相等。

UVA1保护因子（mUVAI-PF）可以最好地反映UVA1范围内的透光率差异，该范围在340~400 nm。mUVAI-PF值也反映在全球不同地区使用的各种UVA尺度和标准中（如PA+、++、+++，以及Boots星级评级），其中临界波长>370 nm，UVA/UVB>0.9。图28.2显示了SPF15防晒霜在UVAI防护程度介于无（T=100%，平均mUVAI-PF = 1）和理想（T=7%，平均mUVAI-PF=15）之间时的透过率曲线。所有这些透过率曲线都是经过计算的。现在有几种计算机模拟工具可供配方商和其他人在设计防晒霜时快速探索不同的紫外线过滤组合。

在过去的二十年中，紫外线吸收和防晒霜不断发展，以满足日益增长的UVA防护需求。优化的目标是找到一个合适的紫外线吸收平台，并使用这个特定的紫外线吸收平台来实现足够的紫外线防护。这些估算表明，要达到接近理想防晒霜的防护效果并不容易；事实上，由于美国批准的紫外线吸收剂数量有限，因此这是不可能实现的。表28.1列出了目前防晒霜中发挥作用的紫外线吸收剂以及它们的监管状况、功效特征和安全性/暴露数据。在过去的三十年中，欧洲开发的现代紫外线吸收剂均未获得美国FDA的批准（详见"监管"部分）。

有些人认为，在所有/其他条件相同的情况下，更多的UVA防护意味着更少的UVB防护，因此不应在UVB防护上做出妥协。Young的一项研究比较了具有相同SPF值的UVB和UVB-UVA防晒霜，结果表明广谱防晒霜也能提供足够的防护，防止UVB导致的DNA损伤。

经常会出现这样的问题：首选哪种防晒霜？Diffey解释了为什么均匀保护比重点防护UVB的防晒霜更可取，得出结论是防护特性越接近织物越好。基于现有的紫外线吸收剂，使用防晒霜达到与织物相同的防紫外线效果相当困难，在美国几乎不可能（详见图28.2）。然而，有色防晒霜或彩妆产品更接近于"理想织物"的保护，因为至少在某种程度上，可见光范围也被覆盖。这种着色产品预计在户外SPF测定中表现更好，而且在彩妆领域并非新产品，因为它们早在防晒霜之前就已经问世了。

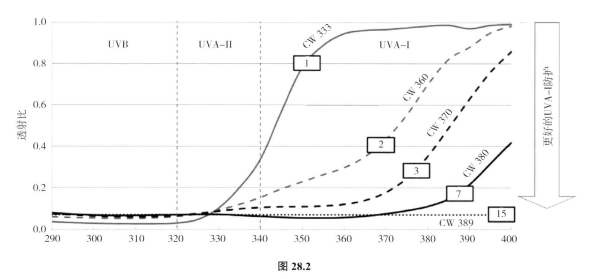

图 28.2

5 种不同的防晒产品，虽然它们的防晒系数（SPF15）相同，但是它们所提供的 UVA-I 防护程度是不同的。具体而言，它们的 UVAI-PF 防护值介于 1（无防护）和 15（理想防护）之间。此处引用参考文献，已获得许可

要点：

平均 UVAI-PF（340 ~ 400 nm）	临界波长（CW）对 UVA-I 防护的意义
1	CW=333 nm 次优选日霜，专注于 UVB 保护（无 UVA-I 保护）
2	CW=360 nm 次优选防晒，最低 UVA-I 防护（非广谱）
3	CW=370 nm 符合广谱标准的防晒霜（US-FDA）
7	CW= 380nm 符合更高 UVA 标准的最佳防晒霜（欧盟、英国和日本）
15	CW=389 nm 理想的防晒模型（光谱内稳态，如通过衣物保护）

功效评价方法与标准

随着新防晒霜配方的开发，问题的重点已经转变为如何可靠、经济有效地检测其功效。传统的SPF测定方法并不能揭示全部情况，且成本较高。幸运的是，现在有其他的检测方法，包括传统的体外透射测量法、硅计算法以及最新的体内/外杂交HDRS方法（见图28.3）。这些方法可以确定和评价紫外线的透射波长，这正是区分相同SPF防晒霜所需的。

只有评估和识别潜在缺陷才能改善防晒霜的效果。新的替代方法具有非侵入性，并全面评估防晒霜的保护效果。与传统方法只考虑单一或2个保护因子（SPF和UVA-PF）不同，这种方法考虑多个因素，并确保防晒霜在光谱稳态下的保护效果（图28.2）。

这些替代方法还可以建立新的评估指标，以评估防晒霜的均匀性或与理想防晒霜的接近程度。它们还可以对防护效果进行可见光甚至红外范围的评估。这种测量可以评估现有产品（如有色防晒霜、BB霜和化妆品），并推进防晒（服装）的理想状态。

新的方法还可以实时测定防晒效果，例如通过混合漫反射光谱（HDRS）。另一种实时评估紫外线防护的方法是UVA成像。虽然它不能

表 28.1　1 UV 吸收剂功效、效率和注册

序号	INCI- 名称（USAN）	EU-#	缩写词	T和mPF @310nm	T和mPF @310nm	T和mPF @370nm	T和mPF @370nm	T和mPF @390nm	T和mPF @390nm	最大 %	美国 FDA	全球
	广谱 / UVA I 吸收剂											
1	双乙基己氧基苯酚甲氧基苯基三嗪（苯三嗪醇）	s81	BEMT	0.32	3.1	0.43	2.3	0.89	1.1	10.0		X
2	丁基甲氧基二苯甲酰基甲烷（阿伏苯宗）	s66	BMBM	0.47	2.1	0.29	3.4	0.62	1.6	5.0	cat Ⅲ	
3	二乙胺羟基苯甲酰基苯甲酸己酯（no USAN）	s83	DHHB	0.68	1.5	0.37	2.7	0.73	1.4	10.0		
4	苯基二苯并咪唑四磺酸酯二钠（双二硫唑二钠）	s80	DPDT	0.42	2.4	0.63	1.6	0.97	1.0	10.0		
5	二硝唑三硅氧烷（无 USAN）	s73	DTS	0.47	2.1	0.62	1.6	0.94	1.1	15.0		
6	亚甲基双苯并三唑四甲基丁基苯酚（纳米）（并苯酚三唑）	s79	MBBT（nano）	0.44	2.3	0.41	2.4	0.57	1.8	10.0		X
7	对苯二甲酸二樟脑磺酸（依茨舒）	s71	TDSA	0.46	2.2	0.41	2.4	0.9	1.1	10.0	cat Ⅲ	X
8	氧化锌（纳米）（氧化锌）	s76	ZnO（nano）	0.73	1.4	0.71	1.4	0.84	1.2	25.0	GRAS/E	X
9	亚基苯双 - 二苯基三嗪（no USAN）	s86	PBDT	无可用数据						5.0		
10	UVB / UVA II 吸收剂											
11	4- 甲基亚苄基樟脑（恩扎卡明）	s60	4-MBC	0.3	3.3	0.98	1.0	1	1.0	6.0		X
12	二苯酮 -3（氧苯酮）	s38	BP3	0.43	2.3	0.87	1.1	0.98	1.0	6.0	cat Ⅲ	X
13	二苯酮 -4（舒利苯酮）	s40	BP4	0.5	2	0.91	1.1	0.99	1.0	5.0	cat Ⅲ	
14	二乙基己基丁酰胺三酮（异三嗪醇）	s78	DBT	0.23	4.3	0.99	1.0	1	1.0	10.0		X
15	甲氧基肉桂酸乙基己酯（桂皮酸盐）	s28	EHMC	0.31	3.2	0.99	1.0	1	1.0	10.0	cat Ⅲ	X
16	水杨酸乙基己酯（辛水杨酯）	s13	EHS	0.57	1.8	0.99	1.0	1	1.0	5.0	cat Ⅲ	
17	乙己基三氮酮（辛基三氮酮）	s69	EHT	0.22	4.5	1	1.0	1	1.0	5.0		
18	乙基己基二甲基 PABA（帕地马酯 O）	s08	EHDP	0.28	3.6	1	1.0	1	1.0	8.0	cat Ⅲ	X
19	水杨酸高莔酯（胡莫柳酯）	s12	HMS	0.61	1.6	1	1.0	1	1.0	10.0	cat Ⅲ	X
20	对甲氧基肉桂酸异戊酯（阿米洛酯）	s27	IMC	0.3	3.3	0.99	1.0	1	1.0	10.0		
21	氰双苯丙烯酸辛酯（奥克立林）	s32	OCR	0.46	2.2	0.96	1.0	0.99	1.0	10.0	cat Ⅲ	X
22	对氨基苯甲酸（PEG-25 PABA）	s03	PEG-25 PABA	0.61	1.6	1	1.0	1	1.0	10.0		
23	苯并咪唑磺酸（恩索利唑）	s45	PBSA	0.31	3.2	0.99	1.0	1	1.0	8.0	cat Ⅲ	X
24	聚硅氧烷 -15（无 USAN）	s74	PS15	0.59	1.7	1	1.0	1	1.0	10.0		
25	二氧化钛（纳米二氧化钛）	s75	TiO2（nano）	0.41	2.4	0.75	1.3	0.84	1.2	25.0	GRAS/E	X

续表

广谱 /UVA I 吸收剂			功效（T 和 mPF 为 1% 吸收剂）			注册（欧盟 -%）		全球
INCI- 名称（无 USAN）	EU-#	缩写词	T 和 mPF @310nm	T 和 mPF @370nm	T 和 mPF @390nm	美国 FDA	最大 %	
26 三联苯三嗪（纳米）	s84	TBPT（nano）	0.26　3.8	0.64　1.6	0.71　1.4	cat Ⅲ：所需数据或 FDA 的 GRASE 状态	10.0	X

使用巴斯夫防晒模拟器（xy）计算

$T=$ 透射率，单色光防护指数 mPF $=1/T$

本章中所列的紫外线吸收剂是全球使用最广泛的，在化妆品成分国际命名法（International Nomenclature of Cosmetic Ingredients, INCI）和美国采用名称（US Adopted Name, USAN）中均有列出，并在下文中列出和使用 INCI 的缩写。这些吸收剂在 UVB 和 UVA1 范围内的 310、370 和 390 nm 处均有 3 个单色保护因子（mPF）值，1% 浓度下的效果和效率如下所示：强 UVB 吸收剂 EHT 提供了 @310nm 的峰，$T=0.05$（mPF=25）。对于同样的紫外线吸收剂，无论其浓度如何（$T=1.0$，mPF=1.0），对于 370 nm 和 390 nm 的紫外线吸收剂没有影响。所有列出的紫外线吸收剂都获得了欧盟的批准，并注明了最大使用浓度。在美国，根据最新的提议规则，对 GRAS/E 和 III 类（需要更多数据）进行了区分。全球注册取决于美国的情况，这可以作为选择有效的紫外线吸收剂组合的指南，例如非常好的 UVA 防护和最终光谱稳态。

图 28.3　SPF/UVA-PF 方法的未来工具箱

* 评估相对准确性和成本。
* 每种工具或方法都有其首选的应用领域和用途。

目前的金标准提供了 UVR- 剂量终点，即 SPF（和 UVA-PF）。替代方法提供了针对模拟日光（ISO 24444）和真实日光的全面保护／表减光谱和 SPF，以及由此衍生的保护指标，如 UVA-PF、CW、pa+++ 评级，BOOTS 星级评级，紫外线辐射剂量等；这些指标已经获得许可荣得可手摘自参考文献。

准确量化SPF和UVA-PF，但UVA图像清晰地显示保护部位以及随着时间减少的情况。未来，防晒霜开发者和监管机构将拥有一个工具包，以选择适合不同目标的理想方法（图28.3）。

对于监测性能，特别是开发新型防晒霜而言，防晒霜的评估方法至关重要。在过去的十年中，ISO统一了所有相关的防晒性能评估方法。未来还将采用其他SPF方法。这些新的替代方法将经过彻底的验证程序。

紫外线吸收平台因地域不同而有所不同。在美国，由于监管限制，平台的选择具有二元性，即只能选择有机或无机。唯一一种有机UVA吸收剂（即阿伏苯酮）和无机UV吸收剂（如TiO$_2$或ZnO）的组合是被禁止的。而在其他地区，这种有机和无机紫外线吸收剂的组合被证明是非常有效的选择。此外，与美国不同的是，它们可以使用更大、更现代化的紫外线吸收剂。

现在，FDA正在向正确的方向迈进。弱临界波长标准370 nm被更严格的标准UVAI/UV比值＞0.7所取代。此外，由于可见光对黄褐斑和色素沉着有明显的促进作用，保护范围应从400 nm向外延伸至450～500 nm的可见光/蓝光范围。目前的SPF标签可能会被高估，因为可见光也可能与临床相关。

安全争议

在实现和评价防晒霜的性能方面，似乎并不是很困难，但是涉及人类和环境的安全问题，这就使得事情变得更加复杂。科学工作在完成之前就在媒体上广泛宣传是很常见的，但大多数人只是知道或使用化妆品和防晒霜，却很少了解其成分的细节，因此很容易成为虚假信息的受害者。媒体的报道往往以消极的角度为主。

二十年前Schlumpf等对激素样效应进行的研究引起了人们对紫外线吸收剂可能通过皮肤进入体内而产生的影响的担忧。其中一个结果是4-甲基亚苄基樟脑（4-methylbenzylidene camphor，4-MBC），一种当时非常常用的多功能紫外线吸收剂，在几年内就被淘汰出防晒霜配方。在Schlumpf的试验中，4-MBC表现出最高的雌激素样活性，尽管其水平非常低（远低于阳性对照）。然而，它成为新开发紫外线防晒剂的非官方标准。与此同时，bemotrizol（BEMT）、Tinosorb S和Bisoctrizole（MBBT）对雌激素和雄激素受体的作用未显示出任何结合/亲和力。这些研究促进了工业界、学术界和权威机构对此进一步研究的开展。

自上述试验以来，一个众所周知的问题一直存在：紫外线吸收剂是否被皮肤吸收？如果是，吸收量有多大？这引出了有关经皮吸收的问题，已经有很长时间的证据支持这一点。最近，由FDA进行的临床研究也证实了这一点（见图28.4）。

紫外线吸收剂的分子形式能够真实地穿透和渗透。一种成分能否渗透皮肤的主要指标是其分子量（通常为MW＜500 Da）和辛醇/水分配系数logPo/w（通常−1＜logPo/w＜3时渗透皮肤）。表28.2列出了每种UV吸收剂的logPo/w值。FDA的临床研究结果（图28.4）证实了这一普遍规律，即BP-3的亲脂性远低于其他试验的所有紫外线吸收剂，因此其在体内吸收率很高。

然而，有充分的证据表明，存在于纳米粒子形式中的无机紫外线吸收剂并非如此。纳米颗粒问题也是人类安全讨论的一部分，包括一些专家的困惑，这正在蔓延至公众领域。Berube称为"关于防晒霜和纳米粒子的纳米辩论中的修辞花招"。一些防晒霜制造商自己也参与此宣传，他们宣称"无纳米"。这种声明导致制造低渗透性防晒霜的整个领域似乎都要被无情地抛弃。因此，与分子溶解的（有机）紫外线吸收剂相比，人们试图用另一个口号"NANO　　MEANS BIG"来对抗"无纳米"的趋势。

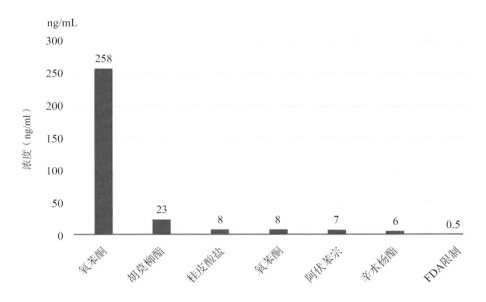

图 28.4

FDA 的规定表明，经皮吸收的紫外线吸收剂的阈值为 0.5 ng/mL。这一阈值表示这种化学物质可能对人体有害。如果超过这个阈值，FDA 就要求进行长期毒性试验。更多详情可参考文献

表 28.2　全球最常用的紫外线吸收剂：欧盟注册状态（最大 /%），美国和全球

	广谱 UVA ┃ 吸收剂			注册（欧盟 -%）		安全暴露			
	EU-#	缩写	Max %	美国食品药品监督管理局	全球	CoRAP(EU)	ED list/（纳米）	DA(g/mol)	log Po/w
1	s81	BEMT	10.0					628	＞ 5.6
2	s66	BMBM	5.0	cat Ⅲ	X	CoRAP		310	6.1
3	s83	DHHB	10.0					398	6.2
4	s80	DPDT	10.0			＜ 100 to/a		677	2.4
5	s73	DTS	15.0			＜ 100 to/a		502	10.8
6	s79	MBBT（纳米）	10.0				（纳米）	659	12.7
7	s71	TDSA	10.0	cat Ⅲ	X	＜ 100 to/a		563	3.8
8	s76	ZnO（纳米）	25.0	GRAS/E	X	CoRAP	（纳米）	(81)n.a.	n.a.
9	s86	PBDT	5.0			＜ 100 to/a		541	6.4
11	s60	4-MBC	6.0			＜ 100 to/a	ED list	254	5.1
12	s38	BP3	6.0	cat Ⅲ	X	CoRAP	ED list	228	3.5
13	s40	BP4	5.0	cat Ⅲ	X			308	0.3
14	s78	DBT	10.0			CoRAP		766	4.1
15	s28	EHMC	10.0	cat Ⅲ	X	CoRAP	ED list	290	＞ 6
16	s13	EHS	5.0	cat Ⅲ	X	CoRAP		250	6.4
17	s69	EHT	5.0					823	7
18	s08	EHDP	8.0	cat Ⅲ	X	＜ 100 to/a		277	5.8
19	s12	HMS	10.0	cat Ⅲ	X	CoRAP	ED list	262	＞ 6
20	s27	IMC	10.0			CoRAP		248	4.8
21	s32	OCR	10.0	cat Ⅲ	X	CoRAP		361	6.1

	广谱 UVA ｜ 吸收剂			注册（欧盟 -%）		安全暴露			
	EU-#	缩写	Max %	美国食品药品监督管理局	全球	CoRAP(EU)	ED llst/（纳米）	DA(g/mol)	log Po/w
22	s03	PEG-25 PABA	10.0			< 100 to/a		357	1.4
23	s45	PBSA	8.0	cat Ⅲ	X			274	-1.4
24	s74	PS15	10.0			< 100 to/a		> 6000	n.d.
25	s75	TiO2（纳米）	25.0	GRAS/E	X	CoRAP	（纳米）	(81)n.a.	n.a.
26	s84	TBPT（纳米）	10.0			< 100 to/a	（纳米）	538	10.4
				状态所需的数据	X	不在评估范围 或 < 100 to/a		< 500 Da	-1 < log Po/w log Po/w < 4

关于美国食品药品监督管理局（US-FDA）对安全评估的状况（GRAS/E，即通常被认为是安全和有效的）、欧盟环境相关机构（ECHA、CoRAP）、内分泌干扰物（ED 清单）和纳米领域的情况，以及相关成分的性质，分子量（Da）和辛醇／水分配系数对数值 log Po/w 已列出

然而，对于纳米颗粒吸入的担忧最近促使人们推荐使用安全的防晒喷雾产品。例如，FDA 在 2019 年建议防晒霜产品中 90% 的颗粒至少在 10 pm 以上，以限制暴露于喉部以外，并防止在肺部深处沉积，消费者体内分布的最小颗粒尺寸不小于 5 pm。

紫外线吸收剂的环境问题

有些紫外线吸收剂被指责对环境有害，这些担忧促使人们对天然或生物可降解的紫外线吸收剂需求增加。然而，生产紫外线吸收剂有一个主要挑战，那就是它们需要保持稳定（尤其是在阳光下稳定）至少一整天，并且还要环保。需要注意的是，目前所有使用的紫外线吸收剂均为人工合成的，包括无机 ZnO 和 TiO$_2$。尽管天然的紫外线吸收剂有时会被认为是生物可降解的，但实际上，它们需要特定的化学结构来吸收紫外线辐射，这种化学结构类似于自然界中发现的吸收紫外线的成分或染料。目前有一些替代品正在研究中，但它们尚未准备好进行商品化。

随着全球多地珊瑚礁白化和死亡，防晒霜已成为研究的焦点。尽管现在越来越清楚的是，其对于任何损害的影响可能都是微不足道的。在 2008 年，Danovaro 等进行了初步的研究，但只有 2016 年，Downs 等的实验室研究才激发了更广泛的兴趣，并在过去几年中引发了更多的研究。这些初步研究已经促使一些最受关注的地区或国家制定了基于立法的禁令，如夏威夷和帕劳。Michelmore 等和 Renegar 和 Dudley 在最新的综述中总结：尽管目前的数据表明紫外线吸收剂对美国和全球珊瑚的风险微不足道，但在现实生活条件下评价浓度是异常困难的，因此目前没有足够的研究或有效的试验方法来进行比较研究。

这些浓度存在明显的时间和地点差异。近期有一项评价美国氧苯酮环境安全性的研究表明，当氧苯酮排放到下水道中时，对美国淡水环境不会造成风险，这令人鼓舞。同时，英国个人护理产品委员会为满足标准化试验方法的需要，最近开发出一套可靠的珊瑚毒性（急性和慢性）试验系统，利用珊瑚敏感物种，在珊瑚礁附近海水中短期和长期最坏情况下来评价紫外线吸收剂的毒性。这种客观和有效的试验方法以及可信的环境风险评价的研究数据将有望很快证明紫外线吸收剂对珊瑚礁死亡率的影响可忽略不计。

目前，一些营销宣传称某些产品对珊瑚礁是安全的。然而，最近针对加州一家公司的执法行动表明，这些功效宣传必须通过使用有效

和标准化的试验方法来证实。因此，做出此类宣称的公司受到了警告。欧莱雅最近赞助的一项研究观察了一种珊瑚对某些防晒霜成分的反应。总之，这项研究强调我们需要提高对紫外线吸收剂和防腐剂的初始浓度以及它们单独和联合对珊瑚影响的认识。

防晒霜供应商还开发了一些工具来帮助消费品公司评估防晒霜配方的生态特性。这些工具使用紫外线吸收剂的生态毒性数据，帮助鉴定更环保的组合，比如Eco Sunpass™或DSM Sunscreen Optimizer™的生态分析。这些评估考虑了紫外线吸收剂的毒理学特性，以及与功效和暴露相关的使用浓度。高效的紫外线吸收剂可在较小浓度下使用，以达到与较弱吸收剂相同的性能。其中一个重要的毒理学终点是生物积累，例如，奥克立林一直受到长期的关注，但最近的研究对其进行了澄清。

科学有效的生态毒性数据库和基于风险管理的方法的建立，已经取得了稳步进展，这为评估防晒霜的人体和环境安全性提供了良好的前景。这将有助于澄清有关防晒霜安全性的任何疑虑，并有助于重新激发消费者继续使用它的信心和信任。

监督管理

安全性是使用任何消费品或药品的先决条件。此外，防晒产品被广泛使用，通常每天都会给儿童使用，而且使用寿命长，因此安全性要求尤为高。针对紫外线吸收剂的安全性评价是监管机构批准的强制性要求。与某些被设计为全身吸收以发挥其作用的药物不同，皮肤表面的紫外线吸收剂沉积是其有效性的先决条件，而不是被人体吸收的目的。因此，防止晒伤、皮肤损伤以及已知的紫外线致癌作用是与紫外线吸收剂和防晒产品相关的主要健康益处。

不同的司法管辖区对防晒产品的监管方式有以下几种：

①化妆品（在大多数国家最常见）

②非处方药（OTC）或治疗用品（美国、加拿大和澳大利亚）

③医疗器械/医疗产品的组合

④颁布地方条例或立法，在地方一级禁止销售防晒霜

⑤"舆论法庭"主导消费者情绪和企业决策，不再根据对防晒产品或成分安全性的禁令和消费者的意见来销售防晒产品

欧盟——防晒霜作为化妆品监管

在欧洲，防晒霜的生产和销售受到化妆品法规的监管，主要基于安全、自我责任和政府市场监管原则。不过，与其他国家相似，紫外线吸收剂必须符合正面清单（附件Ⅵ）的标准方可使用。这个上市前批准的过程包括两个步骤。首先，消费者安全科学委员会（SCCS）评估紫外线吸收剂使用的安全性，并向欧盟委员会报告其科学意见；然后，欧盟委员会可以批准该成分在化妆品中的使用，将其加入化妆品法规中的紫外线吸收剂正面清单。澳大利亚、日本、中国和巴西等多数国家也有类似的要求。

这些科学意见可以为紫外线吸收剂的使用者提供根据暴露情况的使用指导，正如SCCS最近更新的有关二苯甲酮-3的意见所示。对于消费者而言，面霜的最大安全浓度保持在6%，但该意见建议将体霜的浓度降低至2.2%（这会导致更高剂量的暴露），前提是其不含有0.5%的BP-3，这是化妆品允许用于产品保护的添加剂。所有的改进和创新都必须遵守这样的科学意见和更新，其中也包括最近发表的关于公认和常用的紫外线吸收剂Octocrylene和Octocrylene的意见。此外，在环境问题上，化妆品法规中的所有成分都受到欧洲化学品管理局（european chemicals agency，ECHA）的管辖范围，该机构已确定数种紫外线吸收剂在社区轮滚行动计划

（community rolling action plan，CoRAP）下采　取监管行动（见表28.2）。

表 28.3　FDA 2021 建议的防晒霜紫外线吸收剂 GRASE 状态和所需的研究

FDA提出GRASE状态		体外研究	·体外渗透试验
活性成分	**类别**		
氨基苯甲酸（PABA）	Ⅱ	人体临床研究	·皮肤刺激和致敏 ·真皮光安全性 ·人体吸收研究/最大使用试验（必须先导和关键）
三乙醇胺水杨酸	Ⅱ		
氧化锌	Ⅰ		
二氧化钛	Ⅰ		
阿伏苯宗	Ⅲ	非临床（动物）研究如果全身收 > 0.5ng/ml	·真皮致癌性 ·系统性致癌性 ·发育和生殖毒性 ·毒性动力学（ADME） ·激素的影响
恩索利唑	Ⅲ		
胡莫柳酯	Ⅲ		
美拉地酯	Ⅲ		
桂皮酸盐	Ⅲ	其他	·儿科数据（根据具体情况-取决于安全边际） ·上市后安全数据
辛水杨酯	Ⅲ		
奥克立林	Ⅲ		
氧苯酮	Ⅲ		

需要通过研究来确定 Ⅲ 类成分的GRASE

** Ⅰ类=安全有效；Ⅱ类=不安全且不有效；Ⅲ类=需要进一步的数据来确定安全性或有效性

来源：https://www.fda.gov/media/94513/download；http://www.fda.gov/media/125080/download

美国——防晒霜作为非处方药监管

紫外线吸收剂和防晒霜在美国被归类为OTC药品，因为其旨在预防、治愈、治疗或缓解疾病，或影响身体的结构或功能。它们能够吸收、反射或散射有害的日光辐射线，从而改变对日光辐射的正常生理反应，因此属于FDA对"药物"的定义。作为药物，它们需要与防晒药物产品或活性药物成分（active pharmaceutical ingredients，API）配制，以获得FDA上市前批准。配制防晒药物需要通过新药申请（new drug applications，NDAs）提交非临床和临床数据，以支持药物产品的安全性和有效性。原料药或紫外线吸收剂作为OTC防晒霜的活性成分受FDA有关OTC防晒药物专论（21 CFR第352部分）的约束。该专论确立一般认为OTC防晒药物产品安全有效（generally recognized as safe and effective，GRASE）且不会错误贴标的规则。目前，FDA的OTC药物专论体系正在进行改革。

2019年，FDA指出，在获准用于无NDA防晒产品的16种紫外线吸收剂中，只有两种成分（氧化锌和二氧化钛）是GRASE（第1类），两种成分（对氨基苯甲酸和水杨酸三乙醇胺）由于安全考虑不属于GRASE（第2类），必须停止使用。FDA还表示，需要额外的安全性数据来支持其余12种成分的审核（表28.1～表28.3）。他们还表示，如果工业部门在获得所需信息方面取得进展，紫外线吸收剂仍然可以继续销售。

随后，美国食品药品监督管理局（FDA）于2021年9月24日发布了防晒霜产品的"认定最终命令"，以规定目前销售的OTC防晒霜产品的要求，并发布了新的"拟议命令"（proposed order，PO），以修改和修订该OTC防晒霜产品的认定最终命令。该PO反映了FDA对未来OTC防晒产品的要求，并重申了2019年关于紫外线吸收剂GRASE状态和试验要求的既往提议。因此，尽管FDA确实要求提供更多的数据，但它并未表明这些成分中的任何一种不安全，也未要求消费者停止使用含有这些成分的防晒霜。目前还存在一个有待解决的问题，即是否有足够的信息来支持这些成分的安全性，而个人护理产品委员会（personal care products council，PCPC）防晒霜联盟正在与FDA合作解决这一问题。

关于新型紫外线吸收剂，FDA于2015年完成了对自2002年以来收到的8份"时间和程度的申请"（Time and Extent Applications，TEA）中每一份提交的安全性和有效性数据的初步审查。这是在"防晒霜创新法案"（Sunscreen Innovation Act，SIA）颁布之前的事情。该法案是另一项加速注册过程的尝试（详见表28.4）。在这8个案例中，FDA的结论是需要更多的数据来确定成分是否属于GRASE，并要求申请方提供更多的人体临床、动物和功效数据。然而，TEA申请方对FDA要求提供更多数据提出质疑，至2017年仍未提供进一步数据。

表 28.4　提交给 FDA 的防晒霜 TEAs 相关日期

防晒活性成分	递交申请日期	FDA 通知保荐人申请获得审查资格的日期	赞助商或其他相关方提交的安全性和有效性数据	FDA 发布初步的 GRASE 测定
阿米洛酯	8/14/2002	7/11/2003	8/15/2003 10/1/2003	2/25/2014
乙基己基三嗪酮	8/21/2002	7/11/2003	10/3/2003 1/9/2004 7/2/2004 12/21/2006	6/23/2014
恩扎卡明	8/21/2002	7/11/2003	10/9/2003	2/25/2015a
并辛酚三唑	4/11/2005	12/5/2005	2/27/2006	9/3/2014
苯三嗪醇	4/11/2005	12/5/2005	2/28/2006 11/29/2006	11/13/2014
二乙基己基丁酰胺三氮酮	9/16/2005	7/26/2006	10/24/2006 7/6/2007 5/6/2010	2/21/2014
依莰舒	9/18/2007	9/12/2008	11/14/2008	2/25/2015a
甲酚曲唑三硅氧烷	1/16/2009	6/2/2010	7/14/2010	8/29/2014

来源：GAO 对美国食品和药物管理局（FDA）和 regulation .gov 文件的分析。

2019年6月7日，DSM营养产品有限责任公司（DSM）与FDA商讨了DSM提出的研究计划，旨在填补数据缺口，以支持将双-乙基己氧苯酚甲氧苯基三嗪（Bemotrizinol）（6%）作为防晒霜使用的活性成分纳入OTC防晒霜专论，并通过TEA监管途径获得批准。如果成功，这将成为自1997年以来首个添加到防晒霜专论中的新活性成分。

针对某些非处方防晒药物可能对珊瑚和（或）珊瑚礁造成影响的担忧，FDA发布了一份环境影响声明（environmental impact statement，EIS）。公众筛查流程已经启动，FDA正在考虑与氧苯酮和桂皮酸盐相关的潜在环境影响，以便在针对含有这些成分的防晒霜下达最终防晒订单前，如果需要，完成EIS。2020年防晒霜PO中，FDA再次简要提到了EIS。

此外，目前美国国家科学、工程和医学研究院（National Academy of Science，Engineering，and Medicine，NASEM）正在进行防晒项目。在美国环保署的指导下，该项目将评估与防晒霜相关的水生、海洋和人类健康风险，并评估防晒霜的风险与公共健康益处。该研究将于2022年年中提供急需的、平衡的现状评价。

欧盟——防晒霜作为医疗器械监管

大约十年前，欧洲的防晒产品开始采用医疗器械（medical device，MD）的方式，从而使防晒产品得以做出超出化妆品规定范围的宣称，只要这种宣称经过科学研究证实，例如，当通过临床实验予以证实时，可以提出皮肤癌预防宣称。ACTINICA是第一种作为医疗器械的防晒产品，其功效宣称基于对非黑素瘤皮肤癌和日光性角化病预防的临床研究。虽然它最初并未宣称SPF，但目前已知其SPF约为60。

随着ACTINICA的成功，许多公司开始通过药店销售自己品牌的产品，并将这种监管途径视为将自己产品与欧洲化妆品产品差异化的一种方式。但在硅胶植入物泄漏丑闻后，整个欧洲的医疗器械法规进行了更新。尽管MD路径原则上也有可能引入新的紫外线吸收剂，但由于欧洲禁止动物试验，目前在化妆品中几乎不可能引入新的紫外线吸收剂。因为安全性评价的一些终点仍需动物试验，而化妆品及其成分禁止使用动物试验。

公众舆论法庭"禁止"销售紫外线吸收剂

现今还有一种强有力的方式，即"允许"紫外线吸收剂和其他一些成分。这种方式是由广告、化妆品品牌和零售商制定的限制成分政策所推动的，从公众的角度来看。这种限制或禁令通常是由非政府组织或消费者组织支持的文献和指控所引发的。因此，防晒霜制造商经常面临着科学发现、夸大其词的陈述、不当指控和完全错误的信息。例如，对于防晒霜中是否有关纳米技术的争议所进行的科学分析，被称为"虚假小动作"。在这种情况下，最好从一开始就进行公开沟通，特别是在错误信息开始出现之前。《揭秘手册》（Debunking Handbook）有助于了解这种心理背景。BASF Nano对话是一个很好的例子，说明有多少利益相关者可以接触到。

未来方向

关于紫外线吸收剂，目前尚未找到进一步

创新的方法，因为欧洲已禁止对任何化妆品成分或最终产品进行动物试验。选择防晒霜的药物或医疗器械路径可能解决这个问题。

最近的环境问题可能出现新的法规，基于对目前可信科学调查的审查。同时，一些州或国家已基于有限数据禁止某些紫外线吸收剂。不过，更多的科学数据和风险评价计算即将到来，政府将做出更明智的监管决策。

然而，我们可以达成共识的是，防晒霜已对公众健康做出了积极的贡献。这些新的挑战无疑会使防晒霜更好、更可靠和更值得信赖。此外，虽然我们还未得到所有的答案，但研究更多的数据继续支持防晒霜在人类和环境安全性方面的使用，以及正在支持新技术创新的科学研究方面。我们正在稳步取得进展，这肯定有助于澄清有关防晒霜安全性的任何困惑，并重新点燃消费者对其继续使用的信心和信任。

因此，接下来可能是又一个创新的十年，延续20世纪蓬勃发展的趋势。这至少是被忽视了30年的"2021年伦敦防晒大会"所宣布的。大会涉及以下内容：

- 日晒的风险和益处
- 污染与日晒的关系
- 防晒需要的类型和数量
- 预防UVA和皮肤癌
- 防晒产品试验的进展和未来展望
- 防晒霜对环境的影响
- 了解消费者对防晒产品的需求

原文参考文献

FDA,Tips toStay Safe in theSun:FromSunscreen toSunglasses, https://www.fda.gov/consumers/consumer-updates/tips-stay-safe-sun-sunscreen-sunglasses, Accessed 2021-03-21.

Hatch K, Osterwalder U. Garments as solar UV radiation screening materials. Dermatol Clin. 2006, 24:85-100. doi: 10.1016/j.det.2005.09.005

Venosa A, Dress to Protect: 5 Things that Affect How Well Your

Clothes Block UV Rays, https://www.skincancer.org/blog/dress-to-protect-5-things-that-affect-how-well-yourclothes-block-uv-rays/viewed 2021-06-14.

Liffrig JR. Phototrauma prevention. Wilderness Environ Med. 2001 Fall;12(3):195-200. doi: 10.1580/1080-6032(2001) 012[0195:pp]2.0.co;2. PMID: 11562019.

Osterwalder U, Herzog B: The long way towards the ideal sunscreen-where we stand and what still needs to be done, Photochem Photobiol Sci. 2010 Apr, 9(4):470-81. doi: 10.1039/b9pp00178f

Dobak J, Liu FT. Sunscreens, UVA, and cutaneous malignancy: adding fuel to the fire. Int J Dermatol. 1992 Aug, 31(8):544-8. doi: 10.1111/j.1365-4362.1992.tb02714.x. PMID: 1428442.

Gasparro FP, Mitchnick M, Nash JF. A review of sunscreen safety and efficacy. Photochem Photobiol. 1998 Sep, 68(3): 243-56. PMID: 9747581.

Wang SQ, Setlow R, Berwick M. Polsky D, Marghoob AA, Kopf AW, Bart RS. Ultraviolet A and melanoma: a review. J Am Acad Dermatol. 2001 May, 44(5):837-46. doi: 10.1067/mjd.2001.114594. PMID: 11312434.

Lund LP, Timmins GS. Melanoma, long wavelength ultraviolet and sunscreens: controversies and potential resolutions. Pharmacol Ther. 2007 May, l 14(2):198-207. doi: 10.1016/j. pharmthera.2007.01.007. Epub 2007 Feb 15. PMID: 17376535.

Godar DE, Subramanianb M, Merrill SJ. Cutaneous malignant melanoma incidences analyzed worldwide by sex, age, and skin type over personal Ultraviolet-B dose shows no role for sunburn but implies one for Vitamin D3. Dermato-Endocrinology. 2017, 9(1):el267077 (12 pages) doi: 10.1080/19381980.2016.1267077

Konger RL, Ren L, Sahu RP, Derr-Yellin E, Kim YL. Evidence for a non-stochastic two-field hypothesis for persistent skin cancer risk. Sci Rep. 2020 Nov 5, 10(1):19200. doi: 10.1038/s41598- 020-75864-2. PMID: 33154396; PMC1D: PMC7645611.

Godar D. UV and reactive oxygen species activate human papillomaviruses causing skin cancers. Curr Probl Dermatol. 2021, 55: 339-353. doi: 10.1159/00051764

Welch HG, Mazer BL, Adamson AS. The rapid rise in cutaneous melanoma diagnoses. N Engl J Med. 2021 Jan 7, 384(1): 72-9. doi: 10.1056/NEJMsb2019760. PMID: 33406334.

Diffey BL, Grice J. The influence of sunscreen type on photoprotection. Br J Dermatol. 1997, 137:103-5. doi: 10.1046/j. 1365-2133.1997.17761863.x, PMID: 9274634

Haywood R, Wardman P, Sanders R. et al. Sunscreens inadequately protect against ultraviolet-a induced free radicals in skin: implications for skin aging and melanoma? J Invest Dermatol. 2003, 121:862-8. doi: 10.1046/j.1523-1747.2003.12498.X

Autier P, Doré JF, Schifflers E, et al. Melanoma and use of sunscreens: an EORTC case-control study in Germany, Belgium and France. The EORTC Melanoma Cooperative. Int J Cancer. 1995 Jun 9:61:749-55. doi: 10.1002/ijc.2910610602

Reinau D, Meier CR, Blumenthal R, Surber C. Skin cancer prevention, tanning and vitamin D: a content analysis of print media in Germany and Switzerland. Dermatology. 2016, 232(1):2-10. doi: 10.1159/000435913

Surber C, Osterwalder U. Challenges in sun protection. Curr Probl Dermatol. 2021, 55: 1-43: doi: 10.1159/000517590

Osterwalder U, Sohn M. Herzog B. Global state of sunscreens. Photodermatol Photoimmunol Photomed. 2014, 30(2-3):62-80. doi: 10.1111/phpp.12112

ISO 24444:2019: Cosmetics Sun protection test methods - In vivo determination of the sun protection factor (SPF). Available from: https://www.iso.org/standard/72250. html, viewed 12.10.2020

Diffey B, Osterwalder U. Labelled sunscreen SPFs may overestimate protection in natural sunlight. Photochem Photobiol Sci. 2017, 16(10):1519-23. doi: 10.1039/c7pp00260b

McKinlay, A. F. and B. L. Diffey (1987) A reference action spectrum for ultraviolet induced erythemal in human skin. CIE J. 6, 17-22.

Herzog B, Hueglin D, Osterwalder U. In: Shaat NA. (eds) New sunscreen actives in sunscreens, regulations and commercial development, 3rd edn., Taylor and Francis, 2005, 291-320

BASF Sunscreen Simulator, https://www.sunscreensimulator. basf.com/Sunscreen_Simulator/login, accessed 2020-03

Herzog B and Osterwalder U. Simulation of sunscreen performance. Pure Appl Chem. 2015, 87(9-10):937-51. doi: 10.1515/pac-2015-0401

DSM Sunscreen Optimizer, https://www.sunscreen-optimizer.com/index.html, accessed 2020-09-09

Diffey BL. The need for sunscreens with broad spectrum protection. In: Urbach F. (ed) Ultraviolet A Radiation Conference, San Antonio, TX. Overland Park, KS, USA Valdemar Publishing Company, 1992, pp. 321-328. (ISBN 0-9632105-0-5)

Kohli I, Braunberger TL, Nahhas AF, Mirza FN, Mokhtari M, Lyons AB, Kollias N, Ruvolo E, Lim HW, Hamzavi IH. Long-wavelength ultraviolet A1 and visible light photoprotection: a multimodality assessment of dose and response. Photochem Photobiol. 2020 Jan, 96(1):208-14. doi:

10.1111/php.13157

Boukari F, Jourdan E, Fontas E, et al: Prevention of melasma relapses with sunscreen combining protection against UV and short wavelengths of visible light: a prospective randomized comparative trial. J Am Acad Dermatol. 2015, 72(1):189-90.el. doi:10.1016/j.jaad.2014.08.023

Lund LP, Timmins GS. Melanoma, long wavelength ultraviolet and sunscreens: Controversies and potential resolutions. Pharmacol Therap. 2007, 114(2):198-207. doi: 10.1016/J. PHARMTHERA.2007.01.007

Hanay C, Osterwalder U: Challenges in formulating sunscreen products. Curr Probl Dermatol. 2021, 55: 93-111. doi: 10.1159/000517655

Sohn M, Krus S, Schnyder M, Acker S, Petersen-Thiery M, Pawlowski S, Herzog B: How to overcome the new challenges in sun care. SOFW J. 2020, 146(7+8):2-11.

Osterwalder U., Hareng L. Global UV filters: current technologies and future innovations. In: Wang S., Lim H. (eds) Principles and Practice of Photoprotection. Adis, Cham. 2016: 179-197.

US Food and Drug Administration (FDA): Sunscreen drug products for over the counter human use: proposed rule. Fed Regist. 2019, 84 (38):6204-75. https://www.govinfo.gov/content/pkg/FR-2019-02-26/pdf/201903019.pdf. Accessed March 4, 2019.

Pawlowski S, Herzog B, Sohn M, Petersen-Thiery M, Acker S. EcoSun Pass: a tool to evaluate the ecofriendliness of UV filters used in sunscreen products. Int J Cosmet Sci. 2021 Apr, 43(2):201-10. doi: 10.1111/ics.12681. Epub 2021 Jan 20. PMID: 33289148.

Young AR, Sheehan JM, Chadwick CA, Potten CS. Protection by ultraviolet A and B sunscreens against in situ dipyrimidine photolesions in human epidermis is comparable to protection against sunburn. J Invest Dermatol. 2000, 115(1):37-41. doi: 10.1046/J.1523-1747.2000.00012.X

Diffey BL. Sunscreens and melanoma: the future looks bright. Br J Dermatol. 2005, 153(2):378-81. doi: 10.1111/j.1365-2133.2005.06729.X

Diffey BL, Brown MW. The ideal spectral profile of topical sunscreens. Photochem Photobiol 2012, 744-7. doi: 10.1111/j.1751-1097.2012.01084.X

Lyons AB, Trullas C, Kohli I, Hamzavi IH, Lim HW. Photoprotection beyond ultraviolet radiation: a review of tinted sunscreens. J Am Acad Dermatol. 2020 Apr 23, S0190- 9622(20):30694-0. doi: 10.1016/j.jaad.2020.04.079. Epub ahead of print. PMID: 32335182

Surber C, Uhlig S, Colson B. Vollhardt J, Osterwalder U. Past, present and future of sun protection metrics. Curr Probl

Dermatol. 2021, 55: 170-187. doi: 10.1159/000517667

Osterwalder U, Schütz R, Vollhardt J: SPF assessment revisited -status and outlook. SOFW-J. 2018-04, 144:38-42.

Rohr M, Ernst N, Schrader A. Hybrid diffuse reflectance spectroscopy: non-erythemal in vivo testing of sun protection factor. Skin Pharmacol Physiol. 2018, 31(4):220-8. doi: 10.1159/000488249

ISO/CD 23698, Cosmetics Sun protection test methods- Measurement of the Sunscreen Efficacy by Diffuse Reflectance Spectroscopy, accessed at https://www.iso.org/standard/76699. html, 2021-04-03

Laughlin SA, Dudley DK, Dudley SA, Heinar T, Osterwalder U. Spectral Homeostasis Shielding can be Achieved in a Contemporary Sunscreen. Proceedings of the International Federation of Societies of Cosmetic Chemists, 30th IFSCC Congress, Munich, Germany, 2018, available at www.kosmet. com accessed 2021-01-19.

Ruvolo E, Aeschliman L, Cole C: Evaluation of sunscreen efficacy over time and re-application using hybrid diffuse reflectance spectroscopy. Photodermatol Photoimmunol Photomed. 2020, 36(3):192-9. doi: 10.1111/phpp.12535

ISO 24444:2019, Cosmetics - Sun protection test methods - In vivo determination of the sun protection factor (SPF), accessed at https://www.iso.org/standard/72250.html on 2021-04-03.

ISO 24443:2012, Determination of sunscreen UVA photoprotection in vitro, accessed at https://www.iso.org/standard/46522.html on 2021-04-03.

ISO 24442:2011, Cosmetics -Sun protection test methods - In vivo determination of sunscreen UVA protection, accessed at https://www.iso.org/standard/46521.html accessed on 2021-04-03.

ISO 16217: 2020(en), Cosmetics -Sun protection test methods - Water immersion procedure for determining water resistance, accessed at https://www.iso.org/obp/ui/#iso:std:iso:16217:ed-l:vl:en on 2021-04-03.

ISO 18861:2020(en), Cosmetics-Sun protection test methods -Percentage of water resistance, accessed at https://www.iso.org/obp/ui/#iso:std:iso:18861:ed-l:vl:en on 2021-04-03.

ISO/CD 23675, Cosmetics-Sun protection test Methods- In Vitro determination of Sun Protection Factor, accessed at https://www.iso.org/standard/76616.html on 2021-04-03.

Osterwalder U, Uhlig S, Colson B, Vollhardt J. Good as gold - validating SPF test methods. Cosmetics Toiletries. 2020, 135(4):41-DM17 https://cosmeticsandtoiletries.texterity.com/cosmeticsandtoiletries/april_2020/MobilePagedReplica. action? ajs_uid=5912I9523989J3J&oly _enc_ id=5912I9523989J3J&utm_source=newsletter-html&utm_

medium=email&utm_campaign=CT+E-Newsletter+04-05-2020&absrc=img&pm=l&folio=41#pg54 accessed 2021-01-06

Osterwalder U: Comment on the Food and Drug Administration (FDA) Proposed Rule: Sunscreen Drug Products for Overthe-Counter Human Use; Extension of Comment Period ID: FDA-1978-N-0018-15593 Tracking Number: Ik3-9ap4-lext Date Posted:Jul 15, 2019 RIN:0910-AF43 Docket ID:FDA-1978-N-0018 Document Type:Public Submission Document Subtype:Electronic Regulation from Form Status:Posted Received Date:Jun 26, 2019 https://www.regulations.gov/document?D=FDA-1978-N-0018-15593, accessed 2020-12-23.

Ruppert L, Kpster B, Siegert AM, Cop C, Boyers L, Karimkhani C, Winston H, Mounessa J, Dellavalle RP, Reinau D, Diepgen T, Surber C. YouTube as a source of health information: Analysis of sun protection and skin cancer prevention related issues. Dermatol Online J. 2017, 23(1):13030/qt91401264, http://dx.doi.org/10.5070/D3231033669

Scully M, Wakefield M, Dixon H. Trends in news coverage about skin cancer prevention, 1993-2006: increasingly mixed messages for the public. Aust N Z J Public Health. 2008, 32(5):461-6. doi: 10.1111/j.1753-6405.2008.00280.x

Hay J, Coups EJ, Ford J, DiBonaventura M. Exposure to mass media health information, skin cancer beliefs, and sun protection behaviors in a United States probability sample. J Am Acad Dermatol. 2009, 61(5):783-92. doi: 10.1016/j.jaad.2009.04.023

Schlumpf M, Cotton B, Conscience M, Haller V, Steinmann B, Lichtensteiger W: In vitro and in vivo estrogenicity of UV screens [published correction appears in Environ Health Perspect. 2001 Nov, 109(11): A517]. Environ Health Perspect. 2001, 109(3):239-44. doi:10.1289/ehp.01109239

Ashby J, Tinwell H, Plautz J, Twomey K, Lefevre PA. Lack of binding to isolated estrogen or androgen receptors, and inactivity in the immature rat uterotrophic assay, of the ultraviolet sunscreen filters Tinosorb M-active and Tinosorb S. Regul Toxicol Pharmacol. 2001 Dec, 34(3):287-91. doi: 10.1006/rtph.2001.1511. PMID: 11754532.

Calafat AM, Wong LY, Ye X, Reidy JA, Needham LL: Concentrations of the sunscreen agent benzophenone-3 in residents of the United States: National Health and Nutrition Examination Survey 2003-2004. Environ Health Perspect. 2008, 116(7):893-7, doi:10.1289/ehp.11269

Han C, Lim YH, Hong YC. Ten-year trends in urinary concentrations of triclosan and benzophenone-3 in the general U.S. population from 2003 to 2012. Environ Pollut. 2016 Jan, 208 (Pt B):803-10. doi: 10.1016/j.envpol.2015.11.002. Epub 2015 Nov 18. PMID: 26602792.

Matta KM, Zusterzeel R, Pilli NR, et al: Effect of sunscreen application under maximal use conditions on plasma concentration of sunscreen active ingredients a randomized clinical trial. JAMA. 2019, doi:10.1001/jama.2019.5586.

Matta MK, Florian J, Zusterzeel R, et al: Effect of sunscreen application on plasma concentration of sunscreen active ingredients: a randomized clinical trial [published correction appears in JAMA. 2020 Mar 17, 323(11):1098]. JAMA. 2020, 323(3):256-67. doi:10.1001/jama.2019.20747

Pflucker, F., V. Wendel, H. Hohenberg, et al., The human stratum corneum layer: an effective barrier against dermal uptake of different forms of topically applied micronised titanium dioxide. Skin Pharmacol Appl Skin Physiol. 2001, 14(1):92-7, doi: 10.1159/000056396

Sandstead HH, Zinc. In: Fowler BA, Nordberg M. (eds) Handbook on the Toxicology of Metals, 4th edn. San Diego, CA: Academic Press, 2015: 1369-1385. ISBN 978-0-444-594532-2

BerubeDM. Rhetorical gamesmanship in the nano debates over sunscreens and nanoparticles. J Nanopart Res. 2008, 10:23-37. doi: 10.1007/sl1051-008-9362-7

Surber C, Plautz J, Dahnhardt-Pfeiffer S, Osterwalder U. Size matters! issues and challenges with nanoparticulate UV-filters. Curr Probl Dermatol. 2021, 55: 188-202. doi: 10.1159/000517595

Osterwalder U, Flosser-Muller H: Nanoparticulate UV filters in sunscreens, Specialty Chem Mag 2016, July:47-49.

Mitchelmore CL, Burns EE, Conway A, Heyes A, Davies IA. A critical review of organic ultraviolet filter exposure, hazard, and risk to corals. Environ Toxicol Chem. 2021 Feb 2. doi: 10.1002/etc.4948. Epub ahead of print. PMID: 33528837.

Danovaro R, Bongiorni L, Corinaldesi et al: Sunscreens cause coral bleaching by promoting viral infections. Environ Health Perspect. 2008, 116(4):441-7. doi: 10.1289/ehp.10966

Downs CA, Kramarsky-Winter E, Segal R, Fauth J, Knutson S, Bronstein O, Ciner FR, Jeger R, Lichtenfeld Y, Woodley CM, Pennington P, Cadenas K, Kushmaro A, Loya Y. Toxicopathological effects of the sunscreen UV filter, oxybenzone (benzophenone-3), on coral planulae and cultured primary cells and its environmental contamination in Hawaii and the U.S. Virgin Islands. Arch Environ Contam Toxicol. 2016 Feb, 70(2):265-88. doi: 10.1007/s00244-015-0227-7. PMID: 26487337.

Hawaii State Legislature, The Senate Twenty-ninth legislature, 2018, State of Hawaii: S.B. NO. 2571, A Bill for an Act (2018). https://www.capitol.hawaii.gov/session2018/bills/SB2571_. HTM accessed 2020-09-09.

Palau Pledge in Passport: https://palaupledge.com, viewed 2021-03-14.

Palau to ban ten sun cream ingredients by 2020: https://chemicalwatch. com/71507/palau-to-ban-ten-sun-cream-ingredientsby- 2020, viewed 2021-03.

Palau bans 'reef-toxic' sunscreen: https://phys.org/news/2020-01-palau-reef-toxic-sunscreen.html, viewed 2021-03-14.

Renegar DA, Dudley DK. Interpreting risk from sunscreens in the marine environment. Curr Probl Dermatol. 2021, 55: 259-65. doi: 10.1159/000517636

Burns EE, Csiszar SA, Roush KS, Davies IA. National scale down-the-drain environmental risk assessment of oxybenzone in the United States. Integr Environ Assess Manage. 2021 Apr 29. doi: 10.1002/ieam.4430. Epub ahead of print. PMID: 33913597.

Unsubstantiated Coral "Reef Safe" Claims Enjoined In California, Released by: District Attorney, Santa Rosa, October 5, 2020 Press release:https://sonomacounty. ca.gov/DA/Press-Releases/Unsubstantiated- Coral-Reef-Safe/#: ~ :text=Unsubstantiated%20Coral%20 %E2%80%9CReef%20Safe%E2%80%9D%20 Claims%20 Enjoined%20In%20California&text=The%20 civil%20 complaint%20alleges%20violations,the%20 environment%20 and%20coral%20reefs

Fel, JR, Lacherez, C., Bensetra, A. et al. Photochemical response of the scleractinian coral Stylophora pistillata to some sunscreen ingredients. Coral Reefs. 2019, 38:109-122. doi: 10.1007/s00338-018-01759-4

Sohn M, Krus S, Schnyder M, Acker S, Petersen-Thiery M, Pawlowski S, Herzog B: How to overcome the new challenges in sun care. SOFW J. 2020, 146(7+8):2-11.

Acker S, Pawlowski S, Herzog B. UV filter compositions and methods of preparation and use thereof, BASF SE, WO2019207129, 2019.

Pawlowski S, Petersen-Thiery M: Sustainable sunscreens: A challenge between performance, animal testing ban, and human and environmental safety. In: Tovar-Sanchez A, Sanchez-Quiles D, Blasco J. (eds) Sunscreens in coastal ecosystems. The Handbook of Environmental Chemistry 2020, 94. Springer, Cham, doi: 10.1007/698_2019_444

Pawlowski S, Lanzinger AC, Dolich T, Fiifil S, Salinas ER, Zok S, Weiss B, Hefner N, Van Sloun P, Hombeck H, Klingelmann E, Petersen-Thiery M. Evaluation of the bioaccumulation of octocrylene after dietary and aqueous exposure. Sci Total Environ. 2019 Jul 1:672:669-79. doi: 10.1016/j.scitotenv.2019.03.237. Epub 2019 Mar 21. PMID: 30974358.

Cosmetic Products. Regulation (EC) no. 1223/2009 of the European parliament and of the council of 30 November 2009 on cosmetic products. Annex VI. 2009. Available at http://eur-lex.europa.eu/LexUriServ/LexUriServ. do?uri=COM: 2008:0049:FIN:EN:PDF. Accessed 13 Feb 2015.

Rogiers V, Pauwels M. Safety assessment of cosmetics in Europe, Current Problems in Dermatology 2008, 36, S Karger AG, Basel doi: 10.1159/isbn.978-3-8055-8656-6

White I et al The SCCS'S notes of guidance for the testing of cosmetic substances and their safety evaluation. 8th revision. SCCS/1501/12. 2012. https://ec.europa.eu/health/sites/ default/files/scientific_committees/consumer_safety/docs/ sccs_o_224.pdf

Therapeutic Goods Administration. Australian regulatory guidelines for sunscreens, Version 1.0. 2012. https://www. tga. gov.au/sunscreens Accessed 2021-067-142016.

Xia J. Review of cosmetics regulations in Asia, http://www.skin-care-forum.basf.com/en/author-articles/reviewof -cosmetics-regulations-in -asia /2012/12/07? id= a016034e-663a-4159-bf 20-2cdae216763e&mode=Detail. Accessed 2015-04-05.

ANVISA Brazil. http://portal.anvisa.gov.br/wps/content/ Anvisa+Portal/Anvisa/Inicio/Cosmeticos Accessed 2015-04-05.

Scientific Committee on Consumer Safety, OPINION on Benzophenone-3, SCCS/1625/20 Final opinion, 15 December 2020, accessed at https://ec.europa.eu/health/sites/ health/files/scientific committees/consumer safety/docs/sccs o 247.pdf, on 2021-04-07.

Scientific Committee on Consumer Safety, OPINION on Octocrylene, SCCS/1627/21 Final opinion, 15 January 2021, accessed at https://ec.europa.eu/health/sites/health/files/ scientific_committees/consumer_safety/docs/sccs_o_249. pdf, on 2021-04-07.

Scientific Committee on Consumer Safety, Preliminary opinion on Homosalate, SCCS/1622/20 Preliminary opinion, 27-28 October 2020, accessed at https://ec.europa.eu/health/sites/ health/files/scientific_committees/consumer_safety/docs/ sccs_o_244.pdf, on 2021-04-07.

R.8 ECHA guidance on information requirements and chemical safety assessment. Version: 2. 2012. https://echa. europa.eu/ guidance-documents/guidance-on-informationrequirements-and-chemical-safety-assessment accessed 2021- 06-14.

88-ECHA, CoRAP list of substances. Available at https:// echa.europa.eu/de/information-on-chemicals/evaluation/ community-rolling-action-plan/corap-list-of-substances accessed 2020-09-13.

FDA, Sunscreen Monograph, https://www.fda.gov/drugs/ overcounter- otc-drug-monograph-process, viewed https://www.fda.gov/drugs/status-otc-rulemakings/

rulemakinghistory- otc-sunscreen-drug-products#time, viewed

https://www.fda.gov/regulatory-information/laws-enforcedfda/ federal-food-drug-and-cosmetic-act-fdc-act 21 CFR 700.5.

https://www.fda.gov/drugs/understanding-over- countermedicines/questions-and-answers-fda-posts-deemed- finalorder- and-proposed-order-over-counter-sunscreen

Maximal Usage Trials for Topically Applied Active Ingredients Being Considered for Inclusion in an Over-The - Counter Monograph: Study Elements and Considerations Guidance for Industry https://www.fda.gov/media/125080/download

Guidance for Industry Time and Extent Applications for Nonprescription Drug Products https://www.fda.gov/ files/drugs/published /Time-and-Extent-Applications-for- Nonprescription-Drug-Products.pdf viewed 2021-05-30.

Sunscreen Innovation Act 2014, https://www.fda.gov/ drugs/guidance-compliance-regulatory-information/ sunscreeninnovation- act-sia viewed 2021-05-30.

TEA submitted Over-the-Counter Drug Products; Safety and Efficacy Review; Additional Sunscreen Ingredients https:// www.govinfo.gov/content/pkg/FR-2005-12-05/html/05- 23576. htm

CARES Act 2020, CARES Act, https://www.congress.goV/l16/ bills/hr748/BILLS-l16hr748eas.pdf

US Government Accountability Office (GOA) 2017, FDA Reviewed Applications for Additional Active Ingredients and Determined More Data Needed, https://www.gao.gov/assets/ gao-18-61.pdf

COVINGTON: Over-the-Counter Monograph Reform in the CARES Act, March 27, 2020. https://www.cov.eom/-/ media/files/corporate/publications/2020/03/over-the- countermonograph- reform-in-the-cares-act.pdf

Over-the-Counter (OTC) Drug Review I OTC Monograph Reform in the CARES Act I FDA https://www.fda.gov/ drugs/over-counter-otc-nonprescription-dr ugs/overcounter- otc-drug-review-otc-monograph-reform-cares-act

DiNardo JC, Downs CA. Fall from GRASE: the sunsetting of the sunscreen innovation act. Am J Dermatol Res Rev. 2021, 4:39. doi: 10.28933/ajodrr-2020-12-2805

Michele TM, CDER I FDA, MONOGRAPH Reform is here!, May 29, 2021 New OTC Reform Administrative Order (AO) Paradigm 2023 https://youtu.be/88gZrORDoww webinar

viewed 2021-06-14

Monograph in 1997, 62 FR 23350 (April 30, 1997) https://www. govinfo.gov/content/pkg/FR-1997-04-30/pdf/97-l 1116.pdf

Food and Drug Administration, HHS. Intent to Prepare an Environmental Impact Statement for Certain Sunscreen Drug Products for Over-The-Counter Use https://public-inspection. federalregister.gov/2021-10091.pdf

The National Academies of Sciences, Engeneering, Medicine: Environmental Impact of Currently Marketed Sunscreens and Potential Human Impacts of Changes in Sunscreen Usage, https://www.nationalacademies.org/our-work/ environmental-impact-of-currently-marketed-sunscreensand- potential-human-impacts-of-changes-in-sunscreenusage# sectionUpcomingEvents, accessed on 2021-04-05.

Ulrich C, Jiirgensen JS, Degen A, Hackethal M, Ulrich M, Patel MJ, Eberle J, Terhorst D, Sterry W, Stockfleth E. Prevention of non-melanoma skin cancer in organ transplant patients by regular use of a sunscreen: a 24 months, prospective, case- control study. Br J Dermatol. 2009 Nov;161 Suppl 3:78-84. doi: 10.1111/j.1365-2133.2009.09453.x. PMID: 19775361.

Regulation (EU) 2017/745 of the European Parliament and of the Council of 5 April 2017 on medical devices, amending Directive 2001/83/EC, Regulation (EC) No 178/2002 and Regulation (EC) No 1223/2009 and repealing Council Directives 90/385/EEC and 93/42/EEC, Official Journal of the European Union, 5.5.2017 LI 17/1

Lewandowsky S, Cook J. Ecker UKH, Albarraci'n D. Amazeen MA. Kendeou P. Lombardi D, Newman EJ, Pennycook G, Porter E, Rand DG. Rapp DN, Reifler J. Roozenbeek J.Schmid P, Seifert CM, Sinatra GM, Swire-Thompson B, van der Linden S, Vraga EK, Wood TJ, Zaragoza MS. The Debunking Handbook 2020, 2020. Available at https://sks.to/ db2020. doi:10.17910/b7.1182

Dialogforum Nano of BASF, Responsible nanotechnology R&I - Societal engagement practice, 2014-2015. http://www. nano2all.eu/wp-content/uploads/files/Nano2All%20-%20 case%20study%20BASF_final_0.pdf, accessed 2021-03-21

109-15th Sun Protection Conference, London, 25 - 26 November 2021, https://summit-events.com/sun-protectionconference/ programme?utm_source=sendinblue&utm_ campaign= SUN_theme_announcement_mailer&utm_ medium=email

第29章

污染诱导皮肤氧化应激和
相关潜在抗氧化保护

介绍

城市化、工业化以及家庭使用有机材料燃烧和室内使用清洁产品等活动导致空气中有害化合物，例如臭氧、氮氧化物、硫氧化物、挥发性有机物和颗粒物（PM）的浓度增加。一些流行病学数据集发现，空气污染与许多疾病和死亡率增加相关。

虽然早已被认为皮肤可以通过吸收接触到环境污染物，但是对于大气污染对皮肤健康的影响的研究相对较晚。几十年前关于香烟烟雾影响的研究成果，最近也已经开始研究城市污染的影响。有趣的是，虽然香烟烟雾和大气污染的临床效应不完全一致，但一些相同之处也被发现。就总体影响而言，皮肤科医生已经注意到室外空气污染［根据"空气质量指数"（air quality index，AQI）定义］会加重一些炎症性皮肤病，例如特应性皮炎（AD）或痤疮。除了这些急性或短期的皮肤反应外，污染对皮肤的长期影响正在皮肤衰老领域进行研究。最近的研究表明，污染会加速面部皱纹和一些色素沉着的发生，而众所周知，烟草会通过导致炎症的级联反应诱导皮肤过早老化。

大气污染是"暴露"的一个重要因素，即个体在其一生中可能遭受的暴露总量。它和日光一起，是城市生活中主要的外部压力源之一。此外，日光之间的相互作用可能会影响环境对皮肤的最终作用。

本章的重点是介绍污染诱导的皮肤氧化应激，包括其发生、机制和结果。根据现有知识，提出适应性保护策略的建议。

主要大气污染物是什么？一般信息和氧化潜力

正如Drakaki等在最新的综述中所提到的那样，污染是一个通用术语，包括许多具体影响皮肤的无机和有机化学品。如图29.1所示，污染是导致皮肤暴露的一个重要因素。

气体

二氧化硫（SO2）

SO_2是由含硫化合物产品燃烧（如煤、燃料、汽油和柴油）产生的。目前尚未有研究针对SO_2引起皮肤氧化应激的具体研究结果。最近的一项关于大气污染的数据分析报道了儿童湿疹与SO_2之间的关联（$P=0.006$），但未提及皮肤氧化损伤。在亚硫酸盐氧化的过程中，SO_2可能会产生自由基，吸入SO_2会引起小鼠肺部和心脏的脂质过氧化并改变抗氧化状态。据报道，这种情况下，谷胱甘肽含量、超氧化物歧化酶和过氧化物酶活性都会降低。

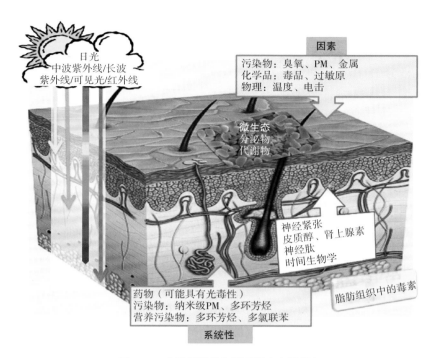

图 29.1　皮肤暴露的各种因素（未详尽）

人们可以注意到，皮肤的暴露因素可能来自外部攻击皮肤表面，也可能源自内部，由于可能存在血液污染的情况。一些外源物质，如抗炎药、抗生素、多环芳烃等，基于其光化学性质，在阳光照射下可能引起光敏反应，产生有毒的光产物或活性氧。有趣的是，共生菌群中的一些细菌也可以产生光敏剂，例如卟啉

氮氧化物（NO、NO_2）

氮氧化物（NO和NO_2）具有自由基结构，使其非常活泼。主要来源于交通运输和固体燃料燃烧排放。暴露于一氧化氮可能导致哮喘或呼吸系统疾病患者呼吸困难。当氧分压高时，二氧化氮（NO_2）可引起脂质过氧化反应；当氧分压低时，则可引起脂质硝化反应。有趣的是，局部应用硝基脂肪酸会加重小鼠的皮肤炎症反应。血浆中暴露于NO_2会导致抗坏血酸和巯基的快速消耗。当超氧化物（O_2^-）存在时，NO会形成过氧亚硝酸盐$ONOO^-$。$ONOO^-$是一种强大的氧化剂，既可与蛋白质（尤其是酪氨酸残基）反应，也可引发脂质过氧化作用。

臭氧（O_3）

大气中的挥发性碳氢化合物、卤化化合物和氮氧化物在日光催化下会产生光化学反应，从而生成臭氧。臭氧对眼部、鼻部和咽喉有强烈刺激作用，并可以损害肺功能。臭氧是一种强氧化剂，能够迅速与角质层（SC）表面的脂质反应，但难以渗透到皮肤深层组织。臭氧会先与碳-碳双键反应，形成不稳定的初级臭氧化物，然后分解成羰基/醛和氢过氧化物。臭氧的主要脂质清除剂是角鲨烯，其氧化可以产生多种化学物质，包括反应性醛类物质。其中一些产物（包括4-氧戊烷）可能导致皮肤刺激或皮肤致敏。在一个有表皮脂的3D皮肤模型中，暴露于臭氧会产生异前列烷和反应性醛4-羟基-2-壬烯醛的蛋白质合成物。这种现象也存在于活体表皮层中。这表明，皮肤表面的反应性过氧化副产物可以到达并损害内层表皮。臭氧也可能与浅层表皮中的蛋白质发生反应，因为研究表明半胱氨酸和芳香族氨基酸色氨酸、酪氨酸和苯丙氨酸是臭氧氧化的靶点。此外，Thiele等指出，臭氧可以通过消耗角质层中的抗氧化剂［如维生素E（生育酚）和维生素C（抗坏血酸）］来间接损害角质层。因此，正如Fuks等在

两个老年人队列中的观察结果表明，臭氧超标与面部粗糙皱纹正相关，臭氧会促进皮肤老化。

颗粒物和多环芳烃

细颗粒物（PM）被认为是与污染相关健康问题的主要促发因素，会导致各种呼吸系统疾病、肺纤维化以及气管、支气管或肺部的癌症。PM通常是由有机、无机和生物成分的混合物构成。在工业生产过程中，柴油颗粒或PM含有微量的重金属或过渡金属，如锌、镍、镉、铬、铁和铜。粗颗粒物主要涉及可穿透上呼吸道的PM10（粒径中位数为10 μm），而烟草烟雾或柴油尾气中的细颗粒物要小得多（PM2.5：粒径中位数为2.5 μm）。直径＜100 nm的超细颗粒（Ultrafine particles，UFPs）尤其有害，因为它们可以到达肺部的肺泡。UFPs的毒理学特性主要依赖于多环芳烃（PAHs），它们吸附在其核心结构上，并可能释放至直接的生物环境中（见图29.2）。吸附在颗粒物上的多环芳烃主要来自有机物质（如煤、油和木材等）的不完

全燃烧，其中大分子量的多环芳烃大多与PM相关。PM的氧化还原特性可能遵循不同的途径。本质上，一旦PM与还原性化学物质相互作用，它可能首先催化氧化还原反应。例如，Sagai等报道，柴油颗粒在体外产生超氧化物和羟基自由基，而无任何生物激活系统。Pan等表明，柴油颗粒能够催化抗坏血酸盐和硫醇来消耗O_2，从而产生活性氧（ROS）。电子顺磁性能谱（EPR）揭示PM的顺磁性，可能在促氧化过程中发挥重要作用。大多数PM含有醌类或醌相关化合物，这些化合物具有氧化还原反应性。它们与生物还原剂进行氧化还原循环产生ROS。颗粒物通常含有过渡金属，包括过渡金属如铁或铜。这些金属催化Fenton反应，其中高反应性的羟基自由基OH是由过氧化氢H_2O_2产生的。因此，PM不仅可以生成H_2O_2，还可以提供过渡金属，在微环境中产生强烈的氧化应激。汗液和水迹可能形成适当的水脂膜（图29.3）。最后，基于它们的吸收光谱，一些多环芳烃如荧蒽可以被

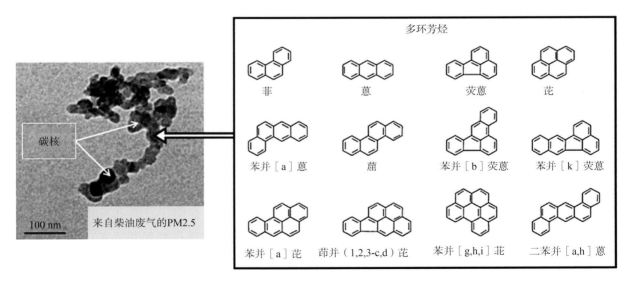

图 29.2　超细柴油颗粒（左图）及其来源

引用自 Park K 等的论文 "Relationship between particle mass and mobility for diesel exhaust particles. Environ Sci Technol. 2003.1;37（3）:577-583"（版权归属于 2003 年美国化学学会）。与通常报道的电子显微镜研究（例如 Wu 等在其文章 "Chemical characterization and toxicity assessment of fine particulate matters emitted from the combustion of petrol and diesel fuels. Sci Total Environ. 2017;605-606:172-179" 中所述）一样，一些多环芳烃可被部分吸附于碳结构上（右图），但也可能被释放到微环境中，与生物分子相互作用或被细胞代谢

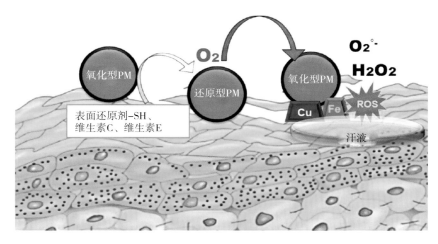

图 29.3　含有过渡金属的 PM 物质可能产生 ROS 的机制

这些物质中的氧化成分（如醌类）可以被一些皮肤表面的还原剂（如硫醇类和维生素 C 等）还原为羟基酚。这个体系中产生的氧化还原循环过程可以生成超氧阴离子和过氧化氢。在皮肤表面的水脂滴中，由粒子提供的铁或铜可催化 Fenton 反应。由过氧化氢生成的活性很强的羟自由基会与皮脂或角质层蛋白中的脂质发生强烈反应

UVB 光激发，UVA 光激发如苯并芘，甚至被蓝光激发如菲并芘。失活通常通过 II 型反应产生活性氧。能量或电子可以转移至氧分子，触发形成单线态氧 $^1O_2$ 或超氧阴离子 O_2^-。详见文献。

皮肤表面污染引起的氧化应激

图 29.4 揭示了大气反应性污染物混合物直接影响皮肤表面的情况。通常会考虑 3 个主要靶点：①由脂质组成的皮脂；②角质层的蛋白质（具有屏障功能）；③局部微生态。

脂肪氧化

皮脂是一种脂质混合物，它由皮脂腺不断合成，并主要由不饱和链组成，其中甘油三酯占 60%，蜡酯占 25%，角鲨烯占 15%。这种混合物使得皮脂成为氧化的超级靶点。已发表的大多数关于污染的研究都关注角鲨烯，它是最不饱和的脂质之一，含有 6 个非共轭双键，因此很容易氧化。臭氧分解和角鲨烯过氧化已被详细描述，首先是因为臭氧是大气污染的主要组成部分，而且在飞行中的机舱内发生率尤其高。臭氧分解会产生羰基部分、醛部分以及其他脂质氧化产物，这些脂质氧化产物具有毒性，并

可能引起皮肤刺激。此外，臭氧分解还会导致角鲨烯过氧化。体外试验表明，暴露于表面有皮脂的表皮模型中的臭氧可产生 ROS、4-羟基壬烯醛（4HNE）和炎症反应。大气臭氧水平与特应性皮炎、湿疹或接触性皮炎等一些炎症性皮肤病的患病率相关。

就目前我们所知，尚未对硫氧化物或氮氧化物对皮肤脂质的氧化过程进行详细研究描述。然而，研究表明，将健康皮肤或特应性皮炎患者暴露于 NO_2（0.1 ppm）可导致轻微的经表皮失水（TEWL）和皮肤粗糙，证实 NO_2 干扰表皮屏障功能的能力。基于它们的反应性，这两种气体均可能促进皮脂氧化。

在体内实验中，发现吸烟烟雾可以诱导前臂皮肤中的全脂质或角鲨烯过氧化反应。最近，Eudier 等观察到城市污染物会导致角鲨烯氧化降解，在苯并芘和重金属如 Pb 或 Ni 暴露数天后发现。由于角鲨烯过氧化物具有诱发粉刺的潜力，因此它可能是与污染相关的痤疮恶化的潜在因素，同时也是炎症性皮肤病的有效介质。

蛋白质氧化

蛋白质羰基化的特点是其检测和量化方法

已经得到建立。蛋白质羰基化可能是由ROS直接诱导的，也可能是由脂质过氧化衍生的醛（如丙二醛或4HNE）反应后间接诱导的。例如，Thiele等使用特异性抗体在体外和体内暴露于UVA照射、次氯酸盐或过氧苯甲酰后检测角蛋白10的羰基化。Niwa等报道了AD患者角质层最浅层的抗二硝基苯腙（蛋白质羰基）和抗4-HNE染色呈阳性，这与环境污染和日光产生的活性氧一致。最近，一项临床研究在健康受试者的角质层中收集了羰基化蛋白的活体样本，比较了污染严重的城市（墨西哥城）和污染较轻的城市（库埃纳瓦卡）。该研究证实了在现实生活条件下，污染对氧化蛋白增加的影响（见图29.4）。

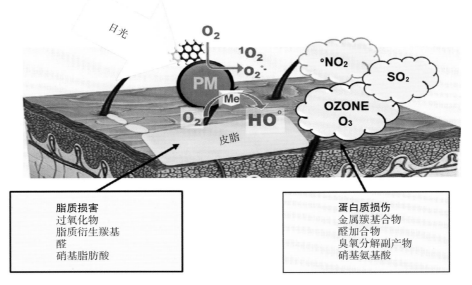

图 29.4　皮肤表面污染对氧化应激的起因和后果

皮脂中的脂质和角质层外层的蛋白质受到促氧化气体（包括 O_3、NO_2 和 SO_2）的影响，此外，在 PM 的催化下，它们还会产生 ROS。急性或慢性暴露可能导致多种损伤的形成，其中一些可作为评价保护性活性物质／制剂的标志

此外，蛋白质氧化还可以被常规评估。至少在体外试验中，更具体的损伤类型也已被报道。例如，Sharma和Graham综述了臭氧诱导的氨基酸和蛋白质氧化：酪氨酸、色氨酸、组氨酸、半胱氨酸和甲硫氨酸残基似乎特别容易被臭氧溶解。类似地，Franze等证明了蛋白质在污染的空气中被高效地硝化，因为在城市道路灰尘、窗户灰尘和空气PM中都发现硝化蛋白。然而，据我们所知，这种由臭氧溶解或硝化作用产生的变性蛋白在角质层中从未被研究描述过。

对角质层天然抗氧化状态的影响

角鲨烯通常被认为是一种有保护作用的化合物，然而角质层含有其他几种抗氧化分子或酶，可以作为氧化应激的潜在靶点。小鼠皮肤反复暴露于低水平臭氧会导致角质层氧化，包括维生素E的消耗。Valacchi等研究表明，低剂量的臭氧显著增强紫外线诱导维生素E的消耗。同样，臭氧暴露会引发小鼠角质层中抗氧化剂如维生素C、尿酸和谷胱甘肽的消耗。在中国和墨西哥的真实环境中，暴露于不同水平污染的健康受试者体内采样证实，即使在高度污染的条件下皮脂分泌增加，污染最严重的环境中皮肤表面的角鲨烯比例仍然降低（详见图29.5）。而墨西哥的研究中也发现维生素E缺乏的情况。这些证据表明，角鲨烯和维生素E可用来应对强烈的氧化影响。

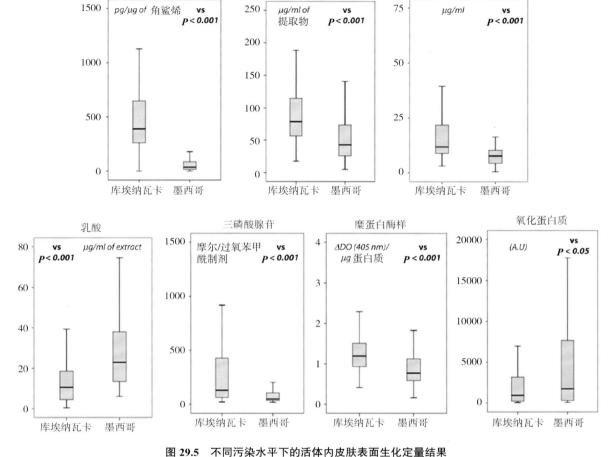

图 29.5　不同污染水平下的活体内皮肤表面生化定量结果

在墨西哥城这个高污染地区，内源性抗氧化剂，如角鲨烯和维生素 E，受到了影响。氧化应激的增加导致氧化蛋白水平上升，所有这些变化都会导致皮肤稳态发生改变

据我们所知，PM对角质层抗氧化状态的影响还未被研究过。然而可以推测，PM诱导的光氧化可能会加速天然抗氧化剂的降解。考虑到UVA与环境污染物（包括香烟烟雾）结合后显著增加小鼠皮肤的DNA氧化损伤，这种推测具有相当的可能性。

对皮肤微生物群的影响

已经确定，皮肤表面存在高度多样化的共生菌群，这些菌群有助于皮肤健康。皮肤微生态主要位于皮肤表面，大气污染物可能会损伤微生物或改变其底物（如皮脂氧化）。最近一项临床研究中，Leung等发现，慢性PAH（多环芳烃）的暴露水平会影响皮肤微生态的组成

和功能，这一发现与受试者头发中的污染情况一致。这一结果支持污染会对皮肤微生态质量产生显著影响的假设。由于微生态的显著多样性，它的氧化还原行为无法用常规术语来描述。一些微生物可能会导致皮肤氧化应激，而其他微生物则可以提供抗氧化分子。例如，糠秕马拉色菌被认为是头皮角鲨烯过氧化作用的主要贡献者；然而，Anderson等发现，痤疮丙酸杆菌分泌的蛋白组含有一种抗氧化蛋白RoxP，该蛋白可能调节皮肤的氧化还原状态。此外，来源于皮肤细菌的醛类可以作为Nrf2通路的激活剂，提供对促氧化环境的保护作用。最后，一些特定的菌株，例如藤黄微球菌，可以代

谢PAHs，这可能被认为是一种去除皮肤污染物的有价值的方法，但代谢产物的毒性是否会比母体多环芳烃本身更大还需进一步研究。据我们所知，环境中氧化污染物对皮肤菌群的直接毒性仍有待阐明。然而，外用臭氧疗法（臭氧油）治疗特应性皮炎可以显著影响微生态的多样性，其中不动杆菌属的比例高于葡萄球菌属。目前还需进一步研究来确定这一过程是否会导致污染引起的皮肤微生态变化。

抗氧化剂对抗污染诱导皮肤表面氧化

皮肤表面的屏障功能质量取决于皮肤表面的完整性，包括皮脂和角质层的状态。此外，皮肤表面产生的过氧化副产物会深入表皮层，损害角质形成细胞，因此皮肤表面的保护可能适用于整个表皮层。一些研究将角鲨烯作为污染物的目标，并建议使用保护性抗氧化剂。Pham等开发了体外和离体试验，评估了暴露于香烟烟雾和UVA产生的过氧角鲨烯，并比较了抗氧化制剂的效率。Valacchi等将4-HNE和炎症因子（如NFκB和COX-2）作为重建表皮中臭氧诱导的应激标志物，并表明局部应用含有维生素C和维生素E的制剂具有显著的保护作用。同一研究小组在0.8 ppm臭氧暴露的前臂皮肤中也证明了抗氧化剂（维生素C和各种多酚）的混合物对上述标志物有效，并可以防止胶原降解。基于水溶性和脂溶性抗氧化剂（如泛醌、维生素C和E、SOD以及植物提取物）的综合皮肤保护已被证明能够减少臭氧诱导的氧化应激（即H_2O_2和4HNE的形成）并修复受损的表皮组织。Liao等的报告指出，PM2.5会导致重建的表皮中胆固醇比例的增加，同时角鲨烯的含量会降低，这可能导致皮肤屏障功能的损害。但是在该研究中，绿茶提取物被发现能够减少PM2.5诱导的胆固醇过度生成。最近的数据表明，臭氧、柴油颗粒提取物以及紫外线（氧化炎症应激）的组合会对人类皮肤外植体产生协同的有害影响，包括氧化应激、炎症以及皮肤屏障相关蛋白的缺陷。使用含有维生素C、E以及多酚阿魏酸的配方可以显著预防这种应激。

长波紫外线（波长超过340 nm）能引发某些多环芳烃的光化学反应，因此在此领域中，可能需要使用具有更广波长吸收光谱的防晒霜。如图29.6所示，两种制剂的防晒系数相同（基于其红斑预防水平），但当体外的角质形成细胞暴露于日常紫外线（300～400 nm）下进行比较时，过滤长波紫外线后的防晒霜提供的UVA1保护效果与未过滤的不同。过滤长波紫外线后，光防护效果显著提高。

活性皮肤污染引起的氧化应激

哪些污染物可到达深层皮肤，如何到达？

污染物可以透过皮脂和各层次的皮肤渗透，或经由血液循环分布至活性角质形成细胞和真皮细胞。由于它们的物理特性和化学反应性，臭氧、硫或氮氧化物等气体似乎不太可能渗透。然而，在特定暴露条件下，即便是最小的UFP颗粒也有可能进入活性皮肤。

PM的局部渗透

PM在健康皮肤中的渗透可能非常有限。最近一些研究未能证明直径＞20 nm颗粒的皮肤生物利用度，除非皮肤受到损伤。最近一篇关于纳米粒子的综合性论文中Filon等得出结论，20～45 nm的PM可渗透且只能穿透受损的皮肤，较大颗粒会残留于皮肤表面。有趣的是，Kammer等使用胶带剥离法评价烟囱打扫工的PAH皮肤暴露情况。使用5条条带后仍可检测到芘和苯并芘，这表明这些化合物可到达深层且暴露量估计很低，在数个ng/cm^2的范围内。当皮肤屏障功能受损时可能会发生优先渗透，例如痤疮瘢痕、紫外线照射皮肤等状态。

全身途径：血液中的PM或PAHs

长期以来，血液循环一直被用来输送药物

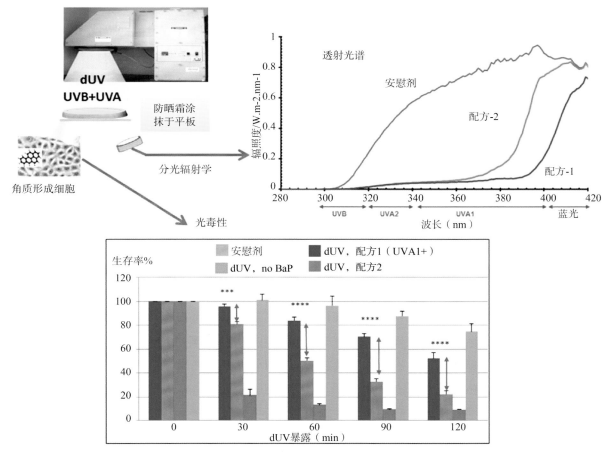

图 29.6　滤除 UVA1 波长（> 350 nm）在防护光污染威胁方面的重要性

　　实验中，将经 BaP（苯并芘）预处理的角质形成细胞暴露于不同滤除 UVA 波长的配方（SPF：15）薄层透射的 d-UV（每日 UV：300 ~ 400 nm）光谱中。标准化的配方层铺于 UV 透明板上，并置于经 BaP 处理的培养角质形成细胞上，以确保只有未被过滤的波长可以到达细胞。部分 d-UV 通过安慰剂和配方 1 及 2 透射的光谱表明，配方 1 在吸收长 UVA 波长方面表现更好。实验采用 MTT 法检测 BaP + 安慰剂、配方 1 和配方 2 在过滤 d-UV 光谱暴露 24 h 后对细胞存活率的影响，其中绿色条表示未过滤的 d-UV 对 BaP 未处理细胞的影响。虽然配方 1 和配方 2 都对细胞有保护作用，但在吸收长波紫外线方面，配方 1 表现更有效

至皮肤，这可能成为污染真皮层及表皮层的另一途径。实际上，沉积在肺泡内的超细颗粒物可以穿过上皮屏障，进入毛细血管。例如，在吸烟者或污染城市居民的血浆中，苯并芘的平均估计浓度约为纳摩尔级别。毛囊是皮肤的附属器官，与毛细血管相互作用，因此被用于研究多环芳烃的系统性皮肤污染。Palazzi等比较了生活在两个空气质量指数不同城市的204名女性的毛发样本。结果表明，污染最严重的城市的头发样本中含有最高水平的多环芳烃和代谢物。这一结果支持了多环芳烃通过血液循环造

成全球污染的假设。最后，Sykes发现注射至小鼠体内的金纳米粒子或量子点（流体动力学直径分别约为30 nm和10 nm）在真皮中积累。这些结果强调了超细颗粒物和（或）多环芳烃可以通过血液循环进入真皮层和表皮深层。

PM和（或）PAHs在皮肤体外模型中诱导的氧化应激

　　一些研究已经报告，PM或PAHs可以通过氧化还原循环（特别是PAH-醌类）直接或间接地催化ROS的产生，通过损伤皮肤细胞或重建表皮中的线粒体。但是，一些已经发表的实验

通常使用的可吸入颗粒物或多环芳烃的量远高于环境暴露下可能出现在人体皮肤内的量。因此，将这些结果外推到污染环境下人体皮肤内真实的压力水平时，需要进行商榷。

全身氧化应激

关于暴露于PM或PAHs的角质形成细胞的研究大多采用特异性探针或氧化损伤检测氧化应激的方法。实验表明，PM2.5（50～100 μg/mL）可诱导HaCaT细胞产生大量的氧化标志物，如荧光探针H2DCFHDA、DNA氧化损伤物8-OHdG、脂质过氧化产物和蛋白质羰基化。然而，抗氧化剂NAC可降低这种压力。Romani等研究发现，暴露于环境颗粒（5～25 μg/mL）可增加4-HNE的水平，而4-HNE是脂质过氧化的最终标志物。类似地，集中的环境颗粒在重建的人表皮上会产生ROS，从而有助于脂质氧化。这一过程与粒子相关的金属有很大关系。Cervellati等的研究表明，1 pM的PAH衍生物醌（如萘醌异构体或菲醌）能够激活HaCaT促炎NFκB通路，并增加抗氧化基因的转录，如SOD1和GPX。

除颗粒本身具有促氧化活性外，PAHs的代谢也可能促进氧化应激。多环芳烃的代谢首先由配体激活的转录因子AhR调控，它刺激细胞色素p450解毒单加氧酶（如CYP1A1或CYP1B1）的表达。然而，这种生化过程有时会产生高度反应性和毒性的中间产物，如环氧化物或醌类。这些化合物通过产生ROS或消耗抗氧化剂谷胱甘肽来解毒，从而破坏氧化还原稳态。

对线粒体的影响

据研究表明，在巨噬细胞或上皮细胞的线粒体内可能存在非常小的超细颗粒物（UFPs），它们会诱导结构损伤并促进细胞氧化应激。虽然目前尚未有皮肤细胞中UFPs的报道，但此情况可能存在。线粒体损伤应被认为是污染引起皮肤损伤的一种潜在相关机制。实际上，一项临床试验显示，暴露于城市污染的人体角质层中ATP浓度下降。同时，一些报道还指出，生活在污染环境中的受试者血细胞中的线粒体DNA水平下降。PM提取物或高浓度BaP的不良效应已经在线粒体中得到证实。例如，据报道，它们会导致ATP生成减少和线粒体膜去极化。在体外试验中，Pia等在HaCaT细胞中观察到PM2.5暴露增加了线粒体ROS的产生和钙超载，甚至诱导了细胞凋亡，这表明线粒体应激可能干扰细胞能量代谢，加速皮肤细胞衰老和皮肤老化。

光氧化应激

即使在城市环境中，人们也可能会间歇性地暴露于日光下，特别是在UVA和可见光区域。一些多环芳烃可以在UV域吸收光能量，其中包括结构中含有5个或更多芳香族环的多环芳烃，有时它们甚至可以吸收长波UVA和可见光。多环芳烃受到光子激发后会催化氧化反应，产生不稳定的活性氧产物：单线态氧$^1O_2$或超氧阴离子O_2^-。这些ROS可破坏细胞生物分子，导致细胞毒性或致突变性。基于这些光化学性质，已经发表了许多有关多环芳烃体外光生物学影响的研究论文（详见文献）。例如，在模拟的日光紫外线（UVB+UVA）下，比较了16种不同的PAH对HaCaT细胞的细胞毒性。在紫外线暴露后24 h，大多数PAH表现出毒性作用。在实验室中，还比较了低浓度和真实紫外线照射下，PM2.5（PM）、颗粒有机提取物（PME）以及一些多环芳烃的光毒性。令人惊讶的是，从350 nm开始的UVA1光谱似乎是光毒性过程的主要贡献者，并且在重建表皮中也观察到了光毒性。在SKH-1小鼠皮肤中，Wang等发现亚致癌剂量的BaP和UVA诱导了突变，最终导致肿瘤的发生及其多样性。有趣的是，文献还报道了日光加重香烟烟雾对皮肤的损伤（包括直接暴露和经血流吸收的影响）。在一项针对83名患者的横断面研究中，Yin等发现过度日光暴露和大量吸烟同时发生时，相比于非吸烟者或每天暴露于日光下少于2 h的人群，出现皱纹的风险增加了11.4倍。综上所述，这些在体内获得的数据强调了在UVA暴露下，多环芳香族化合物在皮肤中的光敏作用。

抗氧化剂对抗污染诱导的深层皮肤氧化应激

在皮肤表面的保护方面，抗氧化剂如维生素C或维生素E，通过清除活性氧或抑制脂质过氧化，在减少细胞损伤方面发挥着重要作用。例如，维生素C可以保护重建表皮免受UVA暴露下BaP的毒性（详见图29.7）。同样，如果UFPs将过渡金属（如铁）带入皮肤细胞附近，就可能在局部产生有毒的羟基自由基。特异性螯合剂可能是有用的。虽然这些化合物尚未在污染环境下进行评估，但已有学者提出了在UVA暴露下保护皮肤的方法。

然而，具体的策略也可能侧重于多环芳烃，因为这些污染物可能通过血流提供。如Boo的综述所述，一些研究指出天然存在的酚类化合物对PM或PAH毒性具有有益作用。作为代表性案例，白藜芦醇可减少暴露于香烟烟雾下HaCaT角质形成细胞中的氧化应激（ROS产生和蛋白质羰基）。Shin等利用正常人体角质形成细胞的研究报道，白藜芦醇可预防PM诱导的炎症（COX2、PGE2和IL8）并促进金属蛋白酶激活（MMP1和MMP9）。此外，白藜芦醇和其他一些多酚一样，也通过调节AhR和Nrf2等代谢途径来保护皮肤。例如，白藜芦醇对Nrf2的刺激为重建的皮肤提供显著保护，以抵抗氢过氧化物处理后的毒性和谷胱甘肽耗竭。事实上，Nrf2在预防环境氧化还原毒性方面的作用已被研究多年，在污染背景下，Nrf2在调控PAH解毒方面的作用也具有显著意义。目前，这一领域的研究刚刚开始，只有少数使用体外模型的研究已

被发表。例如，Yokota等发现泛酸衍生物可激活Nrf2，并防止由柴油颗粒提取物引起的角质形成细胞或重建表皮的损伤。Tanaka等也发现，多酚黄芩素可诱导角质形成细胞中Nrf2的上调，这反过来保护角质形成细胞免受苯并芘的损伤，如氧化应激和促炎细胞因子的合成。

总结

多项来自体内和体外研究的证据已经证实，氧化应激是污染对皮肤主要的危害。这些污染物产生的压力具有极其复杂的特性，例如促氧化气体（如臭氧）会直接影响皮脂和角质层，皮肤表面的颗粒也可能会发生氧化还原反应，并且在日光下可能会恶化。此外，在表皮角质形成细胞中产生与PAFI代谢相关的活性氧簇等。因此，保护皮肤需要采用基于活性成分组合的适应性策略，这些活性成分必须能够防止表面受损（如脂质和蛋白质的氧化），并保护活细胞免受来自全身污染的氧化毒性。因此，结合使用防晒霜、活性氧清除剂和天然防御调节剂等互补活性成分的策略可以有效地确保在城市和（或）工业环境中的皮肤健康。

为了解决这个问题，最佳的方法是首先使用颗粒驱污剂来限制PM与皮肤表面的接触。为了更贴近真实的生活条件，已经开发出多种体内和体外抗黏附试验来测量这些产品的性能。使用手动或毛刷操作，结合温和的清洁剂，可以减少PM诱导皮肤氧化的发生。为了防止气体和PM对脂质和蛋白质造成的有害影响，每天应该使用含有水溶性和脂溶性抗氧化剂（如泛醌、维生素C/E、超氧化物歧化酶和植物提取物等）的混合护肤品。除了保护皮肤表层，一些多酚（如白藜芦醇）也可能保护皮肤深层暴露于污染物的全身性污染。早上起床后的日常活动应包括广谱的光保护措施，以涵盖长UVA波长，以保护更深层的皮肤，以防止一些多环芳

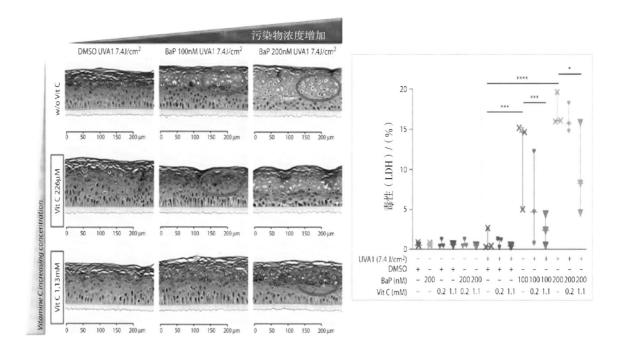

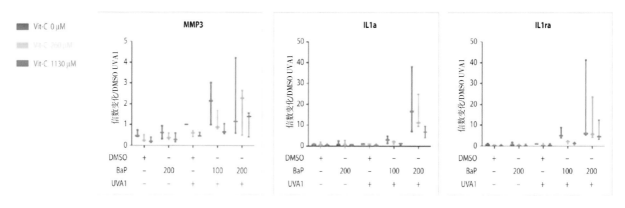

图 29.7　维生素 C 可以预防 BaP 和 UVA1 对重建表皮 RHE/SkinEthic 的表皮损伤

　　表皮的处理方式遵循前述方法。整个试验过程中，对照组和实验组的培养基分别添加或不添加维生素 C。实验结束时，我们展示了重建的皮肤组织经过 HES 染色的代表性图像。结果表明，维生素 C 可以对 BaP 和 UVA1 联合诱导的皮肤损伤起到保护作用，而且这种保护作用具有剂量依赖性。此外，维生素 C 还能够阻止细胞毒性（LDH 释放）、IL1a、ILIra 和 MMP3 的分泌

烃的光毒性。所有的原材料都必须在结合污染物和紫外线压力的模型中进行评价，以评估紫外线下污染物诱导压力的加重情况。图29.8总结了所有这些可能性。

当皮肤屏障被破坏时，PM 的渗透性会增强。考虑到大多数污染物（气体、PM 和烟草）对SC的影响，每天使用润肤剂来保护和加强屏障，以保持皮肤健康是非常重要的。

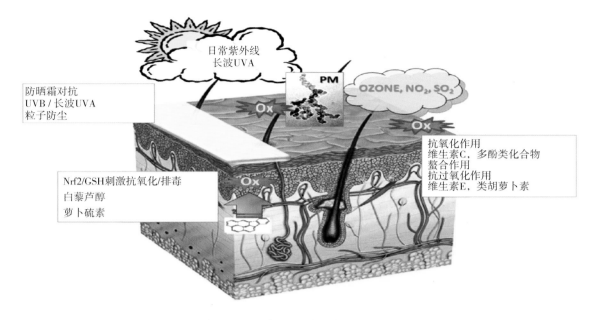

图 29.8　汇总旨在保护皮肤免受污染诱发氧化应激的不同可能性

原文参考文献

Kelly FJ, Fussell JC. Air pollution and public health: emerging hazards and improved understanding of risk. Environ Geochem Health. 2015, 37(4):631-649.

Achilleos S, Kioumourtzoglou MA, Wu CD, Schwartz JD. Koutrakis P, Papatheodorou SI. Acute effects of fine particulate matter constituents on mortality: a systematic review and meta-regression analysis. Environ Int. 2017, 109:89-100.

Krutmann J, Liu W. Li L, Pan X. Crawford M. Sore G, Seite S. Pollution and skin: from epidemiological and mechanistic studies to clinical implications. J Dermatol Sci. 2014, 76(3):163-168.

Araviiskaia E, Berardesca E, Bieber T, Gontijo G, Sanchez Viera M, Marrot L, Chuberre B, Dreno B. The impact of airborne pollution on skin. J Eur Acad Dermatol Venereol. 2019, 33(8):1496-1505.

Passeron T, Krutmann J, Andersen ML, Katta R, Zouboulis CC. Clinical and biological impact of the exposome on the skin. J Eur Acad Dermatol Venereol. 2020, 34(Suppl 4):4-25.

Marrot L. Pollution and sun exposure: a deleterious synergy, mechanisms and opportunities for skin protection. Curr Med Chem. 2018, 25(40):5469-5486.

Drakaki E, Dessinioti C, Antoniou CV. Air pollution and the skin. Front Environ Sci. 2014, 2: 11.

Kathuria P, Silverberg JI. Association of pollution and climate with atopic eczema in US children. Pediatr Allergy Immunol.

2016, 27(5):478-485.

Meng Z, Qin G, Zhang B, Geng H, Bai Q, Bai W, Liu C. Oxidative damage of sulfur dioxide inhalation on lungs and hearts of mice. Environ Res. 2003, 93(3):285-292.

Chen TM, Gokhale J, Shofer S, Kuschner WG. Outdoor air pollution: nitrogen dioxide; sulfur dioxide, and carbon monoxide health effects. Am J Medical Sci. 2007, 333(4): 249-256.

Trostchansky A, Rubbo H. Nitrated fatty acids: mechanisms of formation, chemical characterization, and biological properties. Free Radic Biol Med. 2008, 44(11):1887-1896.

Mathers AR, Carey CD, Killeen ME, et al. Topical electrophilic nitro-fatty acids potentiate cutaneous inflammation. Free Radic Biol Med. 2018, 115:31-42.

Halliwell B, Hu ML, Louie S, Duvall TR, Tarkington BK, Motchnik P, Cross CE. Interaction of nitrogen dioxide with human plasma antioxidant depletion and oxidative damage. FEBS Lett. 1992, 313(1):62-66.

Pacher P, Beckman JS, Liaudet L. Nitric oxide and peroxynitrite in health and disease. Physiol Rev. 2007, 87(1):315-424.

Pryor WA, Das B, Church DF. The ozonation of unsaturated fatty acids: aldehydes and hydrogen peroxide as products and possible mediators of ozone toxicity. Chem Res Toxicol. 1991, 4(3):341-348.

Wisthaler A, Weschler CJ. Reactions of ozone with human skin lipids: sources of carbonyls, dicarbonyls, and hydroxycarbonyls in indoor air. Proc Natl Acad Sci. 2010, 107(15): 6568-6575.

Anderson SE, Franko J, Jackson LG, Wells JR, Ham JE, Meade BJ. Irritancy and allergic responses induced by exposure to the indoor air chemical 4-oxopentanal. Toxicol Sci. 2012, 127(2):371-381.

Valacchi G, Pecorelli A, Belmonte G, et al. Protective effects of topical vitamin C compound mixtures against ozone-induced damage in human skin. J Invest Dermatol. 2017, 137(6):1373-1375.

Cataldo F. On the action of ozone on proteins. Polym Degrad Stabil. 2003, 82:105-114.

Thiele JJ, Podda M, Packer L. Tropospheric ozone: an emerging environmental stress to skin. Biol Chem. 1997, 378(11):1299-1305

Fuks KB, Hiils A, Sugiri D, Altug H, Vierkotter A, Abramson MJ, Goebel J, Wagner GG, Demuth I, Krutmann J, Schikowski T. Tropospheric ozone and skin aging: results from two German cohort studies. Environ Int. 2019, 124:139-144.

Wang K, Wang W, Li L, Li J, Wei L, Chi W, Hong L, Zhao Q, Jiang. Seasonal concentration distribution of PM1.0 and PM2.5 and a risk assessment of bound trace metals in Harbin, China: effect of the species distribution of heavy metals and heat supply. Sci Rep. 2020, 10(1):8160.

Puisney C, Baeza-Squiban A, Boland S. Mechanisms of uptake and translocation of nanomaterials in the lung. Adv Exp Med Biol. 2018, 1048:21-36.

Sagai M, Saito H, Ichinose T, Kodama M, Mori Y. Biological effects of diesel exhaust particles. I. In vitro production of superoxide and in vivo toxicity in mouse. Free Radic Biol Med. 1993, 14(1):37-47.

Pan CJ, Schmitz DA, Cho AK, Froines J, Fukuto JM Inherent redox properties of diesel exhaust particles: catalysis of the generation of reactive oxygen species by biological reductants. Toxicol Sci. 2004, 81(1):225-232.

Jeng HA. Chemical composition of ambient particulate matter and redox activity. Environ Monit Assess. 2010, 169(1-4):597-606.

N Jiang, Y Guo, Q Wang, P Kang, R Zhang, X Tang. Chemical composition characteristics of PM2.5 in three cities in Henan, central China. Aerosol Air Qual Res. 2017, 17:2367-2380.

Toyooka T, Ibuki Y. DNA damage induced by coexposure to PAHs and light. Environ Toxicol Pharmacol. 2007, 23(2):256-263.

Boussouira B, Pham DM. Squalene and skin barrier function: from molecular target to biomarker of environmental exposure. In Wondrak G, ed, Skin Stress Response Pathways. Springer, Cham, 2016:29-48.

Niki E. Lipid oxidation in the skin. Free Radic Res. 2015, 49(7):827-834.

Weisel C, Weschler CJ, Mohan K, Vallarino J, Spengler JD. Ozone and ozone byproducts in the cabins of commercial aircraft. Environ Sci Technol. 2013, 47(9):4711-4717.

Sørensen V, Clausen PA, Nielsen GD. Human reference values for acute airway effects of five common ozoneinitiated terpene reaction products in indoor air. Toxicol Lett. 2013, 216(1):54-64.

Lakey PSJ, Wisthaler A, Berkemeier T, Mikoviny T, Poschl U, Shiraiwa M. Chemical kinetics of multiphase reactions between ozone and human skin lipids: implications for indoor air quality and health effects. Indoor Air. 2017, 27(4):816-828.

Pham DM, Boussouira B, Moyal D, Nguyen QL. Oxidization of squalene, a human skin lipid: a new and reliable marker of environmental pollution studies. Int J Cosmet Sci. 2015, 37(4):357-365.

Valacchi G, Muresan XM, Sticozzi C, et al. Ozone-induced damage in 3D-Skin Model is prevented by topical vitamin C and vitamin E compound mixtures application. J Dermatol Sci. 2016, 82(3):209-212.

Xu F, Yan S, Wu M, Li F, Xu X, Song W, ... Kan H. Ambient ozone pollution as a risk factor for skin disorders. Br J Dermatol. 2011, 165(1):224-225.

Eberlein-König B, Przybilla B, Kiihnl P, Pechak J, Gebefügi I, Kleinschmidt J, Ring J. Influence of airborne nitrogen dioxide or formaldehyde on parameters of skin function and cellular activation in patients with atopic Eczema and control subjects. J Allergy Clin Immunol. 1998, 101(1):141-143.

Pelle E, Miranda EP, Fthenakis C, Mammone T, Marenus K, Maes D. Cigarette smoke-induced lipid peroxidation in human skin and its inhibition by topically applied antioxidants. Skin Pharmacol Appl Skin Physiol. 2002, 15(1):63-68.

Egawa M, Kohno Y, Kumano Y. Oxidative effects of cigarette smoke on the human skin. Int J Cosmet Sci. 1999, 21(2):83-98.

Eudier F, Hucher N, Picard C, Savary G, Grisel M. Squalene oxidation induced by urban pollutants: impact on skin surface physico-chemistry. Chem Res Toxicol. 2019, 32(2):285-293.

De Luca C, Valacchi G. Surface lipids as multifunctional mediators of skin responses to environmental stimuli. Mediators Inflamm. 2010, 2010:321494.

Thiele JJ, Hsieh SN, Briviba K, Sies H. Protein oxidation in human stratum corneum: susceptibility of keratins to oxidation in vitro and presence of a keratin oxidation gradient in vivo. J Invest Dermatol. 1999, 113(3):335-339.

Niwa Y, Sumi H, Kawahira K, Terashima T, Nakamura T, Akamatsu H. Protein oxidative damage in the stratum corneum: evidence for a link between environmental oxidants and the changing prevalence and nature of Atopic Dermatitis in Japan. Br J Dermatol. 2003, 149(2):248-254.

Lefebvre MA, Pham DM, Boussouira B, Bernard D, Camus C, Nguyen QL. Evaluation of the impact of urban pollution on the quality of skin: a multicentre study in Mexico. Int J Cosmet Sci. 2015, 37(3):329-338.

Sharma VK, Graham NJD. Oxidation of amino acids, peptides and proteins by ozone: a review. Ozone Sci Eng. 2010, 32(2):81-90.

Franze T, Weller MG, Niessner R, Poschl U. Protein nitration by polluted air. Environ Sci Technol. 2005, 39(6):1673-1678.

Thiele JJ, Traber MG, Polefka TG, Cross CE, Packer L. Ozone-exposure depletes vitamin E and induces lipid peroxidation in murine stratum corneum. J Invest Dermatol. 1997, 108(5):753-757.

Valacchi G, Weber SU, Luu C, Cross CE, Packer L. Ozone potentiates vitamin E depletion by ultraviolet radiation in the murine stratum corneum. FEBS Lett. 2000, 466(1):165-168.

Weber SU, Thiele JJ, Cross CE, Packer L. Vitamin C, uric acid, and glutathione gradients in murine stratum corneum and their susceptibility to ozone exposure. J Invest Dermatol. 1999, 113(6):1128-1132.

Lefebvre MA, Pham DM, Boussouira B, et al. Consequences of urban pollution upon skin status. A controlled study in Shanghai area. Int J Cosmet Sci. 2016, 38(3):217-223.

Burke KE. Mechanisms of aging and development - a new understanding of environmental damage to the skin and prevention with topical antioxidants. Mech Ageing Dev. 2018, 172:123-130.

Dréno B, Araviiskaia E, Berardesca E, Gontijo G, Sanchez Viera M, Xiang LF, Martin R, and Bieber T. Microbiome in healthy skin, update for dermatologists. J Eur Acad Dermatol Venereol: JEADV. 2016, 30(12):2038-2047.

Leung M, Tong X, Bastien P, Guinot F, Tenenhaus A, Appenzeller B, Betts RJ, Mezzache S, Li J, Bourokba N, Breton L, Clavaud C, Lee P. Changes of the human skin microbiota upon chronic exposure to polycyclic aromatic hydrocarbon pollutants. Microbiome. 2020, 8(1):100.

Jourdain R, Moga A, Vingler P, El Rawadi C, Pouradier F, Souverain L, Bastien P, Amalric N, Breton L. Exploration of scalp surface lipids reveals squalene peroxide as a potential actor in dandruff condition. Arch Dermatol Res. 2016, 308(3):153-163.

Andersson T, Ertiirk Bergdahl G, Saleh K, Magnúsdóttir H, Stⵁdkilde K, Andersen C, Lundqvist K, Jensen A,

Brüggemann H, Lood R. Common skin bacteria protect their host from oxidative stress through secreted antioxidant RoxP. Sci Rep. 2019, 9(1):3596.

Ron-Doitch S, Soroka Y, Frusic-Zlotkin M, Barasch D, Steinberg D, Kohen R. Saturated and aromatic aldehydes originating from skin and cutaneous bacteria activate the Nrf2-keapl pathway in human keratinocytes [published online ahead of print, 2020 Apr 29]. Exp Dermatol. 2020, 10:1111.

Sowada J, Lemoine L, Schon K, Hutzler C, Luch A, Tralau T. Toxification of polycyclic aromatic hydrocarbons by commensal bacteria from human skin. Arch Toxicol. 2017, 91(6):2331-2341.

Zeng J, Dou J, GaoL, et al. Topical ozone therapy restores microbiome diversity in Atopic Dermatitis. Int Immunopharmacol. 2020, 80:106191.

Pecorelli A, Woodby B, Prieux R, Valacchi G. Involvement of 4-hydroxy-2-nonenal in pollution-induced skin damage. Biofactors. 2019, 45(4):536-547.

Pecorelli A, McDaniel DH, Wortzman M, Nelson DB. Protective effects of a comprehensive topical antioxidant against ozone-induced damage in a reconstructed human skin model. Arch Dermatol Res. 2020, 10:1007.

Liao Z, Nie J, Sun P. The impact of particulate matter (PM2.5) on skin barrier revealed by transcriptome analysis: focusing on cholesterol metabolism. Toxicol Rep. 2019, 7:1-9.

Ferrara F, Woodby B. Pecorelli A, Schiavone ML, Pambianchi E, Messano N, Therrien JP, Choudhary H, Valacchi G. Additive effect of combined pollutants to UV induced skin oxlnflammation damage. Evaluating the protective topical application of a cosmeceutical mixture formulation. Redox Biol. 2020, 34:101481.

Prow TW, Monteiro-Riviere NA, Inman AO, Grice JE, Chen X, Zhao X, ... Erdmann D. Quantum dot penetration into viable human skin. Nanotoxicology. 2012, 6(2):173-185.

Filon FL, Mauro M, Adami G, Bovenzi M, Crosera M. Nanoparticles skin absorption: new aspects for a safety profile evaluation. Regul Toxicol Pharmacol. 2015, 72(2): 310-322.

Kammer R, Tinnerberg H, Eriksson K. Evaluation of a tape-stripping technique for measuring dermal exposure to pyrene and benzo (a) pyrene. J Environ Monitoring. 2011, 13(8):2165-2171.

Jin SP, Li Z, Choi EK, Lee S, Kim YK, Seo EY, Chung JH, Cho S. Urban particulate matter in air pollution penetrates into the barrier-disrupted skin and produces ROS-dependent cutaneous inflammatory response *in vivo*. J Dermatol Sci. 2018, S0923-1811(18):30202.

Bourgart E, Persoons R, Marques M, Rivier A, Balducci F, von Koschembahr A, Beal D, Leccia MT, Douki T, Maitre A. Influence of exposure dose, complex mixture, and ultraviolet radiation on skin absorption and bioactivation of polycyclic aromatic hydrocarbons *ex vivo*. Arch Toxicol. 2019, 93(8):2165-2184.

Nakane H. Translocation of particles deposited in the respiratory system: a systematic review and statistical analysis. Environ Health Prev Med. 2012, 17(4):263-274.

Neal MS, Zhu J, Foster WG. Quantification of benzo [a] pyrene and other PAHs in the serum and follicular fluid of smokers versus non-smokers. Reprod Toxicol. 2008, 25(1):100-106.

Guo Y, Huo X, Wu K, Liu J, Zhang Y, Xu X. Carcinogenic polycyclic aromatic hydrocarbons in umbilical cord blood of human neonates from Guiyu, China. Sci Total Environ. 2012, 427:35-40.

Palazzi P, Mezzache S, Bourokba N, Hardy EM, Schritz A, Bastien P, Emond C, Li J, Soeur J, Appenzeller B. Exposure to polycyclic aromatic hydrocarbons in women living in the Chinese cities of BaoDing and Dalian revealed by hair analysis. Environ Int. 2018, 121(Pt 2):1341-1354.

Sykes EA, Dai Q, Tsoi KM, Hwang DM, Chan WC. Nanoparticle exposure in animals can be visualized in the skin and analysed via skin biopsy. Nat Commun. 2014, 5:3796.

Piao MJ, Ahn MJ, Kang KA, et al. Particulate matter 2.5 damages skin cells by inducing oxidative stress, subcellular organelle dysfunction, and apoptosis. Arch Toxicol. 2018, 92(6):2077-2091.

Romani A, Cervellati C. Muresan XM, Belmonte G. Pecorelli A, Cervellati F, Benedusi M, Evelson P. Valacchi G. Keratinocytes oxidative damage mechanisms related to airbone particle matter exposure. Mech Ageing Dev. 2018, 172:86-95.

Magnani ND, Muresan XM. Belmonte G, et al. Skin damage mechanisms related to airborne particulate matter exposure. Toxicol Sci. 2016, 149(1):227-236.

Cervellati F, Benedusi M. Manarini F, et al. Proinflammatory properties and oxidative effects of atmospheric particle components in human keratinocytes. Chemosphere. 2020, 240:124746.

Tsuji G, Takahara M, Uchi H. Takeuchi S, Mitoma C, Moroi Y, Furue M. An environment contaminant, benzo (a) pyrene, induces oxidative stress-mediated interleukin-8 production in human keratinocytes via the aryl hydrocarbon receptor signaling pathway. J Dermatol Sci. 2011, 62(1):42-49.

Li N, Sioutas C, Cho A, et al. Ultrafine particulate pollutants induce oxidative stress and mitochondrial damage. Environ Flealth Perspect. 2003, 111(4):455-460.

Pieters N, Koppen G, Smeets K, Napierska D. Plusquin M, De Prins S, ... Hoet P. Decreased mitochondrial DNA content in association with exposure to polycyclic aromatic hydrocarbons in house dust during wintertime: from a population enquiry to cell culture. PLoS One. 2013, B(5):e63208-1-8.

Hiura TS, Li N, Kaplan R, Horwitz M. Seagrave JC, Nel AE. The role of a mitochondrial pathway in the induction of apoptosis by chemicals extracted from diesel exhaust particles. J Immunol. 2000, 165(5):2703-2711 .

Wang S, Sheng Y, Feng M, Leszczynski J, Wang L, Tachikawa H, Yu H Light-induced cytotoxicity of 16 polycyclic aromatic hydrocarbons on the US EPA priority pollutant list in human skin HaCaT keratinocytes: relationship between phototoxicity and excited state properties. Environ Toxicol. 2007, 22(3): 318-327.

Soeur J, Belaidi JP, Chollet C, Denat L, Dimitrov A, Jones C, Perez P, Zanini M. Zobiri O, Mezzache S, Erdmann D, Lereaux G, Eilstein J. Marrot L. Photo-pollution stress in skin: traces of pollutants (PAH and particulate matter) impair redox homeostasis in keratinocytes exposed to UVA1. J Dermatol Sci. 2017, 86(2):162-169.

Wang Y,, Gao D., Atencio DP,, Perez E., Saladi R., Moore J., Guevara D., Rosenstein BS., Lebwohl M., Wei H. Combined subcarcinogenic benzo [a] pyrene and UVA synergistically caused high tumor incidence and mutations in H-ras gene, but not p53, in SKH-1 hairless mouse skin. Int J Cancer. 2005, 116(2):193-199.

Yin L, Morita A, Tsuji T. Skin aging induced by ultraviolet exposure and tobacco smoking: evidence from epidemiological and molecular studies. Photodermatol Photoimmunol Photomed. 2001, 17(4):178-183.

Pygmalion MJ, Ruiz L, Popovic E, Gizard J, Portes P, Marat X, Lucet-Levannier K, Muller B, Galey JB. Skin cell protection against UVA by sideroxyl, a new antioxidant complementary to sunscreens. Free Radic Biol Med. 2010:49(11):1629-1637.

Reelfs O, Abbate V, Hider RC, Pourzand C. A powerful mitochondria-targeted iron chelator affords high photoprotection against solar ultraviolet a radiation. J Invest Dermatol. 2016, 136(8):1692-1700.

Boo YC. Can plant phenolic compounds protect the skin from airborne particulate matter? Antioxidants (Basel). 2019, 8(9):379.

Sticozzi C, Cervellati F, Muresan XM, Cervellati C, Valacchi G. Resveratrol prevents cigarette smoke-induced keratinocytes damage. Food Funct. 2014, 5(9):2348-2356.

ShinJW,LeeHS, NaJI,HuhCH, ParkKC,ChoiHR. Resveratrol

inhibits particulate matter-induced inflammatory responses in human keratinocytes. Int J Mol Sci. 2020, 21(10):3446.

Soeur J, Eilstein J, Lereaux G, Jones C, Marrot L. Skin resistance to oxidative stress induced by resveratrol: from Nrf2 activation to GSH biosynthesis. Free Rad Biol Med. 2015, 78:213-223.

Zheng F, Goncalves FM, Abiko Y, Li H. Kumagai Y, Aschner M. Redox toxicology of environmental chemicals causing oxidative stress. Redox Biol. 2020:34:101475.

Yokota M, Yahagi S, Masaki H. Ethyl 2,4-dicarboethoxy pantothenate, a derivative of pantothenic acid, prevents

cellular damage initiated by environmental pollutants through Nrf2 activation. J Dermatol Sci. 2018, 92(2):162-171.

Tanaka Y, Ito T, Tsuji G, Furue M. Baicalein inhibits benzo[a]pyrene-induced toxic response by downregulating Src phosphorylation and by upregulating NRF2-HMOX1 system. Antioxidants (Basel). 2020, 9(6):507.

Dimitrov A, Zanini M, Zucchi H, Boudah S, Lima J, Soeur J, Marrot L. Vitamin C prevents epidermal damage induced by PM-associated pollutants and UVA1 combined exposure. Exp Dermatol. 2021, 30(11):1693-1698.

第30章

皮肤老化过程调控的新视角

介绍

分子生物学的最新进展对医学科学的各个领域产生了影响，使得我们对于基因表达调控和分子表型修饰有了更深刻的认识。由于这场科学革命的成果，药物基因组学研究产生了新的治疗可能性，这些研究考虑到了个体需求及其对于个性化治疗的反应。因此，我们可以采用个性化治疗的方式来对付衰老这一生命过程中最重要的生物学现象之一，因为它内在的复杂性要求如此。皮肤是一个暴露在外的器官，在这里衰老过程的表现更加明显。它由一种生物屏障组成，因此我们需要将其转化为局部治疗的有效手段，正如化妆品所宣称的一样。结合纳米技术的化妆品成分有利于特定物质的吸收以及在皮肤不同层间的分布，已被证明是对抗皮肤老化的一种重要方法。本章将介绍关于调控皮肤老化的新技术潜在应用，并且引入分子生物学时代化妆品创新的新视角。

基因革命

我们正在经历一场科学革命，其特征是遗传学和分子生物学的突破性研究，它在生命科学所有领域都有着广泛的应用，特别是在医学科学中。这场革命的重要起点可以追溯到沃森和克里克发现了生命三螺旋结构，这种DNA结构已成为持续扩大基因革命的里程碑，受到广泛认可。1985年末，Kary Mullis描述了聚合酶链反应（polymerase chain reaction，PCR）技术，该技术允许在体外复制DNA序列，从而增加探索包含在遗传密码中信息的可能性。从基因结构、表达和调控的研究角度出发，分子生物学的研究工作朝着整体性的方法发展，也被称为"组学"，它能更好地理解复杂的、不断变化的生物系统（如人类）的运转。

随着人类基因组计划（human genome project）的完成，基因组学成为首个在科学界获得突出地位的综合方法。该计划始于20世纪80年代中期，基于新测序技术的创建，包括设备、实验室方法和生物信息学算法。该计划最初由美国能源部（department of energy，DoE）和国家卫生研究院（national institutes of health，NIH）的一项联合公共倡议以及国际组织合作推动，旨在探究人类DNA中的基因位点、确定氮碱基的数量和顺序、将结果信息存储于数据库中，并评估随新发现而产生的伦理、法律和社会方面的影响。在约20年的时间里，该国际公共平台与美国私营公司赛莱拉基因组公司（celera genomics corporation）同时、独立地加入了破译人类基因组的竞赛。该计划完成后，其成果占据了世界舞台主导地位，并作为封面故事发表于全球两大重要科学杂志《自然》（公共平台）和《科学》（私营公司）。

在令人惊奇的结果中，人类基因组计划得

出了一些令人兴奋的结论。首先，公共资助平台和赛莱拉基因组公司的科学家分别发现，整个人类基因组大约有25 000个基因，这些基因具有制造我们身体各种蛋白质的指令。而过去的估计只有这个数字的1/5到1/15。此外，研究其他生物基因组的科学家发现，人类的基因数量并不一定比其他哺乳动物物种的基因数量多。例如，猫和老鼠分别拥有20 000和25 000个基因。

在2021年，该计划组发布了一个新的人类基因组图谱，这个图谱更接近于完整的真实基因组。由于技术限制，过去的图谱（包括高比例的重复序列）只破译了基因组的8%~15%。因此，基因组的常染色质部分是需要完成的重点。然而，异染色质和复杂区域还未完成或存在错误。为了解决这个问题，端粒至端粒（telomere-to-telomere，T2T）联盟发布了一个包括人类基因组中30.55亿个碱基对（base pair，bp）的完整序列（即T2T-CHM13）。新序列包括22条常染色体和X染色体的无间隙组装，修正了以往图谱中的基因组错误，并增加了约2亿bp的新序列。

当T2T-CHM13仅代表单个体基因组时，个体间变异性标志物的鉴定是人类基因组计划的另一个成果。人类基因组多样性计划（Human Genome Diversity Initiative）于2003年创建，旨在评估不同个体DNA中发现的微小变异。此外，T2T联盟创建了人类泛基因组参考联盟（Human Pangenome Reference consortium），其主要目标是对2024年之前来自世界各地的约300基因组进行测序。近年来，随着全基因组测序和分析成本的不断降低，这一切都成为可能，从而使得多组学分析研究变得越来越可行。此外，在个体化的层面上，根据不同水平的生物分子评估，应用不同的整体方法和技术有助于解释观察到的人类表型巨大的变异性。

因此，很明显，仅通过DNA测序无法更深入地理解生物体内所有生物过程的变异性或复杂性来源。

随后，传统的基因组学打开了一扇进化之门，最终演变为功能基因组学，这是一种涉及对DNA中基因表达合成的分子进行评价的方法，这些分子具有生物学功能，确保人类物种与其他动物的区别。随着技术进步和新分析平台的出现，"多组学"方法扩展到了研究DNA以外的不同生物分子：转录组学评价基因表达直接产生的一组转录本；蛋白质组学旨在研究蛋白质；代谢组学则分析代谢物的不同化学过程。目前，多组学技术已联合使用多种高通量鉴定不同类型分子的方法，如WES外显子组测序、RNA-seq蛋白质编码RNA测序、smallRNA-seq小RNA测序、Clip-seq蛋白质-RNA相互作用测序和Chip-seq蛋白质-DNA相互作用测序，以增加我们对基因型-表型相关性的认识。

分子生物学时代的皮肤与皮肤老化

衰老是多个组学层次间分子相互作用的结果，导致个体外部（物理外观）和内部（生理功能）的改变。随着时间的推移，皮肤相较于身体其他器官，更容易表现出衰老的迹象。因此，随着全球人口老龄化和个人生活水平的提高，个体皮肤维度变得越来越重要，使得人们在社会生活中感到更安全和自信。目前，皮肤治疗产品的目标不仅在于改善皮肤的状态，同时也提供了新的个人卫生和健康标准。皮肤护理产品需求的不断增长，成为了当今社会追求尊严衰老的重要标志。随着人类基因组计划的完成，基因革命的科学发展深刻地影响着皮肤科领域。近年来，将基因表达应用于皮肤护理的科学论文数量大幅增长。此外，分子生物学在皮肤老化的研究中也得到了广泛的应用。皮肤老化是一个复杂的过程，由多种因素持续作用而导致皮肤的稳态性逐渐下降。这些因素可能是内在的（由个体遗传结构决定）或外在的（由环境暴露和日常习惯的直接影响诱发），并导致皮肤出现临床体征，如皱纹、皮肤弹性、肤质和色素沉着变化等。外部体征直接反映了皮肤组织内部和结构的变化，包括皮肤组织血流减少、真皮层和表皮层厚度减少、胶原和弹性纤维结构紊乱、参与翻译后修饰过程的酶活性降低、蛋白质聚集物的形成、糖胺聚糖沉积的变化、其与水分子的相互作用减少以及皮肤脂质含量的变化。虽然这些过程对所有人都一样，但一些相关特征可在特定人群中发现，如白种人、非裔美国人、东亚人和西班牙裔皮肤，他们之间的表型变异需要进一步研究。

皮肤老化影响了分子水平上的基因表达和特定蛋白质的合成。因此，考虑到与皮肤组织本身复杂性相关的皮肤老化过程的复杂性，现在该领域进行研究已经得到了全球生物现象评估而设计技术应用的大力支持。随着二代测序技术的进步，衰老相关表观遗传学和转录组学生物标志物的鉴定，整个DNA甲基化与RNA表达以不同的方式完全相关。这些二代测序技术使用起源于术语"皮肤组学"，是指生物分子的综合评价结合皮肤发育和功能的评价。

高效皮肤老化治疗方法开发与未来展望

随着分子生物学对皮肤及其变化的深入研究，为开发更有效的抗皮肤衰老治疗方法提供了优势。化妆品成分越来越复杂和功能性，目前的发展水平使得生产的产品具有短时间内无法预测的作用和活性。同时，人类基因组计划的进步使得提供针对每个人个性化需求的定制产品成为可能，基于个人对所选皮肤治疗的反应来优化配方。这一研究领域被称为药物基因组学，涉及DNA测序和基因表达分析等技术的应用，以及与药物或成分相关的测试。药物基因组学是药理学的一个分支，研究遗传变异对个体对药物反应的影响，从而将基因表达或遗传变异（如单核苷酸多态性［single nucleotide polymorphisms，SNPs］、插入、缺失等改变）与治疗效果联系起来。近年来，一些研究发现基因变异可导致蛋白质生物学特性变化，并改变个体对环境暴露的反应。全球范围内的病例对照研究证实，与皮肤衰老主要过程（色素沉着、水合、弹性和氧化损伤）相关的SNPs分布，为特定人群的个性化治疗打开大门。药物基因组学的一个原理是开发所谓的定制药物，即针对每个独特组合对药物产品及其组合进行优化。

这一新的视角让我们能够将个体遗传变异考虑在内，以满足个体需求、选择活性成分，并监测个体对治疗的反应，最大限度地发挥产品的作用和功效。Nistico、Duca和Garoia的一项研究使用了基因个性化的方法来治疗皮肤老化。他们结合使用基于个体遗传变异和射频治疗的化妆品成分，将受试者根据与炎症、氧化应激和皮肤再生相关的SNPs分类，以确定不同的风险水平。结果发现显著改善了皮肤参数，显著减少了皱纹。这些创新技术源于基因革命，对于药物基因组学在皮肤病学中的发展和改进应用越来越有利。

值得强调的是，皮肤老化是一个由遗传和环境因素共同驱动的多因素、伴随和累积的过程。因此，皮肤老化的演变应被视为完全个体化的过程。在这种情况下，药物基因组学的概念是基本而完全适用的，因为除个体遗传变异外，还应考虑由其既往史或生活方式引起的所有变异。此外，考虑到这一复杂生物学过程的个体化，有必要认识到选择治疗皮肤衰老体征的疗法也应以个性化方式设计，以使其更加有效。

已知皮肤表面衰老的临床体征是由内部生物过程蓄积所致，这些过程包括细胞信号传导、黑素合成调控、氧化应激调控和皮肤屏障结构等，并与水合作用、炎症调控、细胞分化、血管化、脂质代谢、细胞增殖、细胞外基质组成和细胞黏附等生物学过程相关。这些与皮肤相关的生物学过程与特定基因相关，DNA序列的突变取决于其位点，但不影响其功能。皮肤多年来的变化可能归因于基因表达的调控，从而导致生物分子（如RNA或蛋白质）的合成发生变化。多项研究表明，衰老过程影响相当数量基因的表达。在某些情况下，基因表达变化可能与一些临床体征相关，如皱纹、松弛、皮肤缺水以及血管化或脂质代谢的变化。然而，衰老可以影响参与一些过程的基因调控，而这些过程在非实验室条件下的日常临床实践中难以观察，例如与细胞黏附和氧化过程相关的过程。

关于皮肤老化调控的另一个重要方面是基因表达，该方法提供了一个新的治疗视角：通过应用适当的成分，可能反向预测基因表达的调控，以防止衰老。这是功能基因组学的另一个优势，使我们能够将基因表达修饰数据与直接涉及特定细胞表型（包括皮肤衰老）的代谢途径整合在一起。具有天然可塑性的系统可能允许刺激调节，而非影响DNA的遗传变异，这些遗传变异无法通过简单和安全的治疗干预进行修饰。换句话说，由于信使RNA（mRNA）的表达在衰老过程中发生变化，因此可能通过测量转录水平来寻找调控替代方案，甚至在一段时间后监测治疗的效率。有几项研究旨在寻找皮肤老化治疗的创新方法。一种建议是通过分析基因表达生成一份报告，显示特定受试者的状态，并与其年龄进行比较。该报告结合临床评价可作为基于个体需求设计定制产品的依据（图30.1）。此外，在一段时间后，可以进行新的测试或临床评价，反复检查皮肤老化状态，考虑个体差异并调整治疗以达到可能的最佳结果。有几项研究旨在鉴定与皮肤老化直接相关的基因。该研究计划填补现有科学知识的

空白，包括年龄为20～80岁女性的大样本研究小组，以及应用微阵列技术同时评价44 000个基因序列（图30.2）。根据基因表达的结果，选择与皮肤老化密切相关的基因，并分析其在特定活性成分干预后对mRNA表达的调控能力。

图30.1

结合基因表达分析和临床评价，设计了一种用于皮肤治疗的个性化抗衰老产品配方方案。该模型会在治疗一段时间后对特定调整进行重复评价

图30.2　使用层次聚类展示老化对皮肤基因表达的影响

不同颜色代表基因表达谱的差异。左边的数字代表不同年龄群体，右边的分支显示不同组之间的相似性，其中20岁组和40岁组的关系比60岁组更密切。可以根据基因的生物学功能和表达水平，选择特定的基因，并使用特定的活性成分进行治疗

皮肤的主要功能是为保护机体免受环境伤害和异物或物质进入而设计的。为了构建这一屏障，皮肤由具有不同理化特性的多层组成。这些层次的不同特性构成了治疗产品中递送物质的挑战。正如前文所述，细胞会在表皮深层进行增殖，然后向上移动至浅层，形成不同层次具有特定性质和代谢过程的结构。此外，真皮层还由多种类型的细胞和细胞外基质组成。这些特性让皮肤成为有活力、动态的组织，包括对于物质经皮吸收的元素也会产生影响。涂在皮肤表面的产品成分需要响应物理规律（如溶解度、分配系数和分子量等）以及皮肤的物理结构和化学成分，从而克服屏障的阻碍。因

此，为了发挥作用，成分必须穿过角质层中的亲脂性屏障，并逐步到达表皮层和真皮中更亲水的层次。在产品中使用的载体和技术将会对吸收产生实质性的影响，从而影响其作用。使用不同配方技术可作为补充工具，提供高效的保湿产品，减少衰老表现，并保护皮肤免受日常暴露于外部因素的损伤。克服其中一些挑战的方法是使用具有胶体结构的纳米技术，这种结构可能会渗透至皮肤细胞的细胞间隙，并通过亲和力在可能发生作用的层次中释放活性成分。例如，纳米技术可应用于将3种具有不同理化性质的纳米乳剂结合，形成独特的产品组合，从而能够将活性成分输送至目标皮肤层，并提高靶向治疗的效果。为减少使用该产品时产生潜在不良反应的风险，配方中还可含有有助于模拟皮肤天然分子组成成分的物质。不同试验中使用含有相同比例上述组合物的每种纳米乳调配物来评价所述治疗的安全性和有效性（表30.1）。对于皮肤治疗效果的评价，基于个人需求，在连续使用个性化产品90 d后进行基因表达分析、临床监测和图像评价（未发表结果）。结果显示，皮肤得到显著改善，包括皱纹数量和程度减少，皮肤弹性改善，色素沉着更加均匀。在不同年龄的患者中也观察到上述结果。

表 30.1　三重纳米技术治疗安全性和有效性评价的组内（体外、离体和体内）分析

试验说明	结果
体外细胞毒性	无细胞毒性
重建皮肤（表皮和真皮层）体外刺激试验	无刺激性
急性皮肤刺激（原发性刺激）体内 48 h 贴片试验，55 名受试者年龄 18 ~ 60 岁	无刺激性
体内 21 d 慢性皮肤刺激试验，55 名 18 ~ 60 岁的受试者	无刺激性
体内过敏试验（21 d 诱导，14 d 后激发），55 名 18 ~ 60 岁的受试者	低变应原的
体内 28 d 斑块致粉刺试验，35 名年龄 3 ~ 60 岁的受试者	不致粉刺
体内眼刺激试验，35 名年龄 35 ~ 60 岁的受试者	对眼睛无刺激
体内 21 d 光毒性试验，27 名 18 ~ 60 岁的受试者	无光毒性
体内光过敏试验（诱导 21 d，14 d 后攻毒），27 名 18 ~ 60 岁的受试者	无光致敏性
离体 24 h 皮肤刺激和免疫组织化学	真皮胶原纤维保存最好，表皮基底层 β-1 整合素的信号更强烈
离体 24 h 皮肤刺激和免疫荧光	更强烈的信号表明丝聚蛋白、纤维连接蛋白、弹性蛋白和胶原蛋白 1 存在于表皮和（或）真皮中
离体 24 h 皮肤刺激和微阵列（三纳米技术或分离活性成分刺激），共 216 个微阵列，分析 44 000 个基因序列在体内的皮肤水分测定（仅一次应用），10 名年龄为 21 ~ 47 岁的受试者	逆转 85% 受衰老影响基因的表达
体内 30 d 拉曼光谱（每天应用 2 次），10 名 40 ~ 50 岁的受试者	6 h 后皮肤水分增加 22.2%，246 h 后增加 7.4%
体内 30 d 刺激和眉毛毛囊微阵列，15 名 40 ~ 50 岁的受试者，分析 44 000 个基因序列	角蛋白含量增加 70%，功能胶原（含酰胺 1）含量增加 38%，机能水（与蛋白质相关的分子）含量减少 6.4%；NMFs 含量减少 50%，黑素含量减少 40%

　　个体化的治疗方法或许会引起抗衰老外用药消费者的浓厚兴趣。如果我们回顾市场演变的历史，我们可以看到市场从满足大多数需求的类似产品开始，然后多年来逐渐转向更小众

的产品，以迎合特定市场、特定人群的共性需求。现在，市场已经开始寻找特定的细分市场，以更好地区分自己与竞争对手。使用定制方案可以满足每个人大部分需求，而个体则可以采取相反的路径，因为生态位由个体和整个种群组成。因此，我们可以预见这种个体化治疗方法在应用上不会受到任何限制。

总结

因此，随着分子生物学的发展，不断有新的研究和方法涌现，例如表观遗传学概念或基于非编码DNA序列的调控机制评价，这些新技术的应用可能会进一步促进皮肤病治疗的迭代。ENCODE项目的文献中也对此进行了描述。最后，衰老是自然过程，不属于一种可治愈的疾病。随着本章概述的基因革命所带来的可用技术不断涌现，这一衰老过程可能会放缓。

原文参考文献

Venter JC, Adams MD, Myers EW, et al. (2001) The sequence of the human genome. Science, 291, 1304-1351.

Sumigray KD, Lechler T (2015) Cell adhesion in epidermal development and barrier formation. Current Topics in Developmental Biology, Academic Press Inc., New York, NY, Vol. 112, pp. 383-414.

Buchan JR, Parker R (2007) Molecular biology. The two faces of miRNA. Science, 318, 1877-1878.

Guerra BS, Lima J, Araujo BHS, et al. (2020) Biogenesis of circular RNAs and their role in cellular and molecular phenotypes of neurological disorders. Biogenesis of circular RNAs and their role in cellular and molecular phenotypes of neurological disorders. Semin. Cell Dev. Biol., 114, 1-10.

Glaser DA, Mattox AR (2013) Cutaneous barrier function, moisturizer effects and formulation. Cosmeceuticals and Cosmetic Practice, John Wiley & Sons, Ltd, Chichester, UK, pp. 55-65.

Aziz ZAA, Mohd-Nasir H, Ahmad A, et al. (2019) Role of nanotechnology for design and development of cosmeceutical: Application in makeup and skin care. Role of nanotechnology for design and development of cosmeceutical: Application in makeup and skin care. Front.

Chem, 2019,

Fytianos G, Rahdar A, Kyzas, GZ (2020) Nanomaterials in cosmetics: recent updates. Nanomaterials, 2020, 10, 10-26.

Santos AC, Morais F, Simoes A, et al. (2019) Nanotechnology for the development of new cosmetic formulations. Nanotechnology for the development of new cosmetic formulations. Expert Opin. Drug Deliv, 2019, 16, 313-330.

Raj S, Jose S, Sumod US, et al. (2012) Nanotechnology in cosmetics: Opportunities and challenges. J. Pharm. Bioallied Sci., 2012, 4, 186-193.

Watson JD, Crick FHC (1953) Molecular structure of nucleic acids: a structure for deoxyribose nucleic acid. Nature, 171, 4356, 737-738.

Watson JD, Crick FHC (1953) Genetical implications of the structure of deoxyribonucleic acid. Nature, 171.4361,964-967.

Saiki RK, Scharf S, Faloona F, et al. (1985) Enzymatic amplification of beta-globin genomic sequences and restriction site analysis for diagnosis of sickle cell anemia. Science, 230, 1350-1354.

Waterston RH, Lindblad-Toh K, Birney E, et al. (2002) Initial sequencing and comparative analysis of the mouse genome. Nature, 420, 6915, 520-562.

Pavlichin DS, Weissman T, Yona G (2013) The human genome contracts again. Bioinformatics, 29, 2199-2202.

Lander ES, Linton LM, Birren B, et al. (2001) Initial sequencing and analysis of the human genome. Nature, 409, 6822, 860-921.

Pontius JU, Mullikin JC, Smith DR, et al. (2007) Initial sequence and comparative analysis of the cat genome. Genome Res., 17, 1675-1689.

Reardon S (2021) A complete human genome sequence is close: how scientists filled in the gaps. Nature, 594, 158-159.

Marchetto MCN, Narvaiza I, Denli AM, et al. (2013) Differential LI regulation in pluripotent stem cells of humans and apes. Nature, 503, 525-529.

Nurk S, Koren S, Rhie A, et al. (2021) The complete sequence of a human genome. bioRxiv,. doi: 10.1101/2021.05.26.445798

Waller JM, Maibach HI (2005) Age and skin structure and function, a quantitative approach (I): blood flow, pH, thickness, and ultrasound echogenicity. Skin Res. Technol., 11, 221-235.

Holzscheck N, Sohle J, Kristof B, et al. (2020) Multi-omics network analysis reveals distinct stages in the human aging progression in epidermal tissue. Aging (Albany NY), 12, 12393.

Trapnell C, Williams BA, Pertea G, et al. (2010) Transcript assembly and quantification by RNA-Seq reveals unannotated transcripts and isoform switching during cell differentiation. Nat. Biotechnol., 28, 511-515.

Brandenberger R, Wei H, Zhang S, et al. (2004) Transcriptome characterization elucidates signaling networks that control human ES cell growth and differentiation. Nat. Biotechnol., 22, 707-16.

Miranda HC, Herai RH, Thome CH, et al. (2012) A quantitative proteomic and transcriptomic comparison of human mesenchymal stem cells from bone marrow and umbilical cord vein. Proteomics, 12, 2607-2617.

Timp W, Timp G (2020) Beyond mass spectrometry, the next step in proteomics. Sci. Adv., 6, eaax8978.

Xia J, Sinelnikov IV, Han B, et al. (2015) MetaboAnalyst 3.0-making metabolomics more meaningful. Nucleic Acids Res., 43, W251-W257.

de Souza JS, Laureano-Melo R, Herai RH, et al. (2019) Maternal glyphosate-based herbicide exposure alters antioxidantrelated genes in the brain and serum metabolites of male rat offspring. Neurotoxicology, 74, 121-131.

Kulkarni P, Frommolt P (2017) Challenges in the setup of large-scale next-generation sequencing analysis workflows. Comput. Struct. Biotechnol. J., 2017, 15, 471-477.

Abascal F, Acosta R, Addleman NJ, et al. (2020) Perspectives on ENCODE. Nature, 2020, 583, 693-698.

Trujillo CA, Rice ES, Schaefer NK, et al. (2021) Reintroduction of the archaic variant of NOVA1 in cortical organoids alters neurodevelopment. Science (80)., 371, 694-703.

Lee HY, Jeon Y, Kim YK, et al. (2021) Identifying molecular targets for reverse aging using integrated network analysis of transcriptomic and epigenomic changes during aging. Sci. Rep., 11, 1-13.

Waller JM, Maibach HI. (2006) Age and skin structure and function, a quantitative approach (Ⅱ): protein, glycosaminoglycan, water, and lipid content and structure. Skin Res. Technol., 12, 145-154.

Venkatesh S, Maymone MBC, Vashi NA (2019) Aging in skin of color. Clin. Dermatol., 37, 351-357.

Blumenberg M (2005) Skinomics. J. Invest. Dermatol., 124, viii-x.

Stokowski RP, Pant PV, Dadd T, et al. (2007) A genome-wide association study of skin pigmentation in a South Asian population. Am. J. Hum. Genet., 81, 1119-1132.

Sulem P, Gudbjartsson DF, Stacey SN, et al. (2007) Genetic determinants of hair, eye and skin pigmentation in Europeans. Nat. Genet., 39, 1443-1452.

Han J, Kraft P. Nan H, et al. (2008) A Genome-wide association study identifies novel alleles associated with hair color and skin pigmentation. PLOS Genet., 4, el000074.

Xuting W, Daniel JT, Xuemei L, et al. (2005) Single nucleotide polymorphism in transcriptional regulatory regions and expression of environmentally responsive genes. Toxicol. Appl. Pharmacol., 207, 84-90.

Naval J, Alonso V, Herranz MA (2014) Genetic polymorphisms and skin aging: the identification of population genotypic groups holds potential for personalized treatments. Clin. Cosmet. Investig. Dermatol., 7, 207-14.

Liu Y, Gao W, Koellmann C, et al. (2019) Genome-wide scan identified genetic variants associated with skin aging in a Chinese female population. J. Dermatol. Sci., 96. 42-49.

Squassina A, Manchia M, Manolopoulos VG, et al. (2010) Realities and expectations of pharmacogenomics and personalized medicine: impact of translating genetic knowledge into clinical practice. Pharmacogenomics, 11, 1149-1167.

Nistico SP. Dill Duca E, Garoia F (2018) Genetic customization of antiaging treatments. J. Clin. Exp. Dermatol., 9, 1-7.

Rizzo AE, Maibach HI (2012) Personalizing dermatology: the future of genomic expression profiling to individualize dermatologic therapy. J. Dermatolog. Treat., 23, 161-167.

Kaur P, Li A (2000) Adhesive properties of human basal epidermal cells: an analysis of keratinocyte stem cells, transit amplifying cells, and postmitotic differentiating cells. J. Invest. Dermatol.. 114, 413-420.

Langton AK, Sherratt MJ, Griffiths CE, et al. (2010) A new wrinkle on old skin: the role of elastic fibres in skin ageing. Int. J. Cosmet. Sci., 32, 330-339.

Groen D, Poole DS, Gooris GS, et al. (2011) Investigating the barrier function of skin lipid models with varying compositions. Eur. J. Pharm. Biopharm., 79, 334-342.

Tu CL, Chang W, Bikle DD (2011) The calcium-sensing receptor-dependent regulation of cell-cell adhesion and keratinocyte differentiation requires Rho and filamin A. J. Invest. Dermatol., 131, 1119-1128.

Zouboulis CC, Makrantonaki E (2011) Clinical aspects and molecular diagnostics of skin aging. Clin. Dermatol., 29, 3-14.

Praes CEDO, Oliveira LL DE (2009) Tripla nanoemulsão e preparação cosmetica contendo a mesma. Brazil Patent (registered in INPl-Instituto Nacional de Propriedade Industrial), PI 0904697-6 Bl, 2009.

Chang E, Yang J, Nagavarapu U, et al. (2002) Aging and survival of cutaneous microvasculature. J. Invest. Dermatol., 118, 752-758.

Droge W (2002) Free radicals in the physiological control of cell function. Physiol. Rev., 82, 47-95.

Peterszegi G, Isnard N, Robert AM et al. (2003) Studies on skin aging. Preparation and properties of fucose-rich oligoand polysaccharides. Effect on fibroblast proliferation and survival. Biomed. Pharmacother., 57. 187-194.

Caruso C, Lio D, Cavallone L et al. (2004) Aging, longevity, inflammation, and cancer. Ann. N. Y. Acad. Sci., 1028, 1-13.

Lener T, Moll PR. Rinnerthaler M, et al. (2006) Expression profiling of aging in the human skin. Exp. Gerontol., 41, 387-397.

Silvander M, Ringstad L, Ghadially R et al. (2006) A new water-based topical carrier with polar skin-lipids. Lipids Health Dis., 5, 1-7.

Mine S, Fortunel NO, Pageon H, et al. (2008) Aging alters functionally human dermal papillary fibroblasts but not reticular fibroblasts: a new view of skin morphogenesis and aging. PLoS One, 3, e4066.

Simpson RM, Meran S, Thomas D et al. (2009) Age-related changes in pericellular hyaluronan organization leads to impaired dermal fibroblast to myofibroblast differentiation. Am. J. Pathol.. 175, 1915-1928.

Dunham I, Kundaje A, Aldred SF et al. (2012) An integrated encyclopedia of DNA elements in the human genome. Nature, 489, 7414, 57-74.

第31章

表观遗传学和化妆品

表观遗传学基础

自1940年代首次被提出以来，表观遗传学一词随着时间的推移不断演变，并纳入了科学和技术进步所带来的新见解。2001年，Wu提出了一个被广泛接受的表观遗传学定义：研究有丝分裂和（或）减数分裂可遗传且不引起DNA序列改变的基因功能变化。

换句话说，细胞行为不仅部分由DNA序列编码，还与非序列固有变化相关。关键在于这些信息必须被传递给子细胞，而不会在有丝分裂或减数分裂期间丢失。那么，如何在不改变基因序列的情况下改变基因的功能呢？首先，改变一个基因或一组基因对转录机制的可及性会影响其编码蛋白的可用性。一系列表观遗传机制（如DNA核苷酸和组蛋白的化学修饰）在不同细胞水平上协调地调节这些变化。

人类基因组由约30亿个DNA碱基对组成，这些碱基编码22 000多个受到严格调控的基因。DNA组装对于将所有这些信息储存于细胞核至关重要。组蛋白对DNA组装特别重要，DNA片段被包裹在其核心周围形成致密的"珠状结构"，称为核小体。核小体序列可自身聚集并压缩，最终形成染色体。染色质浓缩的改变影响基因表达，因为其可使基因和调节元件更易（开放染色质）或更难（封闭染色质）接近转录机制（见图31.1）。本章将简要探讨表观遗传学的一些基本概念和表观遗传学领域的最新进展，为化妆品表观遗传学的变革提供信息。

DNA甲基化

一种调控基因表达的方法是使用化学方法，在整个基因组的特定胞嘧啶上连接甲基基团，也称为5-甲基胞嘧啶（5mC）。在哺乳动物中，这种修饰主要发生在胞嘧啶上，然后是鸟嘌呤（CpG位点），通常分布在CpG岛上。CpG位点丰富的区域通常与基因的5'和（或）3'区域的启动子相关。据估计，人类基因组中有2800万个CpG位点，从而允许无数的去甲基化/甲基化状态或ON/OFF开关的组合。通过这种方式，编码区的DNA甲基化（DNAm）可以通过物理干扰转录机制的近似和组装来沉默基因的表达。此外，其诱导的染色质变化可能导致DNA组装，使该区域更难接近。去除这些标记可导致相反效果，即激活先前未表达的基因表达。一般而言，高甲基化的染色质与转录活性基因（OFF）相关，而低甲基化或去甲基化的染色质与转录活性区域（ON）相关。

DNA甲基转移酶（DNA methyltransferases，DNMT）是一组酶，负责甲基化CpG位点，包括从头甲基化（如DNMT3A/B酶）和通过DNMT1维持已有的CpG位点。此外，Ten Eleven易位（Ten Eleven Translocation，TET）甲基胞嘧啶双加氧酶家族也参与DNA去甲基化的过程。简而言之，5mC可由以下2种方式转化：

①自发脱氨转化的胸腺嘧啶会产生错配，需要碱基切除修复；②或被TET酶转化为5-羟甲基胞嘧啶（5hmC），需要进一步转化为胞嘧啶。尽管5hmC看起来像是5mC向胞嘧啶转化的中间状态，但据报道这种修饰稳定，与5mC相比，

在不同的细胞效应中扮演着不同的角色，例如5hmC与开放染色质状态有关。DNAm是一个动态的过程，与发育、疾病和衰老相关。因此，DNAm是基因功能的关键过程，并为包括皮肤在内的组织提供宝贵的空间和时间信息。

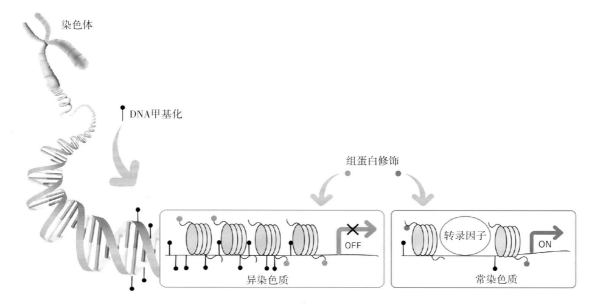

图 31.1　在基因表达调控中，DNAm 和组蛋白修饰是关键的调节机制

　　在有丝分裂前，DNA 分子可被组蛋白高度压缩成染色体，但通常发现于较松散构象的染色质中。表观遗传修饰，如染色质重塑、组蛋白修饰和 DNA 甲基化等，可以改变基因表达。DNA 甲基化发生在 CpG 位点上，这些位点通常位于称为 CpG 岛的基因组区域中。尽管 CpG 岛在基因组中广泛分布，但在调控区域中也会发现它们的存在。高甲基化区域和一些特定的组蛋白修饰，如组蛋白 H3 的尾部甲基化，与异染色质和基因表达降低（OFF）相关（红框）。低甲基化的启动子区域和组蛋白修饰（如乙酰化）通常与常染色质和活性基因表达（ON）相关（蓝框）。重要的是，DNAm 和组蛋白修饰是可逆的过程

组蛋白修饰和染色质重塑

　　另一个重要的调节基因表达的机制是组蛋白修饰。组蛋白由8个蛋白质亚单位组成，参与DNA组装和染色质浓缩。部分正电荷使组蛋白与DNA相互作用，尾部和基序是酶靶点，可以精确调节组蛋白活性。组蛋白尾部通过化学修饰，如甲基化、乙酰化和磷酸化等，来调节其功能。有趣的是，氨基酸残基在甲基化时可以是单甲基化、二甲基化，甚至三甲基化。H3组蛋白亚单位通常是这些修饰的主要靶点，通常位于赖氨酸残基。组蛋白中单一化学修饰的细胞效应并不明显，因为不同的修饰可能产生不

同的效应。例如，组蛋白甲基化可以使DNA-组蛋白相互作用变得松散或紧密，这取决于修饰的位点和数量。尽管组蛋白修饰非常复杂，但乙酰化可以增加负电荷，干扰与DNA的相互作用，通常使染色质更易接近。组蛋白修饰对于驱动染色质重塑和基因可及性，以及启动DNA凝聚成染色体至关重要。与DNAm类似，组蛋白的修饰信息将由其附近的所有修饰提供指导。

　　除了组蛋白修饰酶外，一系列染色质重塑复合体也拥有通过改变核小体内DNA结构重塑染色质的能力。这些复合体需要与转录激活因子相互作用，依赖于ATP的作用，并受到严格的

调控，其作用包括：①控制核小体的初始组装和间距，特别是在DNA复制过程中；②调节染色质通路，重新定位或排出核小体；③进行核小体编辑，将组蛋白替换为其他变异体。这些变化比以往更加显著，因为它们具有物理上使核小体片段错位的能力。DNAm、组蛋白修饰和染色质重塑复合物共同调节着染色质的可及性。

此外，非编码RNA与表观遗传调控机制密切相关。虽然它们不被正式认为是表观遗传元件，但在基因组中编码，对调节编码基因的转录起着重要作用。其中微小RNA（miRNA）是由大约22个碱基对组成的分子，与信使RNA（mRNA）以一种非常特定的方式关联，并通过互补的核苷酸序列靶向一个或多个mRNA，从而抑制它们。预计至少60%的编码mRNA有miRNA的结合位点，因此miRNA的调控作用变得更加重要。miRNA转录后调控是基因表达调控以及基因功能的关键。虽然miRNA不被表观遗传学的定义所接受，但它受表观遗传机制的调节，并且还调节一些表观遗传机制，如DNAm。miRNA的表达可以普遍存在，也可以是组织特异性的，因为它们可以调节组织特异性的mRNA。已知miRNA可调节与皮肤衰老、皮肤疾病和皮肤癌等相关的过程。因此，有一种设想是使用靶向特定miRNA来改变这些过程，或者使用miRNA作为治疗递送/途径来改变基因功能。

表观遗传学变化的研究方法

在过去几十年中，已经开发和改进了多种方法，用于分析特定基因和区域或整个基因组水平的表观遗传变化。这些重大进展对于进一步阐明生理和病理过程至关重要。例如，目前有3种主要方法可用于分析DNAm：亚硫酸氢盐转化、限制性内切酶和亲和富集。亚硫酸氢盐转化法是评价DNAm最常用的方法，它的理念是用亚硫酸氢钠处理DNA，可以将未甲基化的胞嘧啶脱氨为尿嘧啶，而不影响5mC。然后，

在聚合酶链反应（PCR）中，将尿嘧啶转化为胸腺嘧啶，可以通过微阵列、焦磷酸测序、Sanger测序或高通量测序进行鉴定。另一种基于限制性内切酶的方法，则使用甲基化敏感的限制性内切酶（methylation-sensitive restriction enzymes，MREs）对DNA进行选择性消化。MREs（如BstUl、hpal、Notl和Smal）只能识别和切割未甲基化的胞嘧啶位点，导致DNA片段化。最后，基于亲和力富集的方法，使用针对5mC或甲基-cpg结合域蛋白的抗体来分离甲基化DNA区域。除了基于亚硫酸氢盐转化法之外，还应该采用不同的技术来评价DNAm状态。另外，一种替代方法是基于纳米孔技术，它可以在不需要特殊样品制备的情况下区分单链DNA中甲基化和非甲基化的碱基。简而言之，该平台测量DNA通过插入在脂质膜的生物纳米孔时离子电流的序列依赖性变化。

用于评价组蛋白修饰的技术大多基于染色质免疫共沉淀（chromatin immunoprecipitation，ChIP）。该方法使用针对特定组蛋白修饰的抗体来沉淀蛋白质-DNA复合物，然后纯化DNA并通过PCR、定量PCR、微阵列或二代测序技术进行评价，以揭示与目标模式相关的基因组区域。除了可以联合使用不同的组蛋白修饰抗体来确定染色质状态之外，还有另外两种方法可用于测量全基因组染色质可及性（即开放染色质区）：DNase I高敏感位点测序（DNase I hypersensitive site sequencing，DNase-seq）和转座酶可及染色质测序（accessible chromatin using sequencing，ATAC-seq）。其中，DNase-seq方法根据对DNase I酶的消化敏感性来确定可及的DNA区域，ATAC-seq方法则是根据对Tn5转座酶的敏感性来测量这种可及性。一旦染色质结构确定，染色体构象捕获（3C）技术可用于预测真核细胞中增强子-启动子相互作用。基于高通量染色体构象捕获（Hi-C）测序的方法也可

用于这一目的。

DNA表观遗传标记在衰老过程中如何变化

衰老是一个多因素的过程，其特征是再生能力和组织功能的进行性丧失。遗传和环境因素是其常见的促发因素，但也与表观遗传改变密切相关，这种改变与衰老的其他特征相互作用，导致基因表达变化、代谢不稳定、干细胞衰老和组织稳态失衡，从而导致生理功能下降（参见图31.2所示的皮肤）。实际上，在不同的人体组织中，随着年龄的增长，DNA甲基化（DNAm）逐渐变化，包括整体低甲基化和特定基因组位点的高甲基化，其表现为多梳抑制复合物2（PRC2）的过度表达，即染色质重塑复合体。这种与年龄相关的表观基因组变异被称为表观遗传漂移。Fraga等于2005年首次使用这个术语来描述衰老过程中由内部因素（如细胞分裂）产生并积累的DNAm中小缺陷。此外，他们观察到新生双胞胎显示有效相同的甲基化组与成年双胞胎显示出不同的模式。尽管表观遗传改变会随年龄的增长而自然发生，但与遗传因素相比，生活方式、饮食和环境暴露（如紫外线辐射、吸烟、体力活动、抗氧化剂摄入和热量限制）以及疾病状态等外源性刺激对DNAm模式的影响更为显著。

正如之前所述，表观遗传机制在人类一生中以协调的方式在不同的细胞和组织水平中发挥作用。因此，人体每个组织都可以以不同的速度衰老，特定基因直接受到DNAm改变的影响，并可能作为生物标志物推动旨在预防、延缓和减轻衰老表现的治疗干预。尽管已取得上述进展，但在衰老过程中线管5mC动态变化的认知仍然有限。基于其细胞类型的同质性、大小、暴露于环境以及众所周知的衰老表型，人类皮肤是理解年龄相关表观遗传变化的一个理想模型。

皮肤特异性表观遗传变化

人体的皮肤是一种天然的屏障，能够抵御许多环境因素的影响，而这些影响导致了表观遗传水平上的明显痕迹。研究表明，与经过防晒的皮肤样本相比，经过日光暴露的皮肤产生了本质上不同的甲基化模式，存在明显的低甲基化趋势。此外，随着年龄的增长，表皮层中与年龄相关的高甲基化现象比真皮层中更加显著，这可能是因为表皮层更直接地暴露于环境的原因。换句话说，在衰老过程中，人体皮肤的甲基化组整体上表现出稳定性，但局部存在差异（如图31.2所示）。通过比较年轻（18~27岁）和老年（61~78岁）皮肤样本的甲基化谱，我们已经确定了表观遗传漂移的重要特征。值得注意的是，年轻皮肤的甲基化组整体上高度相似，启动子区域基本未甲基化，而老年皮肤的甲基化组整体上似乎不太明确，而且彼此之间的异质性更大。

这些研究凸显出年轻和老年皮肤甲基化组之间大约存在2000个差异甲基化区域（DMRs）。值得注意的是，DMRs包括增强子区域（这些区域丰富于组蛋白修饰如H3K27Ac和H3K4mel），这些区域在年轻样本中频繁甲基化，并随年龄增长而变得低甲基化。此外，平衡启动子的特征区域（这些区域丰富于组蛋白标记H3K27me3和H3K4me3）随着衰老而发生超甲基化。这种甲基化的改变是年龄相关的甲基化模式侵蚀的例子，并被认为影响皮肤的多个生物过程。

有一个案例是ERRFI1基因的启动子区域，在衰老皮肤样本中被发现高度甲基化。这个基因编码的细胞质蛋白决定着皮肤的正常稳态，这个过程因其在衰老中的低表达水平而改变。另一个案例是负责编码SEC31的SEC31样蛋白2（SEC31L2）基因，SEC31是一种重要的胶原分泌蛋白。随着年龄的增长，它的启动子区域变得超甲基化，从而降低人体皮肤中的胶原蛋白水平。这是人类皮肤衰老的一个显著特征。

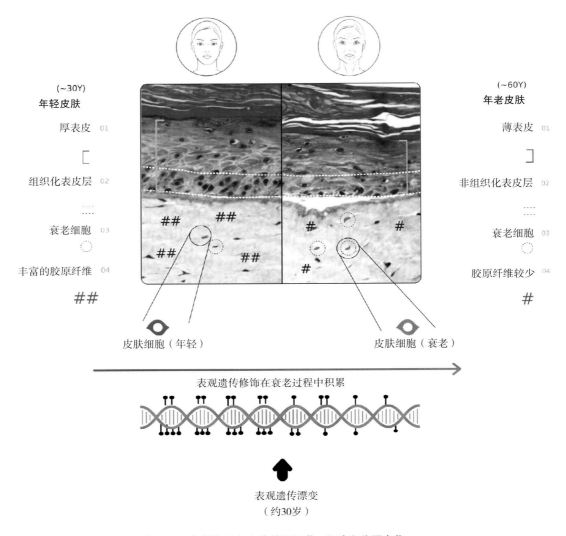

图 31.2　年轻和老年皮肤的组织学、细胞和分子变化

　　年轻的皮肤很少有皱纹，具有强大的弹性和水合功能，而老年皮肤则明显出现皱纹，弹性和水合功能下降。这种宏观差异反映了皮肤组织学结构的变化，而这种结构在一生中都在不断变化。年轻和健康的皮肤样本具有强大的皮肤屏障，能够保持皮肤水分。有组织的表皮细胞层有利于皮肤细胞的更新，较少的衰老细胞有助于防止组织老化和变性，而丰富的胶原蛋白和弹性纤维则有助于保持皮肤的弹性和结构。相比之下，老年皮肤样本的皮肤屏障较弱，表皮细胞层更加无序，存在大量衰老细胞，胶原蛋白和弹性纤维也较少，这些因素导致皮肤外观呈现"老化"特征。最近的研究还发现，皮肤细胞的表观遗传特征在整个衰老过程中也受到干扰，表观遗传漂变在约30岁时变得明显。越来越清晰的是，皮肤外观和结构的改变与表观遗传特征之间存在相互关联。因此，有必要进一步研究这些因果关系，并将表观遗传作为新型化妆品的可干预靶点

分子钟

　　在比较个体的出生日期和他们的外观或个人器官的功能时，时间的概念可能并不平衡。近几十年的衰老研究表明，单纯以出生后经过的时间来衡量实际年龄并不完美，因为它完全忽略了内源性和外源性因素如何影响机体功能。为了克服这一局限性，学者们提出了生物学年龄的概念，用以评价特定生物体、器官甚至细胞的功能状态，以及时间对这些参数的影

响。生物（组织或有机体）的年龄并不一定反映个体的实际年龄（表31.1），因为每个个体都有其独特的遗传背景，并面临着一系列独特的有害物理、机械、化学和生物事件。正如前面所述，这些相互作用也存在于皮肤中。

表 31.1　实际年龄与生理年龄对比

实际年龄	生理年龄
测量从出生至今已经过多少年。只与时间相关	测量时间相关的 DNAm 改变模式。与时间和健康状态相关
线性发展	非线性发展
不受内源性和外源性因素影响	受内源性和外源性因素的影响
不可逆，不可变	可塑性

不同的生物标志物被提出作为生物学年龄评估的参数。其中包括端粒长度以及转录组、蛋白质组、代谢组和表观遗传特征。对于皮肤来说，视觉和结构的改变也被认为是组织老化的生物学指标。自从首个高通量DNAm阵列被开发以来，人们越来越清楚地看到，DNAm经历了不同器官和细胞类型特有的可预测、时间依赖性的修饰。因此，表观遗传改变被确定为定量衰老特征，可用于组织和有机体衰老分析。尽管潜在因果关系尚未完全了解，但表观遗传标记通常被认为是最具前景的生物标志物，可用于可靠的生物学年龄估计，并越来越多地用于衰老的基础和转化研究。图31.3展示了在衰老过程中不同位点检测到的表观遗传变化，可以用于确定任何给定生物样本的生物学年龄。

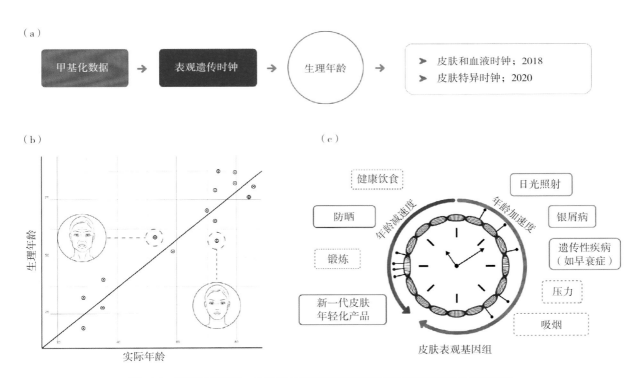

图 31.3　表观遗传时钟、生物学年龄测量和调节表观遗传衰老速率的干预措施

（a）以不同表观遗传图谱的图形表示为例，介绍了如何构建皮肤 DNAm 时钟，以便将特定位点的甲基化数据转化为用于预测生物学年龄的逻辑模式。（b）研究发现，虽然多数人的实际年龄和生理年龄相似（实黑线），但在实际年龄相同的情况下，有些人表现出表观遗传年龄加速，而另一些人表现出表观遗传年龄减速。（c）图中展示了影响皮肤生物学年龄进展速度的既定因素（实线）和预测因素（虚线）

生物信息学方法一直试图将DNAm的测量　　模式与实际年龄相联系，以便捕捉组织的生物学年龄。将特定生物样本的DNAm模式与实际年龄或时间（相关系数大于0.8）高度相关的数学算法被称为分子钟或DNAm时钟。Horvath和Raj简要解释了构建分子钟的方法，即"使用监督机器学习方法，在一组CpGs上构建一个转换版本的时序年龄回归"。换句话说，训练一个算法，让它同时提供实际年龄和DNAm信息，从这些信息中学习并能够预测非可见的数据。最精确和可靠的分子钟包括数十到数百个CpGs，每个CpGs对实际年龄的计算都有微弱的贡献。

目前已有3个首次发表的DNAm时钟，包括：①Bocklandt及其同事基于34对同卵双胞胎唾液样本的甲基化组数据构建的算法；②Hannum及其同事利用656个个体血液样本的甲基化组数据构建的算法；③Steve Horvath使用51种不同健康组织和细胞类型的8000个样本构建的泛组织分子算法。每个DNAm时钟在确定特定组织中DNAm年龄和预测寿命等方面的准确性和性能都不尽相同。这表明，考虑到这些和其他DNAm时钟，所有DNAm时钟仍存在质量不足和局限性。

近年来的研究发现，DNAm年龄受时间（实际年龄）和临床状态的影响。与DNAm改变（主要是加速）相关的年龄相关疾病包括遗传性疾病，例如Werner综合征和Hutchinson Gilford早衰综合征，年龄相关的退行性疾病，例如阿尔茨海默病、感染性和炎症性疾病，以及癌症。生活方式和肥胖也影响DNAm年龄。尽管第一代DNAm时钟和临床参数之间的联系微弱，但最新算法的发展纳入与年龄相关的生理失调生物标志物产生DNAm钟，能够基于个体发病率和死亡率风险来区分具有相同生理年龄的受试者。因此，DNAm时钟逐渐成为组织/生物体健康诊断的重要工具。

此外，不断积累的知识还发现，DNAm钟在特定的解剖部位并非以相同的速度运行。研究进一步表明，每个组织（包括我们的皮肤）都有一个特定的甲基化表现，这决定细胞类型的稳定维持。不仅整体甲基化表现是每个组织所特有的，而且与年龄相关的甲基化变化也仅限于高度依赖于组织类型的特定局部变化。此外，DNAm时钟在一生中运行的速度并非一致，与晚年生活（>20年）相比，表观遗传变化在儿童期和青春期发生的速度快24倍。尽管之前引用的泛组织分子算法获得惊人的成功和准确性，但组织特异性算法可能比多组织的对应算法获得更准确的DNAm评估，至少对于一些生物样本，例如精子和皮肤。

皮肤特异性时钟

正如前文所述，皮肤在经历了特殊的生理和环境条件后，会在整个衰老过程中形成特定的表观遗传印迹。实际上，血液和皮肤DNAm的年龄并不具有相关性。这可能至少部分解释了为什么多组织DNAm时钟在准确确定培养成纤维细胞的实际年龄时表现不佳的原因。这些观察结果推动了其他DNAm时钟的开发，如皮肤和血液时钟以及OneSkin Inc.开发的皮肤特异性甲基化算法MolClock。

2018年发布的皮肤和血液算法，能够估算培养的成纤维细胞、角质形成细胞和其他细胞类型，以及皮肤和血液的DNAm年龄。该算法使用了391个CpG位点（ON/OFF开关）构建线性回归模型，将DNAm信息与样本的实际年龄关联起来。而2020年发布的MolClock模型，则是在相同的线性回归模型基础上，研究了2226个CpG位点。当比较这两个时钟的性能时，我们可以观察到，MolClock在评估皮肤的DNAm年龄与实际年龄相关性时表现更好，获得了更准确的预测。此外，MolClock的另一个优势是，它的训练样本完全是皮肤，在实际年龄方面分布更均匀，这自然会导致更准确的估算。

MolClock不仅可以准确预测生物学年龄，还可以检测与皮肤疾病相关的DNAm变化，例如光线性角化病、皮肤鳞状细胞癌和银屑病。然而，该算法目前还无法指示具体的皮肤疾病，因此仍有改进的空间。此外，MolClock还发现，雷帕霉素和肽OS-01等治疗可缓解细胞衰老的药物可减少皮肤DNAm年龄。这表明，这种算法可以作为一种工具，用于筛选和验证促进皮肤年轻化的干预措施。

考虑到皮肤健康和外观在临床和商业上的重要性，以及皮肤成纤维细胞在基础研究中的常见用途，这种皮肤特异性时钟的发展有3个可能的应用：①诊断和预测皮肤相关疾病或状态；②评估可能加速DNAm老化的风险；③研究可以影响产品开发DNAm年龄的化合物。

对于这种可能性，可以采用不同的商业策略来探索。例如，针对消费者市场的皮肤表观遗传评价，可能会遵循既往直接面向消费者基因测试的经验。这种测试已在全球各地上市。此外，将DNAm时钟用于产品开发是一种有趣的方法，可能会导致新一代化合物的设计，以通过表观遗传调节发挥特定的功效。但是，同样重要的是要承认表观遗传特征的改变可能是最有效成分任何生物活性的内在潜在机制或结果。随着对表观遗传机制作用的知识不断积累，我们将发现成分的新作用模式，这些作用模式将在下一节中详细描述。

表观遗传学应用于化妆品

生物学年龄的概念的提出，使得"年龄"一词变得更加复杂。现在人们广泛认为，每个个体、组织或细胞都展现出一个时间和生物学年龄。前者是线性递增的、不可逆的，而后者则是具有可塑性，甚至可逆的（见表31.1）。这个吸引人的概念使得DNAm时钟成为开发预防和逆转分子衰老治疗的有价值工具，而表观遗

传机制则成为美容领域的热门研究方向。正如表31.2所示，许多化妆品成分是通过表观遗传调节发挥作用的。在这里，我们将对3种成分进行更详细的讨论，以实例说明它们的不同机制和发展路径。

Agen

Agen是一种由专注于创新化妆品成分的Chemyunion公司开发的产品，它将苹果和生姜的提取物协同结合在一起。经体外实验证明，外用Agen治疗24 h后，可以显著抑制与皮肤健康和衰老相关的关键miRNAs。与对照组相比，Agen治疗使得表观遗传修饰的核心蛋白聚糖（DCN）、纤维连接蛋白（Fibronectin，FNI）、表皮生长因子（Epidermal growth factor，EGF）和多种类型的胶原蛋白（如COL1A2、COL4A3、COL4A4和COL4A6）显著改善，这些蛋白质在皮肤老化过程中发挥着重要作用。经过外用Agen治疗2个月后，与安慰剂治疗相比，表皮厚度、硬度和弹性均得到了显著提高，这反映出分子水平的巨大改善。根据制造商的网站和临床数据，经过3个月的治疗，Agen组的皱纹减少了31%，皮肤纹理得到了32%的改善。这些变化可以通过3D成像测量来量化皮肤随时间的变化。

RoyalEpigen P5（蜂王浆仿生胜肽）

Mibelle生物化学公司销售的一种活性成分RoyalEpigen P5旨在模拟蜂王浆的作用。蜂王浆是一种用于喂养幼虫和蜂王的蜜蜂分泌物，可诱导幼虫DNA发生显著的表观遗传改变。这些改变介导蜂王表型的发育，表型包括更大的体型、生育力和工蜂的寿命。据制造商的研究，蜂王浆的表观遗传效应是由蜂王浆中的蜂王蛋白引发的。除通过蛋白酶体激活增加蛋白质转运外，该蛋白还与EGF受体和其他信号通路相互作用。随年龄的增长，表皮生长因子活性降低，导致皮肤创面愈合能力下降。由于蜂王蛋

白本身太大无法穿透皮肤，Mibelle开发了一种模拟活性序列的短肽。这5个氨基酸序列对应于EGF受体配体（如TNFoc和EGF本身）共享的高度保守结构域。制造商进行的体外研究确定组织损伤后细胞迁移和增殖的改善以及细胞更替的激活。该多肽被整合至基于乳木果油的软球载体系统中，临床试验中显示出改善皮肤屏障的细胞更新能力，增加皮肤平滑度和改善肤色。

表 31.2　具有表观遗传效应的化妆品成分[*]

名称	供应商	INCI	机制	使用率(%)
Agen	Chemyunion Sorocaba, Sao Paulo, BR	菜籽油（和）苹果提取物（和）生姜（姜）提取物	调控 EGFR、I 和Ⅳ型胶原、核心蛋白聚糖和纤维连接蛋白相关的 5 个重要 miRNA 的表观遗传途径	1 ~ 2
Chronogens™	Ashland Wilmington, Delaware, US	水（和）丁二醇（和）四肽 -26	协助维持 CLOCK、BMAL1 和 PER1 表达（体外、离体）	1
Crystalide™	Sederma Paris ile-de-France, FR	水（和）辛酸 / 癸酸甘油三酯（和）棕榈酸鲸蜡酯（和）山梨醇硬脂酸酯（和）聚山梨酸酯 80（和）氢化卵磷脂（和）棕榈酰四肽 -10	降低长链非编码 RNA ANCR、TNFo、IL6、IL1α/β 和 PGE2	3
OS-01[**]	OneSkin, Inc.San Francisco, California, US	十肽 -52	缓解细胞衰老负担并降低皮肤的 DNAm 年龄	0.01
RoyalEpigen P5	Mibelle AG Biochemistry Buchs, Werdenberg, CH	五肽 -48（和）氢化卵磷脂（和）甘油（和）乳木果油（和）苯乙醇（和）乙基己基甘油（和）麦芽糊精（和）水	与表皮生长因子（EGF）受体和其他信号通路相互作用，导致表观遗传改变	2 ~ 3
RNAge™	BASF Care Creations Monheim am Rhein, North Rhine-Westphalia, DE	麦芽糊精（和）沙棘仁提取物	调节自然时间失调的 miRNA Let-7b，皮肤结构的真皮均衡器，构建更致密的真皮层	0.2
Dermagenist™	BASF Care Creations Monheim am Rhein, North Rhine-Westphalia, DE	麦芽糊精（和）马蹄莲叶提取物	抑制 DNMT3ax 驱动的甲基化并重新激活 LOXL 基因转录	0.2 ~ 0.4
W Tr-Active	DKSH North America, Inc. Budd Lake, New Jersey, US	甘油（和）白松露菌提取物（和）苯甲酸钠（和）山梨酸钾	调节参与防止皮肤老化和促进皮肤健康的几组基因（基质金属蛋白酶、细胞外基质蛋白、水通道蛋白、受损蛋白质降解过程和维生素）	1
PhytoCellTec™ Alp Rose	Mibelle AG Biochemistry Buchs, Werdenberg, CH	杜鹃叶细胞培养提取液	含有携带特殊表观遗传因子和代谢物的植物干细胞，能够保存人类皮肤干细胞的功能	0.4 ~ 1

[*] 在 UL Prospector 数据库中发现的化妆品成分；[**] 由作者添加的活性成分

OS-01

这类肽被称为肽14或十肽-52，是OneSkin开发外用补充剂的主要成分之一。它已被证明可以显著减少细胞衰老的积累，并通过皮肤特异性DNAm年龄MolClock得到验证。通过筛选超过750个具有生物活性的多肽库，OneSkin优化了4个多肽，将其转化为senotherapeutic分子，可以减少25%以上原代人皮肤成纤维细胞的衰老。在不同的细胞衰老实验模型（如Hutchinson Gilford早衰综合征、依托泊苷治疗和UVB暴露）中，OS-01被证明是无毒且有效的，能够显著降低治疗皮肤的DNAm年龄。尽管该研究目前处于预印本状态（因此尚未经过同行评议），但证明用该肽对离体皮肤样本进行 5 d 干预，可以使 DNAm 年龄平均降低 2.6 年。

处理过的样本中 DNAm 年龄的减少伴随着皮肤样本分子和表型维度的变化，这类似于更年轻的皮肤轮廓。例如，检测到干预样本的健康参数增加，包括细胞衰老标志物（即 P16）、炎症（IL-8）和色素沉着（TYR）标志物的减少，以及细胞更新标志物（Ki67 和 KRT-14）和角质形成细胞分化标志物（KRT-1）的增加。经过多肽干预的样本中观察到的分子变化反映了组织学组织结构的改善，呈现出更厚的表皮和更为组织化的表皮基底层。与年轻皮肤样本相比，这更类似于年轻皮肤样本。

化妆品中含有 OS-01 的人体试验表明，它显著增强了皮肤屏障，有助于保持皮肤水分，并可减少经表皮失水达 15%。此外，该产品还能提高皮肤弹性平均 10%（在 90% 的受试者中观察到），并且皮肤光泽度提高了 16%（在超过 70% 的受试者中观察到）。皱纹减少的受试者占 87%。所有受试者在冬季使用 3 个月后，皮肤的光滑度和外观都得到了改善。

表观遗传学和化妆品展望

皮肤健康受到遗传背景和环境条件的复杂影响，其中涉及组织的表观基因组学、转录组学、蛋白质组学、脂质组学、糖组学和代谢组学特征。通过操作这个复杂网络中的某些组成部分，可以有效地促进生物组织的功能和（或）分子再生。为评价皮肤健康和功能的参数，已经公认表观遗传标记的重要性，并建立了使用表观遗传修饰工具调控基因表达的策略，并且这种策略已经可以在市场上获得。

未来，提高当前时钟对组织样本健康状态的敏感性以及定期更新 DNAm 时钟以适应全球人口预期寿命的增加是需要解决的挑战。为更好地代表不同的遗传背景，增加用于构建这种时钟样本间的种族多样性是至关重要的。此外，研究可能影响表观基因组但未被研究或解释的新因素的潜在作用也是未来的重要任务。

随着皮肤生物学和表观遗传学知识的积累，有望开发出新型、更有效的皮肤年轻化化合物。我们有充分的理由将皮肤的表观遗传元素作为皮肤年龄的标记，并将其作为促进皮肤健康和更年轻外观的可操作目标。

原文参考文献

Waddington HC. The epigenotype. Endeavour. 1942, 1:18-20.

Wu C, Morris JR. Genes, genetics, and epigenetics: a correspondence. Science. 2001, 293(5532):1103-5.

Alberts B. Molecular biology of the cell. 6th ed. Garland Sci. 2017, 1464 p.

Bednar J. Horowitz RA, Grigoryev SA, Carruthers LM, Hansen JC, Koster AJ, et al. Nucleosomes, linker DNA, and linker histone form a unique structural motif that directs the higher-order folding and compaction of chromatin. Proc Natl Acad Sci USA. 1998:95(24):14173-8.

Lövkvist C, Dodd IB, Sneppen K, Haerter JO. DNA methylation in human epigenomes depends on local topology of CpG sites. Nucleic Acids Res. 2016, 44(11):5123-32.

Wu H, Zhang Y. Reversing DNA methylation: mechanisms, genomics, and biological functions. Cell. 2014, 156(1-2):45-68.

Bachman M, Uribe-Lewis S, Yang X, Williams M. Murrell A, Balasubramanian S. 5-Hydroxymethylcytosine is a predominantly stable DNA modification. Nat Chem. 2014:6(12):1049-55.

López V, Fernandez AF, Fraga MF. The role of 5-hydroxymethylcytosine in development, aging and age-related diseases. Ageing Res Rev. 2017:37:28-38.

Al-Mahdawi S, Virmouni SA, Pook MA. The emerging role of 5-hydroxymethylcytosine in neurodegenerative diseases. Front Neurosci. 2014, 8. Available from: https://www.frontiersin.org/articles/10.3389/fnins.2014.00397/pdf [cited 2021 Mar 1].

Ficz G, Branco MR. Seisenberger S, Santos F, Krueger F, Hore TA, et al. Dynamic regulation of 5-hydroxymethylcytosine in mouse ES cells and during differentiation. Nature. 2011, 473(7347):398-402.

Luo C, Hajkova P, Ecker JR. Dynamic DNA methylation: in the

right place at the right time. Science. 2018:361(6409):1336-40.

Bannister AJ, Kouzarides T. Regulation of chromatin by histone modifications. Cell Res. 2011, 21(3):381-95.

Ng SS, Yue WW, Oppermann U, Klose RJ. Dynamic protein methylation in chromatin biology. Cell Mol Life Sci. 2009, 66(3):407-22.

Gräff J. Tsai L-H. Histone acetylation: molecular mnemonics on the chromatin. Nat Rev Neurosci. 2013, 14(2):97-111.

Lee J-S, Smith E, Shilatifard A. The language of histone crosstalk. Cell. 2010, 142(5):682-5.

Clapier CR. Iwasa J, Cairns BR. Peterson CL. Mechanisms of action and regulation of ATP-dependent chromatin-remodelling complexes. Nat Rev Mol Cell Biol. 2017, 18(7):407-22.

Vignali M, Hassan AH, Neely KE, Workman JL. ATPdependent chromatin-remodeling complexes. Mol Cell Biol. 2000, 20(6):1899-910.

Li. Y. Modern epigenetics methods in biological research. Methods. 2021, 187:104-13.

Pajares MJ, Palanca-Ballester C, Urtasun R, Alemany-Cosme E. Lahoz A. Sandoval J. Methods for analysis of specific DNA methylation status. Methods. 2021, 187:3-12.

Yong W-S. Hsu F-M, Chen P-Y. Profiling genome-wide DNA methylation. Epigenetics Chromatin. 2016:9:26.

Schatz MC. Nanopore sequencing meets epigenetics. Nat Methods. 2017, 14(4):347-8.

Carter B, Zhao K. The epigenetic basis of cellular heterogeneity. Nat Rev Genet. 2020. Available from: http://dx.doi.org/10.1038/s41576-020-00300-0

López-Otín C, Blasco MA, Partridge L, Serrano M, Kroemer G. The hallmarks of aging. Cell. 2013, 153(6):1194-217.

Fraga MF. Agrelo R, Esteller M. Cross-talk between aging and cancer: the epigenetic language. Ann N Y Acad Sci. 2007, 1100:60-74.

Schlesinger Y, Straussman R, Keshet I, Farkash S, Hecht M, Zimmerman J.et al. Polycomb-mediated methylation on Lys27 of histone H3 pre-marks genes for de novo methylation in cancer. Nat Genet. 2007, 39(2):232-6.

Zheng SC, Widschwendter M, Teschendorff AE. Epigenetic drift, epigenetic clocks and cancer risk. Epigenomics. 2016, 8(5):705-19.

Fraga MF, Ballestar E, Paz MF, Ropero S, Setien F, Ballestar ML, et al. Epigenetic differences arise during the lifetime of monozygotic twins. Proc Natl Acad Sci U S A. 2005, 102(30):10604-9.

Feil R, Fraga MF. Epigenetics and the environment: emerging patterns and implications. Nat Rev Genet. 2012, 13(2): 97-109.

Quach A, Levine ME, Tanaka T, Lu AT, Chen BH, Ferrucci L, et al. Epigenetic clock analysis of diet, exercise, education, and lifestyle factors. Aging. 2017, 9(2):419-46.

Sen P. Shah PP, Nativio R, Berger SL. Epigenetic mechanisms of longevity and aging. Cell. 2016, 166(4):822-39.

Grönniger E, Weber B. Heil O, Peters N, Stab F, Wenck H, et al. Aging and chronic sun exposure cause distinct epigenetic changes in human skin. PLoS Genet. 2010, 6(5):el000971.

Zouboulis CC, Makrantonaki E. Clinical aspects and molecular diagnostics of skin aging. Clin Dermatol. 2011, 29(1):3-14.

Bormann F, Rodríguez-Paredes M, Hagemann S, Manchanda H, Kristof B, Gutekunst J, et al. Reduced DNA methylation patterning and transcriptional connectivity define human skin aging. Aging Cell. 2016, 15(3):563-71.

Raddatz G, Hagemann S, Aran D, Sohle J, Kulkarni PP, Kaderali L. et al. Aging is associated with highly defined epigenetic changes in the human epidermis. Epigenetics Chromatin. 2013, 6(1):36.

Baker GT 3rd, Sprott RL. Biomarkers of aging. Exp Gerontol. 1988, 23(4-5):223-39.

Bergsma T, Rogaeva E. DNA methylation clocks and their predictive capacity for aging phenotypes and healthspan. Neurosci Insights. 2020:15:2633105520942221.

Hamer MA, Jacobs LC, Lall JS, Wollstein A, Hollestein LM, Rae AR, et al. Validation of image analysis techniques to measure skin aging features from facial photographs. Skin Res Technol. 2015, 21(4):392-402.

Liao Y-H, Kuo W-C, Chou S-Y, Tsai C-S, Lin G-L, Tsai M-R, et al. Quantitative analysis of intrinsic skin aging in dermal papillae by *in vivo* harmonic generation microscopy. Biomed Opt Express. 2014, 5(9):3266-79.

Horvath S, Raj K. DNA methylation-based biomarkers and the epigenetic clock theory of ageing. Nat Rev Genet. 2018, 19(6):371-84.

Jylhävä J, Pedersen NL, Hägg S. Biological age predictors. EBioMedicine. 2017, 21:29-36.

Bell CG, Lowe R, Adams PD, Baccarelli AA, Beck S, Bell JT, et al. DNA methylation aging clocks: challenges and recommendations. Genome Biol. 2019, 20(1):249.

Noroozi, R, Ghafouri-Fard, S, Pisarek, A, Rudnicka, J. Spólnicka, M, Branicki, W, Taheri, M, Pośpiech, E. DNA methylation-based age clocks: from age prediction to age reversion. Ageing Res Rev. 2021, 68:101314.

Bocklandt S, Lin W, Sehl ME, Sanchez FJ, Sinsheimer JS, Horvath S, et al. Epigenetic predictor of age. PLoS One. 2011, 6(6):el4821.

Hannum G, Guinney J, Zhao L, Zhang L, Hughes G, Sadda S, et al. Genome-wide methylation profiles reveal quantitative views of human aging rates. Mol Cell. 2013, 49(2):359-67.

Horvath S. DNA methylation age of human tissues and cell types. Genome Biol. 2013, 14:R115. Available from: http://dx.doi.org/10.1186/gb-2013-14-10-rll5

Lu AT, Quach A, Wilson JG, Reiner AP, Aviv A, Raj K, et al. DNA methylation GrimAge strongly predicts lifespan and healthspan. Aging. 2019:11(2):303-27.

BoroniM, Zonari A, Reis de OliveiraC, Alkatib K, Ochoa Cruz EA, Brace LE, et al. Highly accurate skin-specific methylome analysis algorithm as a platform to screen and validate therapeutics for healthy aging. Clin Epigenetics. 2020, 12(1):105.

Maierhofer A, Flunkert J. Oshima J, Martin GM, Haaf T, Horvath S. Accelerated epigenetic aging in Werner syndrome. Aging. 2017, 9(4):1143-52.

Horvath S, Oshima J, Martin GM, Lu AT, Quach A, Cohen H, et al. Epigenetic clock for skin and blood cells applied to Hutchinson Gilford Progeria Syndrome and studies. Aging. 2018, 10(7):1758-75.

Levine ME, Lu AT, Bennett DA, Horvath S. Epigenetic age of the pre-frontal cortex is associated with neuritic plaques, amyloid load, and Alzheimer's disease related cognitive functioning. Aging. 2015, 7(12):1198-211.

Jacob JA. Men with HIV age faster according to DNA methylation study. JAMA. 2016, 316(2):135-6.

Boehncke W-H. Systemic inflammation and cardiovascular comorbidity in psoriasis patients: causes and consequences. Front Immunol. 2018:9:579.

Yuan M, Cao W-F, Xie X-F, Zhou H-Y, Wu X-M. Relationship of atopic dermatitis with stroke and myocardial infarction: a meta-analysis. Medicine. 2018, 97(49):el3512.

DeguéP-A, Bassett JK, Joo JE, Jung C-H, Ming Wong E, Moreno-Betancur M, et al. DNA methylation-based biological aging and cancer risk and survival: pooled analysis of seven prospective studies. Int J Cancer. 2018, 142(8):1611-9.

Marioni RE, Shah S, McRae AF, Chen BH, Colicino E. Harris SE, et al. DNA methylation age of blood predicts all-cause mortality in later life. Genome Biol. 2015:16:25.

Levine ME, Lu AT, Quach A, Chen BH, Assimes TL, Bandinelli S, et al. An epigenetic biomarker of aging for lifespan and healthspan. Aging. 2018, 10(4):573-91.

Thompson RF. Atzmon G, Gheorghe C, Liang HQ, Lowes C, Greally JM, et al. Tissue-specific dysregulation of DNA methylation in aging. Aging Cell. 2010, 9(4):506-18.

Horvath S, Mah V, Lu AT, Woo JS, Choi O-W, Jasinska AJ, et al. The cerebellum ages slowly according to the epigenetic clock. Aging. 2015, 7(5):294-306.

Sehl ME, Henry JE, Storniolo AM, Ganz PA, Horvath S. DNA methylation age is elevated in breast tissue of healthy women. Breast Cancer Res Treat. 2017, 164(1):209-19.

Jenkins TG, Aston KI, Cairns B, Smith A, Carrell DT. Paternal germ line aging: DNA methylation age prediction from human sperm. BMC Genom. 2018, 19(1):763.

Marioni RE, Belsky DW, Deary IJ, Wagner W. Association of facial ageing with DNA methylation and epigenetic age predictions. Clin Epigenetics. 2018, 10(1):140.

Dolgin E. Send in the senolytics. Nat Biotechnol. 2020, 38(12):1371-7.

Zonari A, Brace LE, Al-Katib KZ, Porto WF, Foyt D, Guiang M, et al. Senotherapeutic peptide reduces skin biological age and improves skin health markers. Cold Spring Harbor Lab. 2020, 2020. 10.30.362822. Available from: https://www.biorxiv.org/content/10.1101/2020.10.30.362822v2.abstract [cited 2021 Mar 8],

Abbott A. First hint that body's "biological age" can be reversed. Nature. 2019, 573(7773):173.

Chemyunion. (n.d.). *Personal care, health and home care.* Retrieved March 30, 2021 from https://chemyunion.com/en/skin-care/agen

Mibelle Biochemistry, (n.d.) *RoyalEpigen P5* Retrieved May 4, 2021 from https://mibellebiochemistry.com/royalepigen-p5

Dolgin E. Send in the senolytics. Nat Biotechnol. 2020, 38(12):1371-7.

第 32 章

皮肤美白剂

介绍

皮肤美白剂（skin lightening，SL）可用于治疗一些黑素合成过多的疾病，例如黄褐斑和炎症后色素沉着（post-inflammatory hyperpigmentation，PIH）。这些疾病常见且难以治疗，尤其是在皮肤黑素合成基线水平较高的个体。这些疾病通常是慢性且复发性的，并可能导致患者的社会心理痛苦、自尊心下降和生活质量受损。

有许多处方剂量和非处方药妆产品含有经证实有效的SL成分，例如对苯二酚（HQ）、外用维A酸类药物和外用皮质类固醇，这些产品具有不同的配方、组合和浓度。本章旨在探讨更成熟的SL药物相关的重要安全性考虑因素（包括上述内容），同时介绍最近（或可能）开始用于患者和零售消费者的一些较新的药物，而不是列出或总结每项研究的疗效证据。

随着美国等多个国家限制HQ的使用，探究和开发新型SL制剂的需求变得越来越紧迫。虽然获取模式不断变化，但对安全、有效和可负担替代品（如HQ）的需求更为迫切。不仅在因法规更难获得HQ的西方国家如此，就连那些不受监管的"皮肤漂白"霜（可能含有重金属和超高效外用类固醇等有害成分）的国家也是如此。这些国家的消费者面临文化压力，促使他们渴望和寻求更亮肤色。例如，在非洲妇女中使用SL制剂的一项研究发现，虽然51.6%的人群使用SL制剂是为了治疗色素性疾病，但38.7%的人群是出于对较浅肤色的偏好。

除了文化因素的压力之外，某些生物压力也可能导致各种非预期的色素增加性疾病。高雌激素状态可通过刺激垂体释放促黑素细胞激素来促进黑素的合成。此外，在黄褐斑皮损中，雌激素受体的表达似乎增加了。因此，确认不同SL制剂在妊娠期的安全性至关重要，这有助于指导正在寻求治疗黄褐斑或黑中线（linea nigra），以及因激素变化而加重的痤疮和特应性皮炎引起PIH女性的治疗策略。

知名的皮肤美白剂——功效和安全考虑

对苯二酚

HQ被长期认为是外用SL制剂的黄金标准，因为它可以促进黑素和酪氨酸酶自动氧化为活性氧簇，从而抑制黑素的合成。尽管HQ在地位上最为突出，但在欧盟、日本和澳大利亚仍然被禁止使用。截至2019年6月30日，加拿大要求必须有医疗保健提供者的处方，才能使用含有2%以上HQ的外用产品。2020年3月27日，美国国会通过CARES（Coronavirus Aid，Relief and Economic Security）法案，要求从零售商店下架所有含有HQ的非处方外用产品。现在，只有在通过药物申请程序后获得美国食品药品监督管理局（FDA）批准的情况下，或者如果这些外用药物是由配制药房针对患者的复合处方，消费者才可以使用。FDA和州药房法规旨在确保药物质量和纯度标准，从而保证患者的安全。目前，Tri-Luma®（氟喹诺酮0.01%，HQ 4%，维A酸0.05%）是唯一一种获得FDA批准的含HQ成分的外用SL剂，适用于中重度面部黄褐斑的短期治疗（最多8周），已在新药申请下上市，因此仍可通过处方向美国消费者提供。然而，必须指出的是，美国皮肤科医师经常会开出含有高达12%HQ浓度的局部化合物，并与其他SL制剂联用的情况并不少见。

据报道，低至2%的HQ显著经皮吸收，这引起了对其潜在生殖毒性和致癌性的担忧。对生殖毒性的担忧可以追溯到20世纪50年代的研究，当时使用了非标准的方案测试了大剂量的HQ。但是这些结果既没有得到证实，也未使用更现代的实验技术复制。目前尚缺乏有关妊娠期使用HQ对胎儿结局的数据。在一个小型的塞内加尔孕妇研究中，研究者在妊娠晚期使用HQ后，并未发现胎儿畸形或其他不良结果的风险。虽然难以进行直接比较，但高效暴露的大鼠并未导致胎儿畸形率的增加。尽管如此，仍建议孕妇和哺乳期妇女避免接触HQ。然而，暴露于母乳婴儿的HQ潜在毒性水平仍未确定。

致癌性方面的担忧基于啮齿动物高剂量口服HQ后的研究结果，发现肾腺瘤、肝细胞腺瘤和白血病的风险增加，除了慢性进行性肾病之外。这些研究结果存在各种各样的原因，不应被解释为预测人类的类似风险。与大鼠不同，人类产生无肾毒性的HQ代谢物，并且口服和体内外用后，人类没有出现肾毒性的记录。有相反的证据表明，HQ实际上可能对肝细胞癌有保护作用。苯化合物（HQ也被称为1，4-二羟基苯）已被观察到可诱导人类骨髓发生白血病的变化，而大鼠相应的变化起源于脾脏，因此应被视为一个独特的实体。总的来说，啮齿类动物在数年期间的高剂量口服暴露可能与人类在数周至数月期间的皮肤暴露不同，因此应该谨慎对待这些研究结果的解释。

需要注意的是，在小麦胚芽、梨、咖啡、蓝莓、蔓越莓和熊果叶中均含有熊果苷，该物质在胃酸的作用下会水解产生游离HQ。一顿包含小麦胚芽、去皮梨和一杯咖啡的餐点，相当于在12 h内涂抹0.5g 4%的HQ面霜。需要注意的是，外用制剂也会释放熊果苷，因此在考虑孕妇和哺乳期妇女使用熊果苷时，也应该考虑到以上风险。

外用维A酸

外用维A酸能够有效地对抗表皮过量黑素沉积，其作用机制包括直接抑制酪氨酸酶、加速黑素角质形成细胞的更替以及减少黑素小体从黑素细胞向角质形成细胞的转运。在治疗中，外用维A酸通常作为联合治疗的组成部分，能够促进SL剂的表皮渗透，同时降低皮质类固醇的萎缩诱导潜力。通常，它们与皮质类固醇同时使用。值得一提的是，药妆SL剂中的外用类视黄醇大多数含有视黄酸前体，如视黄醇、视黄醛和视黄醇酯，因为这些前体刺激性较小，所以被广泛应用。但与直接使用维A酸、阿达帕林或他扎罗汀相比，作为SL剂的效果通常较差。

孕妇或备孕的妇女应该避免局部使用维A酸类药物。这一建议基于既往的病例报告，证明局部应用维A酸与类视黄醇胚胎疾病相关。但是，后续的研究未能重复这一发现。另外，他扎罗汀的口服和外用制剂已被发现对孕期大鼠和家兔具有致畸作用。然而，这些动物所接受的剂量远远高于人体推荐最大剂量，在无意中暴露于他扎罗汀的人群中也未观察到胎儿畸形。体内和体外研究均未显示外用阿达帕林具有任何致癌、诱变或遗传毒性的潜在作用。由于缺乏妊娠期间局部使用类视黄醇的大规模研究，因此在妊娠结束前避免使用类视黄醇可能是一种谨慎的做法。

外用糖皮质激素

在外用皮质类固醇（TCS）的治疗中，通过抗炎、抗增殖、收缩血管、抗黑素合成作用等多种机制，TCS能够有效对抗过量或非必要黑素合成。除了具备固有的抗黑素合成特性外，TCS还可以缓解联合使用SL药物时的刺激性反应，例如Tri-Luma（0.01%氟喹诺酮、4%氢醌和0.05%维A酸）。这有助于提高耐受性并促进协同作用，从而最终提高治疗效果。

TCS不应单独用于SL的治疗，尤其是对于妊娠妇女而言。在一个针对妊娠晚期使用高效类固醇的小型研究中，使用SL的妇女的血浆皮质醇水平与未使用SL的妇女相比，有显著下降的统计学差异。此外，使用SL的妇女的胎盘尺寸更小，低出生体重婴儿的发生率也有所增加。虽然大型人群研究未发现使用TCS会增加早产或胎儿畸形的风险，但一篇Cochrane综述发现，母亲在整个妊娠期间使用高强度至超高强度TCS可能会导致低出生体重的风险增加。因此，在妊娠期间，首选低到中等强度的TCS。

由于TCS价格低廉，并且通常无需处方即可在零售商店中非法销售，许多商店将其作为SL制剂销售，因此在亚洲、非洲和南美洲的许多国家，滥用TCS的现象很普遍。在美国9个州13个城市的一些小型零售场所，针对"国际"客户，可非常容易地购买到高强度至超高强度TCS，其价格仅为处方剂量的一小部分。造成这种误用的社会和经济原因非常复杂，尽管它们对医生来说很重要，但不幸的是，讨论超出了本章的范围。

新颖的局部皮肤美白剂

半胱胺

半胱胺是一种氨基硫醇，是人体细胞在辅酶A降解过程中内源性合成的产物。早在黑金鱼的研究中，人们就发现半胱胺具有脱色作用。

虽然半胱胺的确切机制尚不完全清楚，但可能是通过抑制酪氨酸酶和（或）增加细胞内谷胱甘肽（GSH）水平发挥作用，并且它本身是羟自由基的直接清除剂。近期的两项中等规模的随机、双盲、安慰剂对照试验显示，在使用4个月5%半胱胺乳膏后，与安慰剂相比，半胱胺具有更好的效果。然而，最近的一项研究比较了每日应用5%半胱胺乳膏和4%HQ乳膏治疗黄褐斑的效果，结果发现16周后两者在色素沉着维度均无统计学意义的改善。HQ的耐受性优于半胱胺。

使用半胱胺时可能会引起红肿和刺激，因此建议只在目标部位使用15 min，然后温和地清洁去除。此外，半胱胺还有一种非常难闻的气味。虽然在大剂量全身注射半胱胺的啮齿动物中观察到生殖毒性并排泄至母乳中，但目前还没有研究评价在人体有限体表区域局部注射半胱胺的风险。

褪黑素

褪黑素是由松果体分泌的激素，可以帮助调节人体的昼夜节律。在动物模型中发现，褪黑素通过多种机制影响哺乳动物的毛色以及两栖动物的皮肤颜色，包括调节黑素的分布、减少黑素细胞刺激素的合成，以及作为抗氧化剂。在一项双盲研究中，研究人员对36名表皮型黄褐斑患者进行了测试，发现每日使用5%褪黑素乳膏120 d后，其治疗效果在统计学上显著优于安慰剂。值得注意的是，同时口服3 g褪黑素并使用外用制剂时，并没有对色素沉着产生额外的改善。有关长期口服褪黑素治疗色素沉着的研究同样获得了非显著性的结果。总的来说，褪黑素具有良好的安全性，除了可能导致嗜睡外，没有已知的不良反应。这是由于褪黑素在调节昼夜节律方面的作用。

甲巯咪唑

作为一种有效的皮肤黑素细胞过氧化物酶抑制剂，口服抗甲状腺药物甲巯咪唑（MMI）

已引起了棕色豚鼠皮肤色素脱失的关注。MMI可以阻断黑素合成途径的几个步骤，因此被认为是一种有前途的治疗黄褐斑的药物。此外，MMI也被证明可以通过与铜离子螯合抑制蘑菇中的酪氨酸酶，但在人体中这种作用尚未得到明确证实。少数研究比较了外用5% MMI和其他SL剂治疗黄褐斑的疗效。虽然这些研究表明局部使用5% MMI可以产生不同程度的疗效，但总体上其耐受性良好。例如，在使用局部5% MMI治疗时，血清甲状腺功能检测结果未显示任何异常；此外，面部局部应用15 min至24 h后，血清中也未检测到该药物。

最近的一项研究对30名患有黄褐斑的埃及成年女性进行了半侧脸检查。这项研究使用微针辅助给药（5% MMI乳膏）和外用5% MMI乳膏或安慰剂进行治疗，并在治疗期间每周检查病情。尽管作者报告该治疗方案在安全性、耐受性和有效性方面都表现出色，但该研究受到了一些限制。例如，在3个月的随访期间，不到1/3的受试者接受了重新评估。此外，这一较低的患者随访率限制了对微针导入MMI或其制备载体是否适用于经皮给药途径的评估，并且还不能确定是否会有患者出现治疗的长期不良反应，如色素沉着和（或）肉芽肿形成。

植物制剂

含有植物提取物和植物化学物质的外用SL剂是药妆行业中一个快速增长的领域。消费者不仅认为它们更天然，因此更"安全"，而且它们价格相对便宜，可直接购买，无需处方。一些植物来源的化合物已经被证明能通过多种机制改善色素沉着，包括抑制酪氨酸酶和（或）黑素小体转移，以及通过抗炎和抗氧化作用来起作用（表32.1）。然而，各种研究表明，植物疗法可能更有效地治疗急性期的表皮色素沉着，例如急性紫外线（UV）诱导的色素沉着和表皮型黄褐斑。此外，一些学者提出，例如大豆提取物、原花青素和花椒提取物等化合物，可能以预防的方式更好地改善色素沉着过多，而非治疗。

表 32.1　据报道植物源性局部皮肤美白剂对黄褐斑和炎症后色素沉着有效

治疗	来源	作用机理	适应证	方案设置	持续时间	结果
抗坏血酸（维生素C）	各种食物	抑制酪氨酸酶、抗氧化剂	黄褐斑	5% 抗坏血酸与4% HQ 对比	16 周	主观反应较好，但黑素指数无明显差异
熊果苷	熊果属植物（熊果属，厚叶岩白菜）	抑制酪氨酸酶、抑制黑素小体成熟	表皮型黄褐斑	每日 3% 熊果苷、4% 烟酰胺、1% 红没药醇、0.05% 视黄醛	60 天	MASI 评分显著降低
绿茶	茶树	抑制酪氨酸酶、抗氧化剂	黄褐斑	2% TID 与安慰剂对比	12 周	与安慰剂相比，平均皮损数和 IGA 显著改善
余甘子	醋栗（余甘果）	抑制酪氨酸酶	中度面部淡斑	余甘果、曲酸、乙醇酸（*浓度，未指定）与 4%HQ 对比	12 周	2 种药物均可显著改善色素沉着，两种产品的疗效相似
甘草	豆科根（光果甘草）	抑制酪氨酸酶	黄褐斑	20% 甘草苷 BID 与安慰剂对比	4 周	与对照组相比，70%的患者反应良好；黄褐斑的改善程度由 5 分制评价
桑	桑树（桑树皮提取物）	抗氧化剂	黄褐斑	75% 桑椹提取物 BID 与安慰剂对比	8 周	两组患者的 MASI、黑素指数、MelasQoL 评分均有明显改善，均显著降低 MASI 评分
水飞蓟素	奶蓟草（水飞蓟）	抑制酪氨酸酶、抗氧化剂	黄褐斑	0.7% 水飞蓟素、0.4% 水飞蓟素及 4% HQ 三者对比	12 周	组间反应差异显著

缩写：HQ = 对苯二酚；MASI = 黄褐斑面积和严重指数；IGA = 研究者整体评价；MelasQoL = 黄褐斑生活质量

虽然许多植物来源的提取物和植物化学物似乎对治疗某些类型的色素沉着障碍有希望，但证明其疗效的研究在方法学上严谨性以及这些化合物的分离和制备方式维度差异很大。在最近的一篇关于治疗色素沉着的植物源性药物全面综述中，大约只有 1/3 的研究描述了一种分离潜在活性成分的合理可重复方法。此外，提取技术的变化可显著改变活性植物化学物质的组成和功效。

防晒霜作为皮肤美白剂

虽然看起来有些平凡，但每天坚持防晒对于保护皮肤有着重要的作用。研究显示，定期、积极地使用局部防晒霜可以改善妊娠女性和非妊娠女性患者的色素沉着。尽管长期以来人们认为紫外线会加剧色素沉着，但最近的研究表明，可见光（400 ~ 700 nm）也会在皮肤光型 Ⅳ - Ⅵ 中诱导明显且持续的色素沉着。OPN3 是黑素细胞上的蓝光感受器，是一种 G 蛋白耦联受体，可以通过促进酪氨酸酶和多巴色素异构酶的表达来刺激黑素的合成。将氧化铁添加到防晒霜中，可以作为紫外线和可见光的滤光剂，并且各种研究表明，氧化铁可以改善黄褐斑的活动和严重程度指数（MASI）的评分。

系统性皮肤美白剂

氨甲环酸

氨甲环酸（Tranexamic acid，TA）是氨基酸赖氨酸的一种衍生物，过去一直被用作止血剂来治疗一些以异常纤溶为特征的疾病，如血友病和月经过多。虽然 TA 可能是研究最广泛的治疗黄褐斑的系统性药物之一，但对于这一适应证的最佳剂量目前仍没有共识。一般来说，口服 TA 治疗黄褐斑的剂量为每日 500 ~ 750 mg，大约是用于血液系统适应证时的 1/6。TA 被认为通过抑制紫外线诱导的角质形成细胞中的纤溶酶

原转化为纤溶酶，从而降低酪氨酸酶活性，减少花生四烯酸和前列腺素水平。也有学者认为 TA 可通过竞争性拮抗酪氨酸酶来发挥作用。最后，TA 可减少血管生成和肥大细胞计数，从而可能阻断血管在黄褐斑发病机制中的作用。

虽然一些人可能会担心，使用口服 TA 治疗黄褐斑可能会导致血栓栓塞事件（thromboembolic events，TE），但这种情况实际上非常少见。一项包含 11 项研究纳入 667 名口服 TA 患者的 Meta 分析没有发现 TE。口服 TA 治疗黄褐斑的常见不良反应包括头痛、胃肠不适和月经紊乱。出现 TE 的患者不仅需要服用较大剂量的 TA 来治疗出血性疾病，而且他们还具有各种导致高凝状态的危险因素，如使用激素治疗、恶性肿瘤、手术、长期不运动、TE 既往史（深静脉血栓形成、动脉血栓形成、肺栓塞和脑血管意外）和遗传性高凝状态。在一项涉及 561 名口服 TA 治疗黄褐斑患者的研究中，唯一出现深静脉血栓形成的患者后来被发现有家族蛋白 S 缺乏症。其他潜在的治疗禁忌证包括肾脏、心血管和呼吸系统疾病、吸烟和同时使用抗凝剂。口服 TA 属于妊娠 B 类，可以用于治疗患有血管性血友病（von Willebrand disease）等出血性疾病的孕妇。然而，考虑到妊娠引起的高凝状态，以及产后的各种治疗选择，临床医生必须仔细考虑要求口服 TA 治疗黄褐斑孕期患者的耐受性。

TA 的局部外用已经被数个相对较小的研究所证实，其中涉及的配方和应用方案有很大差异，包括 5% 凝胶、5% 脂质体化合物、5% 溶液、3% 乳膏、3% 溶液，以及浸泡无纺布面膜的 2% 乳液和 2% 洗剂。这些研究通过 MASI 评分或皮肤比色仪对黑素进行生物测量，发现局部 TA 对减轻黄褐斑皮损有效，但并非总是具有统计学意义，也不一定优于载体，或者能够提高患者的满意度。然而，一些局部使用的 5% TA 制剂与 3% ~ 4% HQ 乳膏同样有效，但引起的红斑和

刺激较少。因此，在治疗正在经历严重且痛苦的黄褐斑加重的孕妇时，可以考虑使用一些浓度较高的TA制剂。有趣的是，一项研究使用2% TA进行治疗，治疗期为12周，结束时进行了皮损和皮损周围皮肤的组织学分析，结果显示表皮黑素含量减少，CD-31阳性真皮血管也减少，真皮血管内皮生长因子的表达显著减少。这些发现支持血管参与黄褐斑发病的观点，也证实了TA治疗黄褐斑的功效。

微滴注射和微针也被用于促进TA皮内给药。一些研究发现与外用制剂相比，TA皮内给药对黄褐斑的改善效果更好，可能是由于给药深度更深、更均匀的结果。有1例报告称，TA皮内注射部位出现异常色素沉着，这是由于药物代谢物-蛋白质-铁复合物的形成，与Ⅱ型二甲胺四环素色素沉着过度中观察到的相似。

水龙骨提取物

水龙骨提取物（polypodium leucotomas，PL）是一种源自中美洲和南美洲的热带蕨类植物。研究表明，该提取物具有抗氧化和免疫调节功能。然而，对于其治疗黄褐斑的疗效研究结果并不一致。虽然每天两次240 mg的剂量被认为是安全且耐受性较好的剂量。

谷胱甘肽

谷胱甘肽（GSH）是细胞内合成的一种三肽抗氧化剂，含有巯基/硫醇，由L-半胱氨酸、谷氨酸和甘氨酸组成。学者认为，谷胱甘肽能够抑制黑素的合成，转化为褐黑素，并通过抗氧化和铜离子螯合作用降低酪氨酸酶的活性。少数关于口服和局部应用谷胱甘肽的小型研究表明，谷胱甘肽作为SL剂在有效性和耐受性方面表现良好。需要指出的是，由于这些研究时间短，且健康受试者人数较少，因此无法对长期安全性和疗效进行有意义的评价。

通过静脉注射谷胱甘肽（Ⅳ-GSH），可以避免口服谷胱甘肽的首过代谢，从而产生更快和更显著的SL效应。Ⅳ-GSH被用于癌症、化疗毒性、帕金森病、心血管疾病、卒中以及最近COVID-19治疗的补充、替代和辅助治疗，以减少氧化应激反应。虽然所有研究Ⅳ-GSH用于上述适应证的试验均报告无不良反应或仅有轻微不良反应，但所研究的治疗持续时间一般不超过12周，且缺乏长期使用Ⅳ-GSH的潜在不良反应研究。另外，目前缺乏安全性数据来支持将Ⅳ-GSH用于SL，Ⅳ-GSH与日益增长的消费者需求、在线和社交媒体广告的传播以及在某些情况下可能不会雇用任何训练有素医务人员来管理的"医学水疗"和"Ⅳ水吧"之间存在相关性，这些方式容易被非合规渠道获取。菲律宾皮肤病学会和美国食品药品监督管理局对Ⅳ-GSH作为SL剂的使用提出了警告，其中美国食品药品监督管理局已发布警告，指出存在居家静脉和肌内注射中销售不受监管的谷胱甘肽，以及美国阿拉巴马州经销商生产的GSH-L降低剂中存在潜在内毒素。

结论

治疗色素沉着障碍需要使用SL药物，而这需要采用多层次、循序渐进的治疗方法。治疗时需要考虑现病史、既往史、妊娠和哺乳期状态、治疗目标、所在地理位置的紫外线指数以及经济条件。虽然治疗黄褐斑等疾病需要投入大量努力和资源，但复发在治疗期间和停止治疗后仍然很常见。因此，在开始任何形式的治疗前，必须告知患者这一事实。

鉴于目前SL的研究水平，合理的入门级治疗方案包括：每日使用SPF 50或更高含氧化铁的防晒霜，每日组合霜剂由4%～12% HQ/外用类视黄醇（如浓度为0.025%～0.1%的维A酸）/温和的外用类固醇组成，每日使用含有已证实具有SL能力的各种植物和抗氧化成分的药妆产品，以及每日口服两次PL。可每8～12周外用TA

或半胱胺代替含HQ的复方乳膏以减少HQ的使用，也可根据需求或酌情使用。对于积极性高但上述治疗效果不佳的患者，在无禁忌证的情况下可考虑临时加用口服TA。除上述策略外，还可以考虑化学剥脱、微针和基于能量的设备（如强脉冲光和激光），但需要根据具体情况加以考虑，因为所有这些治疗方法都有加重色素性疾病风险的可能。

目前还没有一种SL疗法被确定为对所有患者最安全且最有效的治疗方法。随着对色素过多疾病确切致病因素的更深入理解，以及更多具有体内SL功效的化合物的发现，患者将能够获得定制的治疗策略，以安全、有效、经济且持久的方式治疗PIH中的黄褐斑等疾病。

原文参考文献

Davis EC, Callender VD. Postinflammatory hyperpigmentation: A review of the epidemiology, clinical features, and treatment options in skin of color. J Clin Aesthet Dermatol. 2010, 3(7):20-31.

Chua-Ty G, Goh CL, Koh SL. Pattern of skin diseases at the National Skin Centre (Singapore) from 1989-1990. Int J Dermatol. 1992, 31(8):555-9.

Darji K, Varade R, West D, Armbrecht ES, Guo MA. Psychosocial impact of post inflammatory hyperpigmentation in patients with acne vulgaris. J Clin Aesthet Dermatol. 2017, 10(5):18-23.

Balkrishnan R.McMichael AJ.CamachoFT.et al. Development and validation of a health-related quality of life instrument for women with melasma. Br J Dermatol. 2003, 149(3):572-7.

Yusuf MA, Mahmoud ND, Rirash FR, Stoff BK, Liu Y. McMichael JR. Skin lightening practices, beliefs, and selfreported adverse effects among female health science students in Borama, Somaliland: A cross-sectional survey. Int J Womens Dermatol. 2019, 5(5):349-55.

Lieberman R, Moy L. Estrogen receptor expression in melasma: Results from facial skin of affected patients. J Drugs Dermatol. 2008, 7(5):463-5.

Jang YH, Lee JY, Kang HY, Lee E, Kim YC. Oestrogen and progesterone receptor expression in melasma: An immunohistochemical analysis. J Eur Acad Dermatol Venereol. 2010, 24(11):1312-6.

Hardwick N, Van Gelder LW, Van der Merwe CA, Van der Merwe MP. Exogenous ochronosis: An epidemiological study. BrJ Dermatol. 1989, 120(2):229-38.

Unauthorized skin lightening products may pose serious health risks. Government of Canada: Recalls and Safety Alerts Web site, https://healthycanadians.gc.ca/recall-alert-rappel-avis/hc-sc/2020/72289a-eng.php. Accessed March 19, 2021.

S.3548 - CARES Act. Congress.Gov Web site. https://www. congress.gov/bill/116th-congress/senate-bill/3548/text?q=prod uct+actualizaci%C3%B3n. Accessed April 3, 2021.

Drug approval package: Tri-luma (fluocinolone acetonide/hydroquinone/tretinoin) cream. US Food and Drug Administration Web site, https://www.accessdata.fda.gov/drugsatfda_docs/nda/2002/21-112_Tri-Luma.cfm. Accessed April 3, 2021.

Wester RC, Melendres J, Hui X, et al. Human in vivo and in vitro hydroquinone topical bioavailability. J Toxicol Environ Health A. 1998, 54(4):301 17.

Levitt J. The safety of hydroquinone: A dermatologist's response to the 2006 federal register. J Am Acad Dermatol. 2007, 57(5):854-72.

DeCaprio AP. The toxicology of hydroquinone - relevance to occupational and environmental exposure. Crit Rev Toxicol. 1999, 29(3):283-330.

Mahé A, Perret JL, Ly F, Fall F, Rault JP, Dumont A. The cosmetic use of skin lightening products during pregnancy in Dakar, Senegal: A common and potentially hazardous practice. Trans R Soc Trop Med Hyg. 2007, 101(2):183-7.

Krasavage WJ, Blacker AM, English JC, Murphy SJ. Hydroquinone: A developmental toxicity study in rats. Fundam Appl Toxicol. 1992, 18(3):370-5.

Butler DC, Heller MM, Murase JE. Safety of dermatologic medications in pregnancy and lactation: Part II. Lactation. J Am Acad Dermatol. 2014, 70(3):417.e1-e10.

Deisinger PJ, Hill TS, English C. Human exposure to naturally occurring hydroquinone. J Toxicol Environ Health. 1996, 47(1):31-46.

Ortonne JP Retinoid therapy of pigmentary disorders. Dermatol Ther. 2006, 19(5):280-8.

McMichael AJ, Griffiths CE, Talwar HS, et al. Concurrent application of tretinoin (retinoic acid) partially protects against corticosteroid-induced epidermal atrophy. Br J Dermatol. 1996, 135(1):60-4.

Navarre-Belhassen C, Blanchet P, Hillaire-Buys D, Sarda P, Blayac JP. Multiple congenital malformations associated with topical tretinoin. Ann Pharmacother. 1998, 32(4):505-6.

Colley SM, Walpole I, Fabian VA, Kakulas BA. Topical tretinoin and fetal malformations. Med J Aust. 1998, 168(9):467.

Lipson AH, Collins F, Webster WS. Multiple congenital defects associated with maternal use of topical tretinoin. Lancet. 1993:341(8856):1352-3.

Camera G, Pregliasco P. Ear malformation in baby born to mother using tretinoin cream. Lancet. 1992, 339(8794):687.

Santis M, et al. Pregnancy outcome following exposure to topical retinoids: A multicenter prospective study. J Clin Pharmacol. 2012, 52(12):1844-51.

Shapiro L, Pastuszak A, Curto G, Koren G. Safety of topical tretinoin: Prospective cohort study. Lancet. 1997:350(9085):1143-4.

Jick SS, Terris BZ, Jick H. First trimester topical tretinoin and congenital disorders. Lancet. 1993:341(8854):1181-2.

Tazorac (tazarotene) gel 0.05% and 0.1%. US prescribing data. Madison, NJ: Allergan, USA, Inc. Web site, https://media.allergan.com/actavis/actavis/media/allergan-pdf-documents/product-prescribing/2017-TAZORAC-Cream-USPIFINAL_8-7-17.pdf. Accessed March 19, 2021.

Differin [package insert], Galderma Web site. https://www.galderma.com/sites/g/files/jcdf he196/files/inline-files/DIFFERIN-PM-E.pdf. Accessed April 11, 2021.

Chi CC, Lee CW, Wojnarowska F, Kirtschig G. Safety of topical corticosteroids in pregnancy. Cochrane Database Syst Rev. 2009, 10:CD007346.

Chi CC, Mayon-White RT, Wojnaroska FT. Safety of topical corticosteroids in pregnancy: A population based cohort study. J Invest Dermatol. 2011, 131(4):884-91.

Kimyon RS, Schlarbaum JS, Liou YL, et al. Prescriptionstrength topical steroids available over the counter: Crosssectionaly study of 80 stores in 13 United States cities. J Amer Acad Dermatol. 2020, 82(2):524-5.

Besouw M, Masereeuw R, van DH, Levtchenko E. Cysteamine: An old drug with new potential. Drug Discov Today. 2013, 18(15-16):785-92.

Chavin W, Schlesinger W. Some potent melanin depigmentary agents in the black goldfish. Naturwissenschaften. 1966, 53(16):413-4.

Mansouri P, Farshi S, Hashemi Z, Kasraee B. Evaluation of the efficacy of cysteamine 5% cream in the treatment of epidermal melasma: A randomized double-blind placebo-controlled trial. Br J Dermatol. 2015, 173(1):209-17.

Farshi S, Mansouri P, Kasraee B. Efficacy of cysteamine cream in the treatment of epidermal melasma, evaluating by Dermacatch as a new measurement method: A randomized double blind placebo controlled study. J Dermatolog Treat. 2018:29(2):182-9.

Nguyen J, Remyn L, Chung IY, et al. Evaluation of the efficacy

of cysteamine cream compared to hydroquinone in the treatment of melasma: A randomised, double-blinded trial. Aust J Dermatol. 2021, 62(1):e41-e46.

Cystagon - cysteamine bitartrate capsule. NIH US National Library of Medicine Web site, https://dailymed.nlm.nih.gov/dailymed/drugInfo.cfm?setid=f495b76d-96c6-48e5-8fa3-30a4336628eb. Accessed March 19, 2021.

McElhinney DB, Hoffman SJ, Robinson WA, Ferguson J. Effect of melatonin on human skin color. J Invest Dermatol. 1994, 102(2):258-9.

Hamadi SA, Mohammed MM, Aljaf AN, Abdulrazak A. The role of topical and oral melatonin in management of melasma patients. J Arab Univ Basic Appl Sci. 2009, 8:30-42.

Nordlund JJ, Lerner AB. The effects of oral melatonin on skin color and on the release of pituitary hormones. J Clin Endocrinol Metab. 1977, 45(4):768-74.

Kasraee B. Depigmentation of brown guinea pig skin by topical application of methimazole. J Invest Dermatol. 2002, 118(1):205-7.

Kasraee B. Hiigin A, Tran C, et al. Methimazole is an inhibitor of melanin synthesis in cultured B16 melanocytes. J Invest Dermatol. 2004, 122(5):1338-41.

Kasraee B. Safaee Ardekani GH, Parhizgar A. et al. Safety of topical methimazole for the treatment of melasma. Skin Pharmacol Physiol. 2008, 21(6):300-5.

Hanlon DP. Shuman S. Copper ion binding and enzyme inhibitory properties of the antithyroid drug methimazole. Experientia. 1975, 31(9):1005-6.

Gheisari M, Dadkhahfar S, Olamaei E, et al. The efficacy and safety of topical 5% methimazole vs 4% hydroquinone in the treatment of melasma: A randomized controlled trial. J Cosmet Dermatol. 2020, 19(1):167-72.

Atefi N. Behrangi E, Nasiripour S, et al. A double blind randomized trial of efficacy and safety of 5% methimazole versus 2% hydroquinone in patients with melasma. J Skin Stem Cell. 2017, 4(2):e62113.

Yenny SW. Comparison of the use of 5% methimazole cream with 4% kojic acid in melasma treatment. Turk Dermatoloji Dergisi. 2018, 12(4):167-71.

Malek J. Chedraoui A, Nikolic D, et al. Successful treatment of hydroquinone-resistant melasma using topical methimazole. Dermatol Ther. 2013, 26(1):69-72.

Farag A. Hammam M, Alnaidany N. et al. Methimazole in the treatment of melasma: A clinical and dermascopic study. J Clin Aesthet Dermatol. 2021, 14(2):14-20.

Fisk WA, Agbai O, Lev-Tov H. Sivamani RK. The use of botanically derived agents for hyperpigmentation: A systematic review. J Am Acad Dermatol. 2014, 70(2):352-65.

Yamakoshi J. Sano A. Tokutake S, et al. Oral intake of proanthocyanidin- rich extract from grape seeds improves cholasma. Phytother Res. 2004, 18(11):895-9.

Hermanns JF, Petit L, Martalo O, et al. Unraveling the patterns of subclinical pheomelanin-enriched facial hyperpigmentation: Effect of depigmenting agents. Dermatology. 2000, 201(2):118-22.

Ha JH. Kang WH, Ok Lee J. et al. Clinical evaluation of the depigmenting effect of *Glechomci hederacea* extract by topical treatment for 8 weeks on UV-induced pigmentation in Asian skin. Eur J Dermatol. 2011, 21(2):218-22.

Lakhdar H, Zouhair K, Khadir K, et al. Evaluation of the effectiveness of a broad-spectrum sunscreen in the prevention of chloasma in pregnant women. J Eur Acad Dermatol Venereol. 2007, 21(6):738-42.

Haider R. Rodney I. Munhutu M, et al. Evaluation and effectiveness of a photoprotection composition (sunscreen) on subjects of skin of color. J Arner Acad Dermatol. 2015, 72(5 Suppl 1): AB215.

Mahmoud BH, Ruvolo E, Hexsel CL. et al. Impact of longwavelength UVA and visible light on melanocompetent skin. J Invest Dermatol. 2010, 130(8):2092-7.

Duteil L.Cardot-Leccia N, Queille-Roussel C.et al. Differences in visible light-induced pigmentation according to wavelengths: A clinical and histological study in comparison with UVB exposure. Pigment Cell Melanoma Res. 2014, 27(5):822-6.

Regazzetti C, Sormani L. Debayle D, et al. Melanocytes sense blue light and regulate pigmentation through opsin-3. J Invest Dermatol. 2018, 138(1):171-8.

Castanedo-Cazares JP, Hernandez-Bianco D.Carlos-Ortega B, et al. Near-visible light and UV photoprotection in the treatment of melasma: A double-blind randomized trial. Photodermatol Photoimmunol Photomed. 2014, 30(1):35-42.

Boukari F, Jourdan E, Fontas E, et al. Prevention of melasma relapses with sunscreen combining protection against UV and short wavelengths of visible light: A prospective randomized comparative trial. J Am Acad Dermatol. 2015, 72(1):189-90.el.

Na II, Choi SY, Yang SH, et al. Effect of tranexamic acid on melasma: A clinical trial with histological evaluation. J Eur Acad Dermatol Venereol. 2013, 27(8):1035-9.

Lee HC, Thng TGS, Goh CL. Oral tranexamic acid (TA) in the treatment of melasma: A retrospective analysis. .1 Am Acad Dermatol. 2016, 75(2):385-92.

Bala HR, Lee S, Wong C, et al. Oral tranexamic acid for the treatment of melasma: A review. Dermatol Surg. 2018, 44(6):814-25.

Tse TW, Hui E. Tranexamic acid: An important adjuvant in the treatment of melasma. J Cosmet Dermatol. 2013, 12(1):57-66.

Cho HH, Choi M, Cho S, Lee IH. Role of oral tranexamic acid in melasma patients treated with IPL and low fluence QS nd:YAG laser. J Dermatol Treat. 2013, 24(4):292-6.

Kim HI. Efficacy and safety of tranexamic acid in melasma: A meta-analysis and systematic review. Acta Derm Venereol. 2017, 97(7):776-81.

Del Rosario E, Florez-Pollack S, Zapata L, et al. Randomized, placebo-controlled, double-blind study of oral tranexamic acid in the treatment of moderate-to-severe melasma. I Am Acad Dermatol. 2018, 78(2):363-9.

Anderson FA, Spencer FA. Risk factors for venous thromboembolism. Circulation. 2003:107(23 Suppl 1):I9-16.

Demers C, Derzko C, David M. Douglas J. Gynaecological and obstetric management of women with inherited bleeding disorders. J Obstet Gynaecol Can. 2005, 27(7):707-32.

Huerth KA, Hassan S, Callender VD. Therapeutic insights in melasma and hyperpigmentation. I Drugs Dermatol. 2019, 18(8):718-29.

Kanechorn Na Ayuthaya P, Niumphradit N, Monosroi A, Nakakes A. Topical 5% tranexamic acid for the treatment of melasma in Asians: A double-blind randomized controlled trial. J Cosmet Laser Ther. 2012, 14(3):150-5.

Banihashemi M, Zabolinejad N, Jaafari MR, et al. Comparison of therapeutic effects of liposomal tranexamic acid and conventional hydroquinone on melasma. J Cosmet Dermatol. 2015, 14(3):174-7.

Janney M, Subramaniyan R, Dabas R, et al. A randomized controlled study comparing the efficacy of topical 5% tranexamic acid solution versus 3% hydroquinone cream in melasma. J Cutan Aesthet Surg. 2019, 12(1):63-7.

Steiner D, Feola C, Bialeski N, et al. Study evaluating the efficacy of topical and injected tranexamic acid in the treatment of melasma. Surg Cosmet Dermatol. 2009, 1(4):177-4.

Ebrahimi B, Naenii FF. Topical tranexamic acid as a promising treatment for melasma. J Res Med Sci. 2014, 19(8):753-7.

Kim SJ, Park J, Shibata T, et al. Efficacy and possible mechanisms of topical tranexamic acid in melasma. Clin Exp Dermatol. 2016, 41(5):480-5.

Budamakuntla L, Loganathan E, Suresh D, et al.Arandomised, open-label, comparative study of tranexamic acid microinjections and tranexamic acid with microneedling in patients with melasma. J Cutan Aesthet Surg. 2013, 6(3):139-43.

Jamison R, Greene J, Parekh P. Hyperpigmentation associated with intradermal tranexamic acid injections for treatment of melasma. J Amer Acad Dermatol. 2013, 68(4 Suppl 1):AB86.

NestorM. Bucay V, Callender V, et al. *Polypodium leucotomos* as an adjunct treatment of pigmentary disorders. J Clin Aesthet Dermatol. 2014, 7(3):13-7.

Martin LK, Caperton C, Woolery-Lloyd H, et al. A randomized double-blind placebo controlled study evaluating the effectiveness and tolerability of oral Polypodium leucotomos in patients with melasma. J Amer Acad Dermatol. 2012, 66(4 Suppl 1):AB21.

Goh C, Chuah SY, Tien S, et al. Double-blind, placebocontrolled trial to evaluate the effectiveness of *Polypodium leucotomos* extract in the treatment of melasma in Asian skin: A pilot study. J Clin Aesthet Dermatol. 2018, 11(3):14-9.

Ahmed AM, Lopez I, Perese F, et al. A randomized, doubleblinded, placebo-controlled trial of oral *Polypodium leucotomos* extract as an adjunct to sunscreen in the treatment of melasma. JAMA Dermatol. 2013, 149(8):981-3.

Handog EB, Datuin MSL, Singzon 1A. An open-label, singlearm trial of the safety and efficacy of a novel preparation of glutathione as a skin-lightening agent in Filipino women. Int J Dermatol. 2016:55(2):153-7.

Gillbro JM, Olsson MJ. The melanogenesis and mechanisms of skin-lightening agents - Existing and new approaches. Int J Cosmetic Sci. 2011, 33(3):210-21.

Arjinpathana N, Asawanonda P. Glutathione as an oral whitening agent: A randomized, double-blind, placebo-controlled study. J Dermatol Treat. 2012, 23(2):97-102.

Watanabe F, Hashizume E, Chan GP, Kamimura A. Skinwhitening and skin-condition-improving effects of topical oxidized glutathione: A double-blind and placebo-controlled clinical trial in healthy women. Clin Cosmet Investig Dermatol. 2014, 7:267-74.

Davids LM, Van Wyk JC, Khumalo NP. Intravenous glutathione for skin lightening: Inadequate safety data. S Afr Med J. 2016, 106(8):782-6.

Park S, Ahn S, Shin Y, et al. Vitamin C in cancer: A metaboloniics perspective. Front Physiol. 2018, 9:762.

Horowitz RI, Freeman PR, Bruzzese J. Efficacy of glutathione therapy in relieving dyspnea associated with COVID-19 pneumonia: A report of 2 cases. Respir Med Case Rep. 2020, 30:101063.

Public advisory on glutathione as a "skin whitening agent."

Philippine Dermatological Society Web site, https://pds. org. ph/public-advisory-on-glutathione-as-a-skin-whitening-agent/. Accessed March 19, 2021.

FDA warns compounders not to use glutathione from Letco medical to compound sterile drugs. US Food and Drug Administration Drug Safety and Availability Web site, https://www.fda.gov/drugs/drug-safety-and-availability/fda-warnscompounders- not-use-glutathione-letco-medical-compoundsterile- drugs. Accessed March 19, 2021.

Federal judge orders Flawless Beauty to stop distributing unapproved drugs, recall certain products. US Food and Drug Administration FDA Newsroom Web site, https://www. fda. gov/news-events/press-announcements/federal-judge-ordersflawless- beauty-stop-distributing-unapproved-drugs-recallcertain- products. Accessed March 19, 2021.

Espinal-Perez L, Moncada B, Castanedo-Cazares J. A doubleblind randomized trial of 5% ascorbic acid vs. 4% hydroquinone in melasma. Int J Dermatol. 2004, 43(8):604-7.

Crocco El, Veasey JV, Boin MF, et al. A novel cream formulation containing nicotinamide 4%, arbutin 3%, bisabolol 1%, and retinaldehyde 0.05% for treatment of epidermal melasma. Cutis. 2015, 96(5):337-42.

Syed T, Aly R, Ahmad SA, et al. Management of melasma with 2% analogue of green tea extract in a hydrophilic cream: A placebo-controlled, double-blind study. J Am Acad Dermatol. 2009:60(3 Suppl 1):AB160.

Draelos ZD, Yatskayer M, Bhusan P, et al. Evaluation of a kojic acid, emblica extract, and glycolic acid formulation compared with hydroquinone 4% for skin lightening. Cutis. 2010, 86(3):153-8.

AmerM, Metwalli M. Topical liquiritin improves melasma. Int J Dermatol. 2000, 39(4):299-301.

Alvin G, Catambay N, Vergara A, Jamora MJ. A comparative study of the safety and efficacy of 75% mulberry (*Moms alba*) extract oil versus placebo as a topical treatment for melasma: A randomized, single-blind, placebo-controlled trial. J Drugs Dermatol. 2011, 10(9):1025-31.

100. Nofal A, Ibrahim AM, Nofal E, et al. Topical silymarin versus hydroquinone in the treatment of melasma: A comparative study. J Cosmet Dermatol. 2019, 18(1):263-70.

第 33 章

婴儿护理产品

介绍

每年都有各种各样的婴儿护肤品和护发产品进入市场，预计到2026年全球年销售额将接近900亿美元。尽管这一数字包括接触皮肤以外的产品，但它表明人们仍然对推出适用于婴儿的创新产品感兴趣。本章强调婴儿皮肤的独特属性，以提高人们对这些特性的认识，并为该群体开发适合的产品。

多数情况下产品是基于成年人开发和测试，而未考虑对年轻人群的潜在影响。婴儿和成人在皮肤和毛发护理品的设计过程中需要考虑其独特的解剖和生理学差异，以及皮肤疾病的发展阶段和影响。数篇综合性综述对婴儿皮肤的形态学特征进行完整的概述。一般而言，足月婴儿拥有成人皮肤的所有结构，但出生后会因适应宫外环境而发生改变。

足月儿和早产儿的皮肤还可进一步区分。足月儿皮肤在出生后可提供正常皮肤屏障，而早产儿皮肤发育不完全，缺乏完整功能性的皮肤屏障。早产儿皮肤成熟度随着胎龄（gestational age，GA）的变化而变化，并在出生后的短时间内迅速成熟。人们对早产儿皮肤的理解正在不断深入，本章将重点关注足月儿皮肤。清洁和防护化妆品在婴儿中得到广泛应用。这些产品在欧盟（EU）和其他地区的安全性是基于对单个成分和成品的暴露风险评估而

确定的。本章讨论常见的婴儿皮肤问题、化妆品的适用性以及其他可能影响新生儿和婴幼儿皮肤状态的注意事项。

婴儿皮肤生理和适应

新生儿的皮肤非常神奇。从生命的最初时刻开始，它就具有柔软、光滑、清澈和原始的特性，这让父母们对其感到兴奋，并希望能够与婴儿肌肤亲密接触。相比之下，年龄较大的儿童和成人在类似环境下，往往会经历皮肤浸渍、皱纹和严重损伤。这个问题促使研究者们对胎儿和新生儿的皮肤发育进行了研究，以便更好地了解婴儿皮肤的护理方法，并得出了一些重要的新见解。

妊娠和出生

在妊娠期间，胎儿的皮肤由外胚层发育而来，最初为单层，然后转变为复杂的复层表皮。在4周时，形成了周皮和基底层两层，而在8~11周期间，基底层角质形成细胞开始增殖成熟，形成了棘层。黑素细胞在第58周出现于基底层，毛发则在第9~14周萌发。在第12周到第16周期间，表皮、棘层、基底细胞、桥粒、毛囊和间充质细胞（毛球）开始发育。上棘细胞从14周到17周改变并变平，到16~23周出现了4~5层表皮结构。角质层（最外层）则从18~19周开始在毛囊周围形成，在21周开始沿着毛囊导管形成，因此在皮肤屏障形成中，毛

囊的重要性得到了加强。在23周时，观察到了SC，但可能只有数层厚。到了26周时，角化已经发生，存在1层基底层、2~3层棘层、1层颗粒层和5~6层SC层（详见图33.1）。角质形成细胞（表皮）是表皮朗格汉斯细胞（LC）增殖的信号，后者是固有免疫系统的一部分，对调控感染至关重要。

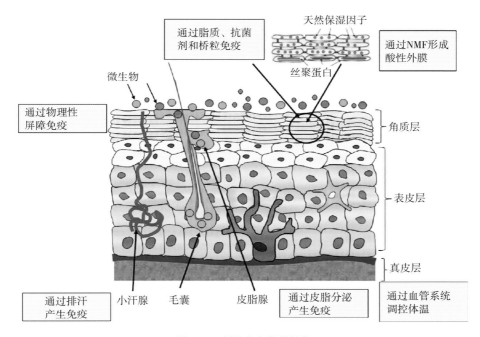

图33.1 新生儿皮肤的结构

新生儿皮肤承担着多项重要功能，包括：①免疫监测和控制感染；②防止水分流失（内部）和刺激物（外部）的侵害；③形成酸性膜以维持皮肤的酸性pH值；④提供机械创伤修复力；⑤支持触觉辨别；⑥调节体温

在妊娠期和出生时，婴儿真皮的组织结构较成人小，更替和细胞分化的速度比成人快。在动物模型中，低水平的胶原蛋白在出生后10~15 d出现。在出生后，可见大量的纤维结缔组织。胶原蛋白在出生后的前两个月逐渐增加，持续增加直至12个月，然后在第2年开始减少。

胎脂

胎脂是一种天然的多功能护肤霜，婴儿在妊娠期间通过胎盘和（或）母体垂体的激素机制下合成。它最早出现于怀孕约17周，从眉毛周围开始，逐渐覆盖整个婴儿，由扁平细胞和来自皮脂腺的脂质混合组成，沿着毛干共同排出，最终覆盖整个皮肤表面。胎脂的成分由约80%的水、10%的蛋白质和10%的脂质组成，高水合性与细胞有关。胎脂的合成主要在最后10周的孕期增加，形成一个相对较厚的脂层。同时，胎脂的形成与SC层（角质化）的形成同时进行，最初沿着毛干，然后围绕皮肤表面的毛发本身，并逐步覆盖整个婴儿。这一层很厚，足以阻碍通过母体腹部的听诊器检测到胎心率。胎脂的形成和覆盖过程创造了有利的环境，使SC层得以形成。疏水的胎脂涂层保护发育中的SC免受羊水的侵害，从而允许表皮通过角化发生发育。此外，胎脂还阻止羊水中潜在刺激物（如酶）的渗透，并维持表皮发育所需的天然酶活性。

当胎儿的肺脏准备呼吸空气时，它们会分泌磷脂表面活性剂，从而导致婴儿皮肤表面的一些胎脂分离。这会使羊水变得浑浊，从而提示肺脏已经成熟（例如，在进行羊水采样以评价肺脏成熟时）。婴儿会吞下含有胎脂的液体，以使肠道准备宫外喂养。在胎龄约37周（即肺脏尚未成熟到可分泌表面活性物质的阶段），晚期早产儿的胎膜覆盖面积最大。而足月新生儿则胎膜胎脂的含量不同，随着胎龄增加而逐渐减少。

胎脂具有保护性质，其中包括抗感染剂（溶菌酶合乳铁蛋白）、抗氧化剂、固有免疫剂和水结合氨基酸等。这些特性进一步证明了胎脂的重要性。在出生后的24 h内，皮肤表面胎脂的滞留会导致皮肤表面的SC水合增加，pH值降低，红斑减少。胎脂的动态特性远超出其作为保护剂的作用。在动物模型中，天然胎脂也被发现有助于创面愈合。世界卫生组织（WHO）建议在首次洗澡前至少等待6 h，部分原因是为了保留胎脂的这些独特特性。

婴儿皮肤及出生后适应能力

新生儿依靠由SC和表皮提供的强大先天免疫系统、物理抗菌保护和对出生时干燥、凉爽、非无菌环境的适应，以确保其正常生长发育。如图33.1所示，婴儿皮肤提供基本功能，是最大表面与微生物相互作用的部位。微生物（如细菌、病毒和真菌）会在皮肤表面、毛囊和小汗腺处定植，通过与皮肤相互作用产生有益物质（包括抗菌肽和脂肪酸），并刺激角质形成细胞合成免疫介质。这些微生物之间相互作用，有益微生物可以抑制致病菌。

足月儿出生时皮肤屏障功能良好，经表皮失水率低（TEWL为$4 \sim 10$ g/m²/h），但在皮肤发育不全或受损的部位，这个数值可能会更高。经皮水分丢失和经皮吸收数据有利于成熟的成人样屏障特性，新生儿的皮肤在出生后很快适应环境条件。然而，某些功能被认为是在生命的最初数周和数月内逐渐适应。已发表的研究支持了这一适应假说，其中包括皮肤厚度、pH值和水合作用等皮肤参数的研究。重要

的是，这些适应似乎并未阻止足月儿展示完全有效的屏障功能。

优秀的皮肤功能依赖于适当的水合作用，这样可以使外层SC的运动和脱屑具有可塑性。皮肤的水合量受胎脂存在、环境条件和身体部位的影响。皮肤含水量在出生后的第1天迅速下降，然后在第一个月增加。常见的肉眼可见的干燥和结垢部分是由于低水平的水结合氨基酸和小分子，即天然保湿因子（NMF）。由于子宫内的高湿度，丝聚蛋白的蛋白水解产生NMF的时间会延迟，但是出生后暴露于干燥的条件下，这一过程会加速。

皮肤表面的pH值在出生时约为7，在出生后$1 \sim 4$ d内迅速下降，并随着酸性膜的形成，在至少未来的3个月内持续下降。在最初的降低后，尿布区的皮肤pH值高于非尿布区（胸部）。酸性膜的形成可以增加细胞的完整性、脂质加工和粘连性，因此酸性局部治疗可以降低炎症。另外，皮肤pH值的升高可能会降低皮肤的完整性，增加对机械性损伤的易感性。皮肤pH值下降的速率会有所不同，这取决于出生时的体重（婴儿较小时速度较慢）、环境条件（热指数较高时速度较快）和早产等因素。在一些文化中，新生儿出生后立即开始的常规重复按摩局部油脂的类型/成分可能会影响出生后首月pH值的下降速率。外用产品也可能会影响皮肤表层pH值，因为在尼泊尔农村的新生儿中，葵花籽油导致的降幅比芥子油更大。

婴儿和成人皮肤的形态学或生理学差异

随着年龄的增长，角质细胞的大小也随之增加，导致婴儿皮肤的微纹理更密集，细胞更替更快。

总体来说，婴儿的皮肤厚度比成人薄，但随着年龄增长，皮肤厚度也会增加。

比较成人和婴儿的SC（角质层）厚度需要

考虑所使用的方法，因为结果会因方法不同而有所不同。尸检样本和超声成像方法可以提供可比性。而光学相干断层扫描则显示，年龄与表皮厚度呈负相关。这种差异是由于不同的样品制备方法和比较的身体部位不同造成的。值得一提的是，足月婴儿出生时，其SC功能已完整。婴儿的表皮-真皮边界不太明显。表皮皮纹更致密，真皮乳头更均匀，表皮层与真皮乳头的比例为1∶1。与此不同的是，在成人皮肤的紫外线防护区中，脊纹更长。

表 33.1　成人和婴儿皮肤的主要生理学差异

参数	新生儿/婴儿皮肤	成人皮肤
总皮肤厚度	1.2 mm	2.1 mm
表皮表面	出生时皮肤干燥粗糙，但在首月变得光滑。出生时皮肤覆盖有皮脂	表面干燥
皮肤 pH 值	4 d 后 pH 值 =6.34（羊水）与成人 pH 值相似	pH=4.5 ~ 6，平均 4.8
表皮厚度	40 ~ 50 μm	约 50 μm（面部 20 μm；足底 1 mm）
角质层	5 ~ 10 μm，15+ 层	9 ~ 15 μm，15+ 层
屏障功能	有效	有效
小汗腺	未完全活跃，仍在真皮上部	活跃，在真皮下部
真皮	厚度比成人低 3.5 倍	
皮下组织	薄的皮下脂肪层	取决于营养状态

表皮和真皮层的胶原蛋白和弹性蛋白纤维网，以及皮下组织对皮肤的生物力学特性起着重要作用。皮肤的生物弹性是指其变形后恢复到初始位置的能力，这种能力来自于弹性纤维网的坚固性。胎儿在7个月时，其真皮中含有薄的无定形弹性蛋白链，并伴随微纤维束。而新生儿真皮的纤维束厚度、大小和成分介于胎儿和成人之间。与成人相比，胎儿和新生儿的真皮组织结构较差，更新率较高，细胞分化程度较低。出生时，真皮的网状和乳头状弹力纤维已形成规则的网络结构，但直到12 ~ 24个月才

完全发育。纤维结缔组织在出生后大量合成。婴儿真皮的胶原束密度低于成人。胶原的合成在出生后35年内增加，出生时约占总蛋白的63%，6个月时为71%，成年时为90%。考虑到人类特定蛋白质的纵向研究困难，因此改用大鼠模型。通过对胎鼠皮肤的研究，发现Ⅲ型胶原比Ⅰ型胶原的含量更高。大鼠出生后10 ~ 15 d的总胶原水平持续较低，表明这种现象在胎儿期持续一段时间，而Ⅲ型胶原水平随着成熟而降低，至少在大鼠中是这样的。胶原蛋白在前2个月迅速增加，到1岁时进一步增加，到2岁时开始减少。而Ⅲ型胶原在2周时高于Ⅰ型胶原，在1个月时低于Ⅰ型胶原，在2个月后则保持不变。然而，这些发现是否适用于人类婴儿仍需进一步研究。

1 ~ 38个月婴儿的组织生物力学特征随年龄变化而不同。生物弹性在2个月时较低，在15和23个月时较2、4和6个月时高。黏弹性蠕变和残余变形在2个月时最高。这些生物力学特征的变化可能反映了婴儿结构发育的成熟，特别是在真皮层。

61岁时，弹性蛋白mRNA的水平明显较低。在3 d、15岁和33岁的受试者中，弹性蛋白mRNA的水平通常相当。然而，与15岁和33岁相比，3 d时的水平较低（$P < 0.05$），提示弹性蛋白在出生后增加。随着时间的推移，在无日光照射的情况下，真皮弹性纤维变得更稀疏、更小（直径）和碎片化。在10岁之前，弹性纤维的直径增加，微原纤维数量减少。随着年龄的增长，真皮乳头厚度增加，胶原束厚度减少。网状真皮厚度先增后减，在约50岁时达到最大值。网状胶原束厚度先增后减，在约40岁时达到最大值。真皮中大量的成纤维细胞合成弹性纤维和胶原纤维，但数量和密度都比成人少。弹性纤维的发育和成熟大部分发生于出生后，直到3岁时才完全成熟。真皮基质的成分因年龄

而异。实际上，在发育过程中，基质的水、糖原和透明质酸含量减少，而硫酸盐含量增加。这种成分的差异可能影响新生儿皮肤的特殊肿胀。婴儿的毛乳头相对均匀，与表皮SC之间的比例为1∶1，而成年人则未见此现象。婴儿的乳头层和网状层之间没有明显的过渡。

在胚胎真皮中，可以看到原始真皮血管分化为小动脉、小静脉和毛细血管。血管系统的乳头下丛尚未完全发育，真皮上层含有丰富但排列紊乱的毛细血管网，导致新生儿出现红斑。皮肤血流的毛细血管网在出生时未能检测到，在新生儿的一些皮肤部位可能要等到出生后第2周才能首次观察到。而皮肤血管系统在出生后14～17周才在所有皮肤部位完全发育。通过激光多普勒（皮肤血流量的周期性振荡）可以显示，新生儿的振荡频率在出生后1周就达到成人水平的较低范围。此外，皮神经系统也尚未完全确定。

婴儿皮肤下的未成熟组织由丰富血管化的圆形脂肪细胞小叶组成。甘油三酯的脂肪酸组成更饱和，使得脂质融合点高于成人皮肤。

毛囊在孕14周发育。有时，婴儿出生时就已经有胎毛。出生后，毛发进入终末期，大约8周后婴儿的毛发会脱落。此后，毛发周期与成人类似，毛发会在不同阶段出现。毛发非常细且只有少量色素，但这些现象会随着时间而正常化。新生儿的皮肤表面相对于体表拥有10倍的毛囊数，总共约为500万个。除手掌、足底、阴茎等无毛囊部位外，全身多见红斑。这可能表明微生物通过毛囊进入皮肤。

皮脂腺在胎龄18周时可见。在来自母体的雄激素刺激下，皮脂腺能够快速合成脂质，其分泌物构成胎脂的主要部分。一般来说，婴儿皮脂腺的出现频率正常，但尚未完全发挥功能。报道显示，在出生后第1周末，皮脂分泌增加，达到成人水平。在某些情况下，可见到大型皮脂腺，出现新生儿痤疮的典型症状（见"新生儿痤疮"部分）。这种情况特别常见于男性新生儿，可持续数月。它被认为是存在于母亲血液中雄激素的暂时作用。6个月时，皮脂腺的分泌量低于成人，重新激活仅发生在青春期前后。

新生儿皮脂在出生后首周增加，表面脂质成分与成人不同，即总脂质和皮脂腺脂质均较低。

水脂膜主要由皮脂腺分泌的皮脂和经表皮水分流失而来的水组成，在婴儿时期尚未完全发育。这种油包水（W/O）混合物对皮肤有保护作用，然而在新生儿时期它有时甚至几乎不存在，这会影响新生儿皮肤的pH值。因此，观察到的皮肤pH值失衡可能是因为中和碱化能力较低，特别是在尿布区域由于小便引起的碱化。研究表明，一般而言，婴儿的皮肤脂质较少，且脂质成分因年龄而异。皮脂腺分泌的游离脂肪酸具有抗菌特性，而皮脂则能将维生素E输送到皮肤，帮助形成抗氧化网络。

小汗腺在出生时即存在，但功能不完全。新生儿出汗的发育/成熟程度取决于胎龄。至少在出生后0～10 d，胎龄不低于35周的婴儿才会有水分蒸发（出汗）的现象，但只在高于34～35℃时，而成年人则通常在30℃甚至更高温度时开始出汗。

大汗腺仅在约青春期才开始具有功能。

新生儿的先天免疫系统发展是非线性的，Toll样受体（TLR）在出生前已开始发挥作用，出生前后TLR3的水平高于成人。

微血管系统需要约4个月时间才能持续发育。

注意观察新生儿和婴儿的肤色。在一个37～42周的新生儿组中，随着胎龄的增加，皮肤色素沉着逐渐减少。6个月～2岁的婴儿在第一个夏季暴露于紫外线辐射时，色素沉着很低，但一年后明显增加，这表明随着时间推移，皮肤会变黑。

研究评价了接受婴儿血管瘤治疗的婴幼儿未受累（对照）皮肤部位的肤色和生物力学特性。研究对象包括90%的白种人（Fitzpatrick Ⅰ/Ⅱ型）、5%的西班牙裔/中东人（Ⅲ/Ⅳ型）和5%的非裔美国人（Ⅳ-Ⅵ型）。研究发现，随着年龄增长，2～41个月龄组的皮肤亮度增加，红色减少，黄色增加。

另一项研究对216名早产儿和足月新生儿的肤色进行了研究。这些新生儿在出生后的前28 d内每天使用植物油（芥末籽油或葵花籽油）进行按摩，符合尼泊尔农村的文化习俗。研究表明，在28 d的按摩后，皮肤颜色变黑，红肿减少。这些变化被认为是由于成熟和色素沉着的增加，而非由于炎症引起的红斑和皮疹。相似地，新几内亚的婴儿在前6个月内皮肤色素沉着增加。

健康皮肤定义：皮肤pH值、微生物定植、TEWL、角质层含水量和皮肤表面脂质的作用

皮肤的结构非常复杂，包括许多相互依赖的因素。例如，皮肤的正常微生态、皮肤pH值和皮肤的水合作用之间存在着潜在的相互作用。具体来说，皮肤pH值可能会受到皮肤上某些微生物分泌酸性/碱性物质的影响，从而影响皮肤的健康状况。某些微生物会利用皮肤pH值的变化，大量增殖；而其他微生物则无法生长。

要形成健康的皮肤屏障，所有这些因素都需要得到平衡。接下来，我们将逐一讨论这些因素。

酸性皮肤表面pH值的重要性

溶液的"酸度"可视为皮肤表面受损表现为酸性的一种表现，它以pH值为单位进行表示，pH值表示氢离子浓度的log10（pH=log [H$^+$]）。若溶液的pH值小于7，则为酸性，大于7则为碱性，等于7则为中性。因此，较低的

pH值代表较高的酸度，较高的pH值则代表较高的碱度。

正常、健康、浅层皮肤的pH值为4.5～5.5，而这一层被称为酸膜。保持皮肤表面的酸性对以下方面至关重要：

皮肤角质层（SC）的形成与功能涵盖了脂质合成和脂质结构的形成。

增强SC的完整性、黏附力和稳定性，并防止外来物质进入活性表皮和真皮，以充分发挥其保护作用。

·皮肤天然抗菌剂具有有效作用。

·SC对损伤时屏障功能的恢复至关重要。

·酶在各种过程中都具有有效功能。

·维持皮肤稳态的最外层脱屑至关重要，因为它能防止细菌过度繁殖。

·有益细菌定植在皮肤上。

·SC能够抑制病原菌的生长。

因此，形成酸性皮肤表面对于皮肤的发育、成熟和维持身体的第一道防线至关重要。皮肤pH值的改变会导致病理损伤的发生，例如尿布皮炎（diaper dermatitis，DD）的风险增加（详见"尿布疹"部分）。

酸性皮肤表面对于婴儿至关重要。SC脂质双分子层结构和脱屑需要pH值依赖酶的有效作用，包括脂质代谢、双分子层结构、神经酰胺的合成、前体的加工形成神经酰胺等。酸性pH值对于细菌的稳态、适当的皮肤定植（例如表皮葡萄球菌）以及对致病菌如金黄色葡萄球菌的抑制作用至关重要。在金黄色葡萄球菌感染的皮肤中，SC角质层细胞间存在革兰氏阳性球菌。酸化可以增强SC的完整性、黏附力和稳态。皮肤pH值的增加会激活酶活性，从而破坏SC的完整性，并可能增加对机械性创伤的易感性。与成人（4.5～5.5）相比，新生儿的浅表pH值（6.6～7.5）升高，但在出生后（2～4 d）迅速下降，并持续下降1个月，直至稳定在与成人

相似的酸性平均pH值（pH=4.5～6）。

SC酸化是确保SC屏障稳态的必要先决条件，因为它不仅保护皮肤免受某些微生物的侵袭，而且还确保依赖pH值的脂质加工和功能性脂质板层的形成。据报道，特应性体质婴儿和鱼鳞病婴儿的pH值显著提高，甚至在出生后期间，这可能表明pH值在完整的脂质代谢和屏障功能中发挥作用。新生儿皮肤酸化需要时间，而暴露在干燥环境中会触发pH值调节酶系统。

皮肤pH值的发育取决于外源性成分（如乳酸、小汗腺汗液和源自皮脂腺脂质的游离脂肪酸）和代谢途径（如磷脂酶A2的酶活性产生游离脂肪酸，组氨酸的酶降解产生尿烷酸、吡咯烷酮羧酸和钠氢通道蛋白抗体［NHE1］）。据报道，SC脱屑过程中的产物（如丝聚蛋白和角质透明蛋白的分解产物）会影响皮肤的pH值。然而，皮肤表面的pH值并不能代表整个SC的pH值，因为不到20 μm的SC组织中pH值会急剧变化2～3个pH单位。这个pH值梯度对于SC的分化和屏障修复至关重要，因为它依赖于pH值依赖的酶活性、神经酰胺的合成（需要PH值依赖的酶激活）以及脱屑和细胞黏附的平衡（依赖于其调节功能）。婴儿皮肤的pH值在数天后与成人皮肤的pH值相当，但婴儿皮肤的缓冲容量要低得多。因此，婴儿皮肤更容易受到局部应用产品pH值变化的影响。

微生态的重要性

皮肤上的共生或病理性微生物进化是一个深入研究的领域，也是理解这些独特生态系统对婴儿健康和疾病影响的重要前景之一。目前还不清楚微生态和宿主在婴儿的发育过程中是如何相互作用的。目前大部分认识源于成人，因此需要对新生儿和婴儿进行更多的研究。新生儿出生时没有皮肤微生态，但在分娩期间（剖宫产或阴道分娩）和早期接触照护者时获得皮肤微生态的初始暴露。有趣的是，皮肤微生态的定植与皮肤屏障的显著变化相吻合，例如pH值降低和含水量增加。出生后不久，细菌菌落在身体各部位未分化。从3个月开始，皮肤微生态的组成似乎像成人一样具有部位特异性。最初，婴儿皮肤以葡萄球菌为主，数量在第一年减少。皮肤微生态的组成在生命的首年不断进化，变得更加多样化。成年人由于独特的微环境因素（包括pH值、温度、相对湿度/湿度、皮肤–皮肤接触和皮脂含量），不同生物地理环境下的皮肤微生物种类也不同。婴儿似乎也是如此。

所谓腐生菌，实际上是指出生后立即开始在皮肤上定植的一类菌群。这些腐生菌没有致病性，并且具有抵御某些有害微生物的保护特性。它们需要酸性环境才能达到最佳生存条件，并在皮肤的先天免疫功能中发挥作用。细菌群落直接通过调节炎症反应来维持皮肤的稳态。一些菌种分泌的蛋白酶（如金黄色葡萄球菌胞外V8蛋白酶）会对屏障功能产生负面影响。皮肤的pH值在很大程度上由宿主调节，而细菌之间可以相互影响，这凸显了皮肤和微生态之间复杂的相互作用。例如，酸性皮肤pH值有利于共生细菌的定植，阻止婴儿出生后暴露于致病微生物的生长，并有助于抵御感染。兼性厌氧菌（如痤疮丙酸杆菌）可以通过激活释放游离脂肪酸的脂解酶来降低皮肤pH值。相反，尿布区的含脲酶细菌可以将尿液中的尿素转化为氨，增加皮肤pH值，促进致病细菌生长并激活粪便酶，降解皮肤的脂质/蛋白质结构。

在成年人的身体中，皮脂腺、湿润和干燥的区域存在着细菌成分、数量和分布的差异。婴儿的皮肤中水分充足，因此其细菌谱与成年人湿润皮肤的细菌谱相似。实际上，在湿润的成年人部位中，葡萄球菌的浓度较高。即使皮脂水平较低，4～6个月大的婴儿额部的丙酸菌也会增加。尿布区域的微生态不同，以大肠杆菌和粪便菌为主，这种差异也可能是由于尿布的包裹导致皮肤的pH值和含水量较高。

最近有两项研究分析了使用过尿布区域的皮肤。其中一项研究分析了尿布内不同区域（臀部、三角区、生殖器和肛周区域）之间的差异。不同区域细菌和真菌的存在和分布也不同。在非皮疹情况下，葡萄球菌属菌株的相对丰度在肛周和臀部区域占优势，而粪便细菌（如拟杆菌属和粪杆菌属）的相对丰度在肛周和臀部区域较高。念珠菌和马拉色菌是众所周知的皮肤共生微生物，而念珠菌则是在尿布区域分离出的主要真菌（特别是白色念珠菌），可能是由于该区域的封闭和潮湿环境定居于生殖器和肛周区域。在DD时观察到不同属/种的变化。这可能解释了微生态在尿布皮损发生和消退中的潜在作用。皮肤表面状况的变化可以改变皮肤微生态，并促进白色念珠菌的生长，而这种微生物可能与更严重的尿布疹有关，在多达77%的DD婴儿中存在。有研究表明，通过改善尿布空气交换的现代尿布技术有助于控制纸尿裤区域的念珠菌。

综上所述，我们需要进行更多的研究来更好地认识婴儿微生态及其对婴儿生长发育的潜在影响。未来的研究需要考虑多种可能影响皮肤微生态的因素，例如洗澡和卫生习惯、局部产品使用、婴儿药物（如抗生素）和饮食等。

TEWL

皮肤的屏障功能不仅可以阻止有毒物质的吸收，还可以影响皮肤水分流失的速度，这可以通过TEWL测量来衡量。当皮肤受损时，会导致经皮水分过度流失。在发育完全健康的新生儿中，通过测量技术得出的TEWL值为 $6 \sim 8$ g/m^2/h。在出生后几小时内，这个值略微增加，然后在几小时内下降至成人水平。这种TEWL的急剧减少可以解释为出生后皮肤的干燥。与成人相比，前两周的TEWL测量结果表现

出较高的变异性。

TEWL与皮肤的不成熟程度成正比增加，这意味着早产儿的蒸发热量损失增加，从而导致温度控制不佳。虽然皮肤迅速成熟，但必须经常控制体液和电解质的变化以及体温。此外，随着TEWL或屏障受损的增加，局部应用成分的局部和全身毒性风险也会增加。尿布区域的TEWL通常被定义为皮肤表面水分的丢失（SSWL），并用于衡量尿布对于保持皮肤干燥的效果。

角质层水合作用

SC的水合水平会影响其屏障功能、真皮层吸收、对刺激物的反应性以及皮肤的机械性能。尽管健康婴儿和成人的TEWL值通常相似，但新生儿皮肤在出生后第一天就比较干燥，在前两周内含水量增加，之后趋于稳定。与 $1 \sim 2$ 岁婴儿、$4 \sim 5$ 岁儿童和成人相比，$5 \sim 6$ 周和6个月大的婴儿的水合水平最高。婴儿SC的含水量略高，并且比成人的差异更大，新生儿的持水能力也比成人低。年龄较大的婴儿的皮肤比成人更易吸收水分，但也更容易解吸水。

为了保持SC表层的薄层水分，其中含有NMFs，这是一组由有机酸、糖和离子组成的吸湿分子。基于拉曼测量，新生儿SC中NMF浓度高于其他年龄组。NMF浓度在随后数月内逐渐下降，在 (6 ± 1) 个月时达到最低值。虽然在该时间点之后NMF的含量有所增加，但从未达到新生儿水平。基于上述结果，可以得出结论：出生后即刻较低的水合作用不能归因于NMF成分的低含量。同样在6个月时，尽管NMFs较低，皮肤SC中的水分浓度却较高。

皮肤表面脂质

在足月婴儿出生至6个月期间，皮脂腺的脂质减少，而表皮的脂质增加。皮脂有助于形成防水屏障，对皮肤的保护功能至关重要。值得一提的是，特应性体质患者的皮脂含量相对正

常人偏低。此外，皮脂腺中游离脂肪酸具有抗菌特性，皮脂可以将维生素E运送至皮肤，协助抗氧化体系。

婴儿和成人皮肤比较

研究通过对新生儿队列皮肤表面的多种蛋白质生物标志物进行定量研究，并与成人进行比较，探究了婴儿出生时皮肤过渡期间的反应。在婴儿皮肤中，各种驱动酸膜形成的过程被上调，即pH值降低，产生NMF（天然保湿因子）与水结合，以防止基于蛋白酶的脱屑，并增加表皮屏障的抗菌功能。与成人皮肤相比，出生后不久和2～3个月后观察到一组显著不同的蛋白质生物标志物。结果表明新生儿皮肤旨在提供先天免疫和保护免受环境影响，并证实出生后屏障的快速成熟。许多增加的蛋白质涉及晚期分化、角化和丝聚蛋白加工。婴儿和成人间丝聚蛋白加工蛋白的差异导致婴儿的NMF水平随时间推移而升高，无论出生年龄如何，这突显了婴儿皮肤的独特特性。

婴儿皮肤常见问题

尿布疹

"尿布疹"或"尿布癣"是DD的别称。DD是婴儿最常见的皮肤疾病之一，在使用尿布期间几乎每个婴儿都会有不同程度的经历（见图33.2a）。它是一种急性炎症性疾病，表现为轻度或严重的皮肤红斑，伴随丘疹和（或）脓疱、水肿，重症病例可能还会出现剥脱。DD的命名有些不恰当，因为尿布并不是导致尿布疹的根本原因，而是其出现与否取决于尿布所处的部位和状态。DD的病因十分复杂，有关模型可参见图33.3。

DD的发生受多种因素共同作用，被统称为"尿布环境"。这些因素包括过度水合、接触皮肤刺激物（如尿液、粪便、相关酶和胆盐等）、机械摩擦（如皮肤与尿布、皮肤与

皮肤之间的摩擦）、皮肤pH值、饮食（粪便成分）、年龄（尿频）、GA（固有SC屏障成熟）、抗生素治疗、腹泻发生以及医疗条件。角质层的水化会导致浸蚀、脂质双分子层结构破坏和角化桥粒降解。水合使角质层细胞肿胀，增加脂膜流动性，增强分子转运，从而增加对外源性物质的渗透性。水合后的皮肤摩擦

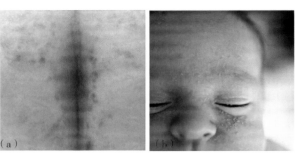

图33.2 婴儿常见皮肤问题

（a）尿布疹；（b）新生儿痤疮；（c）粟疹；（d）特应性皮炎

图33.3 尿布皮炎的模型

尿布疹是由婴儿皮肤干裂引起的，多种因素共同作用，其中包括皮肤过度潮湿、皮肤酸碱度升高、粪便酶活性、摩擦以及微生态失调

系数高于正常，可能会加剧由于运动或摩擦造成的机械损伤（见图33.1）。DD评分越高，皮肤pH值也越高。当皮肤pH值从5升高到6时，粪便酶（蛋白酶）的活性会增加。与pH值为7.4（微碱性）的缓冲液相比，pH值为5.5的酸性缓冲液会使皮肤屏障的恢复速度更快，即使胶带剥离造成的损伤也能更快地得到修复。这进一步凸显了pH值在皮肤功能中的作用。

DD的炎症反应是由于皮肤屏障受损导致局部微生态（包括白色念珠菌和金黄色葡萄球菌）进入表皮所致。除真菌和细菌外，病毒和过敏原也有可能进入皮肤深层，这可能与皮肤感染或疾病的发生有关。细菌方面，P溶血性链球菌、大肠杆菌和拟杆菌属，以及热带念珠菌、近平滑念珠菌和光滑念珠菌也与DD有关。

在新生儿时期和开始使用尿布时，尿布区域的皮肤pH值较高，相比没有使用尿布的婴儿组。为了促进适当的、保护性的微生态定植和皮肤附着，维持酸性皮肤pH值是非常必要的。如果pH值升高到一个较高但未确定的水平，那么具有保护作用的细菌可能会丧失，病理性微生物也会聚集并促进病理性生长。目前还不清楚pH值和微生态类型（保护性和病理性）之间的确切关系，需要进一步研究。提高尿布pH值会对其他方面产生影响，例如许多粪便酶（如蛋白酶、脂肪酶）的活性具有pH依赖性，当pH值较高时，它们的活性会增加。细菌通过调节细菌脲酶的活性参与粪便pH值的调节，从而影响酶的活性。细菌脲酶会将尿液中的尿素转化为氨（来自混合尿液和粪便），导致pH值升高。较高的皮肤pH值会改变皮肤的正常菌群，增加常见皮肤菌种感染的风险，包括葡萄球菌、链球菌和念珠菌。总之，粪便酶活性、皮肤表面细菌和皮肤表面细菌与粪便pH值之间存在复杂的相互作用，皮肤pH值较低则表示皮肤更健康（即粪便酶活性低，共生细菌丰富，皮

肤完整性更好）。

婴儿皮肤的细菌组成和多样性会受到pH值、水分、干燥、皮脂含量等因素的影响。由于微生态在婴儿期时不稳定，因此会增加发生DD等炎症的可能性。此外，皮肤对病原体和过敏原的敏感性也会增加。臀部干燥区域的典型定植菌包括放线菌门（丙酸杆菌属和棒状杆菌属）、变形菌门、厚壁菌门（葡萄球菌属）和拟杆菌门。尿布区的微生态受肠道细菌包括梭菌属和拟杆菌属的影响。在出生后的第一周，新生儿尿布区中的拟杆菌和双歧杆菌含量最高，肠杆菌、真菌和乳酸杆菌含量较低。

为了了解DD在全球范围内的状况，Carr等于2020年评估了来自中国、德国和美国的近1800名婴儿的DD发病率和严重程度。在1200名2~8个月大的婴儿中，DD的发病率存在相当大的差异，其中中国婴儿的DD发病率最低，而德国婴儿的DD发病率最高（详见"可能影响皮肤状态的其他考虑因素"一节）。中国婴儿较低的DD发病率与皮肤pH值较低、TEWL（较好的屏障完整性）和尿布湿度相关，而德国婴儿的这些参数则是最高的。照顾者的行为可能与DD的发生率和严重程度有关。中国的照顾者更频繁地在夜间更换尿布，更彻底地清洁大便后的皮肤，并使用更多的预防性外用产品。与德国或美国的婴儿相比，中国的婴儿洗澡频率较少（每2周1次）。这一发现受到中国照顾者广泛清洗尿布区皮肤的影响，这是3个国家中最彻底和最卫生的流程。

大多数与DD相关的感染报告发生在足月新生儿或较大婴儿身上。其中最常见的是念珠菌感染，发病率高达80%。尽管白色念珠菌最常见，但DD中也发现了热带念珠菌、近平滑念珠菌和光滑念珠菌。在一项针对儿童患者的小型研究中，从肛周和臀部皮炎部位分离出了金黄色葡萄球菌（包括耐甲氧西林金黄色葡萄球菌

和甲氧西林敏感金黄色葡萄球菌）。由于屏障和免疫系统尚未成熟，新生儿和婴儿的皮肤感染严重程度高于成人。重度感染通常是炎症性疾病的并发症，可能包括刺激性DD。

新生儿痤疮

新生儿可能会出现轻度痤疮，表现为闭合粉刺在鼻、额、面颊等部位出现［详见图33.2（b）］。少数情况下可能伴有脓疱、开放性粉刺或炎性脓疱，但发病率较低。目前尚不清楚新生儿痤疮的病因，但有研究认为是母体雄激素对新生儿皮脂腺的刺激所致。男婴比女婴更容易出现这种情况，因为他们的睾酮水平较高。一般来说，新生儿痤疮不需要治疗，因为皮疹通常会在1～3个月内自行消退。

热疹

热疹是新生儿中常见的皮肤病，是指小汗腺潴留所造成的一种通用术语（见图33.2c）。粟粒疹可分为晶状体粟粒、红色粟粒和深在粟粒3种类型，区别在于汗腺阻塞发生的皮肤水平。晶状体粟粒指的是SC内的梗阻，红色粟粒和深在粟粒指的是在真皮表皮交界处下的乳头层和深在层内的梗阻。热疹的治疗方法并不具有特异性，可采取的措施包括调节环境的温度和湿度，以减少出汗。尽管最终导管阻塞被解除，但这可能需要2～3周的时间（参见文献）。

热疹的发生原因有以下几点：①水或汗浸渍表皮角质层，形成角蛋白栓堵塞小汗腺开口；②感染性微生物密度增加，如金黄色葡萄球菌和凝固酶阴性葡萄球菌；③胞外多糖物质形成生物膜。热疹皮损的直径通常为0.5～1.2 mm，间距为1～5 mm，无特定的分布模式。新生儿热疹发生于涂抹油脂的皮肤部位在高温条件下的情况下。

特应性皮炎

特应性皮炎（AD）是一种慢性炎症性皮肤病，其表皮屏障免疫功能异常。AD通常在婴儿出生后6～12个月开始发病，在资源丰富国家的患病率约为20%，而疾病的严重程度因年龄和种族而异。该病的症状包括红斑、丘疹、鳞屑、水肿和瘙痒（见图33.2d）。由于婴儿AD难以诊断，学者正在努力建立更有效的诊断标准。值得关注的是，AD的发病率持续增加。

与皮肤屏障功能相关的基因（包括兜甲蛋白、角化桥粒蛋白、封闭蛋白、水通道蛋白、丝聚蛋白、晚期角化包膜蛋白和激肽释放酶5）在AD中的表达较正常皮肤降低，而与抗菌功能和炎症相关的基因（包括细胞因子和趋化因子）则在AD中表达增加。此外，其他研究表明，在应激、刺激物暴露和某些细胞因子的作用下，AD患者的丝聚蛋白水平会降低。

检测正常儿童（$n=18$，1.2 ± 0.8岁）和成人受试者皮肤样本的基因表达，并与儿童和成人AD患者进行比较，以确定AD的发病机制。儿童和成人AD的基因表达有相当大的差异。也就是说当病变与非病变部位（外观正常）比较时，22.6%的差异表达基因在儿童和成人AD受试者中一致。与健康对照皮肤相比，儿童和成人皮损皮肤有30.3%共同的差异表达基因。一些表皮分化复合体基因（包括丝聚蛋白、兜甲蛋白和晚期角化包膜蛋白）在成人AD中表达下降，但在儿童AD中表达正常或接近正常。这些结果表明，儿童和成人AD可能需要不同的治疗。

由于皮肤屏障缺陷，特应性皮炎皮肤微生态包括超过90%患者皮损处和31%～78%非皮损处的金黄色葡萄球菌定植，而在健康的非特应性皮炎患者中仅有10%。生后不久婴儿不同部位的皮肤菌群存在差异。最初12个月里微生态的组成发生变化，多样性增加，但与成人相比，婴儿的微生态并不稳定。葡萄球菌早期出现，但12个月后减少。选取10例在2、6和（或）12个月时出现AD的婴儿与同期10例无AD的婴儿进行微生态学比较。随时间的推移，其多样性和结构发生变化，但AD患儿未检出金黄色葡萄球菌。无论在AD表现之前还是之后，这些菌群似乎都未出现失衡，并且在AD和非AD婴儿间，香农多样性指数也无差异。有趣的是，2月龄时肘前窝部位存在葡萄球菌的儿童在12月龄时出现AD的可能性较低。总之，这些发现证明婴儿与成人间的差异。

常规使用局部润肤剂可用于特应性皮炎（AD）的治疗。初步针对新生儿的研究报告表明，在第3周开始每天使用润肤剂的组与对照组相比，6个月时AD发病率降低。一项针对高危婴儿队列的进一步评价研究发现，使用甘油/凡士林油类润肤霜的11名婴儿与12名对照组婴儿进行比较。该研究中，23名婴儿中有17%患有AD，其中润肤剂组的11名婴儿中只有1名发病，而对照组的12例中有3例发病。非AD患者中，润肤剂组的皮肤pH值显著较低，微生物丰度Chao指数较高（更多样化）。然而，一项纳入1394名婴儿的多中心研究报告发现，使用润肤剂的婴儿与未使用润肤剂的婴儿在1岁和2岁时AD发生率无差异。此外，使用润肤剂的婴儿比对照组婴儿更容易发生皮肤感染。在润肤剂（每周至少4次，从2周岁开始）和早期摄入花生、牛奶、小麦和鸡蛋，单独或联合摄入以及无干预对照组的比较中，共有2301名新生儿参加，发现在12个月时，4组的AD发病率无差异。因此，常规使用润肤疗法并不适合作为预防特应性皮炎的方法，特别是在新生儿中。

婴儿护理产品的安全考量

常规安全注意事项

为了将安全的婴儿化妆品推向市场，风险评价是至关重要的。这通常包括基于定量暴露的四步迭代风险评价程序（例如美国国家科学院、世卫组织和欧盟社会消费者安全科学委员会［SCCS/1628/21］）。一些组织称之为安全限度（margin of safety，MoS），而非接触限度（margin of exposure，MoE），该指标用于检查阈值化合物的潜在全身毒性。根据世卫组织对常规化妆品的建议，接触限度应高于100（包括种间因子10和种内因子10）。根据现有的化学品特定数据，可能需要额外的安全考虑；然而，通常无须考虑尿布疹个体差异等额外因素。现代尿布技术已经显示出越来越好的皮肤相容性，促使DD的发生率和严重程度显著降低（详见"卫生产品：尿布"部分）。

虽然化妆品立法1223/2009中未规定基于暴露的风险评价的细节，因此可能会有不同的应用方式，但是了解一些已公布的原则将非常有帮助。例如，SCCS认为对于婴儿化妆品（SCCS/1628/21）：

在婴儿化妆品的开发过程中，应该考虑皮肤刺激对真皮吸收的潜在影响。

应区分完整健康的皮肤和可能受到尿布区损伤的皮肤。尿布区存在危险因素，而身体其他部位则不存在危险因素。

当产品用于完整皮肤时，无需在安全评价中纳入额外的安全因素（MoS计算）

如果存在相关要求，则无须引入10个附加的评估因素（包括毒物动力学（3.2）和毒理动力学（3.2）的儿童和成人之间的差异），因为这些因素已经包含在WHO提出的100个不确定因素中。

儿童接触性皮炎的患病率增加促使销售给新生儿和儿童的产品受到审查，以确定是否存在过敏原。发现致敏剂后，人们呼吁将其排除在外，以减少产品通过皮肤接触引起的过敏反应。为了从婴儿期开始降低AD的发病率，并提供有效的化妆品（欧盟）或药物（美国），人们开发了专门针对幼儿的产品。为了提高产品的安全性并在产品开发早期尽量减少婴儿和儿童的接触，一些学者提出了一种测试策略，就像SCCS所建议的那样，首先检查可能存在的成分并应用安全限度。下一步可能涉及使用重建的皮肤系统（即体外方法）来评估刺激反应。这些系统也可以用于评估表皮和真皮的效果。在考虑到伦理要求的情况下进行测试，然后可以在受损皮肤模型（例如模拟皮肤屏障损伤的胶带剥离表面）中测试制剂。

在婴儿产品的开发过程中，需要考虑以下几个标准：

通过适当的分析证明，原材料在纯度、稳定性和微生物学方面具有高质量。

属于剂量依赖的皮肤刺激，可通过回避众所周知的刺激性成分和（或）降低浓度或应用频率来控制。

即使在IFRA（国际香水协会）测试和（或）排除法规1223/2009中提到的26种过敏原后，如果发现这些过敏原不安全，也应避免使用如香水成分等致敏分子。

产品信息文件（PIF；对于欧洲产品）应提供所有成分和成品的安全数据，以及由安全评价人员进行的专门风险评价。应说明对婴儿皮肤采取了哪些具体措施。

应特别注意：①反应物质的浓度；②添加剂、"天然"和"外来"成分、复杂混合物、植物提取物和动物源成分或任何来源可疑、非纯化的成分；③潜在过敏原、促渗剂、侵袭性有机溶剂、高效洗涤剂或发泡剂以及防腐剂，尤其是日用品中的防腐剂；④防腐剂浓度。

最佳做法是：①通过添加抗氧化剂来保护不饱和脂质免受氧化反应；②将最终产品的pH值调整并缓冲至介于4.5～6之间（对皮肤友好的pH值）；③添加螯合剂或隔离剂以防止重金属沉淀并保护所述防腐剂系统；④使用已知的保护皮肤屏障成分，如油脂、蜡、甘油和氨基酸，以增强产品对皮肤的保护作用。

皮肤吸收

皮肤吸收数据依赖于化合物的不同特性，如分子量、疏水性/亲水性和结构。这些特性通常通过成人皮肤来确定。虽然常常将保守的默认吸收值设为100%，但随着风险评价的迭代，可根据特定的化学特征或其他风险因素进行细化。其中，可能需要考虑以下因素：

新生儿的体表面积/体重比成人高2.3倍，在6个月和12个月时分别降至1.8倍和1.6倍。因此，婴儿和成人在体表上应用相同量的产品可能导致新生儿血液和组织中的浓度更高。然而，现有的产品安全评价指南已充分考虑到了这一点，并通过将单位体重的每日暴露量标准化来标准化每个人的暴露量。

婴儿和成人的药代动力学参数存在较大差异，这可能导致生物可利用物质的清除率降低和（或）半衰期延长，从而增加婴儿发生不良反应的潜在风险。但这种差异可能取决于外源物质的特性。

在人体总含水量方面，已知婴儿的含水量（80%～90%）高于成人，并逐渐下降至55%～60%。此外，婴儿的蛋白结合能力也较差，这可能与其血浆中糖蛋白浓度较低有关。

足月新生儿的药代动力学半衰期通常比成人长3～9倍。然而，一旦新生儿期结束，通常观察到更快的代谢和更高的清除率，与恢复正常平衡的成人相比。Renwick等认为，新生儿期与哺乳期相似。

据报道，SC厚度是经皮渗透和真皮吸收的限速部分。通过激光扫描共聚焦显微镜测量，婴儿皮肤SC层较成人皮肤薄，需要加以考虑。分子穿过SC层所必须遵循的路径可能更短。重要的是，SC屏障在出生时即有功能，并且在出生后的最初几个月随着许多关键皮肤特征（如皮肤pH值）的成熟而成熟。

局部产品的使用条件也会影响其作用。化妆品和皮肤护理产品通常应用于大面积的身体表面（如洁面乳、防晒霜等），不仅增加了局部效应的潜在风险，而且还会增加皮肤吸收和潜在的全身毒性。在基于暴露的风险评价中，应该考虑这一因素。根据当地监管分类，某些产品（例如防晒霜）可能被归类为药物。

新生儿出生时无法区分尿布区和非尿布区，但在出生后的前14 d内，尿布区的功能与非尿布区不同，因为尿布区具有更高的pH值和更强的水合作用。在一些特殊情况下，如穿着密闭的衣物和使用尿布时可能会出现尿失禁。贴身的尿布为细菌提供了一个温暖的生长环境。尽管现代尿布技术已有所进步，但仍难以避免DD的刺激性。DD的刺激性可能会破坏皮肤表面的屏障，从而有利于外源物质的吸收。曾经在尿布领域使用的一些分子已知会引起全身毒性，因此只有在适当情况下，并在有执照的医疗保健提供者/医师的指导下才能使用（例如皮质类固醇、乙醇）。在化妆品风险评价中，使用MoE方法确定人体能接受的接触水平。但当从实验研究延伸至人类时，必须考虑多种不确定因素，如物种差异、敏感亚群、暴露时间和途径以及媒介或基质效应。此外，当尿布区域受到刺激时，需特别考虑刺激对皮肤的影响，包括刺激的频率、面积和严重程度，以及是否穿透真皮层。然而，创新的卫生吸收剂和婴儿护理产品提供越来越好的皮肤相容性，这有助于减少DD的发生率和严重程度。

影响真皮吸收的其他重要因素包括SC水合作用和皮肤pH值。例如，皮肤pH值的不同可能会改变分子的电离状态，从而影响真皮吸收。

婴儿护肤护发产品

婴儿皮肤主要需要护理的两种产品是尿布和化妆品。婴儿化妆品主要分为两类：清洁和防护。

如今，越来越多的婴儿护理产品采用天然成分或少量添加成分的方式，但并非全部采用全天然成分。例如，某些植物提取物被建议用于皮肤护理。但也要注意，某些成分（如香水）可能会导致皮肤不良反应，所以在使用婴儿产品时应避免使用这些成分，除非经专业人士确认安全。而对于一些可能存在微生物风险的水性产品，某些成分（如防腐剂）则具有一定的意义。在制定产品配方时，应该考虑多方面因素，并建议与毒理学家和微生物学家等专家合作，以确保产品对婴儿皮肤的安全性。同时，还需注意到，某些成分在一些国家可能被禁止或限制使用，所以需要咨询专家以确保该产品在该国销售合法。

卫生用品：尿布

优化婴儿尿布使用策略，可有效预防尿布疹。保持皮肤清洁和干燥是其中关键步骤。选择合适的尿布以及频繁更换尿布都至关重要，因为摩擦是导致尿布疹的额外因素。在一个适宜的温暖房间里，让婴儿暴露臀部一段有限的时间也是非常有效的。

现代的一次性尿布能够迅速吸收液体并将其锁在深处的核心中，这样皮肤就能保持干燥数个小时。高吸水性聚合物的引入则可以将尿液转化为凝胶。这些吸收性颗粒可以吸收大量的液体，从而使尿布更轻薄，且吸水性更强。优质的尿布能够适应身体形状和婴儿的运动，确保穿着舒适且不泄漏。材料应该柔软，不应刺激皮肤。

有些父母更喜欢使用耐用可洗的尿布。但是，由于其材料（如棉）或吸收能力的不同，如果不经常更换，这类产品可能会使皮肤湿润。这在过夜时可能尤为重要。在清洗过程中，用户可以选择室外晾干，但这可能会引入过敏原和霉菌，这取决于季节条件。为了防止上述情况的发生，通常建议甩干尿布或吸水性核心。

清洁用品

表面活性剂和肥皂

给婴儿洗澡时，使用温水（35～36℃）

进行 5~7 min 的清洁通常已经足够。最新研究表明，在水中洗澡而不使用工具比用湿棉布更加温和，同时使用温和的洗涤剂洗澡比仅用水更少刺激。每天洗澡是一种常规做法，但并非最佳做法，因为使用具有高脱脂特性和侵蚀性的阴离子类洗涤剂有干燥和刺激婴儿皮肤的风险。因此，更好的做法是使用次级张力的阴离子类洗涤剂，例如琥珀酸磺酸盐、异硫酯和蛋白质脂肪酸凝析物。沐浴油的使用效果优于沐浴泡沫和沐浴霜添加剂，尤其是当皮肤干燥、敏感或出现特应性皮炎时。为了达到最佳效果，可以先在清水中让婴儿浸泡 5 min，然后再添加沐浴油，继续洗澡 5~10 min。此外，向浴水中添加淀粉或使用含淀粉的沐浴添加剂有助于修复受损的皮肤屏障。使用洗发水时，应注意不刺激眼睛，为避免接触到眼睛，可以增加洗发水的黏度。

一般而言，沐浴泡沫不适合用于婴儿，因为其初级张力含量高，会产生过多的泡沫。尽管家长们普遍认为泡沫对清洁很重要，但实际上泡沫并没有清洁功能，相反，需要用具有刺激性的成分来产生稳定泡沫，这些成分不适合用于婴儿洗发水，例如硫酸烷基酯和硫酸烷基醚酯。

一系列研究表明，洁面产品的 pH 值可以影响皮肤微生态。高 pH 值的肥皂会促进皮肤表面丙酸细菌的生长，而 pH 为 5.5 的 syndets（即合成洗涤剂）则不会改变微生态。此外，不同的清洁方法（只用水或者用温和的洗涤剂/肥皂）也不会影响细菌的生长。

肥皂（脂肪酸盐）的 pH 值可以达到 10。正如前文所述，硬水中的钙和镁离子会产生沉淀。相比之下，syndets 不会与硬水产生反应，它们的 pH 值可以从中性或者微酸性进行调整。由于 syndets 可以调整所有合成张力，它们可以是侵蚀性的（如烷基硫酸盐）或温和的（如异

硫酯），这取决于所使用的选择和混合物。就像肥皂一样，如果不添加润滑剂，它们会使皮肤变干。此外，当在尿布区域使用肥皂和毛巾时，皮肤的缓冲容量进一步受到影响。使用侵蚀性张力进行大量冲洗会扰乱新生儿皮肤的菌群，并可能导致感染。

乳剂和油

为了保持婴儿的清洁（特别是尿布区），建议经常使用以油包水（O/W）乳液为基础的液体清洁剂。这种清洁剂特别适用于婴儿皮肤不能很好地耐受水和毛巾的情况。市面上也有将这些乳剂浸渍在软组织或湿巾中，方便易用。这些清洁产品含有阴离子和（或）非离子张力。

如果婴儿容易患接触性皮炎，则建议仔细检查清洁剂的成分表。因为这些清洁剂通常含有高浓度的防腐剂，以防止其受到微生物污染。

婴儿湿巾

在过去的二十年中，一次性婴儿湿巾已经成为传统清洁方法的替代品。这些湿巾通常由非织造载体材料制成，经过乳液型、水性或油性乳液的浸润。矿物油湿巾不能有效清洁亲水性成分，还可能在粪便污染物表面滑脱。大多数乳液型乳液为 O/W 型，富含润肤剂和表面活性剂。由于它们的高含水量，防腐系统对于确保产品在正常使用期内不受污染非常重要。此外，还针对敏感性皮肤的消费者推出了不含香料或添加剂的产品供选择。临床研究表明，高质量的婴儿湿巾适用于每天清洁健康婴儿和皮肤受损、过敏婴儿的尿布区，适用于新生儿、特应性体质和早产儿。足够 pH 缓冲容量的清洁婴儿湿巾可以使皮肤 pH 值稳定在生理水平，从而帮助克服尿布区皮肤 pH 值升高的潜在有害影响。多篇论文报道了缓冲容量在这方面获得可持续且稳定皮肤效应的重要性。清洗后皮肤 pH 值的平均变化与恢复至正常水平所需的时间之间有明显的相关性，这强调需要能够持续维持皮肤生理 pH 值的清洗操作。此外，角质

层的pH梯度对屏障稳态非常重要，通过局部应用酸性缓冲液可改善角质层的屏障功能。一些家长喜欢只使用纯净水，但一些研究表明，纯水不能清除皮肤表面的所有粪便成分；而且水的pH值为7，因此对恢复皮肤的自然pH值状态没有帮助。

防护用品

润肤露/乳液

在有效的尿布区皮肤护理中，润肤剂的应用扮演着重要的角色，而霜层则可创造出有效的保护屏障。例如使用凡士林等保护性润肤剂，可以预防或保护皮肤免受尿液、粪便以及它们之间的相互作用侵害。氧化锌（ZnO）是尿布疹防护产品中常用的成分，不过在不同的国家中，它也可以被归类为化妆品或药物。氧化锌能够很好地黏附于受损的皮肤，具有收敛和一些温和的抗炎特性，防止皮肤进一步受损。如果尿布疹表明存在念珠菌感染的证据（通常表现为连续皮疹的卫星灶），则可进行抗真菌治疗。

尽管O/W面霜的确存在，但如果皮肤已经受损，建议使用大多数W/O面霜或含滑石粉、高岭土和氧化锌的无水软膏。这些产品可添加尿囊素、α-没药醇、芦荟提取物、硅酮等成分以改善它们的耐水性。屏障霜则在冬天有利于婴儿面部抵御寒冷和风。脂质相通常含有矿物质，这些产品在鼻部和口周特别有效。它们通常还含有保湿剂、舒缓活性成分和非离子乳化剂。

滑石粉

目前，在尿布区域使用滑石粉已不再常见。它们的主要作用是吸收水分和减少浸润，同时有助于防止婴儿皮肤受到刺激。然而，滑石粉存在潜在的吸入风险，会在皮肤上形成小颗粒并引起摩擦。此外，滑石粉容易受到微生物的污染，需要进行消毒处理。

防晒油/霜

近几年来，人类皮肤癌的患病率一直在稳步上升，因此告知父母和孩子采取有效的防晒措施至关重要。教育项目在防止过度暴露于日光中起着重要作用，因为这被认为是恶性黑素瘤发生的危险因素。婴儿和幼儿应该尽量避免阳光直射，并使用适当的衣物和帽子进行防护。衣物可以提供相当于防晒霜防护系数（SPF）30或更高的防护，尽管其防护能力取决于编织、颜色、重量、弹性和湿度等因素。此外，市场上也有专门过滤紫外线辐射的防护服。防晒霜应该仅作为婴幼儿防晒的第三层保护，以保护那些偶尔暴露于阳光下的身体部位。父母有时会忘记给孩子重新涂防晒霜，或仅涂在孩子的上半身上。因此，需要综合推广多种防晒方法，以最大限度地提高防护效果。尤其在出生后的最初数周和数月内应格外谨慎，因为此时色素沉着和体温调节尚未完全发育成熟。

成人使用防晒霜时，剂量应在 $0.5 \sim 1.3 \ mg/cm^2$ 之间。产品的SPF评估是基于每平方厘米使用2 mg的量，这是为了保证可重复性。涂抹时需要均匀涂抹1层，并特别注意涂抹耳部、颈部和足部等容易被忽略的部位。欧盟只允许使用包含在化妆品法规第1223/2009号附件Ⅵ中的紫外线吸收剂。对于婴儿和儿童，建议使用微粒化和纳米形式的物理防晒霜ZnO和TiO来代替化学防晒霜。经过SCCS评估认为安全的纳米形式是可接受的，但不建议用于喷雾配方。纳米化合物列入专门的纳米材料目录，这是一份信息清单，而非授权清单。旨在确保公众免受紫外线辐射，并提供适当的信息。根据2006/647/EC委员会建议，防晒产品应该制定最低功效标准：UVA防护系数不得低于SPF值的1/3，UVB SPF值应限定于8个范围内，其中50和50+最适合儿童和敏感人群。此外，防晒霜的一个重要特性是防水。

影响皮肤状态的其他因素

本章将介绍婴儿和成人皮肤的结构差异、特征、常见疾病和状态，安全性维度以及一些特定婴儿护理产品或使用产品的注意事项。需要注意的是，科学家们越来越关注婴儿/婴幼儿皮肤这一人群，因此该领域的研究正在不断发展。因此，在开发和使用婴儿产品时，还应考虑民族/种族、文化/社会规范、照护者的习惯和做法、环境/季节和饮食等因素。目前已知，成人的皮肤特性会因种族、民族和地理位置的不同而有所不同。虽然有关婴儿方面的数据较少，但证据表明这些差异从儿童期开始。例如，在6～24个月龄的婴儿中，中国婴儿大腿、臀部和上臂的TEWL值明显高于泰国婴儿。这种差异可能是由遗传因素引起的。例如，在重要的皮肤基因如丝聚蛋白中，发现了单核苷酸多态性（SNPs），这可能使中国人更容易出现AD。当然，还需要进行更多的研究以了解这些因素在影响从出生到成年的皮肤健康维度方面的相互作用。

在考虑有效的皮肤护理时，需要考虑护理人员的行为和特定的皮肤护理方法，包括使用的产品类型。针对1200名2～8个月婴儿的分析表明，不同国家的婴儿在DD的发生率和严重程度上存在显著差异。中国、德国和美国的婴儿在生殖器、大腿皱褶（三角区）和肛周区域的DD发病率呈现不同程度的差异。其中，中国婴儿的DD发病率最低，其次是美国，而德国最高。同时，中国尿布背侧皮肤的pH值、TEWL和湿度最低，而德国最高。这一发现与护理者的尿布使用和清洁习惯密切相关：中国护理者使用的局部产品较多，夜间使用同一块尿布的时间较短，清洁大便后的卫生习惯较彻底（见表33.2）。值得注意的是，中国的洗澡频率最低（通常每周不到1次），而美国的最高（通常每隔一天）。然而，中国的护理者在每次排便后都会进行全面的皮肤护理清洁（平均1.7次/天），包括使用多种产品。他们会彻底清洁尿布区域，相当于每天给尿布区域进行一次以上的"洗澡"。这强调了在尿布使用区域进行有效皮肤护理的重要性，以降低DD的发生率和严重程度。

表33.2　中国、德国和美国2～8月龄婴儿尿布皮肤状态、皮肤特征和父母皮肤护理习惯和做法汇总

	中国 （N=591）	德国 （N=316）	美国 （N=276）
尿布皮炎发病率	最低	最高	中间
尿布区皮肤pH值	最低	最高	中间
TEWL（生殖器）	最低	最高	中间
尿布内湿度（臀部）	最低	最高	中间
局部产品使用	最高	较低	较低
尿布更换时间	最短	最长	中间
清洁皮肤（便后）	使用或不使用肥皂、婴儿湿巾、和（或）卫生纸、水盆	婴儿湿巾或洗布和水	婴儿湿巾
洗澡频率 [a]	最不频繁	适度	最频繁

考虑到家长可能同时使用多种产品，因此在设计产品时需要考虑它们的协同使用。例如，护理人员可能同时使用一次性尿布和婴儿湿巾，而这些产品可能采用不同的技术。为了实现更好的协同效果，内衬表面含有润肤剂的尿布还应该配有孔径（小孔），以协同酸性、pH缓冲的婴儿湿巾一起使用，这样可以降低尿布皮肤的pH值，减少清洁粪便后皮肤表面残留的蛋白酶活性。这种效果可能是由于润肤剂转移至皮肤，改善对尿液和粪便的吸收，以及擦拭巾的清洁特性和酸性、pH缓冲特性导致的。一项长期研究显示，使用这种尿布和湿巾的组合可以显著改善肛周红斑（DD最常见的部位），研究期间未出现红斑婴儿的数量翻倍。因此，在选择一种或多种产品用于婴儿时，需要考虑它们对皮肤可能产生的影响。

总结

总的来说，对于足月婴儿的皮肤护理，以下是需要注意的产品要点：

尽可能保持婴儿皮肤的自然状态。产品的配方和开发应该保持皮肤的天然屏障，保持皮肤的天然pH值，保持皮肤水分平衡，防止过度补水和干燥，支持健康的皮肤微生态，同时考虑保持良好的卫生状态，以防止或尽快清除潜在刺激物。

婴儿皮肤具有功能性，但与成人有所不同，因此在使用或开发新产品时应该考虑到这一点。

婴儿和青少年皮肤出现了独特的皮肤疾病，如尿布疹和痤疮，这表明其具有独特的皮肤特性和（或）暴露于婴儿独有的条件。在使用或开发新产品时应该注意这些因素，这些条件可能导致对成分安全性和生物利用度的不同考虑。这在"安全考虑"部分中有详细讲述。

对于婴儿皮肤仍存在一些未知领域，但是随着未来研究的进展，将会详细阐述一些因素的重要性，例如皮肤的发育阶段，健康和疾病条件下的微生态等。未来的更新将会随着更多数据的积累而捕捉到这些发现。但是，仍然有很多需要学习的知识，而且在很多情况下我们还存在着未知的无知。

应该考虑使用的"产品方案"，以及这些方案如何协同或冲突

在有疑问的情况下，应该考虑进行体外或体内（成人/婴儿）试验以降低风险

原文参考文献

Baby care products market size worldwide from 2020 to 2026 (in billion U.S. dollars), https://www.statista.com/statistics/258435/revenue-of-the-baby-care-products-marketworldwide/. Accessed March 22, 2021.

Felter SP, Carr AN, Zhu T, Kirsch T, Niu G. Safety evaluation for ingredients used in baby care products: consideration of diaper rash. Regul Toxicol Pharmacol. Sep 2017:90:214-221.

Hardman MJ, Byrne C. Skin structural development. In: Hoath SB. Maibach HI, ed. Neonatal skin: structure and function, 2nd ed. New York, NY: Informa Healthcare. 2003, 1-20.

Holbrook KA. A histological comparison of infant and adult skin. In: Maibach HI, Boisits EK, ed. Neonatal skin. New York, NY: Marcel Dekker Inc. 1982, 3-31.

Holbrook KA. Structure and function of the developing human skin. In: Goldsmith L, ed. Physiology, biochemistry, and molecular biology of the skin. Oxford: Oxford University Press. 1991, 63-110.

Holbrook KA, Sybert VP. Basic science. In: Schachner LA, Hansson RC, ed. Pediatric dermatology, 2nd ed. New York, NY: Churchill Livingstone Inc. 1995, 1-70.

Visscher MO, Adam R, Brink S, Odio M. Newborn infant skin: physiology, development, and care. Clin Dermatol. May-Jun 2015, 33(3):271-280.

Lane AT. Human fetal skin development. Pediatr Dermatol. Dec 1986, 3(6):487-491.

Koster MI, Roop DR. Mechanisms regulating epithelial stratification. Annu Rev Cell Dev Biol. 2007, 23:93-113.

Holbrook KA, Odland GF. The fine structure of developing human epidermis: light, scanning, and transmission electron microscopy of the periderm. J Invest Dermatol. Jul 1975, 65(1):16-38.

Hardman MJ, Moore L, Ferguson MW, Byrne C. Barrier formation in the human fetus is patterned. J Invest Dermatol. 1999, 113(6):1106-1113.

Chorro L, Sarde A, Li M, et al. Langerhans cell (LC) proliferation mediates neonatal development, homeostasis, and inflammation- associated expansion of the epidermal LC network. J Exp Med. Dec 2009, 206(13):3089-3100.

Whitby DJ, Ferguson MW. The extracellular matrix of lip wounds in fetal, neonatal and adult mice. Development. Jun 1991, 112(2):651-668.

Hallock GG, Merkel JR. Rice DC, Di Paolo BR. The ontogenetic transition of collagen deposition in rat skin. Ann Plast Surg. Mar 1993, 30(3):239-243.

Holbrook KA. Histologic and ultrastructural properties of the newborn skin. In: Maibach HI, Boisits E, ed. Neonatal skin structure and function, 1st ed. New York, NY: Marcel Dekker, 1982.

Mays PK, Bishop JE, Laurent GJ. Age-related changes in the proportion of types I and III collagen. Mech Ageing Dev. Nov 30 1988, 45(3):203-212.

VisscherM, Narendran V. Vernix caseosa: formation and function. Newborn Infant Nurs Rev. 2014, 14:142-146.

Visscher MO, Narendran V, Pickens WL, et al. Vernix caseosa

in neonatal adaptation. J Perinatol. Jul 2005, 25(7):440-446.

Youssef W, Wickett RR, Hoath SB. Surface free energy characterization of vernix caseosa. Potential role in waterproofing the newborn infant. Skin Res Technol. 2001, 7(1):10-17.

Tansirikongkol A, Wickett RR, Visscher MO, Hoath SB. Effect of vernix caseosa on the penetration of chymotryptic enzyme: potential role in epidermal barrier development. Pediatr Res. Jul 2007, 62(1):49-53.

Narendran V, Pickens W, Wickett R, Hoath S. Interaction between pulmonary surfactant and vernix: a potential mechanism for induction of amniotic fluid turbidity. Pediatr Res. 2000, 48(1):120-124.

Akinbi HT, Narendran V, Pass AK, Markart P, Hoath SB. Host defense proteins in vernix caseosa and amniotic fluid. Am J Obstet Gynecol. Dec 2004, 191(6):2090-2096.

Tollin M, Jagerbrink T, Haraldsson A, Agerberth B, Jornvall H. Proteome analysis of vernix caseosa. Pediatr Res. Oct 2006, 60(4):430-434.

Visscher MO, Barai N, LaRuffa AA, Pickens WL, Narendran V, Hoath SB. Epidermal barrier treatments based on vernix caseosa. Skin Pharmacol Physiol. 2011, 24(6):322-329.

Oudshoorn MH, Rissmann R, van der Coelen D, Hennink WE, Ponec M, Bouwstra JA. Development of a murine model to evaluate the effect of vernix caseosa on skin barrier recovery. Exp Dermatol. Feb 2009, 18(2):178-184.

World Health Organization. WHO recommendations on newborn health: guidelines approved by the WHO guidelines review committee. Geneva: World Health Organization, 2017.

Gallo RL. Human skin is the largest epithelial surface for interaction with microbes. J Invest Dermatol. Jun 2017, 137(6):1213-1214.

Chen YE, Fischbach MA, Belkaid Y. Skin microbiota-host interactions. Nature. Jan 2018, 553(7689):427-436.

Kelleher MM, O'Carroll M, Gallagher A, et al. Newborn transepidermal water loss values: a reference dataset. Pediatr Dermatol. Nov-Dec 2013, 30(6):712-716.

Harpin VA, Rutter N. Barrier properties of the newborn infant's skin. J Pediatr. 1983, 102(3):419-425.

Chiou YB, Blume-Peytavi U. Stratum corneum maturation. A review of neonatal skin function. Skin Pharmacol Physiol. Mar-Apr 2004, 17(2):57-66.

Fluhr JW, Darlenski R, Lachmann N, et al. Infant epidermal skin physiology: adaptation after birth. Br J Dermatol. Mar 2012, 166(3):483-490.

Visscher M, Maganti S, Munson KA, Bare DE, Hoath SB. Early adaptation of human skin following birth: a biophysical assessment. Skin Res Technol. 1999, 5:213-220.

Visscher MO, Chatterjee R, Munson KA, Pickens WL, Hoath SB. Changes in diapered and nondiapered infant skin over the first month of life. Pediatr Dermatol. Jan-Feb 2000, 17(1):45-51.

Visscher MO, Carr AN, Winget J, et al. Biomarkers of neonatal skin barrier adaptation reveal substantial differences compared to adult skin. Pediatr Res. Apr 2021, 89(5):1208-1215.

Visscher MO, Utturkar R, Pickens WL, et al. Neonatal skin maturation-vernix caseosa and free amino acids. Pediatr Dermatol. Mar-Apr 2011, 28(2):122-132.

Denda M, Sato J, Masuda Y, et al. Exposure to a dry environment enhances epidermal permeability barrier function. J Invest Dermatol. 1998, 111(5):858-863.

Visscher M, Odio M, Taylor T, et al. Skin care in the NICU patient: effects of wipes versus cloth and water on stratum corneum integrity. Neonatology. 2009, 96(4):226-234.

Hachem JP, Roelandt T, Schurer N, et al. Acute acidification of stratum corneum membrane domains using polyhydroxyl acids improves lipid processing and inhibits degradation of corneodesmosomes. J Invest Dermatol. Feb 2010, 130(2):500-510.

Fluhr JW, Kao J, Jain M, Ahn SK, Feingold KR, Elias PM. Generation of free fatty acids from phospholipids regulates stratum corneum acidification and integrity. J Invest Dermatol. Jul 2001, 117(1):44-51.

Visscher MO, Summers A, Narendran V, Khatry S, Sherchand J, LeClerq S, Katz J, Tielsch J, Mullany L. Birthweight and environmental conditions impact skin barrier adaptation in neonates receiving natural oil massage. Biomed Hub. 2021, 6:17-24.

Summers A, Visscher MO, Khatry SK, et al. Impact of sunflower seed oil versus mustard seed oil on skin barrier function in newborns: a community-based, cluster-randomized trial. BMC Pediatr. Dec 2019, 19(1):512.

Plewig G. Regional differences of cell sizes in the human stratum corneum. II. Effects of sex and age. J Invest Dermatol. Jan 1970, 54(1):19-23.

Stamatas GN, Nikolovski J, Luedtke MA, Kollias N, Wiegand BC. Infant skin microstructure assessed in vivo differs from adult skin in organization and at the cellular level. Pediatr Dermatol. Mar-Apr 2010, 27(2):125-131.

Evans NJ, Rutter N. Development of the epidermis in the newborn. Biol Neonate. 1986, 49(2):74-80.

Tan CY, Statham B, Marks R, Payne PA. Skin thickness measurement by pulsed ultrasound: its reproducibility, validation and variability. Br J Dermatol. Jun 1982,

106(6):657-667.

Ya-Xian Z, Suetake T, Tagami H. Number of cell layers of the stratum corneum in normal skin-relationship to the anatomical location on the body, age, sex and physical parameters. Arch Dermatol Res. Oct 1999, 291(10):555-559.

Fairley JA, Rasmussen JE. Comparison of stratum corneum thickness in children and adults. J Am Acad Dermatol. 1983, 8(5):652-654.

Ploin D, Schwarzenbach F, Dubray C, et al. Echographic measurement of skin thickness in sites suitable for intradermal vaccine injection in infants and children. Vaccine. Oct 2011, 29(46):8438-8442.

Mogensen M, Morsy HA, Thrane L, Jemec GB. Morphology and epidermal thickness of normal skin imaged by optical coherence tomography. Dermatology. 2008, 217(1):14-20.

Cua AB, Wilhelm KP, Maibach HI. Elastic properties of human skin: relation to age, sex, and anatomical region. Arch Dermatol Res. 1990, 282(5):283-288.

Eisner P, Wilhelm D, Maibach HI. Mechanical properties of human forearm and vulvar skin. Br J Dermatol. May 1990, 122(5):607-614.

Pasquali-Ronchetti I, Baccarani-Contri M. Elastic fiber during development and aging. Microsc Res Tech. Aug 1997, 38(4):428-435.

Smith LT, Holbrook KA, Byers PH. Structure of the dermal matrix during development and in the adult. J Invest Dermatol. Jul 1982, 79(Suppl l):93s-104s.

Rutter N. The dermis.Semin Neonatol. Nov 2000, 5(4):297-302.

Vitellaro-Zuccarello L, Cappelletti S, Dal Pozzo Rossi V, Sari-GorlaM. Stereological analysis of collagen and elastic fibers in the normal human dermis: variability with age, sex, and body region. Anat Rec. Feb 1994, 238(2):153-162.

Widdowson EM. Changes in the extracellular compartment of muscle and skin during normal and retarded development. Bibl Nutr Dieta. 1969, 13:60-68.

Namazi MR, Fallahzadeh MK, Schwartz RA. Strategies for prevention of scars: what can we learn from fetal skin? Int J Dermatol. Jan 2011, 50(1):85-93.

Visscher MO, Burkes SA, Adams DM, Hammill AM, Wickett RR. Infant skin maturation: preliminary outcomes for color and biomechanical properties. Skin Res Technol. Nov 2017, 23(4):545-551.

Fazio MJ, Olsen DR, Kuivaniemi H, et al. Isolation and characterization of human elastin cDNAs, and age-associated variation in elastin gene expression in cultured skin fibroblasts. Lab Invest. Mar 1988, 58(3):270-277.

Uitto J, Fazio MJ, Olsen DR. Molecular mechanisms of cutaneous aging. Age-associated connective tissue alterations in the dermis. J Am Acad Dermatol. Sep 1989, 21(3 Pt 2): 614-622.

Marcos-Garces V, Molina Aguilar P, Bea Serrano C, et al. Age-related dermal collagen changes during development, maturation and ageing - a morphometric and comparative study. J Anat. Jul 2014, 225(1):98-108.

Perera P. Kurban, AK, Ryan, TJ. The development of the cutaneous microvascular system in the newborn. Br J Dermatol. 1970, 82(s5):86-91.

Poschl J, Weiss T, Diehm C, Linderkamp O. Periodic variations in skin perfusion in full-term and preterm neonates using laser Doppler technique. Acta Paediatr Scand. Nov 1991:80(11):999-1007.

Lund CH. Newborn skin care. In: Baran R, Maibach HI, ed. Cosmetic dermatology. London: Martin Dunitz. 1994, 349-357.

Giacometti L. The anatomy of the human scalp. In: Montangna W, ed. Advances in biology of the skin. Oxford: Pergamon Press. 1964, 6-97.

Tsambaos D, Nikiforidis G, Zografakis C, et al. Mechanical behaviour of scalp hair in premature and full-term neonates. Skin Pharmacol. 1997, 10(5-6):303-308.

Trueb RM. [Shampoos: composition and clinical applications], Hautarzt. Dec 1998, 49(12):895-901.

Marchini G, Nelson A, Edner J, Lonne-Rahm S, Stavreus-Evers A, Hultenby K. Erythema toxicum neonatorum is an innate immune response to commensal microbes penetrated into the skin of the newborn infant. Pediatr Res. Sep 2005, 58(3):613-616.

Paus R, Cotsarelis G. The biology of hair follicles. N Engl J Med. Aug 1999, 341(7):491-497.

Marchini G, Lindow S, Brismar H, et al. The newborn infant is protected by an innate antimicrobial barrier: peptide antibiotics are present in the skin and vernix caseosa. Br J Dermatol. Dec 2002, 147(6):1127-1134.

Holbrook KA. Embryogenesis of skin. In: Harper J, Oranje A, ed. Textbook of pediatric dermatology. Oxford: Blackwell Science. 2000, 3-42.

Stewart ME, Downing DT. Unusual cholesterol esters in the sebum of young children. J Invest Dermatol. Nov 1990, 95(5):603-606.

Agache P, Blanc D, Barrand C, Laurent R. Sebum levels during the first year of life. Br J Dermatol. Dec 1980, 103(6):643-649.

Henderson CA, Taylor J, Cunliffe WJ. Sebum excretion rates in mothers and neonates. Br J Dermatol. Jan 2000, 142(1):110-111.

Fluhr JW, Darlenski R, Taieb A, et al. Functional skin adaptation in infancy -almost complete but not fully competent. Exp Dermatol. Jun 2010, 19(6):483-492.

Quinn D, Newton N, Piecuch R. Effect of less frequent bathing on premature infant skin. J Obstet Gynecol Neonatal Nurs. Nov-Dec 2005, 34(6):741-746.

Stewart ME, Downing DT. Measurement of sebum secretion rates in youngchildren. J Invest Dermatol. Jan 1985, 84(1):59-61.

Rogiers V, Derde MP, Verleye G. Standardized conditions needed for skin surface hydration measurements. Cosmet Toilet. 1990, 1005:73-82.

Ramasastry P. Downing DT, Pochi PE, Strauss JS. Chemical composition of human skin surface lipids from birth to puberty. J Invest Dermatol. Feb 1970:54(2):139-144.

Packer L, Valacchi G. Antioxidants and the response of skin to oxidative stress: vitamin E as a key indicator. Skin Pharmacol Appl Skin Physiol. Sep-Oct 2002, 15(5):282-290.

Wille JJ, Kydonieus A. Palmitoleic acid isomer (C16:ldelta6) in human skin sebum is effective against gram-positive bacteria. Skin Pharmacol Appl Skin Physiol. May-Jun 2003, 16(3):176-187.

Hey EN, Katz G. Evaporative water loss in the new-born baby. J Physiol. Feb 1969, 200(3):605-619.

Hardy JD, Soderstrom GF. Heat loss from the nude body and peripheral blood flow at temperatures of 22°C to 35°C. J. Nutr. 1938, 16:493-510.

Moisson YF, Wallach D. [Pustular dermatoses in the neonatal period]. Ann Pediatr (Paris). Sep 1992, 39(7):397-406.

Iram N, Mildner M, Prior M, et al. Age-related changes in expression and function of Toll-like receptors in human skin. Development. Nov 2012, 139(22):4210-4219.

Grande R, Gutierrez E, Latorre E, Arguelles F. Physiological variations in the pigmentation of newborn infants. Hum Biol. Jun 1994, 66(3):495-507.

Mack MC, Tierney NK, Ruvolo E, Jr., Stamatas GN, Martin KM, Kollias N. Development of solar UVR-related pigmentation begins as early as the first summer of life. J Invest Dermatol. Sep 2010, 130(9):2335-2338.

Visscher MO, Summers A, Narendran V, Khatry S, Sherchand J, LeClerq S, Katz J, Tielsch J, Mullany L. Physiological changes in newborn skin after natural oil massage in rural Nepal. J Global Health Rep. 2020, 4:e2020069.

Walsh RJ. Variation in the melanin content of the skin of New Guinea natives at different ages. J Invest Dermatol. Mar 1964, 42:261-265.

Berg RW, Milligan MC. Sarbaugh FC. Association of skin wetness and pH with diaper dermatitis. Pediatr Dermatol. 1994:11(1):18-20.

Carr AN, DeWitt T, Cork MJ, et al. Diaper dermatitis prevalence and severity: global perspective on the impact of caregiver behavior. Pediatr Dermatol. Jan 2020, 37(1):130-136.

StamatasGN.ZerweckC, GroveG, MartinKM. Documentation of impaired epidermal barrier in mild and moderate diaper dermatitis in vivo using noninvasive methods. Pediatr Dermatol. Mar-Apr 2011, 28(2):99-107.

Holleran WM, Takagi Y, Uchida Y. Epidermal sphingolipids: metabolism, function, and roles in skin disorders. FEBS Lett. Oct 2006, 580(23):5456-5466.

Rippke F, Schreiner V, Schwanitz HJ. The acidic milieu of the horny layer: new findings on the physiology and pathophysiology of skin pH. Am J Clin Dermatol. 2002, 3(4):261-272.

Schmid-Wendtner MH, Korting HC. The pH of the skin surface and its impact on the barrier function. Skin Pharmacol Physiol. 2006, 19(6):296-302.

Aly R, Shirley C, Cunico B, Maibach HI. Effect of prolonged occlusion on the microbial flora, pH, carbon dioxide and transepidermal water loss on human skin. J Invest Dermatol. 1978, 71(6):378-381.

Puhvel SM, Reisner RM, Amirian DA. Quantification of bacteria in isolated pilosebaceous follicles in normal skin. J Invest Dermatol. Dec 1975, 65(6):525-531.

Elias PM. The skin barrier as an innate immune element. Semin Immunopathol. Apr 2007, 29(1):3-14.

Hatano Y, Man MQ, Uchida Y, et al. Maintenance of an acidic stratum corneum prevents emergence of murine atopic dermatitis. J Invest Dermatol. Jul 2009, 129(7):1824-1835.

Hachem JP, Crumrine D, Fluhr J, Brown BE, Feingold KR. Elias PM. pH directly regulates epidermal permeability barrier homeostasis, and stratum corneum integrity/cohesion. J Invest Dermatol. Aug 2003, 121(2):345-353.

Fluhr JW, Pfisterer S, Gloor M. Direct comparison of skin physiology in children and adults with bioengineering methods. Pediatr Dermatol. 2000, 17(6):436-439.

Schaefer H, Redelmeier TE. Relationship between the structure of compounds and their diffusion across membranes. In: Schaefer H, Redelmeier TE, ed. Skin barrier: principles of percutaneous absorption. Basel: Karger AG. 1996, 87-116.

Yosipovitch G, Maayan-Metzger A, Merlob P. Sirota L. Skin barrier properties in different body areas in neonates. Pediatrics. Jul 2000:106(1 Pt 1):105-108.

FluhrJW, EliasP. Stratum corneum pH: formation and Function of the 'Acid Mantle'. Exog Dermatol. Nov 2002, 1(4):163-175.

Cork MJ, Danby SG. Vasilopoulos Y, et al. Epidermal barrier dysfunction in atopic dermatitis. J Invest Dermatol. Aug

2009, 129(8):1892-1908.

Proksch E, Jensen JM, Elias PM. Skin lipids and epidermal differentiation in atopic dermatitis. Clin Dermatol. Mar-Apr 2003, 21(2):134-144.

Behne MJ, Meyer JW, Hanson KM, et al. NHE1 regulates the stratum corneum permeability barrier homeostasis. Microenvironment acidification assessed with fluorescence lifetime imaging. J Biol Chem. Dec 2002, 277(49):47399-47406.

Krien PM, Kermici M. Evidence for the existence of a selfregulated enzymatic process within the human stratum corneum - an unexpected role for urocanic acid. J Invest Dermatol. 2000, 115(3):414-420.

Hanson KM, Behne MJ, Barry NP, Mauro TM, Gratton E. Clegg RM. Two-photon fluorescence lifetime imaging of the skin stratum corneum pH gradient. Biophys J. Sep 2002:83(3):1682-1690.

Bouwstra JA, Gooris GS, Cheng K, Weerheim A, Bras W, Ponec M. Phase behavior of isolated skin lipids. J Lipid Res. May 1996, 37(5):999-1011.

Gelmetti C. Skin cleansing in children. J Eur Acad Dermatol Venereol. 2001, 15(Suppl 1):12-15.

Capone KA, Dowd SE, Stamatas GN. Nikolovski J. Diversity of the human skin microbiome early in life. J Invest Dermatol. Oct 2011, 131(10):2026-2032.

Dominguez-Bello MG, Costello EK, Contreras M, et al. Delivery mode shapes the acquisition and structure of the initial microbiota across multiple body habitats in newborns. Proc Natl Acad Sci USA. Jun 2010, 107(26):11971-11975.

Schonrock U. Baby care. In: Barel AO, Maibach H, ed. Handbook of cosmetic science and technology. New York, NY: Marcel Dekker Inc. 2001, 715-722.

Lai Y, Di Nardo A, Nakatsuji T, et al. Commensal bacteria regulate Toll-like receptor 3-dependent inflammation after skin injury. Nat Med. Dec 2009, 15(12):1377-1382.

Hirasawa Y, Takai T, Nakamura T, et al. Staphylococcus aureus extracellular protease causes epidermal barrier dysfunction. J Invest Dermatol. Feb 2010, 130(2):614-617.

Larson AA, Dinulos JG. Cutaneous bacterial infections in the newborn. Curr Opin Pediatr. Aug 2005, 17(4):481-485.

Adam R. Skin care of the diaper area. Pediatr Dermatol. Jul-Aug 2008, 25(4):427-433.

Grice EA, Kong HH, Conlan S, et al. Topographical and temporal diversity of the human skin microbiome. Science. May 2009, 324(5931):1190-1192.

Goto T, Yamashita A, Hirakawa H, et al. Complete genome sequence of Finegoidia magna, an Anaerobic opportunistic pathogen. DNA Res. Feb 2008, 15(1):39-47.

Palmer C. Bik EM. DiGiulio DB. Reiman DA. Brown PO. Development of the human infant intestinal microbiota. PLoS Biol. Jul 2007, 5(7):e177.

Zheng Y, Wang Q. Ma L, et al. Shifts in the skin microbiome associated with diaper dermatitis and emollient treatment amongst infants and toddlers in China. Exp Dermatol. Nov 2019, 28(11):1289-1297.

Teufel A, Howard B, Hu P, Carr AN. Characterization of the microbiome in the infant diapered area: insights from healthy and damaged skin. Exp Dermatol. Oct 2021, 30(10):1409-1417.

Schommer NN, Gallo RL. Structure and function of the human skin microbiome. Trends Microbiol. Dec 2013, 21(12):660-668.

Ferrazzini G, Kaiser RR, Hirsig Cheng SK, et al. Microbiological aspects of diaper dermatitis. Dermatology. 2003, 206(2):136-141.

Montes LF, Pittillo RF, Hunt D, Narkates AJ, Dillon HC. Microbial flora of infant's skin. Comparison of types of microorganisms between normal skin and diaper dermatitis. Arch Dermatol. 1971, 103(4):400-406.

Akin F, Spraker M. Aly R. Leyden J. Raynor W. Landin W. Effects of breathable disposable diapers: reduced prevalence of Candida and common diaper dermatitis. Pediatr Dermatol. 2001, 18(4):282-290.

Giusti F, Martella A, Bertoni L, Seidenari S. Skin barrier, hydration, and pH of the skin of infants under 2 years of age. Pediatr Dermatol. 2001, 18(2):93-96.

Rogiers V. EEMCO guidance for the assessment of transepidermal water loss in cosmetic sciences. Skin Pharmacol Appl Skin Physiol. Mar-Apr 2001, 14(2):117-128.

Garcia Bartels N, Mleczko A, Schink T, Proquitte H, Wauer RR. Blume-Peytavi U. Influence of bathing or washing on skin barrier function in newborns during the first four weeks of life. Skin Pharmacol Physiol. 2009, 22(5):248-257.

Kalia YN, Nonato LB, Lund CH, Guy RH. Development of skin barrier function in premature infants. J Invest Dermatol. 1998, 111(2)320-326.

Shwayder T, Akland T. Neonatal skin barrier: structure, function, and disorders. Dermatol Ther. Mar-Apr 2005, 18(2):87-103.

Levin J, Maibach H. The correlation between transepidermal water loss and percutaneous absorption: an overview. J Control Release. Mar 2005, 103(2):291-299.

Grove GL, Lemmen JT, Garafalo M, Akin FJ. Assessment of skin hydration caused by diapers and incontinence articles. CurrProbl Dermatol. 1998, 26:183-195.

Visscher MO, Chatterjee R, Ebel JP, LaRuffa AA, Hoath SB. Biomedical assessment and instrumental evaluation of healthy infant skin. Pediatr Dermatol. 2002, 19(6):473-481.

Verdier-Sevrain S, Bonte F. Skin hydration: a review on its molecular mechanisms. J Cosmet Dermatol. Jun 2007, 6(2):75-82.

Nikolovski J, Stamatas GN, Kollias N, Wiegand BC. Barrier function and water-holding and transport properties of infant stratum corneum are different from adult and continue to develop through the first year of life. J Invest Dermatol. Jul 2008, 128(7):1728-1736.

Saijo S, Tagami H. Dry skin of newborn infants: functional analysis of the stratum corneum. Pediatr Dermatol. Jun 1991, 8(2):155-159.

Stamatas GN, Nikolovski J, Mack MC, Kollias N. Infant skin physiology and development during the first years of life: a review of recent findings based on in vivo studies. Int J Cosmet Sci. Feb 2011, 33(1):17-24.

Michael-Jubeli R. Tfayli A. Baudouin C, Bleton J, Bertrand D. Baillet-Guffroy A. Clustering-based preprocessing method for lipidomic data analysis: application for the evolution of newborn skin surface lipids from birth until 6 months. Anal Bioanal Chem. Oct 2018, 410(25): 6517-6528.

Downing DT. Stewart ME, Wertz PW. Colton SW, Abraham W, Strauss JS. Skin lipids: an update. J Invest Dermatol. Mar 1987, 88(3 Suppl):2s-6s.

Metze D, Jurecka W, Gebhart W, Schmidt J, Mainitz M, Niebauer G. Immunohistochemical demonstration of immunoglobulin A in human sebaceous and sweat glands. J Invest Dermatol. Jan 1989, 92(1):13-17.

Thody AJ, Shuster S. Control and function of sebaceous glands. Physiol Rev. Apr 1989, 69(2):383-416.

Al-Waili NS. Clinical and mycological benefits of topical application of honey, olive oil and beeswax in diaper dermatitis. Clin Microbiol Infect. Feb 2005, 11(2):160-163.

Berg RW. Etiologic factors in diaper dermatitis: a model for development of improved diapers. Pediatrician. 1987:14 (Suppl 1):27-33.

Berg RW. Etiology and pathophysiology of diaper dermatitis. Adv Dermatol. 1988, 3:75-98.

Berg RW. Buckingham KW, Stewart RL. Etiologic factors in diaper dermatitis: the role of urine. Pediatr Dermatol. Feb 1986, 3(2):102-106.

Davis JA, Leyden JJ, Grove GL, Raynor WJ. Comparison of disposable diapers with fluff absorbent and fluff plus absorbent polymers: effects on skin hydration, skin pH, and diaper dermatitis. Pediatr Dermatol. 1989, 6(2):102-108.

Honig PJ, Gribetz B, Leyden JJ, McGinley KJ, Burke LA. Amoxicillin and diaper dermatitis. J Am Acad Dermatol. 1988:19(2 Pt l):275-279.

Kligman. Hydration injury to human skin. In: van der Valk PMH, ed. The irritant contact dermatitis syndrome. Boca Raton, FL: CRC Press. 1996, 187-194.

Lee JY, Effendy I, Maibach HI. Acute irritant contact dermatitis: recovery time in man. Contact Dermatitis. Jun 1997, 36(6):285-290.

Ramsing DW, Agner T. Effect of water on experimentally irritated human skin. Br J Dermatol. 1997, 136(3):364-367.

Zimmerer RE, Lawson KD, Calvert CJ. The effects of wearing diapers on skin. Pediatr Dermatol. 1986, 3(2):95-101.

Mauro T, Holleran WM, Grayson S, et al. Barrier recovery is impeded at neutral pH, independent of ionic effects: implications for extracellular lipid processing. Arch Dermatol Res. Apr 1998, 290(4):215-222.

Atherton DJ. The aetiology and management of irritant diaper dermatitis. J Eur Acad Dermatol Venereol. Sep 2001: 15(Suppl 1):1-4.

Sikic Pogacar M, Maver U, Marcun Varda N, Micetic-Turk D. Diagnosis and management of diaper dermatitis in infants with emphasis on skin microbiota in the diaper area. Int J Dermatol. Mar 2018, 57(3):265-275.

Bonifaz A. Rojas R, Tirado-Sanchez A. et al. Superficial mycoses associated with diaper dermatitis. Mycopathologia. Oct 2016:181(9-10):671-679.

Rippke F, Berardesca E, Weber TM. pH and microbial infections. Curr Probl Dermatol. 2018, 54:87-94.

Klunk C. Domingues E, Wiss K. An update on diaper dermatitis. Clin Dermatol. Jul-Aug 2014, 32(4):477-487.

Grice EA, Segre JA. The skin microbiome. Nat Rev Microbiol. Apr 2011, 9(4):244-253.

Ersoy-Evans S, Akinci H, Dogan S, Atakan N. Diaper dermatitis: a review of 63 children. Pediatr Dermatol. May 2016, 33(3):332-336.

Heath C, Desai N, Silverberg NB. Recent microbiological shifts in perianal bacterial dermatitis: *Staphylococcus aureus* predominance. Pediatr Dermatol. Nov-Dec 2009, 26(6):696-700.

Patrizi A, Neri I. Ricci G, Cipriani F, Ravaioli GM. Advances in pharmacotherapeutic management of common skin diseases in neonates and infants. Expert Opin Pharmacother. May 2017, 18(7):717-725.

Mengesha YM, Bennett ML. Pustular skin disorders: diagnosis and treatment. Am J Clin Dermatol. 2002, 3(6):389-400.

Wenzel FG, Horn TD. Nonneoplastic disorders of the eccrine glands. J Am Acad Dermatol. Jan 1998, 38(1):1-17; quiz 18-20.

Mowad CM, McGinley KJ, Foglia A, Leyden JJ. The role of extracellular polysaccharide substance produced by

Staphylococcus epidermidis in miliaria. J Am Acad Dermatol. Nov 1995, 33(5 Pt l):729-733.

Holzle E, Kligman AM. The pathogenesis of miliaria rubra. Role of the resident microflora. Br J Dermatol. Aug 1978, 99(2):117-137.

O'Brien JP. The etiology of poral closure. II. The role of staphylococcal infection in miliaria rubra and bullous impetigo. J Invest Dermatol. Aug 1950, 15(2):102-133.

Sardana K, Mahajan S, Sarkar R, et al. The spectrum of skin disease among Indian children. Pediatr Dermatol. Jan-Feb 2009, 26(1):6-13.

Boguniewicz M, Leung DY. Atopic dermatitis: a disease of altered skin barrier and immune dysregulation. Immunol Rev. Jul 2011, 242(1):233-246.

Roduit C, Frei R, Depner M, et al. Phenotypes of atopic dermatitis depending on the timing of onset and progression in childhood. JAMA Pediatr. Jul 2017, 171(7):655-662.

Silverberg JI. Public health burden and epidemiology of atopic dermatitis. Dermatol Clin. Jul 2017, 35(3):283-289.

Yew YW, Thyssen JP. Silverberg JI. A systematic review and meta-analysis of the regional and age-related differences in atopic dermatitis clinical characteristics. J Am Acad Dermatol. Feb 2019, 80(2):390-401.

Endre KMA, Landro L, LeBlanc M, et al. Diagnosing atopic dermatitis in infancy using established diagnostic criteria: a cohort study. Br J Dermatol. Jan 2022, 186(1):50-58.

Ghosh D. Ding L, Sivaprasad U, et al. Multiple transcriptome data analysis reveals biologically relevant atopic dermatitis signature genes and pathways. PLoS One. 2015, 10(12):e0144316.

Thyssen JP, Kezic S. Causes of epidermal filaggrin reduction and their role in the pathogenesis of atopic dermatitis. J Allergy Clin Immunol. Oct 2014, 134(4):792-799.

Brunner PM, Israel A, Zhang N, et al. Early-onset pediatric atopic dermatitis is characterized by TH2/TH17/TH22-centered inflammation and lipid alterations. J Allergy Clin Immunol. Jun 2018, 141(6):2094-2106.

Ong PY, Leung DY. The infectious aspects of atopic dermatitis. Immunol Allergy Clin North Am. Aug 2010, 30(3):309-321.

Matsui K, Nishikawa A, Suto H, Tsuboi R, Ogawa H. Comparative study of *Staphylococcus aureus* isolated from lesional and non-lesional skin of atopic dermatitis patients. Microbiol Immunol. 2000:44(11):945-947.

Kennedy EA, Connolly J, Hourihane JO, et al. Skin microbiome before development of atopic dermatitis: early colonization with commensal staphylococci at 2 months is associated with a lower risk of atopic dermatitis at 1 year. J Allergy Clin Immunol. Jan 2017, 139(1):166-172.

Simpson EL, Chalmers JR. Hanifin JM, et al. Emollient enhancement of the skin barrier from birth offers effective atopic dermatitis prevention. J Allergy Clin Immunol. Oct 2014, 134(4):818-823.

Glatz M, Jo JH, Kennedy EA, et al. Emollient use alters skin barrier and microbes in infants at risk for developing atopic dermatitis. PLoS One. 2018, 13(2):e0192443.

Chalmers JR, Haines RH, Bradshaw LE, et al. Daily emollient during infancy for prevention of eczema: the BEEPrandomised controlled trial. Lancet. Mar 2020, 395(10228):962-972.

Skjerven HO. Rehbinder EM, Vettukattil R, et al. Skin emollient and early complementary feeding to prevent infant atopic dermatitis (PreventADALL): a factorial, multicentre, cluster-randomised trial. Lancet. Mar 2020, 395(10228):951-961.

SCCS/1628/21. The SCCS notes of guidance for the testing of cosmetic ingredients and their safety evaluation; 11th revision; 2021. Available at https://ec.europa.eu.

Dumycz K, Kunkiel K, Feleszko W. Cosmetics for neonates and infants: haptens in products' composition. Clin Transl Allergy. 2019, 9:15.

Ribet V, Gurdak M, Ferret PJ, Brinio E. Giordano Labadie F, Rossi AB. Stepwise approach of development of dermocosmetic products in healthy and atopic dermatitis paediatric population: safety evaluation, clinical development and postmarket surveillance. J Eur Acad Dermatol Venereol. Dec 2019, 33(12):2319-2326.

Regulation (EC) No 1223/2009 of the European Parliament and of the Council of 30 November 2009 on cosmetic products (recast). Official Journal of the European Union; 2009:L 342/59-209. Available at https://ec.europa.eu.

Renwick AG. Toxicokinetics in infants and children in relation to the ADI and TDI. Food Addit Contam. 1998, 15(Suppl):17-35.

SCCNFP/0557/02 final. Position statement on the calculation of the margin of safety of ingredients incorporated in cosmetics which may be applied to the skin of children; 2002. Available at https://ec.europa.eu.

Renwick AG. Dome JL. Walton K. An analysis of the need for an additional uncertainty factor for infants and children. Regul Toxicol Pharmacol. Jun 2000, 31(3):286-296.

Kearns GL. Impact of developmental pharmacology on pediatric study design: overcoming the challenges. J Allergy Clin Immunol. Sep 2000, 106(3 Suppl):S128-138.

Fernandez E, Perez R, Hernandez A, Tejada P, ArtetaM, Ramos JT. Factors and mechanisms for pharmacokinetic differences between pediatric population and adults. Pharmaceutics. Feb 2011, 3(1):53-72.

Ginsberg G, Hattis D, Sonawane B. et al. Evaluation of child/adult pharmacokinetic differences from a database derived from the therapeutic drug literature. Toxicol Sci. Apr 2002, 66(2):185-200.

Dome JL. Impact of inter-individual differences in drug metabolism and pharmacokinetics on safety evaluation. Fundam Clin Pharmacol. Dec 2004, 18(6):609-620.

Dome JL, Walton K, Renwick AG. Human variability in xenobiotic metabolism and pathway-related uncertainty factors for chemical risk assessment: a review. Food Chem Toxicol. Feb 2005, 43(2):203-216.

Mian P, Flint RB. Tibboel D, van den Anker JN, Allegaert K, Koch BCP. Therapeutic drug monitoring in neonates: what makes them unique? Curr Pharm Des. 2017, 23(38):5790-5800.

Wilkinson JB, Moore RJ. Skin products for babies. In: Wilkinson JB. Moore RJ, ed. Harry's cosmetology, 7th ed. New York, NY: Chemical Publishing. 1982, 111-118.

Odio M, Friedlander SF. Diaper dermatitis and advances in diaper technology. Curr Opin Pediatr. 2000, 12(4):342-346.

Odio MR, O'Connor RJ. Sarbaugh F, Baldwin S. Continuous topical administration of a petrolatum formulation by a novel disposable diaper. 2. Effect on skin condition. Dermatology. 2000, 200:238-243.

Odio MR, O'Connor RJ. Sarbaugh F, Baldwin S. Continuous topical administration of a petrolatum formulation by a novel disposable diaper. 1. Effect on skin surface microtopography. Dermatology. 2000, 200(3):232-237.

Smith WJ, Jacob SE. The role of allergic contact dermatitis in diaper dermatitis. Pediatr Dermatol. May-Jun 2009, 26(3):369-370.

West DP, Worobec S, Solomon LM. Pharmacology and toxicology of infant skin. J Invest Dermatol. Mar 1981, 76(3):147-150.

Atherton DJ. A review of the pathophysiology, prevention and treatment of irritant diaper dermatitis. Curr Med Res Opin. May 2004, 20(5):645-649.

Ehretsmann C, Schaefer P, Adam R. Cutaneous tolerance of baby wipes by infants with atopic dermatitis, and comparison of the mildness of baby wipe and water in infant skin. J Eur Acad Dermatol Venereol. 2001, 15(Suppl 1):16-21.

AWHONN. Neonatal skin care fourth edition: evidence-based clinical practice guideline. Washington, DC: Association of Women's Health. Obstetric and Neonatal Nurses; 2018.

Blume-Peytavi U, Lavender T, Jenerowicz D, et al. Recommendations from a European roundtable meeting on best practice healthy infant skin care. Pediatr Dermatol. May 2016, 33(3):311-321.

Dizon MV, Galzote C, Estanislao R, Mathew N, Sarkar R. Tolerance of baby cleansers in infants: a randomized controlled trial. Indian Pediatr. Nov 2010:47(11):959-963.

Lavender T. Bedwell C, Roberts SA, et al. Randomized, controlled trial evaluating a baby wash product on skin barrier function in healthy, term neonates. J Obstet Gynecol Neonatal Nurs. Mar-Apr 2013, 42(2):203-214.

Telofski LS, Morello AP, 3rd, Mack Correa MC, Stamatas GN. The infant skin barrier: can we preserve, protect, and enhance the barrier? Dermatol Res Pract. 2012, 2012:198789.

Counts JL, Helmes CT, Kenneally D, Otts DR. Modern disposable diaper construction: innovations in performance help maintain healthy diapered skin. Clin Pediatr (Phila). Aug 2014, 53(9 Suppl):10s-13s.

American Academy of Allergy Asthma and Immunology. https://www.aaaai.org/Tools-for-the-Public/Conditions- Library/Allergies/Outdoor-allergens-TTR. Accessed June 2021.

Dhar S. Newborn skin care revisited. Indian J Dermatol. 2007, 52:1-4.

Blume-Peytavi U, HauserM, StamatasGN, PathiranaD, Garcia Bartels N. Skin care practices for newborns and infants: review of the clinical evidence for best practices. Pediatr Dermatol. Jan-Feb 2012, 29(1):1-14.

de Groot AC, Weyland JW, Nater JP. Cosmetics for the body and parts of the body. In: de Groot AC, Weyland JW, Nater JP, ed. Unwanted effects of cosmetics and drugs used in dermatology, 3rd ed. Amsterdam: Elsevier. 1994, 530-556.

De Paepe K, Hachem JP, Vanpee E, Roseeuw D, Rogiers V. Effect of rice starch as a bath additive on the barrier function of healthy but SLS-damaged skin and skin of atopic patients. Acta Derm Venereol. 2002, 82(3):184-186.

Korting HC, Braun-Falco O. The effect of detergents on skin pH and its consequences. Clin Dermatol. Jan-Feb 1996, 14(1):23-27.

Fields KS, Nelson T, Powell D. Contact dermatitis caused by baby wipes. J Am Acad Dermatol. May 2006, 54 (5 Suppl):S230-232.

O'Connor RJ, Ogle J, Odio M. Induction of epidermal damage by tape stripping to evaluate skin mildness of cleansing regimens for the premature epidermal barrier. Int J Dermatol. Jul 2016, 55(Suppl l):21-27.

Odio M. Streicher-Scott J, Hansen RC. Disposable baby wipes: efficacy and skin mildness. Dermatol Nurs. Apr 2001, 13(2):107-112, 117-108, 121.

Adam R, Schnetz B, Mathey P, Pericoi M. de Prost Y. Clinical demonstration of skin mildness and suitability for sensitive infant skin of a new baby wipe. Pediatr Dermatol. Sep-Oct 2009, 26(5):506-513.

Barel AO, Lambrecht R, Clarys P, Morrison BM, Jr., Paye M. A comparative study of the effects on the skin of a classical bar soap and a syndet cleansing bar in normal use conditions and in the soap chamber test. Skin Res Technol. May 2001, 7(2):98-104.

Bechor R. Zlotogorski A, Dikstein S. Effect of soaps and detergents on the pH and casual lipid levels of the skin surface. J Appl Cosmetol. 1988, 6:123-128.

Fluhr JW, Mao-Qiang M, Brown BE, et al. Functional consequences of a neutral pH in neonatal rat stratum corneum. J Invest Dermatol. Jul 2004, I23(1):140-151.

Heimall LM, Storey B, Stellar JJ, Davis KF. Beginning at the bottom: evidence-based care of diaper dermatitis. MCN Am J Matern Child Nurs. Jan-Feb 2012:37(1):10-16.

Baldwin S, Odio MR, Haines SL, O'Connor RJ, Englehart JS, Lane AT. Skin benefits from continuous topical administration of a zinc oxide/petrolatum formulation by a novel disposable diaper. J Eur Acad Dermatol Venereol. 2001, 15(Suppl 1):5-11.

Mofenson HC, Greensher J, DiTomasso A, Okun S. Baby powder -a hazard! Pediatrics. Aug 1981, 68(2):265-266.

Leiter U, Keim U, Garbe C. Epidemiology of skin cancer: update 2019. Adv Exp Med Biol. 2020, 1268: 123-139.

Berneburg M, Surber C. Children and sun protection. Br J Dermatol. Nov 2009, 161(Suppl 3):33-39.

Gambichler T, Altmeyer P, Hoffmann K. Role of clothes in sun protection. Recent Results Cancer Res. 2002, 160:15-25.

Singer S, Karrer S, Berneburg M. Modern sun protection. Curr Opin Pharmacol. Jun 2019, 46:24-28.

Downs NJ, Harrison SL. A comprehensive approach to evaluating and classifying sun-protective clothing. Br J Dermatol. Apr 2018, 178(4):958-964.

Gambichler T, Laperre J, Hoffmann K. The European standard for sun-protective clothing: EN 13758. J Eur Acad Dermatol Venereol. Feb 2006, 20(2):125-130.

Criado PR, Melo JN, Oliveira ZN. Topical photoprotection in childhood and adolescence. J Pediatr (Rio J). May 2012, 88(3):203-210.

Gottlieb A, Bourget TD, Lowe JN. Sunscreens: effects of amounts of application of sun protection factors. In: Lowe JN, Staat NA, Pathak MA, ed. Sunscreens: development, evaluation and regulatory aspects. New York, NY: Marcel Dekker Inc. 1997, 583-588.

Cosmetic Toiletry & Fragrance Association (CTFA) South Africa TECaTAC, Japan Cosmetic Industry Association,

Cosmetic Toiletry & Fragrance Association (CTFA) USA. International Sun Protection Factor (SPF) Test Method. 2006. Available at https://ec.europa.eu and https://www.iso.org.

Schlossman D, Shao Y. Inorganic ultraviolet filters. In: Shaath NA, ed. Sunscreens, regulation and commercial development, 3rd ed. Boca Raton, FL: Taylor & Francis. 2005, 240-276.

van der Molen RG, Hurks HM, Out-Luiting C, et al. Efficacy of micronized titanium dioxide-containing compounds in protection against UVB-induced immunosuppression in humans in vivo. J Photochem Photobiol B. Jul 1998, 44(2):143-150.

SCCS/1489/12. Opinion on Zinc oxide (nano form). 2012. Available at https://ec.europa.eu.

European Commission. Catalog of nanomaterials used in cosmetic products placed on the market, version 2. 2019. Available at https://ec.europa.eu.

European Commission Recommendation 2006/647/EC of 22 September 2006 on the efficacy of sunscreen products and the claims made relating thereto. Official Journal of the European Union. 2006: L 265/39-43. Available at https://eur-lex.europa.eu.

Cosmetics Europe. Guidelines for evaluating sun product water resistance. 2005. Available at https://www.cosmeticseurope.eu.

Peer RP, Burli A, Maibach HI. Did human evolution in skin of color enhance the TEWL barrier? Arch Dermatol Res. Mar 2022, 314(2):121-132.

Wesley NO, Maibach HI. Racial (ethnic) differences in skin properties: the objective data. Am J Clin Dermatol. 2003, 4(12):843-860.

Fujimura T, Miyauchi Y, Shima K, et al. Ethnic differences in stratum corneum functions between Chinese and Thai infants residing in Bangkok, Thailand. Pediatr Dermatol. Jan 2018, 35(1):87-91.

Shen C, Liu L, Jiang Z, et al. Four genetic variants interact to confer susceptibility to atopic dermatitis in Chinese Han population. Mol Genet Genomics. Aug 2015, 290(4):1493-1498.

Gustin J, Bohman L, Ogle J, et al. Use of an emollientcontaining diaper and pH-buffered wipe regimen restores skin pH and reduces residual enzymatic activity. Pediatr Dermatol. Apr 2020, 37(4):626-631.

Gustin J, Bohman L. Ogle J, et al. Improving newborn skin health: effects of diaper care regimens on skin pH and erythema. Pediatr Dermatol. May 2021, 38(4):768-774.

第34章

人为美黑护肤品

介绍

对于古铜色皮肤的渴望和紫外线危害的认知不断增加，导致人们对美黑产品越来越感兴趣。现在，非日光晒黑或自晒黑产品的精制配方更加广泛地应用于改善美学。随着消费者对新产品体验的需求增加，这类产品变得越来越受欢迎，其在整个防晒产品销售中所占比例也不断增加。

研究发现，超过20%的美国和澳大利亚年轻人使用这些产品。有趣的是，使用防晒霜的个体更容易受到晒伤，这与肤色较浅人群使用防晒霜更多的现象相符合。另外的研究也表明，使用非日光晒黑剂的人群更有可能采取全面的防晒措施，并减少使用晒黑床。最近的一项研究表明，使用非日光晒黑剂的人群更容易在室内晒黑，但却较少采取防晒措施。需要注意的是，非日光晒黑产品不能替代紫外线晒黑剂，但可以与其结合使用。

二羟基丙酮（dihydroxyacetone，DHA）是非日光晒黑剂或自晒黑剂的有效成分，它可以通过染色的方式使皮肤变黑。DHA被归类为着色剂或无色染料，是一种具有增强皮肤色素沉着能力的有效成分。此外，还有含酪氨酸和其他成分的美黑促进剂等其他制剂可以增强皮肤色素沉着。但本章不讨论需要紫外线照射的含补骨脂素的美黑促进剂，也不涉及黑素细胞刺激素（MSH）类似物和含类胡萝卜素（角黄素）的美黑丸。

历史

20世纪20年代，DHA首次被提及作为一种有效成分治疗糖尿病，并有人提议将其作为葡萄糖的替代品。到了20世纪50年代，人们重新研究了DHA作为糖原贮积病的诊断技术，大剂量口服DHA后，儿童可能会吐出这种甜味浓缩物，它会在皮肤表面产生色素沉积，但不会染脏衣服。通过直接将水溶液涂抹于皮肤表面，色素沉着可以再现。

20世纪50年代末，首批美黑制剂上市，但这些早期的化妆品因赋予皮肤不均匀的橙色/棕色而受到限制。随着20世纪90年代改良配方的问世，非日光晒黑产品的销量呈指数级增长，并在防晒产品销售总比例中持续攀升。如今，使用含DHA的喷雾型美黑剂在水疗中心和美容院已广受欢迎。

化学组成

DHA（$C_3H_6O_3$）是一种白色的结晶性吸湿性粉末。在新制备的水溶液中，这种三碳糖形成二聚体（见图34.1）。加热DHA的乙醇、乙醚或丙酮溶液时，它会还原为单体。尽管单体形式不稳定，但在褐变反应中具有重要作用，会导致皮肤颜色的改变。DHA在pH值为3~4是稳定的，而较高的pH值则会导致效能丧失，形成棕色化合物。长时间的加热超过40℃也会影响稳定性。因此，DHA应储存在阴凉、干燥的地方，最好冷藏，并且湿度要低。DHA的异构体甘油醛也存在于溶液中。甘油醛可以降解为甲醛和甲酸。在酸性溶液（pH 4）中，这种异构化以及因此产生的不良成分被最小化。

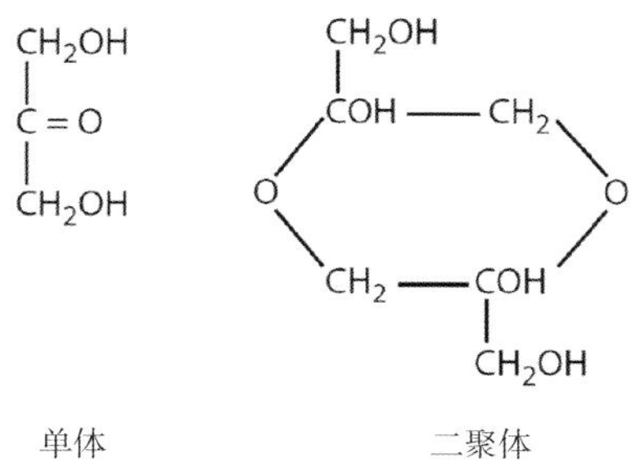

图34.1　二羟基丙酮的化学结构

美拉德反应，也称为褐变反应，是指氨基酸、肽或蛋白质中的氨基与糖的糖苷羟基之间的反应。在这个反应中，DHA可以被视为一种三碳糖，它与角蛋白中提供的游离氨基（氨基酸、肽和蛋白质）反应，生成类黑素或发色团。类黑素与天然合成的黑素具有一些相似的物理化学性质。通过电子自旋共振技术的发现，美拉德反应会产生自由基。

配方

美黑产品中DHA的浓度范围为2.5%～10%，通常浓度为5%或以下。低浓度的产品使得消费者在应用上更自由，因为它们往往更适用于肤色不均匀或粗糙皮肤的表面。浓度较高的产品更有可能产生DHA一样的异味。将产品分为浅色、中色或深色对用户有特别的帮助，因为颜色深度是DHA浓度的表现。

DHA主要配制于O/W乳液中。与硅酮搭配使得配方体系获得油的延展性，潜在地减少皮肤应用时出现的条纹。尽量减少所选乳液的粒径还可改善配方在皮肤表面的均匀性。

基于DHA的化学性质，配方应缓冲至酸性pH值，在制造过程中不应加热到高于约40℃的温度。与离子乳化剂相反，使用非离子乳化剂也可改善稳定性。一些增稠剂如卡波姆、羧甲基纤维素钠和硅酸铝镁等可导致DHA的快速降解。羟乙基纤维素、甲基纤维素、二氧化硅以及黄原胶和聚季铵-10是增稠含DHA乳液的较好选择。

DHA可与一些含氧和含氮的化合物、胶原、尿素衍生物、氨基酸和蛋白质发生反应。因此，在含DHA溶剂的配制中应避免使用。如果需要防晒，应使用不含氮的防晒霜。尽管人们尝试通过添加氨基酸来加速皮肤变黑的过程，但却很少有实质性的颜色效果。甲硫氨酸亚砜是一种含硫氨基酸，可在使用含DHA乳膏前用作赋形剂。基于这种反应，两种隔离体系已获得专利。

像保湿产品一样，乳液比面霜更容易被消费者接受，因为它易于涂抹且外观美观。应用面霜会形成更厚的膜层，因此产生更强烈的光泽效果。为干性皮肤配制的产品可添加润肤剂和保湿剂，以达到更好的效果。针对油性皮肤类型，凝胶或酒精为载体的产品可能更为适合。其他选择包括喷雾剂、泡沫、摩丝以及湿巾。

作用机理

DHA能够作用于角质层，使其表面染色，类似于机械摩擦。角质层较厚的区域染色较深，而无角质层的黏膜不会染色，这与预期的作用部位相符。DHA可以代替丹酰氯作为角质层更替周期的测量指标。通过剥离的角质层和毛发的显微镜研究发现，在角蛋白层中存在不规则的色素团块，与类黑素相似。这些类黑素是由美拉德反应和DHA作为糖与角蛋白提供的氨基反应而形成的。

应用

使用含DHA的典型美黑乳液可在1 h内观察到肤色的变化。在20 min内，在Wood氏灯（黑光）下，就能看到这种变化。要达到最大程度的黑化，可能需要8～24 h。个体应每隔数小时涂抹几次，以达到所期望的肤色。1次涂抹后，颜色可持续5～7 d。根据涂抹部位的不同，每1～4 d重复应用可保持相同的颜色。

相比四肢，面部所需涂抹量更少，但为了维持肤色，需要更频繁地补涂。颜色的深浅程度取决于角质层的厚度和致密程度。手掌和足底的染色最深，使用后必须洗手以避免染色。头发和指甲会变色，但不会影响缺少角质层或角蛋白层的黏膜。膝部、肘部和踝部粗糙过度角化的皮肤色素会更不均匀，老年皮肤中的角化病和斑状色素沉着也会如此。这些区域的颜色也会维持更长时间。

涂抹前，皮肤的pH值可能会对肤色的色调产生影响。来自肥皂或洗涤剂的碱性残留物可能会干扰DHA和皮肤表面氨基酸之间的反应，导致肤色变得更不自然（更黄）。在涂抹DHA之前，使用含水酒精的酸性爽肤水擦拭皮肤表面可能会改善效果。研究表明，皮肤的含水量和相对湿度会影响色素的形成。可以轻度剥脱皮肤以改善效果。

需要均匀地涂抹，肘部、膝部和足踝周围应涂抹较少，以避免这些部位过度黑化。发际线周围也需要注意，浅色头发可能会变黑。使用后需要立即洗手，以避免手掌、手指和指甲变黑。使用这些产品需要技巧和经验，从而提高用户的满意度。因此，对这些产品提供详细的说明对于消费者的满意度非常重要。

添加剂

这类产品的增长促使配方商和营销人员寻求产品与竞品之间的差异化。除了针对特定皮肤类型的配方外，含有DHA的配方还可以加入活性成分，例如维生素、植物提取物、抗氧化剂、抗刺激剂甚至α-羟基酸等，以扩大产品的功效宣称。添加抗氧化剂可以让肤色变得更加自然。如上所述，这些活性物质需要与DHA进行反应性检查，以避免产品降解。后续章节将更详细地讨论在美黑产品中添加防晒成分的问题。

一些配方中包含用于制造古铜色的着色剂（包括染料和焦糖），以达到即时效果。同样，使用氧化钛或氧化铁着色也可以提供即时颜色，并让用户更容易看到效果的均匀性。然而，金属氧化物可能会导致DHA的降解。为弥补美拉德反应产物的偏红色调，可以添加碳水化合物赤藓酮糖作为着色剂，以增加一些红色。

防晒活性

美国食品药品监督管理局（FDA）在1993年的一份初步最终非处方专论中，将DHA列为经批准与指甲花醌（2-羟基-1，4-萘醌）一起使用的防晒霜成分。但在1999年的最终专论中，这一组合被从批准列表中删除。欧洲经济共同体指令关于化妆品并未将DHA列为许可的紫外线吸收剂。

DHA本身对防晒系数（SPF）最多有一定的影响，可能使SPF值提高至3或4。随着DHA浓度和使用次数的增加，SPF值也会随之增加。低SPF值持续数天，随着颜色的逐渐褪去而降低。皮肤表面的棕色色素可以吸收可见光谱的短波长端并与长波长的UVA重叠，提供一定程度的UVA保护。类黑素可以作为自由基清除剂。频繁使用高浓度DHA可能会诱导皮肤浅层着色，这可以延缓中波紫外线照射下无毛小鼠皮肤癌的发生。DHA诱导的皮肤类黑素已被证明可作为局部防晒剂，减少25-羟维生素D的形成。

需要提醒使用含DHA美黑产品的人群，尽

管其皮肤明显变黑，但这些产品提供的防晒作用微乎其微。若配方中添加紫外线吸收剂，则可以提供更明显的防晒功能，但这可能会加剧防晒作用的混淆。该产品的SPF值仅适用于涂抹后数小时，而不适用于皮肤颜色明显变化的数天。

适应证

尽管DHA配方近期有所改进，但所达到的肤色仍然取决于个体的皮肤类型。相对于肤色较浅或较深的个体，中等肤色的个体（皮肤光型Ⅱ或Ⅲ）能获得更令人满意的肤色。金色肤色的个体将比红润、灰黄或橄榄色的个体获得更好的效果。对于年龄较大、皮肤粗糙、角化过度或有斑状色素沉着的消费者来说，使用DHA可能不太满意。

作为紫外线暴露晒黑的安全替代品，皮肤科医生经常推荐这些产品。它们可以用于遮盖一些皮肤不规则部位，如腿部蜘蛛状静脉。轻度到中度的白癜风患者的白斑区域对比度增加，正常皮肤自然或不可避免地晒黑也可能获益。它们甚至可以为患有某些光敏性疾病的个体提供一些保护。在补骨脂素-UVA治疗（PUVA）期间，DHA对未受累皮肤的保护使患者能够耐受较高的UVA暴露，使用较少的治疗方法导致更快地清除，称为turboPUVA。

安全性

使用美黑产品可能会导致皮肤颜色可见变化，这可能会提醒一些用户注意这些产品的潜在危险性。然而，根据DHA的化学性质和毒理学特征，我们认为它是无毒的。DHA在角质层反应迅速，最大限度地减少全身吸收。在20世纪20年代，对糖尿病患者的DHA急性毒性进行了研究，结果表明经口摄入耐受性良好。此外，DHA的磷酸盐是Krebs循环（三羧酸循环）的中间产物之一。

尽管有些人报告DHA引起接触性皮炎，但这种情况很少见。与含有活性成分的其他外用产品（如防晒霜）一样，许多敏感性的报告是由于其溶剂中其他成分引起的。因此，不良反应更可能是基于刺激反应，而不是真正的过敏。最终，所有与产品安全相关的宣称都是基于对最终配方的测试结果。

在过去的20年中，精细雾状DHA的涂抹或喷雾晒黑已被广泛使用。美国食品药品监督管理局（FDA）建议谨慎接触黏膜和避免吸入。欧洲联盟消费者安全科学委员会（SCCS）则认为，含有高达14% DHA的喷雾剂作为一种自晒黑成分不会对消费者的健康构成风险。

皮肤中紫外线产生的自由基可能是自晒剂诱导的结果，这提示我们应该缩短日光暴露的时间，并在配方中添加抗氧化剂可能是有益的。在细胞培养和重建表皮的研究中，已经提高了糖基化应激作用的皮肤美拉德（褐变）反应。然而，这些研究结果的相关性仍需要进一步研究。

替代自晒剂

指甲花醌和胡桃酮（5-羟基-1，4-萘醌）是从指甲花植物和核桃中提取的物质，被广泛用于染发、染皮肤和染指甲，已有数百年的历史。然而，这两种物质都没有皮肤特异性，容易导致衣服褪色，并且产生的肤色也并不自然。

美拉德反应的基本原理已经被用来研究具有酮功能的分子，而α-羟基则可以进一步增加酮的反应性。赤藓酮糖已被用作一种自晒剂，具有一定的渐变效应。虽然甘油醛和乙二醛等物质已被描述，但发现它们无效。粘康二醛是一种有效的晒黑剂，但相关毒性限制了其使用。尽管其他几种醛类已被证明具有更好的颜色特性，但它们的稳定性问题限制了它们的使用。

总结

越来越多的消费者已经认识到日光紫外线的危害，应该持续关注自身美黑产品的使用。DHA的卓越毒理学特性进一步印证了以下观点：含DHA的外用产品是安全替代品，可以诱导古铜色皮肤，避免紫外线的危害。这些产品的效果取决于最终的配方、使用技巧和消费者的肤色类型。随着更加丰富的配方经验和消费者日益成熟，这类产品的使用将会持续增长，并得到更高的满意度。

消费者需要清楚了解，这些产品并不能有效地防止中波紫外线。使用标准防晒霜时应该提醒消费者，紫外线防护的持续时间比使用DHA导致肤色改变的时间要短。

原文参考文献

Brooks K, Brooks D, Dajani Z, et al. Use of artificial tanning products among young adults. J Am Acad Dermatol. 2006, 54(6):1060-1066.

Beckmann KR, Kirke BA, McCaul KA, et al. Use of fake tanning lotions in the South Australian population. Med J Aust. 2001, 174(2):75-78.

Stryker JE, Yaroch AL, Moser RP, et al. Prevalence of sunless tanning product use and related behaviors among adults in the United States: results from a national survey. J Am Acad Dermatol. 2007, 56(3):387-390.

Mahler HI, Kulik JA, Harrell J, et al. Effects or UV photographs, photoaging information, and use of sunless tanning lotion on sun protection behaviors. Arch Dermatol. 2005, 141(3):373-380.

Sheehan DJ, Lesher JL. The effect of sunless tanning on behavior in the sun: a pilot study.South MedJ. 2005, 98(12):1192-1195.

Dodds M, Arron ST, Linos E, et al. Characteristics and skin cancer risk behaviors of adult sunless tanners in the United States. JAMA Dermatol. 2018, 154(9):1066-1071.

Paul CL, Bryant J, Turon H et. al. A narrative review of the potential for self-tanning products to substitute for solaria use among people seeking a tanned appearance. Photodermatol Photoimmunol Photomed. 2014, 30:160-166.

Wenninger JA, McEwen GN Jr., eds. International Cosmetic Ingredient Dictionary and Handbook. 11th ed. Washington, DC: The Cosmetic, Toiletry, and Fragrance Association. 2006.

Brown DA. Skin pigmentation enhancers. J Photochem Photobiol. 2001, 63:148-161.

Guest GM, Cochrane W. Wittgenstein E. Dihydroxyacetone tolerance test for glycogen storage disease. Mod Prob Paediat. 1959, 4:169-178.

Wittgenstein E, Berry HK. Staining of skin with dihydroxyacetone. Science. 1960, 132:894-895.

Maes DH, Marenus KD. Self-tanning products. In: Baran R. Maibach HI, eds, Textbook of Cosmetic Dermatology. 3rd ed. London: Taylor & Francis. 2005, 225-227.

Tsolis P, Lahanas KM. DHA-based self-tan products. Cosmet Toilet. 2013, 128:230-233.

Wittgenstein E, Berry HK. Reaction of dihydroxyacetone (DHA) with human skin callus and amino compounds. J Invest Dermatol. 1961, 36:283-286.

Meybeck A. A spectroscopic study of the reaction products of dihydroxyacetone with amino acids. J Soc Cosmet Chem. 1977, 28:25-35.

Lloyd RV, Fong AJ, Sayre RM. In vivo formation of Maillard reaction free radicals in mouse skin. J Invest Dermatol. 2001, 117:740-742.

Chaudhuri RK. Dihydroxyacetone: chemistry and applications in self-tanning products. In: Schlossman ML, ed. The Chemistry and Manufacture of Cosmetics. Volume III. Carol Stream, IL: Allured Publishing. 2002, 383-402.

Foltis SP. Formulation and evaluation of self-tanners. Cosmet Toilet. 2013, 127:442-445.

Bobin MF, Martini MC, Cotte J. Effects of color adjuvants on the tanning effect of dihydroxyacetone. J Soc Cosmet Chem. 1984, 35:265-272.

Purcetti G, Leblanc RM. A sunscreen tanning compromise: 3D visualization of the actions of titanium dioxide particles and dihydroxyacetone on human epidermis. Photochem Photobiol. 2000, 71:426-430.

Maibach HI, Kligman AM. Dihydroxyacetone: a suntan-simulating agent. Arch Dermatol. 1960, 82:505-507.

Pierard GE, Pierard-Franchimont C. Dihydroxyacetone test as a substitute for the dansyl chloride test. Dermatology. 1993;186(2):133-137.

Forest SE, Grothaus JT, Ertel KD, et al. Fluorescence spectral imaging of dihydroxyacetone on skin in vivo. Photochem Photobiol. 2003, 77:524-530.

Goldman L, Barkoff J, Blaney D, et al. The skin coloring agent dihydroxyacetone. Gen Pract. 1960, 12:96-98.

Levy SB. Dihydroxyacetone-containing sunless or selftanning

lotions. J Am Acad Dermatol. 1992, 27:989-993.

Nguyen BC, Kochevar IE. Influence of hydration on dihydroxyacetone- induced pigmentation of stratum corneum. J Invest Dermatol. 2003, 120:655-661.

Nguyen BC, Kochevar IE. Factors influencing sunless tanning with dihydroxyacetone. Br J Dermatol. 2003, 149:332-340.

Muizzuddin N, Marenus KD, Maes DH. Tonality of suntan vs sunless tanning with dihydroxyacetone. Skin Res Technol. 2000, 6:199-204.

Muizzuddin N. Marenus KD, Maes DH. UV-A and UV-B protective effect of melanoids formed with dihydroxyacetone and skin. Poster 360 presented at the 55th Annual Meeting of the American Academy of Dermatology, San Francisco, 1997.

Faurschou A, Janjua NR, Wulf HC. Sun protection effect of dihydroxyacetone. Arch Dermatol. 2004, 140:886-887.

Faurschou A, Wulf HC. Durability of the sun protection factor provided by dihydroxyacetone. Photodermatol Photoimmunol Photomed. 2004, 20:239-242.

Johnson JA, Fusaro RM. Protection against long ultraviolet radiation: topical browning agents and a new outlook. Dermatologica. 1987, 175:53-57.

Petersen AB, Na R, Wulf HC. Sunless skin tanning with dihydroxyacetone delays broad spectrum ultraviolet photocarcinogenesis in hairless mice. Mutat Res. 2003, 542:129-138.

Armas LAG, Fusaro RM, Sayre RM, et al. Do melanoidins induced by topical 9% dihydroxyacetone sunless tanning spray inhibit vitamin D production? A pilot study. Photochem Photobiol. 2009, 85(5):1265-1266.

Fitzpatrick TB. The validity and practicality of sunreactive skin types I through IV. Arch Dermatol. 1988, 124:869-871.

Fesq H, Brockow K, Strom K, et al. Dihydroxyacetone in a new formulation-a powerful therapeutic option in vitiligo. Dermatology. 2001, 203:241-243.

Suga Y, Ikejima A, Matsuba S, et al. Medical pearl DHA application for camouflaging segmental vitiligo and piebald lesions. J Am Acad Dermatol. 2002, 47:436-438.

Fusaro RM, Johnson JA. Photoprotection of patients sensitive to short and/or long ultraviolet light with dihydroxyacetone/ naphthoquinone. Dermatologica. 1974, 148:224-227.

Taylor CR, Kwagsukstith C, Wimberly J, et al. Turbo-PUVA: dihydroxyacetone-enhanced photochemotherapy for psoriasis: a pilot study. Arch Dermatol. 1999, 135:540-544.

Zokaie S, Singh S, Wakelin SH. Allergic contact dermatitis caused by dihydroxyacetone -optimal concentration and vehicle for patch testing. Contact Dermatitis. 2011, 64: 291-292

Foley P, Nixon R, Marks R, et al. The frequency of reaction to sunscreens: results of a longitudinal population-based study on the regular use of sunscreens in Australia. Br J Dermatol. 1993, 128:512-518.

https://www.fda.gov/radiation-emitting-provducts/tanning/ tanning-products. Accessed January 5, 2021.

https://ec.europa.eu/health/scientific_committees/consumer_ safety/docs/sccs_o_048.pdf. Accessed January 5, 2021.

Jung K, Seifert M, Herrling T, Fuchs J. UV-generated free radicals (FR) in skin: their prevention by sunscreens and their induction by self-tanning agents. Spectrochim Acta A Mol Biomol Spectrosc. 2008 May, 69(5):1423-1428.

Perer J, Jandova J, Fimbres J, et al. The sunless tanning agent dihydroxyacetone induces stress response gene expression and signaling in cultured human keratinocytes and reconstructed epidermis. Redox Biol. 2020 Sep, 36:101594.

Reiger MM. The chemistry of tanning. Cosmet Toil. 1983, 98:47-50.

Kurz T. Formulating effective self-tanners with DHA. Cosmet Toil. 1994, 109(11):55-61 .

Goldman L, Barkoff J, Blaney D, et al. Investigative studies with the skin coloring agents dihydroxyacetone and glyoxal. J Invest Dermatol. 1960, 35:161-164.

Eichler J. Prinzipien der Haptbraunung. Kontakte (Merck). 1981, 111:24-30.

第35章

医美术后皮肤修护产品

在医美术后的愈合过程中，局部使用的产品具有重要作用。这些产品的目标是加速愈合，减少感染、瘢痕和色素沉着。为了确保医美术后能够达到最佳效果，必须对患者进行教育。患者对术前准备和术后皮肤护理方式的认知度越高，医美术后的效果就会越好。

剥脱后修复产品

化学剥脱术中，面部表面剥脱剂是最广泛使用的一种，包括α-羟基酸类的乙醇酸、乳酸和苹果酸，以及α-酮酸类的丙酮酸。恢复期可能出现长时间的红斑（图35.1）、鳞屑和刺激，特别是在中至深度剥脱时需要格外留意细菌感染和单纯疱疹的加重。因此，护理重点应放在剥脱后的愈合加速和感染预防上。

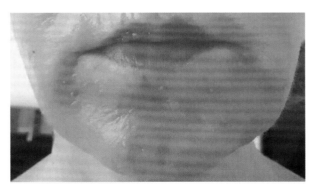

图 35.1　剥脱治疗后的红斑

在剥脱后的护理方案中，需要分别针对剥脱后1~2 d明显水肿的治疗和剥脱后5~6 d出现再上皮化和剥脱过程时的治疗进行处理。对于水肿和轻微不适，可以使用冰敷缓解。使用水和醋浸泡的纱布轻柔地清洁皮肤，随后使用凡士林促进上皮再生，持续使用3 d，之后患者可以继续使用凡士林或改用润肤霜。

很多修复产品可以在剥脱后的首日使用。其中，雅漾修复霜（Avene，法国雅漾）含有硫糖铝，据称有助于恢复和保护受损的皮肤，并将修复区域与外部环境侵袭隔离；此外，其还含有抗菌特性的硫酸铜锌，以及可软化皮肤且起到镇静作用的雅漾温泉水。雅漾修复霜耐受性好，并已被证明可以缓解放射性皮炎的症状。理肤泉修复霜（La Roche Posay，法国理肤泉）是一款加速修复的护肤品。该产品含有泛醇（一种众所周知的皮肤镇静成分）和从积雪草植物中提取的积雪草苷（其已被用于皮肤科，特别是作为创面愈合剂），此外还含有因抗菌和表皮修复特性而经常被使用的铜、锌和锰盐。

使用基于Rhealba®燕麦新叶提取物、L-丙-谷二肽和透明质酸（HA）的外用乳霜，可以安全地加速皮肤表面化学剥脱术后的皮肤愈合。燕麦表层部分富含类黄酮和皂苷，这两种分子在预防和治疗多种疾病方面很有价值。某些黄酮类化合物可修复和愈合紊乱或受损的脆弱皮肤屏障。Rhealba®燕麦新叶提取物能够以显著的剂量依赖性方式抑制环氧化酶COX-2，因此具有抗炎特性。一项持续1个月的开放性观察研究对2363名接受过各种皮肤科治疗的患者进行研究，这些治疗包括化学剥脱、剥脱性点阵激光和（或）连续激光（CO_2）、祛色素激光、纹身清洗激光、强脉冲光、冷冻疗法、注射和小手术。研究表明，这种乳霜可在上皮化完成后使用，有助于避免瘢痕形成并支持皮肤再生过程。

皮肤术后使用物理防晒霜和防晒非常重要。化学防晒霜可能更易引起过敏性接触性皮炎，在剥脱后4周内应避免使用。含精油和植物成分的天然产品也可能因暴露于过敏原而存在接触性皮炎的风险。应一直使用物理屏障（如凡士林软膏）直至上皮再生，此时可在白天使用物理性防晒霜。

填充注射术后

皮肤填充剂注射后瘀斑是一种常见的不良反应，其持续时间为1～2周。一项关于可注射填充剂的研究报告指出，瘀斑在19%～24%的患者中会发生，而其他填充剂则高达68%。尽管瘀斑最终会消退，但若能更快地消退，则会取得更好的效果，使患者更有可能复诊接受后续治疗。使用针管注射填充剂可能会造成创伤，导致皮肤附近的瘀斑，表现为注射部位周围组织的蓝色/紫色印记。虽然这种血肿未留下瘢痕或重大风险，但它确实是整容"完成工作"的明显痕迹，这可能会导致一些"社交回避"（见图35.2）。

阿司匹林、氯吡格雷和华法林等常见心血管药物会增加血肿风险。其他可能导致瘀斑的药物包括达比加群、依诺肝素、噻氯匹定和双嘧达莫。对于患有心房颤动、凝血功能疾病和其他疾病的患者，通常需要使用抗凝药物来预防栓塞和血栓现象的发生。因此，不建议停用这些药物，但需要提醒患者注意瘀斑的风险增加。同时，保健品和一些维生素也有可能增加瘀斑风险，特别是高剂量维生素E、银杏叶和

大蒜。医生的技术、使用更小规格的针头和钝针头也可将瘀斑的风险降至最低。术后使用冰袋缓解尤为重要，并在术后数天内采用温水清洗，避免使用酒精和进行剧烈运动。

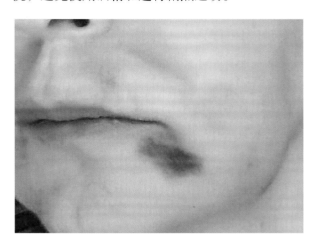

图 35.2　皮肤填充剂注射治疗木偶线后 2 d 出现血肿

手术前后通常使用口服山金车片和酊剂，有助于减少瘀伤和炎症。蒙大拿山金车是一种广泛用于药物治疗的植物，传统上被用于治疗各种疾病。植物提取物具有多种功效，包括抗菌、抗肿瘤、抗氧化、抗炎、抗真菌和免疫调节活性。不同部位的植物含有丰富的化学成分，包括倍半萜内酯及其短链碳酸酯、黄酮类、类胡萝卜素、精油、二萜、二醇、吡咯里西啶生物碱、香豆素、酚酸、木脂素和寡糖。据报道，使用含有30%～40%蒙大拿的凡士林基质软膏涂抹受伤皮肤区域可以预防手术后或激光治疗后的皮肤创伤性瘀斑。研究表明，山金车也可以加速脉冲染料激光引起的瘀斑消退。使用外用蒙大拿山金车和细叶杜香（Ledum palustre）制成的凝胶垫，可减少面部手术后的瘀斑和水肿。

脉冲染料激光（pulsed dye lasers，PDLs）通常设置在500 nm范围内的波长，已用于治疗面部美容术后的瘀斑。尽管PDL可以减少瘀斑，但由于激光波长和短脉冲持续时间的特性，其深度作用范围有限，不能提供一致性的清除水

平。为了达到最佳治疗效果，必须在术后5 d内对治疗前的瘀斑进行完全形成的处理。

在出现瘀斑后立即使用强脉冲光（intense pulsed light，IPL）治疗，可以显著缩短恢复期。经过IPL治疗后，术后瘀斑在3 d内大多数都会消失。因此，IPL被认为是填充注射治疗后瘀斑的有效工具。

透明质酸是一种天然存在于皮肤中的糖胺聚糖，长期以来一直是局部化妆品配方的主流成分，并以交联形式用于可注射的软组织填充剂。据报道，透明质酸具有良好的安全性，无毒、无免疫原性、无致癌性、无皮肤致敏潜能。非交联HA在局部配方中主要起到保湿作用，它可结合约1000倍其重量的水分子。

一项半侧脸对照研究表明，局部交联HA制剂能够增强通过填充剂、微针或化学方法剥脱老化皮肤的临床效果。与未处理区域相比，使用交联HA后，在水合度、肤色、亮度、纹理、均匀性和整体外观等方面都有所改善。

CO_2激光术后

10 600 nm超脉冲CO_2点阵激光的剥脱性浅层换肤是紧致皮肤、改善皱纹、改善老年斑和痤疮瘢痕的金标准。但该疗法存在长期红斑、瘙痒、色素减退和色素沉着、粟丘疹、痤疮发作、感染、接触性皮炎、治疗中疼痛和瘢痕等不良反应，因此其应用受到限制。点阵激光提供了一种新的方法，既可以提高疗效又可以减少不良反应。该激光束不同于全剥脱激光束，它不会汽化表浅组织，而是在表皮和真皮层的特定深度产生一系列微小的创面，对周围组织几乎没有损伤。

许多方法都旨在通过缩短停工期和最小化刺激来加速上皮再生。然而，最理想的结果源自剥脱性点阵激光（ablative fractional laser，AFL）治疗，包括设置适当的激光治疗参数、使用冰敷、温和的皮肤清洁、反复使用保湿霜以保持皮肤水分、促进细胞迁移并从而重新上皮化，以及使用含抗炎剂的广谱防晒霜进行防晒。

与全剥脱性激光相比，AFL表浅换肤术可降低感染风险，加速上皮再生，减少痤疮样皮疹发生率，以及缩短皮肤护理和术后红斑持续时间。然而，剥脱性点阵CO_2激光并非没有不良影响。虽然目前尚无标准治疗方法，但已经有研究涉及各种成分，以帮助促进激光术后创面愈合。通常CO_2表浅换肤后的标准护理包括基于凡士林的软膏如凡士林®或Aquaphor®等。近期，学者们进行了其他促进创面愈合物质的试验。例如，浅层皮肤所需的大部分氧气源自大气氧，而非血液循环，因此改善皮肤氧供可能比可能抑制气体交换的润肤剂更为有效。已经发现外用氧乳剂Cutagenix（cutagenix，LLC，美国）可减轻剥脱性和CO_2点阵激光嫩肤后的不良反应。另一项试验报道外用噻吗洛尔可改善顽固性慢性创面的愈合。临床前研究表明，阻断β肾上腺素能受体可通过刺激烧伤创面角质形成细胞的迁移和再上皮化的下游通路来促进创面愈合。研究发现，外用0.5%噻吗洛尔凝胶形成液联合湿润的封闭敷料，可促进CO_2换肤术后前臂皮肤创面更快愈合。

接受面部CO_2激光表面换肤的患者可能会再次激活1型单纯疱疹病毒（herpes simplex virus 1，HSV-1），并可能导致愈合延迟和严重瘢痕。因此，接受激光表浅换肤术的患者通常会服用预防性口服抗病毒药物，以预防术后出现HSV-1型疱疹皮损。抗病毒药物如阿昔洛韦、伐昔洛韦。

炎症后色素沉着（post-inflammatory hyperpigmentation，PIH）是激光换肤术最常见的不良反应之一。虽然PIH可发生于所有皮肤类型，但多见于有色人种患者。PIH的发病机制是角质形成细胞和黑素细胞对创面愈合级联炎症期的生物学反应，这种类型的环境可由激光照射导致的非特异性热损伤诱发。皮肤炎症刺激黑素的合成和色素的不规则分散，表皮层黑素转移至周围的角质形成细胞。一些研究表明，炎症过程中释放的前列腺素、细胞因子、趋化因子和其他炎症介质以及活性氧可刺激黑素细胞活性增加。尽管采取特殊的预防措施，PIH仍是一种常见的不良反应，特别是对于皮肤黝黑的患者。因此，应在术前告知患者PIH的风险，包括口头和书面告知。

已报道不同的技术可降低PIH的发生率，其中包括避光防晒和术前和（或）术后的治疗方案。已证明，术前局部使用美白霜（包括氢醌、维A酸、乙醇酸和维生素C）治疗对减少PIH发生无效。

对于肤色较深的患者，应采用适当的激光治疗参数设置以及激光治疗过程中使用冷敷进行适当的表皮保护。在治疗过程中，可以选择应用糖皮质激素作为激光术后的治疗方案，以减轻炎症反应来预防PIH。但是，术后使用糖皮质激素可能会干扰正常的创面愈合过程，增加感染风险，因此存在争议。

CO_2激光换肤术后通常需要4～7 d时间恢复，医生会建议患者避免使用防晒霜，直到皮肤完全再生。然而，为了尽可能降低PIH（色素沉着）的风险，已经有研究从CO_2激光换肤的第1 d开始使用防晒霜。有一项防晒霜的研究，其中含有甘草查尔酮A和甘草次酸这两种成分，这两种成分来自甘草属植物Globoconella胀果甘草，具有抗炎和抗氧化特性。研究表明，这种防晒霜可以安全地应用于刚接受过激光治疗的皮肤。另外，使用含非甾体抗炎药的保湿剂，可以作为减少CO_2点阵激光治疗痤疮瘢痕后PIH的替代治疗方式。润肤霜含有5%泛醇、羟基积雪草苷和铜锌锰离子。泛醇具有抗炎作用，对于预防由各种原因释放的炎症介质（如前列腺

素E2、D2、白三烯C4、D4和血栓素A2）导致黑素合成与分布增加导致的PIH至关重要。此外，泛醇还可以通过降低皮肤水分流失来改善皮肤屏障。同时，羟基积雪草苷可以调节炎症介质并刺激胶原蛋白的合成，而铜锌锰络合物则是通过调节角质形成细胞的增殖来改善皮肤功能的微量元素。在一项半侧脸的研究中，一侧使用非甾体类保湿剂，另一侧使用0.02%曲安奈德。从临床评价来看，两种试验乳膏都能有效缩短AFL（表浅换肤术）后的恢复时间，改善创面愈合过程，疗效相当。

Atopiclair®乳膏和乳液（由Sinclair Pharma Sri在意大利生产）含有抗炎成分的非甾体保湿剂，可用于治疗成人特应性皮炎和接触性皮炎。在进行AFL表浅换肤术后，立即使用该产品有助于减轻创面炎症反应，保持创面湿润环境，促进创面愈合进程，降低色素沉着的发生率。

CO_2激光术后红斑

在激光治疗后，持续性红斑是一个让患者和治疗医生都面临的难题。出现红斑是点阵激光治疗后预期的结果，通常会在数天后消退。据报道，在接受这些操作的患者中，约有12.5%会出现持续性红斑，持续时间可长达三个月或更久。下面是CO_2表浅换肤前后的治疗方案示例，并可以向患者提供一些建议。

术前1～2周

美白霜，例如氢醌、维A酸、GA和维生素C等。

进行避光防晒。

在手术前1～2 d进行为期10～14 d的抗病毒治疗。

口服抗生素，包括头孢氨苄或头孢菌素：在手术当天开始，每6 h 1次，持续7 d。

术后第1周

治疗后，面部可能会出现肿胀，建议使用

适宜的软膏（如凡士林）覆盖。接受激光治疗后，皮肤会产生黄色渗出物，这是"自然创可贴"的一部分，会在一周时间内自然消退，不应擦拭（见图35.3）。每2~4 h可进行冷敷或使用白醋浸湿纱布/凉开水浸泡布料清洗。浸泡液可用1茶匙白醋和1杯自来水混合制成。请注意不要使用过多的醋，因为酸度非常重要。冷敷有利于降温、减少肿胀并降低皮肤潜在感染的风险。当敷贴失去冰凉感时，可更换新的敷贴。在术后最初数日内，建议每隔数小时进行一次冷敷。冷敷期间，每天都要使用软膏覆盖治疗区域。为了避免干燥的皮肤创面延迟愈合，每隔数小时重新涂抹一次软膏非常重要。在治疗后当天，建议使用温和香皂（如丝塔芙Cetaphil温和洁面乳）温和清洗治疗区域，每天两次。然后用干净毛巾擦干并重新涂抹软膏，避免剃须或使用任何剥脱或其他皮肤操作。

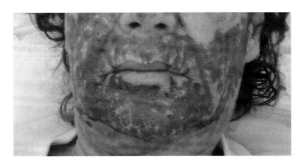

图35.3　表浅换肤术后2 d

术后第2周

通常情况下，第2周时皮肤上的再生已经完成，因此不需要再使用软膏。相反，应该使用保湿霜。为了达到理想的效果，保湿霜应该避免含有易引起过敏的防腐剂、香精、稳定剂、酒精或其他刺激性成分。建议每两小时涂抹一次保湿霜，因为这可以帮助皮肤更好地吸收。

无论何时接触到阳光（即使只是坐在窗边），都必须涂抹广谱防晒霜来保护皮肤。但并非所有的防晒霜都适合使用，因为有些产品可能含有刺激性成分，这可能会延迟愈合时间。建议选择含氧化锌的防晒霜，这有助于促进皮肤的恢复。

术后第3周~1年

在进行换肤治疗的最初几个月里，防晒和使用防晒霜变得极为重要。美白霜能够有效预防和治疗PIH，尤其适用于Fitzpatrick Ⅲ-Ⅳ型皮肤。

术前1~2周	美白霜 避光防晒 抗病毒 抗生素
术后第1周	冷敷,醋浸泡纱布清洗,温和清洗(含抗菌),涂抹软膏
术后第2周	保湿霜，防晒
术后第3周~1年	防晒，美白剂

调Q激光术后

Nd:YAG激光因其多功能性广泛用于治疗许多美容问题，包括多毛症脱毛、血管性皮损、色素性皮损、纹身清洗和光老化皮肤皱纹。然而，除了这些益处外，Nd:YAG激光还有许多不良反应，如肿胀、红斑、皮肤刺激、水疱、瘀斑、烧灼感、血痂和焦痂。有一种名为NT1（charsire biotechnology corporation，中国台湾）的含水解大豆提取物面霜已被证明对减轻激光治疗后的某些不良反应具有帮助。该面霜的优势在于可以恢复皮脂腺功能，促进皮肤恢复，并增强表皮层的代谢，从而可能限制色素沉着。研究还发现，使用这种面霜可以改善Nd:YAG激光疗法的并发症，增强其美容效果。此外，高浓缩面霜还能显著减少激光术后的红色印记和红斑。

总结

术后皮肤修复是成功美学治疗的重要组成部分。各种美容术后可能会引发血肿、PIH和红斑等问题，但使用适合的局部产品可以有效改善这些问题。化学或CO$_2$激光剥脱后的再上皮化是获得健康新生皮肤的关键。因此，临床医生必须在术前告知患者预期的愈合过程、可能的不良反应以及后续护理产品。

原文参考文献

Berson DS, Cohen Jl, Rendon MI, et al. Clinical role and application of superficial chemical peels in today's practice. J Drugs Dermatol. 2009, 8(9):803-811.

Jackson A. Chemical peels. Facial Plast Surg. 2014, 30(1):26-34

Monheit GD. Chemical peels. Skin Therapy Lett. 2004 Feb, 9(2):6-11.

Moy LS, Murad H, Moy RL. Glycolic acid peels for the treatment of wrinkles and photoaging. J Dermatol Surg Oncol. 1993 Mar, 19(3):243-246.

Sharad J. Glycolic acid peel therapy-a current review. Clin Cosmet Investig Dermatol. 2013, 6:282-288.

Rendon MI, Berson DS, Cohen Jl, et al. Evidence and considerations in the application of chemical peels in skin disorders and aesthetic resurfacing. J Clin Aesthetic Dermatol. 2010, 3(7):32-43.

Nikalji N, Godse K, Sakhiya J, et al. Complications of medium depth and deep chemical peels. J Clin Aesthtic Dermatol. 2012, 5(4):254-260.

Nikalji N, Godse K, Sakhiya J, et al. Complications of medium depth and deep chemical peels. J Cutan Aesthet Surg. 2012 Oct, 5(4): 254-260.

De Rauglaudre G, Courdi A, Delaby-Chagrin F, et al. Tolerance of the association sucralfate/Cu-Zn salts in radiation dermatitis. Ann Dermatol Venereol. 2008, 11:373-381 Jan.

Crickx B, Lacour JP, Arsan A, et al. A French observational study on the management of epidermal wound healing. Dermatitis Contact Allergic Irritant. 2016:74(5), Supp 1, AB90, May 01.

Katsumata M, Gupta C, Goldman AS, A rapid assay for activity of phospholipase A2 using radioactive substrate. Anal Biochem. 1986 May 1, 154(2):676-681.

Saint Aroman. M et al. Efficacy of a repair cream containing Rhealba oat plantlets extract 1-ALA-l-GLU dipeptide, and hyaluronic acid in wound healing following dermatological acts: a meta-analysis of >2000 patients in eight countries corroborated by a dermatopediatric clinical case. Clin Cosmetic Invest Dermatol. 2018, 11:579-589.

Lee KC, Wambier CG, Soon SL, et al. International Peeling Society. Basic chemical peeling: Superficial and mediumdepth peels. J Am Acad Dermatol. 2019 Aug, 81(2): 313-324.

Glogau RG. Kane MA. Effect of injection techniques on the rate of local adverse events in patients implanted with nonanimal hyaluronic acid gel dermal fillers. Dermatol Surg. 2008 Jun, 34(Suppl 1):S105-S109.

Tzikas TL. Evaluation of the radiance FN soft tissue filler for facial soft tissue augmentation. Arch Facial Plast Surg. 2004 Jul-Aug, 6(4):234-239.

Hamman MS, Goldman MP. Minimizing bruising following fillers and other cosmetic injectables. J Clin Aesthet Dermatol. 2013, 6(8):16-18.

Broughton G. II, Crosby MA, Coleman J, Rohrich RJ. Use of herbal supplements and vitamins in plastic surgery: a practical review. Plast Reconstr Surg. 2007:119(3):48e-66e.

Kriplani P, Guarve K, Baghael US. *Arnica montana* L. - a plant of healing: review. J Pharm Pharmacol. 2017 Aug, 69(8): 925-945. doi: 10.1111/iphp.12.724. Epub 2017 Apr 11. PMID: 28401567.

Alam M. Topical Arnica treatment for reducing bruising. 2009 Patent No. US 20090104292 Al.

Leu S, et al. Accelerated resolution of laser-induced bruising with topical 20% Arnica: a rater-blinded randomized controlled trial. Br J Dermatol. 2010, 163:557-563.

Kang JY, Tran KD, Seiff SR, et al. Assessing the effectiveness of *Arnica montana* and *Rhododendron tomentosum* (*Ledum palustre*) in the reduction of ecchymosis and edema after oculofacial surgery: preliminary results. Ophthalmic Plast Reconstr Surg. 2017 Jan/Feb, 33(1):47-52.

DeFatt RJ, Krishna S, Williams EF III. Pulsed-dye laser for treating ecchymoses after facial cosmetic procedure. Arch Facial Plast Surg 2009 11(2):99-103.

Narurkar V. Post filler ecchymosis resolution with intense pulsed light. J Drugs Dermatol. 2018 Nov 1, 17(11):1184-1185. PMID: 30500137.

Sundaram H, Cegielska A, Wojciechowska A. Delobel P. Prospective, randomized, investigator-blinded, split-face evaluation of a topical crosslinked hyaluronic acid serum for post-procedural improvement of skin quality and biomechanical attributes. J Drugs Dermatol. 2018 Apr 1, 17(4):442-450.

Duplechain JK, Rubin MG, Kim K. Novel post-treatment care after ablative and fractional CO_2 laser resurfacing. J Cosmet Laser Ther. 2014 Apr, 16(2):77-82.

Braun LR. Lamel SA, Richmond NA, Kirsner RS. Topical timolol for recalcitrant wounds. JAMA Dermatol 2013, 149: 1400-1402.

Pullar CE, Rizzo A, Isseroff RR. Beta-Adrenergic receptor antagonists accelerate skin wound healing: evidence for a catecholamine synthesis network in the epidermis. J Biol

Chem. 2006, 281:21225-35.

Joo JS, Isseroff RR. Application of topical timolol after CO_2 laser resurfacing expedites healing. Dermatol Surg. 2021 Mar 1, 47(3):429-431.

Beeson W, Rachel J. Valacyclovir prophylaxis for herpes simplex virus infection or infection recurrence following laser skin resurfacing. Dermatol Surg. 2002, 28: 331-336.

Davis EC, Callender VD. Postinflammatory hyperpigmentation: a review of the epidemiology, clinical features, and treatment options in skin of color. J Clin Aesthet Dermatol. 2010, 3:20-31

Cheyasak N, Manuskiatti W, Maneeprasopchoke P, et al. Topical corticosteroids minimise the risk of postinflammatory hyperpigmentation after ablative fractional CO_2 laser resurfacing in Asians. Acta Derm Venereol. 2015 Feb, 95(2):201-205.

Chaowattanapanit S, Silpa-Archa N, Kohli 1, Lim HW, Hamzavi I. Postinflammatory hyperpigmentation: a comprehensive overview: treatment options and prevention. J Am Acad Dermatol. 2017 Oct, 77(4):607-621.

Tierney EP, Hanke CW. Review of the literature: treatment of dyspigmentation with fractional resurfacing. Dermatol Surg. 2010, 36:1499-1508.

Manuskiatti W, Triwongwaranat D, Varothai S, et al. Efficacy and safety of a carbon-dioxide ablative fractional resurfacing device for treatment of atrophic acne scars in Asians. J Am Acad Dermatol. 2010, 63:274-283.

West TB, Alster TS. Effect of pretreatment on the incidence of hyperpigmentation following cutaneous CO_2 laser resurfacing. Dermatol Surg. 1999, 25:15-17.

Negishi K, Akita H, Tanaka S, et al. Comparative study of treatment efficacy and the incidence of post-inflammatory hyperpigmentation with different degrees of irradiation using two different quality-switched lasers for removing solar lentigines on Asian skin. J Eur Acad Dermatol Venereol. 2013 Mar, 27(3):307-12

Wanitphakdeedecha R, Phuardchantuk R, Manuskiatti W. The use of sunscreen starting on the first day after ablative fractional skin resurfacing. J Eur Acad Dermatol Venereol. 2014, 28:1522-1528. HYPERLINK "https://doi.org/10.1111/jdv.1233.2" https://doi.org/10.1111/jdv.12332

Lueangarun S, Srituravanit A, Tempark T. Efficacy and safety of moisturizer containing 5% panthenol, madecassoside, and copper-zinc-manganese versus 0.02% triamcinolone acetonide cream in decreasing adverse reaction and downtime after ablative fractional carbon dioxide laser resurfacing: A splitface, double-blinded, randomized, controlled trial. J Cosmet Dermatol. 2019 Dec, 18(6):1751-1757.

Ebner F, Heller A, Rippke F, Tausch I. Topical use of dexpanthenol in skin disorders. Am J Clin Dermatol. 2002, 3: 427-433.

Tenaud I, Sainte-Marie I, Jumbou O, et al. In vitro modulation of keratinocyte wound healing integrins by zinc, copper and manganese. Br J Dermatol. 1999, 140:26-34.

Lueangarun S, Tempark T. Efficacy of MAS063DP lotion vs 0.02% triamcinolone acetonide lotion in improving postablative fractional CO_2 laser resurfacing wound healing: a split-face, triple-blinded, randomized, controlled trial. Int J Dermatol. 2018 Apr, 57(4):480-487.

Metelisa Al, Alster TS. Fractionated laser skin resurfacing treatment complications: a review. Dermatol Surg. 2010, 36(3):299-306.

Mekas M, Chwalek J, Macgregor J. An evaluation of efficacy and tolerability of novel enzyme exfoliation versus glycolic acid in photodamage treatment. J Drugs Dermatol. 2015, 14(11):1306-1319

Narurkar VA. A split-face evaluation to assess the efficacy of a hydrolyzed roe cream in the reduction of erythema following chemical peel. J Clin Aesthet Dermatol. 2016 Oct, 9(10):55-62.

Galderma receives FDA approval of Mirvaso [news release]. Fort Worth, TX: Galderma Laboratories, L.P. August 26, 2013. https://www.galderma.com/Media/Press-releases/articleType/ArticleView/articleId/41/Galderma-Receives-FDA-Approvalof- Mirvaso. Accessed June 21, 2014.

Fowler J, Jarratt M, Moore A, et al. Once-daily brimonidine tartrate gel 0.5% is a novel treatment for moderate to severe facial erythema: results of two multicentre, randomized and vehicle controlled studies. BrJ Dermatol. 2012, 166(3):633-641.

Lee SJ, Ahn GR, Seo SB, et al. Topical brimonidineassisted laser treatment for the prevention of therapy-related erythema and hyperpigmentation. J Cosmet Laser Ther. 2019, 21(4):225-227.

Hartmann D, Ruzicka T, Gauglitz GG. Complications associated with cutaneous aesthetic procedures. J Dtsch Dermatol Ges. 2015, 13:778-786.

Huang MY, Huang JJ, Chai CY, et al. The reduction effect of extracts of soybean seeds on acute radiation dermatitis. Fooyin J Health Sci. 2010, 2:21-25.

Hsieh M-C, Wu Y-C, et al. A single-center, randomized, double-blind, placebo-controlled clinical trial of the effectiveness of ANTI soybean extract cream on skin recovery after Nd:YAG laser treatment. Ann Plastic Surg. February 2018, 80(2S):S26-S29.

第 36 章

皮肤表面 pH 值及其对皮肤健康的影响

pH值和缓冲容量的概念

pH值是用来定义水溶液的酸度或碱度的，它是氢离子或质子（H^+）浓度的度量。pH值的范围在0～14之间，其中7为中性，低于7为酸性，高于7为碱性。需要注意的是，pH值是对数形式的，即$pH=-\log[H^+]$，这意味着每个数字代表H^+浓度的10倍变化。因为pH值是浓度的负对数，所以pH值越低，H^+浓度越高，溶液的酸性就越强。例如，从pH=7到pH=6的变化表示H^+浓度增加了10倍，而从pH=7到pH=5表示H^+浓度增加了100倍。pH值的对数性质还意味着，随着pH值的下降，H^+的浓度呈对数增长。例如，pH=5和pH=5.3之间的H^+浓度差远大于pH=7和pH=7.3之间的H^+浓度差。

除了pH值外，缓冲容量也是与pH值相关的另一个重要概念。pH缓冲容量是溶液通过吸收或释放H^+来抵抗pH值变化的度量。pH缓冲容量越高，溶液抗pH值变化的能力越强。缓冲液容量由2个因素决定，即缓冲液浓度和缓冲液pKa值。其中，pKa代表缓冲液对H^+的亲和力，它被定义为酸解离常数［Ka］的负对数。缓冲液的浓度和pKa值都会影响缓冲液的强度。此外，pKa值还决定了缓冲容量最大的区域，即当溶液的pH值等于缓冲液的pKa值时，缓冲容量最大。当$pH=pKa\pm1$时，缓冲容量急剧下降至最大值的33%，而当$pH=pKa\pm2$时，缓冲容量急剧下降

至最大值的1%。需要注意的是，pH值为2或更低或pH值为12或更高的溶液，由于酸或碱的浓度较高，本质上具有较高的缓冲容量。此外，缓冲液的pKa值对缓冲的影响可以忽略不计。

皮肤表面pH值

pH值在许多生物过程中具有至关重要的作用。许多化学和酶促反应在pH值上具有很强的依赖性。酶的活性位点通常包含可接受质子的化学基团，其质子化状态可以极大地影响酶的效率。因此，在生物体内，pH值的调控得到高度关注，不足为奇；每个生物体内的不同器官、组织，甚至细胞，都维持着非常特定且通常非常有限的pH值范围。例如，人体血液的pH值维持在7.35～7.45的有限范围内，偏离这一范围可能危及生命。在细胞水平上，细胞质和不同的细胞器保持着非常特定的pH值范围，这对于在这些区域中发生的化学和酶促反应至关重要。例如，细胞质的pH值约为7.2，溶酶体约为4.7，线粒体基质约为7.8，线粒体膜间隙为7.0～7.4。可以看出，这些特定的pH值范围对于在这些区域中发生的化学和酶促反应至关重要，细胞需要消耗大量的能量来维持这些特定的pH值范围。

皮肤表面的pH值在4～6之间，但是活性表皮的pH值约为7.4。活性表皮与皮肤表面之间的pH值差异为2～3个单位，这意味着在15～20 μm

的距离内，质子浓度梯度差可以达到100～1000倍。这种酸性的皮肤表面pH值和pH值梯度已被证明对许多合成和维持皮肤屏障的过程非常重要。参与神经酰胺合成的两种酶（酸性鞘磷脂酶和β-葡萄糖脑苷脂酶）的最适pH值约为5。酸性pH值还参与角质层脱落的调节，并调节蛋白水解酶、丝氨酸蛋白酶和激肽释放酶的活性。低酸性pH值可以抑制激肽释放酶类（蛋白酶家族）的活性，而高pH值则会导致角化桥粒快速降解，从而损害皮肤屏障的完整性。

由于皮肤酶反应对酸性pH值的重要性，与其他器官相比，皮肤表面的pH值变化相当大，这一点可能会让人感到惊讶。这种变化可能是由于皮肤的独特位置，处于外部和内部环境之间，需要应对外界环境不断的挑战，以保持稳定的pH值。许多与皮肤接触的外部因素，例如自来水、洗涤剂、肥皂以及许多化妆品的pH值都高于皮肤的最适pH值，这可能导致测量范围很广。

除外部因素外，许多内源性因素也会影响皮肤表面的pH值，例如年龄、解剖部位以及昼夜节律。Marrakchi和Maibach发现面部不同区域的pH值差异很大，额部的pH值最低为4.4，下颌部的pH值最高为5.6，而鼻部、颈部和颊部的pH值介于两者之间。在一些部位，如腋窝、腹股沟、足趾和肛门等，皮肤表面的pH值更高，可能是由于汗液和皮脂分泌以及这些部位的部分封闭性所致。此外，随着年龄的增长，皮肤表面的pH值也会增加。Blaak等发现，老年人皮肤（pH=5.5±0.54；80岁以上）的平均pH值比年轻人皮肤（pH=4.98±0.39；31～50岁）高0.5个单位。Yosipovitch等证实，皮肤的pH值还与昼夜节律相关，正午前后的pH值最高（胫部约为5.35，前臂约为5.4），而午夜前后的pH值最低（胫部约为5.0，前臂约为5.1）。

影响皮肤表面pH值的因素有很多。钠离子

反向转运蛋白1可将质子从颗粒层/角质层（SG/SC）界面转移到胞外区域，从而影响皮肤表面pH值。丝聚蛋白分解产物，如尿烷酸、吡咯烷酮羧酸、氨基酸、α羟基酸（乳酸、乙酸、丙酸和丁酸）以及源自汗液、皮脂和角质层的游离脂肪酸，以及SC脂质部分中丰富的硫酸胆固醇都有助于皮肤表面 pH 值的酸性。另外，由汗腺释放的二氧化碳、碳酸氢盐和氨等分子倾向于增加皮肤表面pH值。

何为最适的皮肤表面pH值？皮肤表面的最适或自然pH值一直是一个长期争议的话题。皮肤表面pH值会随着年龄、身体部位、种族以及昼夜节律而略有变化，因此很难确定一个最适pH值。大多数自然皮肤表面pH值的数字源自不同研究中所测得的pH平均值。考虑到大多数影响皮肤表面pH值的环境因素都倾向于增加其值，因此人们可以预期所报告的平均值可能会偏向于较高的值。Lambers等测量了330名受试者在不接触水或任何化妆品24 h前后的前臂屈侧皮肤表面pH值，最初的平均pH值为5.13，24 h后则为4.93，标准差由0.56降至0.45。研究发现，初始pH值为5或更高的受试者（$n=185$）有pH值降低的趋势，初始pH值在4.5和5之间的受试者（平均4.74）有保持在该范围内的趋势，初始pH值为4.5或更低的受试者则在24 h后有升高pH值的趋势。基于此研究，可以认为自然皮肤表面pH值可能约为4.7。

皮肤屏障疾病中的皮肤表面pH值

皮肤的主要功能是维护皮肤屏障，大多数皮肤相关疾病都会影响皮肤屏障的功能。皮肤屏障由物理屏障和酸性外膜两部分组成，两者相互依存。屏障的许多化学成分，如胆固醇硫酸盐和脂肪酸，可以促进酸性pH的形成，而酸性pH则是合成和处理亲脂性成分（如神经酰胺）所必需的。β-葡萄糖脑苷脂酶和酸性鞘磷脂酶是屏障中两种关键的神经酰胺处理酶，需要酸性pH才能发挥最佳功能。此外，pH值还会影响皮肤屏障的完整性、黏附性和脱屑。pH值升高会增加丝氨酸蛋白酶、激肽释放酶5和7的活性，这些酶会参与角化桥粒的脱屑和降解。由于皮肤表面pH值和屏障稳态相互依赖，所以在许多皮肤疾病中（如特应性皮炎、刺激性接触性皮炎、尿布皮炎或寻常型鱼鳞病）皮肤表面pH值紊乱是常见的现象。

特应性皮炎（AD）是最常见和研究最多的皮炎之一。AD是一种慢性炎症性疾病，其主要特征是皮肤出现红疹和剧烈瘙痒。尽管AD通常在儿童时期开始出现，但它可以在任何年龄出现（WD Boothe 2017）。AD是一种具有周期性发作的慢性疾病，其病理生理机制非常复杂，包括皮肤屏障功能障碍、细胞介导的免疫反应改变、IgE介导的超敏反应以及环境因素等。皮肤屏障功能障碍被认为是AD症状发展的第一步。多项研究表明，AD患者皮肤表面pH值升高（0.1～0.9 pH单位），且与症状严重程度相关。AD患者皮肤表面pH值的升高程度由高到低依次为：健康皮肤、未受累皮肤的皮损患者、未受累皮肤的活动性皮损患者、皮损前的皮肤以及皮损处的皮肤。值得注意的是，AD患者皮肤表面pH值的增加可能会促进AD病理的进一步进展。因此，打破这一恶性循环对于阻止特应性进程至关重要。皮肤表面的酸化被认为是AD的一种潜在治疗方法。动物模型研究表明，局部应用低pH值制剂使皮肤表面酸化可预防AD的发生，并防止特应性体质向哮喘的进展。这些结果令人鼓舞，但仍需证明该方法对人体是否具有治疗益处。

皮肤表面pH值和皮肤微生态

皮肤微生物可分为常驻菌群和暂驻菌群。维持皮肤微生物平衡的一个重要因素是皮肤表面的酸性pH值，而pH值升高则有利于致病菌的繁殖。例如，当pH值＜5时，常驻皮肤菌群中的表皮葡萄球菌会得到生长的有利条件，而潜在的致病菌（如金黄色葡萄球菌或革兰氏阴性菌、大肠埃希氏菌和铜绿假单胞菌）则会被抑制生长。此外，金黄色葡萄球菌在pH=7.5时最适宜生长，而皮肤酸性pH值会抑制其生长。同样，痤疮丙酸杆菌在pH=6.3时生长最适宜，而较低的pH值则会抑制其生长。有报道称，多种皮肤病会导致皮肤微生态平衡发生变化。例如，AD（特应性皮炎）患者的细菌定植增加与对金黄色葡萄球菌感染易感性有关。Kong等研究发现，AD发作期的金黄色葡萄球菌数量明显增加，并且这种增加与疾病的严重程度有关。此外，研究已证实，应用酸性水可减少特应性皮损中金黄色葡萄球菌的数量。

除了AD，尿布皮炎也可能破坏皮肤微生物平衡。尿布湿度、温度、尿液和摩擦等因素可导致pH值升高，进而为条件致病性酵母菌白色念珠菌的生长提供有利条件。值得一提的是，白色念珠菌是人类肠道微生物群的常见成员。

创面愈合过程中，pH值是一个影响因素。皮肤创面愈合是一个复杂的过程，而pH值在其中扮演着重要的角色。对于活性创面而言，pH值会随着愈合的进展而降低至正常值。相反地，对于慢性创面而言，pH值的升高会促进致病菌的感染，而这些致病菌又会反过来阻碍创面的愈合。在慢性创面中，金黄色葡萄球菌、粪肠球菌、铜绿假单胞菌、奇异变形杆菌、大肠埃希菌、铜绿假单胞菌和克雷伯菌属是常见的细菌类型。这些细菌中的一些会产生氨，氨会对组织产生直接的负面影响，同时也会进一步提高pH值，从而对组织的氧合造成损害。研究表明，即使pH值的微小变化也可能引起氧浓度的广泛变化。因此，创面酸化被提出作为一种治疗策略，并显示出良好的效果。

皮肤pH值和局部产品对皮肤表面pH值的影响

许多局部化妆品以及自来水的pH值，往往高于皮肤表面最适pH值。以EPA标准为基准，自来水的pH值应该为6.5～8.5。虽然有一些专门设计的低pH值护肤品，但大多数化妆品的pH值都＞5。而一些肥皂的pH值甚至高达12。这些物质会对皮肤表面的pH值造成很大的影响。仅仅是简单的自来水清洁，就可能使皮肤的pH值升高数小时。肥皂或化妆品对皮肤表面的pH值影响更为显著。在使用水、清洁剂、肥皂或免洗产品清洁后，皮肤的pH值经常会升高，这可能会导致长期的pH值升高，从而对屏障修复机制产生不利影响。事实上，许多研究都显示高pH值成分对皮肤治疗有负面影响。Ananthapadmanabhan等的研究表明，高pH值溶液会导致SC肿胀和脂质硬度增加。另外一项研究则发现，清洁剂的碱性pH值与皮肤刺激之间存在显著相关性。

相反，使用在低pH值下配制的局部产品可降低皮肤表面的pH值，对皮肤有积极影响。一项研究表明，使用酸性水可以降低皮肤表面的pH值，同时也减少了常驻金黄色葡萄球菌的定植水平。另一项研究发现，长期（4周）使用pH值为4.0的油包水乳剂可以持续降低皮肤表面的pH值约0.5个单位。此外，另一项研究发现，低pH值的乳酸配方（pH=3.7～4）可以显著降低皮肤表面的pH值，减少经表皮的水分流失，从而改善皮肤屏障功能。Hachem等证明，使用多羟基酸（乳酸pH=2.8和葡萄糖酸内酯pH=3.2）酸化SC可以改善渗透性屏障稳态，并改善SC的黏附性和完整性。Blaak等研究了pH值为3.5和4.0的O/W乳液对老化皮肤的影响，发现酸性乳剂可以降低皮肤表面的pH值并改善皮肤屏障功能。Kilic等比较了pH值为4和5.8的油包水乳剂治疗4周的效果，发现与pH值为5.8的乳剂相比，pH值为4的乳剂在老年皮肤中显著降低皮肤的pH值并改善皮肤含水量。此外，pH值为4的乳剂处理还改善了脂质层的结构，提高了对SDS攻击的抵抗力。

实际应用

目前市场上的许多化妆品没有注明pH值，因此无法从产品标签上了解pH值。但要考虑化妆品的性质，了解产品的pH缓冲容量和pH值同样重要。因为pH值本身不能反映配方对pH值波动的承受能力和抵抗能力。例如，即使配方的pH值＜5，但如果其pH缓冲容量非常低，当涂抹在皮肤上时，配方可能很容易改变pH值，从而对皮肤表面的pH值影响很小。Wohlrab和Gebert在2018年的一项研究中评估了58种声称具有皮肤屏障保护作用的免洗产品，发现只有8种产品的pH值低于5。这8个产品中只有4个具有显著的（＞0.5 mol）pH缓冲容量。目前许多配方中都没有缓冲体系，一些含有缓冲液的产品pKa值与所需pH值相差甚远，因此缓冲液对维持适当的pH值没有帮助。要制备具有高缓冲容量的配方，需要构建高浓度pH缓冲体系，pKa值在所需的pH值范围内。在理想的pH值范围内使用多种酸和碱，具有多个pKa值的缓冲体系提供了单一高浓度的共轭酸/碱对缓冲液的替代方案。模拟皮肤自然缓冲体系可提供额外的好处。许多分子（如游离脂肪酸、氨基酸、羟基酸）导致皮肤酸性pH的同时，具有在理想pH值范围内的pKa值。但需要注意的是，在评价产品的缓冲容量时，应该在皮肤上进行评价，因为缓冲体系中的许多分子可以渗透SC并在皮肤表面影响缓冲液的组成。

总结

酸性皮肤表面pH的重要性已经得到充分证实，它对皮肤的健康有着重要影响。科学研究已经证明，皮肤表面pH值升高会对皮肤产生负面影响，并与多种皮肤疾病有关，如AD、刺激性接触性皮炎、尿布皮炎或寻常型鱼鳞病等。因此，酸化和维持皮肤表面的酸性pH已经被证明是多种皮肤疾病的治疗方法之一。虽然目前市面上已有一些护肤品在可接受的pH值范围内，但很多产品的pH值仍然过高。目前还很少有产品能够提供最适宜的pH值和pH缓冲容量，以有效维护皮肤表面的最佳pH值。

原文参考文献

J. R. Casey, S. Grinstein, and J. Orlowski, "Sensors and regulators of intracellular pH." Nat. Rev. Mol. Cell Biol., vol. 11, no. 1, pp. 50-61, 2010, doi: 10.1038/nrm2820.

A. Zlotogorski, "Distribution of skin surface pH on the forehead and cheek of adults." Arch. Dermatol. Res., vol. 279, no. 6, pp. 398-401, 1987, doi: 10.1007/BF00412626.

S. Dikstein, and A. Zlotogorski, "Measurement of skin pH." Acta Derm. Yenereol. Suppl. (Stockh)., vol. 185, pp. 18-20, 1994.

H. Ohman, and A. Vahlquist, "The pH gradient over the stratum corneum differs in X-linked recessive and autosomal dominant ichthyosis: a clue to the molecular origin of the'acid skin mantle'?" J. Invest. Dermatol., vol. 111, no. 4, pp. 674-677, 1998, doi: 10.1046/j.1523-l747.1998.00356.x.

E. Proksch, J.-M. Jensen, and P. M. Elias, "Skin lipids and epidermal differentiation in atopic dermatitis." Clin. Dermatol., vol. 21, no. 2, pp. 134-144, 2003, doi: 10.1016/s0738-08lx(02)00370-x.

P. M. Elias, "S tratum corneum acidification: how and why?" Exp. Dermatol., vol. 24, no. 3, pp. 179-180, 2015, doi: 10.1111/exd.12596.

P. M. Elias, "The how, why and clinical importance of stratum corneum acidification." Exp. Dermatol., vol. 26, no. 11, pp. 999-1003, 2017, doi: 10.1111/exd.13329.

Y. Takagi, E. Kriehuber, G. Imokawa, P. M. Elias, and W. M Holleran, "β-Glucocerebrosidase activity in mammalian stratum corneum." J. Lipid Res., vol. 40, no. 5, pp. 861-869, 1999, doi: https://doi.org/I 0.1016/S0022-2275(20)32121-0

S. M. Ali, and G. Yosipovitch, "Skin pH: from basic science to basic skin care." Acta Derm. Yenereol., vol. 93, no. 3, pp. 261-267, 2013, doi: 10.2340/00015555-1531.

T. Mauro et al., "Barrier recovery is impeded at neutral pH, independent of ionic effects: implications for extracellular lipid processing." Arch. Dermatol. Res., vol. 290, no. 4, pp. 215-222, 1998, doi: 10.1007/s004030050293.

J. L. Parra, and M. Paye, "EEMCO guidance for the in vivo assessment of skin surface pH." Skin Pharmacol. Appl. Skin Physiol., vol. 16, no. 3, pp. 188-202, 2003, doi: 10.1159/000069756.

R. Darlenski, S. Sassning, N. Tsankov, and J. W. Fluhr, "Non-invasive in vivo methods for investigation of the skin barrier physical properties." Eur. J. Pharm. Biopharm. Off J. Arbeitsgemeinschaft fur Pharm. Yerfahrenstechnik e.V., vol. 72, no. 2, pp. 295-303, 2009, doi: 10.1016/j.ejpb.2008.11.013.

A. B. Stefaniak et al., "International guidelines for the in vivo assessment of skin properties in non-clinical settings: Part l pH." Ski. Res. Technol., vol. 19, no. 2, pp. 59-68, 2013, doi: 10.1111/srt. I 2016

J. L. Du Plessis, and A. B. Stefaniak, "Biometrology Guidelines for the In Vivo Assessment of Transepidermal Water Loss and Skin Hydration in Nonclinical Settings BT - Agache's Measuring the Skin: Non-invasive Investigations, Physiology, Normal Constants," P. Humbert, F. Fanian, H. I. Maibach, and P. Agache, Eds. Cham: Springer International Publishing, 2017, pp. 933-943.

S. Marrakchi, and H. I. Maibach, "Biophysical parameters of skin: map of human face, regional, and age-related differences." Contact Dermat., vol. 57, no. I, pp. 28-34, 2007, doi: 10.1111/j.1600-0536.2007.0I 138.x.

P. Kleesz, R. Darlenski, and J. W. Fluhr, "Full-body skm mapping for six biophysical parameters: baseline values at 16 anatomical sites in 125 human subjects." Skin Pharmacol. Physiol., vol. 25, no. 1, pp. 25-33, 2012, doi: I0.1159/000330721

J. Blaak, R. Wohlfart, and N. Y. Schurer, "Treatment of aged skin with a pH 4 skin care product normalizes increased skin surface pH and improves barrier function: results of a pilot study." J. Cosmet. Dermatol. Sci. Appl., vol. 01, no. 03, pp. 50-58, 2011, doi: 10.4236/jcdsa.2011.13009.

G. Yosipovitch, G. L. Xiong, E. Haus, L. Sackett-Lundeen, I. Ashkenazi, and H. I. Maibach, "Time-dependent variations of the skin barrier function in humans: transepidermal water loss, stratum corneum hydration, skin surface pH, and skin temperature." J. Invest. Dermatol., vol. 110, no. I, pp. 20-23, 1998, 10.1046/j.1523-1747.1998.00069.x.

M. J. Behne et al., "NHEI regulates the stratum corneum permeability barrier homeostasis. Microenvironment acidification assessed with fluorescence lifetime imaging." J. Biol. Chem., vol. 277, no. 49, pp. 47399-47406, 2002, doi: 10.1074/jbc. M204759200.

M. Mao-Qiang, M. Jain, K. R. Feingold, and P. M. Elias, "Secretory phospholipase A2 activity is required for permeabty barrier homeostasis." J. Invest. Dermatol., vol. 106, no. I, pp. 57-63, 1996, doi: 10.1111/1523-1747.epl2327246

R. Gruber et al., "Filaggrin genotype in ichthyosis vulgaris predicts abnormalities in epidermal structure and function." Am. Pathol., vol. 178, no. 5, pp. 2252-2263, 2011, doi: 10.1016/j.ajpath.2011.01.053.

J. L. du Plessis, A. B. Stefaniak, and K.-P. Wilhelm, "Measurement of skin surface pH." Curr. Probl. Dermatol., vol. 54, pp. 19-25, 2018, doi: I0.1159/000489514.

H. Lambers, S. Piessens, A. Bloem, H. Pronk, and P. Finkel, "Natural skin surface pH is on average below 5, which is beneficial for its resident flora." Int. J. Cosme!. Sci., vol. 28, no. 5, pp. 359-370, 2006, doi: 10.1111/j.1467-2494.2006.00344.x.

A. Sparavigna, M. Setaro, and V. Gualandri, "Cutaneous pH in children affected by atopic dermatitis and in healthy chdren: a multicenter study." Ski. Res. Technol., vol. 5, no. 4, pp. 221-227, 1999, doi: https://doi.org/10.1111/j.1600-0846.1999tb00134.x.

S. Seidenari, M. Francomano, and L. Mantovani, "Baseline biophysical parameters in subjects with sensitive skin." Contact Dermal., vol. 38, no. 6, pp. 311-315, 1998, doi: 10.1111/j.1600-0536. I 998.th05764.x

R. Adam, "Skin care of the diaper area." Pediatr. Dermatol., vol. 25, no. 4, pp. 427-433, 2008, doi: 10.1111/1525-1470.2008.00725.x.

27. W. D. Boothe, J. A. Tarbox, and M. B. Tarbox, "Atopic dermatitis: pathophysiology." Adv. Exp. Med. Biol., vol. 1027, pp. 21-37, 2017, doi: 10.1007/978-3-319-64804-0_3.

S. C. Dharmage, A. J. Lowe, M. C. Matheson, J. A. Burgess, K. J. Allen, and M. J. Abramson, "Atopic dermatitis and the atopic march revisited." Allergy., vol. 69, no. 1, pp. 17-27, 2014, doi: 10.1111/all.12268.

A. J. Lowe, D. Y. M. Leung, M. L. K. Tang, J. C. Su, and K. J Allen, "The skin as a target for prevention of the atopic march." Ann. Allergy, Asthma Jmmunol. Off. Publ. Am. Coll. Allergy Asthma Immunol., vol. 120, no. 2, pp. 145-151, 2018, doi 10.1016/j.anai.2017.I 1.023.

J. Kim, B. E. Kim, and D. Y. M. Leung, "Pathophysiology of atopic dermatitis: clinical implications." Allergy Asthma Proc., vol. 40, no. 2, pp. 84-92, 2019, doi: 10.2500/aap.2019.40.4202.

S. Seidenari and G. Giusti, "Objective assessment of the skin of children affected by atopic dermatitis: a study of pH, capactance and TEWL in eczematous and clinically uninvolved skin." Acta Derm. Yenereol., vol. 75, no. 6, pp. 429-433, 1995, 10.2340/0001555575429433.

B. Eberlein-Konig et al., "Skin surface pH, stratum corneum hydration, trans-epidermal water loss and skin roughness related to atopic eczema and skin dryness in a population of primary school children." Acta Derm. Venereol., vol. 80, no. 3, pp. 188-191, 2000, doi: 10.1080/000155500750042943.

M. Möhrenschlager et al., "The course of eczema in children aged 5-7 years and its relation to atopy: differences between boys and girls." Br. J. Dermatol., vol. 154, no. 3, pp. 505-513, 2006, doi: 10.1111/j.1365-2133.2005.07042.x.

S. G. Danby, and M. J. Cork, "pH in atopic dermatitis." Curr. Probl Dermatol., vol. 54, pp. 95-107, 2018, doi: 10.1 I 59/000489523.

Y. Hatano et al., "Maintenance of an acidic stratum corneum prevents emergence of murine atopic dermatitis." J. Invest. Dermatol., vol. 129, no. 7, pp. 1824-1835, 2009, doi: 10.1038/jid.2008.444.

H.-J. Lee, N. Y. Yoon, N. R. Lee, M. Jung, D. H. Kim, and E. H. Choi, "Topical acidic cream prevents the development of atopic dermatitis- and asthma-like lesions in murine model." Exp. Dermatol., vol. 23, no. 10, pp. 736-741, 2014, doi: 10.1111/exd.12525.

N. R. Lee, H.-J. Lee, N. Y. Yoon, D. Kim, M. Jung, and E. H. Choi, "Application of topical acids improves atopic dermatitis in murine model by enhancement of skin barrier functions regardless of the origin of acids." Ann Dermatol., vol. 28, no. 6, pp. 690-696, 2016, doi: 10.5021/ad.2016.28.6.690

H. Miajlovic, P. G. Fallon, A. D. Irvine, and T. J. Foster, "Effect of filaggrin breakdown products on growth of and protein expression by Staphylococcus aureus." 1. Allergy Clin Immunol., vol. 126, no. 6, pp. 1 184-90.e3, 2010, doi: 10.1016/j jaci.2010.09.015.

N. N. Schommer, and R. L. Gallo, "Structure and function of the human skin microbiome." Trends Microbiol., vol. 21, no. 12, pp. 660-668, 2013, doi: 10.1016/j.tim.2013.10.001

D. Y. M. Leung, "New insights into atopic dermatitis: role of skin barrier and immune dysregulation." Allergol. Int., vol. 62, no. 2, pp. 151-161, 2013, doi: 10.2332/allergolint.13-RAI-0564.

H. H. Kong et al., "Temporal shifts in the skin microbiome associated with disease flares and treatment in children with atopic dermatitis." Genome Res., vol. 22, no. 5, pp. 850-859, 2012, doi: 10.1101/gr.131029.111.

J.-P. Hachem et al., "Acute acidification of stratum corneum membrane domains using polyhydroxyl acids improves lipid processing and inhts degradation of corneodesmosomes." J. Invest. Dermatol., vol. 130, no. 2, pp. 500-510, 2010, doi:

10.1038/jid.2009.249.

M. Šikič Pogacar, U. Maver, N. Marčun Varda, and D. Mičetić-Turk, "Diagnosis and management of diaper dermatitis in infants with emphasis on skin microbiota in the diaper area." Int. J. Dermatol., vol. 57, no. 3, pp. 265-275, 2018, doi: 10.1111/ijd.13748.

A. Bonifaz et al., "Superficial mycoses associated with diaper dermatitis." Mycopathologia., vol. 181, no. 9-10, pp. 671-679, 2016, doi: 10.1007/sl 1046-016-0020-9.

F. Rippke, E. Berardesca, and T. M. Weber, "pH and microbial infections." Curr. Prob!. Dermatol., vol. 54, pp. 87-94, 2018, doi: 10.1159/000489522.

H. H. Leveen et al., "Chemical acidification of wounds. An adjuvant to healing and the unfavorable action of alkalinity and ammonia." Ann. Surg., vol. 178, no. 6, pp. 745-753, 1973, doi: 10.1097/00000658-197312000-000I I.

B. S. Nagoba, N. M. Suryawanshi, B. Wadher, and S. Selkar, "Acidic environment and wound healing: A review."Wounds. vol. 27, no. 1, pp. 5-11, 2015.

J. Wohlrab, and A. Gebert, "PH and buffer capacity of topical formulations." Curr. Prob!. Dermatol., vol. 54, pp. 123-131, 2018, doi: 10.1159/000489526.

L. Baranda, R. Gonzalez-Amaro, B. Torres-Alvarez, C. Alvarez, and V. Ramfrez, "Correlation between pH and irritant effect of cleansers marketed for dry skin." Int. J. Dermatol., vol. 41, no. 8, pp. 494-499, 2002, doi: 10.1046/j.1365-4362.2002.0l 555.x.

J. W. Fluhr, J. Kao, M. Jain, S. K. Ahn, K. R. Feingold, and P. M. Elias, "Generation of free fatty acids from phospholipids regulates stratum corneum acidification and integrity." J. Invest. Dermatol., vol. 117, no. I, pp. 44-51, 2001, doi: 10.1046/j.0022-202x.2001.01399.x.

K. P. Ananthapadmanabhan et al., "pH-induced alterations in stratum corneum properties." Int. J. Cosme!. Sci., vol. 25, no. 3, pp. 103-112, 2003, doi: I0.!046/j.1467-2494.2003.00176.x.

S. Schreml, M. Kemper, and C. Abels, "Skin pH in the elderly and appropriate skin care." Eur Med J Dermatol., vol. 2, no. November, pp. 86-94, 2014.

A. V Rawlings et al., "Effect of lactic acid isomers on keratinocyte ceramide synthesis, stratum corneum lipid levels and stratum corneum barrier function." Arch. Dermatol. Res., vol. 288, no. 7, pp. 383-390, 1996, doi: 10.1007/BF02507 I07.

A. Kilic et al., "Skin acidification with a water-in-oil emulsion (pH 4) restores disrupted epidermal barrier and improves structure of lipid lamellae in the elderly." J. Dermatol., vol. 46, no. 6, pp. 457-465, 2019, doi: 10.1111/1346-8138.14891.

第 37 章

化妆品配方

护肤配方：新趋势

研发适用于各类消费者的新一代护肤品是一个巨大的挑战。就像现在市场上各年龄群体购买大量产品一样，护肤品消费者的需求和欲望也变得越来越多样化。因此，在高度竞争的市场环境中，配方预规划是开发成功产品的必要前提。除了人口日益多样化，还包括预期寿命的提高和生活方式的多样化。这决定了每种成分的选择都必须具有其功能性目的，而不仅仅是为了营销宣传。这对于所有形式的皮肤护理和彩妆都是非常重要的。

现在，美妆消费市场由四代人群主导。婴儿潮一代（年龄在54～72岁）是典型的太阳崇拜者，他们寻求有效的护肤品，使其皮肤外观和感觉良好。这一代人开创了肉毒毒素市场。千禧一代（年龄在23～38岁）倾向于追求透明度、成分的可追溯性和可持续性。他们更喜欢使用带有环保标签并且成分来源符合伦理的产品。千禧一代更喜欢目的导向的品牌，而不是"权威"导向的品牌。他们喜欢有故事性的产品，这些产品描述了其成分来源和加工方式。

年龄在35～55岁的X世代通常担心皱纹的出现和皮肤弹性的丧失。这一代人很可能通过注射肉毒毒素等药物来治疗衰老症状，并更倾向于在专卖店或当地药店购买化妆品，而不是百货商店。市场研究表明，他们往往不关心产品中的成分来源；更关心产品成分是否含有潜在过敏原，并且更倾向于使用他们熟知的成分。

相较于前几代人，Z世代（8～22岁）的种族多样性更为显著。这一代人对电脑非常熟悉，更愿意在网络上花费更多时间来研究个人产品。他们对特定性别的产品标签不太关注，更注重寻找可生物降解包装和含环保成分的化妆品。现在，"独立品牌"已成为一种流行趋势，旨在推广"绿色环保"化妆品。这种趋势的重要组成部分是设计无硅配方的产品，即那些被认为是天然或天然来源的，含有少量可持续和多功能成分的配方。在设计这种产品时，制造商必须能够记录产品中所有成分来源和制造过程，以确保产品的安全性和可持续性，并与消费者分享环保至上的价值观。

可持续和环保的美妆趋势

1990年，美国国会通过了《污染预防法案》。这项法律的目的是减少美国工业每年产生的数百万吨污染物。该法案鼓励通过对生产、操作和原材料使用进行成本效益的改变，从源头上减少或防止污染。这项法案倡导减少产生废物的供应源，而不是依靠废物管理和污染控制来解决问题。在加工过程中减少废料需要修改现有的生产、技术以及重新配方/重新设计制造的产品。环境保护署（environmental protection agency，EPA）负责执行这项立法。

配方前规划

在进行实验室中的配方工作前，规划好配方流程至关重要。应当明确项目目标并提出产品的益处和宣称，同时考虑未满足的需求是什么、技术是否足以满足需求，并且是否在所需预算限制范围内。在开始实验前，进行知识产权调查以确保不存在专利问题。此外，还应当寻找符合天然、环保美容趋势的成分，许多资源可用于确定这些成分。尽管对于天然或天然同等的成分尚无普遍接受的定义，但在美国，商业改进局（BBB）的国家广告部（NAD）负责监督制造商对其产品的性能导向宣称。如果这些宣称被确定为无证据，制造商可能会被要求承担巨额的经济罚款。例如，NAD曾向一家产品制造商发出警告，该产品据称含有改善情绪功效的天然精油，同时也发布了其他关于天然防晒霜的警告。在缺乏全球标准的情况下，一些资源可用于指导配方师使用被认为是天然、天然同等、可持续和有机的成分。这些资源包括ISO 16128、COSMOS标准和ECOCERT认证。美国的药物宣称由食品药品监督管理局监管，欧盟的欧洲委员会由SCCS提供指导。委员会就非食品消费品及其成分（包括个人护理产品、化妆品和人工美黑产品）的健康和安全风险提供意见。在2020年9月，SCCS的一个小组委员会更新了关于"临界"化妆品的科学意见。该小组委员会成员包括欧洲委员会、欧洲化妆品成分联盟（European Federation for Cosmetic Ingredients，EFfCI）、国际日用香料香精协会（International Fragrance Association，IFRA）、国际天然和有机化妆品协会（the International Natural and Organic Cosmetic Association，NATRUE）、欧洲化妆品成分工业和服务组织（European Organization of Cosmetic Ingredients Industries and Services，Unitis）以及欧洲工艺与中小企业协会（European Association

of Craft，Small and Medium-sized Enterprises，UEAPME）的代表。这些成员定期发布化妆品成分的指导声明，以解决安全问题。最近，该小组委员会发布了关于抗皱产品是化妆品还是药品的声明（指令76/768/EEC的附件Ⅰ和化妆品法规的摘录7），这些决定是基于具体情况做出的。

乳化剂类护肤品概述

环保清洁运动并未改变化学维度的基本原则。高质量、美观的产品对于所有世代的消费者都十分重要。需要谨记NAD在美国的权威地位，对于宣称的"绿色"、不含防腐剂和其他"无"的产品都应接受NAD的评估。如果这些宣称无法得到适当的检测和科学支持，那么该公司可能会面临法律诉讼和巨额罚款。

不同类型的乳化剂

表面活性剂，即乳化剂，可用于各种化学类型。最常见的乳化剂包括非离子型、疏水型、亲脂型、乙氧基化型和非乙氧基化型。近年来，一个趋势是降低表面活性剂的用量，甚至回避表面活性剂以最大限度地减少配方的刺激性。为了满足当前的消费趋势，可以使用各种技术来配制具有降低刺激性的产品。配方设计师可以参考ISO 16128、ECOCERT和NATRUE等资源，根据其既定定义识别可能符合"天然"的乳化/表面活性剂成分。一个以天然为基础成分的例子是从植物油和葡萄糖中提取的烷基葡萄糖苷，这些成分被用于沐浴产品、清洁和皮肤护理产品。此外，聚甘油-3二异硬脂酸酯也是ISO 16128下认为天然的润肤剂和乳化剂。

保湿霜和乳液的配制

乳化剂是化妆品配方化学家常用的成分，可以将不相容的油性和水性成分组合成一种有效的化妆品。对于产品的开发，选择适当的原材料和采用的技术至关重要。常见的乳化剂分为离子型（包括阴离子型和阳离子型）和非离子型，其作用取决于其独特的化学结构。每种乳化剂都由亲水性和亲脂性两部分组成，其中亲水性部分可以是多羟基醇和聚乙烯链，而亲脂性部分则可能是长烃链，如脂肪酸、环烃或两者的组合。非离子型制剂通常具有由羟基和醚键产生的亲水作用，例如聚氧乙烯链，因此非离子型乳化剂可以被认为是"配方友好型"，可以与其他表面活性剂类型一起使用，以制备从酸性到碱性的各种产品，使化妆品配方师在活性成分和pH值的要求方面具有更大的灵活性。使用非离子型乳化剂进行W/O型或O/W型乳化剂的配制，可以减轻W/O型乳化剂的油腻感。

目前全球市场上有数千种乳化剂可供选择，选用最佳制剂是配方师的关键责任。化妆品和药品工业中广泛使用的许多乳化剂是基于亲水-亲脂平衡（HLB）值进行分类的体系。这个体系于20世纪50年代中期开发出来，是乳化剂选择的有用起点。在该体系中，每种具有特定HLB值的表面活性剂用于乳化油相，以形成稳定的乳液。通过使用与油相所需HLB相匹配的乳化剂或乳化剂组合，通常可以形成稳定的乳剂。然而，该方法的局限性在于许多化妆品成分所需的HLB数据并不完整，乳化剂组合提供的适当理论HLB值有时可能不是乳剂稳定性或产品性能的最佳组合。因此，其他乳化剂可能更有效，可以提供更优质的配方和更佳的功效。此外，理论HLB值可能无法适用于复杂混合物，因为其值可能不遵循计算中规定的线性相加规则，因此HLB体系设计更适用于非离子表面活性剂。在引入新的植物油时，可能无法获得其HLB值，因此需要在实验室进行反复试验。此外，配方师还需要进行反复试验，以找到期望的理想黏度。

在这个分类体系中，相对于HLB为4的乳化剂，HLB为10的乳化剂展示出更强的水溶性。对于脂肪酸酯类的非离子型洗涤剂：

$$HLB = 20 \cdot 1 - s/a$$

s=洗涤剂皂化值，表示洗涤剂中所含的皂化物的质量

a=洗涤剂脂肪酸部分的酸值，指的是洗涤剂中脂肪酸的含量

对于乙氧基化酯类和醚类，当皂化值未知时，

$$HLB = (E+P)/5$$

E=环氧乙烷在分子的相对分子质量百分比

P=多元醇在分子的相对分子质量百分比

若疏水部分含有酚类和单醇类，但不含多元醇，或者亲水部分仅含有环氧乙烷，则该方程可以被简化

$$HLB = E/5$$

大部分非离子型乳化剂属于这一类。在产品规格中，制造商最常使用后一种公式（表37.1）来提供HLB值。

表 37.1　HLB 范围与水溶性的关系

水溶度	HLB 范围
在水中无分散性	1 ~ 4
分散不匀	3 ~ 6
搅拌后呈乳白色分散	6 ~ 8
稳定乳状分散	8 ~ 10
半透明至透明色散	10 ~ 13
明确的解决方案	13+
HLB	应用程序
4 ~ 6	W/O 乳化剂
7 ~ 9	润湿剂
8 ~ 18	O/W 乳化剂
13 ~ 15	洗涤剂
10 ~ 18	增溶剂

缩写：HLB，亲水 - 亲脂平衡；W/O，水包油；O/W，水包油；资料来源：ICI 美洲公司 HLB 系统。特拉华州威尔明顿 1984

阴离子混合非离子乳化剂可以制得最优质的乳液，而阳离子型乳化剂和非离子乳化剂混合起来可能无法达到同样的效果。非离子乳化剂的例子包括醇乙氧基酯、烷基酚乙氧基酯、嵌段聚合物（两种常见产品为INCI：泊洛沙姆

406和INCI：泊洛沙姆188）、乙氧基化脂肪酸、山梨醇酯、乙氧基化山梨醇酯和乙氧基化蓖麻油。非离子表面活性剂在水中的溶解度通常可以作为近似HLB和实用性的指导。

O/W型乳剂

O/W型乳剂的油相通常占10%～35%的比例，但低黏度乳液的油相比例可降低至5%～15%。水相作为乳剂外相有助于滋润皮肤角质层。为了使乳剂中包含水溶性活性成分，将它们纳入媒剂中是明智之举。乳剂中油滴的密度比所悬浮的相密度低。为了保持乳剂的稳定性，调整油相和水相的比重是至关重要的。增加水相的黏度可以阻止油颗粒上升。尽管向油相中添加蜡脂会增加乳剂的密度，但这可能会对产品的外观、质地和触感产生不利影响。因此，最常用的方法是增加水相的黏度，通过使用天然增稠剂如海藻酸盐、卡拉胶（黄原胶）和纤维素（例如羧甲基纤维素）来实现这一目的。

卡波姆®（Carbopol®）树脂是一种常用的胶增稠剂，可提高乳剂的稳定性，特别是在较高温度下。将脂肪胺（如三乙醇胺）添加至卡波姆树脂中，通过部分溶解至油滴中来加强水相和油相的界面，从而进一步提高稳定性。电解质和阳离子材料会对阴离子乳化剂羧甲基纤维素钠产生不稳定作用，不宜同时使用。铝硅酸镁盐®（Veegum）是一种无机硅酸铝材料，也常用于增稠乳剂。卡波姆和铝硅酸镁盐可一起使用，以改善产品在皮肤表面摩擦时的阻力特性。这种情况通常发生在使用较高水平的卡波姆时。

为形成O/W型乳剂，应使用HLB值在7～16之间的乳化剂共混物。在共混体系中，应该选择亲水性乳化剂为主导乳化剂，以获得最佳的乳化效果。一种热门的乳化剂是单硬脂酸甘油酯和聚氧乙烯硬脂酸酯的混合物，这种混合物可以自乳化并且酸稳定。当添加辅助的阴离子或非离子乳化剂以使配方更易乳化时，乳化剂被称为自乳化。使用含非离子乳化剂的自乳化材料进行配方，可为配方师提供广泛的成分选择，特别是在酸性体系中。对于碱性配方，最好选择聚氧乙烯醚型乳化剂来提高乳化稳定性。

单硬脂酸甘油酯自乳化乳化剂的替代品是乳化蜡NF，符合国家处方集标准。使用乳化蜡NF和脂肪醇一起配制，可以通过其他油相成分的帮助从黏稠液体转变为乳膏。浓度水平可能从2%～15%不等；在较低的浓度水平下，二级乳化剂如烯醚（油醇的聚乙二醇醚）或聚乙二醇甘油酯将提供良好稳定性。该体系有利于稳定电解质乳剂或其他离子材料配制至媒剂。聚山梨醇酯是O/W型乳化剂、润湿剂和增溶剂，常与0.5%～5.0%的十六烷基醇或硬脂醇一起用于生产O/W型乳剂。

油包水型乳剂

尽管不如O/W型乳剂那么受欢迎，但在需要释放更大活性药物制剂或更强润肤性的情况下，这些体系可能更可取。通常选择HLB范围为2.5～6的乳化剂。当使用多种乳化剂时，主要的乳化剂通常是亲脂性的，而亲水乳化剂的用量较少。这些乳剂通常含有45%～80%的油相。

润肤剂是用于光滑干燥、粗糙皮肤的外用剂。选择合适的润肤剂取决于材料在皮肤表面的扩散能力，如低黏性、皮肤相容性好，并被用户感知到舒适。一些研究人员认为，这种舒适效果的实现与润肤剂分子量有关。这些研究表明，W/O乳霜的黏度与测试配方中所使用的润肤剂分子量有关。共乳化剂和润肤剂分子量较高时，可以获得更稳定的W/O乳剂。润肤剂的极性也很重要。中等极性的润肤剂或润肤剂混合物为测试乳液提供最理想的稳定性结果。阴离子乳化剂通常不是 W/O 乳剂的有效稳定剂，因为通常需要更多的表面活性剂来稳定这些乳剂。山梨醇硬脂酸酯和油酸酯在 0.5%～5.0% 时为有效乳化剂；它们作为支链材料可使 W/O 乳剂的粒径均匀。表 37.2 列出了不同类型的乳剂。

表 37.2　媒剂类型示例

乳剂类型	举例
W/O	冷霜、洁面霜或晚霜（隔夜霜）
O/W	常见的保湿霜、手部和身体乳液
油质性	凡士林
水溶性	聚乙二醇软膏
水凝胶	润滑胶；胶凝剂如卡波姆、羟乙基纤维素和硅酸镁铝可用于配方
吸收基质	亲水矿脂；这些载体可能含有可作为 W/O 乳化剂的原料，使得大量的水以乳化液滴的形式被合并

缩写 W/O 代表油包水，而 O/W 则代表水包油。这一定义出自 Gennaro, A.R 编辑的《药物应用》，该书发表于 1980 年，收录在麦克出版公司位于宾夕法尼亚州的《雷明顿制药科学》第 18 版

多重乳剂

皮肤护理产品配方师对多重乳剂十分感兴趣，因为这些配方的整体外观优雅，且没有油腻感。皮肤护理产品中常见的两种多重乳剂类型是 W/O/W 和 O/W/O。前者是内部和外部的水相被油分开，后者是水相将两种油相分开。每种多重乳剂的制备方法都非常相似。

这些类型的配方声称有多种好处，例如内部相包裹的物质能够持续释放，并且同一配方中的各种不相容成分可以分离。

形成 W/O/W 乳剂的传统方法是先将水作为第一相，油和亲脂性乳化剂作为第二相，形成 W/O 初级乳剂。然后在室温或 40℃ 的条件下，将水和亲水乳化剂与 W/O 初级乳剂混合，形成 W/O/W 多重乳剂。这些乳剂通常含有 18%～23% 的油和 3%～8% 的亲脂乳化剂，而连续油相则通常用 0.1%～2.0% 的硫酸镁来稳定。W/O 乳化

剂的 HLB 值＜6，通常是非离子型或聚合物型。O/W 乳化剂的 HLB 值通常＞15，是具有高界面活性的离子型乳化剂。对于 O/W/O 多重乳剂，W/O 乳化剂的 HLB 值＜6，与 W/O/W 乳化剂的性质相似。而 O/W 乳化剂的 HLB 值＞15，则通常是非离子型且界面活性较低的。

乳化剂选择注意事项

以上所举的乳化剂实例，阐述了乳剂化学的一般原理。配方师应确认为产品定位选择最合适的成分。对于一款具有环保意识的清洁产品，应确保每种成分都符合上述规定的标准。当与阴离子或阳离子乳化剂配制时，天然成分可能含盐，这是相互作用的潜在因素，因此会导致不稳定性。重要的是要意识到阴离子和阳离子乳化剂对电解质的高度敏感性。过量的盐会导致配方不稳定。芦荟、海藻提取物、PCA 钠和许多其他天然水提取物中经常发现含有盐类。

尽管乙氧基化乳化剂在护肤品中广泛应用，但它在"天然"护肤品中的应用已变得不受欢迎。一些替代方案可实现清洁和天然的概念，例如，由脂肪酸或甘油三酯酯化形成的聚甘油酯。聚甘油酯可用于增溶、增稠和乳化，并具有优异的润肤和保湿性能。该酯类可从植物来源获取，属于非离子型且可与各种润肤剂和共乳化剂兼容，以促进稳定乳剂的整体外观。护肤品的消费者希望涂抹于皮肤表面的产品看起来美观，这意味着产品不应该显得太油或太干。当产品应用于皮肤时，人们期望产品触感光滑、不油腻或黏腻，并使皮肤看起来光滑、感觉柔软。此外，产品气味必须让消费者在容器里和皮肤表面感到愉悦。如果产品不含香味，产品和成分的气味评价变得更加关键。

硬脂酰谷氨酸钠是阴离子乳化剂的一个案例，具有良好的电解质兼容性，可形成 O/W 乳剂。它源自天然可再生原料，并具有各种认证，

包括COSMOS和ECOCERT（详见表37.4）。

表 37.3　乳化剂的示例

非离子	
聚氧乙烯脂肪醇醚	从极疏水到微疏水
聚乙二醇脂肪酸酯	从极疏水到微疏水
聚氧乙烯改性脂肪酸酯	亲水性从强到弱
胆固醇和脂肪酸酯	微亲脂性到强亲脂性
甘油二月桂酸酯	次级乳化剂
乙二醇硬脂酸酯	次级乳化剂
阴离子	
磺基琥珀酸酯	
磺琥辛酯钠	
醇醚硫酸盐	
烷基芳基磺酸钠	
阳离子	
聚乙二醇烷基胺	
季铵盐	
自乳化基（O/W 乳剂形式）	
PEG-20 硬脂酸酯和鲸蜡醇	
鲸蜡醇和聚山梨酸酯 20	
甘油硬脂酸 SE	
吸收基质	
羊毛脂醇、矿物油和辛十二醇	
凡士林，石英和矿物油	

注：PEG：聚乙二醇；SE：自乳化

表 37.4　润肤和皮肤调理成分及其功能的实例

成分	使用水平（%）	评价
酯类软肤剂	5 ~ 25	改善矿物油和凡士林油的油性、油腻感，给皮肤带来轻至中度的触感
甘油三酸酯油	5 ~ 0	轻到重的手感，常用作涂抹剂
矿物油 / 凡士林油	5 ~ 70	厚重、油性感觉，并适当的载体提供封闭
硅酮油	0.1 ~ 15.0	有助于防止皂化配方，改善在皮肤表面的扩散，具有防水特性并具有皮肤保护特性
保湿剂（甘油、丙二醇、山梨醇和聚乙二醇）	0.5 ~ 15.0	保湿特性有助于延缓配方中水分的蒸发，控制黏度，并影响乳剂的本体和手感
增稠剂（卡波姆、铝硅酸镁盐）	0.1 ~ 2.00	帮助获得黏度，增强稳定性和体胶剂

无乳化剂的皮克林乳剂

乳剂可通过表面活性剂或聚合物进行稳定。1907年，化学家斯宾塞·皮克林（Spence Pickering）描述了一种与乳液相关的现象，即乳剂是由吸附在水油相界面上的固体颗粒稳定的。皮克林注意到，如果油水混合形成小的油滴并分散于水中，随着时间的推移，油滴会聚集在一起，从而降低体系中的能量。但是，如果在体系中添加固体颗粒，它们会与界面表面结合，阻止液滴聚结，并帮助形成稳定的乳剂。部分疏水的颗粒是更好的稳定剂，因为它们部分能够被两种液体湿润，并能更好地与液滴表面结合。皮克林稳定剂的一个例子是均质乳。皮克林乳剂的使用使配方师能够并入由于相容性问题，不能被纳入基于表面活性剂配方的多种天然和生物材料。制备皮克林乳剂还具有其他优势，因为可以使用多种加工设备和节能程序。表37.3列出了一些乳化剂的实例，可以用于配制O/W型和W/O型乳剂。

润肤酯和润肤剂

化学上，酯是由酸和醇形成的共价化合物。酯可以由无机酸、羧酸以及任何一种醇合成。在化妆品乳剂中，酯具有多种功能，包括作为润肤剂、皮肤调理剂、溶剂、芳香化合物和防腐剂。

最近，润肤酯已被广泛应用于化妆品乳剂中，用以替代更昂贵的硅酮，以提供美学效益。酯可以与硅酮配制，从而增强乳剂的稳定性，并为皮肤提供更佳的触感。酯还可以作为共乳化剂，提供如前所述的美学感受，并改善保湿剂的水合性能。

酯的性质反映了其两种起始材料的烷基链长度和结构。因此，不同类型的酯具有不同的润肤性能。

短链脂肪醇或酸的单酯具有轻薄感。支链酯则不会让皮肤感觉油腻。而季戊四酯等化学性质更复杂的酯则会使皮肤有一种"软垫感"。酯的结构组成也会影响其在皮肤表面的扩散行为。支链酯通常具有较高的扩散因子。随着分子量的增加，扩散将逐渐减少。润肤酯的选择会影响乳剂的黏度，或通过改善质地和配方美学，或在配方不正确的情况下从乳剂中损耗，具体请见下文。在配制涂覆颜料时，必须确保所选酯与涂料相容。此外，还要考虑成品的pH值。当pH值＜3.4时，酯类会趋向水解，可能会导致产品散发不良气味。选择正确的润肤剂可以显著影响配方的感官性质。润肤剂不仅对皮肤有益，还对皮肤表面的扩散和美观产生影响。可以使用符合清洁和天然概念的植物衍生酯。例如，PPG-3异硬脂基甲基醚是硅酮的潜在替代品。另一个例子是椰油醇-辛酸酯/癸酸酯（coco-caprylate/caprate），这是一种天然的润肤剂，具有非油性的皮肤感觉，制造商宣称其具有持久的皮肤护理功效。

其他成分

消费者常认为，面霜或乳剂的好处在于水分和其他挥发性物质蒸发后留在皮肤表面的成分。为此，润肤剂和其他皮肤调理剂常被使用。以下是常见的用于局部应用后改善乳剂在皮肤感觉的成分（详见表37.4）。

防腐体系

大部分的配方需要防腐剂体系来控制微生物生长，以避免病原微生物的污染对消费者构成健康风险。此外，微生物污染也可能导致乳剂分离或产生难闻的气味。如果产品被污染，将会被召回，这对商业来说是不利的。

防腐剂通常可分为两类：产甲醛和非产甲醛的防腐剂。前者包括1, 3-二羟甲基-5, 5-二甲基海因（DMDM海因）、二唑烷基脲、咪唑烷基脲和季铵盐15，而对羟基苯甲酸甲酯类（苯甲酸酯）、苯氧乙醇、甲基异噻唑啉酮和碘丙炔基正丁氨基甲酸酯则是非产甲醛的防腐剂，其通过替代机制来发挥作用。建议配方师咨询合适的防腐剂制造商，为乳剂选择最佳的防腐剂体系。

脱水（无水）产品通常不需要添加防腐剂，因为它们不容易受到微生物污染。这包括润唇膏和无水身体黄油。特殊情况是可能与水接触的无水产品（例如，用湿手指涂抹的身体磨砂膏或清洁膏）。对于这些类型的产品，需要非常小心使用，尽量不要在使用过程中将水带到产品内，或者最好在产品中添加防腐剂。因此，大多数无水产品也应进行微生物生长试验，以确保产品的安全性。

天然防腐剂

最近，化妆品行业开始大幅减少对羟基苯甲酸甲酯作为防腐剂的使用。对羟基苯甲酸甲酯是化妆品行业的主要防腐剂，其是人工合成的，但在少数植物中也可获取。目前，尚无天然广谱防腐剂可在细菌、酵母和霉菌的生长中提供保护，但相关技术正在改进中。化妆品配方师必须确保其防腐体系的选择符合行业已建立的微生物防腐标准，同时保证配方通过稳定性标准，并保留美学属性，包括优雅的外观和在预期保质期内无异味。目前符合ECOCERT和COSMOS标准的天然防腐剂包括苯甲醇、水杨酸、甘油和山梨酸的混合物。另外，苯甲醇和脱氢乙酸的混合物也是一种选择。Naticide®（INCI：香精和芳香剂）是一种有趣的植物性防腐剂，用于防止微生物污染。据称，这种材料是以植物为基础的，具有香草和杏仁的香味，能有效抵御微生物污染，并提供良好的产品稳定性。该材料可在pH值为4~9的各种化妆品中以0.3%~1.0%的比例使用，但作为单一防腐剂使用时。

未来的配方挑战

药妆成分已经流行多年，不断有新的化妆品活性物质被发现。其中，许多活性成分虽然有极好的体外数据支持功效宣称，但往往缺乏临床数据。此外，配方师通常会在现有载体中配制活性物质，而不是采用配方优化的策略。消费者对功效性化妆品的需求日益增长。无法满足消费者期望的产品难以在市场上长期成功。

未来的配方挑战包括：

确定最佳的乳化剂体系，以有效地将所需成分通过角质层输送到活性表皮，突破皮肤渗透的主要屏障（分配系数和渗透极性）。

确定符合清洁美容理念的新颖成分，对环境的碳足迹最小，真正天然、多功能，并且与产品中的其他成分相容。

不断提高皮肤分子生物学知识，特别是关于产品在身体上使用的预期区域。

原文参考文献

Evolving Perspectives of Beauty: GenZ, Millennials and Boomers. Source URL: https://www.beautypackaging.com/contents/view_experts-opinion/2018-08-02/evolving perspectives-of-beauty-genz-millennials-and-boomers: accessed October 28, 2020.

What 4 Generations Look for in Natural Personal Care Products. Source URL: https://www.newhope.com/beauty and-lifestyle/what-4-generations-look-natural-personal-care products: accessed May 5, 2020.

Summary of the Pollution Prevention Act. United States Environmental Protection Agency. Available at URL: https://www.epa.gov/laws-regulations/summary-prevention-act: accessed May 5, 2020.

Epstein H. Pre-Formulation Design and Consideration. In: Dayan N ed. Handbook of Formulating Dermal Applications: A Definitive Practical Guide. Austin: Scrivener Publishing, 2017, 1-27.

European Commission. Internal Market, Industry, Entrepreneurship and SMEs: Scientific and Technical Assessment. Source URL: https://ec.europa.eu/growth/sectors/cosmetics/assessment_en, accessed July 10, 2020.

European Commission. Scientific Committee on Consumer Safety. Source URL: https://ec.europa.eu/health/sites/health/files/scientific_committees/consumer_safety/docs/sccs_o_224.pdf.

Emulsification of Basic Cosmetic Ingredients. ICI United States, Inc., 102-6, 8/75.

Boyd J, Parkinson C, Sherman P. Factors Affecting Emulsion Stability and the HLB Concept. J Colloid Interface Sci 1972, 42(2): 359-370.

Dejmek P, Timgren A, Sjöö M, Rayner J. Assignee: Speximo AB, EP2651243A1, 2010.

International Cosmetic Ingredient Dictionary and Handbook, 9th ed. Washington, DC: The Cosmetic, Toiletry and Fragrance Association Inc., 2002.

Croda Bulletin DS-173 R-1, October 23, 2003.

Obukowho P, Woldin B. Selecting the Right Emollient Ester. Cosmet Toilet 2001, 116(8): 61-72.

Sinerga. Source URL: https://www.sinerga.it/en, accessed October 10, 2020.

Wiechers JW, Kelly CL, Blease TG, Dederen J. Formulating For Efficacy. Cosmet Toilet 2004, 119(3): 49-62.

第 38 章

化妆品中的硅酮

各种聚合物技术的独特化学特性

硅酮循环周期

硅酮是指许多有机硅聚合物的一般名称，其骨架由无机硅氧烷（Si—O）组成，悬挂有机基团（通常为甲基—CH），形成其独特的理化性质（见图38.1）。硅是硅酮的原始材料，虽然硅在自然界中不存在，但是硅元素（元素周期表中的Si）是地球上仅次于氧的第二大元素。硅存在于石英砂中，甚至存在于某些植物外壳中的SiO形式。硅酮的制备分为3个步骤，即氯硅烷合成、氯硅烷水解、聚合和缩聚，从而产生无限的硅酮流体、弹性体、凝胶和树脂。

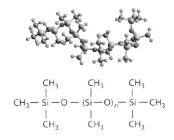

$$CH_3—Si—O—(Si—O)_n—Si—CH_3$$

图 38.1 硅酮的独特化学结构：聚二甲基硅氧烷（PDMS，二甲硅油）

由于硅酮在不同环境中发生降解，因此个人护理产品中使用的硅酮会受到影响。挥发性化合物会被分解到大气中，而非挥发性化合物则会在土壤和沉积物中降解。这两种情况的降解都包括两个步骤，第一个是非生物步骤，第二个是生物步骤，产生无机成分、二氧化碳、硅酸和水。

无机硅氧烷骨架和悬挂有机基团

硅氧烷骨架的主要作用是让甲基发挥最佳的优势。这是因为硅氧烷骨架具有独特的灵活性。相较于C—C键的长度（0.154 nm）和C—C—C键角（112°），Si—O键的长度（0.163 nm）和Si—O—Si键角（130°）更加平坦，因此旋转的阻力很小。硅氧烷骨架的灵活性使得聚合物可以呈多种方向，同时提供了"自由空间"，可以容纳不同大小的取代基，或者使气体分子更容易扩散。甲基还可以使聚合物表面张力减小，并使硅酮成为防水材料，从而提高其抗冲蚀性、改善磨损性和实用性。

此外，由于甲基之间的分子间作用力较小，硅氧烷骨架的灵活性对硅酮的整体性能产生了深远的影响。这种影响表现为物理参数会随着温度和分子量的微小变化而发生变化，硅酮流体的凝固点较低、流动点较低、具有高压缩性，在异常高的分子量下仍然保持液体性质。Si—O键的特点是其键能较高（108 kcal/mol），远高于C—C键（83 kcal/mol），这为聚合物提供了高强度的耐热性和抗氧化性，确保配方体系的稳定性。

化妆品的关键成分

20世纪50年代，硅酮首次被应用于化妆品和洗涤用品行业。当时，低水平的中等黏度线性硅氧烷技术被用于防止肥皂类护肤液在擦拭过程中产生"皂化"效应。自那时起，硅酮的使用范围快速扩展到几乎所有领域，如今仍是化妆品行业中不可或缺的关键成分之一。据统计，2021年全球推出的所有新产品中有30%以上含有硅酮（见图38.2）。尽管功能性硅酮技术仍然是实现重要个人护理效益的选择成分，但随着化妆品行业使用生物可降解、生物来源或生物衍生物的趋势日益流行，硅酮材料供应商也扩大了产品组合，提供可再生或生物基溶剂中的硅酮技术。

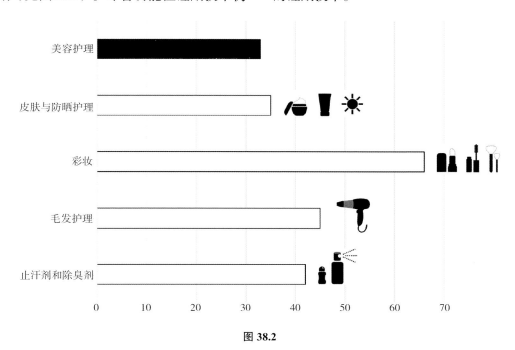

图 38.2

根据参考文献提供的数据，图 38.2 展示了化妆品中硅酮的使用量以及各个细分市场中含硅产品的比例，时间为 2021 年

从低分子量到高交联材料

化妆品行业中的硅酮可根据其分子量、分支和（或）交联程度进行分类。其中，二甲硅油（又称聚二甲基硅氧烷，polydimethylsiloxane，PDMS）是化妆品中应用最广泛的硅流体材料之一。根据分子量不同，二甲硅油可分为挥发性和非挥发性2种类型。

1. 挥发性硅酮包括环状硅氧烷（又称环硅氧烷或环二甲基硅酮）和低分子量线性聚二甲基硅氧烷。这些硅酮可单独使用，也可相互混合以调整其流动性。挥发性硅酮是非常好的溶剂，可用作难以处理的高分子量线性、支链和交联硅酮的载体。环二甲基硅酮在美国被归类为非挥发性有机化合物（non-volatile organic compounds，non-VOCs）。

2. 硅酮液体是指平均分子量（molecular weight，Mw）从700到超过100 000的二甲硅油。非挥发性二甲硅油以流体形式存在，黏度低至5.0 mm^2/s。它们是化妆品中应用最广泛的硅酮材料之一，并表现出独特的物理特性，能有效调理和保护毛发和皮肤，改善配方的感官属性。

3. 硅胶是一种高分子量硅氧烷流体技术，可为三甲基硅烷封端（即二甲硅油）或末端以羟基（—OH）封端（即二甲硅油）。硅胶可与挥发性或非挥发性硅酮或有机溶剂混合使用。通常将硅胶乳化以便于处理和在配方中掺入。专门的乳液聚合物技术可生产超高分子量线性硅酮乳液，其内部黏度优于1亿mm^2/s。硅胶混合物被广泛用于免洗护发产品，以改善护发效果、增强光泽、控制头发卷曲或保护头发。

4.硅弹性体（二甲硅油和二甲硅油/乙烯基二甲硅油交联聚合物）是线性硅氧烷技术，交联程度不同产生不同的产品形式。它们以自由流动的粉末形式存在，或纯粉或包有颗粒，或作为粉末悬浮液，或作为在挥发性或非挥发性硅酮或有机溶剂中膨胀的凝胶。硅弹性体主要利用其感官特性，它们还提供模糊和塑形效果，并可作为皮肤护理和止汗产品中的流变调节剂。

5.硅树脂（三甲基硅氧烷、聚甲基倍半硅氧烷和聚丙基倍半硅氧烷）是高度交联的硅氧烷技术。根据化学性质的不同，硅树脂可固态，也可液态。固体硅树脂有整齐的粉末、薄片或分散于硅酮或有机溶剂。硅树脂主要利用其物质性和非转移性，因此常用于护肤产品、颜料配方和防晒霜。

有机官能团的多种益处

硅氧烷骨架可引入不同官能团，以进一步拓展硅酮的性能和优点。在化妆品工业中，聚醚、苯基、氨基烷基和烷基是最为常见的官能团。此外，将无机硅氧烷部分与有机聚合物相结合，可以合成出具有额外功能的新型硅基技术。

1.硅酮聚醚（二甲硅油共聚物）是一种表面活性剂，由硅氧烷骨架与聚氧亚烷基官能团化合得到。其中，最常见的官能团是聚氧乙烯（PEG）和（或）聚氧丙烯（PPG）基团。PEG取代基的加入可增加硅酮聚合物的亲水性，PPG取代基通过增加共聚物的疏水性来平衡亲水性。这些两亲性共聚物主要用作乳化剂，用于制备不同流变特性的水-硅油+油配方。同时，也开发了一些共聚物用于硅酮+水包油体系的配方。在共聚物上添加烷基链，可将水乳化成低至中等极性油（油包水体系）。双羟乙氧基丙基二甲硅油（又称硅甲醇液）是另一类硅酮聚醚，与有机材料相容性良好。在化妆品中，二

甘酯官能化硅氧烷聚合物被用于替代聚乙二醇和PPG。

2.苯基三甲硅油是一种硅氧烷聚合物，其中一些甲基被苯基所取代。苯基官能团提高了折射率，同时改善了硅酮聚合物与有机材料，例如蜡、油和防晒霜的相容性。这种技术通常用于提供光泽而不是增加黏度。

3.氨基硅酮，又称氨基官能硅酮，是一种硅氧烷技术，其中一些甲基被仲胺（-R2-NH-R1）和（或）伯胺（-R-NH$_2$）所取代。氨基官能硅酮的极性胺基要么通过pH值的调节获得正电荷，要么通过季铵化（例如硅酮季铵-16）获得正电荷。这些极性胺基有助于硅酮聚合物沉积在毛发纤维上。除了标准的氨基硅酮，还开发出了具体的技术，例如氨基硅酮弹性体（例如硅酮季铵盐-16/环氧合二甲硅油交联聚合物）。氨基硅酮广泛应用于各种护发产品，除了具备调理功效外，还能提供柔软、丝滑、防色、防热和修复效果，以及减少毛发静电效应。

4.烷基二甲硅油是一种硅氧烷流体或蜡，其中部分甲基被烷基所取代。这产生了一个具有黏度、软化温度和流变特性变化可能性的硅-烃杂化家族，其提高了硅酮与有机材料的相容性。

5.丙烯酸硅酯共聚物，也称为丙烯酸酯/聚三甲基硅氧甲基丙烯酸酯共聚物，是一种可从硅酮或有机溶剂中形成的成膜共聚物。它们具备更强的耐久性和耐冲洗性，同时也使得护肤和彩妆配方易于配制和美观提升。

护肤、防晒和装饰产品中的硅酮

硅酮除了能够改善皮肤质感外，还能为皮肤和配方带来多种益处，例如提供护理、保护和（或）持久性能。此外，它还为配方师提供了一些灵活性和机会，可以创造出不同种类和不同质地的配方。相较于许多会堵塞毛孔并导致粉刺/痤疮形成的有机润肤剂，大部分硅酮材

料是非致粉刺性和非致痤疮性的。

肤感/润肤性

硅酮具有完全独特的肤感，其不同的溶解度特性可以扩展化学家在有机油和脂肪醇体系中的配方可能性。由于硅酮的低表面张力，它比传统的有机润肤剂具有更高的铺展性。当与植物油混合时，硅酮可以提高油的可铺展性，并通过降低表面张力来降低皮肤的油腻感。硅酮的润肤性质是由其化学结构决定的，具体来说是由分子量、支链和交联水平决定的。

低分子量挥发性硅酮可用于瞬时作用，提供轻微的润滑性，快速扩散并分布均匀，不留下残留物。它可用于去除基于碳氢化合物润肤剂的油腻或油性感觉，是"无油"类型功效宣称的基础。丙烯酰甲硅油是一种具有中等挥发性的烷基化硅氧烷，研究发现其能够降低植物油的膜残留、润滑性和黏性。这种技术通常用于日常使用的轻质地产品，如洗面奶、日霜或液体粉底。而分子量较高的硅酮（如二甲硅油和聚二甲基硅氧烷醇）则可以提供更润滑、更持久的效果，适用于夜用霜或晒后产品等滋养皮肤护理产品。

硅酮弹性体凝胶提供独特的皮肤感觉，其被形容为"光滑""天鹅绒般"和"粉状"。通过化学性质（硅酮 vs. 有机）和黏度（挥发性 vs. 非挥发性）的差异，它们可进一步调整。相较于传统的油和脂肪醇体系，硅酮弹性体凝胶为其提供了独特的替代和修饰特性，并且具有卓越的美学属性。亲水硅酮弹性体中发现的亲水聚醚官能团，可以使水被纳入凝胶网络，从而为弹性体的感官性能增加一种清爽的感觉，同时还拓展了其新质地可能性。

成膜/持久/耐用/紧致

硅酮能够形成均匀、有黏性和持久的薄膜，有助于提升化妆品的品质，同时也有助于延长护肤、防晒或装饰产品的功能益处。当以简单凝胶配方进行递送时，硅酮成膜剂还可用作皮肤紧致和收紧剂。硅酮的耐久性能随着分子量和交联程度的增加而提高。当黏度超过30 000 cSt时，二甲基硅油可用作物质性助剂，有助于化妆品的耐洗性。

丙烯酸硅酯共聚物和硅树脂能够形成固体非封闭膜，具有比有机成膜剂更高的抗脂性和优良的抗水性。它们能够提供抗摩擦、抗冲洗和抗转移的性能，并用于提升防晒霜和彩妆品配方的持久性能（见图38.3）。通过优化硬性（如硅树脂、丙烯酸酯硅共聚物）和软性（如硅聚醚）非挥发性成分的比例，可提高化妆品的长期磨损性能，从而增强其与油和皮脂的不混溶性。在化妆品产品中，硬性（如三甲基硅氧烷）和软性（如聚丙基倍半硅氧烷）硅树脂的组合能够提高膜的柔韧性，从而提高使用舒适度，而不会损害持久性的益处。硅树脂蜡（烷基二甲硅烷基聚丙基倍半硅氧烷）可用于赋予无水体系质地，并改善唇膏的非移位属性。

渗透性/受控保湿/防止脱水

与许多有机化合物不同，大多数硅酮技术对水蒸气具有一定的渗透性，从而产生"可呼吸"的薄膜。因此，建议在使用面部护理产品（尤其是洁面和彩妆产品）时注意避免堵塞毛孔。在硅氧烷骨架上添加烷基链可以减少水蒸气通过硅酮膜的渗透，从而产生半封闭（如十六烷基二甲硅油）或封闭（如C30-45烷基甲硅油）成分。

增强效果

硅酮可以增强其他成分的功效，例如颜料、防晒霜和化妆品活性物质。在装饰产品（尤其是口红）中，挥发性硅油是具有持久和耐转移特性的关键成分。它们可以分散蜡和色素，提高产品的铺展性，并赋予愉悦的肤感。蒸发后，它们会留下一层均匀的蜡和颜料膜，具有很高的抗转移和耐磨损性。

研究表明，烷基二甲硅油（例如硬脂基二甲硅油、十六烷基二甲硅油和C30-45烷基二甲硅油）可以提高含有机或无机防晒霜配方的防晒系数（SPF）。另外，硅酮弹性体粉末在抗老化配方中有抗皱作用。将硅气凝胶颗粒（硅烷酸盐）与硅酮弹性体粉末的悬浮液或硅酮树脂蜡以水包油配方组合，可以提供光学软聚焦效果，并减少皱纹的出现。

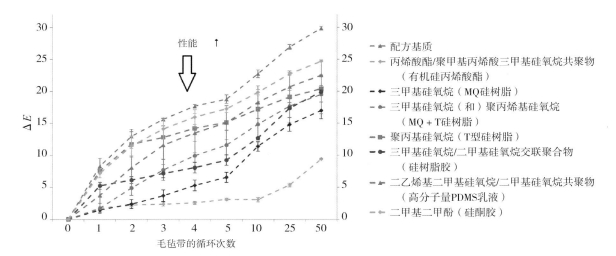

图38.3　硅酮成膜剂对涂抹于仿皮肤基材表面的基础抗摩擦性的影响

硅酮弹性体凝胶和硅酮乳化剂可以用于调节油包水、水包油和无水配方中活性化合物的释放。研究发现，在无水甘油-硅酮体系中，它们可以稳定高达10%的纯抗坏血酸，不影响其释放和皮肤美白性能，同时保持可接受的感官特征（见图38.4）。

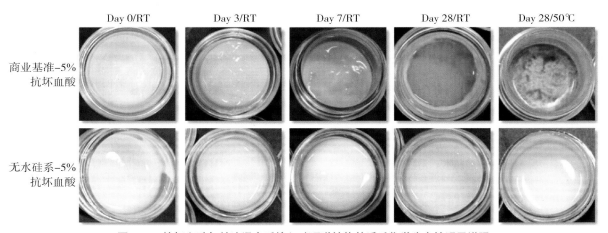

图38.4　抗坏血酸与甘油混合后掺入硅酮弹性体基质后化学稳定性明显增强

外源性因素防护

长达70年以来，人们一直在推广硅酮对皮肤的保护作用。这主要是因为硅酮聚合物具有显著的抗水能力，并且保持惰性、无敏性且无毒。20世纪50年代，人们发现硅油（一种由30%二甲基硅油200 cSt组成的软膏）能够有效治疗多种皮肤疾病，包括防止皮肤潮湿，以及由水溶性或油溶性刺激物引起或加重的皮肤疾病。如今，硅酮常常被用于护手霜中，以提供防水屏障，防止水传播的污染物。美国食品药品监督管理局的《人用非处方药皮肤保护剂药品专论》中列举了二甲基硅油的使用。

硅酮优异的屏障和成膜特性使其能够保护皮肤免受空气污染物的一些有害影响。具体而言，研究发现丙烯酸硅酯共聚物（丙烯酸酯类/聚三甲基硅氧甲基丙烯酸酯共聚物）和烷基改性的硅树脂蜡（烷基二甲基硅烷基-聚丙基倍半硅氧烷）可以显著降低颗粒物质（如模拟炭黑颗粒）的黏附力（见图38.5）。此外，硅酮丙烯酸酯共聚物能够形成对气体具有选择性通透性的连续膜。在暴露于臭氧的3D体外重建的人表皮模型中，硅酮丙烯酸酯共聚物还能够降低促炎反应。

暴露于炭黑颗粒空气悬浮液中的涂抹胶原膜的照片

扫描电子显微图（俯视图 × 1000）包被的胶原蛋白膜

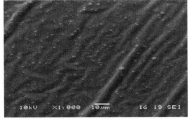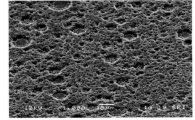

控制配方基质含有低水平矿物油　　　配方基质含有低水平的矿物油和有机硅丙烯酸酯共聚物

图 38.5　一种丙烯酸硅酯共聚物技术，旨在减少粒子在模拟皮肤表面的黏附

清洁

具有卓越的铺展特性、干燥且不留油腻感，以及挥发性硅酮出色的溶剂特性，可去除污垢且不会刺激皮肤，使其成为皮肤清洁产品的理想选择。

由于超高分子量线性硅酮乳剂具有较低的肤感阈值，因此即使在较低浓度水平下，皮肤也能感知其存在。因此，将其低浓度加入沐浴露产品中，在使用后留下丝滑的残余感觉。

研究发现，一种具有中等挥发性的烷基改性硅氧烷技术（即辛丙基甲硅油）比环戊硅氧烷和异十六烷更适合用于清洁，而这两种成分通常用于双相卸妆液。

水溶性聚硅酮可用于配制可冲洗发泡面部制剂。它们可以提高液体身体清洁产品的泡沫体积和泡沫稳定性，例如泡沫浴、沐浴露和液体肥皂，并减少使用阴离子表面活性剂时对眼部和皮肤的刺激。

粉末状硅酮弹性体也可用于清洁应用。它们有能力吸收亲脂物质，包括皮肤表面的皮脂，因此在面部皮肤护理和提供皮脂调控和润肤功效的彩妆产品中非常实用。

流变性改性/结构完整性

配方的黏度可以通过采用不同类型的硅酮技术来控制，例如硅酮乳化剂、硅酮蜡以及硅酮弹性体。硅酮蜡可以通过在线性或交联的硅氧烷骨架上接枝烷基链来获得。烷基链的长度、支链以及硅氧烷主链的交联水平对聚合物的增稠性质产生显著影响。硬性脂基二甲硅油（软化点：32°C/90°F）可作为防晒配方的增稠剂，以提高有机防晒霜的SPF。C30-45烷基硅酮蜡（熔点：70°C/158°F）在硅酮水乳液和水油乳液中均为高效的流变改性剂。建议将烷基二甲基硅烷基-聚丙基倍半硅氧烷树脂蜡（熔点：66℃/151℃）用于增稠油包水体系，特别是口红配方。这些物质不仅可以构建棒状形态，同时还能增加转移阻力。硅酮弹性体（二甲硅油交联聚合物）的增稠潜力源自其能吸收大量低黏度硅油而不产生协同作用。研究发现，这种技术特别适用于无水止汗剂产品的配方。支链硅酮聚二甲基硅氧烷（PDMS）（二甲硅油/乙烯基二甲硅油交联聚合物）也可用于影响化妆品配方的质地。这种独特技术的结构构型位于高分子量线性硅酮胶和硅酮弹性体凝胶之间的边界，提供典型的纤维质感。

配方灵活性

硅酮可以用于各种类型的护肤品，从简单的水包油凝胶或乳液，到水包硅酮和油包水乳液，色泽从水晶透明到白色不等。功能化的苯基、烷基和甲醇基团硅酮聚合物可以提高其与有机材料（包括有机防晒霜）的相容性。硅甲醇液可作为润湿剂，稳定分散的色素和化妆品活性，同时也具备保湿的益处。硅酮骨架接枝聚醚官能团可以提高其总水溶性，使得硅酮在清晰的水性配方中仍具有感官益处。

硅酮乳化剂可以运用硅酮存在于连续相中，并掺入极性成分，例如水、甘油和其他保湿剂。它们为低剪切或高剪切系统以及冷加工提供多功能性，为具有成本效益和创新性的皮肤护理和腋部产品提供新的可能性。这种乳剂可以使水相的折射率与油相相匹配，从而实现透明凝胶的配方。通过调整水/油相比例，可以决定产品的质地，从乳液到凝胶，这种方法被发现是开发透明止汗凝胶的成功方法。它们与双甘油基团的功能化可以为颜料和粉末提供高性能分散。硅酮乳化剂还可以用于制备具有对氧化或水解敏感的活性无水体系。

在过去的几十年中，硅酮弹性体也被官能化，以改善其与有机材料（例如酯类和有机防晒霜）的相容性，并提供额外的配方灵活性。添加聚丙二醇片段可以改善其与有机材料的相容性。引入亲水聚醚官能团（如PEG-12）可以使其掺入高达75%的水分和高水平的甘油。

护发产品中的硅酮

硅酮是许多护发产品中不可或缺的关键成分，如洗发水、冲洗护发素和免洗护发素。主要作为调理剂，硅酮发挥着平滑和解开毛发纤维、减少分叉、改善头发整体健康和外观的重要作用。

不同类型的硅胶技术可提供不同程度的毛发护理。光调节可通过可溶于水的聚硅酮实现，这种聚硅酮不会在毛发上大量沉积。而高分子量的二甲硅油/聚二甲基硅氧醇或三甲基甲硅烷基氨基聚二甲基硅氧烷和氨端二甲基硅油则由于不溶于水且更大的物质性，提供了更高水平的预处理效果。

水包油乳剂中电荷中性硅油的沉积主要受乳化体系离子性质的影响，离子性质决定油滴的 ζ 电位。随着硅油黏度的增加，其性能也有所提高。还可以通过修改硅酮乳液的粒径来优化其沉积于不同毛发类型上的效果。相反，氨基官能硅酮的沉积首先是通过阳离子硅酮和毛发表面负电荷间的静电相互作用来控制。硅油滴于疏水改性表面的扩散或聚结进一步促进了沉积。硅酮的性质，例如氨基官能团的结构、它们在硅氧烷链上的浓度和位置，以及聚合物的分子量和电荷密度，都显著影响着硅酮在毛发上的沉积效果。

硅酮可以提供除洗发水之外的调理效果，二甲硅油乳剂可成功地从冲洗产品中提供调理益处。此外，无水免洗护发素通常基于挥发性硅酮、硅胶和苯基三甲硅油等硅酮的组合，有时被称为"角质护发素"产品。硅酮的含量通常高于10%，以提供涂抹、梳理、平滑、光泽和造型的益处。毛发表面沉积的硅酮可以使用无硅清洁洗发水去除（见图38.6）。

　　虽然在护发产品中使用硅酮成分主要是为了提供基本的调理效果、增强毛发的可管理性和梳理性，并且让头发感觉柔软、丝滑而不油腻，但据报道，一些技术还可以改善头发的保色、光泽和热保护，预防和（或）修复毛发损伤。

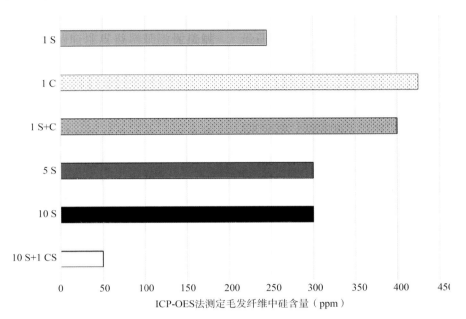

图 38.6　含氨基硅酮的洗发水（S）和（或）护发素（C）在头发上形成的硅酮沉积，以及使用无硅清洁洗发水（CS）去除硅酮的效果

头发对齐、拉直与减少飘飞/卷曲

　　硅酮可用于制造免洗护发素，能够即时和持久地改善头发的对齐效果，并减少头发的凌乱和卷曲。这种效果可通过多种技术获得，包括二甲基硅油和各种含氨基官能团的硅酮。

光泽度提升

　　毛发的光泽度是衡量护发产品重要参数之一，因为它与健康、自然、洁净的秀发息息相关。硅酮（特别是树胶混合物、苯基三甲硅油和氨基功能硅酮）据信能够提高发丝的光泽和亮度，并增强受损毛发角质层的柔软度、易于管理性和光滑度。

自然妆定型剂

　　硅酮由于其低表面张力的特性，可以帮助定型产品均匀地分布在头发表面，从而提高产品的有效性。此外，硅酮也可以与有机增塑剂一起使用，或者作为有机增塑剂的替代品。使用聚硅醚作为树脂增塑剂可以让头发看起来更加自然。

发色保护

　　挥发性硅酮和非挥发性硅酮（分别为环甲硅油和三甲基硅烷基二甲硅油）的混合物，可用于染发剂以提高保色效果。其中，挥发性硅酮在蒸发后会在毛发表面形成一层光滑而均匀的膜，利用疏水涂层封闭角质层，减少亲水染料从毛发表面扩散，从而保持颜色。此外，氨基功能硅酮还被发现可保护毛发免受紫外线引起的褪色和重复洗发的影响。此外，它还具有调理功效，如增强光泽、改善干燥时间，提供光滑、轻盈和滋润的感觉，而不会对发质和发量产生负面影响。

保护与修复

重复梳头和梳理会导致毛发断裂和分叉，而化学处理（如漂白）会加剧这些影响。研究发现，使用含二甲硅油的洗发水或联合含二甲硅油的护发素预处理漂白过的毛发，可以显著减少重复梳理时断裂纤维的数量。此外，超高分子量的硅酮乳液和氨基功能硅酮技术也可以提高毛发在重复梳理时的抗断裂性能。

研究还发现，硅酮可以保护毛发免受烟草和紫外线等污染物的损伤。使用硅酮可以显著减少空气污染物对毛发造成的美观影响，例如毛发暗淡、干燥、梳理困难、凌乱和卷曲增多以及感官感受下降。

硅酮技术（特别是氨基官能硅氧烷）还可用于预处理产品，以提高其对热处理的抗破碎性。扫描电子显微镜（SEM）对毛发纤维的分析显示，作为热保护剂，氨基功能型硅酮优先沉积于受损区域和角质层边缘，而这些边缘往往会带有负电荷（见图38.7）。

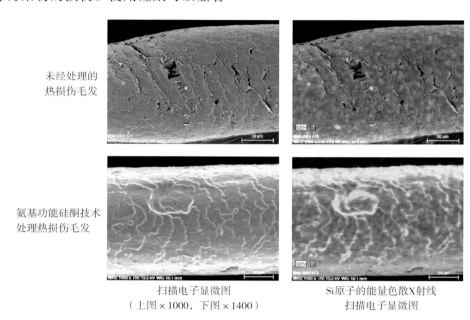

未经处理的
热损伤毛发

氨基功能硅酮技术
处理热损伤毛发

扫描电子显微图
（上图×1000，下图×1400）

Si原子的能量色散X射线
扫描电子显微图

图 38.7　氨基功能硅酮作为一种热保护剂的作用首先会在受损区域和角质层边缘进行沉积

硅酮可用于修复化学和物理损伤所导致的头发损伤。使用浓度为2%的硅酮护发素，例如超高分子量的硅酮（二乙烯基二甲硅油/二甲硅油共聚物）、季铵化氨基硅酮（硅季铵-16）或氨基硅酮弹性体（硅季铵-16/环氧二甲硅油交联聚合物）乳液，可恢复头发的光滑度，减少毛发缠结和色块粗糙感。此外，还能改善受损头发的外观和美容效果。最新研究表明，硅酮护理聚合物领域正促进末端羟基氨基修饰硅酮技术的发展（如双二异丙醇氨基-PG-丙基二硅氧烷/双-乙烯基二甲硅油共聚物），以满足不同的头发护理需求，包括护理、保湿、保护和修复，并提供良好的感官体验（见图38.8）。

止汗剂和除臭剂产品中的硅酮

硅酮可提供特殊特性，以满足止汗剂和除臭剂产品配方所需。

抑制泛白

据发现，二甲硅油和苯基三甲硅油可以通过满足折射率匹配的方式，来减轻或掩盖止汗盐引起的泛白效果。

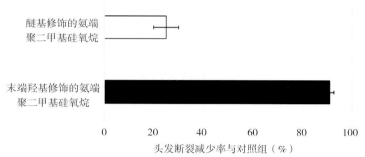

图 38.8　对轻度漂白的头发进行氨基官能团硅酮处理后经过反复梳理后头发的断裂减少

提升喷雾特性

据研究发现，使用低水平的环甲硅油和二甲硅油可降低止汗泵喷雾和气溶胶配方的喷雾宽度、高度和粒径，进而提高喷雾的方向性，并使得雾气更为细腻，颗粒感更低。同时，硅酮混合物也有助于提升止汗剂的活性和润滑喷雾阀，以防止堵塞。

非冷却

挥发性硅酮，如环聚硅油（其汽化热能小于 200 kJ/kg），其汽化热能远低于水（2257 kJ/kg）或乙醇（840 kJ/kg）。因此，相较于有机溶剂，它们从皮肤表面蒸发所需的能量要少得多。因此，当它们从止汗剂配方输送到皮肤上时，会产生非冷却效应。

总结

硅酮的多功能性使其成为化妆品和洗漱配方中不可或缺的成分。它们在美容行业的各个领域都能提供卓越的优势，包括皮肤护理、防晒、彩妆、毛发护理、止汗剂和除臭剂等方面，因此几乎所有种类的产品和配方中都可见其身影。硅酮的安全性和可靠性使其适用于所有皮肤和毛发类型。而硅胶技术在个人护理行业中的应用则极具优势，它赋予实验室化学家灵活性来组合不同的材料，从而产生出更先进的性能。在应对日益复杂的全球监管形势时，硅酮可为产品快速进入市场提供一条有价值的途径。

原文参考文献

A. Colas, "Silicone Chemistry Overview." Dow Corning Corporation, Midland, 1997.

C. Stevens, "Environmental fate and effects of dimethicone and cyclotetrasiloxane from personal care applications." Int. J. Cosmet. Sci., vol. 20, no. 5. pp. 296-304, 1998.

A. J. DiSapio, "Silicones in personal care: An ingredient revolution." Drug Cosmet. Ind., vol. 154. no. 5. pp. 29-36, 1994.

Mintel, *Global New Products Database (GNPD), 1 June 2021.*

M. J. Fevola, "Dimethicone." Cosmet. Toilet., vol. 127, no. 4

(April), pp. 252-258, 2012.

P. Tsolis, and P. Marinelli, "Silicone elastomer technologies for feel and performance." Cosmet. Toilet., vol. 130, no. 1 (January/February), pp. 36-39, 2015.

M. S. Starch, J. E. Fiori, and Z. Lin, "Beyond rheology modification: Hydrophilically modified silicone elastomers provide new benefits." J. Cosmet. Sci., vol. 54, no. 2, pp. 193-205, 2003.

A. J. DiSapio, and P. Fridd. "Silicones: Use of substantive properties on skin and hair." Int. J. Cosmet. Sci., vol. 10, no. 2, pp. 75-89, 1988.

K. Z. Fang, T. Leaym, F. Lin, and I. Van Reeth, "New silicone resin film formers for longer wear and enhanced comfort." in 26th: IFSCC Congress, Buenos Aires, 2010.

I. Van Reeth, X. R. Bao, C. Delvallé, Y. Kaneta, and B. Sillard-Durand. "Silicone emulsifiers and formulation techniques for stable, aesthetic products." Cosmet. Toilet., vol. 126, no. 10 (October), pp. 720-730, 2011.

H. de Clermont-Gallerande, "Functional roles of lipids in makeup products." Oilseeds Fats Crops Lipids, vol. 27, no. 33, pp. 1-13, 2020.

B. Johnson, K. Murphy, and F. Lin, "How silicones shape the hair care industry: a review." *Allured Business Media*, 2 June 2015. [Online]. Available: https://www.cosmeticsandtoiletries. com/formulating/category/haircare/How-Silicones-Shape-the- Hair-Care-Industry-A-Review-311509211.html. [Accessed 06 04 2021].

I. Van Reeth, F. Dahman, and J. Hannington, "Alkyl methylsiloxanes as SPF enhancers - Relationship between effects and physico-chemical properties." in *19th IFSCC Congress*, Sydney, 1996.

I. Van Reeth, "An overview: New silicone technologies for the skin care market." Household Personal Care Today, vol. 1, no. 1. pp. 29-31, 2007.

I. Van Reeth, "Beyond skin feel: Innovative methods for developing complex sensory profiles with silicones." J. Cosmet. Dermatol., vol. 5, no. 1. pp. 61-67, 2006.

I. Van Reeth, "The Beauty of Silicone in Skin Care Applications." Dow Chemical Company，Midland, 2017.

M. Lanzet, "Comedogenic effects of cosmetic raw materials." Cosmet. Toilet., vol. 101, pp. 63-72, 1986.

J. E. Fulton, "Comedogenicity and irritancy of commonly used ingredients in skin care products." J. Soc. Cosmet. Chem., vol. 40, pp. 321-333, 1989.

B. Brewster, "A century of change: The language of raw materials." Cosmet. Toilet., vol. 121, no. 8, pp. 37-66. 2006.

H. M. Brand, and E. E. Brand-Garnys, "Practical application of quantitative emolliency." Cosmet. Toilet., vol. 107, no. 7, pp.

93-99, 1992.

A.-L. Girboux, and E. Courbon, "Enhancing the feel of vegetable oils with silicone." Cosmet. Toilet., vol. 123, no. 7, pp. 49-56, 2008.

G. De Backer, and D. Ghirardi, "Goodbye to grease." Soap Perfum. Cosmet. Mag., vol. 6, 1993.

V. Kowandy, A. Krause, and I. Van Reeth, "A new silicone carrier expands formulating options." Household Pers. Prod. Ind., vol. 44, no. 6, pp. 102-106, 2007.

J. Blakely, I. Van Reeth, and A. Vagts, "The silicone difference in skin care." Inside Cosmet., vol. October/November, pp. 14-17, 1998.

M. Starch, "New Developments in Silicone Elastomers for Skin Care." Dow Corning Corporation, Midland, 2002.

I. Van Reeth, X. R. Bao, K. Dib, and R. Haller, "A hydrophilic silicone elastomer for broader formulation flexibility." Cosmet. Toilet., vol. 127, no. 11 (November), pp. 802-806, 2012.

I. Vervier, C. Bougaran, I. Van Reeth, and J. Yang, "Benefits of silicone film formers as skin tightening and firming agents, poster at IFSCC conference, Zurich 22-23 September 2015." in *IFSCC Conference*, Zurich, 2015.

H. M. Klimisch, and G. Chandra, "Use of Fourier transform infrared spectroscopy with attenuated total reflectance for *in vivo* quantitation of polydimethylsiloxanes on human skin." J. Soc. Cosmet. Chem., vol. 37, pp. 73-87, 1986.

M. Eeman, C. Bougaran, M. Le Meur, J.-L. Garaud, I. Vervier, and I. Van Reeth, "Silicone film formers: An answer to skin care trends." COSSMA, vol. 9, no. September, pp. 16-18, 2015.

S. Postiaux, H. Van Dort, and I. Van Reeth, "Silicones bring multifunctional performance to sun care." Cosmet. Toilet., vol. 121, no. 10 (October), pp. 41-54, 2006.

Z. Li, B. Maxon, K. Nguyen, M. Lee, M. Gu, and P. Pretzer, "A general formulation strategy toward long-wear color cosmetics with sebum resistance." J. Cosmet. Sci., vol. 68, pp. 91-98, 2017.

B. Durand, L. Stark-Kasley, and I. Van Reeth, "Silicone resin waxes- A new family of high performance materials." in *25th IFSCC Congress*, Barcelona, 2008.

M. Eeman, and I. Van Reeth, "Silicones film-formers: New approaches for measuring film barrier properties." in *28th IFSCC Congress*, Paris, 2014.

K. De Paepe, A. Sieg, A. Le Meur, and V. Rogiers, "Silicones as nonocclusive topical agents." Skin Pharmacol. Physiol., vol. 27, pp. 164-171, 2014.

I. Van Reeth, and A. Wilson, "Understanding factors which influence permeability of silicones and their derivatives."

Cosmet. Toilet., vol. 109, no. 7 (July), pp. 87-92, 1994.

R. Lochhead, and M. Lochhead, "Two decades of transferresistant lipstick." Cosmet. Toilet., vol. 130, no. 1 (January/February), pp. 18-29, 2015.

E. Abrutyn, "Translating Silicone Chemistry to Color Cosmetics." Dow Corning Corporation, Midland, 1997.

I. Van Reeth, and J. Blakely, "Use of current and new test methods to demonstrate the benefits of alkylmethysiloxanes in sun care products." in *European UV Filter Conference*, Paris, 1999.

M. Starch, T. C. Sá Dias, I. Vervier, I. Van Reeth, and M. C. T. Ramos, "Expanding Silicone Technologies for Sun Care: Performance Complements Aesthetics." Dow Corning Corporation, Midland, 2007.

I. Vervier, and B. Courel, "Masking wrinkles and enhancing skin feel with silicone elastomer powder." Cosmet. Toilet., vol. 121, no. 11, pp. 65-74, 2006.

A.-M. Vincent, M. K. Tomalia, G. Tonet, and L. Canfield, "In-vitro and *in vivo* test methods to demonstrate the soft focus effect of silicone in an oil-in-water emulsion." in *28th IFSCC Congress*, Paris, 2014.

M. Eeman, X. R. Bao, I. Van Reeth, D. Dandekar, and N. J. Sujatha, "Specialty silicones for high performance skin lightening products." Home Pers. Inst. Care Ind., vol. 04, pp. 37-39, 2014.

P. LeVan, T. H. Sternberg, and V. D. Newcomer, "The use of silicones in dermatology." Calif. Med., vol. 81, no. 3, pp. 210-213, 1954.

J. R. Talbot, J. K. MacGregor, and F. W. Crowe, "The use of Silicote(R) as a skin protectant." J. Invest. Dermatol., vol. 17, no. 3, pp. 125-126, 1951.

G. Morrow, "The use of silicones to protect the skin." Calif. Med., vol. 80, no. 1, pp. 21-22, 1954.

J.-L. Garaud, A. Sieg, M. Le Meur, H. Baillet, I. Van Reeth, and S. Massé, "Silicones as innocuous materials to keep natural moisture balance and protect skin against particle pollution." SOFW J., vol. 140, pp. 26-34, 2014.

M. Eeman, J.-L. Garaud, L. Maes, P. Pretzer, L. Petroff, and I. Van Reeth, "Silicones aid skin protection from air pollution." Euro Cosmet., vol. 9, pp. 29-35, 2017.

M. Eeman, J.-L. Garaud, P. Pretzer, N. Wautier, and I. Van Reeth, "Polymeric barrier films to protect skin from air pollutants." IFSCC Mag., vol. 1, pp. 7-12, 2018.

I. Van Reeth, L. Marteaux, and M. Delvaux, "Silicone in body wash: A new perspective for formulators." in *In-Cosmetics Global Tradeshow*, Dusseldorf, 2001.

J. Blakely, "The Benefits of Silicones in Facial and Body Cleansing Products." Dow Corning Corporation, Brussels, 1994.

I. Van Reeth, and M. Starch, "Novel silicone thickening technologies: Delivering the appropriate rheology profile to optimize formulation performance." J. Appl. Cosmetol., vol. 21, no. 3, pp. 97-107, 2003.

H. Van Dort, A. Urrutia, G. Brissette, P. Pretzer, R. Haller, I. Van Reeth, and V. Caprasse, "Silicone carbinol fluid." Household Pers. Prod. Ind., vol. 41, no. 8, pp. 77-80, 2004.

A. J. DiSapio, and P. Fridd, "Dimethicone copolyols for cosmetic and toiletry applications." in *15th IFSCC Congress, London*, 1988.

B. Durand, I. Vervier, C. Delvallé, and S. Masse, "Innovative solutions for water-in-silicone emulsions." SOFW J., vol. 137, no. 3, pp. 18-29, 2011.

I. Van Reeth, M. Morè, and R. Hickerson, "New Formulating Options with Silicone Emulsifiers." Dow Corning Corporation, Midland, 2003.

J. Z. Sun, M. C. Erickson, and J. W. Parr, "Refractive index matching: Principles and cosmetic applications." Cosmet. Toilet., vol. 121, no. 1, pp. 65-74, 2003.

K. Yahagi, "Silicones as conditioning agents in shampoos." J. Soc. Cosmet. Chem., vol. 43, no. 5, pp. 275-284, 1992.

M. D. Berthiaume, and J. Jachowicz, "The effect of emulsifiers and oil viscosity on deposition of nonionic silicone oils from oil-in-water emulsions onto keratin fibers." J. Colloid. Interface Sci., vol. 141, no. 2, pp. 299-315, 1991.

J. Jachowicz, and M. D. Berthiaume, "Heterocoagulation of silicon emulsions on keratin fibers." J. Colloid. Interface Sci., vol. 133, no. 1, pp. 118-134, 1989.

N. Suthiwangcharoen, B. Prime, B. K. Johnson, and D. Carsten, "Amino-modified silicone protects and revives hair." Cosmet. Toilet., vol. 136, no. 2 (February), pp. 44-52, 2021.

B. Thomson, J. Vincent, and D. Halloran, "Anhydrous hair conditioners: Silicone-in-silicone delivery systems." Soap Cosmet. Chem. Spec., vol. 68, pp. 25-28, 1992.

J. Zhu, I. Van Reeth, and B. K. Johnson, "The Beauty of Silicone in Hair Care Applications." Dow Chemical Company, Midland, 2017.

S. Marchioretto, "Optimizing the Use of Silicones in Haircare Products." Dow Corning Corporation, Form No. 22-1720-01, Midland, 1998.

S. Marchioretto, and J. Blakely, "Substantiated synergy between silicone and quats for clear and mild conditioning shampoos." SOFW J., vol. 123, no. 12, pp. 811-818, 1997.

S. Marchioretto, S. Massé, C. Fournier, and P. Descamps, "Specialty silicones offer hair advanced protection from heat styling." Cosmet. Toilet., vol. 131, no. 5 (June), pp. 40-51, 2016.

B. M. Reimer, R. L. Oldinski, and D. A. Glover, "An objective method for evaluating hair shine." Soap Cosmet. Chem. Spec., vol. 10, pp. 45-47, 1995.

B. Brewster, "Color lock in hair care, bench and beyond." Cosmet. Toilet., vol. 121, no. 3 (March), pp. 28-36, 2006.

S. Marchioretto, "The use of silicones as a color-lock aid in rinse-off conditioners." J. Cosmet. Sci., vol. 55, no. 1, pp. 130-131, 2004.

H. M. Haake, S. Marten, W. Seipel, and W. Eisfeld, "Hair breakage-How to measure and counteract." J. Cosmet. Sci., vol. 60, pp. 143-151, 2009.

S. Marchioretto, S. van Doorn, and V. Verhelst, "Solution for conditioning and repair." Soap Perfum. Cosmet., vol. 84, no. 11, pp. 55-56, 2011.

S. Marchioretto, J.-L. Garaud, B. Johnson, and C. Dawn, "Sustainable healthy look and feel of hair despite exposure to environmental stressors." in *HairS*'19, Aachen, 2019.

H. Van Dort, G. Brissette, A. Urrutia, P. Pretzer, and R. Haller, "Silicone Technologies for Underarm Products: Value-Added Solutions for Evolving Global Needs." Dow Corning Corporation, Midland, 2005.

第39章

化妆品和皮肤护理产品中的植物、植物产品和传统工艺

介绍

使用天然材料来满足日常需求已经有了悠久的历史。除了治疗疾病和意外伤害所用的药物外，这些材料是满足人类基本需求的唯一来源。数个世纪以来，世界各地的不同文明时期的人们对许多天然材料进行了试验，包括植物、矿物、金属和动物产品，并积累了大量有价值的成果。其中，护肤品和化妆品占据了相当大的比例，目前在全球业务中创造了数十亿美元的价值。

植物在人类生活中扮演着重要角色，人们通过不断观察、求知欲和反复试验，开始将其用作食物和药物。此外，人们还将植物用于皮肤护理，以抵御变幻莫测的天气，并将其用作化妆品来美化自己。令人惊讶的是，这些材料大多在使用之前都会进行动物实验，以了解其功效。随着美容护理概念的出现，化妆品的使用量大大增加，其中植物占据了主要市场份额。在化妆品和皮肤护理中使用天然植物及其产品有许多优点：

尽管许多草药尚未经过科学测试，但它们具有长期的人类安全使用历史。

经过连续使用，大多数草药不会对人体产生任何后遗症。

天然物质对人体反应良好，相比之下，合成药物则容易引发耐药性。

这些草药特别适合人体皮肤和头发，并可以在细胞水平上促进正常功能。

草药有助于促进皮肤排出有毒物质的能力，并恢复正常的pH平衡。

虽然草药有时会对系统有轻微影响，但它们具有强大而独特的治疗特性。

花卉和植物提取物的香味有助于镇定神经，使人放松。

化妆品和护肤品的开发

根据历史和考古证据推断，5000多年前，在许多国家，人们就开始使用植物和其他天然材料来制作护肤品和化妆品。亚述人、巴比伦人和苏美尔人除了使用颠茄（莨菪）、神圣乳香（没药）、樟树（肉桂）、姜科植物（小豆蔻）、八角（八角茴香）、蓖麻籽油（蓖麻油）和白芥（芥菜）等植物外，还使用泥浆和膏药来治疗皮肤问题，保持良好的外观。埃及人认为植物具有超自然的力量，将它们用作化妆品中的霜和油，以保护自己免受酷热和干燥的沙漠风的伤害。他们使用的配方中包含许多当地和外来的植物成分，如芦荟、橄榄油、薰衣草油、芝麻、杏仁和玫瑰花瓣。其身体用品中

包括从芝麻、橄榄、蓖麻和辣木籽提取的油。

化妆品和护肤品中的植物和植物产品

植物及植物提取物

大量实验研究表明，药用植物可以应用于各种化妆品配方，从而提供皮肤保护。在表39.1中，列出了皮肤护理配方中所使用的植物及其植物化学和药理特征。

药妆品

植物化妆品采用不同的植物成分配制而成，这些植物成分对各种皮肤疾病具有治疗作用。通过促进胶原蛋白的新生和清除自由基的有害影响，这些产品改善肤质，保持完整的角蛋白结构，使皮肤更健康。它们使用获批准的化妆品成分来针对不同的皮肤疾病和美容目的。这些化妆品的化学配方包括添加各种天然添加剂，如蜡、油、天然色素、天然香料和部分植物。

近年来，人们发现特异性多肽对皮肤护理有许多益处，并因此开发了许多药妆产品。体外研究表明，这些生物活性肽具有抗氧化、抗菌和抗炎等活性，在皮肤护理的多种生理途径中发挥明确的作用。此外，一些体内研究也表明外用或口服会有显著的皮肤保护作用。

表 39.1 具有美容和护肤特性的植物提取物

植物	成分	属性
玉米穗丝（玉米须提取物）	黄酮类化合物（玉米面球蛋白、芹菜素和木犀草素等）、花青素（氰化和芍药素）、绿原酸、皂苷和尿囊素	抗组织和细胞光老化作用；通过抗氧化和抗炎机制减少 UVB 辐射对皮肤损伤
沙丘矮灌木（蜡菊）	黄酮类化合物、查尔酮和间苯三酚类物质	抗炎剂和护发素
木兰（厚朴）	双酚木脂素、厚朴酚和木兰醇	具有最强的酪氨酸酶抑制、抗氧化、抗菌和抗皮肤老化活性
西瓜（不同染色体倍性西瓜）	含甾醇、生物碱、维生素和矿物质	减少皮肤晒伤细胞和黑素水平，瓜精对皮肤有抗光损伤作用
红葡萄（葡萄）	酚酸、黄酮醇、黄酮 -3- 醇、杨梅素、芍药素、黄酮类、白藜芦醇、槲皮素、单宁、花青素、山奈酚、花青素、鞣花酸、原花青素和白藜芦醇	通过显著刺激 SIRT1、细胞外基质蛋白和抗氧化剂，提高皮肤的抗衰老能力；显著抑制炎症和皮肤老化生物标志物
莲花（荷花）	种子含有生物碱莲叶碱	甲基莲心碱是一种具有抗氧化和抗炎作用的抗衰老化合物，也是一种潜在的预防和治疗 UV-A 介导的皮肤光老化的成分
甘草（光果甘草）	甘草甜素、甘草酸等植物	保护皮肤免受氧化应激损伤，加速创面上皮化，减少特应性皮炎的症状

许多药妆品都基于富含多酚的植物提取物，如绿茶提取物。配方必须具有化学、物理和微生物稳定性，以确保活性物质对目标皮肤层的强度和可实现性。近年来，多酚作为功能性成分的有益作用引起了制药和化妆品行业的广泛关注。因此，许多护肤品或药妆都是基于富含多酚的植物提取物而构建配方。

精油

精油因其药用特性在化妆品中具有重要作用，被广泛用于化妆品行业。它们不仅可以为最终产品添加香味，还能提供独特且宜人的香气。精油还具有抗衰老、抗菌、防晒和美白的特性，因此成为高价值成分之一。表39.2中列出了植物精油的精选清单。

对42种含有天然成分的化妆品进行检测后发现，其中含有11种主要香味物质，分别是香叶醇、羟基香茅醛、丁香酚、异丁香酚、肉桂醛、肉桂醇、α-淀粉肉桂醛、柠檬醛、香豆素、二氢香豆素和α-己基肉桂醛。研究还发现，这些香水主要含有四种核心香料，它们的浓度相对较高，分别是羟基香茅醛、香豆素、肉桂醇和α-戊基肉桂醛。

表 39.2　用于化妆品和护肤品的植物精油

精油	特征	应用
薰衣草油（孟士德薰衣草）	具有怡人香气，含较高强度的特色花卉、草本植物和丁香气味	用于医药产品，并作为肥皂、化妆品和香水的香味成分
甘菊油（德国洋甘菊）	大多用于化妆品精油，具有强烈芳香气味。油味苦，果香草味，温热	用于化妆品和个人护理产品，常用于护肤霜、护肤油和沐浴液添加剂，也用于漱口水、牙膏、装饰性化妆品和洗发水，可建议用于治疗造口周围皮肤病变
橙花油（柑橘品种）	无刺激性、无致敏性、无光毒性、香味极好	用于香水和肥皂工业最重要的精油
薄荷油（欧薄荷）	因薄荷醇保持清新，清凉的效果；具有调味性	通常用作肥皂、化妆品的香味剂和香料；用于制作口香糖、牙膏和漱口水
迷迭香油（迷迭香）	无色至淡黄色或黄绿色液体，具有强烈、清新、草本、纯净的香气，略带甜味。迷迭香油有水一样的黏度中上等的香味	用于浴盐、沐浴油、搽剂、凝胶和软膏；也用于化妆品，如薰衣草水、古龙水和香皂的香味，以及在头发护理中因其滋养头发，促进其生长并对抗头皮屑
玫瑰油（大马士革玫瑰）	玫瑰精油的一个特点是，当其放置于凉爽处时，即使在夏天，其也非液体而是固体，在使用前须用温水稀释	广泛用于不同类型的化妆品，如香皂、身体乳、面霜等；同时作为食品中的调味剂，如果酱、冰淇淋、布丁和酸奶
茶树油（互叶千层）	微毒性；新鲜的樟脑气味，颜色从淡黄色到几乎无色透明	用作漱口水，对抗口臭，牙菌斑和蛀牙
天竺葵油（香叶天竺葵）	甜蜜和玫瑰气味，带有薄荷味，大部分是无色，但也有轻微的淡绿色；黏度与水相似	预防氧化应激，用于护肤配方，延缓皮肤老化；抗氧化和 SPF 特性，具有显著的光保护作用，为药妆品提供附加功效
金盏菊油（金盏菊）	具有微弱芳香气味，味苦	用于局部治疗痤疮、炎症、出血和炎症组织

用于化妆品和皮肤保护的植物油和植物

除了前文提到的各种植物提取物和精油之外，植物油和许多其他常见的植物也广泛用于全球的美容护理。在表39.3和表39.4中，列出了多年来备受推崇的产品。

印度文化和传统习俗中的化妆品和皮肤护理

印度次大陆幸运地拥有众多动植物品种。其气候、土壤及水资源的多样性，即使在崎岖地形上，也促进了大量植物的生长。在广袤的森林地带，可以发现许多稀有植物物种，其中大多数还需要进一步系统的探索和鉴定。除了种植粮食和经济作物外，该国一些地区还种植外来植物品种。当地居民利用可利用的多种本地植物进行皮肤护理、美容和治疗疾病。许多民间医学实践都以植物王国为药物治疗疾病的主要来源。古印度人深信，植物产品更为安全，人体对天然成分和产品反应良好。他们还观察到，基于植物的配方能够激活体内的休眠过程，创造一个对美丽、健康和容光焕发至关重要的理想环境。

印度拥有着丰富的古老传统和多元文化，可以追溯至几个世纪前。许多古代经文和神话故事都提到了化妆品。除了能够增强皮肤的自然美观，化妆品还被用来美化男性和女性。传统的美容方法可以追溯到婴儿还在母亲子宫里时，就已经开始使用草药和其他天然原材料。传统医疗实践由阿育吠陀、悉达和尤那尼系统组成，在大众中广泛流行。虽然现代对抗疗法在更大程度上满足了人们的健康需求，但这些

表 39.3　用于化妆品和皮肤护理的基底油

植物	用于化妆品和皮肤护理
蓖麻油（蓖麻子）	降温效果，对干燥皮肤有效；配合葵花籽油（3∶7），去除皮肤表面的人工色素，作为卸妆液，对皮肤无刺激
可可脂（可可）	多酚对皮肤弹性和皮肤紧致有积极作用
椰子油（可可椰子）	可单独使用，也可与天然护肤油/精油/面霜/护发产品和唇膏混合使用。具有更快的愈合属性和有效的烧伤创面愈合。对痤疮也有用，作为清洁油或保湿剂。预防老年斑、皱纹和其他老化表现、皮疹、疣、足癣、特应性/感染性皮炎，降低病毒、细菌和真菌的活性
向日葵油（葵花籽油）	含有油酸和亚油酸，保护角质层的完整性，改善成人皮肤的水合作用，不会诱发红斑。用于修复皮肤屏障稳态，并在两阶段癌变的小鼠皮肤癌模型中显示化学预防作用
橄榄油（油橄榄）	保持紧肤效果，为皮肤提供光保护和水合作用；具有强大的保湿效果
荷荷巴油（希蒙得木）	目前使用的顶级化妆品材料，具有优异的氧化稳定性。含有长链线性酯，功能性化妆品性能远优于甘油三酯。具有抗酸败稳定性，可作为化妆品行业的标准基质。也用于护发产品
罗勒油（圣罗勒）	一种稳定、均一、无刺激性、浓缩的抗菌油，用于面霜配方。抑制细菌和真菌增殖
百里香油（百里香）	一种更安全的天然抗氧化剂;功效是由于化合物海卡拉酚（86%）和百里酚（4%）。可加强头部皮肤，用于香水、化妆品、肥皂和除臭剂。面霜用于皮肤的局部治疗，作为化妆品涂抹于眼部和鼻上部

表 39.4　用于化妆品和皮肤护理的蔬菜、草药、香料和调味品

植物	用于化妆品和皮肤护理
洋葱（洋葱鳞茎提取物）	用于治疗瘢痕疙瘩和增生性瘢痕，与肝素联合使用；在极低浓度（250 μg/mL）下抑制细胞增殖。由于槲皮素 4'-葡萄糖苷的存在，抑制 styp-1 过敏。这可能与其潜在的抗组胺、抗炎和抗氧化活性有关
黄瓜（胡瓜）	六种黄瓜衍生成分在化妆品中作为皮肤调理剂；FDA 的一份报告显示，534 种化妆品配方中使用黄瓜果提取物。水果提取物也用于化妆品喷雾产品
葡萄籽（欧洲葡萄）	葡萄中的天然多酚具有抗衰老的特性。它们能缓解表皮老化症状，提高日光辐射防护能力和表皮抗氧化活性。葡萄乳霜可改善过早衰老。葡萄中含有的化合物原花青素、槲皮素、白藜芦醇和褪黑素可有效延缓年龄相关疾病的发病
芦荟（芦荟汁）	化妆品工业中使用最多的植物。在创面愈合、烧伤和防止各种类型的辐射（包括放射性射线）方面有广泛的用途
艾（青蒿）	萃取精华修护敏感性皮肤，阻断炎症，修复皮肤屏障，改善受损皮肤，减少红肿，提高皮肤免疫力
蒜（大蒜）	球茎提取物治疗过早老化，大蒜素提取物中的化合物是一种潜在的白细胞弹性蛋白酶抑制剂
姜黄（姜黄粉）	有效成分姜黄素用于治疗皮肤疾病；局部应用对痤疮、脱发、特应性皮炎、面部光老化、口腔扁平苔藓、瘙痒、银屑病、放射性皮炎和白癜风有效
葫芦巴的种子（葫芦巴）	提取物对皮肤弹性、老化、水合和疲劳等参数有显著改善作用
茶（茶树）	茶多酚在皮肤深层具有明显的保护作用，防止紫外线辐射，并影响各种酶的活性。绿茶中的一种主要儿茶素阻止血小板中血栓烷合酶和环氧化酶的合成，而这两种酶是负责血小板聚集的 2 种主要酶。茶多酚具有抗炎活性，可显著改善皮肤微循环
绿茶（茶花）	动物模型中局部治疗或口服绿茶多酚抑制化学致癌物或紫外线辐射诱导的皮肤肿瘤。其还调节参与炎症反应、细胞增殖和化学肿瘤干预反应的生化途径，以及紫外线诱导皮肤炎症反应的炎症标志物。配方含绿茶有效减少皱纹
燕麦粉（燕麦）	胶体燕麦含有多糖、脂质、蛋白质、类黄酮、矿物质和维生素。具有保湿、清洁、抗氧化和抗炎的功效。含有燕麦片的个人护理产品据称可防止皮疹和皮肤干燥。抗刺激作用是由燕麦蒽醌介导，其抑制免疫依赖性皮肤炎症
指甲花（散沫花）	具有抗氧化和抗真菌的特性。从树叶中提取的染料用于给皮肤、头发和指甲上色，根和叶用于皮肤疾病、疥疮和疖肿。叶浆可以防止头发脱落和变白
红三叶草（红车轴草）	红三叶草异黄酮与染料木素乳液，代谢物雌马酚、异雌马酚和脱氢雌马酚减少炎症性水肿并抑制日光模拟紫外线辐射引起的接触过敏。其还保护免疫系统免受光抑制，这表明其未来将作为防晒化妆品成分

传统实践已成为印度文化和传统的一部分。即使在19世纪初，这些系统仍是人们唯一可用的手段。即使在今天，该国仍有相当多的人依赖这些主要由植物产品组成的古老药物，因为这些药物易于获得、价格实惠，而且被认为不会引起任何有害反应和不良反应。

阿育吠陀

阿育吠陀是一个经过千百年积累的医学知识宝库，包含丰富无限的草药和矿物质，这些元素有助于该科学的发展与积累。随着时间的推移，阿育吠陀成为塔克沙希拉和那烂陀大学的一门教学科目，来自南亚国家的学生也在学习这门科学。阿育吠陀一词的含义是"生命科学"，它详细描述了人类整个生命周期中所需采取的措施。除了处理维持健康的原则外，阿育吠陀还制定了一系列治疗措施用于治疗疾病。这些健康促进措施的原则涉及人类的身体、心理和精神福祉。因此，阿育吠陀成为最古老的医学系统之一，以最全面的方式处理生活的预防和治疗方面。阿育吠陀草药配方的功能是通过清除体内的特定致病因素来净化各种皮肤疾病。

阿育吠陀化妆品

阿育吠陀美容学的理念是利用周围自然环境中天然可用的原材料。印度人巧妙地利用各种天然产品（如蔬菜、水果、香料、草药、宝石、金属和矿物质）创造出独特的产品，给皮肤护理带来神奇效果。伴随身体按摩和清洁程序，这些治疗可以使身体和皮肤即刻和长期地年轻化。阿育吠陀美容学强调积极的外观和美学修饰。用于人体的物质或制剂，如表皮、头发、指甲、嘴唇、牙齿和口腔，对相应部位进行清洁，改变它们的外观和（或）抑制体味并保持良好状态，主要是由植物成分制备的。

《遮罗迦本集》是古老的健康知识宝库，将化妆品植物药物分类为Varnya、Kustagna、Kandugna、bayasthapak和udaradaprasamana等。在twakroga（皮肤疾病）的背景下，许多阿勒潘（药膏）普拉德哈、乌那哈、安迦那、泰拉被描述于另外两本关于健康的古籍《妙闻集》和《八支心要集》中。非常常见的药物Kungkumadilepam、Dasngalepam、Chandanadilepam、Dasanasamskarchurna、Kukummaditaila、Nilibringarajtaila和Himasagartaila等是阿育吠陀中非常成熟的药物。阿育吠陀中芝麻油被用作许多油的基础，其含有木质素化合物芝麻素，具有生物活性。这些化合物增强油的氧化稳定性，其有被用作抗氧化化合物以及具有保湿效果的潜力。

印度传统的面膜制剂常使用酪乳和山羊奶粉，因其舒缓润肤的特性而备受青睐。这些原料含有丰富的维生素A、B$_6$、B$_{12}$和E，是化学碱和润肤剂的理想替代品。此外，用于洗发水的传统草药——Shikakai，源自金合欢灌木的豆荚中提取。其皂苷含量丰富，可制成pH值中性的温和洗涤剂。同样含有皂苷的Aritha粉则从皂果（无患子果皮）中提取，是制作发泡剂的理想原料。在阿育吠陀传统中，Aritha粉还被用作肥皂。这些原材料不仅可以保持化妆品的完整性，还可以作为石油和塑料衍生物的理想替代品。阿育吠陀在治疗白癜风、银屑病、湿疹和寻常痤疮等皮肤疾病方面拥有大量的循证医学证据。

阿育吠陀化妆品的分类如下：

1.面部皮肤外观改善化妆品。

2.毛发生长和护理化妆品。

3.皮肤护理化妆品，尤其是适用于青少年的产品（如治疗慢性痤疮和粉刺）。

4.洗发水、肥皂、爽身粉和香水等产品。

5.其他相关产品。

阿育吠陀化妆品中常用的植物包括：

1.保湿、护肤和抗衰老产品：芦荟、金盏

花、菊苣、姜黄、胡萝卜、光果甘草、圣罗勒、大马士革玫瑰、迷迭香、茜草和小麦。

2.防晒霜：芦荟和三叶草。

3.美黑产品：香附子和辣木。

4.收敛剂：铁力木、斑马木和诃子。

5.口腔保健产品：印棟、阿拉伯金合欢、黄花假杜鹃、香榄、山柑藤、丁香和珠仔树。

6.皮肤科应用：大蒜、高良姜、印棟、灯油藤、黑种草、无毛水黄皮和补骨脂。

7.护发产品：金合欢、芦荟、印棟、假马齿苋、雪松、积雪草、旱莲草、余甘果、扶桑、草果药、散沫花、迷迭香、三叶无患子、小麦、毗黎勒和芝麻。

悉达

"悉达"是一门源自印度南部的医疗保健系统，历史悠久且广泛应用。该古老科学的核心原则主要关注身心保健和强化，旨在帮助身体远离疾病，并通过精心的饮食和身心放松来增强积极健康，从而促进长寿。在悉达系统中，药物的成分以及人体与宇宙之间的基本关系被高度重视。植物、金属、矿物和动物产品被用于制备药物。

悉达化妆品

悉达没有专门经营化妆品的分支机构，但是在这个文化中，皮肤作为身体最大的器官备受重视。建议采用冷水浴、定期在皮肤表面涂抹芝麻或椰子油，以及使用檀香膏等保持身体凉爽，使皮肤光泽。此外，通过出汗将体内废物排出是悉达所推崇的另一种重要的获得健康皮肤的方法。悉达文献中经常提到一些植物，比如热带铁苋菜（印度铁苋）、芦荟（印度芦荟）、积雪草（印度止血草）以及补骨脂（紫色飞蓬）等，这些植物性产品可以治疗各种皮肤疾病并作为化妆品使用。

在眉毛和睫毛表面涂抹天然黑色染料被称为"Kajal"（它是从用蓖麻油燃烧棉花枝沉积的烟尘中获得的），这不仅具有美容价值，还可以保护眼部免受环境中有害物质的伤害。这种染料的应用甚至在今天仍在使用，尤其是在女性中，因为它还能保持眼部凉爽，增加美学价值。据说遵循"悉达法"的个体即使高龄也无视力问题，并且受年龄相关疾病（如白内障）的影响最小，他们保持了年轻的皮肤和光滑的纹理。

尤纳尼医学

尤纳尼的医疗保健制度起源于希腊（公元前460—377年），并在阿拉伯和波斯的发展后于大约一千年前传入印度。这一系统基于体液理论，认为人体内存在四种体液，它们控制了所有功能。尤纳尼的经典文献广泛涉及天然化妆品，如Rhazi的《Kitab-ul-mansoori》和《Kitab Al Hawi Fil Tib》，Majoosi的《Kamil-us-San't》和《Al-qanoon Fil Tibb by Ibn-e-Sina》，以及Jurjani的《Zakheera-e-Khwarzam Shahi》和《Ghina Munaby Ismail Jurjani》。藏红花（番红花，扎夫兰）、姜黄（哈尔迪）、马来沉香（琼脂）和小叶紫檀（檀香树）等许多植物在尤纳尼的许多文献中被认为是重要的美容植物。

尤纳尼的经典文献描述了许多单一的植物药物和复方药妆制剂，用于个性美化。它们不仅用于面部、眼部、毛发和指甲，还用于上腹部、下腹部、子宫和腋窝，收缩阴道，缩小或增大乳房，掩盖瘢痕、口臭和出汗过多等。一些经典制剂也被提到用于治疗皮肤疾病，如白癜风、寻常痤疮、皮肤黑斑、痣和疣。其中，皮肤和毛发的颜色是定义个体美丽的最重要标准，因为它显示个体外观。尤纳尼的化妆品由天然成分组成，更为安全、健康，对身体和环境更加友好。

尤纳尼药妆品种类

尤纳尼经典文献中记述了数种药妆品，这

些药妆品可以依据剂型的物理状态、药理作用和应用部位大致分类。植物也根据其药理作用和制剂被分类，正如尤纳尼经典所述。

尤纳尼化妆品中使用的植物如下（括号中为尤纳尼的名字）：

a.皮肤保湿、滋补品和抗衰老植物：芦荟（Gheekawaar/Sibr）、万寿菊（Genda）、菊苣（Kasni）、姜黄（Haldi）、胡萝卜（Gajar）、光果甘草（asl-us-sooa）、圣罗勒（Tulsi）、大马士革玫瑰（Gulaab）、迷迭香（Iklil-al-Jabal）、茜草（Majeeth）和小麦（Gandum）。

b.防晒霜：芦荟（Gheekawaar/Sibr）和小麦（Gandum）。

c.人工美黑产品：香附子（Nagarmotha/Saad Kufi）和辣木（Shajana/Sohanjana）。

d.收敛剂：铁力木（Narmushk/Nagkesar）、斑马木（Kakra singhi）和诃子（Halelah）。

e.护发成分：金合欢（Shikakai）、芦荟（Gheekawaar/Sibr）、印楝（Neem）、假马齿苋（Brahmi）、雪松（Deodar）、积雪草（Brahmi Booti）、旱莲草（Bhangra）、余甘果（Buiaamla）、木槿、扶桑、草果药（Kapurakachari）、散沫花（Hina/Mehdi）、迷迭香（Iklil-al-Jabal/Libanutis）、三叶无患子（Bunduq-e-Hindi/Reetha）、小麦（Gandum）、毗黎勒（Balela/Bahera）和芝麻（Kunjad Siyah/Til/Sheeraj）。

f.牙科保健成分：印楝（Neem）、阿拉伯金合欢（Kikar/Babool）、黄花假杜鹃（Pyabansa/Jhinti）、牛油果（Moolsari）、茴芹（Anisoon/Aaneesan）、山柑藤（Peeloo）、丁香（Qaranful/Laung）和矾属（Lodh Pathani）。

g.用于皮肤疾病的成分：印楝（Neem）、高良姜（Kulanjan）、大蒜（Seer/Lahs）、无毛水黄皮（Karanj）、灯油藤（Malkangni/Nammilnaraa）、黑种草（Kalonji/Shooneez）和补骨脂（Babchi）。

美容科学的现状

植物已成为开发新药产品和药妆品的自然选择。由于大量宣传的合成化妆品增加风险和非必要的不良反应，消费者正在寻找安全、持久和无不良反应的天然衍生材料。声称有治疗功效的药妆产品中含有以植物为基础的活性成分，如α-羟基酸、维A酸、抗坏血酸和辅酶等，可增加皮肤弹性，延缓皮肤衰老。它们还能减少皱纹，具有抗氧化特性，保护皮肤免受紫外线辐射，减缓胶原蛋白的降解。它们以面霜、爽身粉和乳液的形式外用，也用于肥皂、洗发水和香水，用于皮肤护理、痤疮和毛发护理和生长。用于制备药妆品的常见植物有姜黄（Turmeric）、印楝（Neem）、檀香（Sandal）、圣罗勒（Holy Basil）、藏红花（Saffron）、柠檬（Lemon）、柑桔（Orange）、芦荟（Aloe）、穿心莲（Kalmegh）、总序天冬（Shatawari）、乳香（Salai Guggal）、柏油（Shilajit）、假马齿苋（Brahmi）、山茶（Green tea）、积雪草（Mandukparni）、番泻叶（Senna）、吊兰（Safed Musli）、余甘果（Amla）和金合欢（Shikakai），在全年都有大量的供应。此外，与合成药物相比，它们具有成本效益高、经济实惠、环境友好等优点，且较少或没有有害影响。它们甚至可在每个家庭/菜园中种植。从这些草药产品中，各种类型的配方在最近的一段时间被制备用于药理学筛选并评价美容性质。广泛的民族植物学和民族药理学研究可能会发现用于皮肤护理和药妆的新植物和先导化合物。

总结

当今世界的人们更加青睐天然/有机材料，因为他们认为这些产品更安全，不会对健康造成任何有害影响。这种趋势在化妆品领域也同样显著。过去20年间，市场上涌现了越来越多的含有天然或植物成分的产品，且这些产品的比例呈逐年增长的趋势。消费者们越来越意识到植物产品的益处，开始厌恶基于化学的产品；报道也表明，某些情况下，化学产品可能会对健康造成不良影响。因此，许多化妆品企业都投入了大量资金进行植物衍生材料的前沿研究，并进行了临床试验，以制造出广受欢迎的产品。在印度，大多数化妆品都是植物性的，普通人甚至可以从祖先那里继承植物产品的知识。相比之下，其他国家的消费者则需要接受有关天然草药益处的教育，而印度人世世代代都在接受这方面的知识。

为了与合成产品竞争，化妆品企业需要将植物配方转化为现代、易于使用、质量上乘的形式。尽管天然化妆品与合成品牌仍在竞争，但是前者需要不断努力，确保其质量与后者相似。

原文参考文献

Kumar S. Exploratory analysis of global cosmetic industry: Major players, technology and market trends. Technovation. 2005, 25(11):1263-1272.

Lopez-Aguero LC, Stella AM. Aesthetic dermatology through time. Rev Argent Dermatol. 2007, 88(4):227-233.

Chandri SK. History of cosmetics. Asian J Pharmaceut. 2009, 3(3):164-167.

Manniche L, Perfume, https://escholarship.org/content/qt0pb1r0w3/qt0pb1r0w3.pdf.

Naser W. Recent studies regarding the use of medicinal plant extracts as skin care photo-protective cosmeceuticals: A review. Phramacol Online. 2020, 3(12):151-165.

Ciganović P, Jakimiuk K, Tomczyk M, et al. Glycerolic licorice extracts as active cosmeceutical ingredients: Extraction, optimization, chemical characterization and biological activity. Antioxidants. 2019, 8(10):445.

Aguilar-Toalá JE, Hernández-Mendoza A, González-Córdova AF, et al. Potential role of natural bioactive peptides for development of cosmeceutical skin products. Peptides. 2019, 122(4):170170.

Zillich OV, Schweiggert-Weisz U, Eisner P. et al. Polyphenols as active ingredients for cosmetic products. Int J Cosmet Sci. 2015, 37(5):455-464.

Joshi LS, Pawar HA. Herbal cosmetics and cosmeceuticals: An overview. Nat Prod Chem Res. 2015, 3(2):1000170.

Gonzalez-Minero FJ, Bravo-Diaz L. The use of plants in skin care products, cosmetics and fragrances: Past and present. Cosmet. 2018, 5(3):50. DOI: 10.3390/cosmetics5030050.

Sarkic A. Stappen I. Essential oils and their single compounds in cosmetics-A critical review. Cosmet. 2018, 5(1):11. Doi.org/10.3390/cosmetics5010011.

Lohani A, Mishra AK, Verma A. Cosmeceutical potential of geranium and calendula essential oil: Determination of antioxidant activity and in vitro sun protection factor. J Cosmet Dermatol. 2019, 18(2):550-557.

Gediya SK. Mistry RB, Patel UK, et al. Herbal plants: Used as cosmetics. J. Nat Prod Plant Resour. 2001, 1(1): 24-32.

Rastogi SC, Johansen JD, Menne T. Natural ingredients based cosmetics. Contact Dermat. 1996, 34(6):423-426.

Atmanto D. Effectiveness of utilizing VCO oil and castor oil on natural creams for dry skin treatment due to environmental factors. J Phys: Conf Series. 2019, 1402(2):022093 DOI:10.1088/1742-6596/1402/2/022093

Uraki NPY, Koda K, Nithitanakul M, et al. Preparation of water-in-oil microemulsion from the mixtures of castor oil and Sunflower oil as makeup remover. J Surface Deterg. 2018, 21(6):809-816.

Gasser P, Lati E, Peno-Mazzarino L, et al. Cocoa polyphenols and their influence on parameters involved in ex vivo skin restructuring. Cosmet Sci. 2008, 30(5):339-345.

Srivastava P, Durgaprasad S. Burn wound healing property of Cocos nucifera: An appraisal. Indian J Pharmacol. 2008, 40(4):144-6.DOI: 10.4103/0253-7613.43159.

Verallo-Rowell VM, Dillague KM, Syah-Tjundawan B. Novel antibacterial and emollient effects of coconut and virgin olive oils in adult atopic dermatitis. Dermat. 2008, 19(6):308-315.

Lin T, Zhong L, Santiago JL. Anti-inflammatory and skin barrier repair effects of topical application of some plant oils. Int J Mol Sci. 2018, 19(1):70. DOI: doi.org/10.3390/ijms19010070.

Mota AH, Silva CO, Nicolai M, et al. Design and evaluation of novel topical formulation with olive oil as natural functional active. Pharmaceut Dev Technol. 2018, 23(8):794-805. DOI: 10.1080/10837450.2017.1340951.

Sandha GK, Swami VK. Jojoba oil as an organic, shelfstable standard oil-phase base for cosmetic industry. Rasaayan J Chem. 2009, 2(2): 300-306.

Yadav NP, Meher JG, Pandey N, et al. Enrichment, development and assessment of Indian basil oil based antiseptic cream formulation utilizing hydrophilic-lipophilic balance approach. Bio Med Res Int. 2013:Article ID 410686. DOI: doi. org/10.1155/2013/410686.

Sadeq TW, Kamel FH, Qader KO. A novel preparation of thyme cream as superficial antimicrobial treatment. J Int Pharm Res. 2019:46(4): 373-381.

Tsewang T, Verma V, Acharya S, et al. Onion-herbal medication and its applications. J Pharmacogn Phytochem. 2021, 10(2):1131-1135.

Fiume MM, Bergfeld WF, Belsito DV. Safety assessment of *Cucumis sativus* (cucumber) derived ingredients as used in cosmetics. Int J Toxicol. 2014, 33(2 Suppl):47S-64S.

Soto ML, Falqué E, Domínguez H. Relevance of natural phenolics front grape and derivative products in the formulation of cosmetics. Cosmet. 2015, 2(3):259-276.

Basmatker G, Jais N, Daud F. *Aloe vera*: A valuable multifunctional cosmetic ingredient. Int J Med Arom Plants. 2011, 1(3):338-341.

Yu J, Wang G, Jiang N. Study on the repairing effect of cosmetics containing *Artemisia annua* on sensitive skin. J Cosmet Dermatol Sci Appl. 2020, 10(1):Art. ID. 98155.

Pangastuti A, Indriwati SE, Amin M. Investigation of the antiaging properties of allicin from *Allium sativum* L bulb extracts by a reverse docking approach. Trop J Pharm Res. 2018, 17(4):635-663.

Vaughn AR. Branum A, Sivamani RK. Effects of turmeric (*Curcuma longa*) on skin health: A systematic review of the clinical evidence. Phytother Res. 2016, 30(8):1243-1264.

Akhtar N, Waqas MK, Ahmed M, et al. Effect of cream formulation of fenugreek seed extract on some mechanical parameters of human skin. Trop J Pharml Res. 2010, 9(4):329-337.10

Koch W, Zagórska J, Marzec Z, et al. Applications of tea (*Camellia sinensis*) and its active constituents in cosmetics. Molecules.2019, 24(23):4277.

Katiyar SK, Elmets CA. Green tea polyphenolic antioxidants and skin photo-protection (Review). J Oncol. 2001, 18(6):1307-1313.

Criquet M, Roure R, Dayan L, et al. Safety and efficacy of personal care products containing colloidal oatmeal. Clin Cosmet Investig Dermatol. 2012, 5(1),183-193.

Makhija IK, Lawsoniainermis- From traditional use to scientific assessment. Pharma Tutor. 2011 Article ID: 1022.

Widyarini S, Spinks N, Husband AJ, et al. Isoflavonoid compounds from red clover (*Trifolium pratense*) protect from inflammation and immune suppression induced by UV radiation. Photochem Photobiol. 2001, 74(3):465-470.

Dharani D, Historical Perspectives of the Practice of Indigenous Medicines in Tamil Nadu with Special to Siddha Medicine, 2006. PhD Dissertation, University of Madras, Chennai.

Chuarienthong P, Laurith N, Leelaponnpisid P. Clinical efficacy comparison of anti-wrinkle cosmetics containing herbal flavonoids. Int J Cosmet Sci. 2010, 32(2):99-106.

Kapoor VP. Herbal cosmetics for skin and hair care. Nat Prod Radiance. 2007, 4(4):307-314.

Gupta S, Sevatkar BK, Sharma R. Cosmetology in Ayurveda-A review. Int Ayur Med J. 2014, 2(2):138-142.

Sukumar E, Dharani D. Some rare practices in Siddha Medicine (Under Preparation).

https://www.nhp.gov.in/concept-of-cosmetics-in-unanisystem-of-medicine_mtl

Duraisamy A, Narayanaswamy N, Sebastian A, et al. Sun protection and anti-inflammatory activities of some medicinal plants. Int J Res Cosmet Sci. 2011:1(1):13-16.

第40章

化妆品对水环境的影响

介绍

全球化妆品市场是一个强大而充满活力的市场，其增长得益于强劲的消费需求。目前，人们普遍认可化妆品对人体健康的安全性，但针对化妆品对环境的影响，相关研究却非常有限。由于化妆品在水生环境中经常被检测到，但清除这些产品的效率较低，因此其在水中的含量相对较高。由于缺乏生态毒性数据，化妆品对水生生物的影响可能被低估。然而，积极宣传可持续化妆品的使用有助于提高公众对化妆品环境影响的认识，从而促进更加安全、可持续的化妆品发展，保护生态和人类健康。

评价化学物质对水生生物影响的参数

为了识别对水生环境有害的物质，我们需要了解其理化性质，并搜集毒性、生物累积以及生物降解等相关参数信息。

毒性

水生毒性是指一种物质对水生生物产生不良影响的能力。在评估环境风险中，急慢性毒性试验具有重要意义。急性毒性试验采用半数致死量（Lethal Dose，LD_{50}）和半数效应浓度（Effective Concentration，EC_{50}）参数来确定化学物质的毒性。慢性毒性试验则用于评价长期暴露效应，通常使用非可观察效应浓度（no-observed-effect concentration，NOEC）和

最低可观察效应浓度（lowest observed-effect concentration，LOEC）作为指标。在大多数欧盟和美国化学品立法中，急性水生毒性试验是一项标准要求。如果急性试验结果表明存在风险或预期长期暴露，则需要进行慢性水生毒性试验。此外，还可以使用其他参数来衡量水生毒性，例如氧化应激和代谢变化。

另外，在评估水生毒性时，可使用一系列试验生物。欧盟要求研究3个营养级的代表性生物来评估水生毒性。在此意义下，藻类或植物被用作初级生产者，无脊椎动物和脊椎动物则分别被用作初级和次级消费者。无脊椎动物在这种评价方法中也被视为次级生产者。

在评价化学物质的水生毒性方面，经济合作与发展组织（organization for economic cooperation and development，OECD）制定的标准议定书是可用的。OECD测试指南（Test Guideline，TG）201-淡水藻类和蓝藻生长抑制试验，OECD TG 202-水蚤种急性固定试验和OECD TG 203-鱼类急性毒性试验是三种常见的毒性测试指南。针对OECD TG 203，自2013年以来，已有一种替代方法通过斑马鱼胚胎来确定鱼类的急性毒性，这就是OECD TG 236-鱼胚胎急性毒性试验。该试验与成年鱼的毒性试验具有良好的相关性，因此，它被认为是改进OECD TG 203的替代方案，而OECD TG 203是动物实验（替换、减少和改进）的3Rs的重要

组成部分。然而，胚胎鱼并未被全球范围内广泛接受作为成年鱼的有效替代品。尽管OECD TG 236在欧盟被广泛接受，但是在一些国家，例如巴西，立法规定"鱼被视为生命任何阶段的动物"，因此该试验并未获得广泛接受。基于此，人们一直在努力开发一种完全不涉及动物，基于培养细胞和计算机方法（通过电脑模拟）的脊椎动物生态毒性试验的替代方法。

有关基于细胞的方法，值得注意的是基于鱼鳃细胞系的（RTgill-W1）检测。该检测是基于以下假设开发：鱼类的急性毒性主要由非特异性作用模式（细胞膜完整性和功能的干扰）引起，并反映在整个生物体的损伤和死亡。因此，RTgill-W1试验结合虹鳟鱼的永生细胞系和细胞活力测定，其结果与体内鱼类急性毒性试验的结果高度相似。因此，在研究验证了RTgill-W1检测的稳定性和可靠性之后，新的ISO指南（21115：2019）和OECD TG项目的指南建议将其纳入其中。

生物累积

生物累积是水生环境中化学物质环境危害和风险评估的另一个关键参数。美国环境保护署（US Environmental Protection Agency，US EPA）定义，生物累积是指生物体通过水、沉积物或被污染的食物接触而吸收外来物质，从而使其在生物体中的浓度高于周围环境或食物中浓度的过程。生物累积的测定对于理解一种物质在环境中的行为非常重要，因为这一过程可增加化学物质在生态系统中的持久性。通常来说，水溶性较差的物质具有在生物组织中蓄积的能力，尤其是在脂肪组织中。水生生物的生物累积可对其中物质被生物累积的生物体造成毒性，甚至通过食物链的污染对营养水平较高的个体造成毒性。

生物富集系数（bioaccumulation factor，BAF）是指一种物质在生物体中的浓度（mg/kg）与该物质在环境中的浓度（水生生态系统中的浓度，以mg/L为单位）之间的比值，通常用于测定生物累积潜力。然而，生物浓缩系数（bioconcentration factor，BCF）是BAF的一种，提供了更好的衡量生物累积的指标；最好在有条件时使用实验室试验来确定BCF。

目前，以体内试验获得的生物累积数据为主。然而，在考虑动物福祉时，它们越来越成为讨论的中心，讨论是否真正需要使用。然而，生物累积是生物体内吸收、分布、代谢和排泄过程的结果。因此，开发无动物模型的生物累积检测方法是一个巨大的挑战。

为了适应3Rs，已经观察到了调整估算生物累积的方法。在预测生物累积潜力方面，定量构效关系（quantitative structure-activity relationships，QSARs）是一种可行的替代模型。其中，基于正辛醇-水分配系数对数（logarithm of octanol-water partition coefficient，log Kow）的方法是一种简单的模型。QSAR是一种数学模型，可以预测生物、化学和物理性质，并通过提供有关化学结构的信息，获得有关环境中物质命运的数据。在QSAR模型中，生物累积潜力基于以下假设：化学物质通过生物膜的摄取取决于其分子大小。但是，这个假设只适用于某些化学品，因为该模型未考虑化学品的主动摄取和清除过程，也未考虑其生物转化为更容易从体内清除的形式。为解决这些局限性，已经开发了毒代动力学模型，例如基于生理学的药代动力学（physiologically based pharmacokinetic，PBPK）模型和毒代动力学-毒物动力学（toxicokinetic-toxicodynamic，TK-TDs）模型。这些模型使用不同的方程描述给定物质及其代谢物在体内的持久性或消失速度。此外，基于原代肝细胞或虹鳟鱼S9部分（OECD TG 319A和319B）的体外方法已用于确定化学物质的内源性清除，然后使用计算机预测模型的数据来预测BCF。

生物降解能力

生物降解能力是指生物体能够将具有潜在毒性的外源性物质转化为无毒化合物的作用结果。因此，生物降解包括一系列作用，从对化合物结构的最小改变到对化合物的降解，直至导致丧失其有害影响，甚至将其还原为水、二氧化碳和无机化合物。

1981年，经济合作与发展组织（OECD）发布了首个评价化合物生物降解性的指南。自此之后，涌现出了更新和新的试验方法，以及其他监管机构的创建，例如欧洲标准协会（coordinating european council，CEC）、美国测试和材料标准（american standard for testing and materials，ASTM）、国际标准化组织（ISO）和美国环境保护局（EPA）。生物降解试验可分为三类，下面将介绍。现有的生物降解能力试验能够确定化学品是否可在自然条件下迅速进行生物化学降解（OECD TG 301和310）。相反，固有生物降解能力试验用于确定具有固有生物降解潜力的化学品（OECD TG 302）。模拟试验的目的是通过实验室系统来评价化合物的生物降解，这些实验室系统再现了具有其自然特性的各种环境（OECD TG 303、306、307、308、309和314）。

目前已经描述了一些关于生物降解能力试验的局限性，尤其是关于微生物接种物的特征和浓度、错误结果数量以及试验持续时间等方面。值得注意的是，目前的监管工作更多地集中在识别被认为是环境中持久性的化学物质，而不是那些可以被快速生物降解的物质。为了考虑将这些数据用于评价持久性，根据《化学品注册、评估、授权和限制条例》（Registration，Evaluation，Authorization and Restriction of Chemicals，REACH）编写的技术指导文件建议改进生物降解性试验。除了这些

试验方法外，目前也有可能使用被认为是"非试验数据"的数据作为评价证据的一部分。例如，有必要强调使用预测模型，例如QSARs。

化妆品对水生生物的影响：漂洗化妆品成分

在本章中，漂洗化妆品被定义为旨在与皮肤、毛发和（或）黏膜接触的产品，其唯一或主要目的是清洁。这些产品包括洗发水、护发素、洗手液和沐浴露。从生态学的角度来看，漂洗化妆品对水生环境具有潜在风险。因此，本章着重介绍这些产品所包含的成分对水生生物的不良影响，并探讨可能有助于产品可持续性的安全替代品。此外，为了引起对海洋生物保护和可持续发展目标（Sustainable Development Goal，SDG）第14号的特别关注，本章选择了淡水和咸水相关文献中报道的漂洗成分，以促进关于是否可以从淡水数据预测对盐水影响的讨论。

芳香成分

芳香剂是化妆品中广泛使用的成分，因为它们能够提供愉悦的气味给消费者。然而，虽然对于化妆品行业有益，但是这类物质的化学多样性导致传统的废水处理工艺无法有效去除这些成分。因此，科学文献报道了水生环境中存在芳香成分的情况，这表明这些成分存在潜在的环境风险，主要是由于它们的亲脂性，赋予了很高的生物累积潜力。环境关注的芳香成分包括邻苯二甲酸酯和合成麝香。后者用于增强气味并延长香味的持续时间，此外，它们还可以按照化学结构进行分类。多环麝香已经被引入市场，以替代硝基麝香，被认为是新兴的微污染物。邻苯二甲酸酯在个人护理产品（personal care products，PCPs）中被用作溶剂和固定剂。由于邻苯二甲酸酯具有潜在的内分泌干扰作用，因此被视为优先污染物。其化学

结构中的芳香族环影响了它在水生环境中的降解，这些化合物因此会影响水生生物。

芳香成分对淡水物种的影响

地表水中存在佳乐麝香（HHCB），因其工业产量高且具有适中的生物降解能力（生物降解系数为0.071），因此被广泛报道。研究还发现，HHCB具有亲脂性，可能导致生物累积，并对水生生物产生负面影响。例如，对软体动物（Dreissena polymorpha）而言，环境中HHCB的浓度可以引起生物累积，以及氧化应激介导的效应，如脂质过氧化和遗传损伤。另一方面，吐纳麝香（AHTN）对小型甲壳类动物大水蚤具有致死效应，其EC50为2684 µg/L。和HHCB类似，AHTN也是一种大规模生产的低成本芳香成分。不过相比于HHCB，AHTN具有更高的生物降解能力（生物降解系数为0.023），而且其生物累积潜力更低，仅占鱼类组织（肌肉和肝脏）中合成麝香浓度的28.5%。相反，HHCB占检测到的麝香的65%。但是，在急性毒性方面，AHTN具有物种特异性毒性，对甲壳类动物（例如D. magna，其EC_{50}为1054 µg/L）和日本沼虾（Macrobrachium nipponense，其EC_{50}为348.2 µg/L）的毒性比HHCB更高。

邻苯二甲酸酯在水样中经常被检测到。有关邻苯二甲酸酯暴露风险的研究表明，即使在低浓度（ng/L和µg/L）下，它对水生生物也具有潜在危害。邻苯二甲酸二丁酯（Di-n-butyl phthalate，DBP）对斜景藻（EC_{50} 153 000 µg/L）和核小球藻（EC_{50} 3140 µg/L）的暴露会导致叶绿素含量和细胞密度降低；同时，生物的生长也因氧化应激而受到抑制。DBP和邻苯二甲酸二-2-乙基己酯（Di-2-ethylhexyl phthalate，DEHP）会对罗氏沼虾（Macrobrachium rosenbergii）的防御机制造成损害，暴露还会导致马尾大虾（Daphnia magna）的发育和繁殖受到损害。鱼类暴露于DEHP污染中，会导致

Danio rerio的氧化应激和免疫相关基因改变。

芳香成分对海洋物种的影响

麝香HHCB和AHTN也对海洋生物造成影响。这些化合物在菲律宾蛤仔等海洋软体动物中会引起氧化应激和遗传毒性。此外，它们还会对桡足动物（属于甲壳门，猛水蚤目）的发育造成伤害，并抑制加州贻贝的外生保护机制。HHCB和AHTN对甲壳动物纺锤水蚤的半数效应浓度分别为59 µg/L和26 µg/L，从而抑制其幼虫发育。与先前引用的淡水甲壳动物（Daphnia magna）的值相比，这些值表明对居住在海洋环境中的该亚门生物具有显著更高的毒性。

在咸水物种中，HHCB的生物累积潜力与淡水物种不同，并且似乎具有物种特异性。贻贝的生物累积值高于牡蛎，而鱼类的生物累积值也有所不同。此外，HHCB还能够通过抑制Cyp17和Cyp11b的活性，改变海鲈鱼（Dicentrarchus labrax）中活性雄激素的合成。这可能会干扰雄激素相关的生物学过程，如精子发生、生殖行为和第二性征发育等。

关于海洋环境中存在邻苯二甲酸酯的报告，主要与石油泄漏、工业废水和生活污水排放有关。已对邻苯二甲酸二乙酯（diethyl phthalate，DEP）对数种海藻的潜在毒性进行了评价，获得的EC_{50}值为3000 mg/L。已报道DEHP和DEP在比目鱼（Actinopterygii）体内有生物累积现象，其中DEHP比其他邻苯二甲酸酯具有更高的持久性和累积潜力。暴露于DEHP会降低青鳉（Oryzias latipes）的产卵量，DEHP和邻苯二甲酸单乙基己酯（monoethylhexyl phthalate，MEHP）均会降低该物种的卵细胞受精率。

防腐剂

化妆品因其成分的多样性，创造了一个有利于微生物生长的环境，引起了人们对产品质量控制的关注。因此，在化妆品中添加合成或

天然化合物的防腐剂，以增加安全性，并延长此类产品的保质期。虽然防腐剂作用于不同的细胞靶点，但在非常高浓度时，它们会对生物体产生负面影响，在低浓度时，会导致微生物耐药性。

季铵-15 和苯氧乙醇是抗菌药物，分别在最大浓度为 0.2% 和 1% 时可以用于化妆品。关于苯氧乙醇，近年来有人提出使用这种防腐剂作为对羟基苯甲酸甲酯的替代品。1, 2-己二醇是 1, 2-乙二醇乙醇，尽管具有抗菌性能，但通常被用作润肤剂和保湿剂。

防腐剂对淡水物种的影响

根据科学研究结果显示，防腐剂对水生生物有影响。然而，目前相关数据还比较有限，即使是像季铵-15 这样大规模生产和使用的防腐剂也不例外。

在一项比较不同化妆品防腐剂（三氯生、三氯卡班、间苯二酚、苯氧乙醇和对百里香酚）水生毒性的研究中，研究人员选用了不同营养级别的代表生物，包括绿藻类（月牙藻）、小型甲壳类动物（模糊网纹蚤）以及鱼类（斑马鱼）。实验结果表明，所有的防腐剂都具有毒性作用，其中苯氧乙醇毒性最小。苯氧乙醇对藻类（NOEC 130 000 µg/L）和鱼类（NOEC 52 000 µg/L）无毒性影响，对小型甲壳类动物（NOEC 5800 µg/L）的毒性较弱。急性毒性评价结果表明，苯氧乙醇的致死/有效浓度值很高（半菊苣苔（藻类）-EC_{50} 130 000 µg/L；大型蚤-EC_{50} 96 000 µg/L；青鳉鱼（鱼）-EC_{50} 123 000 µg/L），这也证实了它的毒性很低。

评估防腐剂 1, 2-己二醇和对羟基苯甲酸甲酯在大型蚤中的毒性作用（包括急性和慢性毒性）。研究结果显示，1, 2-己二醇的 NOEC 和 EC_{50} 值分别为 100 000 g/L 和 10 000 g/L，而对羟基苯甲酸甲酯的 EC_{50} 和 NOEC 分别为 36 730 g/L 和 1000 mg/L。此外，研究表明，对羟基苯甲酸甲酯会引起光毒性，并导致参与氧化应激的基因表达发生变化，而在 1, 2-己二醇中则未发现类似情况（无显著性结果）。此外，对大型蚤的其他毒性参数（如繁殖、生长和存活）也进行了评价；总体而言，对羟基苯甲酸甲酯表现出抑制作用，而 1, 2-己二醇对该试验生物体未造成损害。因此，可以得出结论，1, 2-己二醇在大型蚤中的毒性低于对羟基苯甲酸甲酯。此外，欧洲化学品管理局（european chemicals agency，ECHA）进行的急性毒性试验结果表明，1, 2-己二醇对藻类（半菊苣苔-EC_{50} 100 000 µg/L）和鱼类（虹鳟鱼-LC_{50} 1 000 000 µg/L）的毒性较低。1, 2-己二醇的低水生毒性可能与这种防腐剂的低环境持久性有关，因为它是一种需氧生物可降解物质（降解率 60%），生物富集系数（bioaccumulation factor，BAF）也显示其生物累积潜力较低。

防腐剂对海洋物种的影响

关于防腐剂在海洋环境中的影响文献极其稀少，仅有两项研究探究了季铵-15。这些科学研究表明，季铵-15 有可能对海洋贻贝造成损害。其中一项研究指出，其对鳃的影响最为突出，可能在短期内导致过滤食物颗粒的困难，中期可能会对呼吸系统造成问题，进而威胁到这些动物的生存。另一项研究对季铵盐引起贻贝损伤的机制进行了评价，结果表明许多影响是由于产生了高水平的氧化应激。

微塑料

目前，微塑料被定义为任何大小在 1~5 µm 之间且不溶于水的合成固体颗粒或聚合物基质。微塑料广泛应用于个人护理产品（PCPs），例如牙膏、肥皂、洗发水、面膜和化妆品。塑料微珠被用作研磨剂来去角质和清洁。这些微珠主要由聚乙烯（PE）、聚丙烯（PP）、聚对苯二甲酸乙二酯（PET）、聚甲基丙烯酸甲酯（PMMA）和尼龙组成。

微塑料以不同的方式进入环境。需要注意的是，化妆品微珠通过污水处理厂进入水生环境，因为这些产品从体内冲洗出来，颗粒通过污水系统运输。初级微塑料约占全球向海洋释放微塑料的37%，相当于每年200万吨。然而，尽管微塑料在水生环境中广泛存在，但考虑到微塑料具有吸收和浓缩其他环境污染物的能力，目前仅有有限的数据能够理解微塑料本身的毒性以及它们作为其他环境污染物载体的能力。

从环境角度考虑，微塑料存在生物累积的未决问题。这些物质已被证实在营养链中传递，并积累在捕食者的体内。但是，至今仍未明确微塑料的分子水平生物累积情况。此外，微塑料由传统塑料构成，这种塑料具有极强的持久性和不可生物降解性。因此，微塑料符合REACH法规附件 XIII 中对环境中非常持久性物质的标准。微塑料经过非生物降解后，会风化并破碎成纳米塑料颗粒。然而，目前对于这一过程及其发生率的了解还很有限。因此，我们无法充分预测微塑料在环境中降解所产生的产品所带来的风险。尚未有经合组织TG 306评价海洋环境中微塑料生物降解的研究，也没有经合组织淡水评价指南来评估微塑料在淡水环境中的生物降解情况。

塑料微粒对淡水物种的影响

PE微塑料会对藻类造成生长抑制和氧化应激，同时也会导致大型溞的移动性降低。此外，PE微塑料还会增加其他甲壳类生物的死亡率（LC_{50}为2200 μg/L，LC_{50}为4.6×10^7微塑料/L），对鱼类胚胎产生毒性，诱导其形态和行为改变，降低存活率和引起肠道毒性，并对生物标志物反应产生其他影响。在一项斑马鱼（D. rerio）研究中，检测到这些微塑料会在其摄入卤虫后发生营养转移。

PP微塑料也会对藻类造成损害，观察到的影响与光合能力有关。对于甲壳类动物而言，暴露于聚丙烯微塑料会导致大型溞的僵硬化（EC_{50} 57 430 μg/L），而对于鱼类而言，与PE微塑料相似，这些微塑料也会降低斑马鱼的存活率并引起肠道毒性。与PE和PP微塑料不同的是，PET微塑料对甲壳类动物并无显著毒性作用。

塑料微粒对海洋物种的影响

与其他化妆品成分不同，超过75%的微塑料生态毒理学评价是在海洋生物中进行的。这是因为对人类活动影响海洋的日益担忧，联合国最终制定了可持续发展目标14（SDG 14）。然而，尽管已经有大量的研究，与其他化妆品成分相比，对海洋生物中微塑料的研究仅限于对软体动物的评价，大多数是指PE微塑料。

PE微塑料导致甲壳类动物死亡（LC_{50} 1820 μg/L，LOEC 1000 μg/L）。在软体动物中，发现PE微塑料会导致能量储备的变化、滤过率的降低和组织学的改变，但其他研究未发现在同一组生物中有相关的毒性作用或胚胎毒性作用。对鱼类而言，在涉及生命早期鱼类的研究中得出相互矛盾的数据，因为一项研究报告PE微塑料导致鱼类幼鱼死亡，而另一项研究报告胚胎毒性不显著。关于其他成分，一项关于PP微塑料的研究显示其对软体动物无显著毒性作用；PET微塑料引起软体动物鳃部的氧化应激；尼龙微塑料导致甲壳类动物摄食的变化。

化妆品更安全的选择：漂洗化妆品成分

出于对人类健康和环境的不良影响以及消费者对安全和生态产品需求的日益增加的担忧，行业和政府积极参与促进更安全的化学品。最近，美国和欧盟启动了数个更安全的化学品项目，确定了危险化学品，并将其列为最安全的功能性使用化学品。因此，本节旨在为所讨论的化妆品成分提供更安全的替代品。然而，由于缺乏关于环境背景下替代品信息的充分了解，因此存在局限性。

例如，对于芳香成分的禁用和替代主要是因为其对人体健康产生负面影响，而针对化妆品成分对环境的影响的禁用则很少受到关注。大多数关于芳香成分的环境研究表明，从废水中清除这些化学物质的新方法是一种避免对水生生物造成影响的方法，而不是开发对环境危害较小的新化学物质。因此，已经报道了多种废水处理方法（如多重屏障处理、光生物处理-微藻、臭氧化和漆酶介质系统），被证明可以成功地清除或降解合成麝香。在化学品更加安全的背景下，现有的一些研究表明，合成"脂环"麝香因其生物可降解性高、成本低，可以替代危险麝香，被称为"合成麝香香料的未来"。

在防腐剂的背景下，人们对生产无防腐剂、具有自我保存能力的化妆品和寻找毒性较低的替代品越来越感兴趣。这些替代品可以取代被认为对环境有危害的防腐剂。然而，由于这些物质的活性谱非常有限，考虑到目标物种和微生物的形态和生理，寻找无毒或低毒防腐剂的任务十分复杂。

苯氧乙醇是对羟基苯甲酸甲酯的替代品，但它也可以是三氯生和三氯卡班的有效替代品。而 1, 2-己二醇由于其对微小甲壳类动物（D. magna）的毒性较低，可能是比对羟基苯甲酸甲酯更安全的替代品。然而，尽管与其他防腐剂相比，上述成分的毒性有所降低，但其仍对水生生物产生一系列的负面影响。全面了解它们对水生生态系统的影响仍需进一步的研究来确定其风险。

关于聚桂酰精酸乙酯盐酸盐，它是一种高效的化妆品防腐剂，被认为属于"生态的"。该防腐剂被认证为可持续生产，遵循绿色化学原则，并被纳入美国环保局的安全选择计划。此外，还提出了一些天然替代品作为苯氧乙醇的替代品，包括一些混合物，如苯甲醇、水杨酸、甘油和山梨酸；苯甲酸钠和山梨酸钾；脱氢乙酸和苯甲醇；葡萄糖酸内酯和苯甲酸钠。人们正在考虑这些天然替代品，因为它们已被全球法规广泛接受。

水生微塑料污染对环境的影响引发了监管措施，禁止将微珠添加至多种化妆品中。2015年，欧洲化妆品协会要求其成员停止生产含有这些微塑料的产品；2012—2017年，漂洗化妆品的使用量减少了97.6%。2019年，欧洲化学品管理局提出了限制措施，以防止这些成分被添加到任何类型的产品中。因此，工业部门必须开发替代技术，并与监管措施相配合，除非政府组织（如塑料汤基金会［Plastic Soup Foundation］的"Beat the Microbead"）提出倡议。

目前已经有一些化妆品中使用微塑料的替代品，例如由微晶纤维素制成的生物聚合物微珠、从空心果串和干菠果叶中提取的醋酸纤维素、几丁质、海藻酸钠（可单独使用或与淀粉一起使用），以及脂肪族聚酯。学者们还提出使用天然和蔬菜替代品，例如蜡、核桃粉、燕麦片、砂糖、椰子壳、棕榈果粉、竹粉和杏壳，以及矿物质如二氧化硅、膨润土、浮石、云母、蒙脱石、盐和石英砂。

总结

化妆品由多种成分构成，每种成分都具有特定的物理和化学特性，这些特性会影响产品的性能和对生态环境的毒性。长期以来，全球各国一直在深入监管化妆品的人体安全性，因此需要更好地评估化妆品成分的生物降解能力和对生态环境的毒性。此外，还需要仔细研究淡水和盐水生物对化妆品的敏感性差异。全球各地制定适当的规定，评估化妆品的水生毒性，可以有助于保护水生环境免受化妆品的不良影响。此外，大型化妆品公司目前在实现可持续性方面积极参与，这对于为水生环境确定更安全的化妆品成分有着显著的推动作用。

原文参考文献

Halder M, Kienzler A, Whelan M, Worth A. EURL ECVAM Strategy to Replace, Reduce and Refine the Use of Fish in Aquatic Toxicity and Bioaccumulation Testing. 2014: 34.

Erhirhie EO, Ihekwereme CP, Ilodigwe EE. Advances in acute toxicity testing: strengths, weaknesses and regulatory acceptance. Interdiscip Toxicol. 2018, 11(1):5-12.

Vita NA, Brohem CA, Canavez ADPM, Oliveira CFS, Kruger O, Lorencini M, et al. Parameters for assessing the aquatic environmental impact of cosmetic products. Toxicol Lett [Internet], 2018, 287:70-82. Available from: https://doi.org/10.1016/j.toxlet.2018.01.015

Kingsley O, Witthayawirasak B. Occurrence, ecological and health risk assessment of phthalate esters in surface water of U-Tapao Canal, Southern, Thailand. Toxics. 2020 Sep, 8(3):58.

Rainieri S, Barranco A, Primec M, Langerholc T. Occurrence and toxicity of musks and UV filters in the marine environment. Food Chem Toxicol. 2017 Jun, 104:57-68.

Seyoum A, Pradhan A. Effect of phthalates on development, reproduction, fat metabolism and lifespan in *Daphnia magna*. Sci Total Environ. 2019, 654:969-977.

Rand GM. Fundamentals of Aquatic Toxicology: Effects, Environmental Fate and Risk Assessment, 2nd edn. Taylor & Francis Group, editor. Boca Raton, FL: CRC Press. 2003.

Braunbeck T, Kais B, Larnmer E, Otte J, Schneider K, Stengel D, et al. The fish embryo test (FET): origin, applications, and future. Environ Sci Pollut Res. 2014 Nov, 22(21):16247-16261.

CONCEA. Anexo da resolução normativa N°44, de 1° deagosto de 2019, do Conselho Nacional de Controle de Experimentação Animal. Concea [Internet]. 2019:44:73. Available from: https://www.mctic.gov.br/mctic/export/sites/institucional/institucional/concea/arquivos/legislacao/resolucoes_normativas/Anexo-RN-Peixes-ii.pdf

Fischer M, Belanger SE, Berckmans P, Bernhard MJ, Bláha L, Schmid DEC, et al. Repeatability and reproducibility of the Rtgill-W1 cell line assay for predicting fish acute toxicity. Toxicol Sci. 2019, 169(2):353-364.

Scholz S, Sela E, Blaha L, Braunbeck T, Galay-Burgos M, García-Franco M, et al. A European perspective on alternatives to animal testing for environmental hazard identification and risk assessment. Regul Toxicol Pharmacol [Internet]. 2013, 67(3):506-30. Available from: http://dx.doi.org/10.1016/j.yrtph.2013.10.003

United States Environmental Protection Agency (EPA). Ecological Risk Assessment Glossary of Terms.

Bioaccumulation. [Internet]. 2012. Available from: https://ofmpub.epa.gov/sor_internet/registry/termreg/searchandretrieve/glossariesandkeywordlists/search.do?details=&glossary Name=Eco Risk Assessment Glossary

Tillitt DE, Ankley GT, Giesy JP, Ludwig JP, Kurita-Matsuba H, Weseloh DV, et al. Polychlorinated biphenyl residues and egg mortality in double-crested cormorants from the great lakes. Environ Toxicol Chem. 1992, 11(9):1281-1288.

Cazarin KCC, Correa CL, Zambrone FAD. Redução, refinamento e substituição do uso de animais em estudos toxicológicos: uma abordagem atual. Rev Bras Ciências Farm. 2004, 40(3):289-299.

European Chemicals Agency. Guidance on information requirements and chemical safety assessment: QSARs and grouping of chemicals. Guid Implement Reach [Internet]. 2008;R.6:134. Available from: https://echa.europa.eu/documents/10162/13632/information_requirements_r6_en.pdf

Lillicrap A, Belanger S, Burden N, Pasquier DD, Embry MR, Haider M, et al. Alternative approaches to vertebrate ecotoxicity tests in the 21st century: a review of developments over the last 2 decades and current status. Environ Toxicol Chem. 2016, 35(11):2637-2646.

Johanson G. Toxicokinetics and modeling [Internet]. In: Comprehensive Toxicology, 3rd edn, Vol. 14. Elsevier; 2018: 165-87. Available from: http://dx.doi.org/10.1016/B978-0-12-801238-3.01889-4

Standard Methods Committee-Subcommittee on Bio-degradability. Required characteristics and measurement of biodegradability. J Water Pollut Control Fed [Internet]. 1967 Mar, 39(7):1232-5. Available from: http://www.jstor.org/stable/25035971

Vardhanapu M, Chaganti PK. A review on testing methods of metalworking fluids for environmental health. Mater Today Proc [Internet]. 2020, 26:2405-11. Available from: https://doi.org/10.1016/j.matpr.2020.02.514

European Centre for Ecotoxicology and Toxicology of Chemicals (ECETOC). Workshop on Biodegradation and Persistence No. 10. Workshop Report. 2007.

European Chemicals Agency (ECHA). Chapter R.11: PBT/vPvB assessment. In: Guidance on Information Requirements and Chemical Safety Assessment. 2017.

European Chemicals Agency (ECHA). Chapter R.7b: Endpoint specific guidance. In: Guidance on Information Requirements and Chemical Safety Assessment. 2017.

Acharya K, Werner D, Dolling J, Barycki M, Meynet P. Mrozik W, et al. A quantitative structure-biodegradation relationship (QSBR) approach to predict biodegradation rates of aromatic chemicals. Water Res. 2019, 157:181-190.

Molins-Delgado D. Diaz-Cruz MS, Barcelo D. Introduction: Personal Care Products in the Aquatic Environment. 2014: 1-34.

Simonich SL. Fragrance materials in wastewater treatment. In: The Handbook of Environmental Chemistry. Springer-Verlag. 2005: 79-118.

Daughtonl CG. Ternes2 TA. Pharmaceuticals and Personal Care Products in the Environment: Agents of Subtle Change? 1999.

Fan B, Wang X, Li J, Gao X, Li W, Huang Y, et al. Deriving aquatic life criteria for galaxolide (HHCB) and ecological risk assessment. Sci Total Environ. 2019 Sep, 681:488-496.

Gani KM, Tyagi VK, Kazmi AA. Occurrence of phthalates in aquatic environment and their removal during wastewater treatment processes: a review. Environ Sci Pollut Res. 2017 Jul, 24(21):17267-17284.

Peng FJ, Kiggen F, Pan CG, Bracewell SA, Ying GG, Salvito D, et al. Fate and effects of sediment-associated polycyclic musk HHCB in subtropical freshwater microcosms. Ecotoxicol Environ Saf. 2019 Mar, 169:902-910.

Lou YH, Wang J, Wang L, Shi L, Yu Y, ZhangM. Determination of synthetic musks in sediments of yellow river delta wetland, China. Bull Environ Contain Toxicol. 2016 Jul, 97(1):78-83.

Lyu Y, Ren S, Zhong F, Han X, He Y, Tang Z. Occurrence and trophic transfer of synthetic musks in the freshwater food web of a large subtropical lake. Ecotoxicol Environ Saf. 2021 Apr, 213:112074.

Parolini M, Magni S, Traversi I, Villa S, Finizio A, Binelli A. Environmentally relevant concentrations of galaxolide (HHCB) and tonalide (AHTN) induced oxidative and genetic damage in *Dreissena polymorpha*. J Hazard Mater. 2015 Mar, 285: 1-10.

Juksu K, Liu YS, Zhao JL, Yao L, Sarin C, Sreesai S, et al. Emerging contaminants in aquatic environments and coastal waters affected by urban wastewater discharge in Thailand: an ecological risk perspective. Ecotoxicol Environ Saf [Internet], 2020, 204:110952. Available from: https://doi.org/10.1016/j. ecoenv.2020.110952

Li W, Wang S, Li J, Wang X, Fan B, Gao X, et al. Development of aquatic life criteria for tonalide (AHTN) and the ecological risk assessment. Ecotoxicol Environ Saf. 2020 Feb, 189:109960.

Selvaraj KK, Sundaramoorthy G, Ravichandran PK, Girijan GK, Sampath S, Ramaswamy BR. Phthalate esters in water and sediments of the Kaveri River, India: environmental levels and ecotoxicological evaluations. Environ Geochem Health.

2015 Feb, 37(1):83-96.

Gu S, Zheng H, Xu Q, Sun C, Shi M, Wang Z, et al. Comparative toxicity of the plasticizer dibutyl phthalate to two freshwater algae. Aquat Toxicol. 2017 Oct, 191:122-130.

Sung HH, Kao WY, Su YJ. Effects and toxicity of phthalate esters to hemocytes of giant freshwater prawn, *Macrobrachium rosenbergii*. Aquat Toxicol. 2003 Jun, 64(1): 25-37.

Luckenbach T, Corsi I, Epel D. Fatal attraction: synthetic musk fragrances compromise multixenobiotic defense systems in mussels. Mar Environ Res. 2004:58:215-219.

Xu H, Shao X, Zhang Z, Zou Y, Wu X, Yang L. Oxidative stress and immune related gene expression following exposure to di-*n*-butyl phthalate and diethyl phthalate in zebrafish embryos. Ecotoxicol Environ Saf. 2013 Jul, 93:39-44.

Ehiguese FO, Alam MR. Pintado-fferrera MG, Araujo CVM, Martin-Diaz ML. Potential of environmental concentrations of the musks galaxolide and tonalide to induce oxidative stress and genotoxicity in the marine environment. Mar Environ Res. 2020 Sep, 160:105019

Wollenberger L, Breitholtz M, Ole Kusk K, Bengtsson B-E. Inhibition of larval development of the marine copepod *Acartia tonsa* by four synthetic musk substances. Sci Total Environ. 2003, 305:53-64.

Aminot Y, Munschy C, Héas-Moisan K, Pollono C, Tixier C. Levels and trends of synthetic musks in marine bivalves from French coastal areas. Chemosphere. 2021 Apr, 268:129312.

Fernandes D, Dimastrogiovanni G, Blazquez M, Porte C. Metabolism of the polycyclic musk galaxolide and its interference with endogenous and xenobiotic metabolizing enzymes in the European sea bass (*Dicentrarchus labrax*). Environ Pollut. 2013, 174:214-221.

Nikolaou A, Kostopoulou M, Petsas A, Vagi M, Lofrano G, Meric S. Levels and toxicity of polycyclic aromatic hydrocarbons in marine sediments. TrAC - Trends Anal Chem. 2009 Jun, 28(6):653-664.

Net S, Sempéré R, Delmont A, Paluselli A, Ouddane B. Occurrence, fate, behavior and ecotoxicological state of phthalates in different environmental matrices. Environ Sci Technol. 2015, 49(7):4019-4035.

Vethaak AD, Rijs GBJ, Schrap SM, Ruiter H, Gerritsen AAM, Lahr J. Estrogens Xeno-Estrogens in the Aquatic Environment of the Netherlands: Occurrence, Potency and [Internet]. Dutch National Institute of Inland Water Management and Water Treatment (RIZA) and the Dutch National Institute for Coastal Management (RIKZ). 2002. Available from: https://repository.tudelft.nl/islandora/object/uuid%3A0f06dad4-fflc-4007-a337-386aa5446e28

Ye T, Kang M, Huang Q, Fang C, Chen Y, Shen H, et al. Exposure to DEHP and MEHP from hatching to adulthood causes reproductive dysfunction and endocrine disruption in marine medaka (*Oryzias melastigma*). Aquat Toxicol. 2014, 146:115-126.

Yim E, Nole KLB, Tosti A. Contact dermatitis caused by preservatives. Dermatitis. 2014, 25(5):215-231.

Varvaresou A, Papageorgiou S, Tsirivas E, Protopapa E, Kintziou H, Kefala V, et al. Self-preserving cosmetics. Int J Cosmet Sci. 2009, 31(3):163-175.

Halla N, Fernandes IP, Heleno SA, Costa P, Boucherit-Otmani Z, Boucherit K, et al. Cosmetics preservation: a review on present strategies. Molecules. 2018, 23(7):1-41.

European Chemicals Agency (ECHA). Chapter R.7c: Endpoint specific guidance. In: Guidance on Information Requirements and Chemical Safety Assessment. 2017: 1-272.

European Union (EU) Regulation no 1223/2009 of the European Parliament and of the Council of 30 November 2009 on cosmetic products. Off J Eur Union. 2009, 29(5 PART 1).

Tamura I, Kagota KI, Yasuda Y, Yoneda S, Morita J, Nakada N, et al. Ecotoxicity and screening level ecotoxicological risk assessment of five antimicrobial agents: triclosan, triclocarban, resorcinol, phenoxyethanol and p-thymol. J Appl Toxicol. 2012, 33(11):1222-1229.

Johnson W, Bergfeld WF, Belsito DV, Hill RA, Klaassen CD, Liebler D, et al. Safety assessment of 1,2-glycols as used in cosmetics. Int J Toxicol. 2012, 31:147S-168S.

Levy SB. Dulichan AM, Helman M. Safety of a preservative system containing 1,2-hexanediol and caprylyl glycol. Cutan Ocul Toxicol. 2009, 28(1):23-24.

Lee J, Park N, Kho Y, Lee K, Ji K. Phototoxity and chronic toxicity of methyl paraben and 1,2-hexanediol in *Daphnia magna*. Ecotoxicology. 2016, 26(1):81-89.

European Chemicals Agency (ECHA). DL-Hexane-1, 2-Diol. Toxicity to Aquatic Algae and Cyanobacteria. [Internet]. 2016. Available from: https://echa.europa.eu/pt/registration-dossier/-/registered-dossier/11614/6/2/6

European Chemicals Agency (ECHA). DL-Hexane-1, 2-Diol. Short-Term Toxicity to Fish. [Internet]. 2016. Available from: https://echa.europa.eu/pt/registration-dossier/-/registered dossier/11614/6/2/2

Office of Pollution Prevention and Toxics, U.S Environmental Protection Agency. Supporting Information for Low-Priority Substance 1,2-Hexanediol. Final Designation. 2020.

Pagano M, Capillo G, Sanfilippo M. Palato S, Trischitta F, Manganaro A, et al. Evaluation of functionality and biological responses of Mytilus galloprovincialis after exposure to quaternium-15 (Methenamine 3-Chloroallylochloride). Molecules. 2016, 21(2):1-12.

Faggio C, Pagano M, Alampi R, Vazzana I, Felice MR. Cytotoxicity, haemolymphatic parameters, and oxidative stress following exposure to sub-lethal concentrations of quaternium-15 in *Mytilus galloprovincialis*. Aquat Toxicol. 2016, 180:258-265.

Frias JPGL, Nash R. Microplastics: finding a consensus on the definition. Mar Pollut Bull. 2019, 138:145-147.

Leslie HA. Review of microplastics in cosmetics. IVM Inst Environ Stud 2014.

European Chemicals Agency (ECHA). Annex XV Restriction Report Proposal for a Restriction. 2019.

Lei K, Qiao F, Liu Q, Wei Z, Qi H, Cui S, et al. Microplastics releasing from personal care and cosmetic products in China. Mar Pollut Bull [Internet]. 2017, 123(1-2):122-6. Available from: https://doi.org/10.1016/j.marpolbul.2017.09.016

Huang W, Song B, Liang J, Niu Q, Zeng G, Shen M, et al. Microplastics and associated contaminants in the aquatic environment: a review on their ecotoxicological effects, trophic transfer, and potential impacts to human health. J Hazard Mater [Internet]. 2021, 405. Available from: https://doi.org/10.1016/j. jhazmat.2020.124187.

Boucher J, Friot D. Primary Microplastics in the Oceans: A Global Evaluation of Sources. [Internet]. 2017. Available from: https://www.iucn.org/content/primary-microplastics-oceans

Ajith N, Arumugam S, Parthasarathy S, Manupoori S, Janakiraman S. Global distribution of microplastics and its impact on marine environment - a review. Environ Sci Pollut Res. 2020, 27(21):25970-25986.

Lohmann R. Microplastics are not important for the cycling and bioaccumulation of organic pollutants in the oceans - but should microplastics be considered POPs themselves? Integr Environ Assess Manag. 2017, 13(3):460-465.

Shen M, Zhang Y, Zhu Y, Song B, Zeng G, Hu D, et al. Recent advances in toxicological research of nanoplastics in the environment: a review. Environ Pollut [Internet]. 2019, 252:511-21. Available from: https://doi.org/10.1016/j.envpol.2019.05.102

Yang W, Gao X, Wu Y, Wan L, Tan L, Yuan S, et al. The combined toxicity influence of microplastics and nonylphenol on microalgae *Chlorella pyrenoidosa*. Ecotoxicol Environ Saf [Internet]. 2020, 195. Available from: https://doi.org/10.1016/j. ecoenv.2020.110484

Frydkjaer CK, Iversen N, Roslev P. Ingestion and egestion of microplastics by the cladoceran *Daphnia magna*: effects of regular and irregular shaped plastic and sorbed phenanthrene. Bull Environ Contam Toxicol [Internet]. 2017, 99(6):655-

661. Available from: http://doi.org/10.1007/s00128-017-2186-3

Ziajahromi S, Kumar A, Neale PA, Leusch FDL. Impact of microplastic beads and fibers on waterflea (*Ceriodaphnia dubia*) survival, growth, and reproduction: implications of single and mixture exposures. Environ Sci Technol. 2017, 51:13397-13406.

Au SY, Bruce TF, Bridges WC, Klaine SJ. Responses of *Hyalella azteca* to acute and chronic microplastic exposures. Environ Toxicol Chem. 2015, 34(11):2564-2572.

Malafaia G, de Souza AM, Pereira AC, Gonpalves S, da Costa Araújo AP, Ribeiro RX, et al. Developmental toxicity in zebrafish exposed to polyethylene microplastics under static and semi-static aquatic systems. Sci Total Environ [Internet]. 2020: 700. Available from: https://doi.org/10.1016/j.scitotenv.2019.134867

Mak CW, Ching-Fong YK, Chan KM. Acute toxic effects of polyethylene microplastic on adult zebrafish. Ecotoxicol Environ Saf. 2019:182:109442.

Lei L, Wu S, Lu S, Liu M, Song Y, Fu Z, et al. Microplastic particles cause intestinal damage and other adverse effects in zebrafish *Danio rerio* and nematode *Caenorhabditis elegans*. Sci Total Environ [Internet]. 2018; 619-620:1-8. Available from: https://doi.org/10.1016/j.scitotenv.2017.11.103

Karami A, Romano N, Galloway T, Hamzah H. Virgin microplastics cause toxicity and modulate the impacts of phenanthrene on biomarker responses in African catfish (*Clarias gariepinus*). Environ Res [Internet]. 2016, 151:58-70. Available from: http://dx.doi.org/10.1016/j.envres.2016.07.024

Batel A, Linti F, Scherer M, Erdinger L, Braunbeck T. Transfer of benzo[*a*]pyrene from microplastics to *Artemia* nauplii and further to zebrafish via a trophic food web experiment: CYP1A induction and visual tracking of persistent organic pollutants. Environ Toxicol Chem. 2016, 35(7):1656-1666.

Wu Y, Guo P, Zhang X, Zhang Y, Xie S, Deng J. Effect of microplastics exposure on the photosynthesis system of freshwater algae. J Hazard Mater [Internet]. 2019, 374:219-27. Available from: https://doi.org/10.1016/j.jhazmat.2019.04.039

Rehse S, Kloas W, Zarfl C. Short-term exposure with high concentrations of pristine microplastic particles leads to immobilisation of *Daphnia magna*. Chemosphere. 2016, 153:91-99.

Weber A, Scherer C, Brennholt N, Reifferscheid G, Wagner M. PET microplastics do not negatively affect the survival, development, metabolism and feeding activity of the freshwater invertebrate *Gammarus pulex*. Environ Pollut [Internet]. 2018, 234:181-189. Available from: https://doi.org/10.1016/j.envpol.2017.11.014

Miloloža M, Grgić DK, Bolanča T, Ukić Š, Cvetnić M, Bulatović VO, et al. Ecotoxicological assessment of microplastics in freshwater sources-a review. Water (Switzerland). 2021, 13(1):1-26.

Beiras R, Bellas J, Cachot J, Cormier B, Cousin X, Engwall M, et al. Ingestion and contact with polyethylene microplastics does not cause acute toxicity on marine zooplankton. J Hazard Mater [Internet]. 2018, 360:452-460. Available from: https://doi.org/10.1016/j.jhazmat.2018.07.101

Bour A, Haarr A, Keiter S, Hylland K. Environmentally relevant microplastic exposure affects sediment-dwelling bivalves. Environ Pollut [Internet]. 2018, 236:652-660. Available from: https://doi.org/10.1016/j.envpol.2018.02.006

Sikdokur E, Belivermiş M, Sezer N, Pekmez M. Bulan ÖK, Kılıç Ö. Effects of microplastics and mercury on manila clam *Ruditapes philippinarum*: feeding rate, immunomodulation, histopathology and oxidative stress. Environ Pollut. 2020, 262:114247.

Revel M, Chatel A, Perrein-Ettajani H, Bruneau M, Akcha F, Sussarellu R, et al. Realistic environmental exposure to microplastics does not induce biological effects in the Pacific oyster *Crassostrea gigas*. Mar Pollut Bull [Internet]. 2020, 150. Available from: https://doi.org/10.1016/j.marpolbul.2019.110627

Mazurais D, Ernande B, Quazuguel P, Severe A, Huelvan C, Madec L, et al. Evaluation of the impact of polyethylene microbeads ingestion in European sea bass (*Dicentrarchus labrax*) larvae. Mar Environ Res [Internet]. 2015, 112:78-85. Available from: http://dx.doi.org/10.1016/j.marenvres.2015.09.009

Parolini M, De Felice B, Gazzotti S, Annunziata L, Sugni M, Bacchetta R, et al. Oxidative stress-related effects induced by micronized polyethylene terephthalate microparticles in the Manila clam. J Toxicol Environ Health - Part A Curr Issues [Internet]. 2020, 83(4):168-179. Available from: https://doi.org/10.1080/15287394.2020.1737852

Cole M, Coppock R, Lindeque PK, Altin D. Reed S, Pond DW, et al. Effects of nylon microplastic on feeding, lipid accumulation, and moulting in a coldwater copepod. Environ Sci Technol. 2019, 53(12):7075-7082.

Díaz-Garduño B. Pintado-Herrera MG, Biel-Maeso M, Rueda- Márquez JJ, Lara-Martín PA, Perales JA, et al. Environmental risk assessment of effluents as a whole emerging contaminant: efficiency of alternative tertiary treatments for wastewater depuration. Water Res. 2017, 119:136-149.

Vallecillos L, Borrull F, Pocurull E. Recent approaches for the determination of synthetic musk fragrances in environmental samples. TrAC -Trends Anal Chem. 2015, 72:80-92.

Bom S, Fitas M, Martins AM, Pinto P, Ribeiro HM, Marto J. Replacing synthetic ingredients by sustainable natural alternatives: a case study using topical O/W emulsions. Molecules. 2020, 25(21):1-18.

Schmaltz E, Melvin EC, Diana Z, Gunady EF, Rittschof D, Somarelli JA, et al. Plastic pollution solutions: emerging technologies to prevent and collect marine plastic pollution. Environ Int. 2020, 144:106067.

Cosmetics Europe. Environmental Sustainability: The European Cosmetics Industry's Contribution 2017-2019. Cosmetics Europe. 2019.

Girard N, Lester S, Paton-Young A, Saner M. Microbeads: "Tip of the Toxic Plastic-berg"? Regulation, Alternatives, and Future Implications. Ottawa: Institute for Science, Society and Policy, University of Ottawa. 2016.

Obrien JC, Torrente-Murciano L, Mattia D, Scott JL. Continuous production of cellulose microbeads via membrane emulsification. ACS Sustain Chem Eng. 2017, 5(7): 5931-5939.

Tristantini D, Yunan A. Advanced characterization of microbeads replacement from cellulose acetate based on empty fruit bunches and dried jackfruit leaves. E3S Web Conf. 2018, 67:04045.

King CA, Shamshina JL, Zavgorodnya O, Cutfield T, Block LE, Rogers RD. Porous chitin microbeads for more sustainable cosmetics. ACS Sustain Chem Eng. 2017, 5(12):11660-11667.

Kozlowska J, Prus W, Stachowiak N. Microparticles based on natural and synthetic polymers for cosmetic applications. Int J Biol Macromol [Internet]. 2019, 129:952-956. Available from: https://doi.org/10.1016/j.ijbiomac.2019.02.091

Nam HC, Park WH. Aliphatic polyester-based biodegradable microbeads for sustainable cosmetics. ACS Biomater Sci Eng. 2020, 6(4):2440-2449.

Sun Q, Ren SY, Ni HG. Incidence of microplastics in personal care products: an appreciable part of plastic pollution. Sci Total Environ [Internet]. 2020, 742. Available from: https://doi.org/10.1016/j.scitotenv.2020.140218

Juliano C. Magrini GA. Cosmetic ingredients as emerging pollutants of environmental and health concern. A minireview. Cosmetics. 2017, 4:11.

Bom S, Jorge J, Ribeiro HM, Marto J. A step forward on sustainability in the cosmetics industry: a review. J Clean Prod [Internet]. 2019, 225:270-290. Available from: https://doi. org/10.1016/j.jclepro.2019.03.255

第41章

欧洲美容皮肤学的监管趋势

介绍

欧盟于2009年12月22日在官方期刊上发布了EC化妆品法规（cosmetic products regulation，CPR）（法规［EC］No 1223/2009），取代了既往的EC化妆品指令（76/768/EC）。自1976年以来，该指令一直监管欧盟化妆品成品的成分、标签和包装。该更替于2013年7月11日开始完全生效，当时CPR的所有条款都已开始实施。CPR适用于所有欧盟成员国，以下简要说明其一些主要内容。

需要注意的是，CPR的原文是法律条款中唯一具有约束力的部分。此信息仅与EC CPR相关。除了CPR之外，还有其他的法规需要考虑，例如化学品和危险物质法（特别是REACH和CLP法规）、气雾剂指令以及其他与化妆品及其成分有关的法规。

化妆品法规的主要内容

定义：化妆品和责任人

根据CPR的规定，化妆品被定义为"任何旨在与人体外部部位（表皮、毛发系统、指甲、口唇和外生殖器）或牙齿和口腔黏膜接触的物质或混合物，目的是专门或主要是清洁、香化、改善外观、保护、保持处于良好状态或纠正体臭"（CPR第2（a）条）。因此，不论该产品通过何种分销渠道进入欧盟市场，只要符合此定义，就必须遵守CPR的规定，并符合评价和销售的要求。

为了让相关人员更好地理解法律，CPR中还包含了大量的进一步定义，例如制造商、进口商、分销商或最终用户。此外，CPR还对"提供"或"投放市场"这两个术语进行了解释。

其中，责任人是最重要的定义之一。责任人被定义为在欧盟内成立的自然人（即个人）或法人（即公司），其应确保遵守CPR中规定的相关义务。只有被指定为"责任人"的化妆品才能够进入欧盟市场（第4条CPR），并且没有强制性的批准。责任人是否遵守法律规定，需要由主管监察机关核实。责任人必须确保遵守CPR的相关义务，例如安全性、化妆品生产质量管理规范（good manufacturing practice，GMP）和功效宣称。

此外，每个产品的容器和包装上必须印有责任人的姓名和地址，以确保责任人对其负责任。

产品信息文件

每一种符合化妆品定义且投放至欧盟市场的产品，其责任人必须收集具体信息并将其编入PIF中。主管部门规定的PIF访问点位于已上市产品的包装上负责人地址。该地址必须在产品上按照该规例第19（1）（a）条的规定进行注明。在欧盟内，每个公司都可以选择一个可使用完整PIF的地址，这个地址不一定是生产基地。如果已上市产品的包装上存在多个地址，则必须突出显示PIF的单一访问点（如下划线）。所有包含PIF数据的权利（无论是纸质还是电子）仍然归责任人所有。由于PIF必须"随时可用"，当局将期望在合理时间内（48～72 h）提供，即使它无需实际保存在取用点。

此外，CPR声明PIF中的数据应在必要时进行更新。

PIF必须包含以下内容：

1. 化妆品的描述。

2. 化妆品安全性报告（Cosmetic Product Safety Report，CPSR，参考"安全要求"部分）。

3. 生产方法的描述和符合GMP说明（化妆品GMP参见"生产质量管理规范"部分）。

4. 功效宣称证明（参见"产品宣称"部分）。

5. 某些动物试验数据。

"动物试验数据"应解释为所进行的试验清单，包括关于试验类型的资料。这一规定适用于2004年9月11日起对化妆品及其成分进行的任何动物试验，涉及产品或其成分的开发或安全性评价，无论这些试验是否在欧盟内进行。这些资料将列入PIF，可由主管部门进行检查。

责任人应联系其供应商并商定通知制度，以确保供应商自动将出售给化妆品制造商的原料进行任何与开发或安全性评价有关的动物试验同步给制造商。

安全性要求

化妆品法规的关键要素是确保市场上投放的化妆品具有安全性。根据第3条规定，欧盟市场上销售的化妆品必须在正常或合理可预见的使用条件下对人体健康安全无害。因此，责任人有责任对其产品进行安全性评价或委托专业人员进行评价。考虑到CPR第10条和附件1的具体要求，以及欧盟消费者安全科学委员会（SCCS）发布的化妆品成分检测及其安全性评价指南的注意事项，责任人必须确保产品安全评价由具备适当资质和专业知识的安全评估人员进行。

化妆品安全评价是一个复杂的过程，需要专家共识，涉及产品组成、成分的化学、物理和毒理学性质、制造过程以及产品应用部位和方法等多个方面。本次评价所采用的标准应与基于现有最佳科学方法和技术的高水平消费者保护相一致。此外，分销商的市场经验也对责任人进行适当安全性评价提供有益信息。因为分销商记录了销售化妆品的市场经验并向责任人提供此信息，后者具备评价信息并相应地处理信息的必要专业知识，这样才能确保产品的安全性。

安全评价和安全性报告

欧盟化妆品立法的指令93/35/EEC（欧盟化妆品指令76/768/EEC的第6次修正案）首次确定了化妆品安全评价的原则。在销售任何一种化妆品之前，制造商和分销商必须对其进行全面的人体健康安全性评价。

根据CPR的规定，化妆品在正常或合理可预见的使用条件下，必须符合其对人体健康影响的所有要求。根据第10条规定，责任人必须确保在投放市场之前，每种化妆品都已进行了安全性评价，并按照附件Ⅰ的规定编制了化妆品安全报告。

根据附件Ⅰ的规定，CPSR应包含A部分和B部分每个标题所要求的信息，其中A部分涵盖以下内容：

1. 化妆品的定量和定性成分；

2. 化妆品的理化特性和稳定性；

3. 微生物质量；

4. 包装材料的杂质、痕迹和信息；

5. 正常和合理可预见使用条件；

6. 接触化妆品的方式；

7. 接触成分；

8. 物质的毒理学特征；

9. 不良影响及严重影响；

10.有关化妆品的资料。

B部分应包含以下内容：

1.评价结论；

2.标签警告和使用说明；

3.温馨提示；

4.评价人资质和对B部分内容认可。

据悉，CPSR是一份由几个组件或模块构成的专家报告，可能存储于不同的数据库中。该报告至少应当包含CPR附件Ⅰ中列明的所有资料，这些资料应可在这些标题或类似标题下检索，以便主管部门查阅。另外，也需要明确提及以电子或其他形式提交的直接可获取的资料文件，确保其足够完整。

CPSR必须以公开的方式制定，其论据必须充分、易于理解。此外，CPSR的结构和内容应反映附件Ⅰ的要求。但如果文件中未直接提供信息，则应提供对另一个现成来源的参考。当然，安全评价员可使用任何相关的其他数据。如果CPSR未提供附件Ⅰ所要求的任何信息，则应适当证明（如激发试验）。此外，欧盟SCCS的"指南说明"也是安全性评价的相关依据之一。

描述CPSR的化妆品法规附件Ⅰ还要求包括："关于化妆品或其他化妆品的不良影响和严重不良影响的所有可用数据，这包括统计数据"。这一要求影响到向责任人报告的所有不良反应（undesirable effects，UEs）和严重不良反应（serious undesirable effects，SUEs），除非因果关系评价将不良反应和严重不良反应之间的联系定为"排除"。

安全评价员

欧盟CPR要求规定了一名个人负责化妆品安全的评价工作。在进行安全性评价前，专家必须先审查化妆品法规中所有的基本要求（包括物质法规和标签规定等）。除此之外，广泛的评价还必须遵循CPR第10条和附件Ⅰ的相关规定。在此过程中，必须充分考虑所有成分的毒理学特征和预期接触条件。

为了明确安全性评价的要求，法规规定了一些特定的人群。欧盟CPR第10条第2节规定：

附录ⅠB部分所规定的化妆品安全性评价应由持有完成药学、毒理学、医学或类似学科的理论和实践研究大学课程或成员国承认的同等课程后所授予的学历或其他正式资格证明的人员进行。

然而，这样的教育通常不足以满足评价的要求。为了进行化妆品安全性的称职评价，需要跨学科的知识，特别是化学、毒理学、皮肤病学和化妆品法律领域的知识。因此，从事安全性评价的人员必须接受相关领域的继续教育。目前已经建立了一个教育项目来帮助有兴趣的人员进行安全性评价（请参考www.safetyassessor的相关信息）。

生产质量管理规范

CPR要求化妆品按照化妆品GMP生产。目前在整个欧盟尚无有效的法律文件用于按照化妆品GMP生产。自2008年以来，标准DIN EN ISO 22716-"化妆品GMP——生产质量管理规范"已经可用。这一国际标准变得越来越重要，因为与此同时，它也在"欧洲议会和理事会关于化妆品的法规（EC）No. 1223/2009实施框架下的委员会同步（统一标准的标题和参考文献的出版；2011/C123/04）"。该标准的解释性手册："化妆品GMP——标准DIN EN ISO 22716由德国化妆品、盥洗用品、香水和洗涤剂协会编制"，以德语出版。此外还有用于内部审查的GMP清单（德语/英语）。

（注：CPR指Cosmetics Products Regulation，化妆品产品法规；GMP指Good Manufacturing Practice，生产质量管理规范；欧洲议会和理事会关于化妆品的法规（EC）No. 1223/2009实施框架是欧盟对化妆品安全的法律框架；DIN指Deutsches Institut für Normung，德

国标准化协会；ISO指国际标准化组织）。

严重不良反应的沟通

在欧盟上市销售的化妆品具备极高的安全和质量标准。市场监测的主要目的是通过监测不良事件（UEs）的发生，并降低其再次发生的可能性，从而保障化妆品使用者的健康。一般情况下，正常或合理可预见的化妆品使用所引起的UEs非常少见，其性质通常是温和的、完全可逆的。每家公司都有相应的程序，以便对所有UEs的报告做出合理反应，包括记录和评估UEs的性质以及未来的预防措施。对于公司而言，这在监督化妆品上市后的表现以及市场反馈方面发挥着重要作用。

欧盟《化妆品监管规例》（CPR）为统一管理因使用化妆品而引起的严重不良事件（SUEs）奠定了基础（第23条）。化妆品警戒系统包括评价SUEs，并在适当情况下传播可用于防止再次发生或减轻后果的信息。化妆品警戒系统旨在促进在成员国之间直接、早期和协调一致地实施此类行动，而非逐个国家采取行动。

定义

不良反应（Undesirable effect，UE）：根据第2.1（o）条，"不良反应"是指使用化妆品时可能对人体健康造成的不良影响，这些影响可以是可预见的，也可以是合理的。不良反应包括但不限于对皮肤、眼睛或口腔的刺激或过敏反应。该定义不包括因产品误用或滥用而导致的不良反应。如果有投诉将慢性疾病与特定化妆品的使用联系起来，则因果关系的评价非常困难。已知这些健康损害往往具有多种因素和（或）需要长时间的多次损伤（如慢性手部湿疹）。

严重不良反应（Serious Undesirable Effects，SUEs）：在极少数情况下，不良反应可能非常严重。根据第2.1（p）条，"严重不良反应"是指可能导致暂时或永久性功能丧失、残疾、

住院、先天异常或面临立即重大风险或死亡的不良反应。"Serious"一词与"severe"有所不同，"severe"通常用来描述影响的强度（即严重程度）是轻度、中度或重度的情况。如果有疑问，应由医生确认不良反应的严重程度。

通知

欧盟要求每一种化妆品在上市前都必须通过CPNP这一集中且免费的在线通知系统进行通知。CPR第13条规定，化妆品责任人以及在某些情况下的分销商需通过CPNP提交与其在欧洲市场投放或供应产品相关的信息。

CPNP的主要目的是为政府主管部门和毒物控制中心提供有效的市场管理工具。尤其是使市场监督部门能够方便地获取责任人的联系方式和P1F地址。

成分限制

化妆品的安全责任人应遵循CPR规定，对于附录Ⅱ至Ⅵ中列出的特殊成分有所限制：

附件Ⅱ：禁止成分

附件Ⅲ：限制使用成分

附件Ⅳ至Ⅵ：需要批准成分，包括染色剂、防腐剂和紫外线吸收剂。

附件Ⅳ至Ⅵ的成分清单是正面清单，仅允许列出的成分用于化妆品中。若需要使用其中一种成分，必须向欧盟委员会提交一份包含所有相关数据的档案。然后由负责化妆品原料安全性评价的欧盟委员会咨询机构SCCS对这些数据进行评估。

需要批准的成分应符合SCCS的"指南说明"中的要求。在评估后，SCCS会发布其意见，委员会根据这一意见提出CPR的增编。欧盟27个成员国对该建议进行表决，之后将在《欧洲官方杂志》上发表。

对于未被成分清单明确规定的成分，应遵循第3条的一般安全要求，并在安全评价的框架内按照第10条进行记录。详见"安全性要求"

章节。

归类为 CMR 的成分

CPR包含了有关在化妆品中使用被归类为致癌、致突变或生殖毒性成分（CMR成分）的规定。作为一般原则，在化妆品中禁止使用被分类为1A、1B或2类CMR成分的成分，根据法规（欧盟）No 1272/2008［3b］附件Ⅵ第3部分的规定。然而，根据CPR第15条的规定，这一禁令可能存在例外情况。

纳米材料

在CPR第2条中将纳米材料定义为"不溶性或生物持久性并有意制造的具有一个或多个外部尺寸或内部结构的材料，其大小范围为1~100 nm"。

对于在化妆品中使用纳米材料，CPR为人类健康提供高度保护。责任人（即制造商、进口商或由其指定的第三方）必须在化妆品产品通知门户网站（CPNP）上注册产品（见"通知"部分）。通知还必须说明产品是否含有纳米材料、其标识以及可预见的使用条件。纳米材料必须在成分表中标明，使用括号标注"纳米"一词。

此外，含有除染色剂、防腐剂和紫外线吸收剂以外的纳米材料的化妆品，如果不受CPR附件限制，就需要接受额外的程序。其要求在上市前6个月向CPNP进行特定通知（第16（3）条）。如果欧盟委员会对纳米材料的安全性存在顾虑，可要求科学委员会（SCCS）进行风险评价。

第16（10）（a）条要求欧盟委员会发布一份所有纳米材料目录，该目录用于上市化妆品。目录应注明化妆品类别和可预见的使用条件，它是基于责任人根据第13（1）条和第16（3）条提交给CPNP的信息编制的。

禁用成分追溯

根据CPR第17条，化妆品中可能会意外存在少量禁用成分，这些成分来自天然或合成成分的杂质、制造过程、储存和包装迁移等。然而，前提是产品必须符合CPR第3条的安全性要求，并且在应用化妆品GMP时，不能避免相应的杂质。

动物试验

根据CPR第18条的规定，禁止对化妆品及其成分进行动物试验。然而，如果产品或成分已经经过了动物试验，仍可在化妆品市场销售。自2013年3月11日起，欧盟禁止销售经过动物试验的成品或成分用于化妆品市场，以遵守欧盟化妆品法律的规定。值得一提的是，该禁令也适用于在欧盟以外进行检测的产品及其成分。

标签

为了在欧盟上市销售，化妆品必须在其容器和包装上以不可擦除、易于辨认和可见的字体标注以下信息：

1.责任人的姓名/公司名称和地址（请参见第4条）：名称和地址必须足以使承诺书得以辨认和查阅。地址可以缩写为一个知名的城市或城镇，以便正常的邮政服务将信件发送至该地址。

2.包装时的标称含量：标称数量以重量或体积单位表示，特殊情况除外（例如包装含量小于5 g或5 mL）。关于包装时标称含量标签的规则由"1976年1月20日理事会指令76/211/EEC制定，该指令与成员国有关按重量或按体积配制某些预包装产品的法律相似"。

3.最低保质期（保质期<30个月，用沙漏符号表示）或开封后时间（保质期>30个月，用开瓶符号表示）。

4.使用中应注意的注意事项，特别是预防性信息：对于CPR要求的某些成分的警告载于附件Ⅲ至Ⅵ，第i栏。除这些法律要求外，其他预防性声明或警告（例如涉及产品责任/安全性的某些方面或安全评价员提出的建议）可以由责任人负责印制在标签上。

如果欧盟委员会提出其他建议，也应该予以考虑。例如，欧盟委员会于2006年9月22日发布了一项有关防晒产品功效及其相关宣称的建议（2006/647/EC），其中提出了标签的相关建议。

使用时，必须提供终端用户所在国家要求的语言的具体注意事项。注意事项和警告必须同时出现于容器和包装上。如果由于某种原因无法在标签上印制该信息，则应在所附或附带的传单、标签胶带、标签或卡片上注明该信息。简短的信息或必须出现在容器或包装上的"手册"符号可用于表示此内容。如果无法对符号进行标注，则可省略。

5.批次标识（容器和包装）：每个化妆品包装上都应标明其批次标识，以确保追溯产品的生产和配方信息。

6.功能（除非在说明书中明确）：虽然标签上应说明功能，但功能的表述必须符合成员国法律的要求。然而，一些术语如"眼线笔"和"淡香水"等是国际公认的，可以使用。

7.成分清单（仅在外包装）：为了保证公开透明，欧盟要求所有化妆品的成分都应按照国际化妆品成分命名法（INCI）的名称标注。欧盟官方期刊上有相关法规文本和术语表，以帮助消费者在欧盟各国辨认相同成分。成分清单前应标注常用术语"成分"。根据第19（5）和第19（6）条，无需翻译"成分"这个术语，可直接使用。成分清单应按照添加到化妆品中的重量降序排列。

8.如果产品是在欧盟以外制造，还需在标签上注明其原产地（"在……制造"）。

产品功效宣称

化妆品的功效宣称必须遵守全面监管和自我监管框架的限制。该框架结合了横向（适用于所有广告和商业行为）和特定化妆品的立法与自我监管。CPR第20条要求功效宣称不能用来暗示化妆品（如CPR第2.1a条所定义）具有其不具备的特性和功能。为了确保化妆品功效宣称没有误导性，所提供的产品收益必须符合消费者的合理预期，即功效宣称中所提到的。对宣称可接受性评价必须基于化妆品的普通终端用户的视角，他们相当知情、善于观察和谨慎，同时考虑到相关市场上的社会、文化和语言因素。根据CPR第11.2 d条，如果化妆品的功效性质合理，所宣称功效的证明必须在"产品信息文件"（PIF）中记录。化妆品的功效宣称必须符合具有法律约束力的《通用标准规例》。本条例规定了化妆品功效宣称必须遵守以下6个标准：

法律合规；

真实性；

证据支撑；

诚信；

公平；

决策知情。

此外，化妆品功效宣称还必须符合相关的横向立法（主要是不公平商业行为指令与误导和比较广告指令）。欧盟委员会发布了《化妆品声明技术文件》，为通用标准的个案应用提供非约束性指导。

通过推广负责任的广告并建立消费者对品牌的信任，自我监管制度（如国际商会守则和国家守则）有助于提供更大程度的消费者保护。因此，欧洲化妆品协会在2012年制定了《负责任广告和营销传播章程和指导原则》（Charter and Guiding Principles，C&GP），表明欧盟对负责任的化妆品广告的自愿和积极的承诺。

原文参考文献

Regulation (EC) No 1223/2009 of the European Parliament and of the Council of 30 November 2009 on cosmetic products. Available from http://data.europa.eu/eli/reg/2009/1223/oj, accessed on 03.05.2021.

Council Directive 76/768/EEC of 27 July 1976 on the approximation of the laws of the Member States relating to cosmetic products. Available from https://eur-lex.europa.eu/eli/dir/1976/768/oj, accessed on 03.05.2021.

(a) Regulation (EC) No 1907/2006 of the European Parliament and of the Council of 18 December 2006 concerning the Registration, Evaluation, Authorisation and Restriction of Chemicals (REACH). Available from http://data.europa.eu/eli/reg/2006/1907/oj, accessed on 03.05.2021.

(b) Regulation (EC) No 1272/2008 of the European Parliament and of the Council of 16 December 2008 on classification, labelling and packaging of substances and mixtures. Available from http://data.europa.eu/eli/reg/2008/1272/oj, accessed on 03.05.2021.

(c) Council Directive 75/324/EEC of 20 May 1975 on the approximation of the laws of the Member States relating to aerosol dispensers. Available from http://data.europa.eu/eli/dir/1975/324/oj, accessed on 03.05.2021.

Council Directive 93/35/EEC of 14 June 1993 amending for the sixth time Directive 76/768/EEC on the approximation of the laws of the Member States relating to cosmetic products. Available from http://data.europa.eu/eli/dir/1993/35/oj, accessed on 03.05.2021.

SCCS Notes of Guidance for the testing of cosmetic ingredients and their safety evaluation - 11th revision (SCCS/1628/21) - 30-31 March 2021. Available from https://ec.europa.eu/health/sites/health/files/scientific_committees/consumer_safety/docs/sccs_o_250.pdf, accessed on 03.05.2021.

EN ISO 22716:2007: Cosmetics - Good Manufacturing Practices (GMP) - Guidelines on Good Manufacturing Practices. Available at https://www.iso.org/standard/36437.html, accessed on 03.05.2021.

Commission communication in the framework of the implementation of Regulation (EC) No 1223/2009 of the European Parliament and of the Council on cosmetic products. Available from https://eur-lex.europa.eu/LexUriServ/LexUriServ.do?uri=OJ:C:2011:123:0003:0004:EN:PDF, accessed on 03.05.2021.

(a) Explanatory brochure: "Cosmetics GMP-the Standard DIN EN ISO 22716, commented by the German Cosmetic, Toiletry, Perfumery and Detergent Association" (in German). Available at https://www.sofw.com/de/shop/buecher/product/73-kosmetik gmp- 2016-online-version, accessed on 03.05.2021.

(b) GMP Checklist (in German). Available at https://www.ikw.org/schoenheitspflege/services/publikationen/, accessed on 24.03.2022.

Cosmetic Products Notification Portal (CPNP). Available at https://ec.europa.eu /growth /sectors/cosmetics/cpnp_en. accessed on 03.05.2021.

Council Directive 76/211/EEC of 20 January 1976 on the approximation of the laws of the Member States relating to the making-up by weight or by volume of certain prepackaged products. Available from http://data.europa.eu/eli/dir/1976/211/oj, accessed on 03.05.2021.

Commission Recommendation of 22 September 2006 on the efficacy of sunscreen products and the claims made relating thereto. Availablefrom http://data.europa.eu/eli/reco/2006/647/oj, accessed on 03.05.2021.

Commission Decision (EU) 2019/701 of 5 April 2019 establishing a glossary of common ingredient names for use in the labelling of cosmetic products. Available from http://data. europa.eu/eli/reg/2019/701/oj, accessed on 03.05.2021.

Directive 2005/29/EC of the European Parliament and of the Council of 11 May 2005 concerning unfair business-to consumer commercial practices in the internal market. Available from http://data.europa.eu/eli/dir/2005/29/oj, accessed on 03.05.2021.

Directive 2006/114/EC of the European Parliament and of the Council of 12 December 2006 concerning misleading and comparative advertising. Available from http://data.europa.eu/eli/dir/2006/114/oj, accessed on 03.05.2021.

European Commission: Technical document on cosmetic claims. Available from https://ec.europa.eu/docsroom/documents/24847, accessed on 03.05.2021.

Cosmetics Europe: Charter and Guiding Principles on Responsible Advertising and Marketing Communications. Available from https://cosmeticseurope.eu/library/8, accessed on 03.05.2021.

第42章

新加坡美容皮肤学监管趋势

新加坡化妆品监管体系介绍

在保健品法案的第一附表中，新加坡将化妆品定义为"任何物质或制剂，其制造商打算将其置于人体各个外部部位或与牙齿或口腔黏膜接触，专门或主要用于清洁、香化、改善外观、纠正体臭、保护或者维持良好状态"。

20世纪90年代末，新加坡首次引入了对化妆品的监管，根据《药品（化妆品）条例》进行。化妆品在新加坡由健康科学管理局（Health Sciences Authority，HSA）根据保健品法案和2008年1月1日实施的相关保健品（化妆品-东盟化妆品指令［ASEAN Cosmetic Directive，ACD］）条例进行管理。化妆品监管由HSA内的化妆品监管组（Cosmetic Control Unit，CCU）负责。

2003年9月，东盟10个成员国（包括文莱、柬埔寨、印度尼西亚、老挝、马来西亚、缅甸、菲律宾、新加坡、泰国和越南）通过亚洲合作对话达成协议，建立了东盟化妆品协调监管计划。这是为了协调标准和技术法规，以促进贸易交流，并加强东盟成员国在安全、质量和功效宣称领域的合作。ACD文件包括以下内容：

- 附录一：化妆品分类说明清单。
- 附录二：东盟化妆品标签要求。
- 附录三：东盟化妆品宣称指南。
- 附录六：东盟化妆品生产质量管理规范。
- 东盟化妆品指令附件。
- 东盟防晒霜标签指南。
- 化妆品安全性评价指南。
- 行业指南手册：化妆品不良事件报告。
- 产品信息文件指南（PIF）。
- 东盟化妆品污染物限量指南。

ACD体系与欧盟化妆品监管体系对比

由于ACD所采用的监管原则和要求与欧盟对化妆品的监管规定相似，因此在其相应附件所列的成分限制方面并无太多差异。关键区别在于在东盟的亚洲合作对话中，该监管原则是一项指令。每个东盟成员国都可自由决定如何将该指令转化为本国法律，而对于欧盟化妆品法规而言，它是在欧盟成员国之间具有法律约束力的同一项法规。

欧盟的化妆品需通过欧盟化妆品通知门户网站（CPNP）进行通报。而东盟地区的化妆品则必须向东盟各成员国通报。对于一些东盟国家而言，审查过程中可向通报国提供反馈，并需重新提交申请。

ACD和欧盟化妆品法规对化妆品基本标签要求相似，但在信息呈现方面可能存在差异。例如，在东盟地区销售的化妆品应以月/年的形式明确显示产品的生产或有效期信息。当产品保质期少于30个月时，必须注明有效期。而对于保质期超过30个月的产品，欧盟则要求显示"开封后时间"。通常使用开封的奶油罐符号代替文字，在符号内标明时间。对于使用寿命小于30个月的化妆品，欧盟则要求标注一个"最佳使用期限"。

新加坡与其他东盟国家监管体系对比

每年，新加坡和其他东盟成员国会举行两次会议，讨论亚洲合作对话附件的新进展、更新和修订内容。因此，企业应该定期查阅新加坡化妆品、洗漱用品和香水协会（Cosmetic，Toiletries and Fragrance Association of Singapore，CTFAS）的网站或与他们保持联系，以了解最新发展。同样，东盟其他市场的行业参与者可向当地卫生主管部门和（或）行业协会咨询这方面的最新情况。

相比于东盟其他国家，新加坡在产品通报过程中要求提供的信息不像其他一些东盟成员国那么多。在进行化妆品产品通报时，需要提供负责将产品投放市场的本地公司、授权代表本地公司的人员、制造商和产品的详细资料。但是，不需要提供自由销售证明和化妆品标签副本等。一些东盟成员国在提交通知时要求提供上述文件。

东盟国家在标签方面存在差异。新加坡遵循东盟化妆品标签要求中的附录Ⅱ。而印度尼西亚、泰国、越南和马来西亚等国家则有更多具体的要求，例如，在产品标签上标注动物源成分和产品通知编号。

新加坡化妆品监管体系

本书所涉及的主要方面包括3个方面：（i）上市前的公司需完全负责确保产品的安全性并符合化妆品法规。将化妆品投放至新加坡市场的公司需承担三项关键义务，即（1）在正常或合理可预见的使用条件下，产品使用必须对人类安全，（2）公司必须能够证明产品的安全性，（3）公司必须在市场监督期间向卫生科学局（HSA）或消费者提供充分信息，以确保产品的安全使用。（ii）产品通知——所有化妆品在投放市场前必须向卫生科学局通报。在化妆品通报过程中，卫生科学局不进行评价或批准。（iii）上市后的监管——新加坡卫生科学局对化妆品实施严格的上市后监管，以确保高水平的消费者保护。这可通过多种方式实现，包括但不限于产品标签的市场监督、处理消费者投诉、检查通报产品、通过抽样和检测产品安全性和质量进行风险监测、监测当地不良事件或跟踪东盟地区内外的安全信号。由于这些上市后的监测活动，卫生科学局定期更新网站信息，以警示消费者。此外，如果发现不遵守规定的情况，将会执行严厉的惩罚。这是一个有效的系统，因为重点放在了上市后。这使得新趋势和创新产品能够迅速推向新加坡市场，同时也减轻了企业和监管机构的监管负担。为实现这一目标，需要卫生科学局、化妆品行业和消费者之间建立强有力的合作关系。

就像其他大多数国家一样，在由不同机构管理的功效宣称领域，可能存在重叠的法规。在新加坡，化妆品的功效宣称必须遵守附录Ⅲ：东盟化妆品宣称指南以及新加坡广告行为守则（Singapore Code of Advertising Practices，SCAP）所列出的指南和原则。这些指南和原则是由新加坡广告标准局（Advertising Standards Authority of Singapore，ASAS）在新加坡消费者协会（Consumers Association of Singapore，CASE）发布的广告指导原则。

未来监管趋势

未来，新加坡化妆品监管趋势可能受到多种因素的影响。其中一些因素可能源于化妆品行业的创新推动。由于这是一个快速发展的行业，每隔数月就会出现新的趋势和创新，因此行业创新驱动可能会对监管趋势产生影响。其他影响因素可能源于全球问题或全球和局部出现的不良事件。此外，有关化妆品成分的新科学和安全信息也可能引发对现有要求进行更新和修订的讨论。下文将概述一些潜在的未来监管趋势。

环境问题/可持续发展

在全球范围内，消费品的环境安全与保护越来越受到重视。这不仅引起新加坡的关注，也引起其他东盟国家的关注。在这种情况下，应仔细考虑化妆品行业与其他行业的影响。新加坡国家环境局（National Environmental Agency，NEA）于2020年3月宣布将从2020年7月1日起实施《资源可持续法》规定的强制性包装报告框架，该规定要求向新加坡市场供应受监管产品（包括化妆品）的公司每年报告其投放市场包装数量的数据。

提高公众对这些主题的意识是一个有效的方法。在教育消费者如何处理包装废弃物的努力中，可以看到将处理信息放在包装上的趋势。然而，目前尚无标准或统一的图标或标识可供使用，因此这可能是企业向消费者提供这些信息的机会领域。企业可以通过其网站或包装上的电子方式向消费者提供此类信息，以鼓励正确处理包装。但是，潜在的挑战是当不同国家在标签上实施不同的要求时，可能会给化妆品行业带来更多的困难，并可能使消费者感到困惑。

新商业模式

消费者对个人卫生的意识日益增强，因此化妆品续装和个性化化妆品等新型商业模式受到越来越多的关注。尽管这些业务在新加坡和东盟地区已经存在一段时间，但相关法规尚未完善。因此，东盟各国正在研讨这些议题，以建立指导原则和定义，以便监管机构和行业在该领域的发展。韩国食品和药物安全部制定的定制化妆品法规，可能成为亚洲可用的参考法规之一。该法规详细规定了提供此类个性化化妆品的公司所需遵守的安全性要求、许可和培训。这可能成为东盟国家在该领域制定新准则的重要参考。

电子商务

在新加坡这个崇尚便利解决方案的科技社会中，网上购物已经成为大多数人的常态。对于新加坡的在线电子商务平台而言，适用于实体零售店的规定同样适用于网上销售的化妆品。然而，通过网络平台发布的广告可能会让人感到担忧，因为卫生科学局（HSA）在其在线监管行动中发现了一些虚假和误导性的药物宣传。例如，在新型冠状病毒肺炎（COVID-19）大流行期间，HSA在对健康产品进行在线监督时发现一些声称可以"预防和治疗COVID-19疾病"的药用宣称，并立即采取行动对卖家进行处罚。

对于从海外网络平台购买产品的消费者来说，很难进行市场内的管控和监督。HSA事实上已向消费者发出警告，提醒他们在海外在线平台购物时要谨慎。建议包括：在购买保健品（包括化妆品）时咨询医生；为了安全起见，不要从不熟悉的来源购买；谨防虚假宣称。

产品质量和功效检测

由于产品安全性仍然是化妆品的关键问题，技术的进步使得对产品的检测更加具体且准确。随着越来越多的消费者要求获取更多有关其所使用产品成分的信息，可能需要更多的检测要求。例如，监管机构可能会研究掺假化妆品中常见的"罪魁祸首"成分，并对其进行检测。在某些情况下，监管机构还可以设置具体的监管限制并添加至监管法规。

除了安全性检测之外，功效检测也是亚洲监管的趋势之一。随着新加坡消费者变得更加知情，人们对健康生活的意识和努力也在增加，对天然、有机、可持续化妆品等的需求也在增加。许多品牌也在向消费者提供这类产品。对于任何产品功效宣称，公司有责任确保该宣称以可靠的科学数据为依据。对于化妆品功效宣称，大多数功效检测是由拥有专有检测方法的公司完成，或者使用国际通用的检测方法。如果有国际通用的检测方法，说明检测方法在某些情况下可能是有用的。例如，国际标准化组织（ISO）的检测方法24444：2019化妆品-防晒检测方法在体内测定防晒系数（SPF）在化妆品行业中广泛使用。这为工业部门节省开发专有检测方法的精力。另一方面，为每一种化妆品功效宣称指定每种检测方法对公司而言限制太大，如果配方不适合某些检测方法，这可能会阻碍产品创新。因此，在允许公司发挥创造力的同时，应该找到在产品安全性、质量和功效之间取得平衡的方法。

总结

新加坡化妆品监管框架可成为领导榜样之一。该框架平衡了上市前和上市后的要求，使新加坡成为新产品进入该地区的平台。同时，它保持高标准的执法，以确保化妆品的安全性、质量和功效。与其他行业一样，预计未来会有新的监管发展。因此，企业、消费者和监管机构之间的密切合作是确保高标准的关键。

原文参考文献

Singapore Statues Online. Health Products Act; [updated 2020 Nov 27; cited 2020 Nov 27]. Available from: https://sso.agc.gov.sg/Act/HPA2007#legis

Singapore Statues Online. Health Products - ASEAN Cosmetic Directive Regulations 2007; [updated 2020 Nov 27; cited 2020 Nov 27]. Available from: https://sso.agc.gov.sg/SL/HPA2007-S683-2007

Association of Southeast Asian Nations; [cited 2020 Nov 27]. Available from: www.asean.org/

Health Sciences Authority Singapore. Cosmetic Products; [updated 2019 Oct 07; cited 2020 Nov 27]. Available from: https://www.hsa.gov.sg/cosmetic-products/overview

Appendix II: ASEAN Cosmetic Labelling Requirements; [cited 2020 Nov 27]. Available from: https://www.hsa.gov. sg/docs/default-source/hprg/cosmetic-products/appendix-ii-04-september-2007a.pdf

Regulation (EC) No 1223/2009 of the European Parliament and of the Council of 30 November 2009 on Cosmetic Products. Chapter VI Consumer Information, Article 19 Labelling. Available from: https://eur-lex.europa.eu/legal content/EN/TXT/HTML/?uri=CELEX:32009R1223&from=EN#dlel832-59-1

The Cosmetic. Toiletries and Fragrance Association of Singapore; [cited 2020 Nov 27]. Available from: https://ctfas.org/

Health Sciences Authority. Consumer Safety; [updated 2020 Nov 25; cited 2020 Nov 27]. Available from: https://www. hsa. gov.sg/consumer-safety

Appendix III: ASEAN Cosmetic Claim Guideline; [cited 2020 Nov 27]. Available from: https://www.hsa.gov.sg/docs/default source/hprg/cosmetic-products/guidance/appendix-iii-10- september-2007a.pdf

Advertising Standards Authority of Singapore - An Advisory Council under CASE. Singapore Code of Advertising Practices; [cited 2020 Nov 27]. Available from: https://asas.org.sg/

National Environment Agency. Waste Management. Mandatory Packaging Reporting; [updated 2020 Oct 01; cited 2020 Nov 27]. Available from: https://www.nea.gov.sg/our-services/waste-management/mandatory-packaging-reporting

Ministry of Food and Drug Safety. Republic of Korea. Cosmetics. Customized Cosmetics in Korea; [cited 2020 Nov 27]. Available from: https://www.mfds.go.kr/eng/brd/m_28/view.do?seq=71482&srchFr=&srchTo=&srchWord=&srchTp=&itm_seq_1=0&itm_seq_2=0&multi_itm_seq=0&company_cd=&company_nm=&page=1

International Organization for Standardization; [cited 2020 Nov 27]. Available from: https://www.iso.org/home.html

第43章

ISO 标准和化妆品

介绍

何为ISO

国际标准化组织（ISO）是一个独立、非政府的国际组织，由165个国家标准机构成员组成，其中央秘书处设在瑞士日内瓦。ISO的使命是汇集专家分享知识并制定自愿、基于共识、与市场相关的国际标准，以支持创新并为全球挑战提供解决方案。ISO致力于吸引并响应行业、监管机构、消费者和其他利益相关者的需求。

作为全球最大的国际标准开发和出版机构，ISO从1947年开始制定国际标准。标准是通过协商一致建立并由公认机构批准的文件，为活动或其结果规定了共同和重复使用的规则、指南或特征。标准的目的是在给定的情况下达到最优有序度，并应以科学、技术和经验的综合成果为基础，以促进社会的最佳利益为目标。

标准能帮到什么？

现今，许多产品的交易基于技术规范，并且大多数市场上销售的产品在推出前都需证明符合某些技术规范及安全法规。技术要求也变得日益严格，制造商必须能够证明其产品符合国际标准，才能获得全球认可。此外，国际试验方法及其他技术信息在决策购买及使用时扮演重要角色，试验数据的可靠性更是关键因素。

如今，在大多数国家，国际标准已经取代了国家标准，因为后者对于提升生产力、市场竞争力和出口能力至关重要。市场已全球化，标准也必须全球化。此外，消费者更加信任符合国际标准的产品。

ISO/TC 217化妆品的历史

从1947年到1998年，ISO共正式成立了216个技术委员会（technical committees，TC），每个TC都是制定特定主题的国际标准专家组。然而，在化妆品领域，ISO却没有任何TC。因为国际试验方法和其他信息对于确定产品购买和使用时的可靠性至关重要，试验数据的可靠性是一个关键因素。此外，人们期望国际标准能够消除或至少减少化妆品领域的国际贸易问题。然而，目前尚未建立任何化妆品国际标准。

因此，Mojdeh Rowshan Tabari女士建议在ISO内部建立一个新的化妆品TC，以满足化妆品领域的需求。Mojdeh Rowshan Tabari女士是伊朗标准和工业研究所（the Institute of Standard and Industrial Research of Iran，ISIRI）的成员，该组织现已成为伊朗国家标准组织（Iran National Standards Organization，INSO）。这个提议在ISO技术管理委员会（Technical Management Board，TMB）的支持下被发送给了所有ISO成员。在获得了33票的赞成票后，ISO TMB决定在1998年成立一个新的TC，即ISO/TC 217化妆品，同时将秘书处分配给ISIRI（INSO）。提议者来自伊朗伊斯兰共和国，他们也被任命为TC的委员会管理者。

ISO/TC 217的成立旨在制定化妆品国际标准，以建立统一的技术规则，提高效益、产品质量、降低成本、改善健康、促进安全、保护环境，并最终进入全球市场。目前，全球市场需要国际标准。

经过对国家成员机构进行的询问调查，中央秘书处登记参加新委员会的情况如下：

参与成员（P）共有11个国家，分别为阿尔及利亚、加纳、印度、伊朗、意大利、牙买加、蒙古国、荷兰、尼日利亚、南非和泰国。

观察成员（O）共有24个国家，分别为阿根廷、澳大利亚、比利时、波斯尼亚和黑塞哥维那（国家名简称波黑）、巴西、克罗地亚、丹麦、法国、德国、爱尔兰、以色列、日本、新西兰、挪威、波兰、沙特阿拉伯、斯洛伐克、斯洛文尼亚、西班牙、斯里兰卡、瑞典、英国、美国和南斯拉夫。

然而，值得注意的是，目前ISO/TC 217的成员已增加到来自发展中国家和发达国家的42个P成员和30个O成员。

ISO/TC 217最初的范围是"化妆品微生物和化学检测方法的标准化"。然而，在2000年首次全体会议于荷兰召开时，委员会建议扩大范围，以涵盖"化妆品原材料和成品的标准化，特别是参考术语、产品要求、检测方法、抽样和程序，例如GMP"。

ISO/TC 217于2000年首次全体会议上决定设立了下表所示的工作组（Working Groups，WG）（表43.1）。目前，该委员会由四个活跃的工作组组成。由于项目缺乏，WG 2、WG 5和WG 6已被解散。

四个活跃的工作组各自负责一个或多个项目，这些项目直接向TC报告。ISO/TC 217目前的范围是"化妆品领域的标准化"。迄今为止，该委员会已经组织了20次全体会议和多次工作组会议，制定了36项国际标准和其他类型

的交付成果，目前正在开展16个项目。

表43.1　最初和目前活跃的工作组

原工作组（2000 年）	目前活跃的工作组
WG 1　微生物标准和限制	WG 1　微生物标准和限制
WG 2　包装、标签和标记	
WG 3　分析方法	WG 3　分析方法
WG 4　术语	WG 4　术语
WG 5　防腐剂	
WG 6　生产质量管理规范（GMP）	
WG 7　防晒试验方法	

工作组与项目

ISO/TC 217 WG 1微生物标准和限制

化妆品中的微生物会在其中生长和繁殖，由于其化学结构可能会破坏产品或者对消费者造成感染风险。为了对化妆品中的微生物进行检测和计数，已经开发了多种微生物检测方法并且已经使用多年。使用微生物国际标准可以确保不同实验室之间的微生物检测结果一致，并且有助于保护实验室人员的健康，从而预防感染风险。

然而，由于全球缺乏统一的微生物检测方法，因此在2000年ISO/TC 217的首次会议期间成立了WG 1（即微生物标准和限制）。在首次全体会议之后的四个月，ISO/TC 217秘书处于2000年11月27日分发了3份新工作项目提案（New Work Item Proposals，NWIPs），以及项目负责人准备的相关草案，这些提案如下：

化妆品微生物学——微生物学检测的一般指南。

化妆品微生物学——需氧嗜温性细菌计数的一般指南–30℃菌落计数技术。

化妆品微生物学——大肠杆菌检测的一般指南。

所有这些提案都是ISO/TC 217的首批项目，并已在对NWIPs进行表决时获得批准。这些提

案所附的草案已经作为委员会草案（committee drafts，CDs）接受。

这些项目是启动ISO/TC 217的良好开端，成功吸引了许多观察员转变为参与者。ISO/TC 217的工作组1（WG 1）组织了36次会议，制定了13项国际标准和一份技术报告（technical report，TR）。该工作组目前正在进行1个项目和8个修正案，分别是：

· ISO 17516：2014《化妆品 微生物 微生物限制》

· ISO 21150：2015《化妆品 微生物学 大肠杆菌检测》

· ISO 22717：2015《化妆品 微生物学 铜绿假单胞菌检测》

· ISO 22718：2015《化妆品 微生物学 金黄色葡萄球菌检测》

· ISO 18416：2015《化妆品 微生物学 白色念珠菌检测》

· ISO/TR 19838：2016《微生物学 化妆品 化妆品微生物学ISO标准应用指南》

· ISO 16212：2017《化妆品 微生物学 酵母菌和霉菌计数》

· ISO 21148：2017《化妆品微生物检验通用说明》

· ISO 21149：2017《化妆品 微生物学 需氧嗜温性细菌的计数和检测》

· ISO 18415：2017《化妆品 微生物学 特定和非特定微生物的检测》

· ISO 29621：2017《化妆品 微生物 微生物低风险产品风险评估和识别指南》

· ISO 11930：2019《化妆品 微生物学 化妆品抗菌保护的评价》

· ISO 21322：2020《化妆品 微生物学 浸渍或涂层湿巾和口罩的检测》

· ISO/CD 4973《微生物学 化妆品 化妆品微生物学标准中所述培养基的质量控制》。

· ISO 11930：2019《化妆品DAMD 1 微生物学 化妆品抗菌保护评价》。

· ISO 16212：2017《化妆品DAMD 1 微生物学 酵母和霉菌计数》。

· ISO 18415：2017《化妆品DAMD 1 微生物学 特定和非特定微生物的检测》。

· ISO 18416：2015《微生物学 白色念珠菌检测》。

· ISO 21149：2017《化妆品DAMD 1 微生物学 需氧嗜温性细菌的计数和检测》。

· ISO 21150：2015《化妆品DAMD 1 微生物学 大肠杆菌检测》。

· ISO 22717：2015《微生物学 铜绿假单胞菌的检测》。

· ISO 22718：2015《化妆品DAMD 1 微生物学 金黄色葡萄球菌检测》。

ISO/TC 217 WG 2包装和标签

ISO/TC 217 WG 2是在ISO/TC 217的首次全体会议上设立的，其目的是制定一个国际标准，规定了市场销售或自由投放的所有化妆品包装和标签要求，这些要求必须根据国家法规或惯例进行定义。其中，ISO 22715：2006化妆品包装和标签就是该标准之一。

在ISO 22715：2006化妆品包装和标签制定后，因为未收到任何其他的新工作项目提案，WG 2最终被解散。

ISO/TC 217 WG 3分析方法

ISO/TC 217 WG 3在ISO/TC 217首次会议上使用了"亚硝胺"这一术语，但在ISO/TC 217第五次全体会议上将其更名为"分析方法"。WG 3制定了8项国际标准和其他类型的交付成果，例如N-亚硝基二乙醇胺的检测和测定、包括铅和汞在内的重金属的筛选和定量方法、尽量减少和测定N-亚硝胺的指导文件、二乙醇胺的检测和定量测定、定量分析方法的全球验证方法和稳定性试验。此外，WG 3正在测试后制定三个草案。以下是一些标准的详细介绍：

• ISO 10130：2009 化妆品 分析方法 亚硝胺类：高效液相色谱法、柱后光解法和衍生化法用于测定化妆品中 N–亚硝基二乙醇胺（NDELA）。

• ISO 12787：2011 化妆品 分析方法 验证色谱分析结果的标准。

• ISO/TR 14735：2013 化妆品 分析方法 亚硝胺类：尽量减少和测定化妆品中 N 亚硝胺的技术指导文件。

• ISO 15819：2014 化妆品 分析方法 亚硝胺类：采用高效液相色谱 串联质谱法测定化妆品中 N 亚硝基二乙醇胺（NDELA）。

• ISO/TR 17276：2014 化妆品 化妆品中重金属筛选和定量分析方法。

• ISO/TR 18811：2018 化妆品 化妆品适应性试验指南。

• ISO/TR 18818：2017 化妆品 分析方法 气相色谱 质谱法测定二乙醇胺（DEA）。

• ISO/TS 22176：2020 化妆品 分析方法 开发定量分析方法的全球验证方法。

• ISO/DIS 23821 化妆品 分析方法 采用原子吸收光谱法（AAS）中的冷蒸气技术，在压力消解后测定化妆品中微量汞。

• ISO 21392 化妆品 分析方法 采用电感耦合等离子体质谱法（ICP/MS）测定化妆品成品中痕量重金属。

• ISO/DIS 23674 化妆品 分析方法 集成汞分析系统测定化妆品中微量汞。

ISO/TC 217 WG 4 术语

ISO/TC 217 WG 4 是在国际标准化组织技术委员会 ISO/TC 217 的首次全体会议上成立的工作组，但直到 2009 年才开始制定国际标准。WG 4 制定了一项由两部分组成的国际标准，提供天然和有机化妆品成分的定义指南，并规定了适用于本标准第一部分中定义成分类别的天然、

天然来源、有机和有机来源指标的计算方法。此外，WG 4 还开发了两个技术报告（TR），目前正在进行与 ISO 16128-2:17 相关的修订工作。具体信息如下：

• ISO 16128-1：2016《天然和有机化妆品成分和产品的技术定义和标准指南-第 1 部分：成分定义》

• ISO 16128-2：2017《化妆品-天然和有机化妆品成分技术定义和标准指南-第 2 部分：成分和产品标准》

• ISO/TR 22582：2019《化妆品-萃取物蒸发方法和有机指标的计算-ISO 16128-2 使用补充信息》

• ISO/TR 23199：2019《化妆品-水解物有机指标的计算-ISO 16128-2 补充信息》

• ISO/TR 23750《根据 ISO 16128 解答有关成分和产品特性的常见问题》

• ISO 16128-2:2017/DAMD 1《化妆品-天然和有机化妆品成分的技术定义和标准指南-第 2 部分：成分和产品标准-修正案 1：第 4 条确定化妆品成分的天然、天然来源、有机和有机来源指标的方法，以及附录 B》

ISO/TC 217 WG 5 防腐剂

ISO/TC 217 WG 5 是在国际标准化组织技术委员会 217（ISO/TC 217）的首次全体会议上设立的。然而，由于在制定国际标准和其他交付成果的过程中遇到困难，WG 5 在 2004 年 ISO/TC 217 第四次全体会议上被解散。

ISO/TC 217 WG 6 生产质量管理规范

ISO/TC 217 WG 6 是在国际标准化组织技术委员会 217 号技术委员会的首次全体会议上设立的。该工作组制定了一项与药品管理规范（GMP）指南相关的国际标准，并提供了组织结构和实用建议，以应对可能影响产品质量的人力管理、技术和行政因素。此外，WG 6 还准备了一份 GMP 指南，并针对化妆品生产企业的员工

进行了培训，以帮助他们遵循GMP国际标准。

WG 6开发了一个名为"技术报告（TR）"的国际标准。然而，由于缺乏后续项目，该工作组已被解散。相关标准包括：

• ISO 22716：2007 化妆品 生产质量管理规范（GMP） 良好生产质量管理规范。

• ISO/TR 24475：2010 化妆品 生产质量管理规范 通用培训文件。

ISO/TC 217 WG 7防晒试验方法

ISO/TC 217 WG 7于2004年在ISO/TC 217第五次全体会议上成立，旨在审查和评估防晒产品的防晒评价方法。该工作组制定了多项国际标准，包括体内测定防晒霜UVA防护、体外测定防晒霜UVA防护、体内测定防晒系数（SPF）、水浸泡法测定防水性能和防水百分比等。目前，WG 7已制定了6项国际标准和其他可交付成果，并正在进行5个新工作或修订工作项目，具体如下：

• ISO/TR 26369：2009 化妆品 防晒试验方法 防晒产品的防晒评价方法回顾和评估。

• ISO 24442：2011 化妆品 防晒试验方法 防晒霜UVA防护的体内测定。

• ISO 24443：2021 化妆品 防晒试验方法 在体外测定防晒霜的UVA防护。

• ISO 24444：2019 化妆品 防晒试验方法 防晒系数（SPF）的体内测定-修正1。

• ISO 18861：2020 化妆品 防晒试验方法 防水百分比。

• ISO/FDIS 24442 化妆品 防晒试验方法 体内测定防晒霜的UVA防护。

• ISO/CD 23675 化妆品 防晒试验方法 SPF的体外测定。

• ISO/CD 23698 化妆品-防晒试验方法-漫反射光谱法测定防晒效果。

结语

在工作开始时，有11名P组成员。现在，这个组织扩大到了41名P组成员和31名O组成员。

许多新的国家加入了ISO/TC 217，这是一个令人振奋的迹象，表明这项工作正在扩大其行业的影响力，全球成员都看到了这项工作的益处和实用性。他们也认识到，ISO/TC 217为国际标准的发展提供了最好的舞台，对所有相关方都有所帮助。ISO/TC 217在短时间内取得了良好的开端，其标准组合将迅速增加。这一发展必将为该行业和全球贸易作出真正和切实的贡献。

缩写词

CD：委员会草案

DAMD：修正案草案

DIS：国际标准草案

FDIS：国际标准最终草案

IS：国际标准

ISO：国际标准化组织

NWIP：新工作项目提案

TC：技术委员会

TR：技术报告

TS：技术规范

WD：工作草案

WG：工作组

原文参考文献

ISO Strategy 2030, Making lives easier, safer and better, https://www.iso.org/files/live/sites/isoorg/files/store/en/PUB100364. pdf, accessed 2021-06-28

ISO/IEC Guide 2:2004, Standardization and related activities—General vocabulary, https://www.iso.org/standard/39976.html, accessed 2021-06-28

Rowshan Tabari M, On the right scent-ISO/TC 217, Cosmetics, gets off to a fragrance start: ISO Bulletin, Volume 32, No 4, April 2001

ISO/TC 217 Cosmetics Website, Strategic Business Plan, https://www.iso.org/committee/54974.html, accessed 2021-06-29

ISO 17516:2014 Cosmetics—Microbiology—Microbiological limits,https://www.iso.org/obp/ui/#iso:std:iso:17516:ed-1:v1:en, accessed 2021-06-30

ISO 21150:2015 Cosmetics—Microbiology-Detection of *Escherichia coli*, https://www.iso.org/standard/68311.html, accessed 2021-06-30

ISO 22717:2015 Cosmetics—Microbiology—Detection of *Pseudomonas aeruginosa*, https://www.iso.org/standard/68312. html, accessed 2021-06-30

ISO 22718:2015 Cosmetics—Microbiology—Detection of Staphylococcus aureus, https://www.iso.org/obp/ui/#iso:std: iso:22718:ed-2:vl:en, accessed 2021-06-30

ISO 18416:2015 Cosmetics—Microbiology—Detection of *Candida albicans*, https://www.iso.org/standard/68314.html, accessed 2021-06-30

ISO/TR 19838:2016 Microbiology—Cosmetics—Guidelines for the application of ISO standards on Cosmetic Microbiology, https://www.iso.org/standard/66336.html, accessed 2021-06-30

ISO 16212:2017 Cosmetics—Microbiology—Enumeration of yeast and mould, https://www.iso.org/standard/72241.html, accessed 2021-06-30

ISO21148:2017 Cosmetics—Microbiology—Generalinstructions for microbiological examination, https://www.iso. org/obp/ui/#iso:std:iso:21148:ed-2:v1 :en, accessed 2021- 06-30

ISO 21149:2017 Cosmetics—Microbiology—Enumeration and detection of aerobic mesophilic bacteria, https://www.iso. org/standard/72240.html, accessed 2021-06-30

ISO 18415:2017 Cosmetics—Microbiology—Detection of specified and non-specified microorganisms, https://www. iso. org/obp/ui/#iso:std:iso:18415:ed-2:v1:en, accessed 2021-06-30

ISO 29621:2017 Cosmetics—Microbiology—Guidelines for the risk assessment and identification of microbiologically low-risk products, https://www.iso.org/standard/68310.html, accessed 2021-06-30

ISO 11930: 2019 Cosmetics—Microbiology—Evaluation of the antimicrobial protection of a cosmetic product, https://www. iso.org/standard/75058.html, accessed 2021-06-30

ISO 21322:2020 Cosmetics—Microbiology—Testing of impregnated or coated wipes and masks, https://www.iso. org/standard/70544.html, accessed 2021-06-30

ISO/CD 4973 Microbiology—Cosmetics—Quality control of culture media described in Cosmetics Microbiology Standards

ISO 22715:2006 Cosmetics—Packaging and labelling, https:// www.iso.org/standard/36436.html, accessed 2021-06-30

ISO 10130:2009 Cosmetics—Analytical methods—Nitrosamines: Detection and determination of N-nitrosodiethanolamine (NDELA) in cosmetics by HPLC, post-column photolysis and derivatization, https://www.iso.org/standard/45840.html, accessed 2021-06-30

ISO 12787:2011 Cosmetics—Analytical methods—Validation criteria for analytical results using chromatographic techniques, https://www.iso.org/standard/51709.html, accessed 2021-06-30

ISO/TR 14735:2013 Cosmetics—Analytical methods—Nitrosamines: Technical guidance document for minimizing and determining N-nitrosamines in cosmetics, https://www. iso.org/standard/54399.html, accessed 2021-06-30

ISO 15819:2014 Cosmetics—Analytical methods—Nitrosamines: Detection and determination of N-nitrosodiethanolamine (NDELA) in cosmetics by HPLC-MS-MS, https://www.iso. org/standard/62042.html, accessed 2021-06-30

ISO TR 17276:2014 Cosmetics—Analytical approach for screening and quantification methods for heavy metals in cosmetics, https://www.iso.org/standard/59500.html, accessed 2021-06-30

ISO/TR 18811:2018 Cosmetics—Guidelines on the stability testing of cosmetic products, https://www.iso.org/ standard/63465.html, accessed 2021-06-30

ISO/TR 18818:2017 Cosmetics—Analytical method—Detection and quantitative determination of Diethanolamine (DEA) by GC/MS, https://www.iso.org/standard/63466.html, accessed 2021-06-30

ISO/TS 22176:2020 Cosmetics—Analytical methods—Development of a global approach for validation of quantitative analytical methods, https://www.iso.org/ standard/78136. html, accessed 2021-06-30

ISO/DIS 23821 Cosmetics—Analytical methods—Determination of traces of mercury in cosmetics by atomic absorption spectrometry (AAS) cold vapour technology after pressure digestion, https://www.iso.org/obp/ ui/#iso:std:iso:23821:dis:ed1: vl:en, accessed 2021-06-30

ISO 21392 Cosmetics—Analytical methods—Measurement of traces of heavy metals in cosmetic finished products using ICP/MS technique, https://www.iso.org/standard/70854.html, accessed 2021-06-30

ISO/DIS 23674 Cosmetics—Analytical methods—Determination of traces of mercury in cosmetics by integrated mercury analytical systems, https://www.iso.org/standard/76615.html, accessed 2021-06-30

ISO 16128-1:2016 Guidelines on technical definitions and criteria for natural and organic cosmetic ingredients and products- Part 1: Definitions for ingredients, https://www.iso. org/standard/62503.html, accessed 2021-06-30

ISO 16128-2:2017/DAMD 1 Cosmetics—Guidelines on technical definitions and criteria for natural and organic cosmetic ingredients-Part 2: Criteria for ingredients and products, https:// www.iso.org/standard/65197.html, accessed 2021-06-30

ISO/TR 22582:2019 Cosmetics—Methods of extract evaporation and calculation of organic indexes-Supplemental information to use with ISO 16128-2, https://www.iso.org/standard/73504.html, accessed 2021-06-30

ISO/TR 23199:2019 Cosmetics—Calculation of organic indexes of hydrolates-Supplemental information for ISO 16128-2, https://www.iso.org/standard/74860.html, accessed 2021-06-30

ISO/CD TR 23750 Answers to frequently asked questions on ingredients and product characterization according to ISO 16128, https://www.iso.org/standard/76832.html, accessed 2021-06-30

ISO 22716:2007 Cosmetics—Good Manufacturing Practices (GMP)-Guidelines on Good Manufacturing Practices, https://www.iso.org/standard/36437.html, accessed 2021-06-30

ISO/TR 24475:2010 Cosmetics—Good Manufacturing Practices-General training document, https://www.iso.org/standard/42249.html, accessed 2021-06-30

ISO/TR 26369:2009 Cosmetics—Sun protection test methods- Review and evaluation of methods to assess the photoprotection of sun protection products, https://www.iso.org/standard/43533.html, accessed 2021-06-30

ISO 24442:2011, Cosmetics—Sun protection test methods—In vivo determination of sunscreen UVA protection, https://www.iso.org/standard/46521.html, accessed 2021-04-03

ISO 24443:2012, Determination of sunscreen UVA photoprotection in vitro, https://www.iso.org/standard/46522.html, accessed 2021-04-03

ISO 24444:2019, Cosmetics—Sun protection test methods—In vivo determination of the sun protection factor (SPF), https://www.iso.org/standard/72250.html, accessed 2021-04-03

ISO 16217:2020(en), Cosmetics—Sun protection test methods—Water immersion procedure for determining water resistance, https://www.iso.org/obp/ui/#iso:std:iso:16217:ed-1:v1:en, accessed 2021-04-03

ISO 18861:2020(en). Cosmetics—Sun protection test methods—Percentage of water resistance, https://www.iso.org/obp/ui/#iso:std:iso:18861:ed-1:v1:en, accessed 2021-04-03

ISO/CD 23675, Cosmetics—Sun protection test Methods—In Vitro determination of Sun Protection Factor, https://www.iso.org/standard/76616.html, accessed 2021-04-03

ISO/CD 23698 Cosmetics Sun protection test methods—Measurement of the Sunscreen Efficacy by Diffuse Reflectance Spectroscopy,https://www.iso.org/standard/76699.html, accessed 2021-06-30